过程模拟热力学(原书第2版)

Chemical Thermodynamics for Process Simulation(Second Edition)

[德]于尔根·格梅林(Jürgen Gmehling)
[德]米夏埃尔·克莱伯(Michael Kleiber)
[德]贝贝尔·科尔贝(Bärbel Kolbe)
[德]于尔根·拉莱(Jürgen Rarey)
著

王英龙　郇伟伟　申威峰　练　成　译

马后炮化工　组织翻译审核

中国石化出版社

内容提要

本书主要包括以下内容：(1)纯流体行为的特殊现象，包括描述混合物热力学的重要术语；(2)相平衡计算中最重要的模型和方法，涉及适用于各种非电解质系统的模型；(3)特殊的相平衡，如固－液平衡和渗透作用；(4)热力学在分离技术中应用的一些技术；(5)化学反应热力学，强调了真实混合物现象对描述反应平衡、反应焓以及溶剂效应对化学平衡转化率的重要性；(6)过程模拟和设计中常用的一些标准计算；(7)解释了一些广泛使用的测量技术，以确定未知相平衡和物理性质；(8)列出了计算热物理性质的参数，并通过精确推导一些关系来帮助读者加深理解。

本书旨在为高年级本科生、研究生和石化行业从业人员提供热力学基础知识，也适合经验丰富的过程工程师参考。

著作权合同登记 图字 01－2023－2864

Title：Chemical Thermodynamics for Process Simulation，2nd，Completely Revised and Enlarged Edition by Jürgen Gmehling，Michael Kleiber，Bärbel Kolbe and Jürgen Rarey，ISBN：978－3－527－34325－6

图书在版编目(CIP)数据

过程模拟热力学：原书第2版/(德)于尔根·格梅林(Jürgen Gmehling)等著；王英龙等译．—北京：中国石化出版社，2023.7

ISBN 978－7－5114－7139－0

Ⅰ.①过… Ⅱ.①于… ②王… Ⅲ.①化工过程－过程模拟－热力学过程－教材 Ⅳ.①TQ021.2

中国国家版本馆CIP数据核字(2023)第120277号

中国石化出版社出版发行

地址：北京市东城区安定门外大街58号

邮编：100011　电话：(010)57512500

发行部电话：(010)57512575

http://www.sinopec-press.com

E-mail：press@sinopec.com

北京富泰印刷有限责任公司印刷

全国各地新华书店经销

*

710毫米×1000毫米 16开本 41.75印张 758千字

2023年10月第1版　2023年10月第1次印刷

定价：260.00元

译者前言

《过程模拟热力学》译自 Jürgen Gmehling 等人所著的《*Chemical Thermodynamics for Process Simulation*》，着眼于从经典热力学理论出发，集成了最新的模型进展，通过典型实例详细介绍热力学模型用于过程模拟时的适用性和可靠性，涵盖了将热力学应用于化工、石油、材料、环境等各领域的开发、设计所需的内容。

随着科学技术的进步，化工过程模拟软件在科研教学及工业生产中的重要性日益凸显。虽然工程师或化学家可以通过模拟软件直接选择物性模型，但是如果对热力学了解不足，不能很好地把握模型的准确性和局限性，就会导致工艺设计出现偏差甚至错误。由于过程模拟的复杂性，目前出版的相关教材著作多注重各种单元操作模块及工艺流程的模拟方法、步骤和技巧，较少涉及蕴含在其中的计算原理与本质规律的分析。热力学主要是研究过程中各种能量的相互转换及有效利用的规律，揭示物质状态变化与物质性质之间的关系，探究物理或化学变化达到平衡的理论极限、条件与状态。译者在长期研究生培养与本科教育的实践中，一直试图从学术研究和工业应用的角度探索科学认知与工程实践贯通式培养模式，这与原著的意图不谋而合，也是译者迫切希望向广大化学工程科研与工作人员推荐此书的源动力。

本书对工业应用中常用的重要模型进行了详细的介绍，基于相行为对模型进行校正，涵盖热力学在纯流体的流体行为、电解质和聚合物等复杂体系的相行为、精馏和膜分离等分离技术、化学反应平衡等方面的应用，并引导读者建立缜密的化工热力学思维，使本书真正服务于工业实际。

本书参与翻译、校核的人员名单如下，谨致以最诚挚的感谢。

王英龙　郇伟伟　申威峰　练　成　张红如　王丽丽　李　龙　钟立梅
董殿权　夏　力　陶少辉　王伟文　朱兆友　项曙光　孙晓岩　杨晶巍
崔培哲　孟凡庆　李　鑫　齐建光　孟大朋　徐　颖　赵　霏　于晓鹏
张万祥　侯政坤　陈政润　沈媛媛　马赵源　祁华清

希望这本译著能够促进在校大学生、研究生、科学研究人员以及工程设计、开发与实践者在工程实践的基础上对化工装置中所蕴含的热力学规律有更加清晰深刻的认识，引导读者建立缜密的面向化工过程模拟的化工热力学思维，也希望这本译著能够成为更好服务于产教融合与化工高等教育的一颗明珠。

本书是马后炮化工组织翻译出版的第六本关于化工行业技术领域的译著，马后炮化工团队将更多的目标投向化工工程技术学习的基础教程，引入国外优秀的专业书籍，给国内的化工同行提供更好的学习资料和交流环境，我们的宗旨是“让天下没有难学的化工技术”。

从 2014 年开始，在八年多的时间里，马后炮化工团队在翻译出版国外优秀的化工行业技术图书的路上步履蹒跚踟蹰前行。因为这不是一个盈利的行业，这是一个用情怀和热情在支撑的领域，我们的翻译者们无偿免费参与翻译和校审，投入了大量的业余时间和精力，没有任何利益上的回报。我们希望帮助更多的化工同行回归阅读、回归技术的学习和分享。聚火成光，温暖一隅；以梦为马，不负韶华。我们不只是现在的旁观者，还是未来的创造者，我们翻译出版的不仅仅只是一本本图书，还有我们化工人的梦想和情怀。

更多的本书线上技术交流敬请参与马后炮化工论坛：https：//bbs.mahoupao. net，联系电子邮箱：book@ mahoupao. com。

前　言

20 多年前，热力学教科书的第 1 版以德语出版。

其目标是描述热力学的基本原理，解释热力学在解决天然气、石油和化学加工、制药和食品生产、环境工业、工程公司的工厂设计以及处理危险材料的机构（如消防队、运输公司或技术监督协会）相关问题中的应用。对于实现这些目标，必须对热物理性质、传递性质、相平衡和化学平衡有深刻的了解。因此，第 1 版的很大一部分以及这一全新版本都致力于评估这些工作。虽然上述性质也有助于评价动力学数据和反应速率等非平衡性质，但是这些都不是本书的主题。

已发表的实验物理性质和相平衡数据的数据库是建立热力学模型和确定可靠模型参数的先决条件，这些参数能够准确地描述需要解决的问题。从 1973 年的几百种化合物开始，相平衡数据专业化归档工作经历了长时间的发展。现在在 Dortmund 数据库（DDB）中可以找到超过 74000 种成分的纯组分和混合物性质。在建模方面的一个重大进步是进一步发展了群概念的求解方法，使相平衡等方面的预测成为可能。大量的实验工作被用来系统地填补可用于确定基团相互作用参数的空白。基于 DDB 等专业数据库和计算机技术的飞速发展，过程模拟技术可以快速计算相平衡、传递性质、热量数据、各种热物理性质和化学平衡。即使是大型工业过程的热力学也通常使用商业过程模拟器进行建模。虽然可以通过简单的鼠标点击选择各种模型和模型选项，但工程师或化学家的任务仍然是选择最合适的模型，并且应该了解其准确性、可能的局限性以及系统模型参数的质量。必须深入理解热力学，否则就会导致对过程的误解或设计错误。

目前新版本的教科书是用英语撰写的，名为《Chemical Thermodynamics for Process Simulation》。它专门针对在过程开发、过程合成或过程优化领域工作的读者，不仅为学生提供热力学基础，也为经验丰富的过程工程师提供所需的知识。对过程工业中应用的最重要的模型进行了详细说明，并借助实际数据库（数据回归）对模型进行了调整。具有 g^E 混合规则的立方状态方程对于亚临界和超临界系统的通用模型是很大的进步，因此受到了重视。

此外，还介绍了羧酸、氟化氢、甲醛、电解质和聚合物等特殊物质的模型，以及高精度状态方程和各种预测方法。书中对参数拟合过程提出了建议，并给出了避免过程模拟中错误的若干提示。由于书中篇幅的限制，我们无法涵盖热力学的全部内容，例如，由于并不能用简短的章节介绍吸附，故而它被排除在外。

选择英语是为了将读者群扩大到全世界的学生和工程师。虽然这些作者不都以英语为母语，但我们发现用科学出版物中普遍使用的语言来描述问题更方便。

这个由四位具有不同背景的作者组成的团队解释了热力学在学术和工业应用中的重要性。在这篇前言之后，展示了作者的传记和具体的研究领域。

与其他热力学教科书相比，我们假定读者熟悉经典热力学的基本原理，即压强、温度、内能、焓、熵等量的定义，以及热力学的三定律，这在其他教科书中已有介绍。因此，我们只作简短的介绍，而用更多的篇幅来描述纯化合物及其混合物的真实行为。理想气体定律主要用作参考状态；对于应用实例，使用现代 g^E 模型、状态方程和基团贡献法计算气体和液体的真实行为。

当然，考虑到真实行为，这些例子的解决方案变得更加复杂，但同时它们更接近工业实际。在教科书中很难描述相平衡和过程计算中的典型迭代过程。为了读者更好地理解和有机会重复示例，我们决定提供 Mathcad 表和 DDBST 程序。之所以选择 Mathcad，是因为它可以方便地以接近教科书的形式编写方程，而且不需要隐藏变量名。我们更偏向于使用国际单位制，但不全都使用国际单位制。在示例和图表中，我们使用了最方便的单位。我们认为，工程师和化学家应该能够应付各种单元的并行使用这种情况。我们知道气体常数的当前值是 $R=8.31447\text{J/(mol·K)}$。然而，仍然有许多应用是基于旧值 $R=8.31433\text{J/(mol·K)}$。除了高精度的状态方程，这种区别远远超出了我们计算的精度范围。

为了获得一个完整的理解，数学推导是不可避免的甚至是必需的。如果它们打断了演示的流程，我们会将它们移到附录中，这样读者就可以更容易地遵循主要观点。当然，没有一本教科书能涵盖所有可能的和有趣的推导，但我们希望读者能对热力学中的方法论有所了解，并能自己进行类似的推导。

我们希望这本书能缩小科学发展与工业应用之间的差距。我们感谢所有在编辑手稿过程中给予我们宝贵支持和建议的人。没有一个作者能够写出关于聚合物热力学的完整章节。因此，我们特别感谢 Sabine Enders 教授，她编写了一个精彩的章节，完全符合本书的目标和结构。许多人给出了宝贵的建议。我们感谢 Wolfgang Wagner 教授、Hans Hasse 教授、Josef Novak 教授、Roland Span 教授、Todd Willman、Michael Sakuth 博士、Ingo Schillgalies 博士、Jens Otten 博士、André Mohs 博士、Bastian Schmid 博士、Jens Ahlers 博士、Silke Nebig 博士、Torben Laursen 博士、Heiner Landeck 博士、Ravi Prasad Andra博士、Michael Benje 博士、Kari Keskinen 博士、来自 DDBST GmbH 的同事，以及奥登堡大学的研究小组，他们为这本书提供了许多令人印象深刻的数据。此外，我们非常感谢一直支持我们的家人们。

Jürgen Gmehling

Michael Kleiber

Bärbel Kolbe

Jürgen Rarey

第 2 版前言

自我们的《过程模拟热力学》第 1 版教材出版以来，已经过去了七年。我们打算写一本可直接用于过程模拟热力学的书。很自豪我们从很多人那里得到了很好的反馈，经过这么长时间，我们认为已经做好了出版第 2 版的准备。

主要的补充内容是关于实验方法的章节。在过程模拟中，经常会出现可用数据不足的情况，必须决定是否需要以及需要哪些额外数据。由于选择的多样性，本书不可能对所有方法进行全面的综述。相反，我们认为这是一个很好的途径来概述最重要的方法，特别是对于相平衡测量。在本书中，我们将涵盖流程模拟中的整个物理性质管理链，包括测量、查询、回归和应用。

此外，我们考虑了很多读者的建议。特别感谢 Hans Huemer 教授、Ulrich Deiters 教授、Harald Klein 教授和 Silke Ahlers 博士在编写第 2 版教材过程中给予的宝贵帮助。我们和任何一位作者一样，对自己遇到的印刷错误感到恼火，但另一方面，我们也很感激，因为这是克服错误的唯一机会。我们希望在这方面取得一些进展，因为考虑到热力学是一门精确的学科，任何印刷错误都会扰乱这本书的阅读流程。

Jürgen Gmehling

Michael Kleiber

Bärbel Kolbe

Jürgen Rarey

符号表

a	立方状态方程中的吸引参数	$(J \cdot m^3)/mol^2$
a	Helmholtz 比能	J/mol，J/kg
a_i	组分 i 的活度	
a_{ij}，b_{ij}，c_{ij}，d_{ij}	局部组成模型中的二元或基团交互作用参数（Wilson，NRTL，UNIQUAC，UNIFAC，…）	
A	Helmholtz 能	J
A	面积	m^2
A_m	Debye - Hückel 方程中的参数	$kg^{0.5} \cdot mol^{0.5}$
a，b，c，…	纯组分性质回归中的常数	
A，B，C，…	纯组分性质回归中的常数	
A_n，B_n	描述 n 次缔合反应的参数	
A_φ	Pitzer - Debye - Hückel 术语中的参数	
b	状态方程中的排斥参数	m^3/mol
B	第二维里系数	m^3/mol
B_{ij}	Pitzer 方程中的参数	
B_{ij}	交叉第二维里系数	m^3/mol
c	体积浓度	mol/m^3
c_P	等压比热容	J/(mol·K)，J/(kg·K)
c_v	等容比热容	J/(mol·K)，J/(kg·K)
c_σ	沿饱和线的液体比热容	J/(mol·K)，J/(kg·K)
C	第三维里系数	$(m^3)^2/mol^2$
d	粒径	m
d_i	链段直径（PC - SAFT）	m
D_{ij}	组分 i 在组分 j 中的扩散系数	m^2/s
e	基本电荷；$e = 1.602189 \cdot 10^{-19}$ C	

E	阿克曼校正因子	
f_i	组分 i 的逸度	Pa
F	目标函数	
F	法拉第常数；$F=96484.56\mathrm{C/mol}$	
F_i	i 组分的表面积/摩尔分数（UNIQUAC，UNIFAC）	
$F\ (r)$	概率分布函数	
F_{ij}	离子 i 和 j 的作用力	N
g	Gibbs 比能	J/mol
Δg	Gibbs 混合能	J/mol
Δg_{ij}	NRTL 方程的交互作用参数	K
$\Delta g_{\mathrm{R}}^{0}$	标准 Gibbs 反应能	J/mol
G	Gibbs 能	J
h	普朗克常数；$h=6.626069\cdot10^{-34}\mathrm{J\cdot s}$	
h	比焓	J/mol，J/kg
$\Delta h_{\mathrm{f}}^{0}$	标准生成焓	J/mol
$\Delta g_{\mathrm{f}}^{0}$	标准 Gibbs 生成能	J/mol
$\Delta h_{\mathrm{R}}^{0}$	标准反应焓	J/mol
Δh_{m}	比熔化焓	J/mol，J/kg
$h-h^{\mathrm{id}}$	用 EOS 计算实际气体和理想气体的比等温焓差	
$\Delta h_{\mathrm{L}i}^{\infty}$	亨利组分 i 溶液的比焓	J/mol
Δh_{sol}	溶解热焓	J/mol，J/kg
Δh_{v}	蒸发比焓	J/mol，J/kg
H	焓	J
H_{ij}	溶剂 j 中 i 组分的亨利常数	Pa
I	离子强度	mol/kg
I_{x}	摩尔离子强度	mol/mol
J_i	i 组分的膜通量	kg/（s·m²）
k	玻耳兹曼常数；$k=1.38048\times10^{-23}\ \mathrm{J/K}$	
k_{ij}	三次状态方程中的二元相互作用参数	
K	化学平衡常数	

K	液–液分配系数	
K_{cry}	凝固点下降常数	K·kg/mol
K_{sp}	溶度积	
K_n	n 次缔合的化学平衡常数	
K_{in}	n 次关联的化学平衡常数，组分 i	
K_{Mij}	混合缔合的化学平衡常数，组分 i 和 j	
K_i	组分 i 的 K 因子（$K_i = y_i/x_i$）	
l	膜厚	m
L	液体的量	mol，kg
m	任意特定热力学函数	
m	质量	kg
m_i	组分 i 的质量摩尔浓度	mol/kg
$\overline{m_i}$	偏摩尔性质	
m	质量流量	kg/s
M	摩尔质量	g/mol
$\overline{M}$	分布函数矩量	
Δm，ΔM	混合特性变化	
n	组分数	
n	数据点数	
$\dot{n}$	摩尔流量	mol/s
n_A	分子中原子的数量	
N_A	阿伏伽德罗常数；$N_A = 6.023 \times 10^{23}$	
N_{th}	理论板数	
n_f	自由度	
n_i	组分 i 的摩尔数	mol
n_T	总摩尔数	mol
N	次数合计	mol
Nu	努塞尔数	
p_i	组分 i 的分压	Pa
P	等张比容	
P	总压	Pa
P_i	渗透性	kg/(s·m·Pa)

P^G	液滴蒸气压	Pa
P^*	表观渗透性	kg/(s·m^2·Pa)
P_i^s	组分 i 的蒸气压	Pa
Poy_i	组分 i 的玻因亭因子	
Pr	普朗特数	
q_i	组分 i 的相对 van der Waals 表面积	
q	电荷	C
q	气相分率	
q	比热容	J/mol，J/kg
$\dot{q}$	比热流	W/mol，W/kg
Q	热	J
$\dot{Q}$	热流量	W
Q_k	k 族的相对 van der Waals 表面积	
r_i	组分 i 的相对 van der Waals 体积	
r_i	离子半径	
r_i	段号	
r_{ij}	离子 i 和 j 的间距	m
R	气体常数；$R=8.314471$J/(mol·K) $=1.98721$cal/(mol·K)	
Re	雷诺数	
R_k	k 族的相对 van der Waals 体积	
s	比熵	J/(mol·K)，J/(kg·K)
s_{abs}	绝对比熵	J/(mol·K)，J/(kg·K)
Δs^{id}	混合比熵	J/(mol·K)，J/(kg·K)
Δs_R^0	标准反应熵	J/(mol·K)，J/(kg·K)
S	熵	J/K
S_{12}	选择性	
T	绝对温度	K
u	比内能	J/mol，J/kg
Δu_{ij}	NRTL 方程的交互作用参数	K
u	内能	J
V	蒸气量	mol，kg

v	比容	m^3/mol，m^3/kg
v^*	特征体积	m^3/mol
V	体积	m^3
V_i	i组分体积分数/摩尔分数（UNIQUAC、UNIFAC）	
w	比功	J/mol，J/kg
w	速度	m/s
w^*	音速	m/s
W_t	技术功	J
w_t	比技术功	J/mol，J/kg
w	目标函数中的权重因子	
$W(r)$	分布函数	
w_i	数据点i的权重因子	
w_i	组分i的质量分率	
x_i	液相中i组分的摩尔分数	
x_1'	无盐基上i组分的摩尔分数	
X	组摩尔分数	
X	化学转化	
y	气相摩尔分数	
z	压缩系数；$z=Pv/RT$	
z	长度	m
z_i	离子i的电荷	C
z_i	摩尔分数	
z_n	n次共轭真摩尔分数	
z_{in}	组分i的n次共轭真摩尔分数	
z_{Mij}	组分i和j的混合缔合物真摩尔分数	

希腊符号

$\bar{\bar{z}}$	段摩尔量	
α_{ij}	分离因子	
α_{ij}	NRTL方程中的非随机性参数	
α	热膨胀系数	K^{-1}
α	离解度	
α	传热系数	$W\cdot m^2/K$

α	三次 EOS 函数	
α	高精度 EOS 中 Helmholtz 能量的降低	
α，β，γ	纯组分性质回归中的常数	
γ_i	组分 i 的活度系数	
β	布罗姆利方程中的参数	kg/mol
β	传质系数	m/s
Γ_k	基团活度系数	
δ_i	组分 i 的溶解度参数	$(J/m^3)^{0.5}$
δ_{ij}	超额维里系数	m^3/mol
Δ	热力学性质的差值	
Δ_b	正常沸点的基团增量	
ΔA，ΔB，ΔC，ΔD	用于 c_P^{id} 的基团常量	
$\Delta_{Born}g^E$	关于溶剂介电常数的术语	J/mol
Δ_G	标准 Gibbs 生成能的基团增量	
Δ_H	标准生成焓的基团增量	
Δ_T	临界温度基团增量	
Δ_P	临界压强基团增量	
Δ_v	临界体积基团增量	
ε	势阱深度（PC－SAFT）	
ε	停止准则	
ε	特性数	
ε_r	相对介电常数	
ε_0	真空介电常数；$\varepsilon_0 = 8.854188 \times 10^{-12}$ $C^2/(N \cdot m^2)$	
ζ	局部体积分数	
η	动态黏度	Pa・s
η	效率	
ϑ	摄氏度	℃
Θ_k	k 族的表面积分数（UNIFAC）	
Θ_{ij}	组分 i 在组分 j 周围的局部集中	
χ	等温压缩系数	Pa
κ	绝热指数；$\kappa = c_P^{id}/c_v^{id}$	
λ	势阱深度减少（PC－SAFT）	

λ	导热系数	W/(K·m)
λ_{ij}	Pitzer 模型参数	
$\Delta\lambda_{ij}$	Wilson 方程的相互作用参数	K
Λ_{ij}	Wilson 参数	
μ	偶极矩	Debye
μ_i	组分 i 的化学势	J/mol
μ_{ijk}	Pitzer 方程参数	
ν	动黏度	m^2/s
ν_0	频率	s
ν_k	类型 k 的结构组数	
ν_i	组分 i 的化学计量系数	
ξ	局部体积分数	
Π	渗透压	Pa
π	相数	
ρ	密度	mol/m^3，kg/m^3
σ	硬球段直径（PC－SAFT）	
σ	标准偏差	
σ	表面张力	N/m
σ	对称数	
τ	剪应力	N/m^2
τ_{ij}	UNIQUAC 模型中的二元相互作用参数	
Φ	渗透系数	
Φ_i	组分 i 的体积分数（UNIFAC，UNIQUAC）	
φ_i	式（5.15）中定义的因子	
ϕ_{el}	电势	V
φ_i	组分 i 的逸度系数	
χ	Flory-Huggins 参数	
Ψ	UNIFAC 参数	
ω	偏心因子	

特殊符号

$-$	部分性质	
∞	无限稀释值	

下标

±	全部电解液
0	参比状态
1，2，3，4，…	流程步骤
a	阴离子
amb	周围的
az	共沸点值
b	正常沸点值
c	临界性质
c	阳离子
calc	计算值
Comp	压缩机
CWR	冷却水回水
CWS	冷却水供应
D	二聚物的值
DH	Debye – Hückel
dil	稀释
elec	电解液
exp	实验值
eut	共晶点值
f	生成反应的值
G	气相
HF	半缩甲醛
i，j，…	组分
inv	转化温度
LC	局部组成模型
LR	远程
m	熔点值
max	最大发生值
mix	混合物
M	单体值
MR	中程

MSA	平均球近似法
P	恒压
R	化学反应值
r	减少性质
ref	参比状态
rev	可逆过程
solv	溶剂
SR	短程
tot	合计
tr	三相点值
trans	转移点
trs	过渡
ture	极大似然法中真值
v	蒸发
v	恒容

上标

*	电解质参考状态
assoc	关联特征
rep	由排斥力引起
att	由引力引起
α，β，ϕ，π，′，″	相
C	组合部分
disp	分散
E	超额性质
hs	硬球
hc	硬链
id	在理想气体状态下
L	液相
m	标准质量摩尔浓度
0	标准态
R	残余部分

(r)	参比液
o	零压下
pure	纯组分
S	无盐
s	饱和状态
S	固相
S	无溶剂
subl	升华
tot	完全分离
V	气相
(0)	简单流体
(1)	对简单流体行为的偏离（对应态原理）
∞	无限稀释
Ⅰ，Ⅱ，Ⅲ，…	相

数学运算

ln	以 e 为底的对数
log	以 10 为底的对数

单位换算

1kPa = 0.009869atm = 0.01bar = 7.50062Torr = 10^3 N/m^2 = 1000Pa

1J = 1kg · m^2/s^2 = 1N · m = 0.238846cal

1Debye = 3.336 × 10^{-30} C · m

作者简介

Jürgen Gmehling：在学习化学之前，我在埃森技术学院作实验室技术员，并学习了化学工程，1970 年获得了化学硕士学位，1973 年获得了 Dortmund 大学无机化学博士学位。毕业后，我在 Dortmund 大学化学工程系主任 Ulfert Onken 教授的研究小组工作。我的研究方向是应用热力学，主要是基团贡献法的发展和分离过程的合成。从 1977 年到 1978 年，我在加州伯克利的化学工程系与 J. M. Prausnitz 教授共事了 15 个月。

1989 年，我加入奥登堡大学，担任化学工程教授。本组的研究方向主要针对化学过程的计算机辅助合成、设计和优化。我们的研究成果，特别是软件产品，包括 Dortmund 数据库、非电解质和电解质系统的基团贡献法（UNIFAC，改进的 UNIFAC、PSRK、VTPR、LIQUAC、LIFAC、COSMO – RS），以及在世界范围内被大量工业化学工程师在日常工作中使用的用于过程开发的复杂软件包。20 多年来，由 50 多家公司组成的联盟支持了这些方法的进一步系统化发展，这一事实证明我们所开发的基团贡献法的重要性。

我也是德国奥登堡 DDB 软件与分离技术（DDBST）公司（www. ddbst. com）的董事，该公司由我和两位同事于 1989 年共同创立。该公司负责世界上最大的热物理数据库即 Dortmund 数据库（DDB），同时从事分离工艺综合设计软件的咨询与开发。在与 K. Fischer 博士的合作中，我于 1999 年在奥登堡大学建立了热物理性质实验室（LTP GmbH [www. ltp – oldenburg. de]）。公司从事在宽的温度和压强范围内热物理数据的测量（如纯组分性质、相平衡性质、超额性质、传递性质、反应速率等）。

在我的研究方向中，我荣获了各种奖项，例如 1982 年 Gesellschaft für Verfahrenstechnik und Chemieingenieurwesen（GVC）颁发的阿诺德 · 欧肯奖，国际化学热力学协会颁发的 2008 年罗西尼讲座奖，2010 年 Gesellschaft Deutscher Chemiker 颁发的 Gmelin Beilstein Denkmünze 奖，以及 2012 年 ProcessNet（DECHEMA，Verein Deutscher Ingenieure）颁发的 Emil Kirschbaum 奖章。

Bärbel Kolbe：我在化学工程专业毕业后，于1983年在德国Dortmund大学的Jürgen Gmehling课题组完成了关于描述和测量液体混合物性质的论文。我继续与Jürgen Gmehling合作了3年。在此期间，我参与了关于VLE的DECHEMA化学数据系列手册的出版，这本书的第1版是用德语编写的。我在蒂森克虏伯工业解决方案公司及其前身的不同部门工作了30年。在过去的几年中，我主要研究的是热物理性质、热分离技术和新工艺。

Michael Kleiber：机械工程专业毕业后，我在布伦瑞克工业大学Hans Jürgen Löffler教授的团队中担任科学助理。我于1994年补充了UNIFAC法对卤代烃的测定，完成了我的论文。在接下来的几年，我为前赫斯特公司和他们的法人在过程开发、过程模拟和工程计算等领域做了大量的工作。与此同时，我作为Bärbel Kolbe的同事以及首席开发工程师，来到蒂森克虏伯工业解决方案公司。作为德国热力学委员会成员，为VDI HeatAtlas、Winnacker－Kuchler和Ullmann's Encyclopedia of Industrial Chemistry等过程工程标准书籍做出了贡献。

Jürgen Rarey：1991年，我毕业于Dortmund大学的化学专业，并获得化学工程博士学位。在学习的第三年制造了我的第一台计算机，并开发了一些与实验室的接口设备和控制软件。我开始致力于模拟的可行性，并认识到正确描述基本现象对模拟结果（无用输入－无用输出）的重要性。

1989年，博士学习快结束之际，我搬到了德国北部的奥登堡。自1989年4月以来，我一直在奥登堡大学担任Gmehling教授小组的固定职位。

同年，我与他人共同创办了DDBST有限公司(www.ddbst.com)。该公司目前是著名的热物理性质数据以及过程模拟进一步应用在安全、环境保护等方面的评估方法的供应商。

从20世纪80年代开始，我在奥登堡为来自工业界的非专业人士和欧洲、美国、中东、南非、日本等公司的专业人士（单独或与Gmehling教授一起）教授了许多化学过程模拟的应用热力学课程。

另外在我的职业生涯中，在南非德班担任名誉教授，开发并发表了如蒸气压、液体黏度、水和烷烃溶解度等重要性质的评估方法。其中关于正常沸点评估的第一个方法已经被普遍认为是主要的和最好的方法。2016年我加入了泰国Thonburi的ChEPS－KMUTT学院，教授应用热力学课程。

目　录

1 引言

过程模拟是化工、石化、制药、能源生产、天然气处理、环境、化妆品和食品工业中过程开发、设计和优化的工具。它使用不同单元操作的数学模型来表示过程的特定基本操作，确保质量和能量守恒。如今，模拟模型对于科学技术发展，甚至对于经济和政治决策都有至关重要的意义，例如气候模拟。然而，由于对热力学及其在过程模拟中的应用缺乏了解，使过程模拟在工业生产中的广泛应用受到限制。本书致力于以一种简明的方式提供热力学方面的相关知识。

过程模拟的发展始于20世纪60年代，伴随着相应的硬件和软件技术，将有关热物理性质、相平衡、反应平衡、反应动力学和特定单元操作的知识链接起来。目前已经开发了许多综合模拟程序，商业程序(Aspen Plus、ChemCAD、HYSYS、PRO/II、ProSim和SYSTEM 7)和大型公司的内部模拟程序，例如VTP-lan(拜耳公司)或CHEMASIM(巴斯夫)以及涵盖了从事过程工程的小公司的特定计算任务的大量内部工具。然而，所有的模拟器都有一个共同点，当它们的模型有相应的模型参数时才可用。大多数流程模拟器为用户提供默认的数据库，但最终所使用的参数由用户自己决定。自20世纪70年代以来，编制的纯组分和混合物(如DIPPR、DDB)的数据库是非常有用的。目前已经形成了完善的数据格式，以便于被计算机程序运行。这些工作是现代过程模拟的主要基础。此外，这些系统的数据收集使得开发诸如ASOG、UNIFAC、修改的UNIFAC、PSRK和VTPR等预测方法成为可能，并且即使对于没有数据的系统，工程师也能够合理调整参数。这本书最重要的目的之一是让用户能够通过合适的方法选择模型和模型参数。

在过程模拟中可以进行不同程度的尝试。简单的分离平衡可以在无须引入任何物理关系的情况下首先对流程进行估算。用户只需定义分离因子来决定特定组分采用的方式。对于中等复杂情况，可以使用简洁方法来描述不同的过程操作。最常见的案例是极其复杂的严格模拟。特定单元操作(反应器、塔、热交换器、闪蒸容器、压缩机、阀门、泵等)的热力学性质可以用正确的物理原理和模型表示。

不同的物理模型有时可用于相同的单元操作。例如，精馏塔可以根据平衡模型或速率模型进行建模，同时考虑塔内件的传质。这种模拟可以获取数据用于工艺设备的设计或工艺本身的优化。近年来，动态模拟变得越来越重要。在此背景下，动态意味着特定的输入数据可以随时间变化，从而可以对工厂的时效行为进行建模，并评估过程控制的效率。

对于稳态和动态模拟，模拟的质量主要取决于热物理性质、相平衡、传质和化学反应的正确表示。由于这些过程受热力学关系的影响很大，正确应用化学热力学是过程模拟成功的必要条件。这包括处理原始数据以获得具有高质量的纯组分和混合物的参数，以及选择适当的模型和评估特定模型性能的能力。较差的热物理性质数据或准确性不高的数据、不适合的模型和模型参数以及灵敏度的缺少是过程模拟中最常见的错误，这可能会导致设备的错误设计。灵活应用热力学知识可以开发出可行并且高质量的工艺方案，这使得热力学成为上述行业中的重要工具。

然而，我们必须意识到，在热力学之外还有很多缺陷。未知成分、泡沫形成、传质速率低、污垢层、分解或副反应可能导致不理想的结果。一般来说，固体的产生总是一个难题，只有小规模的放大是可能的(1：10)，而在流体过程中，1：1000 的大范围放大是很正常的。对于结晶，晶体生长的动力学往往比相平衡本身更重要。然而，即使在这些条件下，模拟也能为理解过程原理做出有价值的贡献。

目前，过程模拟是工厂设计、投资和运营成本评估以及后续任务(如过程安全分析、排放清单或性能评估)的基础。为了进行工艺开发和优化，它们可以有效地用于比较各种方案并选择最有前景的方案，然而，一般来说，这些方案应通过实验加以验证。因此，最先进的过程模拟可以有效地为工厂承包商和运营公司降低成本。

本书结构如下：

在第 2 章中，介绍和解释了纯流体行为的特殊现象。描述了状态方程的主要类型及其作用。在第 3 章中，详细讨论了过程模拟中的各种变量的预测及其相关性。

第 4 章阐述了描述混合物热力学的重要术语，其中 g^E 混合规则已是现代混合物状态方程的主要进展。

第 5 章全面介绍了相平衡计算中最重要的模型和方法，包括复杂的现象(如液－液平衡的压强依赖性)压强。深入讨论了 g^E 模型和状态方程的优缺点。重点研究了应用 UNIFAC 基团贡献法及其导数，即改进的 UNIFAC 方法和 PSRK 与 VTPR 基团贡献状态方程，计算相平衡的预测方法。此外，在第 6 章中，还解释了热学性质的计算及其在过程模拟程序中的处理方法。

虽然第 5 章涉及适用于各种各样非电解质系统的模型，但是有单独的章节介绍专门模型系统。包括电解质(第 7 章)、聚合物(第 10 章)和化学反应与相平衡计算紧密相连的系统，例如，甲醛 – 水溶液和显示气相缔合的物质(第 13 章)。第 8 章和第 9 章分别讨论了特殊的相平衡，如固 – 液平衡和渗透作用。

第 11 章介绍了热力学在分离技术中的一些应用，例如剩余曲线图的概念，选择合适的萃取剂分离共沸体系的一般步骤，过程模拟前验证模型参数以及分离问题的鉴别。

第 12 章介绍了化学反应热力学，强调了真实混合物现象对反应平衡、反应焓的描述和溶剂效应对化学平衡转化的重要性。

第 14 章介绍了过程模拟和设计中常用的一些标准计算。

第 15 章以介绍一些广泛使用的测定未知相平衡和物理性质的测量技术作为本书的结尾。

这本书还附有一个附录，列出了计算热物理性质的参数，并通过精确推导一些关系来加深理解。为了使读者能够建立自己的模型，特别注意在附录中解释回归过程和原理，包括纯组分特性和二元参数的调整。

所有的主题都用与实际过程模拟问题密切相关的例子来说明。在每一章的最后，给出了计算实例，使读者能够加深理解。第 16 章介绍了大量的问题。这些问题及其解决方案可从网站 www. ddbst. com 下载。部分问题需要使用 Mathcad 软件和 Dortmund 数据库软件包 – Explorer 版本。两个软件包都可以从互联网上下载。DDBSP 资源管理器版本是免费使用的，而 Mathcad 只在 30 天的试用期内免费使用。Mathcad 文件使用户能够自己执行迭代计算，并感受到它们的复杂性。通常，示例中会包含过程模拟中的典型问题，这有助于读者提前避免这些问题。

本书特别注意提供一个完整的化学热力学逻辑表示法。为了保证内容的流畅性，许多原始数据都放在了附录中。

2　纯组分的 *PvT* 行为

2.1　概述

如果纯物质的压强 P、摩尔体积 v、绝对温度 T 和理想气体比热容 c_P^{id} 之间的关系已知，则可以计算出该物质的所有热力学性质。图 2.1 为典型的 *PvT* 行为三维图，不同区域代表了不同的热力学稳定状态。根据状态变量 P、v 和 T，可以得知物质以固态(S)、液态(L)、气相❶(V)或两相或三相的组合存在。不同状态的特征如下：

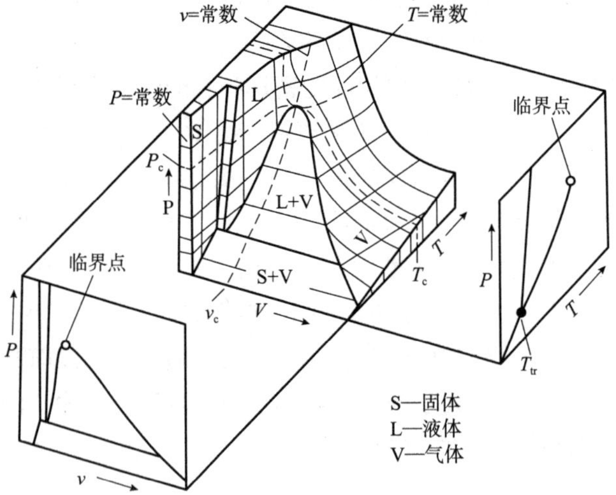

图 2.1　*PvT* 图

具有明确的形状的固体。它是由分子(或电解液和金属中的离子)组成的，停留在晶格的一个位置，其分子保持振动状态。

具有一定体积，没有确定的形状的液体。其形状依赖所填充容器的形状，它

❶　汽体和气体之间有细微的差别。当汽体冷却或压缩时，它会凝结。达不到冷凝条件的气体在冷却或压缩过程中仍是气态，例如，自然界中的空气。

填充容器的一部分，这取决于液体的量。液体中的分子没有确定位置并保持振动状态，分子间的距离比固体中的距离大❶。

既没有一定的体积，也没有一定的形状的气体。它可以完全填充它所在的容器。分子间的距离比液体中分子间的距离大得多，因此，它的密度更低❷。

液相和气相的共同点是，当施加剪切应力时，它们会变形和移动，这些相态通常都被称为流体相，不同的相态区域由表示相变的线隔开，以区分两相或三相共存的同质(单相)和异质区域(例如三相点)。

通过观察在一个平面上的投影，可以更清楚地显示状态和状态的转换，如 *Pv* 图或 *PT* 图。在 *Pv* 图(图 2.2)中的 *A* 点，物质仅以气相形式存在。当气体在恒定温度下被压缩时，露点曲线上的 *B* 点出现第一个液滴❸。在恒压下，当总体积减小，液体分数增加，达到沸点曲线时，物质完全液化。在沸点曲线和露点曲线之间，气相和液相处于平衡状态。液相和气相的量可以通过质量平衡来计算，也可以通过反向杠杆臂定律来图形化确定。

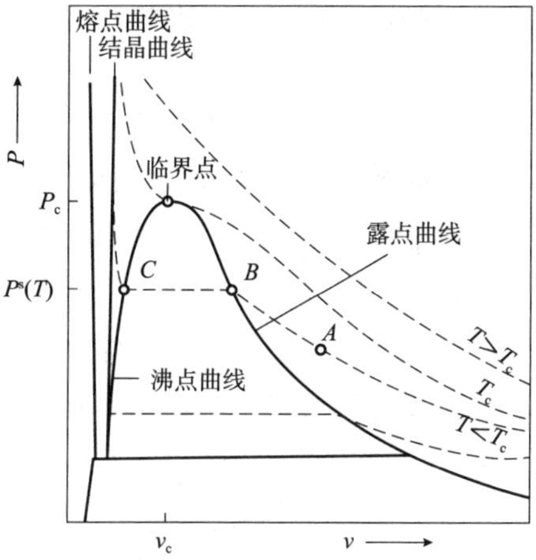

图 2.2　*Pv* 图

因为液体的压缩性很低，所以体积的缩小需要很大的压强来实现。随着持续压缩，达到固态线，物质开始结晶。压强再次保持恒定，直到达到熔点线，物质完全转变为固态。沸点曲线和露点曲线在临界点处相交。在临界点以上，液体和蒸气不可能共存。临界等温线($T = T_c$)表示在临界点处存在一个数学意义上的鞍点：

$$\left(\frac{\partial P}{\partial v}\right)_{T_c}=0 \quad 和 \quad \left(\frac{\partial^2 P}{\partial v^2}\right)_{T_c}=0 \tag{2.1}$$

为了理解临界行为和临界体积的作用，假设三个具有相同体积的容器，在相同的温度和压强下，每个容器内装一种纯物质，但液位不同(见图 2.3)。

❶ 水与冰之间的状态改变不符合上述定律。

❷ 存在例外。例如，在高压下，在二氧化碳－水系统中，气相的密度比液体的密度大，所以液体实际上是上层相。

❸ 由于小液滴的蒸气压升高(见 3.2.1 节和附录 C，B1)，需要过饱和活性表面来促进凝结。

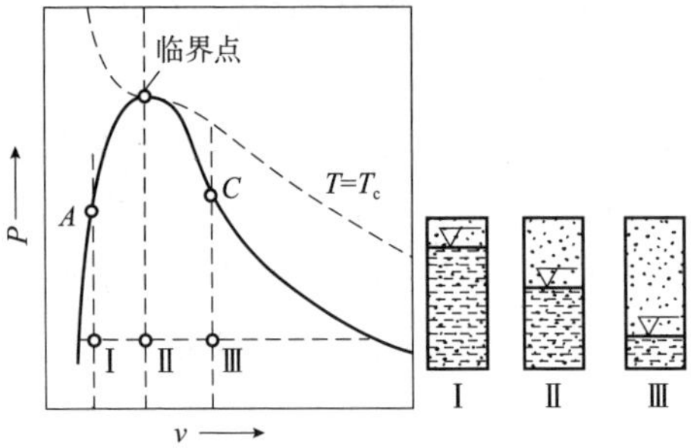

图 2.3　等容状态变化的 Pv 图

第一个容器含有大量的液体，即两相的平均体积小于临界体积。调节第二个容器的液面，使平均摩尔体积与临界摩尔体积相等。因此，第三个容器仅包含少量的液体($v>v_c$)。

假设给第一个容器加热：因为总体积恒定，故而在 Pv 相图中压强垂直上升。同时，由于液体摩尔体积的增加(温度越高，密度越低)，液体分数也随之增加，直到达到泡点线上的 A 点。在这一点上，容器内充满了液体，进一步加热会导致压强大幅度增加而不发生相变。在过程模拟中，温度高于 T_c 的流体状态被定义为气相，但它不具有上述的物理意义。在物理学中，这种状态通常被称为流体[1]，因为区分气相和液相没有任何意义。

给第二个容器加热时，液相摩尔体积再次增大，同时气相摩尔体积随着压强的增大而减小。如图 2.4 所示，在临界点以下出现临界乳光现象。由于蒸发焓极低，物质某些部分的状态会永久改变，并形成条纹。当达到临界点时，相界面消失，不再区分气相和液相，此时会形成一层白色或者从上方看是紫色甚至是黑色的厚的不透明的雾。在临界点温度以上，状态仍然是流体，在过程模拟中将这种状态定义为气相或气态。

给第三个容器加热时，所有的液体在达到露点线(点 C)时由于液位低而全部

(a)$T=T_c-0.5$K　(b)$T=T_c=305.322$K　(c)$T=T_c+0.5$K

图 2.4　乙烷的临界乳光现象

蒸发。当进一步加热时，液体仍然是气态的，或者根据定义，在临界等温线之上是气态的。

在气体液化过程中，临界点起着非常重要的作用。自19世纪初以来，许多科学家试图通过高压低温的条件来液化气体。二氧化碳和氨气在室温下通过加压实现液化，但其他气体，例如氮气、氧气、一氧化碳、甲烷或氢气，即使在压强增加至1200bar、温度降低至－110℃的条件下仍然保持气态，因此，这些气体被认为是不可能冷凝的，它们被称为永久性气体。1863年，爱尔兰物理学家Thomas Andrews（1813～1885）对二氧化碳进行了研究，发现在某一点上气相和液相之间的差异会消失，这个点就是所谓的临界点。在临界点温度以上，气体在任何压强下都不能液化，而在低于临界点温度时，相对较低的压强就足够了。这是1873年著名的Johannes Diderik van der Waals（1837～1923）理论[2]的基础，在这个理论下建立了状态方程(EOS)，首次对冷凝、蒸发、相平衡以及气体在超临界状态下的行为等现象给出了合理的解释。1877年，Louis Paul Cailletet（1832～1913）成功地液化了氧气和其他永久性气体。使用Linde工艺[3]，温度可以达到80K以下。1898年，James Dewar（1842～1923）在20.4K的条件下液化了氢气，并且Heike Kamerlingh Onnes（1853～1926）于1908年在4.2K的条件下液化了氦气。最后，所有的永久性气体都符合具有临界点的物质模式。

*PvT*图的另一个重要投影是*PT*图（见图2.5）。在*PT*图中，露点线与蒸气压曲线中的泡点重合。同样，固相线和液相线在熔化曲线上重合。固态和气态之间的相变用升华曲线来描述。蒸气压曲线、熔化曲线和升华曲线相交于三相点，在三相点上，气态、液态和固态三相平衡共存。水的三相点是众所周知的，可以在所谓的三相点瓶中重复。它被用作1990国际温标(ITS－90)[4]的固定点❶（$T_{tr}=273.16K$ 或 $\vartheta_{tr}=0.01℃$，$P_{tr}=611.657Pa\pm0.01Pa$）。蒸气压曲线在临界点处结束；临界温度 T_c 以上不存在液相。

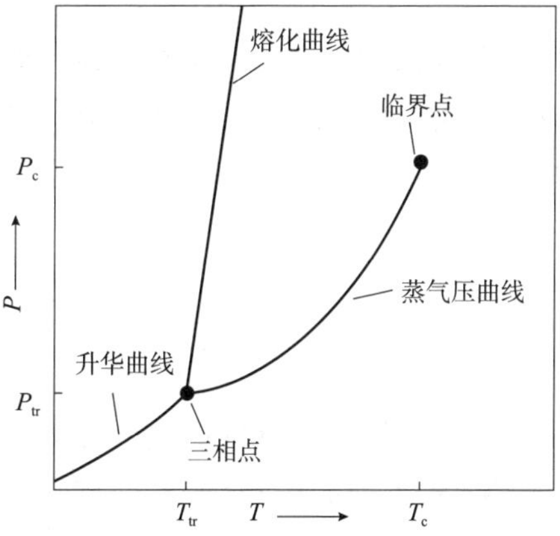

图2.5　*PT*图

❶ 在ITS－90中，水的正常沸点不再是一个固定点。事实上，水的正常沸点现在确定为99.975℃，而不是100℃。

应该注意的是，在这一点上水有一个不寻常的固态和液态转化，因为固体(冰)比相应的液体有更大的比容。因此，熔化曲线斜率为负；压强的增加有利于体积较小的相。有许多实际的案例。当温度降到0℃以下时，装满水的容器可能会破裂。冰山在海洋中移动。当溜冰鞋施加的压强使冰融化时，溜冰者在一层液态水上滑行；然而，这种流行的解释目前还在讨论中，因为仅有这种效果是不够的[5]。冰表面的摩擦热和一些特殊性质也起着重要的作用。

2.2 卡路里属性

从力学上讲，能量守恒原理是众所周知的。它可以推广到热力学第一定律，在这里，“能量”一词被推广并应用于与热有关的现象。热和能量都很难用精确的物理方法定义。

在热力学中，人们可以区分出强度和广度性质。广度的意思是物质的量与系统的大小成比例，可以用它的质量(m)或它在系统中的摩尔数(n_T)来表示。例如，系统的体积不依赖于系统的大小，所以其温度和压强是强度变量。

此外，能量也是一个系统的广度状态变量。热力学第一定律指出，一个系统的能量含量只能通过穿越系统边界的能量传输来改变。因此，能量不能自发产生和消失。

动能和势能是力学中的能量项，它们构成了系统的总能量；剩下的称为系统的热力学能 U。对于任何广度性质，都可以定义出相关的特定属性[通常，表示广度性质的符号是大写字母(如 U、V)，对应的比量或摩尔量用小写字母表示]。

$$u = \frac{U}{m}$$

$$u = \frac{U}{n_T}$$

在这个阶段，没有必要进一步定义热力学能的性质。实际上，它本质上是由分子的各种不同的运动(平移、旋转、振动)以及它们之间的力所决定的。详见3.3.4节和3.3.5节。

如果在边界处有一个压强场使系统压强处于平衡状态，则引入焓作为另一个广度的状态变量是有帮助的。它最简单的应用实例是当系统加热时气体膨胀对活塞做功($Q_{12}>0$)。图2.6为系统边界的两种方案：一种是使用固定活塞(a)，另一种是使用可移动活塞(b)。

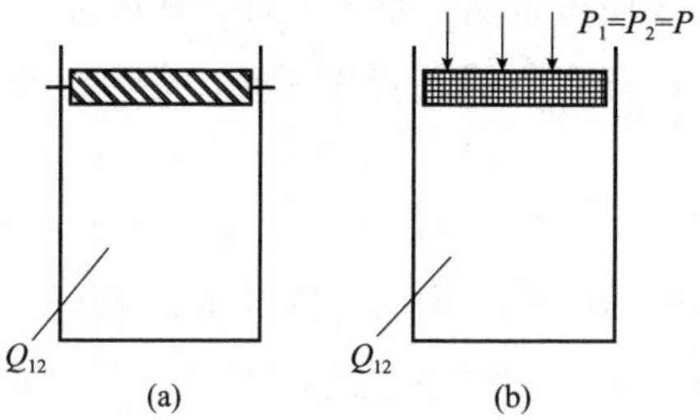

图2.6 气体加热的两种方案

设1为程序的开始，2为程序的结束；案例(a)的能量平衡为：

$$Q_{12} = U_2 - U_1 \tag{2.2}$$

因为动能和势能不受影响。对于案例(b)，需要考虑当活塞由于气体膨胀而向上移动时，外界恒压场的势能变化为：

$$Q_{12} = U_2 - U_1 + P(V_2 - V_1) = (U_2 + P_2V_2) - (U_1 + P_1V_1) = H_2 - H_1 \tag{2.3}$$

焓(H)由 $U+PV$ 组成并经常出现在计算过程中，可以认为是能量平衡中最广泛使用的量，特别是对于质量流的能量平衡，它是过程计算的标准情况，与本例不同的是 $P_1 \neq P_2$。焓和相关的摩尔量或比焓，分别定义为：

$$H = U + PV \tag{2.4}$$

和

$$h = u + Pv \tag{2.5}$$

文献[3]中有对于焓更详细的描述。

熵 S 可以由其在封闭系统(即没有传质)中的微分来定义：

$$\mathrm{d}S = \frac{\mathrm{d}U + P\mathrm{d}V}{T} \tag{2.6}$$

熵可能是热力学中最难理解的量。它与热力学第二定律密切相关，热力学第二定律指出，在一个封闭的绝热系统中，热量和质量都不能通过系统边界，熵不会减少。详细的解释见[3，7]。在 Lieb 和 Yngvason[8] 的基础上，Thess[5] 阐述了一个有趣的新定义。

此外，还可以定义另外两个组合的热量，即 Helmholtz 能

$$A \equiv U - TS \tag{2.7}$$

和 Gibbs 能：

$$G \equiv H - TS \tag{2.8}$$

它们特别重要的性质将在下面的章节中介绍。

需要明确指出的是，具体的热量 u、h、s、a、g 没有绝对值。因此，未定义参考点的热量特性的单一值是没有意义的，只有热量特性之间存在差异才能得到

解释。任何热量特性表都应该定义一个参考点，并设置特定的热量特性为零。如果只涉及纯组分，可以以任意方式选择参考点，例如，沸腾液体在 $\vartheta=0℃$ 的条件下 $h=0$。

过程模拟器选择了一种更复杂的方法，以确保即使发生化学反应热量特性也是一致的。以标准生成焓 Δh_f^0 作为参考点即为上述情况。在3.2.5节和第6章和第12章中进行了详细解释。标准生成焓是指理想气体在标准条件($T_0=298.15\text{K}$，$P_0=101325\text{Pa}$)下的生成焓(见2.3节)。因此，纯组分的比焓参考点为❶：

$$h_{\text{ref}}(T_0=298.15\text{K},\ P_0=101325\text{Pa},\ \text{ideal gas})=\Delta h_f^0 \tag{2.9}$$

标准生成焓在许多参考书(例如[9，10]和[11]等)中都有列出。附录A也给出了一些物质的参数。

内能 u 没有必要单独定义：

$$u=h-Pv \tag{2.10}$$

热力学第三定律指出，纯晶体物质的熵在 $T=0\text{K}$ 时为零。这定义了过程模拟中具体的熵的参考点，并使其与化学反应一致。使用这个参考点的熵称为绝对熵，用下标abs表示。为了方便，在参考表中列出了标准熵，也就是标准条件下的绝对熵：

$$s_{\text{standard}}=s_{\text{abs}}(T_0,\ P_0,\ \text{ideal gas}) \tag{2.11}$$

Δh_f^0 和 s_{abs} 相结合可以建立一个一致的Gibbs能的参考点❷，Gibbs能表示为：

$$g(T_0,\ P_0,\ \text{ideal gas})=\Delta g_f^0 \tag{2.12}$$

Gibbs能通常与标准生成焓一起列出。表示为：

$$a=g-Pv \tag{2.13}$$

不需要特别定义Helmholtz能 a 的参考点。根据公式(2.4)、公式(2.7)、公式(2.8)可以得到总微分。结合式(2.6)，得到基本方程：

$$\mathrm{d}U=T\mathrm{d}S-P\mathrm{d}V \tag{2.14}$$

$$\mathrm{d}H=T\mathrm{d}S+V\mathrm{d}P \tag{2.15}$$

$$\mathrm{d}A=-P\mathrm{d}V-S\mathrm{d}T \tag{2.16}$$

$$\mathrm{d}G=V\mathrm{d}P-S\mathrm{d}T \tag{2.17}$$

从这些方程可以看出，下列关系是有效的：

$$T=\left(\frac{\partial U}{\partial S}\right)_V=\left(\frac{\partial H}{\partial S}\right)_P \tag{2.18}$$

---

❶ 标准生成焓是在 T_0 和 P_0 的条件下化学元素以稳定形式形成特定化合物时的反应焓。

❷ Δg_f^0 和 s_{abs} 之间的关系见6.3节。

$$P = -\left(\frac{\partial U}{\partial V}\right)_S = -\left(\frac{\partial A}{\partial V}\right)_T \tag{2.19}$$

$$V = \left(\frac{\partial H}{\partial P}\right)_S = \left(\frac{\partial G}{\partial P}\right)_T \tag{2.20}$$

$$S = -\left(\frac{\partial G}{\partial T}\right)_P = -\left(\frac{\partial A}{\partial T}\right)_V \tag{2.21}$$

同时，基本方程的二阶导数给出了有用的关系。根据 Schwarz 定理，连续函数的混合偏导数与微分的阶无关。例如，式(2.14)偏导数：

$$\left(\frac{\partial U}{\partial S}\right)_V = T\left(\frac{\partial U}{\partial V}\right)_S = -P$$

$$\left(\frac{\partial^2 U}{\partial S \partial V}\right) = \left(\frac{\partial T}{\partial V}\right)_S \left(\frac{\partial^2 U}{\partial V \partial S}\right) = -\left(\frac{\partial P}{\partial S}\right)_V$$

因此

$$\left(\frac{\partial T}{\partial V}\right)_S = \left(\frac{\partial P}{\partial S}\right)_V \tag{2.22}$$

同理，可以从公式(2.15)和公式(2.17)中获得：

$$\left(\frac{\partial T}{\partial P}\right)_S = \left(\frac{\partial V}{\partial S}\right)_P \tag{2.23}$$

$$\left(\frac{\partial S}{\partial V}\right)_T = \left(\frac{\partial P}{\partial T}\right)_V \tag{2.24}$$

$$\left(\frac{\partial V}{\partial T}\right)_P = -\left(\frac{\partial S}{\partial P}\right)_T \tag{2.25}$$

方程(2.22)～(2.25)为麦克斯韦关系。

纯物质的焓的全微分是温度和压强的函数：

$$\mathrm{d}h = \left(\frac{\partial h}{\partial T}\right)_P \mathrm{d}T + \left(\frac{\partial h}{\partial P}\right)_T \mathrm{d}P \tag{2.26}$$

焓对温度的依赖关系用定压比热容来表示，定压比热容定义为：

$$c_P \equiv \left(\frac{\partial h}{\partial T}\right)_P \tag{2.27}$$

同样地，内能对温度的依赖关系由恒定体积下的比热容 c_v 表示：

$$c_v \equiv \left(\frac{\partial u}{\partial T}\right)_v \tag{2.28}$$

表达式$(\partial h/\partial P)_T$可以写成：

$$\left(\frac{\partial h}{\partial P}\right)_T = -\left(\frac{\partial V}{\partial T}\right)_P + v \tag{2.29}$$

采用了 Gibbs 基本方程和麦克斯韦关系式❶。

2.3 理想气体

纯物质的 PvT 行为可以通过状态方程(EOS)描述。EOS 是 P、v 和 T 之间的关系，它们有多种表达方式，例如体积[$V=f(T,\ P)$]或者常见的压强[$P=f(T,\ v)$]。EOS 通过与通用热力学关联可以计算物质的所有热力学性质。最简单的描述气体 PvT 行为的 EOS 是理想气体定律：

$$Pv=RT \quad 或 \quad PV=n_{\mathrm{T}}RT \tag{2.30}$$

R 为气体常数[$R=8.31433\mathrm{J/(mol\cdot K)}$]❷，$n_{\mathrm{T}}$ 为总摩尔数。

理想气体是一种虚构的模型物质。这些分子被认为没有固有体积和分子间作用力。在现实中，没有物质满足这些条件。但理想气体模型作为描述 PvT 气体行为的基础，有着很重要的作用。当压强接近零($v\to\infty$)时，现实物质的行为非常类似于理想气体压强，因为在这个状态下可以忽略分子体积和分子间作用力。

对于理想气体，温度、压强和体积的热力学关系非常简单，如下所示。

纯物质的焓的全微分是温度和压强的函数：

$$\mathrm{d}h=\left(\frac{\partial h}{\partial T}\right)_P\mathrm{d}T+\left(\frac{\partial h}{\partial P}\right)_T\mathrm{d}P \tag{2.31}$$

焓对温度的依赖关系用定压比热容来表示，定压比热容定义为：

$$c_P\equiv\left(\frac{\partial h}{\partial T}\right)_P \tag{2.27}$$

同样，内能对温度的依赖关系用等容比热容 c_v 表示：

$$c_v\equiv\left(\frac{\partial u}{\partial T}\right)_v \tag{2.28}$$

表达式($\partial h/\partial P$)可以写成：

$$\left(\frac{\partial h}{\partial P}\right)_T=-T\left(\frac{\partial v}{\partial T}\right)_P+v \tag{2.29}$$

应用 Gibbs 基本方程和麦克斯韦关系式。

可以使用体积显式的 EOS 轻松地计算这个表达式。也就是说，理想气体方程可以用体积显式的方式表示：

---

❶ 公式(2.29)的推导见附录 C，A5。

❷ 目前公认的气体常数为 $R=8.31447\mathrm{J/(mol\cdot K)}$；然而，大多数计算都是基于旧值，其差异通常可以忽略不计。

$$v=\frac{RT}{P} \tag{2.32}$$

将 EOS 应用于理想气体得到：

$$T\left(\frac{\partial v}{\partial T}\right)_P=\frac{RT}{P}=v \tag{2.33}$$

因此，根据式(2.29)可以得到理想气体的焓对压强的依赖关系：

$$\left(\frac{\partial h^{\mathrm{id}}}{\partial P}\right)_T=-v+v=0 \tag{2.34}$$

这个关系清楚地表明，理想气体的焓不是压强的函数。气体的焓与温度和压强的函数的全微分可以写成[见方程(2.27)和方程(2.29)]：

$$\mathrm{d}h=c_P\mathrm{d}T+\left[v-T\left(\frac{\partial v}{\partial T}\right)_P\right]\mathrm{d}P \tag{2.35}$$

考虑式(2.34)：

$$\mathrm{d}h^{\mathrm{id}}=c_P^{\mathrm{id}}\mathrm{d}T \tag{2.36}$$

同样可以推导出比内能(u)、熵(s)、Gibbs 能(g)和 Helmholtz 能(a)的方程。这些方程如表 2.1 所示。此外，对于理想气体的比热容，可以表示为：

$$\left(\frac{\partial c_P^{\mathrm{id}}}{\partial P}\right)_T=0 \quad 和 \quad \left(\frac{\partial c_v^{\mathrm{id}}}{\partial v}\right)_T=0 \tag{2.37}$$

表 2.1 状态方程 u、h、s、g 与 T、P、v 的关系式

关系式	理想气体
$\mathrm{d}u=c_v\mathrm{d}T+\left[T\left(\frac{\partial P}{\partial T}\right)_v-P\right]\mathrm{d}v$	$\mathrm{d}u^{\mathrm{id}}=c_v^{\mathrm{id}}\mathrm{d}T$
$\mathrm{d}h=c_P\mathrm{d}T+\left[v-T\left(\frac{\partial v}{\partial T}\right)_P\right]\mathrm{d}P$	$\mathrm{d}h^{\mathrm{id}}=c_P^{\mathrm{id}}\mathrm{d}T$
$\mathrm{d}s=\frac{c_P}{T}\mathrm{d}T-\left(\frac{\partial v}{\partial T}\right)_P\mathrm{d}P$	$\mathrm{d}s^{\mathrm{id}}=\frac{c_P^{\mathrm{id}}}{T}\mathrm{d}T-\frac{R}{P}\mathrm{d}P$
$\mathrm{d}g=-s\mathrm{d}T+v\mathrm{d}P$	$\mathrm{d}g^{\mathrm{id}}=-s\mathrm{d}T+\frac{RT}{P}\mathrm{d}P$
$\mathrm{d}a=-s\mathrm{d}T-P\mathrm{d}v$	$\mathrm{d}a^{\mathrm{id}}=-s\mathrm{d}T-RT\frac{\mathrm{d}v}{v}$

$$c_P^{\mathrm{id}}-c_v^{\mathrm{id}}=R \tag{2.38}$$

这些方程表明，对于理想气体，内能 u、焓 h、在恒定压强恒定体积下的比热容 c_P^{id} 和 c_v^{id} 只是温度的函数，与压强或者体积无关。另一方面，比熵(s)、比 Gibbs 能(g)和比 Helmholtz 能(a)是温度、压强或体积的函数，对于理想气体同样如此。

2.4 真实液体

2.4.1 辅助函数

为了描述真实流体的特性，通常定义某些辅助函数来表示真实流体的特性。一个重要的辅助函数是压缩系数 z：

$$z \equiv \frac{Pv}{RT} \tag{2.39}$$

压缩系数 z 可应用于气体和液体。根据上面的定义，理想气体的 z 值等于：

$$z^{\mathrm{id}} = 1 \tag{2.40}$$

压缩系数也可以解释为在相同的温度和压强下，真实流体的摩尔体积与相应的理想气体的摩尔体积之比：

$$z = \left(\frac{v}{v^{\mathrm{id}}}\right)_{T,P} \tag{2.41}$$

当压强趋近于 0 时，所有物质的压缩系数趋近于 1：

$$\lim_{P \to 0} z = 1 \tag{2.42}$$

其他常见的辅助函数有

热膨胀系数 α：

$$\alpha \equiv \frac{1}{v}\left(\frac{\partial v}{\partial T}\right)_P \tag{2.43}$$

等温压缩系数 κ：

$$\kappa \equiv -\frac{1}{v}\left(\frac{\partial v}{\partial P}\right)_T \tag{2.44}$$

不要与公式(2.39)定义的压缩系数相混淆。

辅助函数 α 和 κ 也可以用来表达表 2.1 中的差值：

$$\mathrm{d}h = c_P \mathrm{d}T + v(1 - aT)\mathrm{d}P \tag{2.45}$$

借助麦克斯韦关系式，可以推导出类似于式(2.38)的方程

$$c_P - c_v = T\frac{va^2}{k} \tag{2.46}$$

热膨胀系数 α 和压缩系数 κ 非常适合描述液体，液体的体积变化引起的温度或压强变化相对较小。因此，α 和 κ 可以认为在限定的温度和压强范围内是常数。

2.4.2 剩余函数

所谓的剩余函数是描述实际流体性质的另一种选择。剩余函数表示在相同的温度和压强下，实际流体的热力学性质与相应的理想气体之间的差异：

$$(m - m^{\mathrm{id}})_{T,P}$$

剩余函数是分子间作用力的一种测量方法。在下一节中，将详细讨论体积、熵、焓和 Gibbs 能的剩余函数。

结合公式(2.39)和公式(2.40)，体积的剩余函数很容易用压缩系数表示：

$$(v - v^{\mathrm{id}}) = \frac{RT}{P}(z - 1) \tag{2.47}$$

考虑所有气体在 $P \to 0$ 时都表现为理想气体，熵的剩余函数表达式如下所示：

$$(s - s^{\mathrm{id}})_{T,P} = (s - s^{\mathrm{id}})_{T,P\to 0} + \int_0^P \left[\left(\frac{\partial s}{\partial P}\right)_T - \left(\frac{\partial s^{\mathrm{id}}}{\partial P}\right)_T\right]\mathrm{d}P \tag{2.48}$$

根据理想气体定律，压强为零的条件下的剩余函数为零。由麦克斯韦关系[11]

$$\left(\frac{\partial s}{\partial P}\right)_T = -\left(\frac{\partial v}{\partial T}\right)_P \tag{2.49}$$

和理想气体定律(见表 2.1)

$$\left(\frac{\partial s^{\mathrm{id}}}{\partial P}\right)_T = -\frac{R}{P} \tag{2.50}$$

我们得到

$$(s - s^{\mathrm{id}})_{T,P} = \int_0^P \left[-\left(\frac{\partial v}{\partial T}\right)_P + \frac{R}{P}\right]\mathrm{d}P \tag{2.51}$$

这个积分可以直接用体积显式 EOS 来计算，它适用于描述纯物质的 PvT 行为。

同样地，也可推导出$(h - h^{\mathrm{id}})$的关系：

$$(h - h^{\mathrm{id}})_{T,P} = \int_0^P \left[v - T\left(\frac{\partial v}{\partial T}\right)_P\right]\mathrm{d}P \tag{2.52}$$

Gibbs 能的剩余函数由上述焓和熵函数计算得出：

$$(g - g^{\mathrm{id}})_{T,P} = (h - h^{\mathrm{id}})_{T,P} - T(s - s^{\mathrm{id}})_{T,P} \tag{2.53}$$

从这个方程可以推导出：

$$(g - g^{\mathrm{id}})_{T,P} = \int_0^P \left[v - T\left(\frac{\partial v}{\partial T}\right)_P + T\left(\frac{\partial v}{\partial T}\right)_P - \frac{RT}{P}\right]\mathrm{d}P \tag{2.54}$$

$$(g - g^{\mathrm{id}})_{T,P} = \int_0^P \left[v - \frac{RT}{P}\right]\mathrm{d}P \tag{2.55}$$

方程(2.55)如图2.7所示。

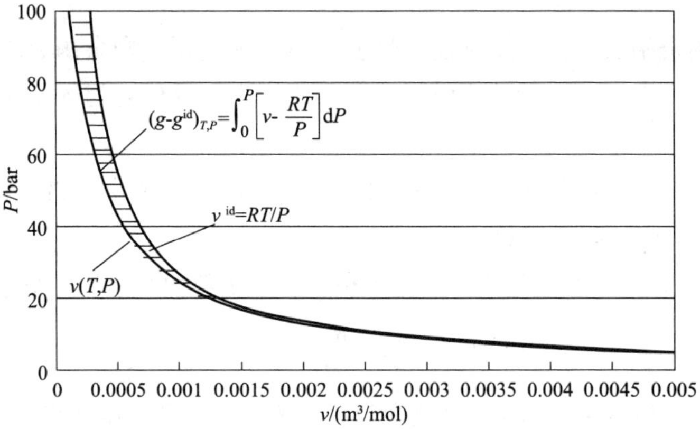

图2.7　在 Pv 图中使用 T=320K 二氧化碳等温线的 Gibbs 能剩余部分的图示

体积函数的剩余函数可以根据压强显式 EOS 的需要以类似的方式导出。表2.2总结了压强显式 EOS 和体积显式 EOS 的不同剩余函数。

表2.2　压强显式状态方程和体积显式状态方程的剩余性质(积分的推导可在附录 C 中找到)

	体积显式 EOS	压强显式 EOS
$(u-u^{id})$	$\int_0^P\left[v-T\left(\frac{\partial v}{\partial T}\right)_P\right]dP-Pv+RT$	$\int_\infty^v\left[T\left(\frac{\partial P}{\partial T}\right)_v-P\right]dv$
$(h-h^{id})$	$\int_0^P\left[v-T\left(\frac{\partial v}{\partial T}\right)_P\right]dP$	$\int_\infty^v\left[T\left(\frac{\partial P}{\partial T}\right)_v-P\right]dv+Pv-RT$
$(s-s^{id})$	$\int_0^P\left[-\left(\frac{\partial v}{\partial T}\right)_P+\frac{R}{P}\right]dP$	$\int_\infty^v\left[\left(\frac{\partial P}{\partial T}\right)_v-\frac{R}{v}\right]dv+R\ln z$
$(a-a^{id})$	$\int_0^P\left(v-\frac{RT}{P}\right)dP-Pv+RT$	$-RT\ln z+\int_\infty^v\left(\frac{RT}{v}-P\right)dv$
$(g-g^{id})$或$RT\ln\varphi$	$\int_0^P\left(v-\frac{RT}{P}\right)dP$	$RT(z-1-\ln z)+\int_\infty^v\left(\frac{RT}{v}-P\right)dv$
$(c_v-c_v^{id})$	$T\frac{\left(\frac{\partial v}{\partial T}\right)_P^2}{\left(\frac{\partial v}{\partial P}\right)_T}-T\int_0^P\left(\frac{\partial^2 v}{\partial T^2}\right)_P dP+R$	$T\int_\infty^v\left(\frac{\partial^2 P}{\partial T^2}\right)_v dv$
$(c_P-c_P^{id})$	$-T\int_0^P\left(\frac{\partial^2 v}{\partial T^2}\right)_P dP$	$T\int_\infty^v\left(\frac{\partial^2 P}{\partial T^2}\right)_v dv-T\frac{\left(\frac{\partial P}{\partial T}\right)_v^2}{\left(\frac{\partial P}{\partial v}\right)_T}-R$

除了剩余函数的表达式外，还经常使用偏离函数。偏离函数定义为实际流体在温度 T 和压强 P 下的性质与相应理想气体在温度 T 和参考压强 P^0 下的性质

之差：

$$[m(T,\ P) - m^{id}(T,\ P^0)]$$

在大多数情况下，参考压强设置为 $P^0 = 1\text{atm}$。

2.4.3 逸度和逸度系数

用一种特殊的形式可方便地描述 Gibbs 能剩余函数。仍然从理想气体方程出发(表 2.1)：

$$dg^{id} = -s dT + \frac{RT}{P} dP \tag{2.56}$$

恒温下 P^0 和 P 的关系如下所示：

$$g^{id}(T,\ P) - g^{id}(T,\ P^0) = RT\ln\frac{P}{P^0} \quad (T=\text{常数}) \tag{2.57}$$

Lewis 引入了辅助性质❶逸度，以便能够将上述简单方程以类似形式应用于实际流体：

$$g(T,\ P) - G(T,\ P^0) = RT\ln\frac{f}{f^0} \quad (T=\text{常数}) \tag{2.58}$$

上标"0"为任意选择参考状态下的理想气体；在固相或液相中可能有不同的参考状态。

式(2.58)只是逸度定义的第一部分。此外，当压强接近零时，这两个表达式应该是相同的，因为在这种情况下，实际流体的行为与理想气体相似。

$$\lim_{P\to 0}\frac{f}{P} = 1 \tag{2.59}$$

从这个角度来看，逸度可以看作是一种校正后的压强。在理想气体行为的极限情况下，压强和逸度是相同的。在真实气体的情况下，逸度等于压强作为第一个近似值；为了得到更准确的描述，必须通过考虑分子间作用力来纠正逸度。逸度系数的引入使得逸度与压强之间的关系更加明显：

$$\varphi \equiv \frac{f}{P} \tag{2.60}$$

这个定义意味着理想气体❷的逸度系数总是 1。

结合公式(2.57)和公式(2.58)得到剩余函数 Gibbs 能：

$$(g - g^{id})_{T,P} = (g - g^{id})_{T,P^0} + RT\ln\frac{f}{f^0}\frac{P^0}{P} \tag{2.61}$$

---

❶ 辅助性质是通过计算得到的性能，而物理性能是通过测量直接获得的。

❷ 对于混合物，压强必须由相应组分的分压来代替(见 4.8 节)。

根据上述定义，极限情况($P^0 \to 0$)导致($f^0/P^0 \to 1$)和[$(g-g^{id})_{T,P^0} \to 0$]。考虑这些关系，得到剩余 Gibbs 能：

$$(g-g^{id})_{T,P} = RT\ln\frac{f}{P} = RT\ln\varphi \tag{2.62}$$

Gibbs 能、逸度和逸度系数是计算相平衡的重要函数。逸度和逸度系数与温度的关系可由 van't Hoff 方程❶导出：

$$\left(\frac{\partial g/RT}{\partial T}\right)_P = -\frac{h}{RT^2} \tag{2.63}$$

结合方程(2.62)和方程(2.63)得出了逸度系数与温度的关系：

$$\left(\frac{\partial \ln\varphi}{\partial T}\right)_P = -\frac{(h-h^{id})}{RT^2} \tag{2.64}$$

同样地，逸度系数与压强的关系式可由 Gibbs 能与压强的关系导出：

$$\left(\frac{\partial \ln\varphi}{\partial P}\right)_T = \frac{1}{RT}\left(v-\frac{RT}{P}\right) \tag{2.65}$$

如：

$$\mathrm{d}\ln\varphi = \mathrm{d}\ln\frac{f}{P} = \frac{P}{f}\frac{P\mathrm{d}f - f\mathrm{d}P}{P^2} = \frac{\mathrm{d}f}{f} - \frac{\mathrm{d}P}{P} \tag{2.66}$$

方程(2.64)和方程(2.65)也可写成

$$\left(\frac{\partial f/f}{\partial T}\right)_P = -\frac{(h-h^{id})}{RT^2} \tag{2.67}$$

和

$$\left(\frac{\partial f/f}{\partial P}\right)_T = \frac{v}{RT} \tag{2.68}$$

例 2.1 大多数 EOS 以压强显式的形式表示

$$P = P(T,\ v) \text{或} z = \frac{Pv}{RT} = z(T,\ v)$$

从压强显式的 EOS 推导出逸度系数的表达式。

解：

将压缩系数 z 代入压强 P，得到：

$$P = \frac{zRT}{v}$$

$$\left(\frac{\partial P}{\partial v}\right)_T = \frac{RT}{v^2}\left[v\left(\frac{\partial z}{\partial v}\right)_T - z\right]$$

---

❶ 推导见附录 C，A7。

结合式(2.65)得：

$$\left(\frac{\partial \ln\varphi}{\partial v}\right)_T = \left(\frac{\partial \ln\varphi}{\partial P}\right)_T \times \left(\frac{\partial P}{\partial v}\right)_T = \frac{1}{RT}\left(v - \frac{RT}{P}\right)\frac{RT}{v^2}\left[v\left(\frac{\partial z}{\partial v}\right)_T - z\right]$$

化简得：

$$\left(\frac{\partial \ln\varphi}{\partial v}\right)_T = \left(1 - \frac{1}{z}\right)\left(\frac{\partial z}{\partial v}\right)_T + \frac{1}{v}(1 - z)$$

其中

$$\frac{1}{z}\left(\frac{\partial z}{\partial v}\right)_T = \left(\frac{\partial \ln z}{\partial v}\right)_T \quad 和 \quad \frac{z}{v} = \frac{P}{RT}$$

方程变形为：

$$\left(\frac{\partial \ln\varphi}{\partial v}\right)_T = \left(\frac{\partial z}{\partial v}\right)_T - \left(\frac{\partial \ln z}{\partial v}\right)_T + \left(\frac{1}{v} - \frac{P}{RT}\right)$$

综合上式得：

$$\begin{aligned}
\ln\varphi &= \int_\infty^v \left[\left(\frac{\partial z}{\partial v}\right)_T - \left(\frac{\partial \ln z}{\partial}\right)_T\right]\mathrm{d}v + \int_\infty^v \left(\frac{1}{v} - \frac{P}{RT}\right)\mathrm{d}v \\
&= (z - \ln z)\Big|_\infty^v + \frac{1}{RT}\int_\infty^v \left(\frac{RT}{v} - P\right)\mathrm{d}v \\
&= z - 1 - \ln z + \frac{1}{RT}\int_\infty^v \left(\frac{RT}{v} - P\right)\mathrm{d}v
\end{aligned} \tag{2.69}$$

该方程可在压强显式 EOS 下计算逸度系数。$RT\ln\varphi$ 是根据剩余 Gibbs 能$(g - g^{\mathrm{id}})_{T,P}$定义的，上述方程等同于表 2.2 中对应的方程。

2.4.4 相平衡

在图 2.5 的边界上，两相可以共存。这些两相区域在技术应用中具有突出的重要性，因为它们是大多数热分离过程的先决条件。下面的内容不仅涉及气－液平衡，也适用于纯物质的其他相平衡线。

在两相区，气液共存，温度相同(热平衡)，压强相同(机械平衡)：

$$T^{\mathrm{L}} = T^{\mathrm{V}} \tag{2.70}$$

$$P^{\mathrm{L}} = P^{\mathrm{V}} \tag{2.71}$$

当它们彼此处于平衡状态时，蒸气和液体分别被称为饱和蒸气和饱和液体。纯饱和液体恒压下进一步加热，温度不变。相反，不饱和液体在完全蒸发之前，都会产生蒸气。同样地，将纯饱和蒸气进行冷却，温度不变，蒸气冷凝后形成饱和液体。图 2.8 说明了水在 $P = 1.013\mathrm{bar}$ 下，从 $\vartheta_1 = 50℃$ 加热到 $\vartheta_2 = 150℃$ 时的相行为。

对于气液共存的两相区域，相平衡条件为：

$$g^{\mathrm{L}}=g^{\mathrm{V}} \tag{2.72}$$

其中上标 L 和 V 分别表示饱和液体和饱和蒸气。

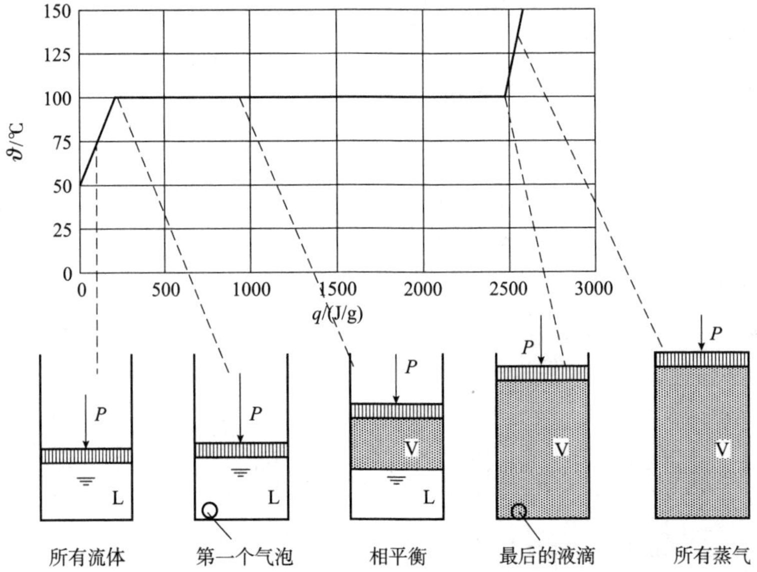

图 2.8　在 $P=1.013\mathrm{bar}$ 下，水从 $\vartheta_1=50℃$ 到 $\vartheta_2=150℃$ 的温度变化所吸收的热量

对于纯物质，化学势 μ 相当于 Gibbs 能 g。在附录 C、B2 和 B3 中给出了公式(2.72)的相平衡条件和等价的纯组分的 μ 和 g。结合方程(2.62)和方程(2.72)得到：

$$f^{\mathrm{L}}=f^{\mathrm{V}} \tag{2.73}$$

对于纯物质：

$$\varphi^{\mathrm{L}}=\varphi^{\mathrm{V}} \tag{2.74}$$

由于温度和压强在蒸发过程中不发生变化，纯物质在两相区域的状态不能充分地用温度和压强来表征。该系统可以由任意数量的液相和气相组成。因此，要完全确定状态，必须另外给出蒸气的比例❶。

$$q=\frac{n^{\mathrm{V}}}{n^{\mathrm{L}}+n^{\mathrm{V}}} \tag{2.75}$$

对于饱和液体，由于不存在气相，$q=0$；对于饱和蒸气，由于完全汽化，$q=1$。

因此，v、h 和 s 可以表示为饱和液体和饱和蒸气的和[3]：

$$v=qv^{\mathrm{V}}+(1-q)v^{\mathrm{L}}$$

❶ 在过程模拟中，通常用 VFRAC 来表示摩尔蒸气分数。

$$h = qh^{\mathrm{V}} + (1-q)h^{\mathrm{L}}$$
$$s = qs^{\mathrm{V}} + (1-q)s^{\mathrm{L}} \tag{2.76}$$

例 2.2 为改善传热条件和减少蒸气管路建筑材料的需求，将 $P_{\mathrm{BFW}}=30\mathrm{bar}$、$\vartheta_{\mathrm{BFW}}=150℃$ 的锅炉给水注入 $\vartheta_{\mathrm{SS}}=400℃$、$P=20\mathrm{bar}$ 的过热蒸气中（$\dot{m}_{\mathrm{SS}}=20\mathrm{t/h}$），将温度降低5K。确定适当的锅炉给水量❶。使用蒸气表[12]确定焓值。

解：

水在 $P=20\mathrm{bar}$ 时的饱和温度为 $\vartheta_{\mathrm{S}}=212.38℃$。过热蒸气的最终温度为 $\vartheta_{\mathrm{5K}}=217.38℃$，对应的焓为 $h_{\mathrm{5K}}=2813.8\mathrm{J/g}$。

能量平衡：

$$\dot{m}_{\mathrm{SS}}h_{\mathrm{SS}} + \dot{m}_{\mathrm{BFW}}h_{\mathrm{BFW}} = \dot{m}_{\mathrm{5K}}h_{\mathrm{5K}} = (\dot{m}_{\mathrm{SS}} + \dot{m}_{\mathrm{BFW}})h_{\mathrm{5K}}$$

其中

$$h_{\mathrm{SS}}(400℃,\ 20\mathrm{bar}) = 3248.34\mathrm{J/g}$$

$$h_{\mathrm{BFW}}(150℃,\ 30\mathrm{bar}) = 633.74\mathrm{J/g}$$

得到

$$\dot{m}_{\mathrm{BFW}} = \dot{m}_{\mathrm{SS}}\frac{h_{\mathrm{SS}} - h_{\mathrm{5K}}}{h_{\mathrm{5K}} - h_{\mathrm{BFW}}} = 20\mathrm{t/h}\,\frac{3248.34 - 2813.8}{2813.8 - 633.74} = 3.99\mathrm{t/h}$$

因此，大约20%的过热蒸气可以通过锅炉给水减热产生。

例 2.3 例2.2高压蒸气的冷凝液在 $P=3\mathrm{bar}$ 下通过闪蒸得到低压蒸气。计算产生的蒸气量。假设冷凝液是饱和的，不发生压降。

解：

利用蒸气表[12]，可以计算出冷凝液在 $P=20\mathrm{bar}$ 时的焓值 $h^{\mathrm{L}}(20\mathrm{bar},\ \mathrm{sat.}) = 908.5\mathrm{J/g}$。

在 $P=3\mathrm{bar}$ 时，可以确定饱和蒸气和饱和液体的焓：

$$h^{\mathrm{L}}(3\mathrm{bar},\ \mathrm{sat.}) = 561.43\mathrm{J/g}$$

$$h^{\mathrm{V}}(3\mathrm{bar},\ \mathrm{sat.}) = 2724.88\mathrm{J/g}$$

根据式(2.76)，可以计算出气相分数为：

$$q = \frac{h^{\mathrm{L}}(20\mathrm{bar},\ \mathrm{sat.}) - h^{\mathrm{L}}(3\mathrm{bar},\ \mathrm{sat.})}{h^{\mathrm{V}}(3\mathrm{bar},\ \mathrm{sat.}) - h^{\mathrm{L}}(3\mathrm{bar},\ \mathrm{sat.})} = \frac{908.5 - 561.43}{2724.88 - 561.43} = 0.16$$

对应产生的低压蒸气：

$$\dot{m}_{\mathrm{LPS}} = 20\mathrm{t/h}\cdot 0.16 = 3.20\mathrm{t/h}$$

根据蒸气压强曲线 $P^{\mathrm{s}} = P^{\mathrm{s}}(T)$，只要温度和压强都低于临界值，纯物质的气－液平衡就有唯一压强。同样，蒸发焓与沸点之间也存在函数关系：

---

❶ 为避免管道中凝结需要微量过热。

$$\Delta h_v = \Delta h_v(T) \tag{2.77}$$

Clausius - Clapeyron 方程可以很好地描述蒸发焓和蒸气压曲线之间的关系。

从相平衡条件

$$g^L = g^V \tag{2.78}$$

Gibbs 自由能 g 的定义：

$$g = h - Ts \tag{2.79}$$

可以得到：

$$dg^L = dg^V \tag{2.80}$$

$$h^V - h^L = T(s^V - s^L) \tag{2.81}$$

若

$$dg = dh - Tds - sdT = vdP - sdT \tag{2.82}$$

可以得到气液两相平衡的关系：

$$v^L dP^s - s^L dT = v^V dP^s - s^V dT \tag{2.83}$$

或

$$\frac{dP^s}{dT} = \frac{s^V - s^L}{v^V - v^L} = \frac{1}{T}\frac{h^V - h^L}{v^V - v^L} \tag{2.84}$$

求解 Δh_v，获得 Clausius - Clapeyron 方程：

$$\Delta h_v = T(v^V - v^L)\frac{dP^s}{dT} \tag{2.85}$$

Clausius - Clapeyron 方程是蒸气压和蒸发焓之间的精确关系，常用于利用蒸气压数据（见 3.3.3 节）估算蒸发焓[1]。

2.5 状态方程

如上所述，物质的 PvT 行为可以通过 EOS 进行数学描述。最简单的 EOS 是理想气体定律。理想气体定律是一个不考虑物质特性的简化模型，如分子的固有体积和分子之间的吸引力和排斥力。

理想气体的 EOS 是

$$Pv = RT \quad 或 \quad PV = n_T RT \tag{2.30}$$

使用理想气体方程总是在 $P \to 0$ 时，它有几种扩展式，将在下面的章节中介绍。

---

[1] Clausius - Clapeyron 方程也适用于熔化或升华过程。

2.5.1 维里方程

维里方程可以用统计力学的方法推导，也可以看作是压缩系数 z 在压强 P 上的简单展开压强式(Berlin 式)。

$$z = 1 + B'(T)P + C'(T)P^2 + \cdots \tag{2.86}$$

或密度 $\rho = 1/v$(Leiden 式)

$$z = 1 + B'(T)P + C'(T)\rho^2 + \cdots \tag{2.87}$$

理想气体状态分别在 $P \to 0$ 或者 $\rho \to 0$ 时作为参考点。

根据定义，纯物质的维里系数 B、C…或 B'、C'…完全取决于温度。每种形式系数的值是完全不同的，但是它们可以相互转换，例如，第二维里系数可以转换为：

$$B' = \frac{B}{RT} \tag{2.88}$$

这只适用于无限项(无限级数)的多项式。式(2.88)见附录 C，B6。

维里方程的主要优点是它的理论背景，因为维里系数可以与分子间作用力的势函数相联系。主要缺点是维里方程只适用于低或中等密度的气体。如果方程截断第二项后，根据经验法说，密度应该是 $\rho < 1/2\rho c$。如果截断第三项后，应该是 $\rho < 3/4\rho c$。因为第四及以后的维里系数在几乎所有的实际情况中都是未知的，所以有了这种限制。甚至第三维里系数的值也很难在文献中找到。维里方程可以被理解为作为密度 ρ 函数的压缩系数 z 在 ρ_0 点的泰勒展开式。ρ_0 是压强为零时的密度，此时理想气体定律是有效的：

$$z = z^0 + \left(\frac{\partial z}{\partial \rho}\right)_{T,\rho^0}(\rho - \rho^0) + \frac{1}{2}\left(\frac{\partial^2 z}{\partial \rho^2}\right)_{T,\rho^0}(\rho - \rho^0)^2 + \cdots \tag{2.89}$$

且

$$z^0 = \left(\frac{P^0}{\rho^0 RT}\right) = 1 \quad 当\ P^0 \to 0 \quad 和 \quad \rho^0 \to 0$$

由式(2.89)可得维里系数 B 和 C：

$$B = \left(\frac{\partial z}{\partial \rho}\right)_{T,\rho=0} \tag{2.90}$$

$$C = \frac{1}{2}\left(\frac{\partial^2 z}{\partial \rho^2}\right)_{T,\rho=0} \tag{2.91}$$

维里系数可以根据 PvT 的实验数据确定。此时，应该考虑到作为无限级数第一项的维里系数 B 和 C 的理论背景。简单的最小二乘拟合是不可取的。对维里系数的正确解释和确定可由式(2.91)推导出：

$$B = \lim_{\rho \to 0}\left(\frac{z-1}{\rho}\right) \tag{2.92}$$

且

$$C = \lim_{\rho \to 0}\left(\frac{\partial (z-1)/\rho}{\partial \rho}\right) \quad 或 \quad C = \lim_{\rho \to 0}\left(\frac{z-1-B\rho}{\rho^2}\right) \tag{2.93}$$

表达式的另一种形式：

$$\frac{z-1}{\rho} = \frac{P/\rho RT - 1}{\rho} = \left(\frac{Pv}{RT} - 1\right)v$$

可以从实验 PvT 数据除以密度 ρ 来计算第二维里系数 B 作为纵坐标值(密度 $\rho=0$)。

图 2.9 所示在两种不同温度下的水。水的 PvT 实验数据来自文献。

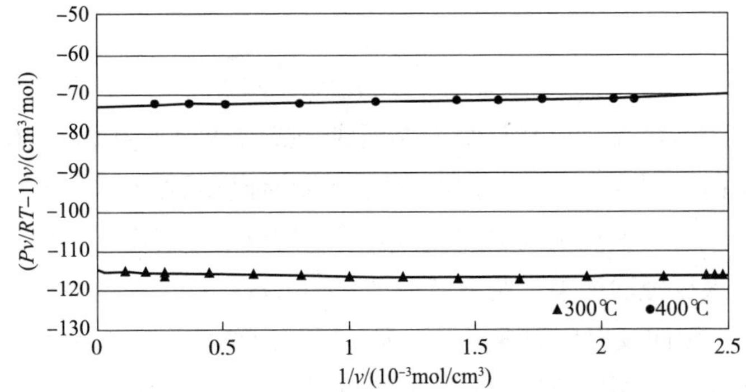

图 2.9　用于测定水的第二维里系数的 PvT 数据[9]

第三维里系数可以用两种不同的方法来确定[式(2.93)]：一种方法是通过图 2.9 中 $\rho=0$ 时的正切图确定。作为更精确的方法，该项用于绘制 ρ 的函数，第二维里系数 C 的值为 $\rho=0$ 时的纵坐标。原则上，这些方法也可以用来确定更高阶的维里系数，但在大多数情况下，实验数据准确性不足，难以确定第三维里系数。

$$\frac{z-1-B\rho}{\rho^2} = \frac{P/\rho RT - 1 - B\rho}{\rho^2} = \left(\frac{Pv}{RT} - 1 - \frac{B}{v}\right)v^2$$

如前所述，维里系数与温度有关。以氮气为例，第二维里系数 B 与温度之间的关系如图 2.10 所示。在低温下，第二维里系数 B 通常是负的，这意味着实际气体的摩尔体积比相应的理想气体的摩尔体积小，这是由于分子间相互吸引导致的。随着温度的升高，第二维里系数的负值越来越小，直到在波义耳温度时达到零。氮和二氧化碳的波义耳温度分别约为 330K 和 770K。根据经验，波义耳温度的值大约是临界温度的三倍。在波义耳温度以上，B 为正，但 B 相对于温度的斜率是平坦的。文献[13]收集了大量通过实验数据确定的第二次维里系数，并存储在像 Dortmund 数据库(DDB)[9]这样的数据库中。

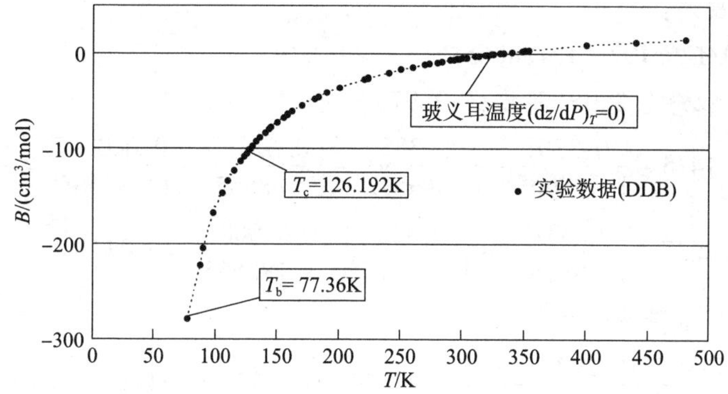

图 2.10 第二维里系数对温度的依赖关系

理论上，在统计力学的帮助下，可以从势函数的模型中计算出第二和第三维里系数。然而，这种方法在实际应用中很少用到，而且对于非球形分子来说，它往往是非常复杂的，甚至是近似的。

对于非缔合分子，Tsonopoulos[14]、Hayden 和 O' Connell[15]等方法对第二维里系数的估计有较好的结果。第一种方法适用于三参数对应态原理(第 2.5.4 节)；第二种方法考虑了几种分子效应。在气相缔合(13.3 节)情况下，对 Hayden – O' Connell 模型进行了化学平衡项的扩展，其参数必须与实验数据相吻合。

Tsonopoulos 的方法是基于以下方程形式：

$$z = 1 + \left(\frac{BP_c}{RT_c}\right)\frac{P_r}{T_r} = z^{(0)} + \omega z^{(1)} \tag{2.94}$$

在这种关系中，$z^{(0)}$是一个描述简单流体压缩系数的项，$z^{(1)}$是一个考虑了实际流体与简单流体行为偏差的项。此外，式(2.94)含有所谓的偏心因子 ω，稍后将详细解释(2.5.4 节)。因为 B 只是一个温度的函数，式(2.94)也可写成

$$\frac{BP_c}{RT_c} = b^{(0)}(T_r) + \omega b^{(1)}(T_r) \tag{2.95}$$

Tsonopoulos[14]给出了 $b^{(0)}(T_r)$和 $b^{(1)}(T_r)$间的经验关系式：

$$b^{(0)}(T_r) = 0.1445 - \frac{0.330}{T_r} - \frac{0.1385}{T_r^2} - \frac{0.0121}{T_r^3} - \frac{0.000607}{T_r^8} \tag{2.96}$$

$$b^{(1)}(T_r) = 0.0637 + \frac{0.331}{T_r^2} - \frac{0.423}{T_r^3} - \frac{0.008}{T_r^8} \tag{2.97}$$

例 2.4 采用 Tsonopoulos 方法计算 150K 时 N_2 的第二维里系数。

N_2 的物理性质：

$T_c = 126.192\text{K}$，$P_c = 33.958\text{bar}$，$\omega = 0.0372$

解：

对比温度为：

$T_r = 150/126.192 = 1.188665$

将其代入方程(2.96)和方程(2.97)，得

$$b^{(0)} = 0.1445 - \frac{0.330}{1.188665} - \frac{0.1385}{1.188665^2} - \frac{0.0121}{1.188665^3} - \frac{0.000607}{1.188665^8} = -0.23850$$

$$b^{(1)} = 0.0637 + \frac{0.331}{1.188665^2} - \frac{0.423}{1.188665^3} - \frac{0.008}{1.188665^8} = 0.0441$$

解得第二维里系数为

$$B = \frac{8.3143 \cdot 126.192 \cdot 10}{33.958}[-0.23850 + 0.0372 \cdot 0.0441]\mathrm{cm^3/mol}$$

$$= -73.18\mathrm{cm^3/mol}$$

从图2.10可以看出，该值与实验结果吻合较好。

维里方程不仅可以描述气体的 PvT 行为，而且可以描述不同剩余函数。两种形式(Leiden 形式和 Berlin 形式)都可进行计算，但是大多数热力学函数用 Berlin 形式可以更容易地推导出来，因为这种形式的体积是显式的。体积显式意味着 v 的显式方程可以解决 T 和 P 的函数。

以第二项维里系数 B 截断的 Berlin 形式的维里方程为例，焓的剩余函数和逸度系数的计算方法如下：

$$(h - h^{id})_{T,P} = \int_0^P \left[v - T\left(\frac{\partial v}{\partial T}\right)_P\right]\mathrm{d}P \tag{2.98}$$

和

$$z = \frac{Pv}{RT} = 1 + \frac{B(T)P}{RT} \tag{2.99}$$

得到

$$v = \frac{RT}{P} + B(T) \tag{2.100}$$

和

$$\left(\frac{\partial v}{\partial T}\right)_P = \frac{R}{P} + \frac{\mathrm{d}B(T)}{RT} \tag{2.101}$$

将式(2.100)和式(2.101)代入式(2.98)，得

$$(h - h^{id})_{T,P} = \int_0^P \left[B - T\frac{\mathrm{d}B}{\mathrm{d}T}\right]\mathrm{d}P \tag{2.102}$$

由于括号中的表达式不依赖于压强，因此可以很容易地对方程进行积分：

$$(h - h^{id})_{T,P} = \left(B - T\frac{\mathrm{d}B}{\mathrm{d}T}\right)P \tag{2.103}$$

逸度系数的表达式如下：

$$\ln\varphi = \frac{(g - g^{\mathrm{id}})_{T,P}}{RT} \tag{2.104}$$

$$\ln\varphi = \int_0^P \left(\frac{v}{RT} - \frac{1}{P}\right)\mathrm{d}P \tag{2.105}$$

$$\ln\varphi = \int_0^P \left(\frac{z}{P} - \frac{1}{P}\right)\mathrm{d}P = \int_0^P \left(\frac{1}{P} + \frac{B}{RT} - \frac{1}{P}\right)\mathrm{d}P \tag{2.106}$$

简化得：

$$\ln\varphi = \frac{BP}{RT} \tag{2.107}$$

2.5.2 高精度状态方程

有时，在发电、热泵或对大型管道压降的计算中，物理性质精度越高，计算结果的准确性就越高。如前所述，维里方程在第二或第三阶段之后截断，只能以有限的精度描述气相。一些扩展的维里方程可以描述包括两相区域的完整 *PvT* 行为。所有扩展方程都是根据经验推导出来的，并且包含了大量的参数，这些参数必须与实验数据进行拟合。要获得可靠的参数，需要大型数据库。

Benedict、Webb 和 Rubin(BWR)在 1940 年使用 8 个参数，提出了第一个具有更高精度的 EOS 方法。方程可以较为准确地计算密度约 1.8ρ_c 的非极性气体和液体的 *PvT* 数据。Bender 将 BWR 方程[17]增加到 20 个参数，使其可以很好地描述大密度范围内某些物质的实验数据。

20 世纪 90 年代，建立了所谓的高精度参考方程[18]。它们的显著改进可能是由于 EOS 结构优化过程中测量技术的进步和数学算法的发展。考虑到计算的准确性、外推行为和数据匮乏区域的可靠性，这些方程定义了热和热量特性的最新表示形式以及它们在整个流体范围内的特殊衍生物[19]。即使方程只适用于热性能数据，但是获得可靠的衍生热量属性结果(c_P，c_v)也是一个重要的需求。参考方程的主要缺点是极其复杂并且可用性有限。只有少数物质的数据可以作为开发参考 EOS 的依据，例如：水[20]、甲烷[21]、氩[22]、二氧化碳[23]、氮[24,25]、乙烷[26]、正丁烷[27]、异丁烷[27]、乙烯[28]。这个方程很难应用于混合物是另一个严重缺点。

技术性高精度 EOS 是在保持准确性和获得简单性之间的折中。它们也可应用于范围较窄和实验数据较不准确的物质。此外，这些方程应使用户能够将其安全地推广到工业过程中经常遇到的极端条件。例如，在低密度聚乙烯(LDPE)工艺中，乙烯被压缩到大约 3000bar，有一个可靠的工具来测定热和热量特性对于工艺模拟和设备设计是必要的。

表2.3给出了技术性EOS的精度要求；特别是比热容 c_P、声速 w^* 等衍生性质(3.3.6节)必须得到很好的再现。

表2.3 状态技术方程的典型精度要求[29]

	$\rho(P, T)$[%]	$w^*(P, T)$[%]	$c_P(P, T)$[%]	$P^s(T)$[%]	$\rho'(T)$[%]	$\rho''(T)$[%]
$P<30$MPa	0.2	1~2	1~2	0.2	0.2	0.2
$P>30$MPa	0.5	2	2	—	—	—

像参考方程一样，最先进的技术性EOS是根据Helmholtz能来表达的，它被分解为理想气体部分和剩余部分。使用密度而不是比容作为变量：

$$\frac{a(T,\ \rho)}{RT}=\frac{a^{\mathrm{id}}(T,\ \rho)+a^{\mathrm{R}}(T,\ \rho)}{RT}=\alpha^{\mathrm{id}}(\tau,\ \delta)+\alpha^{\mathrm{R}}(\tau,\ \delta) \tag{2.108}$$

$\tau=T_c/T$ 和 $\delta=\rho/\rho_c$。如果能够获得一个足够准确的 c_P^{id} 的关联式，可以很容易地评估理想气体部分。通过 $c_v^{\mathrm{id}}=c_P^{\mathrm{id}}-R$ 我们得到：

$$a^{\mathrm{id}}(T,v)=u^{\mathrm{id}}(T)-Ts^{\mathrm{id}}(T,v)=\int_{T_0}^{T}c_v^{\mathrm{id}}\mathrm{d}T-T\int_{T_0}^{T}c_v^{\mathrm{id}}\frac{\mathrm{d}T}{T}-RT\ln\frac{v}{v_0}+a(T_0,v_0) \tag{2.109}$$

或

$$a^{\mathrm{id}}(T,\rho)=\int_{T_0}^{T}c_v^{\mathrm{id}}\mathrm{d}T-T\int_{T_0}^{T}c_v^{\mathrm{id}}\frac{\mathrm{d}T}{T}-RT\ln\frac{\rho}{\rho_0}+a(T_0,\rho_0) \tag{2.110}$$

正如在3.3.4节中讨论的一样，描述 c_P^{id} 或者 c_v^{id} 需要高灵活性和准确的方程。通过积分可以从 c_P^{id} 或者 c_v^{id} 中获得各种热量特性(见6.1节)。高精度EOS使用理想气体状态下的 $T_{\mathrm{ref}}=298.15$K 和 $P_{\mathrm{ref}}=101325$Pa 作为参考点，其中 h_{ref} 和 s_{ref} 设置为0，该参考点是虚构的，且所考虑的流体处于液态❶。

比较困难的部分是建立剩余部分与Helmholtz能 $\alpha^{\mathrm{R}}(\tau,\ \delta)$ 的相关关系。为达到该目的，已经建立了一套可用于高精度EOS的项[29]。拟合过程的一般步骤包含583项。表示为：

$$\alpha^{\mathrm{R}}(\tau,\delta)=\sum_{i=1}^{8}\sum_{j=-8}^{12}n_{i,j}\delta^i\tau^{j/8}+\sum_{i=1}^{5}\sum_{j=-8}^{24}n_{i,j}\delta^i\tau^{j/8}\exp(-\delta)+$$
$$\sum_{i=1}^{5}\sum_{j=16}^{56}n_{i,j}\delta^i\tau^{j/8}\exp(-\delta^2)+\sum_{i=2}^{4}\sum_{j=24}^{38}n_{i,j}\delta^i\tau^{j/2}\exp(-\delta^3) \tag{2.111}$$

---

❶ 如第2.2节所述，对于涉及化学反应的应用，最好将参考点设置为标准生成焓和绝对熵，这是在过程模拟中实现的(第6.2节)。高精度的状态方程仅涉及不包含化学反应的纯组分；因此，在标准条件下将它们设置为0并任意选择是可以接受的。

利用进化算法[30,31]，可以选择最重要的项，将这些项的系数与现有的实验数据进行拟合，然后根据这些数据的要求的不确定性进行加权。详情见[24,28]。

对于技术性 EOS，公式(2.111)中使用的项的数量被限制为 12 个，以保持较低的复杂性。对非极性流体和极性流体进行了两种不同的测试，结果发现了以下功能形式。

对于非极性流体[32,33](甲烷、乙烷、丙烷、正丁烷、正戊烷、正已烷、正庚烷、正辛烷、氩气、氧气、氮气、乙烯、异丁烷、环己烷、六氟化硫、一氧化碳、羰基硫化物、正癸烷、硫化氢、异戊烷、新戊烷、异己烷、氪、正壬烷、甲苯、氙和 R116)：

$$\alpha^{R}(\tau,\ \delta)=n_1\delta\tau^{0.25}+n_2\delta\tau^{1.125}+n_3\delta\tau^{1.5}+n_4\delta^2\tau^{1.375}+n_5\delta^3\tau^{0.25}+n_6\delta^7\tau^{0.875}+ n_7\delta^2\tau^{0.625}e^{-\delta}+n_8\delta^5\tau^{1.75}e^{-\delta}+n_9\delta\tau^{3.625}e^{-\delta^2}+n_{10}\delta^4\tau^{3.625}e^{-\delta^2}+n_{11}\delta^3\tau^{14.5}e^{-\delta^3}+n_{12}\delta^4\tau^{12}e^{-\delta^3} \tag{2.112}$$

对于极性流体[33,34](R11、R12、R22、R32、R113、R123、R125、R134a、R143a、R152a、二氧化碳、氨、丙酮、一氧化二氮、二氧化硫[35]、R141b、R142b、R218 和 R245fa)：

$$\alpha^{R}(\tau,\ \delta)=n_1\delta\tau^{0.25}+n_2\delta\tau^{1.25}+n_3\delta\tau^{1.5}+n_4\delta^3\tau^{0.25}+n_5\delta^7\tau^{0.875}+n_6\delta\tau^{2.375}e^{-\delta}+ n_7\delta^2\tau^2e^{-\delta}+n_8\delta^5\tau^{2.125}e^{-\delta}+n_9\delta\tau^{3.5}e^{-\delta^2}+n_{10}\delta\tau^{6.5}e^{-\delta^2}+n_{11}\delta^4\tau^{4.75}e^{-\delta^2}+n_{12}\delta^2\tau^{12.5}e^{-\delta^3} \tag{2.113}$$

特定物质的系数见附录 B。对于 R41[33]、二甲醚[36]和四种丁烯[37](1－丁烯、异丁烯、顺式－2－丁烯、反式－2－丁烯)能够获得不同指数的类似方程。强极性和缔合流体的类似方程目前正在开发中。

Helmholtz 公式的优点是所有热和热量特性可以通过 Helmholtz 能对 τ 和 δ 的简单求导计算出来。例如，压强可以通过下式得到：

$$P(T,\ \rho)=-(\partial a/\partial v)_T=\rho RT\left[1+\delta\left(\frac{\partial\alpha^{R}}{\partial\delta}\right)_\tau\right] \tag{2.114}$$

对于纯组分，逸度系数可由 Gibbs 能得到：

$$\ln\varphi=\frac{g(T,\ P)-g^{id}(T,\ P)}{RT} \tag{2.115}$$

对于 EOS，$a(T,\ v)$ 和 $a^{id}(T,\ v)$ 有一个明显区别。根据 $g=a+Pv$，可以写为：

$$g(T,\ v)-g^{id}(T,\ v)=a(T,\ v)-a^{id}(T,\ v)+Pv-RT \tag{2.116}$$

或[33,37]：

$$g(T,\ \rho)=RT+RT\alpha^{\mathrm{id}}+RT\alpha^{\mathrm{R}}+RT\delta\left(\frac{\partial\alpha^{\mathrm{R}}}{\partial\delta}\right)_{\tau} \tag{2.117}$$

为了获得一个更好的函数 $g(T,\ v)$，可以通过 $g(T,\ P)$ 进行关联：

$$\begin{aligned}&[g(T,\ P)-g^{\mathrm{id}}(T,\ P)]-[g(T,\ v(P))-g^{\mathrm{id}}(T,\ v(P))]\\&\quad=[g^{\mathrm{id}}(T,\ v(P))-g^{\mathrm{id}}(T,\ P)]\end{aligned} \tag{2.118}$$

和

$$\begin{aligned}&g^{\mathrm{id}}(T,\ v(P))-g^{\mathrm{id}}(T,\ P)=[h^{\mathrm{id}}(T)-Ts^{\mathrm{id}}(T,\ v(P))]-\\&\quad[h^{\mathrm{id}}(T)-Ts^{\mathrm{id}}(T,\ P)]=T[s^{\mathrm{id}}(T,\ P)-s^{\mathrm{id}}(T,\ v(P))]\end{aligned} \tag{2.119}$$

因为理想气体的焓与压强无关。建立理想气体的熵，我们得到：

$$\begin{aligned}s^{\mathrm{id}}(T,P)-s^{\mathrm{id}}(T,v(P))&=\left[s_0+\int_{T_0}^{T}c_P^{\mathrm{id}}\frac{\mathrm{d}T}{T}-R\ln\frac{P}{P_0}\right]-\left[s_0+\int_{T_0}^{T}c_v^{\mathrm{id}}\frac{\mathrm{d}T}{T}+R\ln\frac{v(P)}{v_0}\right]=\\&R\ln\frac{T}{T_0}-R\ln\frac{P}{P_0}-R\ln\frac{v(P)}{v_0}=R\ln\frac{RT}{Pv(P)}\frac{P_0v_0}{RT_0}=-R\ln z\end{aligned} \tag{2.120}$$

其中 P_0、T_0、v_0 指理想气体条件。

总结方程式(2.115)～(2.119)，逸度系数可表示为：

$$\ln\varphi=\frac{a(T,\ v)-a^{\mathrm{id}}(T,\ v)+Pv-RT-RT\ln z}{RT}=\alpha^{\mathrm{R}}(\tau,\ \delta)+z-1-\ln z \tag{2.121}$$

其他相关的热力学量可以由 Helmholtz 能公式中的 EOS 推导出来。公式如下[33,37]：

$$s(T,\ \rho)=-\left(\frac{\partial a}{\partial T}\right)_v=R\tau\left[\left(\frac{\partial\alpha^{\mathrm{id}}}{\partial\tau}\right)_\delta+\left(\frac{\partial\alpha^{\mathrm{R}}}{\partial\tau}\right)_\delta\right]-R\alpha^{\mathrm{id}}-R\alpha^{\mathrm{R}} \tag{2.122}$$

$$u(T,\ \rho)=a+Ts=RT\tau\left[\left(\frac{\partial\alpha^{\mathrm{id}}}{\partial\tau}\right)_\delta+\left(\frac{\partial\alpha^{\mathrm{R}}}{\partial\tau}\right)_\delta\right] \tag{2.123}$$

$$h(T,\ \rho)=u+Pv=RT\tau\left[\left(\frac{\partial\alpha^{\mathrm{id}}}{\partial\tau}\right)_\delta+\left(\frac{\partial\alpha^{\mathrm{R}}}{\partial\tau}\right)_\delta\right]+RT\delta\left(\frac{\partial\alpha^{\mathrm{R}}}{\partial\delta}\right)_\tau+RT \tag{2.124}$$

$$c_v(T,\ \rho)=\left(\frac{\partial u}{\partial T}\right)_v=-R\tau^2\left[\left(\frac{\partial^2\alpha^{\mathrm{id}}}{\partial\tau^2}\right)_\delta+\left(\frac{\partial^2\alpha^{\mathrm{R}}}{\partial\tau^2}\right)_\delta\right] \tag{2.125}$$

$$c_P(T,\ \rho)=c_v(T,\ \rho)+\frac{R\left[1+\delta\left(\frac{\partial\alpha^{\mathrm{R}}}{\partial\delta}\right)_\tau-\delta\tau\left(\frac{\partial^2\alpha^{\mathrm{R}}}{\partial\delta\partial\tau}\right)\right]^2}{\left[1+2\delta\left(\frac{\partial\alpha^{\mathrm{R}}}{\partial\delta}\right)_\tau+\delta^2\left(\frac{\partial^2\alpha^{\mathrm{R}}}{\partial\delta^2}\right)_\tau\right]} \tag{2.126}$$

对以上方程的意义进行了大量讨论。这些参数显然没有物理意义。此外，如果将具有理论背景的项添加到项的库中，则只需通过算法对其进行排序。尽管如此，这些方程可以体现出非常精确的外推行为，而且很好地再现了难以描述的性质，如热值、声速或临界区域的等容热容。

高精度的EOS是目前在极端条件下进行可靠计算的唯一方法。此外，这些方程可以作为一个参考判断较不准确方程(特别是热值)的误差。当然，对纯组分的限制使得它们不能用于反应和分离过程。此外，大多数工艺都有大规模的公用工程(蒸汽、冷却水、用于惰化的氮气、氨或其他用于冷却的制冷剂)和用于调节纯组分原料的装置，这些设备实际上是用于纯组分。因此，高精度的EOS是一种可以用于大部分流程的有效工具。

目前已经尝试将优化算法应用于混合物。然而其准确性有待验证，而且最终的结构还没有被发现。天然气是一种亟须精确描述的多组分混合物。在这种情况下，需要一个方程来描述管道运输、存储、处理和使用。在GERG方程中，考虑了超过10万个数据点来描述总共21个天然气组分在90～450K温度范围内、压强35MPa下[39]的所有子系统的性质和相平衡。已经拟合了大约800个参数。该方程还包括21个纯组分的高精度方程。另一种混合物可使用高精度方程式的系统是空气分馏系统。

例2.5 在293.15K时，乙烯已经处于超临界状态(T_c=282.35K)。如果压强计的压强为P=20MPa，则50dm^{3}的压强瓶中有多少乙烯?

解决方案:

使用高精度EOS，计算出密度ρ=410.52kg/m^3，实验结果为410.839kg/m^3[40]，相对误差仅为0.08%。因此，计算出的含量为20.525kg。

由于在临界温度附近乙烯为超临界状态，使用三次EOS对其进行计算是非常困难的。但是Peng－Robinson方程(2.5.3节)计算得到的密度为ρ=430.3kg/m^3，误差只有4.6%，计算效果很好。同一情况下用理想气体定律进行计算得到的结果较差(ρ=230.2kg/m^3，误差为44%)。

例2.6 乙烯(50t/h，70bar，5℃)通过热交换器加热至45℃。压降可以忽略不计。换热器的数据表中，进出口处的c_P值为:

c_P(5℃，70bar)=3.984J/(g·K)

c_P(45℃，70bar)=3.783J/(g·K)

计算交换的热量:

1)通过平均c_P进行计算。

2)使用高精度EOS[41]。

哪种解决方案更可取?

解决方案：

1）乙烯的超临界态为 $P > P_c(P_c = 50.4\text{bar})$。在45℃和70bar的条件下 c_P 值为5J/(g·K)，$c_{P,\text{av}}$ 可以通过以下公式确定：

$c_{P,\text{av}} = (3.984 + 3.783)\text{J/(g·K)} \cdot 0.5 = 3.8835\text{J/(g·K)}$

$\Rightarrow \dot{Q} = \dot{m} c_{P,\text{av}} \Delta T = 50\text{t/h} \cdot 3.8835\text{J/(g·K)} \cdot 40\text{K} = 2.157\text{MW}$

在特定温度下的焓是

$h(5℃, 70\text{bar}) = -356.825\text{J/g}$

$h(45℃, 70\text{bar}) = -108.907\text{J/g}$

$\Rightarrow \dot{Q} = \dot{m}\Delta h = 50\text{t/h} \cdot (-108.907 + 356.825)\text{J/g}$

$= 3.443\text{MW}$

这两个结果差距很大。虽然 c_P 值是正确的，但是方法1）并没有得到合理的结果。原因是 c_P 在临界点附近有一个极大值，如图2.11所示。这种情况是不利的；然而，在实际应用中，取进出口的 c_P 值去计算热负荷和进行换热器的设计，会给计算带来困难。

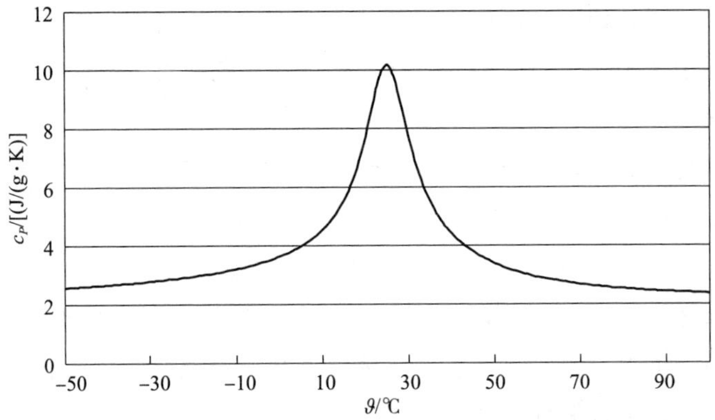

图2.11　在 P=70bar时乙烯比热容 c_P 随温度的变化

例2.7　理想气体的特征是：

$$z = \frac{Pv}{RT} = 1 \quad \left(\frac{\partial T}{\partial P}\right)_h = 0 \quad \left(\frac{\partial (Pv)}{\partial P}\right)_T = 0$$

然而，这些条件也可以在高压下得到满足，得到所谓的理想曲线Zeno线($z=1$)，Joule－Thomson反向曲线$[(\partial T/\partial P)_h = 0]$，和Boyle曲线$[(\partial(Pv)/\partial P)_T = 0]$。

它们是评估状态方程适用性的重要工具。此外，Joule－Thomson反向曲线对氧气、氮气、氢气、氦气[3]等气体的液化具有决定性的技术意义。通过使用高精度状态方程计算这些管线的氦含量。

解决方案：

根据图2.12，通过使用公式(2.112)以及附录B中的系数，我们可以得到其结果。

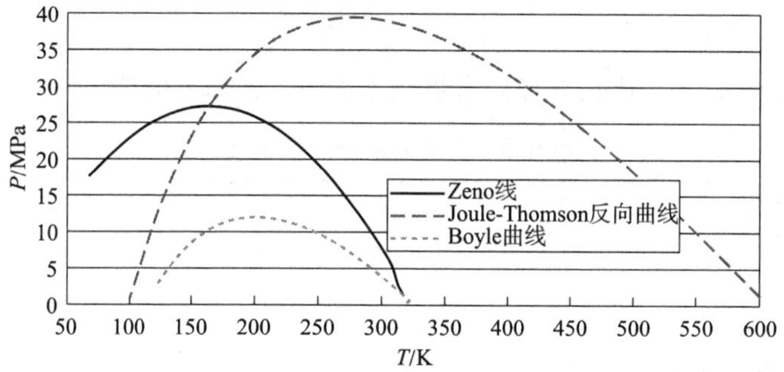

图2.12 Zeno线、Joule－Thomson反向曲线、氮的Boyle曲线

可以看出，这三条线差别很大。如果在高压区域满足了其中一个条件，就根本不能使用理想气体状态方程计算。

2.5.3 三次状态方程

所谓的三次状态方程是基于100多年前的van der Waals的状态方程[2]，由于其鲁棒性及对混合物的简单适用性，所以在过程模拟中经常使用。历史上，van der Waals状态方程方程能够第一次用分子概念解释冷凝、蒸发、两相区和临界现象，发挥了重大作用。van der Waals状态方程的所有修改均基于对所得压缩系数的单独贡献的可加性假设：

$$z = z^{rep} + z^{att} \tag{2.127}$$

第一项z^{rep}考虑了分子的本征体积来解释最近堆积的体积。第二项z^{att}表示分子间的作用力。van der Waals状态方程为：

$$z = \frac{v}{v-b} - \frac{a}{RTv} \tag{2.128}$$

或

$$P = \frac{RT}{v-b} - \frac{a}{v^2} \tag{2.129}$$

在众多已发表的文献中，Redlich－Kwong方程[42]、Soave－Redlich－Kwong方程[43]和Peng－Robinson方程[44]是在van der Waals方程基础上修正的最著名和最成功的方程。van der Waals状态方程的所有不同修改和扩展都可以写成一般形式的立方状态方程。然后，将各个方程视为该方程的特例。此方程可以写成：

$$z = \frac{v}{v-b} - \frac{\Theta}{(v^2+\delta v+\varepsilon)}\frac{v}{RT} \tag{2.130}$$

或以压强表示：

$$P = \frac{RT}{v-b} - \frac{\Theta}{v^2+\delta v+\varepsilon} \tag{2.131}$$

表 2.4 总结了立方状态方程最常见版本的 Θ、δ 和 ε 的值。

表 2.4　立方状态方程的形式

方程	Θ	δ	ε
van der Waals	a	0	0
Redlich – Kwong	$\frac{a}{T^{1/2}}$	b	0
Soave – Redlich – Kwong	$a(T)$	b	0
Peng – Robinson	$a(T)$	2b	$-b^2$

图 2.13 为从立方状态方程导出的恒定温度（$T<T_c$）下压强 P 与摩尔体积 v 关系图。

图的不同分支是由分母中不同的零根产生的。只有最右边的分支才有物理意义，用于描述流体的热力学行为。由于常数 b 是分子本征体积的量度，摩尔体积必须始终大于常数 b 的值。

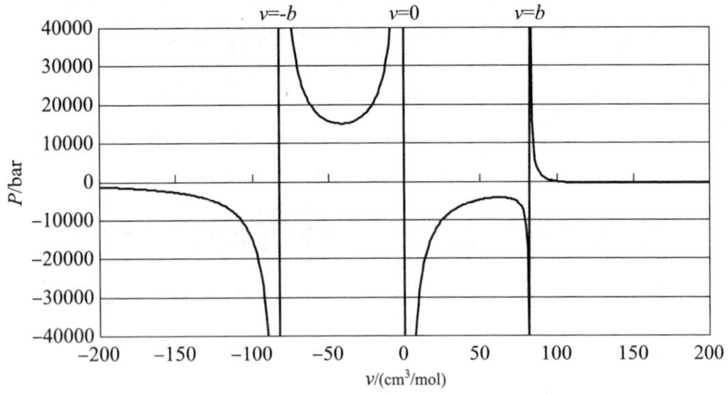

图 2.13　以苯的 300K 等温线为例，用 Redlich – Kwong 状态方程计算的 *PvT* 行为的数学表示

从数学角度看，van der Waals 状态方程是摩尔体积的三次多项式方程，如下所示：

$$v^3 - \left(b+\frac{RT}{P}\right)v^2 + \frac{a}{P}v - \frac{ab}{P} = 0 \tag{2.132}$$

状态方程的立方形式是最简单的形式，它能够描述气体和液体的 PvT 行为，因此只能用一个模型来表示气－液平衡。在恒定温度和给定压强下，这个方程有三个解。根据温度和压强的不同，这些解可能都是实数或实数和复数的混合型。图2.14显示了用Soave－Redlich－Kwong状态方程计算的Pv图中乙醇在473.15K时的等温线。所选温度低于乙醇的临界温度($T_c=516.2$K)；因此，在一定压强范围内，给定温度存在三个实数解。左右两边的解表示在饱和蒸气压P^s下的液体和蒸气的摩尔体积；中间解没有物理意义。如果解是实数和复数的混合型，则只有实数对应于具有物理意义的状态方程解。

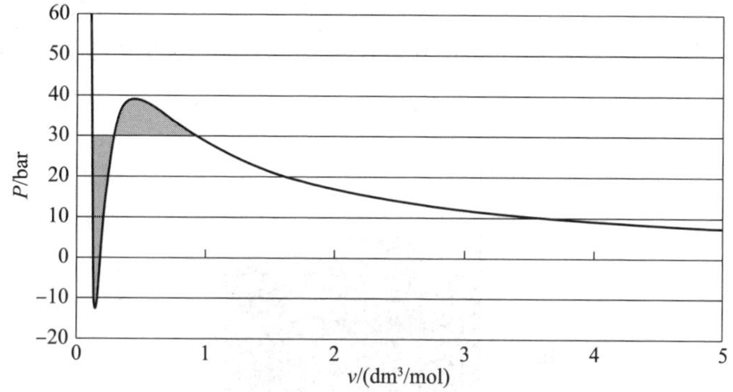

图2.14　用Soave－Redlich－Kwong状态方程计算的Pv图中乙醇在$\vartheta=200$℃时的等温线

立方状态方程的解可以用Cardano公式迭代或解析求得(见例2.9和附录C，A10)。由于不包含任何迭代，Cardano公式使用起来非常方便。然而，事实证明，这并不是最快的选择[45]。从精度的角度和计算的原因来看，甚至建议将Cardano公式的解作为进一步迭代的良好初始值。

Gibbs相律(Gibbs phase rule)[46]指出，在一定温度下，纯物质的液相和气相之间的相平衡在一个相应的压强下达到，即饱和蒸气压。用立方状态方程计算得到如下所示的饱和蒸气压。

当达到相平衡时，蒸气和液体的逸度相同：

$$f^L(T,\ P^s)=f^V(T,\ P^s) \tag{2.133}$$

两相的逸度可以用任何对气相和液相都有效的状态方程来计算。压强和逸度之间的关系已在第2.4.3节中推导得出：

$$\left(\frac{\partial f/f}{\partial P}\right)_T=\frac{v}{RT} \tag{2.134}$$

相当于

$$RT\left(\frac{\mathrm{d}f}{f}\right)_T=v\mathrm{d}P=\mathrm{d}(Pv)-P\mathrm{d}v \tag{2.135}$$

$P=P^{s}(T)$时从 $v=v^{L}$ 到 $v=v^{V}$ 的积分

$$RT\frac{f^{V}(T,P^{s})}{f^{L}(T,P^{s})}=P^{s}(v^{V}-v^{L})-\int_{v^{L}}^{v^{V}}P\mathrm{d}v \tag{2.136}$$

考虑公式(2.133)，我们得到：

$$P^{s}(v^{V}-v^{L})=\int_{v^{L}}^{v^{V}}P\mathrm{d}v \tag{2.137}$$

图2.15清楚地表明，当两个区域(灰色区域和阴影区域)具有相同的大小时，$P^{s}(v^{V}-v^{L})$和$\int_{v^{L}}^{v^{V}}P\mathrm{d}v$这两项是相等的。因此，可以通过改变压强来确定饱和压强，直到两个标记区域相等。所述用于确定饱和压强的图解称为麦克斯韦等面积结构。

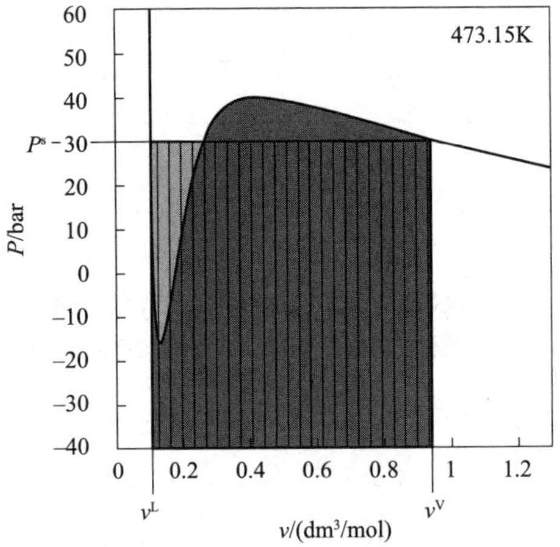

图2.15　测定蒸气压的麦克斯韦等面积结构，以$T=473.15$K的乙醇等温线为例(Soave－Redlich－Kwong方程)

饱和压强$P^{s}(T)$可以计算任何等温线$T<T_{c}$。如图2.14所示，根据状态方程计算的等温线可能显示压强为负值。这仅仅是一种数学现象，对计算没有影响；在平衡状态下，仅存在和水平线相交的点L和V。在这个例子中($T=473.15$K时的乙醇)，饱和压强计算为$P^{s}=29.7$bar。

原则上，每个物质的参数a和b都是特定的。合适的实验数据(如蒸气压数据、PvT数据、蒸发焓)是确定参数数值的一种选择。良好拟合的先决条件是在较宽的温度和压强范围内有广泛的实验数据基础。确定参数a和b的更普遍的方法是基于临界数据的状态方程的推广。以Redlich－Kwong方程为例，Redlich－Kwong方程的形式是：

$$P=\frac{RT}{v-b}-\frac{a}{T^{1/2}v(v+b)} \tag{2.138}$$

或者

$$z=\frac{v}{v-b}-\frac{a}{RT^{3/2}(v+b)} \tag{2.139}$$

根据公式(2.1)，压强相对于摩尔体积的一阶和二阶导数在临界点处必须为零。应用于 Redlich – Kwong 方程得到：

$$\left(\frac{\partial P}{\partial v}\right)_T=\frac{RT}{(v-b)^2}+\frac{a}{T^{1/2}}\frac{2v+b}{v^2(v+b)^2}=0 \tag{2.140}$$

$$\left(\frac{\partial^2 P}{\partial v^2}\right)_T=\frac{2RT}{(v-b)^3}+\frac{2a}{T^{1/2}}\frac{v(v+b)-(2v+b)^2}{v^3(v+b)^3}=0 \tag{2.141}$$

因此对于临界点：

$$\frac{RT_c}{(v_c-b)^2}=\frac{a}{T_c^{\ 1/2}}\frac{2v_c+b}{v_c^{\ 2}(v_c+b)^2} \tag{2.142}$$

$$\frac{2RT_c}{(v_c-b)^3}=\frac{2a}{T_c^{\ 1/2}}\cdot\frac{(2v_c+b)^2-v_c(v_c+b)}{v_c^{\ 3}(v_c+b)^3}=0 \tag{2.143}$$

两个未知数 a 和 b 是通过求解这两个方程来确定的。结合转换得出 b 与临界体积的函数关系：

$$b^3+3v_cb^2+3v_c^{\ 2}b-v_c^{\ 3}=0 \tag{2.144}$$

这个三次方程有一个实数解：

$$b=(2^{1/3}-1)v_c=0.25992v_c \tag{2.145}$$

现在通过将该结果代入式(2.142)中获得参数 a：

$$a=\frac{1}{3(2^{1/3}-1)}RT_c^{\ 3/2}v_c=1.28244RT_c^{\ 3/2}v_c \tag{2.146}$$

临界点 z_c 处的压缩系数可通过将常数 a 和 b 代入原始形式的 Redlich – Kwong 方程中获得：

$$z_c=\frac{v_c}{v_c-b}-\frac{a}{RT_c^{\ 3/2}(v_c+b)} \tag{2.147}$$

$$z_c=\frac{1}{(2-2^{1/3})}-\frac{1}{3\cdot 2^{1/3}(2^{1/3}-1)}=\frac{1}{3} \tag{2.148}$$

同时，上述方程式表示不同临界特性之间的关系：

$$v_c=\frac{RT_c}{3P_c} \tag{2.149}$$

使用式(2.149)、式(2.145)和式(2.146)时，参数 a 和 b 可以表示为临界压强和临界温度的函数：

$$a=\frac{R^2\ T_c^{\ 5/2}}{9(2^{1/3}-1)P_c}=0.42748\frac{R^2\ T_c^{\ 5/2}}{P_c} \tag{2.150}$$

$$b=\frac{1}{3}(2^{1/3}-1)\frac{RT_c}{P_c}=0.08664\frac{RT_c}{P_c} \tag{2.151}$$

参数 a 和 b 的值可能会有很大的不同，这取决于它们是如何从 T_c 和 v_c[式(2.145)和(2.146)]或 T_c 和 P_c[式(2.150)和(2.151)]中确定的。事实上，实验临界数据不符合式(2.148)或(2.149)，这就是产生这种差异的原因。临界点 z_c 处的实验压缩系数与 Redlich – Kwong 状态方程所要求的值1/3 并不匹配。在大多数情况下，式(2.150)和(2.151)仅仅作为确定参数 a 和 b 的参考。

2.5.4 广义状态方程及对应状态原理

状态变量 P、v 和 T 也可以用无量纲或所谓的约化形式表示，这意味着要除以它们的临界值：

$$P_r\equiv\frac{P}{P_c},\ v_r\equiv\frac{v}{v_c}\text{和}\ T_r\equiv\frac{T}{T_c} \tag{2.152}$$

结合 Redlich – Kwong 方程中参数 a 和 b 的表达式，式(2.145)和(2.146)定义了约化性质，得到了一个无量纲形式的 Redlich – Kwong 方程，其中压缩系数 z 是约化温度 T_r 和约化摩尔体积 v_r 的函数：

$$z=\frac{v_r}{v_r-b/v_c}-\frac{a/(T_c^{3/2}v_cR)}{T_r^{3/2}(v_r+b/v_c)} \tag{2.153}$$

$$z=\frac{v_r}{v_r-0.25992}-\frac{1.28244}{T_r^{3/2}(v_r+0.25992)} \tag{2.154}$$

以类似的方式，van der Waals 状态方程[式(2.129)]可以仅通过减少的量来表达：

$$P_r=\frac{8T_r}{3v_r-1}-\frac{3}{{v_r}^2} \tag{2.155}$$

这些广义状态方程只需要临界温度和临界压强作为物质的具体参数。因此，这些关联式是双参数对应态原理的一个例子，这意味着所有物质的压缩系数以及相关的热力学性质在简化性质相同时应相等。例如，如果所考虑的状态方程能够根据临界数据表示物质的 PvT 行为，则蒸气压变量作为温度变量的函数，应具有相同的值。实际上，双参数对应态原理只适用于表征简单的、几乎球形的非极性分子(惰性气体，如 Ar、Kr、Xe)的性质。对于其他分子，基于双参数对应态原理进行关联则有相当大的偏差。为了克服这些限制，引入表示特定物质特性的第三个参数。最常用的第三个参数是偏心因子，由 Pitzer 引入：

$$z=f(T_r,\ P_r,\ \omega)$$

且

$$\omega = [\log P_r^s(\text{Ar, Kr, Xe}) - \log P_r^s]_{T_r=0.7}$$

$$\omega = -1 - \log(P_r^s)_{T_r=0.7} \tag{2.156}$$

如上所述，引入偏心因子 ω，将有关在温度变量 $T_r=0.7$ 时蒸气压变量的信息添加到状态方程中。偏心因子可以由 $\log P_r^s - 1/T_r$ 图表示，如图2.16所示。该图显示了简单流体(Ar、Kr、Xe)和乙醇的蒸气压曲线，两者都是以简化形式显示的。当 $T_r=0.7$ 时，两条曲线之间的距离即为等式(2.156)中偏心因子值。

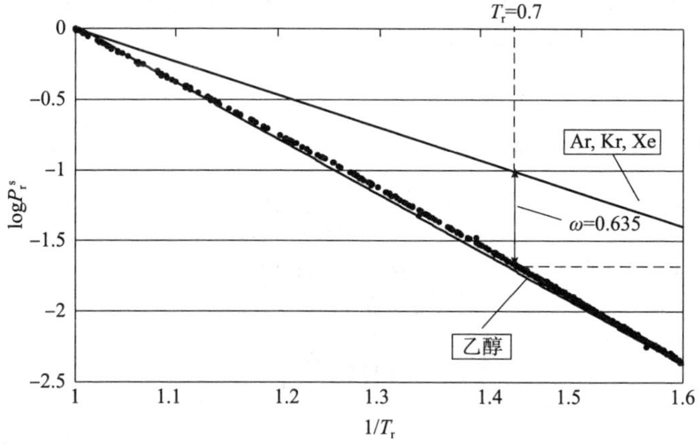

图2.16　乙醇偏心因子的定义(实验蒸气压数据来自[9])

通过引入与蒸气压曲线相关的参数来修正相应状态原理是合理的，因为实验蒸气压数据作为温度的函数很容易检索。此外，气－液平衡是检验偏离相应状态的一个非常敏感的指标。之所以选择 $T_r=0.7$，是因为该温度与大多数物质的正常沸点相近。此外，在 $T_r=0.7$ 时，简单流体的蒸气压变量为 $P_r^s=0.1$ ($\log P_r^s=-1$)。因此，简单函数的偏心因子为0，三参数状态方程简化为两参数状态方程。

Pitzer 建议采用以下方法将压缩系数表示为 T_r、P_r 和 ω 的函数：

$$z = z^{(0)}(T_r, P_r) + \omega z^{(1)}(T_r, P_r) \tag{2.157}$$

$z^{(0)}$ 是简单流体对压缩系数的贡献。这个参数可以从简单流体的 PvT 数据中导出。$z^{(1)}$ 是和简单流体行为不同的广义分子项。例如，$z^{(0)}$ 和 $z^{(1)}$ 的值作为 T_r 和 P_r 的函数列在[10]中。这些值由 Lee 和 Kesler[47] 的方法确定，Lee 和 Kesler[47] 根据上述简单流体(Ar、Kr、Xe) $z^{(0)}$ 的压缩系数和标准流体(正辛烷) $z^{(r)}$ 的压缩系数计算某一物质的压缩系数：

$$z = z^{(0)} + \frac{\omega}{\omega_r}(z^{(r)} - z^{(0)}) \tag{2.158}$$

$z^{(r)}$ 和 $z^{(0)}$ 是 P_r 和 T_r 的函数。

函数 $z^{(r)}$ 和 $z^{(0)}$ 由修改后的 BWR 方程表示(见第 2.5.2 节)。

三参数对应态原理适用于许多物质，只有对强极性物质或缔合物质，理论值与实验值之间才会出现较大偏差。

在化学工业中，Soave－Redlich－Kwong[43] 和 Peng－Robinson[44] 方程已成为最常用的状态方程。在这两个方程中，偏心因子以类似的方式引入方程，即通过修改参数 a，根据温度和偏心因子使用 α 函数。即使对于极性物质或更大的分子，PvT 行为和蒸气压的表征也得到了显著改善。α 函数是广义的，即除了临界数据外，偏心因子是表征物质的唯一指标。

压缩系数和压强的公式为：

Soave－Redlich－Kwong

$$z=\frac{v}{v-b}-\frac{a(T)}{RT(v+b)} \tag{2.159}$$

$$P=\frac{RT}{v-b}-\frac{a(T)}{v(v+b)} \tag{2.160}$$

$$a(T)=0.42748\frac{R^2T_c^{\ 2}}{P_c}\alpha(T) \tag{2.161}$$

且

$$\alpha(T)=[1+(0.48+1.574\omega-0.176\omega^2)(1-T_r^{\ 0.5})]^2 \tag{2.162}$$

$$b=0.08664\frac{RT_c}{P_c} \tag{2.163}$$

Peng－Robinson

$$z=\frac{v}{v-b}-\frac{a(T)v}{RT[v(v+b)+b(v-b)]} \tag{2.164}$$

$$P=\frac{RT}{v-b}-\frac{a(T)}{v(v+b)+b(v-b)} \tag{2.165}$$

$$a(T)=0.45724\frac{R^2T_c^{\ 2}}{P_c}\alpha(T) \tag{2.166}$$

且

$$\alpha(T)=[1+(0.37464+1.54226\omega-0.26992\omega^2)(1-T_r^{0.5})]^2 \tag{2.167}$$

$$b=0.0778\frac{RT_c}{P_c} \tag{2.168}$$

对于 $T=T_c(T_r=1)$，$\alpha(T)$变为一个整体，即常数 a 和 b 可以再次由临界数据直接确定，与原始的 Redlich－Kwong 方程相同。

例 2.8　压强容器($V=0.5\text{m}^3$)在 $\vartheta=220℃$ 时含有 5kg 蒸气(H_2O)。计算容器中的压强。

(1)根据理想气体定律。

(2)使用维里方程。

(3)使用 Soave - Redlich - Kwong 方程。

(4)使用高精度状态方程。

摩尔质量:	$M = 18.015 \text{g/mol}$
第二维里系数:	$B = -293 \text{cm}^3/\text{mol}$
临界温度:	$T_c = 647.096 \text{K}$
临界压强:	$P_c = 220.64 \times 10^5 \text{Pa} (220.64 \text{bar})$
偏心因子:	$\omega = 0.3443$

解决方案:

首先，计算蒸气摩尔体积:

$$v = \frac{V}{n_T} \quad n_T = \frac{m}{M}$$

$$v = \frac{0.5 \text{m}^3 \cdot 18.015 \cdot 10^{-3} \text{kg/mol}}{5 \text{kg}} = 1.0815 \text{dm}^3/\text{mol}$$

由摩尔体积和温度，容器中的压强可以用特定的状态方程计算。

(1)理想气体定律:

$$P = \frac{RT}{v} = \frac{8.3143 \text{J} \cdot 493.15 \text{K} \cdot \text{mol}}{\text{mol} \cdot \text{K} \cdot 1.8015 \cdot 10^{-3} \text{m}^3} = 22.76 \text{bar}$$

(2)维里方程(Leiden 式):

$$\frac{Pv}{RT} = z = 1 + \frac{B}{v}$$

$$z = 1 + \frac{(-293 \cdot 10^{-6})}{1.8015 \cdot 10^{-3}} = 0.8374$$

$$P = z\frac{RT}{v} = 0.8374 \cdot 22.76 \text{bar} = 19.06 \text{bar}$$

(3)Soave - Redlich - Kwong 方程:

$$T_r = \frac{493.15}{647.096} = 0.7621$$

$$P = \frac{RT}{v-b} - \frac{a(T)}{v(v+b)}$$

$$a(T) = a\alpha(T)$$

$$a = 0.42748 \frac{R^2 T_c^2}{P_c} = 0.42748 \frac{8.3143^2 \cdot 647.096^2}{220.64 \cdot 10^5} \text{J}^2 \cdot \text{m}^2/\text{mol}^2 \cdot \text{N} = 0.5608 \text{N} \cdot \text{m}^4/\text{mol}^2$$

$$b = 0.8664\frac{RT_c}{P_c} = 2.1126 \cdot 10^{-5}\text{m}^3/\text{mol}$$

$$\alpha(T) = [1 + (0.48 + 1.574 \cdot 0.3443 - 0.176 \cdot 0.3443^2)(1 - 0.7621^{0.5})]^2 = 1.2705$$

$$a(T) = a\alpha(T) = 0.5608 \cdot 1.2705\text{N} \cdot \text{m}^4/\text{mol}^2 = 0.7125\text{N} \cdot \text{m}^4/\text{mol}^2$$

$$P = \frac{8.3143 \cdot 493.15}{1.8015 \cdot 10^{-3} - 2.1126 \cdot 10^{-5}}\text{Pa} - \frac{0.7125}{1.8015 \cdot 10^{-3}(1.8015 \cdot 10^{-3} + 2.1126 \cdot 10^{-5})}\text{Pa}$$

$$= 23.03\text{bar} - 2.17\text{bar} = 20.86\text{bar}$$

(4)高精度状态方程：

在流体系统[41]中对水[20]使用高精度状态方程：

$P = P(493.15\text{K};\ 10\text{kg/m}^3) = 20.38\text{bar}$

该结果可供参考。显然，理想气体定律和维里方程不适合在 ~20bar 下使用。Soave - Redlich - Kwong 方程的误差(2.4%)是可以接受的；但是，该方程对于作为强极性物质的水有一些困难。通常可以得到更好的结果。可以通过输入 T_c、P_c 和 ω，调整第二维里系数为蒸气密度，导出 Soave - Redlich - Kwong 方程。

例 2.9 使用 Peng - Robinson 状态方程计算 $T = 300\text{K}$ 和 $P = 10\text{bar}$ 时的丙烯密度。丙烯的蒸气压为 $P^s(300\text{K}) = 12.1\text{bar}$。

解决方案：

Peng - Robinson 状态方程由式(2.164)给出：

$$z = \frac{v}{v-b} - \frac{a(T)v}{RT[v(v+b)+b(v-b)]}$$

方程可以改写为[44]：

$$z^3 + \left(\frac{bP}{RT} - 1\right)z^2 + \left(\frac{aP}{R^2T^2} - 3\left(\frac{bP}{RT}\right)^2 - 2\frac{bP}{RT}\right)z + \left[\left(\frac{bP}{RT}\right)^3 + \left(\frac{bP}{RT}\right)^2 - \frac{aP}{R^2T^2}\frac{bP}{RT}\right] = 0 \tag{2.169}$$

该公式的优点是所有系数和 z 本身保持无量纲。这个方程式中出现的特殊项是

$$b = 0.0778\frac{RT_c}{P_c} = 0.0778\frac{8.3143 \cdot 365.57}{46.646 \cdot 10^5}\frac{\text{J} \cdot \text{K}}{\text{mol} \cdot \text{K} \cdot \text{Pa}}\frac{\text{Pa}}{\text{J/m}^3} = 5.0695 \cdot 10^{-5}\text{m}^3/\text{mol}$$

$$\alpha(300\text{K}) = [1 + (0.37464 + 1.54226\omega - 0.26992\omega^2)(1 - T_r^{0.5})]^2$$

$$= [1 + (0.37464 + 1.54226 \cdot 0.1408 - 0.26992 \cdot 0.1408^2)(1 - (300/365.57)^{0.5})]^2$$

$$= 1.113426$$

$$a(300\text{K}) = 0.45724\frac{R^2T_c^2}{P_c}\alpha(300\text{K})$$

$$=0.45724\frac{8.3143^2\cdot 365.57^2}{46.646\cdot 10^5}\frac{\mathrm{J}^2\cdot \mathrm{K}^2}{\mathrm{mol}^2\cdot \mathrm{K}^2}\frac{\mathrm{m}^3}{\mathrm{J}}\cdot 1.113426$$

$$=1.008286\frac{\mathrm{J}\cdot \mathrm{m}^3}{\mathrm{mol}^2}$$

$$\frac{bP}{RT}=\frac{5.0695\cdot 10^{-5}\cdot 10\cdot 10^5}{8.3143\cdot 300}\frac{\mathrm{m}^3}{\mathrm{mol}}\frac{\mathrm{J}}{\mathrm{m}^3}\frac{\mathrm{mol}\cdot \mathrm{K}}{\mathrm{J}\cdot \mathrm{K}}=0.020324$$

$$\frac{aP}{R^2T^2}=\frac{1.008286\cdot 10\cdot 10^5}{8.3143^2\cdot 300^2}\frac{\mathrm{J}\cdot \mathrm{m}^3}{\mathrm{mol}^2}\frac{\mathrm{J}}{\mathrm{m}^3}\cdot\frac{\mathrm{mol}^2\cdot \mathrm{K}^2}{\mathrm{J}^2\cdot \mathrm{K}^2}=0.162065$$

应用 Cardano 公式(见附录 C，A10)，公式(2.169)写成

$z^3+Uz^2+Sz+T=0$，其中

$$U=\frac{bP}{RT}-1=0.020324-1=-0.979676$$

$$S=\frac{aP}{R^2T^2}-3\left(\frac{bP}{RT}\right)^2-2\frac{bP}{RT}$$

$$=0.162065-3\cdot 0.020324^2-2\cdot 0.020324=0.120178$$

$$T=\left(\frac{bP}{RT}\right)^3+\left(\frac{bP}{RT}\right)^2-\frac{aP}{R^2T^2}\frac{bP}{RT}$$

$$=0.020324^3+0.020324^2-0.162065\cdot 0.020324=-0.00287235$$

Cardano 公式中的项为：

$$P=\frac{3S-U^2}{3}=\frac{3\cdot 0.120178-0.979676^2}{3}=-0.199744$$

$$Q=\frac{2U^3}{27}-\frac{US}{3}+T=-0.033276$$

做出判断

$$D=\left(\frac{P}{3}\right)^3+\left(\frac{Q}{2}\right)^2=-1.83369\cdot 10^{-5}<0$$

这意味着得到了三个实数解。在公式中缩写为

$$\Theta=\sqrt{-\frac{P^3}{27}}=0.01718$$

$$\Phi=\mathrm{acrcos}\frac{-Q}{2\Theta}=0.2519$$

如果角度是圆形的，那么解是

$$z_1=2\Theta^{1/3}\cos\left(\frac{\Phi}{3}\right)-\frac{U}{3}=0.84081$$

$$z_2=2\Theta^{1/3}\cos\left(\frac{\Phi}{3}+\frac{2\pi}{3}\right)-\frac{U}{3}=0.03195$$

$$z_3 = 2\Theta^{1/3}\cos\left(\frac{\Phi}{3}+\frac{4\pi}{3}\right)-\frac{U}{3}=0.10692$$

三个解中的最大值(1)对应于气体压缩系数，最小值(2)对应于液体压缩系数，而中间值(3)没有物理意义。考虑到 $P=10\text{bar}$ 低于 $P^s(300\text{K})=12.1\text{bar}$，气体的解是相关的。解为

$$v(300\text{K},\ 10\text{bar})=\frac{z_1RT}{P}=\frac{0.84081\cdot 8.3143\cdot 300}{10\cdot 10^5}\ \frac{\text{J}\cdot\text{K}}{\text{mol}\cdot\text{K}}\ \frac{\text{m}^3}{\text{J}}$$

$$=2.0972\cdot 10^{-3}\text{m}^3/\text{mol}$$

$$\rho(300\text{K},\ 10\text{bar})=\frac{1}{v}=\frac{1}{2.0972\cdot 10^{-3}}\text{mol/m}^3\cdot 42.081\text{g/mol}=20.065\text{kg/m}^3$$

通过高精度状态方程计算得到的值为 $\rho(300\text{K},\ 10\text{bar})=20.065\text{kg/m}^3$。这说明了 Peng – Robinson 状态方程对于非极性物质具有相当高的准确性。

2.5.5 高级立方状态方程

最广泛使用的广义立方状态方程 Soave – Redlich – Kwong[43] 和 Peng – Robinson[44]，在高压下对非极性物质得到非常好的结果。尽管如此，它们在某些领域仍然存在一些限制：

蒸气压强通常能很好地再现，但不能根据计算的精度要求进行调整。

计算出的液体密度通常是极其错误的，因此在过程模拟器的计算路线中，用密度关联的结果(见第 3 章)代替。

对于过程模拟来说，液体热容的精度通常不高。

特别是对于极性物质，这些缺点更明显，对于混合物更加严重(见第 4 章)。

此外，超临界组分的处理能力使得寻找表现更好的立方状态方程更具有价值。Ahlers 等人对现有方案进行了详细分析[48]。

克服上述困难的方法是 Holderbaum 和 Gmehling 在 1991 年[49,50]基于 Soave – Redlich – Kwong 方程[43]开发的 Predictive Soave – Redlich – Kwong(PSRK)方程。它的主要改进是利用 g^E 混合规则(见第 4 章)对极性化合物混合物的描述进行了显著改善。为了提高纯组分的蒸气压，引入了一个对每种物质都适用的 α 函数。在 PSRK 方程中，使用了 Mathias – Copeman 方法[51]，该方法是 Soave α – 函数[等式(2.162)]的多项式扩展：

$$\alpha(T_r)=\left[1+c_1\left(1-\sqrt{T_r}\right)+c_2\left(1-\sqrt{T_r}\right)^2+c_3\left(1-\sqrt{T_r}\right)^3\right]^2 \quad T_r\leqslant 1 \qquad (2.170)$$

对于超临界状态，参数 c_2 和 c_3 设置为 0 以获得更精准的推导式，从而又得到原始的 Soave α – 函数：

$$\alpha(T_r)=\left[1+c_1\left(1-\sqrt{T_r}\right)\right]^2 \quad T_r\geqslant 1 \tag{2.171}$$

Mathias－Copeman 参数 c_1、c_2 和 c_3 是根据实验的蒸气压数据调整得到的。如果不可用，则可进一步使用原始 Soave α－函数[公式(2.162)]❶。然而，当外推到高降低温度时，原始 Soave α－函数无法用 Mathias－Copeman 参数修正。α－函数应满足以下标准：

· 在临界点，约束条件为 $\alpha=1$。

· 由于 α－函数表示分子间的吸引力，所以它的值应该是正的。

· α 应随温度升高而降低。对于非常高的温度，它应该逐渐趋近于 0。

· α－函数应该是连续的。随着液体热容的准确度变得越来越重要，对其进行二次微分也是有意义的。

根据 Le Guennec 等人的分析[52]，任何 α－函数都必须满足约束条件：

$$\alpha_c=1$$

$$\alpha\geqslant 0$$

$$d\alpha/dT\leqslant 0$$

$$d^2\alpha/dT^2\geqslant 0$$

$$d^3\alpha/dT^3\leqslant 0$$

应该满足这些约束条件；否则，状态方程可能会得出不准确或错误的值，从而限制状态方程的适用性。

根据 Noll[53] 的分析，具有可调参数 L、M 和 n 的 Twu－α－函数[54] 可被视为适用于亚临界区。对于超临界状态，首次引入了含有偏心因子的辅助函数。$\alpha^{(1)}$ 和 $\alpha^{(0)}$ 基于通过调整氮和氢在长链烷烃中的气体溶解度数据获得的参数得到：

$$\alpha(T_r)=T_r^{N(M-1)}\exp\left[L\left(1-T_r^{MN}\right)\right] \quad T_r\leqslant 1 \tag{2.172}$$

$$\alpha(T_r)=\alpha^{(0)}+\omega\left(\alpha^{(1)}-\alpha^{(0)}\right) \quad T_r\geqslant 1 \tag{2.173}$$

$$\alpha^{(0)}=T_r^{-0.792614}\exp\left[0.401219\cdot\left(1-T_r^{-0.992614}\right)\right] \tag{2.174}$$

$$\alpha^{(1)}=T_r^{-1.984712}\exp\left[0.024955\cdot\left(1-T_r^{-9.984712}\right)\right] \tag{2.175}$$

同时，最新的研究结果表明，使用在亚临界区调整的参数[55]，在超临界区就可以使用公式(2.172)。

例 2.10 借助 PR 状态方程计算环己烷在正常沸点($P=1$atm)下的液体密度。

纯组分性质：

---

❶ 基于第 3.2.2 节中的描述，可根据特定的数据情况估算偏心因子 ω。

组分	$M/(\mathrm{g/mol})$	T_c/K	P_c/bar	ω
环己烷	84.162	553.6	40.75	0.2092

用符合式(2.133)的 Peng – Robinson 方程计算的正常沸点 $T_b = 353.5636\mathrm{K}$，与报告的 $T_b = 353.86\mathrm{K}$ 值略有不同(附录 A)。

解：

为了先计算环己烷在正常沸点时的液体密度，必须根据临界数据和偏心因子，使用方程式(2.166)～(2.168)确定 PR 状态方程的参数 a 和 b：

$$a_c = 0.45724\frac{R^2T_c^2}{P_c} = 0.45724\frac{8.3143^2\cdot 553.6^2}{40.75\cdot 10^5}\frac{\mathrm{J^2\cdot K^2}}{\mathrm{mol^2\cdot K^2\cdot Pa}} = 2.37717\mathrm{J\cdot m^3/mol^2}$$

$$b = 0.0778\frac{RT_c}{P_c} = 0.0778\frac{8.3143\cdot 553.6}{40.75\cdot 10^5}\frac{\mathrm{J\cdot K}}{\mathrm{mol\cdot K\cdot Pa}} = 8.78767\cdot 10^{-5}\mathrm{m^3/mol}$$

$$T_r = \frac{T}{T_c} = \frac{353.5636}{553.6} = 0.63866$$

$$\alpha(T) = [1 + (0.37464 + 1.54226\omega - 0.26992\omega^2)(1 - T_r^{0.5})]^2$$

$$\alpha(T) = [1 + (0.37464 + 1.54226\cdot 0.2092 - 0.26992\cdot 0.2092^2)(1 - 0.63866^{0.5})]^2 = 1.294288$$

$$a(T) = a_c\cdot\alpha(T) = 2.37717\cdot 1.294288 = 3.076743\mathrm{J\cdot m^3/mol^2}$$

下一步，将 PR 状态方程的右侧赋值为 1atm 来确定摩尔液体体积。这可以通过迭代或通过求解三次方程来实现：

$$P = \frac{RT}{v-b} - \frac{a(T)}{v(v+b)+b(v-b)}$$

借助 Cardano 方程，可以得到液相的摩尔体积 $v = 1.108252\cdot 10^{-4}\mathrm{m^3/mol}$。它可以通过把结果带入以下方程进行检验：

$$P = \frac{8.3143\cdot 353.5636}{1.108252\cdot 10^{-4} - 8.78767\cdot 10^{-5}}\frac{\mathrm{J\cdot K\cdot mol}}{\mathrm{mol\cdot K\cdot m^3}}$$

$$-\frac{3.076743}{1.108252\cdot 10^{-4}(1.108252\cdot 10^{-4} + 8.78767\cdot 10^{-5}) + 8.78767\cdot 10^{-5}(1.108252\cdot 10^{-4} - 8.78767\cdot 10^{-5})}\frac{\mathrm{J\cdot m^3\cdot mol^2}}{\mathrm{mol^2\cdot m^6}}$$

$$= 1280.96993\cdot 10^5\mathrm{Pa} - 1279.95695\cdot 10^5\mathrm{Pa} = 1.0130\mathrm{bar}$$

$$\approx 1\mathrm{atm}$$

对于此检验，因为压强是用一个很大的值来估算的，所以使用 Peng – Robinson 方程计算的正常沸点并保留许多位有效数字是必要的。

下一步，借助摩尔液体体积和摩尔质量可以计算正常沸点的液体密度：

$$\rho^{L}=\frac{84.162}{1.108252\cdot 10^{-4}}\frac{\mathrm{g}}{\mathrm{mol}}\frac{\mathrm{mol}}{\mathrm{m}^{3}}=759.41\mathrm{kg/m}^{3}$$

实验测定的环己烷在正常沸点下的密度为719g/dm^3[3]。这意味着使用PR状态方程计算的值高出6%。

讨论的所有立方状态方程在液体密度计算方面表现不佳，其中参数 α 或 α - 函数的影响可以忽略不计。图2.17显示了Soave - Redlich - Kwong和Peng - Robinson状态方程在 $T_r=0.7$ 时液体摩尔体积的偏差。所述40种物质的临界压缩系数为 z_c。

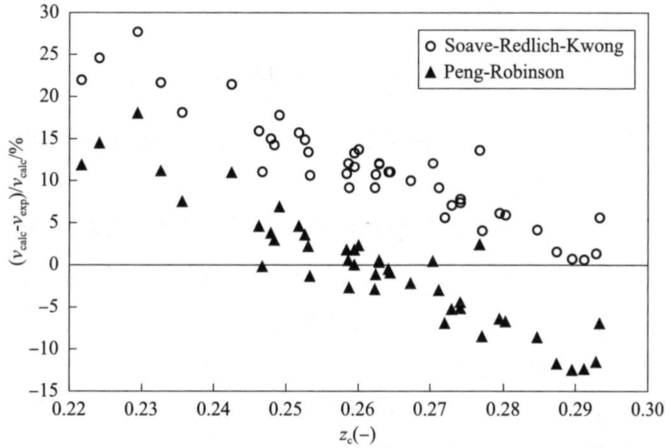

图2.17 $T_r=0.7$ 作为临界压缩系数 z_c 的函数时，液体摩尔体积的实验值和计算值之间的相对偏差(每个三角形或圆圈代表一种物质)

仅对于具有高临界压缩系数($z_c>0.275$，例如氢、氮和惰性气体)的物质，Soave - Redlich - Kwong状态方程与Peng - Robinson状态方程相比具有优势。即使对于简单的非极性流体，如烷烃和芳香烃，偏离正确值也超过10%。对于极性化合物，如酮、醇和卤代烃，误差变得更大。虽然Peng - Robinson方程的偏差明显较低，但其结果仍不能用于过程模拟。

Peneloux等人[56]提出的体积转换概念可以进行改进。其思想是通过增加一个常数 c 来修正由状态方程计算的特定体积。由于液体和蒸气体积同时被一个常数转换，因此体积转换对气 - 液平衡计算没有影响。由于 c 是远离临界温度的液体体积的数量级，因此该方法对计算的蒸气体积也没有什么影响。当讨论体积转换的实际变化时存在很多困惑。Privat等人在一系列论文中[57-59]进行了深入讨论。事实上，逸度系数确实发生了变化；但是，当液体和气相的逸度系数以同样的方式发生变化时，蒸气压和蒸发焓并没有变化。此外，特定焓、Gibbs能、声速和第二维里系数发生变化，而特定熵、内能、Helmholtz 能和比热容保持不变。

PSRK 基团贡献状态方程是根据 Peng – Robinson 方程改进的体积转换 Peng – Robinson 方程(VTPR)，该方程通常比 Soave – Redlich – Kwong 状态方程表现略好。它利用 Twu – α – 函数、体积转换和 g^E 混合规则(见第 4 章)来描述混合物的性质[48]。通过引入体积转换参数 c，将 Peng – Robinson 状态方程(2.165)转化为 c：

$$P = \frac{RT}{v + c - b} - \frac{a(T)}{(v + c)(v + c + b) + b(v + c - b)} \tag{2.176}$$

在 $T_r = 0.7$ 时调整实验液体密度可得 c：

$$c = v_{calc} - v_{exp} \tag{2.177}$$

或者，可以使用广义函数：

$$c = -0.252 \frac{R \cdot T_c}{P_c}(1.5448 z_c - 0.4024) \tag{2.178}$$

所需的关键数据可以估计(见第 3.2.2 节)。对于极性组分和长链烷烃，式(2.178)的表现不是很好。

通过调整参数 c，$T_r < 0.8$ 时液体密度的偏差在 1% ~2% 范围内。在临界点($0.8 < T_r < 1.0$)附近误差较大，说明了立方状态方程的缺点。在过程模拟中，根据第 3.3.2 节，仍应考虑用适当的相关性覆盖汇总表中液体密度的结果。对于极端压强(>1000bar)，必须优先采用高精度状态方程。

值得注意的是，引入一个与温度相关的体积转换是错误的[60]。虽然实验值与计算值的一致性有所提高，但已检测到在 Pv 图中 $T_r > 1$ 等温线的交点。因此，由于这些严重的外推误差，不推荐与温度相关的体积转换。

对于混合物，可通过简单的线性混合规则计算体积转换参数 c：

$$c = \sum_i x_i \cdot c_i \tag{2.179}$$

而对于参数 a 和 b，则使用混合规则：

$$b = \sum_i \sum_j x_i x_j \left(\frac{b_{ii}^{3/4} + b_{jj}^{3/4}}{2}\right)^{4/3} \tag{2.180}$$

和

$$\frac{a}{b} = \sum_i x_i \cdot \frac{a_{ii}}{b_{ii}} - \frac{g_{res}^E}{0.53087} \tag{2.181}$$

第 4 章解释了 g_{res}^E。VTPR 方程的逸度系数可在附录 C，D6 中得到。

使用式(2.179)，可以很好地再现混合物密度的绝对值。通常不适用于液体的过量体积 v^E(见第 4 章)；但是这对于过程模拟应用是可接受的。

关于热量特性，可以通过 Clausius – Clapeyron 方程[公式(2.85)]将蒸发焓与蒸气压曲线联系起来。因此，质量主要取决于 α - 函数表示蒸气压数据的能力，这通常是有效的(见上文)。可以利用立方状态方程，通过减去饱和状态下蒸气和液体焓的剩余部分简单地计算出蒸发焓：

$$\Delta h_v(T) = [h^V(T, P^s) - h^{id}(T, P=0)] - [h^L(T, P^s) - h^{id}(T, P=0)] = h^V(T, P^s) - h^L(T, P^s) \tag{2.182}$$

图 2.18 是过程模拟中纯物质焓的典型图解。实际上，有三条线：

· 对于大多数物质来说理想气体的焓似乎是一条直线；在这一区域，比热容 c_P^{id} 通常与温度的关联性不强。

· 在低压下，露点线上的焓，或多或少与理想气体焓相同，但在较高的饱和压强下差别很大。

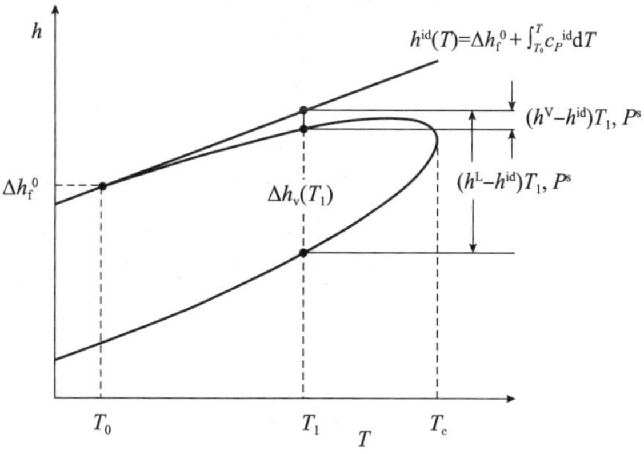

图 2.18 蒸发焓的计算路线

· 饱和液体线上的焓，与作为蒸发焓的露点线上的焓是不同的。它是在垂直切线临界点处露点线上的焓。液体焓随压强的变化通常可以忽略不计，在过程模拟中起着很小的作用，在这个图中不考虑它。

以 $T = 298.15$K、$P = 101325$Pa 的理想气体状态下的标准生成焓为参考点。因为理想气体的焓与压强无关，因此它等于 $T = 298.15$K 和 $P = 0$ 时的焓。

利用状态方程，通过用理想气体焓减去用状态方程确定的剩余部分来计算气体和液体的焓。关于焓图的进一步解释见第 6.2 节。

Coniglio 等人[61]利用 VTPR 状态方程导出了 c_P^L 的解析式，其中详细的推导可在 Gasem 等人[62]的论文中找到。当 $\partial^2 c/\partial T^2$ 消失时，体积平移对 c_P 没有影响。

与过程模拟中使用的许多模型(见第 6.2 节)一样，通常的立方型方程在正确表示 c_P^L 方面存在缺陷。图 2.19 给出了 VTPR 方程的一些示例。

在第 6.2 节和文献[63]中有对这种行为的解释；蒸发焓斜率的重现与($c_P^L - c_P^{id}$)差值直接相关，它是不够准确的。通过同时调整 Twu - α - 函数的参数以获得蒸气压和液体热容数据，从而解决了这个问题[64]。通过改变这两种数据类型的权重因子，通常可以找到一组 Twu - α - 参数，以所需的精度表示蒸气压和液体热容[65]。示例如图 2.20 所示。值得注意的是，可靠的 c_P^{id} 的关联式是十分重要的。

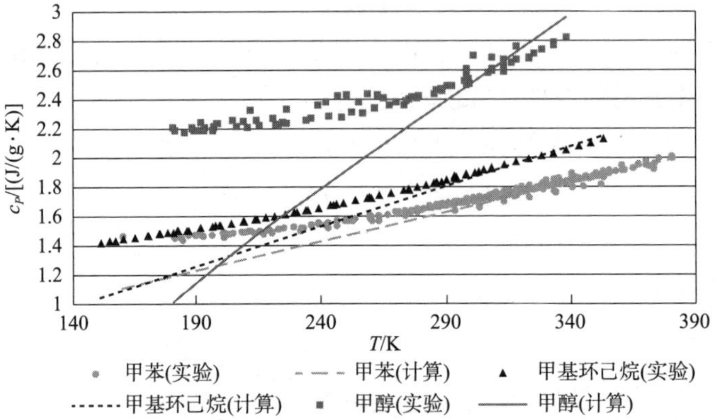

图 2.19 不同时拟合 P^s 和 c_P^L 情况下，利用 VTPR 方程表示甲苯、甲醇和甲基环己烷的液体热容

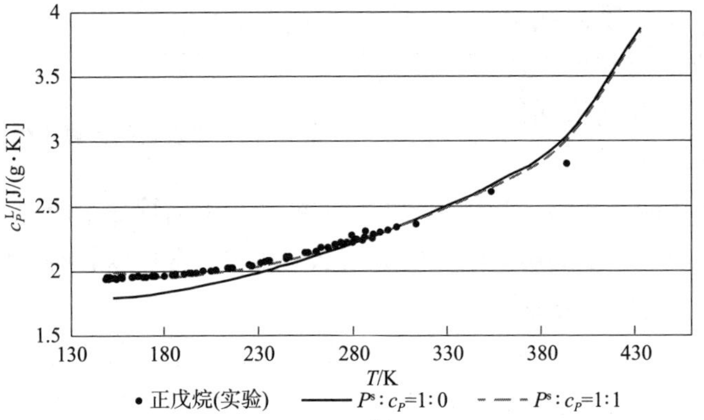

(a)

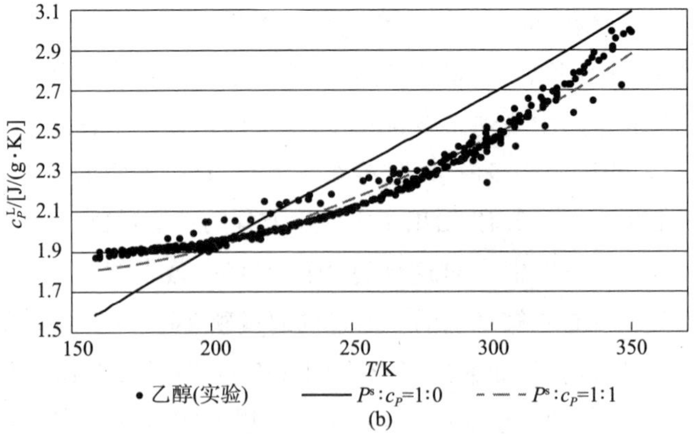

(b)

图 2.20 同时拟合蒸气压与液体热容数据后，用 VTPR 方程表示的正戊烷(a)和乙醇(b)的液体热容(实验数据来自[9])

问题：

2.1 计算200℃和10bar下甲醇蒸气的压缩系数和摩尔体积。

a. 使用理想气体定律。

b. 使用第三维里系数之后截断的维里方程（维里系数：$B=-219\text{cm}^3/\text{mol}$；$C=-17300\text{cm}^6/\text{mol}^2$）

2.2 温度300K下容积为$V=0.1\text{m}^3$的容器内装有$m=10\text{kg}$乙烯。气体的压强和压缩系数是多少？使用第二维里系数之后截断的维里方程和Peng－Robinson状态方程来描述*PvT*行为。（维里系数：$B=-138\text{cm}^3/\text{mol}$，所有其他性质见附录A）

2.3 基于van der Waals状态方程推导出第二维里系数的表达式。

2.4 基于van der Waals状态方程，推导出恒温下体积与内能U的关联式。

2.5 基于以下条件，计算40℃下，1mol CO_2在2.5dm^3容器中的压强。

a. 理想气体定律。

b. 维里方程。

c. Redlich－Kwong方程。

（维里系数：$B=-110\text{cm}^3/\text{mol}$；所有其他所需的性质见附录A）

2.6 使用Redlich－Kwong状态方程推导剩余函数$(h-h^{id})$、$(s-s^{id})$、$(g-g^{id})$的表达式。

2.7 计算在25℃时，1mol乙醇液体在1bar等温压缩到100bar过程中的焓变。压缩系数（$1.14\times10^{-4}\text{bar}^{-1}$）、热膨胀系数（$1.1\times10^{-3}\text{K}^{-1}$）和摩尔体积（$58.04\text{cm}^3/\text{mol}$）都是常数。

2.8 使用Dortmund数据库软件包（DDBSP）Explorer版本搜索DDB中氮的实验第二维里系数。通过DDBSP预测，将这些值与Tsonopoulos法的估计结果进行比较，根据实验结果估计Boyle温度。

2.9 从DDBSP Explorer版本中检索甲烷的蒸气压和液体密度数据，并将这些值导出到Excel。在Excel VBA中进行van der Waals状态方程的液相蒸气压曲线计算，并将气液共存曲线计算结果与实验数据进行比较。

2.10 使用附录A中给出的临界参数和正常沸腾温度估算甲烷、丙烷、戊烷和庚烷的偏心因子，并对结果进行讨论。

2.11 使用Soave－Redlich－Kwong状态方程和附录A中给出的临界参数和偏心因子计算280K和540K之间苯的蒸气压。将$\log(P^s)-1/T$图中的蒸气压曲线斜率与通过蒸气压计算得到的斜率进行比较。

2.12 在换热器中，气体丙烯从$\vartheta_1=90℃$、$P_1=20\text{bar}$冷却到$\vartheta_2=60℃$。换

热器的压降为 $\Delta P = 2\text{bar}$。需要多少冷却水？冷却水的供水和回水温度分别为 $\vartheta_{\text{CWS}} = 30°\text{C}$ 和 $\vartheta_{\text{CWR}} = 40°\text{C}$。使用丙烯的 Peng – Robinson 状态方程和附录 A 中水的 c_P^{L} 函数和丙烯的 c_P^{id} 函数。

2.13　在 $\vartheta_1 = 25°\text{C}$、$P_1 = 1\text{bar}$ 下，利用太阳辐射，将装满水的封闭容器加热到 $\vartheta_2 = 60°\text{C}$。此时压强 P_2 是多少？使用高精度的状态方程[12]，并计算传热量。

2.14　理想气体在热交换器中从 T_1 加热到 T_2，压降 $\Delta P = P_2 - P_1 > 0$。为什么存在压降的情况下可以用等压热容 $q_{12} = c_P^{\text{id}} \cdot (T_2 - T_1)$ 计算负荷？

2.15　证明 $c_P = -T\left(\frac{\partial^2 g}{\partial T^2}\right)_P$。

2.16　容器在 $\vartheta_2 = 20°\text{C}$、$P_1 = 1\text{bar}$ 压强下充入氮气。借助高精度的状态方程：

a. 容器被等压加热到 $\vartheta_2 = 100°\text{C}$，计算负荷。

b. 容器被等容加热到 $\vartheta_2 = 100°\text{C}$，计算负荷并对其进行解释。

(使用附录 B 中给出的参数)

2.17　证明 $\left(\frac{\partial g}{\partial T}\right)_P = -s$。

2.18　计算 $T_1 = 260\text{K}$、$T_2 = 360\text{K}$、$T_3 = 450\text{K}$ 时丙酮的蒸气压：

a. 附录 A 中列出的蒸气压方程。

b. 高精度 EOS。

c. Peng – Robinson EOS。

d. Soave – Redlich – Kwong EOS。

e. Redlich – Kwong EOS。

f. 使用了广义的 SRK α – 函数的 PSRK EOS。

g. VTPR EOS。

结论是什么？

(所有需要的参数可以在附录 A、B、J 和 K 和 www.ddbst.com 中找到)

2.19　计算 $T_1 = 300\text{K}$、$T_2 = 430\text{K}$ 时液体甲醇的饱和密度：

a. 附录 A 中列出的密度方程。

b. 高精度 EOS。

c. Peng – Robinson EOS。

d. Soave – Redlich – Kwong EOS。

e. Redlich – Kwong EOS。

f. PSRK EOS 使用广义的 SRK 函数。

g. VTPR EOS。

结论是什么？

（所有需要的参数可以在附录 A、B、J 和 K 以及 www. ddbst. com 上找到）

2.20 用 Tsonopoulos 和 Peng - Robinson EOS 计算气态丙烯在 $T=293.15\text{K}$、$P_1=2\text{bar}$ 和 $P_2=10\text{bar}$ 时的压缩系数 z。

使用高精度 EOS 检查结果。

所有需要的参数可以在附录 A 和 B 中找到。

2.21 使用以下条件计算纯物质饱和蒸气焓所需的所有输入参数：

a. Peng - Robinson EOS。

b. 结合 Peng - Robinson EOS 的蒸气压方程。

c. 使用 VTPR 状态方程。蒸气压本身不应作为输入参数。

2.22 计算

a. 在饱和状态下的逸度 f^s。

b. 饱和状态下的摩尔体积 v^L 和 v^V，以及

c. 使用 Soave - Redlich - Kwong EOS 计算正丁烷、苯和水在 $\vartheta_1=30℃$、$\vartheta_2=80℃$ 和 $\vartheta_3=130℃$ 下的蒸发焓。所有需要的参数见附录 A。

2.23 在附录 A 中，$\vartheta=25℃$ 和 $P=1\text{atm}$ 时理想气体状态下水的标准 Gibbs 生成能为 $\Delta g_f^0=-228590\text{J/mol}$。使用附录 A 中给出的蒸气压方程估算在 ϑ 时液相的 Gibbs 生成能。

参考文献

1 Löffler, H. J. (1969). Thermodynamik, Grundlagen und Anwendungen auf reine Stoffe, Band 1. Berlin: Springer.

2 van der Waals, J. D. (1873). Over de Continuiteit van den Gas - en Vloeistoftoestand. PhD thesis. Leiden.

3 Baehr, H. D. and Kabelac, S. (2006). Thermodynamik. Berlin: Springer.

4 Blanke, W. (1989). PTB Mitt. 99: 411 - 418.

5 Thess, A. (2011). The Entropy Principle. Berlin: Springer.

6 Rosenberg, R. (2005). Phys. Today 12: 50 - 55.

7 Falk, G. and Ruppel, W. (1976). Energie und Entropie. Berlin: Springer.

8 Lieb, E. H. and Yngvason, J. (1999). Phys. Rep. 310: 1 – 96.

9 Dortmund Data Bank. www. ddbst. com (accessed August 25th, 2018).

10 Reid, R. C., Prausnitz, J. M., and Poling, B. E. (1987). The Properties of Gases and Liquids. New York: McGraw – Hill.

11 VDI – Gesellschaft Verfahrenstechnik und Chemieingenieurwesen (ed.) (2010). VDI Heat Atlas, 2e. Springer: Berlin.

12 Wagner, W. and Overhoff, U. (2006). Extended IAPWS – IF97 Steam Tables. Berlin: Springer.

13 Dymond, J. H. and Smith, E. B. (1969). The Virial Coefficients of Gases. Oxford: Clarendon Press.

14 Tsonopoulos, C. (1974). AIChE J. 20: 263 – 272.

15 Hayden, J. G. and O'Connell, J. P. (1975). Ind. Eng. Chem. Proc. Des. Dev. 14: 209 – 216.

16 Benedict, M., Webb, G. B., and Rubin, L. C. (1940). J. Chem. Phys. 8: 334 – 345.

17 Bender, E. (1973). The Calculation of Phase Equilibria from a Thermal Equation of State Applied to the Pure Fluids Argon, Nitrogen, Oxygen, their Mixtures. Karlsruhe: C. F. Müller.

18 Span, R. (2000). Multiparameter Equations of State – an Accurate Source of Thermodynamic Property Data. Berlin: Springer.

19 Span, R., Wagner, W., Lemmon, E. W., and Jacobsen, R. T. (2001). Fluid Phase Equilib. 183 – 184: 1 – 20.

20 Wagner, W. and Pruß, A. (2002). J. Phys. Chem. Ref. Data 31: 387 – 535.

21 Setzmann, U. and Wagner, W. (1991). J. Phys. Chem. Ref. Data 20: 1061 – 1155.

22 Tegeler, C., Span, R., and Wagner, W. (1999). J. Phys. Chem. Ref. Data 28: 779 – 850.

23 Span, R. and Wagner, W. (1996). J. Phys. Chem. Ref. Data 25: 1509 – 1596.

24 Span, R., Lemmon, E. W., Jacobsen, R. T., and Wagner, W. (1998). Int. J. Ther – mophys. 19: 1121 – 1132.

25 Span, R., Lemmon, E. W., Jacobsen, R. T. et al. (2000). J. Phys. Chem. Ref. Data 29: 1361 – 1433.

26 Bücker, D. and Wagner, W. (2006). J. Phys. Chem. Ref. Data 35: 205 – 266.

27 Bücker, D. and Wagner, W. (2006). J. Phys. Chem. Ref. Data 35: 929 – 1019.

28 Smukala, J., Span, R., and Wagner, W. (2000). J. Phys. Chem. Ref. Data 29: 1053 – 1121.

29 Span, R. and Wagner, W. (2003). Int. J. Thermophys. 24: 1 – 39.

30 Setzmann, U. and Wagner, W. (1989). Int. J. Themophys. 10: 1103 – 1126.

31 Span, R., Collmann, H. – J., and Wagner, W. (1998). Int. J. Thermophys. 19: 491 – 500.

32 Span, R. and Wagner, W. (2003). Int. J. Thermophys. 24: 41 – 109.

33 Lemmon, E. W. and Span, R. (2006). J. Chem. Eng. Data 51: 785 – 850.

34 Span, R. and Wagner, W. (2003). Int. J. Thermophys. 24: 111 – 162.

35 Ihmels, E. C. and Lemmon, E. W. (2003). Fluid Phase Equilib. 207: 111 – 130.

36 Ihmels, E. C. and Lemmon, E. W. (2007). Fluid Phase Equilib. 260: 36 – 48.

37 Lemmon, E. W. and Ihmels, E. C. (2005). Fluid Phase Equilib. 228 – 229: 173 – 187.

38 Piazza, L., Herres, G., and Span, R. (2006). 16th Symposium of Thermophysi – cal Proper-

ties, Boulder (July 30 – August 4 2006).
39 Kunz, O. and Wagner, W. (2012). J. Chem. Eng. Data 57: 3032 – 3091.
40 Achtermann, H. J., Baehr, H. D., and Bose, T. K. (1989). J. Chem. Thermodyn. 21: 1023 – 1043.
41 Wagner, W. (2005). FLUIDCAL, Software for the Calculation of Thermody – namic and Transport Properties of Several Fluids. Bochum: Ruhr – Universität Bochum.
42 Redlich, O. and Kwong, J. N. S. (1949). Chem. Rev. 44: 233 – 244.
43 Soave, G. (1972). Chem. Eng. Sci. 27: 1197 – 1203.
44 Peng, D. Y. and Robinson, D. B. (1976). Ind. Eng. Chem. Fundam. 15: 59 – 64.
45 Deiters, U. K. (2002). AIChE J. 48: 882 – 886.
46 Moore, W. J. and Hummel, D. O. (1986). Physikalische Chemie, 4e. Berlin: Wal – ter de Gruyter.
47 Lee, B. I. and Kesler, M. G. (1975). AIChE J. 21: 510 – 527.
48 Ahlers, J., Yamaguchi, T., and Gmehling, J. (2004). Ind. Eng. Chem. Res. 43: 6569 – 6576.
49 Holderbaum, T. and Gmehling, J. (1991). Fluid Phase Equilib. 70: 251 – 265.
50 Horstmann, S., Fischer, K., and Gmehling, J. (2000). Fluid Phase Equilib. 167: 173 – 186.
51 Mathias, P. M. and Copeman, T. W. (1983). Fluid Phase Equilib. 13: 91 – 108.
52 Le Guennec, Y., Lasala, S., Privat, R., and Jaubert, J. – N. (2016). Fluid Phase Equilib. 427: 513 – 538.
53 Noll, O. (1998). Analyse der Beschreibung thermodynamischer Eigenschaften von Reinstoffen und Mischungen unter Verwendung kubischer Zustandsglei – chungen. PhD thesis. Oldenburg.
54 Twu, C. H., Bluck, D., Cunningham, J. R., and Coon, J. E. (1991). Fluid Phase Equilib. 69: 33 – 50.
55 AIF Projekt (IGF – Project No 15345N): Weiterentwicklung einer universellenGruppenbeitragszustandsgleichung "VTPR", Oldenburg 2003 – 2010.
56 Peneloux, A., Rauzy, E., and Freze, R. (1982). Fluid Phase Equilib. 8: 7 – 23.
57 Privat, R., Jaubert, J. – N., and Le Guennec, Y. (2016). Fluid Phase Equilib. 427: 414 – 420.
58 Jaubert, J. – N., Privat, R., Le Guennec, Y., and Coniglio, L. (2016). Fluid Phase Equilib. 419: 88 – 95.
59 Le Guennec, Y., Privat, R., and Jaubert, J. – N. (2016). Fluid Phase Equilib. 429: 301 – 312.
60 Pfohl, O. (1999). Fluid Phase Equilib. 163: 157 – 159.
61 Coniglio, L., Rauzy, E., Peneloux, A., and Neau, E. (2002). Fluid Phase Equilib. 200: 375 – 398.
62 Gasem, K. A. M., Gao, W., Pan, Z., and Robinson, R. L. Jr. (2001). Fluid Phase Equilib. 181: 113 – 125.
63 Kleiber, M. (2003). Ind. Eng. Chem. Res. 42: 2007 – 2014.
64 Diedrichs, A. (2005). Optimierung eines dynamischen Differenzkalorime – ters zur experimentellen Bestimmung von Wärmekapazitäten. PhD thesis. Oldenburg.
65 Diedrichs, A., Rarey, J., and Gmehling, J. (2006). Fluid Phase Equilib. 248: 56 – 69.

3 纯组分性质的相关性与估计

3.1 简介

对于气相和液相以及纯组分和混合物体系适用的状态方程提供了除 c_P^{id} 外过程模拟所需的所有必要的体积和热量特性以及相关性。在实际液体混合物行为的情况下，活度系数方法为一种替代方案，在大多数情况下仍适用于化学工业。第5章详细介绍了这种方法。它更适合于低压情况。所有的性质都由单独的相关性表示，它可以更准确地计算物理性质。下一节说明特定特性的相关性和估计方法。

AIChE(DIPPR)、DDBST、DECHEMA、NIST(TRC)和 PPDS 开发了用于过程模拟器的纯组分特征、物理性质常数和温度相关性质❶的商用编译。在估计热物理性质之前，应首先使用它们。DDBST 开发了一个全面的纯组分热物理性质估算软件(Artist)，其中实现了本章讨论的许多方法。

在本章中，还提到了特定纯组分性质的经验混合规则，以及扩散系数。

3.2 特性物理性质常数

在描述热物理性质时，基于三参数对应态原理的估算方法大多采用临界温度(T_c)、临界压强(P_c)和偏心因子(ω)作为物质的特征常数，这些量是立方状态方程的基础。由于计算结果很大程度上取决于输入数据的质量，因此需要仔细确定。

然而，特别是临界常数的实验测定通常需要很大的实验工作量。此外，许多用于化学工业的物质在到达临界点之前会在高温下分解。因此，这些量往往无法从实验中获得。由于许多其他性质(密度、导热系数、表面张力、热容、蒸气压和蒸发焓)的估计是基于临界数据的，需要输入可靠的数据，因此需要可靠的估

---

❶ 事实上，特定的量也与压强有关。由于蒸气密度通常用状态方程来计算，因此本章可以省略。对于其他的量，压强依赖性不如温度依赖性明显，可用修正项加以说明。与饱和线相关的特性(如蒸气压、蒸发焓)仅与温度有关。

计方法。接下来介绍了目前最常用的 T_c、P_c 和 ω 的估算方法，以及标准沸点、临界体积和熔点的估算方法。

结合与温度相关的热物理性质的估计方法，可以建立一个方法体系，为给定数据的任何组合确定估计未知数据的最佳方法。作为一个极端的例子，我们可以把从结构公式中生成的所有数据作为唯一可用的信息。对于一个不重要的附加组件，这可能是有意义的；但是，由于错误传播得越来越多，应该尽量避免。获取可靠数据的策略应该是尽可能多地使用来自数据库或实验的信息。

3.2.1 临界数据

临界温度、临界压强和临界体积可以用基团贡献法估算。最常见的来自 Lydersen[1]、Ambrose[2,3]、Joback 和 Reid[4]、Constantinou 和 Gani[5]。这些都在文献[6]中介绍过。Nannoolal 等人[7,8]最近的一项研究似乎是最准确的，但却更难应用。

最早的临界温度估算方法是 Guldberg 法则，该法则于 1887 年建立：

$$\frac{T_b}{T_c} = \frac{2}{3} \tag{3.1}$$

它虽然很简单，但可以作为 Joback 方法等其他方法的基础，在 Joback 方法中，也可以求出正常沸点与临界点在 2/3 附近的比值。

Joback 方法只需要将结构式作为输入信息，而临界温度的估计则需要正常沸点。在未知的情况下，也可以用 Joback 方法进行估计。Joback 的关系是

$$\frac{T_c}{\mathrm{K}} = \frac{T_b}{\mathrm{K}}\left[0.584 + 0.965\sum\Delta_T - \left(\sum\Delta_T\right)^2\right]^{-1} \tag{3.2}$$

$$\frac{P_c}{\mathrm{bar}} = \left(0.113 + 0.0032 n_A - \sum\Delta_P\right)^{-2} \tag{3.3}$$

$$\frac{v_c}{\mathrm{cm^3/mol}} = 17.5 + \sum\Delta_v \tag{3.4}$$

关于 Δ_T、Δ_P 和 Δ_v 的基团贡献可从表 3.1 以及稍后讨论的 Δ_b、Δ_H 和 Δ_G 中获得。n_A 是分子中包括 H 原子在内的原子数。分子的基团分配很简单，因为增量是直接列出的。

表 3.1　Joback 方法的基团贡献

结构基团	Δ_T	Δ_P	Δ_v	Δ_b	Δ_H	Δ_G
$—CH_3$	0.0141	−0.0012	65	23.58	−76.45	−43.96
$>CH_2$	0.0189	0.0000	56	22.88	−20.64	8.42
$>CH—$	0.0164	0.0020	41	21.74	29.89	58.36

续表

结构基团	Δ_T	Δ_P	Δ_v	Δ_b	Δ_H	Δ_G
>C<	0.0067	0.0043	27	18.25	82.23	116.02
$=CH_2$	0.0113	-0.0028	56	18.18	-9.63	3.77
=CH—	0.0129	-0.0006	46	24.96	37.97	48.53
=C<	0.0117	0.0011	38	24.14	83.99	92.36
=C=	0.0026	0.0028	36	26.15	142.14	136.70
≡CH	0.0027	-0.0008	46	9.20	79.30	77.71
≡C—	0.0020	0.0016	37	27.38	115.51	109.82
$—CH_2—$(环)	0.0100	0.0025	48	27.15	-26.80	-3.68
>CH—（环）	0.0122	0.0004	38	21.78	8.67	40.99
>C<（环）	0.0042	0.0061	27	21.32	79.72	87.88
=CH—（环）	0.0082	0.0011	41	26.73	2.09	11.30
=C<（环）	0.0143	0.0008	32	31.01	46.43	54.05
—F	0.0111	-0.0057	27	-0.03	-251.92	-247.19
—Cl	0.0105	-0.0049	58	38.13	-71.55	-64.31
—Br	0.0133	0.0057	71	66.86	-29.48	-38.06
—I	0.0068	-0.0034	97	93.84	21.06	5.74
—OH（乙醇）	0.0741	0.0112	28	92.88	-208.04	-189.20
—OH（苯酚）	0.0240	0.0184	-25	76.34	-221.65	-197.37
—O—	0.0168	0.0015	18	22.42	-132.22	-105.00
—O—(环)	0.0098	0.0048	13	31.22	-138.16	-98.22
>C=O	0.0380	0.0031	62	76.75	-133.22	-120.50
>C=O（环）	0.0284	0.0028	55	94.97	-164.50	-126.27
—CH=O	0.0379	0.0030	82	72.24	-162.03	-143.48
—COOH	0.0791	0.0077	89	169.09	-426.72	-387.87
—COO—	0.0481	0.0005	82	81.10	-337.92	-301.95
=O	0.0143	0.0101	36	-10.50	-247.61	-250.83
$—NH_2$	0.0243	0.0109	38	73.23	-22.02	14.07
>NH	0.0295	0.0077	35	50.17	53.47	89.39
>NH（环）	0.0130	0.0114	29	52.82	31.65	75.61
>N—	0.0169	0.0074	9	11.74	123.34	163.16
—N=	0.0255	-0.0099	—	74.60	23.61	—

续表

结构基团	Δ_T	Δ_P	Δ_v	Δ_b	Δ_H	Δ_G
—N═（环）	0.0085	0.0076	34	57.55	55.52	79.93
═NH	—	—	—	—	93.70	119.66
—CN	0.0496	-0.0101	91	125.66	88.43	89.22
$—NO_2$	0.0437	0.0064	91	152.54	-66.57	-16.83
—SH	0.0031	0.0084	63	63.56	-17.33	-22.99
—S—	0.0119	0.0049	54	68.78	41.87	33.12
—S—(环)	0.0019	0.0051	38	52.10	39.10	27.76

对于临界温度的估计通常十分准确；除了几个 Kelvin 值外，通常都是正确的。Poling 等人[6]报道了如果已知正常沸点则 Joback 方法对绝对临界温度的平均误差为 1.1%。只有 1% 的受试物的误差大于 5%。如果不知道正常沸点，Constantinou 和 Gani 方法[5]可以作为替代方法。Joback 方法对临界压强的平均误差为 4.6%[6]。视情况而定，这些误差可以转移到蒸气压的估算(第 3.3.1 节)或三次状态方程的精度上。临界体积不那么重要。如果没有参考点，则使用 COSTALD 方法(第 3.3.2 节)或 VTPR 方程(第 2.5.5 节)估算液体密度。用 Joback 方法估计临界体积的平均误差为 3.1%。

Nannoolal[8]报道的 Joback 方法的平均误差稍大：临界温度误差为 1.41%，临界压强误差为 7.11%，临界体积误差为 3.73%。详细情况见[7，8]。

在所有情况下，关于平均误差的陈述都是指含有三个碳原子以上的分子，而对于更简单的物质，通常可以获得实验数据，估计是没有意义的。此外，对于 20 个碳原子以上的大分子，Joback 方法给出了不合理的结果[7,8]。

如果已知 T_c、P_c 和 v_c，强烈建议检查它们与临界压缩系数的一致性。

$$z_c = \frac{P_c v_c}{RT_c} \tag{3.5}$$

其中 z_c 通常在 0.21～0.29 的范围内。

例 3.1 使用 Joback 方法估计间二甲苯的临界数据(图 3.1)。沸点 T_b = 412.25K。

解决方案：

间二甲苯的基团增量如下：

4 ═CH—(环)基团

2 ═C< (环)基团

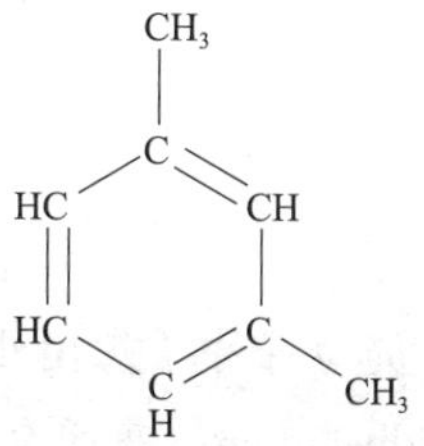

图 3.1 间二甲苯的结构式

2 —CH_3 基团

这些具体贡献加起来等于

$$\sum \Delta_T = 4 \cdot (0.0082) + 2 \cdot (0.0143) + 2 \cdot (0.0141) = 0.0896$$

$$\sum \Delta_P = 4 \cdot (0.0011) + 2 \cdot (0.0008) + 2 \cdot (-0.0012) = 0.0036$$

$$\sum \Delta_v = 4 \cdot (41) + 2 \cdot (32) + 2 \cdot (65) = 358$$

临界数据的结果是：

$T_c = 412.25\text{K}/(0.584 + 0.965 \cdot 0.0896 - 0.0896^2) = 622.32\text{K}$

$P_c = (0.113 + 0.0032 \cdot 18 - 0.0036)^{-2}\text{bar} = 35.86\text{bar}$

$v_c = (17.5 + 358)\text{cm}^3/\text{mol} = 0.3755\text{m}^3/\text{kmol}$

间二甲苯的实验数据[9]为：

$T_c = 617.05\text{K}$

$P_c = 35.41\text{bar}$

$v_c = 0.3750\text{m}^3/\text{kmol}$

估算值与实验数据的一致性非常令人满意。利用估算值对临界压缩系数进行校核可得：

$$z_c = \frac{35.86 \cdot 10^5 \cdot 0.3755 \cdot 10^{-3}}{8.3143 \cdot 622.32} = 0.260$$

这里，临界压缩系数范围通常在 0.21 ~0.29。

值得注意的是，间二甲苯的性质最有可能用于回归各种方法的基团参数。

最近，Nannoolal 等人[7,8]开发了一种新的方法。基于 Dortmund 数据库，该方法使用了当前可用的所有数据。它克服了其他方法处理含 20 个碳原子以上的大分子时遇到的困难。计算公式如下：

$$T_c = T_b\left(0.699 + \frac{1}{0.9889 + \left(\sum_i \nu_i \Delta_{T,i} + \text{GI}\right)^{0.8607}}\right) \tag{3.6}$$

$$\frac{P_c}{\text{kPa}} = \frac{\left(\dfrac{M}{\text{g/mol}}\right)^{-0.14041}}{\left(0.00939 + \sum_i \nu_i \Delta_{P,i} + \text{GI}\right)^2} \tag{3.7}$$

$$\frac{v_c}{\text{cm}^3/\text{mol}} = \frac{\sum_i \nu_i \Delta_{v,i} + \text{GI}}{n_A^{-0.2266}} + 86.1539 \tag{3.8}$$

ν_i 是分子中 i 基团出现的次数。n_A 是不含氢的原子数。具体的基团贡献见 www.ddbst.com。基团分配原则与其他方法有点不同。

计算原子数时不包括氢原子。基团有时是不明确的，因此，会为基团分配一个优先权编号。优先权编号越低，优先权越高。

GI 是指当分子中存在多个氢键基团时必须考虑基团相互作用参数。在这种情况下，其他模型往往会产生较大的偏差。必须考虑基团相互作用。基团相互作用的贡献必须除以原子的数目。

$$\mathrm{GI} = \frac{1}{n_\mathrm{A}} \sum_{i=1}^{m} \sum_{j=1}^{m} \frac{C_{ij}}{m-1} \tag{3.9}$$

式中 C_{ij}——i 基团和 j 基团之间的基团相互作用贡献($C_{ii}=0$)；

n_A——除氢以外的原子数；

m——分子中相互作用基团的总数。

与其他基团贡献方法不同，碳原子和氢原子的结合对基团分配不是决定性的。相比之下，已经与碳原子结合的其他强电负性原子的数量应该被考虑在内，因为这与估算的性质更密切相关。例如，在 Joback 方法中，一个—CHF—部分将随着 >CH— 和 F 递增，而 Rarey/Nannoolal 方法也可以将其视为 >C< 和 F。优先级决定最终使用哪个基团。

例 3.2 用 Rarey/Nannoolal 方法估计 R227ea(CF_3—CHF—CF_3)的临界数据。沸点 $T_\mathrm{b}=256.73\mathrm{K}$[10]。摩尔质量 $M=170.027\mathrm{g/mol}$。分子中不包括氢的原子数为 10。

解决方案：

可以按如下方式进行基团分配：

基团 ID	基团名	频率	贡献 T_c	贡献 P_c	贡献 v_c
21	F 连接 C，代替 1 个 F	6	0.0181302	0.00034933	3.3646
19	F 连接非芳香 C	1	0.0156068	0.00007328	−5.0331
7	至少含 1 个 F 的链中的 C	3	0.0528003	0.00034310	33.7577
124	含 1 个 H 的化合物	1	−0.0027180	0.00028103	−6.1909
121	C 和 3 个卤素	2	−0.0013023	0.00004387	1.5807
			0.2774663	0.00356733	113.3981

给出以下临界数据的结果：

$$T_\mathrm{c} = 256.73\mathrm{K}\left(0.699 + \frac{1}{0.9889 + 0.2774663^{0.8607}}\right) = 373.855\mathrm{K}$$

$$P_\mathrm{c} = \frac{170.027^{-0.14041}}{(0.00939 + 0.00356733)^2}\mathrm{kPa} = 2.896\mathrm{MPa}$$

$$v_c=\left(\frac{113.3981}{10^{-0.2266}}+86.1539\right)cm^3/kmol=277.23cm^3/mol^3$$

根据公式(3.5)，z_c 的估算值为 $z_c=0.258$，在 $0.21<z_c<0.29$ 的范围内，可以认为是合理的。

报告值[10]为 $T_c=375.95K$，$P_c=2.999MPa$，$v_c=293.035cm^3/mol$。用 Joback 法，可以得到 $T_c=379.7K$，$P_c=3.17MPa$，$v_c=301.5cm^3/mol$。

3.2.2 偏心因子

如第2.5.4节所述，简单的双参数对应状态原理表明，仅用两个特定的参数例如 T_c 和 P_c 就可以建立所有物质的广义状态方程。这种方法的准确性仅限于简单的球形分子，如 Ar、Kr、Xe 或 CH_4 这些用蒸气压和压缩系数可以合理地描述的分子。对于其他分子，简单的双参数对应状态原理会导致显著的误差，通过引入描述蒸气压曲线的第三个参数(扩展了相应状态的三参数原理)可以实现很大的优化。这类参数中最常见的是所谓的偏心因子，它被定义为

$$\omega=-1-\log\left(\frac{P^s}{P_c}\right)_{T/T_c=0.7} \tag{2.157}$$

这个参数的物理意义是描述取向依赖的分子间相互作用。该参数在许多关联式中用于估算热物理性质，特别是在三次状态方程中。这个定义很有意义，因为蒸气压作为温度的函数是很容易获得的，并且是物质的特性。选择接近正常的沸点的参考温度 $T=0.7\cdot T_c$。因此，对 ω 的估算基本上类似于对蒸气压曲线或正常沸点的估算。

尽管偏心因子的估算方法可用(例如 Constantinou 和 Gani 的基团贡献法[11])，但不建议使用此方法，因为对 ω 的估计仅是正常沸点估计的冗余。为避免不一致，建议始终通过定义式(2.157)计算 ω。如果蒸气压曲线未知，可以估算正常沸点和临界点，并可使用 Hoffmann - Florin 方程或 Rarey/Moller 方法(第3.3.1节)计算蒸气压曲线。

偏心因子随分子大小的增大而增大，但只有在极端情况下，才能获得大于1的值，例如摩尔质量大于300的碳氢化合物。氦($\omega=-0.39$)和氢($\omega=-0.216$)具有负偏心因子，即所谓的量子气体。甲烷和惰性气体氩、氪、氙和氖的偏心因子接近0。除此之外，不存在 $\omega<0$ 的情况。如果估算出这样的值，则蒸气压曲线或临界点就存在错误。

3.2.3 正常沸点

正常沸点是一种容易获得的物理性质，大量的物质已被测量。如果找不到，

正常沸点可以用基团贡献法估算，例如 Joback、Reid[4]，Constantinou 和 Gani[5]。类似于临界点的估计，Joback 方法的估算公式是：

$$T_b/K = 198 + \sum \Delta_b \tag{3.10}$$

基团贡献值可从表 3.1 中获取。其精度远低于临界数据的估计值。

可以将具有类似结构的已知物质参数作为参考。由于正常沸点估计的不确定度很高，建议参考以避免可能出现的较大误差。

例 3.3 估算戊基环己烷的正常沸点(图 3.2)

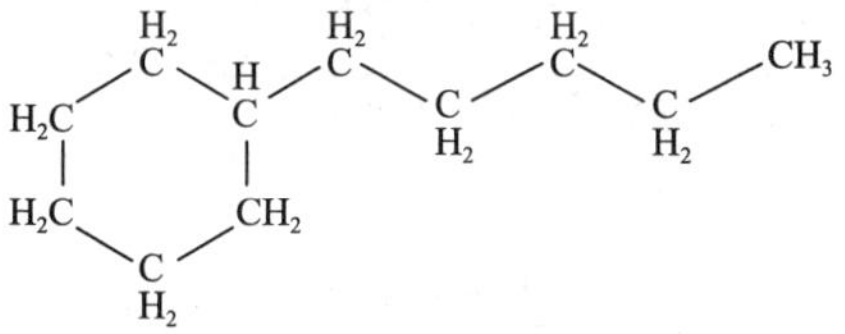

图 3.2 戊基环己烷的结构式

(1)采用 Joback 法。

(2)以甲基环己烷为对照品的 Joback 法。

解决方案：

(1)Joback 法

戊基环己烷的基团增量如下：

$5 \times CH_2$(环)

$1 \times CH$(环)

$1 \times CH_3$

$4 \times CH_2$

基团贡献加起来得：

$$\sum \Delta_b = 5 \cdot (27.15) + 1 \cdot (21.78) + 1 \cdot (23.58) + 4 \cdot (22.88) = 272.63$$

正常沸点估计的结果为：

$$T_b = (198 + 272.63)\text{K} = 470.63\text{K}$$

(2)以甲基环己烷为参考的 Joback 法(图 3.3)

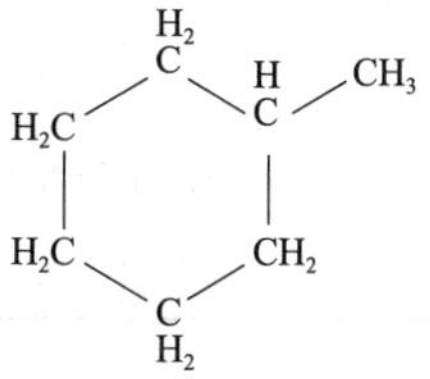

图 3.3 甲基环己烷的结构式

甲基环己烷的正常沸点为 $T_b = 373.95\text{K}$。

甲基环己烷的基团贡献总和可以逆向计算：

$$\sum \Delta_{b,\text{甲基环己烷}} = 373.95 - 198 = 175.95$$

戊基环己烷和甲基环己烷的结构式的区别在于 4 个脂肪族的 CH_2 基团。因此，戊基环己烷的基团贡献总和可以确定为：

$\sum \Delta_b = 175.95 + 4 \cdot (22.88) = 267.47$

正常沸点的相应估计值为：

$T_b = (198 + 267.47)\text{K} = 465.47\text{K}$

戊基环己烷的实验值为 $T_b = 476.75\text{K}$。Joback 方法在这种情况下提供了很好的结果。使用参考物质并不能保证得到更精确的结果，但有助于避免较大的误差。

Nannoolal 等人[12]提出了一个新的估算正常沸点的方程。具体公式如下：

$$\frac{T_b}{K} = \frac{\sum_i \nu_i \Delta_{bi} + \text{GI}}{n_A^{0.6587} + 1.6902} + 84.3359 \tag{3.11}$$

其中

$$\text{GI} = \frac{1}{n_A} \sum_{i=1}^{m} \sum_{j=1}^{m} \frac{C_{ij}}{m-1} \tag{3.12}$$

式中 C_{ij}——i 基团和 j 基团之间的基团相互作用贡献（$C_{ii} = 0$）；

n_A——除氢以外的原子数；

m——基团相互作用的总数；

ν_i——分子中 i 基团出现的次数。基团贡献的值列在 www.ddbst.com 中。报道的数据集的结果优于使用其他方法[12]获得的结果。通过对 2000 多种物质估算值的评估，Joback 法的平均偏差为 16.5K，Rarey/Nannoolal 法的平均偏差仅为 1.5K，这证明了后者的优越性。

例 3.4 用 Rarey/Nannoolal 法估算戊基环己烷的正常沸点（图 3.2）。

解：

基团贡献由下表得出。

基团 ID	基团名称	频率	贡献 T_b	总计
9	CH_2 在环中	5	239.4957	1197.4785
10	CH 在环中	1	222.1163	222.1163
4	CH_2 在链中	4	239.4511	957.8044
1	CH_3 不与 N，O，F，Cl 相连	1	177.3066	177.3066
				2554.7058

$$T_b = \frac{2554.7058\text{K}}{11^{0.6587} + 1.6902} + 84.3359\text{K} = 474.8\text{K}$$

3.2.4 熔点和熔化焓

数据库和手册中列出了大量物质的熔点。由于受到晶体结构、代表分子相互作用的熔化焓和代表分子对称性的熔化熵的影响，它们很难被估算。因此，简单的基团贡献方法[4,5]由于基团增加后分子的对称性信息丢失而很难应用。

熔化焓的情况类似。在很大程度上，这取决于所形成的晶体结构。原则上，可应用 Clausius – Clapeyron 方程；然而，通常无法获得与熔点压强相关的信息。所谓的 Walden 准则[13]给出了苯或萘等芳烃组分的估算：

$$\frac{\Delta h_m(T_m)}{\mathrm{J/mol}}\frac{1}{T_m/\mathrm{K}}\approx 54.4 \tag{3.13}$$

由于熔化过程伴随着体积的变化，熔点是压强的函数。很高的压强可以显著改变熔点。与式(2.86)类似，Clausius – Clapeyron 方程可应用于：

$$\Delta h_m = T_m\frac{\mathrm{d}P_m}{\mathrm{d}T_m}(\boldsymbol{v}^L - \boldsymbol{v}^S) \tag{3.14}$$

将参考压强 $P_{m,ref}$下的参考熔点 $T_{m,ref}$代入：

$$\Delta\boldsymbol{v}_m = \boldsymbol{v}^L - \boldsymbol{v}^S \tag{3.15}$$

$$\frac{\mathrm{d}P_m}{\mathrm{d}T_m}\approx\frac{P_m - P_{m,ref}}{T_m - T_{m,ref}} \tag{3.16}$$

合并后得到：

$$T_m = \frac{T_{m,ref}}{1-(P_m - P_{m,ref})\dfrac{\Delta\boldsymbol{v}_m}{\Delta h_m}} \tag{3.17}$$

对于很小的 x 值，近似得到 $\ln(1+x)\approx x$

$$T_m = T_{m,ref}\exp\left[(P_m - P_{m,ref})\frac{\Delta\boldsymbol{v}_m}{\Delta h_m}\right] \tag{3.18}$$

使用式(3.18)只能预测趋势。与温度有关的必要输入信息 Δh_m 和 Δv_m 通常缺失。如果数据可用，Simon – Glatzel 方程为[14]：

$$T_m = T_{m,ref}\left(\frac{P_m/\mathrm{MPa}}{a}+1\right)^{1/c} \tag{3.19}$$

当 $T_{m,ref}$接近三相点的温度而相应的压强被忽略时可应用此关联。对于像水这样熔点随着压强的增加而降低的物质，Simon – Glatzel 方程是不适用的。通过 Kechin[15]的推导式，可以解决这一问题：

$$T_m = T_{m,ref}\left(\frac{P_m/\mathrm{MPa}}{a_1}+1\right)^{a_2}\exp\left(-a_3\frac{P_m}{\mathrm{MPa}}\right) \tag{3.20}$$

当 $a_3=0$，等式(3.20)简化为 Simon – Glatzel 方程。对于一些物质，表 3.2 列出了参数 a_1、a_2、和 a_3。

在图 3.4 中，绘制了水和乙醇的实验熔点和相关熔点的压强依赖关系。

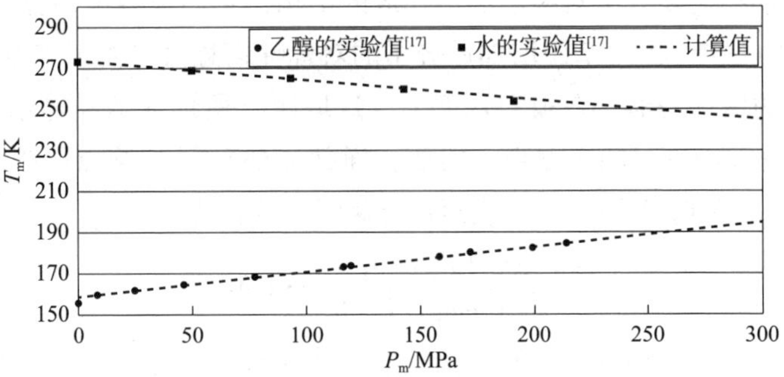

图 3.4 使用 Simon - Glatzel 方程描述熔点的压强依赖性

例 3.5 在电视广播[16]中报道，在深度为 11000m 的世界海洋最深处马里亚纳海沟底部，温度为 $\theta = -2℃$，低于水的熔点 0℃。检查这是否合理。忽略纯水和海水性质的差异。对于水的液体密度，使用 $\rho^L = 1000 kg/m^3$。表面压强 $P_{sea\ level} = 1 bar$。

解：

由于流体静力学，马里亚纳海沟底部的压强是

$$P = P_{sea\ level} + \rho^L gh$$
$$= 1bar + 1000kg/m^3 \cdot 9.81m/s^2 \cdot 1000m$$
$$= 1bar + 107910000Pa$$
$$= 1080.1bar$$

表 3.2 Kechin 方程的参数

物质	$T_{m,ref}$/K	a_1	a_2	a_3
水	273.25	550.1	0.4593	0.00111
甲醇	175.17	358.6	0.3082	0
乙醇	158.37	549.4	0.4667	0
环己烷	279.55	280.0	0.5476	0
苯	278.24	347.9	0.3689	0
环己酮	242.4	228.9	0.3257	0
环戊醇	256.0	380.5	0.5208	0

根据 Simon - Glatzel 方程，纯水在这个压强下的熔点是

$$T_m = T_{m,ref}\left(\frac{\frac{P_m}{MPa}}{a_1}+1\right)^{a_2}\exp\left(-a_3\frac{P_m}{MPa}\right)$$

$$=273.25\text{K}\left(\frac{108.01}{550.1}+1\right)^{0.4593}\exp(-0.00111\cdot 108.01)$$

$$=263.18\text{K}$$

这意味着，由于压强升高，熔点降低了近10K；因此，温度为 $\theta=-2$℃在马里亚纳海沟底部是可能的。由于盐溶解在海水中，熔点进一步降低(冰点常数，章节8.2.1.1)，但在这种情况下主要影响是由压力升高引起的。在非常高的压强下，因为会出现许多不同的晶体结构[17]，水的熔点与压强的关系非常复杂。在2100bar时观察到最低熔点为 $\theta_m=-23$℃，而在36500bar时也可能观察到非常高的熔点，如 $\theta_m=175$℃。在文献[18]中给出了不同变化条件下冰的融化压强曲线的相关关系。

3.2.5 标准焓和标准Gibbs生成能

标准生成焓 Δh_f^0 和标准Gibbs生成能 Δg_f^0 对计算反应焓和化学平衡非常重要。采用理想气体状态下 $T_0=298.15$K和 $P_0=101325$Pa的标准状态❶进行估算。在过程模拟程序中，理想气体状态下的标准生成焓和标准Gibbs生成能通常作为焓计算的参考点，使焓和Gibbs能差与化学反应一致。

为了进行估算，再次使用Joback和Reid[4]的基团贡献法。其公式是：

$$\frac{\Delta h_f^0}{\text{kJ/mol}}=68.29+\sum\Delta_H \tag{3.21}$$

$$\frac{\Delta g_f^0}{\text{kJ/mol}}=53.88+\sum\Delta_G \tag{3.22}$$

基团贡献参数见表3.1。Domalski和Hearing提出了一种更复杂的方法[19,20]。此外，Benson方法在工业支持下得到了广泛应用和进一步发展[21,22]。

例3.6 用Joback法估算乙酸乙酯(CH_3—COO—C_2H_5)的标准生成焓和标准Gibbs生成能。

解：

乙酸乙酯的基团增量如下：

$2\times CH_3$

$1\times CH_2$

$1\times COO$

$$\sum\Delta_H=2\cdot(-76.45)+1\cdot(-20.64)+1\cdot(-337.92)=-511.46$$

❶ 在热力学中，液态和固态的其他标准状态也是可能的。在过程模拟器中，通常采用理想气体状态。

$\sum \Delta_G = 2 \cdot (-43.96) + 1 \cdot (8.42) + 1 \cdot (-307.95) = -387.45$

得到

$$\frac{\Delta h_f^0}{\text{kJ/mol}} = 68.29 - 511.46 = -443.17$$

$$\frac{\Delta g_f^0}{\text{kJ/mol}} = 53.88 - 387.45 = -323.57$$

从数据表中，得到了 $\Delta h_f^0 = -442.91\text{kJ/mol}$ 和 $\Delta g_f^0 = -327.39\text{kJ/mol}$，这是由于乙酸乙酯酯化的反应平衡，所以表现出良好的一致性，众所周知，这对参数数据库有较大的贡献。

差异问题是要考虑的。在测定 Δh_f^0，特别是 Δg_f^0 时，相对较小的误差会导致在估算反应焓或平衡常数时出现较大的误差。因此，应谨慎处理估算法的结果。下面的例子给出了关于 Δh_f^0 和 Δg_f^0 的灵敏度效果。

例 3.7 估算理论气相异构化反应的反应焓和平衡浓度 y_1。

正丁烷⇌异丁烷

当 $\theta = 25℃$ 和 $P = 1.01325\text{bar}$ 时，标准生成焓和标准 Gibbs 生成能如下：

	$\Delta h_f^0/(\text{J/mol})$	$\Delta g_f^0/(\text{J/mol})$
正丁烷(1)	-134510	-20878
异丁烷(2)	-126150	-17154

此外，若每个给定量的误差为 ±1%，则计算结果的范围。

解：

由于反应条件与标准条件相同，可直接采用给定值(见第 12 章)：

$\Delta h_R^0 = (-134510 + 126150)\text{J/mol} = -8360\text{J/mol}$

$\Delta g_R^0 = (-20878 + 17154)\text{J/mol} = -3724\text{J/mol}$

$$\Rightarrow K = \exp\left(-\frac{\Delta g_R^0}{RT}\right) = \exp\left(\frac{3724\text{J/mol}}{8.3143\text{J/(mol}\cdot\text{K)}\cdot 298.15\text{K}}\right) = 4.4919$$

$$K = \frac{y_1}{1 - y_1} \Rightarrow y_1 = \frac{K}{1 + K} = 0.8179$$

若两个误差都指向不同的方向，则误差的影响最大：

$\Delta h_{R,\max}^0 = (-135855 + 124888)\text{J/mol} = -10967\text{J/mol}$

$\Delta h_{R,\min}^0 = (-133165 + 127411)\text{J/mol} = -5754\text{J/mol}$

$\Delta g_{R,\max}^0 = (-21087 + 16982)\text{J/mol} = -4105\text{J/mol}$

$$\Rightarrow K_{\max} = \exp\left(-\frac{\Delta g_{R,\max}^0}{RT}\right) = 5.2367$$

$$K_{\max}=\frac{y_{1,\max}}{1-y_{1,\max}}\Rightarrow y_{1,\max}=\frac{K_{\max}}{1+K_{\max}}=0.8397$$

$$\Delta g^0_{\mathrm{R},\min}=(-20669+17326)\mathrm{J/mol}=-3343\mathrm{J/mol}$$

$$K_{\min}=\exp\left(-\frac{\Delta g^0_{\mathrm{R},\min}}{RT}\right)=3.853$$

$$K_{\min}=\frac{y_{1,\min}}{1-y_{1,\min}}\Rightarrow y_{1,\min}=\frac{K_{\min}}{1+K_{\min}}=0.7939$$

因此，1%的 Δh^0_f 的误差会导致超30%反应焓的误差。Δg^0_f 的误差较小；然而，正丁烷的平衡浓度在16%～21%，Δg^0_f 的误差会很大。幸运的是，由于 RT 项在分母上，所以误差的影响随着温度的升高而减小，化学反应通常在较高的温度下发生。

3.3 温度相关特性

对于与温度有关的特殊热力学性质，已经开发了一些特殊的方程，它们能够描述液体从三相点温度到临界温度范围内的各种性质，以及任意温度范围内的蒸气性质(例如 -200～1500℃)。它们都有许多可调整的参数，这些参数可用于实验数据，在目标函数 F(计算数据和实验数据之间相对偏差的平方和)处成为最小值：

$$F=\sum_i\left(\frac{m_{i,\mathrm{calc}}-m_{i,\exp}}{m_{i,\exp}}\right)^2=\min \tag{3.23}$$

如果温度范围非常大，并且由于温度的不确定性带来的误差显著变大，可以应用最大似然函数[23]：

$$F=\sum_i\left(\frac{T_{\mathrm{true},i}-T_{\exp,i}}{\sigma_T}\right)^2+\left(\frac{m_{\mathrm{true},i}-m_{\exp,i}}{\sigma_m}\right)^2 \tag{3.24}$$

式中，σ_m 和 σ_T 是特性 m 和温度 T 的标准偏差。通常，对于 σ_m 和 σ_T，存在实验不确定性。对于每个数据点，都有一个假定的温度 T_true 的真值。这些真值被视为可调参数。特性 m 的真值 m_true 是以温度的真值作为参数计算的。此拟合过程可能会比较复杂，因为如果温度的真值可调，则会大幅增加拟合程序需要优化的值的数量。然而，最大似然法可以被视为一种不需要任意混合不同质量或不同数量级数据的方法。

这样拟合的方程称为相关性。它的质量是由得到的最小值决定的，该最小值通常转化为平均偏差。目标函数的值越小，相关性越高。此外，必须考虑可调参数的数量。用户必须注意所有的拟合系数都是重要的，如果将系数设置为一个标准值(通常为0)，则拟合过程计算的目标函数值不可靠。

此外，应注意相关性的外推行为。在拟合温度范围外使用时，不应显示不合理的值。在参数数据库中，还应存储有效温度的范围。

若没有更加可靠的数据，就必须使用不准确的推断。如果计算出一个定性错误的外推行为，结果将会更加不可靠。一般来说，有两种外推误差。首先，外推可能失败，因为属性在给定的温度范围之外不存在。例如，蒸气压曲线在临界点处结束。超出此点的值不存在。类似于 Wagner 方程[见方程(3.37)]包含类似于 $(1-T_r)^{1.5}$ 的项，这些项在温度 $T>T_c$ 时未定义。因此，该公式会导致运行时错误，这在物理上是正确的，但不便于进行过程模拟，在多次嵌套迭代期间可能会发生类似的计算。

外推法失败的第二个原因是，由于方程的结构，得到了一个定性错误的行为。一个例子是 c_P^{id} 与多项式的相关性(图3.5)。

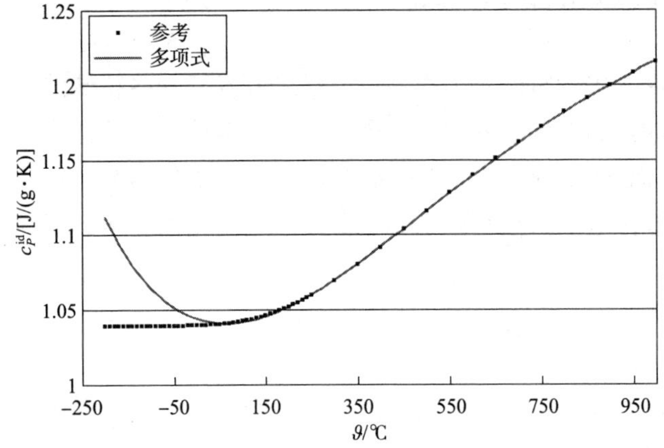

图3.5 低温下氮的 c_P^{id} 采用多项式的定性错误表示(来自[10]的参考数据)

解决方法是定义特殊的外推函数，该外推函数在极限温度下，通过测量值和测量斜率。这些外推函数确保超出有效温度范围的行为至少在质量上是正确的。必须强调的是，这并不意味着准确就是好。在[24]中给出了一组证明良好的外推函数。

各种纯组分性质关联可应用于具有简单混合规则的混合物，尽管有时成功率有限。因此，在本章的最后给出了相应的混合规则。在蒸气压和蒸发焓的情况下，所使用的 g^E 模型提供了适当的混合规则。

3.3.1 蒸气压

在过程模拟的许多任务中，蒸气压是最重要的量。在精馏塔理论塔段数的确定和温度分布的计算中，常起决定性作用。在环境保护中，蒸气压对于确定排气中部件的负荷和评价排气处理的选择非常重要。此外，一个经过仔细评估的蒸气压曲线，对于其他热物理性质的评估，特别是汽化焓的评估，也很有用。

蒸气压是温度的指数函数，从三点开始，到临界点结束。它包含几个数量级；因此，图形表示通常只表示其特征的一部分。图 3.6 显示了丙烯蒸气压的两个线性和对数轴图。线性图使得在低温下甚至定性的行为都无法识别，而在对数图中，只能在轴上识别数量级。至少，对数图可以比较不同物质的蒸气压。此外，许多过程计算需要非常精确的蒸气压强曲线，例如，通过蒸馏分离异构体。为了可视化蒸气压强曲线，必须采用特殊技术(见附录 E)，不能简单地用图解来比较实验数据和计算数据。

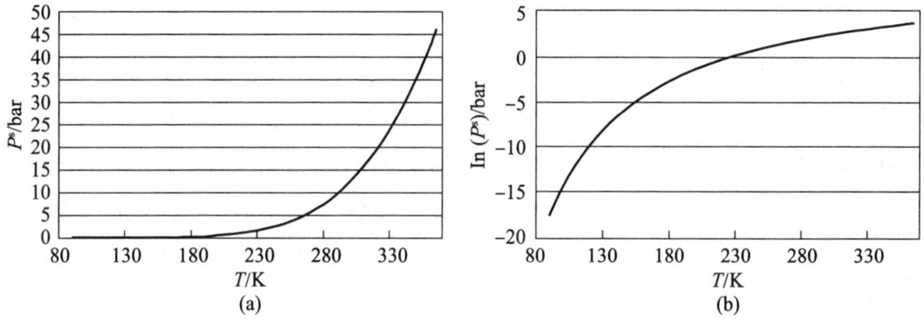

图 3.6 蒸气压随温度变化的图表类型(例如：丙烯)

幸运的是，现在已经有了大量的通用工业的实验数据，这些数据可以用表格形式的相关参数从不同的来源获得，例如 DDB[25]、DIPPR[9]、PPDS[26]或 VDI 热图集[27]，并且通常不需要在过程模拟中估计关键部件的蒸气压曲线。由于蒸气压对气液分离系数的主要影响，因此也不必依赖于估计数据。

建立蒸气压相关性的一种方法是，使用简化假设，应用 Clausius – Clapeyron 方程的积分：

$$\frac{dP^s}{dT}=\frac{\Delta h_v}{T(v^V-v^L)} \tag{3.25}$$

忽略 v^L 与 v^V($v^V \gg v^L$)的比较，理想气体近似

$$v^V-v^L \approx \frac{RT}{P^s} \tag{3.26}$$

式(3.26)适用于低压和不相关物质。可以得到微分方程：

$$\frac{dP^s}{P^s}=\frac{\Delta h_v}{R}\frac{dT}{T^2} \tag{3.27}$$

假设蒸发焓与温度无关，微分方程可以很容易地积分得到：

$$\ln \frac{P^s}{P_0} = A + \frac{B}{T} \tag{3.28}$$

以 A 和 B 作为组件特定参数。在方程中引入任意压强单位 P_0，以保证对数的参数是无量纲的。压强单位的变化只会影响参数 A。

然而，这个简单的方程只能在很小的温度范围内以足够的精度再现蒸气压曲线。有很多方法可以引入额外的可调节参数。例如，假设汽化焓是温度的线性函数，则获得 Kirchhoff 方程。

$$\ln \frac{P^s}{P_0} = A + \frac{B}{T} + C\ln \frac{T}{\mathrm{K}} \tag{3.29}$$

公式(3.28)的一个非常流行的修正是安托因方程：

$$\ln \frac{P^s}{P_0} = A + \frac{B}{T + C} \tag{3.30}$$

然而，这是经验性的发现，不能直接从 Clausius – Clapeyron 方程推导出来。安托因方程已被证明是成功的。应避免在较宽的温度范围内拟合安托因参数。物质的两个线性方程(即一个用于低于正常沸点的温度，另一个用于高于正常沸点的温度)的一般做法，对于过程模拟是不可接受的，因为这些方程通常没有相同的值和两个方程之间发生变化的点的最接近值。如果应用范围受到限制(例如，限制到低压范围)，则该公式更为成功。如果公式(3.30)给出参数，必须注意温度和压强的单位❶。

安托因方程的参数有一定的限制。蒸气压的温度导数由：

$$\frac{\mathrm{d}P^s}{\mathrm{d}T} = P^s \frac{-B}{(T + C)^2} \tag{3.31}$$

当$\frac{\mathrm{d}P^s}{\mathrm{d}T} > 0$ 时，这将导致约束

$$B < 0 \tag{3.32}$$

将安托因方程(3.30)应用于 Clausius – Clapeyron 方程，可以导出参数 C 的允许范围。使用式(3.31)和近似值(3.26)，获得关系式：

$$\Delta h_v = \frac{-RT^2B}{(T + C)^2} \tag{3.33}$$

对于非缔合物质，汽化焓的温度导数总是负值。从式(3.33)中，我们得到：

$$\frac{\mathrm{d}\Delta h_v}{\mathrm{d}T} = \frac{-2BCRT}{(T + C)^3} < 0 \tag{3.34}$$

---

❶ 安托因方程使用了许多符号，如果所使用的形式没有清楚地勾勒出来，那么它的应用常常是一个猜谜游戏。温度和压强单位、参数的符号和对数的基础可以改变。

由于 $B<0$，$T>0$，实现此约束的唯一方法是

$$-T<C<0 \tag{3.35}$$

在 $T=-C$ 时，安托因方程有一个极点；因此，安托因方程的应用极限应远高于此温度。

对于过程模拟应用，通常需要高精度，特别是在蒸馏塔中必须分离蒸气压相似的组分时。当建立参数数据库时，例如商业过程模拟程序中的参数数据库，不能预先知道在什么条件下需要精确的蒸气压。安托因方程的优点是它的简单性；与许多其他蒸气压方程相比，它可以很容易地转换成温度显式方程。然而，它不能适用于从三相点到临界点的整个温度范围。在这些情况下，推荐更有效的蒸气压关联式，即扩展的安托因方程和 Wagner 方程。

原则上，扩展的安托因方程是各种有用项的集合。它包括安托因方程(3.30)和 Kirchhoff 方程(3.29)。

$$\ln\frac{P^{s}}{P_0}=A+\frac{B}{T+C}+DT+E\ln T+FE^{G} \tag{3.36}$$

很少在所有参数都处于活动状态时应用。它的优点是一个仿真程序的用户可以用一个公式代码处理许多不同的问题。

一个非常有用的关联是 Wagner 方程

$$\ln\frac{P^{s}}{P_{c}}=\frac{1}{T_{r}}[A(1-T_{r})+B(1-T_{r})^{1.5}+C(1-T_{r})^{3}+D(1-T_{r})^{6}] \tag{3.37}$$

式中，$T_r=T/T_c$。它能很好地将三相点到临界点的整个蒸气压曲线关联起来。Wagner 方程是通过用结构优化方法确定式(3.37)中最重要的项而得到的[28]。Moller[29]也证明了该方程的非凡能力，他证明了 Wagner 方程可以很好地再现困难项 $\Delta h_v/(v^{V}-v^{L})$。方程式(3.37)被称为 3－6 形式，其中数字指的是最后两项的指数。一些作者[6]更喜欢 2.5－5 形式，据报道，这种形式更准确一些：

$$\ln\frac{P^{s}}{P_{c}}=\frac{1}{T_{r}}[A(1-T_{r})+B(1-T_{r})^{1.5}+C(1-T_{r})^{2.5}+D(1-T_{r})^{5}] \tag{3.38}$$

应用 Wagner 方程需要精确的临界数据。只要涉及的实验数据点远离临界点(例如，仅低于大气压的点)，估计的临界数据通常就足够。由于方程的结构会自动满足临界点，即使只估计临界点，Wagner 的外推法也很容易达到较高的温度。然而，和所有的蒸气压方程一样，它不能可靠地外推到较低的温度。

有时，过程模拟程序的用户计算超过临界点的蒸气压，尽管这在物理上没有意义。如果 Wagner 方程应用于临界温度以上，它将产生一个数学误差。因此，模拟程序必须提供一个外推函数，使蒸气压线保持相同的斜率[24]。

对于 Wagner 方程的特定参数，以下数值范围对这两种形式都是合理的：

$$A = -9 \sim -5$$
$$B = -10 \sim 10$$
$$C = -10 \sim 10$$
$$D = -20 \sim 20 \tag{3.39}$$

如果超出这些范围，则应仔细检查所使用的关键数据和实验数据点是否存在可能的异常值。Wagner 方程的系数。公式(3.37)和公式(3.38)可在[6、30、31]或[27]中找到。

对于蒸气压的相关性，平均偏差应远低于 0.5%。只要有足够的其他可用值，就应拒绝相关偏差小于 1% 的。蒸气压低于 1mbar 时可以例外，因为在该范围内测量的精度较低。偏差的结构应始终仔细解释(见附录 E)。对于 Wagner 和安托因方程的参数，McGarry[30] 和 Chase[32] 给出了更多的限制，特别是 McGarry[30] 的文章已经证明了几十年来可靠的蒸气压曲线的可靠来源。他描述并应用了一些在装配过程中的经验约束，给出了 250 多种物质的参数，其中大多数被证明是精确的。可以使用公式(3.39)中给出的准则来检测一些异常。

尽管对蒸气压的精度要求很高，但也需要良好的估算方法。这些要求主要是指中等和低压的具有极限复杂度的分子，因为小分子通常有完善的蒸气压方程，而大分子通常具有很低的挥发性，因此蒸馏纯化是不可能的。

蒸气压的估算是热力学中最困难的问题之一。由于蒸气压和温度之间呈指数关系，因此不能期望高精度。必须容忍 5% ~10% 的偏差。因此，估计的蒸气压关联式不应用于蒸馏塔中的主要物质来评估最终设计；但是，它们对于在不进行额外测量的情况下确定侧组分的行为非常有用。

因此，对于蒸气压估计方法来说，平均偏差的重要性要小于该方法完全失败的物质数量。在这方面，基于 Hoffmann 和 Florin[33] 的蒸气压方程的简单估算程序被证明比文献[34-36] 中基于相应状态或基团贡献的各种方法更为合适。Hoffmann - Florin方程基于 Cox[37] 绘制的图表。Cox 图的构造方法是对一些参考流体的横坐标刻度进行调整，使对数 $P^s - T$ 图中的蒸气压曲线成为一条直线。Hoffmann - Florin 方程有两个可调参数 α 和 β：

$$\ln \frac{P^s}{P_0} = \alpha + \beta f(T) \tag{3.40}$$

$$f(T) = \frac{1}{T/\mathrm{K}} - 7.9151 \cdot 10^{-3} + 2.6726 \cdot 10^{-3} \log \frac{T}{\mathrm{K}} - 0.8625 \cdot 10^{-6} \frac{T}{\mathrm{K}} \tag{3.41}$$

这个方程适用于两个或两个以上的已知蒸气压数据点。虽然不是平均精确的相关性，但显示出良好的外推行为，特别是优于公式(3.28)。重要的是，两个数据点(T_1，P_1^s)和(T_2，P_2^s)之间的距离足够大，可以得到重要的参数。α 和 β 可以通过以下公式计算：

$$\alpha = \ln\frac{P_1^s}{P_0} - \ln\frac{P_1^s}{P_2^s}\cdot\frac{f(T_1)}{f(T_1)-f(T_2)} \tag{3.42}$$

$$\beta = \frac{\ln\dfrac{P_1^s}{P_2^s}}{f(T_1)-f(T_2)} \tag{3.43}$$

通过设置，可以将 Hoffmann – Florin 方程转化为扩展的安托因方程(3.36)：

$A = \alpha - 7.9151\cdot 10^{-3}\beta$

$B = \beta$

$D = -0.8625\cdot 10^{-6}\beta$

$E = \dfrac{2.6726\cdot 10^{-3}}{\ln 10}\beta$

$C = F = G = 0$

如果只有一个或没有蒸气压点、正常沸点、临界点，或者两者都可以估计，可调参数 α 和 β 可以用于这些人工数据点，得到蒸气压的估算的过程。

例 3.8 估计氯仿在 $\theta_1 = -41.7$℃、$\theta_2 = 4.5$℃和 $\theta_3 = 120.1$℃的蒸气压，而不使用任何实验数据点。

解决方案：

使用 Joback 方法，我们得到以下结果：

$T_b = 334.13$K(真值：334.25K)

$T_c = 532.11$K(真值：536.45K)

$P_c = 4.98$MPa(真值：5.55MPa)

和

$T_1 = 334.13$K

$P_1^s = 0.101325$MPa

$T_2 = 532.11$K

$P_2^s = 4.98$MPa

通过设定 $P_0 = 1$Pa 可获得

$\alpha = 19.5596$

$\beta = -5233.61$

结果如下：

$P^s(-41.7℃) = 5.69$hPa

$P^s(4.5℃) = 99.94$hPa

$P^s(120.1℃) = 0.518$MPa

在大多数情况下，正常沸点或另一个给定数据点的质量对于估计的质量是决定性的。临界压强估算中相对较大的误差通常是可以接受的。

例 3.9　估计 $\theta_1 = 101.27℃$ 时乙二醇单醋酸盐（$CH_3—COO—CH_2—CH_2—OH$）的蒸气压。在 $\theta_2 = 175.63℃$ 时，蒸气压为 $P^s(\theta_2) = 727.9hPa$[38]。

解决方案：

使用 Joback 方法，我们得到以下结果：

$T_c = T_b \cdot 1.3856$

$P_c = 4.415MPa$

在迭代过程中，估计 T_b 来计算临界温度。利用 T_b 和 T_c 用等式(3.42)和(3.43)确定给定的参考点 α 和 β。用等式(3.40)和(3.41)检查是否复制(θ_2)。只要不符合要求，就用另一个 T_b 作为起始值重复该过程。使用 $P_0 = 1Pa$，最终结果如下：

$T_b = 459.33K$

$T_c = 636.45K$

$\alpha = 21.264$

$\beta = -9930.45$

使用式(3.40)，得到 $P^s(\theta_1) = 38.35hPa$。测量值为 37.9hPa[38]。

例 3.10　估计 R－E218（$CF_3—O—CF_2—CF_3$）在 $\theta_1 = 50.3℃$，$\theta_2 = -45℃$ 的蒸气压。正常沸点为 $\theta_b = -23.7℃$[39]。

解决方案：

使用 Joback 的方法，可以得到以下结果：

$\sum \Delta_T = 0.1257 \rightarrow T_c = 361.78K$

$\sum \Delta_P = -0.0312 \rightarrow P_c = 2.999MPa$

$\alpha = 20.0309$

$\beta = -3722.423$

尽管对临界压强的估计很差，但结果仍然可以接受。使用临界点的实验值，结果将是：

$P^s(50.3℃) = 11.24bar$

$P^s(-45℃) = 0.3641bar$

Moller 等人提出了一种新的以正常沸点为参考的基团贡献估计方法。它们的蒸气压方程采用汤姆逊规则[42]，即安托因方程(3.30)的 C 参数与正常沸点相关。此外，还补充了一个对数项来说明醇类和羧酸类：

$$\ln \frac{P^{s}}{101.325\text{kPa}} = B' \frac{T/\text{K} - T_b/\text{K}}{T/\text{K} + 2.65 - \dfrac{(T_b/\text{K})^{1.485}}{135}} + D' \ln \frac{T}{T_b} \tag{3.44}$$

其中 B'和 D'由以下公式确定

$$B' = 9.4797 + \sum_i \nu_i \Delta B_i + n_A \sum_j \nu_j \Delta B_j + \sum_k \Delta B_k + \frac{1}{2} \sum_i \sum_j \text{GI}_{ij} \tag{3.45}$$

$$D' = D + \frac{1}{n_A} \sum_i \nu_i \Delta E_i \tag{3.46}$$

其中 B'项中的常数相对于原始出版物已经更新。具体的贡献可以解释如下。

ΔB_i 是与大小无关的结构基团的基团贡献。ν_i 是分子中基团 i 的频率。如果该基团具有尺寸依赖性(指数 j)，则必须添加额外的基团常数贡献 ΔB_k(频率为 1)，并将基团贡献 ΔB_j 与原子数(不包含氢原子)相乘。例如，GI_{ij}是基团的相互作用贡献，其中 $\text{GI}_{ij} = \text{GI}_{ji}$，基团与自身的相互作用为零。

如果基团分配不明确，则优先级数决定必须应用哪个基团；必须首选优先级数较低的基团。D'表示脂肪醇和羧酸的校正项，由基团贡献 ΔE_i 和常数 D 组成。n_A 是除氢以外的原子数。这些基团列在 www.ddbst.com 上，其中还提供了有关基团的进一步信息，即大小依赖性和优先级。

如果可以使用另一个参考蒸气压代替正常沸点，则可以通过满足参考点的方式调整 T_b。如果没有可用的参考点，则可以估算 T_b。在这一点上，如上所述，公式(3.44)显著降低。

对于这种方法，作者报告数据库中使用的 2300 多种物质的平均误差为 5%[41]。

但是，必须强调至少有两个可靠数据点的蒸气压估计值，这些数据点只能用于对化合物的挥发度进行蒸气压量级的评估。

例 3.11 使用 Rarey/Moller 方法估计正丙苯在 $\theta_1 = 100℃$和 $\theta_2 = 200℃$时的蒸气压。

正丙苯的结构式如图 3.7 所示。正常沸点为 $\theta_b = 159.22℃$[10]。

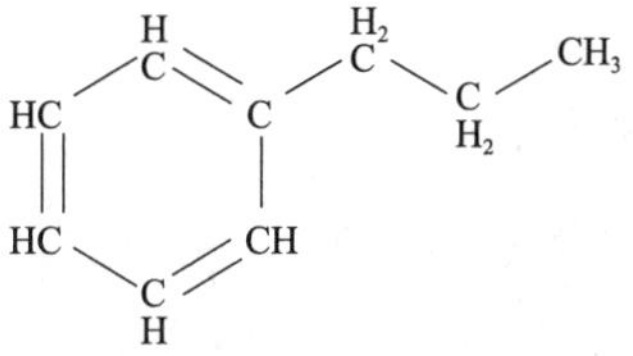

图 3.7 正丙苯的结构式

解决方案：

结构增量设置如下：

增量数	基团名称	频率	ΔB_i	$\Sigma\Delta B_i$
4	链中的 CH_2	2	0.07545	0.1509
1	CH_3	1	−0.00227	−0.00227
17	芳香环中的 C	1	0.11192	0.11192
16	芳香环中的 CH	5	0.01653	0.08265
				0.3432

$B' = 9.4797 + 0.3432 = 9.8229$

$D' = 0$

当 $T_b = 432.37\text{K}$ 时，由式(3.44)得出 $P^s(373.15\text{K}) = 0.1598\text{bar}$ 和 $P^s(473.15\text{K}) = 2.6602\text{bar}$。参考值[10]分别为 $P^s_{ref}(373.15\text{K}) = 0.1665\text{bar}$ 和 $P^s_{ref}(473.15\text{K}) = 2.5921\text{bar}$。

例 3.12 使用 Rarey/Moller 方法重复示例 3.9。

解决方案：

可确定以下基团贡献：

增量数	描述	频率	n_A	ΔB_i	$\Sigma\Delta B_i$
1	甲基	1	—	−0.00227	−0.00227
54	链中的酯	1	—	0.55698	0.55698
7	CH_2 与电负性原子相连	2	—	0.11758	0.23516
153	OH 基，大分子，尺寸相关	1	7	−0.04696	−0.32872
176	长 OH 基常数	1	—	5.21138	5.21138
207	乙醇－酯相互作用	2·0.5	—	−1.38632	−1.38632
					4.28621

因此，我们得出：

$B' = 9.4797 + 4.28621 = 13.76591$

对于对数校正项，我们得到：

$D' = -4.798 + 1/7 \cdot 6.578 = -3.8583$

给出蒸气压曲线：

$$\ln\frac{P^s}{101.325\text{kPa}} = 13.76591\frac{T/\text{K} - T_b/\text{K}}{T/\text{K} + 2.65 - \dfrac{(T_b/\text{K})^{1.485}}{135}} - 3.8583\ln\frac{T}{T_b}$$

利用参考点 $P^s(175.63℃)=727.9hPa$，我们可以在迭代过程中将 T_b 调整为 $T_b=460.89K$。然后，可以确定 $\theta_1=101.27℃$ 处的蒸气压为 $P^s(101.27℃)=48.7hPa$，而正确值为 37.9hPa[38]。

例 3.13 使用 Rarey/Moller 方法重复例 3.10。

解决方案：

可确定以下基团贡献：

增量数	描述	频率	ΔB_i	$\Sigma\Delta B_i$
9	C 与电负性原子相连	3	-0.0896	-0.2688
39	F 与 C 相连，还有 2 个其他卤素原子	2	0.09402	0.18804
38	F 与 C 相连，还有 1 个其他卤素原子	1	0.1054	0.1054
51	醚氧	1	0.15049	0.15049
150	无氢原子	1	-0.19373	-0.19373
			Σ	-0.0186

因此，我们得到

$B'=9.4797-0.0186=9.4611$ 和

$$\ln\frac{P^s}{101.325\text{kPa}}=9.4611\frac{T/\text{K}-249.45}{T/\text{K}+2.65-\dfrac{249.45^{1.485}}{135}}=9.4611\frac{T/\text{K}-249.45}{T/\text{K}-24.215}$$

结果为

$P^s(50.3℃)=10.516\text{bar}$(实验值：11.319bar[41])

$P^s(-45℃)=0.3772\text{bar}$(实验值：0.372bar[40])

蒸气压的估算方法还不够可靠，不能应用于行为起决定性作用的组分的过程模拟中。蒸气压的估计可用于蒸气压数量级足够大的组分(例如，决定该组分是在塔的顶部还是底部)。即使在这种情况下，它也取决于使用的频率。对于基本化学过程的模拟和优化，强烈建议使用基于所有相关组分数据点的蒸气压曲线，而对于在很短的时间内或在工艺评价过程中批量生产精细化学品，估算是可以接受的。

特别是在蒸气压的情况下，数据库生产的平均偏差只是评估估算方法质量的一个粗略指标。在一个预测中的可控偏差很容易处理。更有趣的是预测完全错误的物质的数量。对于一个准确的估算，误差是2%还是3%，对于一个不准确的估算，误差是60%还是150%，这几乎没有区别；相反的，不使用不准确的估算是必须的，因为即使它应用于痕量组分也可能导致过程模拟的严重错误。

值得一提的是，对于纳米区域的小液滴，蒸发压强是液滴尺寸的强函数。可以由 Kelvin 公式[43]描述为：

$$\ln \frac{P^{\mathrm{G}}}{P^{\mathrm{s}}}=\frac{4\sigma}{\rho^{\mathrm{L}}RTd} \tag{3.47}$$

式中，P^{G} 是直径为 d 的液滴的蒸气压，P^{s} 是正常蒸气压。表 3.3 给出了在 $\theta=20℃$ 时液滴蒸气压随液滴尺寸的变化效果，其中由于水的表面张力 σ 较高，影响相对较大。

表 3.3　水滴的蒸气压随水滴大小的变化

d/nm	$P^{\mathrm{G}}/P^{\mathrm{s}}$
1000	1.002
100	1.022
10	1.244
1	8.904
0.5	79.29
0.4	236.59
0.3	1463.3
0.2	55976
0.1	$3.13\cdot10^{9}$

式(3.47)有一个显著的结果。如果在气相中没有液滴，凝结就不可能发生，因为 $d=0$ 时液滴最终有无限的饱和压强，会导致立即蒸发。只有由于统计涨落或种子颗粒(尘埃、微生物)[43]，液滴的形成才有可能发生。液滴一旦形成，体积的微小增长使饱和压强迅速下降，使液滴的增长速度极快。对于蒸发，则情况是相反，所以小液滴尺寸的减少导致快速蒸发。因此，Kelvin 方程描述了一个不稳定的平衡，微小的扰动会导致水滴消失或增长。

例 3.14　估计 1nm 正己烷液滴在 $\theta=50℃$ 时的蒸气压升高。热物理性质可从附录 A 中获取：

$\sigma=15.24\mathrm{mN/m}$

$\rho^{\mathrm{L}}=631.1\mathrm{kg/m^3}$

$M=86.178\mathrm{g/mol}$

$P^{\mathrm{s}}=0.5409\mathrm{bar}$

解决方案：

$$\ln \frac{P^{\mathrm{G}}}{P^{\mathrm{s}}}=\frac{4\sigma}{\rho^{\mathrm{L}}RTd}$$

$$=\frac{4\cdot15.24\cdot10^{-3}}{631.1\cdot8.3143\cdot323.15\cdot10^{-9}}\frac{\mathrm{N}}{\mathrm{m}}\frac{\mathrm{m^3}}{\mathrm{kg}}\frac{\mathrm{mol}\cdot\mathrm{K}}{\mathrm{J}}\cdot\frac{1}{\mathrm{K}}\frac{1}{\mathrm{m}}\frac{86.178\cdot10^{-3}\mathrm{kg}}{\mathrm{mol}}=3.098$$

$P^G = P^s \cdot e^{3.098} = 11.98\text{bar}$

在过程计算中，水和二氧化碳两种物质经常以固体形式出现。需要了解它们升华压强的关系。

$$\ln \frac{P_{H_2O}^{subl}}{611.657\text{Pa}} = -13.928169 \cdot \left(1 - \left(\frac{T}{273.16\text{K}}\right)^{-1.5}\right) + 34.7078238 \cdot \left(1 - \left(\frac{T}{273.16\text{K}}\right)^{-1.25}\right) \tag{3.48}$$

在 $190\text{K} < T < 273.16\text{K}$[18]之间有效和

$$\ln \frac{P_{CO_2}^{subl}}{\text{Pa}} = 22.9862 - \frac{2979.9116}{T/\text{K}} + 0.73009 \ln \frac{T}{\text{K}} \tag{3.49}$$

在 $154.15\text{K} < T < 216.15\text{K}$[25]之间有效。

3.3.2 液体密度

在任何过程计算中，纯物质或混合物的密度显然是一个基本量。除了简单地确定体积需求量或一定量的物质或物流的重量外，还需要进行压降计算、塔水力学计算、在弯曲管道中物流的反作用力计算等。蒸汽或气体物质的密度与压强密切相关，通常由状态方程确定(见第 2 章)，可将液体密度视为温度的函数。液体密度图的典型形状如图 3.8 所示。

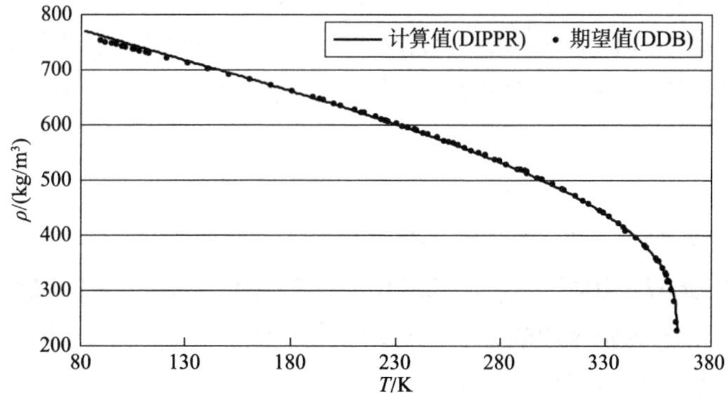

图 3.8 饱和液体密度图的典型形状(物质：丙烯)

液体密度的相关性 ρ^L 为泡点曲线，它实际上只是温度的函数。应用最广泛的相关关系是 Rackett 方程，除接近临界点的区域外，该方程一般可以在 0.2% ~ 0.3% 范围内重现整个饱和线上的密度：

$$\rho^L = \frac{A}{B^{1+(1-T/C)^D}} \tag{3.50}$$

更精确的公式是物理属性数据服务提出的公式：

$$\frac{\rho^{\mathrm{L}}}{\mathrm{kg/m^3}}=\frac{\rho_{\mathrm{c}}}{\mathrm{kg/m^3}}+A\left(1-\frac{T}{T_{\mathrm{c}}}\right)^{0.35}+B\left(1-\frac{T}{T_{\mathrm{c}}}\right)^{2/3}+C\left(1-\frac{T}{T_{\mathrm{c}}}\right)+D\left(1-\frac{T}{T_{\mathrm{c}}}\right)^{4/3} \tag{3.51}$$

用图 3.9 所示的偏差图说明了式(3.50)和式(3.51)之间的精度差。[27]中给出了大量物质的式(3.51)的系数。

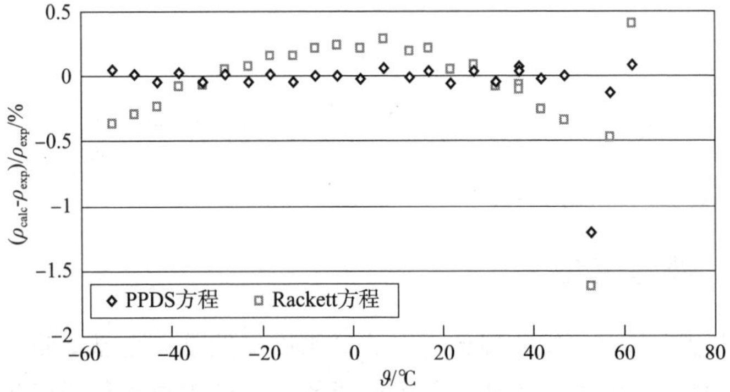

图 3.9　PPDS 和 Rackett 方程的 R125(五氟乙烷)密度偏差图

(资料来源：Widiatmo 等 1994 年[44])

在描述水的密度时两者的相关性[方程式(3.50)和(3.51)]存在一些不足。众所周知，最大液体的密度在 4℃时，从技术角度来看并不十分重要，并且液体密度随温度升高而降低的曲线是非常平坦的(在 10℃到 50℃之间只有 1%，而苯的密度对比熔点降低 5%)，使关联变得困难。建议使用简单多项式。

$$\frac{\rho^{\mathrm{L}}_{\mathrm{water}}}{\mathrm{kg/m^3}}=18.015\cdot\sum_{i=0}^{5}A_i\left(\frac{T}{\mathrm{K}}\right)^i \tag{3.52}$$

$A_0=-13.418392$　$A_1=0.6884103$　$A_2=-2.44970115\cdot10^{-3}$

$A_3=3.7060667\cdot10^{-6}$　$A_4=-2.11062995\cdot10^{-9}$　$A_5=-1.12273895\cdot10^{-13}$

对于液体密度或比体积的估计，COSTALD 方法[45]已被证明是可靠的。适用范围为 $0.25<T_{\mathrm{r}}<1$。计算公式为，

$$v^{\mathrm{s}}=(\rho^{\mathrm{L}})^{-1}=v^*\cdot V_{\mathrm{R}}^{(0)}(1-\omega V_{\mathrm{R}}^{(\delta)}) \tag{3.53}$$

$$V_{\mathrm{R}}^{(0)}=1+a(1-T_{\mathrm{r}})^{1/3}+b(1-T_{\mathrm{r}})^{2/3}+c(1-T_{\mathrm{r}})+d(1-T_{\mathrm{r}})^{4/3} \tag{3.54}$$

$$V_{\mathrm{R}}^{(\delta)}=(e+fT_{\mathrm{r}}+gT_{\mathrm{r}}^2+hT_{\mathrm{r}}^3)/(T_{\mathrm{r}}-1.00001) \tag{3.55}$$

公式(3.53)~(3.55)中的系数如下：

$a=-1.52816$	$b=1.43907$	$c=-0.81446$	$d=0.190454$
$e=-0.296123$	$f=0.386914$	$g=-0.0427458$	$h=-0.0480645$

特征体积 v^* 是一个可调整的参数，可以适用于一个或多个实验数据点。如果没有可用的数据，可以用 v^c 代替 v^*，这会导致精度降低，但即使 v_c 是估计的，也可以接受。

例 3.15 使用 COSTALD 方法估算 $T=293.15\text{K}$ 时正己烷的液体密度。给出以下值：

$T_c=507.8\text{K}$；$v^*=v_c=386.8\text{cm}^3/\text{mol}$；$\omega=0.3002$；$M=86.178\text{g/mol}$

解决方案：

应用等式(3.53)~(3.55)，我们得到：

$V_R^{(0)}=0.3798$

$V_R^{(\delta)}=0.2277$

$v^s=136.85\text{cm}^3/\text{mol}\Rightarrow\rho^L=629.7\text{kg/m}^3$

实验值为 $\rho^L=659.4\text{kg/m}^3$

在过程模拟中，液体密度始终参照饱和线是完全足够的，但忽略了压强对密度的影响。然而，密度对压强的依赖性有时是必要的，例如，为了安全考虑，计算封闭体积中的压强累积或确定声速。为了确定压强效应，在[6]中列出了一些相关关系。Tait 方程如下：

$$v(T,\ P)=v(T,\ P_0)\left[1-C\ln\frac{B+P}{B+P_0}\right] \tag{3.56}$$

可应用于压强高达 150 MPa 及以上。P_0 是密度已知的参考压强，通常是饱和压强 $P^s(T)$。B 和 C 为物质特定参数，应与实验数据相拟合。如果可用的数据证明了这一点，则应该使它们与温度关联[46]。Thomson 等人提出了几种估计方法，例如[47]：

$$C=0.0861488+0.0344483\omega \tag{3.57}$$

$$\frac{B}{P_c}=-1-9.070217(1-T_r)^{1/3}+62.45326(1-T_r)^{2/3}-135.1102(1-T_r)+(1-T_r)^{4/3}\exp(4.79594+0.250047\omega+1.14188\omega^2) \tag{3.58}$$

不过，建议这一范围的预测或多或少应作为一种猜测。为了获得更高的精度，建议使用高精度状态方程(见第 2.5.2 节)。

对于混合物，液体密度可由比体积的线性混合规则得出，其中忽略过量体积(见第 4 章)：

$$v_{\text{mix}}^L=\sum_i x_i v_i^L \tag{3.59}$$

相当于

$$\rho_{\text{mix}}^L=\left(\sum_i\frac{x_i}{\rho_i^L}\right)^{-1} \tag{3.60}$$

密度单位必须依据使用浓度的类型，即摩尔基准 mol/m^3 或质量基准 kg/m^3。

通常这种简化所引起的误差是很小的。据报道，常见的乙醇－水混合物中，存在较大的误差，其过量体积的影响可达 3.5%。然而对于密度而言，公式(3.60)比线性混合规则会产生更好的结果，线性混合规则由于其简单性而经常被应用，特别是当纯组分密度有显著差异时。

例 3.16 估计由 40% 正己烷(1)和 60% 氯仿(2)组成的二元混合物在 $\theta=50℃$ 下的密度。纯组分密度为[48]：

$\rho_1=631.1kg/m^3$

$\rho_2=1437.5kg/m^3$

解决方案：

由式(3.60)：

$$\rho_{mix}=\left(\frac{0.4}{631.1}+\frac{0.6}{1437.5}\right)^{-1}\frac{kg}{m^3}=951.3kg/m^3$$

密度的线性混合规则为：

$$\rho_{mix}=(0.4\cdot 631.1+0.6\cdot 1437.5)\frac{kg}{m^3}=1114.9\ \frac{kg}{m^3}$$

图 3.10 说明了密度的混合规则，并显示了纯组分密度明显不同时的体系的误差。

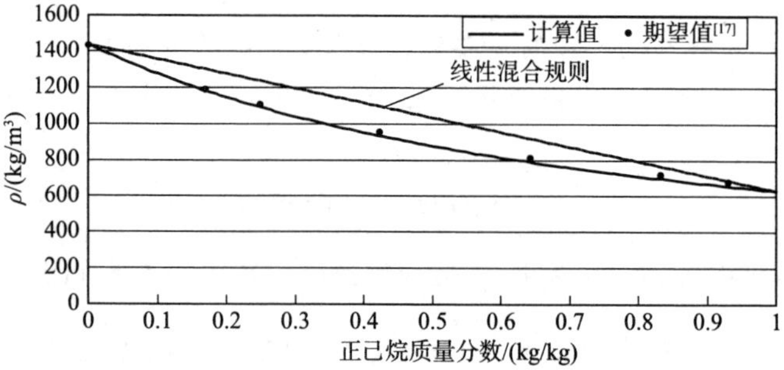

图 3.10　系统正己烷－氯仿在 $\theta=50℃$ 下的混合密度

3.3.3　汽化焓

精馏过程的操作成本主要受蒸发焓的影响，在较小程度上受液体比热容的影响。因此，它的重要性可以很容易理解。

图 3.12 显示了一些典型组分的汽化焓随温度的变化。对于在气相中不强缔合的物质，数据遵循斜率相对平缓的单调递减函数。随着温度的升高，斜率变大。在临界点处，即气相和液相变得相同时，蒸发焓为 0。蒸发焓相差近一个数

量级。到目前为止，水的蒸发焓最大(100℃时为2200J/g)，而卤代烃的蒸发焓即使在平坦的区域通常低于200J/g。对于在气相中形成缔合物的物质(如图3.12中的甲酸)，蒸发焓相对于温度的变化过程是不同的，并且或多或少显示出明确定义的最大值(见第13.3节)。

对于非缔合物质，蒸发焓与扩展的Watson方程非常相关：

$$\Delta h_v = A(1 - T_r)^{B + CT_r + DT_r^2 + ET_r^3} \tag{3.61}$$

平均偏差的量级应是~0.5%。对于临界点附近的温度，蒸发焓值较小，斜率较大；因此，可以接受较高的偏差，建议将此区域排除在数据库之外进行回归。参数 C、D 和 E 只有在有许多的高质量的数据时才应进行拟合；否则，应将其设置为0。在这种情况下，B 通常接近于0.38。

在许多情况下，PPDS方程：

$$\Delta h_v = RT_c(A\tau^{1/3} + B\tau^{2/3} + C\tau + D\tau^2 + E\tau^6) \tag{3.62}$$

$$\tau = 1 - T/T_c \tag{3.63}$$

可产生令人印象深刻的结果，尤其是在必须重现高精度数据或在存在缔合物质的情况下(见第13.3节)。

图3.11显示了等式(3.61)和(3.62)之间的比较示例。通常，在这种情况下，公式(3.62)的表现稍好一些。[27]中给出了大量物质的关于式(3.62)的系数。

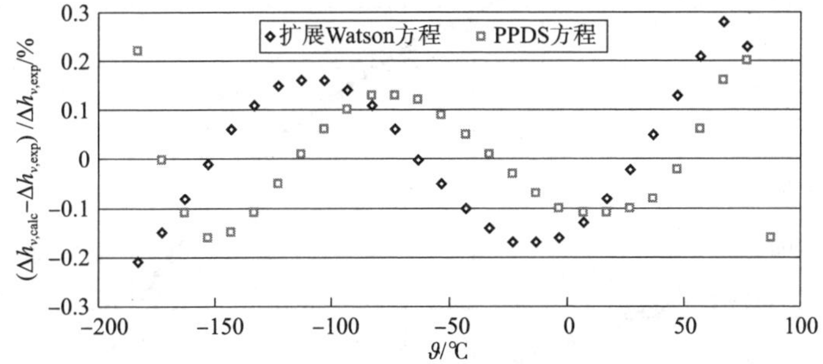

图3.11　使用扩展Watson方程和PPDS方程的丙烷蒸发焓的偏差图
(高精度状态方程的参考数据[10,96])

同样，模拟程序的用户可以使用超临界组分的蒸发焓，这在物理上是毫无意义的，但在实际应用中却是不可避免的。在这种情况下，定义外推函数以避免错误是有用的。

估算蒸发焓有一个特性：Clausius - Clapeyron方程是蒸发焓与更容易获得的量、饱和状态下的蒸气压和比液体及蒸气体积之间的精确的热力学关系。

$$\Delta h_v = T(v^{\mathrm{V}} - v^{\mathrm{L}})\frac{\mathrm{d}P^{\mathrm{s}}}{\mathrm{d}T} \tag{3.64}$$

方程式(3.64)通常通过使用气体定律对 v^{V} 进行简化，忽略液体体积 v^{L}($v^{\mathrm{V}} \gg v^{\mathrm{L}}$)，给定

$$\Delta h_v = \frac{RT^2}{P^{\mathrm{s}}}\frac{\mathrm{d}P^{\mathrm{s}}}{\mathrm{d}T} \tag{3.65}$$

这个近似值通常用于估算真空区的蒸发焓。压强大约大于 1bar 时，得到了错误的定性曲率；因此，公式(3.65)一般不建议使用。对于 v^{V}，立方状态方程是更合适的，例如 Peng - Robinson 状态方程，它适合于估算从三相点温度到接近临界温度的饱和蒸汽密度。

在图 3.12 中，水、甲醇、乙醚和二氧化硫的蒸发焓曲线实际上基于计算值得到的。对于二氧化硫，只有在正常沸点附近的几个数据点可用。然而，借助于良好的 PvT 和蒸气压数据，有可能建立一个具有良好精度的蒸发焓函数。对于甲酸，Clausius - Clapeyron 方程(3.64)应用 v^{V} 的关联模型(见第 13.3 节)仅在低压区产生可接受的结果，其中关联的理想气体混合物的极限假设是有效的。在这种情况下，准确的蒸发焓实验数据是必不可少的。

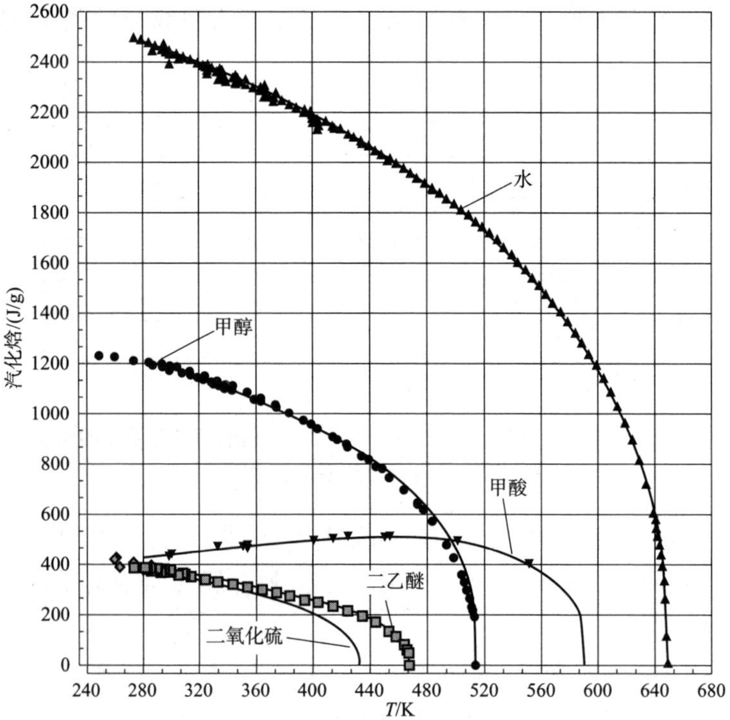

图 3.12　某些特定化合物的汽化焓随温度的变化(资料来源：来自[25]的数据)

对于甲酸，使用 v^V 关联模型（见第 13.3 节）的 Clausius – Clapeyron 方程（3.64）仅在低压区产生可接受的结果，其中缔合物的理想气体混合物的极限假设是有效的。在这种情况下，蒸发焓的精确实验数据是必不可少的。

应用 Clausius – Clapeyron（3.64）受温度限制。第一项 dP^s/dT 认为是相当精确的，因为可靠的蒸气压方程是过程模拟的必要条件。其局限性在于不能很好地外推到低温，如 Wagner 和安托因等常用的蒸气压方程。此外，即使有低温下的实测数据，相对误差也很大。根据经验，当蒸气压 $P^s < 1\text{mbar}$ 时，建议不要使用 Clausius – Clapeyron 方程。如果理想气体的假设是合理的，则低温下的蒸发焓应根据更高温度下的可靠值以及液体和理想气体的比热容得出：

$$\Delta h_v(T) = \Delta h_v(T_0) - (c_P^L - c_P^{id})(T - T_0) \tag{3.66}$$

Clausius – Clapeyron 方程在较高温度下的准确性，由 $(v^V - v^L)$ 项决定。v^L 可以很容易地从相关密度中计算出来。与 v^V 相比，它可以忽略不计，但临界点附近的区域除外，该区域的相关性较低。在大多数情况下，v^V 再次由广义立方状态方程确定，如 Peng – Robinson（PR）或 Soave – Redlich – Kwong（SRK）状态方程。表 3.4 给出了关于饱和蒸汽体积在蒸气压 $P^s \approx 8\text{bar}$ 下的准确性的影响。它不应被视为一个综合的统计分析，但它证明了 v^V 的误差约为 1% ~2% 时是一个合理的假设。在临界区，用立方状态方程计算 v^V 得到的结果很差。考虑到 v^V 和 v^L 都不太准确，且 v^V 和 v^L 之间的差异迅速减小，不建议在临界区域应用 Clausius – Clapeyron 方程。根据经验，应避免在高于 $T > T_c - 30\text{K}$ 的温度下使用该方程。

表 3.4 预测饱和蒸气体积中立方状态方程性质的效果

物质	T/K	v^V exp. /（cm³/mol）	v^V SRK/（cm³/mol）	Dev. SRK/%	v^V PR/（cm³/mol）	Dev. PR/%
二氯甲烷	384	3729	3773	1.2	3748	0.5
R22	286	2771	2809	1.4	2787	0.6
R152a	307	2817	2876	2.1	2850	1.2
甲醇	399	3967	4043	1.9	4025	1.5
丙醇	441	3687	3773	2.3	3703	0.4
甲烷	145	1239	1249	0.8	1237	0.2
正己烷	432	3157	3251	3	3200	1.4
水	443.15	4375	4460	1.9	4452	1.8
邻二甲苯	515	4570	4682	2.5	4630	1.3

来源：资料来自史密斯和斯里瓦斯塔瓦提供的数据[49,50]。

在这两个限制条件下，通常假定使用 v^V 计算的蒸发焓的误差为 1% ~2%。Clausius – Clapeyron 方程应用范围之外的值可以通过公式(3.61)或(3.62)进行拟合，得到应用于 Clausius – Clapeyron 方程的数据并进行外推来估计。

例 3.17 估计 $T=273.15\text{K}$ 时丙酮的蒸发焓。给出的数据如下：

$\rho^L=812.89\text{kg/m}^3$，$T_c=508.1\text{K}$，$P_c=4.6924\ \text{MPa}$，$\omega=0.3064$，$M=58.08\text{g/mol}$

Wagner 系数[式(3.38)]为：

$A=-7.670734$，$B=1.965917$，$C=-2.445437$，$D=-2.899873$

解决方案：

在 $T=273.15\text{K}$ 时，使用 Wagner 系数，蒸气压可确定为 $P^s=93.0\text{hPa}$，具体体积可计算为

$v^L=7.145\times10^{-5}\ \text{m}^3/\text{mol}$(见附录 A)

$v^v=0.2453\ \text{m}^3/\text{mol}$(来自 Peng – Robson 状态方程)

Wagner 方程对温度的导数是

$$\frac{\mathrm{d}P^s}{\mathrm{d}T}=-\frac{P^s}{T}\left[\ln\frac{P^s}{P_c}+A+1.5B(1-T_r)^{0.5}+2.5C(1-T_r)^{0.5}+5D(1-T_r)^4\right] \tag{3.67}$$

计算结果为：$\mathrm{d}P^s/\mathrm{d}T=492.84\text{Pa/K}$，

$$\Delta h_v=273.15\text{K}\cdot(0.2453-7.145\cdot10^{-5})\frac{\text{m}^3}{\text{mol}}\cdot492.84\text{Pa/K}=33012\text{J/mol}$$

$$=568.4\text{J/g}$$

实验值为 558.9 J/g，偏差为 1.7%。

3.3.4 理想气体热容

理想气体的比热容是计算焓的基本量，它与分子间的相互作用无关。定义实际气体热容也是可能的，但在过程计算中，使用状态方程的焓描述来解释实际气体效应更为方便(见第 6.2 节)。在工艺计算中，理想气体的比热容主要决定气体换热器的负荷，同时对传热系数也有影响。

理想气体的比热容是指在理想气体状态下，为获得一定的温度变化所必需的每种物质的热量。必须区分定压比热容 c_P^{id} 和定容比热容 c_v^{id}。对于理想气体，两个量是通过以下公式进行关联[51]：

$$c_P^{\text{id}}=c_v^{\text{id}}+R \tag{3.68}$$

定容比热容 c_v^{id} 由四部分组成，分别是分子的动能、分子的转动能、分子的价态和形变振动能以及非谐性修正：

$$c_v^{\text{id}}=c_v^{\text{id,kin}}+c_v^{\text{id,rot}}+c_v^{\text{id,vibr}}+c_v^{\text{id,anharm}} \tag{3.69}$$

自由度有助于理解 c_v^{id} 与温度的关系。每个完全激活的自由度对 c_v^{id} 贡献 $0.5R$。动能部分很简单。三个平移坐标可视为自由度。它们在 0K 以上被完全激活；因此，在整个温度范围内 c_v^{id} 为：

$$c_v^{id,kin} = \frac{3}{2}R \tag{3.70}$$

只考虑像 He、Ne 或 Ar 这样的单原子分子，就不能激活任何转动自由度，因为根据量子力学，单个原子的惯性矩太小。此外，单个原子自身不能振动；因此，在这种情况下，c_v^{id} 只与动力学部分相关：

$$c_v^{id} = c_v^{id,kin} = \frac{3}{2}R \tag{3.71}$$

考虑到双原子分子，转动部分可以被激活。根据转动轴方向的三个坐标有三个转动自由度。当绝对温度超过几 K 时，它们会被完全激活。然而，第三个坐标系，即两个原子之间的连接线，由于量子力学惯性矩很小的原因，不能被激活。因此，转动能与 c_v^{id} 的关系为：

$$c_v^{id,rot,2-atomic} = \frac{2}{2}R \tag{3.72}$$

公式(3.72)也适用于像 CO_2 这种的线性分子，其中围绕原子公共轴线的转动不能被激活。对于多原子非线性分子，第三转动坐标是相关的。在这种情况下，c_v^{id} 的转动部分为：

$$c_v^{id,rot,polyatomic} = \frac{3}{2}R \tag{3.73}$$

c_v^{id} 与振动的关系是最复杂的。含有 n_A 个原子的分子的基本频率数量为

$$N_{vibr} = 3n_A - 3 - N_{rot} \tag{3.74}$$

其中 N_{rot}是转动自由度的数量。每个基本频率有 2 个自由度(势能和动能)。随着温度的升高，振动自由度逐渐被激活。根据统计热力学[43,51]，基本频率 v_0 可以表示为

$$c_v^{id,vibr,v_0} = R\frac{\left(\frac{hv_0}{2kT}\right)^2}{\sinh^2\left(\frac{hv_0}{2kT}\right)} \tag{3.75}$$

这就是所谓的普朗克－爱因斯坦关系式，h 是普朗克常数，它在量子力学中是一个重要的量($h = 6.62606876 \times 10^{-34}$ J · s)。对于许多分子来说，基本频率可以通过光谱数据或量子化学计算得到。

对于高温，必须考虑到转动和振动不是相互独立的。这种效应会对 c_v^{id} 产生额外的正影响，即所谓的非简谐振动校正。

c_P^{id} 的典型曲率随温度的变化如图 3.13 所示。在低温下图的左侧，只有平移和转动能的常数部分是激活的。随着温度的升高，这个函数单调递增，直到分子中所有可能的振动被完全激活。(对于单原子气体，c_P^{id} 是一个常数，因为只有平移自由度才能被激活。)然后，c_P^{id} 再次近乎为常数。在高温下，分子可能发生离解，导致 c_P^{id} 再次升高。在这种情况下，这种效应应该属于化学反应，而不是纯组分性质。

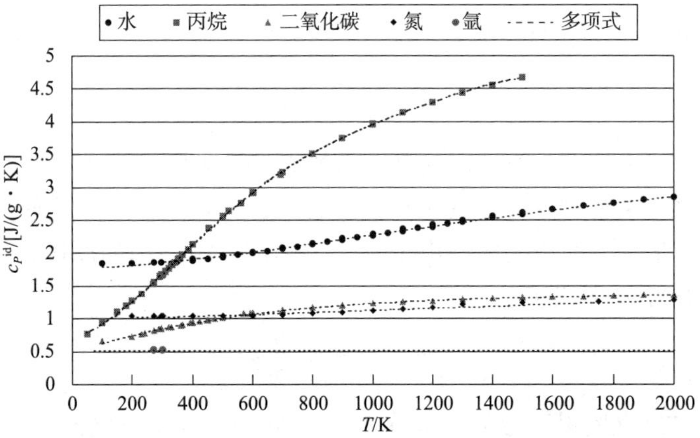

图 3.13　理想气体定压比热容与温度的函数关系(数据来自[25])

理想气体热容能够通过光谱数据进行推导。但近年来，声速的测量逐渐成为人们喜爱的方法[52 54]，理想气体的 c_P^{id} 与声速 w^* 的关系为[见 3.3.6 节，式(3.99)和附录 C，B7]：

$$c_P^{id}=\frac{R(w^*)^2}{(w^*)^2-RT} \tag{3.76}$$

下面的例子解释了声速和理想气体热容之间的紧密联系。应注意的是，在式(3.76)中，c_P 和 R 具有质量特异性。

例 3.18　测定甲烷($M=16.043$g/mol)在 $\vartheta=20$℃，$P=0.1$bar 时的理想气体热容。在此条件下的声速为 $w^*=445.33$m/s。确定比热容对声速的灵敏度。

解决方案：

首先，气体常数必须转换成质量比

$$R=8.3143\ \frac{\text{J}}{\text{mol}\cdot\text{K}}\ \frac{\text{mol}}{16.043\text{g}}\ \frac{1000\text{g}}{\text{kg}}=518.251\ \frac{\text{J}}{\text{kg}\cdot\text{K}}$$

$$c_P^{id}=\frac{R(w^*)^2}{(w^*)^2-RT}=\frac{518.251\text{J/(kg}\cdot\text{K)}\cdot 445.33^2\text{m}^2/\text{s}^2}{445.33^2\text{m}^2/\text{s}^2-518.251\text{J/(kg}\cdot\text{K)}\cdot 293.15\text{K}}$$

$$=2215.4\ \frac{\text{J}}{\text{kg}\cdot\text{K}}$$

由附录 A 的方程得到等压理想气体热容的值为 $c_P^{id}=2207.3\text{J/(kg}\cdot\text{K)}$

为了测定灵敏度，建立的推导式如式(3.76)所示：

$$\frac{dc_P^{id}}{dw^*}=\frac{2Rw^*((w^*)^2-RT)-R(w^*)^2\cdot 2w^*}{((w^*)^2-RT)^2}=-\frac{2R^2w^*T}{((w^*)^2-RT)^2}$$

通过这一点可以得到

$$\frac{dc_P^{id}}{dw^*}=-\frac{2Rw^*T}{((w^*)^2-RT)^2}=-\frac{2\cdot 518.251^2(\text{J/(kg}\cdot\text{K)})^2\cdot 445.33\text{m/s}\cdot 293.15\text{K}}{(445.33^2\text{m}^2/\text{s}^2-518.251\text{J/(kg}\cdot\text{K)}\cdot 293.15\text{K})^2}$$

$$=-0.0326\frac{\text{J/(g}\cdot\text{K)}}{\text{m/s}}$$

这是一个相对较高的灵敏度，因为声速(4.45m/s)的误差为1%时对应的误差为0.145 J/(g·K)，即

$$\frac{\Delta c_P^{id}}{c_P^{id}}=\frac{0.145\text{J/(g}\cdot\text{K)}}{2215.4\text{J/(kg}\cdot\text{K)}}=6.5$$

然而，声速测量的准确度高于0.1%[55]，因此 c_P^{id} 的值是非常可靠的。

声速的测量也被用来计算精确的通用气体常数 R 值。根据方程式(3.68)和(3.71)，单原子气体的 $c_P^{id}=2.5R$。公式(3.76)化简为：

$$R=\frac{3}{5}\frac{(w^*)^2}{T}$$

由于 w^* 和 T 的计算精度很高，这是目前普遍采用的测定气体常数 R 的方法[55,56]。

等压理想气体热容的曲率与 Aly－Lee 方程[57]有很好的相关性，该方程基于统计热力学的振动部分进行物理评估：

$$c_P^{id}=A+B\left(\frac{C/T}{\sinh(C/T)}\right)^2+D\left(\frac{E/T}{\cosh(E/T)}\right)^2 \qquad (3.77)$$

为了表示高精度数据，PPDS 方程为：

$$\frac{c_P^{id}}{R}=B+(C-B)y^2[1+(y-1)(D+Ey+Fy^2+Gy^3+Hy^4)] \qquad (3.78)$$

其中：

$$y=\frac{T}{T+A} \qquad (3.79)$$

这已被证明具有非常好的效果，因为它的灵活性并且其在极限值的行为被很好地定义。对于 $T\to 0$ 时，计算得到 $y=0$，因此 $c_P^{id}=\text{RB}$。当 $T\to\infty$，$y\to 1$ 时，$c_P^{id}=RC$。由于 c_P^{id} 是一个单调递增函数，同时考虑了公式(3.68)和公式(3.71)，任何物质都必须满足约束条件 $C>B>2.5$。如果需要，可以通过在非常低的温度下添加相应的人工数据点，获得由平移和旋转自由度确定的 $T\to 0$ 的极限值。需

要说明的是，$c_P^{id}=RB$ 和 $c_P^{id}=RC$ 只是 $T\to0$ 和 $T\to\infty$ 的数学极限，不一定是函数的最小值和最大值，这与理论不符，但通常在实际应用中是可以接受的。对于回归，无论是考虑约束以获得更好的外推行为，还是忽略约束以在有限的温度范围内获得更好的精度，用户可以自己设置优先级。如果渐近线已知，B 和 C 也被固定。对于式(3.78)，在[27]中给出了大量物质的系数。

通常可以用更简单的方程得到可接受的结果：

$$c_P^{id}=A+BT+CT^2+DT^3 \tag{3.80}$$

尽管在较低的温度下它的外推能力很弱，对于限定温度范围内(200～500K)的正常过程模拟和相对较低温度下分解的物质，它通常是足够精确的。公式(3.80)的参数见附录G。

对于计算焓和熵的特殊关联式，了解反导数是有用的。它们列在附录C的F4中。

对于高精度状态方程(见第2.5.2节)，通过建立多参数方程以获得尽可能高的精度。一种选择是将Aly－Lee方程(3.77)扩展到如下公式

$$c_P^{id}=A+B\left(\frac{C/T}{\sinh(C/T)}\right)^2+D\left(\frac{E/T}{\cosh(E/T)}\right)^2+F\left(\frac{G/T}{\sinh(G/T)}\right)^2+H\left(\frac{J/T}{\cosh(J/T)}\right)^2 \tag{3.81}$$

对于式(3.81)，19种物质的系数在[58]中给出。Span[59]将普朗克－爱因斯坦项进行多项式的组合：

$$\frac{c_P^{id}}{R}=A_0+\sum_{i=1}^{I_{\mathrm{Pol}}}A_iT^{t_i}+\sum_{k=1}^{K_{\mathrm{PE}}}B_k\left(\frac{\theta_k}{T}\right)^2\frac{\exp(\theta_k/T)}{(\exp(\theta_k/T)-1)^2} \tag{3.82}$$

其中 A_i、t_i、B_k 和 Θ_k 可调。

定压比热容可用Joback基团贡献法估算[4]。基团贡献决定了三次多项式的系数：

$$\frac{c_P^{id}}{\mathrm{J/(mol\cdot K)}}=\left(\sum\Delta_A-37.93\right)+\left(\sum\Delta_B+0.21\right)\cdot(T/\mathrm{K})+\left(\sum\Delta_C-3.91\cdot10^{-4}\right)\cdot(T/\mathrm{K})^2+\left(\sum\Delta_D+2.06\cdot10^{-7}\right)\cdot(T/\mathrm{K})^3 \tag{3.83}$$

表3.5列出了各基团的特殊系数。它们随着分子复杂性的增加而增加。如果缺少基团贡献，则可以应用Harrison和Seaton[60]的方法，该方法基于分子中特定元素的贡献。

例3.19 用Joback方法估算乙酸乙酯(CH_3—COO—CH_2—CH_3)在 $T=298.15$K时的理想气体比热容。乙酸乙酯的摩尔质量为 $M=88.11$g/mol。

解决方案：

乙酸乙酯的基团增量如下：

$2 \times CH_3$

$1 \times COO$

$1 \times CH_2$

从基团贡献中，我们获得以下信息：

$$\sum \Delta_A = 2 \cdot (19.5) + 1 \cdot (-0.909) + 1 \cdot (24.5) = 62.591$$

$$\sum \Delta_B = 2 \cdot (-8.08 \cdot 10^{-3}) + 1 \cdot (9.5 \cdot 10^{-2}) + 1 \cdot (4.02 \cdot 10^{-2}) = 0.11904$$

$$\sum \Delta_C = 2 \cdot (1.53 \cdot 10^{-4}) + 1 \cdot (-5.44 \cdot 10^{-5}) + 1 \cdot (4.02 \cdot 10^{-5}) = 2.918 \cdot 10^{-4}$$

$$\sum \Delta_D = 2 \cdot (-9.67 \cdot 10^{-8}) + 1 \cdot (1.19 \cdot 10^{-8}) + 1 \cdot (-4.52 \cdot 10^{-8}) = -2.267 \cdot 10^{-7}$$

表 3.5 用 Joback 法估算 c_P^{id} 的基团贡献

结构群	Δ_A	$10^2\Delta_B$	$10^4\Delta_C$	$10^8\Delta_D$
$—CH_3$	19.5	−0.808	1.53	−9.670
$—CH_2$	−0.909	9.5	−0.5440	1.19
$>CH—$	−23.000	20.4	−2.6500	12
$>C<$	−66.200	42.7	−6.4100	30.1
$=CH_2$	23.6	−3.810	1.72	−10.300
$=CH—$	−8.000	10.5	−0.9630	3.56
$=CH<$	−28.100	20.8	−3.0600	14.6
$=C=$	27.4	−5.570	1.01	−5.020
$\equiv CH$	24.5	−2.710	1.11	−6.780
$\equiv C—$	7.87	2.01	−0.0833	0.139
$—CH_2—$(环)	−6.030	8.54	−0.0800	−1.800
$>CH—$（环）	−20.500	16.2	−1.6000	6.24
$>C<$（环）	−90.900	55.7	−9.0000	46.9
$=CH—$（环）	−2.140	5.74	−0.0164	−1.590
$=C<$（环）	−8.250	10.1	−1.4200	6.78
—F	26.5	−9.130	1.91	−10.300
—Cl	33.3	−9.630	1.87	−9.960
—Br	28.6	−6.490	1.36	−7.450
—I	32.1	−6.410	1.26	−6.870
—OH(醇)	25.7	−6.910	1.77	−9.880

续表

结构群	Δ_A	$10^2\Delta_B$	$10^4\Delta_C$	$10^8\Delta_D$
—OH(酚)	-2.810	11.1	-1.1600	4.94
—O—	25.5	-6.320	1.11	-5.480
—O—(环)	12.2	-1.260	0.603	-3.860
>C=O	6.45	6.7	-0.3570	0.286
>C=O（环）	30.4	-8.290	2.36	-13.100
—CH=O	30.9	-3.360	1.6	-9.880
—COOH	24.1	4.27	0.804	-6.870
—COO—	24.5	4.02	0.402	-4.520
=O	6.82	1.96	0.127	-1.780
$—NH_2$	26.9	-4.120	1.64	-9.760
—NH	-1.210	7.62	0.486	1.05
—NH(环)	11.8	-2.300	1.07	-6.280
>N—	-31.100	22.7	-3.2000	14.6
—N=	8.83	-0.384	0.435	-2.600
—N=（环）	5.69	-0.412	1.28	-8.880
=NH	36.5	-7.330	1.84	-10.300
—CN	25.9	-0.374	1.29	-8.880
$—NO_2$	35.3	-7.580	1.85	-10.300
—SH	19.6	-0.561	0.402	-2.760
—S—	16.7	0.481	0.277	-2.110
—S—(环)	19.5	-0.808	1.53	-9.670

c_P^{id} 的结果是

$$\frac{c_P^{\mathrm{id}}}{\mathrm{J/(mol \cdot K)}} = (62.591 - 37.93) + (0.11904 + 0.21) \cdot (298.15) + (2.918 \cdot 10^{-4} - 3.91 \cdot 10^{-4}) \cdot (298.15)^2 + (-2.267 \cdot 10^{-7} + 2.06 \cdot 10^{-7}) \cdot (298.15)^3 = 113.397$$

或 c_P^{id} 为 1.287 J/(g·K)。附录 A 中的相关值为 $c_P^{\mathrm{id}} = 1.2897\mathrm{J/(g \cdot K)}$。

在理想气体状态下，分子之间没有相互干扰，因此对于 c_P^{id} 有一个精确的线性混合规则：

$$c_{P,\mathrm{mix}}^{\mathrm{id}} = \sum_i x_i c_{P,i}^{\mathrm{id}} \tag{3.84}$$

它取决于 c_P^{id}[J/(mol · K)或 J/(g · K)]所用的单位，无论是摩尔分数还是质量分数都用 x_i 表示。当然，这两种形式是等价的。

3.3.5 液体热容

与气体的热容类似，液体的比热容决定了液体的任何温度变化所需的负荷，也对换热器的传热系数有影响。

在低温下，c_P^L 通常是温度的近似线性函数。一个平坦的最小值经常出现(图 3.14)。随着温度的升高，斜率变大，在临界点处变为无穷大。

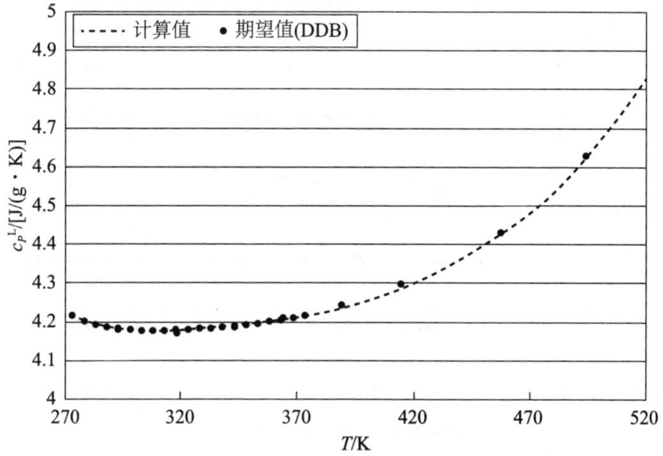

图 3.14 水的液体比热容随温度的变化

对于饱和液体，正如在工艺工程应用中经常出现的那样，定压比热容没有多大意义，因为热量供应不会导致温度升高，而是导致蒸发。因此，使用沿饱和线的比热容(c_σ)，这只是温度的函数。这两种热容之间的关系可以推导如下：

$$c_\sigma = \left(\frac{\partial h_\sigma}{\partial T}\right)_P = \frac{\left(\frac{\partial h^L}{\partial T}\right)_P \mathrm{d}T + \left(\frac{\partial h^L}{\partial P}\right)_T \mathrm{d}P^s}{\mathrm{d}T} \tag{3.85}$$

其中

$$\mathrm{d}P^s = \frac{\mathrm{d}P^s}{\mathrm{d}T}\mathrm{d}T \tag{3.86}$$

得到

$$c_\sigma = \frac{\left(\frac{\partial h^L}{\partial T}\right)_P \mathrm{d}T + \left(\frac{\partial h^L}{\partial P}\right)_T \frac{\mathrm{d}P^s}{\mathrm{d}T}\mathrm{d}T}{\mathrm{d}T} = c_P^L + \left(\frac{\partial h^L}{\partial P}\right)_T \frac{\mathrm{d}P^s}{\mathrm{d}T} \tag{3.87}$$

对于$(\partial h/\partial P)_T$，一个更方便的表达式在附录 C 的 A5 中给出：

$$c_\sigma = c_P^{\rm L} + \left[v - T\left(\frac{\partial v}{\partial t}\right)_P\right]\frac{{\rm d}P^{\rm s}}{{\rm d}T} \tag{3.88}$$

在低温下，c_σ 和 $c_P^{\rm L}$ 之间的差别可以忽略不计。根据经验，在 $T<0.8\ T_{\rm c}$[61] 时，c_σ 和 $c_P^{\rm L}$ 之间的差别可以忽略不计。估算二者差异的表达式如下：

$$c_\sigma = c_P^{\rm L} - R\exp(20.1T_{\rm r} - 17.9) \tag{3.89}$$

图 3.15 说明了 c_σ 和 $c_P^{\rm L}$ 之间的差异以及估算的质量(3.89)。

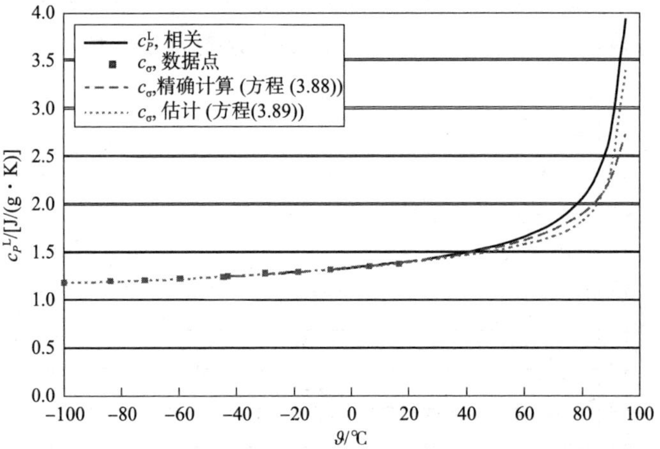

图 3.15　R134a(1，1，1，2－四氟乙烷)的 c_σ 和 $c_P^{\rm L}$ 之间的差异

(资料来源：Magee 1992[62])

下面，忽略了这两个量之间的差异。液体的比热容可以用多项式表示：

$$c_P^{\rm L} = A + BT + CT^2 + DT^3 + ET^4 + FT^5 \tag{3.90}$$

很少有物质值得去拟合所有的系数。在大多数情况下，二次多项式是足够的。由于上述的困难，在回归中往往忽略了关键区域的数据点；然而，通常超过 1% ~2% 的平均偏差是可以接受的，这是由于热量测量实验的不确定性造成的。对于大多数组分，高于正常沸点的温度的热容数据不存在。在这些情况下，只有线性函数可以证明相关性，并且对高温的外推是任意的。它有助于用估算方法生成额外的人工数据点。高精度数据可与以下 PPDS 方程相关联：

$$c_P^{\rm L} = R\left(\frac{A}{\tau} + B + C\tau + D\tau^2 + E\tau^3 + F\tau^4\right) \tag{3.91}$$

其中

$$\tau = 1 - \frac{T}{T_{\rm c}} \tag{3.92}$$

图 3.16 说明了公式(3.90)和(3.91)的功能。PPDS 方程能在整个温度范围内精确地再现水的 $c_P^{\rm L}$，而多项式的误差较大。但是，如果将高温下的值排除在拟

合范围之外，则完全可以接受；可以看出液体水的热容可以与高达300℃的多项式相关，这对于大多数物质的应用来说是足够的。公式(3.91)的系数见参考文献[27]。

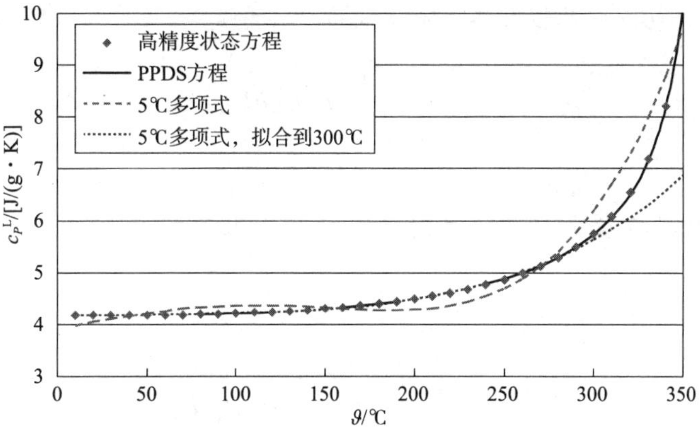

图3.16 水的 c_P^L 相关性多项式与PPDS方程的比较

（参考值来自高精度状态方程[10]）

对于 c_P^L 的估计，可以使用基于理想气体热容和对应状态原理的Rowlinson－Bondi方法[31]：

$$c_P^L = c_P^{id} + 1.45R + 0.45R(1 - T_r) - 1 + 0.25\omega R[17.11 + 25.2(1 - T_r)^{1/3} T_r^{-1} + 1.742(1 - T_r)^{-1}] \tag{3.93}$$

应注意的是，有机化合物在低于正常沸点的温度下的液体热容为 $c_P^L \approx 2\text{J}/(\text{g}\cdot\text{K})$。如果估计值明显不同，则应仔细检查。

例3.20 估算甲乙酮在 $T = 373.15\text{K}$ 时的液体比热容。其中，$c_P^L(373.15\text{K}) = 1.671\text{J}/(\text{g}\cdot\text{K})$，$T_c = 535.55\text{K}$，$\omega = 0.323$，$M = 72.11\text{g/mol}$[27]。

解决方案：

$$c_P^{id}(373.15\text{K}) = 1.671\text{J}/(\text{g}\cdot\text{K}) \cdot 72.11\text{g/mol} = 120.496\text{J}/(\text{mol}\cdot\text{K})$$

$$T_r = \frac{373.15}{535.55} = 0.697$$

可得

$$\frac{c_P^L}{\text{J}/(\text{mol}\cdot\text{K})} = (120.496 + 1.45 \cdot 8.3143 + 0.45 \cdot 8.3143(0.303)^{-1} + 0.25 \cdot 0.323 \cdot 8.3143[17.11 + 25.2(0.303)^{1/3}(0.697)^{-1} + 1.742(0.303)^{-1}] = 176.55$$

$$\Rightarrow c_P^L = 2.448\text{J}/(\text{g}\cdot\text{K})$$

调整后的相关系数为2.428 J/(g·K)。

值得注意的是，对于液体，c_P^{L} 和 c_v^{L} 有显著差异。这可能是不可预期的，因为液体几乎是不可压缩的，在许多教科书中，$c_P^{\mathrm{L}}=c_v^{\mathrm{L}}$ 的不可压缩流体被视为类似于理想气体的参照物[63]。例如，在 $T=300\mathrm{K}$，$P=1\mathrm{bar}$ 时，苯的比率为 $c_P^{\mathrm{L}}/c_v^{\mathrm{L}}=1.39$[10]，这个范围内的值大体上是正常的。$c_P^{\mathrm{L}}$ 和 c_v^{L} 之间的关系可以表示为：

$$c_P=c_v+T\left(\frac{\partial P}{\partial T}\right)_v\left(\frac{\partial v}{\partial T}\right)_P \tag{3.94}$$

$$T\left(\frac{\partial P}{\partial T}\right)_v=P+\left(\frac{\partial u}{\partial v}\right)_T \tag{3.95}$$

这对液体和气体都适用。在附录 C 中可以找到公式(3.94)和(3.95)的推导式。

因此，在恒压下加热流体的能量消耗由三个独立的部分组成：

$$c_P=c_v+P\left(\frac{\partial v}{\partial T}\right)_P+\left(\frac{\partial u}{\partial v}\right)_T\left(\frac{\partial v}{\partial T}\right)_P \tag{3.96}$$

当 c_v 表示由于恒定体积下的温度升高而引起的内能增加时，第二项表示流体在压强场下的功。这使得理想气体的 c_v 和 c_P 之间存在差异，但对于液体和固体物质来说，这是可以忽略的，因为体积不会随温度变化太大。在第三项中，对于液体，因子$(\partial u/\partial v)_T$是很大的。它描述了当体积扩大时克服分子间吸引力的功，并解释了 c_v 和 c_P 之间的差异。根据理想气体的定义，$(\partial u/\partial v)_T$ 为零(分子间没有吸引力)。

c_P^{L} 的线性混合规则：

$$c_{P,\mathrm{mix}}^{\mathrm{L}}=\sum_i x_i c_{P,i}^{\mathrm{L}} \tag{3.97}$$

通常是一个很好的近似值；然而，由于忽略了过剩热容，它并不精确(见第 5 章)。它又取决于 c_P^{L} 所用的单位[J/(mol·K)或 J/(g·K)]，无论是摩尔分数还是质量分数都由 x_i 表示。

3.3.6 声速

声速在安全装置的设计中起着重要作用，因为它决定了在发生危险时液体的最大可能流速。此外，如第 3.3.4 节所述，作为一种导数性质，它与高精度状态方程的调整和 c_P^{id} 的间接测量具有很大的相关性。

计算声速的一般公式是[63]：

$$(w^*)^2=-v^2\left(\frac{\partial P}{\partial v}\right)_s \tag{3.98}$$

对于理想气体，式(3.98)等于：

$$w^{*,\mathrm{id}}=\sqrt{\kappa RT} \tag{3.99}$$

使用 $\kappa = c_P^{\mathrm{id}}/c_v^{\mathrm{id}}$ 时，注意，在这种情况下，c_v，c_P 和 R 是特定于质量的。对于真实气体或液体，可使用压力显式状态方程计算声速(见附录 C)：

$$(w^*)^2 = -v^2\left(\frac{\partial P}{\partial v}\right)_T \frac{c_P}{c_v} \tag{3.100}$$

使用关系(参见附录 C)：

$$c_P = c_v + T\left(\frac{\partial P}{\partial T}\right)_v\left(\frac{\partial v}{\partial T}\right)_P \tag{3.101}$$

和式(3.100)，声速也可以表示为：

$$(w^*)^2 = v^2\left[\frac{T}{c_v}\left(\frac{\partial P}{\partial T}\right)_v^2 - \left(\frac{\partial P}{\partial v}\right)_T\right] \tag{3.102}$$

其中 c_v 可以通过公式(3.103)得到：

$$c_v = c_v^{\mathrm{id}} + T\int_\infty^v \left(\frac{\partial^2 P}{\partial T^2}\right)_v \mathrm{d}v \tag{3.103}$$

(见附录 C)。

对于气体来说，使用这些方程的结果通常是可以接受的。对于液体，需要一个高精度的状态方程来描述液体密度对压力的依赖性。用 Helmholtz energy(公式(2.113)和(2.114))表示高精度状态方程的声速表达式为：

$$\frac{(w^*)^2}{RT} = 1 + 2\delta\left(\frac{\partial\alpha^{\mathrm{R}}}{\partial\delta}\right)_\tau + \delta^2\left(\frac{\partial^2\alpha^{\mathrm{R}}}{\partial\delta^2}\right)_\tau - \frac{\left[1 + \delta\left(\frac{\partial\alpha^{\mathrm{R}}}{\partial\delta}\right)_\tau - \delta\tau\left(\frac{\partial^2\alpha^{\mathrm{R}}}{\partial\delta\partial\tau}\right)\right]^2}{\tau^2\left[\left(\frac{\partial^2\alpha^{\mathrm{id}}}{\partial\tau^2}\right)_\delta + \left(\frac{\partial^2\alpha^{\mathrm{R}}}{\partial\tau^2}\right)_\delta\right]} \tag{3.104}$$

3.4 传递性质的关联和估计

严格来讲，虽然传递性质不是化学热力学的一部分，但这里简要介绍了最常见的关联和估计方法，因为它们是传质(如吸收塔)决定的过程模拟步骤和设备设计(如传热)的基础。在这里我们也提出了计算扩散系数的方法，尽管它们指的是混合物而不是纯物质。

3.4.1 液体黏度

动态黏度可以用 Couette 流表示(图 3.17)。流体位于距离 H 的两个板之间。如果施加剪切力 F，就会形成流体的速度梯度。最大速度将出现在施加应力的点上，而由于板的附着，在另一侧的速度为零。对于牛顿流体，速度梯度在两板间的距离上是恒定的，以 A 为上板的表面积，剪应力 τ 定义为：

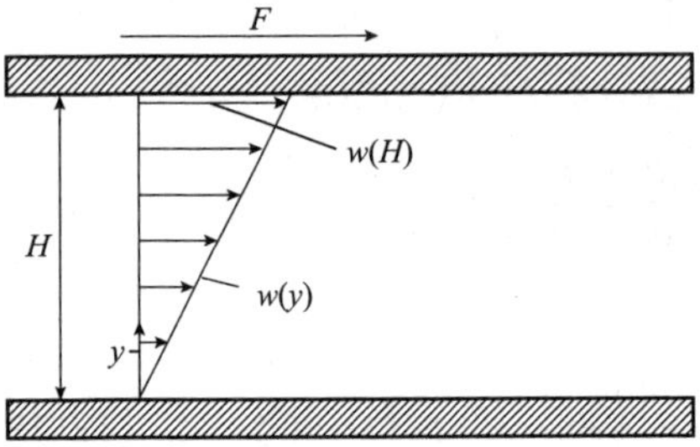

图 3.17 牛顿流体黏度示意图

$$\tau = \frac{F}{A} \tag{3.105}$$

动态黏度 η 由公式(3.106)表示：

$$\eta = \frac{\tau}{\mathrm{d}w/\mathrm{d}y} \tag{3.106}$$

同时，运动黏度为：

$$v = \eta/\rho \tag{3.107}$$

黏度是测量流体内部摩擦的一种量度。黏度越大，流体中两层之间的摩擦越大，速度梯度越小。

液体黏度数据是设计流体输送和混合过程(如泵、管道或管道中的压降以及搅拌容器)所必需的，对换热器和扩散过程的有效性有着重要的影响。黏度计算所需的精度低于热力学性质，但必须满足正确的数量级。

饱和压力下液体动态黏度随温度变化的典型形状如图 3.18 所示。超过熔点温度以后，黏度迅速降低。斜率变得更平缓时，其保持为负值。此为严格单调的函数。其相关性为：

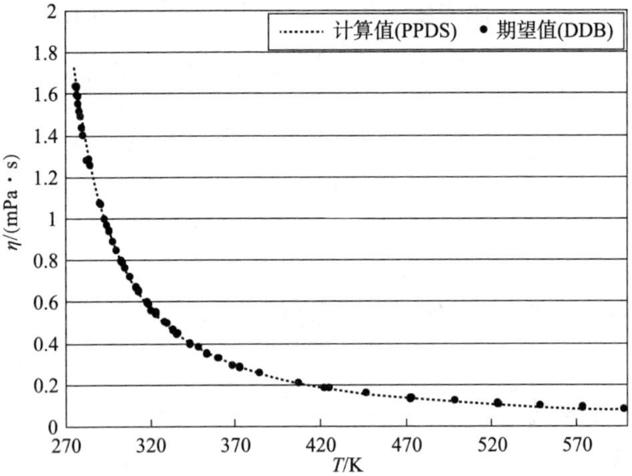

图 3.18 饱和液态水的动态黏度随温度的变化

$$\ln\frac{\eta}{\eta_0} = A + \frac{B}{T} \tag{3.108}$$

以 η_0 为任意黏度单位，取对数后参数无量纲。这个方程可以定性地表达曲线。为了获得更准确的相关性，必须添加更多项。例如基尔霍夫方程的扩展式：

$$\ln\frac{\eta}{\eta_0} = A + \frac{B}{T} + C\ln(T/\mathrm{K}) + D(T/\mathrm{K})^{E} \tag{3.109}$$

还有一些其他可用的方程式，其中测得的黏度数据作为温度的函数可以准确表达其相关性。然而，这些方程的扩展式大部分是不精确的。对于任何比公式(3.108)更复杂的液体黏度相关关系，建议用图形表示进行检查。

最近已应用的PPDS方程形式如下：

$$\frac{\eta}{\mathrm{Pas}} = E \cdot \exp\left[A\left(\frac{C-T}{T-D}\right)^{1/3} + B\left(\frac{C-T}{T-D}\right)^{4/3}\right] \tag{3.110}$$

此方程是最精确的液体黏度关联式。此外，它似乎很好推导。使用时注意$(C-T)/(T-D)$可能为负值，所以可以写成如下形式：

$$\left(\frac{C-T}{T-D}\right)^{1/3} = -\left(\frac{T-C}{T-D}\right)^{1/3} \text{和} \left(\frac{C-T}{T-D}\right)^{4/3} = -\left(\frac{T-C}{T-D}\right)^{1/3}\left(\frac{C-T}{T-D}\right)$$

图3.19为由PPDS方程(3.110)和扩展的Kirchhoff方程(3.109)计算的R134a(1，1，1，2－四氟乙烷)黏度数据的偏差曲线。此图证明了PPDS方程特别是在低温和临界点附近的准确性。方程(3.110)的系数见[27]。

过去，人们提出了几种估算液体黏度的方法，如Orrick/Erbar[31]、Sastri和Rao[68,69]或van Velzen等人的基团贡献法[70]。此方法应用困难，且得到的结果准确性低。例如，van Velzen方法在一个包含670个分量的基准中存在92.8%相对误差[71]。尽管液体黏度的数据点通常较为分散，且偏差比热力学性质更高，但该值表明，这个方法计算的许多组分的黏度准确性很低。

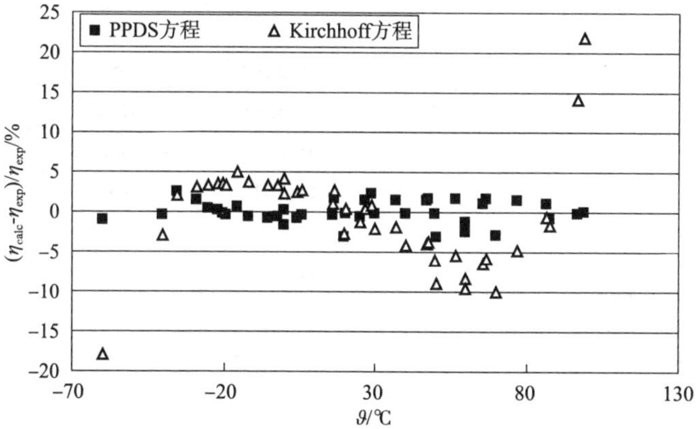

图3.19 PPDS方程和扩展的Kirchhoff方程计算的液体R134a黏度的偏差图

(数据来自：Okubo等人[64]、Oliveira和Wakeham[65]、Assael等人[66]和Lavrenchenko等人[67])

Nannoulal等人[71]开发的一种新的基团贡献法准确性明显更好。813个组分的相对平均偏差为15.3%。该方法的定义如下：

$$\ln\frac{\eta}{1.3\mathrm{mPa\cdot s}} = -B_\eta \frac{T-T_\eta}{T-\dfrac{T_\eta}{16}} \tag{3.111}$$

$$B_\eta = \frac{\sum_i v_i \Delta B_{\eta i} + \frac{1}{n_A}\sum_{i=1}^{m}\sum_{j=1}^{m}\frac{GIB_{ij}}{m-1}}{n_A^{-2.5635} + 0.0685} + 3.7777 \tag{3.112}$$

$$\frac{T_\eta}{K} = 21.8444\left(\frac{T_b}{K}\right)^{0.5} + \frac{\left(\sum_i v_i \Delta T_{\eta i} + \frac{2}{n_A}\sum_{i=1}^{m}\sum_{j=1}^{m}\frac{GIB_{ij}}{m-1}\right)^{0.9315}}{n_A^{0.6577} + 4.9259} - 231.1361 \tag{3.113}$$

n_A 是分子中的原子数；不计算氢。

$\Delta B_{\eta i}$和 $\Delta T_{\eta i}$的基团贡献值可从 www. ddbst. com 中获取。T_η 是参考温度，为物质动态黏度等于 $\eta = 1.3\text{mPa} \cdot \text{s}$ 时的温度，其中。GIB 和 GIT 是基团间的相互作用。

为每个组分配一个优先级编号，以避免不明确的组分分配。如果考虑到两个基团，则应使用优先级较低的基团。

例 3.21 Rarey/Nannoolal 法估算液体 R123（CF_3—$CHCl_2$）在 $\vartheta_1 = 30℃$ 和 $\vartheta_2 = 50℃$ 时的动态黏度。正常沸点 $T_b = 300.97\text{K}$。

可以确定的特定的基团贡献如下：

基团 ID	频率	$\Delta T_{\eta i}$	$\sum \Delta T_{\eta i}$	$\Delta B_{\eta i}$	$\sum \Delta B_{\eta i}$
21	3	35. 2688	105. 8064	0. 00283	0. 0085
26	2	313. 1106	626. 2212	0. 00582	0. 01165
7	2	103. 4109	206. 8218	0. 02135	0. 04269
121	1	241. 8968	241. 8968	−0. 006142	−0. 006142
124	1	−115. 0418	−115. 0418	−0. 0259017	−0. 0259017
			1065. 7044		0. 0307934

解决方案：

由 $n_A = 7$ 可得

$$B_\eta = \frac{0.0307934}{7^{-2.5635} + 0.0685} + 3.7777 = 4.18655$$

$$\frac{T_\eta}{K} = 21.8444 \cdot 300.97^{0.5} + \frac{1065.7044^{0.9315}}{7^{0.6577} + 4.9259} - 231.1361 = 225.4035$$

$$\ln\frac{\eta}{1.3\text{mPa}\cdot\text{s}} = -4.18655\frac{T - 225.4054\text{K}}{T - 14.0878\text{K}}$$

由公式得，黏度值分别为 $\eta(30℃) = 0.4216\text{mPa}\cdot\text{s}$ 和 $\eta(50℃) = 0.3459\text{mPa}\cdot\text{s}$。这两个温度下的黏度参考值为 $\eta_{ref}(30℃) = 0.403\text{mPa}\cdot\text{s}$ 和 $\eta_{ref}(50℃) =$

0.3459mPa·s。

在估算液体黏度时，只有在没有可靠数据点的情况下，才使用参考温度 T_η 的估计值。B_η 的估计值通常比 T_η 的估算值更可靠。如果存在参考数据点，则应估算 B_η，而 T_η 可使用式(3.111)随数据点进行调整。

液体的动态黏度随压强的增大而增大。根据 Lucas[72]，以下公式将压强的影响考虑在内。

$$\eta(T,\ P)=\eta(T,\ P^s(T))\frac{1+D(\Delta P_r/2.118)^A}{1+C\omega\Delta P_r}$$

$$\Delta P_r=\frac{P-P^s(T)}{P_c}$$

$$A=0.9991-\frac{4.674\cdot 10^{-4}}{1.0523T_r^{-0.03877}-1.0513}$$

$$D=\frac{0.3257}{(1.0039-T_r^{2.573})^{0.2906}}-0.2086$$

$$C=-0.07921+2.1616T_r-13.404T_r^2+44.1706T_r^3-84.8291T_r^4+96.1209T_r^5$$
$$-59.8127T_r^6+15.6719T_r^7$$

使用公式(3.115)，其预期误差在10%的范围内。图3.20显示了R134a(1，1，1，2－四氟乙烷，CF_3—CH_2F)的示例，其中Lucas正确地估算了在300～500bar下的压力相关性。对于超过此范围的压力，该估算值不准确。100℃时的等温线非常接近临界温度(101.06℃)且难以重复。

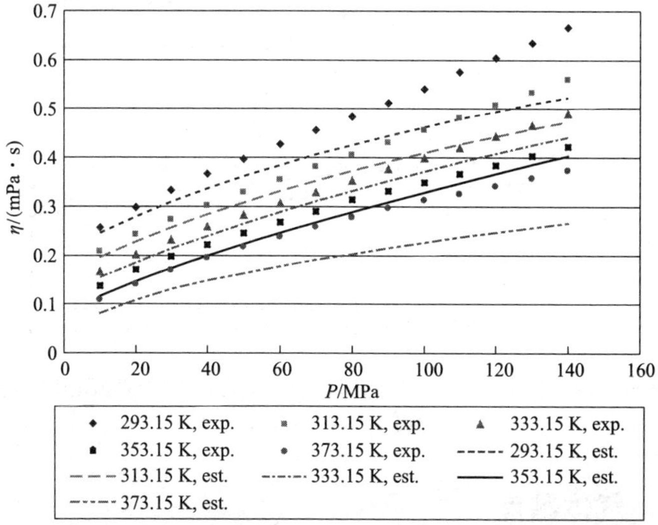

图3.20 液体R134a(1，1，1，2－四氟乙烷)在不同温度下黏度随压力变化的Lucas方程

(资料来源：Comunas et al. 2003[73])

对于液体混合物，通常用混合规则来估计动态黏度

$$\ln\frac{\eta_{\text{mix}}}{\eta_0}=\sum_i x_i\ln\frac{\eta_i}{\eta_0} \tag{3.116}$$

其中 x_i 表示摩尔分数。这是过程模拟中最薄弱的环节之一；使用式(3.116)，难以获得超过正确数量级的数值。在大多数情况下，获得的混合物黏度值太低；但是式(3.116)优于线性混合规则。

借助于实验值，可以提高方程的精度[6]。然而，大多数情况下，多组分混合物是通过过程模拟处理的，而且缺乏实验数据。因此，改进二元混合物相关性并不一定会显著提高结果的精确度。UNIFAC 方法由于其复杂性，应用困难。例 3.22 说明了由式(3.116)引起的误差。在 Dortmund 数据库中，存储了 53000 多个数据集。

例 3.22 计算甲醇－水混合物在 $\vartheta=40℃$ 时的动态黏度，$x_{乙醇}=0.5164$，$\eta_{水}(40℃)=0.6796\text{mPa}\cdot\text{s}$，$\eta_{乙醇}(40℃)=0.6796\text{mPa}\cdot\text{s}$

解决方案：

$$\ln\frac{\eta}{\text{mPa}\cdot\text{s}}=0.5164\ln0.4468+0.4836\ln0.6796=-0.6028\Rightarrow\eta=0.5473\text{mPa}$$

实际值为 $\eta_{\text{mix}}=0.9345\text{mPa}\cdot\text{s}$。结果大于两个纯组分的值，因此，式(3.116)原则上不能表现其实际行为。在图 3.21 中，显示了甲醇－水系统黏度与浓度的关系。

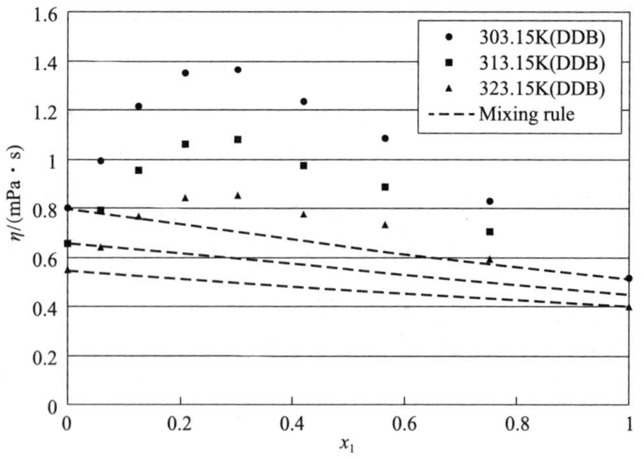

图3.21 液体 R134a(1，1，1，2－四氟乙烷)在不同温度下黏度随压力变化的 Lucas 方程

(资料来源：Comunas 等 2003[73])

3.4.2 气体黏度

根据气体动力学理论，理想气体的黏度与密度无关[43]。在低密度下，有少

量分子可用于动能交换。此外，由于更大的平均自由路径，每次撞击它们可以交换更多的动量。对于理想气体，这两种效应都可以补偿，而对于真实气体，黏度则随着密度的增加而增加。蒸气黏度是一个与温度有很强相关性的函数，分子的平均动能随着温度的增加而增加，这样就可以交换更多的动量。低压条件下，理想气体的动态黏度可用 Lucas 方程[75]估算：

$$\frac{\eta^{\mathrm{id}}}{10^{-7}\mathrm{Pa\cdot s}}=\frac{F_P^{\mathrm{id}}}{\xi}[0.807T_{\mathrm{r}}^{0.618}-0.357\exp(-0.449T_{\mathrm{r}})+0.34\exp(-4.058T_{\mathrm{r}})+0.018] \quad (3.117)$$

F_P^{id} 是极性影响的修正系数，其特征是偶极矩 μ_{r} 减小：

$$\mu_{\mathrm{r}}=52.46\left(\frac{\mu}{\mathrm{Debye}}\right)^2\frac{P_{\mathrm{c}}}{\mathrm{bar}}\left(\frac{T_{\mathrm{c}}}{\mathrm{K}}\right)^{-2} \quad (3.118)$$

对于某些物质，偶极矩可从表 3.6 中获得。对于 F_P^{id}，存在以下关系：

$$F_P^{\mathrm{id}}=1 \qquad 0\leqslant\mu_{\mathrm{r}}\leqslant0.022$$

$$F_P^{\mathrm{id}}=1+30.55(0.292-z_{\mathrm{c}})^{1.72} \qquad 0.022\leqslant\mu_{\mathrm{r}}\leqslant0.075$$

$$F_P^{\mathrm{id}}=1+30.55(0.292-z_{\mathrm{c}})^{1.72}\,|0.96+0.1(T_{\mathrm{r}}-0.7)| \qquad \mu_{\mathrm{r}}\geqslant0.075 \quad (3.119)$$

表 3.6 几种物质的偶极矩[6]（1 Debye≈3.336 · 10^{-30} C · m）

物质	分子式	偶极矩(Debye)
氯化氢	HCl	1.1
一氧化碳	CO	0.1
二氧化碳	CO_2	0.0
水	H_2O	1.8
氨气	NH_3	1.5
甲烷	CH_4	0.0
乙醇	C_2H_5OH	1.7
苯	C_6H_6	0.0
氯苯	C_6H_5Cl	1.6
苯胺	$C_6H_5NH_2$	1.6

ξ 被称为逆还原黏度，可通过公式(3.120)计算：

$$\xi=0.176\left(\frac{T_{\mathrm{c}}}{\mathrm{K}}\right)^{1/6}\left(\frac{M}{\mathrm{g/mol}}\right)^{-1/2}\left(\frac{P_{\mathrm{c}}}{\mathrm{bar}}\right)^{-2/3} \quad (3.120)$$

这种方法的期望平均误差可以认为很低，因此很少对这个量进行测量。

在过程计算中，气体在低压下的动态黏度可以用一个简单的多项式来关联：

$$\eta^{\mathrm{id}} = A + BT + CT^2 + DT^3 + ET^4 \tag{3.121}$$

或者使用 DIPPR 公式表示：

$$\eta^{\mathrm{id}} = \frac{AT^B}{1 + CT^{-1} + DT^{-2}} \tag{3.122}$$

这显示了更可靠的外推行为。

图 3.22 为典型的气体黏度随温度的变化曲率。

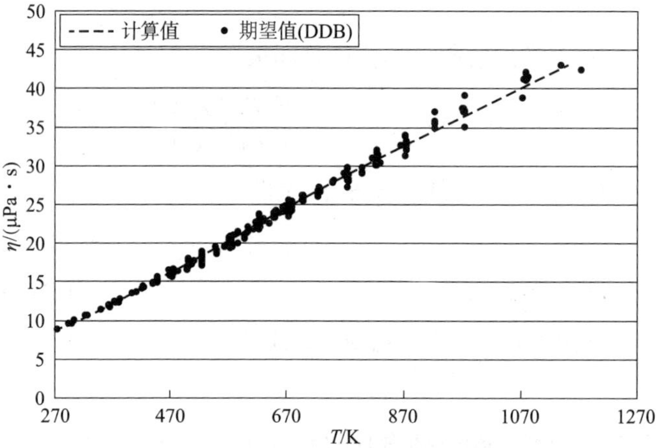

图 3.22 气态水的动态黏度随温度的变化

例 3.23 估算氨在 $T = 573.15\mathrm{K}$，$P = 0.1\mathrm{MPa}$ 下的动态黏度。给出的值如下

$T_c = 405.5\mathrm{K}$

$P_c = 113.592\mathrm{bar}$

$Z_c = 0.2553$

$\mu = 1.49\ \mathrm{Debye}$

$M = 17.031\mathrm{g/mol}$

解：

$T_r = 573.15/405.5 = 1.4134$

$\mu_r = 52.46 \cdot 1.49^2 \cdot 113.592 \cdot 405.5^{-2} = 0.08046$

$\xi = 0.176(405.5)^{1/6}(17.031)^{-1/2}(113.592)^{-2/3} = 0.004947$

$F_P^{\mathrm{id}} = 1 + 30.55(0.292 - 0.2553)^{1.72}$

$|0.96 + 0.1(1.4134 - 0.7)| = 1.1071$

可以得到：

$$\frac{\eta^{\mathrm{id}}}{10^{-7}\mathrm{Pa\cdot s}} = \frac{1.1071}{0.004947}[0.807 \cdot 1.4134^{0.618} - 0.357\exp(-0.449 \cdot 1.4134) +$$

$$0.34\exp(-4.158 \cdot 1.4134) + 0.018]$$

$=185.6$

$\Rightarrow \eta^{id}=18.56\mu Pa\cdot s$

根据文献，$\eta^{id}=20.1\mu Pa\cdot s$。

当 $1\leqslant T_r\leqslant 40$，$0\leqslant P_r\leqslant 100$ 时，根据 Lucas 和 Luckas[75] 的研究，蒸气黏度与压力的关系为：

$$\eta=\eta^{id}Z_2F_P \tag{3.123}$$

η^{id} 由式(3.121)或(3.122)计算；Z_2 由下式进行计算：

$$Z_2=1+\frac{AP_r^L}{BP_r^F+(1+CP_r^D)^{-1}} \tag{3.124}$$

其中

$$A=\frac{0.001245}{T_r}\exp(5.1726T_r^{-0.3286})$$

$$B=A(1.6553T_r-1.2723)$$

$$C=\frac{0.4489}{T_r}\exp(3.0578T_r^{-37.7332})$$

$$D=\frac{1.7368}{T_r}\exp(2.231T_r^{-7.6351})$$

$$E=1.3088$$

$$F=0.9425\exp(-0.1853T_r^{0.4489}) \tag{3.125}$$

因子 F_P 由公式(3.126)进行计算。

$$F_P=\frac{1+(F_P^{id}-1)Z_2^{-3}}{F_P^{id}} \tag{3.126}$$

当 $T_r<1$ 且 $P<P^s(T_r)$ 时，Lucas 和 Luckas[75] 建议使用式(3.127)计算 Z_2：

$$\frac{n}{10^{-7}\text{Pas}}=Z_2\frac{F_P}{\xi} \tag{3.127}$$

其中

$$Z_2=0.6+0.76P_r^A+(6.99P_r^B-0.6)(1-T_r)$$

$$A=3.262+14.98P_r^{5.508}$$

$$B=1.39+5.746P_r \tag{3.128}$$

$$\text{因子 } F_P=\frac{1+(F_P^{id}-1)\left[\dfrac{Z_2}{(\eta^{id}/10^{-7}\text{Pas})\xi}\right]^{-3}}{F_P^{id}} \tag{3.129}$$

根据经验，作者估算上述方法的准确率为 ±10%。对于量子气体氦和氢，文献[75] 中给出了一个修正方程。图 3.23 给出了式(3.123)的表现的示例。正戊烷气体的动态黏度对 498.15K 等温线的压力依赖性非常显著，因为它接近于临界温度，Lucas 和 Luckas[75] 的估计方法是有效的。

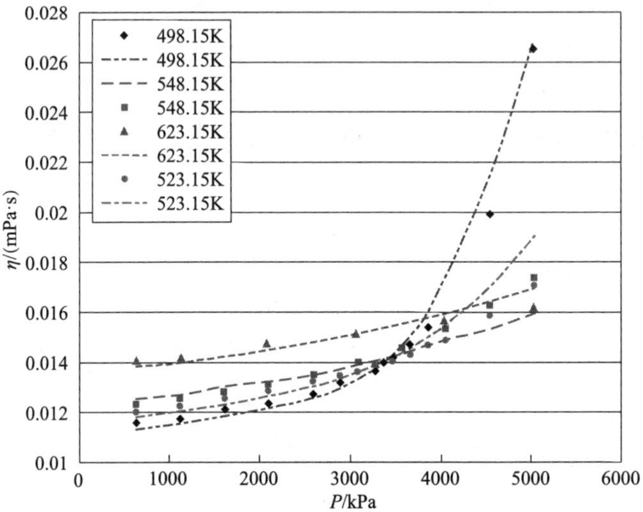

图 3.23　正戊烷气体动态黏度与压力的关系(数据来源：[25])

在计算气体混合物的动态黏度时，可采用 Wilke 混合规则[76]。

$$\eta_{mix} = \sum_i \frac{y_i \eta_i}{\sum_j y_j F_{ij}} \tag{3.130}$$

$$F_{ij} = \frac{[1 + (\eta_i/\eta_j)^{1/2}(M_j/M_i)^{1/4}]^2}{\sqrt{8(1 + M_i/M_j)}} \tag{3.131}$$

其中，y_i 是摩尔分数。

图 3.24 显示了 $T = 344\text{K}$ 时氮/正庚烷系统混合规则的非线性关系。

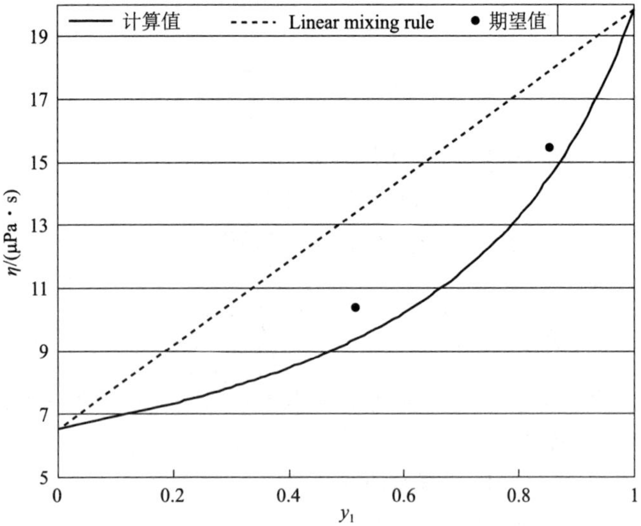

图 3.24　T=344K 时系统中氮(1)/正庚烷(2)浓度的动态黏度(来源：Carmichael 等[77])

高压条件下，应使用混合规则方程(3.123)或(3.127)。

$$T_{c,mix} = \sum_i y_i T_{ci} \tag{3.132}$$

$$P_{c,mix} = RT_{c,mix} \frac{\sum_i y_i z_{ci}}{\sum_i y_i v_{ci}} \tag{3.133}$$

$$M_{mix} = \sum_i y_i M_i \tag{3.134}$$

$$F_{P,mix}^{id} = \sum_i y_i F_{Pi}^{id} \tag{3.135}$$

3.4.3 液体热导率

温度梯度是热传导的推动力，热从高温区传递到低温区。传热可以发生在相内或相间。根据 Fourier 定律，无相变的一维传导换热可以用公式(3.136)表示。

$$Q = -\lambda A\left(\frac{\partial T}{\partial x}\right) \tag{3.136}$$

其中负号表示热流和温度梯度的方向相反。A 是可用于传热的错流区。比例系数 λ 是热导率，它是一种描述材料导热能力的材料特性。

在化学过程中，热对流比热传导更重要。从本质上说，热对流是指在两相之间发生的传热，其中至少有一种是液体或气体。它的特点是流动发生在热流体流入冷流体，反之亦然。因此，对流换热始终与流动有关，流动可由温差本身(自然或自由对流)或流体流动发动装置(例如泵、鼓风机或搅拌器)产生(强制对流)。

然而，热导率仍然是描述热对流传热的关键物理量之一，通常计算对流换热的方法是：

$$Q = \alpha A \Delta T \tag{3.137}$$

式中 α 为热导率，ΔT 为两相体之间的温差。对于 α 的计算，描述对流换热的方程有以下形式：

$$Nu = \frac{\alpha l}{\lambda} = f(Re,\ Pr) \tag{3.138}$$

对于强制对流：

$$Nu = \frac{\alpha l}{\lambda} = f(Gr,\ Pr) \tag{3.139}$$

用于自然对流：Nu 是 Nußelt 数，它是对流传热和热传导之间的比值。在这两种情况下，l 是特征长度，必须以适当的方式为每个传热装置进行定义(例如，管内传热的内管直径)。可以看出，热导率作为第一近似值与导热系数成正比。

$$Pr = \frac{\eta c_P}{\lambda} \tag{3.140}$$

因为描述物理性质影响的普朗特数也取决于热导率，所以这种关联性通常不太明显。例如，对于沿平板平行流动的层流，可以导出[78]：

$$Nu=\frac{\alpha l}{\lambda}=0.664\cdot Re^{1/2}Pr^{1/3}\Rightarrow\alpha\sim\lambda^{2/3} \tag{3.141}$$

然而，对于一个设计合理的传热设备，热导率的相关内容是特别重要的。

从稀薄气体到浓稠液体(包括临界点附近区域)的整个范围内，都能够得到有效的相关性[79]。

饱和压力下液体的热导率通常可以采用四次多项式进行关联：

$$\lambda^{\mathrm{L}}=A+BT+CT^2+DT^3+ET^4 \tag{3.142}$$

或者是 Jamieson[80]方程

$$\lambda^{\mathrm{L}}=A+(1+B\tau^{1/3}+C\tau^{2/3}+D\tau) \tag{3.143}$$

其中

$$\tau=1-\frac{T}{T_{\mathrm{c}}} \tag{3.144}$$

除临界区外，热导率或多或少都是温度的线性函数。因此，如果只有低温区的数据可用，则分别用等式(3.142)来拟合 A 和 B，用等式(3.143)拟合 A 和 D。对于水来说，它的热导率[0.60～0.7 W/(K·m)]远高于有机组分[0.05～0.2 W/(K·m)]，并且在130℃左右达到最大值。同样，对于一些多元醇(乙二醇、甘油)来说，热导率比预期的要高。这种现象的解释或许是热量是沿着温度梯度通过断裂和形成氢键来传递的[81]。图3.25展示了水和甲苯的热导率随温度的变化。在正常应用中，压力相关性可以忽略不计。

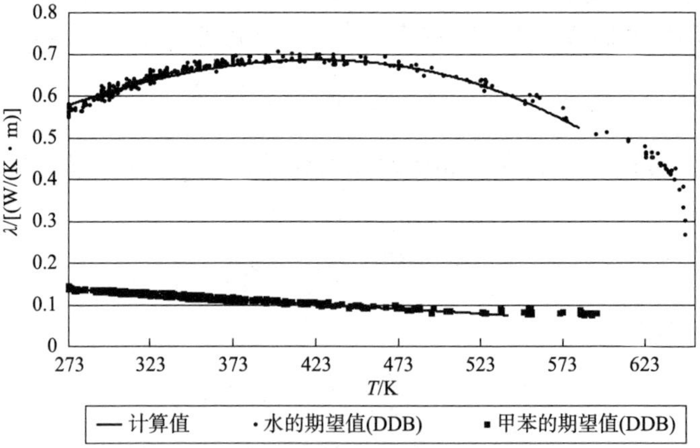

图3.25 水和甲苯的热导率随温度的变化

饱和压力下液体的热导率可用 Sato – Riedel 方程来进行估算：

$$\frac{\lambda^{\mathrm{L}}}{\mathrm{W/(K\cdot m)}}=1.111\left(\frac{M}{\mathrm{g/mol}}\right)^{-1/2}\frac{3+20(1-T_{\mathrm{r}})^{2/3}}{3+20(1-T_{\mathrm{b,r}})^{2/3}} \tag{3.145}$$

当使用公式(3.145)进行计算时，预计偏差约为20%，这表明至少在临界情况下，需要进行数据查询或进行相对简单的测量(例如，使用热线法[82])。

例 3.24 估算液体丙酮在 $T=373.15\mathrm{K}$ 时的热导率。给出的数据如下：

$T_c=508.1\mathrm{K}$

$T_b=329.23\mathrm{K}$

$M=58.08\mathrm{g/mol}$

解：

$$\frac{\lambda^L}{\mathrm{W/(K\cdot m)}}=1.11(58.08)^{-1/2}\frac{3+20(1-373.15/508.1)^{2/3}}{3+20(1-329.23/508.1)^{2/3}}=0.1265$$

λ 的实验值为 $\lambda=0.1285\mathrm{W/(K\cdot m)}$。

液体热导率的压力相关性通常可以忽略不计，在高压强下，可以考虑使用 Missenard 法进行计算[6]：

$$\frac{\lambda(P_r,\ T)}{\lambda(P_s,\ T)}=1+QP_r^{0.7} \tag{3.146}$$

表 3.7 列出了 Q 的值。应该注意的是，如图 3.26 所示的，公式(3.146)只能估算出压力相关性的合理趋势。

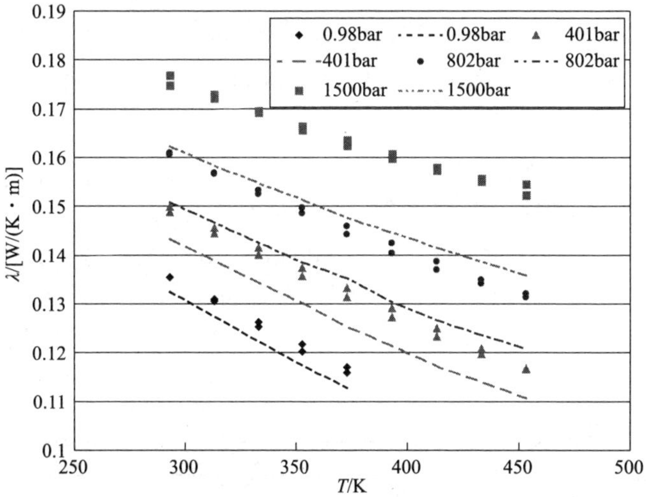

图 3.26 甲苯液体热导率及使用 Missenard 法估算的热导率的压力相关性

(来源：数据来自文献[25])

Li 法作为混合规则[6]的公式如下：

$$\lambda_{\mathrm{mix}}=\sum_{i=1}^{n}\sum_{j=1}^{n}\frac{2\phi_i\phi_j}{\lambda_i^{-1}+\lambda_j^{-1}} \tag{3.147}$$

$$\phi_i=\frac{x_iv_i^L}{\sum_{j=1}^{n}x_iv_j^L} \tag{3.148}$$

其中 x_i 是摩尔分数。

表 3.7　式(3.146)中的 Q 值

T_r	P_r					
	1	5	10	50	100	200
0.8	0.036	0.038	0.038	0.038	0.038	0.038
0.7	0.018	0.025	0.027	0.031	0.032	0.032
0.6	0.015	0.02	0.022	0.024	0.025	0.025
0.5	0.012	0.0165	0.017	0.019	0.02	0.02

例 3.25　测定由苯(1)和甲酸甲酯(2)液体混合物在 $x_1=0.204$，$T=323\text{K}$ 条件下的热导率。给出的数据如下：

$\lambda_1=0.1348\text{W/(K}\cdot\text{m)}$

$\lambda_2=0.1735\text{W/(K}\cdot\text{m)}$

$M_1=78.114\text{g/mol}$

$M_2=60.052\text{g/mol}$

$\rho_1=847.2\text{kg/m}^3 =>v_1=9.22025\times10^{-5}\ \text{m}^3\text{/mol}$

$\rho_2=930\text{kg/m}^3 =>v_2=6.4572\times10^{-5}\ \text{m}^3\text{/mol}$

解：

$$\phi_1=\frac{0.204\cdot9.22025\cdot10^{-5}}{0.204\cdot9.22025\cdot10^{-5}+0.796\cdot6.4572\cdot10^{-5}}=0.2679\phi_2=1-\phi_1=0.7321$$

$$\frac{\lambda_{\text{mix}}}{\text{W/(K}\cdot\text{m)}}=\frac{2\cdot0.2679^2}{2\cdot0.1348^{-1}}+2\cdot\frac{2\cdot0.2679\cdot0.7321}{0.1348^{-1}+0.1735^{-1}}+\frac{2\cdot0.7321^2}{2\cdot0.1735^{-1}}=0.1622$$

Λ 的实验值为 $\lambda=0.158\ \text{W/(K}\cdot\text{m)}$[83]。图 3.27 展示了 Li 混合规则的曲率。

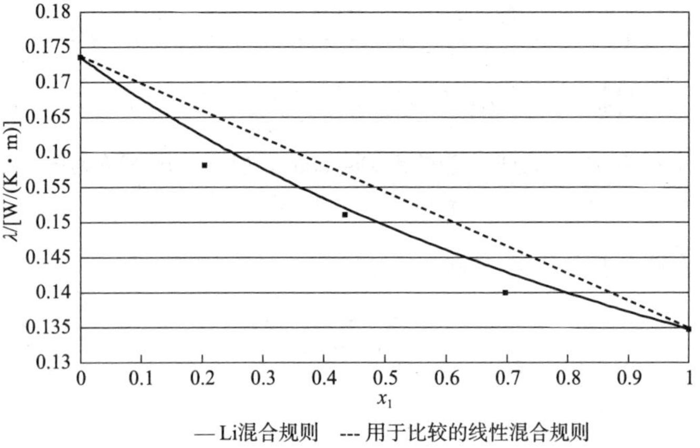

图 3.27　在 T=323K 时，苯(1)/甲酸甲酯(2)体系的液体热导率随浓度的变化

(资料来源：数据来自文献[83])

3.4.4 蒸汽热导率

与黏度相似，蒸汽和气体的热导率可以用气体动力学理论进行估算，它们的行为也相似。随温度升高，在中压(0.01 ~ 1MPa)下，热导率几乎不是压力的函数。可以采用一个四次多项式来对其进行关联：

$$\lambda^{id} = A + BT + CT^2 + DT^3 + ET^4 \tag{3.149}$$

或者是采用 PPDS 方程进行关联：

$$\lambda^{id} = \frac{\sqrt{T_r}}{A + \frac{B}{T_r} + \frac{C}{T_r^2} + \frac{D}{T_r^3}} \tag{3.150}$$

对于温度外推法来说，后一个方程被证明是更加可靠的。

图 3.28 为气态水的热导率随温度变化曲线，以此作为典型案例。

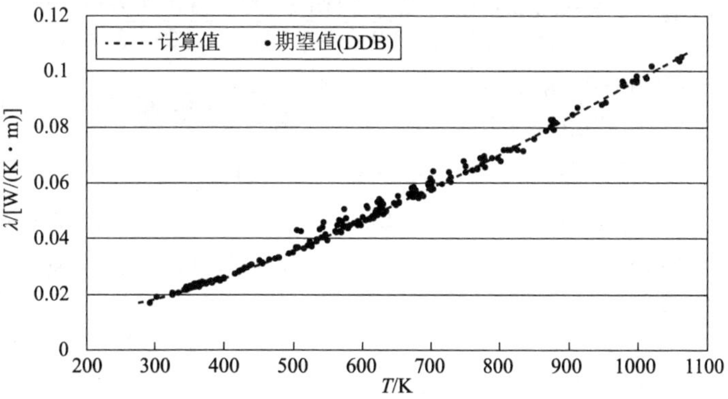

图 3.28 气态水热导率随温度的变化曲线

对于非极性组分，蒸汽热导率可以通过 Chung 方程进行估算[84]：

$$\lambda^{id} = \frac{3.75\Psi\eta^{id}R}{M} \tag{3.151}$$

$$\Psi = 1 + \alpha\frac{0.215 + 0.28288\alpha - 1.061\beta + 0.26665\gamma}{0.6366 + \beta\gamma + 1.061\alpha\beta} \tag{3.152}$$

$$\alpha = c_P^{id}/R - 2.5$$

$$\beta = 0.7862 - 0.7109\omega + 1.3168\omega^2$$

$$\gamma = 2 + 10.5T_r^2 \tag{3.153}$$

对于极性组分，它的误差将大于非极性组分。在这些情况下，建议使用 Roy – Thodos方法[6]。

例 3.26 使用 Chung 方程估算 2 – 甲基戊烷气体在 $T = 373.15\text{K}$ 和 $P = 0.1\text{MPa}$ 时的热导率。给出的数据如下

$M = 86.178\,\text{g/mol}$

$\omega = 0.2801$

$T_c = 497.7\,\text{K}$

$c_P^{id} = 2.007\,\text{J/(g}\cdot\text{K)}$

$\eta = 8.18\,\mu\text{Pa}\cdot\text{s}$

解：

使用

$$\alpha = \frac{2.007 \cdot 86.178}{8.3143} - 2.5 = 18.303$$

$$\beta = 0.7862 - 0.7109 \cdot 0.2801 + 1.3168 \cdot 0.2801^2 = 0.6904$$

$$\gamma = 2 + 10.5 \cdot (373.15/497.7)^2 = 7.9023$$

可得

$$\Psi = 1 + 18.303\,\frac{0.215 + 0.28288 \cdot 18.303 - 1.061 \cdot 0.6904 + 0.26665 \cdot 7.9023}{0.6366 + 0.6904 \cdot 7.9023 + 1.061 \cdot 18.303 \cdot 0.6904} = 7.3519$$

$$\lambda^{id} = \frac{3.75 \cdot 7.3519 \cdot 8.18 \cdot 10^{-6} \cdot 8.3143}{86.178 \cdot 10^{-3}}\,\frac{\text{W}}{\text{K}\cdot\text{m}} = 0.0218\,\text{W/K}\cdot\text{m}$$

从数据库中，我们得到 $\lambda^{id} = 0.0205\,\text{W/(K}\cdot\text{m)}$。

值得注意的是气体热导率的压强相关性十分奇怪。对于非常小的压强（$P < 10^{-3}\,\text{mbar}$），当平均自由程比容器尺寸大时，热导率与压强以及垂直于热流方向的容器壁之间的距离 d 成正比：

$$\lambda = \frac{3}{8} P d \sqrt{\frac{3R}{MT}} \tag{3.154}$$

在高压下，可以根据 Stiel 和 Thodos 进行估算[85]：

$$\begin{aligned}
\lambda &= \lambda^{id} + 0.0122\,\Gamma^{-1} z_c^{-5}\left[\exp(0.535\rho/\rho_c) - 1\right] && \rho/\rho_c < 0.5 \\
\lambda &= \lambda^{id} + 0.0114\,\Gamma^{-1} z_c^{-5}\left[\exp(0.67\rho/\rho_c) - 1.069\right] && 0.5 < \rho/\rho_c < 2 \\
\lambda &= \lambda^{id} + 0.0026\,\Gamma^{-1} z_c^{-5}\left[\exp(1.155\rho/\rho_c) + 2.016\right] && 2 < \rho/\rho_c < 2.8
\end{aligned} \tag{3.155}$$

Γ 由以下公式得出：

$$\frac{\Gamma}{[\text{W/(K}\cdot\text{m)}]^{-1}} = 210\left(\frac{T_c}{\text{K}}\right)^{1/6}\left(\frac{M}{\text{g/mol}}\right)^{1/2}\left(\frac{P_c}{\text{bar}}\right)^{-2/3} \tag{3.156}$$

该方法被认为是不准确的，因为预计在 10% 到 20% 之间。该方法与文献[6]中列出的方法一样，并不适合极性化合物。幸运的是，在过程模拟应用中，公式(3.154)和公式(3.155)通常都不相关。图 3.29 展示了甲烷热导率与 Stiel－Thodos 方程(3.155)性能的压强相关性，它与实验数据具有很好的质量一致性。对于气体混合物的热导率的计算，文献[86]中 Wassiljeva 的混合规则可以类比地应用于以 y_i 为摩尔分数的气体黏度的 Wilke 混合规则：

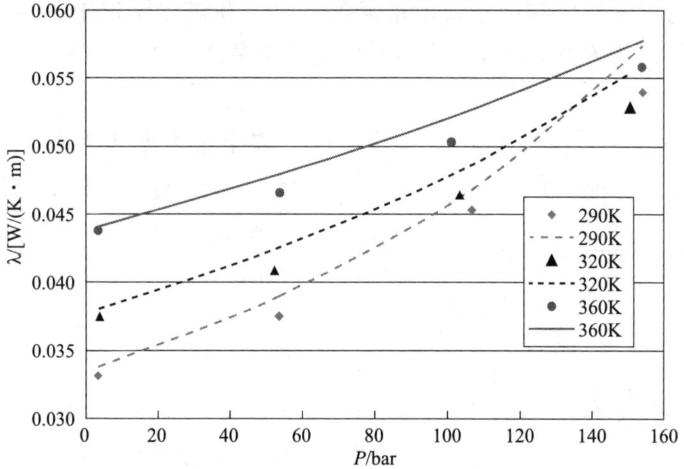

图 3.29　不同温度下气态甲烷在高压下热导率的实验数据以及采用 Stiel – Thodos 估算的热导率数据(资料来源：Patek 和 Klomfar 2002[82])

$$\lambda_{mix} = \sum_i \frac{y_i \lambda_i}{\sum_j y_i F_{ij}} \tag{3.157}$$

$$F_{ij} = \frac{\left[1 + \left(\frac{\eta_i}{\eta_j}\right)^{\frac{1}{2}} \left(\frac{M_j}{M_i}\right)^{\frac{1}{4}}\right]^2}{\sqrt{8\left(1 + \frac{M_i}{M_j}\right)}} \tag{3.158}$$

图 3.30 表明使用非线性混合规则[如公式(3.157)]来计算热蒸汽传导率是有利的。

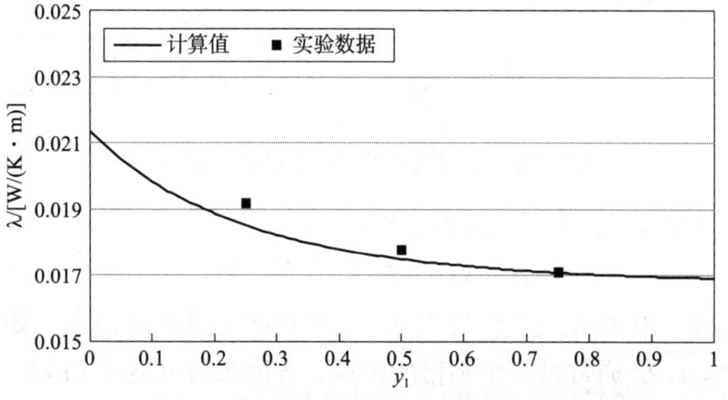

图 3.30　T=373.75K 时苯(1)/氩(2)体系的蒸汽热导率随浓度的变化

(资料来源：实验数据来自文献[87])

3.4.5 表面张力

表面张力表示液体倾向于形成液滴的程度。在过程模拟中，其作用相对较小，用于填料的流体力学计算。它最重要的应用是计算毛细管压头，它与表面张力成正比[88]。

表面张力发生在气液界面层(图3.31)。在界面处，分子间的吸引力是侧向作用的，并趋向于液体方向作用，而气相的吸引力很小。因此，有一个合力作用于整个液体，使表层收缩，形成尽可能小的表面。相反，液体中的分子没有合力。表面张力表示在蒸汽和液体之间形成额外表面所需的能量；因此其单位为J/m^{2}或 N/m。

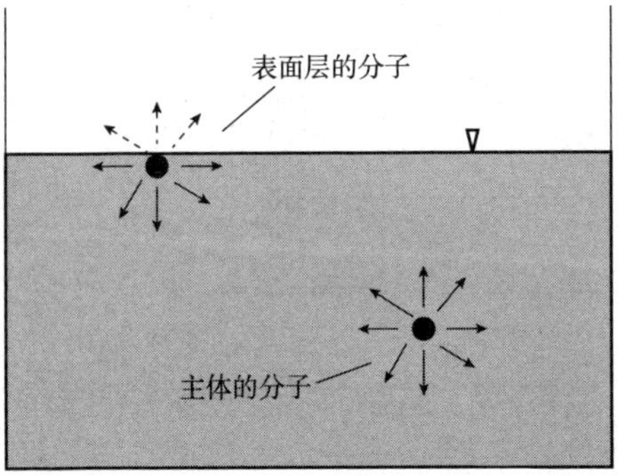

图 3.31　在主体和表面层的分子上的力

对于纯液体，表面张力随着温度的升高而降低，在临界点处变为零(图3.32)。它本质上是由分子间的作用力决定的，即气体和液体表面分子上的吸引力之差。

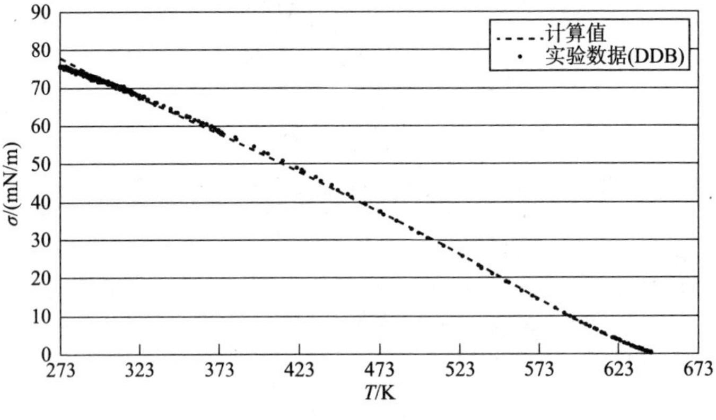

图 3.32　水的表面张力与温度的函数关系

表面张力可与扩展的 Watson 方程相关联：

$$\sigma = A(1 - T_r)^{B + CT_r + DT_r^2 + ET_r^3} \tag{3.159}$$

其中系数 C、D 和 E 可以设置为 0，或者在必要时进行拟合。如果将它们设置为0，则 $B = 1.22$ 通常是一个不错的选择。表面张力可通过 Brock – Bird – Miller 方程估算，该方程基于相应的状态原理[89]：

$$\frac{\sigma}{\text{mN/m}} = \left(\frac{P_c}{\text{bar}}\right)^{\frac{2}{3}} \left(\frac{T_c}{K}\right)^{\frac{1}{3}} Q\,(1 - T_r)^{11/9} \tag{3.160}$$

和

$$Q = 0.1196 + \left[1 + \frac{\frac{T_b}{T_c}\ln\frac{P_c}{1.01325\text{bar}}}{1 - \frac{T_b}{T_c}}\right] - 0.279 \tag{3.161}$$

对于非极性物质，误差通常在5%以下。

例3.27 用 Brock – Bird – Miller 方程估算 $T = 323.15\text{K}$ 时溴苯的表面张力。给出的数据如下：

$T_b = 429.05\text{K}$

$T_c = 670.15\text{K}$

$P_c = 4.52\ \text{MPa}$

解决方案：

$$Q = 0.1196 + \left[1 + \frac{\frac{429.05}{670.15}\ln\frac{45.2}{1.01325}}{1 - \frac{429.05}{670.15}}\right] - 0.279 = 0.6489$$

得到

$$\sigma = 45.2^{\frac{2}{3}} \cdot 670.15^{\frac{1}{3}} \cdot \left(1 - \frac{323.15}{670.15}\right)^{\frac{11}{9}} \frac{\text{mN}}{\text{m}} = 32.23\ \frac{\text{mN}}{\text{m}}$$

实验数值 $\sigma = 33\text{mN/m}$。

作为混合规则，通常使用 Macleod – Sugden 方程，其中 x_i 表示特定组分的摩尔分数。

$$\sigma_{\text{mix}} = \left(\frac{\sum_i x_i \sigma_i^{0.25} v_i^{\text{L}}}{v_{\text{mix}}^{\text{L}}}\right)^4 \tag{3.162}$$

对于含水体系，公式(3.162)通常表现较差，应采用特殊的混合规则[31]。

例3.28 使用混合规则(3.162)估算摩尔分数 $x_1 = 0.6$ 的硝基甲烷(1)和苯(2)的混合物在 $T = 298\text{K}$ 时的表面张力。由于低压，公式(3.162)中的蒸气影响应忽略不计。给出的数据如下：

$M_1 = 61.04\text{g/mol}$

$M_2 = 78.114\text{g/mol}$

$\sigma_1 = 36.155\text{mN/m}$

$\sigma_2 = 28.23\text{mN/m}$

$\rho_1 = 1126.96\text{kg/m}^3 = 0.018463\text{mol/cm}^3$

$\rho_2 = 872.8\text{kg/m}^3 = 0.011173\text{mol/cm}^3$

解决方案：

$$\rho_{\text{mix}}^{\text{L}} = \left(\frac{x_1}{\rho_1} + \frac{x_2}{\rho_2}\right)^{-1} = \left(\frac{0.6}{0.018463} + \frac{0.4}{0.01173}\right)^{-1} \frac{\text{mol}}{\text{cm}^3} = 0.014642\text{mol/cm}^3$$

得到

$$\frac{\sigma_{\text{mix}}}{\text{mN/m}} = \left(\frac{0.6 \cdot 36.155^{0.25} \cdot 0.018463^{-1} + 0.4 \cdot 28.23^{0.25} \cdot 0.011173^{-1}}{0.014642^{-1}}\right)^4 = 31.82$$

得到的结果与实验值吻合较好[31]。图 3.33 为浓度对表面张力的影响。

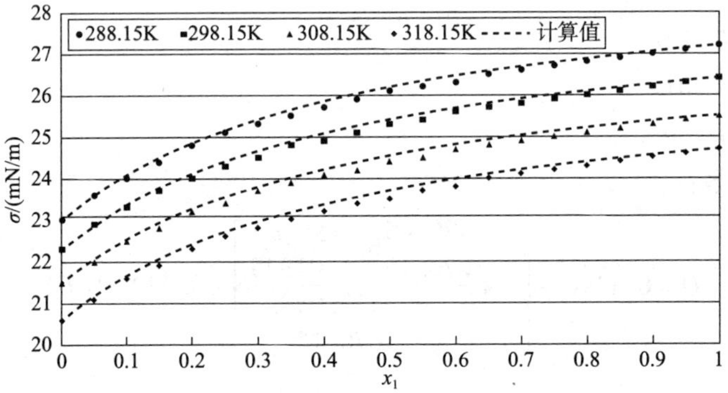

图 3.33　辛酸乙酯(1)和乙醇(2)液体混合物在不同温度下的表面张力

(资料来源：DDB 的数据[25])

3.4.6　扩散系数

分子扩散是不发生流动的固体、聚合物(如膜)和液体的主要传质机制。对于传质起决定性作用的所有计算，都需要二元扩散系数。在过程模拟中，如果通常的平衡方法无效，就会应用这些所谓的基于速率的计算。

吸收塔是众所周知的例子，例如，水在废气中吸收 HCl。经验表明，由于氯化氢的电解液特性，平衡计算只需要一个理论板，为了达到吸收目的需要很大的塔。所以只能通过应用基于速率的模型来成功设计合适的塔(见第 14.6 节)。

根据 Fick's 第一定律，质量通量密度可以设为：

$$\frac{n_1}{F} = -\rho_{\text{mix}} D_{12} \left(\frac{\text{d}x}{\text{d}z}\right) \tag{3.163}$$

其中 n_1 是组分 1 的摩尔流量，z 是坐标轴的方向。扩散系数是对称的，即 $D_{12} = D_{21}$。需要指出的是，式(3.163)是一个简化后的公式；确切地说，应该用活度、密度或化学势来描述驱动力。

扩散系数的典型数量级为：

气体：$D=5\cdot10^{-6}-10^{-5}\mathrm{m^2/s}$

液体：$D=10^{-10}-10^{-9}\mathrm{m^2/s}$

固体：$D=10^{-14}-10^{-10}\mathrm{m^2/s}$

我们应该注意到液体和气体中扩散系数之间的巨大差异。

扩散系数本质上是由分子间作用力决定的。

与其他量不同，它们很少被测量。通常，我们必须依靠估算方法。由于大多数传质计算的目的是获得传质有效性和近似的相应的传质模型，所以这通常是可以接受的。

对于气体，动力学气体理论能够推导出扩散系数与黏度和热导率之间的关系[43]。它取决于温度和压强，并不取决于组分。在压强小于1MPa时，它与压强的倒数值成正比。在低压下，可以根据Fuller等人[90]的方法进行准确的估算。

确定蒸汽扩散系数的方程式为：

$$\frac{D_{12}}{\mathrm{cm^2/s}}=\frac{0.00143\left(\frac{T}{\mathrm{K}}\right)^{1.75}\left[\left(\frac{M_1}{\mathrm{g/mol}}\right)^{-1}+\left(\frac{M_2}{\mathrm{g/mol}}\right)^{-1}\right]}{\frac{P}{\mathrm{bar}}\sqrt{2}\left[\left(\sum\Delta_{v_1}\right)^{1/3}+\left(\sum\Delta_{v_2}\right)^{1/3}\right]^2} \tag{3.164}$$

Δ_v 为所谓的扩散体积，可由表3.8中给出的基团贡献来评价。据报道，Fuller法的平均误差为4%[6]。

表3.8　用Fuller法计算扩散体积的结构群

原子和结构贡献			
碳	15.9	溴	21.9
氢	2.31	碘	29.8
氧	6.11	硫	22.9
氮	4.54	芳香环	-18.3
氟	14.7	杂环	-18.3
氯	2.1		
单个分子			
氦气	2.67	一氧化碳	18.0
氖气	5.98	二氧化碳	26.9
氩气	16.2	一氧化二氮	35.9
氪	24.5	氨气	20.7
氙	32.7	水	13.1
氢气	6.12	四氟化硫	71.3
氘	6.84	氯气	38.4
氮气	18.5	溴气	69.0
氧气	16.3	二氧化硫	41.8
空气	19.7		

例 3.29 用 Fuller 法测定二元混合物氨(NH_3)(1)和乙醚($C_4H_{10}O$)(2)在$T=288K$和$P=2bar$时的蒸气扩散系数。摩尔质量$M_1=17.03g/mol$，$M_2=74.12g/mol$。

解决方案：

这两种物质的扩散体积分别为：

$(\sum\Delta_{v_1})=20.7$

$(\sum\Delta_{v_2})=4\cdot15.9+10\cdot2.31+6.11=92.81$

否则，苯和水之间就不可能存在混溶性差。

插入公式(3.164)后，得到：

$$D_{12}=\frac{0.00143(288)^{1.75}[(17.03)^{-1}+(74.12)^{-1}]^{\frac{1}{2}}}{2\sqrt{2}[(20.7)^{\frac{1}{3}}+(92.81)^{\frac{1}{3}}]^2}\text{cm}^2/\text{s}=0.0517\text{cm}^2/\text{s}$$

文献值[91] $D_{12}=0.0505\text{cm}^2/\text{s}$。

压强的影响可以用 Riazi 和 Whitson[92]的方程来确定：

$$\frac{(\rho D_{12})}{(\rho D_{12})^{\text{id}}}=1.07\left(\frac{\eta}{\eta^{\text{id}}}\right)^{B+CP/P_c} \tag{3.165}$$

和

$$B=-0.27-0.38\omega \tag{3.166}$$

和

$$C=-0.05-0.1\omega \tag{3.167}$$

由于扩散系数始终是指混合物，因此ω和P_c应该由线性混合规则来计算。

$$\omega=y_1\omega_1+y_2\omega_2$$
$$P_c=y_1P_{c1}+y_2P_{c2} \tag{3.168}$$

这种关系式的缺点是，混合物在高压下的动态黏度是必要的，这需要对其进行估计(3.4.2节)。公式(3.165)的预期误差约为15%。

液体的扩散系数是浓度、温度和压强的复杂函数。不存在可靠的计算方法。然而，对于过程模拟中的大多数计算，只需获得正确的数量级就足够了。对于液体扩散系数，可以在理想稀溶液的情况和任意浓度的一般情况之间进行区分。

在溶剂2中无限稀释溶质1的情况下，可以通过多种方法估算扩散系数[6]。它们具有对单一物质有单独的规则、有限的应用范围和难以获取的输入参数的特点。Tyn/Calus 方程是准确性和适用性之间的一个很好的折中[6,93]：

$$\frac{D_{12}^{\infty}}{\text{cm}^2/\text{s}}=8.93\cdot10^{-8}\left(\frac{v_2(T_b)}{\text{cm}^3/\text{mol}}\right)^{\frac{2}{3}}\left(\frac{v_1(T_b)}{\text{cm}^3/\text{mol}}\right)^{\frac{1}{6}}\left(\frac{v_2}{v_1}\right)^{0.6}\left(\frac{\sigma_2}{\sigma_1}\right)^{0.15}\left(\frac{T}{\text{K}}\right)\left(\frac{\eta_2}{\text{mPa}\cdot\text{s}}\right)^{-1} \tag{3.169}$$

Tyn/Calus 方程的局限性和个别例外规则如下：

· 溶剂的动态黏度应小于 20～30mPa·s。

· 以水为溶质时，应采用参数 $v_1 = 37.4\text{cm}^3/\text{mol}$ 和 $\sigma_1 = 62.6\text{mN/m}$

· 对于有机酸作为溶质，v_1 的真实值应加倍，除非使用水、甲醇或丁醇作为溶剂。

· 如果溶剂是醇，溶质是非极性的，则 v_1 的值应乘以因子 $8\eta_2/(\text{mPa}\cdot\text{s})$。

Tyn/Calus 方程的预期误差估计为 10%，但较大的误差并不罕见。式(3.169)对温度和压力的依赖关系只是一个近似，目前还不清楚实际的关系。液体扩散系数随压强的增加而减小，但这只与非常高的压强有关。

理想稀溶液模型适用于溶质浓度不超过 5%～10% 的情况。将模型应用于任意浓度的一般情况，可以使用 Vignes 相关性[94]：

$$D_{12} = (D_{12}^{\infty})^{x_2}(D_{21}^{\infty})^{x_1}\left(\frac{\partial\ln(x_1\gamma_1)}{\partial\ln x_1}\right)_{T,P} \tag{3.170}$$

以 γ 为活度系数(见第 4.9 节)。由于 Gibbs－Duhem 方程(见第 4.9 节)，用哪个分量来求微分商并不重要。

例 3.30 估算在 $T = 298\text{K}$ 和 $x_1 = 0.6$ 时，苯(1)和甲苯(2)的混合物的液体扩散系数。混合物几乎是理想的；因此，活度系数接近 1。给出的值如下：

$\nu_1 = 95.84\text{cm}^3/\text{mol}$

$\nu_2 = 118.3\text{cm}^3/\text{mol}$

$\sigma_1 = 28.2\text{mN/m}$

$\sigma_2 = 27.9\text{mN/m}$

$\eta_1 = 0.601\text{mPa}\cdot\text{s}$

$\eta_2 = 0.553\text{mPa}\cdot\text{s}$

解决方案：

根据比体积和表面张力，由式(3.163)得出等张比容：

$P_1 = 220.86$

$P_2 = 271.89$

理想稀释溶液的扩散系数为

$$D_{12}^{\infty} = 8.93\cdot10^{-8}(118.3)^{-\frac{1}{3}}(95.84)^{\frac{1}{6}}\left(\frac{118.3}{95.84}\right)^{0.6}\left(\frac{27.9}{28.2}\right)^{0.15}\cdot298\cdot(0.553)^{-1}\text{cm}^2/\text{s}$$

$$= 2.38\cdot10^{-5}\text{cm}^2/\text{s}$$

$$D_{21}^{\infty} = 8.93\cdot10^{-8}(95.84)^{-\frac{1}{3}}(118.3)^{\frac{1}{6}}\left(\frac{95.84}{118.3}\right)^{0.6}\left(\frac{28.2}{27.9}\right)^{0.15}\cdot298\cdot(0.553)^{-1}\text{cm}^2/\text{s}$$

$$= 1.89\cdot10^{-5}\text{cm}^2/\text{s}$$

对于 D_{12}^{∞} 有一个几乎是偶然的实验值。对于实际浓度，Vignes 关联[94]得出

$$D_{12} = (2.38 \cdot 10^{-5})^{0.4}(1.89 \cdot 10^{-5})^{0.6}\text{cm}^2/\text{s} = 2.07 \cdot 10^{-5}\text{cm}^2/\text{s}$$

问题：

3.1 将三阶多项式（$c_P = a + bT + cT^2 + dT^3$）回归到石墨恒压热容方程的结果中[95]：

$$c_P = \left(0.538657 + 9.11129 \cdot T - \frac{90.2725}{T} - \frac{43449.3}{T^2} + \frac{1.50309 \cdot 10^7}{T^3} - \frac{1.43688 \cdot 10^9}{T^4}\right)\frac{\text{cal}}{\text{g} \cdot \text{K}}$$

3.2 使用 Watson 方程，计算乙醇在 25℃和 200℃时的蒸发焓。在 351.41K 的正常沸点下，蒸发焓为 39.183kJ/mol。乙醇的临界温度可以从附录 A 中得到。

3.3 用 Joback 方法估算正己烯的临界数据 T_c、P_c 和 v_c。

3.4 用 Joback 基团贡献法测定正己烷和苯在 25℃和 1atm（理想气体）下的生成焓和生成 Gibbs 能。

3.5 从免费的 DDBSP Explorer 中检索萘的蒸气压数据，并将其导出到 MS－Excel。使用 Excel Solver 加载项将 Wagner 方程的系数回归为实验数据。用 Wagner 方程计算所假设的过冷液体的蒸气压。根据假设的过冷液体的蒸气压和免费 DDBSP Explore 中的升华压强数据，估算萘的熔点和熔融热。将结果与 DDB 中提供的值进行比较。

3.6 用 Joback 法估算萘的熔融温度，并与参考值 353.35K 进行比较。可以使用表 3.1 中的集团贡献值进行手动估算，也可以借助免费 DDBSP Explorer 中的 ARTIST 程序进行估算。

3.7 在免费 DDBSP Explorer 中检索四氢呋喃的饱和液体密度数据，然后整理数据。在 ARTIST 中，估计正常沸点下的液体密度，并将结果与数据进行比较。

3.8 在免费的 DDBSP Explorer 中，使用安托因方程回归三氯甲烷的液体蒸气压数据。删除与数据主要部分不一致的异常值。检查手册，寻找安托因方程的精确公式。进行参数转换，将安托因方程采用自然对数，得出单位为千帕的蒸气压。

3.9 使用免费的 DDBSP Explorer 比较乙二醇（1，2－乙二醇）和 1－丁醇溶液的热导率数据。从分子角度解释绝对值和温度依赖性的差异。

3.10 水在 $\vartheta_1 = 90$℃时沸腾时的压强为 $P_1 = 0.702$bar。在该温度下，汽化焓为 2282.5J/g。利用 Clausius－Clapeyron 方程［式（2.86）］估算出 $\vartheta_2 = 95$℃的蒸气压。

3.11 用 Joback 法估算理想气体状态下乙二醇（$CH_2OH—CH_2OH$）的标准生

成焓和标准生成 Gibbs 能。乙酸乙酯例子(例 3.6)中，是否可以相似的预测结果?

3.12 理想气体从 $T_1 = 300\mathrm{K}$ 加热到 $T_2 = 350\mathrm{K}$，热负荷为 $q_{12} = 1040\mathrm{J/mol}$。描述气体的化学性质。

3.13 计算 $\vartheta = 100℃$，$P = 1\mathrm{bar}$ 时水蒸气中的声速。应将该蒸汽视为理想气体。

3.14 对于制冷剂 R134a，提供以下数据:

$P^{s}(0℃) = 2.928\mathrm{bar}$　　$P^{s}(10℃) = 4.146\mathrm{bar}$

$\rho^{V}(0℃) = 14.428\mathrm{kg/m^3}$　　$\rho^{V}(10℃) = 20.226\mathrm{kg/m^3}$

$\rho^{L}(0℃) = 1294.78\mathrm{kg/m^3}$　　$\rho^{L}(10℃) = 1260.96\mathrm{kg/m^3}$

使用 Clausius - Clapeyron 方程和 Hoffmann - Florin 方程内插 $\vartheta = 5℃$ 时的蒸气压，估算 $\vartheta = 5℃$ 时的汽化焓。

3.15 在 $P = 1.01325\mathrm{bar}$ 时，水的熔点为 $\vartheta_m = 0℃$。如果压强增加到 20bar，熔点温度会受到什么影响？使用 Clausius - Clapeyron 方程计算固 - 液平衡[式(3.14)]。以下值已给出:

$\Delta h_m = 333\mathrm{J/g}$　$\rho^{L} = 1000\mathrm{kg/m^3}$　$\rho^{s} = 917\mathrm{kg/m^3}$

3.16 估计所有的物理性质(临界温度、压强、体积和压缩性、偏心因子、沸点和熔化温度、熔化热和汽化热、标准生成焓和标准 Gibbs 生成能、蒸气压、液体密度、理想气体热容、液相和气相黏度、液相以及气相热导率和表面张力)；R134a(1，1，1，2 - 四氟乙烷，$CH_2F—CF_3$)的温度相关特性应在 $\vartheta = 20℃$ 下计算，除了摩尔质量(102.03g/mol)及其化学结构以外不使用任何给定信息。将结果与附录 A 中的数据和方程式得出的值进行比较。

3.17 利用有关甲烷基本频率的光谱数据，估算 $T = 600\mathrm{K}$ 时甲烷的理想气体热容:

$\Theta_1 = \Theta_2 = \Theta_3 = 1876.6\mathrm{K}$

$\Theta_4 = \Theta_5 = 2186\mathrm{K}$

$\Theta_6 = 4190\mathrm{K}$

$\Theta_7 = \Theta_8 = \Theta_9 = 4343\mathrm{K}$

特征温度 Θ 是 $\Theta = h\nu_o/k$ 的缩写。验证该分子具有九个基本振动频率。

3.18 约在 $T = 380\mathrm{K}$ 时，水和正己烷的蒸气压曲线相交。如果两种物质形成直径为 $d = 2\mathrm{nm}$ 的液滴，计算蒸气压的差。

3.19 用 Rarey/Nannoolal 法估算 $T = 330\mathrm{K}$ 时，1，1，2 - 三氯乙烷液体的动态黏度。

3.20 用 Rarey/Moller 法估算对甲苯醛在 150℃ 时的蒸气压。标准沸点为

$\vartheta_b = 206.3℃$。使用 Clausius – Clapeyron 方程确定相应的汽化焓。

3.21　$T = 303.15\text{K}$，$P = 0.01\text{bar}$ 时，氨中的声速为 $w^* = 439.11\text{m/s}$。计算相应的等压理想气体热容。

3.22　利用附录 A 中的蒸气压系数和临界常数估算苯在标准沸点下的汽化焓。对于气相，使用

a. 理想气体定律

b. Soave – Redlich – Kwong 的状态方程

将结果与附录 A 给出的相关性进行比较。

3.23　估算乙醇在 $\vartheta_1 = 25℃$ 和 $\vartheta_2 = 200℃$ 下的汽化焓。使用公式(3.61)设置 $B = 0.38$ 和 $C = D = E = 0$。在 $T = 351.5\text{K}$ 时，根据参考值 $\Delta h_v = 39175\text{J/mol}$ 时确定参数 A。

参考文献

1 Lydersen, A. L. (1955). Estimation of Critical Properties of Organic Compounds. Report 3. Madison, WI: University of Wisconsin College of Engineering, Engineering Experiment Station.

2 Ambrose, D. and National Physical Laboratory (1978). *NPL Rep. Chem.* 92, corrected 1980.

3 Ambrose, D. and National Physical Laboratory (1979). *NPL Rep. Chem.* 98.

4 Joback, K. G. and Reid, R. C. (1987). *Chem. Eng. Commun.* 57: 233 – 243.

5 Constantinou, L. and Gani, R. (1994). *AIChE J.* 40: 1697 – 1710.

6 Poling, B. E., Prausnitz, J. M., and O'Connell, J. P. (2001). *The Properties of Gases and Liquids.* New York: McGraw – Hill.

7 Nannoolal, Y., Rarey, J., and Ramjugernath, D. (2007). *Fluid Phase Equilib.* 252: 1 – 27.

8 Nannoolal, Y. (2006) Development and critical evaluation of group contribution methods for the estimation of critical properties, liquid vapor pressure and liquid viscosity of organic compounds. PhD thesis. University of Kwazulu – Natal.

9 (2005) DIPPR Project 801. Design Institute for Physical Property Data, AIChE.

10 Wagner, W. (2005). FLUIDCAL, Software for the Calculation of Thermodynamic *and Transport Properties of Several Fluids.* Ruhr – Universit Bochum.

11 Constantinou, L. and Gani, R. (1995). *Fluid Phase Equilib.* 103: 11 – 22.

12 Nannoolal, Y., Rarey, J., Ramjugernath, D., and Cordes, W. (2004). *Fluid Phase Equilib.* 226: 45 – 63.

13 Jakob, A. (1995) Thermodynamische Grundlagen der Kristallisation und ihre Anwendung in der Modellentwicklung. PhD thesis. University of Oldenburg.

14 Simon, F. E. and Glatzel, G. (1929). *Z. Anorg. Allg. Chem.* 178: 309 - 312.

15 Kechin, V. V. (1995). *J. Phys. Condens. Matter* 7: 531 - 535.

16 Geier, S. October 17th, (2010) W wie Wissen, ARD.

17 Best, B. www. benbest. com/cryonics/pressure. html.

18 Wagner, W., Saul, A., and Pru?, A. (1994). *J. Phys. Chem. Ref. Data* 23: 515 - 527.

19 Domalski, E. S. and Hearing, E. D. (1993). *J. Phys. Chem. Ref. Data* 22: 805 - 1159.

20 Domalski, E. S. and Hearing, E. D. (1994). *J. Phys. Chem. Ref. Data* 23: 157.

21 Benson, S. W. (1968). *Thermochemical Kinetics*, Chapter 2. New York: Wiley.

22 Benson, S. W., Cruickshank, F. R., Golden, D. M. et al. (1969). *Chem. Rev.* 69: 279 - 324.

23 Anderson, T. F., Abrams, D. S., and Grens, E. A. (1978). *AIChE J.* 24: 20 - 29.

24 IK - CAPE (2002) *Thermodynamics - Package for CAPE - Applications*, www. dechema. de/dechema_ media/Downloads/Informationssysteme/IK_ CAPE_ Equations. pdf.

25 Dortmund Data Bank www. ddbst. com.

26 PPDS, TUV NEL Ltd. (2007) www. ppds. co. uk, Glasgow.

27 Kleiber, M. and Joh, R. (2010). *VDI Heat Atlas*, Chapter D3. 1, 2e. Berlin, Heidelberg: Springer.

28 Wagner, W. (1973). *Cryogenics* 13: 470 - 482.

29 Moller, B. (2007) Development of an improved group contribution method for the prediction of vapor pressures of organic compounds. Master thesis. University of KwaZulu - Natal.

30 McGarry, J. (1983). *Ind. Eng. Chem. Process Des. Dev.* 22: 313 - 322.

31 Reid, R. C., Prausnitz, J. M., and Poling, B. E. (1987). *The Properties of Gases and Liquids.* New York: McGraw - Hill.

32 Chase, J. D. (1987). *Ind. Eng. Chem. Res.* 26: 107 - 112.

33 Hoffmann, W. and Florin, F. (1943). *Z. VDI - Beih.* (2): 47 - 51.

34 Li, P., Ma, P. S., Yi, S. Z. et al. (1994). *Fluid Phase Equilib.* 101: 101 - 119.

35 Riedel, L. (1957). *Kaltetechnik* 9: 127 - 134.

36 Vetere, A. (1991). *Fluid Phase Equilib.* 62: 1 - 10.

37 Cox, E. R. (1923). *Ind. Eng. Chem.* 15: 592.

38 Schmid, B., Döker, M., and Gmehling, J. (2007). *Fluid Phase Equilib.* 258: 115 - 124.

39 Beyerlein, A. L., DesMarteau, D. D., Kul, I., and Zhao, G. (1998). *Fluid Phase Equilib.* 150 - 151: 287 - 296.

40 Kul, I., DesMarteau, D. D., and Beyerlein, A. L. (1999). *ASHRAE Trans.* 106: 351 - 357.

41 Moller, B., Rarey, J., and Ramjugernath, D. (2008). *J. Mol. Liq.* 143: 52 - 63.

42 Thomson, G. W. (1946). *Chem. Rev.* 38: 1.

43 Moore, W. J. and Hummel, D. O. (1986). *Physikalische Chemie.* Berlin: Walter de Gruyter & Co.

44 Widiatmo, J. V., Sato, H., and Watanabe, K. (1994). *J. Chem. Eng. Data* 39: 304 - 308.

45 Hankinson, R. W. and Thomson, G. H. (1979). *AlChE J.* 25: 653 – 663.
46 Ihmels, E. C. (2002). *Experimentelle Bestimmung, Korrelation und Vorhersage von Dichten und Dampfdrucken.* Aachen: Shaker – Verlag.
47 Thomson, G. H., Brobst, K. R., and Hankinson, R. W. (1982). *AlChE J.* 28: 671.
48 Kleiber, M. and Joh, R. (2010). *VDI Heat Atlas*, Chapter D1, 2e. Berlin: Springer.
49 Smith, B. D. and Srivastava, R. (1986). *The Thermodynamic Properties of Pure Compounds. Part A: Hydrocarbons and Alcohols*, Physical Data Series, vol. 25. Amsterdam: Elsevier.
50 Smith, B. D. and Srivastava, R. (1986). *The Thermodynamic Properties of Pure Compounds. Part B: Halogenated Hydrocarbons and Ketons*, Physical DataSeries, vol. 25. Amsterdam: Elsevier.
51 Löffler, H. J. (1969). *Thermodynamik. Grundlagen und Anwendung auf reine Stoffe.* Berlin, Heidelberg: Springer.
52 Beekermann, W. and Kohler, F. (1995). *Int. J. Thermophys.* 16: 455 – 464.
53 Trusler, J. P. M. and Zarari, M. P. (1996). *J. Chem. Eng. Thermodyn.* 28: 329 – 335.
54 Lemmon, E., McLinden, M., and Wagner, W. (2009). *J. Chem. Eng. Data* 54: 3141 – 3180.
55 Trusler, J. P. M. (1991). *Physical Acoustics and Metrology of Fluids.* Bristol: Institute of Physics.
56 Moldover, M. R., Trusler, J. P. M., Edwards, T. J. et al. (1988). *J. Res. Nat. Bur. Stand.* 93: 85 – 144.
57 Aly, F. A. and Lee, L. L. (1981). *Fluid Phase Equilib.* 6: 169 – 179.
58 Jaeschke, M. and Schley, P. (1995). *Int. J. Thermophys.* 16: 1381 – 1392.
59 Span, R. (2000). *Multiparameter Equations of State – A Accurate Source of Thermodynamic Property Data.* Berlin: Springer.
60 Harrison, B. K. and Seaton, W. H. (1988). *Ind. Eng. Chem. Res.* 27: 1536 – 1540.
61 Reid, R. C. and Sobel, J. E. (1965). *Ind. Eng. Chem. Fundam.* 4: 328 – 331.
62 Magee, J. W. (1992). *Int. J. Refrig.* 15: 372 – 380.
63 Baehr, H. D. (1992). *Thermodynamik*, 8e. Berlin: Springer.
64 Okubo, T., Hasuo, T., and Nagashima, A. (1992). *Int. J. Thermophys.* 13: 931 – 942.
65 Oliveira, C. M. B. P. and Wakeham, W. A. (1993). *Int. J. Thermophys.* 14: 33 – 44.
66 Assael, M. J., Dymond, J. H., and Polimatidou, S. K. (1994). *Int. J. Thermophys.* 15: 591.
67 Lavrenchenko, G. K., Ruvinskij, G. Y., Iljushenko, S. V., and Kanaev, V. V. (1992). *Int. J. Refrig.* 15: 386 – 392.
68 Sastri, S. R. S. and Rao, K. K. (1992). *Chem. Eng. J.* 50: 9.
69 Sastri, S. R. S. and Rao, K. K. (2000). *Fluid Phase Equilib.* 175: 311 – 323.
70 van Velzen, D., Lopes Cardozo, R., and Langenkamp, H. (1972). *Ind. Eng. Chem. Fundam.* 11: 20 – 25.
71 Nannoolal, Y., Rarey, J., and Ramjugernath, D. (2009). *Fluid Phase Equilib.* 281: 97 – 119.
72 Lucas, K. (1981). *Chem. Eng. Tech.* 53: 959 – 960.
73 Comunas, M. J. P., Baylaucq, A., Quinones – Cisneros, S. E. et al. (2003). *Fluid Phase*

Equilib. 210: 21 – 32.

74 Gaston – Bonhomme, Y., Petrino, P., and Chevalier, J. L. (1994). *Chem. Eng. Sci.* 49: 1799 – 1806.

75 Lucas, K. and Luckas, M. (2002). *VDI – Warmeatlas*, 9e. Berlin: Springer.

76 Wilke, C. R. (1950). *J. Chem. Phys.* 18: 517.

77 Carmichael, L. T. and Sage, B. H. (1966). *AlChE J.* 12: 559.

78 Gnielinski, V. (2010). Heat transfer in flow past a plane wall. In: *VDI Heat Atlas*, Chapter G4, 2e. Berlin, Heidelberg: Springer.

79 Mathias, P. M., Parekh, V. S., and Miller, E. J. (2002). *Ind. Eng. Chem. Res.* 41: 989 – 999.

80 Jamieson, D. T. (1979). *J. Chem. Eng. Data* 24: 244.

81 Palmer, G. (1948). *Ind. Eng. Chem.* 40: 89 – 92.

82 Patek, J. and Klomfar, J. (2002). *Fluid Phase Equilib.* 198: 147 – 163.

83 Baroncini, C., Latini, G., and Pierpaoli, P. (1984). *Int. J. Thermophys.* 5: 387.

84 Chung, T. H., Ajlan, M., Lee, L. L., and Starling, K. E. (1988). *Ind. Eng. Chem. Res.* 27: 671.

85 Stiel, L. I. and Thodos, G. (1964). *AlChE J.* 10: 26.

86 Mason, E. A. and Saxena, S. C. (1958). *Phys. Fluids* 1: 361.

87 Bennett, L. A. and Vines, R. G. (1955). *J. Chem. Phys.* 23: 1587.

88 Falk, G. and Ruppel, W. (1976). *Energie und Entropie.* Berlin, Heidelberg, New York: Springer.

89 Brock, J. R. and Bird, R. B. (1955). *AlChE J.* 1: 174 – 177.

90 Fuller, E. N., Ensley, K., and Giddings, J. C. (1969). *J. Chem. Phys.* 73: 3679 – 3685.

91 Srivastava, B. N. and Srivastava, I. B. (1963). *J. Chem. Phys.* 38: 1183.

92 Riazi, M. R. and Whitson, C. H. (1993). *Ind. Eng. Chem. Res.* 32: 3081.

93 Tyn, M. T. and Calus, W. F. (1975). *J. Chem. Eng. Data* 20: 106 – 109.

94 Vignes, A. (1966). *Ind. Eng. Chem. Fundam.* 5: 189 – 199.

95 Butland, A. T. D. and Maddison, R. J. (1973). The specific heat of graphite: an evaluation of measurements. *J. Nucl. Mater.* 49: 45 – 56.

96 Lemmon, E. W., McLinden, M. O., and Wagner, W. (2009). *J. Chem. Eng. Data* 54 (12): 3141 – 3180.

4　混合物的性质

4.1　引言

到目前为止，我们仅将纯物质的不同热物理性质视为温度和压强的函数。在处理混合物时，还必须考虑混合物组分的影响。混合物可以以不同的状态或相态存在，它们可以在平衡状态下共存。通常，共存相的组成并不相同。有不同的方法来描述混合物的性质：

借助混合后的性质变化。

通过定义偏摩尔性质。

通过引入超额性质。

为了更好地理解，此处使用任意状态变量 m 对这些情况进行了一般解释：

$$m=f(T,\ P,\ z_1\cdots z_n)$$

$$M=n_{\mathrm{T}}m=f(T,\ P,\ n_1\cdots n_n) \tag{4.1}$$

其中 m 可以是温度 T，压强 P 和摩尔组成 z_i 的函数的任何状态变量（例如 h，u，s，g，c_v，c_P 或 v）。m 不能是强度状态变量 T，P 或 z_i 之一。n_{T} 表示系统中的总摩尔数，即单个的摩尔数之和：

$$n_{\mathrm{T}}=\sum_j n_j \tag{4.2}$$

摩尔数 n_i 和摩尔分数 z_i 通过以下方程联系起来：

$$z_i=\frac{n_i}{n_{\mathrm{T}}}=\frac{n_i}{\sum\limits_j n_j} \tag{4.3}$$

在本章中，z_i 表示摩尔分数，它不仅代表液体状态，而且代表混合物的组成。以下所有关系对于气相同样有效。

由于表达式 $M=n_{\mathrm{T}}m$ 取决于所考虑系统的大小，因此与 m 相比，M 是广度状态性质。

4.2　混合性质变化

在相同条件（T，P）下，混合物在一定组成、温度和压强下的性质与纯物质摩尔分数加权平均值之差称为混合性质变化。对于任意性质 m 有：

$$\Delta m = m - \sum_j z_j m_j \qquad (4.4)$$

或

$$\Delta M = n_T \Delta m = n_T m - \sum_j n_j m_j \qquad (4.5)$$

为了更好地理解，混合性质的变化如图 4.1 所示。为此，绘制了二元混合物的状态性质 m 与组分 1 的摩尔分数 z_1 的关系图。对于 $z_1 = 0$ 和 $z_1 = 1$（纯物质），状态性质与纯组分性质 m_2 和 m_1 相同，换句话说，纯组分的混合性质变化为 0（$\Delta m = 0$）。

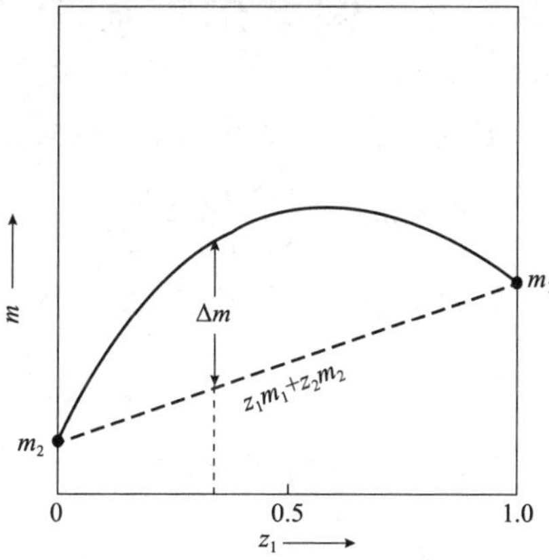

图 4.1 二元体系的混合性质变化

混合性质变化的物理意义可以通过体积 V 的例子来说明，体积 V 是一种广度状态性质：

$$V(T, P, n_1, n_2 \cdots) = n_1 v_1(T, P) + n_2 v_2(T, P) + \cdots + n_T \Delta v(T, P, z_1, z_2 \cdots) \qquad (4.6)$$

其中 v_1，$v_2 \cdots$ 是在温度 T 和压强 P 下纯组分的摩尔体积，而 Δv 是在相同温度和压强下混合的摩尔体积变化。V 是混合物的总体积。

例 4.1 将 500cm^3 乙醇(1)和 500cm^3 水(2)在 25℃ 下混合。混合物的体积是多少？

纯化合物在 25℃ 下的摩尔体积为

$v_1 = 58.61\text{cm}^3/\text{mol}$

$v_2 = 18.06\text{cm}^3/\text{mol}$

上述条件下的混合体积变化 Δv 为[1]：

$\Delta v(T, P, x_1) = -0.73\text{cm}^3/\text{mol}$

解：

总摩尔数由给定的纯组分体积和摩尔体积得到：

$n_1 = (500/58.61)\text{mol} = 8.53\text{mol}$

$n_2 = (500/18.06)\text{mol} = 27.69\text{mol}$

因此

$n_T = n_1 + n_2 = 36.22\text{mol}$

代入此值后，混合物的体积为

$V = 500\text{cm}^3 + 500\text{cm}^3 + 36.22(-0.73)\text{cm}^3 = 973.56\text{cm}^3$

因此，混合体积的变化是 $\Delta V = -26.44\text{cm}^3$。体积小于两个纯组分的体积之和。

4.3 偏摩尔性质

形成一个广泛的状态变量的总微分会导致另一个描述混合物性质的选项：

$$\mathrm{d}(n_{\mathrm{T}}m) = \left(\frac{\partial(n_{\mathrm{T}}m)}{\partial T}\right)_{P,n_i}\mathrm{d}T + \left(\frac{\partial(n_{\mathrm{T}}m)}{\partial P}\right)_{T,n_i}\mathrm{d}P + \sum_i\left(\frac{\partial(n_{\mathrm{T}}m)}{\partial n_i}\right)_{T,P,n_{j\neq i}}\mathrm{d}n_i \quad (4.7)$$

在恒定温度和压强下，成分的变化由微分商之和来描述：

$$\sum_i\left(\frac{\partial(n_{\mathrm{T}}m)}{\partial n_i}\right)_{T,P,n_{j\neq i}} \quad (4.8)$$

指数 n_j 表示除组分 i 的摩尔数外，所有组分 j 的摩尔数都是常数。单组分的微分商称为偏摩尔性质：

$$\overline{m_i} \equiv \left(\frac{\partial(n_{\mathrm{T}}m)}{\partial n_i}\right)_{T,P,n_{j\neq i}} \quad (4.9)$$

除所考虑的组分外，偏摩尔性质在恒定的温度、压强和浓度下确定。当使用偏摩尔性质时，式(4.7)中的总微分可化简为：

$$d(n_{\mathrm{T}}m) = n_{\mathrm{T}}\left(\frac{\partial m}{\partial T}\right)_{P,n_i}\mathrm{d}T + n_{\mathrm{T}}\left(\frac{\partial m}{\partial P}\right)_{T,n_i}\mathrm{d}P + \sum_i\overline{m_i}\mathrm{d}n_i \quad (4.10)$$

偏摩尔性质可以用 Euler 定理(见附录 C，B4)来表示：

$$M = n_{\mathrm{T}}m = \sum_i n_i\overline{m_i} \quad \text{或} \quad m = \sum_i z_i\overline{m_i} \quad (4.11)$$

偏摩尔性质的物理意义如下。摩尔分数加权的偏摩尔性质之和表示混合物的性质。偏摩尔性质$\overline{m_i}$与纯组分 m_i 的状态性质不同，不能混淆。它们还取决于组成。

混合性质的变化与偏摩尔性质之间的关系可以通过公式(4.5)和(4.11)组合得到。

$$\Delta m = \sum_i z_i(\overline{m_i} - m) \quad (4.12)$$

$$\Delta M = n_{\mathrm{T}}\Delta m = \sum_i n_i(\overline{m_i} - m) \quad (4.13)$$

如果偏摩尔性质$\overline{m_i}$与每个单一组分各自的纯组分性质相同，则混合性质变化 Δm 为零。

偏摩尔性质的特征可以通过绘制状态性质 m 与摩尔分数 x_1 的关系图来解释。偏摩尔性质的全微分形式如下：

$$\overline{m_i} = \left(\frac{\partial(n_{\mathrm{T}}m)}{\partial n_i}\right)_{T,P,n_{j\neq i}} = m\left(\frac{\partial n_{\mathrm{T}}}{\partial n_i}\right)_{T,P,n_{j\neq i}} + n_{\mathrm{T}}\left(\frac{\partial m}{\partial n_i}\right)_{T,P,n_{j\neq i}} \quad (4.14)$$

使用关系：

$$\left(\frac{\partial m}{\partial n_i}\right)_{T,P,n_{j\neq i}} = 1 \quad (4.15)$$

得出：

$$\overline{m_i} = m + n_T\left(\frac{\partial m}{\partial z_i}\right)_{T,P} \tag{4.16}$$

对于二元体系，用摩尔分数替换摩尔数 n_i：

由 $z_1 = n_1/n_T = n_1/(n_1+n_2)$ 得到

$$\left(\frac{dz_1}{dn_1}\right)_{n_2} = \frac{n_1+n_2-n_1}{(n_1+n_2)^2} = \frac{n_2}{n_T^2} = \frac{z_2}{n_T} = \frac{1-z_1}{n_T} \tag{4.17}$$

因此，得到：

$$\overline{m_1} = m + (1-z_1)\left(\frac{\partial m}{\partial z_1}\right)_{T,P} \tag{4.18}$$

当 $dz_1 = -dz_2$ 时：

$$\overline{m_2} = m - z_1\left(\frac{\partial m}{\partial z_i}\right)_{T,P} \tag{4.19}$$

如图 4.2 所示，可以直接从 $m-z_1$ 图中读出部分摩尔性质$\overline{m_1}$ 和$\overline{m_2}$。在恒温恒压条件下，式(4.19)是 m 对 z_1 的直线：

$$m = \overline{m_2} + z_1\frac{dm}{dz_1} \quad (T,\ P \text{ 是常数}) \tag{4.20}$$

斜率 dm/dz_1 是函数 $m=f(z_1)$ 在特定构图 z_1 处的切线。该切线的轴截距($z_1=0$)是偏摩尔性质$\overline{m_2}$。同样的方法对偏摩尔性质$\overline{m_1}$有效，即同一切线($z_1=1$)处的轴截距。

在终点($z_1=0$)和($z_1=1$)处绘制的切线给出了无限稀释$\overline{m}_1^\infty$ 和$\overline{m}_2^\infty$ 时的偏摩尔性质，当然，也给出了纯组分性质$\overline{m_2}=m_2$ 和$\overline{m_1}=m_1$ 的值。

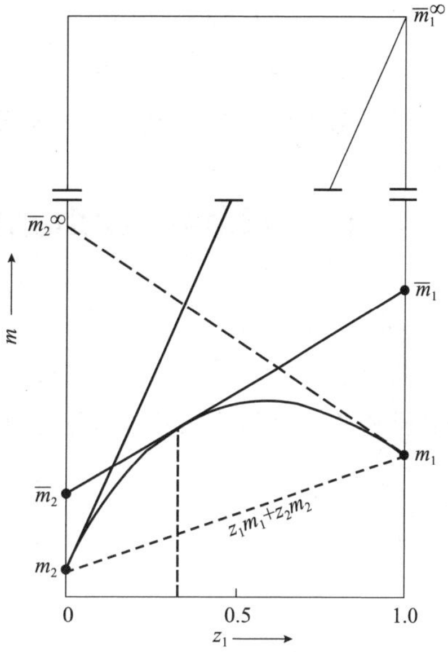

图 4.2 二元混合物的偏摩尔性质

例 4.2 用 Porter 方法计算无限稀释液体的偏摩尔性质。

解：

Porter 方程是描述二元混合物混合特性随组成变化最简单的数学关系式：

$$\Delta m = Ax_1x_2$$

该方程满足纯组分混合性质变化为零的约束条件。使用 Porter 方法计算组分 1 在组分 2($\overline{m}_2^\infty$)无限稀释时的偏摩尔性质。纯组分的相应状态性质为 m_1 和 m_2：

$$\overline{m_1} = m + (1-x_i)\left(\frac{\partial m}{\partial x_i}\right)_{T,P} \tag{4.21}$$

$$\overline{m_2} = m - x_1\left(\frac{\partial m}{\partial z_i}\right)_{T,P} \tag{4.22}$$

$m = \Delta m + x_1 m_1 + x_2 m_2$

$m = Ax_1x_2 + x_1 m_1 + x_2 m_2$

$\left(\frac{\partial m}{\partial x_1}\right)_{T,P} = A(1-2x_1) + m_1 - m_2$

$\overline{m_1} = Ax_1x_2 + x_1 m_1 + x_2 m_2 + (1-x_1)[A(1-2x_1+m_1-m_2)]$

在组分2中组分1被无限稀释时，摩尔分数 x_1 接近0，x_2 接近1。表达式如下：

$\overline{m_1^{\infty}} = m_2 + A + m_1 - m_2 = m_1 + A$

$\overline{m_2^{\infty}}$ 可以由以下公式推导：

$\overline{m_2^{\infty}} = m_2 + A$

结果表明，只有当热力学性质呈对称分布时，Porter 方法才是有效的。

4.4 Gibbs – Duhem 方程

Gibbs – Duhem 方程是混合物热力学中最重要的关系式之一。结合偏摩尔性质的一般定义，可以导出 Gibbs – Duhem 方程的一般形式。Gibbs – Duhem 方程可用于一致性检验，这是确保实验数据正确性的必要不充分条件。函数的全微分如下：

$$n_T m = \sum_i n_i \overline{m_i} \tag{4.23}$$

即

$$d(n_T m) = \sum_i \overline{m_i}\, dn_i + \sum_i n_i d\overline{m_i} \tag{4.24}$$

$$d(n_T m) = n_T\left(\frac{\partial m}{\partial T}\right)_{P,n_i} dT + n_T\left(\frac{\partial m}{\partial P}\right)_{P,n_i} dP + \sum_i \overline{m_i}\, dn_i \tag{4.10}$$

由公式(4.10)和(4.24)联立得到 Gibbs – Duhem 方程的一般形式。

$$n_T\left(\frac{\partial m}{\partial T}\right)_{P,n_i} dT + n_T\left(\frac{\partial m}{\partial P}\right)_{P,n_i} dP - \sum_i n_i d\overline{m_i} = 0 \tag{4.25}$$

或者

$$\left(\frac{\partial m}{\partial T}\right)_{P,z_i} dT + \left(\frac{\partial m}{\partial P}\right)_{T,z_i} dP - \sum_i z_i d\overline{m_i} = 0 \tag{4.26}$$

在恒温恒压下，式(4.26)简化为：

$$\sum_i z_i d\overline{m_i} = 0 \quad (T,P = 常数) \tag{4.27}$$

该方程表明，单组分的偏摩尔性质不是相互独立的，取决于各组分浓度的相关性。

在热力学中，Gibbs 能是一个非常重要的性质，特别是在描述相平衡时。将 Gibbs－Duhem 方程写为温度、压强和组分的函数，应用于 Gibbs 能，其全微分将 Gibbs－Duhem 方程应用于 Gibbs 能，其中 Gibbs 能是温度、压力和组成 $G=f(T,P,n_1,\cdots,n_n)$的函数，全微分方程为：

$$\mathrm{d}G=\left(\frac{\partial G}{\partial T}\right)_{P,n_i}\mathrm{d}T+\left(\frac{\partial G}{\partial P}\right)_{T,n_i}\mathrm{d}P+\sum_i\left(\frac{\partial G}{\partial n_i}\right)_{T,P,n_{j\neq i}}\mathrm{d}n_i \tag{4.28}$$

比较该方程与 Gibbs 能基本方程：

$$\mathrm{d}G=\mathrm{d}H-T\mathrm{d}S-S\mathrm{d}T=V\mathrm{d}P-S\mathrm{d}T \tag{4.29}$$

得到：

$$\left(\frac{\partial G}{\partial P}\right)_{T,n_i}=V \tag{4.30}$$

$$\left(\frac{\partial G}{\partial T}\right)_{P,n_i}=-S \tag{4.31}$$

$$\left(\frac{\partial G}{\partial n_i}\right)_{T,P,n_{j\neq i}}=\mu_i \tag{4.32}$$

其中 μ_i 是组分 i 的化学势。以类似的方式(请参阅附录 C，B5)，可以得出：

$$\mu_i=\left(\frac{\partial G}{\partial n_i}\right)_{T,P,n_{j\neq i}}=\left(\frac{\partial U}{\partial n_i}\right)_{S,V,n_{j\neq i}}=\left(\frac{\partial H}{\partial n_i}\right)_{S,P,n_{j\neq i}}=\left(\frac{\partial A}{\partial n_i}\right)_{T,V,n_{j\neq i}}$$
$$=-T\left(\frac{\partial S}{\partial n_i}\right)_{U,P,n_{j\neq i}} \tag{4.33}$$

组分 i 的化学势等于 Gibbs 能的偏摩尔性质：

$$\mu_i=\left(\frac{\partial n_\mathrm{T}g}{\partial n_i}\right)_{T,P,n_{j\neq i}}=\overline{g_i} \tag{4.34}$$

由式(4.25)可得：

$$S\mathrm{d}T-V\mathrm{d}P+\sum_i n_i\mathrm{d}\mu_i=0 \tag{4.35}$$

或者，用摩尔性质(除以总摩尔数 n_T)表示，

$$s\mathrm{d}T-v\mathrm{d}P+\sum_i z_i\mathrm{d}\mu_i=0 \tag{4.36}$$

这是 Gibbs－Duhem 方程的一种常见形式。在恒温恒压下，Gibbs－Duhem 方程可以缩写成

$$\sum_i z_i\mathrm{d}\mu_i=0\quad(T,P=\text{常数}) \tag{4.37}$$

4.5 理想气体的理想混合物

用理想混合物来近似描述实际混合物的性质是很方便的。然后，通过添加进

一步的项来考虑与理想行为的偏差。因此，在引入过量性质之前，应解释理想混合物的定义。理想混合物定义的起点是理想气体混合物的方程式。理想气体的混合物具有以下特性：在温度 T 下，每一种气体的行为就好像它单独占据了整个体积 V。这个假设引出了状态方程

$$p_i^{\mathrm{id}} = \frac{n_i RT}{V} \tag{4.38}$$

式中，p_i 是混合物中组分 i 的分压：

$$p_i = y_i P \quad 或者 \quad P = \sum p_i \tag{4.39}$$

这种关系称为道尔顿定律，例如，用上面的状态方程可以计算理想混合物的熵。

根据表2.1，纯理想气体熵的总微分为：

$$\mathrm{d}s_i^{\mathrm{id}} = \frac{c_{P_i}^{\mathrm{id}}}{T}\mathrm{d}T - \frac{R}{P}\mathrm{d}P \tag{4.40}$$

这个方程在恒温下的积分得到了：

$$s_i^{\mathrm{id}}(T,\ P) = s_i^{\mathrm{id}}(T,\ P^0) - R\ln\frac{P}{P^0} \tag{4.41}$$

压强 P_0 是在任意选择的参考状态下的压强。如上所述，理想混合物中的每一种 i 的行为完全类似于施加分压 p_i 而不是系统压强 P 的纯化合物。理想混合物中某物质的偏摩尔熵，即混合物中某组分的熵，可以得到：

$$\bar{s}_i^{\mathrm{id}}(T,\ P) = s_i^{\mathrm{id}}(T,\ P^0) - R\ln\frac{p_i}{P^0} = s_i^{\mathrm{id}}(T,\ P^0) - R\ln\frac{P}{P^0} - R\ln y_i \tag{4.42}$$

混合熵的变化是由公式(4.12)和(4.42)得到：

$$\Delta s^{\mathrm{id}} = \sum_i y_i(\bar{s}_i^{\mathrm{id}} - s_i^{\mathrm{id}}) \tag{4.43}$$

$$\Delta s^{\mathrm{id}} = -R\sum_i y_i \ln y_i \tag{4.44}$$

当摩尔分数 y_i 在0和1之间变化时，理想混合物的混合熵变化始终不同于零和正值，即 $\ln y_i < 0$。

以类似的方式，可以得出混合的Gibbs能变化。表2.1中相应方程的积分为：

$$g_i^{\mathrm{id}}(T,\ P) = g_i^{\mathrm{id}}(T,\ P^0) + RT\ln\frac{P}{P^0} \tag{4.45}$$

当再次插入分压 p_i 而不是总压 P 时，得到理想混合物中 i 的偏摩尔 Gibbs 能为

$$\bar{g}_i^{\mathrm{id}}(T,\ P) = g_i^{\mathrm{id}}(T,\ P^0) + RT\ln\frac{p_i}{P^0} = g_i^{\mathrm{id}}(T,\ P^0) + RT\ln\frac{P}{P^0} + RT\ln y_i = g_i^{\mathrm{id}}(T,\ P) + RT\ln y_i \tag{4.46}$$

理想混合物的混合 Gibbs 能变化计算如下：

$$\Delta g^{\mathrm{id}} = \sum_i y_i(\bar{g}_i^{\mathrm{id}} - g_i^{\mathrm{id}}) = RT\sum_i y_i \ln y_i \tag{4.47}$$

理想混合物的混合 Gibbs 能变化也不等于零，但与熵变不同的是，混合 Gibbs 能变化总是负的。

$$v_i^{\mathrm{id}} = \frac{RT}{P} \tag{4.48}$$

理想气体混合物的状态方程：

$$p_i^{\mathrm{id}} = \frac{n_i RT}{V} = y_i P = \frac{n_i}{\sum_j n_j} P \tag{4.49}$$

混合物的总体积计算由下式计算：

$$V = \frac{RT}{P}\sum_i n_i \tag{4.50}$$

偏摩尔体积结果为

$$\bar{v}_i^{\mathrm{id}} = \left(\frac{\partial V}{\partial n_i}\right)_{T,P,n_{j\neq i}} = \frac{RT}{P} \tag{4.51}$$

当纯物质的偏摩尔体积和摩尔体积相同时，理想气体的混合体积变化为零：

$$\Delta v^{\mathrm{id}} = 0 \tag{4.52}$$

混合焓的变化也是如此：

$$\Delta h^{\mathrm{id}} = \Delta g^{\mathrm{id}} + T\Delta s^{\mathrm{id}} = RT\sum_i y_i \ln y_i - RT\sum_i y_i \ln y_i = 0 \tag{4.53}$$

4.6 真实液体的理想混合物

与理想气体类似，可以定义真实流体的理想混合物，这对真实气体和液体都有效。这一定义意味着混合物中单个组分的性质不同于理想气体性质，但混合物本身不应引起任何其他实际影响。此假设有助于表示不同解决方案属性。偏摩尔 Gibbs 能可用类似于式(4.46)的形式来描述：

$$\bar{g}_s^{\mathrm{id}} = g_i^{\mathrm{id}}(T,\ P) + RT\ln z_i \tag{4.54}$$

其中$\bar{g}_s^{\mathrm{id}}(T,\ P)$是纯实流体的 Gibbs 能。上标“id”表示“真实流体的理想混合物”，与理想气体的理想混合物不同。这里，z_i 是组分 i 的摩尔分数，对气、液两种状态都有效。理想混合物的概念由 Lewis 提出。对于理想的气体混合物，Gibbs 能的浓度依赖性与对于真实流体的理想混合物相同。因此，理想混合物的强度状态变量的混合特性变化由与理想气体的混合特性变化相同的关系表示。表 4.1 概括了这些关系。

显而易见，理想混合物只有 Δs、Δg 和 Δa 与零不同，这是由混合物的熵变引起的。

实际上，理想混合物的假设很少得到满足。近似理想混合物是由大小、几何形状和电荷分布相似的分子形成，例如同位素或同分异构体的混合物。

表 4.1　理想混合物的性能变化

Δg^{id}	$RT\sum z_i \ln z_i$
Δs^{id}	$-R\sum z_i \ln z_i$
Δa^{id}	$RT\sum z_i \ln z_i$
Δu^{id}	0
Δh^{id}	0
Δv^{id}	0

4.7　超额性质

如前所示，即使对于理想混合物，混合的一些性质变化也不等于零。因此，很明显，这个概念可以用来定义在恒温恒压下，真实混合物和理想混合物之间的差别。这些属性是所谓的超额性质：

$$m^E = m - m^{id} \tag{4.55}$$

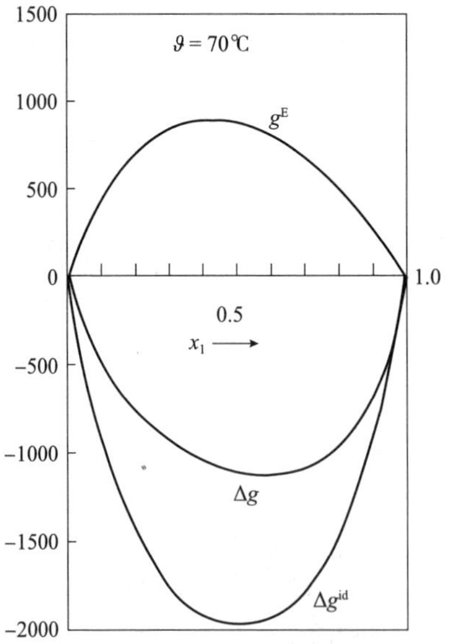

图 4.3　液相乙醇 – 水体系在 70℃时的混合 Gibbs 能变化、理想混合 Gibbs 能变化和 Gibbs 超额能

超额性质 m^E 表示真实状态性质 m 和理想混合物 m^{id} 的相应性质之间的差异。以类似的方式，混合特性的变化 Δm 可以借助于超额性质来表示。混合后的物理性质变化由两部分组成：

理想的混合部分

真实的混合效果：

$$\Delta m = \Delta m^{id} + m^E \tag{4.56}$$

真实状态性质 m 由三部分组成：

(1) 纯组分性质的摩尔分数加权平均值。

(2) 混合的理想性质变化，对于某些状态性质为零。

(3) 超额性质：

$$m = \sum_i x_i m_i + \Delta m^{id} + m^E \tag{4.57}$$

图 4.3 显示了混合的 Gibbs 能变化的不

同部分，这是计算70℃时乙醇和水的混合物得出的。当混合的理想 Gibbs 能变化总是负值时[见式(4.47)]，多余的 Gibbs 能可以是正的或负的。在非常低的浓度下，混合物的真实行为越来越接近理想混合物。根据定义，纯物质的超额性质为零。热力学的一般关系也适用于超额性质：

$$g^{E} = h^{E} - Ts^{E} = u^{E} + Pv^{E} - Ts^{E} \tag{4.58}$$

偏摩尔超额性质可以类似地定义为：

$$\overline{m_i^{E}} = \left(\frac{\partial(n_{T}m^{E})}{\partial n_i}\right)_{T,P,n_{j\neq i}} \quad 和\ m^{E} = \sum_i x_i\,\overline{m_i^{E}} \tag{4.59}$$

这些超额性质特别适用于描述液体混合物。

4.8 混合物中的逸度

如第2.4.3节所述，真实流体的行为也可以通过逸度来表示，逸度也适用于混合物。定义混合物中组分的逸度与纯组分的逸度相同[公式(2.61)]：

$$\overline{g_i}(T,\ P,\ x_i) = g_i^{\text{pure}}(T,\ P^0) + RT\ln\frac{f_i}{f_i^0} \tag{4.60}$$

式中，$g_{\mathrm{i}}^{\text{pure}}(T,\ P^0)$是纯组分在系统温度和任意选择的参考压强$P^0$下的 Gibbs 能。对于纯组分，当压强趋近于零时，理想流体定律描述真实流体的行为存在一个限制条件：

$$\lim_{P\to 0}\frac{f_i}{p_i} = \lim_{P\to 0}\frac{f_i}{y_iP} = 1 \tag{4.61}$$

混合物中物质的逸度系数的定义也类似于纯组分逸度系数的定义，其中分压代替总压：

$$\varphi_i = \frac{f_i}{y_iP} \quad 和 \quad \lim_{P\to 0}\varphi_i = 1 \tag{4.62}$$

混合物中的逸度系数可表示为温度、压强或体积变量的函数，对应于第2.4.3节中纯组分的方程式：

$$\ln\varphi_i = \frac{1}{RT}\int_0^P\left[\left(\frac{\partial V}{\partial n_i}\right)_{T,P,n_{j\neq i}} - \frac{RT}{P}\right]\mathrm{d}P \tag{4.63}$$

$$\ln\varphi_i = \frac{1}{RT}\int_\infty^V\left[\frac{RT}{V} - \left(\frac{\partial P}{\partial n_i}\right)_{T,P,n_{j\neq i}}\right]\mathrm{d}V - \ln z \tag{4.64}$$

混合物的方程式还包含摩尔数，即组成作为变量。它们对蒸气和液体都有效。借助于这些方程，逸度系数可以由实验$PvT(x_iy_i)$数据确定，也可以用状态方程计算。

4.8.1 理想混合物的逸度

以类似于状态性质的方法推导出理想混合物中物种 i 的逸度关系。

理想混合物中物种 i 的偏摩尔 Gibbs 能为

$$\bar{g}_i^{\text{id}}(T, P, z_i) = g_i^{\text{pure}}(T, P) + RT\ln z_i \tag{4.65}$$

纯组分 i 的 Gibbs 能是[见公式(2.60)]：

$$g_i^{\text{pure}}(T, P) = g_i^{\text{pure}}(T, P^0) + RT\ln\frac{f_i^{\text{pure}}}{f_i^0} \tag{4.66}$$

将公式(4.66)插入到公式(4.65)中，得到：

$$\bar{g}_i^{\text{id}}(T, P, z_i) = g_i^{\text{pure}}(T, P^0) + RT\ln\frac{z_i f_i^{\text{pure}}}{f_i^0} \tag{4.67}$$

公式(4.60)和公式(4.67)的比较表明，理想混合物中组分的逸度是由纯组分的逸度乘以摩尔分数计算得出的：

$$f_i^{\text{id}} = z_i f_i^{\text{pure}} \tag{4.68}$$

这个方程也被称为 Lewis－Randall 定律。

4.8.2 相平衡

如果满足下列条件，则存在不同相之间的热力学平衡：

$$T^\alpha = T^\beta = \cdots T^\varphi \tag{4.69}$$

$$P^\alpha = P^\beta = \cdots P^\varphi \tag{4.70}$$

$$\mu_i^\alpha = \mu_i^\beta = \cdots \mu_i^\varphi \tag{4.71}$$

除温度和压强外，每种物质的化学势在所有阶段都必须相等。如第 4.4 节所示，组分的化学势与偏摩尔 Gibbs 能相同：

$$\mu_i = \bar{g}_i \tag{4.72}$$

另一方面，偏摩尔 Gibbs 能可以用逸度来表示：

$$\bar{g}_i(T, P, z_i) = g_i^{\text{pure}}(T, P^0) + RT\ln\frac{f_i(T, P, z_i)}{f_i^0(T, P^0)} \tag{4.73}$$

纯组分(T, P^0)和的性质只是压强和温度的函数；因此，它们在所有阶段都显示相同的值。相平衡的条件也可以用逸度来表示：

$$\bar{g}_i^\alpha = \bar{g}_i^\beta = \cdots \bar{g}_i^\varphi \tag{4.74}$$

$$f_i^\alpha = f_i^\beta = \cdots f_i^\varphi \tag{4.75}$$

最后一个方程是混合物热力学的一个非常重要的关系式，它实际上是几乎所有相平衡计算的起点。

正如对纯化合物所做的那样[第2.4.3节，公式(2.62)]，必须定义逸度等于低压下的分压：

$$\lim_{P\to 0}\frac{f_i}{z_i P}=1 \tag{4.76}$$

公式(4.73)中的参考态对于纯物质不是不受限制的。类似地，它可以写成

$$\bar{g}_i(T,\ P,\ z_i)=\bar{g}_i^0(T,\ P^0,\ z_i^0)+RT\ln\frac{f_i(T,\ P,\ z_i)}{f_i^0(T,\ P^0,\ z_i^0)} \tag{4.77}$$

考虑两个相 α 和 β，平衡条件为

$$\bar{g}_i^{0\alpha}(T,\ P^{0\alpha},\ z_i^{0\alpha})+RT\ln\frac{f_i^{\alpha}(T,\ P,\ z_i^{\alpha})}{f_i^{0\alpha}(T,\ P^{0\alpha},\ z_i^{0\alpha})}=\bar{g}_i^{0\beta}(T,\ P^{0\beta},\ z_i^{0\beta})+RT\ln\frac{f_i^{\beta}(T,\ P,\ z_i^{\beta})}{f_i^{0\beta}(T,\ P^{0\beta},\ z_i^{0\beta})} \tag{4.78}$$

即使在参考状态($P^{0\alpha}$，$z_i^{0\alpha}$)和($P^{0\beta}$，$z_i^{0\beta}$)不相同的情况下，也可以使用以下关系式简化公式(4.78)：

$$\bar{g}_i^{0\alpha}(T,\ P^{0\alpha},\ z_i^{0\alpha})=\bar{g}_i^{0\beta}(T,\ P^{0\beta},\ z_i^{0\beta})+RT\ln\frac{f_i^{0\alpha}(T,\ P^{0\alpha},\ z_i^{0\alpha})}{f_i^{0\beta}(T,\ P^{0\beta},\ z_i^{0\beta})} \tag{4.79}$$

结果是：

$$f_i^{\alpha}(T,\ P,\ z_i^{\alpha})=f_i^{\beta}(T,\ P,\ z_i^{\beta}) \tag{4.80}$$

4.9 活度和活度系数

出于实际目的(尤其是对液体混合物的描述)，有时将偏摩尔 Gibbs 能分成理想混合物和过量 Gibbs 能是很方便的(见第4.7节)：

$$\bar{g}_i=\bar{g}_i^{\ \mathrm{id}}+\bar{g}_i^{\ \mathrm{E}} \tag{4.81}$$

$$\bar{g}_i=g_i^{\mathrm{pure}}(T,\ P^0)+RT\ln x_i+RT\ln\frac{f_i}{x_i f_i^0} \tag{4.82}$$

为了简化，引入了辅助功能活度和活度系数：

$$a_i=\frac{f_i}{f_i^0}\text{和}\ \gamma_i=\frac{a_i}{\xi_i} \tag{4.83}$$

这里，f_i^0是任意选择的参考态的逸度，其中参考态的温度必须等于混合物的温度。ζ_i 表示浓度的任意测量值。将式(4.83)插入式(4.82)，选择系统温度 T 和参考压强 P^0 下的纯组分作为标准状态，然后选择液相摩尔分数作为浓度测量结果。

$$\bar{g}_i=g_i^{\mathrm{pure}}(T,\ p^0)+RT\ln x_i+RT\ln_i \tag{4.84}$$

对于理想混合物，过量部分等于零，因为活度系数为 $\gamma_i=1$。从这个定义中，

可以清楚地看出过剩 Gibbs 能和活度系数之间的关系：

$$\left(\frac{\partial G^{\mathrm{E}}}{\partial n_i}\right)_{T,P,n_{j\neq i}}=\left(\frac{\partial n_{\mathrm{T}}g^{\mathrm{E}}}{\partial n_i}\right)_{T,P,n_{j\neq i}}=g_i^{-E}=RT\ln\gamma_i \tag{4.85}$$

或

$$g^{\mathrm{E}}=\sum_i x_i\,\bar{g}_i^{\mathrm{E}}=RT\sum_i x_i\ln\gamma_i \tag{4.86}$$

Gibbs－Duhem 方程[式(4.36)]也可表示为过剩性质：

$$s^{\mathrm{E}}\mathrm{d}T-v^{\mathrm{E}}\mathrm{d}P+RT\sum_i x_i\mathrm{d}\ln\gamma_i=0 \tag{4.87}$$

这个方程是所谓的实验相平衡数据一致性测试的起点，将在第 5 章中更详细地说明。

同样，过量焓的表达式为：

$$h^{\mathrm{E}}=\sum_i x_i\,\bar{h}_i^{\mathrm{E}}=-RT^2\sum_i x_i\left(\frac{\partial\ln\gamma_i}{\partial T}\right)_{P,n_i} \tag{4.88}$$

公式(4.88)的推导见附录 C，C4。

4.10 状态方程在混合物中的应用

第 2.5 节中描述纯组分热力学性质的状态方程可使用适当的混合规则应用于混合物，该规则描述了浓度对所用参数的依赖性。这将在下一章中解释。

对于高精度状态方程，目前还没有将其应用于混合物并保持其优势的简单方法。对于特殊混合物，如天然气，发展一个特殊的方程是值得被考虑的[2]。在一些情况下，Lee－Kesler 方法[3,4]已成功地应用于二元混合物，但该方法是基于完全经验混合规则的，而且通常会失去精度上的优势。式(4.89)的广义形式是 Lee－Kesler－Plócker 方程[5]，其中对照物质 1 为氩或甲烷，对照物质 2 为正辛烷。

$$z(T_{\mathrm{r}},\ v_{\mathrm{r}},\ \omega_{\mathrm{mix}})=z_1(T_{\mathrm{r}},\ v_{\mathrm{r}},\ \omega_1)+\frac{\omega_{\mathrm{mix}}-\omega_1}{\omega_2-\omega_1}[z_2(T_{\mathrm{r}},\ v_{\mathrm{r}},\ \omega_2)-z_1(T_{\mathrm{r}},\ v_{\mathrm{r}},\ \omega_1)] \tag{4.89}$$

4.10.1 维里方程

利用统计力学，可以给出维里方程 Leiden 形式的精确混合规则：

$$B=\sum_i\sum_j y_iy_jB_{ij} \tag{4.90}$$

$$C=\sum_i\sum_j\sum_k y_iy_jy_kC_{ijk} \tag{4.91}$$

其中 B 和 C 分别是混合物的第二和第三维里系数。如果指数相同，B 和 C 是指一种特定纯物质的维里系数。对于不同的指数，B_{ij}和 C_{ijk}被称为交叉维里系数。

纯物质的维里系数和交叉维里系数只与温度有关，与浓度无关。第二交叉维里系数中 B_{ij}和 B_{ji}是相同的，因为它们代表了分子 i 和分子 j 之间的同一个相互作用。因此，二元混合物的第二维里系数可由下式得到：

$$B = y_1^2 B_{11} + 2y_1 y_2 B_{12} + y_2^2 B_{22} \tag{4.92}$$

对于许多应用，可以用不同的方法编写公式(4.90)，使用超额维里系数：

$$B = \sum_i y_i B_{ii} + \frac{1}{2}\sum_i \sum_j y_i y_j \delta_{ij} \tag{4.93}$$

$$\delta_{ij} = 2B_{ij} - B_{ii} - B_{jj} \tag{4.94}$$

在上述公式中，混合物的第二维里系数被计算为纯组分值的算术平均值和描述交叉维里系数与算术平均值的偏差($\delta_{ii} = \delta_{jj} = 0$)的超额贡献 δ_{ij}的总和。对于二元混合物，等式(4.93)缩减为：

$$B = y_1 B_{11} + y_2 B_{22} + y_1 y_2 \delta_{12} \tag{4.95}$$

超额维里系数可以是正的，也可以是负的。

第二交叉维里系数 B_{ij}能够在文献[6,7]中中找到，而几乎没有任何数据可用于第三交叉维里系数。

利用维里方程可以计算气体混合物的 PvT 行为和特定函数的剩余部分。

如果维里方程(Leiden 形式)在这些第二项之后被截断，则根据式(2.88)得到：

$$z = 1 + \frac{B}{v} \text{或} P = \frac{RT}{v} + \frac{BRT}{v^2} \tag{4.96}$$

由高方程计算的逸度系数计算的逸度系数为：

$$\ln \varphi_i = \frac{2}{v}\sum_k y_k B_{ki} - \ln z \tag{4.97}$$

对于维里方程的 Berlin 形式，这个表达式变成：

$$\ln \varphi_i = \left[2\sum_k y_k B_{ki} - B\right]\frac{P}{RT} \tag{4.98}$$

方程式(4.97)和(4.98)的数学推导见附录 C、D2 和 D3。

4.10.2 立方状态方程

对于立方状态方程，经验混合规则对于系数 a 和 b 都是适用的。它们可以使用系统各组分的纯组分性质 a_{ii}和 b_i 来评估，通常由 T_c 和 P_c 获得。文献中对 a 和 b 提出了大量的经验混合规则。最常用的是吸引参数 a 的二次浓度关联式：

$$a = \sum_i \sum_j z_i z_j a_{ij} \tag{4.99}$$

对于交叉系数 a_{ij}的计算，纯组分参数的几何平均值采用二元参数 k_{ij}进行修正：

$$a_{ij}=(a_{ii}a_{jj})^{0.5}(1-k_{ij}) \tag{4.100}$$

通常，对称二元参数 k_{ij}（即 $k_{ij}=k_{ji}$）的值在 $-0.1<k_{ij}<0.1$ 范围内很小。但它们不能被忽略，因为它们对相平衡计算的结果影响很大。如果二元参数已知，也可以描述多组分混合物的相平衡行为。

在大多数情况下，混合物的 van der Waals 体积 b 是使用简单的线性混合规则计算的：

$$b=\sum_i z_i b_i \tag{4.101}$$

这些混合规则［方程式(4.99)和(4.101)］对气相和液相都有效；因此，采用 z_i 作为摩尔分数。

利用式(4.64)，逸度系数可用于任何状态方程，例如 Soave - Redlich - Kwong 方程[8]：

$$\ln\varphi_k=\ln\frac{v}{v-b}-\frac{2\sum_i y_i a_{ik}}{RTb}\ln\frac{v+b}{v}+\frac{b_K}{v-b}-\ln\frac{Pv}{RT}+\frac{ab_k}{RTb^2}\left(\ln\frac{v+b}{v}-\frac{b}{v+b}\right) \tag{4.102}$$

公式(4.102)的推导见附录 C、D4。

为了估算逸度系数和剩余部分，必须知道在给定条件下相的比体积。它可以通过解析或迭代求解三次方程来进行计算。

表 4.2 列出了使用 Soave - Redlich - Kwong 方程计算的特定热力学量的剩余部分。它们的推导式见附录 C、F1 ~ F3。

表 4.2　使用 Soave - Redlich - Kwong 方程计算的特定热力学量的剩余部分

$g-g^{id}$	$-RT\ln\frac{P(v-b)}{RT}-\frac{a}{b}\ln\frac{v+b}{v}+Pv-RT$
$h-h^{id}$	$-\frac{1}{b}\left(a+\frac{XT}{2}\right)\ln\left(\frac{v+b}{v}\right)+Pv-RT$
$s-s^{id}$	$R\ln\frac{P(v-b)}{RT}-\frac{X}{2b}\ln\left(\frac{v+b}{v}\right)$

$$X=\frac{1}{\sqrt{T}}\sum_i\sum_j z_i z_j a_{ij}\left(\frac{m_i}{\sqrt{T_{c,i}\cdot\alpha_i}}+\frac{m_i}{\sqrt{T_{c,j}\cdot\alpha_j}}\right)$$

$$m_i=0.480+1.574\omega_i-0.176\omega_i^2$$

$$\alpha_i=[1+m_i(1-\sqrt{T_r})]^2$$

必须注意的是，像式(4.100)这种经典的混合规则，只能够表示非极性或微极性物质。1979 年，Huron 和 Vidal[9] 率先开发了一种所谓的 g^E 混合规则，该规则可以充分利用 g^E 模型和状态方程的优点，成功地应用于具有极性组分的体系。

混合规则使用的是活度系数模型生成的信息，而不是采用任意定义的混合公式。因此，即使是像2-丙醇/水这种困难的极性体系，也可以对其进行可靠的表示，如图4.4所示。

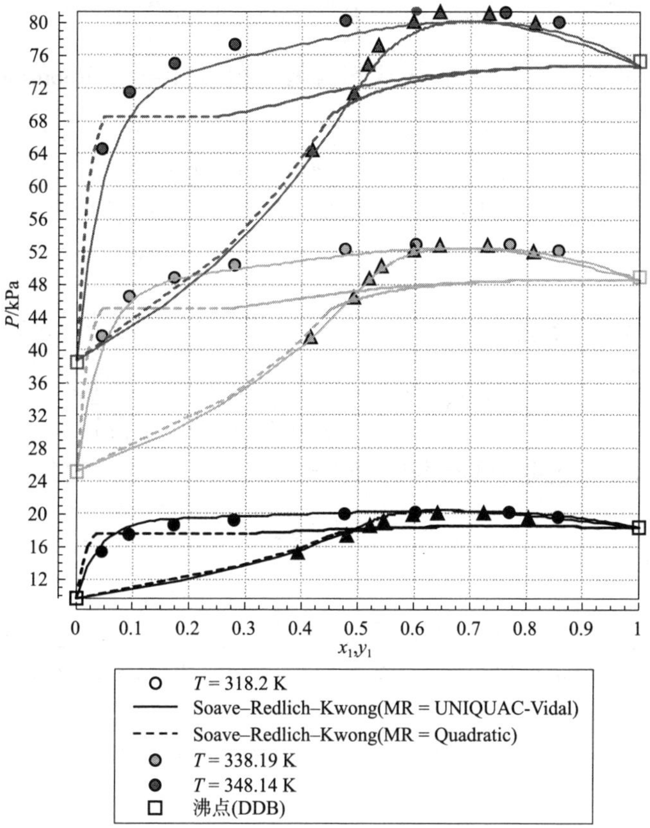

图4.4 2-丙醇(1)+水(2)体系的气-液平衡

(----)SRK+二次混合规则。$k_{ij}=-0.1632$；(——)SRK+Huron-Vidal g^{E} 混合规则(UNIQUAC)

在这两种情况下，都使用了Soave-Redlich-Kwong状态方程。

带有修正后的 k_{ij} 相互作用参数的二次混合规则是错误的，而使用UNIQUAC(第5章)作为 g^{E} 模型的Huron-Vidal g^{E} 混合规则是正确的。在重点讨论PSRK(Predictive Soave-Redlich-Kwong)和VTPR(Volume Translated Peng-Robinson)状态方程中使用的 g^{E} 混合规则之前，Huron-Vidal g^{E} 混合规则在下一节中导出。

所有 g^{E} 混合规则的原理都是基于具有相同超额Gibbs能值的一个活度系数模型和一个立方状态方程：

$$\frac{g^{\mathrm{E,EOS}}}{RT}=\frac{g^{\mathrm{E},\gamma}}{RT}(P=P^{\mathrm{ref}}) \tag{4.103}$$

与活度系数模型相比，状态方程的 g^E 表达式取决于压强。因此，式(4.103)定义的参考压强 P^{ref} 必须是有效的。作为推导 g^E 混合规则的起点，必须考虑 Helmholtz 能的剩余部分[10]：

$$a^R = a - a^{id} = \int_\infty^v -P\mathrm{d}v - \int_\infty^v -\frac{RT}{v}\mathrm{d}v \tag{4.104}$$

对于 P，可以插入压强显式状态方程，例如 Peng - Robinson 方程[公式(2.166)]：

$$a^R = RT\left[\ln\frac{u}{u-b} - \frac{a}{2\sqrt{2}bRT}\ln\frac{v+b(1+\sqrt{2})}{v+b(1-\sqrt{2})}\right] \tag{4.105}$$

无量纲逆堆积密度 u：

$$u = v/b \tag{4.106}$$

在式(4.105)中介绍：

$$a^R = RT\left[\ln\frac{u}{u-1} - \frac{a}{2\sqrt{2}bRT}\ln\frac{u+(1+\sqrt{2})}{u+(1-\sqrt{2})}\right] \tag{4.107}$$

根据 Helmholtz 能剩余部分与超额性质的关系：

$$a^E = a^R - \sum_i z_i a_i^R \tag{4.108}$$

获得：

$$\frac{a^E}{RT} = \ln\frac{u}{u-1} - \frac{a}{2\sqrt{2}bRT}\ln\frac{u+(1+\sqrt{2})}{u+(1-\sqrt{2})} - \sum_i x_i\left[\ln\frac{u_i}{u_i-1} - \frac{a_{ii}}{2\sqrt{2}b_iRT}\ln\frac{u_i+(1+\sqrt{2})}{u_i+(1-\sqrt{2})}\right] \tag{4.109}$$

如果假定混合物和纯组分的逆堆积密度 u 均为常数，则可以简化方程(4.109)：

$$u = u_i = \frac{v^L}{b} = \frac{v_i^L}{b_i} \tag{4.110}$$

$$\frac{a^E}{RT} = -\frac{a}{2\sqrt{2}bRT}\ln\frac{u+(1+\sqrt{2})}{u+(1-\sqrt{2})} + \sum_i z_i\frac{a_{ii}}{2\sqrt{2}b_iRT}\ln\frac{u+(1+\sqrt{2})}{u+(1-\sqrt{2})} \tag{4.111}$$

公式(4.111)可以重新排列为：

$$\frac{a}{bRT} = \sum_i z_i\frac{a_{ii}}{b_iRT} + \frac{a^E}{q_1RT} \tag{4.112}$$

$$q_1 = \frac{1}{2\sqrt{2}}\ln\frac{u+(1+\sqrt{2})}{u+(1-\sqrt{2})} \tag{4.113}$$

对于 Soave - Redlich - Kwong 状态方程，q_1 等于[11]：

$$q_1 = \ln\frac{u}{u+1} \tag{4.114}$$

可以利用以下关系使 a^E 转换到 g^E

$$g^E = a^E + P \cdot v^E \tag{4.115}$$

对于 $P \to \infty$，Huron 和 Vidal 假设液体体积等于状态方程的共体积 b。因此，$u=1$，过量体积 v^E 减小为零：

$$v^L = b \quad v_i^L = b_i (P^{ref} = \infty) \tag{4.116}$$

$$v^E = 0 (P^{ref} = \infty) \tag{4.117}$$

因此，在无限大压强下，$g^E = a^E$[式(4.115)]，Huron－Vidal g^E 混合规则[9]如下：

$$\frac{a}{bRT} = \sum_i z_i \frac{a_{ii}}{b_i RT} + \frac{g_\infty^E}{q_1 RT}(P^{ref} = \infty) \tag{4.118}$$

在文献中，缩写 $\alpha = a/b\ RT$ 和 $\alpha_i = a_{ii}/b_i RT$ 常被引入式(4.118)：

$$q_1 = \left(\alpha - \sum_i z_i a_i\right) = \frac{g_\infty^E}{RT}(P^{ref} = \infty) \tag{4.119}$$

参数 q_1 取决于特定的状态方程和参考状态。在无限大压强下($u=1$)，得到 Peng－Robinson 方程：

$q_1 = -0.62323$

将 g^E 模型的相互作用参数(通常为 Wilson、NRTL 或 UNIQUAC，第 5 章)直接调整到实验数据中，通常可以得到 VLE(气－液平衡)数据的精确关联。如果使用已公布的相互作用参数(如 DECHEMA 数据系列[12])，可能会出现问题。在大多数情况下，这些参数已拟合到中等压强下的数据上，而 Huron－Vidal g^E 混合规则已在无限压强下导出(见上文)，这可能会导致较差的结果。

近年来，混合规则得到了进一步的优化。主要目标是获得低参考压强，以获得与活度系数模型的最大相似性。第一步是 Mollerup[13]的关系，它将零压强下超额 Helmholtz 能 a^E 和超额 Gibbs 自由能 g^E 联系起来：

$$\frac{a^E}{RT} = \frac{g_0^E}{RT} - \frac{Pv^E}{RT} + \sum_i z_i \ln \frac{b}{b_i} \tag{4.120}$$

在参考压强 $P^{ref}=0$ 时，引入 Flory－Huggins 术语 $\sum_i z_i \ln(b/b_i)$，设 $v^E=0$，Michelsen[14]建立了一阶修正的 Huron－Vidal(MHV1)混合规则：

$$q_1\left(\alpha - \sum_i z_i a_i\right) = \frac{g_0^E}{RT} + \sum_i z_i \ln \frac{b}{b_i} \tag{4.121}$$

对于 Peng－Robinson 方程，u 是常数，Michelsen 建议：

$q_1 = -0.53$

Ahlers[15]证实了 u 值恒定的假设，其中 79 个组分的 u 参数是由 Soave－

Redlich - Kwong 和 Peng - Robinson 状态方程在正常沸点下的特定液体体积确定的。

图 4.5 显示了两个状态方程的 u 分布直方图。

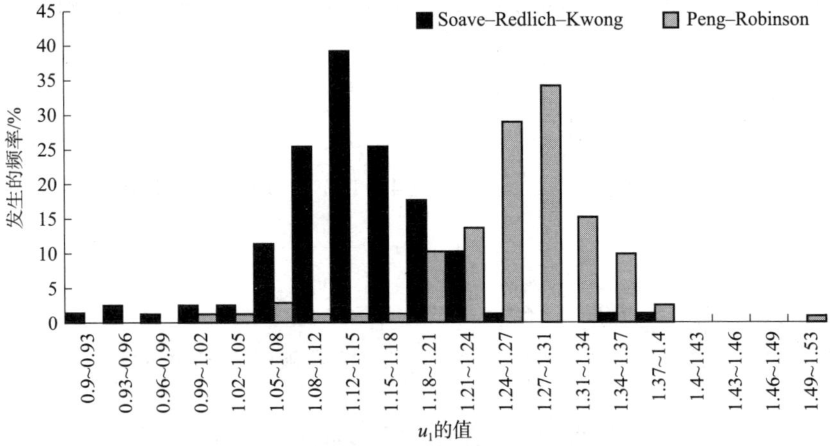

图 4.5　直方图证明恒定 u 值的假设

Soave - Redlich - Kwong 方程的 u_i 值变化很小，平均值 $u_i = 1.13$。在与实验 VLE 数据拟合后，对于 PSRK 方程 u 设置为：

$u = 1.1$

因此，PSRK 方程的 g^E 混合规则是[10]：

$$q_1\left(\alpha - \sum_i z_i a_i\right) = \frac{g_0^E}{RT} + \sum_i z_i \ln \frac{b}{b_i} \tag{4.122}$$

$q_1 = -0.64663$，当 $P^{ref} = 1\,atm$。

逸度系数根据 PSRK 模型计算为：

$$\ln\varphi_i = \frac{b_i}{b}\left(\frac{Pv}{RT} - 1\right) - \ln\frac{P(v-b)}{RT} - \left(\frac{1}{q_1}\ln\gamma_i + \frac{a_i}{RTb_i} + \frac{1}{q_1}\left(\ln\frac{b}{b_i} + \frac{b_i}{b} - 1\right)\right)\ln\frac{v+b}{v} \tag{4.123}$$

公式(4.123)的推导见附录 C，D5。

对于 Peng - Robinson 方程，利用相似方法确定 u 的值

$u = 1.22489$，

给出 $q_1 = -0.53087$。

VTPR 状态方程[见方程(2.177) ~ 方程(2.180)]中使用的体积平移对相平衡计算的结果没有影响；不需要在 g^E 混合规则中加以考虑[16]。方程式(2.180)用作体积转换的混合规则。

已经制定了其他几种 g^E 混合规则，表 4.3 列出了其中最重要的规则。

表 4.3 g^E 混合规则概述

混合规则	状态	参数
Huron and Vidal[9]：HV $q_1(\alpha - \sum_i z_i a_i) = g^E_\infty/RT$	$P=\infty$	$q_1=-0.693$(SRK) $q_1=-0.623$(PR)
Michelsen[14]：MHV1 $q_1(\alpha - \sum_i z_i a_i) = g^E_0/RT + \sum_i z_i \ln(b/b_i)$	$P=0$	$q_1=-0.593$(SRK) $q_1=-0.53$(PR)
Holderbaum and Gmehling[17]：PSRK $q_1(\alpha - \sum_i z_i a_i) = g^E_0/RT + \sum_i z_i \ln(b/b_i)$	$P=1$atm	$q_1=-0.64663$(SRK)
Dahl and Michelsen[18]：MHV2 $q_1(\alpha - \sum_i z_i a_i) + q_2(\alpha^2 - \sum_i z_i \alpha_i^2) = g^E_0/RT + \sum_i z_i \ln(b/b_i)$	$P=0$	$q_1=-0.47832$(SRK) $q_2=-0.00469$(SRK) $q_1=-0.477$(PR) $q_2=-0.002$(PR)
Boukouvalas et al.[16]：LCVM $\alpha = \lambda\alpha_{HV}(1-\lambda)\alpha_{MHV1}$	$P=0$	$q_{1,HV}=-0.623$(PR) $q_{1,MHV1}=-0.53$(PR) $\lambda=0.36$

图 4.6 显示了仅采用相应 g^E 模型和 PSRK 混合规则下，对称系统(丙酮－苯)和非对称系统 UNIFAC 模型(第 5 章)的 g^E 计算结果。对于对称系统，实验数据与 g^E 模型和 PSRK 混合规则的结果吻合较好，而对于非对称系统，两者差异显著，均不满足实验值，这被视为典型的 PSRK 混合规则[16,19]。

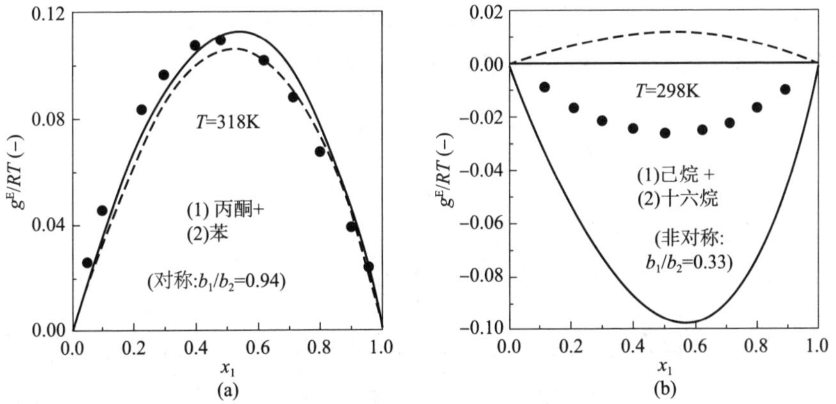

图 4.6 对称(a)和非对称(b)系统

(－－－－)PSRK；(——)UNIFAC；(·)实验值的超额 Gibbs 能计算

这种行为是由于非对称系统 g^E 模型的组合部分和状态方程之间的差异所导致的[20]。

为了克服这一点，必须考虑到后两个参数具有几乎相同的物理意义，因为协体积 b 和相对 van der Waals 体积 r 都代表分子的体积，然而它们在很大程度上是不同的，如图4.7所示。

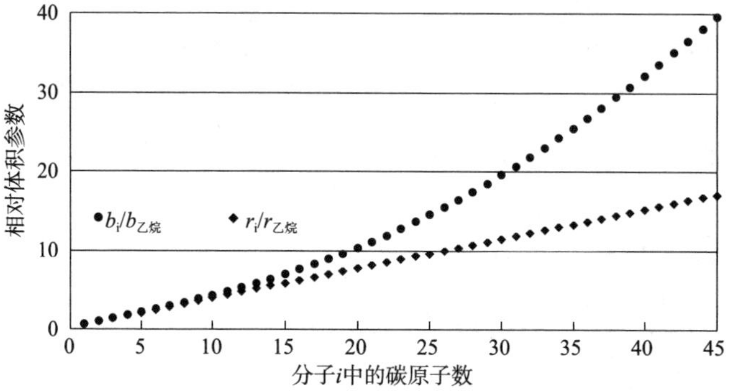

图4.7　烷烃分子 i 的链长与 $b_i/b_{乙烷}$ 和 $r_i/r_{乙烷}$ 比率的关系

烷烃分子和乙烷分子之间的协体积之比为烷烃分子中碳原子数的函数，也是相应的相对 van der Waals 体积比。它对于小分子(小于正辛烷)具有很好的一致性，而对于大分子，也就是不对称体系，则会出现很大的差异。一种解决方法是用状态方程的协体积代替 g^{E} 模型中的 van der Waals 体积。从 PSRK g^{E} 混合规则开始进行推导：

$$\frac{a}{bRT} = \sum_i z_i \frac{a_{ii}}{b_i RT} + \frac{1}{q_1}\left(\frac{g^{\mathrm{E}}_{\mathrm{res}}}{RT} + 5\sum_i z_i q_i \ln\left(\frac{F_i}{V_i}\right)\right)$$

$$(q_1 = -0.64663, P^{\mathrm{ref}} = 1\mathrm{atm}) \tag{4.124}$$

根据式(4.125)，UNIFAC 模型部分为(见第5章)：

$$\frac{g^{\mathrm{E}}_{\mathrm{comb}}}{RT} = \sum_i z_i \ln V_i + 5\sum_i z_i q_i \ln\left(\frac{F_i}{V_i}\right) \tag{4.125}$$

上式取决于：

$$V_i = \frac{r_i}{\sum_j z_j r_j} \tag{4.126}$$

在 PSRK－g^{E} 混合规则的 Flory－Huggins 项中出现了类似的比率：

$$\sum_i z_i \ln \frac{b}{b_i} = -\sum_i z_i \ln V_i^* \tag{4.127}$$

$$V_i^* = \frac{b_i}{\sum_j z_j b_j} \tag{4.128}$$

将式(4.125)～(4.128)引入到混合规则[式(4.124)]中，得到

$$\frac{a}{bRT} = \sum_i z_i \frac{a_{ii}}{b_i RT} + \frac{1}{q_1}\left(\frac{g_{\text{res}}^{\text{E}}}{RT} + 5\sum_i z_i q_i \ln\left(\frac{F_i}{V_i}\right) + \sum_i z_i \ln \frac{r_i}{\sum_j z_j r_j} - \sum_i z_i \ln \frac{b_i}{\sum_j z_j b_j}\right) \tag{4.129}$$

用体积 b_i 代替 r_i 参数：

$$\frac{a}{bRT} = \sum_i z_i \frac{a_{ii}}{b_i RT} + \frac{1}{q_1}\left(\frac{g_{\text{res}}^{\text{E}}}{RT} + 5\sum_i z_i q_i \ln\left(\frac{F_i}{V_i}\right)\right)$$

$$(q_1 = -0.64663,\ P^{\text{ref}} = 1\,\text{atm}) \tag{4.130}$$

第 5 项 $\sum z_i q_i \ln(F_i/V_i)$ 通常是不可更改的。因此，新的 PSRK 混合规则可以写成：

$$\frac{a}{b} = \sum_i z_i \frac{a_{ii}}{b_i} + \frac{g_{\text{res}}^{\text{E}}}{q_1} (q_1 = -0.64663, P^{\text{ref}} = 1\,\text{atm}) \tag{4.131}$$

这类似于 Huron - Vidal 混合法则[式(4.118)]。但是，这里 P^{ref} 等于 1，而不是无穷大，只使用活度系数的剩余部分。相对 van der Waals 体积 r_i 不再使用。切换到 PR 状态方程为基础，q_1 的值略有变化。新的混合规则[公式(4.132)]称为 VTPR g^{E} 混合规则，因为它已在 VTPR 状态方程[15]中实现：

$$\frac{a}{b} = \sum_i z_i \frac{a_{ii}}{b_i} + \frac{g_{\text{res}}^{\text{E}}}{q_1} (q_1 = -0.53087,\ P^{\text{ref}} = 1\,\text{atm}) \tag{4.132}$$

引入无量纲参数 $\alpha = a/bRT$ 和 $\alpha_i = a_{ii}/b_i RT$，得到：

$$q_1\left(\alpha - \sum_i z_i \alpha_i\right) = \frac{g_{\text{res}}^{\text{E}}}{RT} (q_1 = -0.53087,\ P^{\text{ref}} = 1\,\text{atm}) \tag{4.133}$$

参数的偏摩尔量：

$$\bar{a}_i = \left(\frac{\partial n_{\text{T}} a}{\partial n_i}\right)_{T,P,n_{j\neq i}} = b\left(\frac{RT\ln\gamma_i}{q_1} + \frac{a_{ii}}{b_i}\right) + \left(\frac{g_{\text{res}}^{\text{E}}}{q_1} + \sum_i z_i \frac{a_{ii}}{b_i}\right)(\bar{b}_i - b) \tag{4.134}$$

上式可用于推导逸度系数：

$$\ln\varphi_i = \left(\frac{2\sum_j z_i b_{ij}}{b} - 1\right)\left(\frac{p(v+c)}{RT} - 1\right) - \frac{Pc_i}{RT} - \ln\left(z + \frac{p(c-b)}{RT}\right)$$

$$-\frac{1}{2\sqrt{2}RT}\left(\frac{a_i}{b_i} + \frac{RT\ln\gamma_i}{q_1}\right)\ln\frac{v + c + (1+\sqrt{2})b}{v + c + (1-\sqrt{2})b} \tag{4.135}$$

对于 b 参数，使用 Chen 等人的混合规则[21]：

$$b = \sum_i \sum_j z_i \cdot z_j \cdot b_{ij} \tag{4.136}$$

$$b_{ij}^{3/4} = 0.5(b_i^{3/4} + b_j^{3/4}) \tag{4.137}$$

上式已被选为 VTPR 状态方程代替线性混合规则[式(4.101)]。图 4.8 说明了式(4.136)对强不对称体系乙烷/十六烷的电势计算结果。等温线用 VTPR 表示，而 PSRK 方程不适用。

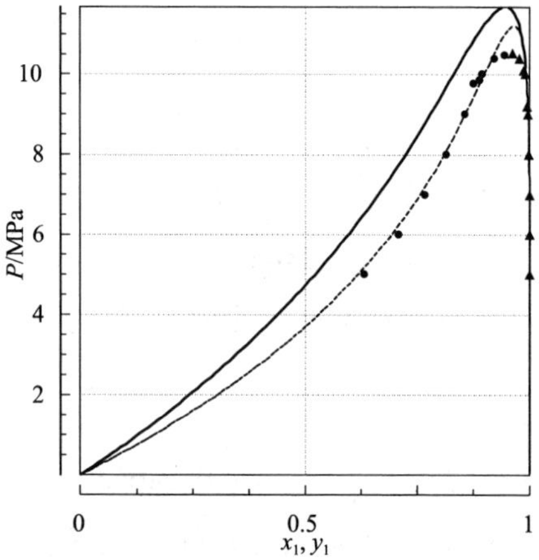

图 4.8 系统乙烷(1) - 正十六烷(2)在 T=352.7K，----VTPR，——PSRK 时的气 - 液平衡表示(资料来源：[22])

VTPR 状态方程的热学性质为：

$$h(T,v,z) = \sum_i z_i h_i^{id}(T) + \frac{T\frac{\partial a}{\partial T} - a}{2\sqrt{2}b}\ln\frac{v+c+(1+\sqrt{2})b}{v+c+(1-\sqrt{2})b} + RT(z-1) \tag{4.138}$$

$$s(T,v,z) = \sum_i z_i s_i^{id}(T,P) + R\sum_i z_i \ln z_i + R\ln\left(z - \frac{P(b-c)}{RT}\right) + \frac{\frac{\partial a}{\partial T}}{2\sqrt{2}b}\ln\frac{v+c+(1+\sqrt{2})b}{v+c+(1-\sqrt{2})b} \tag{4.139}$$

这里

$$\frac{\partial a}{\partial T} = b\left(\sum_i z_i \frac{\partial a_i/\partial T}{b_i} + \frac{\partial g^E/\partial T}{q_1}\right) \tag{4.140}$$

$$\frac{\partial a_i}{\partial T} = 0.45724\frac{R^2T_{ci}^2}{P_{ci}}\frac{\partial a_i}{\partial T} \tag{4.141}$$

$$\frac{\partial a_i}{\partial T} = N_i[M_i - 1 - L_i M_i T_n^{N_iM_i - N_i - 1}]\frac{T_n^{N_iM_i - N_i - 1}}{T_{ci}}\exp[L_i(1 - T_n^{N_iM_i})] \tag{4.142}$$

其中 L_i，M_i 和 N_i 是 Twu - α - 函数的参数。

问题：

4.1 停车场内空气的相对湿度为 $\varphi_1 = P_{H_2O}/P^s_{H_2O} = 0.6$，$\vartheta_1 = 20℃$。夜间气温下降时，车窗在什么温度下起雾？认为气相是理想的，空气为80%摩尔氮气和20%摩尔氧气的混合物，水的蒸气压曲线可从附录A中获得。

4.2 乙烯和丙烯的混合物($T = 330K$，$P = 23bar$，$y_{C_2H_4} = 0.2$)在换热器中冷却。如果混合物在露点以上($\Delta T = 5K$)，则必须设置哪个温度？换热器的压降为 $\Delta P = 0.5bar$，使用PSRK状态方程。如果向混合物中添加氢，使氢的最终浓度为 $y_{H_2} = 0.06$，结果会受到怎样的影响？

4.3 使用第二项后截断的维里状态方程，计算二元混合物丙烷(1)－甲基溴(2)在 $T = 297K$ 和 $P = 5bar$ 时的压缩系数 z，浓度 $y_1 = 0.25$、$y_1 = 0.5$ 和 $y_1 = 0.75$。第二维里系数为

$B_{11} = -394 cm^3/mol$

$B_{22} = -567 cm^3/mol$

$B_{12} = -411 cm^3/mol$

4.4 采用问题4.3的结果，计算两个组分的逸度：

a. 在理想气体的混合物中；

b. 在真实气体的理想混合物中；

c. 在真实混合物中。

4.5 使用Soave－Redlich－Kwong状态方程计算系统苯(1)－环已烷(2)在 $\vartheta = 25℃$ 和 $P = 1bar$ 下的超额焓，苯的摩尔分数为 $x_1 = 0.5$。所需值可从附录A中获取。二元交互参数为 $k_{12} = 0.0246$。

4.6 丙酮(5000kg/h，$\vartheta_A = 40℃$)和氯仿(3000kg/h，$\vartheta_C = 50℃$)在 $P = 1bar$ 下混合。混合过程是等压和绝热的。可使用表5.5中给出的二元Wilson参数计算超额焓。结果物流的温度是多少？

4.7 20kg/h液氨(－20℃，20bar)和100kg/h液态水(20℃，20 bar)在20 bar等压混合。超额焓由以下公式给出：

$$h^E = \frac{A \cdot x_1 \cdot x_2}{\left(\frac{x_1}{B} + x_2 \cdot B\right)^2} J/mol$$

$A = -17235$

$B = 0.97645$

计算混合物的温度，假设 $c_{P,H_2O} = 4.2J/(g \cdot K)$，$c_{P,NH_3} = 4.8J/(g \cdot K)$。

参考文献

1 Grolier, J. – P. E. and Wilhelm, E. (1981). *Fluid Phase Equilib.* 6: 283.

2 Kunz, O., Klimeck, R., Wagner, W., and Jaeschke, M. (2007). The GERG – 2004Wide – Range Reference Equation of State for Natural Gases, GERG Tech – nical Monograph TM15, Fortschr. – Ber. VDI, Reihe 6, Nr. 557, VDI – Verlag, Düsseldorf.

3 Arai, K., Inomata, H., and Saito, S. (1982). *J. Chem. Eng. Data Jpn.* 15 (1): 1 – 5.

4 Fontaine, J. M. (1989). Das Phasengleichgewicht Helium – Methan und die Beschreibung mit einer neuen Zustandsgleichung. PhD thesis. TU Braun – schweig.

5 Plöcker, U., Knapp, H., and Prausnitz, J. (1978). *Ind. Eng. Chem. Proc. Des. Dev.* 17 (3): 324 – 332.

6 Warowny, W. and Stecki, J. (1979). *The Second Cross Virial Coefficients of Gaseous Mixtures.* Warsaw: PWN – Polish Scientific Publishers.

7 Dymond, J. H. and Smith, E. B. (1980). *The Virial Coefficients of Pure Gases & Mixtures.* Oxford: Clarendon Press.

8 Soave, G. (1972). *Chem. Eng. Sci.* 27: 1197 – 1203.

9 Huron, M. – J. and Vidal, J. (1979). *Fluid Phase Equilib.* 3: 255 – 271.

10 Fischer, K. and Gmehling, J. (1996). *Fluid Phase Equilib.* 121: 185 – 206.

11 Fischer, K. and Gmehling, J. (1995). *Fluid Phase Equilib.* 112: 1 – 22.

12 Gmehling, J., Onken, U., Arlt, W. et al. (1977). *Vapor – Liquid Equilibrium Data Collection.* 37 parts, DECHEMA, Frankfurt: DECHEMA Chemistry Data Series.

13 Mollerup, J. (1986). *Fluid Phase Equilib.* 25: 323.

14 Michelsen, M. L. (1990). *Fluid Phase Equilib.* 60: 213.

15 Ahlers, J. (2003). Entwicklung einer universellen Gruppenbeitragszustands – gleichung. PhD thesis. Carl – von – Ossietzky – Universität, Oldenburg.

16 Boukouvalas, C., Spiliotis, N., Coutsikos, P. et al. (1994). *Fluid Phase Equilib.* 92: 75.

17 Holderbaum, T. and Gmehling, J. (1991). *Fluid Phase Equilib.* 79: 251 – 265.

18 Dahl, S. and Michelsen, M. (1990). *AIChE J.* 36: 1829.

19 Kalospiros, N., Tzouvaras, N., Coutsikos, P., and Tassios, D. P. (1995). *AIChE J.* 41: 928.

20 Kontogeorgis, G. M. and Vlamos, P. M. (2000). *Chem. Eng. Sci.* 55: 2351.

21 Chen, J., Fischer, K., and Gmehling, J. (2002). *Fluid Phase Equilib.* 200: 411 – 429.

22 DDBST www. ddbst. com (accessed 18 January 2011).

5 流体体系的相平衡

5.1 引言

常规化工厂通常可分为制备、反应和分离单元(见图 5.1)。尽管反应器可以被视为化工厂的心脏或核心单元，但通常 60% ~80% 的总成本是由分离引起的，因为其采用各种热分离工艺来获得所需纯度的产品，回收未转化的反应物，并去除不需要的副产品。由于精馏过程有许多优点[能量用作分离剂，两相(液相，气相)之间的高密度差异]，其应用于化学或石化工业的 90%，而在制药工业中，结晶过程更为重要[1]。

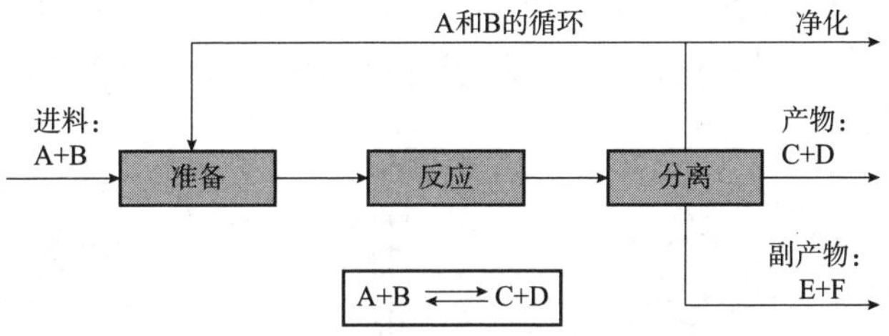

图 5.1 常规化工厂的简化结构

在分离过程中，必须考虑到不同的方面。在预处理阶段，化学工程师必须决定使用哪种分离过程。然后必须弄清楚分离问题的本质。在精馏中，这些问题通常是由于共沸而不能通过普通精馏进行分离。剩余曲线和精馏边界的知识对于理解精馏过程大有帮助。在有共沸存在的情况下，工程师必须找到另一种方法(例如，在低压或高压下分离，或通过变压精馏)，选择合适的溶剂来分离这个共沸体系(例如，共沸精馏或萃取精馏)，或者选择一个混合过程(即耦合精馏过程与另一个分离过程，例如膜分离、吸附等)。此外，工程师还必须设计设备(例如，确定所需的理论级数或分离塔填料高度并确定进料级数)，并选择最佳分离序列。要解决上述不同难题，就需要对分离的多组分系统相平衡行为(作为温度、压强和组成的函数)有深入和详细的了解。

相平衡行为的知识不仅对分离过程的设计很重要，而且对其他应用也很重要，如两相反应器的设计，例如气液反应器，环境中不易分解化学品的命运评估等等。

因此，化学工程师在设计阶段提出的典型问题是“当 β 相在给定的组成和温度下与 α 相平衡时，β 相的组成和压强是多少？”(见图 5.2)。在大多数情况下，必须考虑具有非极性、极性和超临界化合物和电解质的多组分系统。例如，对于乙醇 - 水 - 氯化钠 - 二氧化碳体系，可以从图 5.2 中提出几个问题：

1. 氯化钠对乙醇 - 水体系中二氧化碳的溶解性有多大影响？
2. 乙醇 - 水体系在氯化钠存在下是否仍表现出共沸行为？
3. 乙醇和二氧化碳的存在如何影响氯化钠在水中的溶解度？
4. 氯化钠的存在是否会导致乙醇 - 水体系中的混溶间隙？
5. 二氧化碳的存在对 pH 值的影响有多大？
6. 哪种溶剂可用于共沸精馏或萃取精馏分离乙醇 - 水共沸体系？
7. 二氧化碳能直接用于超临界萃取分离乙醇和水吗？

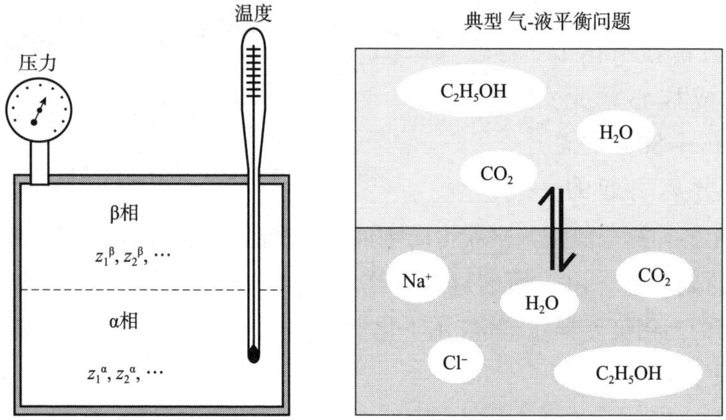

图 5.2　平衡级和典型分离问题

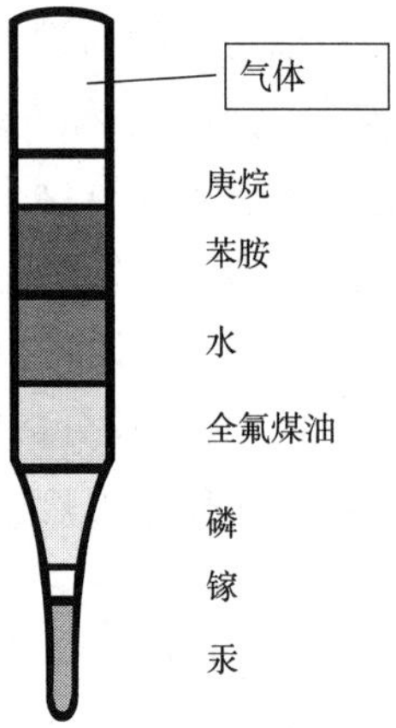

图 5.3　七个液相与气相的平衡

(资料来源：Hildebrand 1949[2])

然而，相的数量不限于两个。例如，在非均相共沸混合物如丁醇 - 水或乙醇 - 水 - 环己烷中，除了气相之外已经存在两个液相。Hildebrand 表明，在水 - 庚烷 - 全氟煤油 - 苯胺 - 磷 - 镓 - 汞体系中，甚至有七个液相与气相平衡[2] (见图 5.3)。

共存相 Π 的数量、组分 N 的数量和自由度 F 都与 Gibbs 相律有关[3]。自由度是指独立密集型状态变量的数量，它可以在指定数量的分量和相位上任意变化。该规则适用于热力学平衡的非反应体系，且易于推导。

每个单相都有$(N+1)$自由度，即T，P，z_1，z_2，…，z_{n-1}。因此，所有单相具有F_s自由度：

$$F_s=\Pi(N+1)$$

根据不同相α，β，…之间的热力学相平衡条件[见方程式(4.69)～(4.71)]，平衡时所有相的状态变量T，P和μ_i相等。等式关系是约束条件，约束条件的数量

$F_c=(\Pi-1)(N+2)$

必须减去。

$F=F_s-F_c=\Pi(N+1)-(\Pi-1)(N+2)$

$F=N-\Pi+2$

Gibbs 相律的含义可以通过一些例子来说明：

1. 在纯物质的三相点处，得到$N=1$和$\Pi=3$，得到$F=0$，这意味着不能选择其他状态变量，即在这种情况下，压强和温度是固定的。

2. 在蒸气压曲线上，只有一个组分的系统有一个自由度($F=1-2+2=1$)，这意味着压强、温度或其他变量都可以被选择。

3. 在二元混合物中，对于两相区，得到$F=2-2+2=2$，对于单相区，得到$F=2-1+2=3$。这意味着我们可以在两相区中选择P和T。如果给定了P和T，则相的浓度是固定的(见图5.4)。在单相区，即使对于给定的P和T，浓度也可以改变。

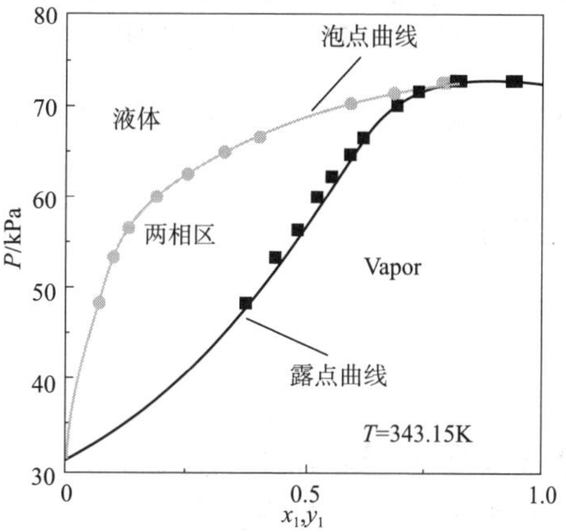

图5.4 70℃下乙醇(1)－水(2)系统的Pxy图[4]

4. 图5.3中的情况稍微复杂一些。当$N=7$且$\Pi=8$时，F变为$F=7-8+2=1$。因此，温度可以在不改变相数的情况下变化，并且在每个温度下，所有相的浓度都是确定的。

根据α和β的相态，可以区分气－液平衡(VLE)、液－液平衡(LLE)、固－液平衡(SLE)等。在气－液平衡的情况下，相平衡行为如图5.4所示，一个70℃时乙醇－水二元体系的Pxy图。对于液相中给定的组分，可以从图中获得系统压强和气相的组成。此外，可以看出，在乙醇浓度较高时出现共沸点，此时液相组成与气相组成相同，这意味着无法通过普通蒸馏对其进行进行分离。

气泡形状和露点曲线由 Konovalov 定律确定。在等压和等温情况下，气泡和露点线的斜率符号相同。当 $y=x$ 时，Pxy 图或 Txy 图中气泡和露点线的斜率均为零，即出现最大值或最小值。从热平衡和机械平衡来看，很明显 $P^V=P^L$，$T^V=T^L$。这意味着此最大值或最小值是共沸点，并且泡点和露点曲线存在共同切线。

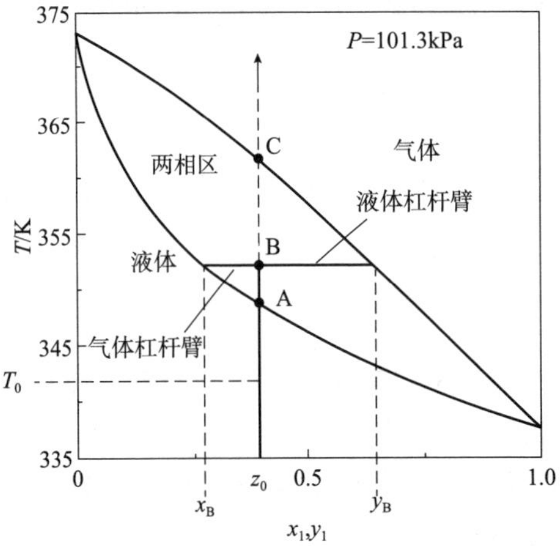

图 5.5　在 101.3kPa 下甲醇(1) - 水(2)二元体系的相反杠杆臂定律图解

Konovalov 定律的推导见附录 C，B10。

在 Pxy 图和 Txy 相图中，相反的杠杆臂定律可以用来确定两相区的气液量。这在 101.3kPa 下甲醇 - 水系统的 Txy 图中得到了证明(见图 5.5)。

考虑浓度为 z_0，温度为 T_0 的二元液体混合物，如果混合物被加热，则在点 a 处达到气泡点线，形成第一个气泡。当混合物进一步加热时，温度进一步升高，产生更多的蒸气。在点 B 处，混合物由具有组分 x_B 的液体和具有组分 y_B 的蒸气组成。在 C 点，所有液体都被汽化。用 n_T 作为总摩尔数，B 点的质量平衡：

$$n_T z_0 = (n^L + n^V) z_0 = n^L x_B + n^V y_B \tag{5.1}$$

相当于

$$\frac{n^L}{n^V} = \frac{y_B - z_0}{z_0 - x_B} \tag{5.2}$$

因此，蒸气量和液体量的比例对应于连接线另一侧的杠杆臂之比。

从图 5.4 可以看出，在 70℃ 时，两种化合物都以液体形式存在。但通常系统温度高于所考虑系统的一个或多个组分的临界温度。图 5.6 为氮 - 甲烷二元体系的等温 Pxy 相图。

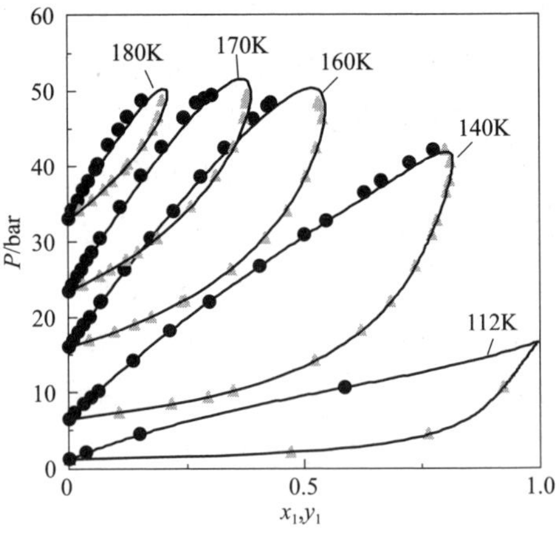

图 5.6　不同温度下系统氮气(1) - 甲烷(2)的 Pxy 相图

可见，两相区并不能覆盖所有等温线的全部组成范围。在氮的临界温度($T_c=126.2$K)以上，氮 - 甲烷二元体系存在临界点，即泡点线和露点线的交点。在这些点上，气相和液相的成分、密度等强度性质相同。

作为温度的函数临界压强可以连接起来形成一个包络线——临界线或临界轨迹。

对于气-液平衡而言，临界点是指平衡状态下的液体和蒸气根据其所有的强度性质变得不可区分的状态。而对于纯物质，它是存在液相的最高压强和温度状态，混合物的临界点不一定代表两相区的最高温度和压强。

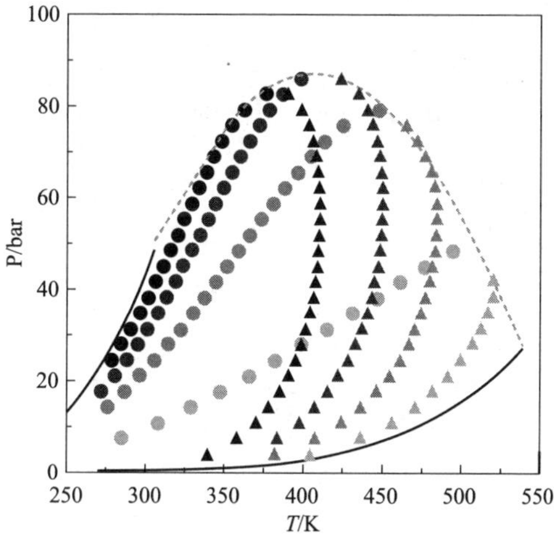

图 5.7　乙烷和庚烷的实验蒸气压和乙烷(1)-庚烷(2)体系在不同固定组分下的实验等值线 *PT* 数据：
$z_1=0$，0.2654，0.5871，0.7709，0.8871，1[5]
—蒸气压，·液体，▲蒸气，--临界轨迹

等值线是相行为的另一种表现形式，即表示相同摩尔分数的相图。从图 5.7 所示的等值 VLE 图中可以看出，纯流体和混合物处的相行为在临界点处特征差异变化明显。与单一蒸气压曲线(*PT* 曲线)不同，每种混合物在固定成分下都有两条线，即泡点线和露点线，这两条线在临界点 c 处相交。沿着泡点线，整个混合物都是液体，沿着露点线，整个混合物都是蒸气。

气泡与不同组分的露点线的交点能够测定所考虑体系的摩尔分数 x_i、y_i、压强 P 和温度 T。

当观察图 5.6 所示氮气-甲烷体系的气-液平衡行为时，我们会发现，对于高于氮气临界温度的气-液平衡数据，典型的气-液平衡行为发生在较低的压强下。这意味着当压强增加时，可以观察到蒸气的冷凝，而当温度升高时，则会发生液体的蒸发。但是在混合物的临界点附近，存在异常的相行为，例如液体的压缩会导致液体的蒸发，温度升高会导致气相的冷凝。这些异常的效应分别称为逆凝结或逆蒸发。反凝析现象在石油生产、天然气钻探、高压管道、制冷工艺等技术应用中发挥着重要作用，这些领域的温度和压强都足以产生临界条件。正确的反凝析行为是设计不同工艺过程的重要依据。

在等温压缩或膨胀过程中以及二元或多元系统的等压加热或冷却过程中发生的情况，可通过等值线 *PT* 图进行最佳判断，如图 5.7 所示的乙烷-正庚烷体系。在图 5.7 中，纯组分化合物的蒸气压曲线被显示在四种固定组分的等值线 *PT* 曲线上。在简单的乙烷－正庚烷二元体系中，气液共存的区域受到纯组分的蒸气压曲线和临界线(即连接各相包络临界点的曲线)的限制。

在图5.8中，用特征量临界点 C、P_{max}(也称为临界凝析压强或最大冷凝压

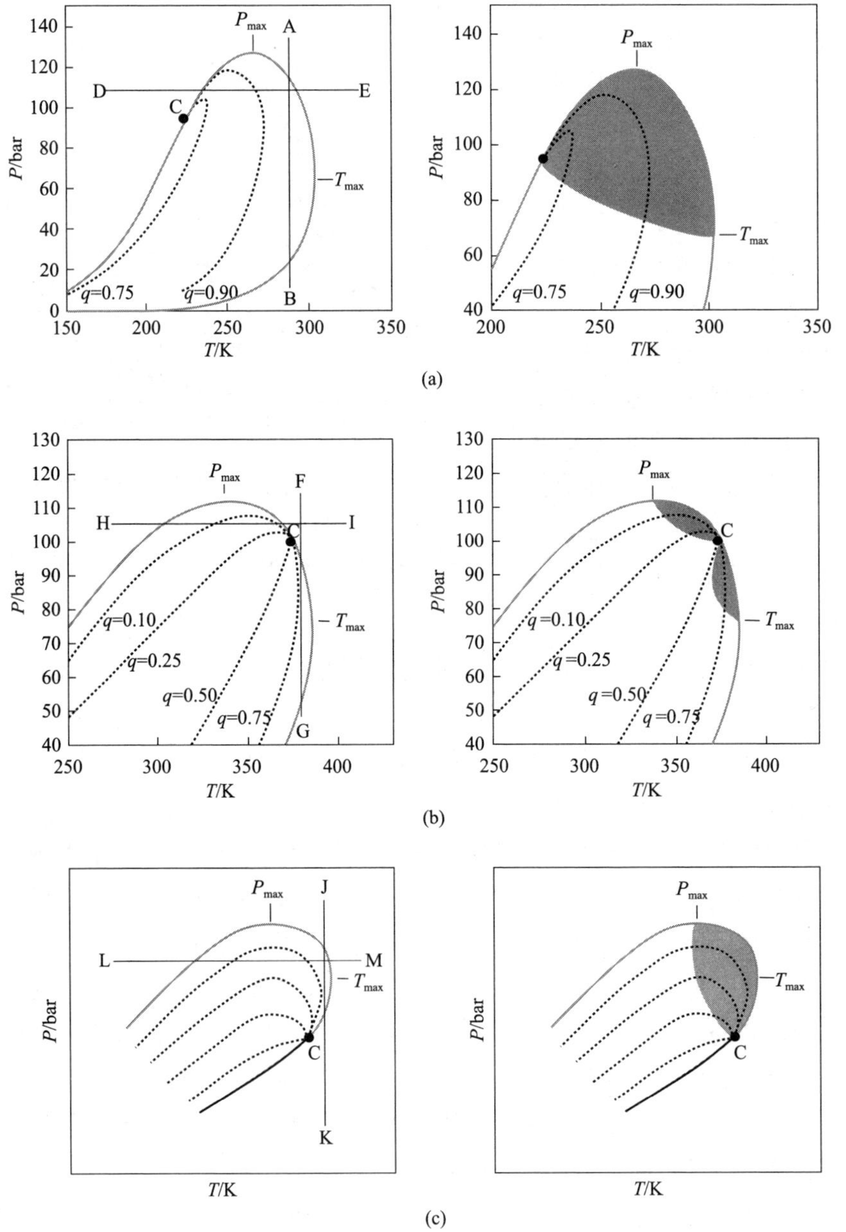

图5.8　(a～c)简单VLE体系的三种不同类型的临界VLE行为

使用VTPR，－－－质量线计算例a和b

强)和 T_{max}(也称为临界凝析温度或最大冷凝温度)更详细地显示了三种不同类型等值线 PT 曲线的临界区域。虚线是质量恒定的 q 的线。在气液混合物中，质量定义为摩尔(或质量)(在不同体积下)在气相中的分数。从图 5.8 的不同情况可以看出，最大压强可能位于露点线(情况 a)或泡点线(情况 b、c)。因此，对于简单的二元气－液平衡体系，临界点 C 可以位于与 P_{max} 相对应的温度之下或之上。在所有的情况下，所谓的质量线 q，也就是所说的恒定蒸气分数线，在临界点合并。相界包络线的形状取决于混合物的全部组分以及组分的性质和数量。对于给定组分的混合物，发现混合物组分越是不同，PT 包络越大[6]。

根据临界点的相对位置，图 5.8 所示的三种不同情况会导致临界点附近出现不同的汽化－冷凝行为。在图 5.8a 中，显示了由状态 VTPR 的基团贡献方程(见第 5.10.5 节)计算的组成为 $z_1=0.9$ 的甲烷(1)－正丁烷(2)系统的等值 PT 曲线。从两条线 A－B 和 D－E 可以理解在等温膨胀(压缩)或等压冷却(加热)的情况下会发生什么。

当均匀的蒸汽从 A 点开始膨胀时，令人惊讶的是，当露点线交叉时，一部分气相会冷凝。随着压强的进一步降低，液体量稳步增加，达到最大值，然后按预期减少，直到达到露点线和随后的 B 点，在 B 点再次只有蒸气存在。当我们将 B 点的蒸气等温压缩，在露点线观察到第一次冷凝。随着压缩的增加，更多的液体形成，尽管受到压缩，仍然会发生令人惊讶的蒸发。从露点线到 A 点，只有蒸气存在。

现在让我们考虑沿 D－E 线的情况(a)的等压加热(冷却)。当我们在点 D 开始加热均匀蒸汽时，尽管加热，我们观察在露点线处仍有液体的形成。液体分数上升到最大值，然后又下降。在露点线和随后的点 E，同样只存在蒸气。当通过等压冷却向相反方向移动时，类似的行为也同样发生。在这两种情况下，在右侧阴影区域都观察到不寻常的(即逆行)行为。沿 A－B 的等温膨胀(压缩)或沿 D－E 的等压加热(冷却)导致露点线被切割两次，而在临界区域内根本没有切割泡点线。这种情况称为第一种逆行行为。

在(b)种情况下，临界点 c 位于对应的 P_{max} 和 T_{max} 的温度之间。对于甲烷(1)－正丁烷(2)在摩尔分数 $z_1=0.5$)时，使用 VTPR 计算的这种行为如图 5.8b 所示，从 F(G)点开始，等温膨胀(压缩)将产生与情况(a)相同的效果。但在等压冷却(加热)的情况下，会出现不同的行为。从 I 点(均相液体)开始，在泡点处观察到等压冷却蒸发。随着进一步冷却，气相分数增加，达到一个最大值，然后减少，直到在泡点线和点 H 再次只有液体存在。这意味着现在[情况(b)]在等压加热(冷却)的情况下，泡点线被切割两次，而在等温膨胀(压缩)的情况下，露点线被切割两次。

图5.8(c)显示了系统的临界区域，临界点位于T_{max}对应的压强之下。在这种情况下也观察到逆行现象。但现在在这两种情况下[等温膨胀(压缩)(J－K线)，等压加热(冷却)L－M线]，泡点线被切割两次。这种现象称为第二种逆行行为。对于例(a)和(c)，逆行区域如图5.8的右侧所示。

有时在临界区，气－液平衡(Pxy)的行为与图5.6所示不同。例如，图5.9显示了两种情况，分别是乙烷－乙烷体系等压数据和二氧化碳－乙烷体系等温线数据。从乙烷－正庚烷系统可以看出，在68.9bar和86.2bar的压强下，会出现类似岛屿的封闭曲线，因为在这个压强区域，两种组分都是超临界的(乙烷：P_c＝48.8bar，T_c＝305.4K；庚烷：P_c＝27.3bar，T_c＝540.3K)，但在一定浓度下，混合物是亚临界的，即液相和气相共存。对于CO_2－乙烷体系，在293K和298K处的等温线显示出两个临界点，一个在右侧，另一个在左侧，因此在两个临界点之间的甲烷浓度范围内不存在共存相。这是由于系统表现出压强最大的共沸物，导致了临界线的温度最小。

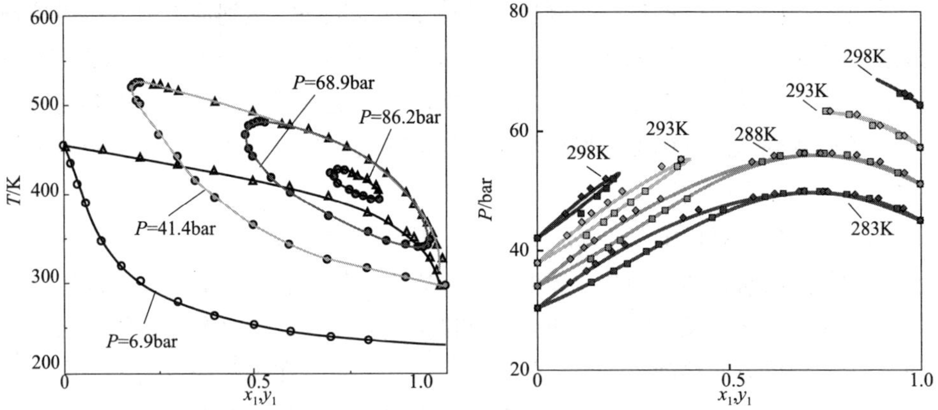

(a)乙烷(1)–正庚烷(2)　　(b)二氧化碳(1)–乙烷(2)

图5.9　临界点附近以下二元体系的气－液平衡行为

(资料来源：实验数据来自[5])

前面系统(乙烷－正庚烷、甲烷－氮气和甲烷－正丁烷)所示的高压气－液平衡行为是一个简单的系统。当共沸行为、LLE、气－汽平衡或额外的固相发生时，临界行为的变化可能变得更加复杂[7]。描述和讨论这些复杂的相图超出了本书的范围。读者可参阅Deiters和Kraska的专著[8]，其中详细讨论了复杂的高压相平衡图。

含或不含超临界化合物体系的气－液平衡行为可以用不同的方式表示。与等温(等压)$y-x$图、等温(等压)Px(Tx)图(仅适用于说明二元体系)不同，K因子的图通常用于含有两个以上组分的体系。等温条件下的 K 因子($K_i = y_i/x_i$)被绘制为压强的函数，如图 5.10 所示，用于不同温度下的二元系统氮气 - 甲烷。对于给定的温度和压强，组分 1 和 2 的 K 系数可以直接从该图中读取。对于低沸物 N_2，K 因子大于 1，而对于高沸物 CH_4，K 因子小于 1。此外，对于亚临界系统，两种纯化合物的蒸气压都可以从图中读出。除了高沸物的蒸气压强(在这种情况下为 CH_4)外，还包括超临界系统，同时混合物的临界压强可以确定为压强，其中对于给定的等温线，所考虑的非共沸系统的两个 K 因子的值均为 1。对于系统氮 - 甲烷，所有高于氮临界温度($T_c = 126.2K$)的等温线都可以找到一个临界点。作为压强函数的 K 因子的表示也可以用于多组分系统(见图 5.95)。

天然气是一种典型的多组分混合物，因此，除了图 5.10 和图 5.95 所示的图外，还可以使用之前讨论的等积线 PT 投影。在图 5.11 中，显示了具有七个组分(主要是 N_2，CH_4，C_2H_6，…，正己烷)的典型天然气组分的实验 PT 行为与测量的临界点。

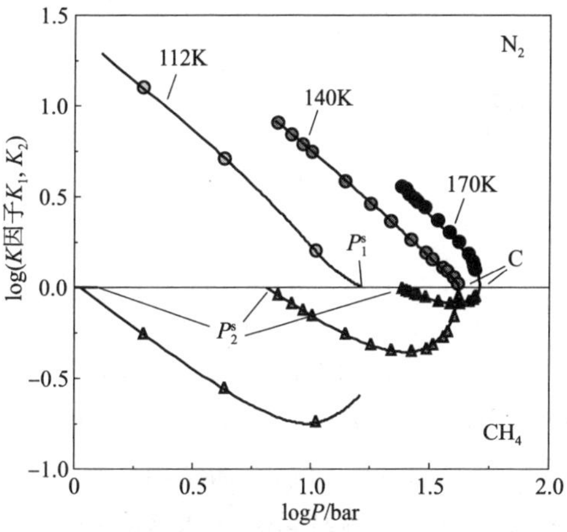

图 5.10 二元体系氮气(1) - 甲烷(2)在不同温度下随压强变化的 K 因子

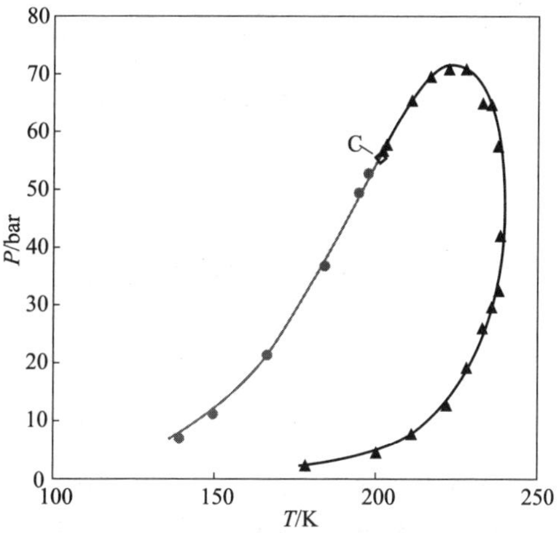

图 5.11 含有七种化合物的天然气混合物的等深渗透压图[5,10]

对于多组分体系，相平衡行为会变得更加复杂。乙醇 - 水 - 苯三元体系在常压下的相平衡行为如图 5.12 所示。除三个二元共沸物外，还存在一种三元共沸物。苯 - 水二元体系存在较大的混溶间隙，导致三元体系存在混溶间隙。图中显示了双曲线和一些连接线。连接线在平衡状态下连接两个液相。当共沸物乙醇 - 水和乙醇 - 苯均相时，二元共沸物苯 - 水和三元共沸物均为非均相共沸物。三元共沸物的沸点最低。这可通过共沸蒸馏 1 分离共沸体系乙醇 - 水(见第 11.5 节)。三元共沸物经浓缩后形成苯相和富水相。图 5.12 中箭头标出了两种液相的组成。

第 5.7 节和第 11.5 节更详细地讨论了共沸行为的发生和选择适合共沸蒸馏的溶剂。图 5.12 中还显示了所谓的边界剩余曲线。而在二元体系中，共沸点不能被普通蒸馏所跨越，三元体系中的边界线和四元体系中的边界面具有相同的结果。第 11.4 节详细讨论了如何计算这些剩余曲线。

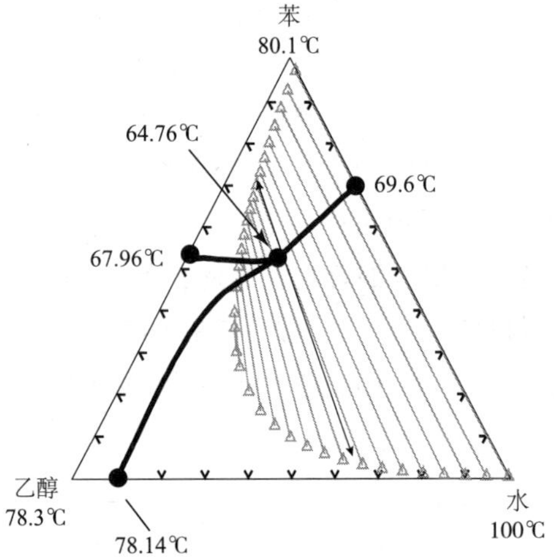

图 5.12　常压下乙醇 – 水 – 苯体系的三元相平衡图

· —二元和三元共沸点

5.2　热力学基础

虽然二元体系有大量的相平衡数据，但三元体系的相平衡数据却少得多，而几乎找不到多组分体系的相平衡数据。当然，测量的二元和多元体系的各种相平衡可以作为温度、压强和组成的函数。如今，高度精密、可靠、通常由计算机驱动的实验室设施可用于此目的(另见第 15 章)。然而，测量多组分体系的相平衡行为是非常耗时的。对于 10 个组分的体系，表 5.1 中列出了所需的实验 VLE 数据的数值，假设数据在恒定压强(例如大气压)下以 10%(mol)的间隔测定。对于纯组分，只需测定 10 个正常沸点。然后有 45 个二元体系，其中 9 个数据点在 10%(mol)到 90%(mol)之间进行测量，因此总共需要对 405 个数据点进行计算。如表 5.1 所示，另外还有 120 个三元体系、210 个四元体系、252 个五元体系和许多高级体系。对于 10 个组分体系，只需通过实验确定一个数据点，每个数据点的摩尔百分比为 10%。需要测量 92378 个数据点的结果。如果每个工作日可以测量 10 个数据点，则测量将持续 37 年[11]。

表 5.1 在给定压强(例如大气压)下，当以 10%(mol)的间隔测量数据时，10 个组分体系所需的实验数据数值

组分数量	体系数量	数据点/体系	数据点/体系总数	数据点总数
1	10	1	10	10
2	45	9	405	415
3	120	36	4320	4735
4	210	84	17640	22375
5	252	126	31752	54127
6	210	126	26460	80587
7	120	84	10080	90667
8	45	36	1620	92287
9	10	9	90	92377
10	1	1	1	92378

由于这项工作费时费力，因此需要可靠的热力学模型，以便使用有限的实验数据(例如，二进制数据)计算多组分系统的相平衡行为。从表 5.1 可以得出结论，在这种情况下，只需要 42 天来测量 10 个组分体系的所有纯组分和二元数据(总共 415 个数据点)。由于通常在文献[5,12]中可以找到一些所需的二元 VLE 数据，而其他数据可能对所检查的过程有较小的影响，因此即使不到 42 天的实验工作也是可以的。

根据 Gibbs 理论，如果组分在不同相 α 和 β 中显示相同的化学势，则存在相平衡：

$$\mu_i^{\alpha}=\mu_i^{\beta} \tag{4.71}$$

化学势是 Gibbs 首先引入的热力学量。这是一个不容易想象的数量。后来，Lewis(见第 4.8.2 节)指出，所给出的相平衡条件[公式(4.71)]可被等逸度条件所取代：

$$f_i^{\alpha}=f_i^{\beta} \tag{4.75}$$

在低压下，除强缔合化合物外，纯化合物的逸度与蒸气压或升华压强大致相同，取决于液体或固体的状态。在低压条件下，混合物的逸度与所考虑化合物的分压几乎相同。

因为缺少与可测量 T、P 以及液相和气相中的成分的联系，无法计算不同分离过程设计所需的 K 因子 K_i 或分离因子 α_{ij}，式(4.71)和式(4.75)并不适用于实际情况。因此，引入了活度系数 γ_i 和逸度系数 φ_i 等辅助量。

组分 i 的逸度系数 φ_i 可定义为液相 L(气相 V)中的逸度与摩尔分数 x_i(y_i)和系统压强 P 的乘积之比。在气相中，产物 y_iP 可由分压 P_i 代替：

$$\varphi_i^{\mathrm{L}} \equiv \frac{f_i^{\mathrm{L}}}{x_i P} \tag{5.3}$$

$$\varphi_i^{\mathrm{V}} \equiv \frac{f_i^{\mathrm{V}}}{y_i P} \equiv \frac{f_i^{\mathrm{V}}}{p_i} \tag{5.4}$$

活度系数 γ_i：

$$\gamma_i \equiv \frac{f_i}{x_i f_i^0} \tag{5.5}$$

标准逸度 f_i^0 可以任意选择。

利用对逸度的不同定义，可以得到描述相平衡的两种不同的方法。根据式(4.75)，可以得到 VLE 的如下关系[13]：

$$f_i^{\mathrm{L}} = f_i^{\mathrm{V}} \tag{5.6}$$

方法 A：

$$x_i \varphi_i^{\mathrm{L}} = y_i \varphi_i^{\mathrm{V}} \tag{5.7}$$

方法 B：

$$x_i \gamma_i f_i^0 = y_i \varphi_i^{\mathrm{V}} P \tag{5.8}$$

在方法 A 中，液相和气相的逸度系数 φ_i^{L} 和 φ_i^{V} 描述了与理想气体的偏差，可以借助于状态方程来计算，如三次状态方程和相关的混合规则。在方法 B 中，除了活度系数 γ_i 外，标准逸度的值 f_i^0 是必需的。以 VLE 为例，通常以纯液体在系统温度和系统压强下的逸度作为标准逸度。在计算超临界化合物的溶解度时，常采用亨利常数作为标准逸度（见 5.8 节）。

使用式(5.6)和式(5.4)可以直接计算纯液体在系统温度下的逸度，因为此时压强等于平衡状态下纯液体的蒸气压：

$$f_i^0(T,\ P_i^{\mathrm{s}}) = \varphi_i^{\mathrm{L}} P_i^{\mathrm{s}} = \varphi_i^{\mathrm{V}} P_i^{\mathrm{s}} \equiv \varphi_i^{\mathrm{s}} P_i^{\mathrm{s}} \tag{5.9}$$

这里的饱和状态下液相或气相的逸度系数 φ_i^{L} 和 φ_i^{V} 可以用饱和压强下的逸度系数 φ_i^{s} 代替。

为了得到在系统压强 P 而不是在蒸气压 P_i^{s} 处纯液体的逸度，必须考虑纯液体从蒸气压到系统压强的状态变化，这可以由式(2.71)得到：

$$\left(\frac{\partial \ln f_i^{\mathrm{L}}}{\partial P}\right)_T = \frac{v_i^{\mathrm{L}}}{RT} \tag{5.10}$$

假设液体的摩尔体积 v_i^{L} 在一定压强范围内是恒定的，利用式(5.11)可以得到系统温度和系统压强下的标准逸度，式(5.11)中的指数项为 Poyntin 因子 Poy_i：

$$f_i^0(T,\ P) = \varphi_i^{\mathrm{s}} P_i^{\mathrm{s}} \exp \frac{v_i^{\mathrm{L}}(P - P_i^{\mathrm{s}})}{RT} = \varphi_i^{\mathrm{s}} P_i^{\mathrm{s}} \mathrm{Poy}_i \tag{5.11}$$

结合式(5.8)和式(5.11)，借助于活度系数得到 VLE 的描述关系：

$$x_i\gamma_i\varphi_i^s P_i^s \mathrm{Poy}_i = y_i\varphi_i^V P \tag{5.12}$$

引入辅助量 φ_i：

$$x_i\gamma_i\varphi_i^s P_i^s = y_i P \quad \varphi_i = \frac{\varphi_i^s \mathrm{Poy}_i}{\varphi_i^V} \tag{5.13}$$

如果 P 到 P_i^s 的压差不是太大，那么 Poyntin 因子的值约为 1。以 70℃的乙醇－水体系(例 5.1)说明。

例 5.1 计算乙醇和水在 70℃和压差分别为 1bar、10bar 和 100bar 时的 Poyntin 因子。在 70℃时，乙醇的摩尔体积为 61.81cm³/mol、水的摩尔体积为 18.42cm³/mol。

解：

对于 1bar 的压差（例如系统压强 $P=5$bar，蒸气压强 $P_i^s=4$bar），得到乙醇和水的 Poyntin 因子为：

$$\mathrm{Poy}_{\mathrm{ethanol}} = \exp\frac{0.06181 \cdot 1}{0.0831433 \cdot 343.15} = 1.0022$$

$$\mathrm{Poy}_{\mathrm{water}} = \exp\frac{0.01842 \cdot 1}{0.0831433 \cdot 343.15} = 1.0006$$

用同样的方法得到了 10bar 和 100bar 压差下的 Poyntin 因子：

10bar $\mathrm{Poy}_{\mathrm{ethanol}} = 1.022$ $\mathrm{Poy}_{\mathrm{water}} = 1.006$

100bar $\mathrm{Poy}_{\mathrm{ethanol}} = 1.242$ $\mathrm{Poy}_{\mathrm{water}} = 1.067$

可以看出，典型精馏过程压差($P-P_i^s<1$bar)下，Poyntin 因子的值接近于 1。由于乙醇的摩尔体积较大，乙醇的 Poyntin 因子与 1 的偏差比水大。

除了 Poyntin 因子外，在式(5.12)和式(5.13)中也必须考虑真实气体的相行为。这可以借助于状态方程来得到。因为只考虑了气体的非理想性，简单的状态方程，如维里状态方程，只能被用来描述气体的 PvT 行为。第二维里系数适用于中等压强，但不适用于羧酸或氟化氢等缔合性强的体系。在这种情况下，由强相互作用(可与化学反应相比)引起的对理想气体行为的偏离必须考虑到化学贡献(见 13.3 节)。

例 5.2 使用维里方程计算 70℃的乙醇－水体系的逸度系数 φ_i^V、φ_i^s 和辅助量 φ_i。在 70℃时，乙醇(1)－水(2)体系的第二维里系数：

$B_{11} = -1100\mathrm{cm^3/mol}$

$B_{12} = -850\mathrm{cm^3/mol}$

$B_{22} = -650\mathrm{cm^3/mol}$

用以下液体摩尔体积来计算 Poyntin 因子：水为 18.42cm³/mol，乙醇为 61.81cm³/mol。

解决方案：

表5.2列出了乙醇(1)－水(2)体系的计算结果 $x_1 = 0.252$，$y_1 = 0.552$，$P = 62.39$ kPa。

利用式(4.97)计算气相的逸度系数：

$$\ln \varphi_i^{V} = \left[2\sum_j y_j B_{ij} - B\right]\frac{P}{RT} \tag{4.97}$$

对于纯物质：

$$\ln\varphi_i^{s} = \frac{B_{ii}P_i^{s}}{RT} \tag{2.108}$$

式中，混合物的第二维里系数B可由下列关系式得到：

$$B = \sum_i \sum_j y_i y_j B_{ij} \tag{4.89}$$

表5.2　在70℃时乙醇(1)－水(2)系统的气－液平衡数据[4]

x_1	y_1	P/kPa
0.0	0.0	31.09①
0.062	0.374	48.33
0.095	0.439	53.2
0.131	0.482	56.53
0.194	0.524	60.12
0.252	0.552	62.39
0.334	0.583	64.73
0.401	0.611	66.34
0.593	0.691	70.11
0.680	0.739	71.23
0.793	0.816	72.35
0.810	0.826	72.41
0.943	0.941	72.59
0.947	0.945	72.59
1.0	1.0	72.3①

①不幸的是，在[4]中没有测量纯组分的蒸气压。因此，这些值是通过使用安托因方程的可用常数来添加的(见图5.30)。

利用式(4.89)，由给定的气相组成可得如下维里系数：

$$B = 0.5522^2 \cdot (-1100) + 2 \cdot 0.552 \cdot 0.448^2 \cdot (-850) + 0.4482 \cdot (-650)$$
$$= -886\text{cm}^3/\text{mol}$$

利用此值可直接使用式(4.97)来计算乙醇的逸度系数：

$$\ln\varphi_1^{V} = [2(0.552 \cdot (-1100) + 0.448 \cdot (-850)) + 886]\frac{62.39}{8314.33 \cdot 343.15}$$
$$= -0.0238$$

$$\varphi_1^{V} = 0.9764$$

饱和状态下乙醇(1)的逸度系数为：

$$\ln\varphi_1^s=\frac{-1100\cdot 72.30}{8314.33\cdot 343.15}=-0.02787$$

$\varphi_1^s=0.9725$

同理，水(2)的值为：

$\varphi_2^V=0.9862$

$\varphi_2^s=0.9929$

Poyntin 因子为

$$Poy_{乙醇}=\exp\frac{0.06181\cdot(0.6239-0.723)}{0.0831433\cdot 343.15}=0.9998$$

$$Poy_{水}=\exp\frac{0.01842\cdot(0.6239-0.3109)}{0.0831433\cdot 343.15}=1.0002$$

数据点对应的 φ_i 值计算如下：

$$\varphi_{乙醇}=\exp\frac{0.9725\cdot 0.9998}{0.9764}=0.9958$$

$$\varphi_{水}=\exp\frac{0.9929\cdot 1.0002}{0.9862}=1.0070$$

对整个组成范围，φ_i 值如图 5.13 所示。可以看出，在整个组成范围内，φ_i 值在 0.98～1.01 之间。

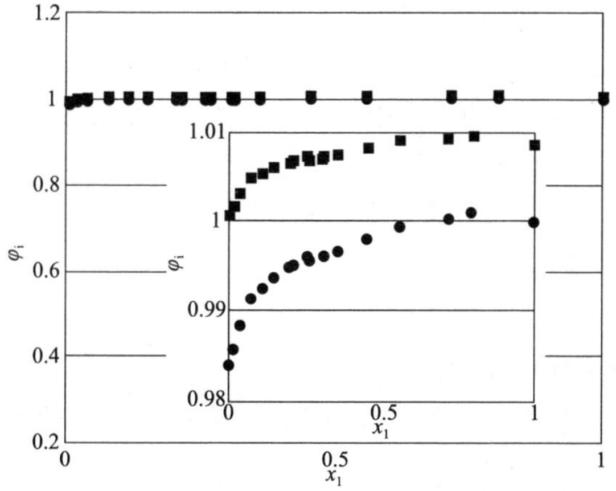

图 5.13 70℃下，乙醇(1)－水(2)体系的 φ_i 值

如例 5.2 所示，非缔合化合物与羧酸或氢氟酸等强缔合化合物相比，在气相下的逸度系数 φ_i^V 和在饱和状态下的逸度系数 φ_i^s 在中等压强下十分相近，所以 φ_i 的值接近一致。这意味着对于非缔合体系，通常可以使用以下简化关系来描述 VLE 行为：

$$x_i\gamma_i P_i^s\approx y_i P \quad (5.14)$$

使用不同的方法可以得到以下关系式来计算所需的 K 因子 K_i 和相对挥发度(分离因子)α_{ij}：

$$K_i=\frac{x_i}{y_i}=\frac{\varphi_i^L}{\varphi_i^V}\quad a_{ij}=\frac{K_i}{K_j}=\frac{y_i/x_i}{y_j/x_j}=\frac{\varphi_i^L\varphi_j^V}{\varphi_i^V\varphi_j^L} \quad (5.15)$$

$$K_i=\frac{y_i}{x_i}\approx\frac{\gamma_i P_i^s}{P}\quad a_{ij}=\frac{K_i}{K_j}=\frac{y_i/x_i}{y_j/x_j}\approx\frac{\gamma_i P_i^s}{\gamma_j P_j^s} \quad (5.16)$$

可以看出，这两种方法都可以只使用二元数据来计算多组成系统的 VLE 行为。

比较两种方法的优缺点，方法 A（$\varphi - \varphi$ 方法）与方法 B 相比具有许多优势，例如，使用相同的辅助量来描述液相和气相的真实行为。不需要额外的模型来解释气相的真实行为。此外，超临界化合物因为不需要标准逸度（蒸气压）而没有计算问题。同时，密度、焓（包括汽化热）、热容等作为温度、压强和组成的函数在两相中都可以计算，而这些在方法 B 中是需要额外计算的——即所谓的 $\gamma - \varphi$ 方法（见 5.3 节）。其缺点是需要计算机计算。此外，方法 B 的优势在于其相对简单并为每个量提供独立的相关性，以尽可能准确地根据需要进行拟合。

5.3 活度系数的应用

状态方程法是一种非常普遍的计算 VLE 的方法。但它需要一个状态方程和真实的混合规则，它能够同时准确地描述气体和液体的 PvT 行为。尽管近 20 年来在这方面取得了一定的进展，但迄今为止，还没有一种通用的状态方程和混合规则在较宽的温度和压强范围内可以成功地适用于纯化合物和混合物的各种体系。

在利用方法 B 来计算 VLE 时，通常采用简化式（5.14）。除了活度系数作为组成和温度的函数外，只需要计算各组分的蒸气压。

式（5.14）需要的活度系数和超额 Gibbs 自由能可以直接从完整的 VLE 实验数据中得到。例 5.3 中对乙醇－水二元系统在 70℃ 的估算可以体现这一点。

例 5.3　使用式（5.14）和表 5.2 作为组成的函数来计算乙醇（1）－水（2）体系在 70℃ 的活度系数和超额 Gibbs 自由能。

解决方案：

对于乙醇（1）－水（2）体系，在摩尔分数 $x_1 = 0.252$ 的情况下，计算活度系数和超额 Gibbs 自由能。

利用简化的式（5.14），活度系数可以由如下关系计算：

$$\gamma_i \approx \frac{y_i P}{x_i P_i^s}$$

对于选定的组成，乙醇（1）和水（2）的活度系数如下所示：

$$\gamma_1 = \frac{0.552 \cdot 62.39}{0.252 \cdot 72.30} = 1.890$$

$$\gamma_2 = \frac{0.448 \cdot 62.39}{0.748 \cdot 31.09} = 1.202$$

借助于这些活度系数，可以利用式（4.86）计算出超额 Gibbs 自由能：

$$g^E = RT(x_1 \ln\gamma_1 + x_2 \ln\gamma_2)$$

$$g^{E}=8.31433\cdot 343.15(0.252\ln 1.890+0.748\ln 1.202)=850.2\text{cm}^3/\text{mol}$$

$$\frac{g^{E}}{RT}=0.252\ln 1.890+0.748\ln 1.202=0.298$$

其他组成的活度系数、超额 Gibbs 自由能和无量纲的超额 Gibbs 自由能(g^E/RT)列于表 5.3。此外，这些值以图的形式表示在图 5.14 中，并使用 Wilson 模型得到相应的结果(见 5.4 节)。

表 5.3 在 70℃时，乙醇(1) – 水(2) 体系的实验数据[4] 以及推导出的活度系数和超额 Gibbs 自由能

x_1	y_1	P/kPa	γ_1	γ_2	g^E/(J/mol)	g^E/RT
0	0	31.09	1.000	1.000	0	0
0.062	0.374	48.33	4.032	1.037	345.0	0.1209
0.095	0.439	53.2	3.400	1.061	483.9	0.1696
0.131	0.482	56.53	2.877	1.084	594.6	0.2084
0.194	0.524	60.12	2.246	1.142	753.2	0.2640
0.252	0.552	62.39	1.890	1.202	850.2	0.2980
0.334	0.583	64.73	1.563	1.304	929.2	0.3257
0.401	0.611	66.34	1.398	1.386	940.9	0.3298
0.593	0.691	70.11	1.130	1.712	831.1	0.2913
0.68	0.739	71.23	1.071	1.869	703.3	0.2465
0.793	0.816	72.35	1.030	2.069	495.5	0.1737
0.81	0.826	72.41	1.021	2.133	459.3	0.1610
0.943	0.941	72.59	1.002	2.417	148.6	0.0521
0.947	0.945	72.59	1.002	2.423	138.9	0.0487
1	1	72.3	1.000		0	0

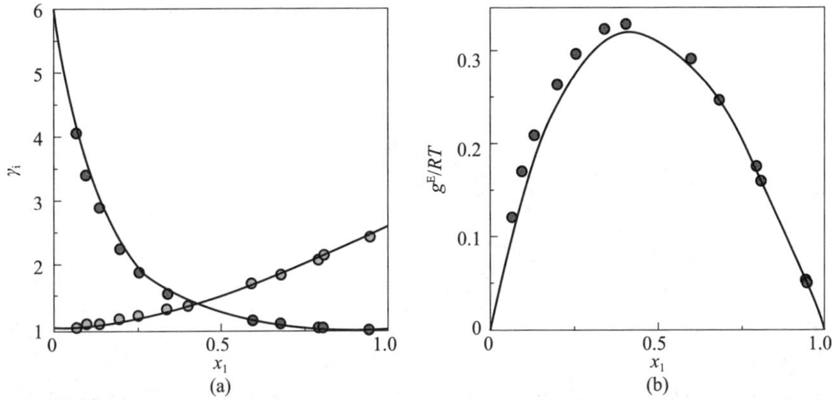

图 5.14 在 70℃时，乙醇(1) – 水(2) 体系[4] 的活度系数和无因次超额 Gibbs 自由能与浓度的关系
—Wilson 模型

根据活度系数 γ_1 和 γ_2 和蒸气压 P_1^s 和 P_2^s，观察到一种不同寻常的 VLE 行为。在图 5.15 中，对于具有不同真实行为的二元系统，气相组成 y_1，活度系数

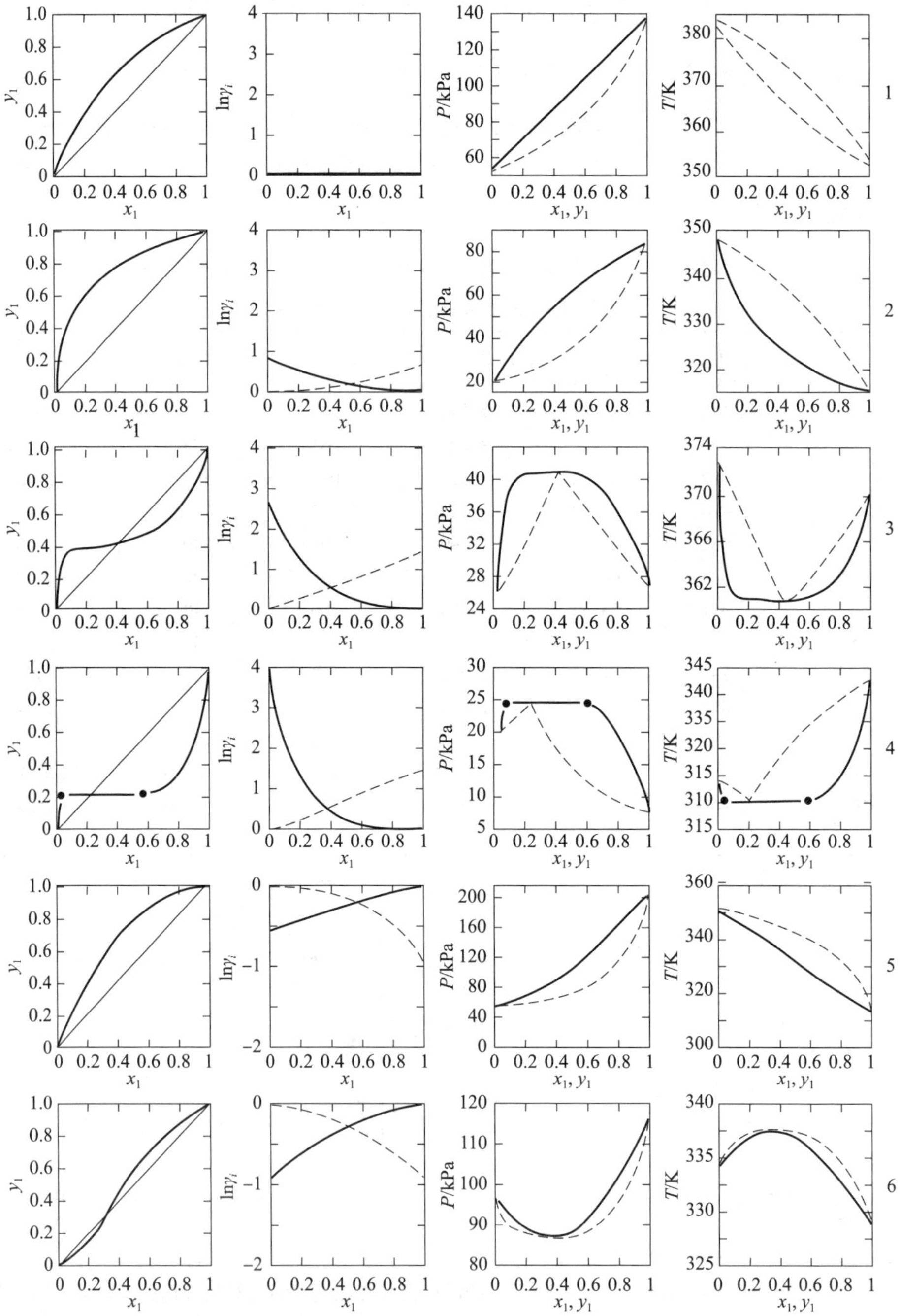

图 5.15　下列二元系统的不同类别的气 - 液平衡图：(1) 苯(1) - 甲苯(2)；(2) 甲醇(1) - 水(2)；(3) 正丙醇(1) - 水(2)；(4) 正丁醇(1) - 水(2)；(5) 二氯甲烷(1) - 甲基乙基酮(2)；(6) 丙酮(1) - 氯仿(2)

$\ln\gamma_i$，在等温条件下的压强 P 和在等压条件下温度 T 作为液(气)相中组分 1[1] 的摩尔分数的函数。在右边的两个图中，压强和温度不仅是液相(连续沸点线)的函数，而且是气相组成(虚线露点线)的函数。

虽然第一个体系苯－甲苯表现出近乎理想的行为($\gamma_i \approx 1$)，但接下来三个体系的活度系数稳步增加(拉乌尔定律的正偏差)。活度系数的影响可以从压强与给定温度下液相摩尔分数 x_1 的函数中得到。虽然在近似理想的苯－甲苯体系中，根据拉乌尔定律得到的压强是一条直线，但是比其在甲醇－水体系中的压强更高($\gamma_i > 1$)。随着活度系数的增加，如正丙醇－水体系($\gamma_i \gg 1$)，压强甚至达到了最大值。同时，在等压情况下观察到温度的最小值。在压强最大时(即温度为最小值)，泡点线与露点线相交。这意味着气液相的组成变得完全相同，在 $y-x$ 图中观察到一个 45°的交叉。这些点被称为共沸点，具有共沸点的体系不能用普通精馏分离。

当活度系数的值进一步增大时，会出现两种液相，就像正丁醇－水体系中的情况一样。如果两个液相区域(以水平线表示)在 $y-x$ 图中以 45°的线相交，即存在非均相共沸点。在非均相共沸点的情况下，气相的冷凝导致两个液相的形成。在正丁醇－水体系中，形成了一个富丁醇相和一个富水相。在整个非均相区，压强(温度)和气相组成为常数。

除了大量的拉乌尔定律的正偏差体系($\gamma_i > 1$)，也有拉乌尔定律负偏差体系($\gamma_i < 1$)。以图 5.15 中二氯甲烷－2－丁酮体系和丙酮－氯仿体系为例。由于这两种化合物之间的强氢键作用，在这些体系中形成了低挥发性的缔合物。这导致液体混合物上方的压强低于理想状态下的压强($\gamma_i = 1$)。根据蒸气压的不同，共沸行为也可以发生在对拉乌尔定律有负偏差的体系中，如丙酮－氯仿系统中。然而，与拉乌尔定律的正偏差体系相比，在这些体系中形成了具有最小压强(最大温度)的共沸点。二元体系与拉乌尔定律的负偏差体系($\gamma_i < 1$)不能显示出两个液相。第 5.7 节更详细地讨论了二元共沸物的出现和消失。

5.4 利用 g^E 模型计算气－液平衡

如 5.2 节所讨论的，在仅使用二元实验数据计算 VLE 行为时，除了纯化合物的蒸气压外，还需要一个活度系数模型。

如果有超额 Gibbs 自由能的表达式，利用式(4.85)就可以推导出活度系数的解析表达式。根据定义，超额 Gibbs 自由能的表达式必须满足以下边界条件：

---

[1] 在二元液体中，低沸点物质通常被称为组分 1。

$$g^{\mathrm{E}} \to 0 \quad x_i \to 0$$

对于二元体系，超额 Gibbs 自由能 g^{E} 的值对于 $x_1=1$ 和 $x_2=1$ 来说为 0。满足边界条件的最简单表达式为 Porter 方程[14]：

$$\frac{g^{\mathrm{E}}}{RT}=Ax_1x_2 \tag{5.17}$$

在这个方程中，A 是一个可以由实验数据拟合的参数。利用式(4.85)，活度系数的解析表达式可直接由 Porter 公式[14]推导出来。在推导过程中，建议用摩尔数代替摩尔分数：

$$\frac{(n_1+n_2)g^{\mathrm{E}}}{RT}=\frac{G^{\mathrm{E}}}{RT}=\frac{An_1n_2}{n_1+n_2}$$

$$\ln\gamma_1=\left(\frac{\partial G^{\mathrm{E}}/RT}{\partial n_1}\right)_{T,P,n_2}=\frac{An_2(n_1+n_2)-An_1n_2}{(n_1+n_2)^2}$$

$$\ln\gamma_1=Ax_2^2$$

同理，由组分 2 得到下面的表达式：

$$\ln\gamma_2=Ax_1^2$$

如果 g^{E} 具有对称的曲率，则可以使用 Porter 方程；这意味着等摩尔组成($x_1=0.5$)。这种行为只在化学上大小相似的化合物中观察到。

需要一个更灵活的表达式对所有其他二元体系的 g^{E}/RT 进行描述。最简单的方法是引入更多的可调参数，比如利用 Redlich – Kister 展开式[15]：

$$\frac{g^{\mathrm{E}}}{RT}=x_1x_2[A+B(x_1-x_2)+C(x_1-x_2)^2+\cdots] \tag{5.18}$$

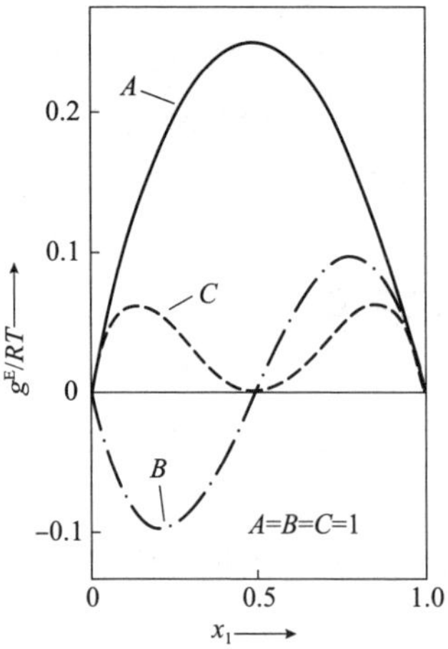

图 5.16　Redlich – Kister 的不同参数对超额 Gibbs 能量值的贡献

借助于 Redlich – Kister 展开式可以描述二元体系中 g^{E} 与各种组成的关系。不同参数对超额 Gibbs 自由能的贡献如图 5.16 所示。然而，Porter 模型和Redlich – Kister模型都只能用于二元体系。此外，不能使用与温度无关的参数来描述活度系数对温度的正确关系。

实际上，g^{E} 模型是必需的，因为它仅使用二元数据来计算多组分体系在整个组成和一个大的温度范围内的真实行为。到 2017 年，已经发表的 VLE 数据中最大一部分(87.1%)是二元体系。发表的 VLE 数据中只有 11.5%是三元体系的，大约 1%是四元体系[5]。这意味着几乎没有机会找到所需的四元和更多元的 VLE 实验数据。

一个复杂的热力学模型应该考虑各种对超额 Gibbs 自由能的贡献，以便其能够正确地描述浓度，温度和压强的关系：

$$g^{\mathrm{E}}=h^{\mathrm{E}}-Ts^{\mathrm{E}}=u^{\mathrm{E}}+Pv^{\mathrm{E}}-Ts^{\mathrm{E}} \tag{5.19}$$

大多数超额性质是可以通过实验获得的。虽然 g^{E} 值可以通过气－液平衡实验获得(见例 5.3)，但是超额焓变 h^{E} 由热量数据获得，超额体积 v^{E} 由密度测量值获得。当已知前面提到的超额性质时，可以直接导出其他超额性质，例如超额熵 s^{E}，见下一个例题。

例 5.4 根据 Mertl[4]（表 5.2 和表 5.3）的 VLE 数据和表 5.4 中的超额焓[16]，构建乙醇(1)－水(2)体系的 g^{E}、h^{E} 和 $-Ts^{\mathrm{E}}$ 热力学超额性质图。

解：

通过实验数据得到的活度系数可以直接计算出 g^{E} 值。g^{E}/RT 的值已经列在表 5.3 中。在 $x_1=0.252$ 的浓度下，超额 Gibbs 自由能的值如下：

$$g^{\mathrm{E}}=8.31433\cdot 343.15\cdot 0.298=850.2\mathrm{J/mol}$$

对于 $-Ts^{\mathrm{E}}$ 的值可以从 $g^{\mathrm{E}}-h^{\mathrm{E}}$ 的差中得到：

$$-Ts^{\mathrm{E}}=g^{\mathrm{E}}-h^{\mathrm{E}}$$

表 5.4　70℃时乙醇(1)－水(2)体系的超额焓数据[16]

x_1	$h^{\mathrm{E}}/(\mathrm{J/mol})$	x_1	$h^{\mathrm{E}}/(\mathrm{J/mol})$
0.0303	−108.7	0.3962	61.6
0.0596	−173.7	0.4502	101.3
0.0896	−200.1	0.4980	129.7
0.1238	−194.0	0.5802	151.3
0.1239	−196.4	0.5889	153.3
0.1697	−160.9	0.6976	135.8
0.1905	−149.9	0.7439	115.0
0.2402	−92.2	0.8022	84.0
0.3021	−24.8	0.8457	62.0
0.3514	22.8	0.8957	39.3

对于整个组成范围，结果如图 5.17 所示。

当超额性质是已知的，活度系数的值可以外推到其他条件。应用 Van't Hoff 方程(见附录 C)，得到了超额 Gibbs 自由能对温度和压强的如下关系：

$$\left(\frac{\partial(g^{\mathrm{E}}/T)}{\partial T}\right)_{P,x}=-\frac{h^{\mathrm{E}}}{T^2} \tag{5.20}$$

$$\left(\frac{\partial(g^{\mathrm{E}}/T)}{\partial(1/T)}\right)_{P,x}=h^{\mathrm{E}} \tag{5.21}$$

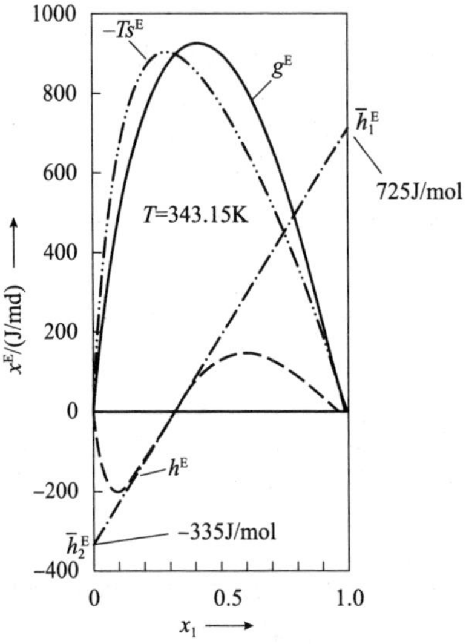

图 5.17 70℃时乙醇(1)-水(2)体系的超额 Gibbs 能、超额焓和 $-Ts^E$

$$\left(\frac{\partial g^E}{\partial P}\right)_{T,x} = v^E \tag{5.22}$$

摩尔超额焓对温度的关系可以用摩尔超额热容 c_P^E 来表示：

$$\left(\frac{\partial h^E}{\partial T}\right)_{P,x} = c_P^E \tag{5.23}$$

利用这些表达式，可以直接得到活度系数对温度和压强的关系：

$$\left(\frac{\partial(\ln\gamma_i)}{\partial(1/T)}\right)_{P,x} = \frac{\bar{h}_i^E}{R} \tag{5.24}$$

$$\left(\frac{\partial(\ln\gamma_i)}{\partial P}\right)_{T,x} = -\frac{\bar{v}_i^E}{RT} \tag{5.25}$$

偏摩尔超额性质随组成变化，可以直接从超额焓的曲率 h^E 或作为摩尔分数的函数的超额体积 v^E 中获得。图 5.17 给出了在一定组成下，如何根据超额焓的切线确定偏摩尔性质。使用偏摩尔超额值 $\bar{h}_i^E$ 和 $\bar{v}_i^E$ 可以测定不同温度或压强下的活度系数。但这些偏摩尔超额性质不仅和组成有关，还与温度和压强有关。

虽然在 VLE 的计算下，通常可以忽略压强对活度系数的影响，但应考虑温度的影响，如例 5.5 所示。

例 5.5 用表 5.3 中给出的活度系数和表 5.4 中的超额焓的实验数据预测在 50℃、$x_1=0.252$ 时乙醇(1)-水(2)体系的活度系数。为了简化，假设在考虑的温度范围内，超额焓是恒定的。

在 70℃时的活度系数：

$\gamma_1 = 1.890$

$\gamma_2 = 1.202$

解：

当 $x_1=0.252$ 时，可以从图 5.17 中得到如下偏摩尔超额焓的值：

$\bar{h}_1^E = 725\text{J/mol}$

$\bar{h}_2^E = -335\text{J/mol}$

在这个组成下，对于乙醇(1)的偏摩尔超额焓，我们得到的是正值，而对于水(2)，我们得到的是负值。使用式(5.24)

$$\ln\gamma_i(T_2)=\ln\gamma_i(T_1)+\frac{\overline{h}_i^{E}}{R}\left(\frac{1}{T_2}-\frac{1}{T_1}\right)$$

在50℃下，可以计算活度系数的值：

$$\ln\gamma_1(323.15\text{K})=\ln 1.890+\frac{725}{8.31433}\left(\frac{1}{323.15}-\frac{1}{343.15}\right)$$

$$\gamma_1(323.15\text{K})=1.920$$

$$\ln\gamma_2(323.15\text{K})=\ln 1.202-\frac{335}{8.31433}\left(\frac{1}{323.15}-\frac{1}{343.15}\right)$$

$$\gamma_2(323.15\text{K})=1.193$$

可以看出，由于偏摩尔超额焓的符号不同，这两种化合物对温度的依赖性不同。在温度范围内，乙醇的活度系数随温度的升高而降低，而水的活度系数随温度的升高而增大。但是从图5.17可以看出，偏摩尔超额焓对温度的关系很大程度上取决于组成。例如，当组成 $x_1<0.1$ 时，乙醇的偏摩尔超额焓为负值。

例5.6 根据 γ_1^{∞} 在338.65K[5]处的值，计算在353.15K和433.15K时乙醇(1)在正癸烷(2)中的无限稀释活度系数：

$\gamma_1^{\infty}=15.9$

假设乙醇的偏摩尔超额焓 $\overline{h}_1^{E,\infty}=19000\text{J/mol}$[5]在温度范围内是恒定的。

解：

利用式(5.24)，得到以下活度系数：

$$\ln\gamma_1^{\infty}(353.15\text{K})=\ln 15.9-\frac{19000}{8.31433}\left(\frac{1}{353.15}-\frac{1}{338.65}\right)=2.7663-0.2771$$

$$=2.4892$$

$$\gamma_1^{\infty}(353.15\text{K})=12.05$$

$$\ln\gamma_1^{\infty}(433.15\text{K})=\ln 15.9-\frac{19000}{8.31433}\left(\frac{1}{433.15}-\frac{1}{338.65}\right)=2.7663-1.4722$$

$$=1.2941$$

$$\gamma_1^{\infty}(433.15\text{K})=3.65$$

可以看出，当温度从338K增加到433K时，正癸烷中乙醇的无限稀释活度系数降低了4倍以上。

从这些结果中可以发现温度的影响不可忽视。正的偏摩尔超额焓导致活度系数随温度升高而减小，而负的偏摩尔超额焓导致活度系数随温度升高而增大。摩尔超额焓随组成和温度的变化非常复杂。在70℃左右的乙醇－水体系中，甚至连迹象也会随着组成而改变，如图5.18所示。

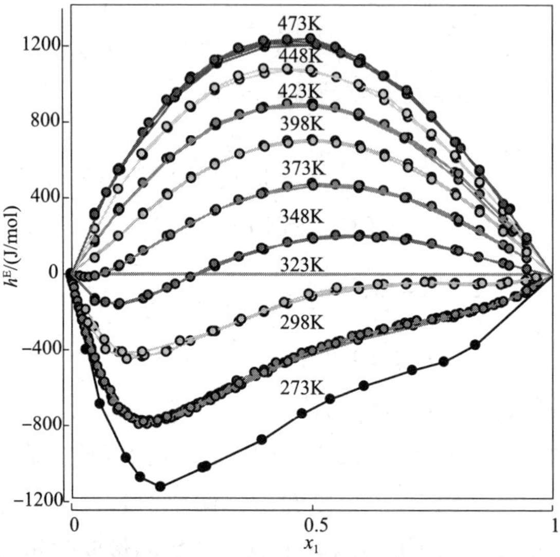

图 5.18　不同温度下乙醇－水体系的选择超额焓数据[5]

例 5.7　估算纯化合物的体积总和与 20℃ 下所得的 0.4mol 乙醇和 0.6mol 水的二元混合物的体积之差。另外定性地检查了 2bar 的压差对活度系数的影响。

在下表中，给出了 20℃ 时的密度和摩尔质量[5]（另请参见例 4.1）：

组分	密度/(g/cm^3)	摩尔质量/(g/mol)
乙醇	0.7893	46.069
水	0.9982	18.015

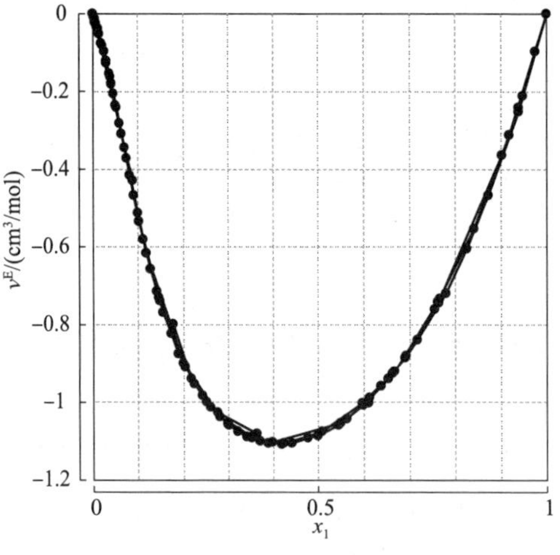

图 5.19　20℃下的乙醇(1)－水(2)体系的超额体积[5]

20℃ 下的乙醇(1)－水(2)体系的超额体积列于图 5.19 中。

解：

为了确定纯化合物的体积，首先要计算出它们的质量：

$$m_{乙醇} = 0.4 \cdot 46.069 = 18.43\text{g}$$

$$V_{乙醇} = \frac{18.43}{0.7893} = 23.35\text{cm}^3$$

$$m_{水} = 0.6 \cdot 18.015 = 10.81\text{g}$$

$$V_{水} = \frac{10.81}{0.9982} = 10.83\text{cm}^3$$

这意味着在理想条件下纯化合物的总体积为 34.18cm^3。

为了计算正确的混合物体积，必须知道超额体积。从图 5.19 可以看出，对于 $x_1=0.4$ 的组成，超额体积为 $-1.10\text{cm}^3/\text{mol}$。代入公式(4.57)计算混合物的体积：

$$v=\sum x_i v_i+v^{\mathrm{E}}$$

$$v=34.18-1.10=33.08\text{cm}^3/\text{mol}$$

这意味着混合物的体积比纯化合物的体积约低 3.2%，即从 100cm^3 降到 96.8cm^3。

当组成 $x_1=0.4$ 时，偏摩尔超额体积为 $-1.1\text{cm}^3/\text{mol}$（$x_1=0$ 和 $x_1=1$ 的斜率在 $x_1=0.4$ 处的交点）。当压强增加到 2bar 时，使用此值对活度系数进行以下更改：

$$\ln\frac{\gamma_i(P_2)}{\gamma_i(P_1)}=\frac{\bar{v}_i^{\mathrm{E}}}{RT}(P_2-P_1)=\frac{-0.0011\cdot 2}{0.0831433\cdot 293.15}=-9.026\cdot 10^{-5}$$

$$\frac{\gamma_i(P_2)}{\gamma_i(P_1)}=0.9999$$

由于偏摩尔超额体积是负值，活度系数随着压强的增加而降低。但是可以看出，与 h^{E} 引起的温度影响相比，对于 VLE 观察到的典型压差，压力对活度系数的影响可以忽略不计。但是对于较大的压强差，必须考虑到其影响。LLE 的 5.9 节对此进行了说明。

超额性质 h^{E} 和 v^{E} 不仅取决于温度，还取决于压强。图 5.20 显示了 298K 时乙醇 - 水体系的超额体积。对于等摩尔混合物，在低压下观察到的值约为 $-1\text{cm}^3/\text{mol}$，但超额体积在高于 2000bar 的压强下减小到小于 $-0.3\text{cm}^3/\text{mol}$。

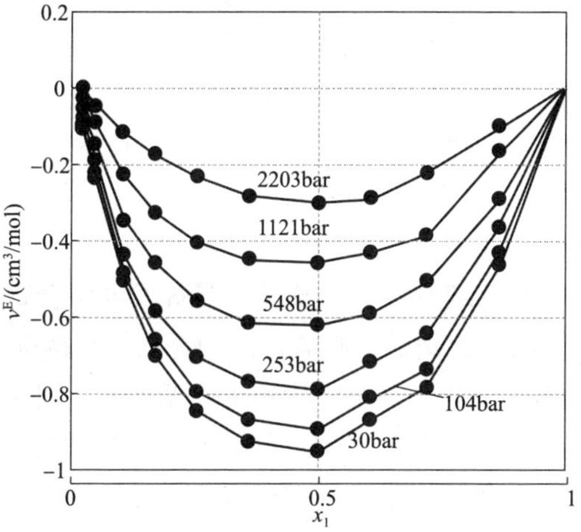

图 5.20 在 323K 时，乙醇(1) - 水(2)体系作为压强的函数的超额体积[5,17]

超额 Gibbs 自由能和活度系数与温度的关系可以从 $g^{\mathrm{E}}-h^{\mathrm{E}}$ 图中得出(图 5.21)。根据超额性质 g^{E} 和 h^{E} 的符号，获得四个象限❶。

对于与拉乌尔定律成正偏差的体系($g^{\mathrm{E}}>0$，$\gamma_i>1$)，根据超额焓

❶ 根据式(5.24)，活度系数的温度依赖性不是由超额焓决定的，而是由偏摩尔超额焓决定的。根据 h^{E} 的曲率与 h^{E} 的正(负)值的组成函数关系，例如，如果出现如图 5.18 所示的 S 形曲率，则可以获得负(正)偏摩尔超额焓。因此，以下描述仅在一定条件下有效。但是在大多数情况下，偏摩尔数和摩尔超额焓的符号是相同的(S 形曲线除外)。

的符号，可以区分为两种情况。在吸热的情况下($h^E>0$)，超额 Gibbs 自由能和活度系数的值都随着反应温度的升高而减小。

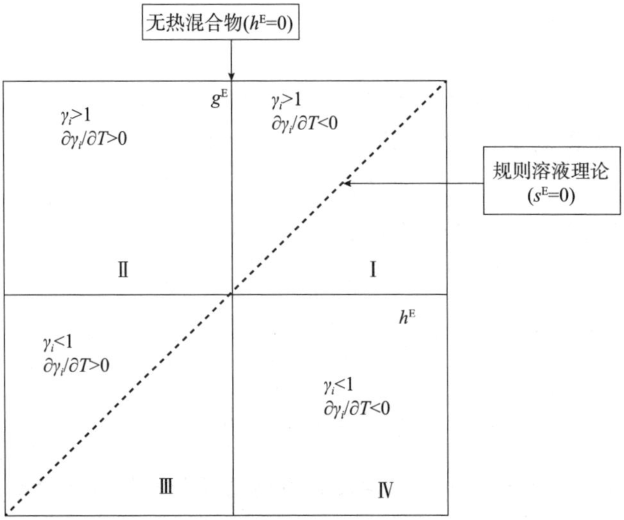

图 5.21　活度系数随温度变化的 g^E-h^E 图

大多数二元体系属于象限Ⅰ；这意味着它们显示出与拉乌尔定律和吸热 h^E 行为的正偏差。这意味着随着温度的升高，这些体系将变得更加理想。在放热行为的情况下(象限Ⅱ)，活度系数将随着温度的升高而增加；这意味着随着温度的升高，与拉乌尔定律的偏差更大。只有少数体系属于象限Ⅱ($g^E>0$，$h^E<0$)❶。只有这些体系才具有重要的技术意义，如乙醇－水和烷基胺－水体系。与拉乌尔定律成负偏差的体系[$g^E<0$(象限Ⅲ和Ⅳ)]要少得多。在这些体系中，不同组分之间的相互作用能比纯组分之间的相互作用能强，例如丙酮－氯仿体系。由于强氢键作用，形成了不易挥发的络合物。象限Ⅲ的体系更理想，因为对于超额 Gibbs 自由能，随着温度的升高，负值会更小。对于象限Ⅳ的体系，随着温度的升高，与拉乌尔定律的负偏差更大。图 5.21 还显示了所谓的无热混合物($h^E=0$，即 $g^E=-Ts^E$)和常规溶液($s^E=0$，即 $g^E=h^E$)的曲线。

应用活度系数的解析表达式不仅能够正确地描述与浓度的关系，而且能够正确地描述与温度的关系。目前，还没有完全的方法来完成这个任务。但是较新的方法，例如 Wilson[18]，NRTL(非随机的两种液体)[19] 和 UNIQUAC(通用拟化学)[20] 方程，可以根据二元体系的信息改进对多组分体系真实行为的描述。这些方法基于 Wilson[18] 引入的局部组成的概念。这一概念假设，由于相互作用的影

❶ 有时只是在有限的浓度范围内(见图 5.18)。

响，局部组成不同于整体组成。对于这种方法，可以区分不同的边界情况：

1. 由于相互作用力非常相似，所以局部组成与整体组成相同(随机混合，近乎是理想行为 $\gamma_i \approx 1$)。

2. 形成两个液相，因为分子2没有趋向于位于分子1附近的趋势，反之亦然(与拉乌尔定律的正偏差很大，$\gamma_i \gg 1$)。

3. 不同分子之间的相互作用力比相同分子之间的相互作用力大得多，因此形成了络合物(与拉乌尔定律的负偏差，$\gamma_i < 1$)。

不同的方程在文献中有详细的描述。为了使用公式(4.85)推导出一个可靠的 g^E(活度系数)模型，应考虑不同的超额性质(h^E，s^E，v^E)。Flory[21] 和 Huggins[22,23] 分别从无热聚合物溶液的超额熵出发，推导出 g^E 的表达而不是即利用晶格理论，$h^E=0$，在这些分子大小差异很大的混合物中，使用体积分数 ϕ_i 代替摩尔分数。在二元系统中，可以使用摩尔体积 v_i 通过以下表达式来计算体积分数：

$$\phi_1 = \frac{x_1 v_1}{x_1 v_1 + x_2 v_2}, \quad \phi_2 = \frac{x_2 v_2}{x_1 v_1 + x_2 v_2} \tag{5.26}$$

利用超额熵的表达式：

$$s^E = -R\left(x_1 \ln \frac{\phi_1}{x_1} + x_2 \ln \frac{\phi_2}{x_2}\right) \tag{5.27}$$

可以推导出超额 Gibbs 自由能的表达式：

$$g^E = -Ts^E = RT\left(x_1 \ln \frac{\phi_1}{x_1} + x_2 \ln \frac{\phi_2}{x_2}\right) \tag{5.28}$$

借助于式(4.85)，可以推导出无热溶液($h^E=0$，见图5.21)活度系数 γ_i 的表达式：

$$\ln\gamma_i = \ln \frac{\phi_i}{x_i} + 1 - \frac{\phi_i}{x_i} \tag{5.29}$$

由该表达式，对于化合物大小相差很大的体系，其结果与拉乌尔定律有很大的负偏差。从式(5.29)很容易看出为什么从聚合物溶液中去除残留单体比预期要困难得多。

例 5.8 使用无热 Flory – Huggins 方程计算聚合物中单体的活度系数。使用如下体积：

$$v_1 = 70\text{cm}^3/\text{mol} \quad v_2 = 70000\text{cm}^3/\text{mol}$$

解：

对于 $x_1 = 0.2$ 的摩尔分数进行计算。对于此组成，体积分数如下：

$$\phi_1 = \frac{0.2 \cdot 70}{0.2 \cdot 70 + 0.8 \cdot 70000} = 2.499 \cdot 10^{-4} \quad \phi_2 = 0.99975$$

活度系数 γ_1 可以直接由这些值计算：

$$\ln\gamma_1 = \ln\frac{2.499\cdot10^{-4}}{0.2} + 1 - \frac{2.499\cdot10^{-4}}{0.2} = -5.686$$

$$\gamma_1 = 3.39\cdot10^{-3}$$

对于整个组成范围，图 5.22 表达了单体 (1) 的活度系数与聚合物质量分数的关系。可以看出，随着单体组成的减少，单体的挥发度 (活性系数) 急剧降低。

为了能够解释超额焓 h^E 的贡献，在 Flory – Huggins 方程中添加了一个简单的单参数项：

$$\frac{g^E}{RT} = x_1\ln\frac{\phi_1}{x_1} + x_2\ln\frac{\phi_2}{x_2} + \phi_1\phi_2\chi \tag{5.30}$$

由式 (5.30) 开始，单体的活度系数有以下表达式：

$$\ln\gamma_1 = \ln\frac{\phi_1}{x_1} + 1 - \frac{\phi_1}{x_1} + \chi\phi_2^2 \tag{5.31}$$

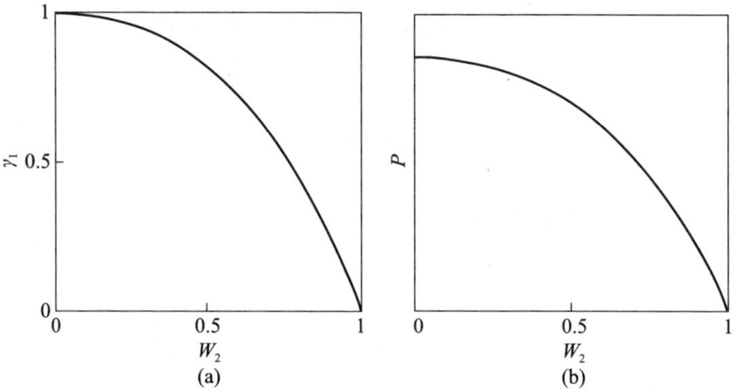

图 5.22 使用 Flory – Huggins 方程计算单体的活度系数和作为聚合物溶液中聚合物质量分数的函数产生的系统压强

Wilson 从与 Flory 和 Huggins 类似的方程式出发，推导了除聚合物之外的任意混合物的方程式[18]。但是，Wilson 在表达式中使用了局部体积分数 ξ_i 来代替超额 Gibbs 自由能，而不是真实的体积分数：

$$\frac{g^E}{RT} = \sum_i x_i\ln\frac{\xi_i}{x_i} \tag{5.32}$$

Wilson 引入了局部摩尔分数来定义局部体积分数，使用玻尔兹曼因子，通过不同化合物之间的相互作用能考虑宏观浓度的偏差。通过引入辅助量 Λ_{ij}，可以得出 g^E 和 γ_i 的关系式❶。Wilson 方程最大的优势在于只需要二元而不需要三元

❶ 从式(5.32)开始详细推导出 Wilson 方程的活度系数表达式的过程在附录 C，E1 中给出。

或更多元的参数计算多组分系统的真实行为。但是，Wilson 方程有一个缺点，因为与其他 g^E 模型相比，它不能用于计算 LLE(请参阅附录 C，E3)。

例 5.9 比较 Hiaki 等人发表的气相摩尔分数的实验[24]，对于在 1 个大气压下的丙酮(1) - 氯仿(2) - 甲醇(3)系统，假设气体为理想气体并使用表 5.5 中列出的二元 Wilsin 参数 $\Delta\lambda_{ij}$进行计算。

计算时，摩尔体积如下：

$v_1 = 74.04\text{cm}^3/\text{mol}$；$v_2 = 80.67\text{cm}^3/\text{mol}$；$v_3 = 40.73\text{cm}^3/\text{mol}$；

利用安托因方程的常数 ($\log P_i^s(\text{mmHg}) = A - B/(\vartheta(℃) + C)$) 来计算气体压强。

组分	A	B	C
丙酮	7.1327	1219.97	230.653
氯仿	6.95465	1170.97	226.232
甲醇	8.08097	1582.27	239.7

表 5.5 丙酮(1) - 氯仿(2) - 甲醇(3)三元系统的 Wilson 相互作用参数

(a_{ij}，b_{ij}，c_{ij}，请参见表 5.10)

i	j	a_{ij}/(cal/mol)	a_{ji}/(cal/mol)	b_{ij}/(cal/mol·K)	b_{ji}/(cal/mol·K)	c_{ij}/(cal/mol·K^2)	c_{ji}/(cal/mol·K^2)
1	2	375.28	-1722.6	-3.7843	6.4055	7.9107	-7.4779
1	3	-60.756	863.79	-0.06114	-1.0533	—	—
2	3	-1140.83	596.2	2.5936	-6.2234	$3.10 \cdot 10^{-5}$	$3.00 \cdot 10^{-5}$

解：

应在 $T = 331.42\text{K}$ 对以下组成进行计算：

$x_1 = 0.229$，$x_2 = 0.175$，$x_3 = 0.596$，$y_1 = 0.250$，$y_2 = 0.211$，

$y_3 = 0.539$，

在 331.42K 处使用表 5.5 中列出的 Wilson 交互作用参数，可获得以下 $\Delta\lambda_{ij}$值：

$$\Delta\lambda_{12} = 375.28 - 3.7843 \cdot 331.42 + 0.0079107 \cdot 331.42^2 = -10.01\text{cal/mol}$$

以同样的方式可得到

$\Delta\lambda_{21} = -421.06\text{cal/mol}$，$\Delta\lambda_{13} = -81.02\text{cal/mol}$

$\Delta\lambda_{31} = 514.71\text{cal/mol}$，$\Delta\lambda_{23} = -277.82\text{cal/mol}$

$\Delta\lambda_{32} = 1536.94\text{cal/mol}$

在下一步中，可以确定表 5.6❶ 中考虑到 $\Delta\lambda$ 的单位的 Wilson 参数 Λ_{ij}：

---

❶ 在实际中通常是恒定的，这意味着使用与温度无关的摩尔体积 v_i。

$$\Lambda_{ij}=\frac{v_j}{v_i}\cdot\exp\left[-\frac{\Delta\lambda_{ij}}{RT}\right]$$

$$\Lambda_{12}=\frac{80.67}{74.04}\cdot\exp\left[\frac{10.01}{1.98721\cdot 331.42}\right]=1.1062$$

同理，得到其他 Wilson 参数：

$\Lambda_{21}=1.7394$

$\Lambda_{13}=0.62212$，$\Lambda_{31}=0.83204$

$\Lambda_{23}=0.76985$，$\Lambda_{32}=0.19200$

借助于这些参数 Λ_{ij}，可以计算所需的活度系数。γ_1 可得：

$$\ln\gamma_1=-\ln(x_1\Lambda_{11}+x_2\Lambda_{12}+x_3\Lambda_{13})+1-\frac{x_1\Lambda_{11}}{x_1\Lambda_{11}+x_2\Lambda_{12}+x_3\Lambda_{13}}-\frac{x_2\Lambda_{21}}{x_1\Lambda_{21}+x_2\Lambda_{22}+x_3\Lambda_{23}}-\frac{x_3\Lambda_{31}}{x_1\Lambda_{31}+x_2\Lambda_{32}+x_3\Lambda_{33}}$$

对于 $x_1=0.229$，$x_2=0.175$ 和 $x_3=0.596$ 的选定组成，可得到以下活度系数：

$$\ln\gamma_1=-\ln(0.229+0.175\cdot 1.1062+0.596\cdot 0.62212)+1-\frac{0.229}{0.229+0.175\cdot 1.1062+0.596\cdot 0.62212}-\frac{0.175\cdot 1.7394}{0.229\cdot 1.7394+0.175+0.596\cdot 0.76985}-\frac{0.596\cdot 0.83204}{0.229\cdot 0.83204+0.175\cdot 0.19200+0.596}=0.04325$$

$\gamma_1=1.0442$

表 5.6　超额 Gibbs 自由能和推导的活度系数的重要表达式

模型	参数	活度系数表达式
Wilson[18]		$\frac{g^E}{RT}=\sum_i x_i\ln\frac{\xi_i}{x_i}$ 或 $\frac{g^E}{RT}=-\sum_i x_i\ln\sum_j x_j\Lambda_{ij}$
	$\Delta\lambda_{12}$❶	$\ln\gamma_1=-\ln(x_1+\Lambda_{12}x_2)+x_2\left(\frac{\Lambda_{12}}{x_1+\Lambda_{12}x_2}-\frac{\Lambda_{21}}{\Lambda_{21}x_1+x_2}\right)$
	$\Delta\lambda_{21}$	$\ln\gamma_2=-\ln(x_2+\Lambda_{21}x_1)-x_1\left(\frac{\Lambda_{12}}{x_1+\Lambda_{12}x_2}-\frac{\Lambda_{21}}{\Lambda_{21}x_1+x_2}\right)$
	$\Delta\lambda_{ij}$	$\ln\gamma_i=-\ln\left(\sum_j x_j\Lambda_{ij}\right)+1-\sum_k\frac{x_k\Lambda_{ki}}{\sum_j x_j\Lambda_{kj}}$
		$\ln\gamma_1^\infty=1-\ln\Lambda_{12}-\Lambda_{21}$
		$\ln\gamma_2^\infty=1-\ln\Lambda_{21}-\Lambda_{12}$

❶ $\Lambda_{ij}=\frac{v_j}{v_i}=\exp(-\Delta\lambda_{ij}/T)$，$\Lambda_{ii}=1$；$v_i$代表摩尔体积，$\Delta\lambda_{ij}$代表组分 i 和 j 之间的交互作用参数。

续表

模型	参数	活度系数表达式
		$\frac{g^{E}}{RT}=\sum_i x_i\frac{\sum_j \tau_{ji}G_{ji}x_j}{\sum_j G_{ji}x_j}$
	Δg_{12}❶	$\ln\gamma_1=x_2^2\left[\tau_{21}\left(\frac{G_{21}}{x_1+x_2G_{21}}\right)^2+\frac{\tau_{12}G_{12}}{(x_2+x_1G_{12})^2}\right]$
NRTL[19]		
	Δg_{21}，α_{12}	$\ln\gamma_2=x_1^2\left[\tau_{12}\left(\frac{G_{12}}{x_2+x_1G_{12}}\right)^2+\frac{\tau_{21}G_{21}}{(x_1+x_2G_{21})^2}\right]$
	Δg_{ij}，α_{ij}	$\ln\gamma_i=\frac{\sum_j \tau_{ji}G_{ji}x_j}{\sum_k G_{ki}x_k}+\sum_j\frac{x_jG_{ij}}{\sum_k G_{kj}x_k}\left(\tau_{ij}-\frac{\sum_n x_n\tau_{nj}G_{nj}}{\sum_k G_{kj}x_k}\right)$
UNIQUAC[20]		$g^{E}=g^{E,C}+g^{E,R}$
		$\frac{g^{E,C}}{RT}=\sum_i x_i\ln\frac{\phi_i}{x_i}+\frac{z}{2}\sum_i q_ix_i\ln\frac{\theta_i}{\varphi_i}$
		$\frac{g^{E,R}}{RT}=-\sum_i q_ix_i\ln\sum_j\theta_j\tau_{ji}$
	Δu_{12}❷	$\ln\gamma_1=\ln\gamma_1^{C}+\ln\gamma_1^{R}$
	Δu_{21}	$\ln\gamma_1^{C}=1-V_1+\ln V_1-5q_1\left(1-\frac{V_1}{F_1}+\ln\frac{V_1}{F_1}\right)$
		$\ln\gamma_1^{R}=-q_1\ln\frac{q_1x_1+q_2x_2\tau_{21}}{q_1x_1+q_2x_2}+q_1q_2x_2\left[\frac{\tau_{21}}{q_1x_1+q_2x_2\tau_{21}}-\frac{\tau_{12}}{q_1x_1\tau_{12}+q_2x_2}\right]$
		$\ln\gamma_2=\ln\gamma_2^{C}+\ln\gamma_2^{R}$
		$\ln\gamma_2^{C}=1-V_2+\ln V_2-5q_2\left(1-\frac{V_2}{F_2}+\ln\frac{V_2}{F_2}\right)$
		$\ln\gamma_2^{R}=-q_2\ln\frac{q_1x_1\tau_{12}+q_2x_2}{q_1x_1+q_2x_2}+q_1q_2x_1\left[\frac{\tau_{12}}{q_1x_1\tau_{12}+q_2x_2}-\frac{\tau_{21}}{q_1x_1+q_2x_2\tau_{21}}\right]$
		$\ln\gamma_i=\ln\gamma_i^{C}+\ln\gamma_i^{R}$
		$\ln\gamma_i^{C}=1-V_i+\ln V_i-5q_i\left(1-\frac{V_i}{F_i}+\ln\frac{V_i}{F_i}\right)$
	Δu_{ij}	$\ln\gamma_i^{R}=q_i\left(1-\ln\frac{\sum_j q_jx_j\tau_{ji}}{\sum_j q_jx_j}-\sum_j\frac{q_jx_j\tau_{ij}}{\sum_k q_kx_k\tau_{kj}}\right)$

---

❶ $\tau_{ij}=\Delta g_{ij}/T$，$\tau_{ii}=0$；$G_{ij}=\exp(-\alpha_{ij}\tau_{ij})$，$G_{ii}=1$；$\Delta g_{ij}$代表代表组分 i 和 j(K)之间的交互作用参数，非随机参数：$\alpha_{ij}=\alpha_{ji}$

❷ γ_i^{C} 组分 i 活度系数的组合部分；γ_i^{R} 组分 i 活度系数的剩余部分；$\tau_{ij}=\exp(-\Delta u_{ij}/T)$，$\tau_{ii}=1$；$\Delta u_{ij}$组分 i 和 j(K)的交互作用参数；组分 i 的 r_i 相对 van der Waals 体积；$V_i=\frac{r_i}{\sum_j r_jx_j}$组分 i 的体积分数/摩尔分数；$F_i=\frac{q_i}{\sum_j q_jx_j}$组分 i 的表面积分数/摩尔分数；$\phi_i=\frac{r_ix_i}{\sum_j r_jx_j}$体积分数，$\theta_i=\frac{q_ix_i}{\sum_j q_jx_j}$表面积分数。

同样，其他活度系数计算为：

$r_2 = 1.4049$，$r_3 = 1.1752$

在 331.42K(58.27℃)时，得到气相压强：

$$P_i^s = 10^{A_i - \frac{B_i}{\vartheta + C_i}}$$

$$P_1^s = 10^{7.1327 - \frac{1219.97}{58.27 + 230.653}} = 813.25\text{mmHg},\ P_2^s = 689.91\text{mmHg}$$

$$P_3^s = 589.94\text{mmHg}$$

则算得分压和总压为：

$$p_i = x_i \cdot \gamma_i \cdot P_i^s$$

$$P = 0.229 \cdot 1.0442 \cdot 813.25 + 0.175 \cdot 1.4049 \cdot 689.91 + 0.596 \cdot 1.1752 \cdot 589.94$$

$$P = 194.47 + 169.62 + 413.22 = 777.31\text{mmHg}$$

气相组成由分压与总压之比得到：

$$y_1 = \frac{P_1}{P} = \frac{194.47}{777.31} = 0.2502,\ y_2 = 0.2182,\ y_3 = 0.5316$$

由于计算出的压强大于恒定实验压强 760mmHg，因此下一步必须降低计算出的温度，直到实验压强和计算出的压强完全相同为止。对于所考虑的液体组成是在 330.82K 的温度下实现的，在该温度下，气相摩尔分数几乎达到相同的值。

以相同的方式，可以计算 Hiaki 等人[24]发表的所有其他气相摩尔分数数据。实验值和计算值如图 5.23 所示。

可以看出，实验结果和计算的气相摩尔分数几乎一致。此外，可以正确预测复杂的拓扑结构和三元鞍点，如图 5.24 所示。

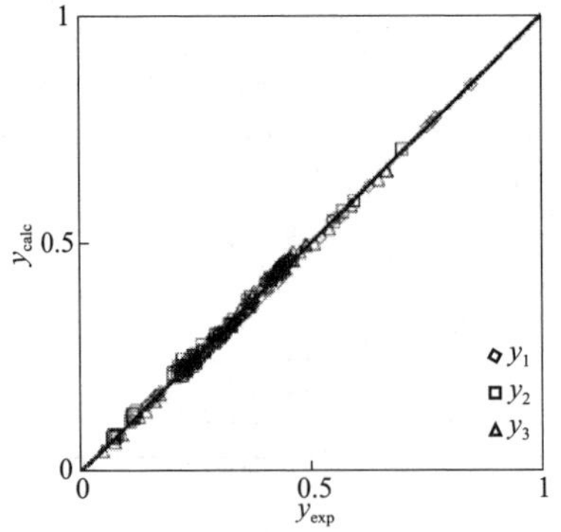

图 5.23　大气压下丙酮(1)－氯仿(2)－甲醇(3)体系的气相摩尔分数的计算值和实验值[5,24]

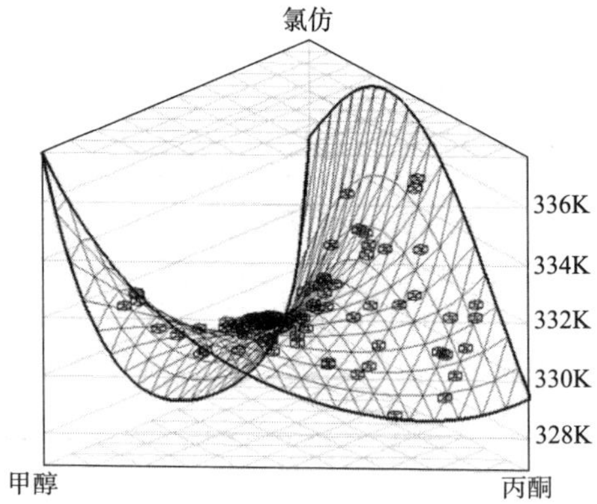

图 5.24　在 1atm 下丙酮－氯仿－甲醇三元体系的实验 Tx 数据[5,24]和使用二元 Wilson 参数计算的 Tx 行为

这意味着基于局部组成概念的 Wilson 方程可以根据二元数据对多组分系统的 VLE 行为进行关联。

之后，又发表了基于局部组成概念的其他 g^E 模型，例如 NRTL[19] 和 UNIQUAC[20] 等方程，它们也允许仅使用二元参数来预测多组分体系的活度系数。在使用 UNIQUAC 方程时，活度系数由组合部分和剩余部分计算得到。与温度无关的组合部分考虑了分子的大小和形状，而剩余部分考虑了不同化合物之间的相互作用。与 Wilson 方程不同，NRTL 和 UNIQUAC 方程也可以用于计算 LLE。

三种 g^E 模型的二元体系和多组分体系活度系数的解析表达式如表 5.6 所示。对于 Wilson 模型和 UNIQUAC 模型，使用了两个二元交互作用参数($\Delta\lambda_{12}$，$\Delta\lambda_{21}$ (Δu_{12}，Δu_{21}))。对于 NRTL 方程，除了使用两个二元交互作用参数(Δg_{12}，Δg_{21})之外，二元体系还要求一个通常设置为定义值的非随机因子 α_{12}。Wilson 方程需要摩尔体积，而 UNIQUAC 方程需要相对的 van der Waals 体积和表面积。这些值很容易得到。

尽管对于交互作用参数 $\Delta\lambda_{ij}$，Δg_{ij}和 Δu_{ij}的单位可以使用 K，但对于已发表的交互作用参数，例如[12]中给出的，通常可以找到摩尔能量的单位。这是指数项的分母用 RT 代替 T 时的情况。该单位取决于一般气体常数 R(J/mol · K，cal/mol · K 等)的单位的选择。当涉及较大的温度范围时，必须使用与温度有关的参数来精确描述活度系数对温度的依赖性。这意味着遵循 Gibbs - Helmholtz 关系，超额焓(即偏摩尔超额焓)在一定的温度范围内被涉及。在该书中，使用以下与二元交互作用参数有关的温度关系：

$$\Delta\lambda_{ij}(T) = \Delta g_{ij}(T) = \Delta u_{ij}(T) = a_{ij} = b_{ij}T + c_{ij}T^2 \tag{5.33}$$

g^E 模型的应用也在附录 C，E2 中进行了说明。

5.5 g^E 模型参数的拟合

求解 MESH 方程❶对精馏塔设计的质量主要取决于 K 值的精度（分离因子）[1]。如果二元参数可用，使用一个表 5.6 中给出的 g^E 模型，可以为要分离的体系计算 K 值。然而，为了进行正确的设计，必须使用二元参数来描述要在整个组成和温度范围内分离该体系的 K 值（分离因子 α_{ij}）

分离因子主要取决于组成和温度。借助活度系数来描述正确的组成依赖性。遵循第 2.4.4 节中提出的 Clausius - Clapeyron 方程，温度依赖性主要受所涉及组分的蒸气压曲线(蒸发焓)的斜率的影响。活度系数也与温度有关，遵循 Gibbs - Helmboltz 方程[方程(5.24)]。这意味着，除了正确描述活度系数的组成依赖性之外，还需要准确描述其温度依赖性。对于中等压强下的精馏过程，可以忽略压

❶ MESH 方程：这些是理想平衡级概念的平衡方程，分别为物料平衡（M），平衡条件（E），求和条件（S）和热平衡（H）。

强对活度系数的影响(见例5.7)。考虑到真实的气相行为，可以使用状态方程例如维里方程，立方状态方程[Redlich - Kwong，Soave - Redlich - Kwong (SRK)和Peng - Robinson (PR)]，关联模型等。

假设在相平衡计算中气相行为是理想的，除了选择的二元 g^E 模型参数外，仅需要正确的蒸气压。等压情况的简单计算过程如图5.25所示。在等压情况下，需要温度的初始值。在计算过程中，温度的变化必须使计算值与期望压强之间的差值小于选定值 ε。等温情况的计算由于不必推测温度而更简单，然后通过迭代进行调整。图5.25中所示的计算过程也可以应用于多组分体系。

如果必须考虑真实的气相行为和Poynting因子，则过程会稍微复杂一些。该过程如图5.26所示。需要输入摩尔体积和真实气相行为的信息，例如，选择状态方程的参数，关联常量的参数等。利用这些信息，计算了混合物和纯物质的Poynting因子和逸度系数。

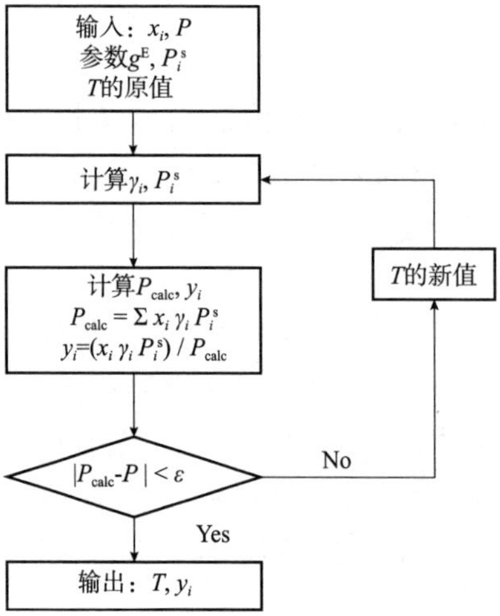

图5.25 在气相理想状态下计算等压VLE数据的流程图

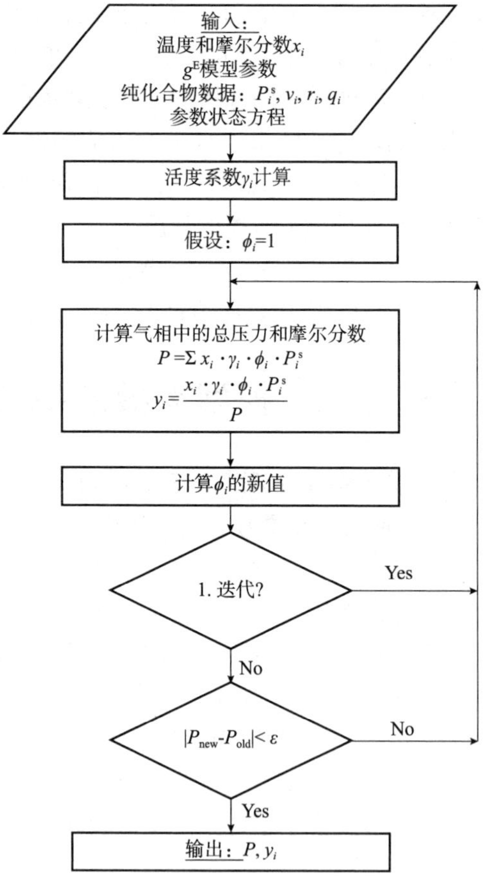

图5.26 考虑气相非理想行为的等温VLE的计算流程图

正确描述多组分体系的真实行为的前提是借助已拟合的二元 g^E 模型参数对二元子系统进行可靠地描述。

应用非线性回归方法拟合二元相互作用参数，该方法允许调整参数来获得任意选择的目标函数 F 的最小偏差。例如，对于这个方法可以成功地应用Simplex – Nelder – Mead 方法[25]。与许多其他方法相比[26]，Simplex – Nelder – Mead 方法是一种简单的搜索程序，它不需要目标函数对不同变量的一阶导数和二阶导数。因为其可以避免具有任意选择的初始参数的计算问题而具有很大的优势。

作为拟合所需 g^E 模型参数的目标函数，可以使用不同类型的目标函数以及选择实验或推导出的性质 X，例如，气相摩尔分数、压强、温度、K_i、分离因子 α_{12} 等。其中实验值和相关值(压强，温度，气相组成等)的相对或绝对偏差可以最小化：

$$F = \frac{1}{n}\sum\sum(X_{\text{calc},i,j} - X_{\text{exp},i,j})^2 \overset{!}{=} \text{Min}$$

$$F = \frac{1}{n}\sum\sum\left|X_{\text{calc},i,j} - X_{\text{exp},i,j}\right| \overset{!}{=} \text{Min}$$

$$F = \frac{1}{n}\sum\sum\left[\frac{X_{\text{calc},i,j} - X_{\text{exp},i,j}}{X_{\text{exp},i,j}}\right]^2 \overset{!}{=} \text{Min}$$

$$F = \frac{1}{n}\sum\sum\left|\frac{X_{\text{calc},i,j} - X_{\text{exp},i,j}}{X_{\text{exp},i,j}}\right| \overset{!}{=} \text{Min}$$

完整的 VLE 数据，包括 P、T、x_i 和 y_i；实验和预测活度系数之间的偏差或超额 Gibbs 自由能也可以用于拟合所需的二元参数。此外，还可以通过同时拟合不同的性质来确定参数，以适当地同时包括活度系数的组成和温度依赖性。例如，可以将导出的活度系数的偏差与无限稀释，超额焓等条件下的活度系数的偏差一起最小化。在无限稀释条件下用复杂的实验方法测得准确的活度系数很重要，因为它们提供了稀释范围内真实行为的唯一准确信息[27]❶，例如，在精馏塔的顶部或底部。使用流量测热法测量超额焓也很重要，因为它们通过 Gibbs – Helmholtz 方程[参见方程(5.24)]提供了最准确的有关活度系数对温度的依赖性的信息，因此也提供了分离因子和 K 值。

在过去的不同论文中建议使用最大似然法，例如[28]。该方法在目标函数中考虑了所有测量值的实验误差。但是后来发现，使用拟合的二元参数并不能很好

---

❶ 例如，通过稀释剂技术、气液相色谱法、沸点测定法、瑞利蒸馏法等方法，在高沸点化合物中对低沸点物质进行无限稀释时，测量可靠的活度系数是非常简单的。低沸点化合物中高沸点组分的这些值比较难测量，例如环氧乙烷中的水，苯中的 NMP 等(见第 15 章)。但这些数值对于精馏塔的合理设计具有特殊的重要性。在正偏离拉乌尔定律的情况下，为了去除塔顶少量的高沸点化合物，需要付出最大的分离努力。

地预测三元、四元和更高元系统的结果。

不准确的 g^E 模型参数的影响是非常严重的。这些参数对投资和运营成本有很大的影响(理论板数，回流比)。如果分离因子接近于1，则 g^E 模型参数对结果的影响将会特别大。不准确的参数可能导致在非共沸体系中存在的共沸物（请参见第11.2节)或在共沸体系中没有共沸物。不准确的参数还可能导致不存在的混溶性差异❶。

在与拉乌尔定律有正偏差的系统中，分离问题经常发生在必须除去塔顶的高沸点物质，因为在精馏塔的顶部，从式(5.16)推出了最差的分离因子。并且在精馏塔的顶部和底部(低沸物：组分1)有以下分离因子：

塔顶($x_1 \to 1$)：

$$\alpha_{12}^{\infty} = \frac{P_1^s}{\gamma_2^{\infty} P_2^s}$$

塔底($x_2 \to 1$)：

$$\alpha_{12}^{\infty} = \frac{\gamma_1^{\infty} P_1^s}{P_2^s}$$

从这些方程可以很容易地看出，对于与拉乌尔定律有正偏差的系统($\gamma_i > 1$)，最小的分离因子和最大的分离问题出现在塔顶。要确定塔顶的分离因子，可将其除以大于1的数字(γ_2^{∞})，而在塔底，可将其乘以大于1的数字(γ_1^{∞})。然而，例如，对于常压下的丙酮－水系统，在塔顶获得的分离系数略高于1，而在塔底得到的分离系数大于40(请参见第11章)。当拉乌尔定律出现负偏差时，分离问题通常发生在塔底。

已发表的VLE数据的质量通常令人怀疑。为了拟合可靠的 g^E 模型参数，应使用准确的实验VLE数据。表5.7汇总了已发表的不同类型的VLE数据以及这些数据在所有已发表的VLE数据中所占的比例。

在大多数情况下，测量是在等温或等压条件下进行的。偶尔也在恒定组成下进行的测量。有时，没有一个性质保持恒定。由于四个值(x_i，y_i，T，P)中的任何三个都足以得出第四个量，因此对所有值(x_i，y_i，T，P)进行了测量的情况少于50%。由于需要进行更多实验，很少测量露点数据(T，P，y_i)。

---

❶ 过程模拟器通常包含大量的纯组分和混合物参数的数据库，例如通用 g^E 模型的参数。这允许非常快地生成所需的输入。但是用户应该小心使用这些数据和参数。模拟器公司也提到，这些默认值不应该直接用于流程模拟。用户应请公司的相平衡热力学专家仔细检查纯组分数据和混合参数。在图5.31和图5.35中，显示了使用流程模拟器公司提供的默认值时可能发生的情况。附录F给出了一个错误默认值的例子。在第11.2节中，演示了在进行过程模拟之前应该如何检查热物理性质。

表 5.7 已发表的 VLE 数据类型

VLE 数据类型	测量值				已发表 VLE 数据百分比
	x_i	y_i	P	T	
完全等温	√	√	√	常量	15.80
完全等压	√	√	常量	√	25.89
等温 P_x 数据	√	—	√	常量	30.55
等压 Tx 数据	√	—	常量	√	11.20
等温 xy 数据	√	√	—	常量	3.41
等压 xy 数据	√	√	常量	—	1.83
等温 yP 数据	—	√	√	√	0.54
等压 yT 数据	—	√	常量	√	0.34
等值 PT 数据	常量	—	√	√	9.06
完全数据	√	√	√	√	1.38

这些数据对于确定塔顶低沸点化合物(环氧乙烷)中高沸点化合物(如水)的可靠分离因素具有特别重要的意义，这也最终决定了精馏塔的塔板数(见第 11 章)。

从表 5.7 中可以看出，全等压数据的测量是非常受欢迎的，因为蒸馏塔是在接近等压的条件下运行的，故而等压数据深受大量化学工程师的喜爱。但是与等温数据相比，等压数据的测量也存在一些缺点。关于这些内容，Van Ness [29] 已经进行了详细的探讨。例如，考虑蒸气压 P_i^s 与温度关系的同时，必须考虑 g^E 模型对温度和组成的依赖关系。因此，Van Ness[29] 得出了以下结论：

“在早期的化学工程中，VLE 数据是在恒压下获得的，数据被直接用于蒸馏塔的设计，这些蒸馏塔被视为在等压条件下运行的。虽然现在已经没有理由采用等压线数据了，但遗憾的是，这种做法仍然存在。对等压数据进行严格的热力学处理，会出现与等温数据不同的问题。它们的起源不仅需要考虑过量 Gibbs 能量对组成依赖性，还需要考虑其温度依赖性。”

由于温度和压强的测量比浓度测量更精确，所以 Van Ness 建议在等温条件下测量 Px 数据。实际上，现如今测量的主要是等温 Px 数据。在静态设备的单元中，通常使用精确的活塞泵注入脱气液体来保证精确的液相组成。当已知单元的体积和压强时，可以很容易得到由于蒸发引起的进料组成的变化。根据蒸汽体积的不同，在中等压强下，进料组成的变化小于 0.1%。用这种方法测定液体的组成比用分析方法更加准确，可以非常准确地测定压强和温度，关于这种方法的进一步讨论见第 15 章。

5.5.1 VLE数据的热力学一致性检验

已发表数据的质量并不是在所有的情况下都是合格的，完整数据(P，T，x_i，y_i)的质量可以借助热力学一致性检验进行测验。目前已经开出了很多一致性测试方法，其中，最常应用的是面积检验法。推导面积检验所需要的方程如下(见第4.4章)：

$$\frac{dG^E}{RT} = \left(\frac{\partial G^E/RT}{\partial P}\right)_{T,n_i} dP + \left(\frac{\partial G^E/RT}{\partial P}\right)_{P,n_i} dT + \sum_i \left(\frac{\partial G^E/RT}{\partial n_i}\right)_{T,P,n_j \neq n_i} dn_i \quad (5.34)$$

通过替换

$$\left(\frac{\partial G^E}{\partial P}\right)_{T,n_i} = V^E \quad (5.35)$$

$$\left(\frac{\partial G^E/T}{\partial T}\right)_{P,n_i} = -\frac{H^E}{T^2} \quad (5.36)$$

$$\left(\frac{\partial G^E/RT}{\partial n_i}\right)_{T,P,n_{j\neq n_i}} = \ln\gamma_i \quad (5.37)$$

应用摩尔性质，得到二元体系的下列关系式($dx_1 = -dx_2$)：

$$\frac{dg^E}{RT} = \frac{v^E}{RT}dP - \frac{h^E}{RT^2}dT + \ln\frac{\gamma_1}{\gamma_2}dx_1 \quad (5.38)$$

从 $x_1=0$ 到 $x_1=1$ 积分后，得到一个表达式，该表达式可用于对热力学一致性的完全VLE数据进行图形化检验：

$$\int_{x_1=0}^{x_1=1}\frac{dg^E}{RT} = \int_{x_1=0}^{x_1=1}\ln\frac{\gamma_1}{\gamma_2}dx_1 - \int_{Tatx_1=0}^{Tatx_1=1}\frac{h^E}{RT^2}dT + \int_{Patx_1=0}^{Patx_1=1}\frac{v^E}{RT}dP = 0 \quad (5.39)$$

在等温或等压情况下，上述方程中的一项可以消去。由于对压强的依赖关系通常可以忽略不计，故而在等温VLE数据中，VLE数据的热力学一致性检验可采用以下简单关系进行检验：

$$\int_{x_1=0}^{x_1=1}\ln\frac{\gamma_1}{\gamma_2}dx_1 = 0 \quad (5.40)$$

一致性检验（Redlich－Kister test）是通过绘制活度系数的比的对数值作为摩尔分数 x_1 的函数的图像来展现的。如果VLE数据满足热力学一致性，那么 x 轴上下的面积应该是相等的。

在等压情况下，必须考虑超额焓。如果系统的过量焓已知，这是可以做到的。但是由于超额焓一般是未知的，故而在面积试验中，通常根据Redlich和Kister[30]所提出的量 J 来计算贡献值。

$$J = 150\frac{|\Delta T_{max}|}{T_{min}}(\%) \quad (5.41)$$

J 的值主要取决于温度差 ΔT_{max}。在共沸物系中，就是沸点的差值。

在 DECHEMA 化学数据丛书中[12]，偏差 $D<10\%$ 可以认为通过热力学一致性测试：

$$D=\frac{|A-B|}{A+B}100(\%) \tag{5.42}$$

其中，A 是 x 轴以上的面积，B 是 x 轴以下的面积。

而在等温情况下，误差 $D<10\%$ 是可以接受的，在等压情况下，考虑到式(5.41)中的超额焓的影响，较大的面积偏差是可行的。

$D-J<10(\%)$

例 5.10 使用面积检验法检验 Mertl[4] 在 70℃下测定的乙醇(1)－水(2)体系等温 VLE 数据(见表 5.3)的热力学一致性。

解：

要检验 VLE 数据的质量，必须要画出活度系数比的对数值 $\ln\frac{\gamma_1}{\gamma_2}$ 与乙醇摩尔分数的关系图。所需的活度系数已经在表 5.3 中给出了。例如，当摩尔分数 $x_1=0.252$ 时，能够得到以下比值：

$$\ln\frac{\gamma_1}{\gamma_2}=\ln\frac{1.890}{1.202}=0.453$$

整个组成范围的值如图 5.27 所示。能够看到 x 轴上部和下部的面积几乎完全相等(≈2% 的偏差)，这就意味着 Mertl[4] 发表的数据满足热力学一致性。

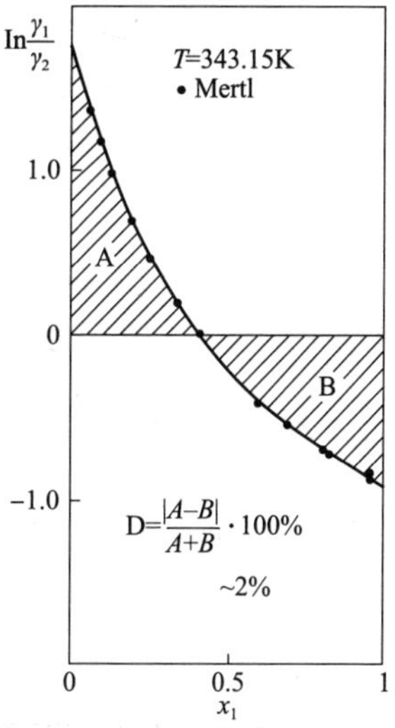

图 5.27 使用面积检测法检验乙醇(1)－水(2)体系的等温完全 VLE 数据的热力学一致性

Van Ness 等人[31] (resp. Fredenslund 等人[32])开发了另一种完全 VLE 数据热力学一致性检验的方法。在这种一致性检验方法中，只使用部分多余的相平衡数据(通常是 TPx 数据)来拟合弹性 g^E 模型的参数，像是 Redlich－Kister 展开式最小化。例如，压强偏差。下一步就是用拟合的参数来计算没有用来拟合参数的数据，即相应的气相组成。当实验和计算的气相摩尔分数之间的平均偏差 <0.01 时，就可以认为 VLE 数据是热力学一致的。热力学一致性检验的流程图如图 5.28 所示。

测量的常等温数据(见表 5.7)并不能够进行热力学一致性检验。但是如果能够借助一致性 g^E 模型来准确对这些数据进行描述的话，那么这些 VLE 数据就可以认为是具有热力学一致性的。对于表 5.7 中其他不完全的 VLE 数据也是一样的。

借助 g^E 模型只能描述拉乌尔定律的偏差。只有在拟合过程中使用纯组分蒸气压的精确值，才能得到正确的拉乌尔定律偏差。如下所示，这是为了拟合接近理想但存在共沸的 2－丙醇－叔丁醇体系的 NRTL 参数，同时得到 40℃ 下的两个等温的 Px 数据集。不同的拟合结果如图 5.29 所示。显然，这两组数据在压强测量上有系统的细微差别。

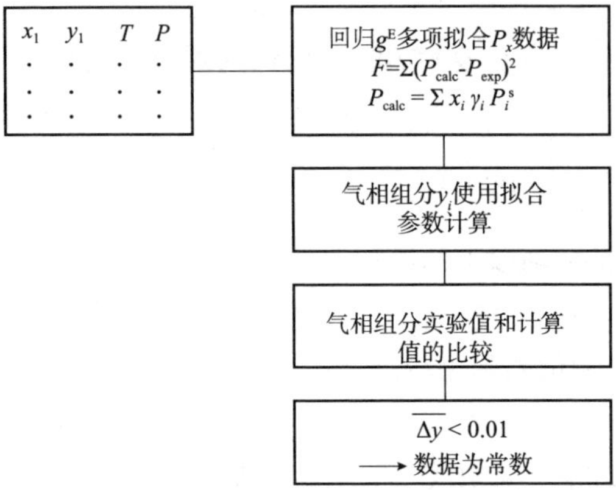

图 5.28　一致性检验的流程图

（来源：Van Ness et al.[31] 和 Fredenslund 等人，1977[32]）

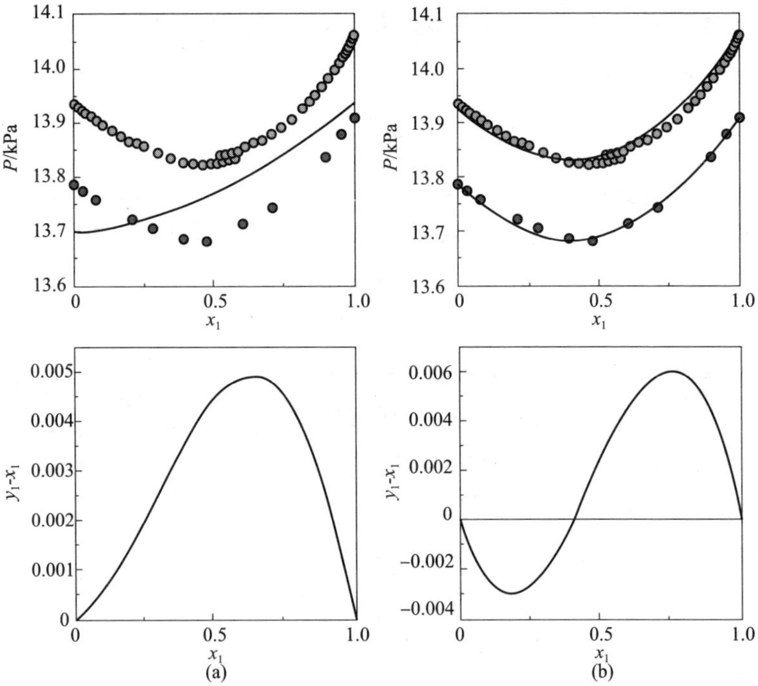

图 5.29　(a) 使用两种化合物的 40℃下安托因常数的异丙醇(1)－叔丁醇(2)二元体系的结果($\Delta g_{12}=-37.984$cal/mol，$\Delta g_{21}=29.94$cal/mol，$\alpha_{21}=0.3642$)；(b) 使用作者的纯组分蒸气压拟合的 NRTL 参数的异丙醇(1)－叔丁醇(2)二元体系的结果($\Delta g_{12}=-54.254$cal/mol，$\Delta g_{21}=26.41$cal/mol，$\alpha_{21}=0.3680$)

然而，如果用作者的蒸气压数据来拟合参数，可以对 Px 数据和共沸 VLE 行为进行正确描述。而如果采用文献中安托因常数计算的蒸气压来进行 VLE 计算，则会出现完全不同的结果。从图 5.29 可以直接看出，对于目标函数 F，如果使用作者给出的纯组分蒸气压，那么得到的值要低得多。

$$F = \sum_i \left(\frac{P_{\exp,i} - P_{\mathrm{calc},i}}{P_{\exp,i}} \right)^2$$

对于大量的二元体系，Wilson、NRTL 和 UNIQUAC 方程所需的二元 g^E 模型参数和一致性检验结果可以在由 Gmehling et al. [12] 发表在 DECHEMA 的化学数据丛书 VLE 数据集中找到。图 5.30 是由 Mertl[4] 等人发表的 70℃ 下甲醇和水体系的 VLE 数据。在数据汇编的每一页，读者都能够找到体系、参考文献、带有效范围的安托因常数、实验 VLE 数据、两次热力学一致性检验结果以及不同 g^E 模型的参数，像是 Wilson、NRTL 和 UNIQUAC 方程。除此之外，也列出了 Margules[33] 和 van Laar[34] 方程的参数，并给出了不同模型的计算结果。对于气相摩尔分数平均偏差最小的模型，其结果与实验数据和无限稀释活度系数一起以图片的形式呈现。在数据汇编附录中，读者可以找到额外需要的纯组分数据，比如 Wilson 方程的摩尔体积、UNIQUAC 方程的相对 van der Waals 性质以及羧酸二聚

$\log P_i^s\,(\mathrm{mmHg}) = A - \dfrac{B}{\vartheta(℃) + C}$

(1) Ethanol C_2H_6O

(2) Water H_2O

+++++	Antoine constants			Region +++++		Consistency	
(1)	8.11220	1592.864	226.184	20–	93 C	Method 1	+
(2)	8.07131	1730.630	233.426	1–	100 C	Method 2	+

Temperature = 70.00 Degree C

LIT:MERTLI . ,COLLECT.CZECH.CHEM.COMMUN. 37366(1972).

Constants:	A12	A21	Alpha12
Margules	1.6346	0.8563	
Van laar	1.7966	0.9238	
Wilson	471.0433	883.7530	
Nrtl	−121.2691	1337.8574	0.2974
Uniquac	−30.1929	337.0028	

Appendix:

$v_1 = 58.69\ \mathrm{cm^3/mol}$

$v_2 = 18.07\ \mathrm{cm^3/mol}$

$r_1 = 2.1055$　$q_1 = 1.972$

$r_1 = 0.9200$　$q_2 = 1.400$

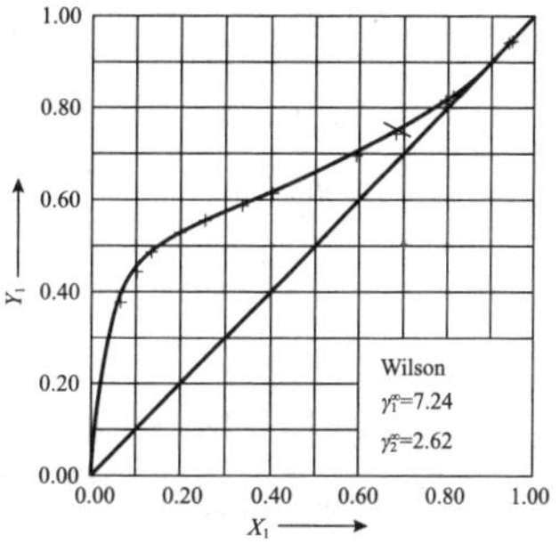

Experimental data			Margules		Van laar		Wilson		Nrtl		Uniquac	
P mmHg	X_1	Y_1	DIFF P	DIFF Y_1	DIFF P	DIFF Y_1	DIFF P	DIFF Y_1	DIFF P	DIFF Y_1	DIFF P	DIFF Y_1
362.50	0.0620	0.3740	11.71	0.0031	3.35	−0.0097	−1.25	−0.0149	4.27	−0.0084	3.26	−0.0098
399.00	0.0950	0.4390	9.53	−0.0080	4.45	−0.0118	4.21	−0.0083	4.82	−0.0117	4.44	−0.0117
424.00	0.1310	0.4820	4.27	−0.0166	3.53	−0.0127	6.63	−0.0043	3.31	−0.0136	3.58	−0.0125
450.90	0.1940	0.5240	−2.61	−0.0273	2.34	−0.0158	7.52	−0.0057	1.51	−0.0174	2.42	−0.0156
468.00	0.2520	0.5520	−4.13	−0.0280	3.15	−0.0144	7.80	−0.0063	2.17	−0.0160	3.20	−0.0143
485.50	0.3340	0.5830	−3.27	−0.0246	3.95	−0.0131	6.67	−0.0096	3.14	−0.0142	3.94	−0.0131
497.60	0.4010	0.6110	−1.09	−0.0156	4.70	−0.0082	5.90	−0.0081	4.12	−0.0088	4.64	−0.0083
525.90	0.5930	0.6910	3.85	−0.0020	5.31	−0.0070	4.17	−0.0112	5.24	−0.0063	5.21	−0.0072
534.30	0.6800	0.7390	3.56	0.0020	3.72	−0.0051	2.17	−0.0084	3.77	−0.0043	3.61	−0.0051
542.70	0.7930	0.8160	3.95	0.0040	2.74	−0.0007	0.97	−0.0015	2.91	−0.0003	2.65	−0.0007
543.10	0.8100	0.8260	3.54	0.0008	2.16	−0.0031	0.39	−0.0035	2.34	−0.0028	2.07	−0.0031
544.50	0.9430	0.9410	2.04	−0.0022	0.59	−0.0007	−0.44	0.0006	0.74	−0.0009	0.55	−0.0007
544.50	0.9470	0.9450	2.03	−0.0021	0.64	−0.0006	−0.34	0.0007	0.79	−0.0008	0.60	−0.0006
Mean deviation :			4.28	0.0105	3.12	0.0079	3.73	0.0064	3.01	0.0081	3.09	0.0079
Max. Deviation :			11.71	0.0280	5.31	0.0158	7.80	0.0149	5.24	0.0174	5.21	0.0156

cal/mol

$A12 = \Delta\lambda_{12}\ resp.\Delta g_{12}\ resp.\Delta u_{12}$

图 5.30　VLE 数据收集示例页[12]

反应常数的参数。通常从作者给出的蒸气压数据开始，调整安托因参数 A 为 A'，仅使用 g^E 模型的参数去描述拉乌尔定律的偏差。因为本汇编仅提供了 5000 mmHg 以下的 VLE 数据，因此在拟合参数时假设为理想气相行为。对于含羧酸的系统，使用关联模型来描述与理想气相行为的偏差。

实际上，几乎完全使用 VLE 数据来拟合所需的参数。由于精馏塔几乎是在恒压下工作的，故而大多数化学工程师更偏向使用热力学上一致的等压 VLE 数据，而不是使用等温 VLE 数据来拟合模型参数。但这也可能会出现问题，尤其是当两种化合物的沸点差距非常大的时候[29]，比如乙醇 - 正癸烷二元体系。在 1atm 下获得的可靠等压数据经过拟合非温度相关二元参数后的 Wilson 方程的结果如图 5.31 所示，其中以活度系数的相对偏差之和作为目标函数。

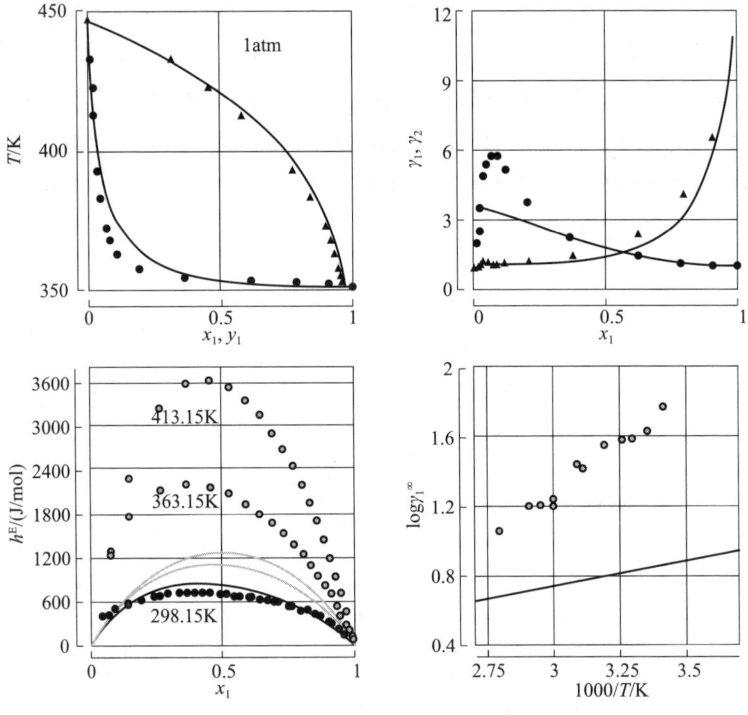

图 5.31 乙醇(1) - 正癸烷(2)体系在 1atm 下与温度无关的 Wilson 参数与等压 VLE 数据的拟合结果以及相同体系使用拟合参数 - Wilson (Wilson 参数：$\Delta\lambda_{12}$ = 1284.12cal/mol，$\Delta\lambda_{21}$ = 1172.85cal/mol，v_1 = 58.68cm³/mol，v_2 = 195.92cm³/mol) 计算的超额焓和无限稀释活度系数

· 代表实验数据[5]

从图 5.31 所示的结果可以看出，得到了较差的 VLE 结果，在乙醇浓度低的情况下，偏差特别大。使用过度系数来拟合 Wilson 参数，这不仅适用于 Txy 行为，还适用于活度系数。观测到的偏差较大的原因是，参数与温度无关，温度依赖性无法得到正确的描述。查看图 5.31 所示的计算超额焓时也能够得出这一结论。可靠的 g^E 模型能够描述遵守 Gibbs – Helmholtz 方程的超额焓。显然，得到的超额焓与实验值[5]偏离很大，尤其是在 90 和 140℃时。

当然，错误的 h^E 的值意味着活度系数的温度依赖性不正确。乙醇的无限稀释活度系数如图 5.31 所示。

对于等压数据，温度随着组成的改变而改变，特别是在乙醇浓度低的情况下，温度变化剧烈。可以看出在 $x_1=0$ 到 $x_1=0.1$ 之间的变化接近 100K。乙醇(1) – 正癸烷(2)体系表现出了较强的吸热行为，乙醇的偏摩尔超额焓为正值($h_1^{E\infty}\approx 19000$J/mol，见图 5.31 和图 5.32)，导致遵守 Gibbs – Helmholtz 方程的乙醇的活度系数随温度的升高而降低(见例 5.6)。这导致 γ_1 的最大值在摩尔分率大约在 $x_1=0$ 时出现，如图 5.31 所示。很容易理解的是，使用与温度无关的参数不能正确地拟合这个曲率。

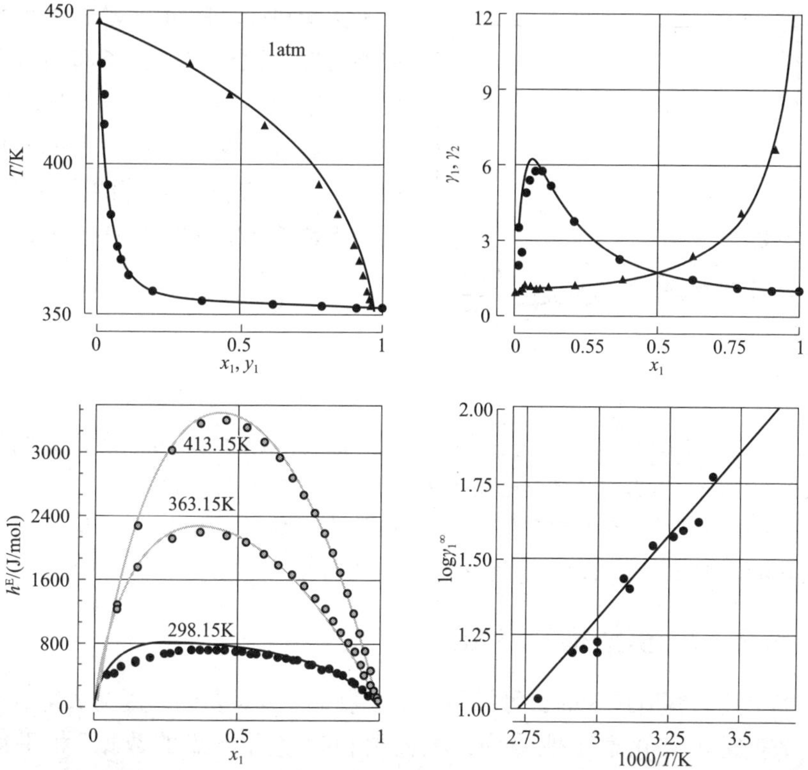

图 5.32 使用温度相关 Wilson 参数同时拟合得到的 VLE、h^E 和 γ^∞ 的乙醇(1) – 正癸烷(2)体系的 1atm VLE、活度系数 γ_i、超额焓作为组成函数以及无限稀释活度系数作为 $f(T)$ 的计算结果

·，▲代表实验数据[5]

为了获得在无限稀释状态下正确的值和正确的温度依赖关系(过量焓)、在拟合与温度有关的 g^E 模型参数时，除了应考虑大量的气-液平衡数据外应进一步考虑 VlE 数据和可靠的热力学信息。表 5.8 给出了乙醇-正癸烷体系 VLE、过量焓以及无限稀释活度系数同时拟合的温度依赖 Wilson 参数。VLE、无限稀释活度系数作为组成的函数，以及使用这些参数得到的过量焓，与实验值一起展示在了在图 5.32 中。可以看出，通过与温度相关的二元 Wilson 参数(推荐值)，不仅可以正确地描述 VLE 行为，还可以正确地描述活度系数和过剩焓值作为组分和温度的函数。

表 5.8　乙醇(1)-正癸烷(2)体系温度依赖的 Wilson 参数：{$\Delta\lambda_{ij}$(cal/mol) $= a_{ij} + b_{ij}T + c_{ij}T^2$ (v_1 =58.68 cm³/mol，v_2 =195.92 cm³/mol)}

	a_{ij}	b_{ij}	$c_{ij}\cdot 10^4$
$\Delta\lambda_{12}$	4841.1	-7.9999	2.7050
$\Delta\lambda_{21}$	1276.8	-2.1230	5.4421

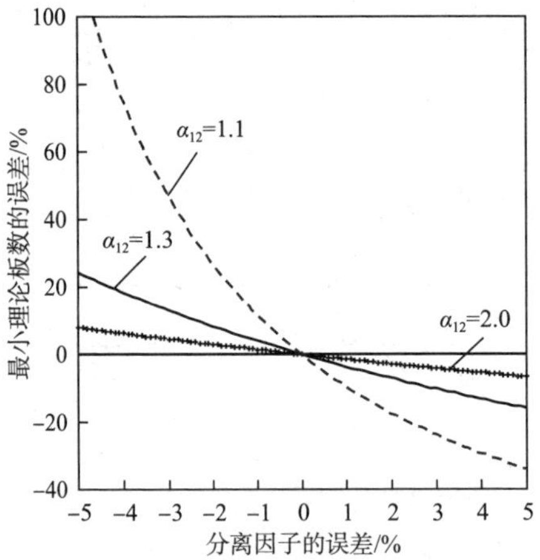

图 5.33　分离因子的误差对用 Fenske 方程计算的最小理论板数的影响

实验和计算的分离因子之间的微小偏差可能导致给定的分离问题所需的塔板数有很大不同，尤其是当分离因子里统一不远时。对于三个不同的分离因子，使用 Fenske 方程[35]计算的误差对于最小理论板数的影响如图 5.33 所示。

$$N_{\text{th,min}}\frac{\log\dfrac{(x_1/x_2)_{\text{d}}}{(x_1/x_2)_{\text{b}}}}{\log\alpha_{12}}$$

其中，d 代表塔顶馏出物，b 代表塔底产品。从图 5.33 可以看出，当分离因子为 1.1 时，误差为 -4.5%，此时的最小理论板数几乎增加了一倍。在分离因子为 2.0 的情况下，最小理论板数增加了不到 7%。

5.5.2　g^E 模型推荐参数

正如上述内容所讨论的，可靠的模型参数是十分重要的。因为大部分的气-液平衡数据是用到化学工业当中，故而要使用各种可靠的数据[相平衡数据(VLE，γ^∞，共沸数据，低共熔体系的 SLE 等)，过量焓]用来同时拟合 g^E 模型参数，并且通常他们都必须是温度依赖的。为了考虑拉乌尔定律的偏差，建议对每一个数据集都使用作者测量的纯组分的蒸气压，这可以通过将蒸气压乘以一个修正系数来实现；对于安托因方程，就相当于把参数 A 改成 A'。有时候能够得到大量的实验数据，但是所使用的数据应该均匀地分布在整个温度（压强）范围内。因为经常会报道很多的在大气压强下的气－液平衡数据，因而或许需要移除其中的一些数据，或者对于大量的数据至少应该使用一个低一点的权重因子，对于过量焓来说也是一样的。大多数的作者都测量过室温下的过量焓数据，然而为了拟合温度相关的模型参数的话，测量的数据应该覆盖整个温度范围。一致的 VLE 数据（包括共沸数据）给出了活度系数与组成的关系，而过量焓提供了温度依赖关系的最重要的信息。准确的无限稀释活度系数给出了关于稀释组成范围唯一可靠的信息。而在简单的低共熔体系中，可以使用 SLE 数据。低共熔体系的 SLE 数据可以在低温下提供支撑数据，而在高温下，过量焓值可以用作支持数据，以拟合所述温度范围的可靠的温度依赖参数。为了同时对各种数据进行参数拟合，就必须使用权重因子 w_i，因此目标函数如下所示：

$$F = w_{\mathrm{VLE}} \sum_{n_{\mathrm{VLE}}} \Delta \mathrm{VLE} + w_{\gamma^\infty} \sum_{n_{\gamma^\infty}} \Delta \gamma^\infty + w_{h^{\mathrm{E}}} \sum_{n_{h^{\mathrm{E}}}} \Delta h^{\mathrm{E}} + w_{\mathrm{LLE}} \sum_{n_{\mathrm{LLE}}} \Delta \mathrm{LLE} + w_{\mathrm{SLE}} \sum_{n_{\mathrm{SLE}}} \Delta \mathrm{SLE} + w_{\mathrm{AZD}} \sum_{n_{\mathrm{AZD}}} \Delta \mathrm{AZD} \tag{5.43}$$

表 5.9 ~ 表 5.11 给出了几种推荐的二元体系模型参数例如 g^{E}、Wilson、NRTL 和 UNIQUAC 的模型参数（见式 5.33）。额外需要的摩尔体积和 van der Waals 性质可以在[12]和 www.ddbst.com/free－data.html 中找到。图 5.34 展示了使用 NRTL 模型的丙酮－水的特征结果。可以看出，实验数据与相关气－液平衡数据、无限稀释活度系数作为 $f(T)$、共沸组成作为 $f(T)$ 和过量焓作为 $f(T)$ 几乎完全一致。图 5.35 中展示了工艺模拟的默认值，从图中能够明显看出质量的差异。

表 5.9　不同二元体系推荐的 NRTL 相互作用参数

a_{12}/(cal/mol)	a_{21}/(cal/mol)	b_{12}/[cal/(mol·K)]	b_{21}/[cal/(mol·K)]	c_{12}/[cal/(mol·K^2)]	c_{21}/[cal/(mol·K^2)]	α_{12}
丙酮(1)－环己烷(2)						
1423.8	2880.0	－2.9548	－10.136	0.0008073	0.011832	0.4212
丙酮(1)－苯(2)						
－16.064	110.25	0.37896	0.6426	－0.0004859	－0.0004819	0.6991
苯(1)－环己烷(2)						
1403.1	8.4201	－7.5455	1.8632	0.01316	－0.006295	0.3
丙酮(1)－水(2)						
833.97	－3146.5	0.83106	17.457	－0.0037816	－0.013622	0.5466
乙醇(1)－1，4－二氧六环(2)						
412.58	1334.9	0.41917	－3.7148	—	—	0.3548

续表

a_{12}/(cal/mol)	a_{21}/(cal/mol)	b_{12}/[cal/(mol·K)]	b_{21}/[cal/(mol·K)]	c_{12}/[cal/(mol·K^2)]	c_{21}/[cal/(mol·K^2)]	α_{12}
丙酮(1)-氯仿(2)						
5563.9	-12824.0	-43.308	83.358	0.061888	-0.11637	0.0850
丙酮(1)-甲醇(2)						
477.04	327.46	0.03815	-0.73193	-0.002931	0.0018051	0.7
氯仿(1)-甲醇(2)						
5378.5	-1471.6	6.37397	-13.015	-0.032724	0.032599	0.055

表 5.10　不同二元体系推荐的 Wilson 相互作用参数

a_{12}/(cal/mol)	a_{21}/(cal/mol)	b_{12}/[cal/(mol·K)]	b_{21}/[cal/(mol·K)]	c_{12}/[cal/(mol·K^2)]	c_{21}[cal/(mol·K^2)]
丙酮(1)-环己烷(2)					
3109.2	1670.7	-10.622	-4.5189	0.013757	0.0012266
丙酮(1)-苯(2)					
-113.72	201.96	2.5292	-1.5516	-0.0035364	0.0026447
苯(1)-环己烷(2)					
1558.96	-203.7	-8.2383	3.2140	0.012856	-0.0075245
丙酮(1)-水(2)					
-1305.7	1054.9	1.4341	3.4522	0.009414	-0.005907
乙醇(1)-1,4-二氧六环(2)					
1404.7	136.80	-3.3856	0.82783	—	—
丙酮(1)-氯仿(2)					
375.28	-1722.6	-3.7843	6.4055	0.0079107	-0.0074779
丙酮(1)-甲醇(2)					
-60.756	863.79	-0.06114	-1.0533	—	—
氯仿(1)-甲醇(2)					
-1140.8	3596.2	2.5936	-6.2234	0.000031	0.000030
乙醇(1)-正癸烷(2)					
4841.1	1276.8	-7.9999	-2.123	0.0002705	0.0005442

表 5.11　不同二元体系推荐的 UNIQUAC 相互作用参数

a_{12}/(cal/mol)	a_{21}/(cal/mol)	b_{12}/[cal/(mol·K)]	b_{21}/[cal/(mol·K)]	c_{12}/[cal/(mol·K^2)]	c_{21}/[cal/(mol·K^2)]
丙酮(1)-环己烷(2)					
259.18	560.82	-1.0167	0.041374	—	—
丙酮(1)-苯(2)					
-75.46	120.20	-0.10062	0.44835	-0.0008052	0.0004704

续表

a_{12}/(cal/mol)	a_{21}/(cal/mol)	b_{12}/[cal/(mol·K)]	b_{21}/[cal/(mol·K)]	c_{12}/[cal/(mol·K^2)]	c_{21}/[cal/(mol·K^2)]
苯(1)-环己烷(2)					
566.78	-116.17	-3.8155	2.2017	0.006297	-0.004641
丙酮(1)-水(2)					
2619.0	33.80	-6.3149	-4.6102	0.0008817	0.012937
乙醇(1)-1，4-二氧六环(2)					
-27.083	762.43	0.47646	-1.9128	—	—
丙酮(1)-氯仿(2)					
101.70	-853.91	-4.4866	6.9067	0.01099	-0.013211
丙酮(1)-甲醇(2)					
324.88	59.98	1.2457	-0.8408	-0.003207	0.0013662
氯仿(1)-甲醇(2)					
3561.3	-416.85	-9.4697	-0.33196	0.0073773	0.002515

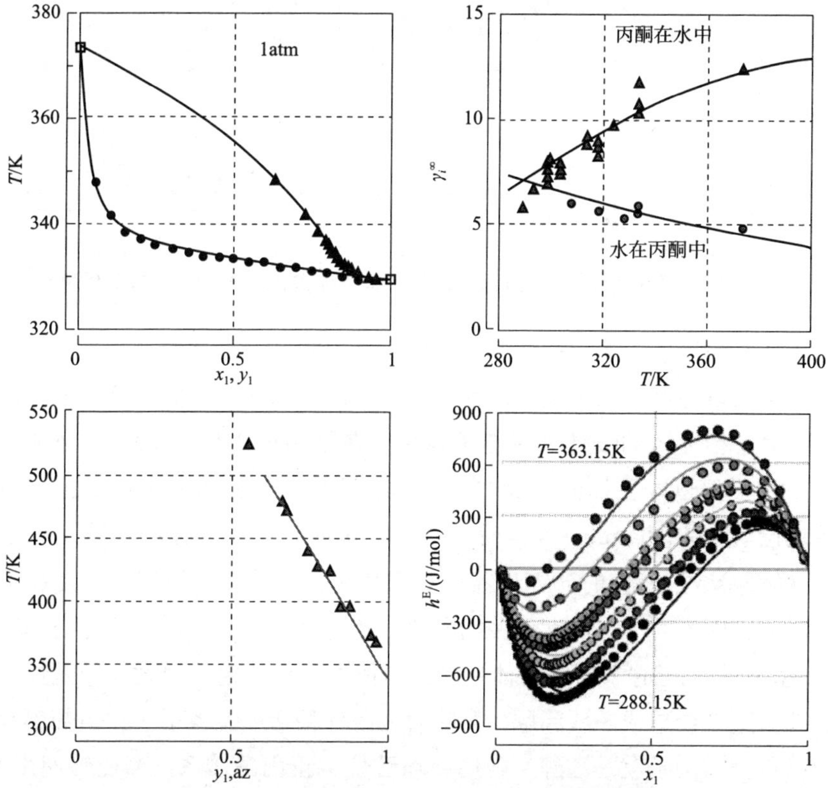

图 5.34 使用推荐温度相关 NRTL 参数同时拟合得到的丙酮(1)-水(2)体系的一致性 VLE、h^E 和 γ^∞ 数据

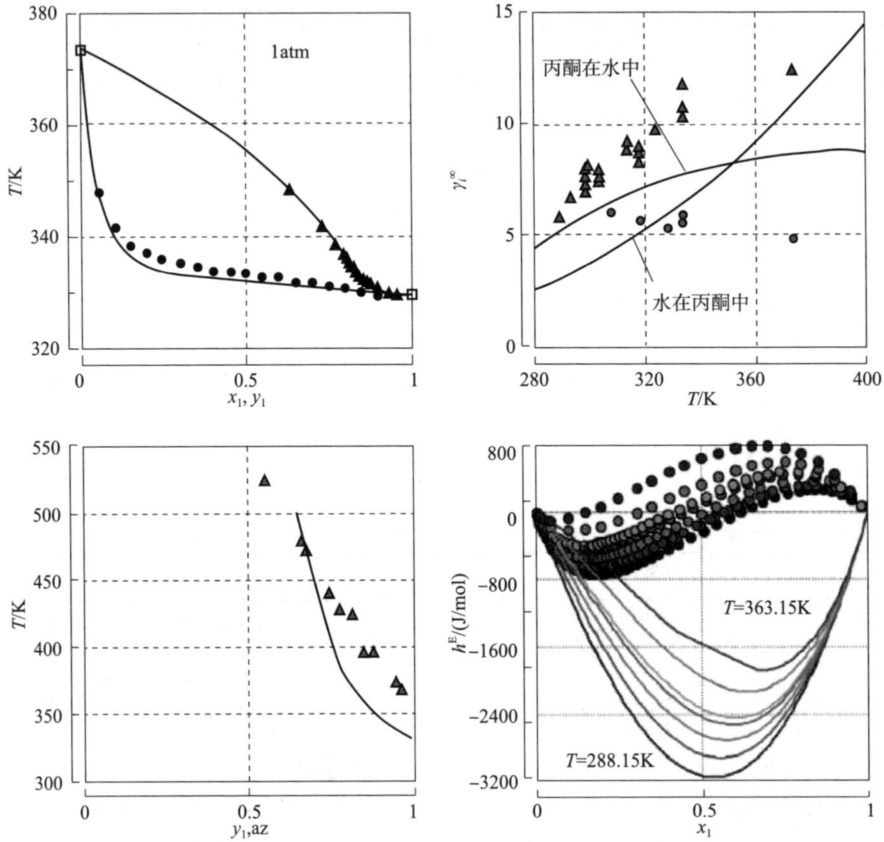

图 5.35 丙酮(1)－水(2)体系使用流程模拟提供的 NRTL 参数的结果

对于所有的性质，使用推荐的 NRTL 参数能够得到更好的结果，尤其是对于过量焓和在无限稀释状态下温度依赖的关系来说更加适用。但是可靠的无限稀释活度系数对于精馏塔的设计来说至关重要，在精馏塔塔顶(塔底)，必须移除高(低)炉的最后痕迹。正如前边所述，在无限稀释下的分离因子主要影响精馏塔所需的理论塔板数。Rarey－Nies 等人[36]和 Tochigi 等人[37]详细描述了拟合温度相关 g^E 模型参数推荐值的详细步骤。对于某些二元体系，使用与温度相关的参数是必要的，因为对于与温度无关的参数，超过一定值的过量焓不能再用所选择的 g^E 模型来进行描述[38]。如果体系展示出偏离拉乌尔定律很大，像是烷烃－醇体系，那么这就会造成一些问题，意味着无限稀释活度系数很大，但却不存在混溶间隙。典型的例子就是乙醇－癸烷和环己烷－正丙醇体系。当能够使用 NRTL 或者 UNIQUAC 模型准确描述无限稀释活度系数时，就能够计算出混溶间隙。只要用这些参数来描述均相行为，就会导致无限稀释活度系数过低[38]。只有使用

Wilson 方程时，才能够描述前边提到的正确的无限稀释活度系数和均相行为。

第 11.2 节以 NMP 作为夹带剂分离环己烷与苯论证了可靠 g^E 模型参数对萃取精馏过程的合成和设计的重要性。此外，也显示出丙酮 – 水体系的缺省值是怎样导致出较差的分离因子甚至在塔顶无共沸点的问题($x_{acetone}\to 1$)。

5.6 利用状态方程计算气 – 液平衡

正如之前所提到的，方法 A(也叫 $\varphi-\varphi$ 方法)相比于方法 B(也叫 $\gamma-\varphi$ 方法)有更大的优点，它能够更加简单地处理超临界化合物。并且除了相平衡行为之外，其他的性质像是密度、焓，包括蒸发焓、热容和大量其他重要的热力学性质，也可以通过纯组分及其混合物的剩余函数来计算。对于除了临界数据和状态方程的偏心因子以及可靠的混合规则外的计算，只额外需要纯组分的理想气体热容作为温度的函数。拥有完美混合规则的完美的状态方程能够获得完美的结果，这也是为什么在 1873 年建立了 van der Waals 状态方程之后，又提出了大量不同的状态方程。原则上来说，对于 VLE 计算，任何的状态方程都能够用于描述气相和液相的 PvT 行为。例如，立方形状态方程、进一步发展的维利方程、Helmholtz 方程。各种状态方程都重点介绍了例如用于纯物质(第 2.5 节)和用于混合物(第 4.10 节)。在化学工业中最受欢迎的就是进一步发展的立方 van der Waals 方程。结合一个所谓的 α – 功能和发展的改进混合规则(也叫 g^E 混合规则)，通过引入引力参数的温度依赖性来修正引力部分，这就使得它能够适用于不对称体系和极性化合物体系。

下面举例说明三次状态方程在实际应用中的一些典型结果。对纯组分蒸气压的可靠描述是正确表示二元和多组分体系 VLE 数据的先决条件。通过引入 α – 功能来解释引力参数 $a(T)$ 的温度依赖性，使用偏心因子 ω 作为第三参数能够明显改进纯组分蒸气压的结果。

图 5.36 显示了五种溶剂的实验和计算的蒸气压，使用了 PR 状态方程和 Twu α – 函数。能够看出在较宽的温度范围内得到了近乎完美的一致性，甚至斜率都是可靠的结果。根据 Clausius – Clapeyron 方程，这意味着蒸发焓的描述也是正确的。从斜率可以得出结论，蒸发焓的值从苯到醇，然后再到水是依次增加的。这也就意味着，在二元体系中，例如丙酮 – 甲醇或者乙醇 – 苯体系，在低温下的低沸可以变成高温下的高沸。

图 5.37 中展示了在一个大的温度范围内使用 SRK 和 VTRR 状态方程计算的 11 种化合物的蒸发焓。从图中可以看出，两种状态方程都跟实验结果具有良好

的一致性。得到这个结果并不令人惊讶，因为根据 Clausius - Clapeyron 方程能够计算出可靠的蒸气压、气相和液相体积以及蒸发焓[见式(2.86)]。

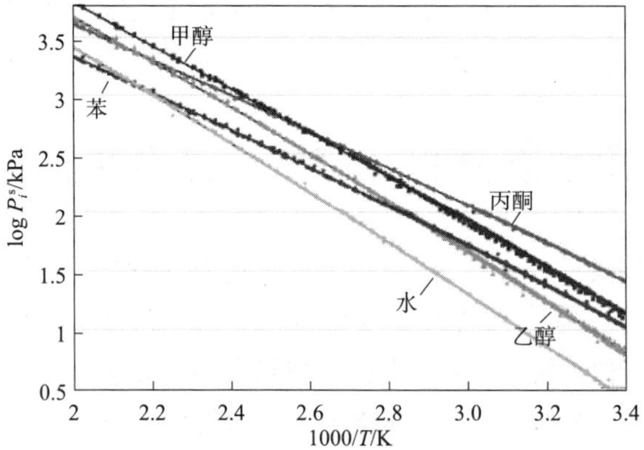

图 5.36　所选择溶剂的实验值[5]以及使用 PR 方程和 TWu α - 函数计算出的蒸气压

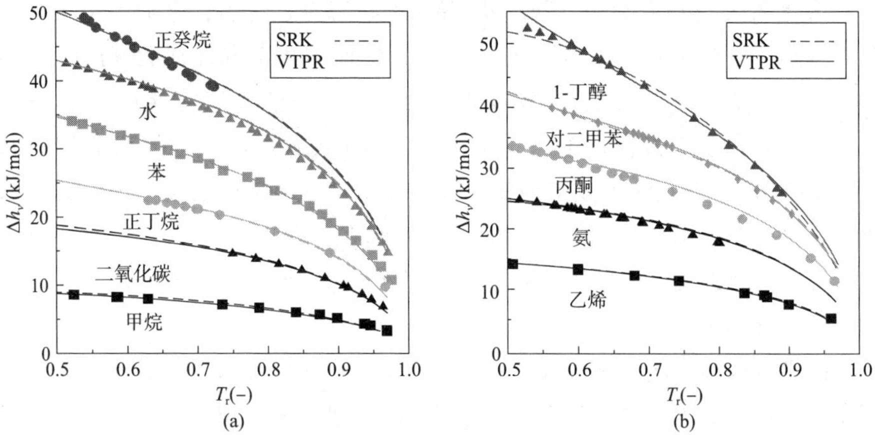

图 5.37　实验值[5]以及使用 Soave - Redlich - Kwong 和 volume - translated PR 状态方程计算得到的蒸发焓

图 5.38 对 6 种萃取剂实验测得的液相密度和使用 PR 状态方程计算的液相密度进行了比较，二者之间的偏差十分明显。图 5.39 也展示了相同类型的图，但是计算使用的是 VTRR 方程，将平移参数调整成了 $T_r = 0.7$ 时的实验液相密度[见式(2.178)]。从图 5.39 可以看出，在整个温度范围内，除了强极性化合物水以外，实验密度与计算密度有很好的一致性。

对于温度范围内($T_r = 0.5 - 0.8$)调查的 44 中化合物来说，相对平均偏差小于 2%，这意味着对于相同的 44 种化合物，VTRR 状态方程的相对偏差要远小于 PR(相对平均偏差大约 6%)或者是 SRK 状态方程的相对偏差(大约 12%)。

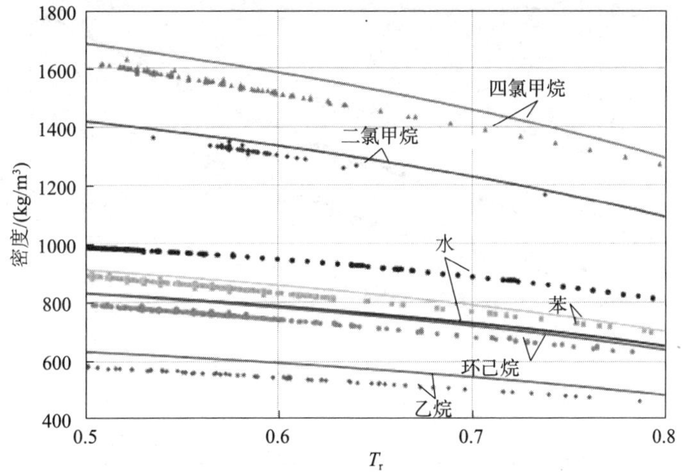

图 5.38　6 种不同萃取剂在 T_r =0.5～0.8 温度范围内的实验液相密度以及使用 PR 状态方程计算的液相密度

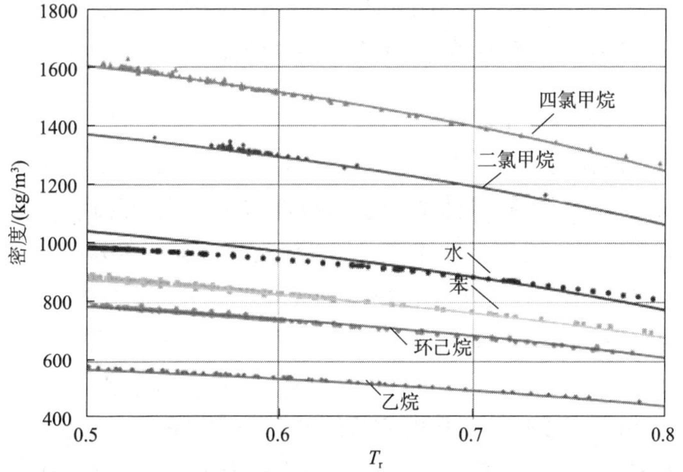

图 5.39　6 种不同萃取剂在 T_r =0.5～0.8 温度范围内的实验液相密度以及使用体积平移 PR 状态方程计算的液相密度

状态方程不仅能够计算密度和蒸发焓，还能够计算其他热力学性质，像是热容、焓、熵、内能、Gibbs 自由能、Helmholtz 能和其他重要的性质（比如说焦耳－汤姆逊系数）。图 5.40 给出了 －100～200℃下 5 种不同萃取剂的实验值以及使用 VTRR 状态方程计算的液体热容，从图中可以看出，实验值和计算值之间的一致性大约在 2% 左右。理想气体热熔、α－函数和临界数据的质量决定了计算结果。文献[39]和第二章中内容表明，当使用其他热力学性质用于 α－函数拟合时，可以进一步改进结果。

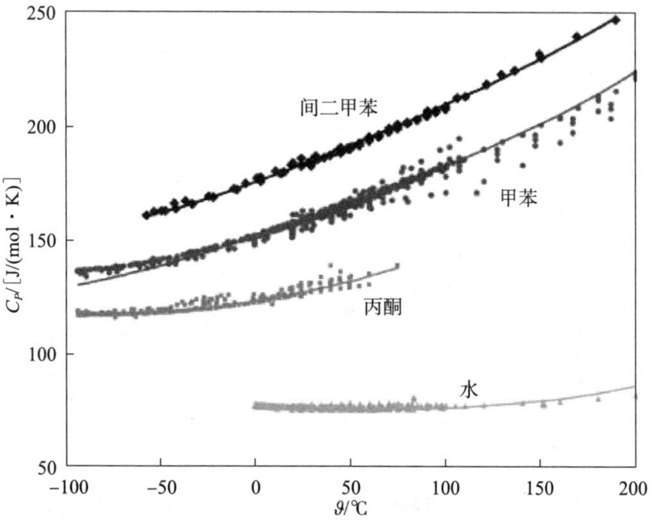

图 5.40　实验值[5]以及使用 VTRR 状态方程计算的液体热容

5.6.1　立方状态方程二元参数的拟合

要使用状态方程描述混合物行为(蒸发焓、密度、热容、相平衡等)，二元参数是必须的，推荐的不同的混合规则已经在第 4.10.2 节中讨论过了。而经验混合规则，如二次混合规则只能适用于非极性体系，使用现代 g^E 混合规则的状态方程适用范围可以扩展到极性体系，像是带有水、醇或者是酮的体系。

第 4.10.2 节指出，在二次混合规则中，需要一个二元参数 k_{12} 来描述二元体系的行为。通常使用 VLE 数据来拟合二元参数。使用所有需要的二元参数 k_{ij}(在三元体系情况下：k_{12}，k_{13}，k_{23})可以用来计算二元或者多元化合物体系。

图 5.41 展示了正丁烷 – CO_2 的实验结果和使用 Soave – Redlich – Kwong 状态方程在 $k_{12}=0$ 和拟合二元参数 $k_{12}=0.1392$ 时的计算结果，从图中能够看出，从 $k_{12}=0$ 变化到 $k_{12}=0.1392$ 时，体系的一致性提高了很多。此外，值得注意的是，k_{12} 在很大的温度范围内似乎都是与温度无关的。很明显，从一个差的二元体系描述(像是 $k_{12}=0$ 这种情况)开始，比如 $k_{12}=0$ 的情况下，对于三元或者是多元体系根本没有机会得到一个好的结果。

很长一段时间内，天然气和石油加工过程都是使用经验二次混合规则，但是该规则对于极性体系获得结果很差。图 5.42 和图 5.43 中展示的丙酮 – 水和异丙醇 – 水体系也验证了这一点。从图中能够看出，如果将经验混合规则的二元参数 k_{12} 用于这些体系，那么获得结果是不能够令人满意的。Huron and Vidal[40] 仔细探究了 g^E 模型、状态方程以及改进后的所谓的 g^E 混合规则的优点。在 g^E 混合规则中，使用 g^E 模型参数，例如 Wilson、NRTL 或者 UNIQUAC 模型用于计算所选择的立方状态方程的吸引参数。对于提到的两个体系，它们的结果展示在了图 5.42 和图 5.43 右边的图片中，可以看出，取得的进步也是很明显的。新混合规则的应用在化学工业的过程模拟中使用状态方程。利用由 VLE 数据导出的二元参数，使用状态方程可以直接计算其他所有的混合性质。

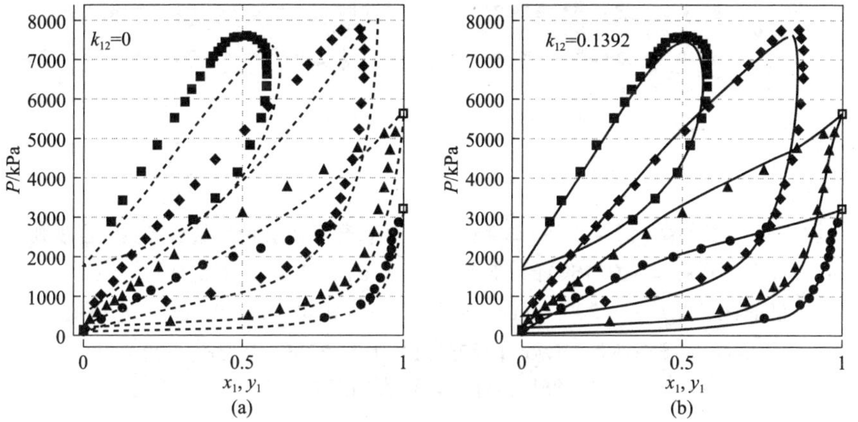

图 5.41　采用二元参数 $k_{12}=0$ 和调整的二元参数得到 CO_2(1) – 正丁烷(2) 体系 Soave – Redlich – Kwong 状态方程下的 VLE 结果

· 270K；▲ 292.6K；◆325.01K；■377.6K

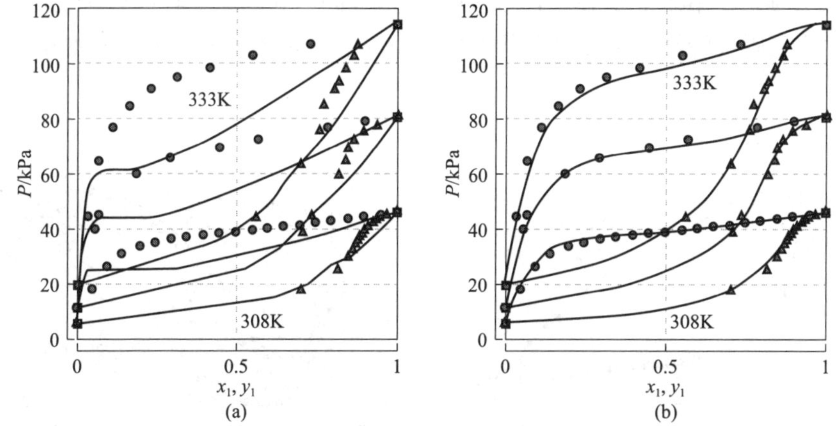

图 5.42　丙酮(1) – 水(2) 体系的 VLE 实验数据以及使用结合经典混合规则 (k_{12} = −0.2428) 的 PR 状态方程 (a) 和结合 g^E 混合规则 (NRTL，Δg_{12} = −257.9cal/mol，Δg_{21} = 1069cal/mol，α_{12} = 0.2) 的 Soave – Redlich – Kwong 状态方程 (b) 在 308K、323K、328K 和 333K 条件下计算的 VLE 数据

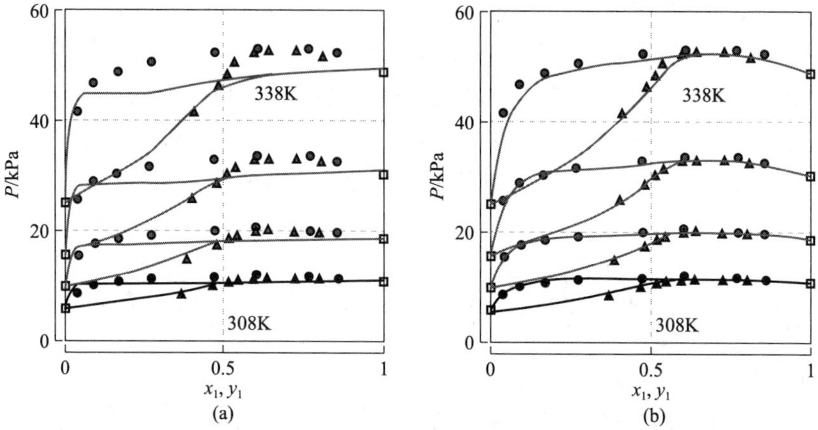

图 5.43　异丙醇(1)－水(2)体系的 VLE 实验数据以及使用结合经典混合规则(k_{12} = −0.168)的 PR 状态方程(a)和结合 g^E 混合规则(NRTL，Δg_{12} = −339.0cal/mol，Δg_{21} = −1914cal/mol，α_{12} =0.2)的 Soave－Redlich－Kwong 状态方程(b)在 308K、318K、328K 和 338K 条件下计算的 VLE 数据

在 g^E 混合规则中不对二元参数 k_{12} 进行拟合，而是对 Wilson、NRTL 或者 UNIQUAC 方程进行了拟合。根据温度关联性的强度，必须要使用常数或者温度关联参数。利用与温度相关的参数，甚至可以准确地描述过量焓的温度相关性。丙酮－水体系的结果展示在了图 5.44 中，从图中能够看出除了 VLE 行为以外，过量焓、无限稀释活度系数以及共沸数据与温度的函数关系都能够被准确地进行描述。

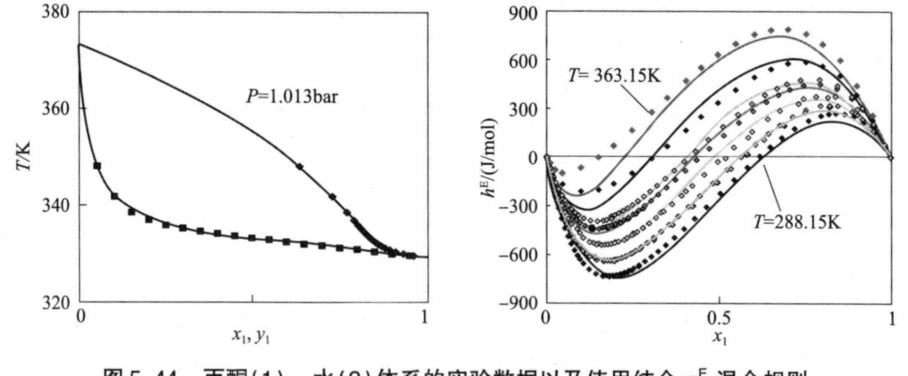

图 5.44　丙酮(1)－水(2)体系的实验数据以及使用结合 g^E 混合规则(使用温度相关参数的 UNIQUAC)的 VTRR 状态方程计算的关联 VLE、h^E、共沸和 γ^∞ 数据

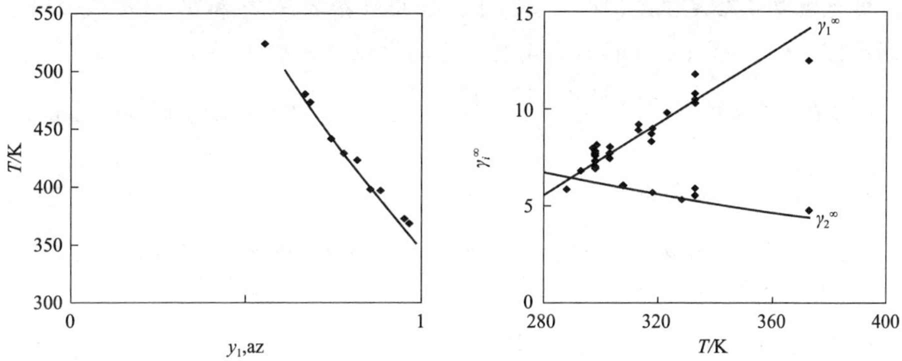

图 5.44　丙酮(1)－水(2)体系的实验数据以及使用结合 g^E 混合规则使用温度相关参数的 UNIQUAC)的 VTRR 状态方程计算的关联 VLE、h^E、共沸和 γ^∞ 数据(续)

UNIQUAC 参数：a（丙酮，水）=523.84K，a（水，丙酮）= －937.99K，b（丙酮，水）= －1.3221，b（水，丙酮）=4.4338，c（丙酮，水）=0.00125（K^{-1}），c(水，丙酮)=0.00043（K^{-1}）

借助二元参数 k_{12}或者 g^E 模型参数，现在可以计算二元、三元和多元体系的相平衡行为、密度、焓值、焦耳－汤姆逊系数等。对于 VLE 行为的计算，在下面的例子中使用经典的混合规则对氮气－甲烷二元体系 VLE 行为的计算进行了演示。同样的方法也可以用于多元体系和 g^E 混合规则的 VLE 行为的计算。

例 5.11　使用 SPK 状态方程，计算氮气(1)－甲烷(2)二元体系在 144.26K 下，氮气液相摩尔分率 x_1 =0.2152 时的系统压强和气相组成。需要的纯组分数据和二元参数如下：

组分	T_c/K	P_c/bar	ω
N_2	126.15	33.94	0.045
CH_4	190.63	46.17	0.010

二元参数：k_{12} =0.0267[41]

解决方案：

计算必须要进行迭代，迭代过程的目的是为了得到压强和气相组成，这两个组分都满足下列平衡条件：

$$x_i\varphi_i^L = y_i\varphi_i^V \tag{5.7}$$

开始计算之前首先需要的是气相组成和系统压强的估算值。在此情况下，选择了气相分率 y_1 =0.6 和压强 P =20bar。

在迭代过程中，必须要改变这些值直到达到平衡条件式(5.7)。图 5.45 为这一过程的流程示意图。对于所考虑的示例，下边将对工序的第一部进行详细阐述。

首先需要在给定温度(144.26K)下，使用临界数据 P_c 和 T_c 以及偏心因子 ω 按照式(2.162)~式(2.164)计算两种化合物的纯组分参数：

$$\alpha_{11}(T)=0.42748\frac{0.08314^2\cdot 126.15^2}{33.94}\alpha_1(T)=1.3856\cdot\alpha_1(T)\ (\mathrm{dm}^3)^2\mathrm{bar/mol}^2$$

$$T_{r1}=\frac{144.25}{126.15}=1.1436$$

$$\alpha_1(T)=[1+(0.48+1.574\cdot 0.045-0.176\cdot 0.045^2)(1-1.1436^{0.5})]^2$$

$$\alpha_1(T)=0.9251$$

$$\alpha_{11}(T)=1.2818\ (\mathrm{dm}^3)^2\mathrm{bar/mol}^2$$

$$b_1=0.08664\frac{0.08314\cdot 126.15}{33.94}=0.02677\mathrm{dm}^3/\mathrm{mol}$$

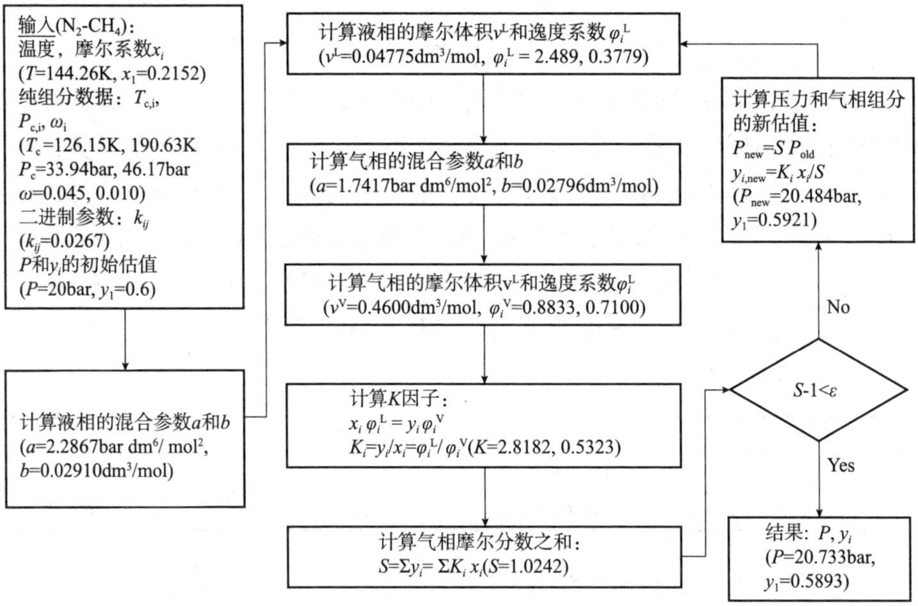

图5.45　使用SRK状态方程计算等温气-液平衡的流程图

$$\alpha_{22}(T)=0.42748\frac{0.08314^2\cdot 190.63^2}{46.17}$$

$$\alpha_2(T)=2.3259\cdot\alpha_2(T)\ (\mathrm{dm}^3)^2\mathrm{bar/mol}^2$$

$$T_{r2}=\frac{144.26}{190.63}=0.7568$$

$$\alpha_1(T)=[1+(0.48+1.574\cdot 0.01-0.176\cdot 0.01^2)(1-0.7568^{0.5})]^2$$

$$\alpha_2(T)=1.1311$$

$$\alpha_{22}(T)=2.6356\ (\mathrm{dm}^3)^2\mathrm{bar/mol}^2$$

$$b_2=0.08664\frac{0.08314\cdot 190.63}{46.17}=0.02974\mathrm{dm^3/mol}$$

在下一步中，需要使用混合规则[式(4.98)～式(4.100)]计算液相的交叉参数 a_{12} 以及混合参数 a 和 b。

$$\alpha_{12}(T)=\alpha_{21}(T)=(1.2818\cdot 2.6356)^{0.5}(1-0.0267)=1.7889(\mathrm{dm^3})^2\mathrm{bar/mol^2}$$

$$\begin{aligned}\alpha(T)&=0.2152^2\cdot 1.2818+2\cdot 0.2152\cdot 0.7848\cdot 1.7848\cdot 1.7889+0.7848^2\cdot 2.6356\\&=2.2869(\mathrm{dm^3})^2\mathrm{bar/mol^2}b=0.2152\cdot 0.02677+0.7848\cdot 0.02974\\&=0.0291\mathrm{dm^3/mol}\end{aligned}$$

使用这些参数借助 SRK 状态方程在给定压强 $P=20\mathrm{bar}$ 的条件下能够计算出液相摩尔体积。

这种计算可以迭代进行，也可以通过求解立方状态方程来进行。在给定的压强 20bar 条件下，得到的液相摩尔体积为 $0.0477563\mathrm{dm^3/mol}$：

$$P=\frac{RT}{v-b}-\frac{a(T)}{v(v+b)}=\frac{0.08314\cdot 144.26}{0.04776-0.0291}-\frac{2.2869}{0.04776(0.04776+0.0291)}=20\mathrm{bar}$$

使用计算的液相的摩尔体积、各纯组分以及混合物的参数，使用式(4.101)能够计算出液相的逸度系数 φ_i^{L}。氮气(1)的值计算如下：

$$\begin{aligned}\ln\varphi_1^{\mathrm{L}}&=\ln\frac{0.04776}{0.04776-0.0291}\\&-\frac{2(0.2152\cdot 1.2818+0.7848\cdot 1.7889)}{0.08314\cdot 144.26\cdot 0.0291}\ln\frac{0.04776+0.0291}{0.04776}\\&+\frac{0.02677}{0.04776-0.0291}-\ln\frac{20\cdot 0.04776}{0.08314\cdot 144.26}+\frac{2.2869\cdot 0.02677}{0.08314\cdot 144.26\cdot 0.0291^2}\\&\cdot\left(\ln\frac{0.04776+0.0291}{0.04776}-\frac{0.0291}{0.04776+0.0291}\right)\end{aligned}$$

$$\varphi_1^{\mathrm{L}}=2.4892$$

同样的方法能够得到甲烷(2)的逸度系数：

$$\varphi_2^{\mathrm{L}}=0.3779$$

在下一步中，需要计算气相($y_1=0.6$)的混合物参数：

$$\begin{aligned}a(T)&=0.6^2\cdot 1.2812+2\cdot 0.6\cdot 0.4\cdot 1.7889+0.4^2\cdot 2.6356\\&=1.7418\ (\mathrm{dm^3})^2\mathrm{bar/mol^2}\end{aligned}$$

$$b=0.6\cdot 0.02677+0.4\cdot 0.02974=0.2796\mathrm{dm^3/mol}$$

使用这些参数，采用 SRK 状态方程计算出了 20bar 压强下的气相摩尔体积为 $0.4601\mathrm{dm^3/mol}$。使用这个体积和气相参数，计算了以下的逸度系数：

$$\varphi_1^{\mathrm{V}}=0.8833$$

$\varphi_2^V = 0.7100$

使用这些逸度系数，通过式(5.15)可以计算两种组分的 K – 因子($K_i = y_i / x_i$)：

$$K_1 = \frac{y_1}{x_1} = \frac{\varphi_1^L}{\varphi_1^L} = \frac{2.4892}{0.8833} = 2.8181$$

$$K_2 = \frac{y_2}{x_2} = \frac{\varphi_2^L}{\varphi_2^L} = \frac{0.3779}{0.7100} = 0.5323$$

然后可以检验是满足平衡条件，在平衡状态下，气相的摩尔分数之和应该等于 1。.

$$S = \sum x_i K_i = 0.2152 \cdot 2.8181 + 0.7848 \cdot 0.5323 = 0.6065 + 0.4177 = 1.0242$$

能够看到使用估算的气相组成和压强条件，并不能够满足平衡条件，这意味着必须估算新的气相组成，比如对气相摩尔分率进行正态化：

$$y_1 = \frac{0.6065}{1.0242} = 0.5922$$

$$y_2 = \frac{0.4177}{1.0242} = 0.4087$$

此外，还需要使用 K – 因子方法来估算新的压强：

$$P_{new} = P_{old} \cdot S = 20.484\text{bar}$$

只有当计算出的摩尔分数之和与期望值 1 的偏离值很小时，才可以停止迭代，比如说 $\varepsilon = 10^{-5}$。

$$S = \sum y_i = \sum x_i K_i$$

当满足 $\varepsilon < 10^{-5}$时新的迭代停止，这意味着获得了正确的平衡组成和压强。

x_1	$y_{1,exp}$	$y_{1,calc}$	P_{exp}/bar	P_{clac}/bar
0.2152	0.5804	0.5893	20.684	20.733

在这些条件下，两种化合物在不同相态下的逸度系数如下：

φ_1^L	φ_2^L	φ_1^V	φ_2^V
2.4106	0.3655	0.8803	0.6984

图 5.6 展示了氮气(1) – 甲烷(2)在整个组成范围内不同温度下的实验数据以及使用 SRK 状态方程计算的结果。

整个操作工序的流程示意图如图 5.45 所示，氮气 – 甲烷二元体系所采用的相同的方法也可以用于多组分体系。除了需要计算临界数据 T_c 和 P_c 以及偏心因子 ω_i 以外，只需要计算二次混合规则的二元参数 k_{ij}或者四元体系的 g^E 模型参数。

图 5.46 展示了 RK 状态方程下，分别采用二元参数 k_{ij} 和混合参数 g^E 对 N_2 - CO_2 - H_2S - 甲醇四元体系的的计算值以及实验测定值。从结果中能够看出，在这种情况下，使用 g^E 模型参数只能得到稍微改进的结果。

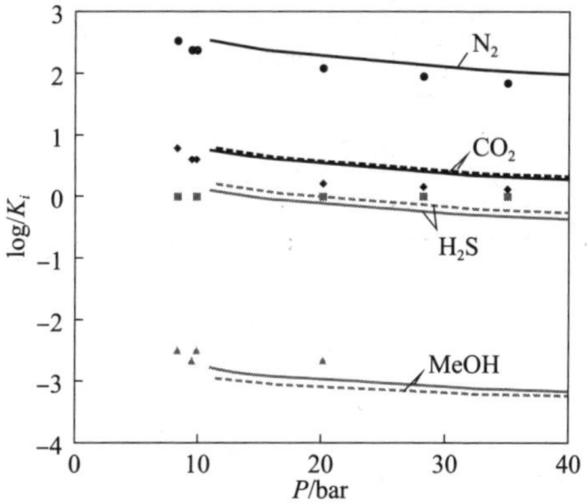

图 5.46 N_2 - CO_2 - H_2S - 甲醇体系在 15℃下的实验数据[5] 以及 K - 因子的预测值

---- SPR + 二次混合规则； -- SRK + g^E 混合规则

5.7 共沸行为发生的条件

在共沸点处，各组分在液相中的摩尔分数与均相体系在气相中的摩尔分数相同。这就导致所有的 K - 因子和相对挥发度在共沸点处的值都为 1，并且意味着体系不能够通过普通蒸馏进行分离。研究如何分离共沸点处混合物对分离过程的设计具有至关重要的意义。

对于二元体系来说，使用方法 B 简化的式(5.16)，对于均匀系统在共沸点处有效的关系式为：

$$\alpha_{12} = \frac{K_1}{K_2} = \frac{y_1/x_1}{y_2/x_2} = \frac{\gamma_1 P_1^s}{\gamma_2 P_2^s} = 1 \rightarrow \frac{\gamma_2}{\gamma_1} = \frac{P_1^s}{P_2^s} \text{或} \frac{\gamma_1}{\gamma_2} = \frac{P_2^s}{P_1^s} \tag{5.44}$$

使用状态方程(方法 A)能够获得共沸点的以下关系式：

$$\alpha_{12} = \frac{K_1}{K_2} = \frac{y_1/x_1}{y_2/x_2} = \frac{\varphi_1^L \varphi_2^V}{\varphi_1^V \varphi_2^L} = 1 \rightarrow \frac{\varphi_1^L}{\varphi_1^V} = \frac{\varphi_2^L}{\varphi_2^V} \tag{5.45}$$

从式(5.44)能够看出，在给定组成下，总是会发生共沸行为，纯组分蒸气压的比值 P_1^s/P_2^s 与活度系数之比 γ_2/γ_1 相等。图 5.47(a)，(b)❶展示了恒温下对于

---

❶ 当组成间的活度系数存在特殊的依赖关系时，在二元体系中也会出现最低共沸物和最高共沸物，例如苯 - 六氟苯体系就表现出这种行为。

拉乌尔定律正负偏差的共沸体系 γ_2/γ_1 的比值对数典型曲率。共沸组成可以通过蒸气压之比和活度系数 γ_2/γ_1 之比的交叉点得到。

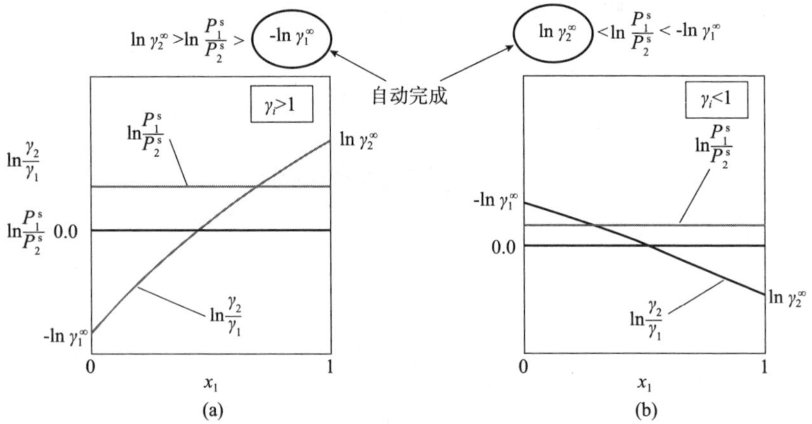

图 5.47 二元均相体系在恒温下的共沸行为探究(组分 1 = 低沸点化合物)

从式(5.44)能够看出，如果一个二元体系两组分间的蒸气压非常接近的情况下就很容易发生共沸行为。因为在这种情况下，系统对拉乌尔定律的偏差非常小，并产生一个与拉乌尔定律有正或负偏差的共沸点。如果蒸气压相同(例如在 Bancroft 点)，二元系统则表现出共沸行为。

从图 5.47 能够得知除了无限稀释活度系数已知以外，蒸气压的比值已知也能够计算共沸点的发生。如果下列条件满足拉乌尔定律(见图 5.47)为正(或者为负)偏差时，就会发生共沸行为：

$$\ln\gamma_2^\infty > \ln\frac{P_1^s}{P_2^s} \qquad -\ln\gamma_1^\infty > \ln\frac{P_1^s}{P_2^s} \tag{5.46}$$

结合 Konovalov 定律(见附录 C，B10)，两种方程都证明了共沸的存在，因为大约 90% 的体系都对拉乌尔定律呈现正偏差，故而大多数情况下都为最低共沸物。

无限稀释活度系数和蒸气压分别取决于遵守 Gibbs - Helmholtz[式(5.24)]和 Clausius - Clapeyron[式(3.64)]的温度[13]。温度依赖性的结果是，共沸行为可以随着温度(压强)的升高或降低而发生或者消失。为了理解共沸行为是否会发生或者消失，只需了解要 γ_2^∞(对于拉乌尔定律呈现正偏差)和蒸气压对温度的依赖关系。图 5.48 和图 5.49 展示了乙醇 - 1，4 二氧六环和丙酮 - 水体系的实验数据，以及使用表 5.9 中给出的参数，采用 NRTL 方程的计算结果。对于第一个体系，共沸行为在高温条件下消失了，而第二个体系正好相反，在温度高于 70℃ 时出现了共沸行为。正如图 5.49 所展示的，两个体系共沸行为的产生都能够使用 NRTL 方程进行描述。

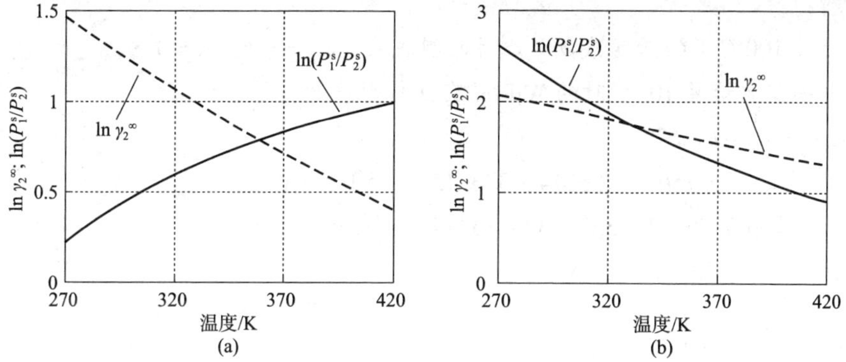

图 5.48 乙醇(1)-1，4 二氧六环(2)（a)和丙酮(1)-水(2)（b)体系蒸气压比值 P_1^s/P_2^s(-)和使用 NRTL 方程计算的 $\ln\gamma_2^\infty$(--)的温度依赖关系

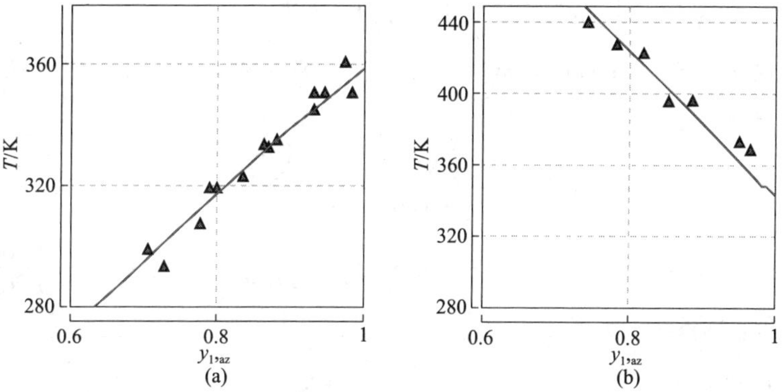

图 5.49 乙醇(1)-1，4 二氧六环(2)（a)和丙酮(1)-水(2)（b)体系的共沸行为

▲实验数据[42]，-使用 NRTL 方程的计算值

例 5.12 利用 Wilson 方程，根据下表给出的相互作用参数，用活度系数与蒸气压之比确定丙酮(1)-甲醇(2)在 50℃、100℃和 150℃时的共沸点。

计算会用到下边的摩尔体积 $v_1 = 74.04\text{cm}^3/\text{mol}$ 和 $v_2 = 74.04\text{cm}^3/\text{mol}$。

安托因方程的参数如下：$\log P_i^s(\text{mmHg}) = A - \dfrac{B}{\vartheta(℃) + C}$

组分		A	B	C
丙酮		7.1327	1219.97	230.653
甲醇		8.08097	1582.27	239.7
Wilson 参数				
i	j	a_{ij}(cal/mol)	b_{ij}(cal/mol)	
1	2	-60.756	-0.06114	
2	1	863.79	-1.0533	

解：

计算100℃下的活度系数之比时的组成为：$x_1=0.2$，$x_2=0.8$。

首先需要计算100℃时的 Wilson 交互作用参数：

$$\Delta\lambda_{ij}=a_{ij}+b_{ij}\cdot T$$

$$\Delta\lambda_{12}=-60.756-0.06114\cdot 373.15=-83.57\text{cal/mol}$$

$$\Delta\lambda_{21}=863.79-1.0533\cdot 373.15=470.75\text{cal/mol}$$

然后计算 Wilson 参数 Λ_{ij}：

$$\Lambda_{ij}=\frac{v_j}{v_i}\cdot\exp\left[-\frac{\Delta\lambda_{ij}}{RT}\right]$$

$$\Lambda_{12}=\frac{40.73}{74.04}\cdot\exp\left[-\frac{-83.57}{1.98721\cdot 373.15}\right]=0.6157$$

$$\Lambda_{21}=\frac{74.04}{40.73}\cdot\exp\left[-\frac{470.75}{1.98721\cdot 373.15}\right]=0.9635$$

根据这些参数，可以计算出所需的活度系数。以丙酮(1)为例，说明了活度系数的计算方法：

$$\ln\gamma_1=-\ln(x_1+x_1\Lambda_{12})+x_2\left(\frac{\Lambda_{12}}{x_1+x_2\Lambda_{12}}-\frac{\Lambda_{21}}{x_1\Lambda_{12}+x_2}\right)$$

$$\ln\gamma_1=-\ln(0.2+0.8\cdot 0.6157)+0.8\cdot\left(\frac{0.6157}{0.2+0.8\cdot 0.6157}-\frac{0.9635}{0.2\cdot 0.9635+0.8}\right)$$

$$=0.3021$$

$$\gamma_1=1.353$$

同理可得 γ_2：

$$\gamma_2=1.024$$

借助这些活度系数，就能够估算出活度系数的比值：

$$\frac{\gamma_1}{\gamma_2}=\frac{1.353}{1.024}=1.3213$$

使用上边给出的安托因常数，能够得到100℃时蒸气压的比值$\frac{P_2^s}{P_1^s}$：

$$\frac{P_2^s}{P_1^s}=\frac{2649.26}{2774.1}=0.955$$

对于整个组成和所选择的温度范围内的结果如图5.50所示，从图中能够看出共沸组成对于温度有很强的依赖性

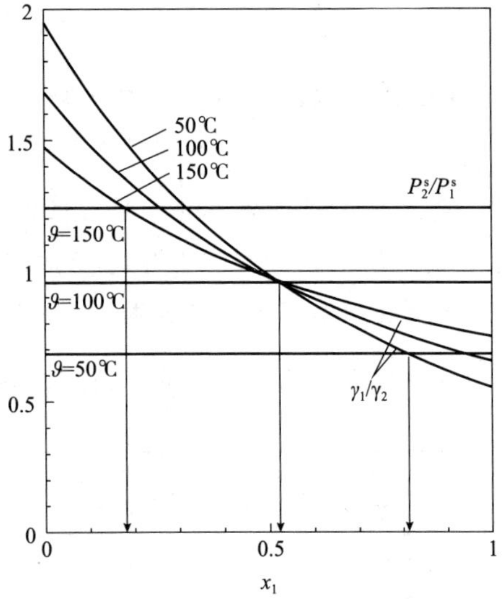

图5.50 根据活度系数的比值 γ_1/γ_2 和蒸气压比值 P_2^s/P_1^s 确定丙酮(1)－甲醇(2)体系在50℃、100℃和150℃共沸点

(50℃：$x_{1,az}\approx0.8$；150℃：$x_{1,az}\approx0.2$；)。这主要是由于蒸发焓对两种化合物蒸气压的影响引起的。在 50℃ 时，丙酮的蒸发焓为 29.4kJ/mol，而甲醇为 36.1kJ/mol。强的压强依赖性可用于变压精馏分离共沸体系，也就是两个塔在不同压强下运行。由于水的汽化焓比有机化合物高，变压蒸馏主要用于从有机化合物中分离水。像是四氢呋喃－水或者乙腈－水体系的分离。

分离系数[见式(5.16)]和二元共沸物组成的温度依赖性取决于共沸物的类型(最低型、最高型)、蒸气压以及活度系数对组成和温度的依赖性。这些相关性可以通过考虑蒸发焓和偏摩尔过剩焓的 Clausius－Clapeyron 方程(或者是 Gibbs－Helmholtz equation [43])进行描述。

$$\left(\frac{\partial y_1}{\partial T}\right)_{az}=\frac{y_{1az}y_{2az}(\Delta h_{v1}-\Delta h_{v2}+\bar{h}_2^E-\bar{h}_1^E)}{RT^2[1-(\partial y_1/\partial x_1)_{az}]} \tag{5.47}$$

根据拉乌尔定律，当系统为正偏差系统时$(\partial y_1/\partial x_1)_{az}$小于 1，当系统为负偏差系统时$(\partial y_1/\partial x_1)_{az}$大于 1。在大多数情况下，汽化焓的差值大于偏摩尔过剩焓的差值。公式(5.47)的推导见附录 C，B9。

例 5.13 使用公式(5.47)计算 70℃下乙醇(1)－水(2)体系共沸组成($y_{1,az}=0.9$)的温度依赖性。70℃时，组分的蒸发焓如下：

$\Delta h_{v,乙醇}$：39800J/mol

$\Delta h_{v,水}$：42000J/mol

解：

除蒸发焓外，还需要 70℃时的偏摩尔过剩焓差和斜率 $\partial y_1/\partial x_1$。这可从图 5.17 和图 5.30 中获得。偏摩尔过剩焓 $\bar{h}_2^E-\bar{h}_1^E$ 的差值约为 500J/mol，斜率为 0.9。

使用这些值可以计算温度依赖性：

$$\left(\frac{\partial y_1}{\partial T}\right)_{az}=\frac{0.9\cdot0.1\cdot(39800-42000+500)}{8.31433\cdot343.15^2(1-0.9)}=-1.56\cdot10^{-3}\mathrm{K}^{-1}$$

这意味着乙醇在共沸物中的摩尔分数将随着温度的升高而降低，并且在较低温度下共沸现象消失。这与实验结果相符。从所用的焓可以看出，这主要是由于水的汽化焓高于乙醇。

由于偏摩尔过量焓随温度变化，活度系数 γ_2^∞ 根据 Gibbs－Helmholtz 关系式可以在一定的温度范围内得出最大值或最小值，这意味着共沸点的条件只能在较小的温度范围内，或者在低温和高温下满足。在最大情况下，对于丙酮－四氯化碳体系，由于系统的混合热呈 s 形，其偏摩尔过量焓的符号发生了变化，从而满足了上述条件。这导致 γ_2^∞ 为最大值，因此共沸行为的条件仅在有限的温度范围内得到满足。图 5.51 显示了 γ_2^∞ 的曲率和蒸气压与温度的对数函数的比值。图 5.52 和图 5.53 显示了使用改进的 UNIFAC[44] 得到的实验和预测的过量焓以及实验和预测的共沸数据。从中可以看出，改进的 UNIFAC(见第 5.10.3.1 节)能够预测共沸行为的发生和消失。

状态方程也可以代替 g^E 模型用于测定二元或多元体系的共沸行为。图 5.54 显示了使用状态 VTPR 基团贡献方程(见第 4.10.2 节和第 5.10.5 节)得到的乙烷－二氧化碳系统的实验和预测共沸点，该体系的压强为 80bar。

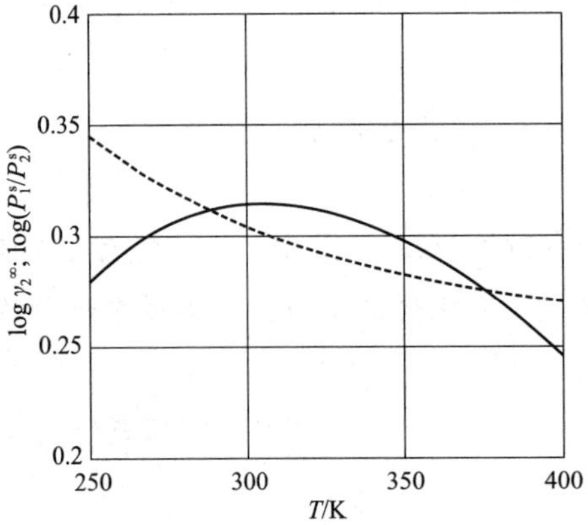

图 5.51　丙酮(1)－四氯化碳(2)体系 γ_2^∞(—)和对数形式蒸气压比 P_1^s/P_2^s(---)和温度的关系

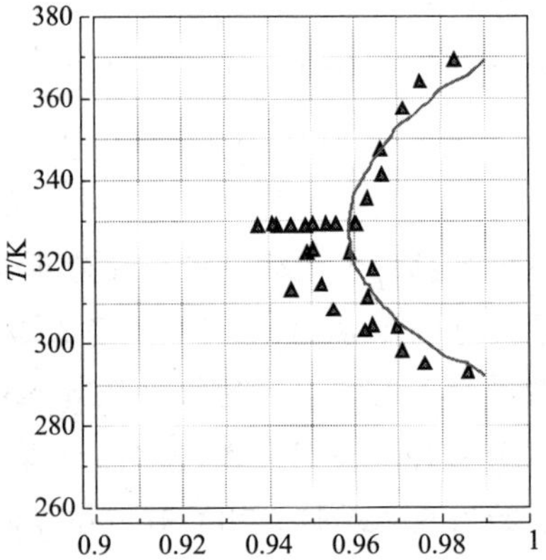

图 5.52　丙酮(1)－四氯化碳(2)体系实验和预测共沸物组成随温度的变化

▲实验值[5]；—使用改进的 UNIFAC 得到的预测值(出处：Gmehling et al. 1998[44])

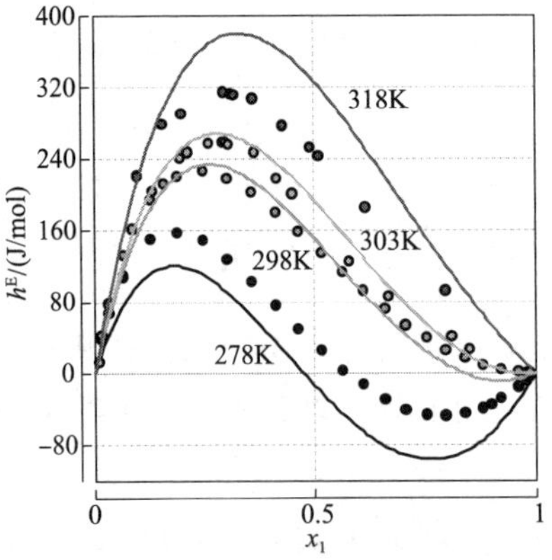

图 5.53　丙酮(1)－四氯化碳(2)体系的实验和预测过量焓随温度的变化

5℃、25℃、30℃和45℃时的实验数据，—使用改进的 UNIFAC 得到的预测值(出处：Gmehling et al. 1998[44])

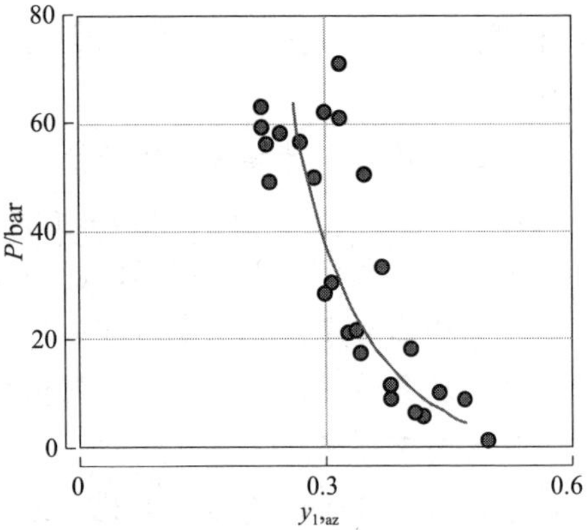

图 5.54　乙烷(1)－二氧化碳(2)系统实验和预测共沸物组成随压强的变化

· 实验值[5]；—使用 VTPR 的预测值(见第 5.10.5 节)

如前所述，如果要分离的化合物具有相同的蒸气压(Bancroft 点)，则总是发生共沸行为。由于遵循 Clausius – Clapeyron 的蒸气压曲线斜率取决于蒸发焓的值，如果蒸发焓小于第二组分的蒸发焓，通过温度的升高低沸点化合物会变为高沸点化合物。如图 5. 55 所示为乙醇和苯体系。虽然苯在低温下是低沸溶剂，但在高温下则相反，因为极性组分乙醇的摩尔蒸发焓大于苯的摩尔蒸发焓(见附录 A)。

因为具有较高标准沸点(101. 4℃而不是 100℃)的氘化水比水具有更大的汽化焓，水 – 氘化水体系甚至也显示出 Bancroft 点，例如在 25℃下，水的蒸发焓为 43. 9kJ/mol，而 D_2O 的蒸发焓为 45. 35kJ/mol。在 220℃左右的温度下，按照 Clausius – Clapeyron 方程水和氘化水的蒸气压相同。如图 5. 56 所示，即使是近乎理想的水 – 氘化水体系也在 Bancroft 点附近的有限温度范围(493 ~495K)内显示出共沸行为。

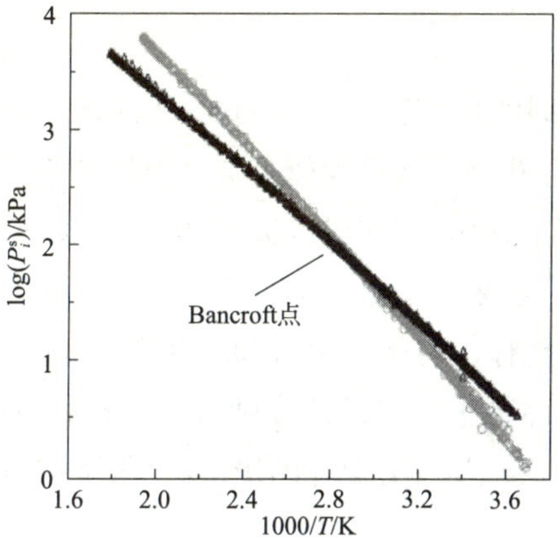

图 5. 55 乙醇和苯的蒸气压与临界温度的函数关系

实验值[5]，◆乙醇；▲苯

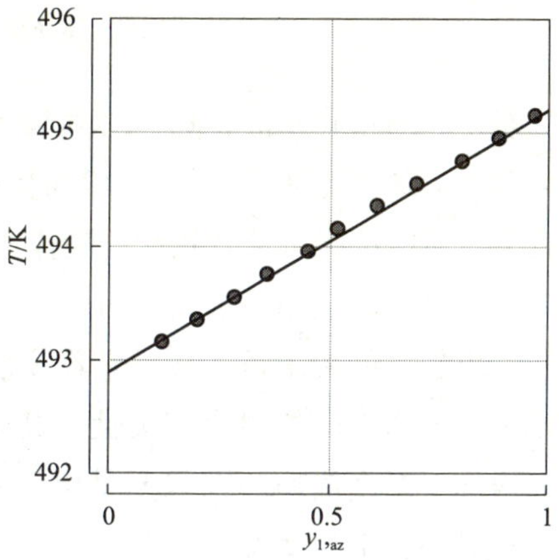

图 5. 56 水(1) – 氘化水(2)共沸点的实验测定值[5,45]

共沸行为并不局限于二元体系。还观察到三元和四元共沸点。为了测定三元和四元体系中的共沸点，可以再次使用[46]热力学模型(g^E 模型，状态方程，基团贡献法)。利用非线性回归方法可以得到均相体系的共沸点。在均相体系中，在共沸点所有分离因子 α_{ij}的值均为 1。这意味着必须满足以下条件：

$$F = \sum_{i}^{n} \sum_{j>1}^{n} |\alpha_{ij} - 1| = 0 \tag{5.48}$$

对共沸体系丙酮 – 氯仿 – 甲醇，图 5. 57 显示了三种可能的值为 1 的分离系数曲线。两条曲线的交点，例如 $\alpha_{12} = 1$ 和 $\alpha_{13} = 1$，会成为共沸点。因为在交点处会自动满足分离系数 α_{23}的标准(见图 5. 57)。

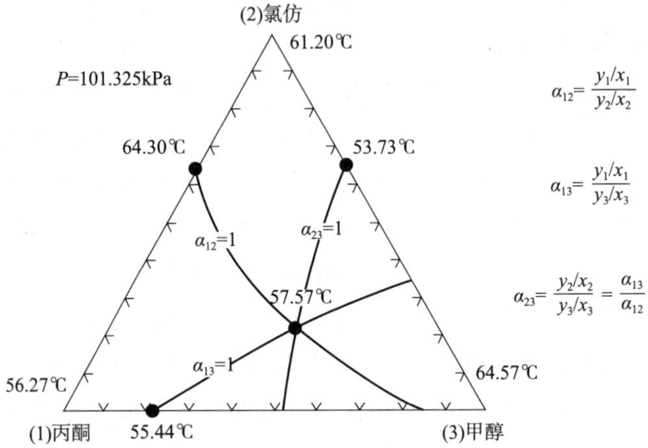

图 5.57　使用改进的 UNIFAC 预测常压下丙酮(1)－氯仿(2)－甲醇(3)三元体系的等高线($\alpha_{ij}=1$)

对于非均相共沸混合物，必须采用不同的计算程序。如图 5.58 所示，对于水－乙醇－苯三元体系，如果沿双曲线可以找到压强最大值，则会出现非均相共沸行为。所需压强可从非均相二元体系的组成开始到临界点进行计算。以上的计算过程可以从有机相或水相中的成分开始。结果如图 5.58(b)所示，对于这两个过程都出现了最大压强，这意味着该系统具有非均相共沸行为。在图 5.58 中还显示了共沸物组成的温度相关性，其中共沸物中的水的浓度随温度(压强)的增加而增加。温度依赖关系主要是由于水的蒸气压比乙醇和苯的蒸气压增加得更快，这是因为水的蒸发焓更大。

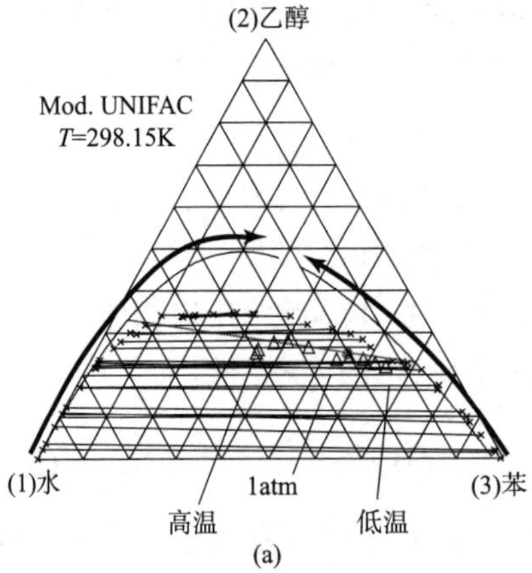

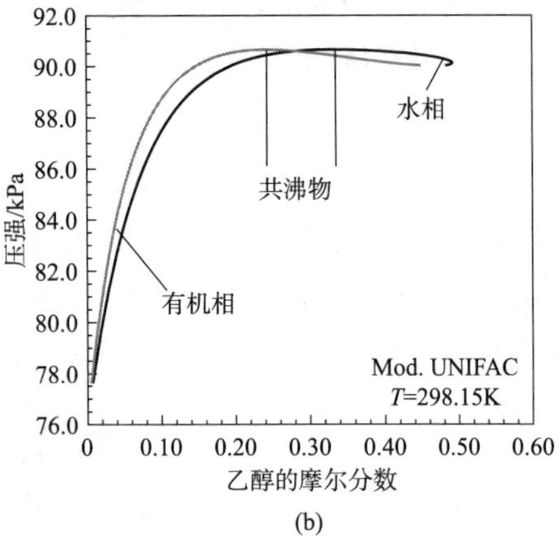

图 5.58　在 298.15K 下水－乙醇－苯体系液－液平衡相行为的实验值以及使用改进的 UNIFAC 得到的计算值(a)压强是富苯相(富水相)组成的函数(b)

同时也得到了四元体系的共沸行为。五元或更高体系中不存在共沸点，因为随着组分数量的增加，在确定的组分中所有分离因子在某一组分变得完全统一的可能性越来越小。

对于大量的体系，共沸数据实验值(a)可以在综合数据汇编中找到[42]，共沸点的综合知识在分离过程和选择合适的共沸蒸馏溶共沸剂中具有特别重要的意义。

5.8 气体在液体中的溶解度

吸收过程的目的是分离气体混合物或从气体混合物中去除不需要的组分。对于选择最佳溶剂或混合溶剂(吸收剂)以及设计吸收过程和气液反应器，了解气体溶解度与温度和压强的函数关系尤其重要。

工业上重要的吸收过程有很多，例如从天然气或合成气中去除酸性气体(CO_2、H_2S)、在化工厂(如环氧乙烷工厂)中去除 CO_2、从烟气中去除 SO_2 或在发电厂中吸收 CO_2(碳捕集和储存[CCS])。物理和化学吸收过程必须区分开。对于物理吸收过程，只需要了解相平衡行为。对于化学吸收过程，除了考虑相平衡外，还必须考虑化学平衡。通常，还必须考虑反应动力学和质量传递。如图 5.59 所示，在温度为 313.15K❶ 时二氧化碳在甲醇(物理吸收)和单乙醇胺水溶液(化学吸收)中的溶解度。如图 5.60 所示为单乙醇胺中吸收二氧化碳时必须考虑的反应。从图 5.59 可以看出，当被吸收气体的分压较低时(如 CCS 工艺)，化学吸收比物理吸收具有更大的优势，而物理吸收则在高分压下更具优势。

对于物理吸收过程中的气体溶解度的计算，可以采用第 5.2 节[公式(5.7)和公式(5.8)]中讨论的两种方法进行 VLE 计算：

$$x_i\varphi_i^{\mathrm{L}} = y_i\varphi_i^{\mathrm{V}} \tag{5.7}$$

$$x_i\gamma_i f_i^0 = y_i\varphi_i^{\mathrm{V}}P \tag{5.8}$$

虽然在状态方程(方法 A)的情况下，气体溶解度的计算与 VLE 相比没有差异，但在方法 B 中，不能再使用用于 VLE 计算的标准状态(系统温度和系统压强下的纯液体)。因为超临界化合物不是液体。这意味着 $\gamma-\varphi$ 方法需要另一个标准逸度。

---

❶ 选择 313.15K 的温度来比较溶解度。在实际中，甲醇在低温下作为吸收剂(甲醇溶胶法)。

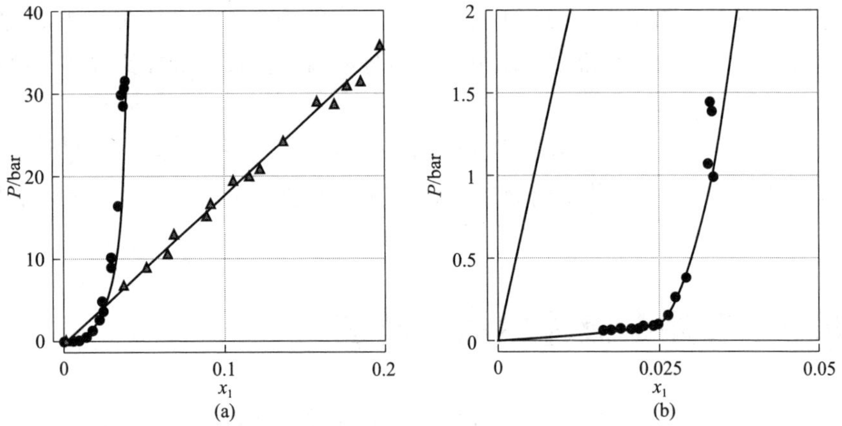

图 5.59　T=313.15K 时二氧化碳在甲醇中的实验溶解度[5]

(▲)以及在单乙醇胺水溶液中的实验溶解度(30%)(·)

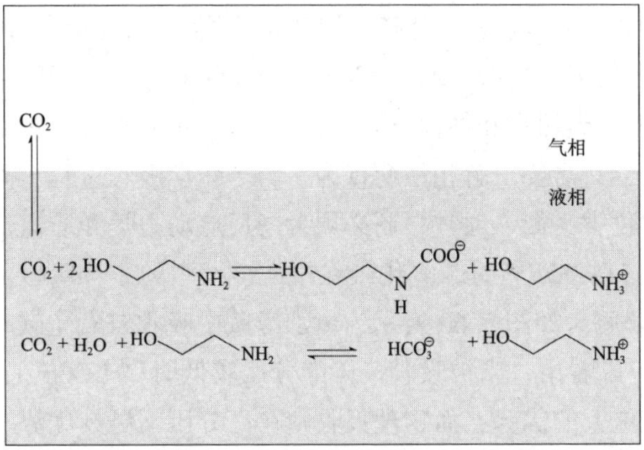

图 5.60　除了在单乙醇胺水溶液中吸收二氧化碳的气体溶解度外还须考虑的化学反应

5.8.1　使用亨利常数计算气体溶解度

另一种选择是使用亨利常数 H_{ij} 作为标准逸度 f_i^0。以亨利常数为标准逸度，下列表达式用来计算二元体系中气体溶解度：

$$x_1\gamma_1^* H_{12} = y_1\varphi_1 P \tag{5.49}$$

$$1 = 溶质，2 = 溶剂$$

亨利常数定义为：

$$H_{12} = \lim_{\substack{x_1\to 0\\ x_2\to 1\\ P\to P_2^s}} \frac{f_1}{x_1} \tag{5.50}$$

它只适用于气体分压为零的情况；这意味着总压强等于溶剂的蒸气压。

对于气体溶解度，由于液相中通常只包含很小的浓度范围，因此可以使用简单的表达式来描述活度系数 γ_1^* 的浓度相关性。例如公式(5.51)(波特方程)。

$$\ln\gamma_1^* = A(x_2^2 - 1) \tag{5.51}$$

使用的简单表达式必须满足非对称约定($\gamma_1^* = 1\ x_1 \to 0,\ x_2 \to 1$)。然而如果 γ_1^* 与整体明显不同，则状态方程更好。亨利常数的应用范围应限于较低的溶质浓度，如 $x_1 < 0.03$，以便式(5.49)变为通常使用的形式：

$$x_1 H_{12} = y_1 \varphi_1 P \tag{5.52}$$

在低压下，逸度系数也接近整体的值，因此得到以下简单表达式(亨利定律)：

$$x_1 H_{12} = y_1 P = p_1 \tag{5.53}$$

将式(5.53)与式(5.14)在组分 1 无限稀释下进行比较，表明在亚临界区亨利常数对应于：

$$H_{12} \approx \gamma_1^\infty \cdot P_1^s \tag{5.54}$$

在低压下，下列描述可由亨利定律导出：

1. 气体溶解度与分压成正比。
2. 气体溶解度与亨利常数的倒数成正比。
3. 气体溶解度的温度相关性仅取决于亨利常数的温度相关性。

与用于气–液平衡计算的系统温度和系统压强下的标准纯液体逸度相比，亨利常数的最大缺点是它不是纯组分性质，而必须由实验的气体溶解度数据推导出。

亨利常数的值会差别很大。在很大程度上取决于气体的性质(T_c，P_c)和与溶剂相互作用的强度。表 5.12 中列出了 25℃下水中各种气体的亨利常数。从表中可以看出亨利常数值的大小不同。轻气体(He，Ar，H_2，N_2，O_2，CO，CH_4，SF_6)的亨利常数大于 40000bar，而水中的 CO_2，H_2S 和 C_2H_2 的亨利常数约为 1000bar，相对较大的物质 SF_6 的亨利常数大于氦气的亨利常数。在表 5.13 中，给出了 4 种溶剂中 6 种气体在 25℃下的亨利常数。这些数值表明气体和溶剂之间的相互作用也起着重要作用。对于所有气体，极性溶剂甲醇和非极性溶剂正庚烷之间的亨利常数有显著差异，这是由于组分之间的分子间作用力不同造成的。从甲醇中酸性气体(CO_2，H_2S)和甲烷的亨利常数可以看出，甲醇是一种高选择性的脱除天然气中酸性气体的吸收剂。这种效应是在 Rectisol 过程中实现的[47]。此外，亨利常数表现出强烈的非线性温度相关性。在图 5.61 和图 5.62 中，各种体系的亨利常数为温度的函数。对于图 5.61 中所示水中的氦气、氮气和氧气三个体系，可以得到亨利常数的最大值。这意味着给定分压下的气体溶解度可以随温度的升高而增大，也可以随温度的升高而减小，这取决于所考虑的温度范围。如图 5.62 所示，含氢气体系的亨利常数随温度升高而降低，而对于甲醇中的甲烷以及甲苯中的二氧化碳的亨利常数会随温度升高而升高。

表 5.12　25℃时水(2)中各种气体(1)的亨利常数[5]

气体	H_{12}/bar
He	144000
Ar	40000
H_2	71000
N_2	83500
O_2	44200
H_2S	580
CO	58000
CO_2	1660
CH_4	40200
C_2H_2	1350
C_2H_4	11700
C_2H_6	30400
SF_6	23600

表 5.13　25℃时不同有机液体中各种气体的亨利常数(bar)

	H_2	N_2	O_2	H_2S	CO_2	CH_4
甲醇	6100	3900	2200	33.5	145	1180
丙酮	3400	1850	1200	14.5	50	545
苯	3850	2300	1260	19.0	105	490
正庚烷	1450	760	500	23.4	78	210

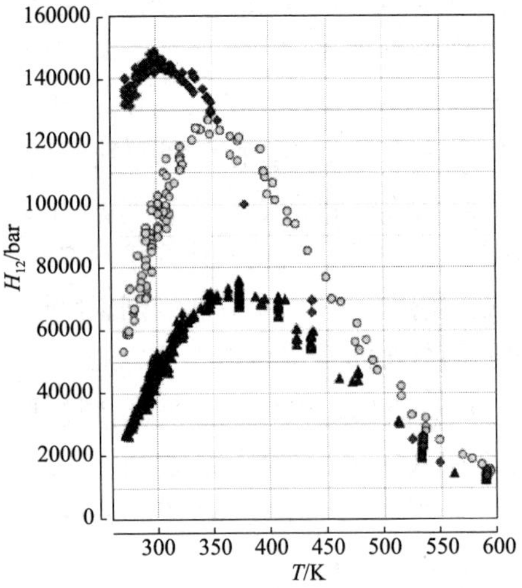

图 5.61　水中 He、N_2 和 O_2 的亨利常数随温度的变化

实验数据[5]；◆氦；◀氮；▲氧

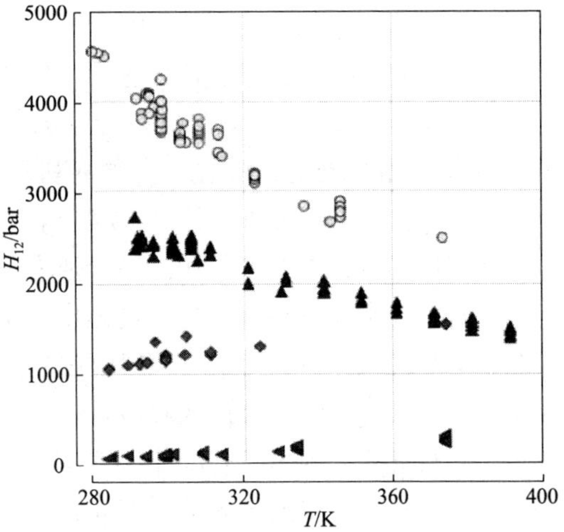

图 5.62　有机溶剂中各种气体的亨利常数随温度的变化

文献[5]中的实验数据；●苯中的氢气；▲环己烷中的氢气；◆甲醇中的甲烷；◀甲苯中的二氧化碳

在过程模拟器中，亨利常数的温度相关性通常由以下表达式描述：

$$\ln \frac{H_{12}(T)}{\text{bar}} = A_{12} + \frac{B_{12}}{T} + C_{12}\ln \frac{T}{\text{K}} + D_{12}T + \frac{E_{12}}{T^2} \tag{5.55}$$

通常，数据不能证明调整的所有参数是正确的。在大多数情况下，只有其中的两个(A、B 或 A、D)是合适的。常数 A 的值取决于所选的压强单位。

例 5.14 利用以下的在 50℃ 的相平衡数据确定水(2)中二氧化碳(1)的亨利常数：

$x_1 \cdot 10^3$	p_1/kPa
0.342	101.33
0.683	202.66
1.354	405.3
2.02	607.95
2.66	810.6
3.3	1013.3
3.93	1216
4.55	1419
5.15	1621
5.75	1824

50℃下 $P^s_{H_2O} = 12.3$kPa，维里系数：$B_{11} = -102\text{cm}^3/\text{mol}$，$B_{12} = -198\text{cm}^3/\text{mol}$，$B_{22} = -812\text{cm}^3/\text{mol}$。

解：

为了计算逸度系数，必须首先确定总压强。由于水的分压与 50℃(12.3kPa)时的蒸气压大致相同，因此可以直接计算总压强，例如，$p_1 = 405.3$kPa(数据点 3)：

$P = 405.3 + 12.3 = 417.6\text{kPa}$

利用这些值可以得到气相组成：

$$y_1 = \frac{405.3}{417.6} = 0.9705$$

利用此数据，可使用式(4.90)计算二氧化碳的第二维里系数 B 和逸度系数：

$B = 0.9705^2(-102) + 2 \cdot 0.9705 \cdot 0.0295(-198) + 0.0295^2(-812) = -108\text{cm}^3/\text{mol}$

使用式(4.97)，逸度系数为：

$$\ln\varphi_1 = \{2[0.9705(-102) + 0.0295(-198) + 108\}\frac{417.6}{8314.33 \cdot 323.15}$$

$\varphi_1 = 0.9843$

在下一步中，可以计算逸度 f_1 和比值 f_1/x_1：

$f_1 = y_1\varphi_1 P = \varphi_1 p_1 = 0.9843 \cdot 405.3 = 398.94\text{kPa}$

$f_1/x_1 = 398.94/0.001354 = 294600\text{kPa} = 2946\text{bar}$

对于其他数据点，逸度系数 φ_1、逸度 f_1 和比值 f_1/x_1 如表 5.14 所示。

图 5.63(a)中比值 f_1/x_1 与二氧化碳的液相摩尔分数相对应，亨利常数可以在摩尔分数 $x_1=0$ 时确定。除了比值 f_1/x_1 外，如图 5.63 所示为比值 p_1/x_1。当比值 f_1/x_1 保持几乎不变时，在低分压下比值 p_1/x_1 的值差距很大。但对 $x_1=0(p_1\to 0)$ 的外推得到了亨利常数的相同值($H_{12}\approx 2950\text{bar}$)。

表 5.14　50℃时 CO_2 – 水体系气体溶解度的实验数据、逸度、逸度系数和比值 f_1/x_1

$x_1\cdot 10^3$	p_1/kPa	φ_1	f_1/kPa	f_1/x_1/bar
0.342	101.33	0.9960	100.92	2951
0.683	202.66	0.9920	201.01	2943
1.354	405.3	0.9843	398.94	2946
2.02	607.95	0.9768	593.83	2940
2.66	810.6	0.9693	785.7	2954
3.3	1013.3	0.9618	974.63	2953
3.93	1216	0.9545	1160.6	2953
4.55	1419	0.9471	1344.0	2954
5.15	1621	0.9399	1523.6	2958
5.75	1824	0.9327	1701.2	2959

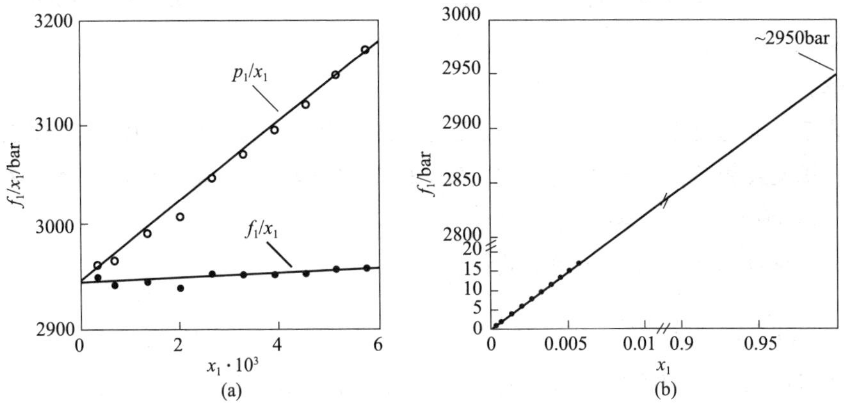

图 5.63　$f_1/x_1(p_1/x_1)$(resp. f_1)作为 50℃时 $CO_2(1)$ – 水(2)体系的 x_1 函数

另一种确定亨利常数的方法是在摩尔分数 x_1 上绘制逸度 f_1。如图 5.63(b)所示，在该图中亨利常数是从穿过 $x_1=1$ 处交叉点的实验数据的直线上得到的。这两个过程的值相同。

只有 $P=P_2^s$ 时亨利定律才有效。然而亨利常数的压强相关性相对较低，可以通过以下公式计算：

$$\left(\frac{\partial \ln H_{12}}{\partial P}\right)_T = \frac{\overline{v}_1^{\infty}}{RT} \tag{5.56}$$

式中，$\overline{v}_1^{\infty}$ 是溶剂(2)中溶解的气体(1)在无限稀释条件下的偏摩尔体积❶。假设偏摩尔体积为常数，则压强 P 下的亨利常数可直接使用式(5.57)计算，即 Krichevsky – kaarnovsky 方程：

$$\ln H_{12}(P) = \ln H_{12}(P_2^{s}) + \frac{\overline{v}_1^{\infty}(P - P_2^{s})}{RT} \tag{5.57}$$

对于混合溶剂可使用经验对数混合规则，其中仅对亨利常数已知的溶剂进行求和。

$$\ln \frac{H_{i,\mathrm{mix}}}{\mathrm{bar}} = \frac{\sum_j x_j \ln \frac{H_{ij}}{\mathrm{bar}}}{\sum_j x_j} \tag{5.58}$$

只有高浓度溶剂组分中气体的亨利常数在已知情况下，这种混合规则才有意义。

例 5.15 计算25℃下甲醇、水和三聚氧烷液体混合物中 CO_2 的亨利常数。纯溶剂中 CO_2 的浓度和亨利常数如下表所示：

	x_i	$H_{CO_2,j}$(bar) at $\theta = 25℃$
甲醇	0.39	145
水	0.6	1660
三氧烷	0.01	未知

解：

使用式(5.58)必须考虑只计算甲醇和水的浓度，因为三氧烷中二氧化碳的亨利常数未知，所以使用式(5.58)只考虑甲醇和水的浓度：

$$\ln \frac{H_{CO_2,\mathrm{mix}}}{\mathrm{bar}} = \frac{\sum_j x_j \ln \frac{H_{CO_2,j}}{\mathrm{bar}}}{\sum_j x_j} = \frac{0.39 \cdot \ln 145 + 0.6 \cdot \ln 1660}{0.39 + 0.6}$$

$$= 6.4545 \Rightarrow H_{CO_2,\mathrm{mix}} = 635\mathrm{bar}$$

当 $\vartheta = 25℃$ 时，$x_{甲醇} = 0.3885$，$x_{水} = 0.6115$，$H_{CO_2,\mathrm{mix}} = 749\mathrm{bar}$[48]。显然简单的混合规则是不精确的，但是数量级是正确的，这在过程模拟中是足够的。图5.64显示了在混合温度为 $\vartheta = 25℃$ 下亨利常数 $H_{CO_2,\mathrm{mix}}$ 的关联式，其是甲醇浓度的

❶ 从吸收过程中的体积变化中可以得到无限稀释时的偏摩尔体积。

函数。从中可以看出在这种情况下混合规则是正确的。

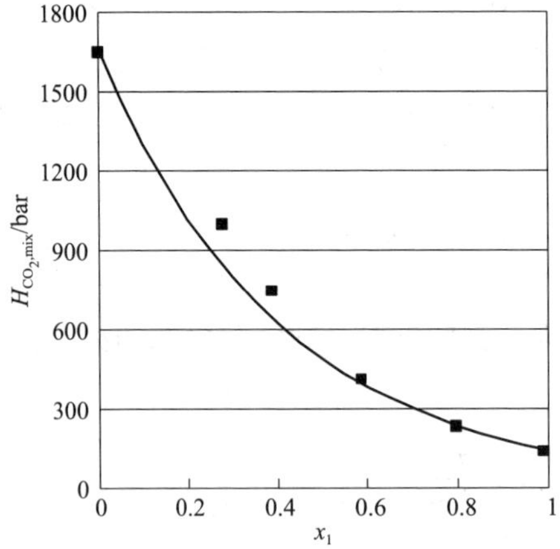

图 5.64 25℃时甲醇(1) - 水(2) 系统中二氧化碳的亨利常数

—回归数据；■文献中的数据[48]

在液相中溶解气体时，气体的焓变与蒸发焓变类似。无限稀释时的溶液焓 $\Delta h_i^{\infty L}$(气体和溶解溶质之间的焓差)可用亨利常数表示，如下所示。

从相平衡条件出发：

$$\mu_i^V = \mu_i^L \tag{5.59}$$

$$\mu_i^V = \mu_i^{0V} + RT\ln\frac{f_i^V}{f_i^{0V}} \tag{5.60}$$

其中标准逸度基于纯成分。

$$\mu_i^L = \mu_i^{\infty L} + RT\ln(x_i\gamma_i^*) \tag{5.61}$$

其中标准逸度基于无限稀释态。得到以下公式：

$$\frac{\mu_i^{0V} - \mu_i^{\infty V}}{RT} = \ln\frac{x_i f_i^{0V}}{f_i^V} \tag{5.62}$$

当 γ_i^* 在无限稀释下为整数时，应考虑以下公式：

$$H_{i,\text{mix}} = \lim_{x\to 0}\frac{f_i^L}{x_i} \text{和} f_i^L = f_i^V$$

进而得到以下公式：

$$\frac{\mu_i^{0V} - \mu_i^{\infty L}}{RT} = -\ln\frac{H_{i,\text{mix}}}{f_i^{0V}} \tag{5.63}$$

使用 van't Hoff 方程(见附录 C，A7)，并对公式的两边进行温度的微分。

$$-\frac{h_i^{0V} - h_i^{\infty L}}{RT^2} = -\frac{d\ln\dfrac{H_{i,\text{mix}}}{f_i^{0V}}}{\mathrm{d}T} = -\frac{f_i^{0V}}{H_{i,\text{mix}}}\frac{1}{f_i^{0V}}\frac{\mathrm{d}H_{i,\text{mix}}}{\mathrm{d}T} = -\frac{1}{H_{i,\text{mix}}}\frac{\mathrm{d}H_{i,\text{mix}}}{\mathrm{d}T} \tag{5.64}$$

由此可得：

$$\Delta h_i^{\infty L} = h_i^{0V} - h_i^{0V} = \frac{RT^2}{H_{i,\text{mix}}}\frac{\mathrm{d}H_{i,\text{mix}}}{\mathrm{d}T} \tag{5.65}$$

亨利定律尤其适用于具有单一溶剂的体系，如氮气溶于水或甲烷溶于苯。在含有一个或多个超临界组分的多组分混合物中，使用亨利常数时必须仔细检查，在这种情况下，最好使用状态方程。

5.8.2 使用状态方程计算气体溶解度

如前所述，状态方程法的最大优点是在计算气 - 液平衡时不需要标准逸度

(蒸气压，亨利常数)，这就意味着气－液平衡与气体溶解度的计算流程没有差别。图5.65为不同温度下氮－NMP(N－甲基吡咯烷酮)体系的结果，采用具有二次混合规则的SRK状态方程进行关联。当将具有线性温度相关的二元参数k_{12}用于所使用的温度范围内时，结果稍好。

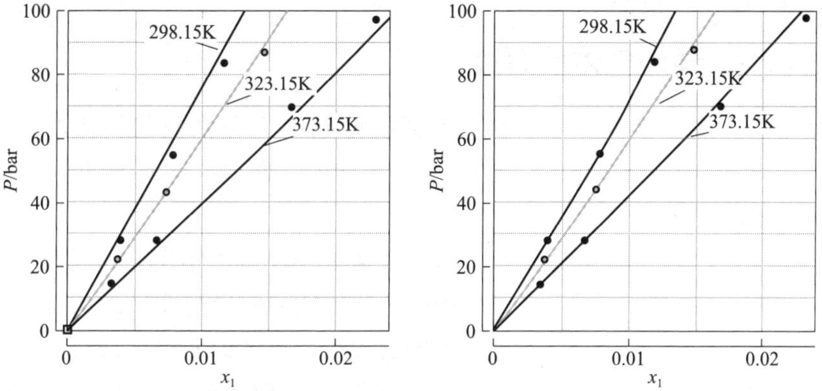

图5.65　在不同温度下，氮气(1)－NMP(2)体系 Px 的实验值以及使用SRK状态方程和系统二次混合规则得到的计算值

(a)$k_{12}=0.3403$，(b)$k_{12}=-0.07938+0.001297T$

例5.16　使用SRK状态方程计算60℃时苯中甲烷的亨利常数($k_{12}=0.08$[41])。纯组分物理性质：

组分	T_c/K	P_c/bar	ω
甲烷	190.63	46.17	0.010
苯	562.6	49.24	0.212

解：

计算方法与示例5.11中所示的氮气－甲烷体系的计算方法相同，只需要计算压强和气相摩尔分数的初始值。根据计算出的逸度系数，可以计算出压强和气相摩尔分数的新值，此迭代过程在给定的收敛标准下停止。

对于摩尔分数为$x_1=0.01$的平衡液相，得：

$y_1=0.9014$

$P=5.666\text{bar}$

$\varphi_1^L=89.70\quad \varphi_2^L=0.0915$

$\varphi_1^V=0.9951\quad \varphi_2^V=0.9193$

利用这些值可以计算亨利常数：

$$H_{12}=\frac{f_1}{x_1}=\frac{y_1\varphi_1^V P}{x_1}=\frac{0.9014\cdot 0.9951\cdot 5.666}{0.01}=508.2\text{bar}$$

或

$$H_{12}=\frac{f_1}{x_1}=\frac{y_1\varphi_1^{\mathrm{V}}P}{x_1}=\varphi_1^{\mathrm{L}}P=89.70\cdot 5.666=508.2\mathrm{bar}$$

结果为 $x_1 \to 0$ 计算亨利常数，但是当相互作用能不太强时，亨利常数一般用于摩尔分数较小的情况。

5.8.3 预测气体溶解度

如果没有实验数据，可以利用基团贡献状态方程来预测气体溶解度，如 Soave – Redlich – Kwong(PSRK)方程[49]或 VTPR 方程[50]。这些模型在第 5.10.4 节和第 5.10.5 节中介绍。

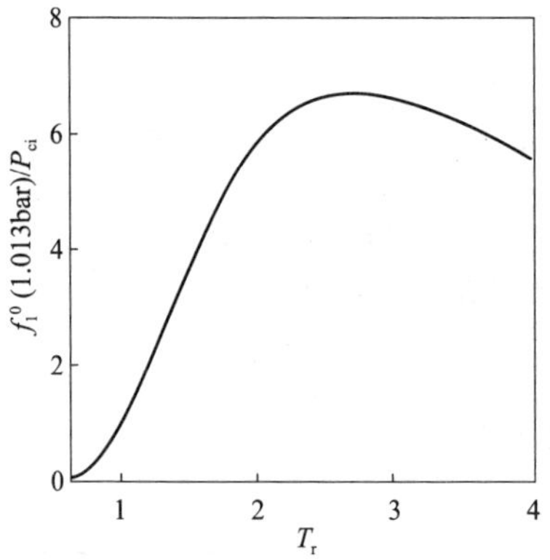

图 5.66 溶质(液体)标准逸度的温度相关性

直到 20 世纪 70 年代，人们提出了基于规则溶液理论和假设液体逸度的预测气体溶解度的方法。只考虑非极性成分，这个过程就可以得到合理的结果。根据 Prausnitz 和 Shair[51]的方法，溶质(液体)的标准逸度表达式如下：

$$\ln\frac{f_1^0(1.013\mathrm{bar})}{P_{c1}}=7.81-\frac{8.06}{T_{r1}}-2.94\ln T_{r1} \tag{5.66}$$

该公式在 $0.7<T_{r1}<2.5$ 的温度范围内有效。图 5.66 为假设液体的标准逸度的温度相关性。

根据规则溶液理论，相应的无限稀释活度系数可以表示为：

$$\ln\gamma_1^{\infty}=\frac{v_1}{RT}(\delta_1-\delta_2)^2 \tag{5.67}$$

溶解度参数为：

$$\delta_i(T)=\left(\frac{\Delta h_{vi}(T)-RT}{v_i}\right)^{0.5} \tag{5.68}$$

对于超临界气体不存在液相，因此 v_i 和 Δh_{vi} 的值并不存在。在表 5.15 中列出了一些已知轻质气体在 $\vartheta=25$℃下的摩尔液体体积和溶解度参数的假设值，这些值也适用于其他温度。亨利常数最终可以用公式(5.54)计算，其中使用的是假设液体的逸度而不是蒸气压。

例 5.17 使用 Prausnitz 和 Shair 方法估算苯(2)中的甲烷(1)在 $\vartheta=60$℃时的亨利常数。

解：

表 5.15 在 $\vartheta=25℃$ 下假设的液体摩尔体积和溶解度参数

Gas	$v_i/(10^{-6}m^3/mol)$	$\delta_i/(J/m^3)^{0.5}$	T_c/K	P_c/bar
N_2	32.4	5 279	126.2	33.9
CO	32.1	6 405	132.9	35
O_2	33	8 185	154.6	50.4
Ar	57.1	10 906	150.8	48.7
CH_4	52	11 622	190.4	46
CO_2	55	12 277	304.1	73.8
Kr	65	13 095	209.4	55
C_2H_4	65	13 505	282.4	50.4
C_2H_6	70	13 505	305.4	48.8
Rn	70	18 068	377	62.8
Cl_2	74	17 802	416.9	79.8

表 5.15 中溶质所对应的值为：

$v_1=52.10^{-6}m^3/mol$

$\delta_1=11622(J/m^3)^{0.5}$

$T_{c1}=190.4K$

$P_{c1}=46.0bar$

对于苯，可使用以下数据确定溶解度参数：

$M=78.114g/mol$

$\Delta h_{v_2}(60℃)=408.7J/g$

$\rho_2(60℃)=837.9\ kg/m^3\Rightarrow v_2=93.22\cdot 10^{-6}\ m^3/mol$

可推导出：

$$\delta_2=\left(\frac{408.7\cdot 78.114-8.31433\cdot 333.15}{93.22\cdot 10^{-6}}\right)^{0.5}=17685\ (J/m^3)^{0.5}$$

因此无限稀释活度系数利用以下公式计算：

$$\ln\gamma_1^{\infty}=\frac{v_1}{RT}(\delta_1-\delta_2)^2=\frac{52\cdot 10^{-6}}{8.3143\cdot 333.15}(11622-17685)^2=0.6901\Rightarrow\gamma_1^{\infty}=1.994$$

标准逸度可用式(5.66)确定，其中 $T_{r1}=333.15/190.4=1.75$：

$$f_1^0=46.0\exp\left(7.81-\frac{8.06}{1.75}-2.94\ln 1.75\right)=218.7bar$$

亨利常数在 $\vartheta=60℃$ 时的结果是：

$H_{12}(60℃)=218.7bar\cdot 1.994=436.1bar$

实验值约为 513bar [52]。

5.9 液－液平衡

在5.3节中提到过强烈的真实相行为形成了两种不同组分的液相。组分在不同液相中的浓度差异可以用于液液萃取等分离方法。液液相平衡与其他相平衡的情况一样，不同液相的逸度是相同的：

$$f_i' = f_i'' \quad i = 1,\ 2,\ \cdots,\ n \tag{5.69}$$

如前所示，逸度可以使用活度系数或逸度系数来描述。利用活度系数可以得到如下关系式：

$$(x_i\gamma_i f_i^0)' = (x_i\gamma_i f_i^0)'' \tag{5.70}$$

由于两个液相的标准逸度 f_i^0 相同，由式(5.70)推导出化简式：

$$x'\gamma' = x''\gamma'' \tag{5.71}$$

$x_i\gamma_i$ 也称为活度 a_i(见第4.9节)。这意味着在液－液平衡的情况下必须满足等活度标准。

使用逸度系数，可以得到一个相似的关系式：

$$(x_i\varphi_i^{\mathrm{L}})' = (x_i\varphi_i^{\mathrm{L}})'' \tag{5.72}$$

当与拉乌尔定律有强的正偏差时，会产生两种液相。液－液平衡相行为是温度的函数且只与活度系数的温度相关性有关。如图5.67所示为恒压[1]下二元体系的温度相关性，即温度－浓度关系图(双曲线)。

如图5.67(a)所示，多数情况下互溶度随着温度的升高而增加，直到体系的温度高于上临界共溶温度(UCST)使体系变为均相为止。图5.67中的其他情况发生的次数相对要少。这种现象如图5.67(a)。图5.67中所示的其他情况比这种行为更少见。如图5.67(c)所示的情况，随着温度的降低互溶度会增加，直到在最低临界共溶温度(LCST)下两相区完全消失。有时会出现两种临界共溶温度[情况(b)]。最后对于工艺应用来说，在整个涉及的温度范围内存在混溶间隙的体系。情况(a)、(c)和(d)可视为(b)的特殊情况，在许多情况下双曲线会被溶解曲线、沸腾曲线或两者打断。硫与芳香族化合物(例如苯－硫)的行为非常复杂。对于该系统，液－液平衡会在UCST时消失，但在更高的温度下会再次出现与LCST的混溶间隙。

---

[1] 对于不太大的压强差，例如几bar，对于冷凝相，压力的影响通常可以忽略。但如第5.9.2节和8.2.4节所示，高压可对LLE和SLE行为产生显著影响。

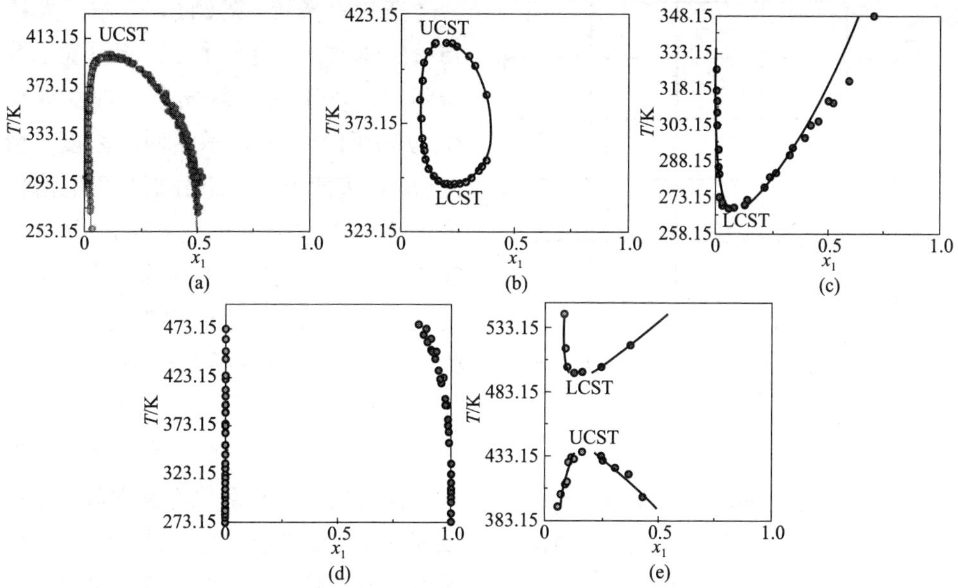

图 5.67 二元液－液平衡的温度相关性[5]

(a) 1－丁醇(1)－水(2)；(b)四氢呋喃(1)－水(2)；

(c)二丙胺(1)－水(2)；(d)正己烷(1)－水(2)；(e)苯(1)－硫(2)

对于三元体系，最常观察到的曲线形状如图 5.68 中的三角相图所示。与二元体系一样，两相区也受双节点曲线的限制。平衡的两个液相通过连接线连接起来。从连接线端点出发，可以计算出两相间的分布系数 K_i：

$$K_i = \frac{x_i''}{x_i'} \tag{5.73}$$

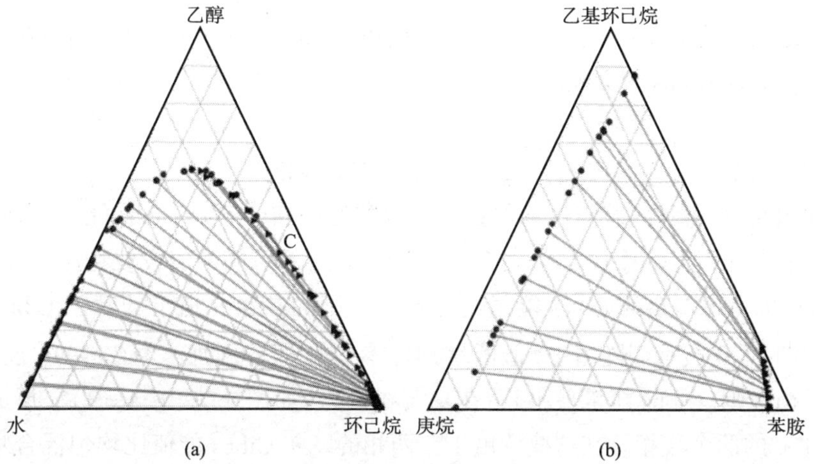

图 5.68 25℃下最重要的三元液液相平衡类型[5]

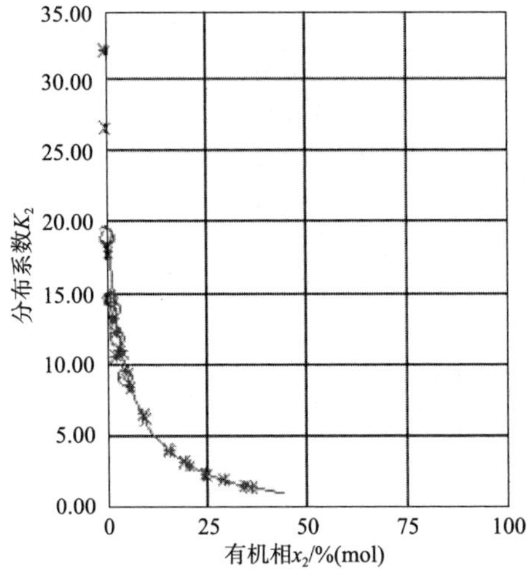

图5.69 通过实验[5]以及UNIQUAC方程计算298.15K下乙醇在水(1)-乙醇(2)-环己烷(3)体系中的分布系数

在封闭系统[案例(a)]中，大约75%的体系，只有一个二元组分显示混溶间隙。对于这些系统会出现临界点C，其中两个液相显示相同的浓度。情况(b)代表两个二元组分部分可混溶性的体系(开放体系)。这种行为在约20%的案例中发生。然而除了这些最重要的案例外，还有很多其他的可能性[53]。例如，有些系统的所有二元子体系都是相同的，但在三元体系中会发现混溶间隙(见图5.76)。此外还可能形成三种液相。分布系数不是常数，它们很大程度上取决于浓度，如图5.69中所示的水-乙醇-环己烷体系。可以看出乙醇的最大分布系数是在无限稀释下得到的，这些值称为能斯特分布系数。

方程(5.71)为计算液-液平衡的基础。从这个方程可以看出液-液平衡的浓度和温度的相关性取决于活度系数。然而，该方程(等活度准则)无法解释两液相和临界溶液温度。

利用Gibbs能的浓度相关性，可以更容易理解两个液相的形成。对于理想二元体系，给定组分下的摩尔Gibbs能(见第4章)可以通过以下公式计算：

$$g_{\text{ideal}}=x_1g_1+x_2g_2+RT(x_1\ln x_1+x_2\ln x_2) \tag{5.74}$$

由于摩尔分数总是小于1，当$x_1=1$和$x_2=1$时，最后一项为负数和零。因此作为组成函数的摩尔Gibbs能显示出最小值(见图5.70，$A=0$)。然而在非理想体系中，额外Gibbs能必须增加：

$$g_{\text{real}}=g_{\text{ideal}}+g^{\text{E}} \tag{5.75}$$

$$g_{\text{real}}=g_{\text{ideal}}+RT(x_1\ln\gamma_1+\ln\gamma_2) \tag{5.76}$$

如图5.70所示随着与拉乌尔定律正偏差的增加，额外Gibbs能的占比增大，因此需要考虑组分的摩尔Gibbs能。如图5.70所示。例如假设波特法($g^{\text{E}}/RT=Ax_1x_2$)可以考虑多余的Gibbs能量的占比。不同的参数A值下的摩尔Gibbs能量曲线如图5.70所示。随着g^{E}值的增加即参数A值的增加，摩尔Gibbs能变大。由于平衡准则(Gibbs能量最小)，在真实相行为(如图5.70中$A=3$)，形成浓度为x_1'和x_1''的两个液相。在这些浓度下，两相的摩尔Gibbs能值比均匀混合物的更低。对于摩尔分数$x_1=0.5$的Gibbs能量，均相组分的值约为540J/mol，非均相组分的值约为 250J/mol 的值。在图 5.70 中，利用切线表示共存液相的摩尔 Gibbs 能，用虚线表示均相组成的摩尔 Gibbs 能。

A = 波特方程系数[式(5.17)]。

根据这一理论，只有当 Gibbs 能作为组分的函数的曲线形状出现拐点时，才能形成两个液相。这意味着必须存在一个区域，以下条件才是有效的：

$$\left(\frac{\partial^2 g}{\partial x^2}\right)_{T,P} < 0 \qquad (5.77)$$

对于混合的 Gibbs 能，也可以采用同样的标准：

$$\left(\frac{\partial^2 \Delta g}{\partial x^2}\right)_{T,P} < 0 \qquad (5.78)$$

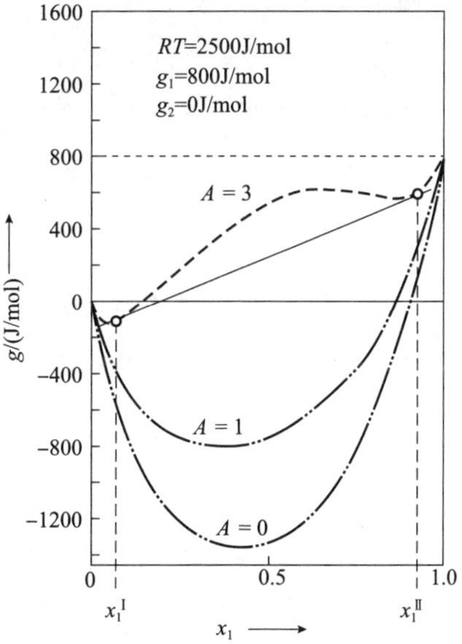

图 5.70　具有不同真实相行为体系的摩尔 Gibbs 能的浓度相关性

相反，不同的 g^E 模型可以用来描述超额 Gibbs 能或活度系数的占比。Wilson 模型是个例外，该模型无法表示混溶间隙，因为它描述了每个参数组合的的单调行为，这意味着 $\partial^2 \Delta g/\partial x^2 > 0$(见附录 C，E3)。

要精确计算多组分体系的液－液平衡比描述气－液平衡和固－液平衡更为复杂，因为在液液相平衡的情况下，活度系数不仅描述浓度的相关性，而且还要正确地描述温度的相关性。然而在其他相平衡(气液，固液)中，活度系数主要描述偏离的理想行为[拉乌尔定律(理想的固体溶解度)]。温度相关性主要由标准逸度[蒸气压(熔化温度和熔化热)]描述。

这就是目前还不能可靠预测液－液平衡相行为的主要原因。即使使用二元参数计算三元体系的液－液平衡相行为，也会导致分布系数和双节点曲线的结果并不理想。在大气压下测量三元及以上体系的液－液平衡数据是比较容易。

例 5.18　利用符合气－液平衡数据[12]的 UNIQUAC 参数，通过 UNIQUAC 方程计算 50℃下正丁醇(1)－水(2)系统的混溶间隙以及相应的压强和气相组成：

$$\Delta u_{12} = 129.7\text{cal/mol},\ \Delta u_{21} = 489.6\text{cal/mol}$$

纯组分性质：

组分	r_i	q_i	P_i^s/kPa
正丁醇	3.4543	3.052	4.61
水	0.92	1.4	12.36

解：

对于混溶间隙的计算，可采用图5.73所示的程序。然而对于二元体系，混溶间隙也可以用图解法确定。图解法可对不同浓度的活度系数进行评估。通过图解法，计算了摩尔分数 $x_1=0.05$ 的活度系数 γ_1。使用UNIQUAC方程确定 τ_{12} 和 τ_{21} 的值(见表5.6)：

$$\tau_{12}=\exp\frac{-\Delta u_{12}}{RT}=\exp\frac{-129.7}{198.721\cdot 323.15}=0.8171\quad \tau_{21}=0.4685$$

此外，对于组合部分的计算需要 V_1 和 F_1 的值：

$$V_1=\frac{r_1}{r_1x_1+r_2x_2}=\frac{3.4543}{3.4543\cdot 0.05+0.92\cdot 0.95}=3.3$$

$$F_1=\frac{q_1}{q_1x_1+q_2x_2}=\frac{3.052}{3.052\cdot 0.05+1.4\cdot 0.95}=2.0585$$

然后计算出活度系数的组合部分：

$$\ln\gamma_1^{\mathrm{C}}=1-V_1+\ln V_1-5q_1\left(1-\frac{V_1}{F_1}+\ln\frac{V_1}{F_1}\right)$$

$$\ln\gamma_1^{\mathrm{C}}=1-3.3+\ln(3.3)-5\cdot 3.052\left(1-\frac{3.3}{2.0585}+\ln\frac{3.3}{2.0585}\right)=0.8956$$

在下一步中，确定剩余部分的计算：

$$\ln\gamma_1^{\mathrm{R}}=-q_1\ln\frac{q_1x_1+q_2x_2\tau_{21}}{q_1x_1+q_2x_2}+q_1q_2x_2\left[\frac{\tau_{21}}{q_1x_1+q_2x_2\tau_{21}}-\frac{\tau_{12}}{q_1x_1\tau_{12}+q_2x_2}\right]$$

$$\ln\gamma_1^{\mathrm{R}}=-3.052\cdot\ln\frac{3.052\cdot 0.05+1.4\cdot 0.95\cdot 0.4685}{3.052\cdot 0.05+1.4\cdot 0.95}+3.052\cdot 1.4\cdot 0.95$$

$$\cdot\left[\frac{0.4685}{3.052\cdot 0.05+1.4\cdot 0.95\cdot 0.4685}-\frac{0.8171}{3.052\cdot 0.05\cdot 0.8171+1.4\cdot 0.95}\right]$$

$$\ln\gamma_1^{\mathrm{R}}=-3.052\ln\frac{0.7757}{1.4826}+4.0592\left(\frac{0.4685}{0.7757}-\frac{0.8171}{1.45469}\right)=1.997+0.1716=2.1486$$

$$\ln\gamma_1=\ln\gamma_1^{\mathrm{R}}+\ln\gamma_1^{\mathrm{C}}=2.1486+0.8956=3.0442$$

$$\gamma_1=20.99$$

同样地，可以计算组分2的活度系数以及组分1和组分2的活度：

$x_1=0.05\quad \gamma_1=20.99\quad a_1=1.0495\quad x_2=0.95\quad \gamma_2=1.028\quad a_2=0.9766$

对于其他摩尔分数 x_1，计算下列活度：

x_1	0.005	0.01	0.015	0.02	0.05	0.1	0.2	0.4	0.6
a_1	0.2824	0.4972	0.6598	0.9801	1.0495	0.9605	0.7253	0.6141	0.6802
a_2	0.9953	0.9913	0.9878	0.9848	0.9766	0.9842	1.0332	0.6141	0.9766

在存在混溶间隙的情况下，当对组分 2 的活度与组分 1 的活度(所考虑的示例中的不同摩尔分数 x_1)进行作图比较时，会得到一个交点(见图 5.71)。在交叉处满足平衡条件[式(5.71)]，这意味着对于两种不同的成分可以获得相同的活性。如图所示，当组分 2 的活度与摩尔分数 x_1(图 5.71)相对应时，在约 $x_1 = 0.015$ 和 $x_1 = 0.59$ 处获得交点。

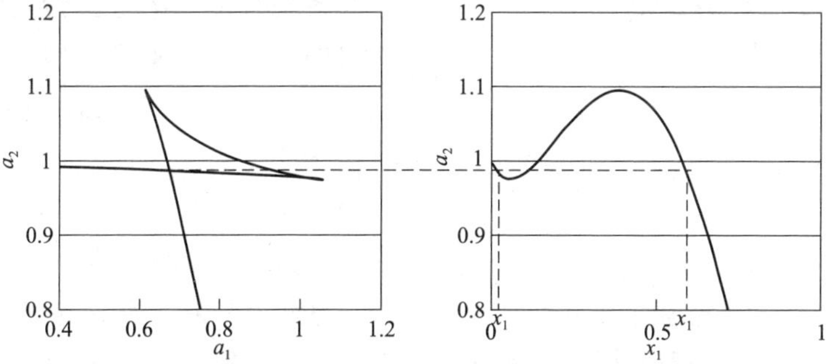

图 5.71　50℃下丁醇(1)－水(2)二元体系的液－液平衡图解测定

对于 50℃下的正丁醇(1)－水(2)系统，在平衡状态下获得以下值：

$$x_1' = 0.01556 \quad \gamma_1' = 43.40 \quad \alpha_1' = 0.6753$$

$$x_1'' = 0.5906 \quad \gamma_2' = 1.143 \quad \alpha_1'' = 0.6751$$

$$x_2' = 0.9844 \quad \gamma_1'' = 1.003 \quad \alpha_2' = 0.9873$$

$$x_2'' = 0.4094 \quad \gamma_2'' = 2.412 \quad \alpha_2'' = 0.9875$$

利用直接得到的相′或相″的值，可以计算出相应的气相压强和摩尔分数：

$$P = x_1\gamma_1 P_1^s + x_2\gamma_2 P_2^s$$

$$P = 0.01556 \cdot 43.4 \cdot 4.61 + 0.9844 \cdot 1.003 \cdot 12.36 = 3.113 + 12.204 = 15.317\text{kPa}$$

$$y_1 = \frac{P_1}{P} = \frac{3.113}{15.317} = 0.2032$$

由于相′或相″中的活度相同，所以由相″的组成分可以得到相同的结果，即 $x_1 = 0.5906$。

在整个组成范围内，气－液平衡结果如图 5.72 所示，另外包括一些等压气－液平衡数据的计算和实验数据，计算的共沸组成为 $f(T)$ 以及实验气－液平衡数据❶。可

❶ 将例 5.18 在 50℃时计算出的液－液平衡数据与实验结果进行比较，发现有不同之处。当富丁醇相的丁醇含量为 59%(mol)时，实验中发现的丁醇含量低于 50%(mol)。气－液平衡数据拟合的参数不能正确描述液－液平衡的行为。

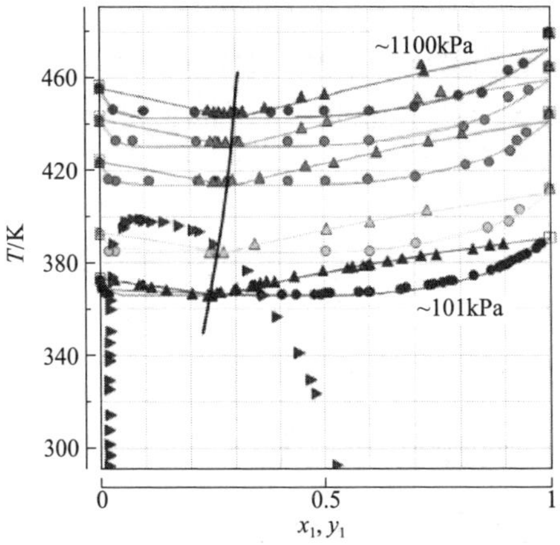

图 5.72　利用例 5.18 中给出的 UNIQUAC 参数和液 - 液平衡数据(共沸组成)[5]得到实验和计算的气 - 液平衡和共沸组成

以看出，在大气压下正丁醇(1) - 水(2)体系为非均相共沸物，其摩尔分数约为 $y_{1,az}=0.25$，温度为 366K。在其他压强下，共沸物成分会发生变化。共沸组分的变化不仅与蒸气压有关，还与活度系数有关。在图 5.72 中，以等压 *Txy* 图的形式展现了典型的温度相关性。当在大气压下出现非均相共沸点时，在较高的压强(温度)下可以观察到均相共沸行为。第 5.7 节详细讨论了共沸行为的温度相关性。

虽然二元液 - 液平衡的计算可以用图形表示，但三元及更高体系的液 - 液平衡的计算必须利用迭代方法。图 5.73 以流程图的形式显示了多组分系统的计算过程。该方法考虑了等活度条件[式(5.71)]和物质平衡。

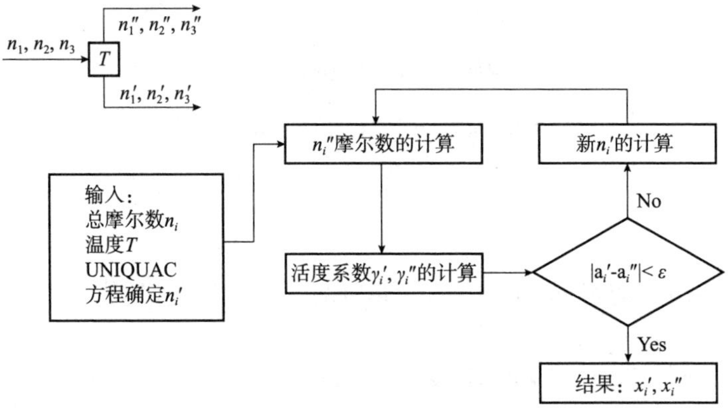

图 5.73　使用 *K* 因子法计算液 - 液平衡的流程图

从两相区组分的摩尔数 n_i(初始进料至平衡段)开始，估算出液相的摩尔数 n_i'(成分)。根据差值 $n_i'-n_i'$，可以计算第二液相的摩尔数 n_i''(组分)。确定了两种液相组分的活度系数。在下一步中检查是否满足等活度条件。在第一步之后将无法满足等活度条件，因此估算的摩尔数 n_i'必须以正确的方式改变。使用 *K* 因子法，得到由式(5.71)推导的摩尔数变化方程和物料平衡方程：

$$x_i'\gamma_i' = x_i''\gamma_i'' \quad \text{resp.} \qquad \frac{n_i'}{n_T'}\gamma_i' = \frac{n_i''}{n_T''}\gamma_i''$$

其中：

$$n'_T = \sum n'_i \quad n''_T = \sum n''_i$$

由此可得：

$$n''_i = n'_i \frac{n''_T \gamma'_i}{n'_T \gamma''_i}$$

考虑到物料平衡 $n''_i = n_i - n'_i$

$$n_i - n'_i = n'_i \frac{n''_T \gamma'_i}{n'_T \gamma''_i} \rightarrow n_i = n'_i + n'_i \frac{n''_T \gamma'_i}{n'_T \gamma''_i} = n'_i \cdot \left[1 + \frac{n''_T \gamma'_i}{n'_T \gamma''_i}\right]$$

液相中的新摩尔数可用以下关系式计算：

$$n'_{i,\text{new}} = \frac{n_i}{1 + \gamma'_i n''_T / \gamma''_i n'_T}$$

当不同阶段的活度在一个数值很小的范围内相同时迭代停止。如果进料组分在两相区域之外则为普通解，其中两个液相的组分相同。

例 5.19 利用 UNIQUAC 模型计算水(1)－乙醇(2)－苯(3)体系在 25℃下的液－液平衡组成：$n_1 = 1\text{mol}$，$n_2 = 0.3\text{mol}$，$n_3 = 1\text{mol}$。

符合 25℃下液－液平衡数据的 UNIQUAC 参数 $\Delta u_{ij}(K)$：

组分	1	2	3
1	0	526.02	309.64
2	−318.06	0	−91.532
3	1325.1	302.57	0

相对的 van der Waals 相性质：

组分	r_i	q_i
水	0.9200	1.400
乙醇	2.1055	1.972
苯	3.1878	2.400

解：

首先估计相′的摩尔数。假设对于相′和给定进料 $n'_1 = 0.8\text{mol}$，$n'_2 = 0.1\text{mol}$，$n'_3 = 0.2\text{mol}$，对于相″则 $n''_1 = 0.2\text{mol}$，$n''_2 = 0.2\text{mol}$，$n''_3 = 0.8\text{mol}$。两相的活度系数可用 UNIQUAC 方程计算。

UNIQUAC 参数 τ_{ij}：

组成	1	2	3
1	1	0.1713	0.35397
2	2.9060	1	1.3593
3	0.01174	0.36247	1

得到了相′的组成：$x_1' = 0.8/1.1 = 0.7273$，$x_2' = 0.0909$，$x_3' = 0.1818$。

对于这种组成，必须计算活度系数。以下为计算组分 1 的示例：

$$V_1 = \frac{r_1}{r_1 x_1 + r_2 x_2 + r_3 x_3} = \frac{0.92}{0.92 \cdot 0.7273 + 2.1055 \cdot 0.909 + 3.1878 \cdot 0.1818} = 0.6389$$

$$F_1 = \frac{q_1}{q_1 x_1 + q_2 x_2 + q_3 x_3} = \frac{1.4}{1.4 \cdot 0.7273 + 1.972 \cdot 0.909 + 2.4 \cdot 0.1818} = 0.8569$$

$$\ln\gamma_1^C = 1 - V_1 + \ln V_1 - 5q_1\left(1 - \frac{V_1}{F_1} + \ln\frac{V_1}{F_1}\right)$$

$$\ln\gamma_1^C = 1 - 0.6389 + \ln(0.6389) - 5 \cdot 1.4\left(1 - \frac{0.6389}{0.8569} + \ln\frac{0.6389}{0.8569}\right) = 0.1873$$

$$\ln\gamma_1^R = q_1\left(1 - \ln\frac{q_1 x_1 + q_2 x_2 \tau_{21} + q_3 x_3 \tau_{31}}{q_1 x_1 + q_2 x_2 + q_3 x_3} - \frac{q_1 x_1}{q_1 x_1 + q_2 x_2 \tau_{21} + q_3 x_3 \tau_{31}} - \frac{q_2 x_2 \tau_{12}}{q_1 x_1 \tau_{12} + q_2 x_2 + q_3 x_3 \tau_{32}} - \frac{q_3 x_3 \tau_{13}}{q_1 x_1 \tau_{13} + q_2 x_2 \tau_{12} + q_3 x_3}\right)$$

$$\begin{aligned}\ln\gamma_1^R = 1.4 \cdot \Bigg(1 &- \ln\frac{1.4 \cdot 0.7273 + 1.972 \cdot 0.0909 \cdot 2.906 + 2.4 \cdot 0.1818 \cdot 0.01174}{1.4 \cdot 0.7273 + 1.972 \cdot 0.0909 + 2.4 \cdot 0.1818} \\ &- \frac{1.4 \cdot 0.7273}{1.4 \cdot 0.7273 + 1.972 \cdot 0.0909 \cdot 2.906 + 2.4 \cdot 0.1818 \cdot 0.01174} \\ &- \frac{1.972 \cdot 0.0909 \cdot 0.1713}{1.4 \cdot 0.7273 \cdot 0.1713 + 1.972 \cdot 0.0909 + 2.4 \cdot 0.1818 \cdot 0.36247} \\ &- \frac{2.4 \cdot 0.1818 \cdot 0.35397}{1.4 \cdot 0.7273 \cdot 0.35397 + 1.972 \cdot 0.0909 \cdot 1.3593 + 2.4 \cdot 0.1818}\Bigg) \\ = 0.2640\end{aligned}$$

$$\ln\gamma_1 = \ln\gamma_1^R + \ln\gamma_1^C = 0.1873 + 0.2640 = 0.4513$$

$$\gamma_1 = 1.570$$

两相中所有组分的活度系数如下表所示：

相′			相″		
n_i	x_i	γ_i	n_i	x_i	γ_i
0.8	0.7273	1.570	0.2	0.1667	8.856
0.1	0.909	0.2948	0.2	0.1667	0.860
0.2	0.1818	18.11	0.8	0.6667	1.425

利用这些数据，用 K 因子法计算得到相′的改进摩尔数。然后再计算相″的摩尔数、组成和活度系数。得到：

$$n_1' = \frac{1}{1 + \frac{1.57 \cdot 1.2}{8.856 \cdot 1.1}} = 0.8379$$

对于其他值

相′			相″		
n_i	x_i	γ_i	n_i	x_i	γ_i
0. 8379	0. 7458	1. 181	0. 1621	0. 1378	20. 99
0. 2183	0. 1943	0. 7311	0. 0817	0. 0694	0. 5809
0. 0673	0. 0600	36. 77	0. 9327	0. 7928	1. 258

几步之后，显示收敛，说明获得液-液平衡，因为计算出的摩尔数的变化小于一个小值 ε。最终值为：

相′			相″		
n_i	x_i	γ_i	n_i	x_i	γ_i
0. 9799	0. 8112	1. 053	0. 0201	0. 0184	46. 35
0. 2153	0. 1782	1. 006	0. 0847	0. 0776	2. 310
0. 0128	0. 0106	88. 49	0. 9872	0. 9040	1. 039

25℃下水-乙醇-苯的前三步的结果和最终的液-液平衡结果如图 5. 74 所示，可以看出，在经过三个步骤之后，对于较差的初始估计，平衡成分也几乎达到。

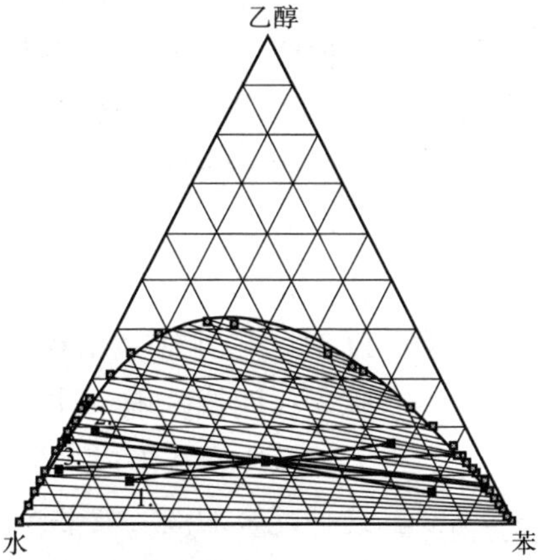

图 5. 74 *K* 因子法的前三个步骤和用 UNIQUAC 在 25℃下对水-乙醇-苯三元体系下的液-液平衡行为的实验和计算

5. 9. 1 三元液-液平衡的温度依赖性

如图 5. 67 中二元系统所示，三元体系的液-液平衡对温度的依赖性可能大不相同。在大多数情况下，溶解度间隙会随着温度的升高而变小。对于封闭系统，此行为如图 5.75 所示。在这种情况下，随着温度的升高，相互溶解度增加；这意味着两个液相共存的浓度范围越来越小，直到非均相区消失在二元体系 AB 的 UCST 之上。

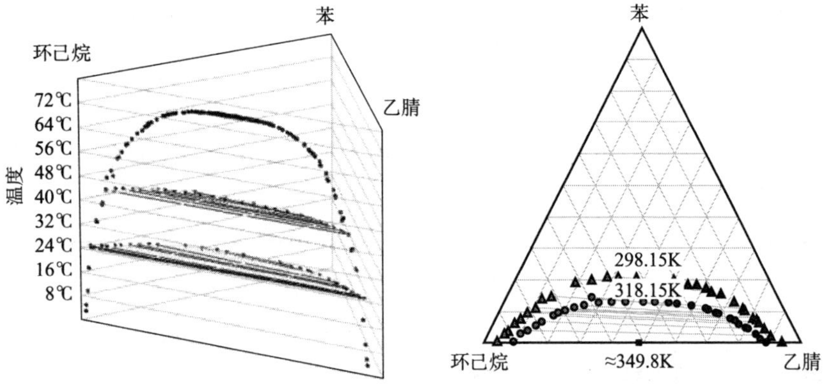

图 5.75　三元液 – 液平衡的温度依赖性定性研究进展

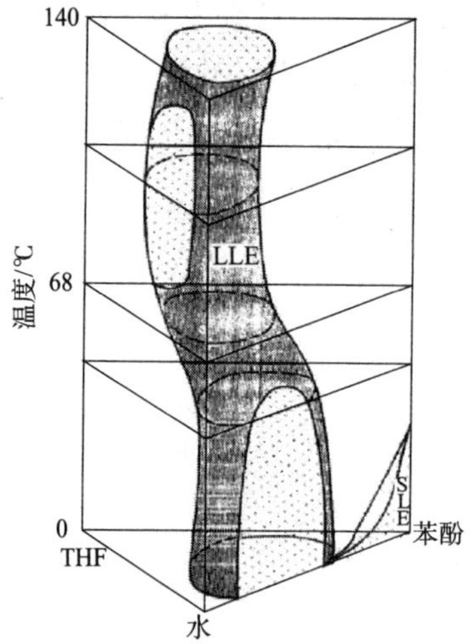

图 5.76　四氢呋喃 – 水 – 苯酚三元体系的液 – 液平衡行为与温度的关系

但如上所述，温度依赖性可能要复杂得多。对于四氢呋喃 – 水 – 苯酚体系，三元液 – 液平衡的温度依赖性如图 5.76 所示。在低于 66℃下，只有苯酚 – 水体系显示出溶解度间隙，而其他两个二元系在该温度范围内是均匀的。

二元混溶间隙扩展到三元区。在苯酚 – 水体系的 UCST 上方，可以看到岛状曲线的形成，其中所有二元系均为均相，而三元系均为非均相。在约 72℃时，达到四氢呋喃 – 水体系的 LCST。二元体系出现一个高达 137℃的混溶间隙。在四氢呋喃 – 水体系的 UCST 之上，在三元体系中再次形成一个岛状曲线。到目前为止，这种复杂的液 – 液平衡行为还不能用 g^E 模型来描述，甚至不能用线性或二次温度相关的模型参数来描述。由于苯酚的熔点约为 41℃，在图 5.76 中还显示了苯酚 – 水体系的 SLE 行为。

5.9.2　液 – 液平衡的压强依赖性

尽管在第 5.6 节的开头提到了几 bar 的压强差对液 – 液平衡的影响很小，但是在实际过程中，往往会遇到更大的压强。液体的微小体积压缩可以导致非常高的压强。在离心萃取器中，通常会观察到更高的压强。如果已知超额体积，则可以考虑压强对活度系数(液－液平衡)的影响。可用公式(5.25)直接计算压强对活度系数的影响。如例5.7所示，在负偏摩尔超额体积的情况下，活度系数将随着压强的增加而减小。这意味着随着压强的增加，混溶间隙变小。在正偏摩尔超额体积的情况下则相反。对于四氢呋喃－水和甲醇－庚烷体系，超额体积的符号对液－液平衡行为的影响如图5.77和图5.78所示。

对于四氢呋喃－水体系，出现负超额体积，这导致该体系在250bar左右的压强下变得均匀。

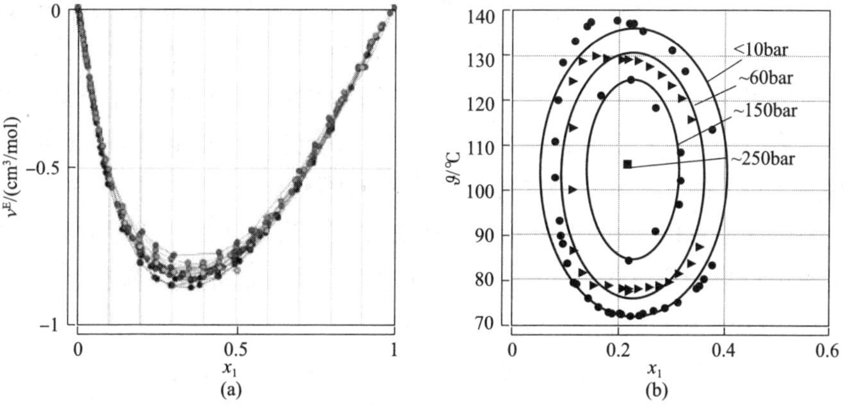

图5.77　四氢呋喃(1)－水(2)体系的超额体积和液－液平衡行为随压强的变化

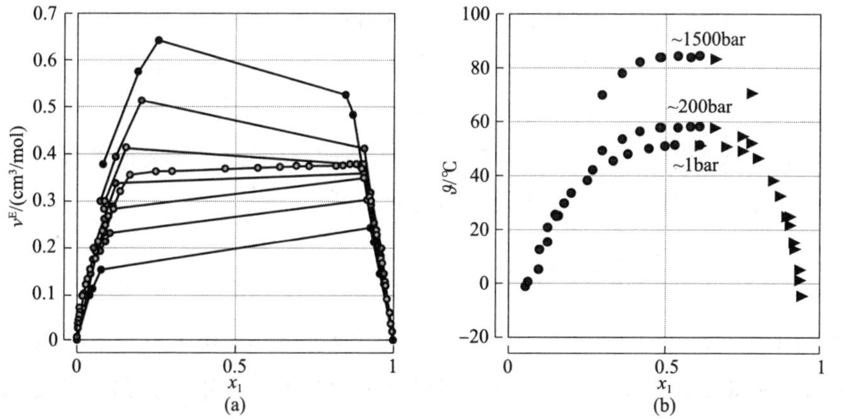

图5.78　甲醇(1)－正庚烷(2)体系的超额体积和液－液平衡行为随压强的变化

相反，甲醇－庚烷体系的混溶间隙随着压强的增加而增大(见图5.78)，这是因为该体系是正偏摩尔超额体积。

5.10 预测模型

两种方法[g^E 模型($\gamma-\varphi$ 方法)]、状态方程($\varphi-\varphi$ 方法)都允许单独使用二元信息计算多组分体系。然而，通常所需的实验二元数据是缺失的。

假设1000种化合物具有技术价值，则需要大约500000个二元体系的相平衡信息，以符合描述所有可能的二元和多组分体系所需的二元参数。截至2017年，已经发布了非电解质体系的70800多个二元气-液平衡数据集，但只有14500个二元体系(最重要的1000个化合物的8800个二元体系)可获得气-液平衡数据，由于一些系统发布了大量的数据集。例如，乙醇-水、氨-水、水-二氧化碳、甲醇-水和甲烷-氮气体系，有200多个数据集可用。这意味着对于少于2%的系统至少有一个气-液平衡数据集可用。如果只接受一致的气-液平衡数据，或者需要一个以上的气-液平衡数据集，则百分比降低到1.2%。如果稀释范围和温度依赖性的信息以 γ^∞ 的形式存在，那么它也应该用来拟合所需的模型参数，可用系统的百分比小于0.2%，在2017年之前，Dortmund数据库已经发布并存储了大约100500个 γ^∞ 值和23600个 h^E 的数据集[5]。

由于理想行为的假设会导致错误的结果而且测量非常耗时，因此需要具有广泛适用性的可靠预测模型。

由于精馏过程的重要性，首先建立只用于预测气-液平衡的模型。第一个具有广泛适用性的预测模型由Hildebrand和Scatchard提出[54]。所谓的常规溶液理论是以van der Waals的学生van Laar的想法为基础的，他用van der Waals状态方程导出了超额Gibbs能的表达式[55]。由于van der Waals状态方程的两个参数 a 和 b 可以从临界数据中获得，因此应该可以使用临界数据计算所需的活度系数。然而，结果在很大程度上取决于所应用的混合规则。

5.10.1 常规溶液理论

Hildebrand和Scatchard[54]表明，如果用摩尔体积 v_i 和所谓的溶解度参数 δ_i 代替van der Waals常数 a 和 b，可以获得更好的结果。对于二元系，活度系数的关系式如下：

$$\ln\gamma_1=\frac{v_1\Phi_2^2(\delta_1-\delta_2)^2}{RT}$$

$$\ln\gamma_2=\frac{v_2\Phi_1^2(\delta_1-\delta_2)^2}{RT} \tag{5.79}$$

式中 Φ_i 为组分 i 的体积分数 $i=(x_iv_i)/\sum x_jv_j$，δ_i 是组分 i 的溶解度参数。

溶解度参数 δ_i 可以使用 298.15K 下的汽化焓和摩尔体积 v_i 计算：

$$\delta_i=\left(\frac{\Delta h_{vi}-RT}{\boldsymbol{v}_i}\right)^{0.5} \tag{5.80}$$

式中，Δh_{vi}是组分 i 的摩尔汽化热(cal/mol)。

对于常规溶液，溶解度参数 δ_i 和摩尔体积 $\boldsymbol{v}_i$ 可以假设在较大的温度范围内是恒定的。表 5.1 给出了一些化合物的参数。

常规溶液理论并不局限于二元体系。它可以直接用于计算多组分体系的活度系数：

$$\ln\gamma_i=\frac{\boldsymbol{v}_i}{RT}(\delta_i-\bar{\delta})^2 \tag{5.81}$$

其中平均溶解度参数

$$\bar{\delta}=\sum_i\Phi_i\delta_i=\frac{\sum_i x_i\boldsymbol{v}_i\delta_i}{\sum_i x_i\boldsymbol{v}_i} \tag{5.82}$$

可以通过对所有化合物求和得到。

然而，常规溶液理论只能应用于非极性系统与拉乌尔定律正偏差的体系。

表 5.16　所选化合物的摩尔体积和溶解度参数

组分	T_c/K	P_c/bar	ω
甲烷	190.63	46.17	0.010
苯	562.6	49.24	0.212

例 5.20　在 353.15K 下，根据常规溶液理论估算苯(1)－环己烷(2)体系无限稀释活度系数。

解：

根据表 5.16，可以直接估算无限稀释($\Phi_2=1$，$\Phi_1=1$)时的数值：$\ln\gamma_1^\infty=\frac{89(9.2-8.2)^2}{1.98721\cdot353.15}=0.1268$　$\ln\gamma_2^\infty=\frac{109(9.2-8.2)^2}{1.98721\cdot353.15}=0.1553$

$\gamma_1^\infty=1.135$

$\gamma_2^\infty=1.168$

实验上，更高的数值被测量($\gamma_1^\infty\approx1.35$，$\gamma_2^\infty\approx1.44$)[5]。

5.10.2　基团贡献法

基团贡献方法没有显示常规溶液理论所讨论的这些不足。

在基团贡献法中，假设混合物是由官能团而不是分子组成的。图 5.79 所示

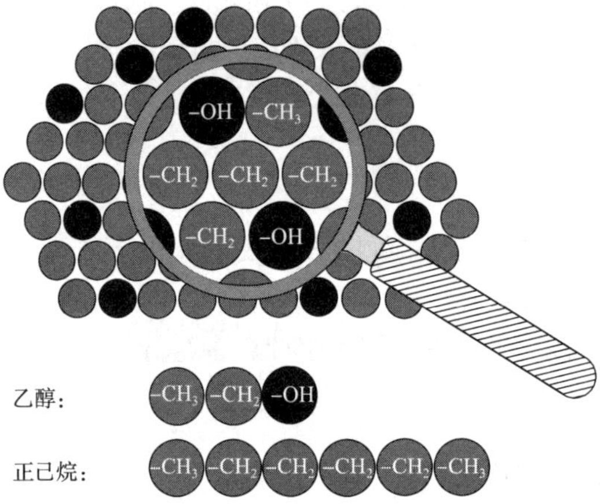

图 5.79　基团贡献概念

为乙醇－正己烷体系。乙醇可细分为甲基、亚甲基和羟基，正己烷可细分为两个甲基和四个亚甲基。结果表明，已知官能团间的相互作用参数，就可以计算出所需的活度系数。例如，若已知烷烃和羟基之间的基团相互作用参数，则可以预测乙醇－正己烷体系的活度系数(气－液平衡行为)，而且还可以预测所有其他烷烃－醇和醇－醇体系的活度系数(VLE 行为)。基团贡献法的最大优点是官能团的数目远小于分子的数目。

基团概念解的必要方程可以由混合物中基团的超额 Gibbs 能和纯化合物的超额 Gibbs 能导出。

由官能团组成的纯化合物 i，摩尔(g^{E})和总超额 Gibbs 能(G^{E})的表达式：

$$\frac{g^{\mathrm{E}(i)}}{RT}=\sum_k X_k^{(i)}\ln\Gamma_k^{(i)}$$

$$\frac{G^{\mathrm{E}(i)}}{RT}=n^{(i)}\sum_k \nu_k^{(i)}\ln\Gamma_k^{(i)}$$

$$\sum_k\frac{G^{\mathrm{E}(i)}}{RT}=\sum_i\sum_k n^{(i)}\nu_k^{(i)}\ln\Gamma_k^{(i)}$$

由官能团组成的混合物，以上两个公式改为：

$$\frac{g^{\mathrm{E}(m)}}{RT}=\sum_k X_k\ln\Gamma_k$$

$$\frac{G^{\mathrm{E}(m)}}{RT}=\sum_i(n^{(i)}\nu^{(i)})\sum_k X_k\ln\Gamma_k=\sum_i\sum_k n^{(i)}\nu_k^{(i)}\ln\Gamma_k$$

根据混合物和纯化合物(标准状态)中各组分的超额 Gibbs 能之差，可得到所需活度系数的表达式：

$$\begin{aligned}\frac{G^{\mathrm{E}}}{RT}&=\sum_i n^{(i)}\ln\gamma_i=\frac{G^{\mathrm{E}(m)}}{RT}-\sum_i\frac{G^{\mathrm{E}(i)}}{RT}\\&=\sum_i\sum_k n^{(i)}\nu_k^{(i)}\ln\Gamma_k-\sum_i\sum_k n^{(i)}\nu_k^{(i)}\ln\Gamma_k^{(i)}\\&=\sum_i n^{(i)}\left[\sum_k\nu_k^{(i)}(\ln\Gamma_k-\ln\Gamma_k^{(i)})\right]\end{aligned}$$

从而得出基团概念解的方程：

$$\ln \gamma_i = \sum_k \nu_k^{(i)} (\ln \Gamma_k - \ln \Gamma_k^{(i)})$$

式中，$\Gamma_k^{(i)}$ 为纯组分 i 中 k 基团的基团活度系数；Γ_k 为混合物中 k 基团的基团活度系数；$\nu_k^{(i)}$ 为 组分 i 中的 k 基团的数目；$\nu^{(i)}$ 为组分 i 中的基团的数目；$\nu^{(i)} = \sum_k \nu_k^{(i)} = \nu_1^{(i)} + n^{(i)} \nu_2^{(i)} + \cdots + \nu_m^{(i)}$；$n^{(i)}$ 为组分 i 的摩尔数；$n_T = \sum_i n^{(i)}$ 为混合物中的总摩尔数；$n^{(i)}\nu^{(i)}$ 为组分 i 中基团的总摩尔数；$\sum_i n^{(i)}\nu^{(i)}$ 为混合物中基团的总摩尔数；$X_k^{(i)} = \frac{\nu_k^{(i)}}{\nu^{(i)}}$ 为化合物 i 中 k 基团的基团摩尔分数；$X_k = \frac{\sum_i n^{(i)} \nu_k^{(i)}}{\sum_i n^{(i)} \nu^{(i)}}$ 为混合物中 k 基团的摩尔分数。

5.10.3 UNIFAC 法

预测气–液平衡（活度系数）的第一种基团贡献法是在 Shell 中开发的基团解析解（ASOG）法。ASOG 方法利用 Wilson 模型来描述基团概念求解中所需的基团活度系数的浓度依赖性。

1975 年，由 Fredenslund 等人出版了 UNIFAC 基团贡献法[32,58,59]。与 ASOG 方法一样，UNIFAC 方法是基于基团概念的解。但在 UNIFAC 方法中，活度系数是由组合部分和剩余部分计算出来的，与 UNIQUAC 模型完全相同［见公式(5.83)］。与温度无关的组合部分考虑了分子的大小和形式，即熵的贡献，而剩余部分考虑了焓的相互作用：

$$\ln\gamma_i = \ln\gamma_i^C + \ln\gamma_i^R \tag{5.83}$$

组合部分 $\ln\gamma_i^C$ 可以用以下公式计算，与 UNIQUAC 模型相同：

$$\ln\gamma_i^C = 1 - V_i + \ln V_i - 5q_i\left(1 - \frac{V_i}{F_i} + \ln \frac{V_i}{F_i}\right) \tag{5.84}$$

式中，V_i（体积/摩尔分数比）和 F_i（表面积/摩尔分数比）可使用分子的相对 van der Waals 体积 r_i 和 van der Waals 表面积 q_i 计算：

$$V_i = \frac{r_i}{\sum_j r_j x_j} \tag{5.85}$$

$$F_i = \frac{q_i}{\sum_j q_j x_j} \tag{5.86}$$

对于 UNIFAC 基团贡献法，利用 X 射线数据得到相对 van der Waals 基团体积 R_k 和相对 van der Waals 基团表面积 Q_k，可以得到相对 van der Waals 性质 r_i 和 q_i。R_k 和 Q_k 的列表值由 Hansen 等人计算得到[59]。

它们也可以从 Bondi[60] 出版的 van der Waals 列表中得到。对于选定的基团，

R_k 和 Q_k 值在附录 H 中给出：

$$r_i = \sum_k \nu_k^{(i)} R_k \tag{5.87}$$

$$q_i = \sum_k \nu_k^{(i)} Q_k \tag{5.88}$$

式中 $\nu_k^{(i)}$ 是化合物 i 中 k 型官能团的数目。

剩余部分 $\ln\gamma_i^{\mathrm{R}}$ 考虑了不同化合物之间的相互作用。在基团贡献法中，这一部分是利用基团活度系数 Γ_k 和 $\Gamma_k^{(i)}$ 求解基团概念来计算的：

$$\ln \gamma_i^{\mathrm{R}} = \sum_k \nu_k^{(i)} \ln\Gamma_k - \ln \Gamma_k^{(i)} \tag{5.89}$$

式中，Γ_k 和 $\Gamma_k^{(i)}$ 分别是混合物中和纯化合物 i 中 k 基团的基团活度系数。为了描述基团活度系数的浓度依赖性，使用 UNIQUAC 方程：

$$\ln\Gamma_k = Q_k\left[1 - \ln\left(\sum_m \Theta_m \Psi_{mk}\right) - \sum_m \frac{\Theta_m \Psi_{km}}{\sum_n \Theta_n \Psi_{nm}}\right] \tag{5.90}$$

可使用以下关系计算 m 基团的比表面积分数 Θ_m 和基团摩尔分数 X_m：

$$\Theta_m = \frac{Q_m X_m}{\sum_n Q_n X_n} \tag{5.91}$$

$$X_m = \frac{\sum_j \nu_m^{(j)} x_j}{\sum_j \sum_n \nu_n^{(j)} x_j} \tag{5.92}$$

参数 Ψ_{nm} 包含官能团 n 和 m 之间的基团相互作用参数 a_{nm}，例如烷烃和酮之间的基团相互作用参数 a_{nm}：

$$\Psi_{nm} = \exp\left(-\frac{a_{nm}}{T}\right) \tag{5.93}$$

这些官能团称为主基团。它们通常由多个子基团组成。例如，在烷烃的情况下，必须区分 CH_3—、CH_2—、CH—和 C—基团。不同的烷烃子基团对 van der Waals 性质有不同的值。酮基也是如此，其中必须区分 CH_3CO—、CH_2CO—和 CHCO—基团。在 UNIFAC 方法中，对于每一个主要的基团组合，都需要两个与温度无关的基团相互作用参数(a_{nm}，a_{mn})，这些参数几乎完全适合 Dortmund 数据库中一致的实验气 - 液平衡数据[5]。由于相互作用是按面积定义的，因此根据子基团，计算不同的强相互作用，例如 CH_3—CH_2CO 和 CH_2—CH_2CO 对。根据定义，相同主基团(a_{nn}，a_{mm})之间的基团相互作用参数等于 0。这意味着参数 Ψ_{nn} 和 Ψ_{mm} 成为一个整体。van der Waals 属性和已发布的基团相互作用参数可在互联网上找到(见附录 H)。

例 5.21 在 60℃ 下，使用假设气相理想行为的 UNIFAC 方法计算正己烷(1) -2 - 丁酮(2)体系在 x_1 =0.5 摩尔分数下的气 - 液平衡。

蒸气压和结构信息：

组分	P_i^s 在60℃/kPa	CH_3	CH_2	CH_3CO
正己烷	75.85	2	4	—
2-丁酮	51.90	1	1	1

van der Waals 性质

基团	R_k	Q_k
CH_3	0.9011	0.848
CH_2	0.6744	0.540
CH_3CO	1.6724	1.488

主基团烷烃(CH_2)和酮(CH_2CO)之间的基团相互作用参数 a_{nm}：

a_{nm}/K	CH_2	CH_2CO
CH_2	0.0	476.4
CH_2CO	26.76	0.0

解决方案：

首先，两种化合物的 van der Waals 性质可借助于基团的 van der Waals 性质来计算：

$$r_1 = 2 \cdot 0.9011 + 4 \cdot 0.6744 = 4.4998$$

$$q_1 = 2 \cdot 0.848 + 4 \cdot 0.54 = 3.856$$

$$r_2 = 1 \cdot 0.9011 + 1 \cdot 0.6744 + 1 \cdot 1.6724 = 3.2479$$

$$q_2 = 1 \cdot 0.848 + 1 \cdot 0.54 + 1 \cdot 1.488 = 2.876$$

使用 $x_1 = 0.5$ 的 van der Waals 性质，V_i 和 F_i 的值如下：

$$V_1 = \frac{4.4998}{0.5(4.4998 + 3.2479)} = 1.1616$$

$$V_2 = \frac{3.2479}{0.5(4.4998 + 3.2479)} = 0.8384$$

$$F_1 = \frac{3.856}{0.5(3.856 + 2.876)} = 1.1456$$

$$F_2 = \frac{2.876}{0.5(3.856 + 2.876)} = 0.8544$$

利用这些值，可以计算出组合部分。对于正己烷(1)：

$$\ln\gamma_1^C = 1 - 1.1616 + \ln 1.1616 - 5 \cdot 3.856\left(1 - \frac{1.1616}{1.1456} + \ln\frac{1.1616}{1.1456}\right) = -0.00994$$

对于2-丁酮(2)，可以得到：

$$\ln\gamma_2^C = -0.001210$$

为了计算混合物中的基团活度系数，首先必须确定参数Ψ_{nm}、基团摩尔分数和表面积分数。结果是：

$$\Psi_{CH_3,CH_3CO}=\Psi_{CH_2,CH_3CO}=\exp\frac{-476.4}{333.15}=0.2393$$

$$\Psi_{CH_3CO,CH_3}=\Psi_{CH_3CO,CH_2}=\exp\frac{-26.76}{333.15}=0.9228$$

$$\Psi_{CH_3,CH_3}=\Psi_{CH_2,CH_2}=\Psi_{CH_3CO,CH_3CO}=\Psi_{CH_2,CH_3}=\Psi_{CH_3,CH_2}=1$$

对于$x_1=0.5$的二元体系得到以下组分摩尔分数和表面积分数：

$$X_{CH_3}=\frac{(2+1)0.5}{(6+3)0.5}=0.3333$$

$$X_{CH_2}=\frac{(4+1)0.5}{(6+3)0.5}=0.5556$$

$$X_{CH_3CO}=\frac{0.5}{(6+3)0.5}=0.1111$$

$$\Theta_{CH_3}=\frac{0.848\cdot0.3333}{0.848\cdot0.3333+0.54\cdot0.5556+1.488\cdot0.1111}=0.3779$$

$$\Theta_{CH_2}=0.4011$$

$$\Theta_{CH_3CO}=0.2210$$

现在二元体系所有值都可用于计算基团活度系数：

$$\ln\Gamma_{CH_3}=0.848\left[1-\ln(0.3779+0.4011+0.221\cdot0.9228)-\frac{0.3779+0.4011}{0.3779+0.4011+0.221\cdot0.9228}-\frac{0.221\cdot0.2393}{(0.3779+0.4011)0.2393+0.221}\right]$$

$$\ln\Gamma_{CH_3}=0.080458$$

$$\ln\Gamma_{CH_2}=0.051235$$

$$\ln\Gamma_{CH_3CO}=0.92872$$

对于纯化合物，获得以下组分摩尔分数和表面积分数：

对于正己烷(1)：

$$X_{CH_3}^{(1)}=0.3333\ X_{CH_2}^{(1)}=0.6667$$

$$\Theta_{CH_3}=\frac{0.848\cdot0.3333}{0.848\cdot0.3333+0.54\cdot0.6667}=0.4398$$

$$\Theta_{CH_2}=0.5602$$

对于2－丁酮(2)：

$$X_{CH_3}^{(2)}=0.3333\ X_{CH_2}^{(2)}=0.3333\ X_{CH_3CO}^{(2)}=0.3333$$

$$\Theta_{CH_3}=\frac{0.848\cdot0.3333}{0.848\cdot0.3333+0.54\cdot0.3333+1.488\cdot0.3333}=0.2949$$

$\Theta_{CH_2}=0.1878$

$\Theta_{CH_3CO}=0.5173$

利用这些值可以计算纯化合物中的基团活度系数。对于纯正己烷(1)，可以得到：

$\ln\Gamma_{CH_3}^{(1)}=0.0\ \ln\Gamma_{CH_2}^{(2)}=0.0$

对于2－丁酮(2)：

$$\ln\Gamma_{CH_3}^{(2)}=0.848\left[1-\ln(0.2949+0.1878+0.5173\cdot0.9228)-\frac{0.2949+0.1878}{0.2949+0.1878+0.5173\cdot0.9228}-\frac{0.5173\cdot0.9228}{(0.2949+0.1878)0.2393+0.5173}\right]$$

$\ln\Gamma_{CH_3}^{(2)}=0.29038$

$\ln\Gamma_{CH_2}^{(2)}=0.18491$

$\ln\Gamma_{CH_3CO}^{(2)}=0.262$

因此，所有数值都可用于遵循基团概念解去计算剩余部分的活度系数，最后计算所需的活度系数：

$\ln\gamma_1^R=2(0.80458-0)+4(0.051235-0)=0.365856$

$\ln\gamma_1=\ln\gamma_1^R+\ln\gamma_1^C=0.365856-0.00994=0.35592$

$\gamma_1=1.4275$

$\ln\gamma_2^R=(0.080458-0.29038)+(0.051235-0.18491)+(0.92872-0.262)=0.32312$

$\ln\gamma_2=\ln\gamma_2^R+\ln\gamma_2^C=0.32312-0.01210=0.31102$

$\gamma_2=1.3648$

假设理想气相行为，活度系数的知识允许计算分压、总压和气相摩尔分数：

$P=p_1+p_2=0.5\cdot1.4275\cdot75.85+0.5\cdot1.3648\cdot51.9=89.55\text{kPa}$

$$y_1=\frac{P_1}{P}=\frac{0.5\cdot1.4275\cdot75.85}{89.55}=0.6045$$

整个组成范围的结果如图5.80所示。实验结果与预测值吻合较好。在图5.81中，不仅对于正己烷－2－丁酮体系，而且对于所有其他烷烃－酮系统，都获得了良好的结果。可以看出，即使是共沸点的预测也是准确的。值得一提的是，对于所示的所有体系，使用了相同的两个基团相互作用参数，它们描述了烷烃和酮基团之间的相互作用。

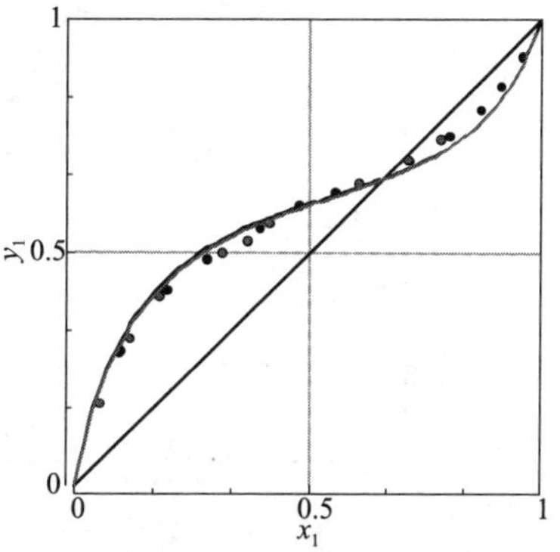

图5.80　正己烷(1)－2－丁酮(2)体系在60℃下的实验和预测 $y-x$ 数据

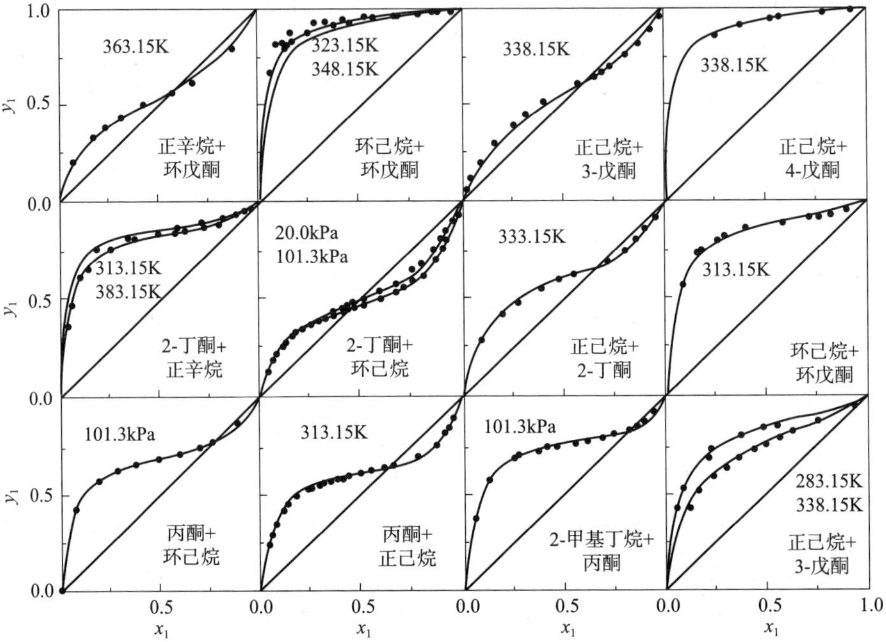

图 5.81　使用 UNIFAC 的烷烃－酮体系的实验[5]和预测气－液平衡数据

由于气－液平衡的计算结果可靠，适用范围广，该方法直接集成到不同的过程模拟器中，但 UNIFAC 在气－液平衡的应用中虽然取得了许多成功，但也存在一些不足。例如，结果不令人满意：

(1)对于无限稀释的活度系数。

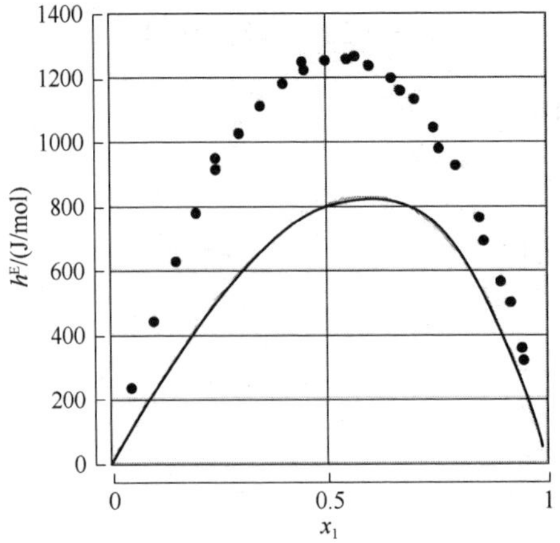

图 5.82　使用 UNIFAC 在 25℃下的 2－丁酮(1)－正己烷(2)体系实验[5]和预测的超额焓

(2)对于超额焓，这意味着活度系数的温度依赖性遵循 Gibbs－Helmholtz 关系。

(3)对于强不对称体系，这意味着化合物的大小有很大的不同。

对于 2－丁酮－正己烷体系，使用 UNIFAC 的超额焓的预测结果和实验数据如图 5.82 所示。可以看出，预测的超额焓与实验值不一致。这意味着对高温或低温的外推将产生不正确的结果。所有其他烷烃－酮体系也是如此，如图 5.86 所示。

所有的这些缺点并不奇怪，因为

用 VLE 数据来拟合所需的与温度无关的基团相互作用参数，没有关于温度依赖性(超额焓)的信息，非常不对称的体系，使用极稀区，因为对于对称或稍微不对称的体系，VLE 数据通常只在 5% 到 95%(mol)之间测量。无限稀释的外推是非常危险的。然而，使用特殊技术(汽提或稀释技术、沸点测定法、气液色谱法)测量的无限稀释时的活度系数提供了稀释成分范围所需的信息。同时，由于所涉及的化合物(固定相、溶质)表现出非常不同的挥发性，气－液色谱法所研究的体系是非常不对称的。在不同温度(压强)下测量的 VLE 数据提供了温度依赖性的概念，但测量是耗时的。关于温度依赖性的最准确信息是通过等温流动热量测定法测量的超额焓获得的(见第 15.9 节)。

5.10.3.1 改进 UNIFAC(Dortmund)

为了减少 UNIFAC 的缺点，开发了改进的 UNIFAC 方法[61]。与原 UNIFAC 相比，其主要区别在于：

(1)引入了一个经验修正的组合部分来改进非对称系统的结果。

(2)使用与温度相关的基团相互作用参数。

(3)附加的主要基团，例如环烷烃、甲酸等。

与原 UNIFAC 相比，为了拟合修改的 UNIFAC 与温度相关的基团相互作用参数，除 VLE 数据外，还使用以下数据：

(1)无限稀释活度系数。

(2)超额焓数据。

(3)超额热容数据。

(4)LLE 数据。

(5)简单共晶系统的 SLE 数据。

(6)共沸数据。

不同的热力学性质为拟合可靠的与温度有关参数提供了不同的重要信息。这些贡献可以总结如下：

(1)对于宽的组成范围[5% ~95%(mol)]，VLE(共沸数据)提供活度系数的信息。

(2)稀释范围所需的数据由无限稀释活度系数提供。

(3)同时，气液色谱法测得的 γ^{∞} 值提供了非对称系统真实行为的可靠信息(见第 15.6 节)。

(4)超额焓(超额热容)提供关于温度依赖性所需信息。

(5)高温(通常在 140℃)下的 h^{E} 值和低温下简单共晶系统的 SLE 数据是拟合可靠的温度相关集团相互作用参数的重要支撑数据。

为了将参数同时拟合到不同类型的数据中，对目标函数的不同贡献使用了加权因子：

$$F = w_{\mathrm{VLE}}\sum \Delta\mathrm{VLE} + w_{\gamma^\infty}\sum \Delta\gamma^\infty + w_{h^\mathrm{E}}\sum \Delta h^\mathrm{E} + w_{c_P^\mathrm{E}}\sum \Delta c_P^\mathrm{E} + w_{\mathrm{LLE}}\sum \Delta\mathrm{LLE} + w_{\mathrm{SLE}}\sum \Delta\mathrm{SLE} + w_{\mathrm{AZD}}\sum \Delta\mathrm{AZD} \tag{5.94}$$

与原 UNIFAC 相比，改进 UNIFAC 的改进如下。组合部分使用以下稍作修改的经验公式计算：

$$\ln\gamma_i^\mathrm{C} = 1 - V_i' + \ln V_i' - 5q_i\left(1 - \frac{V_i}{F_i} + \ln\frac{V_i}{F_i}\right) \tag{5.95}$$

除 V_i 外，还使用以下体积/摩尔分数比 V_i'：

$$V_i' = \frac{r_i^{3/4}}{\sum_j r_j^{3/4} x_j} \tag{5.96}$$

为了描述温度依赖性，等式(5.93)中引入了线性或二次温度依赖性参数：

$$\Psi_{nm} = \exp\left(-\frac{a_{nm} + b_{nm}T + c_{nm}T^2}{T}\right) \tag{5.97}$$

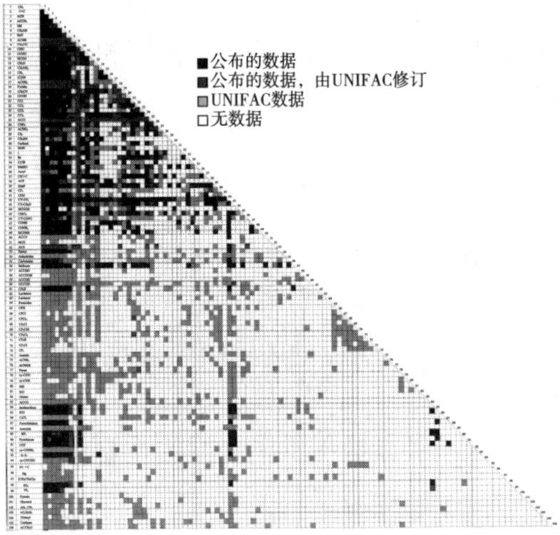

图 5.83　改进的 UNIFAC 方法现状(2017 年)

而线性温度相关的集团相互作用参数需要同时描述气－液平衡行为和超额焓，当系统表现出对超额焓的强烈温度依赖性时，使用二次温度相关参数。

在分离过程的综合与设计中，应用基团贡献法最重要的是一个具有可靠参数的综合可靠参数矩阵。改良 UNIFAC 的现状如图 5.83 所示。目前，106 个主基团都有可用的参数。近年来，针对不同类型的酰胺、异氰酸酯、环氧化物、酸酐、过氧化物、碳酸盐、各种硫化物等引入了新的主要基团。现在，它的适用范围甚至扩展到含有离子液体的体系[62]。

由于改进的 UNIFAC 对工艺开发的重要性，通过填补参数表中的空白，并借助系统测量数据和使用 Dortmund 数据库中发布和存储的新实验数据修改一些现有参数使得其适用范围不断扩大。对于拟合与温度有关的参数，特别是覆盖宽温度范围的超额焓数据是有用的。这些数据可以使用，例如，用等温流动量热法来测量。但不幸的是，大多数公布的数据是在室温附近测量的(见图5.84)。为了完善数据库，特别是在高温下获得所需的的数据，以拟合改进UNIFAC的温度依赖性基团交互作用参数，采用等温流动量热法对近1280h^E数据集进行了系统测量。此外，我们在实验室系统地测量了大量的气-液平衡数据、共晶体系的SLE和无限稀释活度系数。

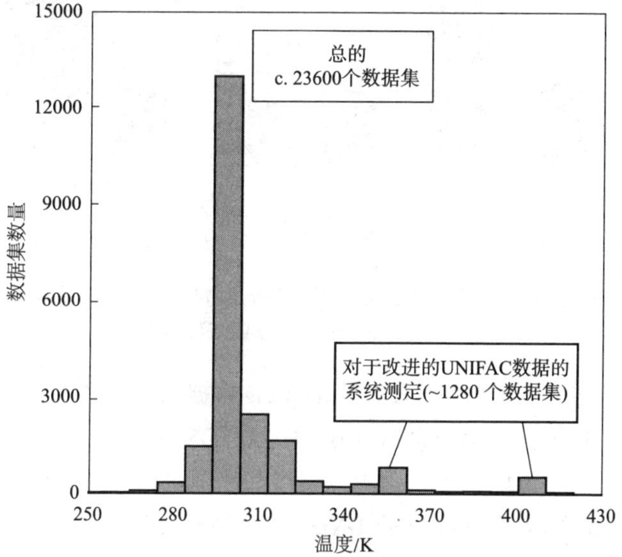

图5.84 可用的超额焓数据作为温度的函数

自1996年起，进一步扩展(即修改现有参数，填充参数矩阵中的间隙，或引入新的主要基团)已在UNIFAC联合体内进行。完整参数矩阵的当前状态始终可通过互联网获得[63]。Gmehling等人发表了大量修改后的UNIFAC参数[64]。已发表的van der Waals性质和修改的UNIFAC基团相互作用参数在互联网上给出(见附录一)。但是大部分的基团交互参数是通过一个更大的数据库来修正的。修订后的和新的拟合参数仅供公司联合体的发起人使用[63]。

改进的UNIFAC是过程开发的理想热力学模型。利用该预测模型，可以方便地比较各种工艺方案，选择适合于共沸精馏、萃取精馏和萃取等分离过程的溶剂，预测溶剂对化学平衡转化率的影响等。

改进的UNIFAC也可用于为拟合g^E模型参数矩阵中缺失的二元参数提供人工数据。但如果考虑到分离步骤的关键组成部分，则强烈建议在最终设计中使用实验数据。

从UNIFAC到改进UNIFAC的进展可以从2200个一致的二元VLE数据集的结果比较中看出。使用UNIQUAC方程来关联2200个VLE数据集，气相摩尔分数的平均绝对偏差为0.0058。而对于原UNIFAC方法，平均偏差为0.0141，而使用改进的UNIFAC，对于气相摩尔分数，平均偏差为0.0088(见图5.85)。

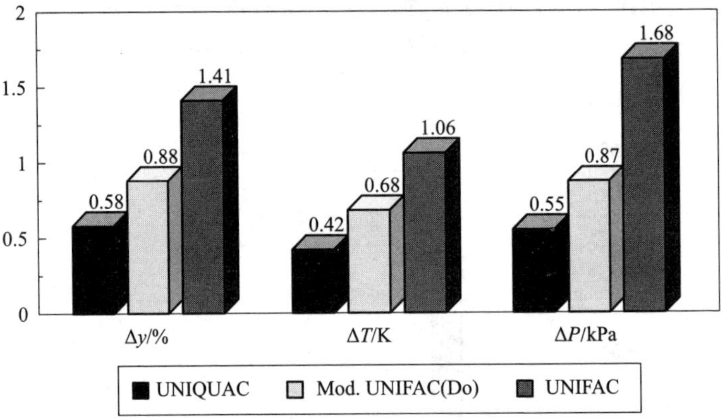

图5.85 分别对气相摩尔分数、温度和压强的平均绝对偏差进行关联，并对2200个二元一致气-液平衡数据进行预测

这意味着，与使用UNIQUAC模型的VLE数据的相关性相比，与UNIFAC的偏差提高了近3倍，从0.0083(0.0141 -0.0058)提高到0.0030(0.0088 -0.0058)。从图5.85可以看出，预测的温度和压强也得到了类似的改善。

当从UNIFAC模型换到改进的UNIFAC模型时，VLE、SLE、LLE、过量焓、超额热容以及无限稀释活度系数的结果都有明显的改善。图5.86展示了对应的过量焓。可以看出，在所有情况下，改进的UNIFAC模型预测的结果与实验结果一致，而正如第5.10.3节所描述那样，原始UNIFAC模型的结果则显示出了较大的偏差。

图5.87和图5.88展示了烷烃与酮体系的VLE、过量焓、SLE、无限稀释活度系数、超额热容和共沸数据的典型结果。图5.87给出了丙酮-正己烷体系的结果，图5.88给出了不同种类的酮与各种烷烃的VLE、h^E、SLE、共沸数据、LLE和$\gamma\infty$的预测结果和实验结果的比较。在SLE的情况下，假设理想状态的曲率用虚线表示。当考虑到真实行为时所取得的进步是显而易见的。当然，所有的预测采用的都是相同的基团交互作用参数。正如有情况下所展示的那样，尽管涵盖了较大的温度范围(-100~160℃)，但在不同的相平衡和过量性质都获得了良好的一致性。通过对所述温度范围内的过量焓进行可靠的预测，能够正确地描述对温度相关性。

同时，改进的UNIFAC的适用范围甚至能够扩大到离子液体体系[62]。图5.89展示了各种正构烷烃在不同烷基甲基咪唑双三氟甲基磺酰亚胺中的实验和预测的无限稀释活度系数随温度的变化趋势。可以看出，不仅很好地描述了温度相关性以外，也很好地描述了活度系数与烷烃和烷基化合物 C 原子数的关联。

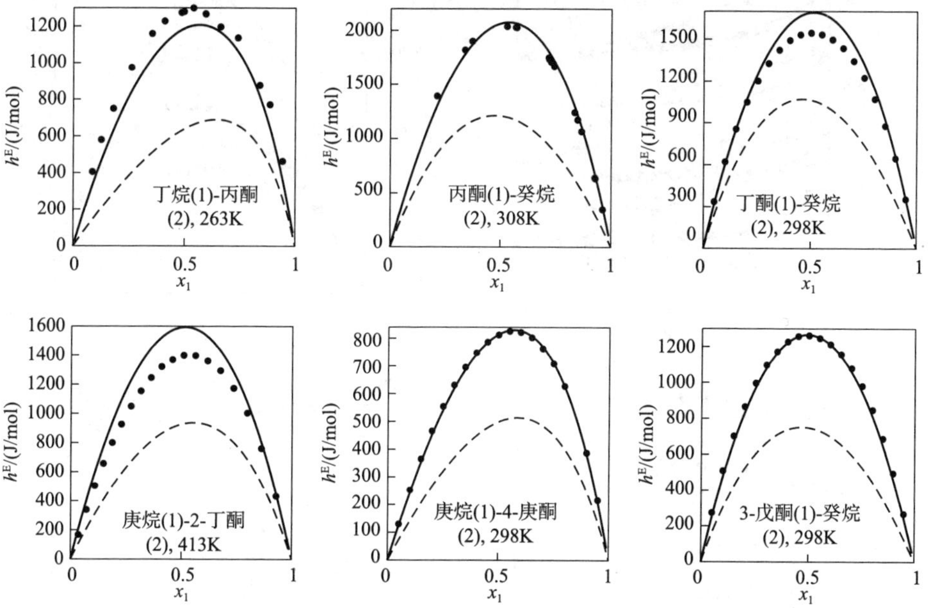

图 5.86 不同二元烷烃－酮体系的实验[5]和预测的过量焓

---原始 UNIFAC；—改进 UNIFAC

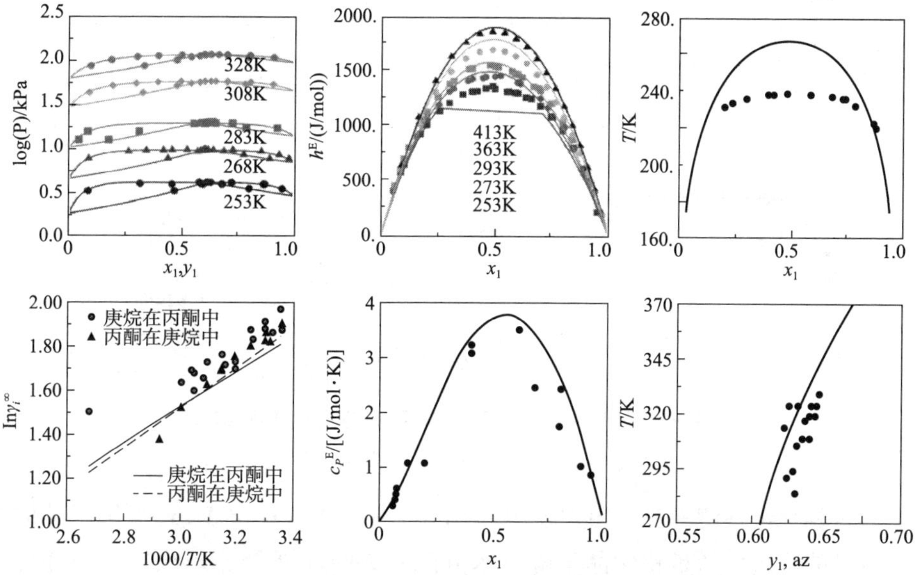

图 5.87 丙酮(1)－己烷(2)体系的实验和预测结果

--改良 UNIFAC；▲·实验[5]

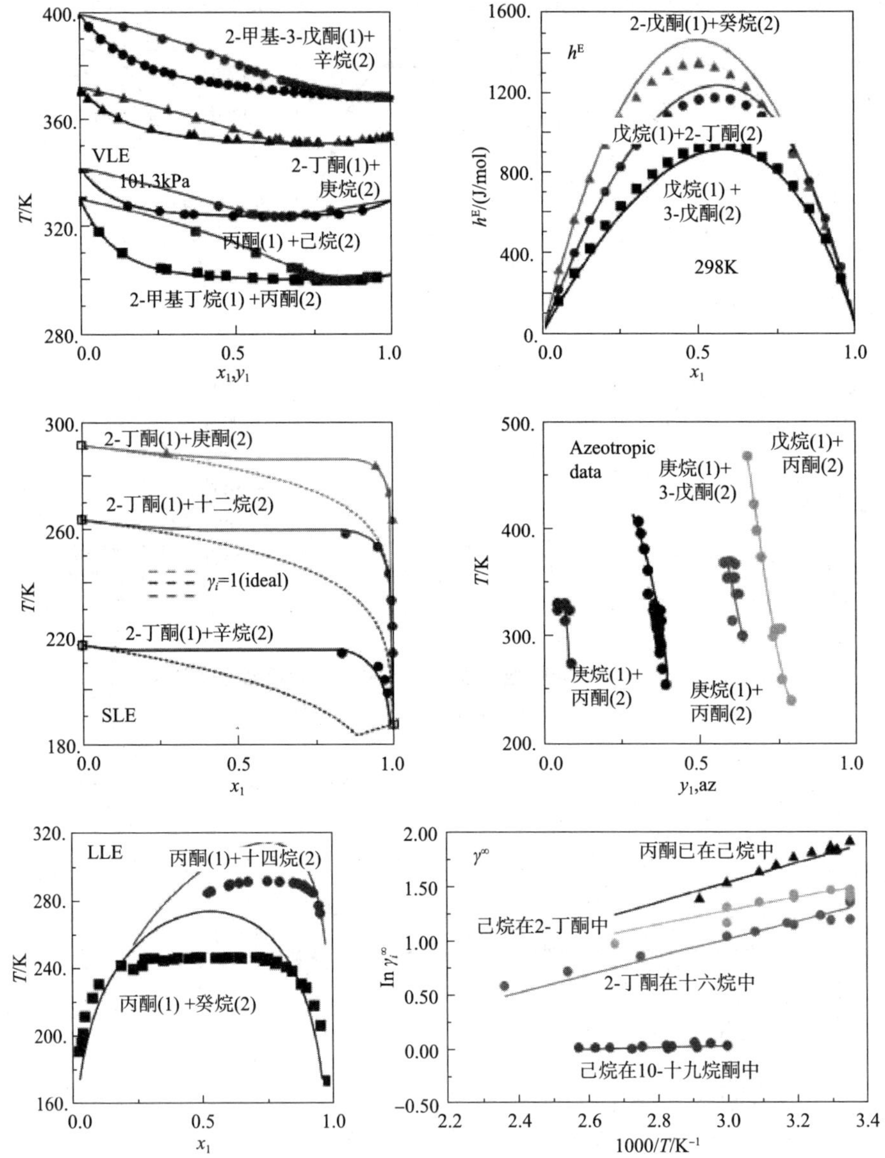

图 5.88　烷烃－酮体系不同相平衡的实验和预测结果

—改进的 UNIFAC；▲ · 实验[5]

除了相平衡预测外，基团贡献法 UNIFAC 和改进的 UNIFAC 还可用于其他有实际意义的应用，像是化学品辛醇－水分配系数的计算[65]，以决定其在环境中的表现，易燃液体混合物闪点的计算等[66]。

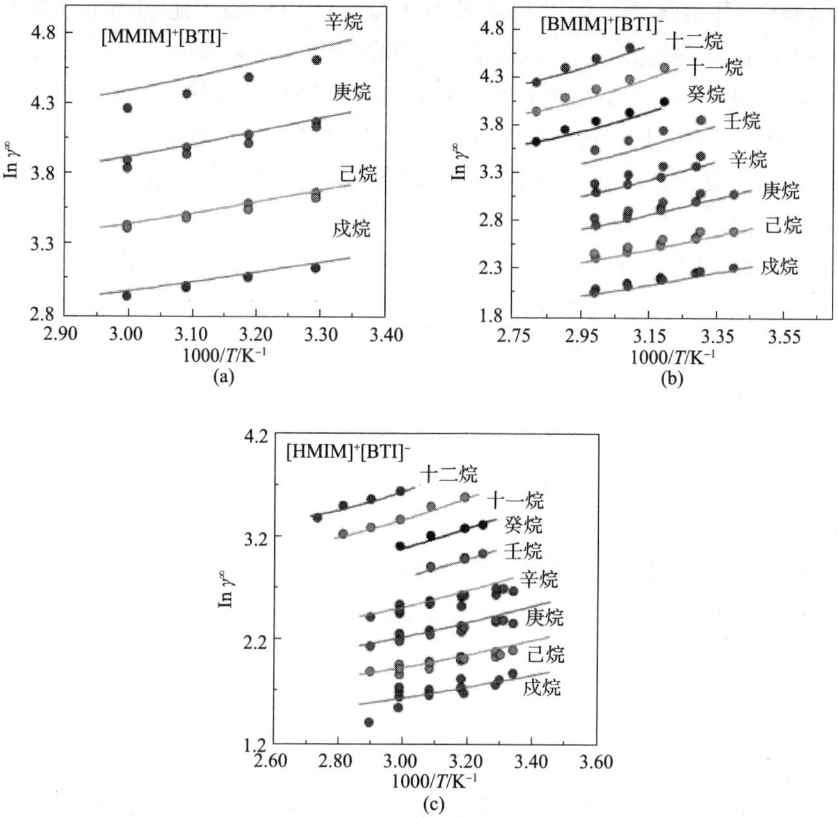

图 5.89　不同正构烷烃在三种烷基(甲基、丁基、己基)－甲基咪唑双三氟甲基磺酰亚胺中的实验[5]和预测活度的无限稀释的系数随温度的变化

5.10.3.2　UNIFAC 和改进 UNIFAC 基团贡献法的缺点

如前所示，改进的 UNIFAC 基团贡献法是一种强力可靠的 g^E 预测模型。近 30 年来，该方法得到了不断的发展，结果可靠，适用范围广。但是，尽管与最初的 UNIFAC 相比有很大的优势(对于过量焓、无限稀释活度系数、不对称体系的结果更好)，但它显示了基团贡献方法的典型缺点。例如：

(1)同分异构体的影响无法预测，这意味着会获得相同的活度系数。例如，对于不同溶剂的邻/间/对二甲苯或菲/蒽。因为所需的标准逸度，即蒸气压、熔点和溶解热都比活度系数的小差异重要得多，故而至少在 VLE 或 SLE 的计算中，这不算是一个大问题。类似的问题也出现在其他的预测模型中，比如说量子化学方法。

(2)对于叔丁醇－水体系，尽管叔丁醇相对于 1－丁醇、2－丁醇和异丁醇来说会与水形成均相混合物，但预测存在溶解度间隙。

(3)有时必须为同源序列的第一个成员拟合特殊参数，例如甲醇、甲酸等。

(4)在这种情况下，如果必须考虑大量官能团的话，比如当分子展示出—C(Cl)(F)(Br)等基团时，基团贡献法得到的结果是不可靠的，比如在制冷剂中。但在这些情况下，类似的问题也会出现在其他方法中，例如量子化学方法。

(5)此外，对于烷烃或环烷烃在水中无限稀释时的溶解度和活度系数，也得到了较差的结果。这已被改良 UNIFAC 的开发人员接受，以获得可靠的 VLE 结果，例如，对于酒精/水系统。原因在于，从室温下正己烷在水中的实验 γ^∞ 值(约为 250000)开始，不可能拟合出能够提供 800 水中正己烷的 γ^∞ 值的醇－水参数，同时适当描述乙醇和高级醇与水的共沸组成。此外，对于 C_3 醇及 C_4 醇以下的醇－水体系，应再现其均相行为和以 C_4 醇为起始的均相行为。为了预测碳氢化合物在水中的溶解度，建立了一个经验关系式[67,68]，它允许估算碳氢化合物在水中的溶解度和水在碳氢化合物中的溶解度(见下文)。

如前所述，对于无限稀释时的活度系数和碳氢化合物在水中的溶解度，改性 UNIFAC 得到了不满意的结果。典型结果见表 5.17。从所列的溶解度可以看出，溶解度及其无限稀释时的活度系数约为 100 的因子。

表 5.17　改性 UNIFAC 在 25℃下正己烷和环己烷在水中的实验[5]和预测溶解度

碳氢化合物	水溶性 x_{exp}	水溶性 x_{exp}
正己烷	$2.5\cdot10^{-6}$	$1.5\cdot10^{-4}$
环己烷	$1.3\cdot10^{-5}$	$1.7\cdot10^{-3}$

为了获得令人满意的烷烃溶解度结果，Banerjee[67]在 273～373K 温度范围内提出了以下经验关系式：

$$\log\frac{c_{\text{烷烃在水中}}}{\text{mol/L}}=A\cdot\log\left(\frac{55.56}{\gamma^{\infty}_{\text{烷烃在水中},298.15\text{K}^*}}\right)+B\cdot T+C \tag{5.98}$$

＊使用改进的 UNIFAC 预测

对于不同的碳氢化合物，参数 A、B 和 C 与 Dortmund 数据库中存储的溶解度数据进行了拟合，如表 5.18 所示。为了计算碳氢化合物的溶解度，只需要用改进的 UNIFAC 预测 25℃时水中碳氢化合物的活度系数。

表 5.18 碳氢化合物在水中溶解度的经验估算参数

碳氢化合物	A	B	C
烷烃[68]	1.104	0.0042	−2.817
环烷烃	1.3326	0.006427	−3.676
烯烃	1.523	0.00603	−3.0418

不同烷烃的典型结果如图 5.90 所示。可以看出，现在的预测结果与实验结果吻合得很好。在计算水在烷烃中的溶解度时，可采用类似的方程式。在这种情况下，所需参数 A、B 和 C 也适用于存储在 Dortmund 数据库中的溶解度数据：

$$\log x_{水在烷烃中} = A \cdot \log\left(\frac{1}{\gamma^{\infty}_{水在烷烃中,298.15K^*}}\right) + B \cdot T + C \quad (5.99)$$

* 使用改进的 UNIFAC 预测

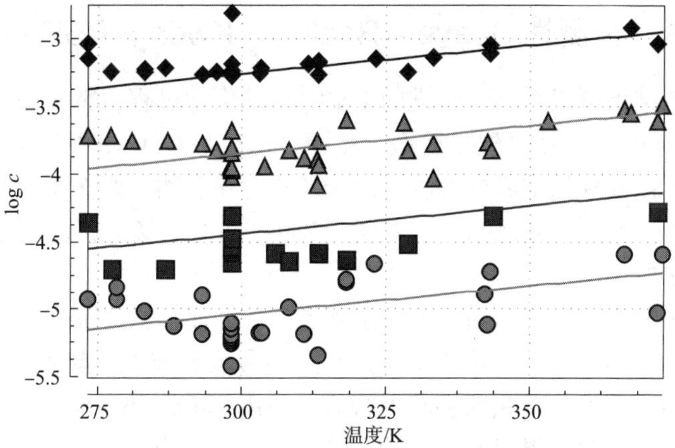

图 5.90 使用式(5.98)的实验[5]和预测的烷烃在水中的溶解度 c(mol/l)随温度的变化

◆正戊烷；▲正己烷；■ 正庚烷；●正辛烷

资料来源：Jakob 等人，2006[68]

式(5.99)的参数 A、B 和 C 如表 5.19 所示。

表 5.19 碳氢化合物中水溶性的经验估算参数

碳氢化合物	A	B	C
烷烃[68]	2.3171	0.01796	-3.672
环烷烃	0.1806	0.01532	-7.172
烯烃	-1.1104	0.011	-8.332

例 5.22 用上述经验关系计算 298.15K 时正己烷在水中和水在正己烷中的溶解度。

解决方案：

首先，必须计算正己烷在水和正己烷在 25℃ 下无限稀释时的活度系数。使用附录 I 中给出的修改的 UNIFAC 参数，得到了水中正己烷的无限稀释活度系数 6618 和水中正己烷的活度系数 135.9。直接利用这些值可以计算出溶解度：

$$\log \frac{c_{正己烷在水中}}{\text{mol/l}} = 1.104 \cdot \log\left(\frac{55.56}{6618}\right) + 0.0042 \cdot 298.15 - 2.817 = -3.8566$$

$$c_{n正己烷在水中} = 1.39 \cdot 10^{-4}\text{mol/L}$$

$$x_{n正己烷在水中} \approx 2.53 \cdot 10^{-6}$$

$$\log x_{水在正己烷中} = 2.3171 \cdot \log\left(\frac{1}{135.9}\right) + 0.01796 \cdot 298.15 - 3.672 = -3.260$$

$x_{水在正己烷中}=0.000549$

实验上正己烷溶解度在 $9.44 \cdot 10^{-5} \sim 1.55 \cdot 10^{-4}$ mol/L 之间(见图 5.90)。水溶性与实验值符合得很好。

5.10.4 预测性 Soave – Redlich – Kwong(PSRK)状态方程

从前面的结果可以看出，改进的 UNIFAC 是化学过程，特别是分离过程开发和设计的一个非常强大的预测模型。然而，修改后的 UNIFAC 是一个 g^E 模型。这意味着它不能处理超临界化合物。对于超临界化合物，要么引入亨利常数，要么采用方法 A。在后一种情况下，需要一个状态方程，该方程能够描述汽(气)相和液相的 PvT 行为。

如第 2.5 节所述，van der Waals 建立了第一个能够描述液相和气相 PvT 行为的状态方程。van der Waals 状态方程只有两个参数 a 和 b，能够描述不同的观测现象，如凝结、蒸发、两相区和临界行为。但用 van der Waals 状态方程计算的密度、蒸气压等与实验结果只有定性的一致。

因此，今天使用了改进的三次状态方程，如 SRK[69] 或 PR 方程[70]。但到 1979 年为止，状态方程法的应用仅限于非极性或微极性化合物，特别是因为使用了经验二次混合规则。Huron 和 Vidal[40] 通过引入更复杂的所谓 g^E 混合规则，结合了 g^E 模型和状态方程的优点(见第 4.10.2 节)。

利用原始 UNIFAC 对混合规则中所需 g^E 值的预测，建立了状态的预测基团贡献方程[49]。以 Huron 和 Vidal 无穷大压强为参考状态，在状态基团贡献方程中采用 PSRK 大气压强。这种方法的最大优点是在 PSRK 方法中，可以直接使用已有的 UNIFAC 参数。但目前 UNIFAC 参数也可用于超临界条件下。对于乙醇 – 水和丙酮 – 水系统，如图 5.91 所示。可见，结果非常令人满意。

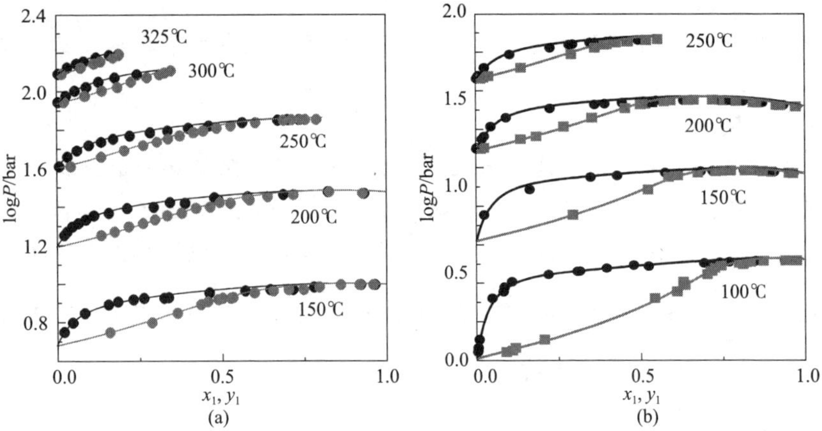

图 5.91 在亚临界和超临界条件下，乙醇(1) – 水(2)(左侧)和丙酮(1) – 水(2)(右侧)系统使用 PSRK 的实验和预测 VLE 数据

利用 PSRK 进行工艺综合与设计，需要一个参数可靠的大矩阵。在超临界条件下存在处理系统的可能性，包括像 CO_2、CH_4、H_2S、H_2 等气体作为参数矩阵中的新官能团。共添加 30 种不同气体作为新的主要基团。气体所需的参数与 Dortmund 数据库中储存的低沸点物质和气体溶解度的气-液平衡数据进行了拟合[5]。当前 PSRK 参数矩阵(2017)如图 5.92 所示。

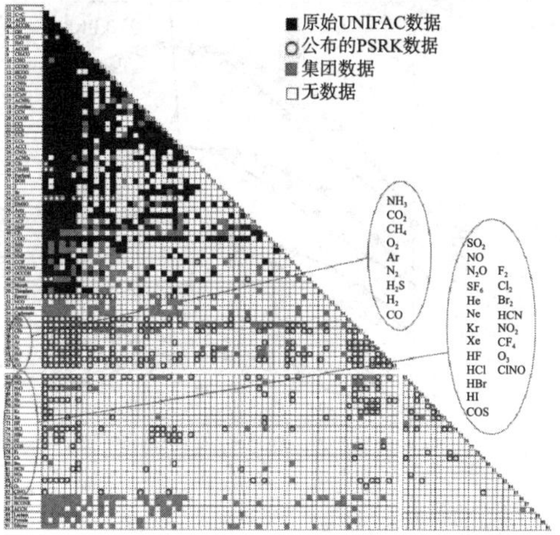

图 5.92 PSRK 基团贡献方程的参数矩阵(2017)

图 5.93 和图 5.94 显示了不同二氧化碳-烷烃体系的典型 VLE 结果。在图 5.93 中，仅显示了四种不同的二氧化碳烷烃(丙烷、丁烷、己烷和癸烷)系统的气-液平衡数据，在图 5.94 中，还显示了乙烷[19]-二氧化碳系统的实验和预测共沸及临界数据。可以看出，对于所考虑的所有系统，都获得了很好的结果。这意味着群贡献概念也可以成功地应用于 PSRK 矩阵中包含的气体。

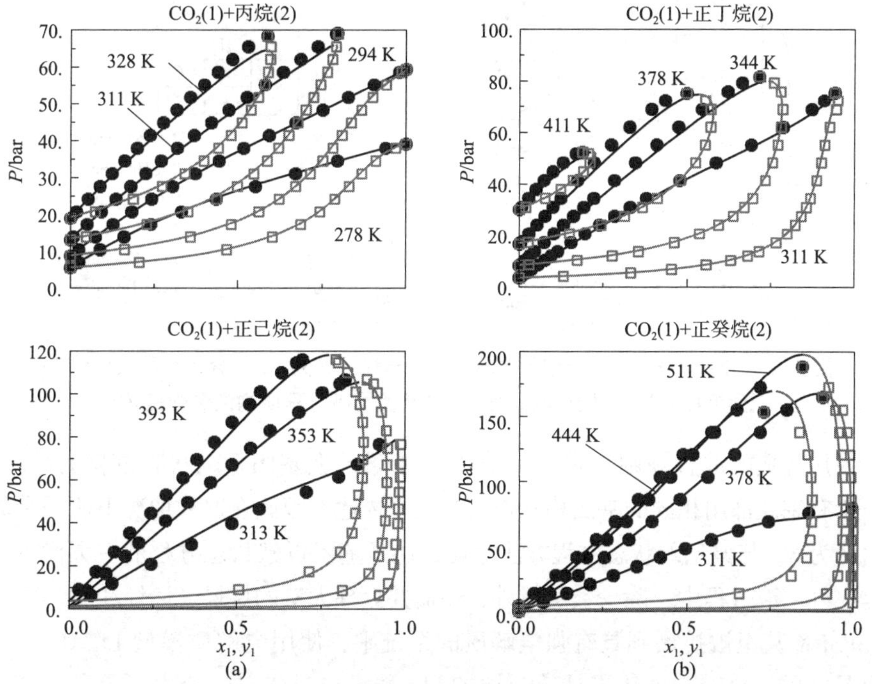

图 5.93 在亚临界和超临界条件下，使用 PSRK 对各种 CO_2-烷烃系统的实验和预测 VLE 数据

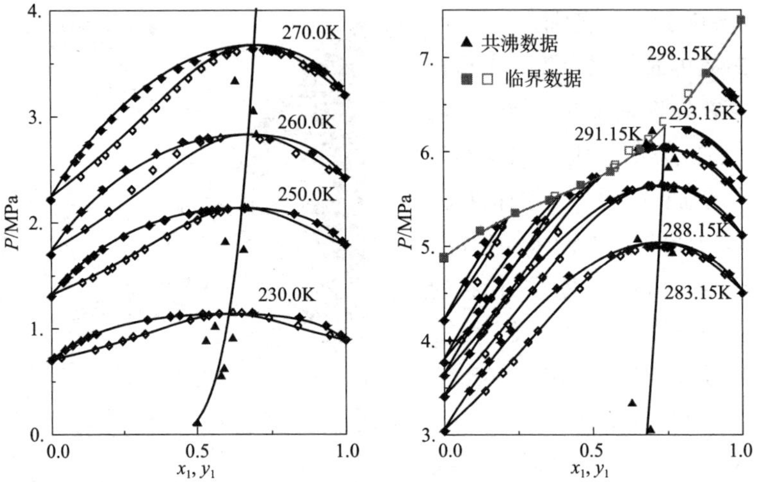

图 5.94 使用 PSRK 作为温度函数的系统 CO_2(1) – 乙烷(2) 的实验和预测气 – 液平衡、共沸和临界数据

以 K 因子的形式($K_i = y_i/x_i$)作为压强函数，使用 PSRK 在 322K 下对 12 组分体系的预测结果如图 5.95 所示。

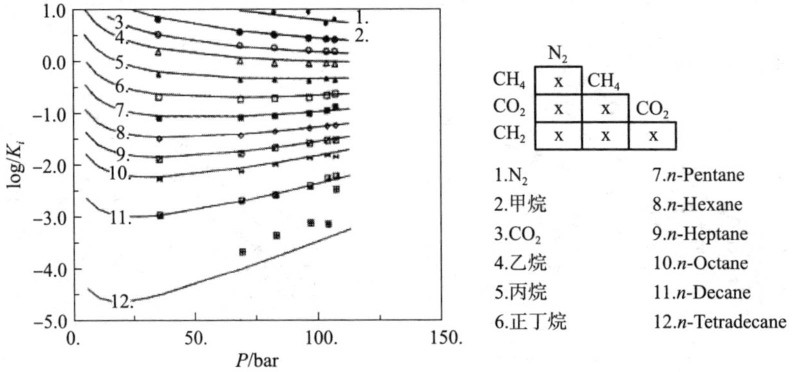

图 5.95 在 322K 温度下使用 PSRK 作为压强函数的 12 组分体系的实验[9]和预测 *K* 系数，以及状态 PSRK 的基团贡献方程所需的参数矩阵

使用经典的混合规则，需要 66 个二元参数。在基团贡献状态方程的情况下，由于所有烷烃都用相同的基团相互作用参数来描述，因此在这种情况下所需参数的数目降为 6。与典型的状态方程方法相比，这是基团贡献状态方程的一大优点，特别是在气 – 液过程中，除少数气体外，还需要处理大量的烷烃、烯烃和醇。

PSRK 甚至被扩展到具有强电解质的系统中，使用电解质模型 LIFAC[71]，而不是最初的 UNIFAC 方法来计算过量 Gibbs 能。LIFAC 方法考虑了德拜 – Hückel 和一个改进的 Pitzer 项引起的电解质的中远程相互作用(见第 7.3.5 节)。PSRK

模型与 LIFAC 模型相结合，可以预测强电解质对气－液平衡和气体溶解度的盐溶和盐析效应。图 5.96 显示了在 40℃和 100℃的不同盐浓度下，硝酸钠对二氧化碳在水中溶解度的影响。可以看出，这三元体系的盐效应和温度依赖性都以所需的精度进行了描述。

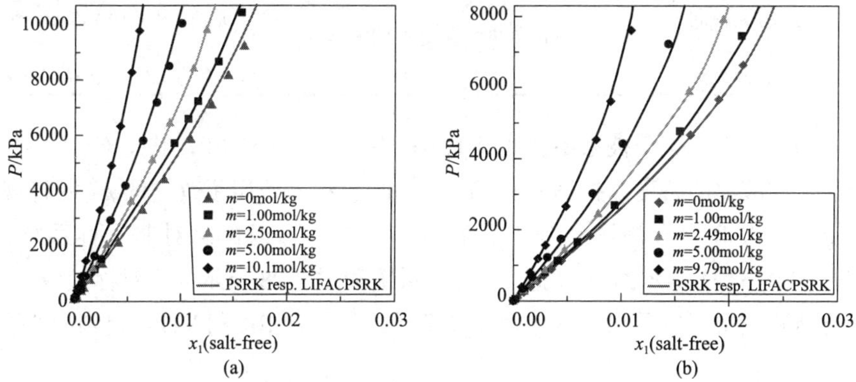

图 5.96　在 40℃(a)和 100℃(b)下系统 $CO_2(1)-H_2O(2)-NaNO_3(3)$ 的实验和预测结果(PSRK＋LIFAC)

5.10.5　VTPR 基团贡献状态方程

PSRK 模型[49]提供了 VLE 和气体溶解度的可靠预测。因此，PSRK 已在大多数过程模拟机中实现，并被公认为化工、天然气处理和石油工业中不同过程合成和设计的预测热力学模型。PSRK 还显示了 UNIFAC 和 SRK 状态方程的所有缺点。由于将 SRK 状态方程应用于 PSRK 的基团贡献方程，使得纯化合物和混合物的液体密度计算结果较差。此外，对于无限稀释的活度系数、混合热和非常不对称的体系，由于使用了原 UNIFAC，得到了较差的结果。Ahlers 和 Gmehling[50]发展了一个广义的群体贡献状态方程 VTPR，其中 PSRK 的大多数弱点都被消除了(另见第 2.5.5 节和第 4.10.2 节)。PSRK 和 VTPR 之间的主要差异总结在表 5.20 中。

表 5.20　新的 VTPR 状态基团贡献方程与 PSRK 模型之间的主要差异

模块	PSRK	VTPR
状态方程	Soave－Redlich－Kwong	Volume－Translated Peng－Robinson
α－函数	广义 Mathias－Copeman	广义 Twu
参数 a 的混合规则	$\frac{a}{bRT}=\sum_i x_i\frac{a_{ii}}{b_iRT}+\frac{1}{A}\left(\frac{g^E}{RT}+\sum_i x_i\ln\frac{b}{b_i}\right)$ $A=-0.64663$	$\frac{a}{b}=\sum_i x_i\frac{a_{ii}}{b_i}+\frac{g^{E,R}}{A}$ $A=-0.53087$

续表

模块	PSRK	VTPR
参数 b 的混合规则	$b = \sum x_i b_i$	$b_{ij}^{3/4} = (b_{ii}^{3/4} + b_{jj}^{3/4})/2$ $b = \sum_i \sum_j x_i x_j b_{ij}$
g^E information	(a)原版 UNIFAC (b)取决于温度的 PSRK 参数	取决于温度的 VTPR 参数
数据库	VLE，GLE	VLE，GLE，h^E，SLE，$\gamma\infty$

VTPR 状态方程[72]被采用去代替 PSRK 模型中使用的 SRK 状态方程，它可以更好地描述液体的密度。根据 Chen 等人[73]的想法，使用了改进的 g^E 混合规则。通过使用二次 b 混合规则和修改后的组合规则，可以提高对非对称系统的预测[73]。从图 5.97 所示的对称烷烃 – 烷烃系统和图 5.98 所示的不对称烷烃 – 烷烃系统的预测结果可以看出，从基团贡献型状态方程 PSRK 到 VTPR 得到的改进。

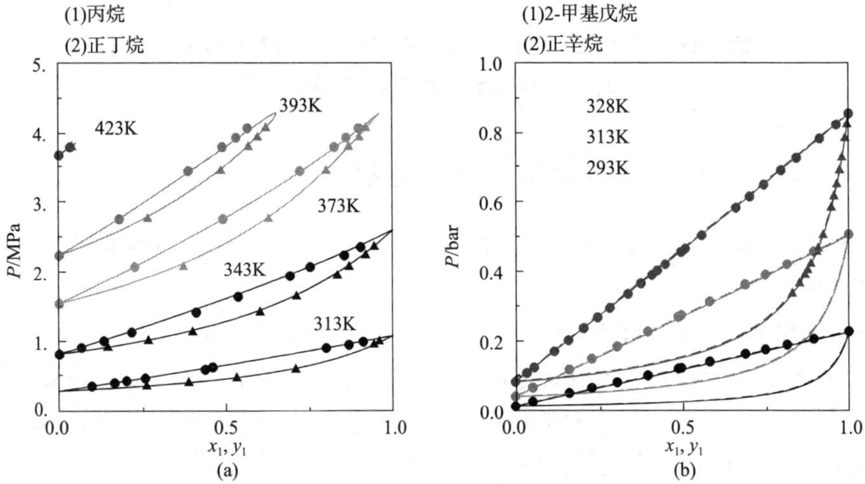

图 5.97　对于对称烷烃 – 烷烃体系的实验和预测的气 – 液平衡数据

--- PSRK；—VTPR

对于预测烷烃 – 烷烃体系，两个模型都不需要相互作用参数。这意味着结果主要取决于使用的混合规则。从 Pxy 图中可以看出，在非对称体系为乙烷 – 十二烷体系和乙烷 – 十八烷体系的情况下，使用 VTPR 代替 PSRK 可以得到更好的预测结果，而对于对称体系丙烷 – 丁烷体系和 2 – 甲基戊烷 – 正辛烷体系，VTPR 和 PSRK 的预测结果几乎相同。

在使用基团贡献型状态方程 VTPR 的情况下，使用与改进的 UNIFAC 中相同的与温度相关的基团相互作用参数。对于改进的 UNIFAC，VTPR 所需的与温度相关的基团相互作用参数被同时拟合到一个综合数据库中。除了具有亚临界和超临界化合物系统的气-液平衡数据外，还使用了气体溶解度、共晶系统的固-液平衡、无限稀释时的活度系数以及覆盖较大温度和压强范围的过剩焓。

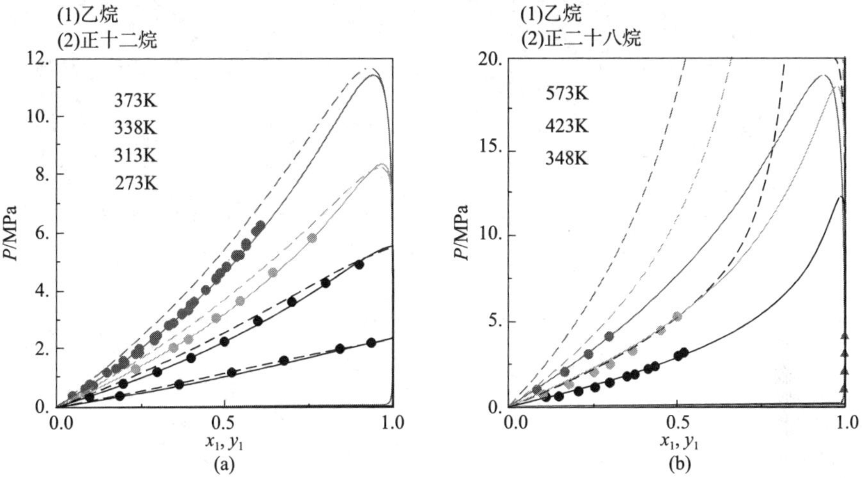

图 5.98 对于不对称烷烃-烷烃体系的实验和预测的气-液平衡数据

---PSRK；—VTPR

对于新的基团贡献型状态方程，基于不同的纯组分性质和不同的相平衡获得的结果是非常的好[50]。在图 5.99 中，给出了使用 PSRK 和基团贡献型状态方程 VTPR 对不同烷烃-二氧化碳体系的气-液平衡预测结果。虽然这两种方法对轻微不对称体系二氧化碳-丙烷体系和二氧化碳-正己烷体系的结果相似，但是由于混合规则的改进，对于具有基团贡献型状态方程 VTPR 的强不对称体系二氧化碳-二十烷体系和二氧化碳-辛烷体系，同样获得了较好的预测结果。

利用相同的参数预测了二氧化碳-乙烷体系的气-液平衡、固-液平衡、共沸数据、临界数据和过剩焓。结果显示在图 5.100 到图 5.102 中。可以看出，对气-液平衡、共沸和临界线的描述近乎完美。观察到 SLE、共沸物和临界线。此外，不仅描述了温度，而且还准确描述了使用基团贡献型状态方程 VTPR 时过剩焓的压强依赖性。或许需要再次提及的是，对于从图 5.100 到图 5.102 中所示的所有预测(气-液平衡、共沸数据、临界线、氦)，使用了相同的参数来描述二氧化碳和烷烃之间的相互作用。

图 5.103 显示了基团贡献型状态方程 VTPR 与修正 UNIFAC 的不同的气-液平衡、过剩焓、固-液平衡、共沸数据和各种烷烃-酮体系的无限稀释活度系数的比较结果。可以看出，对于不同相平衡和过剩焓，基团贡献型状态方程 VTPR 和改进的 UNIFAC 都得到了好的结果。但是，除了预测亚临界化合物的不同相平衡外，该方法还可直接用于含超临界化合物体系气体溶解度之类的计算。

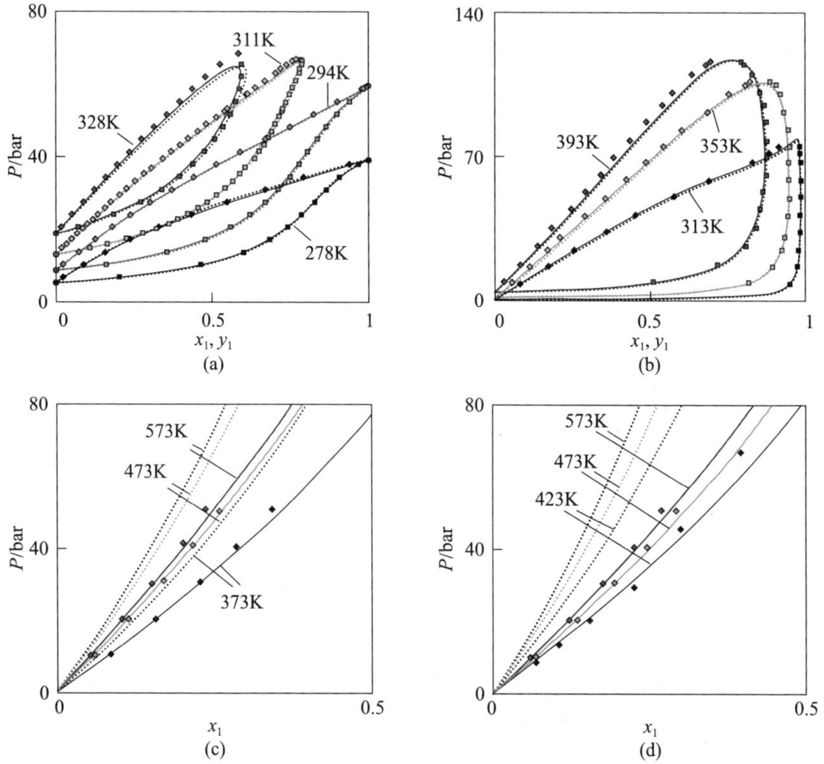

图 5.99　不同二氧化碳 - 烷烃体系的实验和预测的气 - 液平衡数据

(a)二氧化碳(1) - 丙烷(2)，(b)二氧化碳(1) - 正己烷(2)，

(c)二氧化碳(1) - 正二十烷(2)，(d)二氧化碳(1) - 正十八烷(2)

…PSRK；—基团贡献型状态方程 VTPR

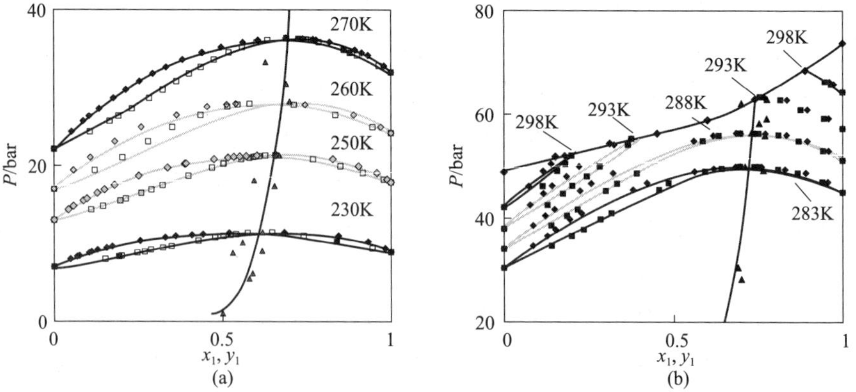

图 5.100　使用 VTPR 的二氧化碳(1) - 乙烷(2)体系的实验和预测气 - 液平衡数据、共沸点和临界数据

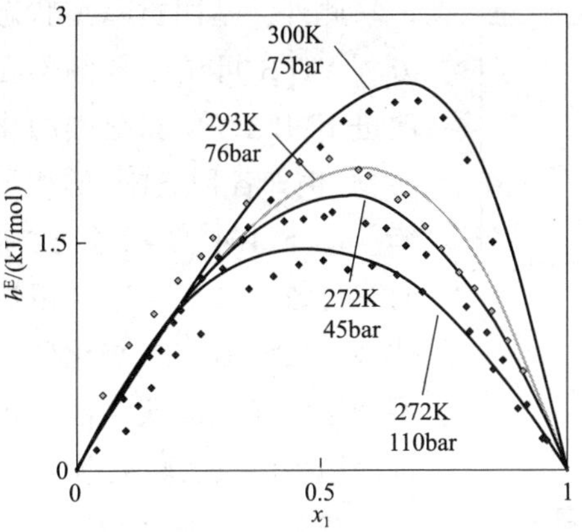

图 5.101 二氧化碳(1) - 乙烷(2)体系的实验和预测的过剩焓数据

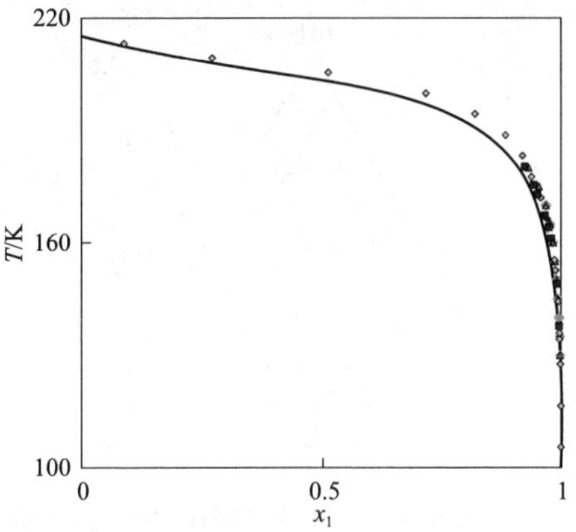

图 5.102 乙烷(1) - 二氧化碳(2)体系的实验和预测的固 - 液平衡数据

· 实验数据[5, 74]; — 基团贡献型状态方程 VTPR

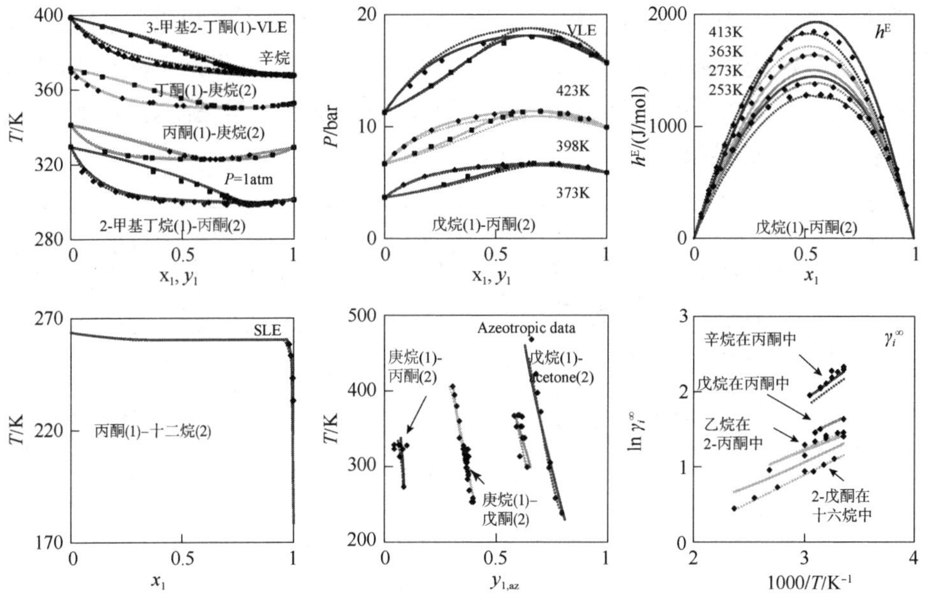

图 5.103 使用改进的 UNIFAC 和基团贡献型状态方程 VTPR 预测含酮和烷烃体系的实验和预测的相平衡数据和过剩焓

…修正的 UNIFAC; — 基团贡献型状态方程 VTPR

同时，在给定条件(温度、压强、成分)下，可以预测纯化合物或混合物的液相或气相的其他各种热物理性质(密度、焓、蒸发焓、比热容、焦耳 - 汤姆逊系数等)。尽管基团贡献型状态方程 VTPR 的缺点是可用参数矩阵仍然是有限的，但是基团贡献型状态方程 VTPR 模型仍然在进一步发展中[63]。

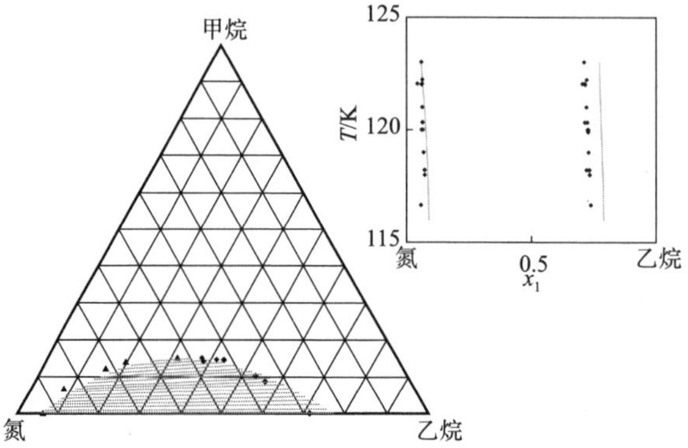

图 5.104 使用 VTPR 对 122K 下的三元氮－乙烷－甲烷体系和 21bar 下的二元乙烷－氮体系的实验和预测的液－液平衡数据[5]

此外，基团贡献型状态方程 VTPR 可用于预测不在改进 UNIFAC 预测范围的化合物(例如各种气体)的相平衡。图 5.104 显示了 122K 时三元氮－二氧化碳－甲烷体系和二元氮－二氧化碳体系随温度变化的液－液平衡预测结果以及实验数据。

在多组分混合物中，当多组分混合物由气体和各种烷烃、醇、烯烃等组成时，与通常的状态方程方法相比，基团贡献状态方程显示出较大的优势。所有烷烃、醇和烯烃都可以使用相同的参数，因此与典型的状态方程方法相比，基团贡献状态方程的参数矩阵较小。图 5.105 显示了由氮－甲烷－二氧化碳－烷烃组成的 12 组分体统的 VTPR 结果。可以看出，6 个参数(经典状态方程法需要 66 个二元参数)得到了很好的结果。

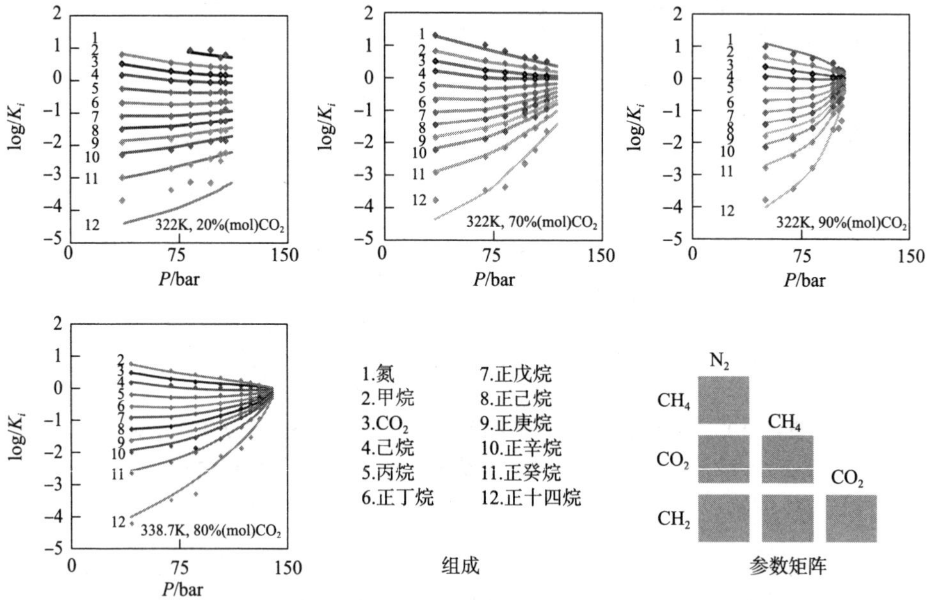

图 5.105 使用 VTPR 的 12 组分体系的实验[9]和预测的 *K* 因子

如前所述，除了相平衡以外，状态方程还可用于计算纯化合物或混合物的其他性质，如密度、比热容、焓、焦耳－汤姆逊系数等。

在图5.106中，给出了用基团贡献型状态方程VTPR代替PSRK时的四元体系。使用VTPR进行改进的主要原因是纯组分密度已经得到了更好的描述。在图5.107中，显示了PSRK和基团贡献型状态方程VTPR的实验和预测的密度。从PSRK到VTPR，预测能力得到了显著的改善。

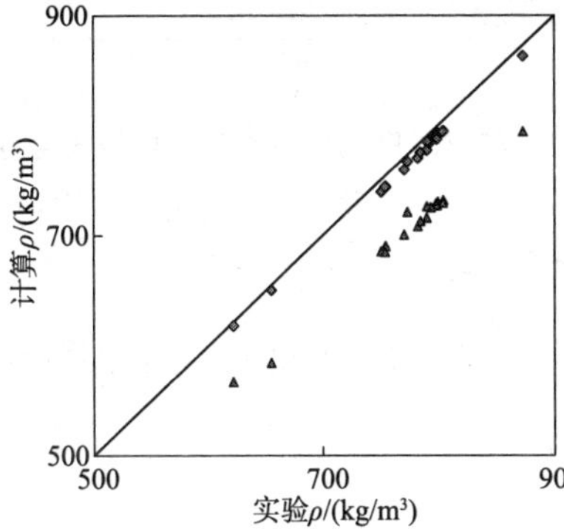

图5.106　使用PSRK和VTPR对298.15K下的四元体系戊烷－己烷－苯－环己烷体系的实验和计算的液体密度

▲PSRK；◆VTPR

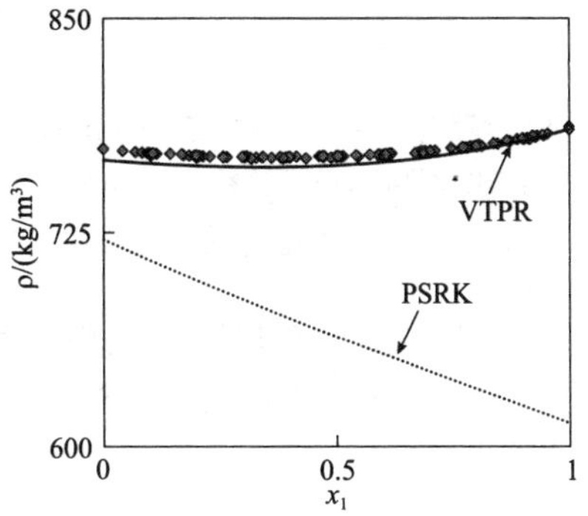

图5.107　298.15K下的二元体系丙酮(1)－环己烷(2)体系的实验和预测的密度

---PSRK；—VTPR

VTPR也可以被用来关联实验的数据。然后，可以应用 g^E 模型(例如UNIQUAC、Wilson或NRTL方程)代替基团贡献法。当有可靠的实验数据时，这将是非常有意义的。图5.108显示了丙酮－水体系，可以看出在气－液平衡、过剩焓和共沸物组成方面都得到了近乎完美的结果。同样，借助 g^E 模型也可以获得良好的结果(见图5.34)。但从气－液平衡数据可以看出，g^E 可用于超临界工况。正如前面所述，它同时也可以计算其他特性。

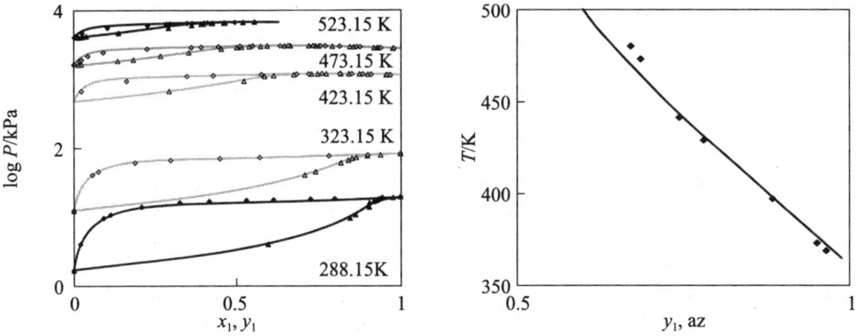

图5.108　丙酮(1)－水(2)体系的基团贡献型状态方程VTPR的相关结果，使用与温度相关的UNIQUAC参数：$a_{12}=472.46\text{K}$，$a_{21}=-585.54\text{K}$，$b_{12}=-0.40712$，$b_{21}=2.5101$，$c_{12}=3.607\cdot10^{-4}\text{K}^{-1}$，$c_{21}=1.595\cdot10^{-5}\text{K}^{-1}$

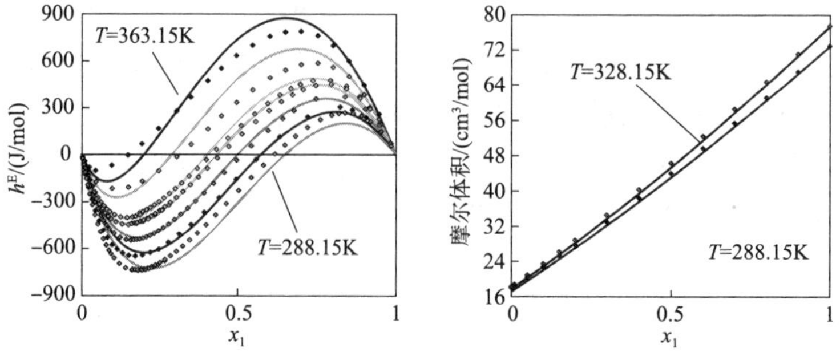

图5.108 丙酮(1)－水(2)体系的基团贡献型状态方程 VTPR 的相关结果，使用与温度(续)相关的 UNIQUAC 参数：a_{12} =472.46K，a_{21} = −585.54K，b_{12} = −0.40712，b_{21} =2.5101，c_{12} =3.607 · $10^{-4}K^{-1}$，c_{21} =1.595 · $10^{-5}K^{-1}$

关于预测相平衡和其他热物理性质的基团贡献方法和基团贡献状态方程的发展，详细的内容可见参考文献[75]。

问题：

5.1 使用图5.30中给出的相互作用参数、辅助参数和安托因常数，并假设理想的气相行为，计算70℃下乙醇(1)－水(2)体系的压强和气相摩尔分数，对于 x_1 =0.252 的乙醇摩尔分数，采用不同的 g^E 模型(Wilson、NRTL、UNIQUAC)。除总分压和气相组成外，还计算了 K 因子和分离因子。使用式(5.13)中定义的实际气体系数 ϕ_1 =0.9958 和 ϕ_2 =1.0070 重复计算。

5.2 将UNIQUAC模型的二元相互作用参数回归到 Kojima 等人测定了 1atm 下的乙醇(1)－水(2)体系的等压气－液平衡数据。作为目标函数，使用：

(1)活度系数的相对二次偏差；

(2)沸腾温度的二次偏差；

(3)气相组成的相对二次偏差；

(4)分离因子相对偏差。

使用常数因子调整蒸气压曲线，以精确匹配到作者的纯组分蒸气压。

x_1	y_1	T/K	x_1	y_1	T/K
0.0000	0.0000	373.15	0.5500	0.6765	352.57
0.0500	0.3372	363.15	0.6000	0.6986	352.28
0.1000	0.4521	359.08	0.6500	0.7250	352.00
0.1500	0.5056	357.12	0.7000	0.7550	351.75
0.2000	0.5359	356.05	0.7500	0.7840	351.57
0.2500	0.5589	355.29	0.8000	0.8167	351.45
0.3000	0.5794	354.67	0.8500	0.8591	351.37
0.3500	0.5987	354.14	0.9000	0.8959	351.35
0.4000	0.6177	353.67	0.9500	0.9474	351.39
0.4500	0.6371	353.25	1.0000	1.0000	351.48
0.5000	0.6558	352.90	—	—	—

来源：参考文献[76]。

5.3 比较70℃下测得的乙醇－水系统的实验数据(见图5.30，表5.2)和用基团贡献法修正的UNIFAC以及基团贡献型状态方程VTPR的结果。

5.4 假设为理想气相行为，利用Wilson方程计算70℃时乙醇(1)－苯(2)体系的*Pxy*图。二元Wilson参数Λ_{12}和Λ_{21}应根据无限稀释时的活度系数得出(见表5.6)。实验上，在该温度下测定了无限稀释下的下列活度系数：

$\gamma_1^\infty = 7.44 \quad \gamma_2^\infty = 4.75$

5.5 在50℃、100℃和150℃下，用改进的UNIFAC基团贡献法分别测定下列均相二元体系的共沸组成：

(1)丙酮－水体系；

(2)乙醇－1，4－二氧六环体系；

(3)丙酮－甲醇体系。

5.6 在酒厂的手册(见图P5.6)中，给出了以下建议："一段时间后，液体会从冷却器中滴出来。因为首先要进行甲醇浓缩，所以请您收集第一小部分不要使用。"玻璃酒厂的目的是浓缩乙醇，这项建议有意义吗？将要蒸馏的葡萄酒视为乙醇(10%)、甲醇(200ppm)和水的混合物。一级蒸馏是在大气压下进行的。

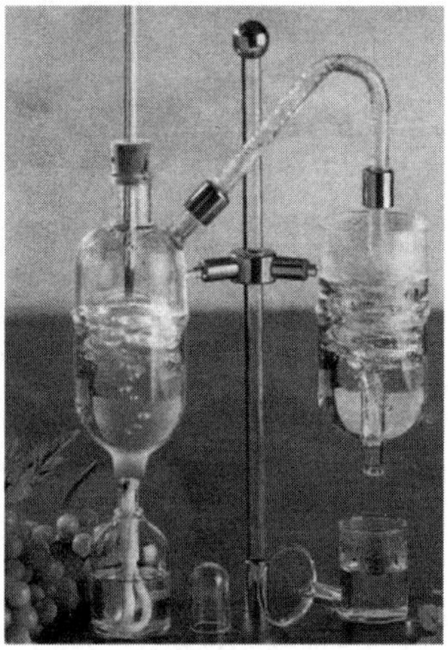

图P5.6 酒厂

假设在理想的气相行为下，当提取10g蒸馏物时，计算从200g进料中去除甲醇和乙醇的百分比，计算应采用修正的UNIFAC法。附录A中给出了蒸气压常数和摩尔质量。

5.7 使用改进的UNIFAC计算正戊烷－丙酮体系在373K、398K和423K下无限稀释时的气－液平衡行为、h^E数据、共沸数据和活度系数，结果如图5.103所示。蒸气压常数见附录A。实验数据可从网址www.ddbst.com的教材页下载。对于修正的UNIFAC计算，应假定为理想的气相行为。

5.8 使用DDB/DDBSP的免费资源管理器版本，搜索丙酮－正己烷体系的混合数据。

(1)绘制实验压强作为液相和气相组成的函数，并使用UNIFAC、修正UNIFAC和PSRK对318K和338K下的数据集进行预测。

(2)图中所示的分离因子的共沸组分与组分的差异有多大？

(3)在243K、253K和298K时，将混合热实验数据与UNIFAC、修正UNIFAC和PSRK的预测值绘制为液相组成的函数。解释一些计算的混合热曲线中的线性部分。

(4)将实验数据与 UNIFAC 和改进 UNIFAC 的实验结果绘制在一起。在改进 UNIFAC 的情况下，是什么导致了改进的结果?

5.9 使用 DDB/DDBSP 的免费资源管理器版本，搜索系统二氧化碳 - 正己烷和二氧化碳 - 十六烷的混合数据。利用 PSRK 绘制实验性高压气 - 液平衡数据(HPV)和预测图。将结果与 VTPR 的结果进行比较(见图 5.99d)，并检查二元混合物二氧化碳 - 正己烷中固 - 液平衡的结果。

5.10 根据 Ocon 等人测量的数据计算甲醇(1) - 甲苯(2)体系的活度系数[77]。在大气压下，假设理想气相行为。尝试用与温度无关的 g^E 模型参数(Wilson，NRTL，UNIQUAC)拟合甲醇活度系数随组分变化的不典型行为。解释为什么在高甲苯浓度下甲醇的活度系数最大。

蒸气压常数见附录 A。实验数据、摩尔体积、r 值和 q 值可从网址 www. ddbst. com 上的教科书网页下载。在计算中，假定为理想气相行为。

5.11 用基团贡献法 PSRK 和 VTPR 预测了甲醇中甲烷、二氧化碳和硫化氢在 -50 ~ 200℃温度范围内的亨利常数。

将预测的亨利常数与教科书网页 www. ddbst. com 上的实验值进行比较。

5.12 利用 PSRK 和基团贡献型状态方程 VTPR，预测甲烷、二氧化碳和硫化氢在 -30℃温度下，分压为 5bar、10bar 和 20bar 时在甲醇中的溶解度。将结果与使用亨利定律和问题 5.11 中预测的亨利常数得到的溶解度进行比较。

5.13 在免费的 DDBSP 资源管理器版本中，搜索系统甲醇 - 甲烷 - 二氧化碳的所有子系统的数据:

(1)通过 DDBSP 中的数据预测选项，将可用的气体溶解度数据与 PSRK 方法的结果进行比较。

(2)利用 PSRK 方法绘制甲醇 - 二氧化碳体系的获得的高压气 - 液平衡数据(HPV)和预测曲线。检查并熟悉用不同的图形表示。

(3)使用 Soave - Redlich - Kwong 状态方程和二次混合规则对数据集 2256 进行回归，并使用 UNIQUAC 模型计算 g^E 混合规则和活度系数。请解释其中的差异。

5.14 在免费的 DDBSP 资源管理器版本中，搜索苯 - 水体系的所有混合物数据。利用无限稀释下的实验活度系数计算苯在水中的溶解度，并与实验的液 - 液平衡数据进行比较。

5.15 如果苯 - 环己烷体系和苯 - 正己烷体系在 80℃下显示了共沸点，则借助正规溶液理论、UNIFAC 和改进的 UNIFAC 进行检查。对于正规溶液理论，使用式(5.68)从饱和液体密度和汽化热计算溶解度参数。所有要求的数据见附录 A、H 和 I。

参考文献

1 Baerns, M., Behr, A., Brehm, A. et al. (2013). Technische Chemie. Weinheim: Wiley - VCH.
2 Hildebrand, J. H. (1949). J. Phys. Colloid Chem. 53: 944 - 947.
3 Baehr, H. D. and Kabelac, S. (2016). Thermodynamik - Grundlagen und technische Anwendungen, 16e. Berlin: Springer - Verlag.
4 Mertl, L. (1972). Collect. Czech. Chem. Commun. 37: 366 - 374.
5 Dortmund Data Bank www. ddbst. com.
6 King, M. B. (1969). Phase Equilibrium in Mixtures. Oxford: Pergamon Press.
7 Prausnitz, J. M., Lichtenthaler, R. N., and Gomes de Azevedo, E. (1999). Molecular Thermodynamics of Fluid Phase Equilibria, 3e. London: Prentice Hall.
8 Deiters, U. K. and Kraska, T. (2012). High Pressure Fluid Phase Equilibria - Phenomenology and Computation, Supercritical Fluid Science and Technology Series, vol. 2 (ed. E. Kiran). Amsterdam: Elsevier.
9 Turek, E. A., Metcalfe, R. S., Yarborough, L., and Robinson, R. L. (1984). Soc. Pet. Eng. J. 24: 308 - 324.
10 Gonzalez, M. H. and Lee, A. L. (1968). J. Chem. Eng. Data 13: 172 - 176.
11 Novak, J. P., Matous, J., and Pick, J. (1987). Liquid - Liquid Equilibria. Amsterdam: Elsevier.
12 Gmehling, J., Onken, U. et al. (starting 1977). Vapor - Liquid Equilibrium Data Collection, DECHEMA Chemistry Data Series, 37 parts, vol. I. Frankfurt: DECHEMA.
13 Gmehling, J. and Kolbe, B. (1992). Thermodynamik. Weinheim: Wiley - VCH.
14 Porter, A. W. (1921). Trans. Faraday Soc. 16: 336 - 345.
15 Redlich, O., Kister, A. T., and Turnquist, C. E. (1952). Chem. Eng. Prog. Symp. Ser. 48 (2): 49 - 61.
16 Larkin, J. A. (1975). J. Chem. Thermodyn. 7: 137.
17 Chaudry, M. S. and Lamb, J. A. (1987). *J. Chem. Eng. Data* 32: 431 - 434.
18 Wilson, G. M. (1964). *J. Am. Chem. Soc.* 86: 127.
19 Renon, H. and Prausnitz, J. M. (1968). *AlChE J.* 14: 135.
20 Abrams, D. and Prausnitz, J. M. (1975). *AlChE J.* 21: 116.
21 Flory, P. J. (1941). *J. Chem. Phys.* 9: 660.
22 Huggins, M. L. (1941). *J. Phys. Chem.* 9: 440.
23 Huggins, M. L. (1942). *Ann. N. Y. Acad. Sci.* 43: 1.
24 Hiaki, T., Kurihara, K., and Kojima, K. (1994). *J. Chem. Eng. Data* 39: 714 - 719.
25 Nelder, J. A. and Mead, R. (1965). *Comput. J.* 7: 308.
26 Hoffffmann, U. and Hofmann, H. (1971). *Einführung in die Optimierung.* Weinheim: Wiley - VCH.
27 Gmehling, J., Menke, J. et al. (starting 1986). *Activity Coeffiffifficients at Infifinite Dilution*, DECHEMA Chemistry Data Series, 6 parts, vol. IX. Frankfurt: DECHEMA.

28 Anderson, T. F., Abrams, D. A., and Grens, E. A. (1978). *AlChE J.* 24 (1): 20 – 29.

29 Van Ness, H. C. (1995). *Pure Appl. Chem.* 67: 859 – 872.

30 a Redlich, O. and Kister, A. T. (1948). *Ind. Eng. Chem.* 40: 345. b Herington, E. F. H. (1947). *Nature* 160: 610. c Herington, E. F. H. (1951). *J. Inst. Pet.* 37: 457.

31 Van Ness, H. C., Byer, S., and Gibbs, R. E. (1973). *AlChE J.* 19: 238.

32 Fredenslund, Aa., Gmehling, J., and Rasmussen, P. (1977). *Vapor – Liquid Equilibria Using UNIFAC.* Amsterdam: Elsevier.

33 Margules, M. (1895). *Math. Naturwiss.* 104: 1234.

34 van Laar, J. J. (1910). *Z. Phys. Chem.* 72: 723.

35 Fenske, M. R. (1931). *Ind. Eng. Chem.* 24: 482.

36 Rarey – Nies, J. R., Tiltmann, D., and Gmehling, J. (1989). *Chem. Ing. Tech.* 61: 407 – 410.

37 Tochigi, K., Rarey, J., and Gmehling, J. (2009). *J. Chem. Eng. Jpn.* 42: 376 – 380.

38 Vonka, P., Novák, J. P., Suška, J., and Pick, J. (1975). *Chem. Eng. Commun.* 2: 51.

39 Diedrichs, A., Rarey, J., and Gmehling, J. (2006). *Fluid Phase Equilib.* 248: 56 – 69.

40 Huron, M. – J. and Vidal, J. (1979). *Fluid Phase Equilib.* 3: 255.

41 Knapp, H., Döring, R., Oellrich, L. et al. (1982). *Vapor – Liquid Equilibria for Mixtures of Low Boiling Substances*, DECHEMA Chemistry Data Series, vol. VI. Frankfurt: DECHEMA.

42 Gmehling, J., Menke, J., Krafczyk, J., and Fischer, K. (2004). *Azeotropic Data*, 3 parts. Weinheim: Wiley – VCH.

43 Novak, J. P., Matous, J., and Vonka, P. (1991). *Collect. Czech. Chem. Commun.* 56: 745 – 749.

44 Gmehling, J., Lohmann, J., Jakob, A. et al. (1998). *Ind. Eng. Chem. Res.* 37: 4876 – 4882.

45 Zieborak, K. (1966). *Z. Phys. Chem.* 231: 248 – 258.

46 Gmehling, J. and Möllmann, C. (1998). *Ind. Eng. Chem. Res.* 37: 3112 – 3123.

47 Hochgesand, G. (1970). *Ind. Eng. Chem.* 62: 37 – 43.

48 Sada, E., Kito, S., and Ito, Y. (1976) 170th Meeting ACS, Chicago, 27 – 28 August 1975, pp. 374 – 380.

49 a Holderbaum, T. and Gmehling, J. (1991). *Fluid Phase Equilib.* 70: 251 – 265. b Horstmann, S., Fischer, K., and Gmehling, J. (2000). *Fluid Phase Equilib.* 167: 173 – 186.

50 a Ahlers, J. and Gmehling, J. (2001). *Fluid Phase Equilib.* 191: 177 – 188. b Ahlers, J. and Gmehling, J. (2002). *Ind. Eng. Chem. Res.* 41: 3489 – 3498. c Ahlers, J. and Gmehling, J. (2002). *Ind. Eng. Chem. Res.* 41: 5890 – 5899.

51 Prausnitz, J. M. and Shair, F. H. (1961). *AlChE J.* 7: 682.

52 Horiuti, J. (1931). *Sci. Pap. Inst. Phys. Chem. Res. Jpn.* 17: 125 – 256.

53 Sørensen, J. M., Arlt, W., Macedo, E., and Rasmussen, P. (1979). *Liquid – Liquid Equilibrium Data Collection*, DECHEMA Chemistry Data Series, 4 parts. Frankfurt: DECHEMA.

54 a Scatchard, G. (1931). *Chem. Rev.* 8: 321 – 333. b Hildebrand, J. and Wood, S. E. (1933). *J. Chem. Phys.* 1: 817 – 822.

55 Prausnitz, J. M. and Gmehling, J. (1980). *Thermische Verfahrenstechnik – Phasengleichgewichte.*

Mainz: Krausskopf Verlag.
56 Derr, E. L. and Deal, C. H. (1969). *Inst. Chem. Eng. Symp. Ser.* 32: 40 – 51.
57 Kojima, K. and Tochigi, K. (1979). *Prediction of Vapor – Liquid Equilibria by the ASOG Method.* Tokyo: Kodansha – Elsevier.
58 Fredenslund, Aa., Jones, R. L., and Prausnitz, J. M. (1975). *AlChE J.* 21: 1086 – 1099.
59 Hansen, K. H., Schiller, M., Fredenslund, Aa. et al. (1991). *Ind. Eng. Chem. Res.* 30: 2352 – 2355.
60 Bondi, A. (1967). *Chem. Rev.* 67: 565.
61 Weidlich, U. and Gmehling, J. (1987). *Ind. Eng. Chem. Res.* 26: 1372 – 1381.
62 Nebig, S. and Gmehling, J. (2011). *Fluid Phase Equilib.* 302: 220 – 225.
63 UNIFAC consortium www. unifac. org.
64 Gmehling, J., Li, J., and Schiller, M. (1993). *Ind. Eng. Chem. Res.* 32: 178 – 193.
65 Wienke, G. and Gmehling, J. (1998). *Toxicol. Environ. Chem.* 65: 57 – 86. (Erratum: (1998) 67, 275.).
66 Gmehling, J. and Rasmussen, P. (1982). *Ind. Eng. Chem. Fundam.* 21: 186.
67 Banerjee, S. (1985). *Environ. Sci. Technol.* 19: 369 – 370.
68 Jakob, A., Grensemann, H., Lohmann, J., and Gmehling, J. (2006). *Ind. Eng. Chem. Res.* 45: 7924 – 7933.
69 Soave, G. (1972). *Chem. Eng. Sci.* 27: 1197.
70 Peng, D. Y. and Robinson, D. B. (1976). *Ind. Eng. Chem. Fundam.* 15: 59 – 64.
71 Yan, W., Topphoffff, M., Rose, C., and Gmehling, J. (1999). *Fluid Phase Equilib.* 162: 97 – 113.
72 Peneloux, A., Rauzy, E., and Freze, R. (1982). *Fluid Phase Equilib.* 8: 7 – 23.
73 Chen, J., Fischer, K., and Gmehling, J. (2002). *Fluid Phase Equilib.* 200: 411 – 429.
74 Jensen, R. H. and Kurata, F. (1971). *AlChE J.* 17: 357 – 364.
75 Gmehling, J. (2009). *J. Chem. Thermodyn.* 41: 731 – 747.
76 Kojima, K., Tochigi, K., Seki, H., and Watase, K. (1968). *Kagaku Kogaku* 32: 149 – 153.
77 Ocon, J., Tojo, G., and Espada, L. (1969). *Anal. Quim.* 65: 641 – 648.

6 热力学性质

6.1 热量状态方程

热量性质是内能 u、焓 h、熵 s、Helmholtz 能 a 和 Gibbs 能 g。如果有状态方程、理想气体 c_P^{id} 的比热容和适当的混合规则，就可以计算它们。作为独立值，热量特性无效。如第 2 章所述，必须始终定义参考点。在过程模拟中，在理想气体状态下，在 $\vartheta = 25℃$ 和 $P = 101325\text{Pa}$ 下的标准生成焓和标准生成 Gibbs 能可在大多数情况下使用。因此，用这种方法定义的热量特性也可用于描述化学反应。

在下面的章节中，导出了压强显式和体积显式状态方程的热学性质表达式，它们必须在所考虑的温度和压强范围内有效。

6.1.1 内能和焓

内能 u 和焓值 h 的关系

$$h = u + Pv \tag{6.1}$$

由于 Pv 项可以很容易地通过压强和体积显式状态方程来计算，因此它们可以一起处理。首先，起点可以固定为

$$h_0 = \Delta h_f^0 \tag{6.2}$$

和

$$u_0 = \Delta h_f^0 - RT_0 \tag{6.3}$$

在理想气体状态下，$T_0 = 298.15\text{K}$，$P_0 = 1.01325\text{bar}$。T_0，P_0 的理想气体状态是可以假设的；在这些条件下，大多数物质处于液态。由于理想气体的焓不依赖于压强，所以可以写下

$$h_0(T_0,\ P_0) = h(T_0,\ P \to 0) \quad 和 \quad u_0(T_0,\ P_0) = u(T_0,\ P \to 0) \tag{6.4}$$

比内能 u 的总微分是

$$du = \left(\frac{\partial u}{\partial T}\right)_v dT + \left(\frac{\partial u}{\partial v}\right)_T dv = c_v dT + \left(\frac{\partial u}{\partial v}\right)_T dv \tag{6.5}$$

基本方程

$$du = Tds - Pdv \tag{6.6}$$

比熵的总微分

$$ds = \left(\frac{\partial s}{\partial T}\right)_v dT + \left(\frac{\partial s}{\partial v}\right)_T dv \tag{6.7}$$

获得

$$du = T\left(\frac{\partial s}{\partial T}\right)_v dT + \left[T\left(\frac{\partial s}{\partial v}\right)_T - P\right]dv \tag{6.8}$$

方程(6.5)和方程(6.8)中系数的比较

$$\left(\frac{\partial u}{\partial T}\right)_v = T\left(\frac{\partial s}{\partial T}\right)_v \Rightarrow \left(\frac{\partial s}{\partial T}\right)_v = \frac{1}{T}\left(\frac{\partial u}{\partial T}\right)_v \tag{6.9}$$

$$\left(\frac{\partial u}{\partial v}\right)_T = T\left(\frac{\partial s}{\partial v}\right)_T - P \Rightarrow \left(\frac{\partial s}{\partial v}\right)_T = \frac{(\partial u/\partial v)_T + P}{T} \tag{6.10}$$

比熵的混合二次导数

$$\frac{\partial^2 s}{\partial T \partial v} = \frac{1}{T}\frac{\partial^2 u}{\partial T \partial v} \tag{6.11}$$

和

$$\frac{\partial^2 s}{\partial v \partial T} = -\frac{1}{T^2}\left[\left(\frac{\partial u}{\partial v}\right)_T + P\right] + \frac{1}{T}\left[\frac{\partial^2 u}{\partial v \partial T} + \left(\frac{\partial P}{\partial T}\right)_v\right] \tag{6.12}$$

必须是统一的。因此，得到

$$-\frac{1}{T^2}\left[\left(\frac{\partial u}{\partial v}\right)_T + P\right] + \frac{1}{T}\left(\frac{\partial P}{\partial T}\right)_v = 0 \tag{6.13}$$

所以

$$\left(\frac{\partial u}{\partial v}\right)_T = T\left(\frac{\partial P}{\partial T}\right)_v - P \tag{6.14}$$

结合式(6.5)和式(6.14)，得到

$$du = c_v dT + \left[T\left(\frac{\partial P}{\partial T}\right)_v - P\right]dv \tag{6.15}$$

考虑到在 $v \to \infty$ 有理想的气体条件，结果是

$$u(T,v) = u_0 + \int_{T_0}^{T} c_v^{\mathrm{id}} dT + \int_{\infty}^{v}\left[T\left(\frac{\partial P}{\partial T}\right)_v - P\right]dv \tag{6.16}$$

随后，比焓可以通过下列计算

$$h(T,v) = h_0 + \int_{T_0}^{T} c_v^{\mathrm{id}} dT + \int_{\infty}^{v}\left[T\left(\frac{\partial P}{\partial T}\right)_v - P\right]dv + Pv - RT_0 \tag{6.17}$$

对于体积显式状态方程，我们可以类似地导出比焓的表达式。

比焓的总微分是

$$dh = \left(\frac{\partial h}{\partial T}\right)_P dT + \left(\frac{\partial h}{\partial P}\right)_T dP = c_P dT + \left(\frac{\partial h}{\partial P}\right)_T dP \tag{6.18}$$

基本方程

$$dh = Tds + v dP \tag{6.19}$$

比熵的总微分

$$ds = \left(\frac{\partial s}{\partial T}\right)_P dT + \left(\frac{\partial s}{\partial P}\right)_T dP \tag{6.20}$$

获得

$$dh = T\left(\frac{\partial s}{\partial T}\right)_P dT + \left[T\left(\frac{\partial s}{\partial P}\right)_T + v\right]dP \tag{6.21}$$

式(6.18)和式(6.21)中系数的比较

$$\left(\frac{\partial h}{\partial T}\right)_P = T\left(\frac{\partial s}{\partial T}\right)_P \Rightarrow \left(\frac{\partial s}{\partial T}\right)_P = \frac{1}{T}\left(\frac{\partial h}{\partial T}\right)_P \tag{6.22}$$

$$\left(\frac{\partial h}{\partial P}\right)_T = T\left(\frac{\partial s}{\partial P}\right)_T + v \Rightarrow \left(\frac{\partial s}{\partial P}\right)_T = \frac{(\partial h/\partial P)_T - v}{T} \tag{6.23}$$

比熵的混合二次导数

$$\frac{\partial s}{\partial T\partial P} = \frac{1}{T}\frac{\partial^2 h}{\partial T\partial P} \tag{6.24}$$

和

$$\frac{\partial s}{\partial P\partial T} = -\frac{1}{T^2}\left[\left(\frac{\partial h}{\partial P}\right)_T - v\right] + \frac{1}{T}\left[\frac{\partial^2 h}{\partial P\partial T} - \left(\frac{\partial v}{\partial T}\right)_P\right] \tag{6.25}$$

必须是统一的。因此，得到

$$\frac{1}{T^2}\left[\left(\frac{\partial h}{\partial P}\right)_T - v\right] + \frac{1}{T}\left(\frac{\partial v}{\partial T}\right)_P = 0 \tag{6.26}$$

所以

$$\left(\frac{\partial h}{\partial P}\right)_T = v - T\left(\frac{\partial v}{\partial T}\right)_P \tag{6.27}$$

把等式(6.18)和式(6.27)结合起来，就可以得到

$$dh = c_P dT + \left[v - T\left(\frac{\partial v}{\partial T}\right)_P\right]dP \tag{6.28}$$

考虑到 $P \to 0$ 有理想的气体条件，我们得到

$$h(T,P) = h_0 + \int_{T_0}^{T} c_P^{\mathrm{id}} dT + \int_0^P \left[v - T\left(\frac{\partial v}{\partial T}\right)_P\right]dP \tag{6.29}$$

随后，比内能通过可以下式计算

$$u(T,P) = u_0 + \int_{T_0}^{T} c_P^{\mathrm{id}} dT + \int_0^P \left[v - T\left(\frac{\partial v}{\partial T}\right)_P\right]dP - Pv + RT_0 \tag{6.30}$$

为了获得混合物的比内能和焓，必须考虑过量焓：

$$h_{\mathrm{mix}} = \sum_i z_i h_i + h^E(T,z) \tag{6.31}$$

$$u_{\mathrm{mix}} = \sum_i z_i u_i + h^E(T,z) - Pv^E(T,z) \tag{6.32}$$

对于蒸汽混合物，从纯组分到混合物的转移是在理想气体状态下进行的(见第6.2节)，这样就不会出现过量性质。

6.1.2 熵

利用方程(6.10)、(6.14)、(6.23)和(6.27)中比熵偏微分的各种表达式，得到了比熵偏微分的表达式

$$\left(\frac{\partial s}{\partial v}\right)_T = \left(\frac{\partial P}{\partial T}\right)_v \tag{6.33}$$

和

$$\left(\frac{\partial s}{\partial P}\right)_T = -\left(\frac{\partial v}{\partial T}\right)_P \tag{6.34}$$

对于比熵的剩余部分，可以写下

$$(s - s^{\mathrm{id}})(T,v) = (s - s^{\mathrm{id}})(T, v \to \infty) + \int_\infty^v \left[\left(\frac{\partial s}{\partial v}\right)_T - \left(\frac{\partial s^{\mathrm{id}}}{\partial v}\right)_T\right]\mathrm{d}v \tag{6.35}$$

对于 $v \to \infty$，$s = s^{\mathrm{id}}$，第一项消失。根据公式(6.33)，我们得到

$$\left(\frac{\partial s^{\mathrm{id}}}{\partial v}\right)_T = \frac{R}{v} \tag{6.36}$$

所以

$$s(T,v) = s_0(T_0,v_0) + \int_{T_0}^T \frac{c_v^{\mathrm{id}}}{T}\mathrm{d}T + R\ln\frac{v}{v_0} + \int_\infty^v \left[\left(\frac{\partial P}{\partial T}\right)_v - \frac{R}{v}\right]\mathrm{d}v \tag{6.37}$$

以 T 和 P 为坐标，它可以类似地导出为

$$(s - s^{\mathrm{id}})(T,P) = (s - s^{\mathrm{id}})(T, P \to 0) + \int_0^P \left[\left(\frac{\partial s}{\partial P}\right)_T - \left(\frac{\partial s^{\mathrm{id}}}{\partial P}\right)_T\right]\mathrm{d}P \tag{6.38}$$

对于 $P \to 0$，$s = s^{\mathrm{id}}$，第一项再次消失。根据公式(6.34)，我们得到

$$\left(\frac{\partial s^{\mathrm{id}}}{\partial P}\right)_T = -\frac{R}{P} \tag{6.39}$$

所以

$$s(T,P) = s_0(T_0,P_0) + \int_{T_0}^T \frac{c_P^{\mathrm{id}}}{T}\mathrm{d}T - R\ln\frac{P}{P_0} + \int_0^P \left[\frac{R}{P} - \left(\frac{\partial v}{\partial T}\right)_P\right]\mathrm{d}P \tag{6.40}$$

在等式(6.37)和(6.40)中，T_0 和 P_0 或 T_0 和 v_0 分别表示比熵的任意参考点。在过程模拟中，采用标准熵作为参考熵，使化学反应的描述一致，无需进一步转换。它是在理想气体状态下($T_0 = 298.15\mathrm{K}$，$P_0 = 101325\mathrm{Pa}$)的标准条件下定义的，即使它是虚构的。根据通常可用的数据，可以通过下式计算

$$s_{abs} = \frac{\Delta h_f^0 - \Delta g_f^0}{T_0} \tag{6.41}$$

对于混合物，必须考虑混合熵和过剩熵。与

$$\Delta s^{id} = -R\sum_i z_i \ln z_i \tag{6.42}$$

和

$$s^E = \frac{h^E - g^E}{T} \tag{6.43}$$

得到

$$s_{mix} = \sum_i z_i s_i + s^E + \Delta s^{id} \tag{6.44}$$

6.1.3 Helmholtz 能和 Gibbs 能

根据 Helmholtz 能和 Gibbs 能的定义导出了它们的能量

$$a = u - Ts \tag{6.45}$$

和

$$g = h - Ts \tag{6.46}$$

使用等式(6.30)和(6.40)，可以写出

$$\begin{aligned} a(T,P) &= u_0 + \int_{T_0}^{T} c_P^{id} dT + \int_0^P \left[v - T\left(\frac{\partial v}{\partial T}\right)_P\right] dP - Pv + RT_0 - Ts_0(T_0,P_0) \\ &\quad - T\int_{T_0}^{T} \frac{c_P^{id}}{T} dT + RT\ln\frac{P}{P_0} - T\int_0^P \left[\frac{R}{P} - \left(\frac{\partial v}{\partial T}\right)_P\right] dP \\ &= u_0 + \int_{T_0}^{T} c_P^{id} dT + \int_0^P \left[v - \frac{RT}{P}\right] dP - Pv + RT_0 - Ts_0(T_0,P_0) \\ &\quad - T\int_{T_0}^{T} \frac{c_P^{id}}{T} dT + RT\ln\frac{P}{P_0} \end{aligned} \tag{6.47}$$

类似地，我们得到

$$\begin{aligned} g(T,P) &= h_0 + \int_{T_0}^{T} c_P^{id} dT + \int_0^P \left[v - T\left(\frac{\partial v}{\partial T}\right)_P\right] dP - Ts_0(T_0,P_0) - T\int_{T_0}^{T} \frac{c_P^{id}}{T} dT \\ &\quad + RT\ln\frac{P}{P_0} - T\int_0^P \left[\frac{R}{P} - \left(\frac{\partial v}{\partial T}\right)_P\right] dP = h_0 + \int_{T_0}^{T} c_P^{id} dT + \int_0^P \left[v - \frac{RT}{P}\right] dP \\ &\quad - Ts_0(T_0,P_0) - T\int_{T_0}^{T} \frac{c_P^{id}}{T} dT + RT\ln\frac{P}{P_0} \end{aligned} \tag{6.48}$$

$$\begin{aligned} a(T,v) &= u_0 + \int_{T_0}^{T} c_v^{id} dT + \int_\infty^v \left[T\left(\frac{\partial P}{\partial T}\right)_v - P\right] dv - Ts_0(T_0,v_0) - T\int_{T_0}^{T} \frac{c_v^{id}}{T} dT \\ &\quad - RT\ln\frac{v}{v_0} - T\int_\infty^v \left[\left(\frac{\partial P}{\partial T}\right)_v - \frac{R}{v}\right] dv = u_0 + \int_{T_0}^{T} c_v^{id} dT + \int_0^v \left[\frac{RT}{v} - P\right] dv \end{aligned}$$

$$- Ts_0(T_0, v_0) - T\int_{T_0}^{T} \frac{c_v^{\mathrm{id}}}{T}\mathrm{d}T - RT\ln\frac{v}{v_0} \tag{6.49}$$

和

$$\begin{aligned} g(T,v) &= h_0 + \int_{T_0}^{T} c_v^{\mathrm{id}}\mathrm{d}T + \int_{\infty}^{v}\left[T\left(\frac{\partial P}{\partial T}\right)_v - P\right]\mathrm{d}v + Pv - RT_0 - Ts_0(T_0,v_0) \\ &\quad - T\int_{T_0}^{T}\frac{c_v^{\mathrm{id}}}{T}\mathrm{d}T - RT\ln\frac{v}{v_0} - T\int_{\infty}^{v}\left[\left(\frac{\partial P}{\partial T}\right)_v - \frac{R}{v}\right]\mathrm{d}v \\ &= h_0 + \int_{T_0}^{T} c_v^{\mathrm{id}}\mathrm{d}T + \int_{\infty}^{v}\left[\frac{RT}{v} - P\right]\mathrm{d}v + Pv - RT_0 - Ts_0(T_0,v_0) \\ &\quad - T\int_{T_0}^{T}\frac{c_v^{\mathrm{id}}}{T}\mathrm{d}T - RT\ln\frac{v}{v_0} \end{aligned} \tag{6.50}$$

对于混合物，我们可以得出

$$g_{\mathrm{mix}} = \sum_i z_i g_i + g^{\mathrm{E}}(T,\ z) - T\Delta s^{\mathrm{id}} \tag{6.51}$$

和

$$a_{mix} = \sum_i z_i a_i + g^{\mathrm{E}}(T,\ z) - P\, v^{\mathrm{E}}(T,\ z) - T\Delta s^{\mathrm{id}} \tag{6.52}$$

6.2 过程模拟中的焓描述

对于气体焓的计算，低压条件可以近似为计算理想气体比热容。高压条件下，必须考虑分子间作用力对焓的影响，通常采用立方状态方程。在大多数情况下，分子间作用力是吸引力，因此需要额外的能量使分子彼此远离，也就是降低密度。如果不加上这种能量，物质膨胀时就会冷却。这一效应在绝热节流液化天然气中具有一定的技术应用价值。

用状态方程可以计算出给定温度下 $P\to 0$ 理想气体状态和任意压强下气液相状态的焓差。对于非缔合体系，通常在过程模拟中使用立方型方程。对于最常用的方程，纯组分焓偏离的对应表达式为：

· *Peng – Robinson*：

$$\begin{aligned} (h - h^{\mathrm{id}})(T,\ P) &= h(T,\ P) - h(T,\ P\to 0) \\ &= RT(z-1) - \frac{1}{\sqrt{8}b}\left(a - T\frac{\mathrm{d}a}{\mathrm{d}T}\right)\ln\left(\frac{v + (1+\sqrt{2})b}{v + (1-\sqrt{2})b}\right) \end{aligned} \tag{6.53}$$

和

$$\frac{\mathrm{d}a}{\mathrm{d}T} = -0.45721\frac{R^2T_{\mathrm{c}}^2}{P_{\mathrm{c}}}\left[1 + m\left(1 - \sqrt{\frac{T}{T_{\mathrm{c}}}}\right)\right]\frac{m}{\sqrt{TT_{\mathrm{c}}}}$$

$$m = 0.37464 + 1.54226\omega - 0.26992\omega^2$$

· *Soave - Redlich - Kwong*：

$$(h-h^{\mathrm{id}})(T,\ P)=h(T,\ P)-h(T,\ P\to 0)$$
$$=RT(z-1)-\frac{1}{b}\left(a-T\frac{\partial a}{\partial T}\right)\ln\left(\frac{v+b}{v}\right) \tag{6.54}$$

和

$$\frac{\mathrm{d}a}{\mathrm{d}T}=-0.45724\frac{R^2T_{\mathrm{c}}^2}{P_{\mathrm{c}}}\left[1+m\left(1-\sqrt{\frac{T}{T_{\mathrm{c}}}}\right)\right]\frac{m}{\sqrt{TT_{\mathrm{c}}}}$$
$$m=0.48+1.574\omega-0.176\omega^2$$

液体和汽体的比体积都适用，这取决于所考虑的系统的相态。

在过程模拟中，有必要在液相和气相中连续描述焓，其中存在的问题是对焓有贡献的特定量并不是相互独立的。对于任何计算策略(途径)，都将剩下一个可以使用其数量进行计算的量。下面讨论三个最广泛的路径。

6.2.1 路径 A：气态作为起始相

当使用 $\gamma-\varphi$ 方法时，最常用的路径是使用气态作为启动阶段。它的原理如下。

对于所有成分(指数 i)，参考点为理想气体标准($T_0=298.15\mathrm{K}$，$P\to 0$，$h_0=\Delta h_0^{\mathrm{f}}$)：

$$h_i^{\mathrm{id}}(T_0,\ P\to 0)=\Delta h_{\mathrm{f},i}^0 \tag{6.55}$$

因此，焓的描述与化学反应是一致的。

为了计算气体的焓，首先使用 c_P^{id} 计算系统温度为 T，$P\to 0$ 时的理想气体焓：

$$h_i^{\mathrm{id}}(T,P\to 0)=\Delta h_{\mathrm{f},i}^0+\int_{T_0}^{T}c_{Pi}^{\mathrm{id}}\mathrm{d}T \tag{6.56}$$

此时，从纯组分过渡到混合物的焓为：

$$h^{\mathrm{id}}(T,P\to 0,y_i)=\sum_i y_i h_i^{\mathrm{id}}(T,P\to 0) \tag{6.57}$$

由于此时为理想气体状态，没有多余项。

为了获得实际气相的焓，必须添加残余量($h-h^{\mathrm{id}}$)：

$$h^{\mathrm{V}}(T,\ P,\ y_i)=h^{\mathrm{id}}(T,\ P\to 0,\ y_i)+(h-h^{\mathrm{id}})(T,\ P,\ y_i) \tag{6.58}$$

如果必须计算液体的焓(图 6.1)，则必须通过对式(6.58)($p=p_i^{\mathrm{s}}$)来估算每个组分的饱和蒸汽焓，然后减去蒸发焓：

$$h_i^{\mathrm{L}}(T)=\Delta h_{\mathrm{f},i}^0+\int_{T_0}^{T}c_{Pi}^{\mathrm{id}}\mathrm{d}T+(h-h^{\mathrm{id}})_i(T,P_i^{\mathrm{s}})-\Delta h_{vi}(T) \tag{6.59}$$

这种路径下，任何纯组分的液态下都被认为在给定温度下处于饱和状态。由于进一步压缩而引起的焓变化被忽略，这种计算路径的结果在低压下吻合较好。液体混合物的焓可以通过以下公式计算：

$$h^{L}(T,x_i) = \sum_i x_i h_i^{L}(T) + h^{E}(T,x_i) \tag{6.60}$$

在第 6 章也讨论过。如果二元参数没有调整到 h^E 值，则应忽略 h^E。

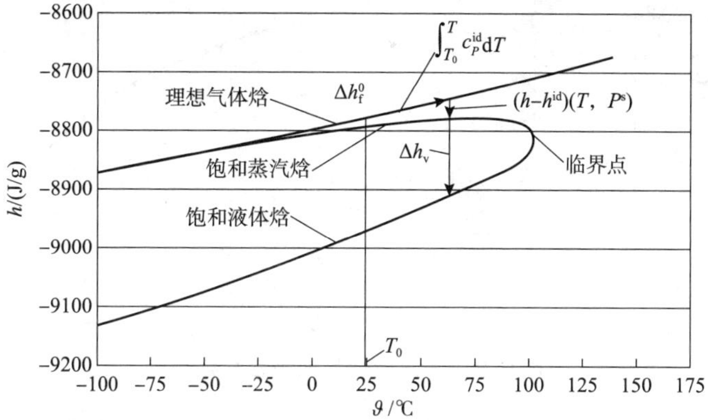

图 6.1　路径 A 计算 1，1，1，2－四氟乙烷(R134a)的液体焓

但这种路径在液体比热容的测定中存在很大的误差，它被定义为 h^L 的斜率。图 6.2 显示，即使是众所周知的纯物质(如水)，误差也可能大于 10%(图 6.2 中的旧拟合)，这是不可接受的，并且通常会导致严重的问题，例如对液体换热器的设计。

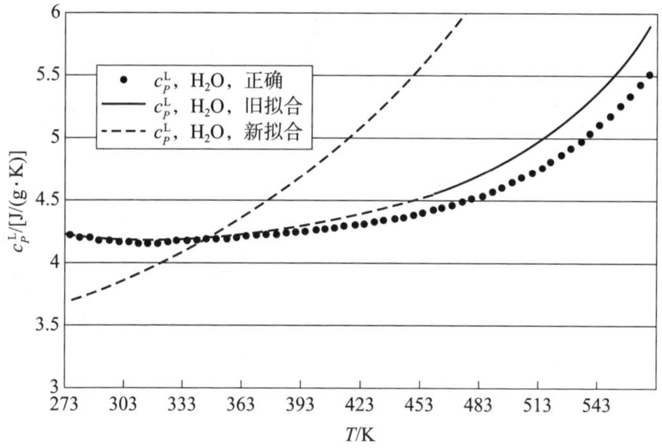

图 6.2　路径 A 下水的 c_P^L 对温度的函数

产生误差的原因是蒸发焓斜率的代表性差。

已经开发了使用温度推导式(6.59)来拟合蒸发焓相关系数和 c_P^L 数据的方法[如式(3.61)和(3.62)]。众所周知，给出近似相同值的函数在其导数上可能存在显著差异，特别是当斜率是 0 时。在远低于临界点的温度下，蒸发焓可以看作是这样的一个函数。图 6.3 显示了水蒸发焓的两种拟合方法，在 0～200℃的温度范围内，两种拟合方法都显示出可比较的结果。事实上，这一误差从未超过 1%。

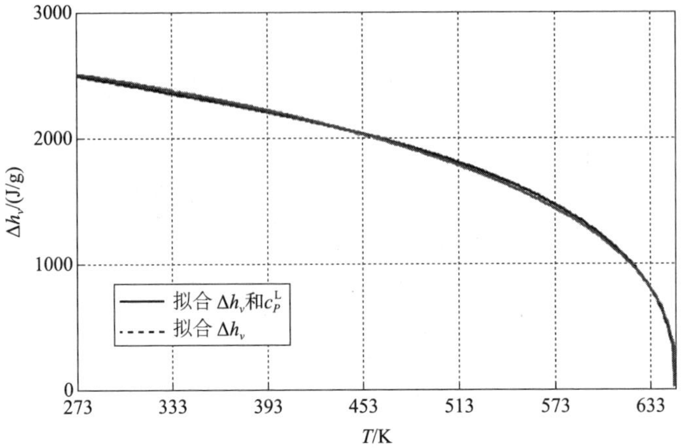

图 6.3　水蒸发焓的两种拟合结果

图 6.4 显示了两种拟合结果的导数存在明显差异。在这两种情况下，虚线与水蒸发焓的真实数据吻合较好。对于整条直线，使用目标函数拟合了 0～200℃之间的 Δh_v 的相关系数

$$F = w_1 \sum_i \left(\frac{\Delta h_{vi,\text{calc}} - \Delta h_{vi,\exp}}{\Delta h_{vi,\exp}}\right)^2 + w_2 \sum_i \left(\frac{c_{Pi,\text{calc}}^{L} - c_{Pi,\exp}^{L}}{c_{Pi,\exp}^{L}}\right)^2 \tag{6.61}$$

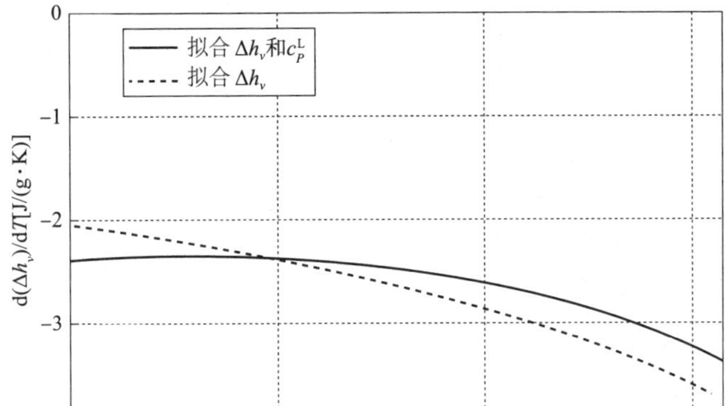

图 6.4　图 6.3 中的两种拟合结果的斜率

$(h - h^{\text{id}})$的值是用 PR 状态方程计算的，为了表示过程模拟运行中出现的条件。用试错法选定加权因子 w_1 和 w_2，结果表明，对于 Δh_v 和 c_P^L，结果都是令人满意的。图 6.2 显示，0～200℃为的调整期间的(新拟合)的 c_P^L 结果显著改善。考虑到由于$(h - h^{\text{id}})$的偏差增加，很难得到高精度的结果，外推被认为是可以接受的。一般来说，蒸发焓相关性减弱是可以接受的。对大多数物质来说，它仍然可以在 1% 以内表示。应注意的是，在大多数情况下，公式(3.61)或(3.62)中的所有

参数可用于液体比热容和蒸发焓的组合调整，因为通常只使用两个量就可获得足够的数据。为了只适用于蒸发焓，通常建议在第一个求和之后截断公式(3.61)。

这种方法的主要优点是不需要在模拟器中实现额外的关联和路径。只有汽化热参数受到影响。此外，该过程已经成为一种一致性检验。如果蒸气压、c_P^{id}、c_P^{L}和Δh_v的数据是正确的，则使用的状态方程给出了$(h-h^{\mathrm{id}})$的合理值，并且在参数调整期间不发生任何相关的外推；它应该可以同时表示液体比热容和蒸发焓。如果该过程不能立即对某一组分起作用，则应再次仔细检查所有输入数据。在大多数情况下，可以检测到不明确的数据源或基于错误估计的原始数据。错误更正后，问题通常会解决。

对于缔合物质(见第13.3节)，可按以下方式修改组合拟合程序：缔合常数和蒸发焓系数[式(3.61)和(3.62)]同时适用于蒸汽密度数据、等压比蒸汽比热容、液体比热容和蒸发焓，给出了目标函数

$$F = w_1\sum_i\left(\frac{\Delta h_{vi,\mathrm{calc}}-\Delta h_{vi,\mathrm{exp}}}{\Delta h_{vi,exp}}\right)^2 + w_2\sum_i\left(\frac{c_{Pi,\mathrm{calc}}^{\mathrm{L}}-c_{Pi,\mathrm{exp}}^{\mathrm{L}}}{c_{Pi,\mathrm{exp}}^{\mathrm{L}}}\right)^2 + w_3\sum_i\left(\frac{c_{Pi,\mathrm{calc}}^{V}-c_{Pi,\mathrm{exp}}^{V}}{c_{Pi,\mathrm{exp}}^{V}}\right)^2 + w_4\sum_i\left(\frac{\boldsymbol{v}_{i,\mathrm{calc}}^{V}-\boldsymbol{v}_{i,\mathrm{exp}}^{V}}{\boldsymbol{v}_{i,\mathrm{exp}}^{V}}\right)^2 \tag{6.62}$$

执行这一过程需要付出很大的努力，因为有更多的权重因素需要在试错程序中分别对每种物质进行评估，同时要注意所有四个量的图都是合理的。

对于乙酸，必须同时拟合蒸发焓的五个参数和描述缔合的四个参数(二聚和四聚各两个；见第13.3节)才能取得良好的效果。虽然蒸汽密度和蒸汽热容的重现性没有显著变化，但c_P^{L}和Δh_v取得了很大改善(图6.5和图6.6)。在正常沸点之前，当特定缔合物的理想气体混合物的假设有效时，c_P^{L}的重现性非常好。

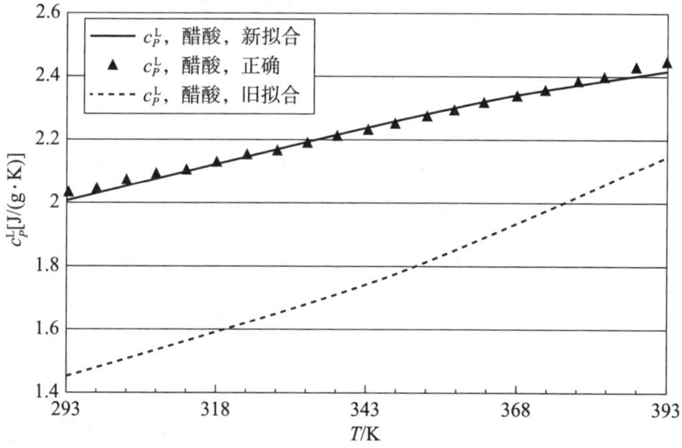

图6.5 醋酸c_P^{L}的改进计算

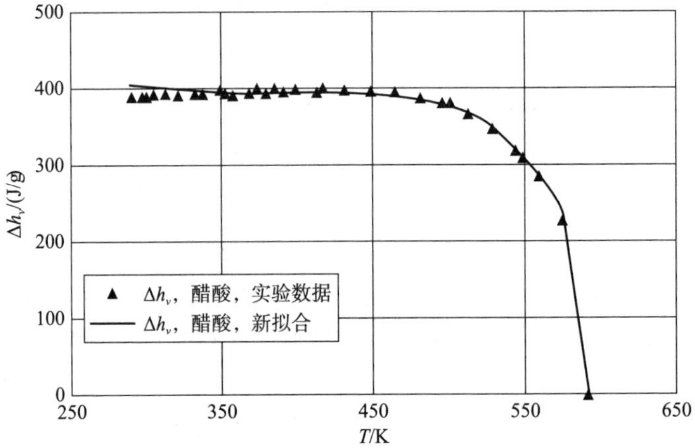

图 6.6　同步拟合后醋酸蒸发焓的示意图

6.2.2　路径 B：液体为起始相

为了克服 c_P^{L} 的困难，过程模拟器通常提供从液相的参考状态 $h_{\mathrm{ref},i}(T_{\mathrm{ref},i})$ 为起始相的选项。通过对液体热容量与温度的关系进行积分，来计算每个组分的液相焓：

$$h_i^{\mathrm{L}}(T) = \int_{T_{\mathrm{ref},i}}^{T} c_{Pi}^{\mathrm{L}} \mathrm{d}T + h_{\mathrm{ref},i}(T_{\mathrm{ref},i}) \tag{6.63}$$

与式(6.60)类似，可以通过考虑过量焓来评估液体混合物的焓。同样，液体焓是指饱和液体，由于进一步压缩而引起的焓变被忽略。

在计算蒸汽焓时，将各组分的液体比热容从参考温度到转变温度 T_{trans} 进行积分，T_{trans} 可以任意选择。可以选择正常沸点为转变温度，因为几乎每种物质都存在沸点：

$$h_i^{\mathrm{L}}(T_{\mathrm{trans},i}) = \int_{T_{\mathrm{ref},i}}^{T_{\mathrm{trans},i}} c_{Pi}^{\mathrm{L}} \mathrm{d}T + h_{\mathrm{ref},i}(T_{\mathrm{ref},i}) \tag{6.64}$$

只有在这个转变温度下，蒸发焓的关联式才能用来计算转变温度下的饱和蒸汽焓。然后减去 $(h - h^{\mathrm{id}})_i$，得到理想气体在转变温度下的焓：

$$h_i^{\mathrm{id}}(T_{\mathrm{trans},i},\ P \to 0) = h_i^{\mathrm{L}}(T_{\mathrm{trans},i}) + \Delta h_{vi}(T_{\mathrm{trans},i}) - (h - h^{\mathrm{id}})(T_{\mathrm{trans},i},\ P_i^{\mathrm{s}}) \tag{6.65}$$

为了达到系统温度，将理想气体热容量整合为：

$$h_i^{\mathrm{id}}(T, P \to 0) = h_i^{\mathrm{id}}(T_{\mathrm{trans},i}, P \to 0) + \int_{T_{\mathrm{trans},i}}^{T} c_{Pi}^{\mathrm{id}} \mathrm{d}T \tag{6.66}$$

根据式(6.57)，从纯组分过渡到混合物。最后，在系统温度和压强下添加

$(h-h^{id})$：

$$h^{V}(T,\ P)=h^{id}(T,\ P\to 0)+(h-h^{id})(T,\ P,\ y_i) \tag{6.67}$$

$h_{ref,i}(T_{ref,i})$的选择必须确保在标准条件下(25℃，理想气体)，生成标准生成焓 Δh_f^0，以保持与化学反应的一致性。熔点是一个很好的 T_{ref}选择。方法如图 6.7 所示。

当然，用这种方法可以重现相关的液体比热容。在低压区，路径 B 表现很好，Δh_v 的相关性仅用于 T_{trans}，但它是十分精确地再现的。在高压下，Δh_v 变得不准确，并且不会在临界点消失。通常，c_P^L 的相关性仅基于低于正常沸点的值，线性函数足以表达相关性。将这种相关性外推到更高的温度会产生明显过低的结果。

此外，定义所有任意引用常量(以这种方式处理的每个组分的 T_{ref}，h_{ref}，T_{trans})的工作量相当大。在商用模拟器中，它不像路径 A 那样被广泛接受，并且通常仅限于某些应用。

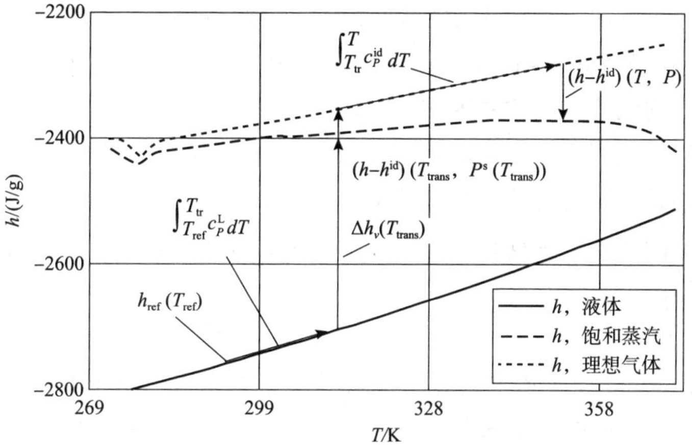

图 6.7 使用路径 B 计算饱和蒸汽焓

6.2.3 路径 C：状态方程

如第 2 章所讨论的，关于非理想性的所有信息都可以从状态方程中导出。类似于路线 A，以标准条件下的理想气体为参考：

$$h_i^{id}(T,P\to 0)=\Delta h_{f,i}^0+\int_{T_0}^{T} c_{Pi}^{id}\mathrm{d}T \tag{6.68}$$

理想气体混合物的焓用式(6.57)计算。为了获得实际相的焓，必须添加 $(h-h^{id})$，此差值由液相和气相的有效状态方程计算：

$$h^{V}(T,\ P,\ y_i)=h^{id}(T,\ P\to 0,\ y_i)+(h-h^{id})(T,\ P,\ y_i) \tag{6.69}$$

对于 Soave – Redlich – Kwong 方程和 Peng – Robinson 方程，给出了$(h - h^{id})$的表达式(6.53)和(6.54)。Soave – Redlich – Kwong 方程的关系在附录 C、F1 中导出。当然，用户必须注意所使用的状态方程足以进行这种评估。用这种方法，液体的焓不一定指饱和条件下的焓。由于焓总是与温度 T 和压强 P 有关，因此考虑了进一步压缩引起的焓变化。然而，对于大多数的状态方程，如三次方程，很难期望这种效应能被定量地计算出来。对于纯组分，因为相平衡条件 $\varphi^L = \varphi^V$ 和 Clausius – Clapeyron 方程直接等同于 $g^L = g^V$（见第 2.4.4 节），所以 Clausius – Clapeyron 方程固有地集成在计算过程中，对于三次状态方程，非极性组分的汽化焓的再现效果很好。对于极性组分，除非使用单独的 α – 函数，否则精度通常是不够的。如果有一个很好的 α – 函数来正确地表示蒸气压，则即使是极性组分也能很好地再现 Δh_v。

对于 c_P^L，同样的问题也出现在路径 A 上。类似地，可以通过将 α – 函数与蒸气压和 c_P^L 数据拟合来克服这个问题[6]。如果使用像 Peng – Robinson 或 Soave – Redlich – Kwong 这样的广义状态方程，就没有办法克服这一困难。

如果使用诸如 Peng – Robinson 或 Soave – Redlich – Kwong 状态方程之类的广义状态方程，则无法克服这一困难。

对于过程模拟程序中焓值的处理，，在两个模块之间更改模型通常是至关重要的。这个问题与焓的特性有很大关系。在两个单元之间，仿真程序移交 P 和 h 的值来描述流的状态。根据在两个单元中使用的特定模型，相应的物流具有两个显著不同的温度。

例 6.1 由正己烷(T_1 = 450K，饱和液体)组成的物流从一个使用 Peng – Robinson 方程表示气相的单元中流出。使用活度系数模型将其转移到另一单元中，该模型在 P = 1bar 时为理想气相，并在此蒸发。模型改变会产生哪些误差？

解：

根据 Peng – Robinson 状态方程，在 P_1 = 12.354bar 时，从第一个单元离开的物流的焓值确定为 h_1 = – 1896.13 J/g。使用具有理想气相的活度系数模型，$P_2 = P_1$ 和 $h_2 = h_1$ 的坐标指的是 T_2 = 439.0K 时的液态。使用附录 A 中的 c_P^L，能量平衡中将缺失相应的焓差。

$$\Delta h \approx c_P^L \Delta T = 3.1 \text{J/gk} \cdot 11\text{K} = 34.1 \text{J/g} \tag{6.70}$$

因此，必须注意流程中热力学模型发生的变化。建议在两个不同单元之间引入一个虚拟单元。另一种选择是进行模型更改，其中至少两个模型在低压下运行时会产生相似的结果。一般来说，应该坚持使用流程图中最全面的模型；然而，在某些情况下(例如关联，电解质只发生在流程的一部分)，模型的改变是无法避免的。

在工艺工程应用中，用户经常被要求输入与通常是一种混合物的过程液相物流有关的蒸发焓。然而，蒸发焓是温度和压强保持不变、液相和蒸汽的浓度相同的蒸发过程。只有纯物质是这样。原则上，蒸发焓也适用于共沸混合物，但共沸混合物的浓度随温度而变化，所以这样的数值只有在某一点上才有意义。

一般来说，对于混合物，必须区分完全蒸发和部分蒸发。完全蒸发意味着整个混合物将从泡点转移到露点。在蒸发过程中，剩余液体的温度将升高，直到达到最高沸点组分的沸腾温度为止。可以指定一个数值为汽化焓，但它与某个特定的温度无关。部分蒸发意味着只有液体的某个组分被蒸发。对于这种类型，可以指定一个压强和温度，但是它的解释要复杂得多，如下面的例子所示。

例 6.2 装乙二醇（$C_2H_6O_2$，90%）和水（10%）的液体混合物的容器暴露于可燃环境中。安全阀应该在 $P=1\text{bar}$ 处启动。从燃烧环境到容器的传热可以用经验标准方程[2]表示：

$$\frac{Q}{\text{kW}}=43.2\left(\frac{A}{\text{m}^2}\right)^{0.82}$$

暴露的接触面积为 $A=40\text{m}^2$，对应的热输入为 890kW。通过相平衡计算，体系的沸点为 $T=410.6\text{K}$。在这个温度下，两种组分的蒸发焓是：

$$\Delta h_{v,\text{H}_2\text{O}}(T)=2153\text{J/g}(\text{水})$$

$$\Delta h_{v,\text{EG}}(T)=944\text{J/g}(\text{乙二醇})$$

计算蒸发焓，使用户能够在第一次操作时计算质量流量。

解：

方法 1：为简便起见，蒸发焓由液相中纯组分值的平均值得到：

$$\Delta h_{v,\text{mix}}=x_{\text{H}_2\text{O}}\Delta h_{v,\text{H}_2\text{O}}(T)+x_{\text{EG}}\Delta h_{v,\text{EG}}(T)=0.1\cdot 2153\text{J/g}+0.9\cdot 944\text{J/g}=1065\text{J/g}$$

其优点是不需要进一步计算。但是，如下图所示，只有当蒸汽浓度相同时，才适用液体浓度。对于沸腾区间大的混合物，情况并非如此，如下面所示。方法 1 不可取。

方法 2：在气相中，可以通过在模拟程序中计算闪蒸单元来评估第一个气泡的浓度。结果是

$$y_{\text{H}_2\text{O}}=0.749$$

$$y_{\text{EG}}=0.251$$

由于已蒸发物质的蒸发焓占比量具有重要意义，所以在气相中根据浓度对蒸发焓进行平均：

$$\Delta h_{v,\text{mix}}=y_{\text{H}_2\text{O}}\Delta h_{v,\text{H}_2\text{O}}(T)+y_{\text{EG}}\Delta h_{v,\text{EG}}(T)$$

$$=0.749 \cdot 2153\text{J/g} + 0.251 \cdot 944\text{J/g} = 1850\text{J/g}$$

这个数值更合理；但是，如下所示，仍然有改进的空间。

表 6.1　例 6.2 中闪蒸单元增量的质量平衡

	进料	气相	液相
容器质量/kg			
H_2O	10	0.033	9.967
$C_2H_6O_2$	90	0.011	89.989
质量分数			
H_2O	0.1	0.7490	0.0997
$C_2H_6O_2$	0.9	0.2510	0.9003
总摩尔量/kmol	2.005	0.002	2.003
总质量/kg	100	0.04395	99.956
总体积/m^3	0.0999	0.0685	0.0999
温度/K	410.62	410.68	410.68
压强/Pa	100 000	100 000	100 000
蒸汽分率	0.0	1.0	0.0
液相分率	1.0	0.0	1.0
焓/(kJ/kmol)	−395 640	−250 800	−395 740
焓/(kJ/kg)	−7933.06	−11 441.3	−7930.49
焓/kJ	−793 296	−503	−792 684

方法 3：部分闪蒸是用模拟程序来执行的，由安全阀的设定压强和 0.001 的蒸汽分率来定义，代表部分闪蒸的第一个气泡。

用负荷除以产生的质量流量，得到热量输入和蒸汽流量之间的直接关系。在这个例子中，结果为

$$\Delta h_{v,\text{mix}} = \frac{Q}{\Delta m_{v,\text{incr}}} = \frac{(-503 - 792684 + 793296)\text{kJ}}{0.04395\text{kg}} = 2480\text{J/g}$$

用方法 3 获得的汽化焓值远高于用方法 2 获得的汽化焓值，因为闪蒸计算可以考虑液体的温升。在这种情况下，如果考虑到沸点范围较宽的混合物，即使增加 0.001 的蒸汽分率蒸发也会使液体中的温度升高 0.06K，这对计算蒸发热有很大影响。为了说明这一点，表 6.1 列出了质量平衡。事实上，由于沸腾范围太广，这个例子是一个极端。通常，方法 2 应该产生一个更好的近似值，并可用于粗略检查。然而，由于没有办法避免闪蒸计算去得到的蒸气浓度，所以结果方法 3 越精确越容易应用。

通过安全阀的质量流量可以确定为

$$\dot{m} = \frac{\dot{Q}}{\Delta h_{v,\text{mix}}} = \frac{890\text{kW}}{2480\text{J/g}} = 0.359\text{kg/s} = 1292\text{kg/h}$$

14.5 节介绍了一种更高级的方法来计算压力降低情况下的质量流量。

例 6.3 在热交换器中，$P=6\mathrm{bar}$ 时的液态水（10000kg/h）从 $\vartheta_1=100℃$ 加热到 $\vartheta_2=150℃$。使用以下四个方法计算热交换器的额定负荷：

(1) 采用高精度状态方程。

(2) 使用路径 B（液体作为起始阶段）。c_P^{L} 可以从附录 A 中找到。

(3) 使用路径 A（蒸汽作为起始阶段）。采用 Peng－Robinson 方程进行气相计算。c_P^{id} 和 Δh_v 可以从附录 A 中找到。

(4) 使用路径 A（蒸汽作为起始阶段）。采用 Peng－Robinson 方程进行气相计算。c_P^{id} 可以从附录 A 中获取。Δh_v 与 c_P^{L} 数据拟合。

解释各种结果。

解：

(1) 由高精度的状态方程，可得焓值：

$$h_1^{\mathrm{L}}(\vartheta_1,\ P)=419.452\mathrm{J/g}\quad h_2^{\mathrm{L}}(\vartheta_2,\ P)=632.256\mathrm{J/g}$$

$$\begin{aligned}\dot{Q}&=\dot{m}(h_2-h_1)=10000\mathrm{kg/h}(632.256-419.452)\mathrm{J/g}\\&=2128050\mathrm{kJ/h}=591.1\mathrm{kW}\end{aligned}$$

由于焓值与蒸汽表[3]相对应，这些值可作为参考值。

(2) 路线 B 中液体比焓的表达式为［公式(6.63)］

$$h_i^{\mathrm{L}}(T)=\int_{T_{\mathrm{ref},i}}^{T}c_{Pi}^{\mathrm{L}}\mathrm{d}T+h_{\mathrm{ref},i}(T_{\mathrm{ref},i})$$

这两种状态的焓差变成

$$h_2^{\mathrm{L}}-h_1^{\mathrm{L}}=\int_{T_1}^{T_2}c_P^{\mathrm{L}}\mathrm{d}T=-T_{\mathrm{c}}\int_{\tau_1}^{\tau_2}c_P^{\mathrm{L}}\mathrm{d}\tau$$

其中 $\tau=1-T/T_{\mathrm{c}}$。附录 A 中 c_P^{L} 函数的不定积分为

$$\int c_P^{\mathrm{L}}\mathrm{d}\tau=R\left(A\ln\tau+B\tau+\frac{C}{2}\tau^2+\frac{D}{3}\tau^3+\frac{E}{4}\tau^4+\frac{F}{5}\tau^5\right)+\mathrm{const.}$$

$$\begin{aligned}h_2^{\mathrm{L}}-h_1^{\mathrm{L}}=-RT_{\mathrm{c}}\Bigg(&A\ln\frac{\tau_2}{\tau_1}+B(\tau_2-\tau_1)+\frac{C}{2}(\tau_2^2-\tau_1^2)+\frac{D}{3}(\tau_2^3-\tau_1^3)\\&+\frac{E}{4}(\tau_2^4-\tau_1^4)+\frac{F}{5}(\tau_2^5-\tau_1^5)\Bigg)\end{aligned}$$

$T_{\mathrm{c}}=647.096\mathrm{K}$，$\tau_1=1-373.15/647.096=0.42335$，$\tau_2=1-423.15/647.096=0.34608$，参数来自于附录 A，从而得到：

$$\begin{aligned}h_2^{\mathrm{L}}-h_1^{\mathrm{L}}=&-\frac{8.3143}{18.015}\frac{\mathrm{J}}{\mathrm{mol\cdot K}}\frac{\mathrm{mol}}{\mathrm{g}}647.0966\mathrm{K}\\&\Big\{0.25598\ln\frac{0.34608}{0.42335}+12.5495(0.34608-0.42335)\end{aligned}$$

$$+\frac{-31.40896}{2}(0.34608^2-0.42335^2)$$

$$+\frac{97.7665}{3}(0.34608^3-0.42335^3)$$

$$+\frac{-145.4236}{4}(0.34608^4-0.42335^4)$$

$$+\frac{87.0185}{5}(0.34608^5-0.42335^5)\Big\}$$

$$=-298.648\frac{\text{J}}{\text{g}}(-0.05159-0.96943+0.93369-1.12186$$

$$+0.64628-0.15027)=212.99\text{J/g}$$

$\dot{Q}=\dot{m}(h_2-h_1)=10000\text{kg/h}\cdot212.98\text{J/g}=2129799\text{kJ/h}=591.61\text{kW}$

这个结果与方案1的结果相近，这并不奇怪，因为路线B特别适合于液相焓的计算。c_P^{L} 方程适合来自蒸汽表的数据；因此，在这个例子中，应得到一个近似精确的结果。

(3)通过路径A，焓可由下面公式获得：

$$h^{\text{L}}(T)=\Delta h_{\text{f}}^0+\int_{T_0}^{T}c_P^{\text{id}}\text{d}T+(h-h^{\text{id}})(T,P^{\text{s}})-\Delta h_v(T)$$

有了 Δh_{f}^0 以及附录A中 c_P^{id}，P^{s} 和 Δh_v 的函数，以及附录C中F4的 c_P^{id} 的不定积分，得到如下：

$$\Delta h_{\text{f}}^0=-241820\text{J/mol}=-241820\frac{\text{J}}{18.015\text{g}}=-13423.3\text{J/g}$$

$$\int_{298.15\text{K}}^{423.15\text{K}}c_P^{\text{id}}\text{d}T=235.96\text{J/g}\quad\int_{298.15\text{K}}^{373.15\text{K}}c_P^{\text{id}}\text{d}T=140.88\frac{\text{J}}{\text{g}}$$

$$P^{\text{s}}(150℃)=4.7608\text{bar}\quad P^{\text{s}}(100℃)=1.0138\text{bar}$$

$$\Delta h_v(150℃)=2115.2\text{J/g}\quad\Delta h_v(100℃)=2256.56\text{J/g}$$

饱和蒸汽焓的剩余部分可根据Peng－Robinson状态方程(6.53)确定。

$$(h-h^{\text{id}})(T,\ P)=h(T,\ P)-h(T,\ P\to0)=RT(z-1)$$

$$-\frac{1}{\sqrt{8}b}\left(a-T\frac{\partial a}{\partial T}\right)\ln\left(\frac{v+(1+\sqrt{2})b}{v+(1-\sqrt{2})b}\right)$$

$$\frac{\text{d}a}{\text{d}T}=-0.45724\frac{R^2T_{\text{c}}^2}{P_{\text{c}}}\left[1+m\left(1-\sqrt{\frac{T}{T_{\text{c}}}}\right)\right]\frac{m}{\sqrt{TT_{\text{c}}}}$$

$$m=0.37464+1.54226\omega-0.26992\omega^2$$

得到以下数值

$v^{\text{V}}(150℃,\ 4.7608\text{bar})=7.1714\cdot10^{-3}\text{m}^3/\text{mol}$

$v^V(100℃, 1.0138bar) = 3.0336 \cdot 10^{-2} m^3/mol$

$z^V(150℃, 4.7608bar) = 0.9704$

$z^V(100℃, 1.0138bar) = 0.9913$

其中计算得到

$(h^V - h^{id})(150℃, 4.7608bar) = -15.901 J/g$

$(h^V - h^{id})(100℃, 1.0138bar) = -3.985 J/g$

焓的结果是

$h^L(150℃) = -13423.3 J/g + 235.95 J/g - 15.901 J/g - 2115.2 J/g = -15318.4 J/g$

$h^L(100℃) = -13423.3 J/g + 140.88 J/g - 3.985 J/g - 2256.56 J/g = -15543.0 J/g$

以及热负荷

$\dot{Q} = \dot{m}(h_2 - h_1) = 10000 kg/h(-15318.4 + 15543.0) J/g = 2245650 kJ/h$

$= 623.8 kW$

与选项1中的参考值的偏差为5.5%。这对于热交换器的设计是不可行的。尽管附录A中给出的 c_P^{id} 和 Δh_v 参数给出了准确的结果，但是对于使用路径A的液体焓的计算得到的类似的误差是典型的。

(4)选项3出现显著偏差的原因是 c_P^L 的代表性较差，由于在蒸汽焓的计算中Peng - Robinson方程的质量有限制，而且可能不能很好地再现蒸发焓随温度变化的斜率。在有限的温度范围内，这可以通过调整蒸发焓相关系数来修正[公式(3.62)]。新的系数如下：

$A = 6.83738 \quad B = 13.36976 \quad C = -13.82304 \quad D = 3.7741 \quad E = 1.525$

在0℃至250℃的温度范围内，可以同时表示 c_P^L 和汽化焓，平均精度小于1%。

蒸发焓得到的新的值是

$\Delta h(150℃) = 2109.0 J/g \qquad \Delta h_v(100℃) = 2241.5 J/g$

焓值变化为

$h^L(150℃) = -13423.3 J/g + 235.96 J/g - 15.901 J/g - 2109.0 J/g$

$= -15312.2 J/g$

$h^L(100℃) = -13423.3 J/g + 140.88 J/g - 3.985 J/g - 2241.5 J/g$

$= -15527.9 J/g$

计算得到的热负荷为

$\dot{Q} = \dot{m}(h_2 - h_1) = 10000 kg/h(-15312.2 + 15527.9) J/g = 2157000 kJ/h = 599.2 kW$

热负荷误差已降低至约1.4%，在设计计算中可以接受。蒸发焓的替代系数可以看作是一种折中；表示蒸发焓的准确性已经降低了，但仍然可以接受。但是，在模拟运行的文档中，应明确指出，这些系数是路径 A 的折衷，路径 A 既可以表示特定的液体热容量，又可以表示 0 ~ 250℃ 温度范围内的蒸发焓，其中，Peng – Robinson 状态方程用于计算残差焓的一部分。

6.3 化学反应的热量特性

选择使用标准生成焓作为过程模拟的参考点具有相当大的优势，即不需要在特定组件的参考点之间进行进一步的转换。涉及化学反应的模块的能量平衡可以简单地通过在模块的入口和出口之间进行平衡来实现。这在以下两个示例中进行了说明。第 12 章主要介绍化学反应。

例 6.4 液体正丁醇($C_4H_{10}O$，100kg/h，$\vartheta = 50$℃，$P = 1$bar)在蒸汽发生器中燃烧，使用 2000kg/h 的空气(80% 质量分数的氮气，20% 质量分数的氧气，$\vartheta = 50$℃，$P = 1$bar)。废气出口条件为 $\vartheta = 200$℃，$P = 1$bar。如果进料以饱和液体的形式送入锅炉，则计算燃烧室的热负荷和在 $P = 5$bar 时产生的饱和蒸汽量。

对于气相，可以使用理想气体状态方程。

解：

在燃烧器中发生的反应是

$$C_4H_{10}O + 6O_2 \rightarrow 4CO_2 + 5H_2O$$

这意味着每摩尔正丁醇消耗 6mol O_2。涉及的摩尔质量为

$$M_{butanol} = 74.123\text{g/mol}$$

$$M_{O_2} = 31.999\text{g/mol}$$

$$M_{CO_2} = 44.009\text{g/mol}$$

$$M_{H_2O} = 18.015\text{g/mol}$$

正丁醇的摩尔流量是

$$\dot{n}_{butanol} = \frac{\dot{m}_{butanol}}{M_{butanol}} = \frac{100\text{kg/h}}{74.123\text{g/mol}} = 1.3491\text{kmol/h}$$

对氧的需求是

$$\dot{m}_{O_2,consumption} = \dot{n}_{butanol} \cdot 6 \cdot M_{O_2} = 1.3491\text{kmol/h} \cdot 6 \cdot 31.999\text{g/mol} = 259.019\text{kg/h}$$

因此，废气流量包括

$$\dot{m}_{O_2} = \dot{m}_{O_2,air} - \dot{m}_{O_2,consumption} = 2000\text{kg/h} \cdot 0.2 - 259.019\text{kg/h} = 140.981\text{kg/h}$$

$$\dot{m}_{N_2} = \dot{m}_{N_2,air} = 2000\text{kg/h} \cdot 0.8 = 1600\text{kg/h}$$

$$\dot{m}_{CO_2} = \dot{n}_{butanol} \cdot 4 \cdot M_{CO_2} = 1.3491\text{kmol/h} \cdot 4 \cdot 44.009\text{g/mol} = 237.49\text{kg/h}$$

$\dot{m}_{H_2O} = \dot{n}_{butanol} \cdot 5 \cdot M_{H_2O} = 1.3491\text{kmol/h} \cdot 5 \cdot 18.015\text{g/mol} = 121.52\text{kg/h}$

对应的质量分数为

$w_{O_2} = 0.0671$

$w_{N_2} = 0.7619$

$w_{CO_2} = 0.1131$

$w_{H_2O} = 0.0579$

图 6.8 为燃烧器的进口和出口物流。

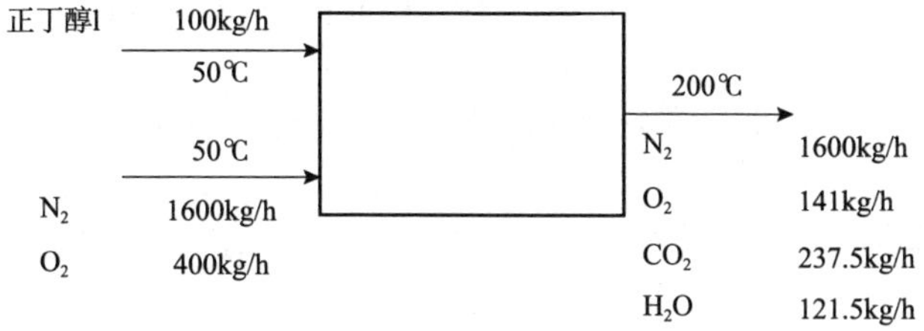

图 6.8 燃烧室的进出口物流

所有的焓都是通过路径 A 计算的。

· 正丁醇

$$h^{L}(T) = \Delta h_f^0 + \int_{T_0}^{T} c_P^{id} dT + (h - h^{id})(T, P^s) - \Delta h_v(T) \tag{6.59}$$

使用附录 A 中的数据和在附录 C、F4 中的不定积分 c_P^{id} 得到

$$\Delta h_f^0 = -274600\text{J/mol} \cdot \frac{1\text{mol}}{74.123\text{g}} = -3704.65\text{J/g}$$

$$\int_{25℃}^{50℃} c_P^{id} dT = 37.63\text{J/mol}$$

$$h - h^{id} = 0(\text{ideal gas})$$

$$\Delta h_v(50℃) = 681.24\text{J/g}$$

$$\Rightarrow \Delta h_{butanol}^{L} = -3704.65\text{J/g} + 37.63\text{J/g} + 0 = 681.24\text{J/g} = -4348.26\text{J/g}$$

· 空气

根据式(6.57)，得到：

$$h_{air}^{id}(50℃) = \omega_{O_2}\omega_{O_2}h_{O_2}^{id}(50℃) + \omega_{N_2}h_{N_2}^{id}(50℃)$$

使用附录 A 中的数据和在附录 C、F4 中的不定积分 c_P^{id} 得到

$$h_{O_2}^{id}(T) = \Delta h_{f,O_2}^0 + \int_{25℃}^{50℃} c_P^{id} dT = 0 + 22.99\text{J/g} = 22.99\text{J/g}$$

$$h_{N_2}^{id}(T) = \Delta h_{f,N_2}^0 + \int_{25℃}^{50℃} c_P^{id} dT = 0 + 26.0\text{J/g} = 26.0\text{J/g}$$

$$\Rightarrow h_{air}^{id}(50℃) = 0.2 \cdot 22.99\text{J/g} + 0.8 \cdot 26.0\text{J/g} = 25.40\text{J/g}$$

·废气

根据式(6.57)，得到

$h_{\text{fluegas}}^{\text{id}}(200℃)=w_{O_2}h_{O_2}^{\text{id}}(200℃)+w_{N_2}h_{N_2}^{\text{id}}(200℃)+w_{CO_2}h_{CO_2}^{\text{id}}(200℃)+w_{H_2O}h_{H_2O}^{\text{id}}(200℃)$

使用附录 A 中的数据和在附录 C、F4 中的不定积分 c_P^{id}，从而得到

$$h_{O_2}^{\text{id}}(T)=\Delta h_{f,O_2}^0+\int_{25℃}^{200℃}c_P^{\text{id}}\mathrm{d}T=0+164.13\text{J/g}=164.13\text{J/g}$$

$$h_{N_2}^{\text{id}}(T)=\Delta h_{f,N_2}^0+\int_{25℃}^{200℃}c_P^{\text{id}}\mathrm{d}T=0+182.67\text{J/g}=182.67\text{J/g}$$

$$h_{CO_2}^{\text{id}}(T)=\Delta h_{f,CO_2}^0+\int_{25℃}^{200℃}c_P^{\text{id}}\mathrm{d}T=-393510\text{J/mol}\cdot\frac{1\text{mol}}{44.09\text{g}}+161.77\text{J/g}=-8779.81\text{J/g}$$

$$h_{H_2O}^{\text{id}}(T)=\Delta h_{f,H_2O}^0+\int_{25℃}^{200℃}c_P^{\text{id}}\mathrm{d}T=-241814\text{J/mol}\cdot\frac{1\text{mol}}{18.015\text{g}}+332.27\text{J/g}=-13090.66\text{J/g}$$

$$\Rightarrow h_{\text{fiuegas}}^{\text{id}}(200℃)=0.0671\cdot164.13\text{J/g}+0.7619\cdot182.67\text{J/g}+0.1131\cdot(-8779.81)\text{J/g}+0.0579\cdot(-13090.66)\text{J/g}=-1600.76\text{J/g}$$

蒸汽发生器的热负荷计算得

$\dot{Q}=2100\text{kg/h}\cdot(-1600.76)\text{J/g}-100\text{kg/h}\cdot(-4348.26)\text{J/g}-2000\text{kJ/h}\cdot25.40\text{J/g}=-2977570\text{kJ/h}=-827.1\text{kW}$

水的蒸发焓在 $P=5\text{bar}$ 时为 $\Delta h_v=2109\text{J/g}$，对应蒸汽量为

$$\dot{m}=\frac{827.1\text{kW}}{2109\text{J/g}}=\frac{827100\text{J/s}}{2109\text{J/g}}=392.18\text{g/s}=1.1412\text{t/h}$$

与焓相似，Gibbs 自由能可以用合适的路线和标准的 Gibbs 生成能作为参考点来计算。同样，元素形成的标准 Gibbs 自由能为零。对于标准化合物，这可以通过在反应中结合标准形成焓和标准熵来得出，该反应从元素开始形成化合物。这在例 6.5 中得到了验证。

例 6.5 通过评估在 $T_0=298.15\text{K}$，$P_0=101325\text{Pa}$ 时的 HCl 元素生成反应来评估 HCl 形成的标准 Gibbs 能。可以认为是理想气相。

标准熵是[4]

- $s_{\text{standard}}(\text{HCl})=186.902\text{J/(mol K)}$
- $s_{\text{standard}}(\text{Cl}_2)=223.081\text{J/(mol K)}$
- $s_{\text{standard}}(\text{H}_2)=130.68\text{J/(mol K)}$

标准生成焓可以从附录 A 中得到。

解:

HCl 的生成反应是

$$1/2H_2 + 1/2Cl_2 \longrightarrow HCl$$

Gibbs 自由能计算为

$$\Delta g_f^0 = h_{f,HCl} - \frac{1}{2}h_{f,Cl_2} - T_0\left(s_{standard,HCl} - \frac{1}{2}s_{standard,H_2} - \frac{1}{2}s_{standard,Cl_2}\right)$$

$$= \Delta h_{f,HCl}^0 - T_0\left(s_{standard,HCl} - \frac{1}{2}s_{standard,H_2} - \frac{1}{2}s_{standard,Cl_2}\right)$$

$$= -92301\text{J/mol} - 298.15\text{K} \cdot \left(186.902 - \frac{1}{2} \cdot 130.68 - \frac{1}{2} \cdot 223.081\right)\text{J/mol}$$

$$= -95298\text{J/mol}$$

附录 A 中列出的值 $\Delta g_f^0 = -95300\text{J/mol}$。

以下示例将说明在过程模拟器中使用标准 Gibbs 自由能的过程；同时，化学反应在第 12 章中有更详细的说明。

例 6.6 Deacon 反应

$$2HCl + 0.5O_2 \rightleftharpoons H_2O + Cl_2$$

在废气处理中起重要作用。废气的热力学燃烧发生在 800 ~ 1200℃ 的温度范围内，其中氯化成分中的氯完全转化为 HCl。但是，由于 Deacon 反应的平衡，可能会形成单质氯，几乎不会被烟气洗涤塔中的水吸收。计算特定组分在 $\vartheta_2 = 1000℃$ 和 $\vartheta_2 = 70℃$ 时的 Gibbs 能。在两种情况下，总压强应为 $P = 1.01325\text{bar}$。假定为理想气相。废气中的浓度为 $y_{H_2O} = 0.025$，$y_{O_2} = 0.1$，$y_{CO_2} = 0.05$，$y_{N_2} = 0.8245$ 和 $y_{HCl} = 5 \cdot 10^{-4}$。结果如何？

解：

在第 12 章中，将解释在总压强 P 下纯组分的 Gibbs 能之差对于计算化学平衡的重要性。对于在 $P = P_0 = 1.01325\text{bar}$ 时具有理想气相的纯组分，可以根据公式(6.48)计算 g^{id}：

$$g^{id}(T,P) = h_0 + \int_{T_0}^{T} c_P^{id}\text{d}T - Ts_0(T_0,P_0) - T\int_{T_0}^{T}\frac{c_P^{id}}{T}\text{d}T$$

$$= \Delta h_f^0 - T_0 s_0 + \int_{T_0}^{T} c_P^{id}\text{d}T - (T - T_0)s_0(T_0,P_0) - T\int_{T_0}^{T}\frac{c_P^{id}}{T}\text{d}T$$

$$= \Delta g_f^0 + \int_{T_0}^{T} c_P^{id}\text{d}T - (T - T_0)s_0(T_0,P_0) - T\int_{T_0}^{T}\frac{c_P^{id}}{T}\text{d}T$$

$$= \Delta g_f^0 + \int_{T_0}^{T} c_P^{id}\text{d}T - (T - T_0)\frac{\Delta h_f^0 - \Delta g_f^0}{T_0} - T\int_{T_0}^{T}\frac{c_P^{id}}{T}\text{d}T$$

$$= \frac{T}{T_0}\Delta g_f^0 + \left(1 - \frac{T}{T_0}\right)\Delta h_f^0 + \int_{T_0}^{T} c_P^{id}\text{d}T - T\int_{T_0}^{T}\frac{c_P^{id}}{T}\text{d}T$$

使用附录 A 中的系数和附录 C、F4 中的不定积分 c_P^{id}，在 $\vartheta = 70℃$ 时得到

$$\frac{T}{T_0} = \frac{343.15\text{K}}{298.15\text{K}} = 1.1509$$

$$1 - \frac{T}{T_0} = -0.1509$$

$$g_{\text{HCl}}^{\text{id}}(70℃) = -1.1509 \cdot 95300\text{J/mol} - 0.1509 \cdot (-92310)\text{J/mol} + 1312\text{J/mol} - 343.15\text{K} \cdot 4.097\text{J/(mol} \cdot \text{K)} = -95845\text{J/mol}$$

$$g_{\text{O}_2}^{\text{id}}(70℃) = 0 + 0 + 1327\text{J/mol} - 343.15\text{K} \cdot 4.145\text{J/(mol} \cdot \text{K)} = -95.36\text{J/mol}$$

$$g_{\text{H}_2\text{O}}^{\text{id}}(70℃) = -1.1509 \cdot 228590\text{J/mol} - 0.1509 \cdot (-241814)\text{J/mol} + 1519\text{J/mol} - 343.15\text{K} \cdot 4.745\text{J/(mol} \cdot \text{K)} = -226704\text{J/mol}$$

$$g_{\text{Cl}_2}^{\text{id}}(70℃) = 0 + 0 + 1544\text{J/mol} - 343.15\text{K} \cdot 4.882\text{J/(mol} \cdot \text{K)} = -110.67\text{J/mol}$$

在 $\vartheta = 1000℃$ 时，得到：

$$\frac{T}{T_0} = \frac{1273.15\text{K}}{298.15\text{K}} = 4.2702$$

$$1 - \frac{T}{T_0} = -3.2702$$

$$g_{\text{HCl}}^{\text{id}}(1000℃) = -4.2702 \cdot 95300\text{J/mol} - 3.2702 \cdot (-92310)\text{J/mol} + 29902\text{J/mol} - 1273.15\text{K} \cdot 43.831\text{J/(mol} \cdot \text{K)} = -130979\text{J/mol}$$

$$g_{\text{O}_2}^{\text{id}}(1000℃) = 0 + 0 + 32378\text{J/mol} - 1273.15\text{K} \cdot 46.979\text{J/(mol} \cdot \text{K)} = -27433\text{J/mol}$$

$$g_{\text{H}_2\text{O}}^{\text{id}}(70℃) = -4.2702 \cdot 228590\text{J/mol} - 3.2702 \cdot (-241814)\text{J/mol} + 37743\text{J/mol} - 1273.15\text{K} \cdot 54.277\text{J/(mol} \cdot \text{K)} = -216705\text{J/mol}$$

$$g_{\text{Cl}_2}^{\text{id}}(70℃) = 0 + 0 + 3567\text{J/mol} - 1273.15\text{K} \cdot 52.603\text{J/(mol} \cdot \text{K)} = -31305\text{J/mol}$$

在 70℃ 时反应的 Gibbs 自由能计算为

$$\Delta g_{\text{R}}^{\text{id}} = g_{\text{H}_2\text{O}}^{\text{id}} + g_{\text{Cl}_2}^{\text{id}} - 2g_{\text{HCl}}^{\text{id}} - 0.5g_{\text{O}_2}^{\text{id}} = (-226704 - 110.67 + 2 \cdot 95845 + 0.5 \cdot 95.36)\text{J/mol} = -35077\text{J/mol}$$

在 1000℃ 时

$$\Delta g_{\text{R}}^{\text{id}} = g_{\text{H}_2\text{O}}^{\text{id}} + g_{\text{Cl}_2}^{\text{id}} - 2g_{\text{HCl}}^{\text{id}} - 0.5g_{\text{O}_2}^{\text{id}} = (-216705 - 31305 + 2 \cdot 130979 + 0.5 \cdot 27433)\text{J/mol}$$

$=27665\text{J/mol}$

第 12 章将解释这个反应的化学平衡是以平衡常数为特征的。

$$K=\frac{y_{H_2O}y_{Cl_2}}{y_{HCl}^2 y_{O_2}^{0.5}}=\exp\left(-\frac{\Delta g_R^{id}}{RT}\right)$$

平衡常数计算得

$$K(70℃)=\exp\left(-\frac{-35077\text{J/mol}}{8.3143\text{J/(mol}\cdot\text{K)}\cdot 343.15\text{K}}\right)=218503$$

$$K(1000℃)=\exp\left(-\frac{27665\text{J/mol}}{8.3143\text{J/(mol}\cdot\text{K)}\cdot 1273.15\text{K}}\right)=0.0733$$

考虑一种典型的废气，其初始浓度为 $y_{H_2O}=0.025$，$y_{O_2}=0.1$ 和 $y_{HCl}=5\cdot 10^{-4}$。很好的近似值是在 $\vartheta=1000℃$ 时，这三个浓度不受反应的影响。氯气平衡浓度为

$$y_{Cl_2,1000℃}=K(1000℃)\cdot\frac{y_{HCl}^2 y_{O_2}^{0.5}}{y_{H_2O}}\approx 0.0733\cdot\left(\frac{(5\cdot 10^{-4})^2\cdot 0.1^{0.5}}{0.025}\right)=2.3\cdot 10^{-7}$$

这意味着在废气中只有 0.092% 的 HCl 转化为 Cl_2。在 $\vartheta=70℃$，情况是完全不同的，为

$$y_{Cl_2}\approx(5\cdot 10^{-4}-y_{HCl})/2$$

根据化学计量

$$2.5\cdot 10^{-4}-0.5y_{HCl}=K(70℃)\cdot\frac{y_{HCl}^2 y_{O_2}^{0.5}}{y_{H_2O}}\approx 218503\cdot\frac{y_{HCl}^2\cdot 0.1^{0.5}}{0.025}=2.76\cdot 10^6 y_{HCl}^2$$

结果为 $y_{HCl}=9.43\cdot 10^{-6}$ 对应 $y_{Cl_2}=2.45\cdot 10^{-4}$，这意味着氯的浓度增加了三个数量级。这对于释放到大气中来说是不可接受的。幸运的是，反应在低温下是非常缓慢的，所以最初的氯气很难被典型的碱洗从废气中去除，故此方法没有广泛地应用[5]。

问题：

6.1 过程仿真软件将 53kg/h 的环已烷在 45℃下的饱和液体流下的焓模拟为 −2.301Gcal/h。使用附录 A 和附录 B 中提供的数据估算该值，然后比较结果。

6.2 当氢气和氧气反应时，每摩尔水需要消耗多少热量才能达到最终温度 $T=1000\text{K}$。

$$H_2+0.5O_2\rightleftharpoons H_2O$$

利用附录 A 中的理想气体状态方程和物理性质。起始温度 $T_{start}=400\text{K}$。假设一个化学计量组成和总转化率。

6.3 计算纯净水在 $P=1\text{bar}$ 时使用路径 A 和路径 B 将温度从 $\vartheta_1=20℃$ 加热

到 $\vartheta_2 = 70℃$ 的焓差(请参见第 6.2 节)。哪个是更好的选择？使用用于气相的 Peng – Robinson 状态方程。

6.4 用路径 B 计算 $\vartheta_1 = -100℃$，$\vartheta_2 = 0℃$，$\vartheta_3 = 50℃$，$\vartheta_4 = 70℃$，和 $\vartheta_5 = 90℃$ 时液态丙烯的蒸发焓(参见第 6.2.2 节)。使用用于气相的 Peng – Robinson 状态方程。可以认为 B 线径在哪个温度下是更好的选择？

参考文献

1 Kleiber, M. (2003). *Ind. Eng. Chem. Res.* 42: 2007 – 2014.

2 ANSI/API(2007). 521. *Pressure Relieving and Depressurizing Systems*, 5e. ANSI/API.

3 Wagner, W. and Kretzschmar, H. J. (2008). *International Steam Tables – Properties of Water and Steam Based on the Industrial Formulation of the IAPWS – IF97*. Berlin: Springer.

4 Baehr, H. D. and Kabelac, S. (2006). *Thermodynamik*, 13e. Berlin: Springer.

5 Domschke, T. (1996). *Chem. Ing. Tech.* 68: 575 – 579.

6 Diedrichs, A., Rarey, J., and Gmehling, J. (2006). *Fluid Phase Equilib.* 248: 56 – 69.

7 电解质溶液

7.1 引言

电解质是一种在溶液或熔融体中分解成带正电和带负电的离子而导电的物质。带正电荷的离子称为阳离子，带负电荷的离子称为阴离子。最典型的电解质是溶解在溶剂中的酸、碱和盐，溶剂通常是水。但是在没有任何溶剂的情况下熔融电解质和固体电解质也是可能的，例如熔融氯化钠或固体碘化银。

离子的电荷是原电荷的整数倍

$$e = 1.602189 \cdot 10^{-19}\,C \tag{7.1}$$

原电荷 e 和阿伏伽德罗常数的乘积是法拉第常数：

$$F = eN_A = 96484.56\,C/mol \tag{7.2}$$

一个离子的总电荷数由 z 给出，例如

H_3O^+	$z = 1$
Cl^-	$z = -1$
Ca^{2+}	$z = 2$
SO_4^{2-}	$z = -2$

在宏观溶液中，电荷总数为零，因为溶液始终是中性的。否则会有电流：

$$q = \sum n_i z_i = 0 \tag{7.3}$$

对于电解质溶液，特定离子是通过像这样的电离反应形成的：

$NaCl \rightleftharpoons Na^+ + Cl^-$

$CaSO_4 \rightleftharpoons Ca^{2+} + SO_4^{2-}$

$H_3PO_4 + H_2O \rightleftharpoons H_3O^+ + H_2PO_4^-$

$H_2PO_4^- + H_2O \rightleftharpoons H_3O^+ + HPO_4^{2-}$

$HPO_4^{2-} + H_2O \rightleftharpoons H_3O^+ + PO_4^{3-}$

$NH_3 + H_2O \rightleftharpoons NH_4^+ + OH^-$

氢离子不能以纯质子的形式存在；它总是连着一个水分子(H_3O^+)。它可以区分强电解质和弱电解质。强电解质如 HCl、H_2SO_4、HNO_3、NaCl 或 NaOH 等几

乎完全电离，而弱电解质电离的幅度很小。有时，它们的电解质特性完全可以忽略。例如甲酸(HCOOH)、醋酸(CH_3COOH)、HF、H_2S、SO_2、NH_3或CO_2，它们与水发生一定程度的反应，生成电离产物。电解程度α为：

$$\alpha = \frac{n_{\text{dissociated}}}{n_{\text{total}}} \tag{7.4}$$

对于电解质溶液，摩尔浓度通常用作浓度标度，而不是它们的摩尔分数。摩尔浓度的定义是1kg溶剂中溶质的摩尔数。摩尔浓度与摩尔分数的关系是

$$m_i = \frac{n_i}{n_{\text{solv}} M_{\text{solv}}} = \frac{x_i}{x_{\text{solv}} M_{\text{solv}}} \tag{7.5}$$

对于电解质混合物

$$x_i = \frac{n_i}{\sum\limits_{j \neq \text{solv}} n_i + n_{\text{solv}}} = \frac{m_i}{\sum\limits_{j \neq \text{solv}} m_j + \dfrac{1}{M_{\text{solv}}}} \tag{7.6}$$

溶剂可以是单一组分，也可以是组分的混合物。质量摩尔浓度的单位是mol/kg溶剂(溶剂混合物)❶。为简单起见，下面的大部分推导都是针对单组分溶剂的，但它们可以很容易地扩展到溶剂混合物。

例7.1 计算1mol/L NaCl水溶液的摩尔分数。$M_{H_2O} = 18.015\text{g/mol}$。

解：

运用公式(7.6)得到❷

$$x_i = \frac{m_i}{\sum\limits_{j \neq \text{solv}} m_j + \dfrac{1}{M_{\text{solv}}}} = \frac{1\text{mol/kg}}{1\text{mol/kg} + \dfrac{1}{18.015\text{g/mol}}} = \frac{1\text{mol/kg}}{1\text{mol/kg} + \dfrac{1000\text{mol}}{18.015\text{g}}} = 0.0177$$

电解质溶液的分子结构主要由带电离子之间的静电相互作用(库仑－库仑相互作用)以及带电离子与溶剂的偶极矩之间的强相互作用(LR)(库仑－偶极相互作用)决定。图7.1显示了水作为强极性溶剂在阳离子和阴离子周围的分布示意图。

水分子中的氧原子由于其高电负性而带部分负电荷。因此，在离子附近的水分子的排列方式是氧原子指向带正电阳离子。反之亦然，水分子中的氢原子部分带正电并朝向阴离子。在离子的周围，形成了一层溶剂分子(溶剂化球)，即使

❶ 在文献中经常发现的另一个浓度标度是摩尔浓度。摩尔浓度定义为1L溶剂中溶质的摩尔数。这种浓度标度的缺点是必须另外考虑溶剂的密度随温度(和压强)的变化。因此，在下文中仅使用摩尔浓度标度。

❷ 在许多教科书中，因简单的单位换算1000g＝1kg而产生的系数1000已经整合到公式(7.6)中。但是，这可能会导致混淆，因为在这种情况下，必须在分母中添加具有不同单位(mol/kg和mol/g)的量而无需进行单位换算。

在移动时也伴随着离子。

相应的过程称为溶剂化。这是一个放热过程。另一方面，电解液的解离是一个吸热过程，因为离子晶格必须被破坏，这与能量的需求有关。溶液的总热量是这两个方面的总和。它通常以溶剂化为主，因此仍然是放热的。然而，也有很多例外。表7.1给出了一些溶液的热量来说明其数量级。

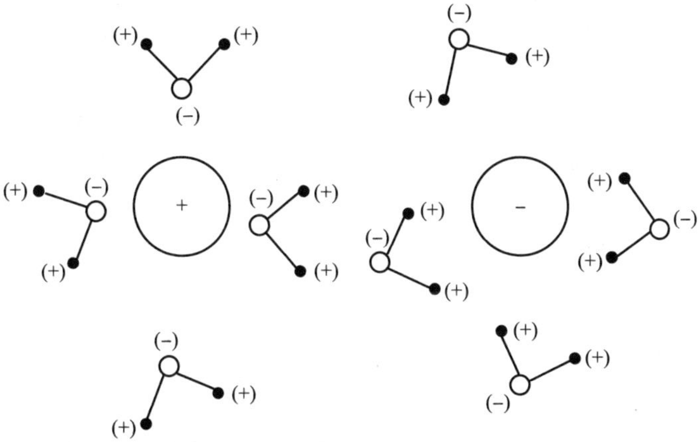

图7.1　电解质溶液的结构示意图

表7.1　几种电解质溶液在 T=298.15K 时无限稀释的溶液热量

	NaCl(S)	NaOH(S)	HCl(G)	SO_3(G)
Δh_{sol}^{∞}/(kJmol)	3.87	−44.51	−74.85	−227.72

数据来源：Lucas 和 Krissmann[1]。

对于电解质溶液的行为，相对介电常数 ε 是溶剂的一个重要参数。根据库仑定律，两个离子 i 和 j 之间的作用力为

$$F_{ij}=\frac{1}{4\pi\varepsilon_0\varepsilon_r}\frac{q_iq_j}{r_{ij}^2} \tag{7.7}$$

其中真空介电常数 $\varepsilon_0=8.854188\cdot10^{-12}\mathrm{C}^2/(\mathrm{N}\cdot\mathrm{m}^2)$。如果溶剂的相对介电常数 ε 高，则离子之间的力会大大降低。水的相对介电常数非常高，从而获得极好的电解液解离条件，因为离子间的库仑力在溶剂化壳层的作用下降低了近2个数量级。表7.2给出了几种溶剂的相对介电常数值。

必须强调的是，介电常数通常与温度密切相关。简单的多项式可用于其在较宽温度范围内的相关性。在表7.3中，给出了方程式的参数，给出了三种最重要的溶剂：水、甲醇和乙醇[43]。

$$\varepsilon_r=A+B\frac{T}{\mathrm{K}}+C\left(\frac{T}{\mathrm{K}}\right)^2+D\left(\frac{T}{\mathrm{K}}\right)^3+E\left(\frac{T}{\mathrm{K}}\right)^4 \tag{7.8}$$

表 7.2　选定溶剂在 $T=298.15\text{K}$ 时的相对介电常数

溶剂	ε
水	78.54
硝基甲烷	38.0
硝基苯	34.82
甲醇	32.63
乙醇	24.35
1-丙醇	20.33
异丙醇	19.4
正丁醇	17.43
仲丁醇	16.7
丙酮	20.56
乙酸	6.25
乙醚	4.33
苯	2.27
环己烷	2.02

数据来源：Lucas 和 Krissmann[1]。

表 7.3　计算相对介电常数的系数[公式(7.8)]

组分	A	B	C	D	E	T_{min}/K	T_{max}/K
水	289.8229	-1.1480	$1.7843\cdot10^{-3}$	$-1.053\cdot10^{-6}$	0	273	643
甲醇	301.6681	-2.3343	$7.9275\cdot10^{-3}$	$-1.2858\cdot10^{-5}$	$7.964\cdot10^{-9}$	163	511
乙醇	191.9472	-1.3540	$3.8877\cdot10^{-3}$	$-4.1286\cdot10^{-6}$	0	163	353

7.2　电解质溶液热力学

为了计算电解质溶液中特定组分的化学势，有必要确定一个适当的标准和参考状态。定义一个浓度和活度系数的标准状态是很方便的，因此活度系数是统一的。对于溶剂，在规定的压强和温度下使用纯组分作为标准状态是没有问题的，如第 4 章所示：

$$\mu_i=\mu_i^0+RT\ln(x_i\gamma_i) \tag{7.9}$$

对于电解液组分，这种标准状态没有意义，因为电解液组分如 HCl 或 NaCl 在纯状态下的性质与电解质溶液的性质完全不同。相反，可以将单位浓度的理想溶液定义为标准状态：

$$\mu_i=\mu_i^{*\xi}(T,\ P)+RT\ln(\xi_i\gamma_i^{*\xi}) \tag{7.10}$$

其中 ξ_i 是任意选择的浓度范围。如果浓度标度为摩尔浓度，则式(7.10)为

$$\mu_i = \mu_i^{*\xi}(T, P) + RT\ln\left(\frac{m_i}{m_i^0}\gamma_i^{*m}\right) \tag{7.11}$$

其中 m_i^0 是单位质量摩尔浓度(1mol/kg)。考虑到 m_i^0 在式(7.11)中提供了正确的维度，为了方便起见，通常省略 m_i^0。$\mu_i^{*m}(T, P)$ 是假设的理想溶液在 1mol/kg 的浓度下的化学势，γ_i^{*m} 是摩尔活性系数：

$$\mu_i = \mu_i^{*m}(T, P) + RT\ln(m_i\gamma_i^{*m}) \tag{7.12}$$

图 7.2 给出了此定义的简要说明。结果表明，在稀释浓度范围内，真实溶液的性质接近于假设理想溶液的性质。因此，本章应用了活度系数的非对称方式，类似于第 5 章使用亨利常数描述气体溶解度的方式。当溶质在溶剂中无限稀释(质量摩尔浓度为零)时，活度系数为 1。

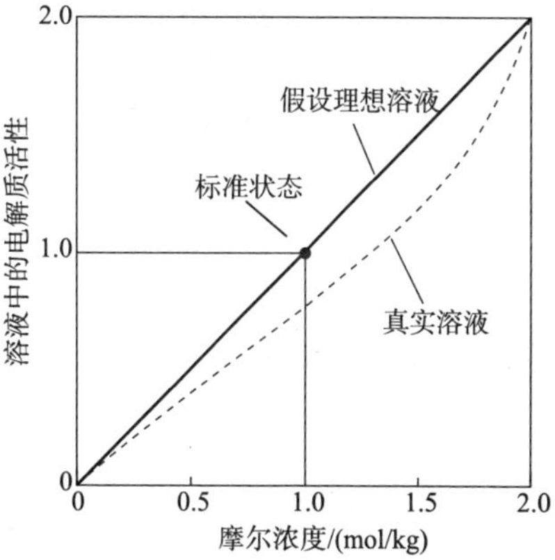

图 7.2　电解质溶液的标准状态示意图

同样地，摩尔分数也用于浓度的测量，活性系数的不对称方式同样适用：

$$\mu_i = \mu_i^*(T, P) + RT\ln(x_i\gamma_i^*) \tag{7.13}$$

可以推导出摩尔分数和摩尔浓度的标准化学势之间的关系

$$\mu_i = \mu_i^*(T, P) + RT\ln(x_i\gamma_i^*) = \mu_i^{*m}(T, P) + RT\ln(m_i\gamma_i^{*m}) \tag{7.14}$$

在溶质无限稀释时，下列关系式是有效的：

$$\lim_{x_{\text{solv}}\to 1}\frac{x_i}{m_i} = M_{\text{solv}} \quad \lim_{x_{\text{solv}}\to 1}\gamma_i^* = 1 \quad \lim_{x_{\text{solv}}\to 1}\gamma_i^{*m} = 1 \tag{7.15}$$

代入公式(7.14)得出

$$\mu_i^*(T, P) = \mu_i^{*m}(T, P) - RT\ln\frac{x_i\gamma_i^*}{m_i\gamma_i^{*m}} = \mu_i^{*m}(T, P) - RT\ln\frac{M_{\text{solv}}}{\text{kg/mol}} \tag{7.16}$$

结合等式(7.6)，(7.14)和(7.16)，可以得出不同浓度范围的活度系数之间的关系：

$$\gamma_i^* = \gamma_i^{*m}(1 + M_{\text{solv}}m_i) \tag{7.17}$$

在实际应用中，有利的是不为离解离子设置化学势，而是为整个电解质组分本身设置化学势。

完全分离电解质，每个分子由 ν_c 阳离子和 ν_a 阴离子组成，整个电解液的化学势 $\mu_\pm$ 可以写成

$$\mu_{\pm}=\left(\frac{\partial G}{\partial n_{\pm}}\right)_{T,P,n_{\mathrm{solv}}}=\left(\frac{\partial G}{\partial n_{\mathrm{c}}}\right)\left(\frac{\partial n_{\mathrm{c}}}{\partial n_{\pm}}\right)+\left(\frac{\partial G}{\partial n_{\mathrm{a}}}\right)\left(\frac{\partial n_{\mathrm{a}}}{\partial n_{\pm}}\right) \tag{7.18}$$

其中

$$n_{\pm}=n_{\mathrm{c}}/v_{\mathrm{c}}+n_{\mathrm{a}}/v_{\mathrm{a}} \tag{7.19}$$

得到

$$\mu_{\pm}=v_{\mathrm{c}}\mu_{\mathrm{c}}+v_{\mathrm{a}}\mu_{\mathrm{a}} \tag{7.20}$$

引入活度系数后式(7. 20)可以表示为：

$$\mu_{\pm}=v_{\mathrm{c}}\mu_{\mathrm{c}}^{*m}+v_{\mathrm{c}}RT\ln\left(\frac{m_{\mathrm{c}}}{m^{*}}\gamma_{\mathrm{c}}^{*m}\right)+v_{\mathrm{a}}\mu_{\mathrm{a}}^{*m}+v_{\mathrm{a}}RT\ln\left(\frac{m_{\mathrm{a}}}{m^{*}}\gamma_{\mathrm{a}}^{*m}\right)=v_{\mathrm{c}}\mu_{\mathrm{c}}^{*m}+v_{\mathrm{a}}\mu_{\mathrm{a}}^{*m}$$
$$+RT\ln\left[\left(\frac{m_{\mathrm{c}}}{m^{*}}\right)^{v_{\mathrm{c}}}\left(\frac{m_{\mathrm{a}}}{m^{*}}\right)^{v_{\mathrm{a}}}\gamma_{\mathrm{c}}^{*mv_{\mathrm{c}}}\gamma_{\mathrm{a}}^{*mv_{\mathrm{a}}}\right] \tag{7.21}$$

由定义得：

$$v_{\pm}=v_{\mathrm{c}}+v_{\mathrm{a}} \tag{7.22}$$

电解质中离子的数量：

$$m_{\pm}=m_{\mathrm{c}}^{\frac{v_{\mathrm{c}}}{v_{\pm}}}m_{\mathrm{a}}^{\frac{v_{\mathrm{a}}}{v_{\pm}}} \tag{7.23}$$

平均离子摩尔浓度：

$$\gamma_{\pm}^{*}=\gamma_{\mathrm{c}}^{\frac{v_{\mathrm{c}}}{v_{\pm}}}\gamma_{\mathrm{a}}^{\frac{v_{\mathrm{a}}}{v_{\pm}}} \tag{7.24}$$

平均离子活度系数：

$$a_{\pm}^{*}=a_{\mathrm{c}}^{\frac{v_{\mathrm{c}}}{v_{\pm}}}a_{\mathrm{a}}^{\frac{v_{\mathrm{a}}}{v_{\pm}}} \tag{7.25}$$

因此在摩尔浓度范围内：

$$a_{\pm}^{*}=m_{\pm}\gamma_{\pm}^{*} \tag{7.26}$$

对于平均离子活性，我们获得了电解质的平均化学势：

$$\mu_{\pm}=v_{\mathrm{c}}\mu_{\mathrm{c}}^{*m}+v_{\mathrm{a}}\mu_{\mathrm{a}}^{*m}+v_{\pm}RT\ln a_{\pm}^{*} \tag{7.27}$$

或者：

$$\mu_{\pm}=\mu_{\pm}^{*m}+v_{\pm}RT\ln a_{\pm}^{*m} \tag{7.28}$$

电解液组分的一些标准电势值可以从附录 D 中查询。使用标准 Gibbs 能来处理离解[等式(7. 27)]和未离解的电解质[等式(7. 28)]：

$$\mu_{i}^{*m}=\Delta g_{\mathrm{f}i}^{0}(*,\ m) \tag{7.29}$$

从参数表中，括号中的表达式表示参考状态的类型。对于平均离子活度系数 $\gamma\pm$，图 7. 3 显示了不同盐的一些实验值。

溶剂的活性可以由 Gibbs－Duhem 方程得出：

$$x_{\mathrm{solv}}d\ln a_{\mathrm{solv}}+\sum_{i\neq\mathrm{solv}}x_{i}d\ln a_{i}^{*m}=0 \tag{7.30}$$

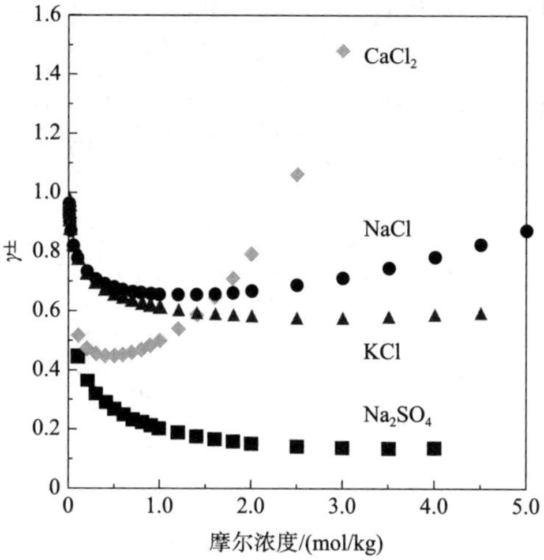

图 7.3　水溶液中不同盐的实验平均离子活度系数

其结果是[1]

$$\ln a_{\text{solv}} = -M_{\text{solv}}\left[\sum_{i\neq \text{solv}} m_i + \sum_{j\neq \text{solv}} \int_0^{m_j} \sum_{i\leq j} m_i \frac{\partial \ln \gamma_i^{*m}}{\partial m_j} \mathrm{d}m_j\right] \tag{7.31}$$

公式(7.31)的推导参见 C、B8。

如果仅将完全解离的电解质溶解在溶剂中，则等式(7.31)简化为：

$$\ln a_{\text{solv}} = -M_{\text{solv}}\left[\sum_{i\neq \text{solv}} v_{i\pm} m_{i,\text{tot}} + \sum_{j\neq \text{solv}} \int_0^{m_{j,\text{tot}}} \sum_{i\leq j} v_{i\pm} m_{i,\text{tot}} \frac{\partial \ln \gamma_{i\pm}^{*m}}{\partial m_{j,\text{tot}}} \mathrm{d}m_{j,\text{tot}}\right] \tag{7.32}$$

i 现在是电解质而不是离子的指数。$m_{i,\text{tot}}$ 表示在溶剂中完全解离电解质的摩尔浓度。如果只有一种电解质，我们可以进一步简化为

$$\ln a_{\text{solv}} = -M_{\text{solv}} v_{i\pm}\left[m_{\text{tot}} + \int_0^{m_{\text{tot}}} m_{\text{tot}} \frac{\partial \ln \gamma_{i\pm}^{*m}}{\partial m_{\text{tot}}} \mathrm{d}m_{\text{tot}}\right] \tag{7.33}$$

通常，可以使用所谓的渗透系数。它可以表示实际和理想溶液的渗透压之比：

$$\Phi = \frac{\Pi_{\text{real}}}{\Pi_{\text{ideal}}} \tag{7.34}$$

它可以通过如下公式推导[2]。

考虑电解质溶液和纯溶剂被仅可以通过溶剂的半透膜隔开。在这种情况下，溶剂将穿过膜以稀释电解质溶液，直到达到化学平衡为止。在解决方案中，可以建立相当大的压强。平衡条件为：

$$f_{1\text{solv}}(P_1,\ x_{\text{solv}}=1) = f_{2\text{solv}}(P_2,\ x_{\text{solv}}=x_2) \tag{7.35}$$

也就是说：

$$(\varphi_{solv}^{s} P_{solv}^{s} Poy_{solv})_1 = (a_{solv} \varphi_{solv}^{s} P_{solv}^{s} Poy_{solv})_2 \tag{7.36}$$

给出：

$$\exp\left(\frac{v_{solv}(P_1 - P_{solv}^2)}{RT}\right) = a_{solv} \exp\left(\frac{v_{solv}(P_2 - P_{solv}^2)}{RT}\right) \tag{7.37}$$

表示为：

$$a_{solv} = \exp\left(-\frac{v_{solv}}{RT}(P_2 - P_1)\right) \tag{7.38}$$

因此，实际溶液的渗透压为：

$$\Pi_{real} = P_2 - P_1 = -\frac{RT \ln a_{solv}}{v_{solv}} \tag{7.39}$$

对于理想溶液，等式(7.39)变成：

$$\prod_{ideal} = P_2 - P_1 = -\frac{RT \ln x_{solv}}{v_{solv}} = \frac{-RT}{v_{solv}} \ln\left(1 - \sum_{i \neq solv} x_i\right) \tag{7.40}$$

对于稀溶液，$\ln\left(1 - \sum_{i \neq solv} x_i\right) \approx -\sum_{i \neq solv} x_i$ 和 $x_i \approx m_i M_{solv}$ 结果为：

$$\prod_{ideal} = \frac{RT M_{solv}}{v_{solv}} \sum_{j \neq solv} m_j \tag{7.41}$$

因此，由等式定义的渗透系数(7.34)可以表示为：

$$\boldsymbol{\Phi} = \frac{\prod_{real}}{\prod_{ideal}} = \frac{\ln a_{solv}}{M_{solv} \sum_{j \neq solv} m_j} \tag{7.42}$$

通常用于实际应用。

可以使用 Gibbs - Helmholtz 方程(2.66)严格推导电解质溶液的所有焓的表达式：

$$h_i = -T^2 \frac{\partial(\mu_i/T)}{\partial T} \tag{7.43}$$

Luckas 和 Krissmann [1]给出以下关系：

$$h_i^{L}(T,P,x_i) = h_i^{L,pure}(T,P^0) - RT^2\left[\frac{\partial \ln \gamma_i}{\partial T} + \frac{\partial}{\partial T}\int_{P^0}^{P} \frac{\boldsymbol{v}_i^{L}}{RT} dP\right] \tag{7.44}$$

适用于溶剂和离子，其中 h_i^{*m} 和 c_{pi}^{*m} 的值可取自附录 D：

$$h_i^{L}(T,P,x_i) = h_i^{*m}(T_0,P_0) + \int_{T_0}^{T} c_{Pi}^{*m} dT - RT^2\left(\frac{\partial \ln \gamma_i^{*m}}{\partial T} + \frac{\partial}{\partial T}\int_{P_0}^{P} \frac{\boldsymbol{v}_i^{*}}{RT} dP\right) \tag{7.45}$$

必须清楚的是，只有当活度系数的温度依赖性表达式足够精确时，才能期望获得可靠的结果。

应该明确指出的 c_{pi}^{*m} 是不具有热容量的典型特征。实际上，它们只是转换项，用于说明标准焓和标准 Gibbs 能量对温度的依赖性，甚至可以具有负值(请参阅附录 D)。

7.3 电解质溶液的活度系数模型

7.3.1 Debye – Hückel 极限法则

为了开发电解质溶液的活度系数模型，通常以 Debye 和 Hückel 理论为起点。可以将其视为描述无限稀释情况下电解质体系行为的精确方程。

为了推导 Debye – Hückel 极限法则，假设[2]：

(1)仅考虑离子之间的静电力。其他力都忽略不计。

(2)与热能相比，静电相互作用能小。

(3)离子被视为具有球形场的点电荷。

(4)溶液的介电常数等于溶剂的介电常数。

(5)电解质完全解离。

(6)由于电势，中心离子周围的离子分布受玻耳兹曼定律的控制：

$$\frac{c_i(r)}{c_i^{(0)}} = \exp\left(\frac{-z_i e\varphi^{\mathrm{el}}(r)}{kT}\right) \tag{7.46}$$

其中 $c_i(r)$ 是距离中心 r 处的体积元素中离子种类的体积浓度，$c_i^{(0)}$ 是所有离子均匀分布时的相同属性，$\varphi^{\mathrm{el}}(r)$ 是在距离中心 r 处的电势。

Debye – Hückel 理论的详细推导在[3,4]中给出。引入摩尔离子强度后

$$I = \frac{1}{2}\sum_i m_i z_{ii}^2 \tag{7.47}$$

结果的近似值为：

$$\log\gamma_i^{*m} = -A_m z_i^2 I^{\frac{1}{2}} \tag{7.48}$$

$$A_m(T) = 1.8248 \cdot 10^6 \frac{\sqrt{\dfrac{\rho_{\mathrm{solv}}}{\mathrm{g/cm^3}}}}{\left(\dfrac{T}{\mathrm{K}}\varepsilon_{\mathrm{r}}\right)^{1.5}}\sqrt{\frac{\mathrm{kg}}{\mathrm{mol}}} \tag{7.49}$$

其中 A_m 是溶剂的特征。

盐的平均活度系数的表达式可以通过代换并考虑电子中性来得出：

$$\log\gamma_{\pm}^{*m} = -A_m |z_+ z_-| I^{1/2} \tag{7.50}$$

这是非常稀薄区域中 Debye – Hückel 理论的 $\gamma_{\pm}$ 的第一近似值。利用 Debye – Hückel 极限定律，可以确定溶剂的活性为[1]：

$$\ln a_{\text{solv}} = M_{\text{solv}}\left(-\sum_{i\neq\text{solv}} v_{i\pm}\, m_{i,\text{tot}} + \frac{2\ln 10}{3}\right)A_m\, I^{3/2} \tag{7.51}$$

由于长距离(LR)库仑力，即使非常稀的电解质溶液也无法表现出理想的溶液。对于水，在 $\vartheta = 25$℃和 $P = 1\text{atm}$ 时，获得

$$A_{\text{m}} = 0.5108\ \sqrt{\text{kg/mol}},\ \varepsilon_{\text{r}} = 78.41,\ \rho_{\text{solv}} = 997\text{kg/m}^3$$

$$\log\gamma_{\pm}^{*m}(25℃,\ \text{aqueous}) = -0.51\,|z_+z_-|\,I^{1/2} \tag{7.52}$$

图 7.4 展示了 Debye – Hückel 极限定律与 1 – 1 电解质(NaCl)，1 – 2 电解质($CaCl_2$)和 2 – 2 电解质($MgSO_4$)的实验数据的一致性。在每种情况下都可以看出，对于低浓度的电解质溶液，Debye – Hückel 是计算近似值的很好的方程。但是，在较高的浓度下，离子排斥，分散力和离子溶剂化会引起更大的偏差，因此必须扩展 Debye – Hückel 极限定律。在离子强度 $I < 0.005\text{mol/kg}$ 的情况下，认为 Debye – Hückel 方法是有效的。

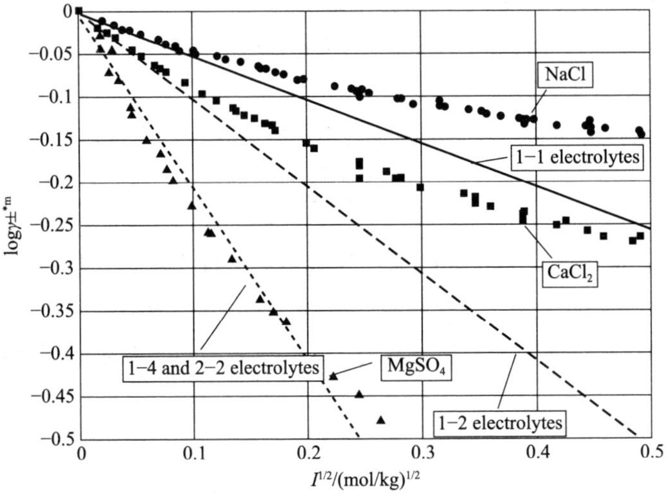

图 7.4　强电解质溶液的平均对数离子活度系数与离子强度的关系

7.3.2　Bromley 扩展

随着电解质浓度的增加，短程(SR)相互作用越来越占主导地位。因此，在活度系数模型中，描述 LR 相互作用的 Debye – Hückel 术语必须扩展为用描述 SR 相互作用的术语。Bromley 方程[5]是 Debye – Hückel 理论的一个著名的经验扩展。

$$\log\gamma_{\pm}^{*m} = \frac{-A_m\,|z_+z_-|\,I^{\frac{1}{2}}}{1 + I^{\frac{1}{2}}} + \frac{(0.06 + 0.6\beta)\,|z_+z_-|\,I}{\left(1 + \frac{1.5I}{|z_+z_-|}\right)^2} + \beta I \tag{7.53}$$

其中β是随温度变化的可调参数。值在[5]中给出。Bromley 方程在离子强度$I<6\text{mol/kg}$时有效。

7.3.3 Pitzer 模型

Pitzer 在 1973 年提出了一种使用最广泛的活度系数模型[6-10]。原则上，它是类似于维里方程的剩余 Gibbs 能的级数展开；然而，与维里方程不同的是，它并没有直接得到统计力学的证明。其表达式：

$$\frac{G^{\mathrm{E}}}{m_{\mathrm{solv}}RT} = f(I) + \sum_i \sum_j \lambda_{ij}(I)\, m_i\, m_j + \sum_i \sum_j \sum_k \mu_{ijk}\, m_i\, m_j\, m_k \tag{7.54}$$

第一项$f(I)$代表 LR 相互作用的 Debye－Hückel 修正项：

$$f(I) = -A_\phi(T)\frac{4I}{b}\ln(1+b\sqrt{I}) \tag{7.55}$$

第二项和第三项考虑了 SR 相互作用，其中必须根据离子强度来调整二元和三元参数。Gibbs 能量是指溶剂的质量。

对于特定功能，已经讨论了几种选择[6,7]。实际应用中最受青睐的形式忽略了三元相互作用。活度系数为：

$$\begin{aligned}\ln\gamma_i^{*m} = {}& \frac{z_i^2}{2}f_r + 2\sum_i m_i B_{ij} + \sum_j \Big(\sum_k m_k |z_k|\Big) m_j C_{ij} \\ & + \frac{z_i^2}{2}\sum_j \sum_k m_j\, m_k\, B'_{jk} + \frac{|z_i|}{2}\sum_j \sum_k m_j\, m_k C_{jk}\end{aligned} \tag{7.56}$$

$$f_\gamma = -2A_\phi\left[\frac{\sqrt{I}}{1+b\sqrt{I}}\right] + \frac{2}{b}\ln(1+b\sqrt{I}) \tag{7.57}$$

$$\begin{aligned}B_{ij} = {}& \beta_{ij}^{(0)} + \frac{2\beta_{ij}^{(1)}}{\alpha_1^2 I}\{1-(1+\alpha_1\sqrt{I})\exp(-\alpha_1\sqrt{I})\} \\ & + \frac{2\beta_{ij}^{(2)}}{\alpha_2^2 I}\{1-(1+\alpha_2\sqrt{I})\exp(-\alpha_2\sqrt{I})\}\end{aligned} \tag{7.58}$$

$$\begin{aligned}B'_{ij} = {}& \frac{2\beta_{ij}^{(1)}}{\alpha_1^2 I}\{-1+(1+\alpha_1\sqrt{I}+0.5\,\alpha_2^2 I)\exp(-\alpha_1\sqrt{I})\} \\ & + \frac{2\beta_{ij}^{(2)}}{\alpha_2^2 I}\{1-(1+\alpha_2\sqrt{I}+0.5\,\alpha_2^2 I)\exp(-\alpha_2\sqrt{I})\}\end{aligned} \tag{7.59}$$

$$C_{ij} = \frac{C_{ij}^{\phi}}{2\sqrt{|z_i z_j|}} \tag{7.60}$$

以及

$$A_\phi = -61.44534\exp\left(\frac{T/\mathrm{K}-273.15}{273.15}\right) + 2.864468\left[\exp\left(\frac{T/\mathrm{K}-273.15}{273.15}\right)\right]^2$$

$$+183.5379\ln\frac{T/\mathrm{K}}{273.15}-0.6820223(T/\mathrm{K}-273.15)$$

$$+0.0007875695[(T/\mathrm{K})^2-273.15^2]+58.95788\frac{273.15}{T/\mathrm{K}} \tag{7.61}$$

可调参数为$\beta_{ij}^{(0)}$，$\beta_{ij}^{(1)}$，和C_{ij}^{ϕ}。对于其他参数，标准值设定为：

$b=1.2$

$\alpha_1=2$

$\beta_{ij}^{(2)}=0$(因此，在这种情况下，α_2 的值没有影响)

为了表示 2-2 电解质的特殊行为($z_+=|z_-|=2$)，将标准值设定为：

$b=1.2$

$\alpha_1=1.4$

$\alpha_2=12$

在这种情况下，$\beta_{ij}^{(2)}$是额外的可调参数。矩阵B_{ij}和C_{ij}是对称的，即$B_{ij}=B_{ji}$，$C_{ij}=C_{ji}$和$B_{ii}=C_{ii}=0$。

溶剂的活度系数可以表示为：

$$\frac{1}{M_{\mathrm{solv}}}\ln\gamma_{\mathrm{solv}}=f(I)-If_r-\sum_i\sum_j m_i m_j(B_{ij}+B'_{ij}I)$$

$$-\sum_i\sum_j\left(\sum_k m_k|z_k|\right)m_i m_j C_{ij} \tag{7.62}$$

有用的 Pitzer 参数可以从 Rosenblatt [11]、Zemaitis[12]和 Pitzer[13]等文献中获得。如果应用的温度范围较宽，则应使用与温度关联的相互作用参数，这也是非电解质系统的常见做法。这对于强酸和强碱尤其重要。Pitzer 方程通常在摩尔浓度小于 6mol/kg 时有效。

7.3.4 Chen 修正的的 NRTL 电解质模型

计算多组分电解质混合物中的相平衡时，必须同时考虑 LR 和 SR 相互作用。虽然 LR 相互作用可以用 Debye-Hückel 项来解释，但 SR 相互作用可以用 Wilson、NRTL 和 UNIQUAC/UNIFAC 等模型的局部组成来描述。由 SR 相互作用力决定的所选分子周围的局部浓度可能与整体浓度明显不同的假设也适用于电解质溶液。

但是，必须通过考虑描述 Debye-Hückel 理论的项考虑 LR 相互作用的影响。对于该项，通常必须确定混合溶剂的密度和介电常数[请参见公式(7.49)]。由于电解质成分的参考状态是指在纯水中无限稀释的溶液，因此必须用所谓的 Born 项来校正 Debye-Hückel 项，其中要考虑到水与溶剂混合物的介电常数之差[14]：

$$\Delta_{\text{Bom}}g^{\text{E}}=\frac{e^2N_{\text{A}}}{8\pi\,\varepsilon_0}\left(\frac{1}{\varepsilon_{\text{r,solv}}}-\frac{1}{\varepsilon_{\text{r,H}_2\text{O}}}\right)\sum_i x_i\frac{z_i^2}{r_i} \tag{7.63}$$

对于离子半径 r_i，建议使用默认值 $r_i=3\times10^{-10}$ m。

因此，由局部复合模型描述的系统的 Gibbs 能可以表示为：

$$g^{\text{E}}=g_{\text{DH}}^{\text{E}}+g_{\text{LC}}^{\text{E}}+\Delta_{\text{Born}}g^{\text{E}} \tag{7.64}$$

使用最广泛的局部组成模型是 Chen 和同事们研究的 NRTL 电解质模型[15,16]，该模型已在大多数商业应用中实现，它的巨大优点是，如果缺少电解质，它可以与 NRTL 方程合并。二进制参数对两个模型均有效。因此，如果通过单元操作除去电解质，则无需在流程图中改变模型。另一方面，对于非电解质成分，Chen 模型的可用性是偏爱 NRTL 方程而不是 Wilson 方程和 UNIQUAC 方程的原因，因为在大型过程中，即使在项目开始时没有计划，也永远不能排除使用电解质的过程步骤。在这种情况下，无需对二进制参数矩阵进行进一步的更改。

在包含电解质成分的液体中，必须区分三种类型的电池(见图 7.5)。如果电池中心有一个中性分子，则它可能被阳离子、阴离子和其他分子包围。对于中心带有阳离子或阴离子的电池，假设由于等电荷离子之间的排斥力强，在中心离子的直接邻域中找不到带相同电荷的离子。

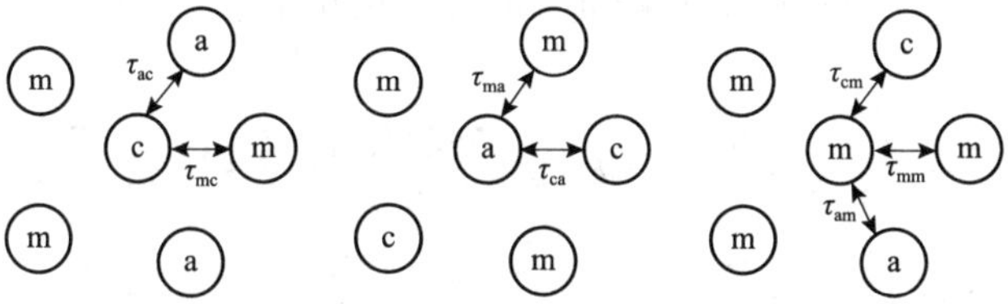

图 7.5　根据相同离子排斥和电子中性的假设，可分为三种类型的电池

对于局部浓度 Θ_{ij}(与中心物种 j 直接相邻的物种 i 的浓度)，可以建立以下方程式：

中心是阳离子：

$$\Theta_{mc}+\Theta_{ac}=1 \tag{7.65}$$

中心是阴离子：

$$\Theta_{ma}+\Theta_{ca}=1 \tag{7.66}$$

中心是分子：

$$\Theta_{cm}+\Theta_{am}+\Theta_{mm}=1 \tag{7.67}$$

另外，对于以分子为中心的电池，Chen 等[15]假设局部电中性，即：

$$\Theta_{am}\left|z_a\right|=\Theta_{cm}z_c \tag{7.68}$$

z_a 和 z_c 是离子的电荷。类似于 NRTL 方程[17]，局部浓度与总摩尔分数通过以下公式计算：

$$\frac{\Theta_{ji}}{\Theta_{ii}}=\frac{x_jC_j}{x_iC_i}G_{ji} \tag{7.69}$$

$$\frac{\Theta_{ji}}{\Theta_{ki}}=\frac{x_jC_j}{x_kC_k}G_{ji,ki} \tag{7.70}$$

其中对于离子，$C_i=|z_i|$，对于分子，$C_i=1$，并且

$$G_{ji}=\exp(-\alpha_{ij}\tau_{ij}) \tag{7.71}$$

$$G_{ji,ki}=\exp(-\alpha_{ij,ki}\tau_{ij,ki}) \tag{7.72}$$

对于分子间相互作用，与常规 NRTL 方程一样，相互作用参数 τ_{ij} 被定义为温度的函数：

$$\tau_{ij}=A_{ij}+\frac{B_{ij}}{T}+F_{ij}\ln(T/\mathrm{K})+G_{ji}T \tag{7.73}$$

分子与电解质之间的相互作用参数称为对参数。它们的温度依赖性略有不同：

$$\begin{aligned}\tau_{m,ca}&=C_{m,ca}+\frac{D_{m,ca}}{T}+E_{m,ca}\left(\frac{298.15\mathrm{K}-T}{T}+\ln\frac{T}{298.15\mathrm{K}}\right)\\ \tau_{ca,m}&=C_{ca,m}+\frac{D_{ca,m}}{T}+E_{ca,m}\left(\frac{298.15\mathrm{K}-T}{T}+\ln\frac{T}{298.15\mathrm{K}}\right)\end{aligned} \tag{7.74}$$

同样的，式(7.74)适用于电解质－电解质相互作用，如果它们共享一种或多种阴阳离子：

$$\begin{aligned}\tau_{ca,c'a}&=C_{ca,c'a}+\frac{D_{ca,c'a}}{T}+E_{ca,c'a}\left(\frac{298.15\mathrm{K}-T}{T}+\ln\frac{T}{298.15\mathrm{K}}\right)\\ \tau_{ca,ca'}&=C_{ca,ca'}+\frac{D_{ca,ca'}}{T}+E_{ca,ca'}\left(\frac{298.15\mathrm{K}-T}{T}+\ln\frac{T}{298.15\mathrm{K}}\right)\end{aligned} \tag{7.75}$$

a′和 c′分别表示与相同阳离子 c 或相同阴离子 a 不同的离子。必须强调的是，对参数不是特定于某一离子，而是特定于电解质。

NRTL 非随机因子通常设置为 $\alpha_{ij}=\alpha_{ji}$，$k_i=0.2$ 的统一值。由于等式(7.68)中电中性的条件，Chen 模型中可调参数的数量减少为：

$$\tau_{cm}=\tau_{am}=\tau_{ca,m} \tag{7.76}$$

$$\tau_{mc,ac}=\tau_{ma,ca}=\tau_{m,ca} \tag{7.77}$$

$$\alpha_{cm}=\alpha_{am}=\alpha_{ca,m} \tag{7.78}$$

$$\alpha_{mc,ac}=\alpha_{ma,ca}=\alpha_{m,ca} \tag{7.79}$$

最终的方程是：

$$\ln\gamma_i^*=\ln\gamma_{i,\mathrm{DH}}^*+\Delta_{\mathrm{Born}}\ln\gamma_i^*+\ln\gamma_{i,\mathrm{NRTL}}^* \tag{7.80}$$

对于 Debye－Hückel 项，使用了 Pitzer [18] 的修改：

$$\ln\gamma_{i,\mathrm{DH}}^*=\frac{-A_\phi}{\sqrt{\frac{M_{\mathrm{solv}}}{\mathrm{kg/mol}}}}\left[\left(\frac{2z_i^2}{14.9}\right)\ln\left(1+14.9\sqrt{I_x}\right)+\frac{z_i^2\sqrt{I_x}-2I_x^{1.5}}{1+14.9\sqrt{I_x}}\right] \tag{7.81}$$

对于 A_ϕ，等式使用式(7.61)

生成项为：

$$\Delta_{\text{Born}}\ln\gamma_i^* = \frac{z_i^2 e^2 N_A}{8\pi\,\varepsilon_0 RT\,r_i}\left(\frac{1}{\varepsilon_{\text{r,solv}}} - \frac{1}{\varepsilon_{\text{r},H_2O}}\right) \tag{7.82}$$

r_i 是 Born 半径；如果没有更好的值可用，$r_i = 3\times10^{-10}$ m 是合适的选择。

基于摩尔分数的离子强度定义为：

$$I_x = \frac{1}{2}\sum_i x_i z_i^2 \tag{7.83}$$

介电常数的混合规则为：

$$\varepsilon_{\text{r,solv}} = \sum_i \omega_i \varepsilon_{\text{r,i}} \tag{7.84}$$

纯溶剂的介电常数表示为温度函数：

$$\varepsilon_i(T) = A_i + B_i\left(\frac{1}{T} - \frac{1}{298.15\text{K}}\right) \tag{7.85}$$

NRTL 相对于分子和离子而言是不同的。使用缩写：

$$X_i = x_i C_i \tag{7.86}$$

活动系数为：

· 对于分子：

$$\begin{aligned}\ln\gamma_{m,\text{NRTL}} = {} & \frac{\sum_j X_j G_{jm}\tau_{jm}}{\sum_k X_k G_{km}} + \sum_{m'} \frac{X_{m'}G_{mm'}}{\sum_k X_k G_{km'}}\left(\tau_{mm'} - \frac{\sum_k X_k G_{km'}\tau_{km'}}{\sum_k X_k G_{km'}}\right) \\ & + \sum_c \sum_{a'} \frac{X_{a'}}{\sum_{a''} X_{a''}} \frac{X_c G_{mc,a'c}}{\sum_{k\neq c} X_k G_{kc,a'c}}\left(\tau_{mc,a'c} - \frac{\sum_{k\neq c} X_k G_{kc,a'c}\tau_{kc,a'c}}{\sum_{k\neq c} X_k G_{kc,a'c}}\right) \\ & + \sum_a \sum_{c'} \frac{X_{c'}}{\sum_{c''} X_{c''}} \frac{X_a G_{ma,c'a}}{\sum_{k\neq a} X_k G_{ka,c'a}}\left(\tau_{ma,c'a} - \frac{\sum_{k\neq a} X_k G_{ka,c'a}\tau_{ka,c'a}}{\sum_{k\neq a} X_k G_{ka,c'a}}\right)\end{aligned} \tag{7.87}$$

· 对于阳离子：

$$\begin{aligned}\frac{1}{z_c}\ln\gamma_{c,\text{NRTL}} = {} & \sum_{a'} \frac{X_{a'}}{\sum_{a''} X_{a''}} \frac{\sum_{k\neq c} X_k G_{kc,a'c}\tau_{kc,a'c}}{\sum_{k\neq c} X_k G_{kc,a'c}} \\ & + \sum_m \frac{X_m G_{cm}}{\sum_k X_k G_{km}}\left(\tau_{cm} - \frac{\sum_k X_k G_{km}\tau_{km}}{\sum_k X_k G_{km}}\right) \\ & + \sum_a \sum_{c'} \frac{X_{c'}}{\sum_{c''} X_{c''}} \frac{X_a G_{ca,c'a}}{\sum_{k\neq a} X_k G_{ka,c'a}}\left(\tau_{ca,c'a} - \frac{\sum_{k\neq a} X_k G_{ka,c'a}\tau_{ka,c'a}}{\sum_{k\neq a} X_k G_{ka,c'a}}\right)\end{aligned} \tag{7.88}$$

阴离子：

$$\frac{1}{|z_a|}\ln\gamma_{a,\mathrm{NRTL}} = \sum_{c'}\frac{X_{c'}}{\sum_{c''}X_{c''}}\frac{\sum_{k\neq a}X_k G_{ka,c'a}\tau_{ka,c'a}}{\sum_{k\neq a}X_k G_{ka,c'a}} + \sum_m \frac{X_m G_{am}}{\sum_k X_k G_{km}}\left(\tau_{am} - \frac{\sum_k X_k G_{km}\tau_{km}}{\sum_k X_k G_{km}}\right)$$

$$+ \sum_c\sum_{a'}\frac{X_{a'}}{\sum_{a''}X_{a''}}\frac{X_c G_{ac,a'c}}{\sum_{k\neq c}X_k G_{kc,a'c}}\left(\tau_{ac,a'c} - \frac{\sum_{k\neq c}X_k G_{kc,a'c}\tau_{kc,a'c}}{\sum_{k\neq c}X_k G_{kc,a'c}}\right) \quad (7.89)$$

使用以下混合规则：

$$\alpha_{cm} = \frac{\sum_a X_a\,\alpha_{ca,m}}{\sum_{a'}X_{a'}} \quad \alpha_{am} = \frac{\sum_c X_c\,\alpha_{ca,m}}{\sum_{c'}X_{c'}} \quad (7.90)$$

$$G_{cm} = \frac{\sum_a X_a G_{ca,m}}{\sum_{a'}X_{a'}} \quad G_{am} = \frac{\sum_c X_c G_{ca,m}}{\sum_{c'}X_{c'}} \quad (7.91)$$

根据 Chen 和 Evans[16] 的研究，相互作用参数是：

$$\tau_{ma,ca} = \tau_{am} - \tau_{ca,m} + \tau_{m,ca} \quad (7.92)$$

$$\tau_{mc,ac} = \tau_{cm} - \tau_{ca,m} + \tau_{m,ca} \quad (7.93)$$

通过以下方法可使稀释量归一化至理想稀释状态：

$$\ln\gamma_i^* = \ln\gamma_i - \ln\gamma_i^\infty \quad (7.94)$$

· 对于分子：

$$\ln\gamma_{m,W}^\infty = \tau_{Wm} + G_{mW}\tau_{mW} \quad (7.95)$$

· 对于阳离子：

$$\frac{1}{z_c}\ln\gamma_{c,W}^\infty = \sum_{a'}\frac{X_{a'}}{\sum_{a''}X_{a''}}\tau_{Wc,a'c} + G_{cW}\tau_{cW} \quad (7.96)$$

· 对于阴离子：

$$\frac{1}{|z_a|}\ln\gamma_{a,W}^\infty = \sum_{c'}\frac{X_{c'}}{\sum_{c''}X_{c''}}\tau_{Wa,c'a} + G_{aW}\tau_{aW} \quad (7.97)$$

由于 NRTL 电解质模型长期可用，在商业过程仿真器中广泛应用的参数矩阵且兼容于 NRTL 方程，因此 Chen 等[15,16] 的 NRTL 电解质模型成为应用最广泛的电解质模型。然而，它带给了多组分系统相当大的错误，也就是说，如果考虑两个或者两个以上的电解质组分或者溶剂混合物，在这些情况下，NRTL 电解质模型的结果只能作为定性估计。

例 7.2 用 Chen 的 NRTL 电解质模型计算 30% 烧碱水溶液特定组分在 ϑ = 100℃时的活度系数。同时，计算平衡压强。假定是理想的气相且完全解离。给出下列数值：

$P^s(H_2O, 100℃) = 1.0138 bar$

$\rho^L(H_2O, 100℃) = 957 kg/m^3 = 0.957 g/cm^3$

$\varepsilon_{H_2O}(100℃, H_2O) = 55.3$

$M_{H_2O} = 18.015 g/mol$，$M_{Na^+} = 22.99 g/mol$，$M_{OH^-} = 17.01 g/mol$

解：

根据方程(7.80)，活度系数由以下几部分组成：

$\ln\gamma_i^* = \ln\gamma_{i,DH}^* + \Delta_{Born}\ln\gamma_i^* + \ln\gamma_{i,NRTL}^*$

计算开始于 Debye - Hückel 项[方程(7.81)]：

$$\ln\gamma_{i,DH}^* = \frac{-A_\phi}{\sqrt{\frac{M_{solv}}{kg/mol}}}\left[\left(\frac{2z_i^2}{14.9}\right)\ln(1 + 14.9\sqrt{I_x}) + \frac{z_i^2\sqrt{I_x} - 2I_x^{1.5}}{1 + 14.9\sqrt{I_x}}\right] \qquad (7.98)$$

利用方程(7.61)

$$\begin{aligned}A_\phi &= -61.44534\exp\left(\frac{373.15 - 273.15}{273.15}\right) + 2.864468\left[\exp\frac{373.15 - 273.15}{273.15}\right]^2 \\ &\quad + 183.5379\ln\frac{373.15}{273.15} - 0.6820223\cdot(373.15 - 273.15) \\ &\quad + 0.0007875695\cdot[373.15^2 - 273.15^2] + 58.95788\frac{273.15}{373.15} \\ &= 0.45945\end{aligned}$$

把重量分数转换成摩尔分数：

$$W_{Na^+} = 0.3\cdot\frac{22.99}{22.99 + 17.01} = 0.1724$$

$$W_{OH^-} = 0.3 - 0.1724 = 0.1276$$

$$x_{Na^+} = x_{OH^-} = \frac{\frac{0.1724}{22.99}}{\frac{0.1724}{22.99} + \frac{0.1276}{17.01} + \frac{0.7}{18.015}} = 0.1393$$

$$x_{H_2O} = 1 - 2\cdot 0.1393 = 0.7215$$

因此：

$$I_x = \frac{1}{2}(0.1393\cdot(1)^2 + 0.1393\cdot(-1)^2) = 0.1393$$

Debye - Hückel 项是：

$$\begin{aligned}\ln\gamma_{Na^+,DH}^* &= \ln\gamma_{OH^-,DH}^* \\ &= \frac{-0.45945}{\sqrt{0.018015}}\left[\left(\frac{2\cdot 1^2}{14.9}\right)\ln(1 + 14.9\sqrt{0.1393}) \right. \\ &\quad \left. + \frac{1^2\sqrt{0.1393} - 2\cdot 0.1393^{1.5}}{1 + 14.9\sqrt{0.1393}}\right] = -1.00479\end{aligned}$$

$$\ln\gamma^*_{H_2O,DH} = \frac{-0.45945}{\sqrt{0.018015}}\left[\left(\frac{2\cdot 0^2}{14.9}\right)\ln\left(1+14.9\sqrt{0.1393}\right) + \frac{0^2\cdot\sqrt{0.1393}-2\cdot 0.1393^{1.5}}{1+14.9\sqrt{0.1393}}\right] = 0.05424$$

Born 参数为：

$\Delta_{Born}\ln\gamma^*_{Na^+} = \Delta_{Born}\ln\gamma^*_{OH^-} = 0$

因为水是一种纯溶剂。

在计算 NRTL 时，必须使用下列参数(取自 Aspen Plus 参数数据库)：

$C_{H_2O} = C_{Na^+} = C_{OH^-} = 1$

$$\tau_{H_2O,NaOH} = C_{H_2O,NaOH} + \frac{D_{H_2O,NaOH}}{T} + E_{H_2O,NaOH}\left(\frac{298.15K - T}{T} + \ln\frac{T}{298.15K}\right)$$

$$= 6.738 + \frac{1420.242K}{373.15K} + 3.0139\left(\frac{298.15K - 373.15K}{373.15K} + \ln\frac{373.15K}{298.15K}\right)$$

$$= 10.6146$$

$$\tau_{NaOH,H_2O} = C_{NaOH,H_2O} + \frac{D_{NaOH,H_2O}}{T} + E_{NaOH,H_2O}\left(\frac{298.15K - T}{T} + \ln\frac{T}{298.15K}\right)$$

$$= -3.771 + \frac{-471.82K}{373.15K} + 2.1366\left(\frac{298.15K - 373.15K}{373.15K} + \ln\frac{373.15K}{298.15K}\right)$$

$$= -4.9854$$

$\alpha_{NaOH,H_2O} = \alpha_{H_2O,NaOH} = 0.2$

$G_{H_2O,NaOH} = \exp(-0.2\cdot\tau_{H_2O,NaOH}) = 0.1197$

$G_{NaOH,H_2O} = \exp(-0.2\cdot\tau_{NaOH,H_2O}) = 2.7104$

$\tau_{ma,ca} = \tau_{am} - \tau_{ca,m} + \tau_{m,ca} = \tau_{ca,m} - \tau_{ca,m} + \tau_{m,ca} = \tau_{m,ca} = \tau_{H_2O,NaOH}$

$\tau_{mc,ac} = \tau_{cm} - \tau_{ca,m} + \tau_{m,ca} = \tau_{ca,m} - \tau_{ca,m} + \tau_{m,ca} = \tau_{m,ca} = \tau_{H_2O,NaOH}$

活度系数的计算方法如下：

· 以水为例：

$$\sum_j X_j G_{jm}\tau_{jm} = X_c G_{cm}\tau_{cm} + X_a G_{am}\tau_{am} + X_m G_{mm}\tau_{mm}$$
$$= 0.1393\cdot 2.7105\cdot(-4.9857) + 0.1393\cdot 2.7105\cdot(-4.9857) + 0$$
$$= -3.764$$

$$\sum_k X_k G_{km} = X_c G_{cm} + X_a G_{am} + X_m G_{mm}$$
$$= 0.1393\cdot 2.7105 + 0.1393\cdot 2.7105 + 0.7215\cdot 1 = 1.4764$$

$$\sum_{k\neq c} X_k G_{kc,ac}\tau_{kc,ac} = X_a G_{ac,ac}\tau_{ac,ac} + X_m G_{mc,ac}\tau_{mc,ac}$$
$$= 0.1393\cdot 1\cdot 0 + 0.7215\cdot 0.1197\cdot 10.6146 = 0.9165$$

$$\sum_{k\neq c} X_k G_{ka,ca}\tau_{ka,ca} = X_c G_{ca,ca}\tau_{ca,ca} + X_m G_{ma,ca}\tau_{ma,ca}$$

$$= 0.1393 \cdot 1 \cdot 0 + 0.7215 \cdot 0.1197 \cdot 10.6146 = 0.9165$$

$$\sum_{k \neq c} X_k G_{ka,ca} = X_c G_{ca,ca} + X_m G_{ma,ca} = 0.1393 \cdot 1 + 0.7215 \cdot 0.1197 = 0.2256$$

$$\sum_{k \neq c} X_k G_{kc,ac} = X_a G_{ac,ac} + X_m G_{mc,ac} = 0.1393 \cdot 1 + 0.7215 \cdot 0.1197 = 0.2256$$

应用式(7.87)：

$$\ln\gamma_{H_2O,NRTL} = \frac{-3.764}{1.4764} + \frac{0.7215 \cdot 1}{1.4764}\left(0 - \frac{-3.764}{1.4764}\right)$$

$$+ \frac{0.13930.1393 \cdot 0.1197}{0.1393 \quad 0.2256}\left(10.6146 - \frac{0.9165}{0.2256}\right)$$

$$+ \frac{0.13930.1393 \cdot 0.1197}{0.1393 \quad 0.256}\left(10.6146 - \frac{0.9165}{0.2256}\right)$$

$$= -2.5494 + 1.24578 + 0.48406 + 0.48406 = -0.3355$$

$$\Rightarrow \gamma_{H_2O,NRTL} = 0.715$$

以水为溶剂，在无限稀释时本身的活度系数不变，因此，式(7.94)变为：

$$\ln\gamma_{i,DH}^* = \ln\gamma_{i,DH} - \ln\gamma_i^{\infty} = \ln\gamma_{i,DH} \tag{7.99}$$

联立 Debye – Hückel 项，得到：

$$\ln\gamma_{H_2O} = \ln\gamma_{H_2O,DH} + \ln\gamma_{H_2O,NRTL} = 0.0542 - 0.3355 = -0.2813 \cdot \gamma_{H_2O} = 0.7548$$

· Na^+ 阳离子：

$$\frac{1}{1}\ln\gamma_{c,NRTL} = \frac{0.13930.9165}{0.13930.2256} + \frac{0.7215 \cdot 2.7105}{1.4764}\left(-4.9857 - \frac{-3.764}{1.4764}\right)$$

$$+ \frac{0.13930.1393 \cdot 1}{0.1393 \quad 0.2256}\left(0 - \frac{0.9165}{0.2256}\right) = -1.6721$$

$$\ln\gamma_{c,NRTL}^* = \ln\gamma_{c,NRTL} - \ln\gamma_{c,NRTL}^{\infty} = \ln\gamma_{c,NRTL} - (\tau_{mc,ac} + G_{cm}\tau_{cm})$$

$$= -1.6721 - (10.6146 + 2.7105 \cdot (-4.9857)) = 1.227$$

$$\ln\gamma_c^* = \ln\gamma_{c,DH}^* + \ln\gamma_{c,NRTL}^* = -1.00479 + 1.227 = 0.2222 \cdot \gamma_c^* = 1.2488$$

· OH^- 阴离子：

$$\frac{1}{1}\ln\gamma_{a,NRTL} = \frac{0.13930.9165}{0.13930.2256} + \frac{0.7215 \cdot 2.7105}{1.4764}\left(-4.9857 - \frac{-3.764}{1.4764}\right)$$

$$+ \frac{0.13930.1393 \cdot 1}{0.1393 \quad 0.2256}\left(0 - \frac{0.9165}{0.2256}\right) = -1.6721$$

$$\ln\gamma_{a,NRTL}^* = \ln\gamma_{a,NRTL} - \ln\gamma_{a,NRTL}^{\infty} = \ln\gamma_{a,NRTL} - (\tau_{ma,ca} + G_{am}\tau_{am})$$

$$= -1.6721 - (10.6146 + 2.7105 \cdot (-4.9857)) = 1.227$$

$$\ln\gamma_a^* = \ln\gamma_{a,DH}^* + \ln\gamma_{a,NRTL}^* = -1.00479 + 1.227 = 0.2222 \rightarrow \gamma_c^* = 1.2488$$

计算平衡压强：

$$P = \gamma_{H_2O,NRTL} \cdot x_{H_2O} \cdot P_{H_2O}^s = 0.7548 \cdot 0.7215 \cdot 1.0138\text{bar} = 0.5521\text{bar}$$

文献中的平衡压强为 $P = 0.551\text{bar}$[20]。

7.3.5 LIQUAC 模型

基于 UNIQUAC 方程，Li 等人[21]建立了电解质模型，称为 LIQUAC。

在 LIQUAC 模型中，考虑 LR、中范围(MR)和 SR 间的相互作用计算超额 Gibbs 能：

$$g^{E}=g_{LR}^{E}+g_{MR}^{E}+g_{SR}^{E} \tag{7.100}$$

LR 项表示由库仑静电力引起的相互作用，用修正的 Debye - Hückel 项表示。该项的物理有效性仅限于无限稀释状态，目的是在无限稀释时提供真正的极限定律。

在 LIQUAC 模型中，通过以下方程计算离子与溶剂在 LR 相互作用时的活度系数：

$$\ln\gamma_{ion}^{LR}=\frac{-z_j^2 A\, I^{1/2}}{1+b\, I^{1/2}} \tag{7.101}$$

$$\ln\gamma_{solv}^{LR}=\left[\frac{2A\, M_{solv}\rho}{b^3\rho_{solv}}\right]\left[1+b\, I^{0.5}-\frac{1}{1+b\, I^{0.5}}-2\ln(1+b\, I^{0.5})\right] \tag{7.102}$$

其中 Debye - Hückel 参数 A 和 b 为：

$$A=\frac{1.327757\cdot 10^5\left(\dfrac{\rho}{\mathrm{kg/m^3}}\right)^{0.5}}{\left(\varepsilon_r\dfrac{\mathrm{T}}{\mathrm{K}}\right)^{1.5}} \tag{7.103}$$

$$b=\frac{6.359696\left(\dfrac{\rho}{\mathrm{kg/m^3}}\right)^{0.5}}{\left(\varepsilon_r\dfrac{\mathrm{T}}{\mathrm{K}}\right)^{0.5}} \tag{7.104}$$

对于二元混合物，用 Oster 规则计算 ε：

$$\varepsilon=\varepsilon_1+\left[\frac{(\varepsilon_2-1)(2\,\varepsilon_2+1)}{2\,\varepsilon_2}-(\varepsilon_1-1)\right]\varphi_2 \tag{7.105}$$

其中下标 1 代表水，下标 2 代表其他成分。

对于多组分混合物，计算 ε：

$$\varepsilon=\sum_{solv}\varphi_{solv}\,\varepsilon_{solv} \tag{7.106}$$

φ_i是溶剂 i 的体积分数，定义为：

$$\varphi_i=\frac{v_i}{\sum\limits_{solv} v_j} \tag{7.107}$$

离子强度由式(7.47)表示：

$$I=0.5\sum_i\frac{m_i}{\mathrm{mol/kg}}z_i^2$$

MR 项代表电荷相互作用间接效应项，如超额 Gibbs 能，电荷 – 偶极相互作用和电荷诱导的偶极相互作用。在 LIQUAC 模型中，MR 项为：

$$\frac{G_{\mathrm{MR}}^{\mathrm{E}}}{RT}=m_{\mathrm{solv}}\sum_{i}\sum_{j}B_{ij}m_{i}m_{j} \tag{7.108}$$

其中 B_{ij} 为第 i 种与第 j 种(离子或分子)之间的相互作用系数，类似于表示间接作用的维里系数。

在 LIQUAC 模型中，B_{ij} 表示由电荷引起的所有间接效应，其中离子强度依赖性由以下简单关系描述：

$$B_{ij}(I)=b_{ij}+c_{ij}\exp(a_{1}I^{0.5}+a_{2}I) \tag{7.109}$$

b_{ij} 和 c_{ij} 是物质 i 和 j ($b_{ij}=b_{ji}$，$c_{ij}=c_{ji}$)之间的可调 MR 参数。a_1 和 a_2 是在由电解质系统的实验数据确定的经验常数，由下列方程得到最佳结果：

$$B_{\mathrm{ion,ion}}=b_{\mathrm{ion,ion}}+c_{\mathrm{ion,ion}}\exp(-I^{0.5}+0.13I) \tag{7.110}$$

$$B_{\mathrm{ion,solv}}=b_{\mathrm{ion,solv}}+c_{\mathrm{ion,solv}}\exp(-1.2I^{0.5}+0.13I) \tag{7.111}$$

这意味着离子 – 离子间相互作用不同于离子 – 溶剂间相互作用。

在 LIQUAC 模型中，MR 项忽略了类电荷离子之间的相互作用，式(7.108)可简化为：

$$\frac{G_{\mathrm{MR}}^{\mathrm{E}}}{RT}=m_{\mathrm{solv}}\left[\sum_{\mathrm{solv}}\sum_{\mathrm{ion}}B_{\mathrm{solv,ion}}(I)\,m_{\mathrm{solv,ion}}\,m_{\mathrm{ion}}+\sum_{c}\sum_{a}B_{ca}(I)\,m_{c}\,m_{a}\right] \tag{7.112}$$

其中 c 代表所有阳离子，a 代表所有阴离子。

通过区分式(7.112)与溶剂或离子的摩尔数，得到下式计算特定物质活度系数的 MR 项：

$$\begin{aligned}\ln\gamma_{\mathrm{solv}}^{\mathrm{MR}}=&\sum_{\mathrm{ion}}B_{\mathrm{solv,ion}}(I)\,m_{\mathrm{ion}}-\frac{M_{\mathrm{solv}}}{\overline{M}}\sum_{\mathrm{solv}}\sum_{\mathrm{ion}}\left[B_{\mathrm{solv,ion}}(I)+I\cdot B'_{\mathrm{solv,ion}}(I)\right]x'_{\mathrm{solv}}m_{\mathrm{ion}}\\&-M_{\mathrm{solv}}\sum_{c}\sum_{a}\left[B_{ca}(I)+I\cdot B'_{ca}(I)\right]m_{c}\,m_{a}\end{aligned} \tag{7.113}$$

$$\begin{aligned}\ln\gamma_{j}^{\mathrm{MR}}=&\frac{\sum_{\mathrm{solv}}B_{j,\mathrm{solv}}(I)x_{\mathrm{solv}}}{\overline{M}}+\left[\frac{z_j^2}{2\overline{M}}\right]\sum_{\mathrm{solv}}\sum_{\mathrm{ion}}B'_{\mathrm{solv,ion}}(I)x'_{\mathrm{solv}}m_{\mathrm{ion}}+\sum_{a}B_{j,a}(I)\,m_{a}\\&+\left[\frac{z_j^2}{2}\right]\sum_{c}\sum_{a}B'_{ca}(I)\,m_{c}\,m_{a}-\frac{B_{j,\mathrm{solv}}(I)}{M_{\mathrm{solv}}}\end{aligned} \tag{7.114}$$

其中 $B'_{i,j}(I)=\mathrm{d}B_{i,j}(I)/\mathrm{d}I$ 和 x'_i 为无盐摩尔分数。$\overline{M}$ 是溶剂混合物的摩尔质量，可计算为：

$$\overline{M}=\sum x'_{\mathrm{solv}}M_{\mathrm{solv}} \tag{7.115}$$

表 7.4 给出了 MR 项所需的 LIQUAC 相互作用参数的子集。

对于 LIQUAC 模型中的 SR 项，使用 UNIQUAC 方程(见第 5 章)，固定离子的相对 van der Waals 比表面积和体积，这意味着活度系数被分为组合部分(C)和剩余部分(R)：

$$\ln\gamma_i^{SR}=\ln\gamma_i^{C}+\ln\gamma_i^{R} \tag{7.116}$$

对于温度无关的组合部分的计算，只需要 Van der Waals 尔表面积和体积：

$$\ln\gamma_i^{C}=1-V_i+\ln V_i-5q_i\cdot\left[1-\frac{V_i}{F_i}+\ln\left(\frac{V_i}{F_i}\right)\right] \tag{7.117}$$

表 7.4 LIQUAC 模型的选定相互作用参数

组分 i	组分 j	a_{ij}/K	a_{ji}/K	b_{ij}	c_{ij}
H_2O	Na^+	219.4	−299.8	−7.432	1.576
H_2O	K^+	537.5	−452.3	−7.475	1.577
H_2O	Ca^{2+}	1137.0	−759.9	−19.84	3.149
H_2O	Cl^-	22.93	159.1	7.387	−1.576
H_2O	Br^-	22.41	282.5	5.952	−1.576
H_2O	NO_3^-	−17.99	347.6	7.462	−1.576
H_2O	SO_4^{2-}	−364.0	789.4	14.28	−3.151
Methanol	Na^+	495.5	601.3	5.702	1.198
Methanol	K^+	555.3	641.1	5.555	1.452
Methanol	Cl^-	−378.2	−231.6	−5.62	−1.006
Ethanol	Na^+	−172.2	−304.8	3.811	1.435
Ethanol	Cl^-	1519.0	−164.9	−3.62	−1.206
Acetone	K^+	−741.7	152.2	2.799	1.649
Na^+	Cl^-	89.17	−483.7	0.1925	0.1165
Na^+	SO_4^{2-}	269.3	−919.1	0.06311	0.3924
K^+	Cl^-	−417.2	244.7	0.09109	−0.1161
Ca^{2+}	Cl^-	339.0	0.0	0.4088	−0.2575

资料来源：Li et al. 1994[21]。

对于剩余部分的计算，除了表面积外，相互作用参数也是必要的：

$$\ln\gamma_i^{R}=q_j\left(1-\ln\frac{\sum_j q_jx_j\tau_{ji}}{\sum_k q_kx_k}-\sum_j\frac{q_jx_j\tau_{ji}}{\sum_k q_kx_k\tau_{kj}}\right) \tag{7.118}$$

另外：

$$V_i=\frac{r_i}{\sum_k r_kx_k}\quad F_i=\frac{q_i}{\sum_k q_kx_k}\quad \tau_{ij}=\exp\left(-\frac{a_{ij}}{T}\right) \tag{7.119}$$

最后，通过下式计算溶剂的活度系数：

$$\ln\gamma_{\text{solv}}=\ln\gamma_{\text{solv}}^{LR}+\ln\gamma_{\text{solv}}^{MR}+\ln\gamma_{\text{solv}}^{SR} \tag{7.120}$$

其中活度系数基于摩尔分数标度来定义的。

对于离子，活度系数的 SR 项必须用关系归一化为无限稀释参考状态：

$$\ln\gamma_{\text{ion}}^{\text{SR}} = (\ln\gamma_{\text{ion}}^{\text{C}} + \ln\gamma_{\text{ion}}^{\text{R}}) - (\ln\gamma_{\text{ion}}^{\text{C},\infty} + \ln\gamma_{\text{ion}}^{\text{R},\infty}) \tag{7.121}$$

对于 UNIQUAC 方程的组合部分和剩余部分，在无限稀释时得到以下表达式：

$$\ln\gamma_{\text{ion}}^{\text{C},\infty} = 1 - \frac{r_{\text{ion}}}{r_{\text{solv}}} + \ln\left(\frac{r_{\text{ion}}}{r_{\text{solv}}}\right) - 5\,q_{\text{ion}}\left[1 - \frac{r_{\text{ion}}q_{\text{solv}}}{r_{\text{solv}}q_{\text{ion}}} + \ln\left(\frac{r_{\text{ion}}q_{\text{solv}}}{r_{\text{solv}}q_{\text{ion}}}\right)\right] \tag{7.122}$$

$$\ln\gamma_{\text{ion}}^{\text{R},\infty} = q_{\text{ion}}(1 - \ln\tau_{\text{solv,ion}} - \tau_{\text{ion,solv}}) \tag{7.123}$$

对于离子 j 在选定的标准状态下的活度系数的计算，有：

$$\ln\gamma_j^{*m} = \ln\gamma_j^{\text{LR}} + \ln\gamma_j^{\text{MR}} + \ln\gamma_j^{\text{SR}} - \ln\left(\frac{M_{\text{solv}}}{\overline{M}} + M_{\text{solv}}\sum_{\text{ion}} m_{\text{ion}}\right) \tag{7.124}$$

上式是使用摩尔浓度作为浓度表征，并假设单位摩尔浓度的值是离子的标准状态。

表 7.5 和表 7.6 给出了部分已发表的 LIQUAC 参数[21]和 van der Waals 性质。

表 7.5　选定溶剂的 UNIQUAC 参数(K)

n	m						
	水	甲醇	乙醇	1 - 丙醇	2 - 丙醇	1 - 丁醇	丙酮
水	0.0	289.6	162.4	130.0	83.6	-23.46	-45.90
甲醇	-181.0	0.0	-101.7	-13.20	39.7	40.39	-54.2
乙醇	-14.5	130.2	0.0	-69.6	-176.5	162.3	—
1 - 丙醇	106.2	57.1	126.7	0.0	289.4	—	—
2 - 丙醇	110.5	-26.7	241.9	-200.9	0.0	—	—
1 - 丁醇	308.8	121.5	16.39	—	—	0.0	—
丙酮	337.9	223.8	—	—	—	—	0.0

资料来源：Li 等人，1994[21]。

表 7.6　选定的溶剂(离子 r_{ion} 以及 q_{ion} 的相对 Van der Waals 性质被设置为 1)的相对 Van der Waals 体积(r_{solv})和 Van der Waals 表面积(q_{solv})

溶剂	r	q
水	0.92	1.4
甲醇	1.431	1.432
乙醇	2.106	1.972
1 - 丙醇	2.780	2.512
2 - 丙醇	2.779	2.508
1 - 丁醇	3.454	3.052
丙酮	2.574	2.336

例 7.3　利用 LIQUAC 模型预测 Na_2SO_4 在 298.15K、1.5mol/L 水溶液中的平均活性系数。计算时应用以下性质：

$\rho_{H_2O} = 994.99\text{kg/m}^3$　$\varepsilon_{r,H_2O} = 78.248$　$M = 18.051\text{g/mol}$

其他所需参数见表7.4～表7.6。

解：

在第一步中，应用公式(7.101)计算离子对活度系数的LR贡献。为此，必需明确Debye–Hückel参数A和B与离子强度：

$$z_{Na^+}=1 \quad z_{SO_4^{2-}}=-2 \quad m_{Na^+}=3\text{mol/kg} \quad m_{SO_4^{2-}}=1.5\text{mol/kg}$$

$$A=1.327757\cdot 10^5\frac{994.99^{0.5}}{(78.248\cdot 298.15)^{1.5}}=1.1754$$

$$b=6.359696\frac{994.99^{0.5}}{(78.248\cdot 298.15)^{0.5}}=1.3134$$

$$I=0.5(1^2\cdot 3+2^2\cdot 1.5)=4.5$$

对于Na^+离子：

$$\ln\gamma_{Na^+}^{LR}=-\frac{1.1754\cdot 1^2\cdot 4.5^{0.5}}{1+1.3134\cdot 4.5^{0.5}}=-0.6585$$

同样对于SO_4^{2-}离子：

$$\ln\gamma_{SO_4^{2-}}^{LR}=-\frac{1.1754\cdot(-2)^2\cdot 4.5^{0.5}}{1+1.3134\cdot 4.5^{0.5}}=-2.63415$$

接下来使用公式(7.114)计算离子的MR项：

$$\begin{aligned}B_{Na^+,SO_4^{2-}}&=b_{\text{ion,ion}}+c_{\text{ion,ion}}\exp(-I^{0.5}+0.13I)\\&=0.06311+0.3924\cdot\exp(-4.5^{0.5}+0.13\cdot 4.5)=0.14754\end{aligned}$$

$$B'(\mathrm{I})=\frac{\mathrm{d}B(I)}{\mathrm{d}I}=\left(\frac{-0.5}{I^{0.5}}+0.13\right)c_{\text{ion,ion}}\exp(-I^{0.5}+0.13I)$$

对于Na^+离子的MR项，可以得到：

$$\ln\gamma_{Na^+}^{MR}=\frac{1^2}{2\cdot 0.018015}[1\cdot 3\cdot(-0.0339)+1\cdot 1.5\cdot 0.0678]+1.5\cdot 0.14754+\frac{1^2}{2}[1.5\cdot 3\cdot(-0.00892)]=0.2004$$

对于SO_4^{2-}离子，得到：

$$\ln\gamma_{SO_4^{2-}}^{MR}=0.3587$$

最后，使用UNIQUAC方程计算SR项。下表概述了所需的Van der Waals特性和相互作用参数：

n	r	q	a_{nm}/K		
			Na^+	SO_4^{2-}	H_2O
Na^+	1	1	0	269.3	−299.8
SO_4^{2-}	1	1	−919.1	0	798.4
H_2O	0.92	1.4	219.4	−364	0

使用相互作用参数 a_{nm} 可以直接计算 298.15K 下所需参数 τ_{nm}：

n	τ_{nm}(298.15K)		
	Na^+	SO_4^{2-}	H_2O
Na^+	1	0.40526	2.7334
SO_4^{2-}	21.817	1	0.07082
H_2O	0.4791	3.3901	1

对于给定的组成的表面积、体积和成分，得到以下表面分数、体积摩尔分数和表面积摩尔分数：

	x_i	V_i	F_i
Na^+	0.0500	1.0799	0.7299
SO_4^{2-}	0.0250	1.0799	0.7299
H_2O	0.9250	0.9935	1.0219

根据确定的组合贡献和剩余贡献以获得混合物和无限稀释时的活度系数：

$$\ln\gamma_{Na^+}^{C}=1-1.0799+\ln 1.0799-5\cdot 1\cdot\left[1-\frac{1.0799}{0.7299}+\ln\frac{1.0799}{0.7299}\right]=0.43593$$

$$\begin{aligned}\ln\gamma_{Na^+}^{R}=1\cdot\Bigg[1&-\ln\frac{1\cdot 0.5\cdot 1+1\cdot 0.025\cdot 21.817+1.4\cdot 0.925\cdot 0.4791}{1\cdot 0.05+1\cdot 0.025+1.4\cdot 0.925}\\&-\left(\frac{1\cdot 0.05\cdot 1}{1\cdot 0.5\cdot 1+1\cdot 0.025\cdot 21.817+1.4\cdot 0.925\cdot 0.4791}\right.\\&+\frac{1\cdot 0.025\cdot 0.40526}{1\cdot 0.05\cdot 0.40526+1\cdot 0.025\cdot 1+1.4\cdot 0.925\cdot 3.3901}\\&\left.+\frac{1.4\cdot 0.925\cdot 2.7334}{1\cdot 0.05\cdot 2.7334+1\cdot 0.025\cdot 0.07082+1.4\cdot 0.925\cdot 1}\right)\Bigg]\\=-1.3934&\end{aligned}$$

$$\ln\gamma_{Na^+}^{C,\infty,SR}=1-\frac{1}{0.92}+\ln\frac{1}{0.92}-5\cdot 1\cdot\left[1-\frac{1\cdot 1.4}{0.92\cdot 1}+\ln\frac{1\cdot 1.4}{0.92\cdot 1}\right]=0.50585$$

$$\ln\gamma_{Na^+}^{R,\infty,SR}=1\cdot(1-\ln 0.4791-2.7334)=-0.99755$$

$$\ln\gamma_{Na^+}^{*,SR}=0.43593-1.3934-0.50585+0.99755=-0.46577$$

不过，活度系数换算成质量摩尔浓度还得考虑校正项：

$$\ln\gamma_{Na^+}^{*}=-0.6585+0.2004-0.46577-\ln\left(\frac{0.018015}{0.018015}+0.018015\cdot 4.5\right)=-1.002$$

$$\ln\gamma_{Na^+}^{*}=0.3671$$

同样，得到 SO_4^{2-} 的活度系数：

$$\gamma_{SO_4^{2-}}^{*}=0.03789$$

综上得到 Na_2SO_4 的平均活度系数：

$$\gamma_{\pm Na_2SO_4} = \sqrt[v]{\gamma_+^{v+}\gamma_-^{v-}} = \sqrt[3]{0.3671^2 \cdot 0.03789^1} = 0.1722$$

这一数值与实验值吻合得很好，如图 7.6 所示，利用在 298.15K 温度下使用 LIQUAC 模型的预测值，Na_2SO_4 的有效平均活度系数显示为盐浓度的函数。

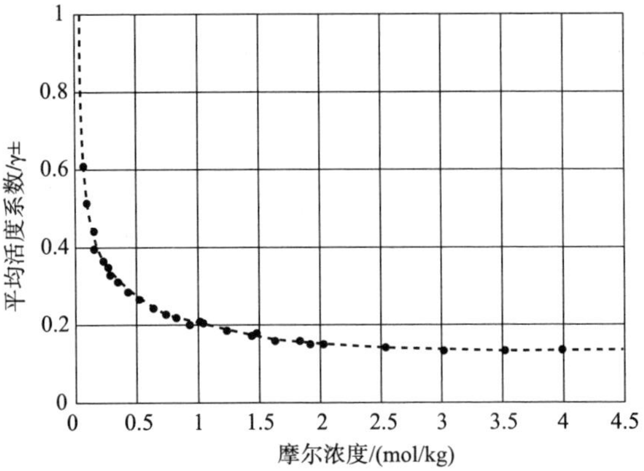

图 7.6 利用 LIQUAC 得到的 298.15K 下，Na_2SO_4 的平均离子活度系数的实验值和预测值

资料来源：Dortmund Data Bank[22]

例 7.4 根据例 7.3 所示的结果，对于相同的组成和温度，计算水的渗透系数。

解：

对于渗透系数的计算，需要利用之前的特性和参数，用 LIQUAC 方程来计算不同部分(LR、MR、SR)。

得到的不同部分：

$\ln\gamma_{H_2O}^{SR} = 0.02023$

$\ln\gamma_{H_2O}^{MR} = -0.00856$

$\ln\gamma_{H_2O}^{LR} = 0.01606$

利用这些值可以直接用方程(7.120)计算水的活度系数和渗透系数：

$\ln\gamma_{H_2O} = 0.02023 - 0.00856 + 0.01606 = 0.02769$

$\gamma_{H_2O} = 1.0281$

使用方程(7.42)，渗透系数 ϕ 的数值为：

$$\phi = -\frac{\ln a_{H_2O}}{M_{H_2O}\sum\limits_{j\neq H_2O} m_j} = -\frac{\ln(0.925 \cdot 1.0281)}{18.015\text{g/mol}(1.5+3)\text{mol/kg}} = 0.6198$$

这个值与实验值吻合，如图 7.7 所示，温度为 298.15K 时，水的实验渗透系数为 Na_2SO_4 浓度的函数。基于 UNIFAC 方法的相应基团贡献模型称为 LIFAC，由 Yan 等人[23]提出。两种型号的版本(LIQUAC 和 LIFAC)分别由 Kiepe 等人[24]提出。它用于精确计算高浓度的强电解质平均活度系数。

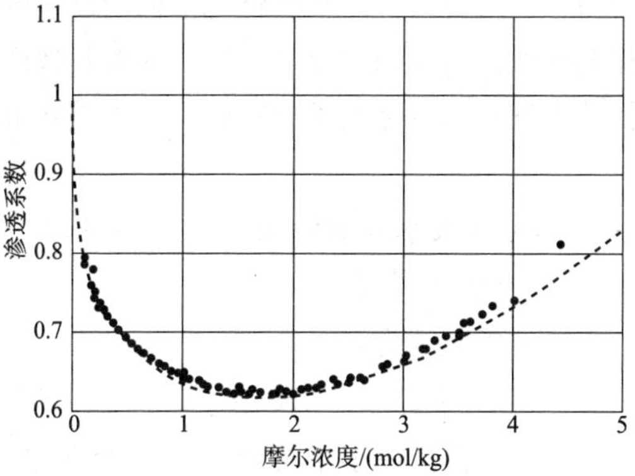

图 7.7　298K 下，水的渗透系数与 Na_2SO_4 浓度的函数

实验资料来源：Dortmund Data Bank[22]。

7.3.6　MSA 模型

在过去的十年中，电解质的统计热力学不断发展。平均球近似理论(MSA)可以产生具有一定物理意义的参数的解析表达式(例如：离子直径)。为了保持 NRTL 电解质模型的优势并克服其困难，Kunz 和其同事[25]成功地使 MSA 理论与 NRTL 方程结合。

因为离子的参考状态不是纯水溶液而是溶剂混合物中离子的无限稀释，所以不再需要 Born 项。因此，MSA－NRTL 只有两个参数：

$$\ln\gamma_i^* = \ln\gamma_i^{*,\mathrm{NRTL}} + \ln\gamma_i^{*,\mathrm{MSA}} \qquad (7.125)$$

在文献[25]中给出了精确的计算方程，其中也证明了满足 Gibbs－Duhem 方程。此外，NRTL 参数已被拟合到深度 30mol/kg 的许多体系中。与离子直径一同列在文献[25]中。渗透和平均离子活性系数可以在许多系统中很好地再现。此外，二元体系的参数已相继应用于三元体系，但二元溶剂混合物中的盐会引起 NRTL 电解质模型的问题[25]。

7.4　解离平衡

原则上，电解质的解离符合第 12 章所述的常规化学反应的质量作用规律。为了对其进行验证，需要形成所涉及的化合物的 Gibbs 能。对于一些最重要的电解质化合物，它们列于附录 D。

目前，在现代过程模拟程序中，自动生成了可行的电解质反应和平衡计算方程。为了简化化学反应，使用者只需尽可能地检查反应，即消除平衡常数极高或极低的平衡反应，因为在这些情况下，平衡将完全偏向反应的一侧。将这些反应视为平衡反应，往往会导致计算时间的急剧增加，并对收敛产生不良影响。

下一节将概述特殊类型解离平衡的重要基础，以确保对电解液过程模拟结果的适当解释。

最难理解的电解质反应是水本身的解离，尽管在过程模拟中通常可以忽略它，然而，这对于理解 pH 值是必要的。

为了简单起见，水的离解表述为：

$$H_2O(L) \rightleftharpoons H^+ + OH^-$$

上式忽略了质子(H^+)不能存在于水溶液中。因为它总是附着在水分子上，形成 H_3O^+ 复合物。

化学平衡可以写为：

$$K_{H_2O}(T) = \exp\left[-\frac{\mu_{H^+}^{*m} + \mu_{OH^-}^{*m} - \mu_{L,H_2O}}{RT}\right] = \frac{a_{H^+}^{*m} a_{OH^-}^{*m}}{a_{L,H_2O}} \tag{7.126}$$

由于：

$\mu_{L,H_2O} = \Delta g_{f,H_2O}^0 = -237129 J/mol$

$\mu_{OH^-}^{*m} = \Delta g_{f,OH^-}^0 = -157244 J/mol$

$\mu_{H^+}^{*m} = \Delta g_{f,H^+}^0 = 0$

可确定质量摩尔浓度情况下的离解常数为：

$$K_{H_2O}(T) = \exp\left(\frac{\Delta g_R^0}{RT}\right) = \exp\frac{-79885}{8.31433 \cdot 298.15} = \frac{a_{H^+}^{*m} a_{OH^-}^{*m}}{a_{L,H_2O}} = 1.0105 \cdot 10^{-14}$$

在 $T_0 = 298.15K$。显然，只有少量的水被解离。因此，水可以作为纯成分，$a_{L,H_2O} = 1$，离子可以被认为是理想的稀释。

$\gamma_{H^+}^{*m} = \gamma_{OH^-}^{*m} = 1$

给出 $T = T_0$：

$$m_{H^+} m_{OH^-} = 1.011 \cdot 10^{-14} mol^2/kg^2 \tag{7.127}$$

并且：

$$m_{H^+} = m_{OH^-} \tag{7.128}$$

$$m_{H^+} = m_{OH^-} = 1.055 \cdot 10^{-7} mol/kg \tag{7.129}$$

由于解离是吸热的，K_{H_2O}随温度的升高而增加，从而导致更高的解离速率。

pH 值定义如下：

$$pH = -\log a_{H^+}^{*m} \tag{7.130}$$

根据方程(7.129)在298.15K，pH =7代表纯水。如果加入酸，引入额外的H^+离子，根据方程(7.127)降低OH^-的浓度，因此，pH会降低。如果加入碱性物质，引入额外的OH^-离子，降低H^+浓度，因此可以提高pH值。

商业应用的模拟器通过求解所涉及的电解质反应的平衡方程来计算H^+离子浓度从而评估pH值；这通常是自动完成的并且与用户无关。

例7.5 如文献[26]所述，解释通过逐步添加Na_2CO_3和HCl去除换热器中$CaSO_4$层。$CaSO_4 \cdot 2H_2O$的影响可以忽略不计。

解决方案：

$CaSO_4$和$CaCO_3$在$\vartheta = 25℃$时的溶解产物为[27]：

$K_{sp}(CaCO_3) = 10^{-8}(mol/kg)^2$

$K_{sp}(CaSO_4) = 6.1 \cdot 10^{-5}(mol/kg)^2$

在开始时，水溶液根据溶解度，有饱和$CaSO_4$产生。加入Na_2CO_3，$CaCO_3$的溶度积几乎立刻超标，一层固体$CaCO_3$将形成。$CaSO_4$溶液不再饱和，因为大部分Ca^{2+}离子已经从水溶液中去除。因此，额外的$CaSO_4$将被溶解，不断循环后，根据其溶度积几乎所有的Ca^{2+}离子都停留在固体$CaCO_3$层，而硫酸盐离子则完全溶解在水溶液中。我们的解决方案。从换热器表面去除$CaCO_3$层没有问题。加入盐酸后，Ca^{2+}离子被溶解：

$$CaCO_3(S) + 2H^+ + 2Cl^- \longrightarrow Ca^{2+} + H_2O + CO_2(G) + 2Cl^-$$

由于气体CO_2是通过脱气从溶液中去除的，所以这种反应不是平衡限制反应。

7.5 盐对气－液平衡行为的影响

有机成分在水中的溶解度通常会受到添加电解质的显著影响。例如，如果在1kg水中加入1mol氯化钠，苯的溶解度减少约30%，氮减少约25%[28]。这种溶解度的降低称为盐析效应。此外，还存在盐溃效应。例如，添加烷基铵盐可以增加甲烷在水中的溶解度[28]。

图7.8说明了盐析效应，电解质的加入意味着在这种情况下，溶剂1的分子被电解质所吸引。因此，可用于溶解2分子的1分子减少。溶剂1分子从气相中凝结，使溶剂1的液体浓度增加，并增加溶剂2的气相浓度。换句话说，溶剂2已经发生盐析。

图7.9显示了盐析效应的可能技术应用。在环境压强下，乙酸甲酯－甲醇形成一个狭窄的沸腾系统，共沸物很难分离(图7.9a)。通过加入约10%(mol)的硝

酸锂，由于乙酸甲酯的盐析作用，共沸物消失(图7.9b)，通过精馏可以与甲醇分离。这种工艺的缺点是在下一步中，甲醇必须与盐分离，这在热力学方面很容易，但会引起腐蚀问题。然而，文献[31]也讨论了类似的工艺步骤。

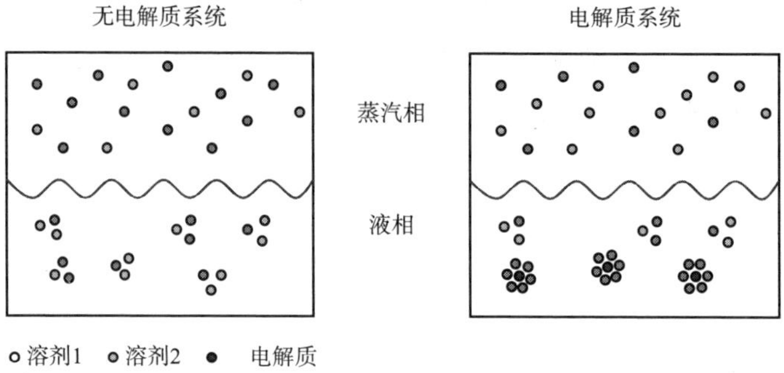

图7.8　盐对气－液平衡行为的影响

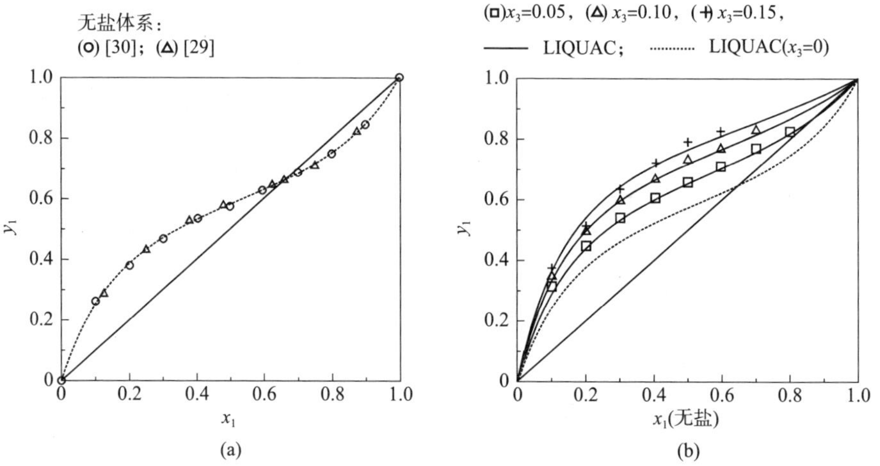

图7.9　三元体系乙酸甲酯(1)－甲醇(2)－$LiNO_3$(3)在101.33kPa时的气－液平衡图

资料来源：Vasileva et al. 1983[29] and Topphoffff et al. 2001[30].

7.6　复杂电解质系统

对含有几种形成电解质平衡的物质的溶液的热力学计算需要非常仔细的方法。与传统的气－液平衡(VLE)计算相比，了解子系统并不一定能得到令人满意的表示。此外，即使是新的组分也可以形成，并且这些组分不发生在子系统中。

一个众所周知的例子是测定二氧化碳和氨在含盐废水系统中的同时溶解度。由于涉及一种酸性气体(CO_2)和一种碱性气体(NH_3)，它们可以与非挥发性离子反应，从而大大提高这些气体的溶解度。图7.10列出了在$CO_2-NH_3-H_2O$体系中发生的反应。混合物的电解质特性主要由氨基甲酸盐离子NH_2COO—的形成决定，这是无法预测的常规电解质解离反应。

类似在CO_2－MEA（单乙醇胺）$-H_2O$和CO_2－MDEA（甲基二乙醇胺）$-H_2O$体系中发生的反应是具有重要技术性的。在从烟气中去除二氧化碳时，为MEA反应提供氨基甲酸酯离子：

$$2NH_2CH_2CH_2OH + CO_2 \rightleftharpoons NH_3^+CH_2CH_2OH + COO^-NHCH_2CH_2OH$$

以及二氧化碳在MDEA反应中的正常解离反应：

$$CH_3N(CH_2CH_2OH)_2 + H_2O + CO_2 \rightleftharpoons CH_3NH^+(CH_2CH_2OH)_2 + HCO_3^-$$

详情见文献[32－35，42]。

关于复杂电解质平衡的参数化的更多信息可以从文献[35－41]中获得。

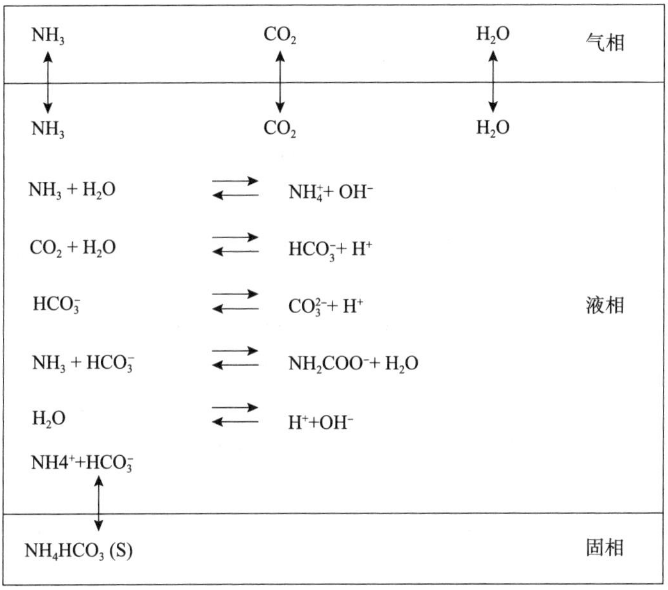

图7.10 体系$CO_2-NH_3-H_2O$的相和反应平衡

问题：

7.1 计算硫代硫酸钠在0.1mol/L水溶液中所有真实组分的摩尔分数，假设完全解离是有效的吗？

7.2 计算平均离子摩尔度［方程(7.23)］和摩尔离子强度［方程(7.47)］：

(a)1mol/L氯化氢水溶液。

(b)0.01mol/L硫酸乙醇溶液。

假设电解质化合物的总解离。

7.3 搜索 Dortmund 数据库(DDB)(免费资源管理器版本)，以获得体系水－氯化钠的渗透系数。根据 333K 的数据，计算溶剂的活度系数作为盐质量摩尔浓度的函数。

7.4 搜索 DDB(免费资源管理器版本)，以获得体系甲醇－氯化钠的气－液平衡数据。计算甲醇作为盐浓度函数的活度系数。

7.5 搜索 DDB(免费资源管理器版本)，以获得氯化钠在氯化钾－水系统中的盐溶解度数据。绘制并解释实验数据。

7.6 计算 NaOH 水溶液在 $\vartheta = 100℃$ 下的饱和压强，NaOH 浓度为 10%、30% 和 50%。使用电解质 NRTL 模型。在示例 7.2 中给出了必要的参数。

7.7 计算 H_2SO_4 水溶液在 H_2SO_4 浓度分别为 10% 和 30%，$\vartheta = 100℃$ 处的饱和压强。使用电解质 NRTL 模型。所需参数可在 www. ddbst. com 上下载)。

7.8 用电解质 NRTL 模型计算 20% NaCl 溶液在 $\vartheta = 80℃$ 处的液体比热容。所需参数可从 www. ddbst. com 下载。

参考文献

1 Luckas, M. and Krissmann, J. (2001). *Thermodynamik der Elektrolytlösungen.* Berlin, Heidelberg: Springer.

2 Polka, H. M. (1993). Experimentelle Bestimmung und Berechnung von Dampf – Flüssig – Gleichgewichten für Systeme mit starken Elektrolyten. PhD thesis. University of Oldenburg, Oldenburg, Germany.

3 Maurer, G. (2004). Electrolyte solutions. In: *Thermodynamics for Environment* (ed. P. Giericz and S. Malanowski). Warszawa: Information Processing Centre.

4 Moore, W. J. and Hummel, D. O. (1986). *Physikalische Chemie.* Berlin, New York: Walter de Gruyter.

5 Bromley, L. A. (1973). *AIChE J.* 19: 313 – 320.

6 Pitzer, K. S. (1973). *J. Phys. Chem.* 77: 268 – 277.

7 Pitzer, K. S. and Mayorga, G. (1973). *J. Phys. Chem.* 77: 2300 – 2308.

8 Pitzer, K. S. (1977). *Acc. Chem. Res.* 10: 371.

9 Pitzer, K. S. and Kim, J. J. (1974). *J. Am. Chem. Soc.* 78: 5701 – 5706.

10 Pitzer, K. S. (1979). *Activity Coeffiffifficients in Electrolyte Solutions*, Chapter 7, vol. 1. Boca Raton: CRC Press.

11 Rosenblatt, G. M. (1981). *AIChE J.* 27: 619 – 626.

12 Zemaitis, J. F., Clark, D. M., Rafal, M., and Scrivner, N. C. (1986). *Handbook of Aqueous Electrolyte Thermodynamics.* New York: AIChE.

13 Pitzer, K. S. (1991). *Activity Coeffiffifficients in Electrolyte Solutions*. Boca Raton: CRC Press.

14 Austgen, D. M., Rochelle, G. T., Peng, X., and Chen, C. C. (1989). *Ind. Eng. Chem. Res.* 28: 1060 - 1073.

15 Chen, C. C., Britt, H. I., Boston, J. F., and Evans, L. B. (1982). *AIChE J.* 28: 588 - 596.

16 Chen, C. C. and Evans, L. B. (1986). *AIChE J.* 32: 444 - 454.

17 Renon, H. and Prausnitz, J. M. (1968). *AIChE J.* 14: 135 - 145.

18 Pitzer, K. S. (1980). *J. Am. Chem. Soc.* 102: 2902 - 2906.

19 Wikipedia en. wikipedia. org/wiki/Relative_ permittivity. (accessed January 2011).

20 Krey, J. (1972). *Z. Phys. Chem.* 81: 252 - 273.

21 Li, J., Polka, H. M., and Gmehling, J. (1994). *Fluid Phase Equilib.* 94: 89 - 114.

22 Dortmund Data Bank www. ddbst. com. (accessed January 2011).

23 Yan, W. D., Topphoffff, M., Rose, C., and Gmehling, J. (1997). *Fluid Phase Equilib.* 162: 97 - 113.

24 Kiepe, J., Noll, O., and Gmehling, J. (2006). *Ind. Eng. Chem. Res.* 45: 2361 - 2373.

25 Papaiconomou, N., Simonin, J. P., Bernard, O., and Kunz, W. (2002). *Phys. Chem. Chem. Phys.* 4: 4435 - 4443.

26 Neumaier, R. (1971). *Handbuch neuzeitlicher Pumpenanlagen*, 3e. Freiburg: Lederle oHG.

27 Rauscher, K., Voigt, J., Wilke, I., and Wilke, K. T. (1982). *Chemische Tabellen und Rechentafeln für die analytische Praxis*, 7e. Frankfurt: Verlag Harri Deutsch.

28 Maurer, G. (1983). *Fluid Phase Equilib.* 13: 269 - 296.

29 Vasileva, I. I., Marinicheva, A. N., and Susarerv, M. P. (1983). *Vestn. Leningr. Univ. Fiz. Khim.* 113 - 114.

30 Topphoffff, M., Kiepe, J., and Gmehling, J. (2001). *J. Chem. Eng. Data* 46: 1333 - 1337.

31 Ligero, E. L. and Ravagnani, T. M. K. (2003). *Chem. Eng. Process.* 42: 543 - 552.

32 Rolker, J. and Arlt, W. (2006). *Chem. Ing. Tech.* 78: 416 - 424.

33 Rudolph, J. (2006). *Chem. Ing. Tech.* 78: 381 - 388.

34 Bishnoi, S. and Rochelle, G. T. (2002). *Ind. Eng. Chem. Res.* 41: 604 - 612.

35 Jödecke, M. (2004). Experimentelle und theoretische Untersuchungen zur Löslichkeit von Kohlendioxid in wässrigen, salzhaltigen Lösungen mit organischen Komponenten. PhD thesis. Shaker Verlag.

36 Jödecke, M., Xia, J., Perez - Salado Kamps, A., and Maurer, G. (2003). *Chem. Ing. Tech.* 75: 376 - 379.

37 Bieling, V., Rumpf, B., Strepp, F., and Maurer, G. (1989). *Fluid Phase Equilib.* 53: 251 - 259.

38 Göppert, U. and Maurer, G. (1988). *Fluid Phase Equilib.* 41: 153 - 185.

39 Lichtfers, U. and Rumpf, B. (2000). *Chem. Ing. Tech.* 72: 1526 - 1530.

40 Müller, G., Bender, E., and Maurer, G. (1988). *Ber. Bunsenges. Phys. Chem.* 92: 148 - 160.

41 Xia, J., Rumpf, B., and Maurer, G. (1999). *Fluid Phase Equilib.* 165: 99 - 119.

42 Lemoine, B., Li, Y. G., Cadours, R. et al. (2000). *Fluid Phase Equilib.* 172: 261 - 277.

43 A. Mohs. Private communication.

8 固体－液体平衡

8.1 介绍

除蒸馏、吸收和萃取外，结晶也经常应用于分离过程中。如果组分具有非常低的蒸气压(如：盐、活性药物成分[APIs])或在较高温度下分解更加可以使用。此外，如果分离因子显示接近统一的值，并且不像同分异构体那样受到夹带剂的明显影响，则结晶与蒸馏相比具有优势，例如，间二甲苯/对二甲苯。

在工艺技术上可以区分为熔融结晶和溶液结晶。熔融结晶的一个例子是从二甲苯混合物中分离对二甲苯，用于生产聚对苯二甲酸乙二醇酯(PET)。溶液结晶借助适当的溶剂或溶剂混合物，可应用于API纯化，或从水溶液中结晶盐。

对于结晶过程的合成和设计，了解固－液平衡(SLE)行为和固体在溶剂或溶剂混合物中的溶解度是特别重要的。此外，还需要关于亚稳区成核和晶体生长的可靠动力学信息。还需要有关SLE行为和驱动力的信息，以避免阻塞管道或其他工艺单元。

SLE行为比其他相平衡更为复杂，例如气－液平衡(VLE)或液－液平衡(LLE)，因为可能需要考虑到有限的固溶体的相容性、多态性和固态纯溶剂的形成、固态中或多或少稳定的分子间化合物的形成或LLE的发生。

这意味着必须区分不同类型的SLE，这主要取决于组分在固相中的互溶性。在固相中没有部分和全部混溶的体系，固溶体的形成主要取决于化合物2的晶格结构与化合物1的晶格结构的匹配程度。因此，只有当物质具有相同的晶体结构和尺寸时，才会发生完全的固体溶解。

固溶体的形成有两种方式。在替代固溶体中，化合物2可以占据化合物1的晶格位置，只要晶体可以容纳化合物2，而不改变其基本结构。例如，钼－钨体系在固相中表现出完全互溶性，因为这两种金属都有一个体心立方晶格，距离几乎相同，2.72Å或2.73Å。一般来说，二元体系对必须具有这些特性才能完全混溶。具有这些特性的二元体系相对较少，在合金(惰性气体)中比在有机化合物混合物中更多。

此外，液体和固相中的真实行为对 SLE 行为也有影响。在某些情况下，形成一种或多种固体化合物同时可出现混溶间隙，因此，许多物质以一种以上的晶体形式出现。这种现象被称为化合物的多态性和元素的同素性。如果过渡曲线位于稳定状态区域内，则这种现象称为对映体，在亚稳区称为单变性。

文献[1,2]详细讨论了 SLE 的不同类型，甚至是复杂的 SLE。因为凝聚相对压强不太敏感，一些最重要的 SLE 图以 Tx 图的形式显示在图 8.1 中(这对于压强达到几个 bar 是正确的。但较高的压强会导致不同的熔点和共熔成分[见第 3.2.4 节]，这可用于克服压强摆动结晶过程的缺点)。在图 8.1(a)中，显示了简单共熔体系苯－萘的 SLE 行为。这是有机化合物中最广泛的 SLE 行为。在这种简单的共熔体系中，固相不形成混合晶体，共熔温度低于组成组分的熔点。固相完全不混溶的简单共熔体系在分离技术中具有特殊的重要性，因为这些体系在理论阶段就足以获得纯化合物。

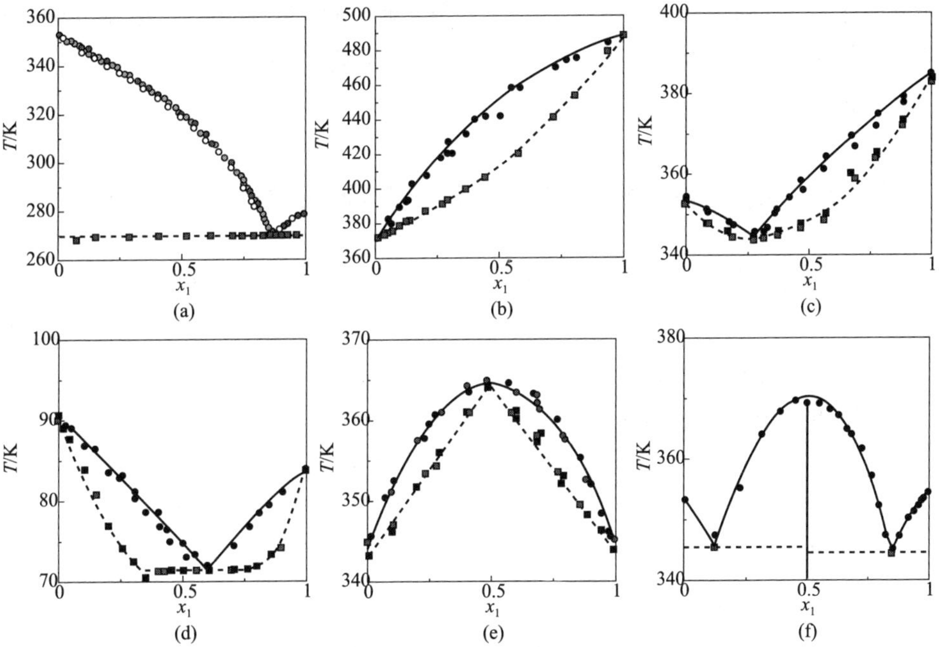

图 8.1　选定类型的 SLE

(a)苯(1)－萘(2)；(b)蒽(1)－菲(2)；(c)2－氨基萘(1)－萘(2)；
(d)氩(1)－甲烷(2)；(e)D－氯肟(1)－L－氯肟(2)

在冶金中，低熔点共熔混合物通常用于焊接。由 50% Bi、10% Cd、26.7% Pb 和 13.3% Sn 组成的四组分共熔混合物，被称为木材金属，显示出非常低的共熔温度(～70℃)。

除共熔体系外，还有其他 SLE 形成固溶体。体系蒽－菲具有接近理想的液体和固相的混合行为，在固相中表现出全相容性[见图 8.1(b)]。随着参与相的真实行为的增加，液相线(液相线是 *Tx* 图中的温度轨迹，上面只有液体是稳定的)和固相线(固体线是 *Tx* 图中的温度轨迹，下面只有固体是稳定的)的曲率变得不同。如果在液相或固相中偏离理想行为变得非常剧烈，甚至可以达到极端温度，例如，在图 8.1(c)，对体系萘胺－萘观察到温度最低值。体系氩－甲烷也有一个温度最低值[见图 8.1(d)]。但与萘胺－萘体系不同的是氩－甲烷体系在固相中仅表现出部分相容性。除了温度最低的体系，也可以观察到温度最高的体系。例如，对映异构体体系 d－卡伏肟－l－卡伏肟在固相中表现出全相容性，但温度最高，这是因为固相与 Raoult 定律的正偏差小于液相[见图 8.1(e)]。有时还观察到在固体中形成具有一致熔点的分子间化合物。对于萘－2，4，6－三硝基甲苯体系，SLE 行为如图 8.1(f)所示。在固体状态下形成分子间化合物可应用于结晶分离体系。工业上的一个例子是利用四氯化碳将对二甲苯与间二甲苯分离，四氯化碳与对二甲苯形成 1∶1 复合物。而且，大多数(>90%[3])对映体形成外消旋化合物。

8.2 固－液平衡计算的热力学关系

对于其他所有相平衡，等容条件下 SLE 的计算从[公式(8.1)]开始：

$$f_i^{\mathrm{L}} = f_i^{\mathrm{S}} \tag{8.1}$$

其中 L 是液相的指数，S 是固相的指数。

逸度可以用液相 L 和固相 S 的活度系数和标准逸度来描述：

$$x_i^{\mathrm{L}}\gamma_i^{\mathrm{L}}f_i^{0\mathrm{L}} = x_i^{\mathrm{S}}\gamma_i^{\mathrm{S}}f_i^{0\mathrm{S}} \quad \text{或} \quad \frac{x_i^{\mathrm{L}}\gamma_i^{\mathrm{L}}}{x_i^{\mathrm{S}}\gamma_i^{\mathrm{S}}} = \frac{f_i^{0\mathrm{S}}}{f_i^{0\mathrm{L}}} \tag{8.2}$$

在简单共熔体系中[图 8.1(a)，固态完全不混溶]，固体纯组分结晶，这意味着 f_i^{S} 与 $f_i^{0\mathrm{S}}$ 相同：

$$x_i^{\mathrm{L}}\gamma_i^{\mathrm{L}}f_i^{0\mathrm{L}} = f_i^{0\mathrm{S}} \quad x_i^{\mathrm{L}}\gamma_i^{\mathrm{L}} = \frac{f_i^{0\mathrm{S}}}{f_i^{0\mathrm{L}}} \tag{8.3}$$

为了能够计算在液相和固相中的溶解度，假设的液体和固体在系统温度下是必需的，只需计算 γ_i^{L} 和 γ_i^{S} 的活度系数和标准逸度比($f_i^{0\mathrm{S}}/f_i^{0\mathrm{L}}$)。由于标准逸度 $f_i^{0\mathrm{L}}$ 和 $f_i^{0\mathrm{S}}$ 与过冷液体的蒸气压和升华压强几乎相同，给定温度下的溶解度可由假设(过冷)液体的蒸气压和固体的升华压直接计算得出。例如，萘的蒸气压和升华压作为温度的函数，如图 8.2 所示。从图 8.2 可以看出，在熔点时，假设液体升华压与蒸气压的比值等于1，在较低的温度下变得小于1。

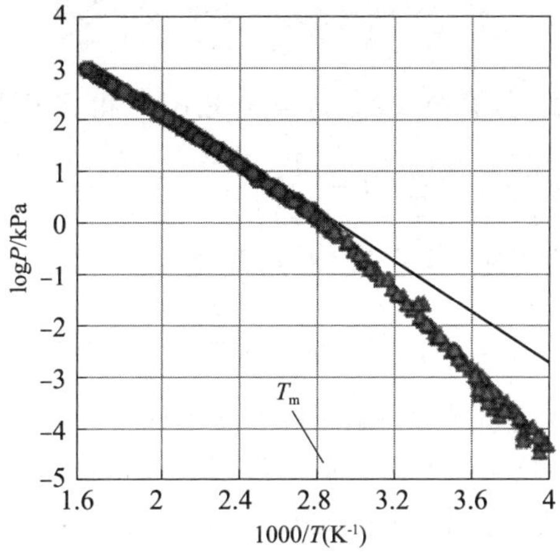

图8.2 假设萘为液体时的蒸气压和升华压

通过图8.3所示的热力学循环，可以获得所需的标准逸度(蒸气压)的比值。

利用基本热力学，标准逸度的比率可以直接用Gibbs能的变化来表示(步骤Ⅳ)：

$$\Delta g_{\mathrm{IV}}=RT\ln\frac{f_i^{0\mathrm{L}}}{f_i^{0\mathrm{S}}} \tag{8.4}$$

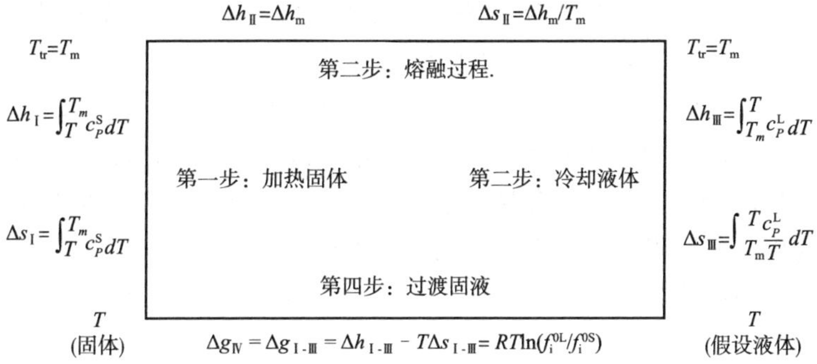

图8.3 标准逸度 $f_i^{0\mathrm{L}}/f_i^{0\mathrm{S}}$ 比值表达式的热力学循环

Gibbs能的变化 Δg_{IV} 也可以通过步骤Ⅰ－Ⅲ的焓和熵的变化得到：

$$\Delta g_{\mathrm{IV}}=\Delta g_{\mathrm{I-III}}=\Delta h_{\mathrm{I-III}}-T\Delta s_{\mathrm{I-III}} \tag{8.5}$$

简化后，对于三重点的固液相转变，熔化温度 T_{m} 与三点温度 T_{tr} 几乎相同，熔化热 Δh_{m} 与焓变近似相同，得到了组分 i 的焓和熵变(步骤Ⅰ－Ⅲ)的表达式：

$$\Delta h_{\mathrm{I-III}}=\int_T^{T_{\mathrm{m},i}}c_{P,i}^{\mathrm{S}}\mathrm{d}T+\Delta h_{\mathrm{m},i}+\int_{T_{\mathrm{m},i}}^{T}c_{P,i}^{\mathrm{L}}\mathrm{d}T=\Delta h_{\mathrm{m},i}+\int_{T_{\mathrm{m},i}}^{T}\Delta c_{P,i}\mathrm{d}T$$

$$\Delta s_{\mathrm{I-III}} = \int_{T}^{T_{\mathrm{m},i}} \frac{c_{P,i}^{\mathrm{S}}}{T}\mathrm{d}T + \frac{\Delta h_{\mathrm{m},i}}{T_{\mathrm{m},i}} + \int_{T_{\mathrm{m},i}}^{T} \frac{c_{P,i}^{\mathrm{L}}}{T}\mathrm{d}T = \frac{\Delta h_{\mathrm{m},i}}{T_{\mathrm{m},i}} + \int_{T_{\mathrm{m},i}}^{T} \frac{\Delta c_{P,i}}{T}\mathrm{d}T \tag{8.6}$$

其中 $\Delta c_{P,i} = c_{P,i}^{\mathrm{L}} - c_{P,i}^{\mathrm{S}}$

假设热容差是常数，结合公式(8.3)～式(8.6)，得到了计算 SLE 的一般关系：

$$-\ln\frac{x_i^{\mathrm{L}}\gamma_i^{\mathrm{L}}}{x_i^{\mathrm{S}}\gamma_i^{\mathrm{S}}} = \ln\frac{f_i^{0\mathrm{S}}}{f_i^{0\mathrm{L}}} = \frac{\Delta h_{\mathrm{m},i}}{RT}\left(1-\frac{T}{T_{\mathrm{m},i}}\right) - \frac{\Delta c_{P,i}(T_{\mathrm{m},i}-T)}{RT} + \frac{\Delta c_{P,i}}{R}\ln\frac{T_{\mathrm{m}}}{T} \tag{8.7}$$

在简单共晶体系的情况下，公式(8.7)简化为：

$$-\ln x_i^{\mathrm{L}}\gamma_i^{\mathrm{L}} = \ln\frac{f_i^{0\mathrm{L}}}{f_i^{0\mathrm{S}}} = \frac{\Delta h_{\mathrm{m},i}}{RT}\left(1-\frac{T}{T_{\mathrm{m},i}}\right) - \frac{\Delta c_{P,i}(T_{\mathrm{m},i}-T)}{RT} + \frac{\Delta c_{P,i}}{R}\ln\frac{T_{\mathrm{m}}}{T} \tag{8.8}$$

接近熔点时，热容量差异的贡献可以忽略不计，因为正负值的原因，这两种贡献有抵消的趋势。忽略了这些因素后，得到了一个非常简单的关系，其中除了活度系数 γ_i 外，SLE 的计算需要融合 $\Delta h_{\mathrm{m},i}$和熔化温度 $T_{\mathrm{m},i}$：

$$\ln\frac{x_i^{\mathrm{L}}\gamma_i^{\mathrm{L}}}{x_i^{\mathrm{S}}\gamma_i^{\mathrm{S}}} = -\frac{\Delta h_{\mathrm{m},i}}{RT}\left(1-\frac{T}{T_{\mathrm{m},i}}\right) \tag{8.9}$$

在共晶体系的情况下，可以得到：

$$\ln x_i^{\mathrm{L}}\gamma_i^{\mathrm{L}} = -\frac{\Delta h_{\mathrm{m},i}}{RT}\left(1-\frac{T}{T_{\mathrm{m},i}}\right) \tag{8.10}$$

8.2.1　简单共晶体系的固－液平衡

根据式(8.10)，在简单共晶系统的情况下，如果除了熔解焓和熔化温度外，还可以计算出固态化合物在液相 x_i^{L} 中的溶解度，即活度系数。根据式(8.10)，即使是类似的化合物，例如蒽和菲，由于不同的纯组分性质 Δh_{m} 和 T_{m}，在不同的溶剂中能表现出不同的溶解度。化合物的溶解度随着温度的降低，熔化温度的升高，熔化焓的增加而降低，和拉乌尔定律的正偏差越来越大。如果在所考虑的温度和熔化温度之间发生固相转变，则在热力学循环中必须考虑这些焓和熵效应(图 8.3)。忽略比热容差项，可以导出简单共晶体系的下列方程：

$$\ln x_i^{\mathrm{L}}\gamma_i^{\mathrm{L}} = -\frac{\Delta h_{\mathrm{m},i}}{RT}\left(1-\frac{T}{T_{\mathrm{m},i}}\right) - \sum\frac{\Delta h_{\mathrm{trs},i}}{RT}\left(1-\frac{T}{T_{\mathrm{trs},i}}\right) \tag{8.11}$$

在这种情况下，对于固体溶解度 x_i^{L} 的计算，需要更多关于过渡温度 T_{trs}和转变 Δh_{trs}的信息。

例 8.1　计算 20℃时蒽和菲在苯中的溶解度。计算假定二元体系表现出理想的混合状态($\gamma_i = 1$)：

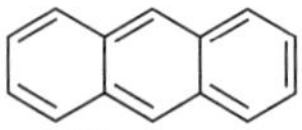

蒽

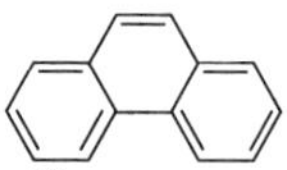

菲

纯组分性质：

	T_m/K	Δh_m/(J/mol)
蒽	489.6	28860
菲	369.4	18640

解：

· 蒽：

$$\ln x_i = -\frac{28860}{8.31433 \cdot 293.15}\left(1-\frac{293.15}{489.6}\right) = -4.7511$$

$x_i = 0.0086$

· 菲：

$$\ln x_i = -\frac{18640}{8.31433 \cdot 293.15}\left(1-\frac{293.15}{369.4}\right) = -1.5785$$

$x_i = 0.2063$

从结果可以看出，化学性质非常相似的化合物蒽和菲的溶解度相差一个数量级以上。由于较高的熔点和较大的熔化焓(较低的标准逸度f_i^{0S})，使得蒽的溶解度大大降低。

例 8.2 计算苯(2)与不同二甲苯异构体(1)的 SLE，假设液相为理想状态。

组分	T_m/K	Δh_m/(J/mol)
苯	278.68	9952
邻二甲苯	247.65	13604
二甲苯	225.35	11544
对二甲苯	286.45	16790

解：

对苯(2)-对二甲苯(1)体系在-10℃下的 SLE 行为进行计算。

· 苯(2)的溶解度：

$$\ln x_2 = -\frac{9952}{8.31433 \cdot 263.15}\left(1-\frac{263.15}{278.68}\right) = -0.2535$$

$x_2 = 0.7761$

· 对二甲苯(1)的溶解度：

$$\ln x_1 = -\frac{16790}{8.31433 \cdot 263.15}\left(1-\frac{263.15}{286.45}\right) = -0.6242$$

$x_1 = 0.5357$

同样，可以计算其他温度和其他二甲苯异构体的溶解度。全部三个体系的结

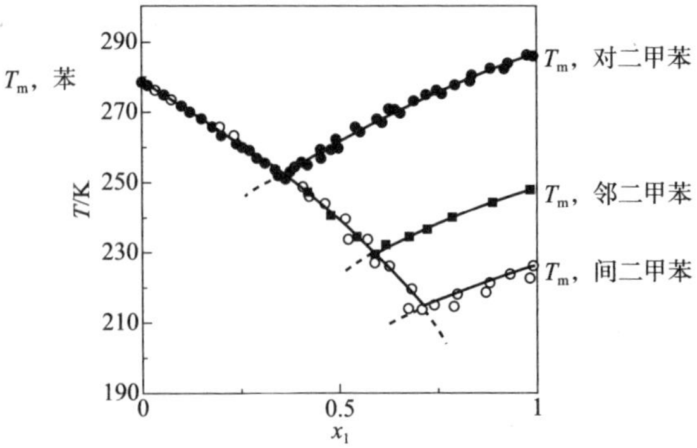

图 8.4 苯(2)与不同二甲苯异构体(1)的实验[4]和计算 SLE

——液相线；----不稳定地区

果及实验结果如图 8.4 所示。结果表明，不仅溶解度良好，共熔点也与实验结果一致。这意味着理想行为的假设对于所考虑的系统是合理的。

在非理想系统的情况下，必须使用从 g^E 模型中获得的活度系数来考虑真实行为，例如基团贡献法，改进的 UNIFAC。当然，所需的活度系数也可以用状态方程或基团贡献状态方程来计算。

例 8.3 计算 260K 时苯(2)在乙醇(1)中的溶解度。液相中的活度系数应由 UNIQUAC 方程确定。UNIQUAC 参数和熔化数据是：

$\Delta u_{12}=-43.0\text{K}$	$r_1=2.1055$	$q_1=1.972$
$\Delta u_{21}=384.09\text{K}$	$r_2=3.1878$	$q_2=2.400$
$\Delta h_{m,2}=9952\text{J/mol}$	$T_{m,2}=278.68\text{K}$	

解：

使用式(8.10)可计算 260K 时液相的活度：

$$\ln x_2\gamma_2=-\frac{9952}{8.31433\cdot 260}\left(1-\frac{260}{278.68}\right)=-0.3086$$

$$x_2\gamma_2=0.7345$$

在理想体系($\gamma_2=1$)的情况下，溶解度为 $x_2=0.7345$。测定 260K 时正确的苯溶解度，摩尔分数 x_2 必须确定，对于该摩尔分数，产品 $x_2\gamma_2$ 导致活度为 $a_2=0.7345$。必须进行迭代计算，因为活度系数 γ_2 取决于组成。在 260K 下，经过几次迭代，得到了以下活度系数和溶解度：

$$\gamma_2=3.0176$$

$$x_2=0.2434$$

$$x_2\gamma_2=0.7345$$

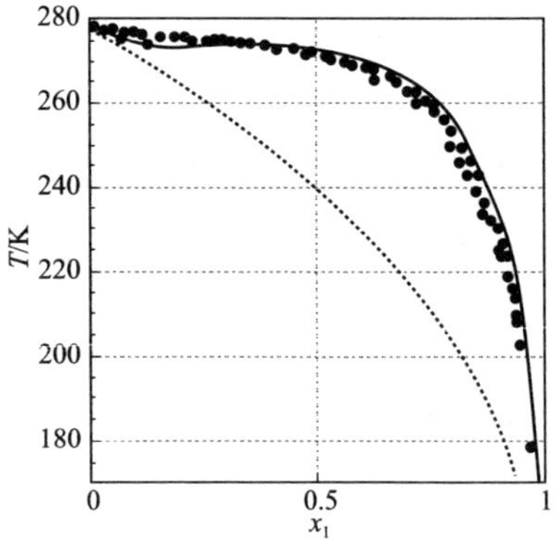

图 8.5 乙醇(1)－苯(2)体系实验与计算的 SLE 行为

·实验[4]；----理想；——UNIQUAC

体系乙醇－苯在整个组成范围内的 SLE 计算结果与实验数据如图 8.5 所示。可以看出，计算结果与实验结果吻合较好。此外，理想行为的假设显然会导致较大的误差。

例 8.4 构造假设共熔行为的三元体系邻二甲苯－间二甲苯－对二甲苯 的 SLE 图。由于考虑了异构化合物，可以假定液相中的理想行为：

组分	T_m/K	Δh_m/(J/mol)
邻二甲苯	247.65	13604
二甲苯	225.35	11544
对二甲苯	286.45	16790

解：

以对二甲苯为例，260K 下的理想溶解度为：

$$\ln x_3 = -\frac{16790}{8.31433 \cdot 260}\left(1 - \frac{260}{286.45}\right) = -0.7172$$

$x_3 = 0.4881$

在理想状态下，这个值与间二甲苯和邻二甲苯的数量无关。整个组成范围的结果如图 8.6 所示。从图中可以看出三元共熔点的最低温度(约 210K)。还可以看出，在较大的组成范围内，纯对二甲苯会结晶，这在实际中可用于分离二甲苯共混物中的对二甲苯。

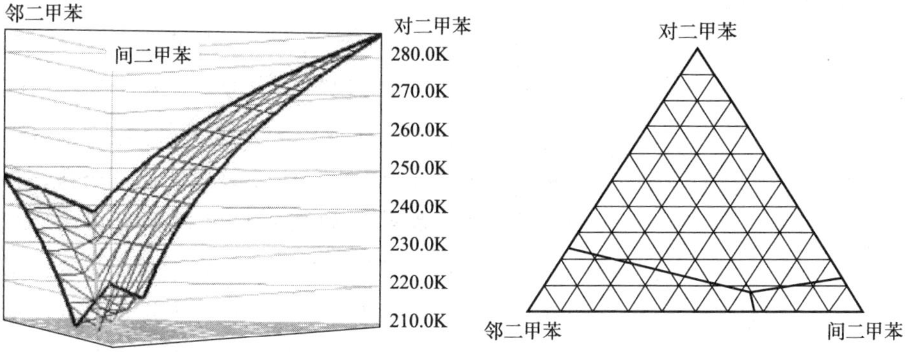

图 8.6 假设理想状态下的三元体系邻二甲苯－间二甲苯－对二甲苯的预测 SLE 图和共熔线

例 8.5 用改进的 UNIFAC 模型和 Wilson 模型计算共熔体系 CCl_4(1)－正辛烷(2)的 SLE 图。考虑 CCl_4 在 225.35K 的相变。

纯组分性质：

组分	T_m/K	Δh_m/(J/mol)	T_{trs}/K	Δh_{trs}/(J/mol)
CCl_4	250.77	2528.4	225.35	4560
正辛烷	216.35	20638	—	—

摩尔体积与 Wilson 交互作用参数 $\Delta\lambda_{ij}$：

组分	摩尔体积/(cm³/mol)	交互作用参数/(cal/mol)
(1) CCl_4	97.09	$\Delta\lambda_{12}=33.81$
(2) 正辛烷	163.54	$\Delta\lambda_{21}=166.1$

解：

当 CCl_4 组分低于转变温度 T_{trs} 时，必须使用公式(8.11)计算，高于此温度时可使用公式(8.10)。

第一步，四氯化碳在 240K 时的溶解度为

$$\ln x_1\gamma_1=-\frac{2528.4}{8.31433\times240}\left(1-\frac{240}{250.77}\right)=-0.0544$$

$x_1\gamma_1=0.9471$

假设为理想状态，计算的溶解度 $x_1=0.9471$。用 Wilson 方程进行迭代得到 $x_1=0.9454(\gamma_1=1.0017)$。这意味着在高浓度下，只观察到对真实行为的微小影响。

下一步，从式(8.11)开始，计算低于 215K 时转变温度的溶解度。

$$\ln x_1\gamma_1=-\frac{2528.4}{8.31433\times215}\left(1-\frac{215}{250.77}\right)-\frac{4560}{8.31433\times215}\left(1-\frac{215}{225.35}\right)=-0.3189$$

$x_1\gamma_1=0.7269$

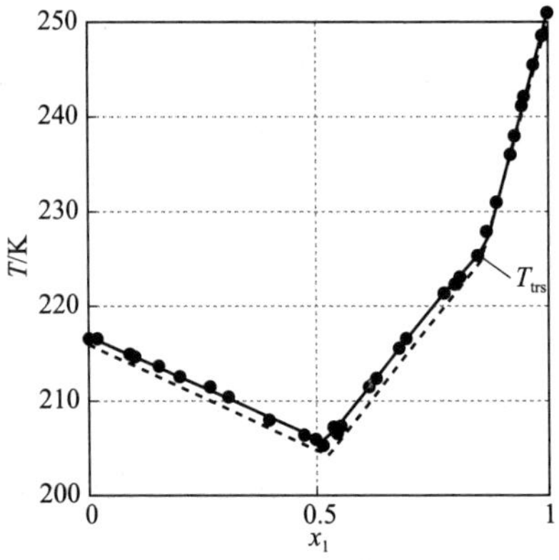

图 8.7 CCl_4(1)－正辛烷(2)系统的实验和预测 SLE 数据

·实验；－－－Wilson；—改进 UNIFAC

考虑到真实行为，迭代得到 $x_1=0.6995$ $(\gamma_1=1.0391)$ 的摩尔分数。对于整个组成范围，SLE 数据的如图 8.7 所示。可以看出，修改后的 UNIFAC 与实验值几乎一致，甚至在温度转变的拐点处也被正确描述。对于 Wilson 方程，可以在低温下识别偏差，因为与修改的 UNIFAC 相反，Wilson 参数没有调整为超额焓，这导致了较大的温度差。

例 8.6 计算萘(3)在 298.15K 乙醇(1)2，2，4－三甲基戊烷(2)的混合物中作为乙醇浓度的函数的理想溶解度。将结果与考虑真实混合物行为的结果进行比较($T_{m,naphthalene}=353.35K$，$\Delta h_{m,naphthalene}=19110J/mol$)。

解：

在本例中，使用式(8.10)在无溶质基础上计算了组成 $x_1=0.5$ 时萘的溶

解度。

$$\ln x_3\gamma_3=\frac{-19110}{8.31433\times298.15}\left(1-\frac{298.15}{353.35}\right)=-1.204$$

$$x_3\gamma_3=0.2999$$

使用改进的 UNIFAC，通过 $x_3\gamma_3=0.2999$ 迭代确定萘的摩尔分数，上述例子结果为 $x_3=0.099974(x_1=\gamma_{13}0.450013)$。对于该组分，计算出活度系数 $\gamma_3=2.9998$。萘在溶剂混合物的整个组成范围内的溶解度和实验值如图 8.8 所示。从图 8.8 可以看出，使用改进的 UNIFAC预测的结果与实验结果非常一致，并且正确描述了随着溶液中 2，2，4－三甲基戊烷浓度的增加使得萘的溶解度增加，与计算出的理想溶解度相差 3～4 倍。

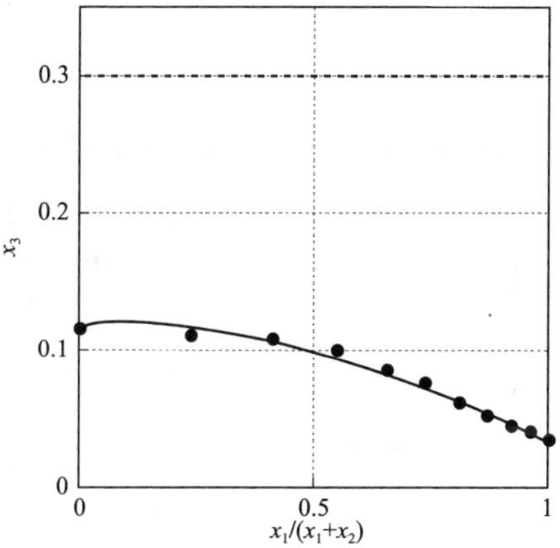

图 8.8　298.15K 下萘(3)在乙醇(1)－2，2，4－三甲基戊烷(2)中实验和预测的溶解度

· 实验；—改进 UNIFAC；---理想溶解度

如前所示，溶解在溶剂(1)中的少量溶质(2)将导致体系的凝固点降低。对于简单共晶体系，可以从式(8.10)直接推导出凝固点降低的表达式，对于稀释的溶质，可以假设为理想行为。

从平衡条件式(8.10)开始，

$$\ln x_1=-\frac{\Delta h_{m,1}}{RT}\left(1-\frac{T}{T_{m,1}}\right)=-\frac{\Delta h_{m,1}}{R}\left(\frac{T_{m,1}-T}{TT_{m,1}}\right)\tag{8.10}$$

当 $x_1=1-x_2$ 时，使用简化后的 x_2，

$$\lim_{x_2\to0}\ln(1-x_2)=-x_2$$

得到

$$x_2=\frac{\Delta h_{m,1}}{RT}\left(\frac{T_{m,1}-T}{T_{m,1}}\right)=\frac{\Delta h_{m,1}\Delta T}{RTT_{m,1}}$$

凝固点 $\Delta T(T\approx T_{m,1})$ 变化较小时，可以写成

$$\Delta T\approx\frac{RT_{m,1}^2}{\Delta h_{m,1}}x_2$$

用 m_2 代替摩尔分数 x_2

$$x_2=\frac{m_2}{m_T},\ m_T\approx m_1\approx\frac{1}{M_1},\ x_2\approx m_2M_1$$

得到计算熔点降低(ΔT)的方程式：

$$\Delta T=\frac{RT_{m,1}^{2}m_2M_1}{\Delta h_{m,1}}=K_{cry}m_2 \tag{8.12}$$

这里可借助溶剂的摩尔质量、熔化温度和溶解焓(1)计算凝固点下降常数 K_{cry}：

$$K_{cry}=\frac{RT_{m,1}^{2}M_1}{\Delta h_{m,1}} \tag{8.13}$$

根据式(8.12)，凝固点下降值与凝固点下降常数和溶质浓度(m_2，mol/kg)成正比。由于溶剂的凝固点下降常数 K_{cry} 取决于摩尔质量、溶解温度 T_m 和溶解焓，因此不同的液体显示不同的值。从式(8.12)可以看出，如果熔解温度和溶解焓是已知的，可以测定摩尔质量未知的化合物的凝固点下降常数。

例 8.7 用下列纯组分数据计算水和萘的凝固点下降常数

组成	T_m/K	Δh_m/(J/mol)
水	273.15	5996.1
萘	353.35	19110

解：

$$K_{cry,water}=\frac{8.31433\times 273.15^2\times 18.015}{5996.1}\frac{J\cdot K^2\cdot molg}{mol\cdot K\cdot J\cdot mol}=1.864\frac{K\cdot kg}{mol}$$

$$K_{cry,naphthalene}=\frac{8.31433\times 353.35^2\times 128.173}{19110}=6.963\frac{K\cdot kg}{mol}$$

可以在文献[5]中找到相似的结果。

8.2.2 固溶体系的固-液平衡

8.2.2.1 理想体系

对于在固相中具有互溶性的系统，即所谓的固溶体，必须使用式(8.9)而不是式(8.10)。在理想体系($\gamma_i=1$)的情况下，整个浓度范围内液相线和固相线上的浓度 x^L 和 x^S 可直接由所涉及化合物的熔解温度 $T_{m,i}$ 和熔解焓 $\Delta h_{m,i}$ 来确定。对于由化合物 1 和 2 组成的二元体系，得到如下关系式：

$$\ln x_1^L=\ln x_1^s-\frac{\Delta h_{m,1}}{RT}\left(1-\frac{T}{T_{m,1}}\right) \tag{8.14}$$

$$\ln(1-x_1^L)=\ln(1-x_1^S)-\frac{\Delta h_{m,2}}{RT}\left(1-\frac{T}{T_{m,2}}\right) \tag{8.15}$$

代入得到 x_1^s：

$$x_1^{\mathrm{S}}=\frac{1-\exp\left[-\frac{\Delta h_{\mathrm{m},2}}{RT}\left(1-\frac{T}{T_{\mathrm{m},2}}\right)\right]}{\exp\left[-\frac{\Delta h_{\mathrm{m},1}}{RT}\left(1-\frac{T}{T_{\mathrm{m},1}}\right)\right]-\exp\left[-\frac{\Delta h_{\mathrm{m},2}}{RT}\left(1-\frac{T}{T_{\mathrm{m},2}}\right)\right]}$$

上式可以用来计算理想体系在固相中总的溶解度。

例 8.8 计算蒽(1)-菲(2)体系的 SLE 数据，假设液相和固相都为理想体系，蒽和菲的纯组分性质可从例 8.1 中得到。

解:

在本例中，在 430 K 的温度下进行计算。使用式(8.16)可以得到

$$x_1^{\mathrm{S}}=\frac{1-\exp\left[-\frac{18640}{8.31433\times430}\left(1-\frac{430}{369.4}\right)\right]}{\exp\left[-\frac{28860}{8.31433\times430}\left(1-\frac{430}{489.6}\right)\right]-\exp\left[-\frac{18640}{8.31433\times430}\left(1-\frac{430}{369.4}\right)\right]}=0.6836$$

使用 x_1^{s} 的值可直接计算液相中的摩尔分数 x_1^{L}:

$$\ln x_1^{\mathrm{L}}=\ln 0.6836-\frac{28860}{8.31433\times430}\left(1-\frac{430}{489.6}\right)=-1.363$$

$$x_1^{\mathrm{L}}=0.2559$$

在整个组成范围内计算得到的 SLE 值如图 8.9 所示。可以看出，理想行为的实验数据和计算数据定性上是一致的。考虑到液相和固相中理想行为的偏差，得到了液相线和固相线的改进结果，如图 8.9 所示，其中液相和固相的 Wilson 参数被拟合到 SLE 数据中(另见第 8.2.2.2 节)

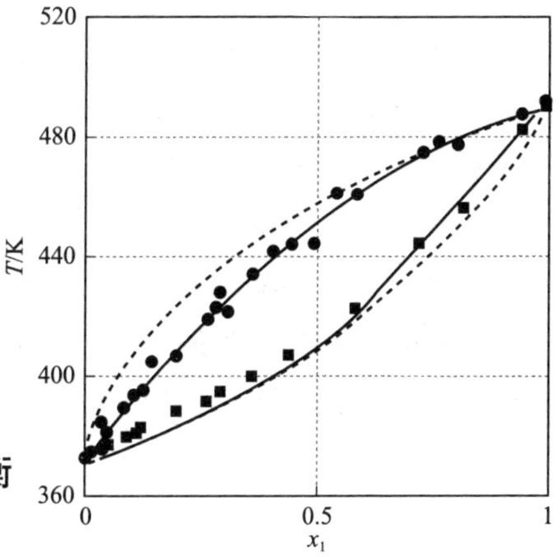

图 8.9 蒽(1)-菲(2)体系实验和计算的 SLE 值

---理想；—Wilson

($\Delta\lambda_{12}^{\mathrm{L}}=-273.6\mathrm{K}$, $\Delta\lambda_{21}^{\mathrm{L}}=-322.7\mathrm{K}$,

$\Delta\lambda_{12}^{\mathrm{S}}=-647.3\mathrm{K}$, $\Delta\lambda_{21}^{\mathrm{S}}=417.5\mathrm{K}$)

$v_1^{\mathrm{L}}=v_1^{\mathrm{S}}=138.92\mathrm{cm^3/mol}$, $v_2^{\mathrm{L}}=v_2^{\mathrm{S}}=125.03\mathrm{cm^3/mol}$

8.2.2.2 非理想体系的固-液平衡

在非理想体系的情况下，根据式(8.9)，需要知道液相和固相中的实际行为(例如活度系数 γ_i)作为计算 SLE 的附加信息。例如，可以使用 g^{E} 模型或状态方程来考虑与理想行为的偏差。从式(8.9)开始，对于非理想体系，获得了如下固相线的表达式:

$$x_1^{\mathrm{S}}=\frac{1-\dfrac{\gamma_2^{\mathrm{S}}}{\gamma_2^{\mathrm{L}}}\exp\left[-\dfrac{\Delta h_{\mathrm{m},2}}{RT}\left(1-\dfrac{T}{T_{\mathrm{m},2}}\right)\right]}{\dfrac{\gamma_1^{\mathrm{S}}}{\gamma_1^{\mathrm{L}}}\exp\left[-\dfrac{\Delta h_{\mathrm{m},1}}{RT}\left(1-\dfrac{T}{T_{\mathrm{m},1}}\right)\right]-\dfrac{\gamma_2^{\mathrm{S}}}{\gamma_2^{\mathrm{L}}}\exp\left[-\dfrac{\Delta h_{\mathrm{m},2}}{RT}\left(1-\dfrac{T}{T_{\mathrm{m},2}}\right)\right]} \tag{8.17}$$

同样地，可以得到液相线的表达式：

$$x_1^{\mathrm{L}}=\frac{1-\dfrac{\gamma_2^{\mathrm{S}}}{\gamma_2^{\mathrm{L}}}\exp\left[-\dfrac{\Delta h_{\mathrm{m},2}}{RT}\left(1-\dfrac{T}{T_{\mathrm{m},2}}\right)\right]}{\dfrac{\gamma_1^{\mathrm{S}}}{\gamma_1^{\mathrm{L}}}\exp\left[-\dfrac{\Delta h_{\mathrm{m},1}}{RT}\left(1-\dfrac{T}{T_{\mathrm{m},1}}\right)\right]-\dfrac{\gamma_2^{\mathrm{S}}}{\gamma_2^{\mathrm{L}}}\exp\left[-\dfrac{\Delta h_{\mathrm{m},2}}{RT}\left(1-\dfrac{T}{T_{\mathrm{m},2}}\right)\right]}\cdot\left\{\frac{\gamma_1^{\mathrm{S}}}{\gamma_1^{\mathrm{L}}}\exp\left[-\frac{\Delta h_{\mathrm{m},1}}{RT}\left(1-\frac{T}{T_{\mathrm{m},1}}\right)\right]\right\} \tag{8.18}$$

为了描述非理想行为，可以使用第 5.4 节中介绍的不同的 g^{E} 模型。这些参数可以用与实验 SLE 数据的最小偏差来拟合。在与理想行为严重偏离的情况下，有时会观察到如图 8.1(c，e)所示的极端温度(最高或最低温度)。在这两种情况下，x^{L} 等于 x^{S} 极值。从式(8.9)开始，对于最低或最高温度 T_{extreme}，得到以下简化方程：

$$\ln\frac{\gamma_i^{\mathrm{L}}}{\gamma_i^{\mathrm{S}}}=-\frac{\Delta h_{\mathrm{m},i}}{R}\left(\frac{1}{T_{\mathrm{extreme}}}-\frac{1}{T_{\mathrm{m},i}}\right) \tag{8.19}$$

从这个方程可以清楚地看出，当液相中的活度系数大于固相中的活度系数时，温度会达到最大值。对于最低温度，情况正好相反。

假设为简单的 Porter 方程：

$\ln\gamma_1^{\mathrm{L}}=A\ (x_2{}^{\mathrm{L}})^2\ln\gamma_2^{\mathrm{L}}=A\ (x_1{}^{\mathrm{L}})^2$

$\ln\gamma_1^{\mathrm{S}}=B\ (x_2{}^{\mathrm{S}})^2\ln\gamma_2^{\mathrm{S}}=B\ (x_1{}^{\mathrm{S}})^2$

用于描述与理想行为的偏差，可根据极端温度及其相关成分计算 SLE 图。在极端温度 T_{extreme}下，公式(8.19)可以用以下形式表示组分 1 和 2($x^{\mathrm{L}}=x^{\mathrm{S}}$)：

$$(A-B)(x_2^{\mathrm{L}})^2=\ln\frac{\gamma_1^{\mathrm{L}}}{\gamma_1^{\mathrm{S}}}=-\frac{\Delta h_{\mathrm{m},1}}{R}\left(\frac{1}{T_{\mathrm{extreme}}}-\frac{1}{T_{\mathrm{m},1}}\right) \tag{8.20}$$

$$(A-B)(x_1^{\mathrm{L}})^2=\ln\frac{\gamma_2^{\mathrm{L}}}{\gamma_2^{\mathrm{S}}}=-\frac{\Delta h_{\mathrm{m},2}}{R}\left(\frac{1}{T_{\mathrm{extreme}}}-\frac{1}{T_{\mathrm{m},2}}\right) \tag{8.21}$$

如果知道极端温度和成分，则可以获得 Porter 参数 $A-B$ 的差值。例 8.9 中显示了此方法对于最高温度的系统的结果，示例 8.10 中显示了此方法对于最低温度系统的结果。

例 8.9 使用 Porter 表达式和以下纯组分数据计算组成为 $x_1=0.5$，$T_{\max}=365.15\mathrm{K}$ 时具有相同熔点的二元系统 D－香芹(酮)肟(1)L－香芹(酮)肟(2)的 SLE 图：

组成	Δh_m/(J/mol)	T_m/K
D-香芹(酮)肟	17008	343.15
L-香芹(酮)肟	17008	343.15

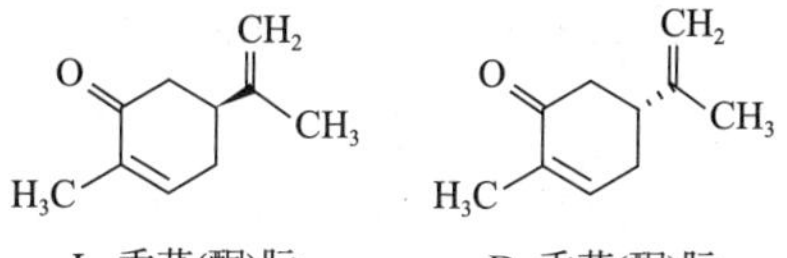

解：

$$(A-B)=-\frac{17008}{(0.5)^2\times 8.31433}\left(\frac{1}{365.15}-\frac{1}{343.15}\right)=1.437$$

遗憾的是，只能计算 Porter 参数的差异。从差异($A>B$)可以看出，液相中的活度系数大于固相中的活度系数。由于可以假设对映体混合物在液相中的理想行为(即 Porter 参数 $A=0$)，因此 $B=-1.437$ 的结果如图 8.10 所示。对于给定的 x^L 值，可以迭代计算温度和 x^S 的值，从而得出等式(8.20)和(8.21)。可以看出，对于D-香芹(酮)肟和 L-香芹(酮)肟体系，其定性结果与实验结果一致[4]。

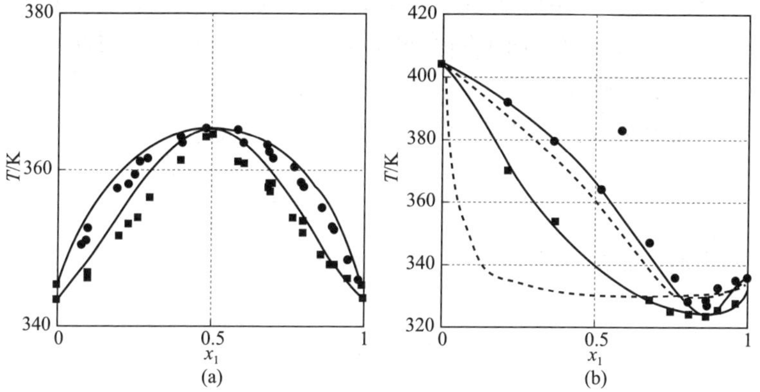

图8.10 用 Porter 模型($B=-1.437$)计算 D-香芹(酮)肟(1) L-香芹(酮)肟(2) (a)和 Porter 模型($B=1.917$)的 SLE，并用 Wilson 模型计算未经处理的 Wilson 参数的二苯肼(1) N，N-二苯肼(2)的 SLE

例 8.10 使用 Porter 表达式和以下纯组分数据计算二苯乙炔(1)N，N-二苯肼(2)的二元系统的 SLE 图，组成 $x_1=0.826$，$T_{min}=323.5$K 处的最小熔点：

组成	Δh_m/(J/mol)	T_m/K
二苯乙炔	21387	335.65
N，N-二苯肼	17633	404.15

解：

式(8.20)和(8.21)可用于计算 $A-B$ 之差．由于纯组分特性(T_m，Δh_m)与示例 8.9 不同，得到了不同的 $A-B$ 差值：

$$(A-B)=-\frac{21387}{(0.174)^2\times 8.31433}\left(\frac{1}{323.5}-\frac{1}{335.65}\right)=-9.507$$

$$(A-B)=-\frac{17633}{(0.826)^2\times 8.31433}\left(\frac{1}{323.5}-\frac{1}{404.15}\right)=-1.917$$

例 8.9 仅获得 Porter 参数的差异。但对于温度最低的体系，固相中的活度系数大于液相中的活度系数。图 8.10(b)所示为流动相($A=0$)的实验数据和计算数据，其中 $B=1.917$。可以看出，使用简单 Porter 方程的计算结果并不令人满意。因此，Wilson 参数直接拟合到实验数据中。如果考虑到液相和固相中的非理想行为，显然可以得到更好的结果。

8.2.3 固体化合物分子间固－液平衡的形成

在形成固体分子间化合物的情况下，必须考虑化合物形成的化学平衡。

$$\mathrm{A}_n\mathrm{B}_m(\mathrm{S})\Leftrightarrow n\mathrm{A}+m\mathrm{B}$$

萘－2，4，6－三硝基甲苯体系形成分子间化合物的 SLE 数据如图 8.1(f)所示。分子间化合物的形成可用于体系的加和结晶分离。大多数对映体形成分子间化合物(外消旋化合物)。

在分子间化合物 $\mathrm{A}_n\mathrm{B}_m$ 的熔点处，可以写出(第 12.3 节)：

$$\Delta g_{\mathrm{R}}^0=-RT\ln K(T_{\mathrm{m}})=-\ln\frac{x_{\mathrm{A}_0}^n x_{\mathrm{B}_0}^m \gamma_{\mathrm{A}_0}^n \gamma_{\mathrm{B}_0}^m}{x_{\mathrm{A}_n\mathrm{B}_m}\gamma_{\mathrm{A}_n\mathrm{B}_m}} \tag{8.22}$$

由于析出的分子间化合物 $\mathrm{A}_n\mathrm{B}_m$ 的活性等于 1，可以用溶度积 K_{sp} 代替平衡常数：

$$\Delta g_{\mathrm{R}}^0=-RT\ln K_{\mathrm{sp}}(T_{\mathrm{m}})=-RT\ln x_{\mathrm{A}_0}^n x_{\mathrm{B}_0}^m \gamma_{\mathrm{A}_0}^n \gamma_{\mathrm{B}_0}^m \tag{8.23}$$

其中，液相中化合物 A 和 B 的组分 x_{i0} 可以用化学计量系数 n 和 m 来表示

$$x_{\mathrm{A}_0}=\frac{n}{n+m}x_{\mathrm{B}_0}=\frac{n}{n+m} \tag{8.24}$$

式(8.23)可以写成以下形式：

$$K(T_{\mathrm{m}})=\left(\frac{n}{n+m}\right)^n\left(\frac{m}{n+m}\right)^m\gamma_{\mathrm{A}_0}^n\gamma_{\mathrm{B}_0}^m \tag{8.25}$$

为了在温度 T 下计算平衡常数(T)或者 $K_{\mathrm{sp}}(T)$，可以使用 van't Hoff 方程[见公式(12.21)]：

$$\frac{\mathrm{d}\ln K}{\mathrm{d}T}=\frac{\Delta h_{\mathrm{R}}^0}{RT^2}$$

$$\ln K(T) = \ln K(T_m) - \frac{\Delta h_R^0}{R}\left(\frac{1}{T} - \frac{1}{T_m}\right)$$

也可以使用：

$$\ln x_A^n x_B^m \gamma_A^n \gamma_B^m = \ln x_{A_0}^n x_{B_0}^m \gamma_{A_0}^n \gamma_{B_0}^m - \frac{\Delta h_R^0}{R}\left(\frac{1}{T} - \frac{1}{T_m}\right) \tag{8.26}$$

假设为理想行为，得到以下关系：

$$\ln x_A^n x_B^m = \ln x_{A_0}^n x_{B_0}^m - \frac{\Delta h_R^0}{R}\left(\frac{1}{T} - \frac{1}{T_m}\right) = \ln\left[\left(\frac{n}{m+n}\right)^n \left(\frac{m}{n+m}\right)^m\right] - \frac{\Delta h_R^0}{R}\left(\frac{1}{T} - \frac{1}{T_m}\right) \tag{8.27}$$

$$\ln x_A^n x_B^m = n\ln n + m\ln m - (m+n)\ln(m+n) - \frac{\Delta h_R^0}{R}\left(\frac{1}{T} - \frac{1}{T_m}\right) \tag{8.28}$$

标准反应焓 Δh^0 与熔解焓 Δh_m 相同，因为溶解时化合物 A_nB_m 完全分解为 A 和 B。

不幸的是，形成化合物所需性质 T_m 和 Δh_m 往往是未知的。而加合物 A_nB_m 的熔化温度可以从 SLE 实验数据中得到。熔解热可以用量热法测量。对于大量化合物，这些数据存储在[4]中。

为了估算所形成化合物的熔化热 Δh_m，文献中提出了几种方法，例如：

· 通过使用所涉及化合物混合熵的加权平均值；

· 通过假设理想行为的实验 SLE 数据确定该值；

· 将模型参数与实验 SLE 数据拟合作为附加参数。

例 8.11 计算形成 1∶1 化合物 AB 的二元体系 CCl_4(A) – 对二甲苯(B)的 SLE 数据。使用以下实验熔化温度和熔化焓进行假设理想行为的计算[4]：

$T_{m,A} = 250.77\text{K}$ $\Delta h_{m,A} = 2528.4\text{J/mol}$

$T_{m,B} = 286.45\text{K}$ $\Delta h_{m,B} = 16790\text{J/mol}$

$T_{m,AB} = 269.15\text{K}$ $\Delta h_{m,AB} = 27698\text{J/mol}$

解：

SLE 图的计算应根据实验数据进行。对于分子间化合物的溶解度，在 260K 的温度下进行计算❶：

$$\ln(x_A \times (1 - x_A)) = -2\ln 2 - \frac{27698.1}{8.31433 \times 260}\left(1 - \frac{260}{269.15}\right)$$
$$= -1.386 - 0.4356 = -1.8216$$

求解二次方程

$x_A - x_A^2 = e^{-1.8216} = 0.1618$

❶ 除了温度之外，还可以选择 x_A($x_B = 1 - x_A$)的值，然后直接计算温度。

$$x_A^2 - x_A + 0.1618 = 0$$

$$x_A = 0.5 \pm \sqrt{0.25 - 0.1618}$$

得到两个摩尔分数 x_A 的值

$$x_{A,1} = 0.7970$$

$$x_{A,2} = 0.2030$$

对于简单共晶体系，计算 SLE 图的左右两个分支，即 A 和 B 的溶解度，可以如前面的例子所示进行计算。对于整个组成范围，结果如图 8.11 所示。结果表明其与实验数据吻合较好。

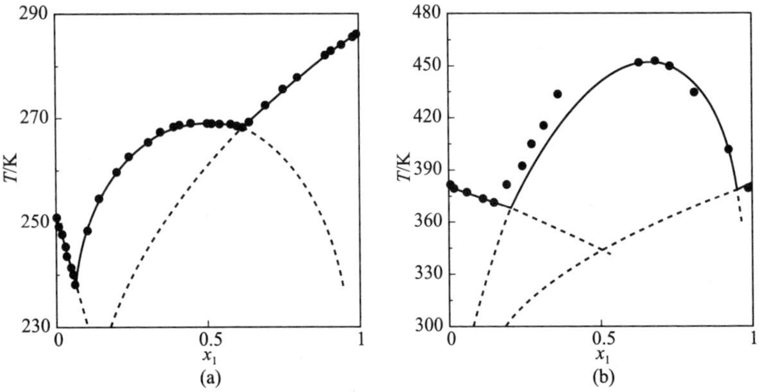

图 8.11　对二甲苯(1) – 四氯化碳(2)(a)和吖啶(1) –1，3 – 二羟基苯(2)(b)体系的实验(·)和计算的 SLE 值

在图 8.11 中，还显示了吖啶 –1，3 – 二羟基苯(形成 2：1 加合物)体系的结果❶，也获得了定性的一致性。

8.2.4　固 – 液平衡的压强依赖性

尽管凝聚相对压强不敏感，但高压会导致不同的熔点(见第 3.2.4 节)。当大多数化合物的溶解温度随着压强的增加而增加时，水的溶解温度则相反，因为在中低压下 SLE 线的 $P-T$ 斜率为负。压强依赖性可以通过 Clausius – Clapeyron 或 Simon – Glatzel 方程[6]来描述(见第 3.2.4 节)。除了溶解温度的变化外，高压也会影响活度系数(见第 5.4 节和第 5.9.2 节)。根据压强对熔点和活度系数的影响，这可能导致共晶成分的变化，从而克服结晶的缺点。在共晶体系中，通过变压结晶可以获得高纯度的化合物。例如，压强对月桂酸 – 肉豆蔻酸体系 SLE 的影

---

❶ 采用以下实验值进行计算：$T_m = 380.95$K，$\Delta h_m = 19687$J/mol，1，3 – 二羟基苯：$T_m = 379.15$K，$\Delta h_m = 21003$J/mol，加和物 A_2B：$T_m = 452.65$K，$\Delta h_m = 23956$J/mol。

响如图 8.12 所示。

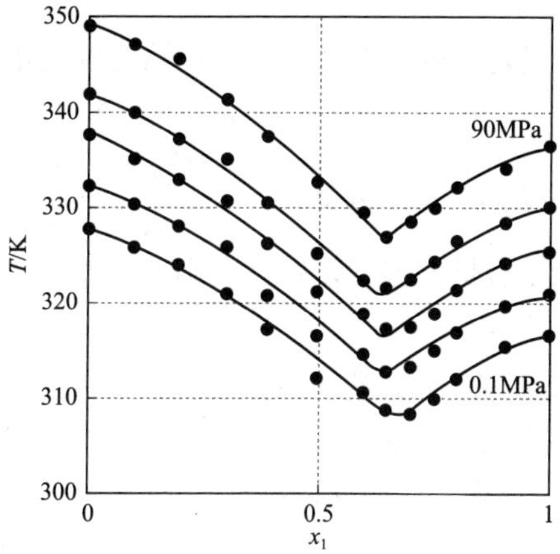

图 8.12 不同压强(0.1MPa、20MPa、40MPa、60MPa 和 90MPa)下月桂酸(1)–肉豆蔻酸(2)体系的固–液平衡：·实验[4]

8.3 盐溶解度

盐在水中的溶解度可以用与可逆反应化学平衡类似的方法计算(见第 12 章)。考虑盐与结晶水的可逆化学反应：

$$M_{\nu+}X_{\nu-} \Leftrightarrow \nu_+ M_{aq}^+ + \nu_- X_{aq}^-$$

$$M_{\nu+}X_{\nu-} \times n\mathrm{H_2O} \Leftrightarrow \nu_+ M_{aq}^+ + \nu_- X_{aq}^- + n\mathrm{H_2O}$$

对于第一个反应，由于沉淀盐显示出活性，因此在饱和状态下可获得以下平衡常数(溶度乘积)[7]。

$$K_{sp} = a_{M^+}^{\nu_+} a_{X^-}^{v_-} = (m_\pm \gamma_\pm)^v \tag{8.29}$$

$$v = v_+ + v_-$$

对于盐水混合物，在溶度积中还必须考虑水的活性：

$$K_{sp} = a_{M^+}^{v_+} a_{X^-}^{v_-} a_{\mathrm{H_2O}} = (m_\pm \gamma_\pm)^v a_{\mathrm{H_2O}}^n \tag{8.30}$$

利用阳离子 v_+ 和阴离子 v_- 计算平均活度系数 $\gamma_\pm$ 和分子量 $m_\pm$：

$$\gamma_\pm = (\gamma_+^{v_+}\gamma_-^{v_-})^{1/v} \qquad m_\pm = (m_+^{v_+} m_-^{v_-})^{1/v} \tag{8.31}$$

溶度积 K_{sp} 可在给定温度下计算，如典型的化学反应，使用表中列出的 Gibbs 能和焓的标准生成热力学性质以及盐和水溶液中离子的摩尔热容(aq)：

$$\Delta g_R^0(T) = \sum_i v_i \Delta g_{B,i}^0(T) = RT\ln K_{sp}(T) \tag{8.32}$$

溶度积的温度依赖性可通过以下方程式确定：

$$\frac{\mathrm{d}\ln K_{sp}}{\mathrm{d}T}=\frac{\Delta h_R^0}{RT^2} \tag{8.33}$$

如果在所涵盖的温度范围内可忽略标准反应焓的温度依赖性，则可直接积分式(8.33)：

$$\ln K_{sp}(T)=\ln K_{sp}(T_0)-\frac{\Delta h_R^0}{R}\left(\frac{1}{T}-\frac{1}{T_0}\right) \tag{8.34}$$

如果不能忽略标准反应焓的温度依赖性，则可以使用典型化学反应的摩尔比热容来考虑(Kirchhoff's 定律)。

对于选定的水中的盐和离子，其热力学标准性质列于表 8.1。为了能够从溶解度乘积中确定盐的溶解度，只能使用电解质模型，例如 Pitzer、NRTL 电解质、LIQUAC[8]，或 LIFAC[9] 计算平均活度系数 $\gamma_{\pm}$，如果是水合盐则还需要水的活度(请参阅第 7 章)。

例 8.12 利用表 8.1 中列出的标准热力学性质，计算 25℃ 时 NaCl、KCl 和 NH_4Cl 在水中的理想溶解度($\gamma_{\pm}=1$)。使用 LIQUAC 模型考虑与理想行为的偏差时的溶解度是多少？

解：

在计算 25℃ 时的溶度积时，只需要所涉及的化合物在 25℃ 下的 Gibbs 能 Δg^0。利用表 8.1 给出的氯化钠的溶解度，得到如下溶解度积：

$$\Delta g_R^0=\sum_i v_i\Delta g_{f,i}^0=\Delta g_{f,Na^+(aq)}^0+\Delta g_{f,Cl^-(aq)}^0-\Delta g_{f,NaCl}^0$$

表 8.1 溶液中选定盐和离子的热力学标准性质

盐	摩尔热容/[J/(mol·K)]				$\Delta h_{f,298K}^0$/	$\Delta g_{f,298K}^0$/
	298.15K	300K	400K	500K	(kJ/mol)	(kJ/mol)
NaCl	50.503	50.544	52.374	53.907	-411.12	-384.024
KCl	51.713	51.71	52.483	54.209	-431.30	-409.34
NH_4Cl	84.1	—	—	—	-314.00	-203.60
Na_2SO_4	128.151	128.487	145.101	—	-1387.816	-1269.848
$Na_2SO_4\cdot 10H_2O$	-246.60	—	—	—	-4327.26	-3646.85
Na^+(aq)	46.4	—	—	—	-240.12	-261.905
K^+(aq)	21.8	—	—	—	-252.38	-283.27
NH_4^+(aq)	79.9	—	—	—	-132.51	-79.31
Cl^-(aq)	-136.4	—	—	—	-167.159	-131.228
SO_4^-(aq)	-293.0	—	—	—	-909.27	-744.53

$$K_{sp}=e^{-\frac{\Delta g_R^0}{RT}}=e^{\frac{9109}{8.31433\times 298.15}}=39.432$$

利用该值，由式(8.29)可直接计算出 NaCl 在 25℃下的理想溶解度：

$$m_{NaCl}=\sqrt{39.432}=6.279 mol/kg$$

同样，使用表 8.1 中列出的标准热力学性质计算 KCl 和 NH_4Cl 在 25℃下的理想溶解度：

$\Delta g^0_{R,KCl}=-5.158 kJ/mol$ $K_{KCl}=8.01$ $m_{KCl}=2.83 mol/kg$

$\Delta g^0_{R,NH_4Cl}=-6.938 kJ/mol$ $K_{NH_4Cl}=16.42$ $m_{NH_4Cl}=4.05 mol/kg$

在图 8.13 中，三种盐的理想溶解度与温度、实验数据和 LIQUAC 模型的结果呈函数关系。可以看出，在 25℃时 NaCl 的预测溶解度与 KCl 和 NH_4Cl 的计算溶解度不同，假设理想行为($\gamma\pm=1$)是与实验值几乎一致。这是由于计算出的溶解度约为 6mol/kg 时，NaCl 的平均活度系数约为 1(见图 8.14)。

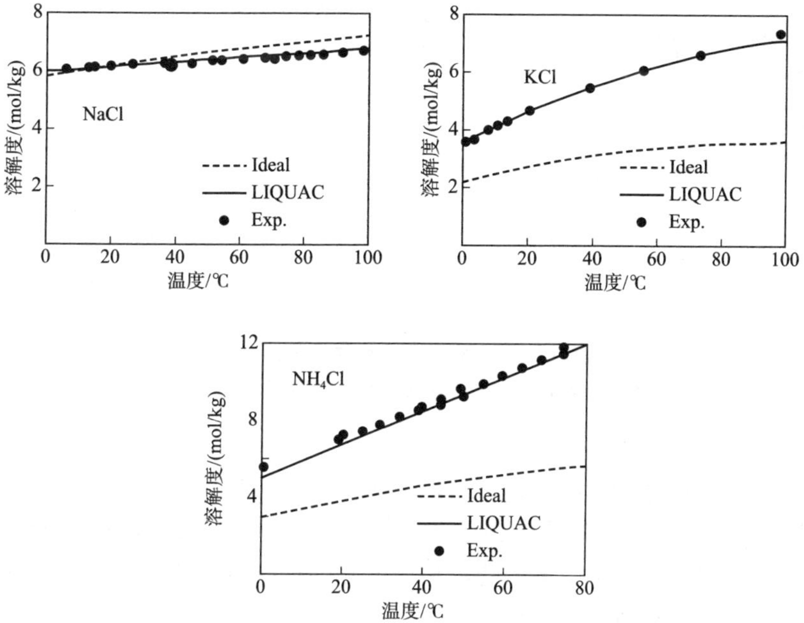

图 8.13 使用 LIQUAC 的实验、理想和预测的盐溶解度作为温度函数

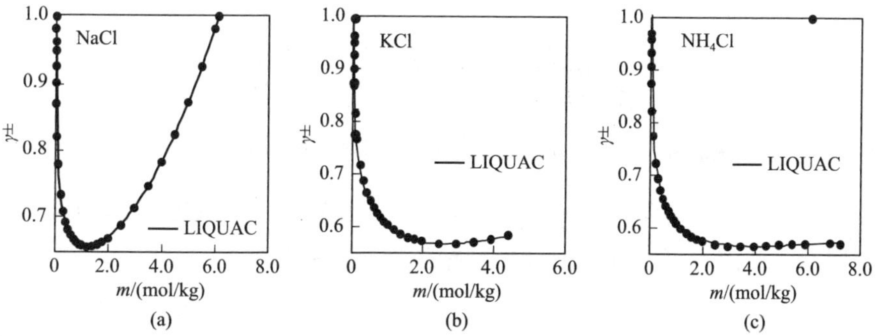

图 8.14 25℃时(a)NaCl，(b)KCl 和(c)NH_4Cl 在水中的平均活度系数

如图 8.13 所示，在本例中使用 LIQUAC，实验和预测溶解度之间有良好的一致性。因为正确预测了不同盐的平均活度系数，在 25℃下如图 8.14 所示。

利用电解质模型还可以计算在给定温度下盐是否含有结晶水，以及其他盐的存在对溶解度的影响。如图 8.15 为使用 LIQUAC 预测的 Na_2SO_4 和 $Na_2SO_4 \cdot 10H_2O$ 的溶解度与实验数据。可以看出，使用表 8.1 中给出的标准热力学性质 LIQUAC 的结果与实验结果非常一致。此外，在图 8.15 中展示了使用 LIQUAC 在 25℃和 100℃下 NaCl 和 KCl 的实验和预测的互溶性。在这种情况下还可以看出，实验数据与实验数据很吻合。该体系的溶解度对钾盐(氯化钾和氯化钠的混合物)工业生产氯化钾具有特别重要的意义。

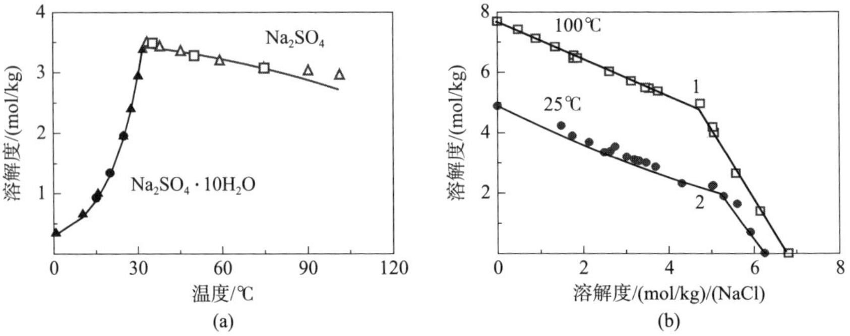

图 8.15 硫酸钠(a)的实验溶解度和预测溶解度以及 NaCl 和 KCl 在水(b)中的互溶度，温度范围为 0～100℃：

--- LIQUAC

计算盐在水溶液中溶解度的步骤可以扩展到有机溶剂或溶剂混合物，从析出盐在水、有机溶剂或水溶液中相平衡时的逸度(化学式)相同的条件出发(见图 8.16)。这意味着表 8.1 中给出的水相中已有的标准热力学性质可用于测定盐在有机溶剂或溶剂混合物中的溶解度[10]。

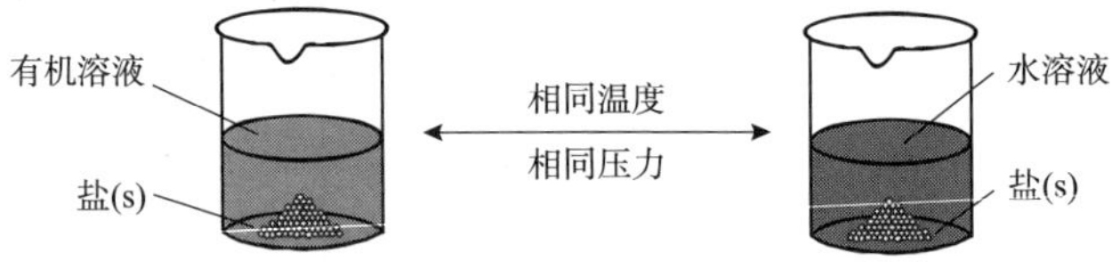

图 8.16 根据水溶液中离子的标准热力学性质推导有机溶剂中盐溶解度所需方程的起点

对于水－甲醇混合物中的氯化钾，使用 LIQUAC 的预测结果与实验值如图 8.17 所示。从图中可以看出，与实验溶解度非常吻合。

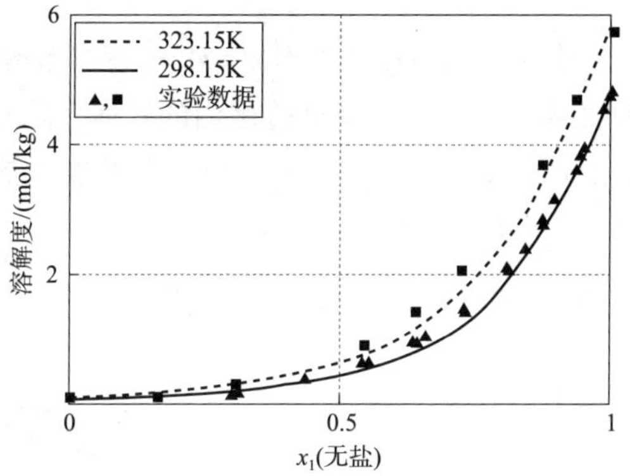

图 8.17　KCl 在系统水中的实验和预测溶解度

(1)—methanol；(2) - - - LIQUAC

8.4　固体在超临界流体中的溶解度

为了设计在超临界流体的帮助下大多数高沸点液体或固体化合物的萃取过程，例如，用二氧化碳从咖啡豆中提取咖啡因，需要在没有或存在共溶剂的情况下具有压强的相平衡函数。与所有其他相平衡的情况一样，必须满足等容性条件：

$$f_i^{\mathrm{L}}=f_i^{\mathrm{V}}\text{或}f_i^{\mathrm{S}}=f_i^{\mathrm{V}} \tag{8.35}$$

这意味着对于状态方程不仅可以用于计算超临界流体中液体的溶解度，还可以用于计算固体在超临界流体中的溶解度。为了计算液体在超临界流体中的溶解度，可直接应用导出的 VLE 或气体溶解度方程：

$$x_i\phi_i^{\mathrm{L}}=y_i\phi_i^{\mathrm{V}}$$

纯固体化合物 2 的逸度可以用升华压强、饱和状态下的逸度系数和 Poynting 因子来描述，从而得到以下相平衡关系，用于计算固体 2 在超临界流体中的溶解度：

$$\phi_2^{\mathrm{s}}P_2^{\mathrm{subl}}Poy_2=y_2\phi_2^{\mathrm{V}}P \tag{8.36}$$

由于固体的升华压强较低，饱和状态下的逸度系数值几乎是统一的，因此最终得到固体化合物 2 在超临界流体中的溶解度表达式如下：

$$y_2=\frac{P_2^{\mathrm{subl}}Poy_2}{\phi_2^{\mathrm{V}}P} \tag{8.37}$$

为了计算溶解度 y_2，需要准确的升华压强。对于 Poynting 因子的计算，还需要固体化合物的摩尔体积。然后，状态方程只需将气相中的逸度系数描述为压强的函数即可。

图8.18所示为不同温度下 CO_2 - 辛醇和 CO_2 - 萘体系溶解度 y_2 随压强变化的典型过程。辛醇是液体，萘是一定温度范围内的固体。除实验值外，文中还给出了二次混合规则 Soave - Redlich - Kwong 方程计算逸度系数的结果。在有辛醇的情况下使用式(5.9)，在有萘的情况下使用式(8.37)。

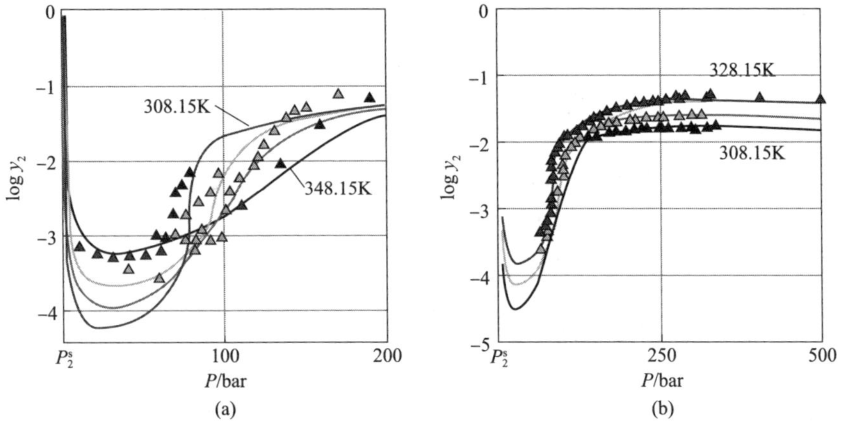

图8.18 不同温度下 CO_2(1) - 辛醇(2)(a)和 CO_2(1) - 萘(2)(b)体系的实验和计算溶解度

▲实验[4]；- - - SRK

$k_{12}=0.110$(a)，$T=308.15$K，318.15K，328.15K，348.15K；- - - SRK，$k_{12}=0.103$(b)，$T=308.15$K，318.15K，328.15K，安东尼常数(升华压强)，$\log P_i^s(\text{mmHg})=A-\dfrac{B}{(\vartheta+C)}$

($A=10.0368$，$B=2893.34$，$C=235.373$，$\vartheta_2^s=111.94\ \text{cm}^3/\text{mol}$)

对于纯化合物2，即在汽化(升华)压强 P^S 下，摩尔分数 y_2 等于1。随着 CO_2 的加入，组分2的气相浓度降低。由于在低压下逸度系数和 Poynting 系数近似为1，所以中压下的摩尔分数 y_2 近似为：

$$y_2 \approx \frac{P_2^{\text{subl}}}{P}$$

在较高压强下，Poynting 系数，特别是逸度系数 ϕ_2^V 变的非常重要，因此溶解度 y_2 作为压强的函数和图8.18所示的典型曲率相同。

问题：

8.1 用基团贡献法计算蒽和菲同分异构体在25℃下苯和乙醇中的溶解度：

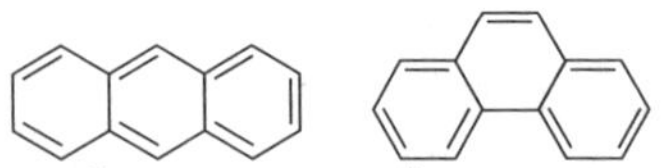

蒽　　菲

蒽和菲的纯组分性质可取自实例8.1。

将计算结果与25℃下测得的溶解度进行比较：

	$x_{蒽}$	$x_{菲}$
苯	0.008	0.21
乙醇	0.00044	0.013

8.2 使用以下纯组分数据计算苯和樟脑的凝固点常数：

组分	T_m/K	h_m/(J/mol)	M/(g/mol)
苯	278.68	9944	78.113
莰酮	451.75	4397	152.236

8.3 在50g萘中加入0.2g苯的情况下计算萘下降的凝固点($K_{cry,萘}$ = 6.96K·kg/mol，M = 128.173g/mol)。

8.4 当向100g萘中添加0.25g未知化合物时，导致萘凝固点降低0.223K，萘的摩尔质量($K_{cry,萘}$ = 6.96K·kg/mol)，计算未知化合物的摩尔质量。

8.5 计算温度225K下间二甲苯(1)在对二甲苯(2)中的溶解度和对二甲苯(1)在间二甲苯(2)中的溶解度。

纯组分性质：

组分	T_m/K	h_m/(J/mol)
间二甲苯	225.35	11544
对二甲苯	286.45	16790

8.6 计算二元共晶体系1，2，3三氯苯－n－癸烷和1，2，4－三氯苯－n－十四烷的SLE图。

假设：(a)理想情况和(b)考虑使用修正的UNIFAC的真实体系。

可以从www.ddbst.com下载数据。

纯组分性质：

组分	T_m/K	h_m/(J/mol)
1，2，3－三氯苯	326.85	17400
1，2，4－三氯苯	290.22	18599
正癸烷	243.45	28757
正十四烷	279.02	45062

8.7 理想情况下，计算对甲苯胺－苯酚体系1:1形成的化合物的SLE，其中1:1化合物的熔点和熔解焓应进行调整，以获得SLE的可靠描述。数据可从

www. ddbst. com 下载。

组分	T_m/K	h_m/(J/mol)
对甲苯胺	316.90	18899
苯酚	314.05	11281

8.8 在简单共晶条件下，利用 PSRK 和 VTPR 基团贡献方程计算固体二氧化碳在丙烷中的溶解度。将结果与假设理想行为下获得的数字进行比较，并从 www. ddbst. com 上下载实验数据。所有必需的参数都可以在附录 A 中找到。

8.9 假设理想($\gamma_1=1$)和简单共晶行为，通过回归苯在甲苯中的溶解度数据，估算苯(1)的熔解焓：

X_1	T/K	X_1	T/K
1.000	278.65	0.826	267.35
0.929	272.95	0.687	256.85

8.10 用例 8.4 中给出的熔融温度和熔融焓，确定组成为 $x_1=0.1$ 和 $x_2=0.1$ 的理想间二甲苯(1)－邻二甲苯(2)－对二甲苯(3)三元体系的固－液平衡温度。哪种成分会结晶？

8.11 在理论上是否有可能在混溶间隙内具有液－液不混溶性的共晶二元混合物显示出共晶成分？

8.12 在免费的 DDBSP 浏览器版本中，搜索混合物 2－丙醇－苯的固－液平衡数据。使用 Wilson、NRTL 和 UNIQUAC 模型同时回归两个数据集。检查三种模型的性能。将数据与预测方法 UNIFAC、修正后 UNIFAC 和 PSRK 的结果进行比较。检查不同的图形表示。

8.13 为了计算蔗糖在水中的溶解度，Peres 和 Macedo[11] 提出了以下物理性质参数。

组分	T_m/K	h_m/(J/mol)	Δc_P/[J/(mol·K)]
蔗糖	459.15	46187	$316.1153-1.1547(T-298.15\ \mathrm{K})$

25℃时蔗糖在水中的溶解度为 2.0741 g/g 水，蔗糖的摩尔分数为 0.09842。计算该浓度下 25℃时水中蔗糖的活度系数，同时考虑过冷液体和固体蔗糖之间的热容差。

8.14 液体蒽和菲的蒸气压可用安托因方程描述，安托因参数如下。假设理想的液相混合行为，固液饱和度曲线计算气液固平衡(VLSE)。两个组分的熔点和熔解热在例 8.1 中给出。比较汽液分离系数和气液分离系数(计算假设理想液体混合物行为)。

组分	A	B	C
蒽	7.28683	2429.04	209.567
菲	7.43238	2456.35	204.303

参考文献

1 Haase, R. and Schönert, H. (1969). *Solid – Liquid Equilibrium*, The Interna – tional Encyclopedia of Physical Chemistry and Chemical Physics. Oxford: Pergamon Press.

2 Hansen, M. and Anderko, K. (1958). *Constitution of Binary Alloys*, Metallurgy and Metallurgical Engineering Series, 2e. New York: McGraw – Hill.

3 Jaques, J. and Collet, A. (1994). *Enantiomers, Racemates, and Resolutions.* Malabar, FL: Krieger Publishing Company.

4 Dortmund Data Bank. www.ddbst.com(accessed 17 August 2018).

5 Brdicka, R. (1973). *Grundlagen der Physikalischen Chemie.* Berlin: VEB Deutscher Verlag der Wissenschaften.

6 Simon, F. E. and Glatzel, G. (1929). *Z. Anorg. Allg.* Chem. 178: 309 – 312.

7 Li, J., Lin, Y., and Gmehling, J. (2005). *Ind. Eng. Chem. Res.* 44: 1602 – 1609.

8 Li, J., Polka, H. M., and Gmehling, J. (1994). *Fluid Phase Equilib.* 94: 89 – 114.

9 Yan, W., T opphoff, M., Rose, C., and Gmehling, J. (1999). *Fluid Phase Equilib.* 162: 97 – 113.

10 Huang, J., Li, J., and Gmehling, J. (2009). *Fluid Phase Equilib.* 275: 8 – 20.

11 Peres, A. M. and Macedo, E. A. (1996). *Fluid Phase Equilib.* 123: 71 – 95.

9 膜分离过程

9.1 渗透

在许多技术应用中，利用半渗透膜分离不同浓度的液体，这种膜只对溶剂具有渗透性，而对溶质不具有渗透性。这两种液体之间的相平衡只能通过溶剂在膜中的扩散来实现。这种情况的发生方式是溶剂从较低溶质浓度的溶液输送到较高浓度的溶液。这种现象叫做渗透作用。

完全半透膜几乎不存在。在实际应用中所使用的大多数膜，一般都能通过低摩尔质量的物质，而大分子则无法通过。多数情况下，溶剂是水；玻璃纸就是膜的一个例子。

溶液之间的平衡由相等温度和逸度确定，而压强则不同。

此外，可以通过增加高浓度溶液的压强来减少溶剂通过膜的量。通过膜的流动消失的平衡压强称为渗透压。当压强进一步增大时，流动方向发生变化，溶剂被输送到浓度较低的溶液中。这个过程叫做反渗透，当需要从水溶液中分离离子时反渗透非常有效。单级去除多种离子的效率可达 90% 以上[1]。当然，多级的分离效果更好。例如海水淡化用于生产饮用水。与通常的蒸发工艺相比，反渗透工艺的能耗显著降低。

渗透作用，渗透平衡，反渗透如图 9.1 所示。

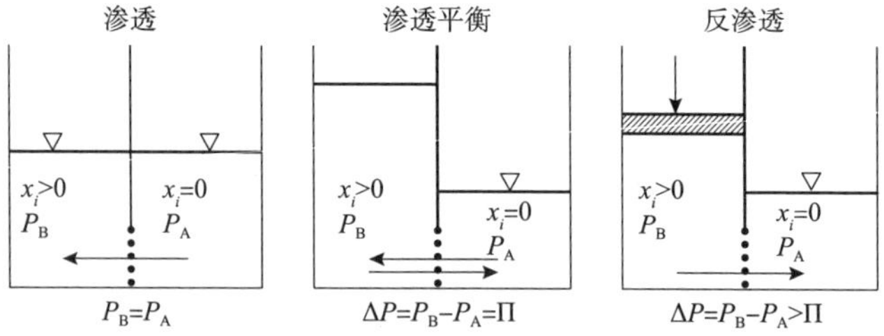

图 9.1 渗透、渗透平衡和反渗透

平衡状态下的渗透压可以由平衡条件决定。

$$f_j^{\mathrm{A}} = f_j^{\mathrm{B}} \tag{9.1}$$

其中 j 表示可以穿过膜的溶剂。逸度由下式给出：

$$\varphi_j^s P_j^s \exp\frac{v_j^L(P_A - P_j^s)}{RT} = x_j\gamma_j\varphi_j^s P_j^s \exp\frac{v_j^L(P_B - P_j^s)}{RT} \tag{9.2}$$

$$\Pi = P_B - P_A = -\frac{RT}{v_j^L}\ln(x_j\gamma_j) \tag{9.3}$$

对于低浓度溶液

$$\gamma_j \approx 1$$

$$\ln x_j = \ln(1 - \sum_i x_i) \approx -\sum_i x_i$$

$$\sum_i c_i = \frac{\sum_i n_i}{V} \approx \frac{\sum_i x_i}{v_j^L}$$

$$\Pi = RT\sum_i c_i \tag{9.4}$$

x_i 为组分 i 的摩尔分数，c_i 为组分 i 的体积浓度

例 9.1 计算渗透压

(1) 5% 葡萄糖水溶液($C_6H_{12}O_6$)

(2) 5% 氯化钠水溶液(NaCl)

在 $\vartheta = 25℃$ 下，摩尔质量如下：

$M_{glucose} = 180.16\mathrm{g/mol}$；

$M_{NaCl} = 58.44\mathrm{g/mol}$；$M_{Na^+} = 22.99\mathrm{g/mol}$；$M_{Cl^-} = 35.453\mathrm{g/mol}$；

$M_{H_2O} = 18.015\mathrm{g/mol}$

为方便计算，液体密度应假定为 $1000\mathrm{kg/m^3}$。近似值[式(9.4)]仍然有效。

解：

(1) 葡萄糖溶液的摩尔分数为：

$$x_{glucose} = \frac{\frac{0.05}{180.16\mathrm{g/mol}}}{\frac{0.05}{180.16\mathrm{g/mol}} + \frac{0.95}{18.015\mathrm{g/mol}}} = 0.00524$$

对于平均摩尔质量，我们得到

$$M_{av} = 0.00524 \cdot 180.16\mathrm{g/mol} + (1 - 0.00524) \cdot 18.015\mathrm{g/mol} = 18.864\mathrm{g/mol}$$

给出体积浓度：

$$c_{glucose} = \frac{x_{glucose}\rho^L}{M_{av}} = \frac{0.00524 \cdot 1000\mathrm{kg/m^3}}{18.864\mathrm{kg/kmol}} = 0.278\mathrm{kmol/m^3}$$

可以计算得到渗透压为：

$$\Pi = RTc_{glucose} = \frac{8.3143\mathrm{J} \cdot 298.15\mathrm{K} \cdot 278\mathrm{mol}}{\mathrm{mol\ K\ m^3}} = 6.98 \cdot 10^5 = 6.98\mathrm{bar}$$

(2) 在水溶液中，氯化钠将完全分解为钠离子和氯离子。因此，1g 溶液中溶质的摩尔数为：

$$n_{\text{diss}}=\frac{0.05\text{g/g}}{58.44\text{g/mol}}\cdot 2=0.001711\text{mol/g}$$

1g 溶液中溶剂的摩尔数为：

$$n_{H_2O}=\frac{0.95\text{g/g}}{18.015\text{g/mol}}=0.0527\text{mol/g}$$

因此，溶质的摩尔分数为：

$$X_{\text{diss}}=\frac{n_{\text{diss}}}{n_{\text{diss}}+n_{H_2O}}=\frac{0.001711}{0.001711+0.0527}=0.03145$$

考虑到离子的摩尔质量，我们得到平均摩尔质量

$$M_{\text{av}}=\frac{1}{2}\cdot 0.03145\cdot 22.99\text{g/mol}+\frac{1}{2}\cdot 0.03145\cdot 35.453\text{g/mol}+(1-0.03145)\cdot 18.015\text{g/mol}=18.367\text{g/mol}$$

得到体积浓度：

$$C_{\text{diss}}=\frac{x_{\text{diss}}\rho_L}{M_{\text{av}}}=\frac{0.003145\cdot 1000\text{kg/m}^3}{18.367\text{kg/kmol}}=1.712\text{kmol/m}^3$$

可以计算得到渗透压为 $\Pi=RTc_{\text{diss}}=\frac{8.3143\text{J}\cdot 298.15\text{K}\cdot 1712\text{mol}}{\text{mol K m}^3}=42.45\cdot 10^5=42.45\text{bar}$

由于解离作用，电解质的渗透压往往比分子物质高得多。

如果测量渗透压，则可通过反算例 9.1，测定复杂物质的摩尔质量。

渗透平衡是重要的，特别是在生物系统中[2]。例如，细胞膜可视为半透膜。在细胞内，溶解物的浓度远远高于细胞外。由于渗透压的作用，水往往被输送到细胞内。为避免细胞破裂，细胞壁坚硬，机械稳定性好，能吸收渗透压。像青霉素这样的抗生素会破坏细胞壁，水会由于渗透压而流入细胞，导致细胞因渗透压而爆炸。

而且，日常生活中的许多事情都是建立在渗透的基础上的。

通过盐渍或糖化来保存食物会导致食物渗透脱水，使微生物由于水浓度低而无法再繁殖。

如果蔬菜是煮熟的，最好在水里加盐，因为蔬菜本身含有盐。这样就可以防止水分渗透到蔬菜中，从而使蔬菜失去味道。

如果蔬菜上有调味品，会因为水分的流失而打破渗透平衡，水通过渗透的方式被输送到调味品中。

最后，樱桃经常在雨后爆裂，因为渗透作用导致水分扩散到果实中，从而导致果实内部的渗透压超过了樱桃果皮的稳定性。

在游轮上，每天有几百吨的饮用水是由海水反渗透产生的。

9.2 渗透蒸发

膜分离法在分离技术中的重要性正在稳步提高。膜将进料混合物分离成通过膜的渗透液和不通过膜的滞留液(图 9.2)。在热过程工程中，膜分离通常是分离共沸物的一种节能方法，因为分离效果几乎与蒸馏过程中的气 - 液平衡无关。两种物质因通过膜的能力不同而分离，如图 9.2 所示。

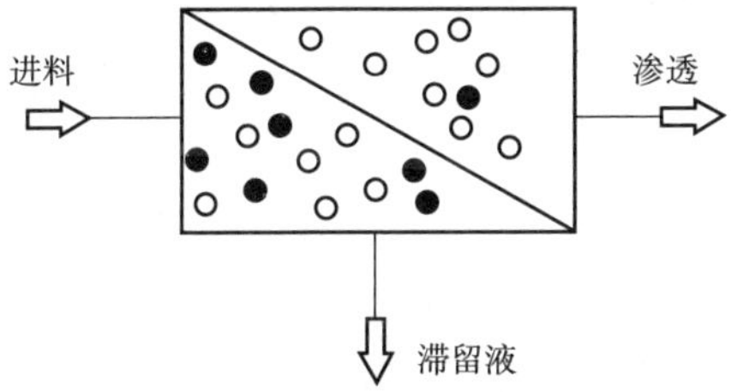

图 9.2 膜分离过程的原理

渗透汽化是最重要的膜过程之一，即通过膜的部分汽化。组分通过膜向渗透侧的传质主要取决于其与膜材料的亲和力。渗透蒸发中传质过程的一般描述包括以下五个步骤[4]：

(1)组分从原料转移到膜表面。

(2)膜内组分的吸附。

(3)组分在膜上扩散。

(4)以蒸汽形式在渗透侧解吸组分。

(5)组分从膜表面转移到膜体。

为了描述通过膜的质量传输，可以假设组分 i 穿过膜的通量与其驱动力成正比，驱动力是膜两侧的逸度差，与膜的厚度成反比。膜通量 J_i 可以表述为：

$$j_i = P_i \frac{f_{i,\mathrm{F}} - f_{i,\mathrm{P}}}{l} \tag{9.5}$$

式中，P_i 是渗透率，f 是逸度，l 是膜厚度。

在渗透汽化过程中，膜组件的进料保持在足够高的压强下，使其保持在液相。膜的另一侧保持低于渗透液露点的压强，因此它以蒸汽形式离开膜，这意味着各组分在通过膜时正在蒸发。假设有理想的气相，用于模拟渗透汽化过程的逸度可以用渗透侧的分压和进料侧各成分的饱和压强来表示：

$$J_i = P_i^* (\gamma_i x_i P_i^{\mathrm{s}} - y_i P_{\mathrm{P}}) \tag{9.6}$$

式中，y_i 是渗透液中组分的摩尔分数，P_i 是渗透压强。$P^* = \frac{P_i}{l}$ 称为表观渗透常数，表征膜的性质。热力学决定了膜分离的驱动力，而合适的渗透系数表达式仍然是当前研究的重要目标[4]。

问题：

9.1 在25℃时，盐溶液在水中的渗透压测量为7.2atm。根据附录A中给出的数据估算溶液的凝固和沸腾温度。

9.2 水溶液中含有6g/L的聚合物。在300K时，渗透压是30mbar。假定聚合物在理想状态下估计它的平均摩尔质量。这个平均值是质量平均值还是数量平均摩尔质量(见10.1节)？

9.3 在糖水溶液中，水在大气压下的凝固点降低0.1K。估计溶液在20℃时的渗透压。使用例8.7中给出的水的凝固点常数。

9.4 甘油水溶液的渗透压为$\Pi = 12$bar，估计溶液中甘油的浓度。甘油的结构式为$CH_2OH—CHOH—CH_2OH$。

参考文献

1 Smith，R.(2005). *Chemical Process - Design and Integration.* Chichester：Wiley.

2 Morris，J. G.(1976). *Physikalische Chemie für Biologen.* Weinheim：Wiley - VCH.

3 Wikipedia The Free Encyclopedia，www. wikipedia. org(accessed November 2018).

4 Bozek，E.(2010). Chemical reaction - pervaporation hybrid process and its application to transesterification of methyl acetate with n - butanol. PhD thesis. Oldenburg：University of Oldenburg.

10 高分子热力学

10.1 引言

聚合物是由重复的结构单元组成的大分子，通常由共价化学键连接。由于高分子材料的特殊性质，聚合物普遍在日常生活中发挥着至关重要的作用，从塑料和弹性体到天然生物聚合物，如 DNA 和蛋白质等生命所必需的物质。一个简单的例子如聚乙烯，它是由乙烯单体重复聚合而成。合成聚合物材料如聚酰胺(如尼龙和贝纶)、聚乙烯、含氟聚合物(如聚四氟乙烯)和硅酮已成为聚合物工业的基础。如今，大多数商业上重要的聚合物完全可以由人工合成，并已经达到了较高的产量。世界级规模的聚乙烯工厂每年生产 30 万吨以上。合成聚合物现在应用于几乎所有工业和生活领域。它们被广泛用作从玩具到飞机等产品的黏合剂、润滑剂或结构材料组件。同时它们也被应用于各种生物医学设备，从植入式装置到药物控制释放。聚甲基丙烯酸甲酯等聚合物在半导体制造中用作光刻胶材料，在高性能处理器中用作介电常数较小的电介质。近年来，聚合物也被用作电子显示器中的有机发光二极管的柔性基板。越来越多的高性能材料是由两种或多种单体聚合而成。

聚合物的生产和加工过程中不可避免地受到了由相分离和分离产生的消极影响。例如，在聚合过程中，高黏性相的分离可能导致严重后果，如堵塞管线或反应堆过热。为了便于合成特定的聚合物，可采用液-液相分离法来实现聚合物的分馏[1,2]。了解含聚合物系统的热力学数据在工业和实验室中是必不可少的。这些数据是探究聚合物体系物理状态、研究分子间相互作用以及深入了解混合物分子本质的重要工具。

由于大分子的结构，只用化学计量法来描述并不方便。简单大分子结构，例如线性均聚物，可以用单个单体亚基和总摩尔质量分布来描述。复杂的生物大分子、合成树状大分子或超支化聚合物需要多方面的结构来描述，如分支程度。

由两种低摩尔质量物质制成的混合物与由聚合物和低摩尔质量组分制成的混合物之间最重要的区别在于分子的大小，这导致热力学函数极不平衡。由于这个原因聚合物被分成虚拟的几段，所有的热力学参数将被认为是段摩尔。段号 r_i 的定义是：

$$r_i = \frac{L_i}{L_{\text{standard}}} \tag{10.1}$$

其中 L_i 是相关的物理性质（即摩尔体积、摩尔质量、聚合度或 van der Waals 体积），L_{standard}是任意选择的标准段（即溶剂或单体单元）的物理性质。

$$\bar{\bar{z}} = \frac{z}{\sum_{i=1}^{n} r_i x_i} \tag{10.2}$$

其中 z 是任意摩尔量，x_i 是在混合物中组分 i 的摩尔分数，n 是所研究混合物中的组分数量。本章中的所有摩尔量都是分段摩尔量；因此，在下本中省略了双素数。

实际上，所有的聚合物通常都含有许多同源的组分，因此聚合物可以用摩尔质量分布来表征。根据聚合机理，文献[1，2]提供了不同的分析方法。对于完全聚合的产物，由反应机理导出 Schulz－Flory 分布 $W(r)$[1]：

$$W(r) = \frac{k^k}{\Gamma(k)\, r_{\mathrm{N}}}\left(\frac{r}{r_{\mathrm{N}}}\right)^k \exp\left(-k\frac{\gamma}{\gamma_{\mathrm{N}}}\right) \tag{10.3}$$

其中 k 是衡量物质互不均匀性的物理量，r 是段数，r_{N} 是平均段数，而$\Gamma(k)$是 Gamma 函数。函数 $W(r)$描述了体系中所有聚合物分子的段数或摩尔质量的分布。图 10.1 显示了平均段数下 k 对分布函数的影响，其中积分分布函数是：

$$F(r) = \int_0^r W(r)\,\mathrm{d}r \tag{10.4}$$

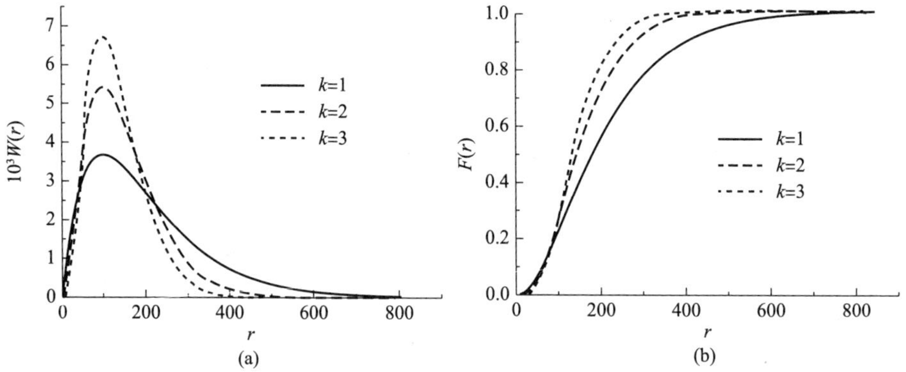

图 10.1　$r_{\mathrm{N}}=100$ 和不同 k 值的微分(a)和积分(b) Schulz－Flory 分布函数

连续分布函数[式(10.3)]可由其片段表示，其定义是：

$$\gamma^{(n)} = \int_0^\infty W(r)\, r^n\,\mathrm{d}r \tag{10.5}$$

对于 $n=0$，式(10.5)反映了标准化条件。第一时刻($n=1$)产生分布函数的平均值。第二个时刻($n=2$)包含分布函数宽度的信息。第三时刻($n=3$)描述了分布函数的不对称性。虽然这些时刻无法直接测量，但是它们可能与实验观测可获得的量有关。聚合物的表征使用了与摩尔质量有关的几个平均值[即数平均摩尔质量(M_N)、质量平均摩尔质量(M_M)和 z 平均摩尔质量(M_z)]。在聚合物热力学中，通常使用段摩尔量的概念，在聚合物热力学中，多采用片段摩尔数的概念，因此在热力学方程中出现了数均段数(r_N)、平均段数(r_M)和 z 平均段数(r_z)。

利用分布函数[即式(10.3)]，可以定义几个平均值。数均段数与数均摩尔质量成正比，其值可用溶液的蒸气压或渗透压法来测得，由分布函数的 0 和 -1 矩之比给出[式(10.6)]：

$$r_N = \frac{\overline{M}^{(0)}}{\overline{M}^{(-1)}} = \frac{\int_0^\infty W(r)\,\mathrm{d}r}{\int_0^\infty \frac{W(r)}{r}\mathrm{d}r} \tag{10.6}$$

同样，质量平均段数的结果可利用式(10.7)得出：

$$r_M = \frac{\overline{M}^{(1)}}{\overline{M}^{(0)}} = \frac{\int_0^\infty rW(r)\,\mathrm{d}r}{\int_0^\infty W(r)\,\mathrm{d}r} \tag{10.7}$$

质量平均段数可以通过光散射测量得到。z 平均段数由式(10.8)得出：

$$r_z = \frac{\overline{M}^{(2)}}{\overline{M}^{(1)}} = \frac{\int_0^\infty r^2W(r)\,\mathrm{d}r}{\int_0^\infty rW(r)\,\mathrm{d}r} \tag{10.8}$$

z 平均摩尔质量可以通过超离心机测量。凝胶渗透色谱法可以测量完整的分布函数，从而估计所有平均摩尔质量。

例 10.1 计算平均段数。

某聚合物可以用 $r_N=100$ 和 $k=1$ 的 Schulz – Flory 分布函数来描述。对于热力学模型，请计算量 r_M 和 r_z。

解决方案：

Schulz – Flory 分布函数如式(10.3)所示。对于平均值 r_M 和 r_z 的计算，必须已知分布函数的矩。矩可以用式(10.5)计算。将式(10.3)代入式(10.5)可得：

$$n=0 \quad \overline{M}^{(0)} = \int_0^\infty W(r)\,\mathrm{d}r = \frac{k^k}{\Gamma(k)\,r_N}\int_0^\infty \left(\frac{r}{r_N}\right)^k \exp\left(-k\frac{r}{r_N}\right)\mathrm{d}r$$

$$n=-1\quad \overline{M}^{(-1)}=\int_0^{\infty}W(r)\,\mathrm{d}r=\frac{k^k}{\Gamma(k)\,r_N}\int_0^{\infty}\left(\frac{r}{r_N}\right)^k\exp\left(-k\frac{r}{r_N}\right)\frac{1}{r}\mathrm{d}r$$

$$n=1\quad \overline{M}^{(1)}=\int_0^{\infty}W(r)\,r\mathrm{d}r=\frac{k^k}{\Gamma(k)\,r_N}\int_0^{\infty}\left(\frac{r}{r_N}\right)^k\exp\left(-k\frac{r}{r_N}\right)r\mathrm{d}r$$

$$n=2\quad \overline{M}^{(2)}=\int_0^{\infty}W(r)\,r^2\mathrm{d}r=\frac{k^k}{\Gamma(k)\,r_N}\int_0^{\infty}\left(\frac{r}{r_N}\right)^k\exp\left(-k\frac{r}{r_N}\right)r^2\mathrm{d}r$$

上述方程的积分可以用解析的方法求解，代入 $r/r_N=x$ 得到：

$$n=0\quad \overline{M}^{(0)}=\frac{k^k}{\Gamma(k)}\int_0^{\infty}x^k\exp(-kx)\,\mathrm{d}x$$

$$n=-1\quad \overline{M}^{(-1)}=\frac{k^k}{\Gamma(k)\,r_N}\int_0^{\infty}x^{k-1}\exp(-kx)\,\mathrm{d}x$$

$$n=1\quad \overline{M}^{(1)}=\frac{k^k\,r_N}{\Gamma(k)}\int_0^{\infty}x^{k+1}\exp(-kx)\,\mathrm{d}x$$

$$n=2\quad \overline{M}^{(2)}=\frac{k^k\,r_N^2}{\Gamma(k)}\int_0^{\infty}x^{k+2}\exp(-kx)\,\mathrm{d}x$$

使用一般公式：

$$\int_0^{\infty}x^m\exp(-ax)=\frac{\Gamma(m+1)}{a^{m+1}}$$

Γ 函数和计算规则为：

$\Gamma(x)=(x-1)!\ \ x\in N$；$\Gamma(x+1)=x\Gamma(x)$

推出：

$$\overline{M}^{(0)}=1;\ \overline{M}^{(-1)}=\frac{1}{r_N};\ \overline{M}^{(1)}=\frac{r_N(k+1)}{k};$$

$$\overline{M}^{(2)}=\frac{r_N^2(k+2)(k+1)}{k^2}$$

$\overline{M}^{(0)}=1$ 表示满足归一化条件，这与混合物中所有摩尔分数之和必须为 1 的说法类似。$\overline{M}^{(1)}$ 表示分布函数的宽度，$\overline{M}^{(2)}$ 表示分布函数的不对称性。最后，将 $\overline{M}^{(n)}$ 插入式(10.7)得到平均值 r_M，将 $\overline{M}^{(n)}$ 插入式(10.8)得到 r_z 的平均值。

$$r_M=\frac{\overline{M}^{(1)}}{\overline{M}^{(0)}}=\frac{r_N(k+1)}{k}$$

$$r_z=\frac{\overline{M}^{(2)}}{\overline{M}^{(1)}}=\frac{r_N^2(k+2)(k+1)k}{k^2\,r_N(K+1)}=\frac{r_N(k+2)}{k}$$

代入 $r_N=100$ 和 $k=1$，最终结果是 $r_M=200$ 和 $r_z=300$。

在摩尔质量小的组分所形成的混合物中，组分的结构不依赖于浓度。然而，聚合物的结构取决于溶剂的浓度。在一定的聚合物浓度下(重叠浓度 $c*$)，聚合物链会发生缠结(半稀释聚合物溶液)。这种效应在大多数热力学方程中被忽略了。如今，许多聚合反应导致产物的摩尔质量分布范围小，但这些产物样品的平均摩尔质量值仍然不同。此外，分馏[2]可以缩小分布函数，但不能产生单分散聚合物。假设一种情况，可以考虑将一个单分散聚合物在单一溶剂内溶解为拟二元体系。在这一章中，首先介绍由单分散聚合物和溶剂组成的准二元体系的热力学模型(g^E模型和状态方程[EOS])，然后讨论多分散性对相行为的影响。由于聚合物的蒸气压可以忽略不计，因此最重要的相平衡是液-液相平衡。因此，我们将注意力集中在液-液相分离上，即在不同聚合物浓度和不同聚合物摩尔质量分布的两相之间建立平衡(分馏效应)。

如果忽略多分散性，聚合物溶液的行为将会类似于二元体系(图5.67)。对于这种聚合物溶液，不会发生分馏作用。在聚合物溶液的平衡状态下，至少在一定的温度和组成范围内，形成两个不同组成的稳定液相而不是一个液相。聚合物溶液的液-液平衡如图10.2所示。当温度高于临界温度(图10.2中的星形标记)时，聚合物溶液是稳定的，因此存在一个均匀的液相。如果温度和组分处于单相区域(图10.2中的稳态区域)，则平衡态为单相液相。然而，如果混合物的温度和整体成分处于两相区域(图10.2中的亚稳态区域和不稳定区域)，则会形成两种液相。这些相的组成由恒温线(图10.2中的连接线)与两相区域边界的交点给出。稳定区域与亚稳区域由Binodal线分开。

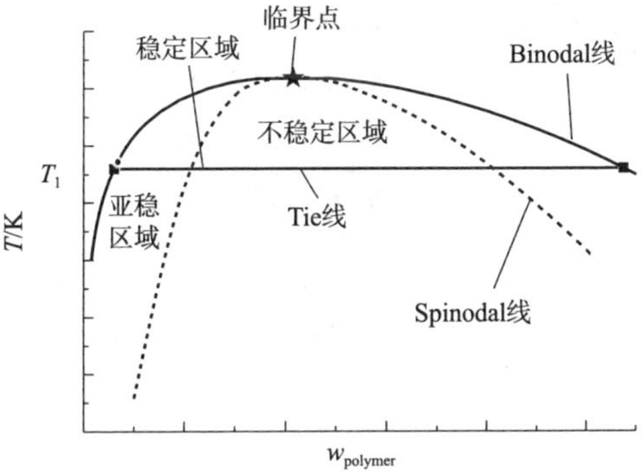

图10.2　恒压下二元聚合物溶液的液-液平衡

例如，按照图10.2左箭头所示聚合物浓度的聚合物溶液将从Binodal线以上的温度降至Binodal线以下的温度(图10.2中的T_1)。在这个冷却过程中，聚合物溶液变得混浊，并形成共存相的第一个液滴。因此，Binodal线又称浊点曲线。在温度T_1下，聚合物浓度不同的两个共存相将达到平衡。两相的聚合物浓度可以在T_1的Binodal线(或浊点曲线)上读取。平衡状态下的两相通过Tie线连接。Spinodal线将亚稳态从相图的不稳定区域中分离出来。和稳定状态相同，亚稳态对小的波动是稳定的，但不是对所有的变化都是稳定的。简单的例子是过冷的液体或过热的蒸汽。Spinodal线穿过极大值线，在临界点处与双峰线相交。可以使用g^E模型或EOS计算相图(图10.2)。

10.2 g^E 模型

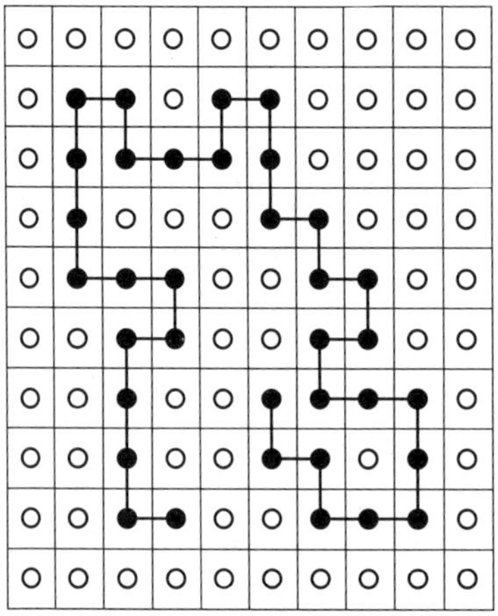

图 10.3 Flory – Huggins 晶格的示意图

与描述低摩尔质量组分混合物的实际相行为类似，高摩尔质量组分混合物也可以建立基于活度系数的混合物模型。在低摩尔质量组分的条件下，模型描述了与理想混合物的偏差，而聚合物溶液的模型则描述了与 ideal – athermic 混合物的偏差。当模型开发开始时，所有的线段都放在一个格子上(图 10.3)。聚合物链会排列在相同大小的格子点，其中占据格子的数量取决于段数 r。对于准二元聚合物溶液，所有其他位置都被溶剂段占据。

根据统计热力学，Flory[1] 推导出了这种情况下的混合熵表达式(图 10.3)，用来描述聚合物(B)溶解在溶剂(A)中熵改变的公式为：

$$\Delta s^{\mathrm{id}} = -R\left[\frac{x_A}{r_A}\ln x_A + \frac{x_B}{r_B}\ln x_B\right] \tag{10.9}$$

其中 x_B 为聚合物的段分数，x_A 为溶剂的段分数。如果常量 z 使用摩尔分数，两个组分的摩尔分数都可以用式(10.2)来计算。式(10.9)定义了 ideal – athermic 混合物(或 Flory – Huggins 混合物，$h^E=0$)，并将此定义为聚合物溶液的标准状态。这个方程代替了理想混合物中低摩尔质量组分的混合熵。为了描述与 ideal – athermic 混合物的偏差，可以建立过剩焓的模型。著名的模型之一是 Flory[1] 和 Huggins[3] 提出的χ – parameter 概念：

$$\frac{h^E}{RT} = x_B x_A \chi(T,\ x_B,\ r_B) \tag{10.10}$$

考虑到χ – parameter 仅作为温度的函数关联 Flory – Huggins 理论[1]。之后，依赖于χ聚合物浓度和段数的不同的表达式已经提出。关联段数 r 的χ考虑了低聚物的影响。为简单起见，假设聚合物具有足够高的摩尔质量，而且不会发生低聚物效应。将式(10.9)与式(10.10)结合可得到准二元聚合物溶液的过剩 Gibbs 自由能：

$$\frac{g^E}{RT} = \frac{x_A}{r_A}\ln x_A + \frac{x_B}{r_B}\ln x_B + x_B x_A \chi(T,\ x_B) \tag{10.11}$$

因为末端效应被忽视，所以不需要考虑关联段数的χ。利用式(10.11)，可得到准二元聚合物溶液的 Gibbs 自由能：

$$\frac{g}{RT}=x_A\frac{g_{0A}}{RT}+x_B\frac{g_{0B}}{RT}+\frac{x_A}{r_A}\ln x_A+\frac{x_B}{r_B}\ln x_B+x_Bx_A\chi(T,\ x_B) \tag{10.12}$$

其中 g_{0A}和 g_{0B}分别表示纯溶剂和纯聚合物的 Gibbs 自由能。

利用式(10.12)，可以得到计算液相平衡(LLE)所需要的所有热力学参数。一个重要的参数是混合物中组分 i 的段摩尔化学势 μ_i。这个量可以通过推导式(10.12)得到关于所研究的化合物的段数的摩尔数。对于聚合物的片段化学势，可以发现 $x_A=1-x_B$：

$$\frac{\mu_B}{RT}=\left(\frac{\partial g/RT}{\partial n_B}\right)_{T,P,n_A}=\frac{g}{RT}+x_A\left(\frac{\partial g/RT}{\partial x_B}\right)_{T,P}$$

$$\frac{\mu_B}{RT}=\frac{g_{0B}}{RT}+\frac{\ln x_B}{r_B}+x_A\left(\frac{1}{r_B}-\frac{1}{r_A}\right)+x_A^2\left(\chi(T,\ x_B)+x_B\left(\frac{\partial\chi(T,\ x_B)}{\partial x_B}\right)_{T,P}\right) \tag{10.13}$$

对于溶剂，段的化学势为：

$$\frac{\mu_A}{RT}=\left(\frac{\partial g/RT}{\partial n_A}\right)_{T,P,n_B}=\frac{g}{RT}-x_B\left(\frac{\partial g/RT}{\partial x_B}\right)_{T,P}$$

$$\frac{\mu_A}{RT}=\frac{g_{0A}}{RT}+\frac{\ln x_A}{r_A}+x_B\left(\frac{1}{r_A}-\frac{1}{r_B}\right)+x_B^2\left(\chi(T,\ x_B)-x_A\left(\frac{\partial\chi(T,\ x_B)}{\partial x_B}\right)_{T,P}\right) \tag{10.14}$$

对于相平衡计算，通常可以采用相平衡条件：

$$\mu_A^{\mathrm{I}}(x_B^{\mathrm{I}},\ T)=\mu_A^{\mathrm{II}}(x_B^{\mathrm{II}},\ T);\ \mu_B^{\mathrm{I}}(x_B^{\mathrm{I}},\ T)=\mu_B^{\mathrm{II}}(x_B^{\mathrm{II}},\ T) \tag{10.15}$$

将式(10.13)和式(10.14)代入式(10.15)可得：

$$\ln\left(\frac{x_A'}{x_A''}\right)=r_A\rho_A;\ \ln\left(\frac{x_B'}{x_B''}\right)=r_B\rho_B \tag{10.16}$$

ρ_A和ρ_B 由下式计算：

$$\rho_A=(x_B''-x_B')\left(\frac{1}{r_A}-\frac{1}{r_B}\right)+(x_B''^2-x_B'^2)\chi(T,\ x_B'')+(x_B'^2x_A'-x_B''^2x_A'')\left(\frac{\partial\chi(T,\ x_B')}{\partial x_B'}\right)_{T,P}$$

$$\rho_B=(x_A''-x_A')\left(\frac{1}{r_B}-\frac{1}{r_A}\right)+(x_A''^2-x_A'^2)\chi(T,\ x_B'')+(x_A''^2x_B''-x_A'^2x_B')\left(\frac{\partial\chi(T,\ x_B'')}{\partial x_B'}\right)_{T,P} \tag{10.17}$$

在相平衡计算中存在三个未知数，稀相聚合物浓度 x_B'，浓相聚合物浓度 x_B''和温度 T。确定其中一个未知数，其他两个可以同时通过求解式(10.15)计算出来。

Spinodal 线或临界会溶点有助于找到合适的初始值。Spinodal 线(见图 10.2)将相图中的亚稳区与不稳定区分开。Spinodal 线可以借助稳定性理论进行计算，计算中必要条件为：

$$\left(\frac{\partial^2 g/RT}{\partial x_B^2}\right)_{T,P}=0 \tag{10.18}$$

在给定的温度下，若混合物中发生相分离，作为组分的函数的 Gibbs 能可以得到两个最小值(图 10.4)。封闭系统在恒温常压下的平衡判据是系统 Gibbs 能最小。当混合物的总体组成在 G 的最小值(图 10.4 中的实线)之间时，混合物分成两相时得到混合物的 Gibbs 能的最小值。混合相的 Gibbs 能是两个共存相的 Gibbs 能的线性组合，用图 10.4 中的虚线表示。Gibbs 能的拐点(图 10.4 中的星标记)是组成的函数(图 10.4 中的实线)，它表征了图 10.2 中恒定温度下亚稳态和不稳定区域的边界。从数学角度看，这意味着对复合函数的二阶导数必须为零[式(10.18)]。

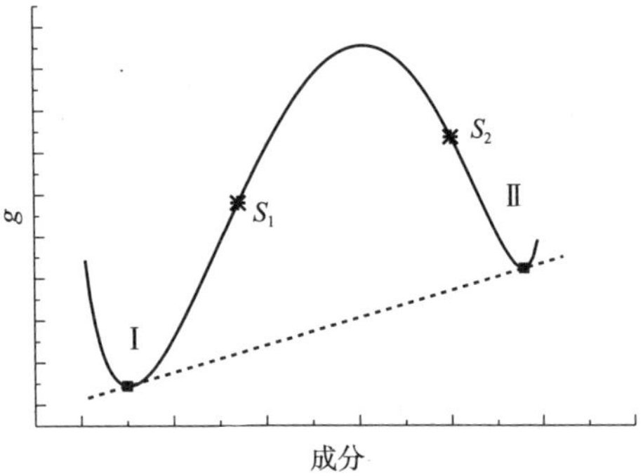

图 10.4　准二元聚合物溶液在恒定温度和压力下的化学组成的 Gibbs 能示意图

对于准二元系统，临界混溶点位于 Spinodal 线的极值点，因此其必要条件为：

$$\left(\frac{\partial^3 g/RT}{\partial x_B^3}\right)_{T,P}=0 \tag{10.19}$$

一种对 χ 参数的解析方程是 Koningsveld - Kleintjens 半经验模型：

$$\chi(T,\ x_B)=\frac{\beta(T)}{1-\gamma x_B} \tag{10.20}$$

其中 $\beta(T)$ 和 γ 是可调参数。

这些参数必须使用伪二进制数据进行估计。联立式(10.20)、式(10.12)、式(10.14)，得：

$$\frac{\mu_A}{RT}=\frac{g_{0A}}{RT}+\frac{\ln x_A}{r_A}+x_B\left(\frac{1}{r_A}-\frac{1}{r_B}\right)+\frac{x_B^2\beta(T)(1-\gamma)}{(1-\gamma x_B)^2} \tag{10.21}$$

联立式(10.20)、式(10.12)、式(10.13)，得：

$$\frac{\mu_B}{RT}=\frac{g_{0B}}{RT}+\frac{\ln x_B}{r_B}+x_A\left(\frac{1}{r_B}-\frac{1}{r_A}\right)+\frac{x_A^2\beta(T)}{(1-\gamma x_B)^2} \tag{10.22}$$

对于 Spinodal 条件[式(10.18)]，通过式(10.20)可以得到：

$$\left(\frac{\partial^2 g/RT}{\partial x_B^2}\right)_{T,P}=\frac{1}{r_A x_A}+\frac{1}{r_B x_B}-\frac{2\beta(T)(\gamma-1)}{(1-\gamma x_B)^3}=0 \tag{10.23}$$

将式(10.20)用于临界条件[式(10.19)]可得：

$$\left(\frac{\partial^3 g/RT}{\partial x_B^3}\right)_{T,P}=\frac{1}{r_A x_A^2}+\frac{1}{r_B x_B^2}-\frac{6\beta(T)(\gamma-1)\gamma}{(1-\gamma x_B)^4}=0 \tag{10.24}$$

将 Spinodal 条件[式(10.23)]与临界条件[式(10.19)]结合起来，就可以利用临界浓度 x_B^C 来估计可调参数 γ：

$$\gamma=\frac{1}{x_B^C+\dfrac{3\left(\dfrac{1}{r_A x_A^C}+\dfrac{1}{r_B x_B^C}\right)}{\left(\dfrac{1}{r_A(x_A^C)^2}-\dfrac{1}{r_B(x_B^C)^2}\right)}} \tag{10.25}$$

为了确定相平衡计算式(10.17)中 ρ_A 和 ρ_B 的值，式(10.21)与式(10.22)中的化学势必须相等，结果为：

$$\rho_A=(x_B''-x_B')\left(\frac{1}{r_A}-\frac{1}{r_B}\right)+\beta(T)(1-\gamma)\left[\frac{x_B''^2}{(1-\gamma x_B'')^2}-\frac{x_B'^2}{(1-\gamma x_B')^2}\right] \tag{10.26}$$

和

$$\rho_B=(x_A''-x_A')\left(\frac{1}{r_B}-\frac{1}{r_A}\right)+\beta(T)\left[\frac{x_A''^2}{(1-\gamma x_B'')^2}-\frac{x_A'^2}{(1-\gamma x_B')^2}\right] \tag{10.27}$$

ρ_A 和 ρ_B 可以解释为到临界解点的距离，考虑到 $\beta(T)$ 函数只与温度有关，可以对式子进行简化。重排式(10.26)和式(10.27)，联立式(10.16)可以消去 $\beta(T)$：

$$\frac{\dfrac{1}{r_A}\ln\left(\dfrac{x_A'}{x_A''}\right)-(x_B''-x_B')\left(\dfrac{1}{r_A}-\dfrac{1}{r_B}\right)}{(1-\gamma)\left[\dfrac{(x_B'')^2}{(1-\gamma x_B'')^2}-\dfrac{(x_B')^2}{(1-\gamma x_B')^2}\right]}=\frac{\dfrac{1}{r_B}\ln\left(\dfrac{x_B'}{x_B''}\right)-(x_A''-x_A')\left(\dfrac{1}{r_B}-\dfrac{1}{r_A}\right)}{\left[\dfrac{(x_A'')^2}{(1-\gamma x_B'')^2}-\dfrac{(x_A')^2}{(1-\gamma x_B')^2}\right]} \tag{10.28}$$

式(10.28)可以通过一个简单方程的根来计算液－液相分离。对于每个已知的 x_A' 的值，可以计算出对应的 x_A'' 的值。如果给定了 $\beta(T)$ 的具体函数，那么可以通过函数确定相分离温度。通常可以使用一个简单的函数来描述：

$$\beta(T)=\beta_0+\frac{\beta_1}{T}+\frac{\beta_2}{T^2} \tag{10.29}$$

参数 β_i 的选择对得到的相行为结果有很大的影响。典型的相位图(见图5.67)具有以下特点：

（1）具有上临界会溶温度(UCST)。

（2）具有最低临界胶束浓度(LCST)。

（3）具有两个关键解点的闭环可混溶性差。

（4）具有两个分离的混相隙，两个临界会溶点。

在(1)和(2)情况中，临界条件[式(10.19)]需要对温度有一个根，因此可以将式(10.29)中的参数β_2设为零。式(10.29)中参数β_1的符号决定了临界会溶点的类型。如果$\beta_1<0$，聚合物溶液将有一个LCST，如果$\beta_1>0$，聚合物溶液将有一个UCST。在(3)和(4)情况中，临界条件[式(10.19)]对于温度有两个根，因此式(10.29)中的参数β_2不能设为零。可以使用给定的spinodal数据或给定的LLE数据中的临界会溶点来确定参数β_i的值。如果实验LLE数据可用，推荐使用以下方法：

（1）利用式(10.25)估计参数γ。

（2）利用式(10.28)计算相组成。

（3）使用式(10.26)或式(10.27)计算β值。

(4)用线性回归方法拟合$\beta(T)$与实验分离温度。

在没有实验数据的情况下，可以利用其他实验数据来估计模型的可调参数。一种选择是利用式(10.23)中的实验Spinodal数据。Spinodal数据可以通过使用温度脉冲或压力脉冲诱导的临界散射来测量。

另一种选择是通过实验测量热量来获得过剩焓数据。另外，反相气相色谱法也可以用来估计可调参数，该方法使用已知量的溶剂对色谱固定相(聚合物)进行描述。固定相的制备是通过在惰性载体上涂覆聚合物，并将涂覆的聚合物颗粒填充到传统的气相色谱柱中，给定溶剂的活度与它在色谱柱上的停留时间有关。

模型参数也可以通过测量聚合物溶液的蒸气压得到。假设聚合物的蒸气压为零，可得：

$$\ln\left(\frac{P^{s}(T)}{P_{A}^{s}(T)}\right)=\frac{\ln X_{A}}{r_{A}}+x_{B}\left(\frac{1}{r_{A}}-\frac{1}{r_{B}}\right)+\frac{x_{B}^{2}\beta(T)(1-\gamma)}{(1-\gamma x_{B})^{2}} \tag{10.30}$$

式中，P^s为聚合物溶液的蒸气压，P_A^s(T)为温度为T时纯溶剂的蒸气压。

下面将讨论四种主要相图类型的典型例子。首先，甲苯+聚甲基丙烯酸酯体系的经典UCST行为如图10.5所示，其中聚合物的平均摩尔质量为1770kg/mol。使用Koningsveld－Kleintjens模型[式(10.20)]，可以得到与模型计算结果一致的实验数据(M. Haberer和B. A. Wolf, private communication)。如上所述，β_1是一个正值，因此系统显示UCST行为，这意味着在冷却过程中开始分层。几种聚合物[即N－异丙基丙烯酰胺、甲基纤维素、多元醇、聚(乙烯醚)、聚(N－乙烯基己内酰胺)和聚(N－乙烯基异丁酰胺)]在水中呈现出去乳化曲线，去乳化从加热开始。

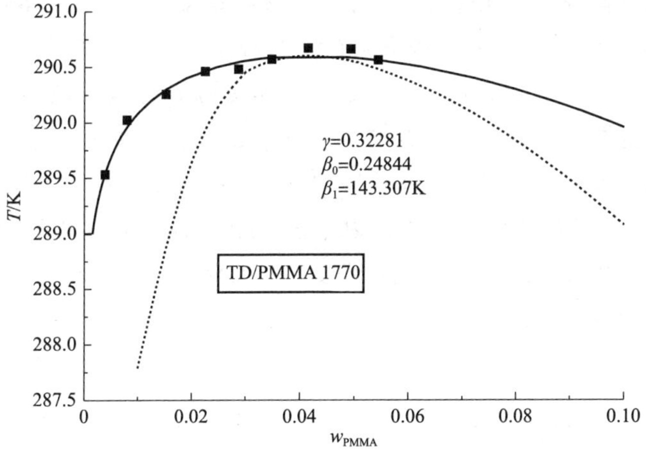

图 10.5 甲苯＋聚甲基丙烯酸酯体系实验数据(M. Haberer 和 B. A. Wolf, private communication)和计算的相平衡数据的比较(实线，Binodal；虚线，Spinodal)

如图 10.6 所示，聚合物的摩尔质量为 150kg/mol。LCST 行为可以使用所选模型中的负值β_1 来建模。例 10.2 详细解释了计算过程。

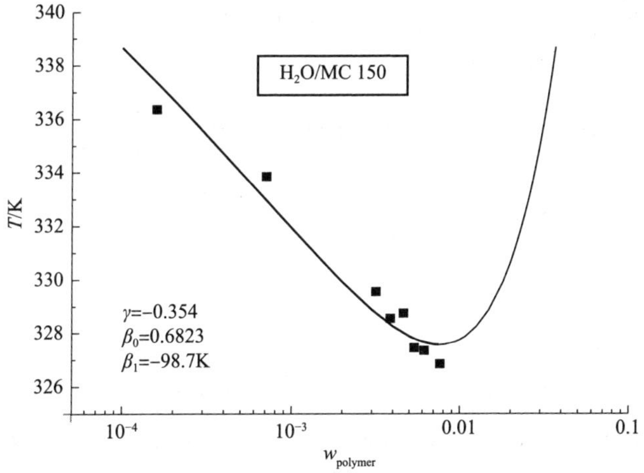

图 10.6 水＋甲基纤维素体系的实验相图与计算相图的比较

例 10.2 计算出的水＋甲基纤维素体系的浊点曲线(图 10.6)。

对摩尔质量为 150kg/mol 的水＋甲基纤维素体系的实验浊点曲线进行建模，并对 Koningsveld－Kleintjens 模型[式(10.20)]的参数进行估计。

解决方案：

摩尔质量为150kg/mol的水+甲基纤维素体系的实验数据如图10.6所示。这些数据是用差热分析[4]测量的，为了对其进行建模，第一步是估计溶剂和聚合物的段数。如果式(10.1)中选择溶剂(A)为标准段，摩尔质量为L，则得$r_B = 15000/18 = 8333.3$，$r_A = 1$。这个定义意味着质量分数w与片段分数x相同。在文献[4]中，没有关于多分散性的可用信息，因此，需要假设聚合物是单分散的。要计算浊点曲线，必须选择合适的g^E模型[式(10.11)]。要联立式(10.20)和式(10.29)，必须估计参数γ，β_0，β_1，β_2的值。浊点曲线在图10.6显示了一个LCST行为，因此参数β_2可以设置为零。如果聚合物溶液为二元体系，那么临界会溶点会位于浊点曲线的最小值处。根据图10.6中给定的数据，临界质量分数或临界片段分数等于$w_B^C = x_B^C = 0.00756$。方程(10.25)可以应用于计算参数γ：

$$\gamma = \frac{1}{0.00756 + \dfrac{3\left(\dfrac{1}{1-0.00756} + \dfrac{1}{8333.3 \cdot 0.00756}\right)}{\left(\dfrac{1}{(1-0.00756)^2} - \dfrac{1}{8333.3\ (0.00756)^2}\right)}} = -0.354$$

式(10.29)剩余的参数为β_0、β_1，这些参数可以通过计算每个实验聚合物浓度的$\beta(T)$来估计。举一个例子，假设聚合物的实验段分数$x_B{}' = 0.00317$，那么溶剂的段分数为$x'_A = 0.99683$。首先，必须计算出第二相相应的浓度$x_B{}''$。这可以借助式(10.28)进行，其中只有一个未知数，即$x_B{}''$：

$$f(x''_B) = \frac{\ln\left(\dfrac{0.99683}{1-x''_B}\right) - (x''_B - 0.00317)\left(1 - \dfrac{1}{8333.3}\right)}{(1+0.354)\left[\dfrac{(x''_B)^2}{(1+0.354x''_B)^2} - \dfrac{(0.00317)^2}{(1+0.354 \cdot 0.00317)^2}\right]}$$

$$- \frac{\dfrac{1}{8333.3}\ln\left(\dfrac{0.00317}{x''_B}\right) - (1 - x''_B - 0.99683)\left(1 - \dfrac{1}{8333.3}\right)}{\left(\dfrac{(1-x''_B)^2}{(1+0.354x''_B)^2} - \dfrac{(0.99683)^2}{(1+0.354 \cdot 0.00317)^2}\right)} = 0$$

这个方程可以用Regula Falsi模型求解，与Newton模型相比这个模型不需要解析导数。但应该指定搜索根的区间间隔。富聚合物相的聚合物浓度必须高于临界浓度($x_C^B = 0.00756$)。因此，搜索区间应在临界浓度$x''_{B,1}(1 = 0.00756)$和一个较高聚合物浓度($x''_{B,2} = 0.02$)之间。使用Regula Falsi模型，可用下面的迭代公式：

$$x''_{B,i+1} = x''_{B,i-1} - \frac{(x''_{B,i} - x''_{B,i-1})f(x''_{B,i-1})}{f(x''_{B,i}) - f(x''_{B,i-1})}$$

表 10.1 显示了使用 Regula Falsi 模型时的迭代过程。

表 10.1 浊点计算的迭代过程

迭代步长	$x''_{B,i-1}$	$x''_{B,i}$	$f(x''_{B,i-1})$	$f(x''_{B,i})$	$x''_{B,i+1}$
1	0.00756	0.02	$-2.84 \cdot 10^{-4}$	$5.70 \cdot 10^{-4}$	0.01167394
2	0.01167394	0.02	$-1.96 \cdot 10^{-4}$	$5.70 \cdot 10^{-4}$	0.01378491
3	0.01378491	0.02	$-4.98 \cdot 10^{-5}$	$5.70 \cdot 10^{-4}$	0.01427938
4	0.01427938	0.02	$-9.17 \cdot 10^{-6}$	$5.70 \cdot 10^{-4}$	0.01436909
5	0.01436909	0.02	$-1.58 \cdot 10^{-6}$	$5.70 \cdot 10^{-4}$	0.01438454
6	0.01438454	0.02	$-2.70 \cdot 10^{-7}$	$5.70 \cdot 10^{-4}$	0.01438718
7	0.01438718	0.02	$-4.61 \cdot 10^{-8}$	$5.70 \cdot 10^{-4}$	0.01438763
8	0.01438763	0.02	$-7.85 \cdot 10^{-9}$	$5.70 \cdot 10^{-4}$	0.0143877

由表 10.1 可知，经过 8 次迭代可以得到精度大于 10^{-8}的解，聚合物的浓度在两个阶段，$\beta(T)$的值可以使用式(10.28) 的一侧计算。对于这个例子，我们得到：

$$\beta(T)=\frac{\ln\left(\dfrac{1-0.00317}{1-0.0143877}\right)-(0.0143877-0.00317)\left(1-\dfrac{1}{8333.3}\right)}{(1+0.354)\left[\dfrac{(0.0143877)^2}{(1+0.354\cdot 0.0143877)^2}-\dfrac{(0.00317)^2}{(1+0.354\cdot 0.00317)^2}\right]}$$

$$\beta(T)=0.3821$$

必须对文献[4]中的每个实验数据点进行 $\beta(T)$ 的迭代计算，结果列于表 10.2。

表 10.2 H_2O + MC150 体系浊点曲线的数值计算结果

数字	x'_B	T/K	x''_B	$\beta(T)$
1	0.00016	336.35	0.03413	0.38974
2	0.00071	333.85	0.02532	0.38587
3	0.00317	329.55	0.01439	0.38206
4	0.00386	328.55	0.01283	0.38168
5	0.00461	328.75	0.01142	0.38139
6	0.00536	327.45	0.01023	0.38120
7	0.00614	327.35	0.00916	0.38107
8	0.00764	326.85	0.00764	0.38107
9	0.01033	352.45	0.00529	0.38121

现在，通过绘制每个数据点计算出的 β 值与实验浊点温度倒数之间的关系，可以估计式(10.29)中的参数 β_0 和 β_1(图 10.7)。在这个图中，表 10.2 中的点 9 被去掉了，因为这个点完全不在范围内。将数据点拟合成一条直线，得到式

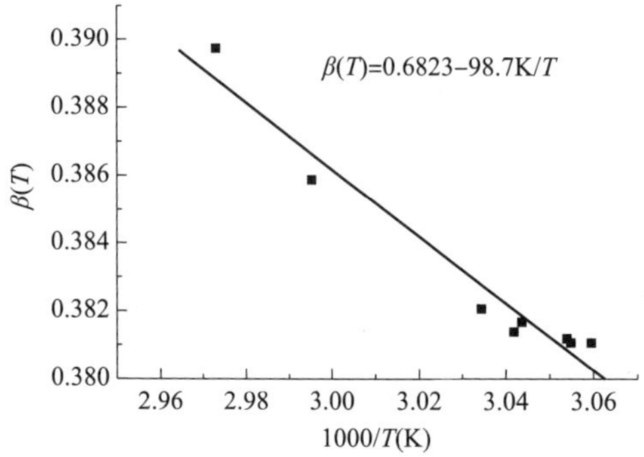

图 10.7　表 10.2 中没有点 9 的 H_2O + MC150 的参数估计

(10.29)中参数 $\beta_0=0.6823$，$\beta_1=-98.7K$。H_2O + MC150 系统表现出 LCST 行为；因此，参数 β_1 有负号。现在指定了所有的参数，整个浊点曲线(图 10.6)、Spinodal 线和临界会溶点就可以计算出来了。

式(10.29)中 $\beta_1=-98.7$ K。H_2O + MC150 体系表现出 LCST 行为；因此，参数 β_1 有负号。现在指定了所有的参数，整个浊点曲线(图 10.6)、Spinodal 线和临界会溶点就可以计算出来了。

如果系统中存在两个关键解点，则必须考虑式(10.29)中的参数 β_2。以聚乙二醇 + 水[5]体系为例，该体系存在闭环混溶性差的问题。体系的相行为如图 10.8 所示，其中聚合物的摩尔质量为 3.35kg/mol。在这种情况下，在 420 ~ 520K 的温度范围内可以观察到相分离，而在此温度范围之外可以观察到完全混合。

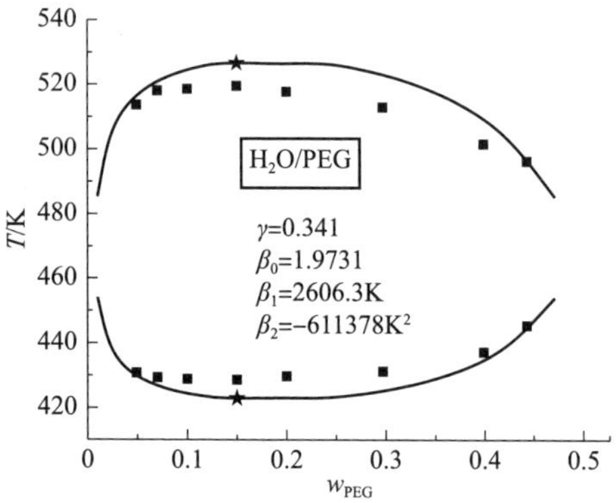

图 10.8　聚乙二醇 + 水体系实验与计算相行为的比较

如果系统中存在两个分离的混相隙，其中一个与 UCST 行为相连接，另一个与 LCST 行为相连接，也会出现两个临界会溶点。因此，在加热和冷却过程中都可能发生分层。这种复杂行为的经典例子是聚苯乙烯(PS)溶解在不同的溶剂中(乙醚、乙酸叔丁酯、环己烷[CH]、甲基环己烷[MCH]和丙酮)。当一个重要的参数如摩尔质量或压力改变时，两个临界会溶点可以合并。一个例子是PS + MCH 体系，其中 PS 的摩尔质量分布非常窄，平均摩尔质量为17.5kg/mol[7]。在等温相图中，以分离压力与浓度作图(图 10.9)。可以在等温相图中得到出一个沙漏形状的相图，当温度高于20.6℃时，可以清楚地观察到两个混相缺口，每个缺口都有一个临界会溶点(UCST 和 LCST)。随着压力的增大，与 UCST 行为相关的 Binodal 线转移到较低的温度，而临界浓度近似保持不变。反之亦然。在 20.8℃时，上部和下部的分离区域大约在 200bar 处分开。温度的轻微降低会使两相混相的间隙更靠近，直到它们在20.6℃时合并形成一个沙漏形的两相区。在低于或者等于时，都找不到临界会溶点。分层区域处于非常低和相对较高的聚合物浓度。在 0.1 和 0.3 之间，聚合物溶液是均匀的。对于单分散聚合物，首先两个临界会溶点合并形成双临界会溶点。其次，出现了一种新的相位行为模式(图 10.9)。为了对这种行为建模，特别是将合并过程表示为压力的函数，必须将压力包含在模型中。一种可行的方法是将压力表示的函数χ引入到[2, 7]，可以假定参数β_i依赖于压力并通过一个多项式表达：

$$\beta_i = \alpha_{i,0} + \alpha_{i,1}P + \alpha_{i,2}P^2$$

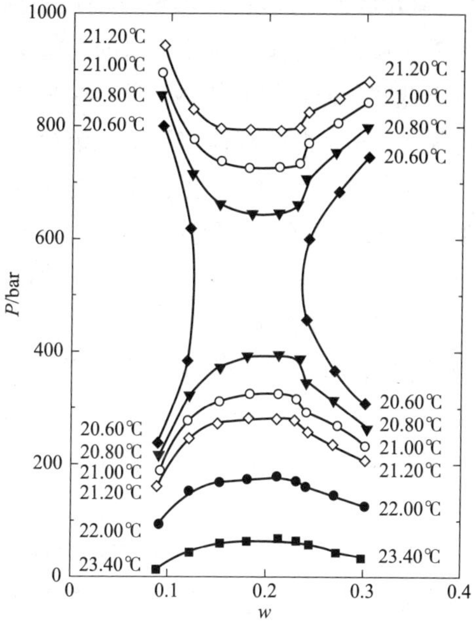

图 10.9　PS + MCH 体系在不同温度下的等温相行为

资料来源：Vanhee, et al., 1994[7]，经 John Wiley & Sons 允许转载。

该方法的缺点是模型可调参数多。这个问题的一个简单的解决方案是用 EOS 代替 g^E 模型(见 10.3 节)。

如果不能将系统简化为一个如例 10.2 所示的非线性方程，则还可以使用 Solc[8]建议的方法进行相平衡计算。该方法的基本思想是通过在式(10.17)中寻找ρ_A或ρ_B的值，即与临界会溶点之间的距离，来避免得到式(10.15)的错误解，从而计算两相的浓度。Horst[9]还提出了其他的解决方案。最后一种方法，基于 Gibbs 能的直接极小值化，这种方法在没有混合的 Gibbs 能的解析表达式时特别有用。当研究剪应力对相行为的影响时，就会出现这种情况。根据所谓的存储能量的符号，剪应力可以导致混相间隙的增加或减少。含聚合物体系的相态对剪应力的依赖性比低摩尔质量组分的混合物要明显得多。

可以比较简单地将晶格理论推广到两种以上组分[2]和聚合物共混物[2]。

10.3 状态方程

有些聚合物如低密度聚乙烯是在高压下生产的。为了开发新的生产工艺或进一步优化这些工艺，所涉及的相平衡行为必须为压力的函数。一些聚合物(如 PS、聚氨酯和聚氯乙烯)被用作泡沫隔离材料。在这种用途下，必须要了解发泡剂(如二氧化碳或正戊烷)的溶解度与压力的关系。利用 g^E 模型对压力影响进行建模，需要从实验数据中确定大量的经验参数，相比之下，EOS 的应用要方便得多。对于低摩尔质量组分的热力学，通常把实验蒸气压力作为温度的函数和实验 PvT 数据，尤其是饱和液体密度，纯组分是用来估计该组分的模型参数。然而，聚合物的蒸气压几乎为零。因为聚合物在熔化之前可能会被降解，所以其密度的测量通常也无法完成。由于这些原因，EOS 中使用的纯聚合物参数的估计是一个具有挑战性的问题。近年来，人们又优化了一些方法，其中参数拟合程序是基于聚合物的 PvT 数据且将聚合物参数与相应单体的参数关联的外推方程。

对于聚合物体系，已经开发了许多类型的 EOS(如 Flory – Orwoll – Vrij EOS[10]，Sanchez – Lacombe EOS[11]，Panayiotou – Vera EOS[12]，晶格气 EOS[13]，基团贡献法晶格流体 EOS[14])。在所有这些方程中，压力通过具有可压缩性的空晶格点引入。

另一种方法是将初始低摩尔质量流体所开发的 EOS 扩展到聚合物。其中一些扩展是基于 Waals – type 方程[15]。最初由 Chapman 等人[18]开发的所有版本的统计关联流体理论(SAFT)都属于这一类。有些文献[19,20]对新进展进行了综述，最成功的文献之一是基于统计热力学的 perturbed – chain – SAFT EOS(PC – SAFT EOS)[21,22]。基于分子的 EOS 不仅为推导相平衡计算所需的化学势或逸度提供了有用的基础，而且允许量化分子结构和相互作用对体性能和相行为的影响。接下来，我们将重点关注使用 Gross 和 Sadowski 的版本的 PC – SAFT EOS[21,22]。

在这个框架内，假定分子是由一段与温度无关的直径为 σ 的硬球链构成的。链通过修正的方井势 $u(r)$ 相互作用：

$$u(r)=\begin{cases}\infty & r<(\sigma-s_1)\\ 3\varepsilon & (\sigma-s_1)\leqslant r<\sigma\\ -\varepsilon & \sigma\leqslant r<\lambda\sigma\\ 0 & r\geqslant\lambda\sigma\end{cases} \tag{10.31}$$

其中 r 为两片段间的径向距离，ε 为势井深度，λ 为约化井宽。σ 为硬球段直径。假设 $s_1/\sigma=0.12$，$\lambda=1.5$。式(10.31)给出的势如图 10.10 所示。

文献中，也有不同井宽的 EOS(SAFT – VR 版本[23])。链的长度由参数 m 给出。使用 g^E 模型，片段数用 r 表示，这个数量是通过公式(10.1)计算出来的。与 r 相比，应用 EOS 时使用的片段数 m 是一个要拟合到实验数据的纯组分参数。非缔合分子的特征是三个纯组分参数：片段直径、势井深度 ε 和每条链的片段数 m。

分子间的相互作用可分为斥力和吸力两部分。为了计算排斥力的贡献，定义了一种没有吸引力的参考流体，并把这种吸引力的相互作用看作是对参考系统的

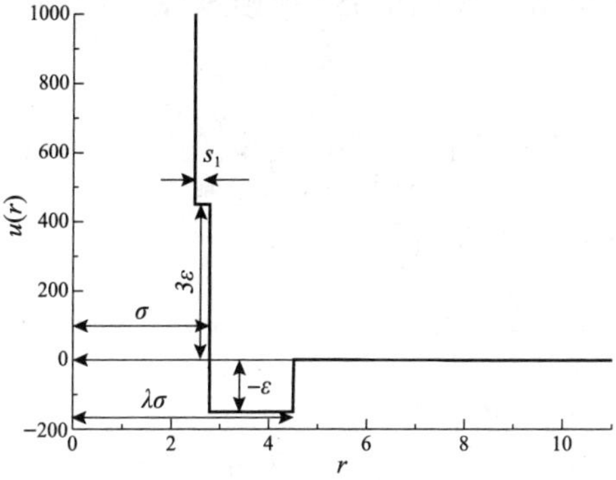

图 10. 10 式(10. 31)中势 $u(r)$ 的示意图

扰动。根据 Barker – Henderson 微扰理论[21]，可以采用具有硬斥力[式(10. 31)]和与温度相关的段径 d_i 的参考流体。对于组件 i，其 d_i 可以用下式表示：

$$d_i = \sigma_i\left(1 - 0.12\exp\left(-\frac{3\varepsilon_i}{kT}\right)\right) \tag{10.32}$$

k 是玻尔兹曼常数，T 是绝对温度。

剩余 Helmholtz 能量由硬链参考量 a^{hc} 和色散贡献量 a^{disp} 组成。此外，由极性相互作用(a^{polar})和关联(a^{assoc})引起的贡献也可以包括在内。总的 Helmholtz 能为：

$$a = a^{id} + a^{hc} + a^{disp} + a^{assoc} + a^{polar} \tag{10.33}$$

其中 a^{id} 表示理想气体的贡献，由下式表示：

$$\frac{a^{id}}{RT} = \ln(\rho RT) + \sum_{i=1}^{n} x_i \ln x_i \tag{10.34}$$

其中 ρ 为密度，x_i 为摩尔分数，n 为混合物中存在的组分数。式(10. 33)中的硬链参考贡献如下：

$$\frac{a^{hc}}{RT} = \bar{m}\frac{a^{hs}}{RT} - \frac{1}{RT}\sum_{i=1}^{n} x_i(m_i - 1)\ln(g_{ii}^{hs}(\sigma_{ii})) \tag{10.35}$$

其中 $\bar{m}$ 代表了混合物的平均段数：

$$\bar{m} = \sum_{i=1}^{n} x_i m_i \tag{10.36}$$

式(10. 35)的最后一项是径向分布函数。它表示在给定的距离 j 处找到片段 i 的概率：

$$g_{ij}^{hs}(d_{ii},\ d_{jj}) = \frac{1}{1-\xi_3} + \left(\frac{d_{ii}d_{jj}}{d_{ii}+d_{jj}}\right)\frac{3\xi_2}{(1-\xi_3)^2} + \left(\frac{d_{ii}d_{jj}}{d_{ii}+d_{jj}}\right)^2\frac{2\xi_2^2}{(1-\xi_3)^3} \tag{10.37}$$

ξ_k 的定义为：

$$\xi_k = \frac{\pi\rho N_A}{6}\sum_{i=1}^{n} x_i m_i d_{ii}^k k \in \{0,1,2,3\};\eta = \xi_3 \tag{10.38}$$

N_A是阿伏伽德罗常数。式(10.35)中硬球流体的 Helmholtz 能按每一片段给出:

$$\frac{a^{hs}}{RT}=\frac{1}{\xi_0}\left[\frac{3\,\xi_1\xi_2}{1-\xi_3}+\frac{\xi_2^3}{\xi_3(1-\xi_3)^2}+\left(\frac{\xi_2^3}{\xi_3^2}-\xi_0\right)\ln(1-\xi_3)\right] \tag{10.39}$$

式(10.33)中的色散项可以用下式表示:

$$\frac{a^{disp}}{RT}=-\pi\rho N_A\left(2\,I_1(\eta,\ \bar{m})\overline{m^2\varepsilon^2\sigma^3}+\bar{m}C_1I_2(\eta,\ \bar{m})\overline{m^2\varepsilon^2\sigma^3}\right) \tag{10.40}$$

式(10.40)中的缩写 C_1表示为:

$$C_1=\left(1+\bar{m}\frac{8\eta-2\,\eta^2}{(1-\eta)^4}+(1+\bar{m})\frac{20\eta-27\,\eta^2+12\,\eta^3-2\,\eta^4}{[(1-\eta)(2-\eta)]^2}\right)^{-1} \tag{10.41}$$

$\overline{m^2\varepsilon\sigma^3}$和 $\overline{m^2\varepsilon^2\sigma^3}$代表了:

$$\overline{m^2\varepsilon^l\sigma^3}=\sum_{i=1}^{n}\sum_{j=1}^{n}x_ix_j\,m_i\,m_j\left(\frac{\varepsilon_{ij}}{kT}\right)^l\sigma_{ij}^3,l=1,2 \tag{10.42}$$

对于 ε_{ij}和 σ_{ij}的计算,采用常规的混合规则:

$$\varepsilon_{ij}=\sqrt{\varepsilon_{ii}\varepsilon_{jj}}(1-k_{ij})\qquad \sigma_{ij}=\frac{\sigma_{ii}+\sigma_{jj}}{2} \tag{10.43}$$

其中 k_{ij}为二元相互作用参数。

式(10.40)中扰动理论的积分 I_1和 I_2 被密度中的幂级数所代替:

$$I_1(\eta,\bar{m})=\sum_{l=0}^{6}a_l(\bar{m})\,\eta^l\qquad I_2(\eta,\bar{m})=\sum_{l=0}^{6}b_l(\bar{m})\,\eta^l \tag{10.44}$$

系数 a_1和 b_1的值取决于链长:

$$a_l(\bar{m})=a_{0l}+\frac{\bar{m}-1}{\bar{m}}a_{1l}+\frac{(\bar{m}-1)(\bar{m}-2)}{\bar{m}^2}a_{2l}$$

$$b_l(\bar{m})=b_{0l}+\frac{\bar{m}-1}{\bar{m}}b_{1l}+\frac{(\bar{m}-1)(\bar{m}-2)}{\bar{m}^2}b_{2l} \tag{10.45}$$

这个表达式中的通用常数(a_{jl}和 b_{jl})在表 10.3 和表 10.4 中给出。

表 10.3 公式(10.45)中计算 a_l的通用常数

I	a_{0l}	a_{1l}	a_{2l}
0	0.910563145	-0.30840169	-0.09061484
1	0.636128145	0.18605312	0.45278428
2	2.686134789	-2.50300473	0.59627007
3	-26.54736249	21.4197936	-1.72418291
4	97.75920878	-65.2558853	-4.13021125
5	-159.5915409	83.3186805	13.7766319
6	91.29777408	-33.7469229	-8.67284704

资料来源:Gross and Sadowski, 2001[21]。

表 10.4 公式(10.45)中计算 b_l 的通用常数

I	b_{0l}	b_{1l}	b_{2l}
0	0.72409469	-0.57554981	0.09768831
1	2.23827919	0.69950955	-0.2557575
2	-4.00258495	3.89256734	-9.15585615
3	-21.0035768	-17.2154717	20.642076
4	26.8556414	192.672265	-38.8044301
5	206.551338	-161.826462	93.6267741
6	-355.602356	-165.207694	-29.6669056

资料来源：Gross and Sadowski，2001[21]。

缔合流体混合物不仅含有单体分子，而且还含有类似分子和不同分子的簇，例如，氢键和供体受体簇[24]。由于团簇的有效分子性质(大小、能量和形状)与相应的单体分子有很大的不同，所以多体流体性质也有很大的不同。解释这种关联效应的一种方法是使用统计力学方法，如微扰理论，来量化明确的位点－位点间交互作用与多体流体行为[18]之间的关系。特别是 Wertheim 在这方面所做的贡献[21]更适合为 PC－SAFT 模型中的关联项提供基础。在这个框架内，一个给定的分子可以有 S 个结合位点。缔合位点的特征是非中心电位，位于分子的周界附近。每个分子上可以包含一个或多个不同的位点，这些位点中的每一个都受到只能与另一个位点结合的限制。根据分子的不同，可以考虑不同的成键情况。Huang 和 Radosz[16,17]对关联模型的选择给出了一些建议。在这个框架内，可以考虑自关联和交叉关联[25]。根据 Wertheim 的理论，方程(10.33)中的关联项由 Chapman 等人给出：

$$\frac{\alpha^{\text{assoc}}}{RT} = \sum_{i}^{n} x_i \sum_{\alpha i}^{S_i} \left(\ln x_{\alpha i} - \frac{1}{2} x_{\alpha i} + \frac{M_\alpha}{2} \right) \tag{10.46}$$

其中 $x_{\alpha i}$ 是 α 处没有成键的 i 组分的摩尔分数。第二个总和包含一个分子的所有位置 S_i，$x_{\alpha i}$ 的值是通过质量平衡的解得到的：

$$x_{ai} = \frac{1}{1 + \rho N_{\text{A}} \sum_{\text{B}_j}^{S_i} x_{\text{B}_j} \Delta^{\text{A}_i\text{B}_j}} \tag{10.47}$$

缔合强度 $\Delta^{\text{A}_i\text{B}_j}$ 是表征缔合键的关键属性，它取决于管片直径和硬球径向分布函数[式(10.37)]：

$$\Delta^{\text{A}_i\text{B}_j} = d_{ij}^3 g_{ij}^{hs}(d_{ij}) \kappa^{\text{A}_i\text{B}_j} \left[\exp\left(\frac{\varepsilon^{\text{A}_i\text{B}_j}}{kT} \right) - 1 \right] \tag{10.48}$$

由该方程可知，缔合分子需要两个纯组分参数，即缔合能 $\varepsilon^{\text{A}_i\text{B}_j}$ 和缔合体积 $\kappa^{\text{A}_i\text{B}_j}$。在交叉关联的情况下，必须为这两个参数指定额外的混合规则。

分子的永久静电矩对所涉及系统的宏观行为的影响可以用式(10.33)中的

a^{polar}来建模。考虑到分子具有偶极矩，可以使用 Jog 和 Chapman[26] 或 Gross 和 Vrabec[27] 开发的表达式。具有四极矩的分子可以用 Gross[28] 开发的表达式来描述。Vrabec 和 Gross[29] 提出了一个偶极子与四极子相互作用的方程。Kleiner 和 Gross[30] 推导了可极化偶极矩的方程。与所考虑的分子无关，偶极子或四极子的影响可以通过 Pade 近似来考虑[27,28]：

$$\frac{a^{polar}}{RT}=\frac{a_2/RT}{1-a_3/a_2} \qquad (10.49)$$

其中 a_2 和 a_3分别是二阶和三阶扰乱项。一阶项与各向异性极性点对势的角平均部分抵消了。为了计算 a_2 和 a_3值，必须指定极化的类型。当考虑线性和对称的偶极分子时，正切球框架的 a_2^{dipol} 和 a_3^{dipol} 可以写成以下形式[27]：

$$a_2^{dipol}=-\pi\rho N_A\sum_i^n\sum_j^n x_i x_j m_i m_j \frac{\varepsilon_{ii}}{kT}\frac{\varepsilon_{jj}}{kT}\frac{\sigma_{ii}^3\sigma_{jj}^3}{\sigma_{ij}^3}n_{\mu,i}n_{\mu,j}\mu_i^{*2}\mu_j^{*2}J_{2,ij}^{dipol} \qquad (10.50)$$

和

$$a_3^{dipol}=-\frac{\pi^2}{3}\rho^2 N_A^2\sum_i^n\sum_j^n\sum_k^n A_{ijk}$$

$$A_{ijk}=x_i x_j x_k\frac{\varepsilon_{ii}\varepsilon_{jj}\varepsilon_{kk}\sigma_{ii}^3\sigma_{jj}^3\sigma_{kk}^3}{kTkTkT\sigma_{ij}\sigma_{ik}\sigma_{jk}}n_{\mu,i}n_{\mu,j}n_{\mu,k}\mu_i^{*2}\mu_j^{*2}\mu_k^{*2}J_{3,ijk}^{dipol} \qquad (10.51)$$

其中μ_i^{*2}为分子 i 的无量纲平方偶极矩，$n_{\mu,i}$为分子的偶极矩数。缩写词 $J_{2,ij}^{dipol}$和 $J_{2,ij}^{dipol}$分别表示参比流体对两体相关函数和三体相关函数上的积分。这些积分可以用简化密度的幂级数 η 来代替[28]：

$$J_{2,ij}^{dipol}=\sum_{n=0}^4\left(a_{n,ij}+b_{n,ij}\frac{\varepsilon_{ij}}{kT}\right)\eta^n \quad J_{3,ijk}^{dipol}=\sum_{n=0}^4 c_{n,ijk}\eta^n \qquad (10.52)$$

其中系数 $a_{n,ij}$、$b_{n,ij}$和 $c_{n,ijk}$通过幂级数与链长 $m_{ij}=(m_i m_j)^{1/2}$或 $m_{ijk}=(m_i m_j m_k)^{1/3}$关联。这些幂级数的系数是通过分子模拟得到的，可以在文献[27]中找到。由于分子模拟的结果，不需要额外的可调参数来描述极性分子。对于具有四极矩的分子，可以从文献[28]中得到非常相似的表达式，而且不需要任何额外的参数。

完整的 Helmholtz 能[式(10.33)]可以用标准的热力学关系来确定所有的热力学性质，如化学势、逸度和压力。

PC-SAFT 模型[式(10.33)]是一个基于理论的 EOS。与许多其他模型相比，PC-SAFT 明确地解释了聚合物的非球形形状。因此，该模型揭示了预测能力，并可以对聚合物系统进行可靠的关联和外推。

压缩气体在分离聚合物混合物、从溶剂中分离聚合物和分馏聚合物方面的应用，以及超临界气体在聚合物反应中作为连续相的使用中，都需要有关相图的知识。

在这种情况下，聚丙烯(PP) + 正戊烷 + 二氧化碳是一个有趣的体系。图 10.11 显示了该系统的相行为，以恒定组成下的浊点压力与温度作图。如果不存在 CO_2，则与 LCST 行为相关的去乳化压力随着压力的增加而略有增加。随着 CO_2 量的增加，压力随温度的升高更加明显。

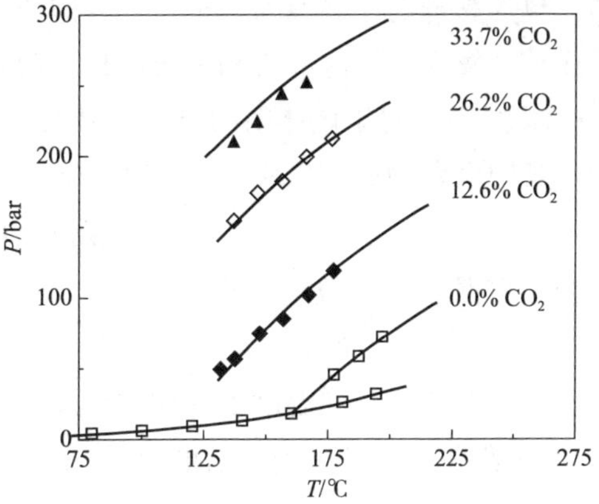

图 10.11　实验[31]与计算[22]聚(丙烯) + 正戊烷 + CO_2 的分相压力

初始聚合物质量分数(加入 CO_2 之前)为 0.097

如果使用 PC – SAFT 来模拟这种相行为，必须知道两种溶剂和聚合物的纯组分参数以及三种二元相互作用参数。溶剂(CO_2 和正戊烷)的纯组分参数可以根据蒸气压和饱和液体密度进行拟合。确定聚合物的纯组分参数非常困难，而且与挥发性组分相比聚合物没有蒸气压数据、液体密度和汽化热，所以聚合物的不确定度更高。

现有两种方法来估计这些参数。第一种方法，纯组分参数可以由一系列低摩尔质量组分的纯组分参数外推得到，这种方法适用于正构烷烃系列。然而，用这种方法没有考虑到分子效应，如纠缠、相互作用，和屏蔽效应。此外，只能用于那些具有同系列低摩尔质量组分的聚合物。第一种方法，可以通过同时拟合液体密度数据和二元相平衡数据来确定纯组分参数。这种方法具有明显的实用性，已成功应用于聚合物体系的建模。当某一特定聚合物体系的实验数据不足或仅在较窄的温度范围内可用时，建议假设聚合物的段径为 4.1Å[22]。在第一种方法中，所有的二进制参数 k_{ij} 都可以设置为零。使用这种方法，实验数据往往不能得到足够准确地描述。在三元系中，必须估计三个二元参数。子系统 CO_2 和正戊烷的二元参数可以用二元气 – 液平衡数据拟合。得到 $k_{CO_2,pentane} = 14329$[21]。二元子系统正戊烷 + PP 的液 – 液平衡可用于拟合相应的二元相互作用参数($k_{pentane,PP} = 0.0137$[22])。由三元混合物得到 PP 与 CO_2 的最新的二元相互作用参数($k_{PP,CO_2} = 0.177$)。调节到压力最大时，CO_2 的质量分数为 42%[22]。这是因为二元体系 PP + CO_2 对 k_{PP,CO_2} 只有中等的敏感性，而三元体系的计算对 k_{PP,CO_2} 的变化很敏感。使用这个参数拟合过程，PC – SAFT 正确地描述了改变 CO_2 含量时 LCST 去离子化的偏移(图 10.11)。

聚合物熔体中的气体溶解度在聚合物的许多商业应用中起着至关重要的作

用，包括黏合剂、共混物、抗蚀剂、泡沫的产生和喷涂涂层。它们在聚合物熔体的成核、发泡、气泡形成和生长过程中起着重要的作用。一个有趣的例子是PS + CO_2 体系[32]。对于该体系的研究，聚合物参数仅适用于参考文献[33]中的密度数据，其中聚合物的摩尔质量为279kg/mol，结果为 $\sigma_{PS}=3.49\text{Å}$，$m=M_N/29.937$，$\varepsilon/k=292.57\text{K}$。将 CO_2 的纯组分参数分别与蒸气压和饱和液体密度数据[21]进行拟合。根据溶解度数据拟合二元交互作用参数[34]，这里使用了不同摩尔质量（$M_N=158\text{kg/mol}$）的聚合物，得出二元相互作用参数为 $k_{PS,CO_2}=0.0587$。利用这些参数，预测了不同温度下气相的密度和的 CO_2 溶解度随压力的变化并与来自文献[35]的数据进行了比较，结果如图 10.12 所示。

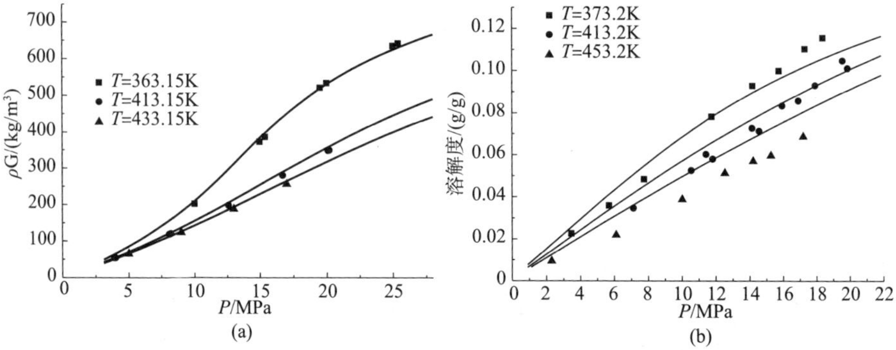

图 10.12 摩尔质量为 158kg/mol 的 CO_2 + 聚苯乙烯（PS）体系的实验数据［（a）混合物密度[35]和（b）气体溶解度[34]］与 PC – SAFT 模拟结果[32]的对比

例 10.3 使用 PC – SAFT 计算 CO_2 + PS 体系的压力（图 10.12）。

一个容器包含由PS(2)（摩尔质量：158kg/mol）和 CO_2(1)组成的混合物，液体摩尔分数为 $x_1^L=0.02$，液体密度为 $\rho_w^L=1007\text{kg/m}^3$。在 393.15K 时，容器内的压力是多少？

解决方案：

为了解决这个问题，假设：

(1)聚合物是单分散的，忽略多分散性。

(2)在这些热力学条件下，容器中存在两相，即液体混合物和纯气相。

(3)对于这两种物质，在公式（10.33）中不考虑关联（a^{assoc}）和极性（a^{polar}）力的影响。

(4)纯组分参数（m_i，σ_{ii}，和 σ_{ii}/k）和二元相互作用参数（$k_{ij}=0.0587$）取自文献[32]。

表 10.5 中收集了必要的纯组分参数。

利用表10.5中给出的纯组分参数和系统温度($T=393.15\text{K}$)，可以通过式(10.32)计算出两个组分的片段半径。

$$d_{11}=2.7852\text{Å}\left(1-0.12\exp\left(-\frac{3\cdot 169.21\text{K}}{393.15\text{K}}\right)\right)=2.6993\text{Å}$$

$$d_{22}=3.49\text{Å}\left(1-0.12\exp\left(-\frac{3\cdot 292.57\text{K}}{393.15\text{K}}\right)\right)=3.4451\text{Å}$$

表10.5 CO_2(1)+PS 158(2)体系的PC-SAFT参数

	m_i	$\sigma_{ii}/\text{Å}$	$\varepsilon_{ii}/k(\text{K})$
0	2.0729	2.7852	169.21
PS 158	5277.75	3.49	292.57

资料来源：Enders, et al., 2005[32]。

计算式(10.38)中ζ_i量必需知道片段直径。对该方程的维数进行分析，得出密度ρ必须用mol/Å^{3}表示的结论。密度ρ_w^L用kg/m^{3}表示。要把密度从kg/m^{3}转换成mol/Å^3，需要混合物的摩尔质量。纯物质的摩尔质量和混合物的组成得出：

$$M=x_1M_1+x_2M_2$$

$$M=0.02\cdot 44\text{g/mol}+0.98\cdot 158000\text{g/mol}=154841\text{g/mol}$$

用这个值来表示混合物的摩尔质量，混合物的密度ρ^L的单位是mol/Å^3：

$$\rho^L=\frac{\rho_w^L}{M}=\frac{1007\cdot 10^3}{154841\text{m}^3\cdot\text{g/mol}}=\frac{1007\cdot 10^3\text{mol}}{10^{30}\cdot 154841\text{Å}^3}=6.5\cdot 10^{-30}\text{mol/Å}^3$$

式(10.38)中L的量由下式决定：

$$\xi_0^L=\frac{\pi\rho^L N_A}{6}(x_1m_1+x_2m_2)$$

$$\xi_0^L=\frac{\pi\cdot 6.5\cdot 10^{-30}\text{mol}\cdot 6.02214\cdot 10^{23}}{6\text{Å}^3\cdot\text{mol}}\cdot(0.02\cdot 2.0729+0.98\cdot 5277.75)$$

$$\xi_0^L=0.0106/\text{Å}^3$$

$$\xi_1^L=\frac{\pi\rho^L N_A}{6}(x_1m_1d_{11}+x_2m_2d_{22})$$

$$\xi_1^L=\frac{\pi\cdot 6.5\cdot 10^{-30}\text{mol}\cdot 6.02214\cdot 10^{23}}{6\text{Å}^3\cdot\text{mol}}\cdot(0.02\cdot 2.0729\cdot 2.6933\text{Å}+0.98\cdot 5277.75\cdot 3.4451\text{Å})$$

$$\xi_1^L=0.03652/\text{Å}^2$$

$$\xi_2^L=\frac{\pi\rho^L N_A}{6}(x_1m_1d_{11}^2+x_2m_2d_{22}^2)$$

$$\xi_2^L=\frac{\pi\cdot 6.5\cdot 10^{-30}\text{mol}\cdot 6.02214\cdot 10^{23}}{6\text{Å}^3\cdot\text{mol}}\cdot(0.02\cdot 2.0729\cdot 2.6933\text{Å}^2+0.98\cdot 5277.75\cdot 3.4451^2\text{Å}^2)$$

$$\xi_2^{\mathrm{L}} = 0.12582/\text{Å}$$

$$\xi_3^{\mathrm{L}} = \frac{\pi \rho^{\mathrm{L}} N_{\mathrm{A}}}{6}(x_1 m_1 d_{11}^3 + x_2 m_2 d_{22}^3)$$

$$\xi_3^{\mathrm{L}} = \frac{\pi \cdot 6.5 \cdot 10^{-30}\mathrm{mol} \cdot 6.02214 \cdot 10^{23}}{6\text{Å}^3 \cdot \mathrm{mol}} \cdot (0.02 \cdot 2.0729 \cdot 2.6933^3\ \text{Å}^3 + 0.98 \cdot 5277.75 \cdot 3.4451^3\text{Å}^3)$$

$$\xi_3^{\mathrm{L}} = 0.43346 = \eta$$

下一步，根据式(10.37)计算两个分量(g_{11}^{hs}和g_{22}^{hs})的径向分布函数：

$$g_{11}^{\mathrm{hs}}(d_{11}) = \frac{1}{1-0.43346} + \left(\frac{2.6933^2\text{Å}^2}{2 \cdot 2.6933\text{Å}}\right)\frac{3 \cdot 0.12582}{\text{Å}(1-0.43346)^2} + \left(\frac{2.6933^2\ \text{Å}^2}{2 \cdot 2.6933\text{Å}}\right)^2 \frac{2 \cdot 0.12582^2}{\text{Å}^2(1-0.43346)^3} = 3.6679$$

$$g_{22}^{\mathrm{hs}}(d_{22}) = \frac{1}{1-0.43346} + \left(\frac{3.4451^2\ \text{Å}^2}{2 \cdot 3.4451\text{Å}}\right)\frac{3 \cdot 0.12582}{\text{Å}(1-0.43346)^2} + \left(\frac{3.4451^2\ \text{Å}^2}{2 \cdot 3.4451\text{Å}}\right)^2 \frac{2 \cdot 0.12582^2}{\text{Å}^2(1-0.43346)^3} = 4.31184$$

使用表10.5中给出纯组分参数结合混合规则[式(10.43)]，可以估计混合物的电势深度(ε_{12}/k)和与温度相关的片段直径(σ_{12})：

$$\frac{\varepsilon_{12}}{k} = \sqrt{169.21 \cdot 292.57}(1-0.0587)\mathrm{K} = 209.44\mathrm{K}$$

$$\sigma_{12} = \frac{2.7852\text{Å} + 3.49\text{Å}}{2} = 3.1376\text{Å}$$

根据式(10.36)，混合物的平均段数为：

$$\overline{m} = \sum_{i=1}^{n} x_i m_i = 0.02 \cdot 2.0729 + 0.98 \cdot 5277.75 = 5172$$

根据式(10.33)给出Helmholtz能，利用标准热力学关系式，可得压强：

$$P = -n\left(\frac{\partial a}{\partial V}\right)_{T,x_i} = \rho^2\left(\frac{\partial a}{\partial \rho}\right)_{T,x_i} = \rho^2\left[\left(\frac{\partial a^{\mathrm{id}}}{\partial \rho}\right)_{T,x_i} + \left(\frac{\partial a^{\mathrm{hc}}}{\partial \rho}\right)_{T,x_i} + \left(\frac{\partial a^{\mathrm{disp}}}{\partial \rho}\right)_{T,x_i}\right] \tag{10.53}$$

下一步计算相应的密度导数。式(10.53)中的理想贡献结合式(10.34)得出：

$$P^{\mathrm{id}} = \rho^{\mathrm{L}}RT = 6.50 \cdot 10^{-30}\mathrm{mol}/\text{Å}^3 \cdot 8.314\mathrm{J}/(\mathrm{mol} \cdot \mathrm{K}) \cdot 393.15\mathrm{K}$$

$$P^{\mathrm{id}} = 2.12 \cdot 10^{-26}\mathrm{J}/\text{Å}^3 = 0.0212\mathrm{MPa}$$

计算硬链参考贡献所需的硬球贡献可根据式(10.53)和式(10.39)得出：

$$P^{\mathrm{hs}} = \rho^{\mathrm{L}}RT\,\overline{m}\left(\frac{\xi_3}{1-\xi_3} + 3\frac{\xi_1\xi_2}{\xi_0(1-\xi_3)^2} + \frac{\xi_2^3(3-\xi_3)}{\xi_0(1-\xi_3)^3}\right)$$

$$P^{hs}=0.0212\text{MPa}$$

$$\cdot 5172\left(\frac{0.43346}{1-0.43346}+3\frac{0.03652\frac{1}{\text{Å}^2}\cdot 0.12582\frac{1}{\text{Å}}}{0.0106\frac{1}{\text{Å}^3}(1-0.43346)^2}+\frac{\left(0.12582\frac{1}{\text{Å}}\right)^3(3-0.43346)}{0.0106\frac{1}{\text{Å}^3}(1-0.43346)^3}\right)$$

$$P^{hs}=822.4\text{MPa}$$

将式(10.35)代入式(10.53)中，可以确定硬链参考贡献：

$$P^{hc}=P^{hs}-RT\rho^{L}\left(\frac{x_1(m_1-1)}{g_{11}}\left(\frac{\partial g_{11}^{hs}}{\partial\rho}\right)+\frac{x_2(m_2-1)}{g_{22}}\left(\frac{\partial g_{22}^{hs}}{\partial\rho}\right)\right)$$

径向相关函数对密度的导数为：

$$\left(\frac{\partial g_{ii}^{hs}}{\partial\rho}\right)=\frac{1}{\rho^{L}}\left[\frac{\xi_3}{(1-\xi_3)^2}+d_i\left(\frac{3\xi_2(1-\xi_3)+6\xi_2\xi_3}{2(1-\xi_3)^3}\right)+d_i^2\left(\frac{4\xi_2^2(1-\xi_3)+6\xi_2^2\xi_3}{4(1-\xi_3)^4}\right)\right]$$

将这些关系应用于两组分得到：

$$\rho^{L}\left(\frac{\partial g_{11}^{hs}}{\partial\rho}\right)=\left[\frac{0.43346}{(1-0.43346)^2}+2.6933\text{Å}\left(\frac{\frac{3\cdot 0.12582}{\text{Å}}(1-0.43346)+6\cdot 0.12582\cdot 0.43346}{2(1-0.43346)^3\text{Å}}\right)\right.$$

$$\left.+(2.6933\text{Å})^2\left(\frac{4\left(\frac{0.12582}{\text{Å}}\right)^2(1-0.43346)+6\left(\frac{0.12582}{\text{Å}}\right)^2 0.43346}{4(1-0.43346)^4}\right)\right]$$

$$\rho^{L}\left(\frac{\partial g_{11}^{hs}}{\partial\rho}\right)=6.715$$

$$\rho^{L}\left(\frac{\partial g_{22}^{hs}}{\partial\rho}\right)=\left[\frac{0.43346}{(1-0.43346)^2}+3.4451\text{Å}\left(\frac{\frac{3\cdot 0.12582(1-0.43346)}{\text{Å}}+\frac{6\cdot 0.12582\cdot 0.43346}{\text{Å}}}{2(1-0.43346)^3}\right)\right.$$

$$\left.+(3.4451\text{Å})^2\left(\frac{4\left(\frac{0.12582}{\text{Å}}\right)^2(1-0.43346)+6\left(\frac{0.12582}{\text{Å}}\right)^2 0.43346}{4(1-0.43346)^4}\right)\right]$$

$$\rho^{L}\left(\frac{\partial g_{22}^{hs}}{\partial\rho}\right)=8.6968$$

由硬链贡献相关的压强得到：

$$P^{hc}=822.4\text{MPa}-0.0212\text{MPa}\cdot\left(\frac{0.02(2.0729-1)}{3.6679}6.715+\frac{0.98(5277.75-1)}{4.31184}8.6968\right)$$

$$P^{hc}=599.3\text{MPa}$$

最后一项是由色散力(P^{disp})引起的贡献。这个表达式可由式(10.40)得到：

$$P^{disp}=-\pi RT(\rho^{L})^2N_A$$

$$\cdot\left[2C_3(I_1+I_{1a})+\overline{m}C_4\left(C_1I_{2a}+I_2\left(C_1+\xi_3\rho^{L}\left(\frac{\partial C_1}{\partial\rho}\right)_{T,x_1}\right)\right)\right]$$

其中的缩写已在式(10.41)、式(10.44)和式(10.45)中给出，或用下列方程表示：

$$C_3 = \frac{x_1^2 m_{11}^2 \varepsilon_{11} \sigma_{11}^3}{kT} + \frac{2x_1 x_2\ m_{11} m_{22} \varepsilon_{12} \sigma_{12}^3}{kT} + \frac{x_2^2\ m_{22}^2 \varepsilon_{22} \sigma_{22}^3}{kT}$$

$$C_4 = \frac{x_1^2 m_{11}^2 \varepsilon_{11}^2 \sigma_{11}^3}{(kT)^2} + \frac{2x_1 x_2\ m_{11} m_{22} \varepsilon_{12}^2 \sigma_{12}^3}{(kT)^2} + \frac{x_2^2\ m_{22}^2 \varepsilon_{22}^2 \sigma_{22}^3}{(kT)^2}$$

$$I_{1a} = \sum_{i=0}^{6} i a_i\, \xi_3^i\quad I_{2a} = \sum_{i=0}^{6} i\, b_i\, \xi_3^i$$

$$\rho^{\mathrm{L}} \left(\frac{\partial C_1}{\partial \rho}\right)_{T,x_i} = -\frac{2C_1^2 (p_1 + \overline{m} p_2)}{(1-\xi_3)^5 (2-\xi_3)^3}$$

$$P_1 = 20 - 64\,\xi_3 + 74\,\xi_3^2 + \xi_3^3(-35 + 4\,\xi_3 + \xi_3^2)$$

$$P_2 = 12 + 96\,\xi_3 - 186\,\xi_3^2 + \xi_3^3(115 - 26\,\xi_3 + \xi_3^2)$$

除了 I_1、I_{1a}、I_2 和 I_{2a} 外，其他各值都可以直接计算出来：

$$C_1 = \left(1 + 5172\,\frac{8 \cdot 0.43346 - 2 \cdot (0.43346)^2}{(1-0.43346)^4} + (1-5172) \cdot \frac{20 \cdot 0.43346 - 27 \cdot (0.43346)^2 + 12 \cdot (0.43346)^3 - 2 \cdot (0.43346)^4}{[(1-0.43346)(2-0.43346)^2]}\right)^{-1}$$

$$= 796 \cdot 10^{-6}$$

$$C_3 = \frac{0.02^2 \cdot 2.0729^2 \cdot 169.21\mathrm{K}(2.7852\text{Å})^3}{393.15\mathrm{K}} + \frac{2 \cdot 0.02 \cdot 0.98 \cdot 2.0729 \cdot 5277.75 \cdot 209.44\mathrm{K}(3.1376\text{Å})^3}{393.15\mathrm{K}} + \frac{0.98^2 \cdot 5277.75^2 \cdot 295.57\mathrm{K}(3.49\text{Å})^3}{393.15\mathrm{K}} = 846254896\text{Å}$$

$$C_4 = \frac{0.02^2 \cdot 2.0729^2 \cdot (169.21\mathrm{K})^2(2.7852\text{Å})^3}{(393.15\mathrm{K})^2} + \frac{2 \cdot 0.02 \cdot 0.98 \cdot 2.0729 \cdot 5277.75 \cdot (209.44\mathrm{K})^2(3.1376\text{Å})^3}{(393.15\mathrm{K})^2} + \frac{0.98^2 \cdot 5277.75^2 (292.57\mathrm{K})^2(3.49\text{Å})^3}{(393.15\mathrm{K})^2} = 629755076\text{Å}$$

$$P_1 = 20 - 64 \cdot 0.43346 + 74 \cdot 0.43346^2 + 0.43346^3(-35 + 4 \cdot 0.43346 + 0.43346^2) = 3.4683$$

$$P_2 = 12 + 96 \cdot 0.43346 - 186 \cdot 0.43346^2 + 0.43346^3(115 - 26 \cdot 0.43346 + 0.43346^2) = 27.1283$$

$$\rho^{\mathrm{L}} \left(\frac{\partial C_1}{\partial \rho^{\mathrm{L}}}\right)_{T,x_1} = -\frac{2\,(7.96 \cdot 10^{-6})^2 (3.4683 + 5172 \cdot 27.1283)}{(1-0.43346)^5 (2-0.43346)^3} = -0.000079$$

若计算 I_1、I_{1a}、I_2 和 I_{2a} 的值，则公式(10.45)中出现的通用常数必须从表10.3和表10.4中获取。当式(10.45)中 $\overline{m}=5172$ 时，a_i 和 b_i 值列于表10.6。

表10.6 当 $\overline{m}=5172$，使用表10.3和表10.4计算式(10.45)中的 a_i 和 b_i 值

i	a_i	b_i
0	0.511658801	0.24628782
1	1.274666967	2.68204432
2	0.779538269	-9.26131625
3	-6.854893287	-17.5856157
4	28.38812475	180.708728
5	-62.52032817	138.328639
6	48.88955905	-550.427807

资料来源：Gross and Sadowski，2001[21]。

代入表10.6中的 a_i 和 b_i 值可以得到 I_1、I_{1a}、I_2 和 I_{2a}：

$$I_1 = \sum_{i=0}^{6} a_i\ (0.44346)^i = 1.0221$$

$$I_2 = \sum_{i=0}^{6} b_i\ (0.44346)^i = 3.0817$$

$$I_{1a} = \sum_{i=0}^{6} ia_i\ (0.44346)^i = 0.3415$$

$$I_{2a} = \sum_{i=0}^{6} ib_i\ (0.44346)^i = 7.5814$$

用来计算由色散力引起的压强所需的量都是已知的，则：

$$P^{\mathrm{disp}} = -\pi \cdot \frac{8.314\mathrm{J}}{\mathrm{mol}\cdot\mathrm{K}} \cdot 393.15\mathrm{K}\left(6.5 \cdot \frac{10^{-30}\mathrm{mol}}{\text{Å}^3}\right)^2 \cdot 6.02212 \cdot 10^{23} \cdot \frac{1}{\mathrm{mol}}$$

$$\cdot (2 \cdot 846254896\text{Å}^3(1.0221+0.3415)+5172 \cdot 629755076\ \text{Å}^3 \cdot (7.96 \cdot 10^{-6}$$

$$\cdot 7.5814+3.0817(7.96 \cdot 10^{-6}-0.43346 \cdot 7.9 \cdot 10^{-5}))$$

$$= -585.4\mathrm{MPa}$$

最后，可以把所有的贡献加起来得到总压强：

$$P = P^{\mathrm{id}} + P^{\mathrm{hc}} + P^{\mathrm{disp}} = 0.0212\mathrm{MPa} + 599.3\mathrm{MPa} - 585.4\mathrm{MPa}$$

$$P = 13.92\mathrm{MPa}$$

SAFT EOS[36]或PC－SAFT EOS[37]也可应用于共聚物体系。为了表征共聚物体系的性质，将PC－SAFT模型扩展到杂核硬链流体，其中链中的每个链段具有不同的性质。以聚(乙烯－丙烯)为例，在建模中分为聚乙烯段和聚丙烯段。该共聚物一方面用聚乙烯和聚丙烯的纯组分参数来表述，另一方面，还需要描述共聚物链中不同节段类型数量的段分数，此外还需要键分数，它在一定程度上定义了链段的排列。这两个量都可以根据分子结构来估计。此外，还需要定义三个二元参数：其中两个是相应的均聚物溶剂对的二元参数，它们是由均聚物溶剂数据估计得到的。另一个额外的参数解释了不同链的不同类型段之间的相互作用，并且必须适合于共聚物数据。

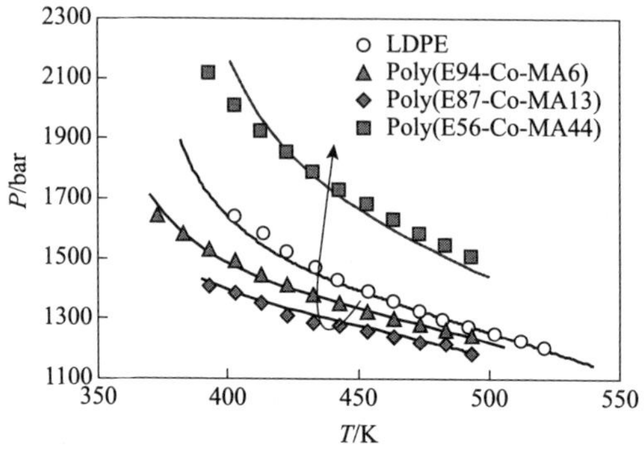

图 10.13　乙烯 + 聚(乙烯 - Co - 甲基丙烯酸酯)体系的浊点压强实验值和计算值的比较[38]，其中聚合物的质量分数为 0.05

在乙烯溶剂中，在聚(乙烯 - Co - 甲基丙烯酸酯)体系的相状态观察实验(图 10.13)中发现[38]，从低密度聚乙烯开始，随着共聚物中丙烯酸甲酯含量的增加，共聚物的解吸曲线向低压方向移动，最终丙烯酸甲酯浓度为 13%(mol)；随着丙烯酸甲酯的进一步加入，共聚物的溶解度再次降低。在这种情况下，二元参数是共聚物组成的线性函数[38]。图 10.13 展示了 PC - SAFT EOS 的性能。该模型能够描述所观察到的对温度和摩尔质量的依赖关系，以及对共聚物组成的非单调依赖关系。

10.4　多分散性的影响

由于聚合物的反应条件不同，聚合物不是单分散的，而是分散呈现出摩尔质量的分布(图 10.1)。与均聚物相比，共聚物具有二维分布函数，其中两个变量是摩尔质量和化学组成。

在本章中，重点讨论了多分散性对热力学性质的影响。由于多分散性，多分散聚合物比单分散聚合物的分层行为更为复杂，如图 10.14 所示。准二元体系中的二项式曲线可分为云点曲线、阴影曲线和无穷多条共存曲线。可以通过对冷却过程的分析使这些曲线的含义更加清晰。当通过降低温度达到浊点曲线时，析出相中第一滴水滴的总聚合物含量不对应于云点曲线上某一点，而是对应于阴影曲线上的某一点。当温度进一步降低时，两个共存相的总聚合物含量没有根据云点曲线或阴影曲线而变化，而是根据共存曲线的相关分支而变化。在所考虑的温度下，共存相的总聚合物含量由水平线与这些分支的交点给出。共存曲线通常不是闭合曲线，而是从云点曲线和阴影曲线的对应点开始分成两个分支。只有当初始均相的组成等于临界解点的组成时，才能得到一条以极值为临界解点的封闭共存曲线。共存曲线可以用来构造连接线，描述处于平衡状态的相。云点曲线和阴影曲线在临界点相交。从图 10.14 可以看出，对于多分散聚合物临界解点不位于云点曲线或阴影曲线的极值处，而对于严格的二元体系，云点曲线、阴影曲线和所有的共存曲线都是相同的。

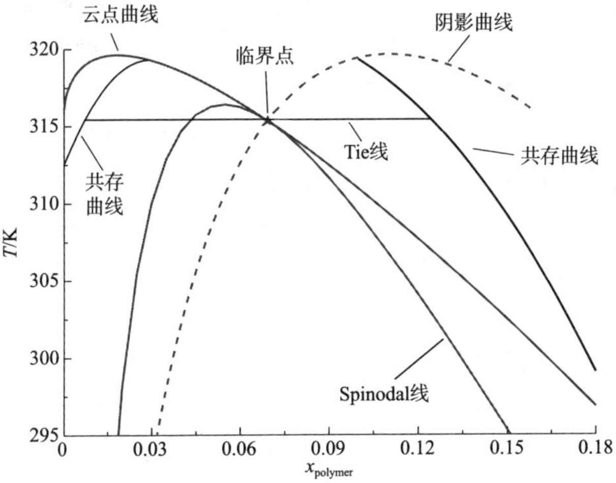

图 10.14　溶剂中多分散聚合物的液 – 液相图

来源：Ratzsch and Kehlen，1989 [39]。

共存相聚合物呈现出不同的摩尔质量分布，也不同于初始均相体系(图 10.15)。

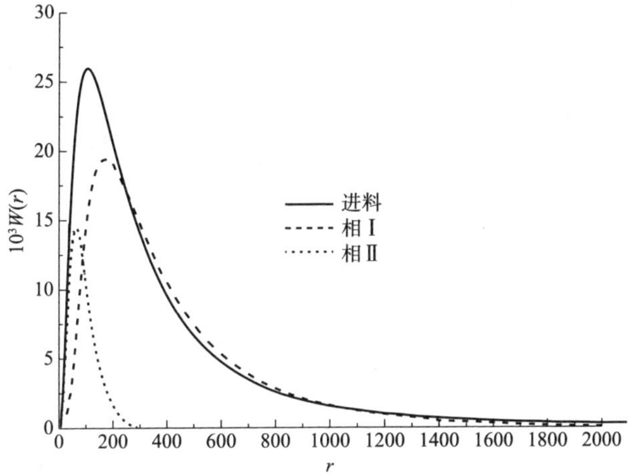

图 10.15　分馏效应

这种效应称为分馏效应，可用于定制聚合物的生产[2,39,40]。聚合物浓度较低的相包含摩尔质量较低的聚合物的主要部分。云点曲线总是与初始聚合物的摩尔质量分布相对应，但共存新相形成的第一液滴却不是这样(临界解点除外)，因此，它们不是位于云点曲线上，而是位于阴影曲线上。

由于这种聚合物的多分散性，聚合物的特征通常不能提供单分子的数量或其摩尔分数、质量分数等信息，而是需要使用连续分布函数或其平均值。由 Rätzsch 和 Kehlen[39] 以及 Cotterman 等人[41] 开发的连续热力学可直接用于包括相平衡在内的热力学性质的计算，因为该理论框架完全基于包括多分散性的所有信息的连续分布函数，并可以对所有相关热力学性质进行精确的数学处理。在这种方法中，可以使用 g^E 模型或者 EOS。

连续热力学的另一种应用是虚拟组分的仔细选择[2]。选择合适的虚拟组分的一种方法是 Gauss - Hermitian 求积。稳定性理论可应用于多组分聚合物溶液(旋节线和临界解点)稳定性的计算[42]。多分散性的一个可能结果是三临界解点的出现[2]，特别是当分布函数是双峰的时候。文献[2，39，43]给出了这类体系的相平衡计算的建议。

例如，"线性低密度聚乙烯(LLDPE)" + 乙烯[44] 体系的相行为如图 10.16 所示。将实验数据与 Sanchez - Lacombe 状态方程的两种不同建模结果进行了比较。首先，假设聚合物是单分散的，然后进行建模。其次，进行重复建模，但考虑了使用虚拟组分的多分散性。可以清楚地认识到，通过考虑多分散性使计算得到了显著改进，特别是在稀释的聚合物溶液区域。

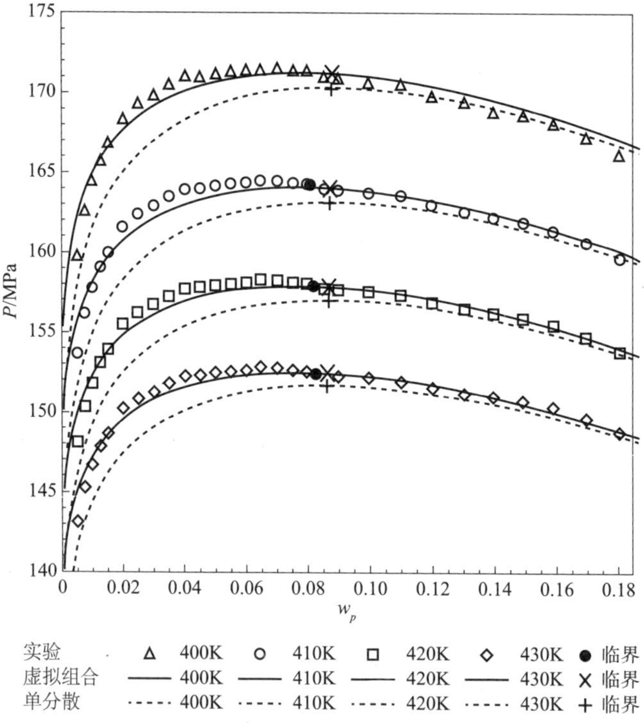

图 10.16 不同温度下 LLDPE + 乙烯体系的云点压力

(△T=400K，○T=410K，□T=420K，◇T=430K)

由于化学物质种类繁多，多分散体系的组成不能用单个组分的摩尔分数来描述，而只能用一个连续的分布函数来描述。在统计共聚物的情况下，必须根据摩尔质量和化学成分使用二维分布函数[45]。一个典型的例子是乙烯-醋酸乙烯共聚物(EVA)在乙烯中的相行为。在图10.17中，将两种计算结果[47]与实验数据进行了对比。在这两种方法中均使用状态方程，本例中为Sako、Wu和Prausnitz状态方程[15]。然而，在第一种情况下忽略了多分散性，在第二种情况下，使用二维Stockmayer分布函数考虑了多分散性。最终，通过考虑多分散性使计算结果与实验数据有了更好的一致性。

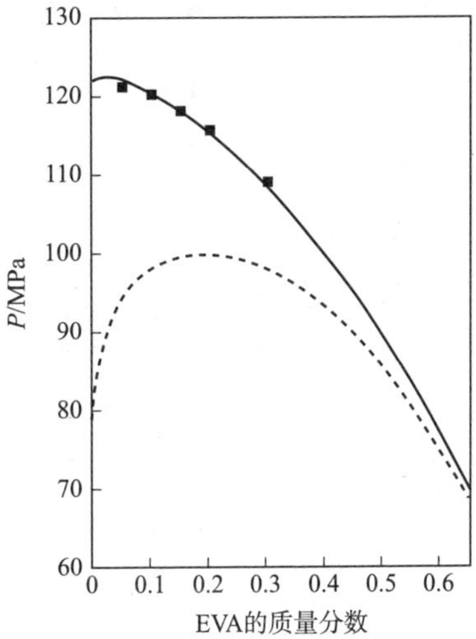

图10.17 乙烯-醋酸乙烯共聚物分层压力实验数据[46]与计算数据[47]对比

10.5 聚合物结构的影响

通过控制聚合物的结构，特别是支化度和半结晶度，可以生产出具有理想的力学或热性能的特制聚合物。这两个量也是高分子热力学的重要方面。一个与工业高度相关的例子是聚乙烯。根据生产条件的不同，可以生产出不同物理性能的不同类型的聚乙烯。它们可以从原则上按密度分为低密度聚乙烯(LDPE)、线性低密度聚乙烯(LLDPE)和高密度聚乙烯(HDPE)。除了密度不同，这些聚合物的分支程度也不同。以聚乙烯为例，具有支化聚乙烯的乙烯的云点曲线明显比具有相似分子量分布的线性聚乙烯体系的云点曲线的压力要低得多(40MPa)[48]。支化对相行为的影响可以用最初由Freed和Dudowicz提出[49]的格点簇理论(LCT)来模拟，在LCT框架内，聚合物的结构(支化度)可以直接并入Helmholtz能量的热力学表达式中。因此，支化对热力学性质具有影响。LCT也可用于描述超支化聚合物[50]。考虑到聚合物的半结晶性，可以使用Flory[51]提供的解析表达式。在文献[52]中可以找到一个关于半结晶性对经典溶剂溶解度影响的例子。

问题：

10.1 由$M_{PS}=100$kg/mol的单分散聚苯乙烯(PS)和$M_{CH}=64.16$g/mol的环己烷(CH)组成的聚合物溶液$x_{PS}=0.00001$。计算该聚合物溶液中PS的段摩尔分数。

10.2　聚乙烯的多分散性通常可用 Wesslau 分布函数来描述：

$$W(r)=\frac{1}{Ar\sqrt{\pi}}\exp\left(-\frac{(\ln(r)-\ln(\bar{r}))^2}{A^2}\right)$$

计算平均数和质量平均段数。

10.3　在原始 Flory－Huggins 理论中，出现了与浓度无关的相互作用参数 χ。这个相互作用参数可以用聚合物溶液的蒸气压来估计。对于聚苯乙烯(PS)＋正己烷体系，在 $T=298.15\text{K}$ 时测量了两种不同聚合物段分数的蒸气压。实验结果为当 $\overline{\overline{x}}_{ps}=0.1$ 时，$P^s=20.56\text{kPa}$，当 $\overline{\overline{x}}_{ps}=0.2$ 时，$P^s=20.4\text{kPa}$。纯溶剂在 $T=298.15\text{K}$ 时的蒸气压为 $P_0^s=20.6\text{kPa}$，PS 的段数为 $r_{PS}=100$。原始 Flory－Huggins 理论可以应用到这种聚合物溶液中吗？

10.4　将苯乙烯单体在25℃的环已烷溶剂中溶解可制得聚苯乙烯。聚合过程中温度升高至85℃。环已烷的蒸气压与温度的关系如下：

$$\log(P^s)(\text{bar})=A-\frac{B}{T(\text{K})+C}$$

在公式中，$A=3.96988$，$B=1203.526$，$C=-50.287$。

a. 计算25℃、50℃和75℃时环已烷的蒸气压。

b. 将计算出的溶剂蒸气压绘制成合适的图表。

c. 假设环已烷蒸气是理想气体，液体体积可以忽略不计，汽化焓不取决于温度，那么溶剂的蒸发需要多少热量？

d. 为什么要求聚合温度不超过85℃？

e. 讨论聚合物对环已烷蒸气压的影响。

10.5　在313.5K 时，以平均摩尔质量 $M_{PIB}=45\text{kg/mol}$ 的聚异丁烯(PIB)溶于苯(B)($M_B=78.11\text{g/mol}$)的蒸气压作为聚合物浓度的函数。在这个温度下苯的蒸气压是24.3kPa。当聚合物段分数为0.4时，蒸气压为22.6kPa。

a. 计算该聚合物溶液的溶剂活性。

b. 计算 Flory－Huggins 相互作用参数 χ。

c. 假设 Flory－Huggins 方程正确地描述了体系，那么这种混合物是否稳定？

10.6　由聚合物 B 和溶剂 A 组成的聚合物溶液的 LLE 应使用 Flory－Huggins 理论建模，其中的 χ－函数为

$$\chi=(1-\alpha\,\overline{\overline{x_B}})\left(1+\frac{\beta_1}{T}+\frac{\beta_2}{T^2}\right)$$

a. 计算聚合物和溶剂的段基活度系数。

b. 推导出旋量和临界条件。

10.7　线性聚 N－异丙基丙烯酰胺(PNIPAM)溶于水中，其临界溶液温度

(LCST)较低。在用 Koningsveld – Kleintjens 模型计算液 – 液平衡时，需要参数 γ 和函数 $\beta(T)$。实验临界温度 $T_c = 306.65$K，实验临界段分数 $\overline{\overline{x^{C}_{PNIPAM}}} = 0.015$。使用的 PNIPAM 是单分散的，段号为 $r_{PNIPAM} = 4000$。计算参数 γ 和 $\beta(T_c)$。

10.8 一个容器里含有聚苯乙烯($M_{PS} = 70.3$kg/mol)和二氧化碳($M_{CO_2} = 44.014$g/mol)的混合物。液体组分为 $x^L_{CO_2} = 0.01$，液体密度为 $\rho^L = 1.454 \cdot 10^{-5}$ mol/cm^3。在 $T = 373.2$K 时，使用 $k_{ij} = 0.0587$ 的 PC – SAFT 状态方程计算该容器中的压力。

参考文献

1 Flory, P. J. (1953). *Principles of Polymer Chemistry.* Ithaca: Cornell University Press.

2 Koningsveld, R., Stockmayer, W. H., and Nies, E. (2001). *Polymer Phase Diagrams.* Oxford: Oxford University Press.

3 Huggins, M. L. (1942). *J. Phys. Chem.* 46: 151 – 158.

4 Kagemoto, A., Baba, Y., and Fujishiro, R. (1972). *Makromol. Chem.* 154: 105 – 110.

5 Saeki, S., Kuwahra, N., Nakata, M., and Kaneko, M. (1976). *Polymer* 17: 685 – 689.

6 Solc, K. and Koningsveld, R. (1992). *J. Phys. Chem.* 96: 4056 – 4068.

7 Vanhee, S., Kiepen, F., Brinkmann, D. et al. (1994). *Macromol. Chem. Phys.* 195: 759 – 780.

8 Solc, K. (1970). *Macromolecules* 3: 665 – 673.

9 Horst, R. (1995). *Macromol. Theory Simul.* 4: 449 – 458.

10 Flory, P. J., Orwoll, R. A., and Vrij, A. (1964). *J. Am. Chem. Soc.* 86: 3507 – 3514.

11 Lacombe, R. H. and Sanchez, I. C. (1976). *J. Phys. Chem.* 80: 2568 – 2580.

12 Panayiotou, C. P. and Vera, J. H. (1982). *Polym. J.* 14: 681 – 694.

13 Kleintjens, L. A. and Koningsveld, R. (1980). *Colloid Polym. Sci.* 258: 711 – 718.

14 High, M. S. and Danner, R. P. (1990). *AIChE J.* 36: 1625 – 1632.

15 Sako, T., Wu, A. H., and Prausnitz, J. M. (1989). *J. Appl. Polym. Sci.* 38: 1839 – 1858.

16 Huang, S. H. and Radosz, M. (1990). *Ind. Eng. Chem. Res.* 29: 2284 – 2294.

17 Huang, S. H. and Radosz, M. (1991). *Ind. Eng. Chem. Res.* 30: 1994 – 2005.

18 Chapman, W. G., Gubbins, K. E., Jackson, G., and Radosz, M. (1989). *Fluid Phase Equilib.* 52: 31 – 38.

19 Müller, E. A. and Gubbins, K. E. (2001). *Ind. Eng. Chem. Res.* 40: 2193 – 2211.

20 Tan, S. P., Adidharma, H., and Radozs, M. (2008). *Ind. Eng. Chem. Res.* 47: 8063 – 8082.

21 Gross, J. and Sadowski, G. (2001). *Ind. Eng. Chem. Res.* 40: 1244 – 1260.

22 Gross, J. and Sadowski, G. (2002). *Ind. Eng. Chem. Res.* 41: 1084 – 1093.

23 Gil – Villegas, A., Galindo, A., Whitehead, P. J. et al. (1997). *J. Chem. Phys.* 106: 4168 – 4186.

24 Müller, E. A. and Gubbins, K. E. (2000). Associating fluids and fluid mixtures. In: *Equation of State for Fluids and Fluid Mixtures* (ed. J. V. Sengers, R. F. Kayser, C. J. Peters and H. J. White Jr, .), 435 – 478. Amsterdam: Elsevier.

25 Wolbach, J. P. and Sandler, S. L. (1998). *Ind. Eng Chem. Res.* 37: 2917 – 2928.

26 Jog, P. K. and Chapman, W. G. (1999). *Mol. Phys.* 97: 307 – 319.

27 Gross, J. and Vrabec, J. (2006). *AIChE J.* 52: 1194 – 1204.

28 Gross, J. (2005). *AIChE J.* 51: 2556 – 2558.

29 Vrabec, J. and Gross, J. (2008). *J. Phys. Chem. B* 112: 51 – 60.

30 Kleiner, M. and Gross, J. (2006). *AIChE J.* 52: 1951 – 1961.

31 Martin, T. M., Lateef, A. A., and Roberts, C. B. (1999). *Fluid Phase Equilib.* 154: 241 – 259.

32 Enders, S., Kahl, H., and Winkelmann, J. (2005). *Fluid Phase Equilib.* 228 – 229: 511 – 522.

33 Quach, A. and Simha, R. (1971). *J. Appl. Phys.* 42: 4592 – 4606.

34 Sato, Y., Yurugi, M., Fujiwara, K. et al. (1996). *Fluid Phase Equilib.* 125: 129 – 138.

35 Jaeger, P. T., Eggers, R., and Baumgartl, H. (2002). *J. Supercrit. Fluids* 24: 203 – 217.

36 Hasch, B. M., Lee, S. H., and McHugh, M. A. (1993). *Fluid Phase Equilib.* 83: 341 – 348.

37 Tumakaka, F., Gross, J., and Sadowski, G. (2002). *Fluid Phase Equilib.* 194 – 197: 541 – 551.

38 Becker, F., Buback, M., Latz, H. et al. (2004). *Fluid Phase Equilib.* 215: 263 – 282.

39 Rzsch, M. T. and Kehlen, H. (1989). *Prog. Polym. Sci.* 14: 1 – 46.

40 Tung, L. H. (1977). *Fractionation of Synthetic Polymers Principles and Practices.* New York: Marcel Dekker.

41 Cotterman, R. L., Bender, R., and Prausnitz, J. M. (1985). *Ind. Eng. Chem. Process Des. Dev.* 24: 194 – 203.

42 Solc, K., Kleintjens, L. A., and Koningsveld, R. (1984). *Macromolecules* 17: 573 – 585.

43 Krenz, R. A. and Heidemann, R. A. (2007). *Fluid Phase Equilib.* 262: 217 – 226.

44 Trumpi, H., de Loos, T. W., Krenz, R. A., and Heidemann, R. A. (2003). *J. Supercrit. Fluids* 27: 205 – 214.

45 Rätzsch, M. T., Kehlen, H., and Borwarzik, D. (1985). *J. Macromol. Sci. Part A Chem.* 22: 1679 – 1690.

46 Wagner, P. (1983). Untersuchungen zum Hochdruckphasengleichgewicht in Mischungen aus Ethylen und(Ethylen – Vinylacetat) – Copolymeren. PhD thesis. Germany: TH Merseburg.

47 Browarzik, C., Browarzik, D., and Kehlen, H. (2001). *J. Supercrit. Fluids* 20: 73 – 88.

48 de Loos, T. W., Poot, W., and Lichtenthaler, R. N. (1992). *J. Supercrit. Fluids* 5: 282 – 286.

49 Freed, K. F. and Dudowicz, J. (2005). *Adv. Polym. Sci.* 183: 63 – 126.

50 Enders, S., Langenbach, K., Schrader, P., and Zeiner, T. (2012). *Polymers* 4: 72 – 115.

51 Flory, P. J. (1949). *J. Chem. Phys.* 17: 223 – 240.

52 Fischlschweiger, M. and Enders, S. (2014). *Macromolecules* 47: 7625 – 7636.

11 热力学在分离技术中的应用

11.1 引言

除了纯组分性质，对含有非极性、极性、超临界化合物、电解质以及聚合物的多组分体系相平衡行为的可靠认识是成功合成、设计和优化不同单元操作的先决条件。在开发阶段，化学工程师必须先决定所使用的分离工艺，然后检查现有的分离问题，例如精馏过程中的共沸点。必须找到如何解决分离问题的方法，例如，在借助夹带剂的共沸、萃取、精馏或混合过程中使用膜或吸附。在设计步骤中，化学工程师必须确定理论级数或塔的高度。此外，必须选择合适的分离序列。最终，所有的产品规格必须满足最低的运营和投资成本。

为了解决上述问题，最需要考虑的是体系中可靠的纯组分(蒸气压、蒸发焓、密度、比热容、传递特性等)和混合物(相平衡和超额性质)的实验数据。几十年前，为了获得这些数据需要进行耗时的文献检索。在这期间，建立了 Dortmund 数据库(DDB)、NIST 数据库、DIPPR 数据库等综合实际数据库。这些数据库包含了全球可获得的大量实验数据。

在上文提到的数据库中，DIPPR 数据库涵盖了大约 2300 种实验得来的化合物的纯组分性质。此外，推荐的基础数据和与温度有关的各种纯组分性质的相关参数可用于这些化合物。当 DIPPR 数据库中缺少实验所得纯组分数据时，可预测计算所需纯组分数据并拟合所需与温度相关参数。

在 DDB 和 NIST 数据库中，除纯组分性质外，还有各种混合物数据(相平衡、超额性质、传递特性等)。NIST 数据库主要包含一些重要的热力学期刊数据，但在 DDB 数据库中，除了收集世界各地以各种语言出版的科学期刊数据外，还收集了大量来自私人通信、博士、硕士和学士论文以及工业界中未发表的实验数据。此外，在 DDB 数据库中存储了为发展各种预测方法而系统地测量的大量未公布数据。

表 11.1 显示了 DDB 数据库的当前状态。可以看出，DDB 数据库(截至 2018 年 3 月)包含约 1070000 个数据集。这些实验数据来自 80000 多个参考文献(总评

估：172000 个参考文献），其中有 64000 多种化合物的数据，包括盐、吸附剂和聚合物。数据元组的数目（这意味着在蒸气压力下的 T、P_0^S；在气–液平衡[VLE]下的 P、T）是 8000000。

表 11.1　Dortmund 数据库现状（2018 年 3 月）

数据库	附加信息	数据集（数据点）
气–液平衡	常规沸腾物质	39550
气–液平衡	低沸点物质	42500
气–液平衡	电解质体系	13800
气–液平衡	主要用于有机化合物、水	33900
活度系数	无限稀释（在纯溶剂中）	(101800)
活度系数	无限稀释（在非电解质混合物中）	1950
气体溶解度	非电解质体系	26000
气体溶解度	电解质体系	3950
混合物临界数据	临界线	3450
固–液平衡	主要是有机化合物，例如药物	64500
盐溶解度	主要在水中	42750
共沸数据	二元到四元体系	(58300)
分配系数	辛醇–水分配系数	14900
吸附平衡	气相	5050
聚合物混合物	液–液平衡（LLE）、溶解度、PvT、溶胀数据等	21450
超额焓	混合热	23700
混合物热容	也包括多余的热容量	7000
混合物密度	也包括多余的体积	79100
混合物黏度	也包括黏度偏差	49750
热导率		4900
表面张力		6900
音速		23850
天然气水合物		4750
闪点	易燃液体混合物	750
各种混合物性质	PvT、介电常数、扩散系数、电导率等	62000
纯组分性质	蒸气压、密度、比热容等	318000

在 DDB 中存储的数据中，约有 7% ~8% 以统一的形式发布在不同的数据汇编中[1-5]。DDB 中的数据集数量每年增加约 6% ~7%。分析现有的混合物数据，可以发现，在 VLE 的情况下，87.1% 的数据集是针对二元体系的，11.6% 的数据集是针对三元体系的，而对于四元体系及更高的体系则只有 1.3%。

然而，在实际应用中，不仅需要了解二元体系的相平衡行为，还需要了解多组分体系的相平衡行为。这就是为什么要开发出强大的热力学模型，这些模型可以单独使用二元数据可靠地预测多组分系统的相平衡行为。第5章和第7章介绍了不同的模型(g^E模型、EOS模型和电解质模型)，并讨论了它们的优缺点。为了在特定成分和温度范围内可靠地应用这些模型，在将二元参数与实验数据拟合时需要特别小心。将g^E模型或状态方程的参数同时拟合到一个较大的温度范围内的各种可用数据(相平衡、超额性质、稀释范围内的数据等)是有利的。然后，可以用所要求的精度来描述整个组分和较大温度范围内的K因子或分离系数。

如果没有二元实验数据，目前可应用强大的预测模型(基团贡献法和基团贡献状态方程)来可靠地预测缺失的纯组分性质(见第3章)和相平衡行为(见第5章和第7章)。例如，可使用这些预测的混合数据来拟合多组分体系中丢失的二元参数。

通过以上内容可得出结论，一个用于过程合成和设计的复杂软件工具应该能够直接访问全球所有可用的纯组分和混合物数据。同时，应使用推荐的基础数据(T_c、P_c、v_c、ω、T_m、T_{tr}等)和可靠的温度(压力)相关参数来描述给定温度(压力)下的纯组分特性。此外，对于最重要的混合物，应提供g^E模型、EOS模型和电解质模型的模型参数。此外，还应提供一个软件包，用于预测所需的纯组分性质和相平衡数据。

通过结合DDB建立了一个复杂的过程综合软件工具。该软件工具的大致结构如图11.1所示，称为Dortmund数据库软件包(DDBSP)。它可以直接访问DDB中存储的所有实验纯组分和混合物数据。然后，用户可以直接访问推荐的基本纯组分数据，例如T_c、P_c、v_c、ω、T_m、Δh_m等，以及描述纯组分特性的推荐参数，例如蒸气压、密度、黏度等，作为温度的函数和对一些特性也是压力的函数。对于混合数据，特别是相平衡数据，用户可以找到各种g^E模型或EOS的推荐参数。如果没有纯组分特性的实验值，Artist软件包允许用户仅通过绘制分子或直接从结构数据库调用大约56000个化合物的结构来预测给定条件下的各种纯组分特性。对于相平衡的预测，用户可以直接应用不同的基团贡献方法，如UNIFAC和改进的UNIFAC，或基团贡献状态方程，如Predictive Soave－Redlich－Kwong(PSRK)和Volume－Translated Peng－Robinson(VTPR)，或电解质模型(LIQUAC和LIFAC)。

纯组分特性和混合物的数据与适当的软件工具相结合，可以处理大量适用于工业生产的重要任务。图11.2给出了其中一些特别需要了解的相平衡的知识。除计算各种相平衡外，还可以解决分离问题，建立剩余曲线，选择适合不同分离过程或化学反应的溶剂，确定理论级数或分离塔的高度。可以考虑实际行为对化学平衡转化率的影响(见第12章)，并可估计易燃液体混合物的闪点和可持久性化学品在环境中的归宿。此外，还可以计算压力对反应焓的影响(第12章)，从实验焓数据和化学平衡中可以得出更精确的标准热力学性质，并且可以使用更合适的电位差计算传递过程。

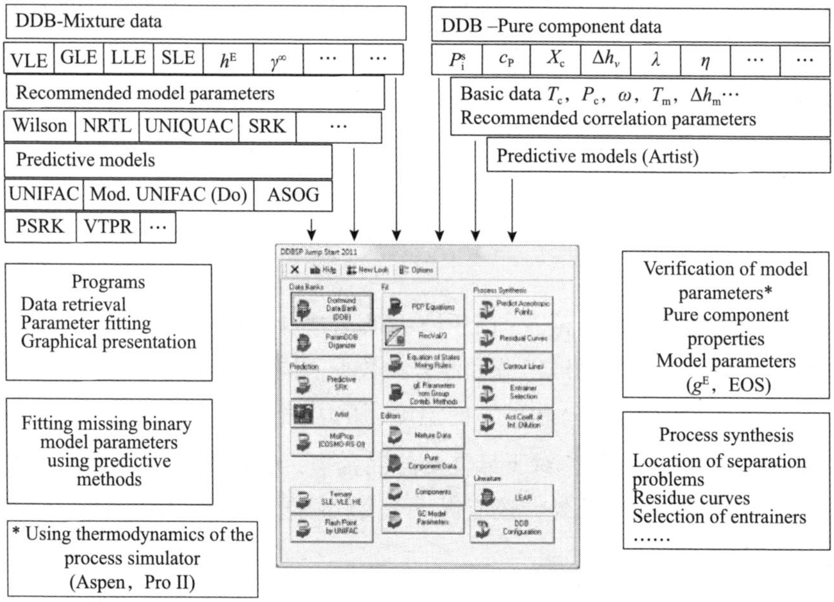

图11.1 程序包DDBSP的大致结构

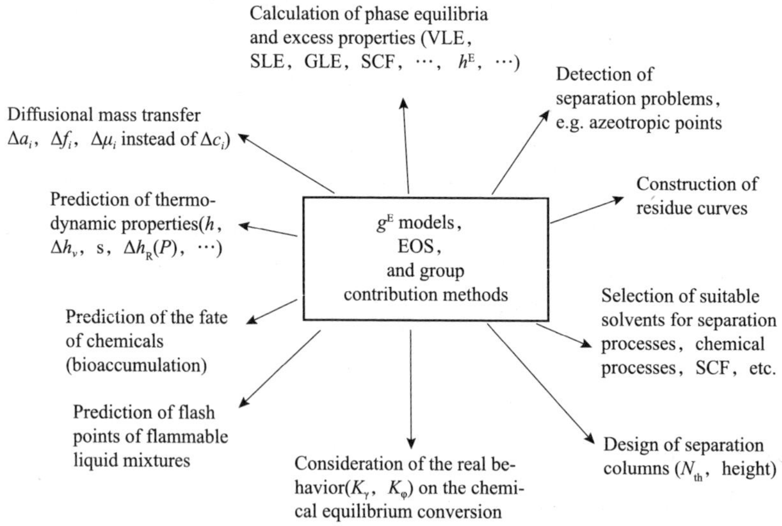

图11.2 过程开发热力学模型(g^E模型、状态方程和基团贡献法)的应用领域

除了上述内容和图 11.2 所示的应用外，DDB 和集成软件包还可以应用于许多其他任务，例如，在过程模拟之前验证纯组分的性质和模型；为热力学循环（如有机朗肯）选择合适的工作流体（ORC 过程）、制冷循环和空冷过程；焦耳－汤姆逊系数的计算；等等。

在这一章中，讨论了一些工业界关注的分离过程的重要例子。在精馏过程设计中，热力学模型参数的好坏对结果的可靠性有很大的影响。因此，在进行过程模拟之前，应仔细检查用于计算纯组分性质、相平衡等数据的参数。

11.2　过程模拟前的模型参数验证

在大多数工业过程模拟器中，可以找到大量化合物和二元体系的纯组分性质模型参数和二元参数。然而，模拟器供应商在其软件文档和用户手册中反复警告，这些默认参数只有公司的热力学专家在过程模拟之前仔细检查后才能应用。DDB 这样的大型实际数据库是验证模型参数的理想的工具。DDB 允许通过访问存储的实验数据来检查用于描述纯组分特性的温度函数和多组分体系的二元参数的所有参数。根据不同的纯组分性质和相平衡、过量焓、无限稀释活度系数、分离系数等结果，有经验的化学工程师可以决定数据和参数是否足够可靠，以便进行过程模拟。

11.2.1　纯组分参数验证

通过使用一个复杂的软件包，可以快速方便地验证默认纯组件的模型参数。通常可以用图形来判断结果。希望在大多数情况下，用户能在实际数据库存储的计算数据和实验数据之间找到良好的一致性。但有时会得到很差的结果。例如，六氟苯的动态黏度如图 11.3 所示。计算值与实验值的偏差大于 200%。结果不佳的原因是这些参数与预测数据吻合，而与文献中的数据不吻合。这种偏差是由于所选择的预测方法导致氟化合物的动态黏度差造成的。

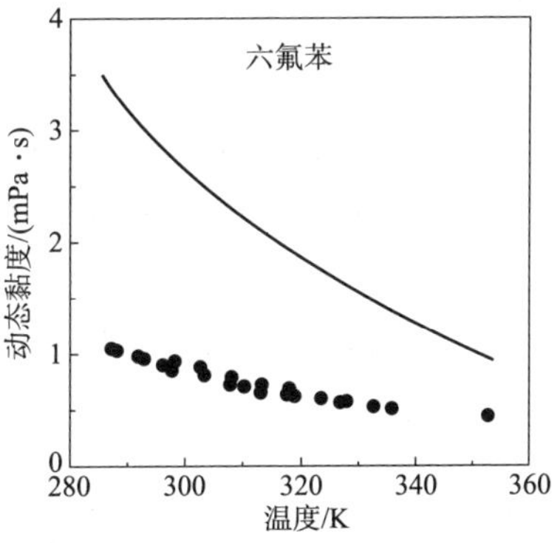

图 11.3　实验[7]和六氟苯在 280～360K 温度范围内的错误预测的动态黏度

11.2.2 g^E模型参数验证

除了纯组分参数，特别是混合物的参数应在过程模拟之前应仔细检查，例如g^E模型或状态方程。丙酮－环己烷二元体系的程序如图11.4所示，丙酮－环己烷可能是多组分混合物的二元关键体系之一。从图11.4所示的结果可得出结论，使用Wilson参数可以可靠地描述二元体系在0～50℃温度范围内的VLE行为。但从较差的h^E结果来看，推断出更高或更低的温度可能是危险的，这可以从0～－100℃温度范围内共晶系统的固－液平衡(SLE)结果以及计算的共沸数据和温度之间不正确的关系中看出。

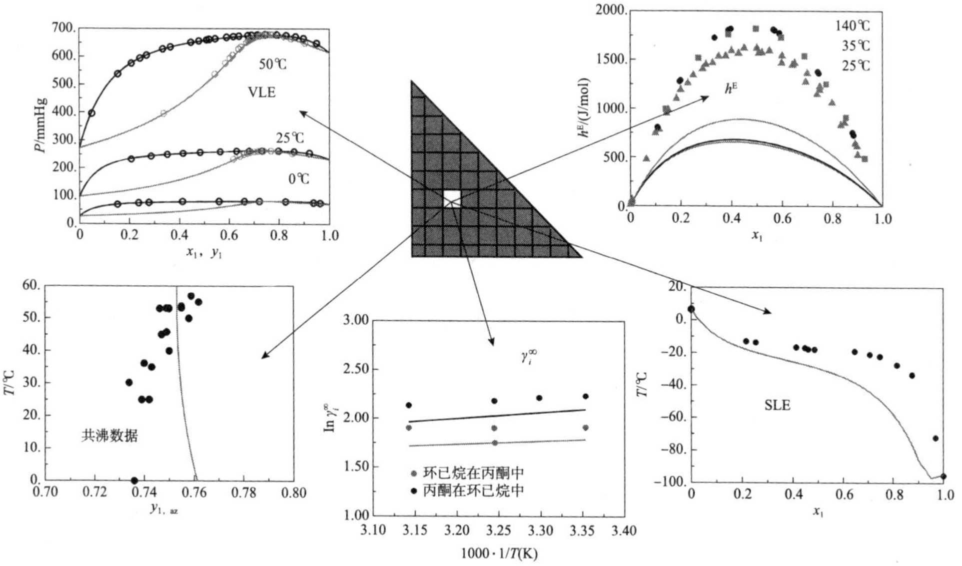

图11.4 以丙酮(1)－环己烷(2)二元体系为例，在进行过程模拟之前，利用Dortmund数据库中存储的实验数据验证Wilson参数

当然，在求解平衡(MESH)方程时，较差的参数会导致精馏塔的理论级数有问题[8]。这意味着对于给定的分离问题，精馏塔的计算高度或理论级数很大程度上取决于g^E模型和所选参数。图11.5显示了使用Wilson、NRTL和UNIQUAC参数的丙酮－水系统仅适用于VLE数据。从$y-x$图中可以看出似乎所有选择的g^E模型描述VLE行为时都有相同的精度。但是，当计算给定分离问题的理论板数时，令人惊讶的是，Wilson模型比NRTL方程需要更多的理论板数。用UNIQUAC模型评估最低的塔板数。其原因是不同模型在无限稀释时的分离系数有很大差异。Wilson方程的分离系数α_{12}^∞为1.104，而UNIQUAC方程的α_{12}^∞为1.164。在与拉乌尔定律存在正偏差的情况下，与之前的案例一样，最主要的分离通常集中在精馏塔的顶部。

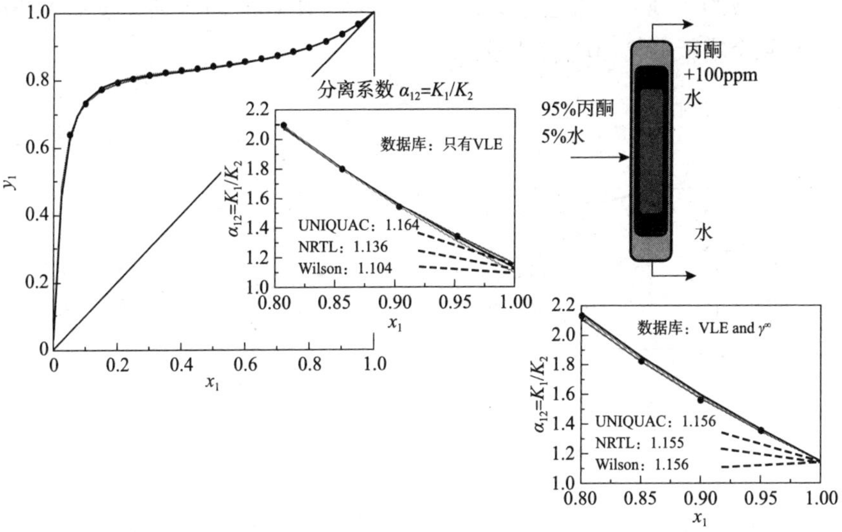

图 11.5 通过仅适用于 VLE 的参数或同时适用 VLE 和无限稀释活度系数的参数，在常压下得到酮(1)－水(2) 体系的分离系数

分离效果主要取决于差值 $\alpha_{12}^{\infty}-1$。这意味着精馏塔顶部的分离系数 α_{12}^{∞}对于给定分离问题所需的塔板数有很大影响。当通过不同的 g^E模型计算不同的值时，精馏塔的计算高度取决于 g^E模型。

只有当使用更大的数据库来拟合 g^E模型参数，并且在回归过程中通过适当的加权来对最相关的数据进行正确描述时，这种情况才能得到改善。除 VLE 数据外，还应使用可靠的无限稀释活度系数。从图 11.5 可看出，对于使用扩展数据库的 g^E模型，在无限稀释条件下，使用 VLE 数据和活度系数的 g^E模型可得到几乎完全相同的分离系数($\alpha_{12}^{\infty}=1.156$)。这导致对给定分离问题中的三个 g^E模型的理论塔板数相同。

为了了解在不同过程模拟器中存储的默认参数的质量，丙酮－水体系的结果如图 11.6 和图 11.7 所示。从图 11.6 可以看出，分离系数很大程度上取决于所选的 g^E模型。使用 UNIQUAC 方程计算精馏过程的塔板数比使用 NRTL 方程计算的级数少，因为使用 UNIQUAC 方程计算的分离系数更高。即使是属于非共沸体系的丙酮－水体系，在常压下使用默认的 Wilson 参数，对共沸数据计算的结果也是错误的。

使用第二个模拟器的默认参数，再次得到了在常压下分离丙酮－水体系的不同塔板数。当使用 NRTL 和 UNIQUAC 参数获得相似的分离系数时，使用默认的 Wilson 参数会计算出很高的分离系数。从图 11.7 可以看出，使用 NRTL 和

UNIQUAC 模型，无限稀释时的分离系数约为 1.2，而使用默认的 Wilson 参数计算的分离系数约为 3.0。这意味着，对于丙酮－水体系的分离，按照 Wilson 方程，只有几个塔板的精馏塔就足够了。

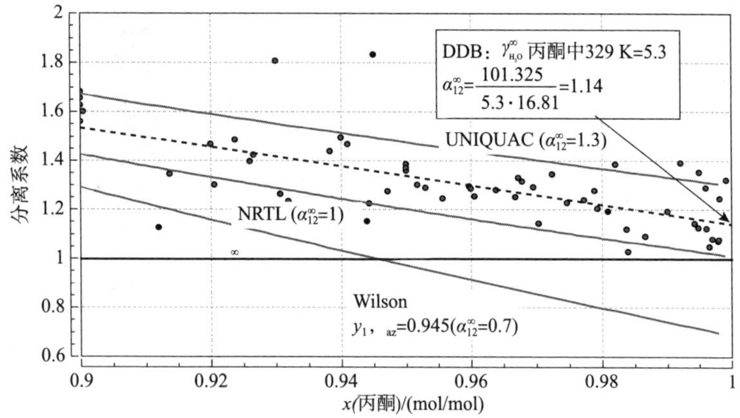

图 11.6　在 101.325kPa 下，使用过程模拟器 1 中的 g^E 模型（Wilson、NRTL 和 UNIQUAC）的默认参数计算丙酮(1)－水(2)体系的分离系数——由散射 VLE 确定的平均分离系数 α_{12}

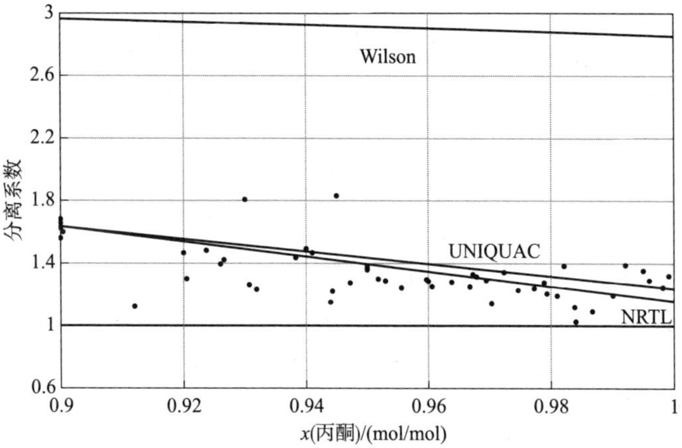

图 11.7　使用过程模拟器 2 提供的默认参数在常压下获得丙酮(1)－水(2)体系的分离系数

这些例子证明了可靠的模型参数对过程模拟的重要性。用于过程模拟的多组分体系的所有二元参数应能可靠地描述二元体系在整个组成范围（包括稀释区）和温度范围内的相平衡行为。在进行过程模拟之前，至少应借助于实际数据库（如 DDB）中存储的实验数据仔细检查临界二元体系（分离系数的单位不同、出现溶解度间隙等）和进一步检查关键体系的相互作用参数。如果没有可靠的数据，强烈建议测量关键体系的相平衡行为。

例 11.1 在丙酮的正常沸点($\vartheta_b=56.27℃$)下，计算无限稀释($x_1=1$)时丙酮(1)－水(2)体系的分离系数(精馏塔顶部)。在计算中，应采用无限稀释条件下的活度系数$\gamma_{12}^{\infty}=5.3$(由 Bergmann 和 Eckert[9]在 55.3℃下测量)。

水的安托因参数($\log P_i^s(\text{mmHg})=A-B/[\vartheta(℃)+C)]$:

组分	A	B	C
水	8.07131	1730.63	233.426

解决方案：

可直接计算纯丙酮无限稀释时的分离系数(见第 5.5 节)。由于丙酮在正常点的蒸气压为 760mmHg，因此只需要水在 56.27℃时的蒸气压：

$$\log P_{H_2O}^s=8.07131-\frac{1730.63}{56.27+233.426}=2.0973$$

$$P_{H_2O}^s=125.13\text{mmHg}$$

利用此蒸气压，丙酮－水体系在常压下的分离系数为：

$$\alpha_{12}^{\infty}=\frac{760}{5.3\cdot 125.13}=1.146$$

分离系数的计算结果与由不同作者发布的 VLE 数据得出的实验值、使用不同g^E模型的默认模型参数计算的结果和根据散射实验 VLE 数据计算出的平均分离系数(虚线)如图 11.6 所示。可以看出，用无限稀释活度系数拟合二元参数得到了最可靠的分离系数。

在大多数情况下，分离的不是二元体系而是多元体系。有时需要额外的组分作为夹带剂，例如用萃取精馏分离。以苯(1)－环己烷(2)－NMP(3)为例，采用改进的 UNIFAC 和来自模拟器的默认 UNIQUAC 参数计算得到体系的选定分离系数α_{12}，分别如图 11.8 和图 11.9 所示。由于苯和环己烷形成共沸物，夹带剂 NMP 的主要作用是让苯和环己烷之间的分离系数尽量不同；这意味着$\alpha_{12}\gg1$或$\alpha_{12}\ll1$。在实际应用中，采用 50%～80%(mol)的典型夹带剂浓度可获得满意的分离系数。较高的夹带剂浓度通常会提高分离系数。

在图 11.8 中，使用改进的 UNIFAC 预测苯(1)和环己烷(2)之间的分离系数并且展示了在常压下以 NMP 为夹带剂的三元体系。可见，在 NMP 的摩尔分数大于 0.25 时，苯－环己烷共沸体系的分离系数α_{12}始终小于 1。随着 NMP 浓度的增加，分离系数α_{12}进一步减小。这意味着高沸点组分环己烷比在 NMP 存在下的苯更易挥发，随着 NMP 浓度的增加，这种影响更加明显，这与实验结果一致。

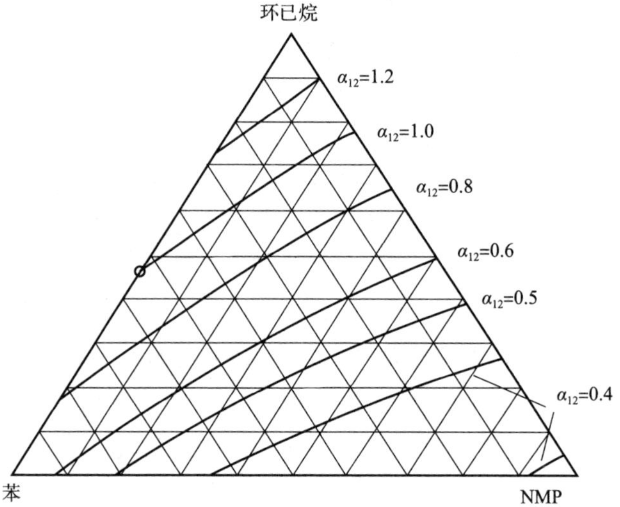

图 11.8　使用改进的 UNIFAC 计算存在 NMP(3) 的苯(1) - 环己烷(2) 体系在常压下的分离系数 α_{12}

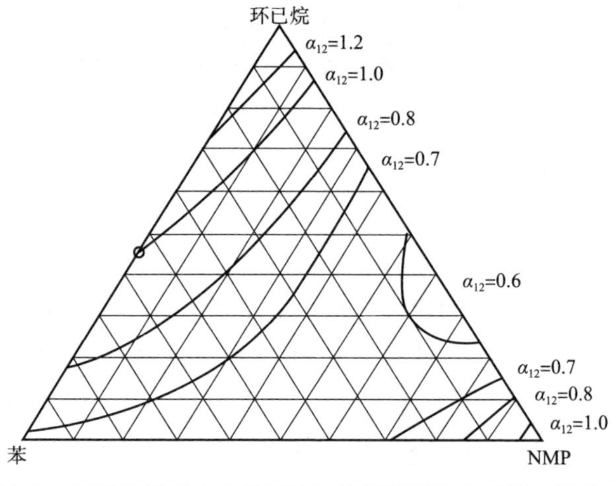

图 11.9　使用模拟器 1 中的默认二元 UNIQUAC 参数，计算存在 NMP(3) 的苯(1) - 环己烷(2) 体系在常压下的分离系数 α_{12}

图 11.9 中展示了使用流程模拟器提供的默认的 UNIQUAC 参数计算的结果。计算出的分离系数看起来完全不同。当分离系数 α_{12} 一开始随着 NMP 浓度的增加而降低时，对于 $x_3 > 0.4$，令人惊讶地观察到了相反的行为。在非常高的 NMP 浓度下，计算了其中一个的分离系数。这与实验观察和使用改进的 UNIFAC 或借助可靠的 g^E 模型参数计算的行为形成对比。

对三元体系实际行为的错误描述是由于并不是所有的二元体系都是使用默认

UNIQUAC 参数正确描述的。带有 NMP 的两个二元参数的结果如图 11.10 所示。在苯 - NMP 体系中得到了满意的结果，而在环己烷 - NMP 二元体系中则得到了较差结果。特别是环己烷无限稀释时的分离系数(α_{23}^{∞})很差。由于分离系数 α_{12} 可由分离系数 α_{13} 和 α_{23} 计算，因此分离系数 α_{12} 的结果较差：

$$\alpha_{12} = \frac{y_1/x_1}{y_2/x_2} = \frac{\alpha_{13}}{\alpha_{23}} = \frac{(y_1/x_1)/(y_3/x_3)}{(y_2/x_2)/(y_3/x_3)}$$

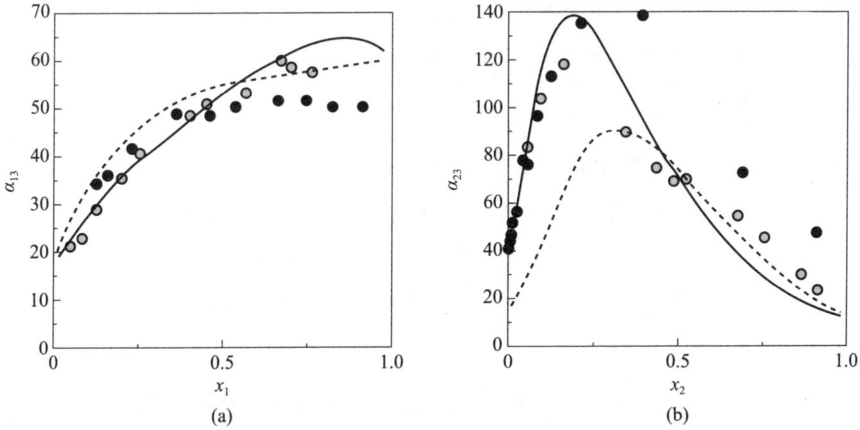

图 11.10 苯(1) - NMP(3)(a)和环己烷(2) - NMP(3)(b)二元体系在常压下的实验[7]和计算的分离系数

——使用模拟器 1 的默认 UNIQUAC 参数；- - - - 使用修改的 UNIFAC；• 来自不同参考文献的实验数据

丙酮 - 水二元体系和苯 - 环己烷 - NMP 三元体系的示例表明，在使用实际数据库中存储的不同来源的实验数据进行过程模拟之前，必须仔细检查用于过程模拟的参数。二元参数的验证对于分离系数显示的值相差不远的体系尤其重要。在综合的实际数据库中，例如 DDB，集成了复杂的软件包，以便在过程模拟之前验证所有纯组分性质和混合物的参数。如图 11.3 和图 11.4 所示，图形表示特别适用于验证纯组分性质和混合物参数。

11.3 多元体系共沸点的研究

尤其是对于工艺设计来说，分离问题的知识是非常重要的。对于精馏过程，主要问题是二元、三元和四元共沸物的存在。这导致点、边界线或边界面，而普通精馏无法跨越这些点。共沸数据可以通过热力学模型(g^E 模型和状态方程)使用二元参数或预测方法(基团贡献法和基团贡献状态方程)来确定。此外，通过访问实际数据库中的实验共沸数据有助于确定给定条件(温度或压力)下的二元和更高共沸点。在进行过程模拟之前，重要的是要验证所使用的模型参数再现了共沸点，同时不能错误地预测不存在的共沸物，如图 11.6 所示的丙酮 - 水体系。

例 11.2 用改进的 UNIFAC 检查苯(1) - 环己烷(2) - 丙酮(3) - 乙醇(4)四元均相体系在常压下是否出现二元、三元或四元共沸物。

解决方案：

均相体系中的共沸点可以通过第 5 章中介绍的程序来确定，例如，在二元体系中，通过寻找能够表示一个统一单位的分离系数 α_{12} 来确定成分，或者更广泛地说，以下目标函数 F 表示二元或多元体系的零值：

$$F = \sum_j \sum_i |\alpha_{ij} - 1| = 0$$

表 11.2 列出了利用 Mathcad 程序使用改进的 UNIFAC 计算的共沸点以及在 DDB 中存储的实验共沸点的平均值。结果表明，用改进的 UNIFAC 对四元体系的所有二元和三元共沸点进行了预测，同时预测的温度和组成与实验结果一致。

当然，不仅仅是 g^E 模型，EOS 也可以用来计算或预测所需的分离系数。如例 11.3。

表 11.2 苯(1) - 环己烷(2) - 丙酮(3) - 乙醇(4)四元物系常压下预测共沸数据与 Dortmund 数据库中存储的实验共沸数据平均值的比较[5,7]

体系	预测值(使用修改的 UNIFAC)				实验值			
	共沸类型	ϑ/℃	$y_{1,\text{az}}$	$y_{2,\text{az}}$	共沸类型	ϑ/℃	$y_{1,\text{az}}$	$y_{2,\text{az}}$
1 - 2	homPmax	77.5	0.543	—	homPmax	77.6	0.543	—
1 - 3	None	—	—	—	None	—	—	—
1 - 4	homPmax	68.0	0.537		homPmax	67.9	0.552	—
2 - 3	homPmax	54.3	—	0.221	homPmax	53.2	—	0.248
2 - 4	homPmax	65.3		0.545	homPmax	64.8	—	0.553
3 - 4	None	—	—	—	None	—	—	—
1 - 2 - 3	None	—	—	—	None	—	—	—
1 - 2 - 4	homPmax	65.1	0.126	0.441	homPmax	64.9	0.113	0.462
1 - 3 - 4	None	—	—	—	None	—	—	—
2 - 3 - 4	None	—	—	—	None	—	—	—
1 - 2 - 3 - 4	None	—	—	—	n. a. ①	—	—	—

①不可能。

例 11.3 借助基团贡献状态方程 VTPR，检查二氧化碳(1) - 乙烷(2) - 硫化氢(3) - 丙烷(4)四元体系在 266.5K 处是否出现二元、三元或四元共沸物。

解决方案：

为了再次测定共沸点，可以使用 Mathcad 程序，结果与 DDB 中存储的实验数据如表 11.3 所示。计算了三个二元体系的共沸行为。用基团贡献状态方程 VTPR 方法，没有发现三元或四元共沸点。与实验数据进行了比较，两者吻合良好。

例 11.2 和例 11.3 的结果表明，即使是预测模型也可以成功地应用于寻找多组分体系的二元和更高共沸物。随着 PSRK 和 VTPR 等基团贡献状态方程的发展，其适用范围扩大到了 UNIFAC 或改进的 UNIFAC 等基团贡献方法未涵盖的化合物。

表 11.3　使用 VTPR 在 266.5K 时预测的二氧化碳(1)－乙烷(2)－硫化氢(3)－丙烷(4)四元体系的共沸数据与 Dortmund 数据库中存储的实验共沸数据平均值的比较[5,7]

体系	使用 VTPR 的预测值				实验值			
	共沸类型	P /bar	$y_{2,\text{az}}$	$y_{3,\text{az}}$	共沸类型	P/bar	$y_{2,\text{az}}$	$y_{3,\text{az}}$
1－2	homPmax	33.36	0.3127	—	homPmax	33.27	0.33	—
1－3	None	—	—	—	None	—	—	—
1－4	None	—	—		None	—	—	—
2－3	homPmax	20.59	0.9097	0.0903	homPmax	20.68	0.896	0.104
2－4	None	—		—	None	—	—	—
3－4	homPmax	8.97	—	0.8301	homPmax	n. a.	—	0.83
1－2－3	None	—	—	—	n. a.①	—	—	—
1－2－4	None	—	—	—	None	—	—	—
1－3－4	None	—	—	—	n. a.①	—	—	—
2－3－4	None	—	—	—	n. a.①	—	—	—
1－2－3－4	None	—	—	—	n. a.①	—	—	—

①不可能。

11.4　剩余曲线、精馏边界和精馏区域

建立剩余曲线可以更好地理解三元或四元体系的精馏分离，剩余曲线的构建是很有帮助的。当要分离的体系中出现二元或更高共沸物时，这一点尤为重要。剩余曲线描述了在开放式蒸馏过程中混合物 L 的液体组成的变化。

剩余曲线可以通过开放式蒸馏实验确定，同时应该确保一个恰好的平衡级。在蒸馏过程中，挥发性较低的化合物在蒸馏釜中富集。随着蒸馏釜中高沸物的增加，温度会升高。图 11.11 显示了两个不同体系在常压下的情况，箭头指向温度上升的方向。在图 11.11(a)中考虑了理想的三元体系，在图 11.11(b)中选择了具有两个二元共沸点的丙酮－苯－环己烷三元体系。从三元体系的液相组成变化可以看出，高沸物随时间的推移而富集。随着高沸物在蒸馏釜中的富集，温度升高，如箭头的方向所示。最后，高沸点的组成作为蒸馏过程的底部产物留在蒸馏

釜中。在右边的例子中，令人惊讶的是苯或环己烷作为高沸点组成留在蒸馏釜中。剩余的高沸物取决于初始进料成分。这意味着形成了两个精馏区，由精馏边界隔开。而从图 11.11(b)左侧精馏区域的初始组分开始，得到苯作为塔底产物，从图 11.11(b)右侧初始组分开始，得到环己烷作为塔底产物。

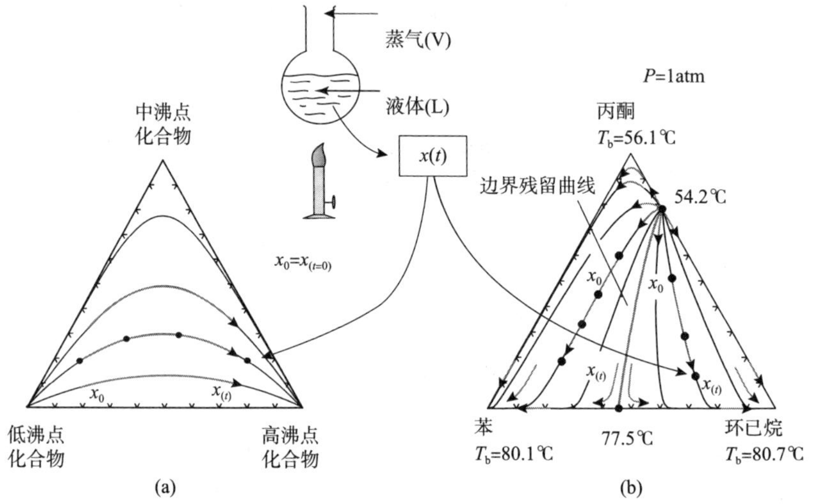

图 11.11　常压下开放式蒸馏过程中两个三元体系的组分随时间的变化：具有低、中、高沸点化合物的理想三元体系(a)；丙酮－苯－环己烷三元体系(b)

如果已知 VLE 性质(见图 11.11)[8]，也可以通过开放蒸馏微分方程(Rayleigh 方程)的数值积分来计算剩余曲线。从组分 i 的物料平衡开始：

$$y_i \mathrm{d}V = -\mathrm{d}(Lx_i) = -x_i \mathrm{d}L - L\mathrm{d}x_i \tag{11.1}$$

用 $-\mathrm{d}L$ 代替 $\mathrm{d}V$ 得到

$$\frac{\mathrm{d}x_i}{\mathrm{d}L/L} = y_i - x_i \tag{11.2}$$

其中 $i=1, \cdots, n-1$。

通过引入一个非线性的无量纲时间尺度 ξ：

$$\frac{\mathrm{d}x_i}{\mathrm{d}\xi} = \frac{\mathrm{d}x_i}{\mathrm{d}L/L} = y_i - x_i \tag{11.3}$$

对于确定的组分，式(11.3)可以用正数和负数的 $\Delta\xi$ 进行数值积分。

剩余曲线的端点是所谓的奇点。这些是纯组分或二元及以上共沸物。在拓扑分析中，在等压情况下这些奇点($\mathrm{d}x_{i,\mathrm{singular}}/\mathrm{d}\xi=0$)在所考虑区域的局部温度达到最大值的情况下被称为稳定节点，局部温度达到最小值的情况下被称为不稳定节点。在等温情况下，稳定节点压力最小，不稳定节点压力最大，其余纯组分和共沸点均为鞍点。在这里，剩余曲线向马鞍移动，然后远离马鞍。所有这些奇点决定了体系的拓扑结构。测定精馏塔的底部和顶部产物、精馏边界线和精馏区域需要知道纯组分的沸点或蒸气压，以及待分离体系的所有共沸点。拓扑结构取决于奇点的数量、类型和位置。

例 11.4 利用 Wilson 方程，从下列初始组分开始，计算丙酮(1)－苯(2)－环己烷(3)体系在 70℃下理想气相行为下的两条等温剩余曲线和终点组成：

(a) $x_1 = 0.25$；$x_2 = 0.25$；$x_3 = 0.5$

(b) $x_1 = 0.4$；$x_2 = 0.4$；$x_3 = 0.2$

通过数值积分等式(11.3)的正、负 $\Delta\xi$。

摩尔体积：

$$v_1 = 74.04\text{cm}^3/\text{mol};\ v_2 = 89.40\text{cm}^3/\text{mol};\ v_3 = 108.75\text{cm}^3/\text{mol}$$

70℃下的气体压力：

$$P_1^s = 159.28\text{kPa};\ P_2^s = 73.36\text{kPa};\ P_3^s = 72.38\text{kPa}$$

推荐的 Wilson 参数 $\Delta\lambda_{ij}(\text{cal/mol}) = a_{ij} + b_{ij}T + c_{ij}T^2$：

	a_{ij}/(cal/mol)	b_{ij}/[cal/(mol·K)]	b_{ij}/[cal/(mol·K^2)]
丙酮－苯	−113.717	2.52916	−0.0035364
	201.963	−1.55162	0.0026447
丙酮－环己烷	3109.21	−10.6218	0.013757
	1670.65	−4.51887	0.0012266
苯－环己烷	1558.96	−8.23833	0.0128559
	−203.702	3.21397	−0.0075245

解决方案：

借助推荐与温度相关的 Wilson 参数 $\Delta\lambda_{ij}$(70℃)，可以得出(另见 Mathcad 解决方案 11.04)

$$\Delta\lambda_{12} = -113.717 + 2.52916 \cdot 343.15 - 0.0035364 \cdot 343.15^2$$
$$= 337.75\text{cal/mol}$$

同样，可以确定所有其他相互作用参数 $\Delta\lambda_{ij}$：

$$\Delta\lambda_{21} = -19.055\text{cal/mol}$$

$$\Delta\lambda_{13} = 1084.25\text{cal/mol};\ \Delta\lambda_{31} = 264.44\text{cal/mol}$$

$$\Delta\lambda_{23} = 245.78\text{cal/mol};\ \Delta\lambda_{32} = 13.151\text{cal/mol}$$

使用这些值和摩尔体积，可以计算 Wilson 参数 Λ_{ij}：

$$\Lambda_{ij} = \frac{v_j}{v_i} = \exp\left[-\frac{\Delta\lambda_{ij}}{RT}\right]$$

$$\Lambda_{12} = \frac{89.40}{74.04} = \exp\left[-\frac{337.75}{1.98721 \cdot 343.15}\right] = 0.7358$$

以同样的方式，其中可以得到

$$\Lambda_{21}=0.8517$$

$$\Lambda_{13}=0.2995;\quad \Lambda_{31}=0.4620$$

$$\Lambda_{23}=0.8482;\quad \Lambda_{32}=0.8064$$

利用这些 Wilson 参数 Λ_{ij}，可以确定活度系数。在计算组分 1 的活度系数时，下式成立：

$$\ln\gamma_1 = -\ln(x_1\Lambda_{11}+x_2\Lambda_{12}+x_3\Lambda_{13})+1-\frac{x_1\Lambda_{11}}{x_1\Lambda_{11}+x_2\Lambda_{12}+x_3\Lambda_{13}}$$
$$-\frac{x_2\Lambda_{21}}{x_1\Lambda_{21}+x_2\Lambda_{22}+x_3\Lambda_{23}}-\frac{x_3\Lambda_{31}}{x_1\Lambda_{31}+x_2\Lambda_{32}+x_3\Lambda_{33}}$$

对于 $x_1=0.25$、$x_2=0.25$ 和 $x_3=0.5$ 的组成，可以得到：

$$\ln\gamma_1 = -\ln(0.25\cdot 1+0.25\cdot 0.7358+0.5\cdot 0.2995)+1$$
$$-\frac{0.25\cdot 1}{0.25\cdot 1+0.25\cdot 0.7358+0.5\cdot 0.2995}$$
$$-\frac{0.25\cdot 0.8517}{0.25\cdot 0.8517+0.25\cdot 1+0.5\cdot 0.8482}$$
$$-\frac{0.5\cdot 0.4620}{0.25\cdot 0.4620+0.25\cdot 0.8064+0.5\cdot 1}=0.5874$$

$$\gamma_1=1.7992$$

对于其他两个组分，得到如下的活度系数：

$$\gamma_2=1.0299\qquad \gamma_3=1.2495$$

借助活度系数和给定的蒸气压，可计算 70℃ 下气相的分压、总压和摩尔分数：

$$P=\sum P_i=\sum x_i\cdot\gamma_i\cdot P_i^{\mathrm{s}}$$

$$P=0.25\cdot 1.7992\cdot 159.28+0.25\cdot 1.0299\cdot 73.36+0.5\cdot 1.2495\cdot 72.38$$
$$=135.75\text{kPa}$$

分压与总压之比与气相摩尔分数相同：

$$y_1=\frac{0.25\cdot 1.7992\cdot 159.28}{135.75}=0.5278$$

对于其他两个组分，一个可得

$$y_2=0.1391\qquad y_3=0.3331$$

通过对式(11.2)的数值积分，可以计算出剩余曲线。从所选组分开始，组分的变化是：

$$x_1^{(1)}=x_1^{(0)}+(y_1^{(0)}-x_1^{(0)})\Delta\xi$$

然后可以用正和负的 $\Delta\xi$ 步骤进行积分。

对于固定的阶跃宽度 $\Delta\xi = 0.02$，可以得到：

$$x_1^{(1)} = 0.25 + (0.5278 - 0.25) \cdot 0.02 = 0.2556$$

用同样的方式，得到 $x_2 = 0.2478$ 和 $x_3 = 1 - x_1 - x_2 = 0.4967$。

对于 $\Delta\xi = -0.02$，积分得到 $x_1 = 0.2444$、$x_2 = 0.2522$、$x_3 = 0.5033$。

在接下来的积分步骤中，必须使用新的液体组成，借助 Wilson 方程再次计算气相组成。在表 11.4 中，给出了液相和气相成分以及体系的压力。可见，丙酮(1)与环己烷(3)的共沸物和纯组分环己烷(3)是精馏塔可能的塔顶产物和塔底产物。

如果以 $x_1 = 0.4$ 和 $x_2 = 0.4$ 为起始组成，除二元共沸物为塔顶低沸点共沸物外，积分后得到的塔底产物不是环己烷而是苯。

当体系中有多个剩余曲线的起点或终点，则精馏边界总是存在的，这意味着有多个可行的塔底或塔顶产物。苯 - 环己烷 - 丙酮体系的典型剩余曲线如图 11.11 所示。最重要的是精馏边界，不能被精馏跨越。剩余曲线是高沸点化合物(稳定点)和低沸点化合物(不稳定点)之间的连线时，精馏边界则是鞍点和稳定点或不稳定点之间的连接线。

表 11.4 正向、反向积分的不同步骤中液相、气相的组成及压力

ξ	x_1	x_2	x_3	y_1	y_2	y_3	P /kPa
	0.7692	0	0.2308	0.7692	0	0.2308	172
…	…	…	…	…	…	…	…
0.1	0.2775	0.239	0.4836	0.5474	0.1295	0.3231	138.89
0.08	0.272	0.2412	0.4868	0.5437	0.1313	0.325	138.29
0.06	0.2666	0.2434	0.4901	0.5399	0.1332	0.3269	137.68
0.04	0.2611	0.2456	0.4933	0.5359	0.1351	0.3289	137.05
0.02	0.2556	0.2478	0.4967	0.5319	0.1371	0.331	136.41
0	0.25	0.25	0.5	0.5278	0.1391	0.3331	135.75
-0.02	0.2444	0.2522	0.5033	0.5235	0.1412	0.3353	135.07
-0.04	0.2389	0.2544	0.5067	0.5191	0.1433	0.3375	134.38
-0.06	0.2333	0.2567	0.5101	0.5146	0.1455	0.3399	133.67
-0.08	0.2276	0.2589	0.5135	0.51	0.1477	0.3423	132.94
-0.10	0.222	0.2611	0.5169	0.5052	0.15	0.3448	132.19
…	…	…	…	…	…	…	…
…	0.00	0.00	1.0000	0.00	0.00	1.0000	72.38

如果只有奇点的沸点或蒸气压可用，则可以粗略地构建剩余曲线图。如图 11.12 和图 11.13 所示，三个三元体系由二元共沸体系苯 - 环己烷和 NMP、丙酮

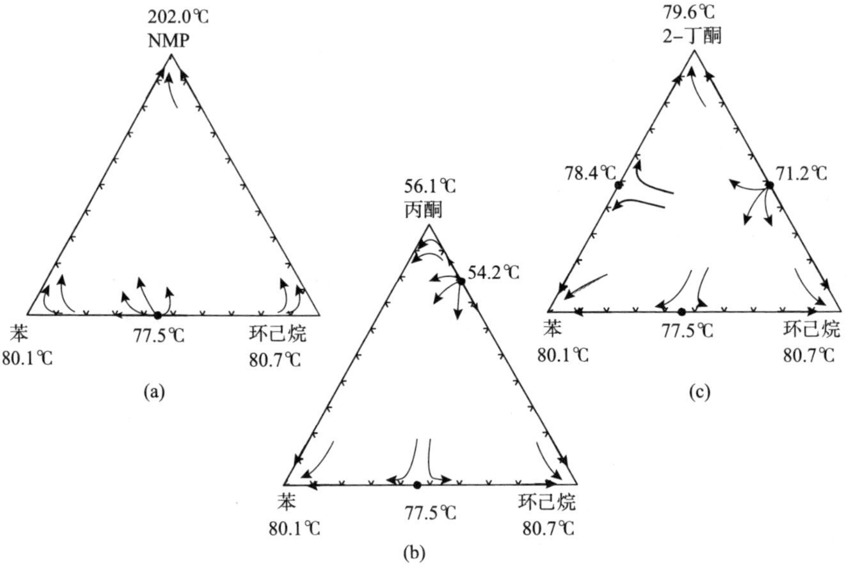

图 11.12　常压下苯和环己烷三元体系中奇点的沸点温度

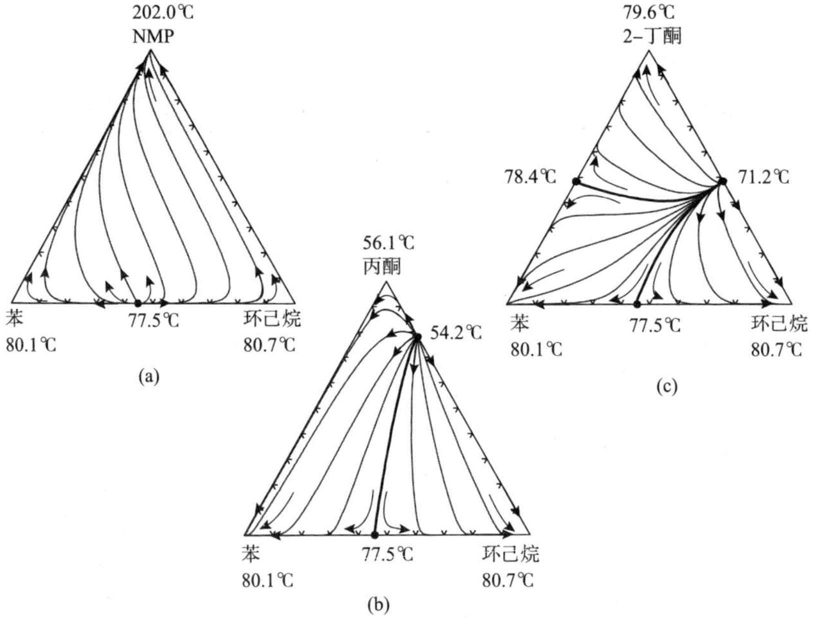

图 11.13　常压下的苯和环己烷三元体系的剩余曲线和精馏边界

和 2 - 丁酮作为第三种化合物组成。图 11.12 给出了所有奇点的沸点。在 NMP 三元体系中，苯和环己烷之间只有一个沸点为 77.5℃的二元共沸物，而在丙酮三元体系中，环己烷和丙酮之间有一个额外的共沸物(沸点为 54.2℃)。在 2 - 丁酮三元体系中，会再引入两种沸点分别为 71.2℃和 78.4℃的共沸物。通过观察奇点的沸点，可以直接画出温度的变化过程，并确定奇点的类型。对于含有 NMP 的三元体系，只有一个稳定点；对于含有丙酮的体系，有两个稳定点；对于含有 2－丁酮的体系，有三个稳定点。除鞍点外的三种情况下，只观察到一个不稳定点。由于稳定点是精馏塔的塔底产物，塔底产物必须取决于已讨论过的进料组成。如果形成多个稳定点，则存在精馏边界，这是普通精馏无法跨越的。精馏边界从鞍点到稳定点或不稳定点，因此对于丙酮体系，存在两个精馏区域；对于丁酮体系，则存在三个精馏区域(见图 11.13)。

对于丙酮－氯仿－甲醇体系，甚至有四个精馏区域。如图 11.14 所示，除 *Tx* 特性外，还显示了常压下的分离系数等于 1($\alpha_{ij}=1$)的线、稳定点和不稳定点和鞍座、剩余曲线以及精馏边界。

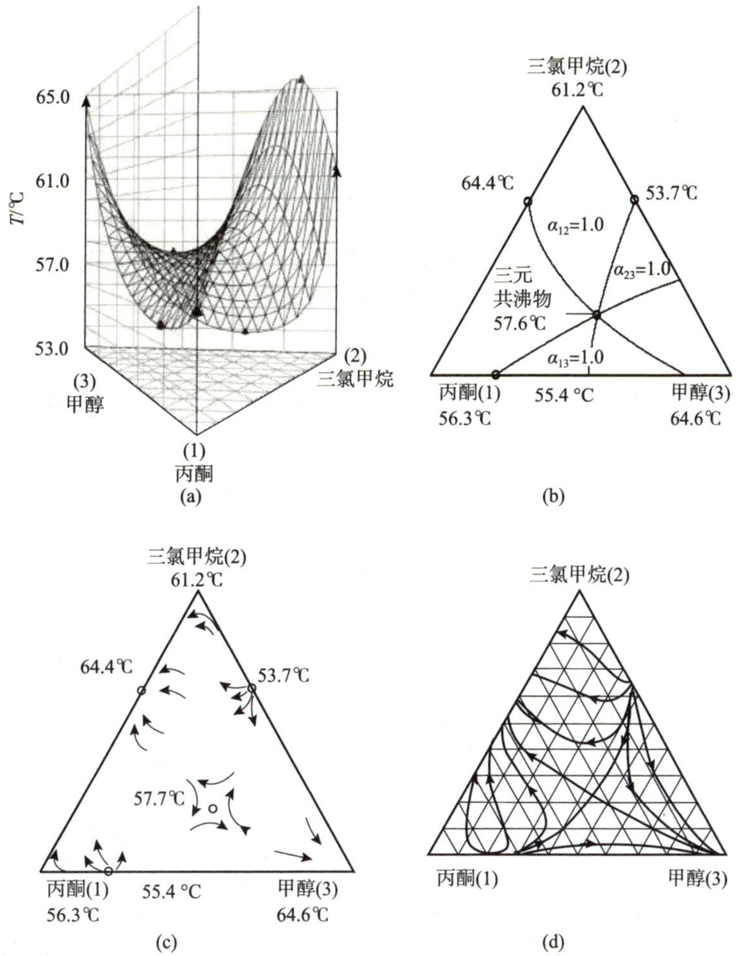

图 11.14　使用改进的 UNIFAC 模型计算得出，在大气压下三元体系丙酮－氯仿－甲醇的相平衡行为

(a)*Tx* 行为；(b)常数分离因子($\alpha_{12}=1$，$\alpha_{13}=1$，$\alpha_{23}=1$)；(c)不同的节点和鞍点；(d)剩余曲线和精馏边界

用状态方程或基团贡献状态方程代替 g^E 模型或改进的 UNIFAC 等基团贡献方法，可用于计算剩余曲线和精馏边界。在图 11.15 中，显示了 266.5K 时使用 VTPR 的二氧化碳－硫化氢－乙烷三元体系的结果。可以看到两个二元共沸物和一个精馏边界。

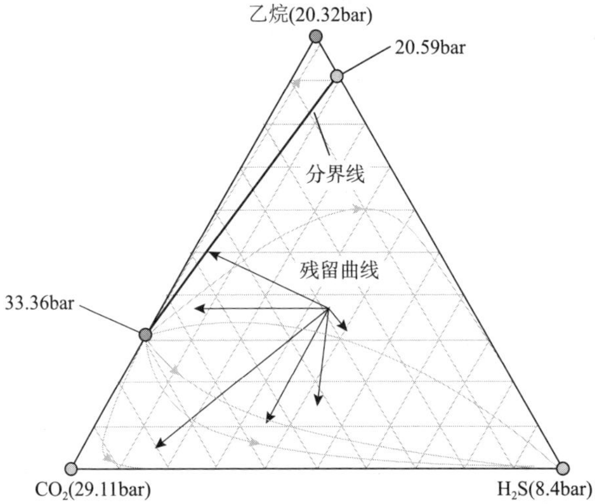

图 11.15　利用 VTPR 计算 266.5K 时二氧化碳－硫化氢－乙烷体系的剩余量和精馏边界

11.5　共沸精馏和萃取精馏夹带剂的选择

分离共沸物系可以采用不同的精馏技术。在较低或较高的压力下，共沸可能会消失，这意味着分离可以在较低或较高的压力下进行。此外，共沸组分对压力的强依赖性可以通过变压蒸馏分离共沸体系，即在两个不同压力下的塔中分离。非均相共沸体系可以在两个塔和一个倾析器的作用下分离。

此外，混合过程可以用于分离共沸系统，例如蒸馏和膜分离过程或蒸馏和吸附过程可以分离乙醇－水共沸体系。

在大多数情况下，特殊精馏适用于通过精馏分离添加合适溶剂的共沸体系，如共沸或萃取蒸馏。共沸蒸馏需要加入可以形成低共沸点的溶剂，而对于萃取蒸馏，则使用高沸点选择性溶剂，该溶剂改变待分离化合物的分离因子，使其明显不同。

分离过程和流程图如图 11.16。

虽然了解共沸点和可混溶间隙对于共沸蒸馏是至关重要的，但是对于选择用于萃取蒸馏的溶剂(夹带剂)，则需要了解夹带剂对分离因子的影响。

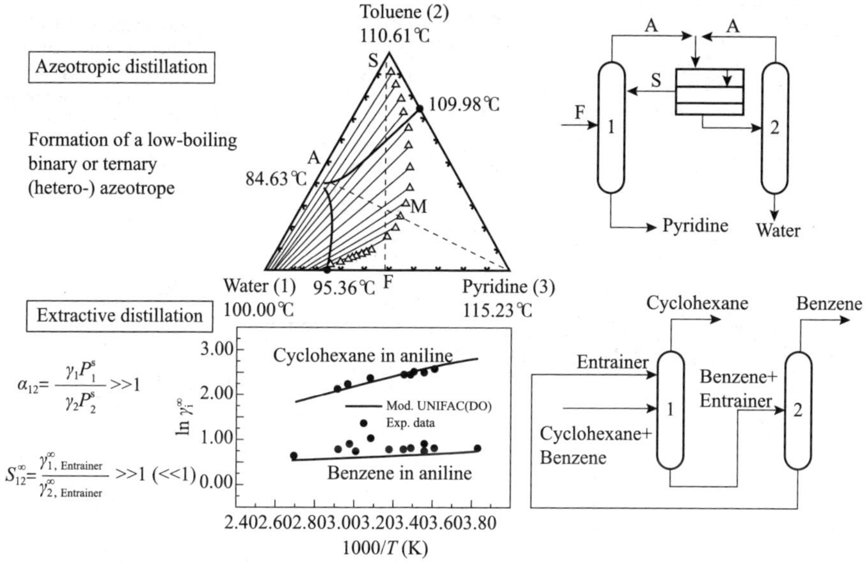

图 11.16 通过共沸(进料 F：吡啶水；溶剂：甲苯)和萃取蒸馏(进料：苯－环己烷)分离共沸体系

通过分离因子的简式(5.16)，可以直接看出高沸点夹带剂的目标：

$$\alpha_{12}=\frac{\gamma_1 P_1^s}{\gamma_2 P_2^s}$$

夹带剂应改变分离因子，使分离因子和之前不同。由于夹带剂对纯组分蒸气压没有影响，因此必须选择性地改变活度系数的比率。尽管实际在塔中使用了50%～80%的夹带剂，但在第一步中选择夹带剂时，还需评估无限稀释的选择性 S_{12}^{∞}：

$$S_{12}^{\infty}=\frac{\gamma_1^{\infty}}{\gamma_2^{\infty}}\gg 1(\ll 1) \tag{11.4}$$

这意味着需要了解无限稀释时的活度系数。无限稀释时的共沸点和活度系数可以借助预测性热力学模型(UNIFAC，修正的 UNIFAC，PSRK 和 VTPR)获得，也可以通过查询实际数据库(例如 DDB)中的数据(无限稀释时的共沸点数据和活度系数)来获得。为了寻找合适的溶剂，开发了复杂软件包[10]。流程图如图 11.17 所示。图 11.17(a)显示了应用预测热力学模型的过程。在这种情况下，可以将 DDB 数据库的 64000 个组分看作可在共沸或萃取蒸馏过程使用的溶剂。图 11.17(b)中的流程图显示了访问 DDB 数据库的过程，从热力学的角度出发，可以使用 58300 多个共沸点数据和 101800 个无限稀释的活度系数来选择最合适的溶剂。两种方法相辅相成。使用预测模型还可以为没有实验数据的体系预测所需的属性。访问实际数据库还可以查找在预测模型中无法找到的溶剂。

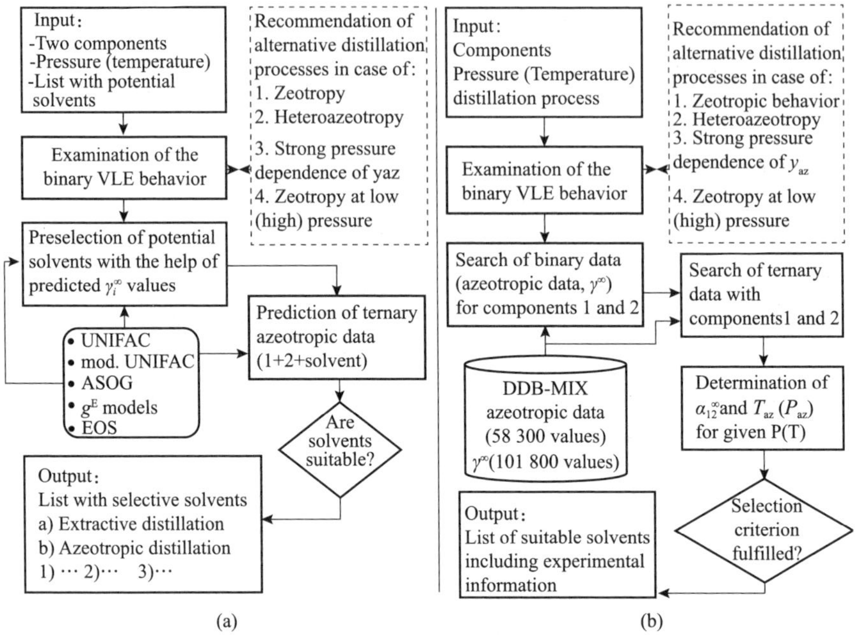

图 11.17 通过直接访问 Dortmund 数据库或应用预测方法，为共沸或萃取精馏选择合适的溶剂的流程图

运行“过程合成[7]”程序时，用户必须首先指定要分离的二元体系和需要的温度或压力。然后，程序会分析 VLE 行为，并告知用户是否可以不使用溶剂分离系统。例如，当系统显示出非共沸现象时，或者当系统形成可以通过倾析器分成两股的非均相共沸物时。该程序还将提醒用户是否可以通过变压蒸馏分离二元体系，或者在较低或较高压力下共沸现象是否会消失。如果用户决定寻找夹带剂，首先需要计算待分离组分无限稀释时的活度系数。从这些数据中，可以使用第 5.7 节中提到的标准计算二元体系的选择性以及共沸的数据。然后，程序包会分析三元体系来寻找三元共沸物，这对共沸精馏是有用的，但在萃取蒸馏的情况下应避免。最后，用户将获得一个适合共沸精馏和萃取蒸馏的溶剂列表。直接访问实际数据库的程序如图 11.17 的右侧所示。这是类似的，但这个过程中所需的数据(实验共沸数据和无限稀释时的活度系数)直接从 DDB 数据库获取。

表 11.5 给出了在常压下共沸蒸馏分离乙醇 – 水和乙酸 – 水体系的合适溶剂的结果。可以看出，在乙醇 – 水体系和乙酸 – 水体系中，用改进的 UNIFAC 法预测的非均相三元共沸物的温度和组成与 DDB 中存储的实验数据吻合良好。虽然主要选择碳氢化合物与乙醇和水形成三元均相共沸物，但水与酯、醚和酮的非均相二元共沸物适用于共沸精馏分离乙酸 – 水体系。

表 11.5 用共沸精馏分离乙醇(1) – 水(2)和水(1) – 乙酸(2)的夹带剂

夹带剂(3)	DDB			改进的 UNIFAC		
	$Y_{1,az}$	$Y_{2,az}$	T_{az}/K	$Y_{1,az}$	$Y_{2,az}$	T_{az}/K
乙醇(1) – 水(2)						
环己烷	0.312	0.164	335.25	0.293	0.160	336.3
甲基环己烷	0.423	0.236	342.80	0.422	0.213	343.7
己烷	0.168	0.210	329.15	0.243	0.121	330.2
苯	0.228	0.233	338.00	0.264	0.208	338.0
甲苯	0.432	0.326	347.55	0.456	0.286	347.3
乙酸乙酯	0.125	0.276	343.45	0.095	0.294	343.2
水(1) – 乙酸(2)						
乙酸丁酯	0.712	—	363.8	0.717	—	364.2
二丁基醚	0.768	—	367.5	0.796	—	366.9
3 – 戊酮	0.475	—	356.3	0.540	—	357.1

表 11.6 左侧是 353.15K 下 DDB 数据库中萃取精馏分离苯 – 环己烷共沸体系(选为从脂肪族化合物中分离芳香族化合物的代表体系)的夹带剂，右侧是使用改进的 UNIFAC 模型进行预测的夹带剂。在该表中，无限稀释条件下的分离因子按值排序。可以看出，无限稀释时的预测分离因子和实验分离因子非常吻合。此外，其他热力学标准对溶剂的选择也很重要。例如，萃取精馏中不希望出现混相间隙，因为它会导致塔内部分布问题。

无限稀释时的分离因子与理想状态时的偏差最大。但是在无限稀释时，所需的溶剂量也将是无限的。实际上，萃取蒸馏过程是在夹带剂含量为 50% ~80%(mol)进行的。在选择了最合适的夹带剂后，必须以最经济的方式选择其用量。例 11.5 显示了如何通过不同数量的夹带剂改变分离因子。

表 11.6 用改进的 UNIFAC 在 353K 无限稀释条件下对萃取精馏分离环己烷(1) – 苯(2)的夹带剂进行了实验和预测

DDB		改进的 UNIFAC	
夹带剂(3)	α_{12}^{∞}	夹带剂(3)	α_{12}^{∞}
环丁砜	7.5	环丁砜	8.2
BMIM BTI	7.0	*N* – 甲酰基吗啉(NFM)	7.3
N – 甲酰基吗啉(NFM)	5.8	BMIM BTI	7.0
1，2 – 乙二醇	5.8	*N* – 甲基吡咯烷酮(NMP)	4.9
N – 甲基吡咯烷酮(NMP)	4.8	二甘醇	4.6
N，*N* – 二甲基乙酰胺	4.8	苯胺	4.2
苯胺	3.8	糠醛	4.1
糠醛	3.7	二甲基甲酰胺(DMF)	3.7

例 11.5 在改进的 UNIFAC 模型帮助下，应检查在 80℃ 时存在 50%(mol)和 80%(mol)NMP(3)的情况下二元系统苯(1)和环己烷(2)的分离因子 α_{12} 是如何变化的。

解决方案：

在 Mathcad 文件 11.05 中执行解决方案。在整个组成范围内，在无溶剂的基础上，气相摩尔分数和作为液相摩尔分数函数的分离因子如图 11.18 所示。从图中可以看出，通过萃取精馏可以分离苯－环己烷共沸二元体系，因为环己烷的活度系数比苯的高；这意味着环己烷在 NMP 存在下更易挥发，并在萃取精馏塔顶部得到。分离因子和 1 的偏差在很大程度上取决于夹带剂的浓度(图 11.18)。选择性溶剂的浓度越高，分离因子 α_{12} 与 1 的偏差越大，通过萃取精馏分离共沸体系所需的塔板数越少。

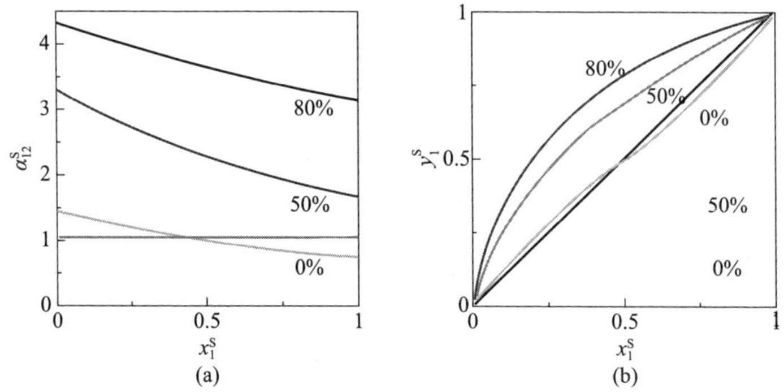

图 11.18 在 NMP(3)存在下，使用改进的 UNIFAC 在 80℃下计算苯(1)－环己烷(2)(无溶剂)体系的分离因子和 $y-x$ 行为[$x_3=0\%$(mol)；$x_3=50\%$(mol)；$x_3=80\%$(mol)]

11.6 其他分离过程中溶剂的选择

在第 11.5 节中，说明了如何借助强大的预测热力学模型或使用复杂的软件包直接访问 DDB 数据库选择合适的溶剂。对于其他分离过程也实现了选择合适溶剂的程序，例如物理吸收、萃取[11]、溶液结晶或超临界萃取。对于吸收过程，高压下使用 EOS(例如 PSS 状态方程或 VTPR 状态方程)是有利的，对超临界萃取则是必须的。对上述分离过程的无限稀释的共沸数据或活度系数，需要从 DDB 数据库得到气体溶解度数据、液－液平衡数据、分布系数、SLE 数据或具有超临界化合物的 VLE 数据。

如图 11.19 所示，为了去除天然气中的酸性气体 CO_2 和 H_2S，需要进行实验和使用基团贡献型的 PSRK 状态方程预测甲醇的亨利系数。可以看出，实验结果与预测的亨利常数有很好的一致性。此外，甲醇在甲烷中的亨利系数明显高于

CO_2和 H_2S 的亨利系数。由于溶剂的蒸气压需要很低，因此必须在低温下生产甲醇(Rectisol 过程)，以避免溶剂损失。但是从图中可以看出，即使在低温下也可以实现很高的选择性。实际上，吸收大约在 -40℃下进行。

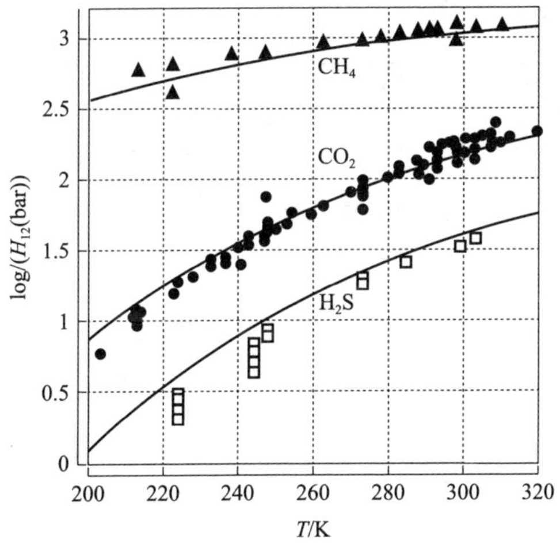

图 11.19　实验[7]和使用 PSRK 预测甲醇中甲烷、二氧化碳和硫化氢气体的亨利常数

11.7　溶剂分离工艺的选择

苯、甲苯和不同的二甲苯等芳香族化合物主要由蒸气裂解装置的氢化 C_{5+} 流股(裂解汽油)产生。除了芳香族化合物，该流股还包含不同的脂肪族化合物和环烷烃。是否可以通过萃取精馏(例如使用环丁砜作为夹带剂)将所有芳香族化合物(C_6 ~ C_{12})与其他 C_6 ~ C_{12} 化合物分离是现存的问题。简化后，假定脂肪族化合物仅由正构烷烃(正己烷 ~ 正十二烷)组成，选择的温度为 80°C。分离问题和塔配置如图 11.20 所示。

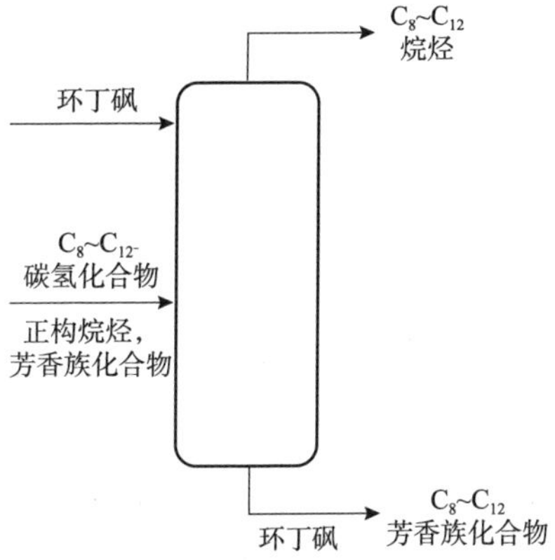

图 11.20　以环丁砜为萃取剂的萃取精馏分离脂肪族和芳烃的塔参数

最关键的分离问题是将所有烷烃从最易挥发的芳香族化合物苯中分离出来。为了能够实现如图 11.20 所示的分离，所有正构烷烃相对于苯的分离系数必须大于：

$$\alpha_{ij} = \frac{\gamma_{\text{正构烷烃}} \cdot P^{s}_{\text{正构烷烃}}}{\gamma_{\text{苯}} \cdot P^{s}_{\text{苯}}}$$

才能得到甚至是高沸点的化合物，如顺丁烷和十二烷作为顶产物(馏出物)。无限稀释下的分离因子可以从蒸气压的数据以及在无限稀释条件下预测或实验得到的活度系数得到。80℃时的蒸气压可用于计算分离系数。

80℃时的蒸气压：

苯	正己烷	庚烷	辛烷	壬烷	癸烷	十一烷	十二烷
101	142.4	57.1	23.4	9.7	4.07	1.71	0.74

使用改进的 UNIFAC，可以用 Mathcad 在 80℃下估算环丁砜无限稀释时的活度系数：

苯	正己烷	庚烷	辛烷	壬烷	癸烷	十一烷	十二烷
2.39	31.0	43.1	59.8	82.9	114	158	218

在 DDB 数据库[7]和数据汇编[4]中，可找到 80℃下环丁砜无限稀释时的活度系数：

苯	正己烷	庚烷	辛烷	壬烷	癸烷	十一烷	十二烷
2.38	35	40	66	88	112	142	182

利用这些数据，计算出无限稀释条件下正烷烃与苯之间的分离因子：

	正己烷	庚烷	辛烷	壬烷	癸烷	十一烷	十二烷
UNIFAC	18.3	10.2	5.8	3.33	1.92	1.13	0.67
实验	20.7	9.5	6.4	3.55	1.90	1.01	0.56

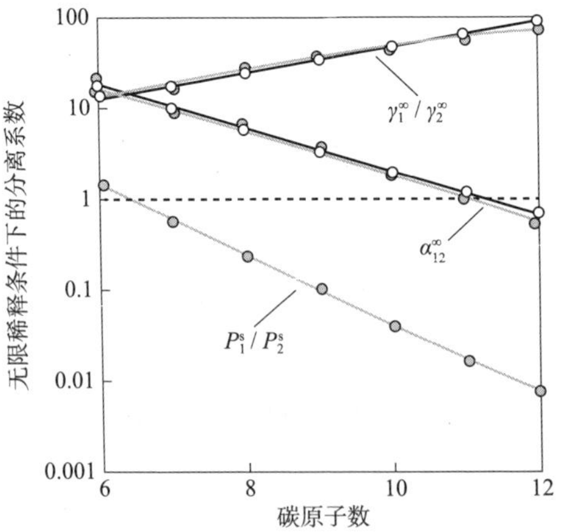

图 11.21　环丁砜(3)无限稀释条件下的蒸气压比、活度系数和分离系数的预测值和实验值之比

如图 11.21，显示了 P_1^s/P_2^s 的比率，实验和预测的 $\gamma_1^\infty/\gamma_2^\infty$ 以及无限稀释下的分离因子 α_{12}^s。从图中可以看出，预测值与实验结果非常吻合。此外，在无限稀释条件下，由于正己烷到正癸烷的分离因子显著大于 1，因此从 C_6 ~ C_{10} 脂肪族化合物中分离苯是可能的。

由于无限稀释下的分离没有实际意义，因此，应使用改进的 UNIFAC 模型计算摩尔分数为 0.8

的环丁砜的分离系数。Mathcad 文件可用于预测 80%(mol)环丁砜，10%(mol)苯和 10%(mol)烷烃的混合物中苯和正烷烃的活度系数。下表列出了使用改进的 UNIFAC 模型预测的活度系数和分离系数。

现在可以预测较小的活度系数，苯的活度系数取决于正构烷烃。可以根据活度系数和蒸气压计算分离因数。如图 11.22 是活度系数和蒸气压与分离系数 α_{12} 的比值。

	正己烷	庚烷	辛烷	壬烷	癸烷	十一烷	十二烷
$\gamma_{烷烃}$	13.07	15.38	17.91	20.65	23.58	26.69	29.96
$\gamma_{苯}$	1.72	1.68	1.64	1.60	1.57	1.54	1.51
α_{12}	10.7	5.17	2.53	1.24	0.61	0.29	0.15

从图 11.22 可以得出结论，以环丁砜为萃取剂的萃取精馏分离脂肪族化合物与芳香族化合物只适用于 $C_6 \sim C_8$ 流股。这主要是由正构烷烃的蒸气压较低造成的。这意味着萃取精馏应用于脂肪族/芳香族分离之前，必须从烃类进料中得到 $C_6 \sim C_8$ 馏分。

在萃取过程中，蒸气压力不影响分配系数。他们只取决于活度系数。似乎可以用一种萃取过程代替萃取精馏，来实现所考虑的分离。

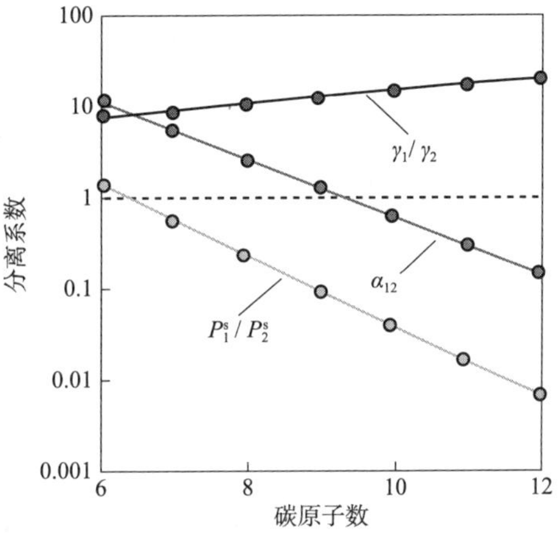

图 11.22 80℃下，摩尔分数为 $x_3=0.8$ 的环丁砜(3)的蒸气压 $P^s_{烷烃}/P^s_{苯}$、活度系数预测值与分离系数的比值

问题：

11.1 采用蒸汽裂化炉萃取精馏，使用不同的萃取剂从 C_4 馏分中分离 1, 3-丁二烯。计算 1, 3-丁二烯(1)($x_1=0.25$)和 1-丁烯 (2) ($x_2=0.25$)的分离系数，在 50℃使用改进的 UNIFAC 模型得到一个选择性萃取剂(3)：NMP、乙腈、二甲基甲酰胺(DMF) ($x_3=0.5$)。

11.2 借助 Wilson 方程，在 60℃时存在 50%(mol)和 70%(mol)NMP(3)的情况下如何改变苯(1)与环己烷(2)之间的分离系数 α_{12}。

NMP (3)在 60℃时的 Wilson 参数、摩尔体积和蒸气压力

$$\Delta\lambda_{13}=-205.34\text{K} \quad \Delta\lambda_{31}=414.16\text{K}$$

$$\Delta\lambda_{23} = 321.30\text{K} \quad \Delta\lambda_{32} = 463.34\text{K}$$

$$\nu_3 = 96.44\text{cm}^3/\text{mol} \quad P_3^s = 0.47\text{kPa}$$

额外需要的 Wilson 参数和纯组分属性分别在表 5.10 和附录 A 中出。

11.3　计算 50℃ 时丙酮浓度为 $x_1 = 0.95$ 的丙酮(1)－水(2)体系的分离系数和在 1atm 下使用 NRTL 方程假设的理想气相行为。NRTL 模型计算的二元参数见表 5.9。所有其他属性在附录 A 中给出。

11.4　在免费的 DDBSP 浏览器版本中，搜索苯－水系统的所有混合物数据。由于液相中的混相性非常有限，该体系表现出非共沸现象。利用附录 A 中给出的蒸气压关联式估计共沸组分，并将结果与实验数据进行比较。

参考文献

1 Gmehling, J., Onken, U. et al. (starting in 1977). *Vapor－Liquid Equilibrium Data Collection*, DECHEMA Chemistry Data Series, 37 parts, vol. Ⅰ. Frankfurt: DECHEMA.

2 Sørensen, J. M., Arlt, W., Macedo, E., and Rasmussen, P. (starting in 1979). *Liquid－Liquid Equilibrium Data Collection*, DECHEMA Chemistry Data Series, 4 parts. Frankfurt: DECHEMA.

3 Gmehling, J., Holderbaum, T., Christensen, C. et al. (starting in 1984). *Heats of Mixing Data Collection*, DECHEMA Chemistry Data Series, 4 parts, vol. Ⅲ. Frankfurt: DECHEMA.

4 Gmehling, J., Menke, J. et al. (starting in 1986). *Activity Coefficients at Infinite Dilution*, DECHEMA Chemistry Data Series, 6 parts, vol. Ⅸ. Frankfurt: DECHEMA.

5 Gmehling, J., Menke, J., Krafczyk, J., and Fischer, K. (2004). *Azeotropic Data*, 3 parts. Weinheim: Wiley－VCH.

6 Grensemann, H. and Gmehling, J. (2005). Ind. Eng. Chem. Res. 44: 1610－1624.

7 Dortmund Data Bank www.ddbst.com.

8 Baerns, M., Behr, A., Brehm, A. et al. (2006). Technische Chemie. Weinheim: Wiley－VCH.

9 Bergmann, D. L. and Eckert, C. A. (1991). *Fluid Phase Equilib.* 63: 141－150.

10 Gmehling, J. and Möllmann, C. (1998). *Ind. Eng. Chem. Res.* 37: 3112－3123.

11 Gmehling, J. and Schedemann, A. (2014). *Ind. Eng. Chem. Res.* 53: 17794－17805.

12 反应焓和化学平衡

12.1 引言

最大转化率和反应焓是化学反应器设计的前提，而反应速率是温度、压力和组分等特定变量的函数。

例如，当二氧化硫可逆放热氧化为三氧化硫时：

$$SO_2 + \frac{1}{2}O_2 \rightleftharpoons SO_3$$

动力学测量表明，即使在催化剂存在的情况下，反应也需要高于300℃才能开始。随着温度的进一步升高，反应速率呈指数增长。从动力学角度看，实现化学反应应选择较高的温度。然而，在可逆的放热反应中，温度升高导致最大转化率降低。为了优化反应步骤，除了反应速率外，还必须知道最大转化率和反应焓随温度和压力的变化。为了确定最大转化率和反应焓随温度和压力的变化，可以应用热力学。利用热力学，可以从表格数据开始计算最大转化率和反应焓，而无须费时的实验测量。

有时这些结果已经可以决定一个计划的化学过程的实现是否具有经济合理性。例如，在过程开发过程中，如果从经济角度来看，所需的最小转化率为35%，但理论上只能达到10%的转化率，则可以决定是停止计划项目还是采用替代方案。在另一种工艺中，反应可以直接与分离步骤相结合以提高化学转化率，如反应精馏、膜反应器等。

12.2 反应焓

反应焓的值和符号(放热和吸热)取决于温度和压力。对于所有可能的化学反应，不可能用温度和压力的函数来表示所有化学反的反应焓。然而，如果考虑到反应物和生成物处于标准状态，则这种影响可以大大减少。通常选择纯组分25℃和1atm(101.325kPa)下的状态(液体、固体和假设的理想气体)的作为标准状态。在过程模拟时，通常使用假设的理想气体状态。

但在固定的标准状态下，可能仍存在很多标准反应焓。由于焓是状态函数，这意味着该值不依赖于反应路径，因此可以使用 Hess 定律计算反应的焓。通过将各个反应步骤加起来而获得的整个反应的焓变是与每个化学反应相关的焓变的总和。因此，可以通过其他反应的线性组合来推导一个化学反应，例如由所涉及的化合物形成的标准反应的线性组合得到。标准生成反应被定义为一种反应，在标准状态条件下(25℃，1atm)给定聚合状态从稳定形式的元素中生成 1mol 化合物，例如：

$$C(S)+O_2(G)\longrightarrow CO_2(G)\quad \Delta h_R^0=\Delta h_f^0=-393.50\text{kl/mol} \tag{12.1}$$

$$H_2(G)+\frac{1}{2}O_2(G)\longrightarrow HO_2(L)\quad \Delta h_R^0=\Delta h_f^0=-286.04\text{kl/mol} \tag{12.2}$$

$$H_2(G)+\frac{1}{2}O_2(G)\longrightarrow HO_2(G)\quad \Delta h_R^0=\Delta h_f^0=-241.82\text{kl/mol} \tag{12.3}$$

$$H_2(G)\longrightarrow H_2(G)$$

$$\Delta h_R^0=\Delta h_f^0=0\text{kJ/mol} \tag{12.4}$$

根据定义，在标准条件下形成元素的稳定状态标准焓的值定义为 0。这意味着，生成反应的标准反应焓 Δh_R^0 与标准生成焓 Δh_f^0 相同。从以上定义可以很容易地理解，稳定状态下的元素形成的焓不仅在标准温度 25℃时为 0，在其他温度下也为 0。

只有少数的标准生成焓能通过实验确定，例如，二氧化碳和水。其他化合物的值可以借助 Hess 定律从测定的各种反应的焓值中得到，例如，燃烧、氢化等。

利用所涉及化合物生成的标准焓值，可以确定每种反应的标准焓值：

$$\Delta h_R^0=\sum \nu_i \Delta h_{f,i}^0 \tag{12.5}$$

其中 v_i 为化学计量数(规定产物为正，反应物为负)，如下所示，由甲醇和一氧化碳生成乙酸：

$$CH_3OH(L)\longrightarrow C(S)+2H_2(G)+1/2O_2(G)\qquad -\Delta h^0_{f,CH_3OH(L)}$$

$$CO(G)\longrightarrow C(S)+1/2O_2(G)\qquad -\Delta h^0_{f,CO(G)}$$

$$2C(S)+2H_2(G)+O_2(G)\longrightarrow CH_3OOH(L)\qquad \Delta h^0_{f,CH_3OOH(L)}$$

$$CH_3OH(L)+CO(G)\longrightarrow CH_3OOH(L)\qquad \Delta h_R^0$$

已经确定了大量化合物在 25℃下的标准生成焓，可以在实际数据库和数据汇编中查找它们，例如[1－3]。

对于选定的化合物，附录 A 中给出了 25℃时理想气体状态下的值。如果这些值不可用，则可以借助基团贡献法预测理想气体状态下的近似值(请参阅第 3.2.5 节)。使用理想气体状态下的值很方便，因为它们表示独立分子的值。

12.2.1 温度依赖性

通常化学反应不是在标准温度和压力下进行的。在大多数情况下，只考虑温度对反应焓的影响。但是对于高压下的气相反应，压力对反应焓的影响是不可忽视的(见例12.2)。

为了计算不同于25℃(298.15K)下的标准反应焓，可采用基尔霍夫定律：

$$\Delta h_R^0(T) = \Delta h_R^0(T_0)\int_{T_0}^{T}\sum \nu_i c_{P_i}^0 dT \tag{12.6}$$

上式说明，当已知化合物的标准状态(液体、固体和假设的理想气体)的比热容 c_P^o 时，可以计算出另一温度下的标准反应焓。比热容和温度的关系可以通过下式表示：

$$c_P^0 = a + bT + CT^2 + dT^3 \tag{12.7}$$

在使用式(12.6)计算不同于298.15K下的标准反应焓时，需要所有反应物和生成物的比热容乘以化学计量数的总和。可以使用参数 a、b、c、和 d 计算单个化合物的值：

$$\Delta a = \sum_i \nu_i a_i ; \Delta b = \sum_i \nu_i b_i ; \Delta c = \sum_i \nu_i c_i ; \Delta d = \sum_i \nu_i d_i \tag{12.8}$$

根据获得的 Δa、Δb、Δc 和 Δd 的值，可以计算出其他温度下的标准反应焓：

$$\Delta h_R^0(T) = \Delta h_R^0(T_0) + \Delta a(T - T_0) + \frac{\Delta b}{2}(T^2 - T_0^{\ 2}) + \frac{\Delta c}{3}(T^3 - T_0^{\ 3}) + \frac{\Delta d}{4}(T^4 - T_0^{\ 4}) \tag{12.9}$$

只需要计算多项式[式(12.7)]的参数。另一种方法已在第6章中说明。

例12.1 根据附录G中给出的标准热力学性质和热容量，计算在450℃的理想气体状态下氨合成的反应焓：

$$1/2N_2 + 3/2H_2 \rightleftharpoons NH_3$$

解决方案：

在25℃时，根据表中的标准生成焓 Δh_f^0 计算标准反应焓(式12.5)：

$$\Delta h_R^0 = \sum \nu_i \Delta h_{f,i}^0 = -14.773 - 1/2 \cdot 0 - 3/2 \cdot 0 = -45.773 \text{kJ/mol}$$

对于每个参数，使用等式(12.8)获得以下 Δ 值：

$$\Delta a = 27.296 - \frac{1}{2}\cdot 31.128 - \frac{3}{2}\cdot 27.124 = -28.954 \text{J/(mol}\cdot\text{k)}$$

$$\Delta b = \left[23.815 - \frac{1}{2}\cdot(-13.556) - \frac{3}{2}\cdot 9.267\right]10^{-3} = 16.692\cdot 10^{-3}\text{J/(mol}\cdot\text{K}^2)$$

$$\Delta c = \left[17.062 - \frac{1}{2}\cdot(26.777) - \frac{3}{2}\cdot(-13.799)\right]10^{-6} = 24.372\cdot 10^{-6}\text{J/(mol}\cdot\text{K}^3)$$

$$\Delta d = \left[-11.84 - \frac{1}{2}\cdot(-11.673) - \frac{3}{2}\cdot 7.64\right]10^{-9} = -17.464\cdot 10^{-9}\text{J/(mol}\cdot\text{K}^4)$$

可以用这些值确定在任何温度下的标准反应焓。因此，根据式(12.9)，可以得出450℃下的标准反应焓，式子如下：

$$\Delta h_R^0(723.15\text{K}) = -45773 - 28.954\cdot(723.15 - 298.15) + \frac{16.692}{2}10^{-3}(723.15^2 - 298.15^2) + \frac{24.372}{3}\cdot 10^{-6}(723.15^3 - 298.15^3) - \frac{17.464}{4}\cdot 10^{-9}(723.15^4 - 298.15^4)$$

$$\Delta h_R^0(723.15\text{K}) = -52758\text{J/mol}$$

12.2.2 考虑真实气体对反应焓的影响

除温度外，压力对反应焓的值也有很大影响。虽然在液相反应的情况下这种影响可以忽略不计，但是对于在高压下的气相反应却有影响。可以借助状态方程直接考虑与理想气体的偏差，该方程在2.5节中使用剩余焓$(h-h^{id})_{T,P}$（请参见表2.2）引入，其描述了真实状态与给定温度和压力下的理想气体状态的焓差。如果已知在理想温度下理想气体状态下的标准反应焓，则使用反应物和产物的剩余焓，可以计算出在给定温度和压力下真实状态下的反应焓。可以从图12.1所示的热力学循环中得出给定压力和温度下反应焓的计算表达式：

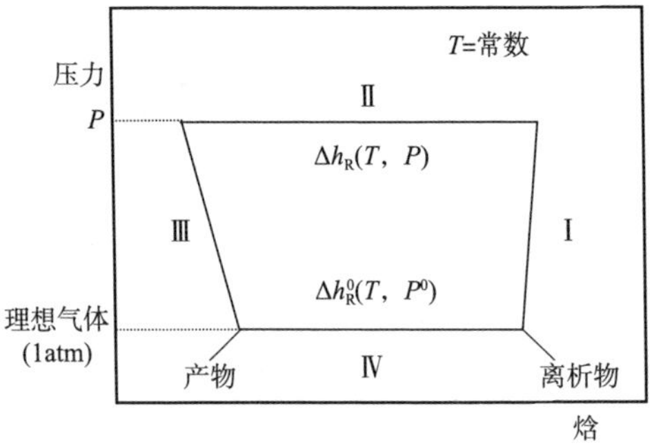

图12.1 从理想气体状态下的反应焓，在温度为 T 时的放热反应的焓，计算所选择的压强为 P，温度为 T 时的反应焓

$$\Delta h_R(T,\ P) = \Delta h_R^0(T,\ P^0) + \sum \nu_i(h - h^{id})_{T,P,i} \tag{12.10}$$

在合成氨过程中，由于引力占主导，所以氨的焓降低，而对于高度超临界化的化合物N_2和H_2，该力主要具有排斥性。

这意味着，为了计算压力对反应焓的影响，只需用适当的状态方程计算所涉及化合物的剩余焓。

例12.2 利用例12.1中理想气体状态下计算的450℃和600atm下氨合成的标准反应焓值计算反应焓。在计算剩余焓时，应采用VTPR状态的基团贡献方程。所需的VTPR参数见附录K。

解决方案：

利用 Mathcad 文件 12.02，在 600atm 下得到以下剩余焓值：

化合物	$(h-h^{id})_{450℃,600atm}/(J/mol)$
N_2	815
H_2	1152
NH_3	-4896

根据这些值，可以得到 600atm 下的反应焓：

$$\Delta h_R(450℃,\ 600atm) = -52758 - 0.5\cdot815 - 1.5\cdot1152 - 4896 = -59790 J/mol$$

从结果可以看出，压力对反应焓有很大的影响。尽管在理想气体状下态计算了 $\Delta h_R = -52758 J/mol$，但在 600atm 时获得了更高的放热 -59790J/mol，这与 Ullmann[5] 中使用的 Gillespie 和 Beatty[4] 方程获得的 59650J/mol 非常吻合。该值比理想气体状态下的标准热力学性质高 10% 以上，在氨厂反应器或换热器的设计中必须考虑到这一点。当然，在高压下进行的其他气相反应也是如此。当压力达到 800atm 时，氨合成反应的计算焓值与 Gillespie 相关值和使用参考状态方程计算的值进行比较，如图 12.2 所示。

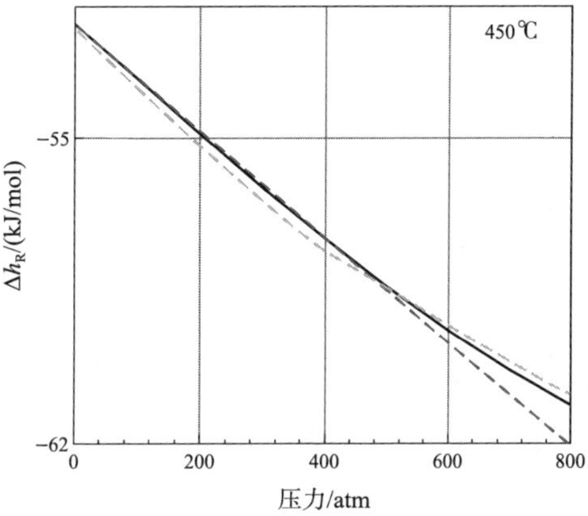

图 12.2　450℃下氨合成反应的焓随压力的变化

┈┈ VTPR；－－－－－ Gillespie；—— 参考状态方程

12.3　化学平衡

除了确定反应焓是温度和压力的函数外，热力学还能计算给定条件(温度、压力和初始组成)下单个或复杂可逆反应的平衡转化率。

在恒定的温度和压力下，当 Gibbs 能达到最小值时就达到了化学平衡。描述 Gibbs 能随温度、压力和组分的变化，可以应用以下基本方程：

$$dG = -SdT + VdP + \sum \mu_i dn_i \tag{12.11}$$

μ_i 是组分 i 的化学势，n_i 是组分 i 的摩尔数。

$$dG = \sum \mu_i dn_i \tag{12.12}$$

例如，当考虑以下反应时

$$A+B \rightleftharpoons 2C$$

上式反应的摩尔数的变化是

$$-\mathrm{d}n_{\mathrm{A}} = -\mathrm{d}n_{\mathrm{B}} = \frac{1}{2}\mathrm{d}n_{\mathrm{C}} \tag{12.13}$$

这意味着式(12.12)可以按照如下方式重新排列：

$$\mathrm{d}G = (-\mu_{\mathrm{A}} - \mu_{\mathrm{B}} + 2\mu_{\mathrm{C}})\mathrm{d}n_{\mathrm{A}} \tag{12.14}$$

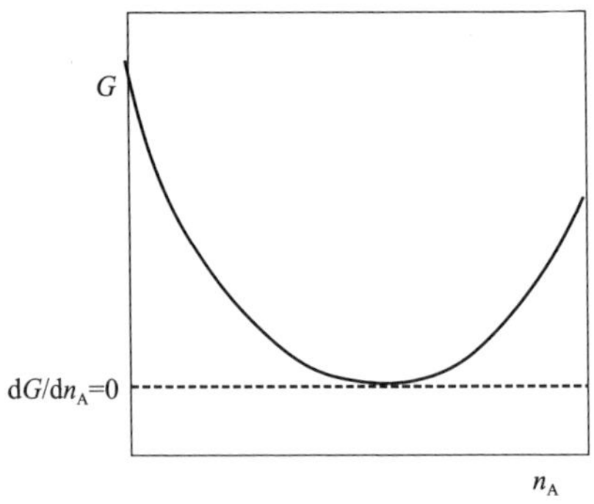

图 12.3　反应混合物的 Gibbs 能的典型曲线

由式(12.12)可知，摩尔 Gibbs 能的值随着反应混合物的组成而变化。在化学平衡时，摩尔 Gibbs 能最小，如图 12.3 所示，其中 Gibbs 能随摩尔数的变化为零：

$$\frac{\mathrm{d}G}{\mathrm{d}n_{\mathrm{A}}} = 2\mu_{\mathrm{C}} - \mu_{\mathrm{A}} - \mu_{\mathrm{B}} = 0$$

$$\sum_i \nu_i \mu_i = 0 \tag{12.15}$$

组分 i 的化学势 μ_i 可以通过标准状态下的化学势 μ_i^0、真实状态下的逸度 f_i 和标准状态下的逸度 f_i^0 描述：

$$\mu_i = \mu_i^0 + RT\ln\frac{f_i}{f_i^0} \tag{12.16}$$

联立式(12.15)和式(12.16)可得

$$\sum_i \nu_i \mu_i^0 = -RT\ln\left(\frac{f_i}{f_i^0}\right)^{v_i} \tag{12.17}$$

标准状态 μ_i^0 的化学势与摩尔 Gibbs 能 $\Delta g_{\mathrm{f},i}^0$ 相同。因此，式(12.17)左侧的部分与反应的标准 Gibbs 能 Δg_{R}^0 相同，公式如下：

$$K = \prod\left(\frac{f_i}{f_i^0}\right)^{v_1} \tag{12.18}$$

K 称为化学平衡常数，可由标准的 Gibbs 反应能得到：

$$\Delta g_{\mathrm{R}}^0 = \sum_i \nu_i \Delta g_{\mathrm{f},i}^0 = -RT\ln\left(\frac{f_i}{f_i^0}\right)^{v_i} = -RT\ln K \tag{12.19}$$

反应方程式

$$\mathrm{A}+\mathrm{B} \rightleftharpoons 2\mathrm{C}$$

得到下列平衡常数：

$$\Delta g_{\mathrm{R}}^0 = 2\Delta g_{\mathrm{f,C}}^0 - \Delta g_{\mathrm{f,A}}^0 - \Delta g_{\mathrm{f,B}}^0 = -RT\ln K = -RT\ln\frac{\left(\dfrac{f_{\mathrm{C}}}{f_{\mathrm{C}}^0}\right)^2}{\dfrac{f_{\mathrm{A}}f_{\mathrm{B}}}{f_{\mathrm{A}}^0 f_{\mathrm{B}}^0}} \tag{12.20}$$

这意味着可以直接从列表中的标准 Gibbs 生成能计算出 25℃时的平衡常数。大多数化合物可以在数据库或针对不同聚集状态(液体，固体和假设的理想气体状态)的数据汇编中找到在 25℃和 1atm 所需的标准 Gibbs 生成能[3]。在各种过程模拟器中，通常使用假设的理想气体状态的值。

在不同状态(固体、液体和假设的理想气体)下，25℃时 Gibbs 生成能的差异仅是由标准状态下的不同逸度引起的。这些值可以直接转换。纯液体和固体的标准逸度分别与 25℃时的升华压力近似对应。假设理想气体的标准逸度为 1atm。因此，液体和假设的理想气体状态之间的标准 Gibbs 生成能差约为 $RT\ \ln(P_i^s(25℃)/1\text{atm})$。元素以稳定状态形成的标准 Gibbs 能定义为 0。

如果找不到给定化合物的标准 Gibbs 能，则可以利用基团贡献法来估计理想气体状态的值(见 3.2.5 节)。

借助于表中 25℃时的标准 Gibbs 生成能，只能确定 25℃时的平衡常数。然而，在大多数情况下，平衡不需要在 25℃的温度下进行。对于计算不同于 25℃时的平衡常数，可以应用 van't Hoff 方程：

$$\frac{\mathrm{d}\ln K}{\mathrm{d}T}=\frac{\Delta h_{\mathrm{R}}^{0}}{RT^{2}} \tag{12.21}$$

如果标准反应焓 $\Delta h_{\mathrm{R}}^{0}$ 在所包括的温度范围内被视为常数，则可根据式(12.21)直接积分获得所需温度 T 下的平衡常数：

$$\ln K(T)=\ln K(T_0)-\frac{\Delta h_{\mathrm{R}}^{0}}{R}\left(\frac{1}{T}-\frac{1}{T_0}\right) \tag{12.22}$$

如果标准反应焓 $\Delta h_{\mathrm{R}}^{0}$在所包括的温度范围内不是恒定的，考虑到所涉及化合物的温度和热容的关系，使用基尔霍夫定律[式(12.6)]。积分后，得到下式，以计算所需温度下的平衡常数：

$$\begin{aligned}\ln K_T=&\ln K_{T_0}+\frac{\Delta a}{R}\ln\frac{T}{T_0}+\frac{\Delta b}{2R}(T-T_0)+\frac{\Delta c}{6R}(T^2-T_0{}^2)+\frac{\Delta d}{12R}(T^3-T_0{}^3)\\&+\frac{1}{R}\left(-\Delta h_{\mathrm{R}T_0}+\Delta aT_0+\frac{\Delta b}{2}T_0{}^2+\frac{\Delta c}{3}T_0{}^3+\frac{\Delta d}{4}T_0{}^4\right)\left(\frac{1}{T}-\frac{1}{T_0}\right)\end{aligned} \tag{12.23}$$

由于理想气体的比热容通常比液体或固体的比热容易得到，即使对于液相中的反应，用理想气体的比热容来测定平衡常数也往往是有利的。如果使用标准逸度 f_i^0(1atm 而不是 $\approx P_i^s$)的正确值来计算平衡转换不影响结果。

在放热反应(标准反应焓为负)的情况下，平衡常数将随温度升高而降低。这意味着最大转化率也将降低，例如在生成 SO_3和 NH_3的情况下。吸热反应则相反，例如，在通过汽化重整过程生产合成气(CO 和 H_2)时。定性地说，这种行为如图 12.4 所示。对于吸热反应，必须实现高温(参见例 12.6 和例 12.8)以获得高转化率。对于放热反应，需要低温，尽管在低温下反应速度慢。

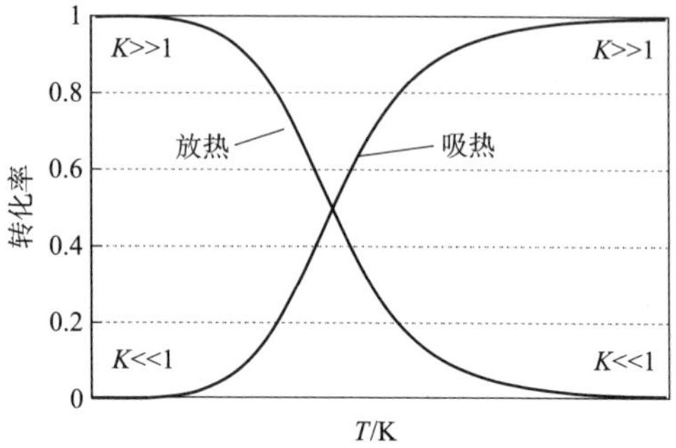

图 12.4　可逆放热和吸热反应的平衡转换 X 的定性趋势

例 12.3　借助附录 A 和[2]中给出的标准热力学性质，确定在 450℃ 下氨合成的平衡常数，并假设气相是理想气，在 600atm 下确定平衡转化率。氮与氢的摩尔比应为 1∶3：

a. 在计算时，应假定在温度范围内反应的标准焓是恒定的。

b. 考虑标准反应焓和温度的关系。

解决方案：

a 使用在理想气体状态($f_i^0 = 1\text{atm}$)，温度为 25℃ 时的标准 Gibbs 生成能和标准 Gibbs 反应能，可以得出：

$$\Delta g_R^0 = \sum_i \nu_i \Delta g_{f,i}^0 = -16.150 - 1/2(0) - 3/2(0) = -16.150\text{kJ/mol}$$

使用该值作为标准的 Gibbs 反应能，可以直接计算出 25℃ 时的化学平衡常数 K：

$$K = \exp -\frac{\Delta g_R^0}{RT} = \exp\left(\frac{16150}{8.31433 \cdot 298.15}\right) = 675.15$$

如果在所考虑的温度范围内，标准反应焓是恒定的，则式(12.22)可直接用于计算某一温度下的平衡常数。因此，在温度为 450℃(723.15K)的情况下，可得(例 12.1 中的 Δh_R^0)

$$\ln K(723.15\text{K}) = \ln 675.15 + \frac{45773}{8.31433}\left(\frac{1}{723.15} - \frac{1}{298.15}\right) = -4.337$$

$$K(723.15\text{K}) = 0.01308$$

借助平衡常数，可以测定所涉及化合物的分压或气相摩尔分数。假设气体为理想气体，由式(12.19)可得如下方程：

$$K = \frac{p_{NH_3}}{p_{N_2}^{0.5} p_{H_2}^{1.5}}\left(\frac{1}{1\text{atm}}\right)^{-1} = \frac{y_{NH_3}}{y_{N_2}^{0.5} y_{H_2}^{1.5} P}\left(\frac{1}{1\text{atm}}\right)^{-1}$$

平衡转换率可以由物质平衡来决定。平衡转换率是指初始摩尔数所达到的最大转换率 X_{max}，可以达到开始时摩尔数。

根据定义，转换率 X_i 如下式

$$X_i \equiv \frac{n_{i0} - n_{ie}}{n_{i0}}$$

n_{i0}是组分 i 的初始摩尔数；

n_{ie}是化学平衡中组分 i 的摩尔数。

对于与氮有关的转化，其他组分的摩尔数可以表示为：

$$n_{N_2} = n_{N_{20}}(1 - X_{N_2})$$
$$n_{H_2} = 3n_{N_{20}}(1 - X_{N_2})$$
$$n_{NH_3} = 2n_{N_{20}} \cdot X_{N_2}$$

总的摩尔数 $n_T = \sum_i n_i$ 是

$$n_T = n_{N_{20}}(4 - 2X_{N_2})$$

这意味着所有的摩尔分数 $y_i = n_i/n_T$ 可以由氮的初始摩尔数和转化率 X_{N_2} 表示。因此，平衡常数结果为：

$$K = \frac{2X_{N_2}(4 - 2X_{N_2})}{(1 - X_{N_2})^{0.5} 3^{1.5} (1 - X_{N_2})^{1.5} P} = \frac{2X_{N_2}(4 - 2X_{N_2})}{3^{1.5}(1 - X_{N_2})^2 P}$$

引入辅助量 K'：

$$K' = \frac{3^{1.5} PK}{4}$$

可以使用以下关系式对每个温度和压力确定转换率 X_{N_2}：

$$X_{N_2} = 1 - \frac{1}{\sqrt{1 + K'}}$$

在 450℃($K = 0.01308$)的温度和 600atm 的压力下，获得以下转换：

$$K' = \frac{3^{1.5} \cdot 600 \cdot 0.01308}{4} = 10.195$$

$$X_{N_2} = 1 - \sqrt{1 + 10.195} = 0.7011$$

通过换算，可以计算出平衡组分。对于氮，我们得到：

$$y_{N_2} = \frac{n_{N_2}}{n_T} = \frac{1 - X_{N_2}}{4 - 2X_{N_2}} = \frac{1 - 0.7011}{4 - 2 \cdot 0.7011} = 0.1151$$

对于其他摩尔分数，确定如下值：

$$y_{H_2} = 3y_{N_2} = 0.3452$$
$$y_{NH_3} = 1 - 4y_{N_2} = 0.5397$$

用同样的方法，可以计算出在其他温度和压力下的转化率。表 12.1 列出了在 25℃和 450℃以及不同压力下的结果。

从表 12.1 可以看出，低温和高压对于合成氨是有利的。尽管如此，化学工业仍使用约 450℃的温度。原因是尽管改进了催化剂，但在低温下反应速度仍然太慢，因此在有限的停留时间内转化率远低于平衡转化率。仅在较高温度下，反应速率才达到实现接近化学平衡的转化。对于放热反应，定性显示在图 12.5 中。

b. 为了获得更可靠的结果，必须考虑标准反应焓 Δh_R^0 的温度依赖性。因此，必须将反应中涉及的组分的热容量作为附加信息考虑在内。

表 12.1　理想气相条件下不同条件下 NH_3 合成的平衡、转化率和组成

θ/℃	P/atm	X_{N_2}	y_{N_2}	y_{N_2}	y_{NH_3}
25	1	0.9663	0.0163	0.0490	0.9347
25	100	0.9966	0.0017	0.0050	0.9933
450	100	0.3913	0.1892	0.5676	0.2432
450	600	0.7011	0.1151	0.3452	0.5397

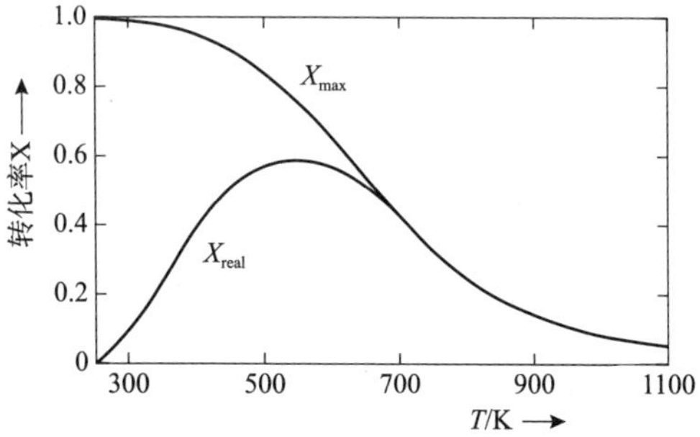

图 12.5　平衡转化率(X_{max})和有限停留时间的转换率(X_{real})

如例 12.1 所示，反应焓的绝对值随温度升高而增加。因此，与在 25℃下具有恒定标准反应焓的计算相比，更精确的计算将产生更小的平衡常数和更小的转化率。因此，根据等式(12.23)，从例 12.1 取系数 Δa、Δb、Δc 和 Δd，在 450℃的温度下可获得以下平衡常数：

$$\ln\frac{K(723.15\text{K})}{K(298.15\text{K})} = -3.482\ln\frac{723.15}{298.15} + 1.0038\cdot 10^{-3}(723.15-298.15)$$
$$+4.8855\cdot 10^{-7}(723.15^2-298.15^2)$$
$$-1.7504\cdot 10^{-10}(723.15^3-298.15^3)$$
$$+\frac{1}{8.31433}(45773-28.954\cdot 298.15+8.346\cdot 10^{-3}\cdot 298.15^2$$
$$+8.124\cdot 10^{-6}\cdot 298.15^3-4.366\cdot 10^{-9}\cdot 298.15^4)$$
$$\cdot\left(\frac{1}{723.15}-\frac{1}{298.15}\right)$$

$$\ln \frac{K(723.15\text{K})}{K(298.15\text{K})} = -11.5321$$

$$K(723.15\text{K}) = 6.62 \cdot 10^{-3}$$

继续假设为理想的气相行为，则在600atm下化学平衡，得到以下氮气转化率X_{N_2}和摩尔分数：

$$X_{N_2} = 0.5971$$

$$y_{N_2} = 0.1436$$

$$y_{H_2} = 0.4308$$

$$y_{NH_3} = 0.4256$$

从结果可以看出，简化的计算得出了截然不同的结果。尽管不太精确的计算提供了0.7011的转化率，但考虑到标准反应焓的温度依赖性，获得的转化率为0.5971。

通过上述方法计算得出的大温度和大压力范围的转换结果也显示在图12.6中。然而，即使正确地考虑了平衡常数的温度依赖性，但假设理想的气体行为（$K_\varphi = 1$），仍可能在高压下导致较大误差，如图12.6是计算与实验结果的比较。

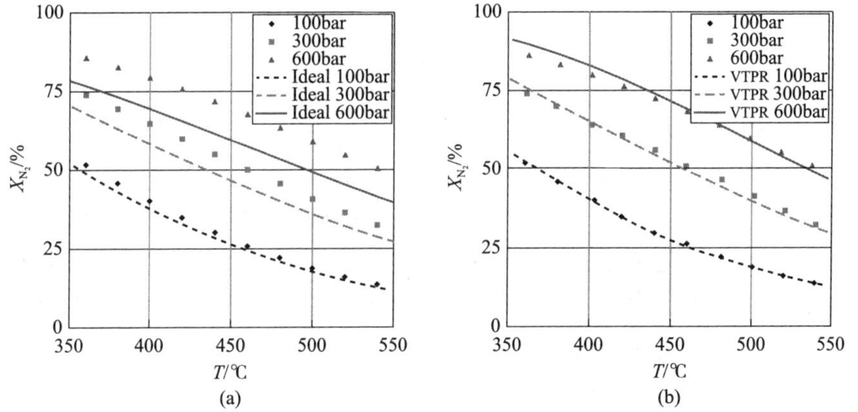

图12.6 假设理想状态(a)和实际状态(b)时，作为氨合成压力和温度函数的实验和计算的平衡转换

在低压下，假设理想气体行为的计算与考虑理想气体行为偏差之间的差异可以忽略不计。为了考虑实际行为，一个可靠的代表的PvT行为的反应物是必需的。

根据定义，气相中的逸度（见第3章）可以借助逸度系数来描述

$$f_i = p_i \varphi_i = y_i \varphi_i P \tag{12.24}$$

利用该关系式，可以用下列形式写出平衡常数K（标准逸度$f_i^0 = 1\text{atm}$）

$$K = K_P K_\varphi \left(\frac{1}{1\,\text{atm}}\right)^{\Sigma v_i} = \prod p_i^{\ v_i} \prod \varphi_i^{\ v_i} \left(\frac{1}{1\,\text{atm}}\right)^{\Sigma v_i} \tag{12.25}$$

式(12.25)也可写成如下形式：

$$K = K_P K_\varphi \left(\frac{P}{1\,\text{atm}}\right)^{\Sigma v_i} = \prod y_i^{\ v_i} \varphi_i^{\ v_i} \left(\frac{P}{1\,\text{atm}}\right)^{\Sigma v_i} \tag{12.26}$$

这意味着前面显示的可逆反应的平衡常数($\Sigma \nu_i = 0$)也可以描述为：

$$K = \frac{p_C^2}{p_A p_B} \frac{\varphi_C^2}{\varphi_A \varphi_B} = \frac{y_C^2}{y_A y_B} \frac{\varphi_C^2}{\varphi_A \varphi_B} \tag{12.27}$$

对于摩尔数发生变化的反应，重要的是分压应使用与标准逸度(atm)相同的单位。

在理想气体($\varphi_i = 1$)的情况下，K_φ 的值为 1；这意味着对于可逆反应，$K = K_P$。在这种情况下，分压 p_i 也可以用浓度 c_i 代替：

$$p_i = \frac{n_i RT}{V} = c_i RT$$

利用浓度，得到以下平衡常数：

$$K_P = K_c (RT)^{\Sigma v_i}$$

其中

$$K_c = \sum c_i^{\ v_i}$$

通过式(12.26)可以看出压力如何影响平衡转化。在气相反应的情况下，如果摩尔数增加或减少($\Sigma \nu_i \neq 0$)，则压力对平衡转化率有巨大影响，因为平衡常数 K_y 的值取决于压力。因此，对于所有的气相反应，当摩尔数减少时($\Sigma \nu_i < 0$)，压力增加将导致转化率增加，例如在合成氨时。如果在反应过程中摩尔数增加($\Sigma \nu_i > 0$)，则随着压力增加观察到转化率降低。但是，在摩尔数恒定的情况下，随着压力增加，气相的实际行为($\varphi_i \neq 1$)也会影响平衡转化率。根据 K_φ 的值，平衡转化率将增加或减少。对于小于 1 的 K_φ 值，实际行为导致了比理想行为情况下的更高的平衡转化率(如合成氨的情况)(请参见例 12.4)。当 K_φ 值大于 1 时，将获得比理想情况下更低的转换率。

例 12.4 计算 450℃和 600atm 下氨合成的平衡转化率，考虑到气相中氮和氢的化学计量数($N_2/H_2 = 1/3$)的实际行为：

a. 利用 SRK 状态方程。

b. 利用 PSRK 和 VTPR 的基团贡献方程。

附录 A 和 K 中给出了 Twu − α − 函数所需的纯组分参数 T_c、P_c、v_c、和 ω。应使用式(2.179)计算体积转换参数 c。

对于 SRK 状态方程的化简，应该假设可以忽略二元参数 k_{ij} 的影响，即 $k_{ij} = 0$。

PSRK 组交互参数：

1	2	α_{12}/K	α_{21}/K	b_{12}	b_{21}
N_2	H_2	77.701	147.42	0.	0.
N_2	NH_3	1900	973.45	3.415	-0.03016
H_2	NH_3	1893.1	1339	11.556	0.14026

VTPR 组交互参数：

1	2	α_{12}/K	α_{21}/K
N_2	H_2	85.862	78.387
N_2	NH_3	689.28	841.26
H_2	NH_3	1473.9	1031.7

解决方案：

根据上述参数和假设，可以在给定的压力和温度下确定每个浓度的逸度系数。N_2-CH_4体系的计算方法与第 5 章相同。然而，由于只需要气相逸度系数，因此它更简单。然而，由于逸度系数取决于成分，因此必须迭代计算。

在 723.15K 的温度下，利用临界数据、偏心因子和二元参数计算纯组分和混合物的参数。以理想气体状态下的摩尔分数作为初始组分，计算出逸度系数所需的参数。

下一步利用混合参数 a 和 b 确定 723.15K 和 600atm 下的体积：

a. 当体积为 0.11583dm^3/mol 时，用 SRK 状态方程得到了 600atm 的压力。根据计算出的体积，可以计算出逸度系数。氮气的温度、压力和组成的逸度系数如下(Mathcad 的文件 12.04 中)：

$$\varphi_{N_2}^{V}=1.3472$$

同理，可以计算氢和氨的逸度系数：

$$\varphi_{H_2}=1.2356,\ \varphi_{NH_3}=1.0445$$

然后可用于计算 K_φ 并确定 K_P的新值，如下所示：

$$K_\varphi=\frac{1.0445}{1.3472^{0.5}\cdot 1.2356^{1.5}}=0.6552$$

$$K_P=\frac{K}{K_\varphi}=\frac{6.62\cdot 10^{-3}}{0.6552}=10.1\cdot 10^{-3}$$

可以用来获得更可靠的摩尔分数。从新的 K_P 中，可以得到以下转换和摩尔分数：

$$X_{N_2}=0.6644$$

$$y_{N_2}=0.1257$$

$$y_{H_2} = 0.3770$$
$$y_{NH_3} = 0.4973$$

经过几次迭代，得到化学平衡：

$$X_{N_2} = 0.6771$$
$$y_{N_2} = 0.1238 \quad \varphi_{N_2} = 1.3681$$
$$y_{H_2} = 0.3713 \quad \varphi_{H_2} = 1.2535$$
$$y_{NH_3} = 0.5049 \quad \varphi_{NH_3} = 1.0276$$
$$K_P = 6.62 \cdot 10^{-3} \frac{1.3681^{0.5} \cdot 1.2535^{1.5}}{1.0276} = 10.58 \cdot 10^{-3}$$

b. 利用 PSRK 和 VTPR 基团贡献方程，可以得到在 450℃和 600atm 下化学平衡的结果：

	PSRK	VTPR
φ_{N_2}	1.6267	1.4451
φ_{H_2}	1.3970	1.4198
φ_{NH_3}	1.0659	0.9445
K_P	$13.08 \cdot 10^{-3}$	$14.25 \cdot 10^{-3}$
X_{N_2}	0.701	0.713
y_{N_2}	0.1150	0.1116
y_{H_2}	0.3451	0.3348
y_{NH_3}	0.5398	0.5535

在 600atm 时，实验观察到 NH_3 的摩尔分数为 0.536[4,5]。对于更大的温度和压力范围，使用 Mathcad 进行理想假设和实际行为的计算转换与 Ullmann[5] 中报告的实验值一起显示在图 12.6 中。从结果中可以清楚地看出，当考虑到实际行为时所得到的改进。

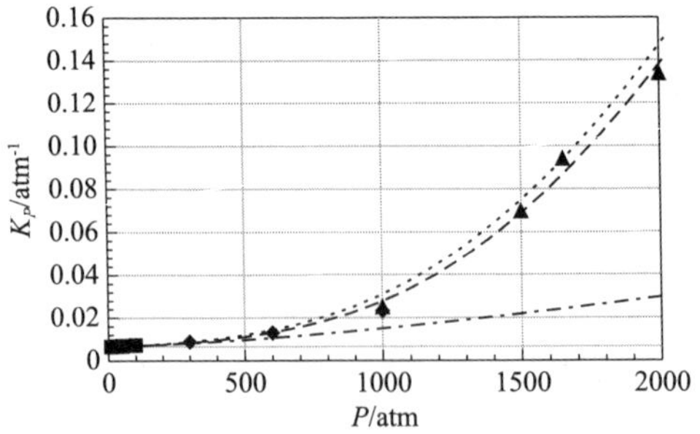

图 12.7　实验和计算的平衡常数 K_P 和压力的关系

■[6]；▲[7]；◆[8]；

---- VTPR；-- PSRK；--- SRK；——理想

从图 12.7 可以得出相同的结论，其中 450℃时的实验平衡常数 K_P 显示为压力的函数。类似于图 12.6 中所示的结果，对于 VTPR 和 PSRK 获得的 K_P，与理想行为的偏差仅由 $k_{ij} = 0$ 的 SRK 状态方程定性描述。当然在理想气体情况下，计算压力对 K_P 没有影响。

以合成氨为例，平衡转化率由于压力的增加而增加，这不仅是由于摩尔数的减少(Le Chatelier 原理)，还因为气相中的实际行为导致 K_φ 值小于 1。这与实验结果一致。虽然在 1atm 下测得的平衡常数 K_P 为 $6.59\cdot10^{-3}\text{atm}^{-1}$，但在 1000 个大气压下实验确定了 $23.28\cdot10^{-3}\text{atm}^{-1}$ 的值[6]。在 3500atm 的压力下，Winchester 和 Dodge [7] 测得的 K_P 值为 1.075atm^{-1}。该值比大气压高 150 倍，表明了实际行为对化学平衡转化的巨大影响。

如例 12.4 所示，可以借助状态方程来计算所需的逸度系数和 K_φ 值。在整个压力范围内，可以从图 12.7 中看到实际行为对平衡常数 K_P 和转化率的影响。同时，可以看出状态方程(如 PSRK 和 VTPR)能够预测气体真实性质的影响，即 K_φ 是压力的函数。只有正确地考虑了逸度系数，才能从表中列出的标准热力学性质出发，精确地计算出高压下可逆气相反应的平衡组成。

在计算液相中可逆反应的化学平衡转化率时，需要相应的逸度。对于液相中逸度的描述，大多数情况下使用活度系数 γ_i(见第 5.2 节)

$$f_i = x_i\gamma_i f_i^0 = a_i f_i^0 \approx x_i\gamma_i P_i^{s} \tag{12.28}$$

当液态的标准热力学性质用于计算平衡常数时($f_i^0\approx f_i^s$)，标准逸度约掉了，得到平衡常数的简化表达式如下：

$$K = K_a = \Pi\, a_i^{v_i} K_x K_\gamma = \Pi x_i^{v_i}\Pi\gamma_i^{v_i} \tag{12.29}$$

在理想混合物的情况下，$K_\gamma=1$；这意味着 $K=K_x$。由于分子间的距离小，液相的理想行为偏差比气相的要大得多。为了正确计算平衡组成，必须借助 g^E 模型或基团贡献方法考虑与理想行为的偏差，即 K_γ。(见第 5.3 节或第 5.10 节)

对于下面这个可逆反应：

$$A + B \rightleftharpoons 2C$$

得到如下关系式：

$$K = \frac{a_C^2}{a_A a_B} = \frac{x_C^2}{x\, x_B}\,\frac{\gamma_C^2}{\gamma_A\gamma_B} \tag{12.30}$$

将摩尔分数 x_i 替换为浓度 c_i(mol/dm^3)和总摩尔浓度 $c=\Sigma c_i$，可以得出与平衡常数 K_c 的关系式：

$$K = K_c K_\gamma \left(\frac{1}{c}\right)^{\Sigma v_i} \tag{12.31}$$

例 12.5 计算下列反应的平衡转化率的温度从 25℃ 到 90℃。

甲醇 + 异丁烯 $\rightleftharpoons$ 甲基叔丁基醚

在液相中，从甲醇和异丁烯的初始量开始：

$$n_{甲醇}=1.06\ \text{kmol};\qquad n_{异丁烯}=1\text{kmol}$$

a. 假设是理想气体。

b. 利用 Wilson 方程和改进的 UNIFAC 方法考虑实际情况。

c. 对于惰性正丁烷溶液(4kmol)。

理想气体状态下的标准热力学性质：

组分	Δg_f^0/(kJ/mol)	Δh_f^0/(kJ/mol)
甲醇	-162.21	-200.8
异丁烯	58.04	-17.09
甲基叔丁基醚	-117.42	-283.31

摩尔体积和安托因常数 $\log P_i^s = A - B/(\vartheta + C)$[9]：

组分	体积	A	B	C
甲醇	40.73	7.20587	1582.27	239.726
异丁烯	94.46	5.96625	923.20	240.00
甲基叔丁基醚	119.0	6.25487	1265.40	242.50
正丁烯	100.39	6.35575	1175.58	271.1

气-液平衡(VLE)数据拟合的 Wilson 参数(K)[9]。

组分	甲醇(1)	异丁烯(2)	甲基叔丁基醚(3)	正丁烯(4)
甲醇(1)	0	1218.5	592.5	1362.4
异丁烯(2)	57.14	0	463.5	36.96
甲基叔丁基醚(3)	-102.8.0	-302.95	0	53.18
正丁烯(4)	168.4	-12.14	-53.28	0

解决方案：

25℃下化学平衡常数的计算唯一需要的是标准 Gibbs 生成能：

$$-RT\ln K = \Delta g_R^0 = \sum_i v_i \Delta g_{f,i}^0 = -117.42 - (-162.21 + 58.04) = -13.25\text{kJ/mol}$$

$$K(298.15\text{K}) = e^{-\frac{\Delta g_R^0}{RT}} = e^{13250/(8.31433 \cdot 298.15)} = 209.57$$

要计算其他温度下的平衡常数，需要有标准的反应焓。这个值可以用表里的标准生成焓来计算：

$$\Delta h_R^0 = \sum_i v_i \Delta h_{f,i}^0 = -283.31 - (-200.8 - 17.09) = -65.42\text{kJ/mol}$$

在假定反应的标准焓不变的情况下，可以利用式(12.22)计算给定温度下的平衡常数。下面这个例子计算 80℃下的化学平衡常数。

$$\ln K(353.15\text{K}) = \ln K_{T_0} - \frac{\Delta h_R^0}{R}\left(\frac{1}{T} - \frac{1}{T_0}\right)$$

$$= \ln 209.57 + \frac{65420}{9.31433}\left(\frac{1}{353.15} - \frac{1}{298.15}\right) = 1.235$$

$$K(353.15\text{K})=3.438$$

所考虑的反应的化学平衡常数定义如下：

$$K=\frac{f_{\text{MTBE}}/f^0_{\text{MTBE}}}{\dfrac{f_{\text{MeOH}}f_{i-\text{butene}}}{f^0_{\text{MeOH}}f^0_{i-\text{butene}}}}$$

由于选择了理想气体状态的标准热力学性质，所以所有的标准逸度(f_i^0)都等于1atm。液相中的逸度可以用下式表示[式(12.28)]：

$$f_i^{\text{L}}\approx x_i\gamma_iP_i^{\text{s}}$$

这意味着化学平衡常数也可以用下式表示：

$$K=\frac{x_{\text{MTBE}}}{x_{\text{MeOH}}x_{i-\text{butene}}}\frac{\gamma_{\text{MTBE}}}{\gamma_{\text{MeOH}}\gamma_{i-\text{butene}}}\frac{P^{\text{s}}_{\text{MTBE}}}{P^{\text{s}}_{\text{MeOH}}P^{\text{s}}_{i-\text{butene}}}\cdot 1\text{atm}=K_x\cdot K_\gamma\cdot K_{P^{\text{s}}}\cdot 1\text{atm}$$

利用上面给出的安托因常数，我们可以得到蒸气压和 $K_{P^{\text{s}}}$：

温度/℃	$P^{\text{s}}_{\text{MTBE}}$/kPa	$P^{\text{s}}_{\text{MeOH}}$/kPa	$P^{\text{s}}_{i-\text{butene}}$/kPa	$K_{P^{\text{s}}}\cdot 101.325$/kPa
25	33.45	16.94	303.7	0.6588
80	214.36	180.73	1205.7	0.09968

a. 假设理想行为($K_\gamma=1$)，K_x 得到以下的值：

25℃：$K_x=\dfrac{K}{K_{P^{\text{s}}\cdot 1\text{atm}}}=\dfrac{209.57}{0.6588}=318.1$

80℃：$K_x=\dfrac{K}{K_{P^{\text{s}}\cdot 1\text{atm}}}=\dfrac{3.438}{0.09968}=34.49$

由这些值可以计算出化学平衡转化率：

$n_{\text{MeOH}}=1.06-\Delta n \qquad x_{\text{MeOH}}=(1.06-\Delta n)/\sum n_i$

$n_{i-\text{butene}}=1.00-\Delta n \qquad x_{i-\text{butene}}=(1.00-\Delta n)/\sum n_i$

$n_{\text{MTBE}}=\Delta n \qquad x_{\text{MTBE}}=\Delta n/\sum n_i$

$\sum n_i=2.06-\Delta n$

现在必须确定 Δn 的值，它满足化学平衡常数关系式：

$$K_x=\frac{\Delta n\cdot(2.06-\Delta n)}{(1.06-\Delta n)\cdot(1.00-\Delta n)}$$

这可以通过求解得到的二次方程来实现。25℃下 Δn 的值为 0.9650kmol；80℃下 Δn 的值为 0.8545kmol。在25℃和80℃下异丁烯的转化率计算如下：

$$X_i=\frac{\Delta n}{n_{0,i-\text{butene}}}$$

在整个温度范围，假设理想状态的转化率与实验测定值如图 12.8 所示。可以看出这个设定不是很符合真实情况。

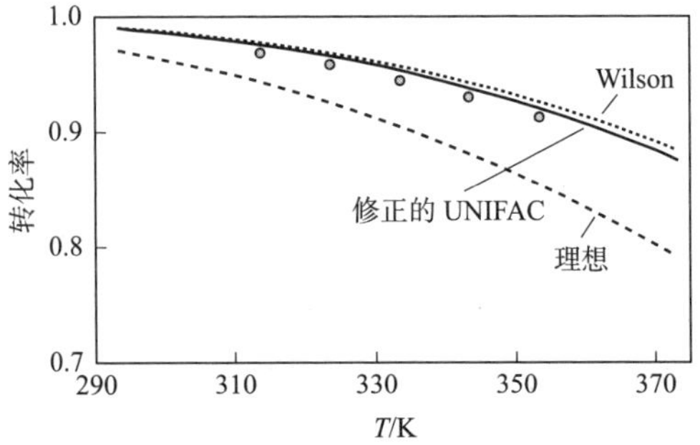

图 12.8　液相中合成 MTBE 中实验预测的平衡转化率随温度的变化
（初始摩尔数：甲醇 1.06kmol，异丁烯 1kmol）

b. 这种偏差是由三元体系的真实行为引起的，而对于三元体系的描述可以考虑使用通用 g^E 模型或基团贡献的方法，如修正的 UNIFAC 方法。为此，必须应用迭代的手段。

为了使用上述模型确定 K_γ，组成必须指定。通过假设理想行为得到的摩尔分数(部分例子)是迭代过程的起点。这意味着 80℃时：

$$x_{MeOH}=\frac{1.06-0.8545}{2.06-0.8545}=0.1705$$

$$x_{i-butene}=\frac{1-0.8545}{2.06-0.8545}=0.1207$$

$$x_{MTBE}=\frac{0.8545}{2.06-0.8545}=0.7088$$

现在用 Wilson 方程计算这个组成下这三个组分的活度系数。

下面演示 80℃下的计算。

$$\Lambda_{12}=\frac{v_2}{v_1}\exp\left(-\frac{\Delta\gamma_{12}}{T}\right)=\frac{94.46}{40.73}\exp\left(-\frac{1218.5}{353.15}\right)=0.0736$$

$$\Lambda_{21}=\frac{v_1}{v_2}\exp\left(-\frac{\Delta\gamma_{21}}{T}\right)=\frac{40.73}{94.46}\exp\left(-\frac{57.14}{353.15}\right)=0.3667$$

其他的Λ_{ij}用同样的方法计算。

$\Lambda_{13}=0.5457$　　$\Lambda_{31}=0.4580$　　$\Lambda_{23}=0.3390$　　$\Lambda_{32}=1.8718$

现在所选组分的活度系数可以计算($x_1=0.1705$，$x_2=0.1207$，$x_3=0.7088$)。对于甲醇(1)，下面的方程是有效的：

$$\ln\gamma_1=-\ln(x_1\Lambda_{11}+x_2\Lambda_{12}+x_3\Lambda_{13})+1-\frac{x_1\Lambda_{11}}{x_1\Lambda_{11}+x_2\Lambda_{12}+x_3\Lambda_{13}}+\frac{x_2\Lambda_{21}}{x_1\Lambda_{21}+x_2\Lambda_{22}+x_3\Lambda_{23}}-\frac{x_3\Lambda_{31}}{x_1\Lambda_{31}+x_2\Lambda_{32}+x_3\Lambda_{33}}$$

从而得到甲醇的活度系数：

$$\ln\gamma_1 = -\ln(0.1705+0.1207\cdot0.0736+0.7088\cdot0.5457+)+1$$
$$-\frac{0.1705}{0.1705+0.1207\cdot0.0736+0.7080\cdot0.5457}$$
$$-\frac{0.1207\cdot0.0736}{0.1705\cdot0.3667+0.1207+0.7088\cdot0.3390}$$
$$-\frac{0.7088\cdot0.4580}{0.1705\cdot0.4580+0.1207\cdot1.8718+0.7088}=0.8427$$

$$\gamma_1=2.323$$

其他两个组分的活度系数也可以用同样的方法计算得到。

$$\gamma_{i-\text{butene}}=1.272 \qquad \gamma_{\text{MTBE}}=1.026$$

即：$K_\gamma=\dfrac{\gamma_3}{\gamma_1\cdot\gamma_2}=\dfrac{1.026}{2.323\cdot1.272}=0.347$

由于K_γ小于1，这导致K_x变大，从而导致化学转化率的增加：

$$K_x=\frac{K}{K_\gamma\cdot K_{ps}\cdot1\text{atm}}=\frac{3.438}{0.347\cdot0.009968}=99.40$$

根据现在得到的平衡组分，可以计算出新的活度系数。经过一系列的迭代异丁烯转化率达到了0.9266，此时平衡组成、活度系数、K_γ的值如下：

$x_1=0.1177 \qquad x_2=0.0648 \qquad x_3=0.8178$

$\gamma_1=2.506 \qquad \gamma_2=1.258 \qquad \gamma_3=1.013$

$K_\gamma=0.3213$

其中平衡常数K满足：

$$K=K_x\cdot K_\gamma\cdot K_{ps}=\frac{0.8178}{0.1177\cdot0.0648}\cdot\frac{1.013}{2.506\cdot1.258}\cdot0.09968$$
$$=107.22\cdot0.3213\cdot0.09968=3.434$$

使用修正的UNIFAC方法，异丁烯的转化率为0.9211，此时平衡组成、活度系数、K_γ的值如下：

$x_1=0.1236 \qquad x_2=0.0710 \qquad x_3=0.8054$

$\gamma_1=2.567 \qquad \gamma_2=1.050 \qquad \gamma_3=1.013$

$K_\gamma=0.3758$

$$K=K_x\cdot K_\gamma\cdot K_{ps}=\frac{0.8054}{0.1236\cdot0.0710}\cdot\frac{1.013}{2.567\cdot1.050}\cdot0.09968$$
$$=91.77\cdot0.3758\cdot0.09968=3.438$$

290~370K温度范围内的结果以及实验确定的转化率如图12.8所示。可以看出，当考虑到真实的行为时，比理想情况下的转化率更高，并且至少在定性上与实验结果一致[10]。当K_γ变得小于1时，实际的转化率比理想情况下的更高。

c. 实际上，使用C4萃余液代替异丁烯生产MTBE。这是一个外加的组分如何影响平衡组成的问题。为简单起见，可以假定除异丁烯外，只有正丁烷作为惰性溶剂存在，并且可以检查正丁烷的存在对平衡转化率的影响；

$$n_{\mathrm{MeOH}}=1.06\mathrm{kmol} \quad n_{i-\mathrm{butene}}=1\mathrm{kmol} \quad n_{n-\mathrm{butane}}=4\mathrm{kmol}$$

表12.2 分别计算假设理想气体和真实气体异丙烯的转化率，真实气体使用Wilson或者UNIFAC方程

T=353.15K	理想	Wilson	修正的UNIFAC
$X_{i-\mathrm{butene}}$	0.6990	0.9157	0.9060
x_1	0.0673	0.0280	0.0299
x_2	0.0561	0.0164	0.0182
x_3	0.1304	0.1780	0.1758
x_4	1.000	0.7776	0.7761
γ_1	1.000	10.22	9.83
γ_2	1.000	0.986	0.992
γ_3	1.000	1.897	1.043
γ_4	1.000	1.020	1.029
K_γ	1.000	0.089	0.107

首先，必须再次确定Δn。从最初的摩尔数开始，化学平衡可以描述如下：

$n_{\mathrm{MeOH}}=1.06-\Delta n$ $\quad x_{\mathrm{MeOH}}=(1.06-\Delta n)/\sum n_i$

$n_{i-\mathrm{butene}}=1.06-\Delta n$ $\quad x_{i-\mathrm{butene}}=(1.06-\Delta n)/\sum n_i$

$n_{\mathrm{MTBE}}=\Delta n$ $\quad x_{\mathrm{MTBE}}=\Delta n/\sum n_i$

$n_{\mathrm{MTBE}}=4\mathrm{kmol}$ $\quad x_{\mathrm{MTBE}}=4/\sum n_i$

$\sum n_i = 6.06-\Delta n$

这意味着对于353.15K的温度，必须求解以下方程：

$$K_x=\frac{\Delta n\cdot(6.06-\Delta n)}{(1.06-\Delta n)\cdot(1.00-\Delta n)}=34.49$$

通过求解得到二元方程，得到Δn的值为0.6990kmol。从Δn、其他化合物的摩尔数和组成可以直接计算。

在考虑实际行为的情况下，采用迭代的方法得到满足如下关系的转化率：

$$K_xK_\gamma=\frac{K}{K_{ps}\cdot 1\mathrm{atm}}=34.49$$

该过程与三元体系的过程相同。但是现在溶剂(正丁烷)影响了不同化合物的活度系数。解决方案在Mathcad文件中给出。使用Wilson法或改进的UNIFAC

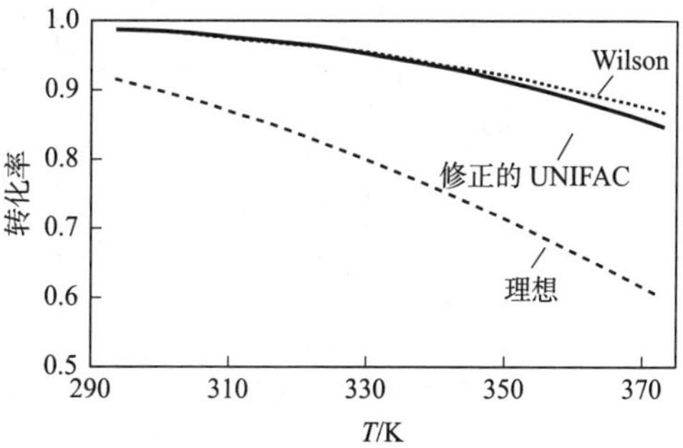

图 12.9 在液相中合成 MTBE 实验和预测的异丁烯在液相中的平衡转化率随温度的变化（初始摩尔数：甲醇 1.06kmol，异丁烯 1kmol，正丁烷 4kmol）

法得到的转化率、活度系数和平衡组分如表 12.2 所示。假设理想和实际气体（Wilson，修正的 UNIFAC）时，290～370K 温度范围内的平衡转化率如图 12.9 所示。可以看出与假设混合物是理想混合物所得到的结果有很大的差别。

由于正丁烷存在下，甲醇的活度系数增大，所以K_γ变得比三元体系小，这导致K_x和平衡转化率变大。但是这种影响可以通过稀释混合物来补偿，这导致根据勒夏特列原理计算的平衡转化率的降低，因为该反应的$\sum v_i$为负。在所选的例子中，正丁烷是 C_4 物流的主要成分（抽提液）。但对于其他可逆反应，可以选择对反应有利影响的溶剂。在这种情况下，正确选择溶剂可以显著提高转化率，这是重要的经济因素。

12.4 多化学反应平衡

到目前为止，仅考虑了一个可逆反应。但是实际中，多个反应同时发生，例如煤炭气化和蒸汽重整过程。计算过程中，只考虑一组独立的反应，也就是说，这意味着只考虑那些不能通过选择的可逆化学反应的线性组合中得到的反应。

为了在多个可逆反应的情况下计算平衡组成，可以采用不同的流程。可以通过确定满足所有平衡常数的组成，或者通过找寻其 Gibbs 能的最小值。在第一个过程中，必须考虑温度范围内所有可逆化学反应的平衡常数。对于第二个过程，仅需要知道所考虑的温度范围内 Gibbs 能和所涉及化合物的化学式。如果发生的反应是未知的，或者需要考虑大量参与反应的组分，则第二种方法有很大的优势。如果要考虑实际行为，则必须另外给出所选 g^E 模型、状态方程参数或实际行为计算的预测方法（逸度系数或活度系数）。

12.4.1 松弛法

在松弛法中，不同的可逆反应的平衡常数是相互独立的。因此，反应器的数量必须与独立可逆反应的数量相同，如图 12.10 所示。在这个过程中，假设在 1 号反应器中只发生 1 号反应，在 i 号反应器中只发生 i 号反应，以此类推。

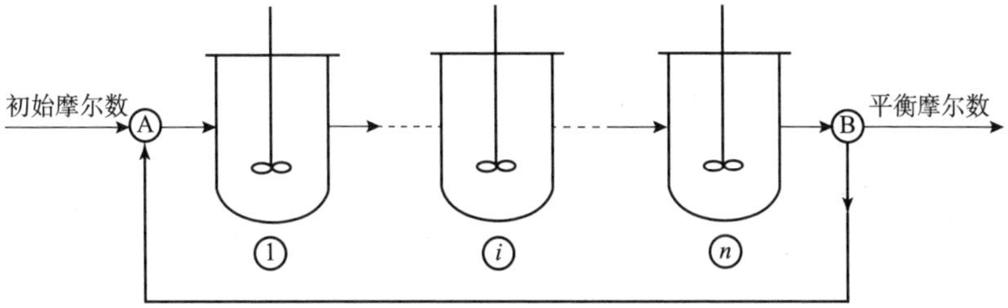

图 12.10　用松弛法测定 n 个可逆化学反应的平衡组成原理图

从 1 号反应器的初始摩尔数开始，必须确定满足 1 号反应的平衡常数 K_1 的摩尔数 n_i。离开第一个反应器的物质的量被用来计算第二个可逆反应的平衡组成，这意味着所涉及的组分的摩尔数必须满足第二反应的平衡常数 K_2。同样地，所有 n 个反应(反应器)的物质的量也被确定了。离开反应器 n 的混合物被回收到第一个反应器。然后，用新的摩尔数继续计算，直到摩尔数没有进一步变化为止。

例 12.6　为了在蒸汽重整工艺的帮助下生产合成气，应从 1mol 甲烷和 3.2mol 水蒸气开始测定在 1100K 和 40atm 下的平衡组成。考虑下列独立的化学反应：

$$CH_4 + H_2O \rightleftharpoons CO + 3H_2$$
$$CO + H_2O \rightleftharpoons CO_2 + H_2$$

假设气体是理想气体。

25℃，1atm 下理想气体标准热力学性质[2]：

组分	Δh_f^0/(kJ/mol)	Δg_f^0/(kJ/mol)
CH_4	-74.85	-50.835
H_2O	-241.82	-228.59
CO	-110.54	-137.27
H_2	0	0
CO_2	-393.50	-394.38

理想气体的比热容 $c_P^{id} = a + bT + cT^2 + dT^3$ [J/(mol·K)]

组分	a	$b \cdot 10^3$	$c \cdot 10^6$	$d \cdot 10^9$
CH_4	19.238	52.09	11.966	-11.309
H_2O	32.220	1.9225	10.548	-3.594
CO	30.848	-12.84	27.87	-12.71
H_2	27.124	9.267	-13.799	7.64
CO_2	19.78	73.39	-55.98	17.14

解决方案：

使用理想气体状态下给出的标准性质，得到25℃下两个可逆反应的标准反应焓，标准Gibbs反应能以及平衡常数：

反应1：

$$\Delta h_{R1}^{0}=-110.54+3\cdot 0+74.85+241.82=206.13\mathrm{J/mol}$$

$$\Delta g_{R1}^{0}=-137.27+3\cdot 0+50.835+228.59=142.155\mathrm{J/mol}$$

$$K_1=\exp\left(\frac{-142155}{8.314\cdot 298.15}\right)=1.24\cdot 10^{-25}$$

反应2：

$$\Delta h_{R2}^{0}=-393.50+0+110.54+241.82=-41.14\mathrm{J/mol}$$

$$\Delta g_{R2}^{0}=-394.38+0+137.27+228.59=-28.52\mathrm{J/mol}$$

$$K_2=\exp\left(\frac{28250}{8.314\cdot 298.15}\right)=9.92\cdot 10^{4}$$

25℃下第一个反应是强吸热的，第二个反应是放热的。从平衡常数K_i的值可以知道25℃下反应1的平衡在反应物一侧，而第二个反应是在产物侧。

从298.15K下的平衡常数出发，1100K时的平衡常数可以通过van't Hoff方程来确定，假定反应的标准焓不变。在1100K时，平衡常数如下：

$$\ln K_1(1100\mathrm{K})=\ln(1.24\cdot 10^{-25})-\frac{206130}{8.31433}\left(\frac{1}{1100}-\frac{1}{298.15}\right)=3.2654$$

$$K_1=26.19$$

$$\ln K_2(1100\mathrm{K})=\ln(9.92\cdot 10^{4})-\frac{41140}{8.31433}\left(\frac{1}{1100}-\frac{1}{298.15}\right)=-0.5928$$

$$K_2=0.5528$$

实际上，反应的焓与温度密切相关。当利用摩尔比热容考虑标准反应焓对温度的依赖关系时[见式(12.6)]，下面给出了反应焓、反应Gibbs能和平衡常数的值(见例12.8)：

$\Delta h_{R1}^{0}=226.432\mathrm{kJ/mol}$ $\Delta g_{R1}^{0}=-52.1975\mathrm{kJ/mol}$ $K_1=301(1100\mathrm{K})$

对于第二个反应：

$\Delta h_{R2}^{0}=-33.7385\mathrm{kJ/mol}$ $\Delta g_{R2}^{0}=0.5618\mathrm{kJ/mol}$ $K_2=0.94(1100\mathrm{K})$

可以看出，在一定的温度范围内，平衡常数与假定反应的标准焓不变时计算的平衡常数有明显的不同。

两个平衡常数必须匹配。在松弛法中，首先只考虑反应1。如果Δn_1是反应达到平衡所需要的甲烷的摩尔数，反应平衡时每个组分的摩尔数可以通过下式计算：

CH_4：$n_{CH_4}=1-\Delta n_1$　　　H_2O：$n_{H_2O}=3.2-\Delta n_1$

CO：$n_{CO}=\Delta n_1$　　　H_2：$n_{H_2}=3\cdot\Delta n_1$

$\sum n_i$:$4.2+2\Delta n_1$

利用这些值，第一个反应的平衡常数可以写成如下形式：

$$K_1=301=\frac{p_{CO}p_{H_2}^3}{p_{CH_4}p_{H_2O}}=\frac{y_{CO}y_{H_2}^3P^2}{y_{CH_4}y_{H_2O}}=\frac{n_{CO}n_{H_2}^3P^2}{n_{CH_4}n_{H_2O}(\sum n_i)^2}$$
$$=\frac{\Delta n_1\ (3\Delta n_1)^3P^2}{(1-\Delta n_1)(3.2-\Delta n_1)(4.2+2\Delta n_1)^2}$$

要测定平衡组成只需确定 Δn_1 的值。由于该方程不易用解析法求解，建议采用数值法。作为最小搜索的目标函数 F，可以使用绝对偏差或最小二乘法偏差。

通过改变 Δn_1 的值确定目标函数的最小值可以通过迭代执行，也可以在适当的求解器的帮助下进行。(一维搜索方法，如黄金分割法或斐波那契搜索[11])

$$F=\left(301-\frac{\Delta n_1\ (3\Delta n_1)^3P^2}{(1-\Delta n_1)(3.2-\Delta n_1)(4.2+2\Delta n_1)^2}\right)^2=0$$

对于 $\Delta n_1=0.65606$ 的值，满足平衡常数 K_1。使用该值，离开第一个反应器的摩尔数如下：

$n_{CH_4}=0.34394$　　　$n_{H_2O}=2.54394$

$n_{CO}=0.65606$　　　$n_{H_2}=1.96818$

此时混合物进入第二个反应器，在第二个反应器中只考虑第二个反应。这意味着此时满足第二个平衡常数 K_2：

$n_{CH_4}=0.34394$　　　$n_{H_2O}=2.54394-\Delta n_2$

$n_{CO}=0.65606-\Delta n_2$　　　$n_{H_2}=1.96818+\Delta n_2$

$n_{CO_2}=\Delta n_2$

$$0.94=\frac{p_{CO}p_{H_2}}{p_{CO}p_{H_2O}}=\frac{y_{CO}y_{H_2}}{y_{CO}y_{H_2O}}=\frac{n_{CO}n_{H_2}}{n_{CO}n_{H_2O}}=\frac{\Delta n_2(1.96818+\Delta n_2)}{(0.65606-\Delta n_2)(2.54394-\Delta n_2)}$$

当 $\Delta n_2=0.31415$ 时满足平衡常数 K_2。这意味着在第二个反应器后面可获得以下摩尔数：

$n_{CH_4}=0.34394$　　　$n_{H_2O}=2.22979$

$n_{CO}=0.34191$　　　$n_{H_2}=2.28233$

$n_{CO_2}=0.31415$

现在将该物流再循环到第一个反应器，在该反应器中必须再次用新的摩尔数来计算 Δn_1，以满足平衡常数 K_1，在此获得最小的值 $\Delta n_1=7.9773\cdot 10^{-3}$。在几个循环之后，摩尔数没有进一步的变化。对于前四个步骤，摩尔数列于表 12.3。

可以看到，经过四个步骤后摩尔数变化非常小。

利用摩尔数，可以计算出平衡组成。在1100K和40atm下，可获得以下摩尔分数：

$y_{CH_4}=0.06074$　　$y_{H_2O}=0.40162$

$y_{CO}=0.06308$　　$y_{H_2}=0.41749$

$y_{CO_2}=0.05707$

在较大的温度范围内，40atm下所得的平衡浓度如图12.12所示。如吸热反应所预期的，在最高温度下观察到最高的氢浓度。

表12.3　松弛法计算不同步骤下的摩尔数

步骤	反应器	n_{CH_4}	n_{H_2O}	n_{CO}	y_{H_2}	n_{CO_2}	Δn_1	Δn_2
		1.00000	3.20000	0.00000	0.00000	0.00000		4.20000
1	1	0.34394	2.54394	0.65606	1.96818	0.00000	0.65606	5.51212
1	2	0.34394	0.22979	0.34191	2.28233	0.31415	0.31415	5.51212
2	1	0.33596	2.22181	0.34990	2.30627	0.31415	0.00798	5.52808
2	2	0.33596	2.22051	0.34859	2.30757	0.31545	0.00131	5.52808
3	1	0.33581	2.22035	0.34874	2.30803	0.31545	0.00015	5.52838
3	2	0.33581	2.22033	0.34872	2.30806	0.31548	0.00002	5.52838
4	1	0.33580	2.22033	0.34872	2.30807	0.31548	<0.00001	5.52840
4	2	0.33580	2.22033	0.34872	2030807	0.31548	<0.00001	5.52840

12.4.2　Gibbs能最小化

在第12.3节中，从Gibbs能量呈现出最小值出发，得出了用于计算化学平衡常数的表达式[式(12.18)~式(12.23)]。因此，也可以跳过辅助化学平衡常数K而直接确定给定温度压力下Gibbs能量的最小值。

$$G=\sum_i \mu_i n_i \tag{12.32}$$

在理想气体状态下使用标准Gibbs能，这意味着$f_i^0=1\text{atm}$，并且假设为理想气体行为，所需的逸散性f_i(atm)可以用分压f_i(atm)表示：

$$\mu_i=\mu_i^0+RT\ln p_i=\Delta g_{f,i}^0+RT\ln p_i=\Delta g_{f,i}^0+RT\ln\frac{n_i}{\sum_j n_j}P \tag{12.33}$$

这意味着可以用下面的关系式代替式(12.32)来计算给定温度T下的总Gibbs能：

$$G(T)=\sum_i n_i\left(\Delta g_{f,i}^0(T)+RT\ln\frac{n_iP/(1\text{atm})}{\sum_j n_j}\right)$$

在化学平衡中，总的Gibbs自由能应该为最小值。对于一个简单的可逆反应，可以用图来表示(见例12.7)。

对于复杂的平衡计算，Gibbs能最小化是一种有用的选择，尤其是在同时涉及相平衡和反应平衡的情况下。与平衡条件相比，Gibbs能的最小值不仅是必要条件，而且是充分的平衡条件。同样，对于复杂的平衡而言，这通常是保持概述的唯一方法(535页倒数第三行)。唯一必须具备的知识是Gibbs能g的函数关系，和最小评估任务的明确概念。

在多重反应平衡的情况下，化学平衡中所有反应物的摩尔数可以通过非线性回归方法确定[11]。但同时又要满足元素平衡；这意味着在反应前后碳、氢、氧和氮的量必须相等。这可以借助于拉格朗日乘数或使用罚函数[11]来考虑，如例12.8所示。

例12.7 确定异构化反应中摩尔Gibbs能随组成的变化和平衡浓度：

n – butane $\rightleftharpoons$ i – butane

在1atm，298.15K和400K时，假设气体是理想气体（参见例3.7）。

理想气体状态下的标准Gibbs能和生成焓：

组分	Δg_f^0(298.15K，1atm)	Δh_f^0(298.15K，1atm)
异丁烯	–20878J/mol	–134510J/mol
正丁烯	–17154J/mol	–126150J/mol

解决方案：

计算Gibbs自由能的公式12.33如下：

$$G = \sum_i \mu_i \mu_i^0 + \sum_i n_i RT \ln y_i P/1\text{atm}$$

从1mol反应物开始，可以用摩尔分数代替摩尔数，因此在1atm下，摩尔Gibbs能计算如下：

$$g = y_1 \Delta g_{f,1}^0 + y_2 \Delta g_{f,2}^0 + RT(y_1 \ln y_1 + y_2 \ln y_2)$$

对于摩尔分数$y_1 = 0.1$，在$T = 298.15$K时摩尔Gibbs能g为：

$$g = 0.1 \cdot (-20878) + 0.9 \cdot (-17154) + 8.31433 \cdot 298.15 \cdot (0.1 \cdot \ln 0.1 + 0.9 \cdot \ln 0.9) = -18332\text{J/mol}$$

对于其他组分，摩尔Gibbs能的计算方法与此类似。

整个组成范围内的摩尔Gibbs能如图12.11所示。298.15K，$y_1 = 0.818$时，Gibbs自由能最小，此时是平衡组成。

摩尔Gibbs能g的最小值也可以通过微分Gibbs能($y_2 = 1 - y_1$)的表达式来计算：

$$\frac{\mathrm{d}g}{\mathrm{d}y_1} = \Delta g_{f,i}^0 - \Delta g_{f,2}^0 + RT \ln \frac{y_1}{y_2} = 0$$

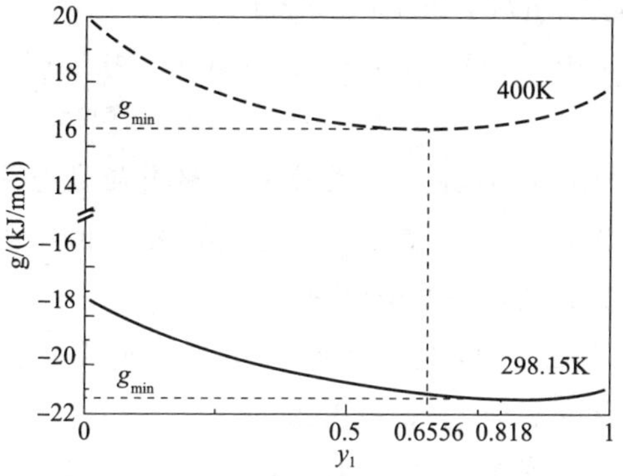

图 12.11 异丁烷(1)-正丁烷(2)在 298.15K 和 400K 时摩尔 Gibbs 能的组成依赖性

$$\frac{y_1}{y_2}=\exp\left(-\frac{(\Delta g_{f,i}^0-\Delta g_{f,2}^0)}{RT}\right)=\exp\left(-\frac{(-20878-17154)}{RT}\right)=4.492$$

$y_1=0.818$

当然，平衡转化率也可以通过平衡常数的经典方式确定：

$$\Delta g_R^0=-20878+17154=-3724\text{J/mol}$$

$$K=\exp\left(-\frac{\Delta g_R^0}{RT}\right)=\exp\left(\frac{3724}{RT}\right)=4.492$$

假设气体是理想气体。平衡常数 K 可以用 K_y 直接代替，$\sum v_i=0$，从而

$$K=K_y=\frac{y_1}{y_2}=4.492$$

$y_1=0.818$

对于 400K 的温度，必须计算该温度下的 Gibbs 生成能。假设标准生成焓在所考虑的温度范围内是恒定的，则可以通过整合 van't Hoff 方程来计算 400K 时异丁烷的 Gibbs 能：

$$\Delta g_f(T,\ 1\text{atm})=T\left[\frac{\Delta g_f^0(T_0,\ 1\text{atm})}{T_0}+\Delta h_f^0(T_0,\ 1\text{atm})\cdot\left(\frac{1}{T}-\frac{1}{T_0}\right)\right]$$

对于异丁烷，Gibbs 自由能如下：

$$\Delta g_f(100K,\ 1\text{atm})=400\cdot\left[\frac{\Delta-20878}{298.15}-134510\cdot\left(\frac{1}{400}-\frac{1}{298.15}\right)\right]=17939\text{J/mol}$$

同样地，对于正丁烷，计算值如下：

$$\Delta g_f(100\text{K},\ 1\text{atm})=20080\text{J/mol}$$

现在可以计算出 400K 时的 Gibbs 能与组分的关系。对于 $y_1=0.1$，可以得到：

$g = y_1 \Delta g^0_{f,1} + y_2 \Delta g^0_{f,2} + RT(y_1 \ln y_1 + y_2 \ln y_2)$

$g = 0.1 \cdot 17939 + 0.9 \cdot 20080 + 8.31433 \cdot 400 \cdot (0.1 \cdot \ln 0.1 + 0.9 \cdot \ln 0.9) = 18785\text{J/mol}$

对于其他组成，可以用同样的方式计算。整个组成范围内的 Gibbs 能见图 12.11。298.15K 时 Gibbs 能最小值在 $y_1 = 0.818$ 处，400K 时对于强放热反应，平衡组成移动到了更低的点 $y_1 = 0.6556$ 处。

例 12.8 通过最小化 Gibbs 能确定例 12.6 中可逆反应在 1100K、40atm 的平衡组成。甲烷和水的量分别为 1mol 和 3.2mol。

用于计算不同组分的摩尔比热容[J/(mol · K)][参见方程(12.7)]随温度变化的多项式系数：

组分	a	$b \cdot 10^3$	$c \cdot 10^6$	$d \cdot 10^9$
H_2	27.124	9.267	−13.799	7.640
O_2	28.087	−0.0042	−17.447	−10.664
C	−5.416	58.981	−43.559	11.604

解决方案：

计算需要 1100K 下所有组分的 Gibbs 生成能。对于氢元素，在任何温度下 Gibbs 形成能的值都为零[式(12.4)]。对于其他组分，必须通过联立 van't Hoff 方程和基尔霍夫定律来计算温度依赖性。例如，二氧化碳的 Gibbs 生成能可以根据二氧化碳的摩尔比热容以及形成这种化合物的元素 O_2 和 C 的摩尔比热容来计算，摩尔比热容是温度的函数。在这种情况下，O_2 处于理想气体状态，碳是固态(石墨)。有了这些值，可以计算出 1100K 时二氧化碳的 Gibbs 生成能：$g^{id} = -395966\text{J/mol}$。

对于 CO_2 和其他涉及的组分，下表中给出了 1100K 时的值以及文献值。

理想气体状态下计算的 1100K，1atm 时的标准 Gibbs 生成能列表

	CH_4	H_2O	CO	CO_2
$\Delta g_f^{id}\left(\frac{\text{kJ}}{\text{mol}}\right)$计算	29.947	−187.139	−209.389	−395.966
$\Delta g_f^{id}\left(\frac{\text{kJ}}{\text{mol}}\right)$[1]	30.358	−187.052	−209.084	−395.984

由此可见，如果已知化合物和元素的摩尔比热容与温度的关系，就可以计算出标准 Gibbs 生成能与温度的关系。

在过程模拟中，通常会选择不同的方法来计算化合物在所需温度下的摩尔 Gibbs 能。摩尔 Gibbs 能的计算由 298.15K 的标准 Gibbs 能开始，然后在 298.15K

到需要的温度范围内进行积分。优点是不需要参与可逆反应的元素的比热容。相反，仅使用所考虑化合物的摩尔比热容。在1100K时，对于H_2获得以下值：

$$\frac{g^{id}(T,1atm)}{T}=\frac{g^{id}(T^0,1atm)}{T^0}-\int_{T^0}^{T}\frac{h^{id}(T,1atm)}{T^2}dT$$

$$g_{H_2}^{id}(1100K,\ 1atm)=-18.545kJ/mol$$

下表汇总了理想状态下所涉及五种化合物的摩尔Gibbs能。使用这些值代替Gibbs生成能，可获得相同的结果，因为不涉及的元素的贡献被抵消了。

当然，如下所示这两种方法计算的标准Gibbs反应能相同，因此也平衡常数也相同。

理想气体状态1100K和1atm下化合物的Gibbs能

	H_2	CH_4	H_2O	CO	CO_2
Δg_f^{id}(kJ/mol)	-18.545	-16.078	-215.567	-228.207	-424.667

用理想气体的Gibbs能计算得反应Gibbs能：

$$\Delta g_{R,1}^{id}=3\cdot(-18.545)-228.207+16.078+215.567=52.197kJ/mol$$

$$\Delta g_{R,2}^{id}=-424.667-18.545+228.207+215.567=0.562kJ/mol$$

用理想气体状态下的Gibbs生成能计算反应的Gibbs能：

$$\Delta g_{R,1}^{id}=3\cdot 0-209.389+29.947+187.139=-52.197kJ/mol$$

$$\Delta g_{R,2}^{id}=-395.966-0+209.389+187.139=0.562kJ/mol$$

为了满足所涉及的化合物的元素平衡，即甲烷、水、氢、一氧化碳和二氧化碳的化学平衡，从给定的初始甲烷(1mol)和水(3.2mol)开始，应该找到以下数量的碳、氢和氧：

$$n_C=1\cdot 1=1mol$$

$$n_H=1\cdot 4+3.2\cdot 2=10.4mol$$

$$n_O=3.2\cdot 1=3.2mol$$

这样即可使用下面的目标函数。平方项是罚函数，如果碳、氢和氧的物质平衡没有得到满足，它有助于目标函数收敛。

$$F=\sum_i^5 n_i\left(\Delta g_{f,i}^0(T)+RT\ln\frac{n_iP/(1atm)}{\sum_j n_j}\right)+(1-n_{CH_4}-n_{CO}-n_{CO_2})^2$$

$$+(10.4-4n_{CH_4}-2n_{H_2O})^2+(3.2-n_{H_2O}-n_{CO}-n_{CO_2})^2\overset{!}{\Rightarrow}\text{minimum}$$

对于初始摩尔数，只需要考虑反应物，元素平衡就会自动满足。这意味着罚函数对目标函数不起作用。用甲烷和水的初始摩尔数，得到的目标函数F如下值：

$$F = G = \sum_{i}^{5} n_i \left(\Delta g_{f,i}^{0}(T) + RT\ln \frac{n_i P/(1\text{atm})}{\sum_j n_j} \right)$$

$$= 1 \cdot \left(29947 + 8.31433 \cdot 1100\ln \frac{3.2 \cdot 40}{4.2} \right) + 3.2 \cdot ((-187139)$$

$$+ 8.31433 \cdot 1100\ln \frac{3.2 \cdot 40}{4.2}) = -448283.3\text{J}$$

假设0.1 mol CH_4和0.1 mol H_2O反应生成CO和H，摩尔数和Gibbs能的计算结果如下：

$n_{CH_4} = 0.9\text{mol}$　　$n_{H_2O} = 3.1\text{mol}$　　$n_{CO} = 0.1\text{mol}$　　$n_{H_2} = 0.3\text{mol}$

$n_{CO_2} = 0\text{mol}$　　$G = -459492.4\text{J}$

另外，当0.02mol一氧化碳与水反应生成二氧化碳和氢气时，得到：

$n_{CH_4} = 0.9\text{mol}$　　$n_{H_2O} = 3.08\text{mol}$　　$n_{CO} = 0.08\text{mol}$　　$n_{H_2} = 0.32\text{mol}$

$n_{CO_2} = 0.02\text{mol}$　　$G = -460359.5\text{J}$

结果表明，当反应发生时，Gibbs能的值减小。Gibbs能最小化软件包的任务是在满足元素平衡的同时确定Gibbs能最小的五种化合物的摩尔数 n_i。为得到 G 的最小值，借助于非线性回归方法来改变摩尔数。1100K和40bar时，对于以下摩尔数和相应的摩尔分数，获得Gibbs能的最小值：

$G = -479515.8\text{J}$

$n_{CH_4} = 0.33580\text{mol}$　　$y_{CH_4} = 0.06074$

$n_{H_2O} = 2.22032\text{mol}$　　$y_{H_2O} = 0.40162$

$n_{CO} = 0.34872\text{mol}$　　$y_{CO} = 0.06308$

$n_{H_2} = 2.30807\text{mol}$　　$y_{H_2} = 0.41749$

$n_{CO_2} = 0.31548\text{mol}$　　$y_{CO_2} = 0.05707$

当然，该结果与例12.6中讨论的松弛法的结果相同。对于其他温度，压力为40atm时的平衡组成如图12.12所示。迭代解决方案显示在Mathcad文件12.08中。

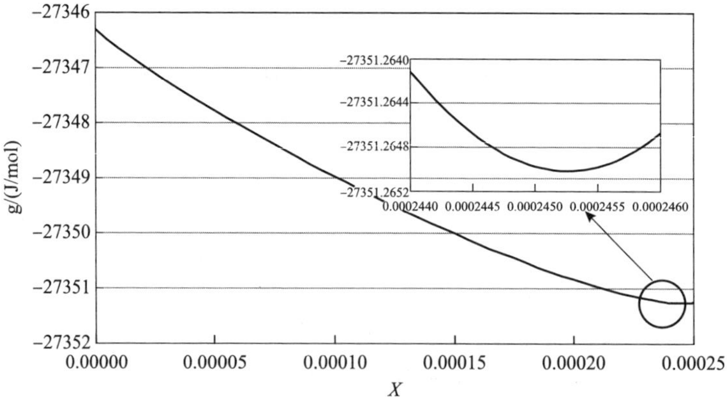

图12.12　特定Gibbs能随反应程度变化的图和部分放大图

例 12.9 使用 G 最小化技术解决例 6.6 中 $\vartheta=70℃$ 时 Deacon 反应的平衡问题

解决方案：

将 n_T 表示为烟道气中的总摩尔数，将 Δn 表示为在反应中形成的氯的摩尔数，反应前后的烟道气中特定组分的摩尔数见表 12.4。

表 12.4 特定组分摩尔数的汇总

反应前	反应后
$n_{H_2O}=n_T\cdot y_{H_2O}=0.025n_T$	$n_{H_2O}=0.025n_T+\Delta n$
$n_{Cl_2}=n_T\cdot y_{Cl_2}=0$	$n_{Cl_2}=\Delta n$
$n_{O_2}=n_T\cdot y_{O_2}=0.1n_T$	$n_{O_2}=0.1n_T-0.5\Delta n$
$n_{HCl}=n_T\cdot y_{HCl}=5\cdot 10^{-4}n_T$	$n_{HCl}=5\cdot 10^{-4}n_T-2\Delta n$
$n_{CO_2}=n_T\cdot y_{CO_2}$	$n_{CO_2}=0.05n_T$
$n_{N_2}=n_T\cdot y_{N_2}$	$n_{N_2}=0.8245n_{Cl_2}$
总的摩尔数	
n_T	$n_T-0.5\Delta n$

由式(6.51)可知，反应前体系的 Gibbs 能为：

$$G=n_{HCl}g_{HCl}+n_{O_2}g_{O_2}+n_{H_2O}g_{H_2O}+n_{Cl_2}g_{Cl_2}+n_{CO_2}g_{CO_2}+n_{N_2}g_{N_2}-n_TT\Delta s^{id}$$

反应后，Gibbs 能的变化见表 12.4。

利用特定摩尔数的表达式，反应后的 Gibbs 能可以表示为：

$$G=(5\cdot 10^{-4}n_T-2\Delta n)g_{HCl}+(0.1n_T-0.5\Delta n)g_{O_2}+(0.025n_T+\Delta n)g_{H_2O}$$
$$+0.05n_Tg_{CO_2}+\Delta ng_{Cl_2}+0.8245n_Tg_{N_2}-(n_T-0.5\Delta n)\cdot T\Delta s^{id}$$

上式除以 n_T 并应用 $X=\Delta n/n_T$ 后，得出：

$$\frac{G}{n_T}=(5\cdot 10^{-4}-2X)g_{HCl}+(0.1-0.5X)g_{O_2}+(0.025+X)g_{H_2O}+g_{Cl_2}+0.05g_{CO_2}$$
$$+0.8245g_{N_2}-(1-0.5X)\cdot T\Delta s^{id}$$

Δs^{id}的表达式如下：

$$\begin{aligned}\Delta s^{id}&=-R\sum_i y_i\ln y_i\\&=-R\left[\frac{5\cdot 10^{-4}-2X}{1-0.5X}\ln\frac{5\cdot 10^{-4}-2X}{1-0.5X}+\frac{50.1-0.5X}{1-0.5X}\ln\frac{50.1-0.5X}{1-0.5X}\right]\\&\quad-R\left[\frac{0.025+X}{1-0.5X}\ln\frac{0.025+X}{1-0.5X}+\frac{X}{1-0.5X}\ln\frac{X}{1-0.5X}\right]\\&\quad-R\left[\frac{0.05}{1-0.5X}\ln\frac{0.05}{1-0.5X}+\frac{0.8245}{1-0.5X}\ln\frac{0.8245}{1-0.5X}\right]\end{aligned}$$

利用例 6.6 中计算出的特定 Gibbs 能量，得出：

$$\frac{G/n_T}{\mathrm{J/mol}}=(5\cdot10^{-4}-2X)(-95845)+(0.1-0.5X)(-95.36)+(0.025+X)$$
$$\cdot(-226704)+X(-110.67)+0.05\cdot(-394622)+0.8245$$
$$\cdot(-94.54)+8.3143\cdot343.15$$
$$\cdot\left[(5\cdot10^{-4}-2X)\ln\frac{5\cdot10^{-4}-2X}{1-0.5X}+(0.1-0.5X)\ln\frac{0.1-0.5X}{1-0.5X}\right]$$
$$+8.3143\cdot343.15\cdot\left[(0.025+X)\ln\frac{0.025+X}{1-0.5X}+X\ln\frac{X}{1-0.5X}\right]$$
$$+8.3143\cdot343.15\left[0.05\ln\frac{0.05}{1-0.5X}+0.8245\ln\frac{0.8245}{1-0.5X}\right]$$

$g=G/n_T$ 只能通过改变 X 来最小化。当 $n_{HCl}\geqslant0$，可以从表 12.4 中的表达式得出 $0\leqslant X\leqslant2.5\cdot10^{-4}$。函数图(见图 12.13)表明在 $2\cdot10^{-4}<X<2.5\cdot10^{-4}$ 范围内有一个稳定的最小值。求最小值的标准是函数的一阶导数变为 0。在这种情况下，以小步长 $\Delta X=10^{-8}$ 数值法计算导数即可。

$$g'(X)\approx\frac{g(X+\Delta X)-g(X-\Delta X)}{2\Delta X}$$

函数的零根可以通过 Regula Falsi 得到，并注意可能的取值范围。算法[12]定义如下：

$$X_{i+2}=X_{i+1}-\frac{g'(X_{i+1})}{g'(X_{i+1})-g'(X_i)}(X_{i+1}-X_i)$$

迭代历史记录在表 12.5 中，给出了迭代方案 $X=\Delta n/n_T=2.452655\cdot10^{-4}$。因此，反应后浓度可以根据表 12.4 确定。由于在两个计算中都做出了数值折中，因此结果与示例 6.6 中获得的值仅略有不同：

$$y_{H_2O}=\frac{n_{H_2O}}{n_T-0.5\Delta n}=\frac{0.025+2.452655\cdot10^{-4}}{1-0.5\cdot2.452655\cdot10^{-4}}=0.02525$$

$$y_{Cl_2}=\frac{n_{Cl_2}}{n_T-0.5\Delta n}=\frac{2.452655\cdot10^{-4}}{1-0.5\cdot2.452655\cdot10^{-4}}=2.453\cdot10^{-4}$$

$$y_{O_2}=\frac{n_{O_2}}{n_T-0.5\Delta n}=\frac{0.1-0.5\cdot2.452655\cdot10^{-4}}{1-0.5\cdot2.452655\cdot10^{-4}}=0.09989$$

$$y_{HCl}=\frac{n_{HCl}}{(n_T-0.5\Delta n)}=\frac{5\cdot10^{-4}-2\cdot2.452655\cdot10^{-4}}{1-0.5\cdot2.452655\cdot10^{-4}}=9.47\cdot10^{-6}$$

$$y_{CO_2}=\frac{n_{CO_2}}{(n_T-0.5\Delta n)}=\frac{0.05}{(1-0.5\cdot2.452665\cdot10^{-4})}=0.05$$

$$y_{N_2}=\frac{n_{N_2}}{(n_T-0.5\Delta n)}=\frac{0.8245}{(1-0.5\cdot2.452665\cdot10^{-4})}=0.8246$$

同样地，可以用 Gibbs 能最小化法解决相平衡问题。在[13]中提出了一些计算方法。

问题：

12.1 计算使用等摩尔量的甲醇(MeOH)和2-甲基-2-丁烯(2M2B)在25℃和80℃时液体中合成叔戊基甲基(TAME)的平衡组成：

$$\text{MeOH} + \text{2M2B} \rightleftharpoons \text{TAME}$$

借助于理想气体状态的标准热力学性质如下：

a. 无溶剂。

b. 在正戊烷存在的情况下，$n_{\text{MeOH}}/n_{\text{pentane}} = 1:1$ 和 $n_{\text{MeOH}}/n_{\text{pentane}} = 1:4$。

计算演示：

(1)假设为理想的行为，也就是说，$\gamma_i = 1$。

(2)考虑真实行为。

(a)使用 Wilson 方程。

(b)使用修正的 UNIFAC 模型。

	Δh_f^0/(kJ/mol)	Δg_f^0/(kJ/mol)	安托因常数		
			A	B	C
MeOH	-201.16	-162.5	8.08097	1582.27	239.7
2M2B	-42.58	59.7	6.92322	1099.07	233.317
TAME	-298.7	-108.05	6.85141	1208.39	217.900

理想气体状态下的标准热力学性质和安托因常数：

$$\log P_i^s(\text{mmHg}) = A - B/(\vartheta(℃) + C)$$

	a/[J/(mol·K)]	b/[J/(mol·K^2)]	c/[J/(mol·K^3)]	d/[J/(mol·K^3)]
MeOH	21.137	$7.088\cdot10^{-2}$	$2.582\cdot10^{-5}$	$-2.850\cdot10^{-8}$
2M2B	11.81	$3.509\cdot10^{-1}$	$-1.117\cdot10^{-4}$	$-5.807\cdot10^{-9}$
TAME	36.391	$4.911\cdot10^{-1}$	$2.760\cdot10^{-5}$	$-1.287\cdot10^{-7}$

描述理想气体摩尔比热容 c_P 随温度变化的参数($c_P = a + bT + cT^2 + dT^3$)

化合物		Wilson 参数/(cal/mol)			
$i\backslash j$	摩尔体积/(cm^3/mol)	MeOH	2M2B	TAME	Pentane
MeOH	40.73	—	2090.97	1467.13	2027.39
2M2B	105.9	287.62	—	408.06	-115.94
TAME	133.45	-354.79	-280.62	—	91.02
Pentane	116.11	616.61	285.64	85.82	—

12.2　利用修正的UNIFAC模型计算80℃在液相中合成TAME时溶剂对化学平衡转化率的影响。初始混合物应包括等摩尔量的甲醇(MeOH)、2－甲基－2－丁烯(2M2B)和溶剂。所有需要的物理性质和参数可以在问题12.1和附录A和I中找到。

12.3　乙醇可由60%乙烯和40%水为原料生产。混合原料在磷酸催化剂、300℃和60bar的条件下反应。计算这个反应在25℃和300℃下的平衡常数。使用VTPR，计算在300℃时实际气相行为对平衡常数K和平衡组成的影响，该影响是压力(高达100bar)的函数。

附录A中提供了标准的生成热力学数据和理想的气体热容关联式。

12.4　在高温下，乙烷通过反应离解(乙烷裂解)。

$$C_2H_6 \rightleftharpoons C_2H_4 + H_2$$

计算800K和2bar时的平衡浓度。附录A中提供了需要的所有数据。

12.5　使用例12.1～12.4中给出的参数，计算在450℃和600atm下合成氨的最佳氮氢进料比：

a. 利用理想的气相行为。

b. 使用VTPR集团贡献方程状态考虑气相的真实行为。

12.6　解离气体和重要的火箭推进剂四氧化二氮(肼)与二氧化氮反应后迅速达到平衡，反应方程式如下：

$$N_2O_4 \rightleftharpoons 2NO_2$$

在1bar的总压力下，气相中N_2O_4的平衡浓度为0.6349(30℃)，0.4088(50℃)，0.2113(70℃)和0.09321(90℃)。计算混合物与理想气体混合物在20～100℃之间的比热容之差。假设仅化学反应会导致非理想行为。

12.7　使用附录A中的数据并假设理想的气相行为，计算出最稳定状态的氧气和氢气在$P=0.01$Pa和$T=2000$K时以计量比生成水的平衡。

$$H_2 + 0.5O_2 \rightleftharpoons H_2O$$

12.8　例12.6中，在水/甲烷比为3.2，压力为40atm的条件下计算了蒸汽重整的平衡转化率随温度变化。请按以下条件考察平衡转化率如何变化的：

a. 水和甲醇的比为2。

b. 反应在5atm下进行。

参考文献

1 Lide, D. R. (ed.) (2004). Handbook of Chemistry and Physics, 85e. Boca Raton, FL: CRC Press.

2 Pedley, J. B. (1994). Thermochemical Data and Structures of Organic Compounds, Part 1. College Station: TRC.

3 Stull, D. R., Westrum, E. F., and Sinke, G. C. (1969). The Chemical Thermodynamics of Organic Compounds. New York: Wiley.

4 Gillespie, L. J. and Beatty, J. A. (1930). The thermodynamic treatment of chemical equilibria in systems composed of real gases. Physiol. Rev. 36: 1008.

5 (1997). Ullmann's Encyclopedia of Industrial Chemistry, 5e. Weinheim: Wiley - VCH.

6 Larson, A. T. and Dodge, R. L. (1923). The ammonia equilibrium. J. Am. Chem. Soc. 45: 2918 - 2930.

7 Winchester, L. J. and Dodge, B. F. (1956). The chemical equilibrium of the ammonia synthesis reaction at high temperatures and extreme pressures. AlChE J. 2: 431 - 436.

8 Larson, A. T. (1924). The ammonia equilibrium at high pressures. J. Am. Chem. Soc. 46: 367 - 372.

9 Dortmund Data Bank (2011). www.ddbst.com (accessed 21 August 2018).

10 Izquierdo, J. F., Cunnill, F., Vila, M. et al. (1992). Equilibrium constants for methyl tert - butyl ether liquid - phase synthesis. J. Chem. Eng. Data 37: 339 - 343.

11 Hoffmann, U. and Hofmann, H. (1971). Einführung in die Optimierung. Verlag Chemie: Weinheim.

12 Press, W. H., Teukolsky, S. A., Vetterling, W. T., and Flannery, B. P. (1992). Numerical Recipes in Fortran, 2e. Cambridge: Cambridge University Press.

13 Sofyan, Y., Ghajar, A. J., and Gasem, K. A. M. (2003). Ind. Eng. Chem. Res. 42: 3786 - 3801.

13 复杂体系的示例

13.1 引言

在前面的章节中，已经详细讨论了相平衡和化学平衡。对于过程模型的开发，通常是先描述化学反应，然后着重于分离过程的相平衡。然而，由于某些物质的相平衡和化学反应相互影响很大，因此对某些物质必须开发特殊模型。此外，出现但不以纯组分存在的组分通常无法分配到纯组分物理性质。

在这些情况下，不能使用上述开发过程模型的策略。在本章中，给出了两个特殊过程模型的示例。

13.2 甲醛溶液

甲醛是最重要的基本化合物之一[1]。甲醛水溶液用作消毒和保存剂。它是生产苯酚、尿素和三聚氰胺树脂的原料。无水甲醛是生产聚甲醛的原料，聚甲醛是一种尺寸稳定的高分子材料。

甲醛是一种低沸点物质，正常沸点约为254K。它在纯态下是不稳定的，所以它通常存在于水溶液或甲醇溶液中。甲醛和水或酒精的混合物不是通常意义上的二元溶液，因为甲醛和它们都能对各种各样的物质起反应，而这些物质本身并不像纯化合物那样稳定。因此，通过建立纯组分性质和二元相互作用参数来建立热力学模型的常规步骤在这种情况下是无效的。甲醛-水-甲醇体系是反应相平衡的一个很好的例子，需要建立一个特殊的模型。这是由 Maurer 小组完成的[2-6]。

甲醛与水反应生成亚甲基二醇：

$$CH_2O + H_2O \rightleftharpoons HO - CH_2 - OH \tag{13.1}$$

如前所述，它不以纯物质的形式存在。进一步加入甲醛分子，根据反应生成相应的亚甲基二醇系列化合物。

$$HO - (CH_2O)_{i-1}H + HOCH_2OH \rightleftharpoons HO - (CH_2O)_iH + H_2O \tag{13.2}$$

同样地，与醇的反应如下：

$$CH_2O + R - OH \rightleftharpoons HO - CH_2O - R \tag{13.3}$$

这些产物被称为半甲醛，它也不像纯物质那样稳定。同时，还可以根据下面反应形成半缩甲醛链。

$$HO - (CH_2O)_{i-1} - R + HO - CH_2O - R \rightleftharpoons HO - (CH_2O)_i - R + R - OH \tag{13.4}$$

最重要的半甲醛是甲醛与甲醇反应生成的半甲醛(反应 13.3 中的 $R = CH_3$)。在下一节中，聚合度更高的亚甲基二醇和半甲醛分别被命名为 MG_i 和 HF_i。

这些化学反应对溶液的物理性质和相平衡有重要的影响。甲醛，通常被认为最好是在气相，现在表现得像一个与水和甲醇的蒸气压类似的组分。为了建立一个模型，必须考虑上面列出的反应，至少在一定程度上，会生成聚合度较高的亚甲基乙醇或半甲醛。

莫尔模型的最大局限之处在于，在这些反应中生成的物质并不以纯组分的形式存在。因此，它们的蒸气压和与其他组分的二元参数不能用常规的方法确定。此外，亚甲基二醇和半甲醛只能同时存在于水(W)、甲醛(FA)和甲醇(MeOH)三元及三元以上的混合物中。

为了减少可调整参数的数量，已经引入了类似 UNIFAC 的方法，该方法对甲醛混合物中存在的物质具有特殊的基团。表 13.1 给出了基团及其大小和表面参数。对于上述反应，质量作用定律是有效的。对于亚甲基二醇和半甲醛，平衡常数由下式给出：

$$K_{MG1} = \frac{(x_{MG1}\gamma_{MG1})}{(x_{FA}\gamma_{FA})(x_W\gamma_W)} \tag{13.5}$$

$$K_{HF1} = \frac{(x_{HF1}\gamma_{HF1})}{(x_{FA}\gamma_{FA})(x_{MeOH}\gamma_{MeOH})} \tag{13.6}$$

表 13.1 Maurer 模型的主要基团及其体积和表面积参数[6]

No.	主要基团	R	Q	基团分配示例
1	CH_2O	0.9183	0.780	Formaldehyde：1CH_2O
2	H_2O	0.9200	1.400	Water：1H_2O
3	$HO(CH_2O)H$	2.6744	2.940	Methylene glycol 1：1$HO(CH_2O)H$
4	HO	1.0000	1.200	Methylene glycol 2：1CH_2O，2OH，1CH_2
5	CH_2	0.6744	0.540	Methylene glycol 2：1CH_2O，2OH，1CH_2
6	CH_3O	1.1459	1.088	Hemiformal 1：1CH_3O，1CH_2OH
7	CH_3OH	1.4311	1.432	Methanol：1CH_3OH
8	CH_2OH	1.2044	1.124	Hemiformal 1：1CH_3O，1CH_2OH

液相的平衡常数与气相的平衡常数有关，对于气相可以按下式计算：

$$K_{\mathrm{MG1}}=K_{\mathrm{MG1,gas}}\frac{P_{\mathrm{FA}}^{\mathrm{s}}P_{\mathrm{W}}^{\mathrm{s}}}{P_{\mathrm{MG1}}^{\mathrm{s}}P^{0}} \tag{13.7}$$

$$K_{\mathrm{HF1}}=K_{\mathrm{HF1,gas}}\frac{P_{\mathrm{FA}}^{\mathrm{s}}P_{\mathrm{MeOH}}^{\mathrm{s}}}{P_{\mathrm{HF1}}^{\mathrm{s}}P^{0}} \tag{13.8}$$

当 $P^0=101325\mathrm{Pa}$ 时

$$K_{\mathrm{MG1,gas}}=\frac{y_{\mathrm{MG1}}}{y_{\mathrm{FA}}y_{\mathrm{W}}}\frac{P^{0}}{P} \tag{13.9}$$

$$K_{\mathrm{HF1,gas}}=\frac{y_{\mathrm{HF1}}}{y_{\mathrm{FA}}y_{\mathrm{MeOH}}}\frac{P^{0}}{P} \tag{13.10}$$

假设气相是理想的。同样，对于聚合度更高的亚甲基二醇和半缩甲醛，化学平衡表达如下：

$$K_{\mathrm{MG}i}=\frac{(x_{\mathrm{MG}i}\gamma_{\mathrm{MG}i})(x_{\mathrm{W}}\gamma_{\mathrm{W}})}{(x_{\mathrm{MG1}}\gamma_{\mathrm{MG1}})(x_{\mathrm{MG}i-1}\gamma_{\mathrm{MG}i-1})} \tag{13.11}$$

$$K_{\mathrm{MG}i}=\frac{(x_{\mathrm{HF}i}\gamma_{\mathrm{HF}i})(x_{\mathrm{MeOH}}\gamma_{\mathrm{MeOH}})}{(x_{\mathrm{HF1}}\gamma_{\mathrm{HF1}})(x_{\mathrm{HF}i-1}\gamma_{\mathrm{HF}i-1})} \tag{13.12}$$

平衡常数，UNIFAC 相互作用参数和不以纯组分形式存在的组分的蒸气压参数必须同时拟合到相平衡数据和从光谱测定的甲醛-水、甲醛-甲醇和甲醛-水-甲醇体系的反应平衡数据中，从这些体系可获得大量数据。为了保证特定组分参数重要性，我们做出了许多简化的假设。

Ⅰ　将 $i\geqslant2$ 的聚合度更高的亚甲基二醇和半缩甲醛 MG_i 和 HF_i 的蒸气压设为零。因此根据模型，它们不会出现在蒸气相中。

Ⅱ　$i\geqslant3$ 的聚合度更高的亚甲基二醇和 $i\geqslant2$ 的聚合度更高的半缩甲醛的反应常数相同。

表 13.2　Maurer 模型中 UNIFAC 方法的基团交互参数 a_{nm}(K)[6]

n/m	1	2	3	4	5	6	7	8
1	—	867.8	189.2	237.7	83.4	0	238.4	238.4
2	-254.5	—	189.2	-229.1	300.0	-219.3	289.6	a_{28}
3	59.2	-191.8	—	-229.1	300.0	-142.8	289.6	289.6
4	28.1	353.5	353.5	—	156.4	112.8	-137.1	-137.1
5	251.5	1318.0	1318.0	986.5	—	447.8	697.2	697.2
6	0	423.8	774.8	1164.8	273.0	—	238.4	238.4
7	-128.6	-181.0	-181.0	249.1	16.5	-128.6	—	0
8	-128.6	a_{82}	-181	249.1	16.5	-128.6	0	—

$a_{28}=451.64-114100\mathrm{K}/T$　　$a_{82}=-1018.57+\dfrac{329900\mathrm{K}}{T}$（参数随温度而变化）

表 13.3 Maurer 模型中的化学平衡常数[6]：$\ln K = A + B/(T/K) + C(T/K) + D(T/K)^2$

	A	B	C	D
$K_{MG1,gas}$	-16.984	5233.2	—	—
K_{MG2}	0.005019	834.5	—	—
$K_{MGn}, n>2$	0.01312	542.1	—	—
$K_{HF1,gas}$	56.364	0	-0.2509	0.0002758
K_{HF2}	-0.6291	-407.7	—	—
$K_{HFn}, n>2$	-0.5018	-526.2	—	—

Ⅰ. 假设气相是理想的。

Ⅱ. 几个 UNIFAC 交互参数对设置为零或认为是相同的。

模型中使用的最终参数集见表 13.2 ~ 表 13.4

在实际应用中，特定的亚甲基二醇和半甲醛的最终分布对于质量平衡而言并不令人感兴趣。必须将其转化为甲醛，甲醇和水的浓度。通过应用下面两个反应方程式来完成最终的质量平衡。

$$MG_i \rightarrow iCH_2O + H_2O \tag{13.13}$$

$$HF_i \rightarrow iCH_2O + CH_3OH \tag{13.14}$$

表 13.4 Maurer 模型中的安托因系数：$\ln(P^s/kPa) = A + B/[T/K + C]$

组分	A	B	C
甲醛	14.4625	-2204.13	-30.00
水	16.2886	-3816.44	-46.13
甲醇	16.5725	-3626.55	-34.29
亚甲基二醇	17.4364	-4762.07	-51.2111
半缩甲醛	19.5736	-5646.71	0.00

图 13.1 和图 13.2 通过应用 Maurer 模型对甲醛 - 水和甲醛 - 甲醇的反应体系进行了定性概述。没有获得甲醛作为低沸点物质的预期曲率。相反，甲醛表现得像沸点类似于水和甲醇的物质。对于甲醛 - 水，会形成共沸物，在高温下会消失。在$x_{FA}=0.6$时曲线中断，因为较高的浓度可能会形成固体。在此区域中，没有可用的数据点，因此，该模型的应用是不合理的。Maurer 模型已成功应用于聚甲醛(POM)生产中的多个工艺步骤。为此目的，在模型中引入了另外的惰性组分(例如三噁烷和甲缩醛)。

为此，将其他惰性组分(例如三噁烷和甲基缩醛)以及类似 Cannizzaro 反应或者 Tischenko 反应的副产物反应引入模型[3]。

坎尼扎罗反应：

$$2CH_2O + H_2O \rightleftharpoons HCOOH + CH_3 \tag{13.15}$$

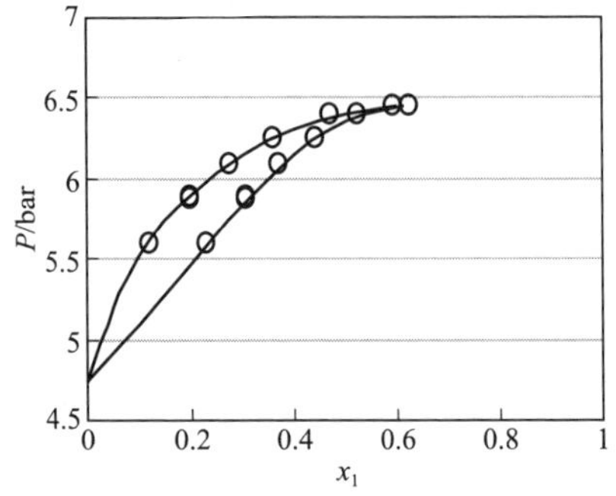

图 13.1 423K 时甲醛(1) - 水体(2)系的蒸气压随甲醛分数的变化
(数据来自 Kuhnert[6])

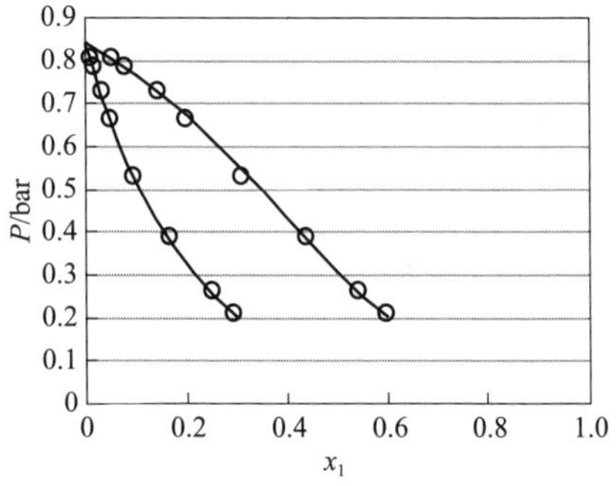

图13.2 333.1K 时甲醛(1) - 甲醇体(2)系的蒸气压随甲醛分数的变化
(数据来自 Kogan and Ogorodnikov[7])

将甲醛转化为甲酸甲酯的 Tischenko 反应[6]：

$$2CH_2O \rightleftharpoons HCOOCH_3 \tag{13.16}$$

可以通过考虑特定生成反应的焓来评估甲二醇和半缩甲醛的焓。对于 MG_1 和 HF_1，可以写成下式

$$h^{id}_{MG_1}(T) = h^{id}_{FA}(T) + h^{id}_{W}(T) + \Delta h^{id}_{R,MG1}(T) \tag{13.17}$$

$$h^{id}_{HF_1}(T) = h^{id}_{FA}(T) + h^{id}_{MeOH}(T) + \Delta h^{id}_{R,HF_1}(T) \tag{13.18}$$

反应的焓由 van't Hoff 方程计算：

$$\Delta h^{id}_{R} = RT^2\left(\frac{d\ln K}{dT}\right) \tag{13.19}$$

通过减去蒸发焓来获得液体焓：

$$h^{L}_{MG_1} = h^{id}_{MG_1} - \Delta h_{v,MG_1} \tag{13.20}$$

$$h^{L}_{HF_1} = h^{id}_{HF_1} - \Delta h_{v,HF_1} \tag{13.21}$$

蒸发焓可以使用表 13.4 中给出的蒸气压方程式通过 Clausius - Clapeyron 方程式(参见第 2.4.4 节)进行估算。将气相视为理想气体，这意味着忽略了实际气相与理想气体之间的偏差。

由于高级偕二醇和半缩甲醛的蒸气压已设为零，因此只有它们的液体焓有意义。它们可以由下列公式确定：

$$h^{L}_{MG_i}(T) = h^{L}_{MGi-1}(T) + h^{L}_{WG_1}(T) - h^{L}_{W}(T) + \Delta h^{L}_{R,MG_i} \tag{13.22}$$

$$h^{L}_{HFi}(T) = h^{L}_{HFi-1}(T) + h^{L}_{HF_1}(T) - h^{L}_{MeOH}(T) + \Delta h^{L}_{R,HFi} \tag{13.23}$$

其中，通过与方程式(13.19)类似的 van't Hoff 方程得到 Δh^{L}_{R}。该过程指的是第 6.2 节中所述的求解焓的 A 路径。由于涉及一个大致确定的反应焓的导数，并且使用了理想的气相，因此不能期望结果特别是对于 c^{L}_{p} 非常精确。而是将它们

作为一种粗略的估计。

在许多情况下，反应动力学的影响非常明显，尤其是在低温下。另一方面，由于要考虑的反应数量比较多，因此很难对反应动力学进行评价。此外，任何动力学都必须采用活度。否则，反应进程不向平衡态移动，结果将不一致。

最近的研究工作中，表明了慢反应动力学具有应用前景[8]。在较低的温度和较短的停留时间下，例如在蒸发器中，反应动力学由于太慢而不能达到平衡。如果使蒸气中的甲醛含量尽可能低，正如在 POM 过程中通过蒸发浓缩三聚甲醛的情形，则是有利的。

MG 和 HF 链反应形成 MG_1 和甲醛分子的逆反应太慢而无法达到平衡；因此，甲醛的蒸发变少。与普通的吸收过程不同，吸收含蒸气的甲醛应在相对较高的温度下进行，以获得足够的液相反应速率，这对于吸收是必要的。

13.3 气相缔合

在高压条件下，2.5 节中描述的状态方程考虑到的分子间作用力不能忽略不计，与理想气体状态方程的偏差也变大。在环境压强下，理想气体定律至少能够估算 PvT 行为。

这对于特定数量的组分(即某些有机酸和氟化氢(HF))是无效的。表 13.5 给出了正常沸点下纯组分气相的压缩系数，这明显偏离了理想气体定律 $z = Pv/RT = 1$。

表 13.5 正常沸点下缔合物质的压缩系数

	正常沸点 /K	z
乙酸	391	0.6
甲酸	374	0.65
氟化氢	293	0.33

根据缔合模型，假定这些物质在气相中形成缔合物，其本身视为理想气体。在实际应用中，仅考虑二聚体的存在，这对于相对较差的数据情况而言已足够。有两个例外：对于乙酸，可以获得很多的实验数据，这就让模型变得更灵活。正是出于这个目的，引入四聚体作为组分，尽管已表明四聚体实际上并没有显著的范围[9,10]。同样，关于 HF 也有很多数据。在气相中，已经检测到许多不同的组分。最常见的是六聚体[11]。通过假设只有单体和六聚体可以成功地描述 PvT 过程。对于其他组分并没有带来更好的结果。

这种缔合的特点是在气相中发生化学反应。每一个反应：

$$n(i) \rightleftharpoons (i)_n$$

通过质量作用定律来描述：

$$K_n = \frac{z_n}{z_1^n (P/P_0)^{n-1}} \tag{13.24}$$

其中 K 是平衡常数(见第 12 章)，z_n 表示缔合度为 n 的真实浓度，这意味着由 n 个分子组成的物质的浓度(对于 $n=1$，得到 $K_1=1$)。P_0是任意参考压强；在这种情况下，选择为

$$P_0 = 1\,\text{Pa} \tag{13.25}$$

平衡常数与反应的 Gibbs 自由能有关(参考 12 章)，如下式

$$\Delta g^0_{R,n} = \Delta h^0_{R,n} - T\Delta S^0_{R,n} = -RT\ln K_n \tag{13.26}$$

因此，平衡常数可以写为：

$$\ln K_n = \frac{\Delta S^0_{R,n}}{R} - \frac{\Delta h^0_{R,n}}{RT} \tag{13.27}$$

假设 $\Delta h^0_{R,n}$，$\Delta S^0_{R,n}$不受温度影响，得到关联式：

$$\ln K_n = A_n + \frac{B_n}{T} \tag{13.28}$$

其中，$A_n = \Delta S^0_{R,n}/R$，$B_n = -\Delta h^0_{R,n}/R$，气相中物质总数因缔合反应而减少，$\Delta S^0_{R,n}$总是负的，即 $A<0$。此外，反应总是放热反应，意味着 $\Delta h^0_{R,n}$是负的，因此 $B>0$。表 13.6 给出了最重要的缔合物质的缔合常数。

表 13.6　最重要的缔合物质的缔合常数

物质	分子式	A_2	B_2/K	A_4	B_4/K	A_6	B_6/K
		二聚作用		四聚作用		六聚作用	
甲酸	HCOOH	−29.607	7108	—	—	—	—
乙酸	CH_3COOH	−29.129	7335	−78.232	17268	—	—
氯乙酸	$CH_2ClCOOH$	−43.568	13035	—	—	—	—
二氯乙酸	$CHCl_2COOH$	−38.134	10636	—	—	—	—
丙酸	CH_3CH_2COOH	−29.791	7821	—	—	—	—
丙烯酸	$CH_2=CHCOOH$	−33.989	9384	—	—	—	—
丁酸	C_3H_7COOH	−28.232	7090	—	—	—	—
苯甲酸	C_6H_5COOH	−25.467	6012	—	—	—	—
氢氟酸	HF	—	—	—	—	−119.306	18735

为了得到真实的浓度 z_n，必须要对气相中的质量平衡进行估计。特定物质的浓度总和必须等于 1：

$$\sum_n z_n = \sum_n K_n z_1^n (P/P_0)^{n-1} = 1 \tag{13.29}$$

从而得到了单体浓度 z_1 的非线性方程。如果只考虑二聚体，得到一个二次

方程：

$$K_2 z_1^2 (P/P_0) + z_1 - 1 = 0 \tag{13.30}$$

直接求解出

$$z_1 = \frac{\sqrt{1 + 4K_2(P/P_0)} - 1}{2K_2(P/P_0)} \tag{13.31}$$

对于乙酸和 HF，由于考虑四聚体或六聚体，必须用数值方法求解方程，但这很简单，因为 $0 < z_1 < 1$。在计算了 z_1 之后，压缩系数 z 就可以由气相中缔合物中的数目与分子数目之比确定：

$$z = \frac{Pv}{RT} = \frac{\sum_n z_n}{\sum_n n z_n} = \frac{1}{\sum_n n z_n} \tag{13.32}$$

然后比体积通过下式获得：

$$v = z\frac{RT}{P} \tag{13.33}$$

对于所有的化学反应，焓的变化是显著而不能忽略。

根据公式(13.27)和式(13.28)，反应的焓为：

$$\Delta h_{R,n}^0 = -RB_n \tag{13.34}$$

对于 n 级缔合物复合度为 n 的每一个分子，其对 $(h - h^{id})$ 的贡献等于 $\Delta h_{R,n}^0/n$。另一方面，在缔合度为 n 的复合体中分子的分数等于 $nz_n/\sum nz_n$。因此，$(h - h^{id})$ 可以通过下式计算：

$$(h - h^{id}) = \sum_n \frac{nz_n}{\sum_n nz_n}(\Delta h_{R,n}^0/n) = \sum_n \frac{-RB_n z_n}{\sum_n nz_n} = -zR\sum_n B_n z_n \tag{13.35}$$

为了与实验数据进行比较，得到 c_P^V 一个表达式很有用。由

$$h^V(T,P) = \Delta h_f^0 + \int_{T_0}^{T} c_P^{id} dT + (h - h^{id})(T,P) \tag{13.36}$$

我们得到了：

$$c_P^V = c_P^{id} + \left(\frac{d(h - h^{id})}{dT}\right)_P \tag{13.37}$$

由于公式(13.35)的复杂性，建议对式(13.37)中的微分商进行数值计算。

在图 13.3 中，以压强为参数给出了气态 HF 的比热容随温度变化的异常曲线。对于 $P = 0$，它几乎是一个常数函数，即 $c_P^V = c_P^{id} \approx 1.46J/(g \cdot K)$。有限的压强对缔合反应有很大的影响，并且会形成一个峰。对于左侧的曲线，峰顶大约比 c_P^{id} 大 40 倍。随着压强的增加，峰顶变得不那么陡峭，并且它转移到更高的温度下，简单的缔合模型可以很好地重现这个复杂的形状，但是却不是非常一致。

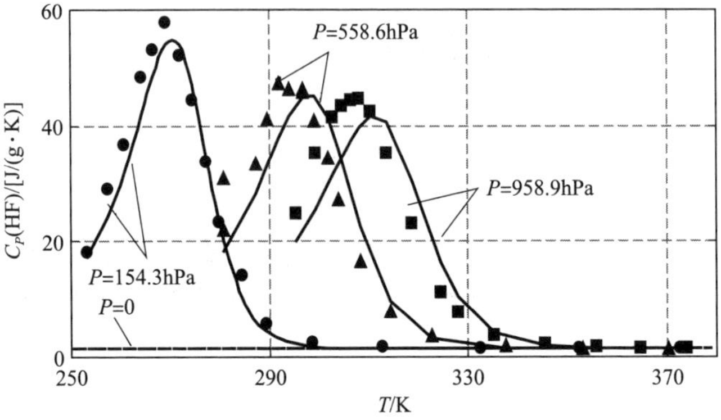

图 13.3　气态 HF 的比热容随温度的变化

（数据来源：Franck Meyer[12]）

曲率本身很容易理解：在沸点处，蒸气很大程度上由六聚体组成。额外的热量供应会导致六聚体断裂，因为它有利于吸热反应。断裂具有化学反应的特征，因此，其能量要求非常高。因此，c_P^V 急剧增加，因为热量主要用来断裂，而不是用于增加温度。最后随着温度的增加，要断裂的六聚体的数量降低；热容量经过最大值并下降到 c_P^{id} 的正常值。图 13.3 所示的实验数据是来自 Franck and Meyer[12] 的。对于有机酸，c_P^V 的曲率相似，但是不像 HF 那样(图 13.4)。

同样，汽化焓的曲率随温度的变化情况不同于图 3.12 所示的一般情形。图 13.5 表示了 HF 和乙酸的曲线图。它们两个都显示出现了一个最大值。对于 HF，它的形状非常特殊，以致于只有 PPDS 公式(3.62)才能产生可以接受的关联结果。对于 1bar 以上的饱和压强，不应使用 Clausius－Clapeyron 方程(3.64)。因为缔合模型没有考虑基于物理的气相非理想性。

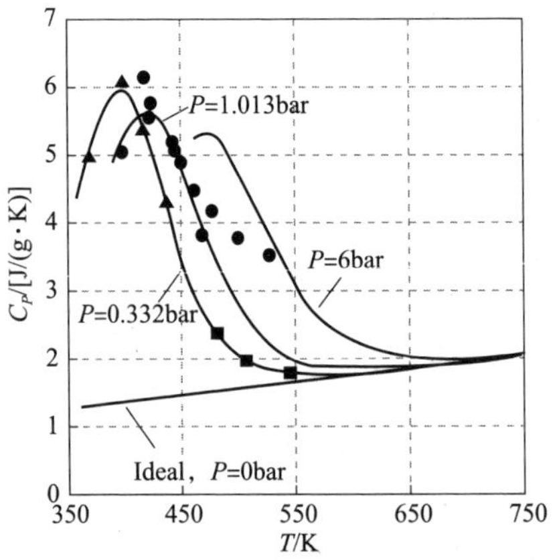

图 13.4　醋酸蒸气的 c_P^V 随温度的变化

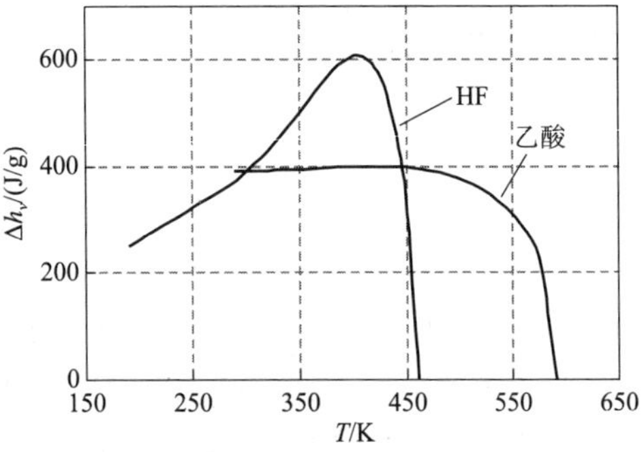

图 13.5　HF 和乙酸的蒸发焓随温度的变化

由蒸气密度和 c_P^V 的数据可以拟合描述平衡常数 A 和 B 的参数。由于 c_P^V 函数的形状陡峭，因此相对较小的误差会对目标函数产生较大影响。因此，在目标函数的计算中应该引入加权因子从而确保两种类型的数据作用相当。如果路径 A 用于焓值描述(第 6.2 节)，强烈建议也要集成 c_P^V 数据[13]。在这种情况下，在目标函数同时采用缔合常数和蒸发焓的关联式：

$$F = w_1 \sum_i \left(\frac{\Delta h_{vi,\mathrm{calc}} - \Delta h_{vi,\mathrm{exp}}}{\Delta h_{vi,\mathrm{exp}}}\right)^2 + w_2 \sum_i \left(\frac{c_{Pi,\mathrm{calc}}^{L} - c_{Pi,\mathrm{exp}}^{L}}{c_{Pi,\mathrm{exp}}^{L}}\right)^2$$
$$+ w_3 \sum_i \left(\frac{c_{Pi,\mathrm{calc}}^{V} - c_{Pi,\mathrm{exp}}^{V}}{c_{Pi,\mathrm{exp}}^{V}}\right)^2 + w_4 \sum_i \left(\frac{v_{i,\mathrm{calc}}^{V} - v_{i,\mathrm{exp}}^{V}}{v_{i,\mathrm{exp}}^{V}}\right)^2 \tag{13.38}$$

应该提到的是，这没法估计缔合常数。即使是定性的估计也常常是不准确的。例如，三氯乙酸没有显示出缔合行为[14]，尽管它比乙酸、一氯乙酸和二氯乙酸极性更强。

例 13.1 计算醋酸在 $P=0.6486\mathrm{bar}$、$T=383.15\mathrm{K}$ 时的比体积。

解：

由表 13.6 得到：

$$K_2 = \exp\left(-29.129 + \frac{7335}{383.15}\right) = 4.608 \cdot 10^{-5}$$

$$K_4 = \exp\left(-78.232 + \frac{17268}{383.15}\right) = 3.956 \cdot 10^{-5}$$

由方程(13.29)得：

$$z_1 + K_2 z_1^2 \left(\frac{P}{P_0}\right) + K_4 z_1^4 \left(\frac{P}{P_0}\right)^3 = 1$$

$$\Rightarrow f(z_1) = z_1 + 2.98896 z_1^2 + 1.07947 z_1^4 - 1 = 0$$

以 $z_1 = 0.5$ 为初始估计值，根据牛顿法获得以下迭代：

$$z_{1,i+1} = z_{1,i} - \frac{f(z_{1,i})}{f'(z_{1,i})}$$

用 $f'(z_1) = 1 + 5.97792 z_1 + 3.23841 z_1^3 = 0$ 得到结果如下：

Step	$z_{1,i}$	$f(z_{1,i})$	$f'(z_{1,i})$	$z_{1,i+1}$
1	0.5	0.3147	4.3938	0.4284
2	0.4284	0.0133	3.8156	0.4249
3	0.4249	−0.00029	3.7884	0.4250
4	0.4250	0.0001	3.7892	0.4250

用 $z_1 = 0.425$，由式(13.24)得到 $z_2 = 0.5399$ 和 $z_4 = 0.0352$。因此，压缩系数是

$$z=\frac{Pv}{RT}=\frac{1}{\sum_{n}nz_{n}}=\frac{1}{z_{1}+2z_{2}+4z_{4}}=0.6077$$

比蒸气体积是 $v=\frac{zRT}{P}=29.864\mathrm{m}^3/\mathrm{kmol}$

根据 Barton and Hsu[15]，实验值是 $v=30.0\mathrm{m}^3/\mathrm{kmol}$。

同样对于纯组分，缔合模型可以应用于缔合化合物的混合物以及缔合物质和非缔合物质的混合物。同样，可以由物料平衡计算出真实组分的浓度。当出现多个组分时，必须修改 K 和 z 的标注体系。在下一部分中，第一个指数表示组分，第二个指数表示缔合度，例如，z_{12} 表示组分 1 的二聚体的真实浓度。

对于有机酸混合物，由反应形成的共二聚体

$$(i)+(j)\rightleftharpoons(ij)$$

必须作为一个新物种引进。质量作用的相应的定律是：

$$K_{Mij}=\frac{z_{Mij}}{z_{i1}z_{j1}\left(\frac{P}{P_{0}}\right)} \tag{13.39}$$

对于 K_{Mij}，Prausnitz 等人[16]推荐了如下关系式

$$K_{Mij}=2\sqrt{K_{i2}K_{j2}} \tag{13.40}$$

必须区分特定组分的真实浓度 z_{in} 和表观浓度 y_i，表观浓度 y_i 表示混合物中出现的组分的化学计量摩尔分数。为了得到其中的真浓度 z_{in}，必须求解一个比纯组分复杂得多的方程组。同样，真实单体浓度 z_{i1} 是关键浓度。在确定它们之后，可以通过平衡条件公式(13.24)和公式(13.39)得出其他组分的浓度。对于每种组分，无论是否缔合，均存在真实的单体浓度。因此，每个组分必须有一个方程。体系的第一个方程是简单的质量平衡，所有物种的真实浓度之和为1：

$$\sum_{i}\sum_{n}z_{in}+\sum_{i}\sum_{j>1}z_{Mij}=1 \tag{13.41}$$

对于每个 $i>1$ 的组分，可以按以下方式建立一个方程：特定组分与第一组分的单体数之比等于表观浓度之比：

$$\frac{\sum_{i}nz_{in}+\sum_{j\neq i}z_{Mij}}{\sum_{n}nz_{1n}+\sum_{j\neq 1}z_{M1j}}=\frac{y_{i}}{y_{1}} \tag{13.42}$$

与式(13.24)联立，得到：

$$\sum_{i}\sum_{n}K_{in}z_{i1}^{n}\left(\frac{P}{P_{0}}\right)^{n-1}+\sum_{i}\sum_{j>1}K_{Mij}z_{i1}z_{j1}\left(\frac{P}{P_{0}}\right)=1 \tag{13.43}$$

和

$$\frac{\sum_{n} nK_{in}z_{i1}^{n}\left(\frac{P}{P_0}\right)^{n-1}+\sum_{j\neq i}K_{Mij}z_{i1}z_{j1}\left(\frac{P}{P_0}\right)}{\sum_{n} nK_{1n}z_{11}^{n}\left(\frac{P}{P_0}\right)^{n-1}+\sum_{j\neq 1}K_{M1j}z_{11}z_{j1}\left(\frac{P}{P_0}\right)}=\frac{y_i}{y} \tag{13.44}$$

K_{i1}的值必须设为1。

因此，一个非线性方程组可用于评估真实单体浓度 z_{i1}，该浓度可通过标准方法求解[17]。压缩系数等于缔合物的数量与缔合物中单体的数量之比

$$z=\frac{Pv}{RT}=\frac{\sum_{i}\sum_{n} z_{in}+\sum_{i}\sum_{j>1} z_{Mij}}{\sum_{i}\sum_{n} nz_{in}+2\sum_{i}\sum_{j>1} z_{Mij}} \tag{13.45}$$

使用式(13.41)上式可以写成

$$z=\frac{Pv}{RT}=\frac{1}{\sum_{i}\sum_{n} nz_{in}+2\sum_{i}\sum_{j>1} z_{Mij}} \tag{13.46}$$

类似地，可以得到蒸气焓的剩余项$(h-h^{id})$。使用 N 作为特定组分的总数目，可以设置比率如下：

$$\frac{N_{in}}{N}=\frac{nz_{in}}{\sum_{i}\sum_{n} nz_{in}+2\sum_{i}\sum_{j>1} z_{Mij}} \tag{13.47}$$

和

$$\frac{N_{Mij}}{N}=\frac{2z_{Mij}}{\sum_{i}\sum_{n} nz_{in}+2\sum_{i}\sum_{j>1} z_{Mij}} \tag{13.48}$$

利用 van't Hoff 方程：

$$\Delta h_{\mathrm{R}}^{0}=RT^{2}\left(\frac{\mathrm{d}(\ln K)}{\mathrm{d}T}\right) \tag{13.49}$$

得到反应焓：

$$\Delta h_{in}=-RB_{in} \tag{13.50}$$

和

$$\Delta h_{Mij}=-\frac{R}{2}(B_{i2}+B_{j2}) \tag{13.51}$$

对于缔合度为 $n(n>1)$ 的每个分子，对焓修正的贡献分别为 $\Delta h_{in}/n$ 或 $\Delta h_{Mij}/2$。设置 $\Delta h_{i1}=0$，修正焓为

$$(h-h^{id})=\frac{\sum_{i}\sum_{n} N_{in}\Delta h_{in}/n+\sum_{i}\sum_{j>i} N_{Mij}\Delta h_{Mij}/2}{\sum_{i}\sum_{n} nz_{in}+2\sum_{i}\sum_{j>1} z_{Mij}} \tag{13.52}$$

使用公式(13.47)和公式(13.48)，可将$(h-h^{id})$表示为：

$$(h-h^{\mathrm{id}})=\frac{\sum_i\sum_n z_{in}\Delta h_{in}+\sum_i\sum_{j>i} Nz_{Mij}\Delta h_{Mij}}{\sum_i\sum_n nz_{in}+2\sum_i\sum_{j>1} z_{Mij}}$$
$$=z\left(\sum_i\sum_n z_{in}\Delta h_{in}+\sum_i\sum_{j>i} z_{Mij}\Delta h_{Mij}\right) \tag{13.53}$$

可以根据公式(13.37)再次计算比热容。

为了计算气–液平衡(VLE)，需要一个逸度系数的解析表达式。它可以根据Prausnitz 等[16]的文献得出。

利用每个组分的物料平衡

$$N_i=\sum_n nN_{in}+\sum_i\sum_{j\neq i} N_{Mij} \tag{13.54}$$

与化学势的平衡条件

$$\mu_i=n\mu_{i1} \tag{13.55}$$

$$\mu_{Mij}=\mu_{i1}+\mu_{j1} \tag{13.56}$$

固定温度和压力下 Gibbs 能的全微分可以通过两种方式求得。首先它的得到不考虑真实组分的形式为：

$$\mathrm{d}G=\sum_i\mu_i\mathrm{d}N_i \tag{13.57}$$

第二种方式，考虑存在特定真实组分

$$\mathrm{d}G=\sum_i\sum_n\mu_{in}\mathrm{d}N_{in}+\sum_i\sum_{j>i}\mu_{Mij}\mathrm{d}N_{Mij} \tag{13.58}$$

用公式(13.55)和公式(13.58)中的化学势代替，得到：

$$\begin{aligned}\mathrm{d}G&=\sum_i\sum_n n\mu_{i1}\mathrm{d}N_{in}+\sum_i\sum_{j>i}(\mu_{i1}+\mu_{j1})\mathrm{d}N_{Mij}\\&=\sum_i\sum_n n\mu_{i1}\mathrm{d}N_{in}+\sum_i\sum_{j>i}\mu_{i1}\mathrm{d}N_{Mij}+\sum_i\sum_{j>i}\mu_{j1}\mathrm{d}N_{Mij}\\&=\sum_i\sum_n n\mu_{i1}\mathrm{d}N_{in}+\sum_i\sum_{j>i}\mu_{i1}\mathrm{d}N_{Mij}+\sum_i\sum_{j>i}\mu_{i1}\mathrm{d}N_{Mij}\\&=\sum_i\sum_n n\mu_{i1}\mathrm{d}N_{in}+\sum_i\sum_{j\neq i}\mu_{i1}\mathrm{d}N_{Mij}\\&=\sum_i\mu_{i1}\left[\sum_n n\mathrm{d}N_{in}+\sum_{j\neq i}\mathrm{d}N_{Mij}\right]\end{aligned} \tag{13.59}$$

对公式(13.54)求微分：

$$\mathrm{d}N_i=\sum_n n\mathrm{d}N_{in}+\sum_i\sum_{j\neq i}\mathrm{d}N_{Mij} \tag{13.60}$$

将其加入公式(13.59)，结果是

$$\mathrm{d}G=\sum_i\mu_{i1}\mathrm{d}N_i \tag{13.61}$$

比较式(13.61)和式(13.57)得到

$$\mu_i=\mu_{i1} \tag{13.62}$$

从化学计量的角度来看，μ_i 为非理想气体的化学势。因此，可以将其赋值为逸度系数：

$$\mu_i = g_i^{\text{pure}}(T,\ P_0) + RT\ln\frac{y_i P \varphi_i}{f_i^0} \tag{13.63}$$

因为特定的组分被视为理想气体。从真组分的观点来看，把混合物视为理想气体可以实现化学势的估算：

$$\mu_i = {}_i^{\text{pure}}(T,\ P_0) + RT\ln\frac{z_{i1} P}{f_{i1}^0} \tag{13.64}$$

因为特定的组分处理理想气体。至于相同条件下的 $g^{\text{pure}}(T,\ P^0)$ 和 f^0，参考状态相同其逸度系数简化为

$$\varphi_i = \frac{z_{i1}}{y_i} \tag{13.65}$$

缔合模型已成功地应用于许多含有机酸或 HF 的混合物的情形。实际应用最重要的体系是乙酸/水。图 13.6 为与 NRTL/关联模型的相图。为了进行比较，还展示了用 NRTL 和理想气相的拟合，表明出相当大的质量差异。图 13.7 对 R22 - HF 体系进行了相同的比较。在这个情况中，只有 PTx 数据可用。使用理想气体模型的拟合具有相同的质量与关联模型相适应。但是，尚未测量的蒸气浓度有很大不同。

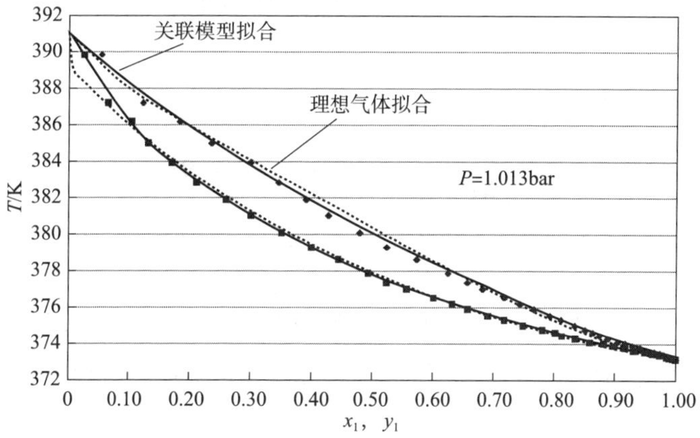

图 13.6 水(1) - 醋酸(2)体系相图

来源：Fu 等人[18]的数据，经 Elsevier 许可复制

然而，缺少将缔合模型与考虑高压下分子间力的状态方程相结合的模型。在一些应用中，这种模型是有用的[20]。

已经进行了许多尝试[11,21-33]；然而，它们都不能满足过程模拟的特殊要求，即扩展到多组分混合物，已证明的焓描述和逸度系数的推导。

例 13.2 在 $T=400\text{K}$ 和 $P=1\text{bar}$ 下计算 40mol% 甲酸(1)和 60mol% 氮(2)的混合物的气相比体积。

解：

根据表 13.6，可以计算出二聚常数为

$$K_2=\exp\left(-29.607+\frac{7108}{400}\right)=7.23196\cdot 10^{-6}$$

由公式(13.43)和公式(13.44)得到

$$z_{11}+K_2z_{11}^2(P/P_0)+z_{21}=1$$

$$\frac{z_{11}+K_2z_{11}^2(P/P_0)}{z_{21}}=\frac{y_1}{y_2}$$

$$\rightarrow z_{11}+0.7232z_{11}^2+z_{21}=1$$

$$z_{11}+1.4464z_{11}^2-\frac{2}{3}z_{21}=0$$

$$\rightarrow 2.5z_{11}+2.8928z_{11}^2=1$$

$$\rightarrow z_{11}^2+0.8642z_{11}-0.3457=0$$

$$\rightarrow z_{11}=-0.4321+\sqrt{0.1867+0.3457}=0.2976$$

通过公式(13.24)，得到

$$z_{12}=K_2z_{11}^2(P/P_0)=0.064$$

及

$$z_{21}=1-z_{11}-z_{12}=0.6384$$

使用公式(13.46)得到

$$z=\frac{Pv}{RT}=\frac{1}{z_{11}+2z_{12}+z_{21}}=0.9398$$

及

$$v=\frac{zRT}{P}31.257\text{m}^3/\text{kmol}$$

例 13.3 借助缔合模型，计算 $\vartheta=80℃$ ($y_1=0.35$，$P=35.57\text{kPa}$) 时系统水(1)－乙酸(2)体系的逸度系数 φ_i^{V} 和 φ_i^{s}。所需的缔合参数可以从表 13.6 中获取。

解：

为了能够计算逸度系数 φ_i^{V}，首先必须确定 $\vartheta=80℃$ 的平衡常数 K_2 和 K_4。然后，必须计算出单体乙酸和水的气相摩尔分数：

$$\ln K_{22}=-29.129+\frac{7335K}{353.15K}=-8.3588\Rightarrow K_{22}=2.3433\cdot 10^{-4}$$

$$\ln K_{24}=-78.232+\frac{17268K}{353.15K}=-29.3349\Rightarrow K_{24}=1.8197\cdot 10^{-13}$$

使用公式(13.24)~(13.44)，我们得到：

$$K_{22}=\frac{z_{22}}{z_{21}^2(P/P_0)^1}$$

$$K_{24}=\frac{z_{24}}{z_{21}^4(P/P_0)^3}$$

$$z_{11}+z_{21}+K_{22}z_{21}^2(P/P_0)+K_{24}z_{21}^4(P/P_0)^3=1 \tag{13.66}$$

及

$$\frac{z_{21}+2K_{22}z_{21}^2(P/P_0)+4K_{24}z_{21}^4(P/P_0)^3}{z_{11}}=\frac{y_2}{y_1} \tag{13.67}$$

在 $P=35.57\text{kPa}$，$P_0=1\text{Pa}$ 以及上面获得的 K_{22} 和 K_{24} 的值的情况下，得到 z_{11} 和 z_{21} 的两个方程：

$$z_{11}+z_{21}+8.3351z_{21}^2+8.18939z_{21}^4=1$$

$$z_{21}+16.6702z_{21}^2+32.757z_{21}^4=1.8571z_{11}$$

消去 z_{11} 得到：

$$z_{21}+16.6702z_{21}^2+32.7576z_{21}^4=1.8571-1.857z_{21}-15.4791z_{21}^2-15.2085z_{21}^4$$

以及

$$47.9661z_{21}^4+32.1493z_{21}^2+2.8571z_{21}-1.8571=0$$

这样得出 $z_{21}=0.1955$，$z_{11}=0.4740$。

利用真实的摩尔分数，可以得到逸度系数：

$$\varphi_1^{\text{V}}=\frac{z_{11}}{y_1}=\frac{0.4740}{0.35}=1.354$$

$$\varphi_2^{\text{V}}=\frac{z_{21}}{y_2}=\frac{0.1955}{0.65}=0.301$$

对于纯乙酸，式(13.43)变为：

$$z_{21}+K_{22}z_{21}^2(P_2^{\text{s}}/P_0)+K_{24}z_{21}^4(P_2^{\text{s}}/P_0)^3=1$$

在 $\theta=80℃$ 时，$P_2^{\text{s}}=27.590\text{kPa}$，得到

$$z_{21}+6.46516z_{21}^2+3.82169z_{21}^4-1=0$$

得到

$$z_{21}=\varphi_2^S=0.3161$$

例 13.4 使用公式(5.12)计算水(1)－乙酸(2)体系在 $\vartheta=80℃$ 且组成为表 13.7 中给出的数值时的活度系数。应忽略 Poynting 因子。

表 13.7 水(1)醋酸(2)体系在 80℃时的 VLE 数据[34,35]

x_1	y_1	P/kPa
0.0000	0.0000	27.918
0.0776	0.1480	31.731
0.1185	0.2040	32.811
0.1778	0.2810	34.157
0.2392	0.3500	35.570
0.3511	0.4590	37.864
0.4724	0.5800	40.343
0.6080	0.7100	42.290
0.6915	0.7820	43.596
0.7648	0.8400	44.556
0.8908	0.9240	45.916
1.0000	1.0000	47.343

解：

以 $x_1 = 0.2392$ 的数据点为例，因为对于该数据点，已经在题 13.3 中计算了逸度系数的值。但是，使用作者的蒸气压实验值来获得更可靠的表示是有必要的（请参阅附录 F），这引起发生很小的变化使 $\varphi_2^s = 0.3144$，φ_1^s 可以设置为 1，因为纯水在气相中不缔合。实验活度系数可以直接使用公式(5.12)计算：

$$\gamma_1 = \frac{y_1\varphi_1^V P}{x_1\varphi_1^s P_1^s} = \frac{0.35 \cdot 1 \cdot 354 \cdot 35.57\text{kPa}}{0.2392 \cdot 1 \cdot 47.343\text{kPa}} = 1.4885$$

$$\gamma_2 = \frac{y_2\varphi_2^V P}{x_2\varphi_2^s P_2^s} = \frac{0.65 \cdot 0.301 \cdot 35.57\text{kPa}}{0.7608 \cdot 0.3144 \cdot 27.918\text{kPa}} = 1.042$$

假设理想的气相行为，计算不同的活度系数：

$$\gamma_1(\text{id}) = \frac{y_1 P}{x_1 P_1^s} = \frac{0.35 \cdot 35.57\text{kPa}}{0.2392 \cdot 47.343\text{kPa}} = 1.0993$$

计算的水(1) - 乙酸(2)体系的 $\vartheta = 80℃$ 活度系数

$$\gamma_2(\text{id}) = \frac{y_2 P}{x_2 P_2^s} = \frac{0.65 \cdot 35.57\text{kPa}}{0.7608 \cdot 27.918\text{kPa}} = 1.0885$$

对于所有数据点，假设理想和实际气相行为的活度系数如图 13.8 所示。可以看到，考虑非理想气相特性的活度系数为典型的曲率，而理想的计算结果则导致非常奇怪的曲线形状。这对于该体系的 VLE 行为建模绝对重要。通过蒸馏对乙酸脱水是非常困难的任务并且需要大量的能量。

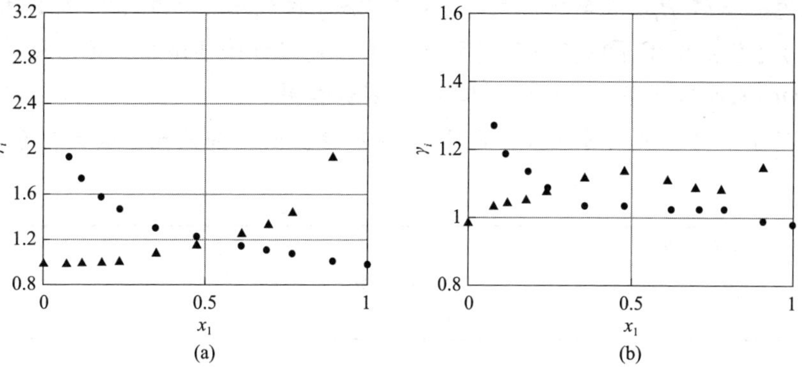

图 13.8　考虑(a)实际和(b)理想气相行为

问题：

13.1　使用缔合模型计算 $T=420\mathrm{K}$ 且 $P=0.5\mathrm{bar}$ 时甲酸蒸气的压缩系数。所需的二聚和四聚常数可由表 13.6 中给出的参数计算。

13.2　使用附录 A 中给出的蒸气压和理想气体比热容关联式以及表 13.6 中的二聚和四聚常数，估算乙酸两相沿气液共存曲线的乙酸热容量。

13.3　使用表 13.6 中给出的具有二聚常数的缔合模型估算 145℃ 的温度下将丙酸从 0.01atm 到 1atm 等温压缩的焓变。

13.4　使用二聚化常数和简化的蒸气压方程($\log(p^s/1\mathrm{bar})=A+B/T$)估算甲酸和丙酸沿蒸气压曲线的二聚程度的变化。利用 $P_1=0.5\mathrm{bar}$ 及 $P_2=2\mathrm{bar}$ 的沸点计算参数 A 和 B 的值。

沸点：

	0.5bar	2bar
甲酸	78.4℃	125℃
丙酸	119.7℃	164.7℃

二聚常数可由表 13.6 中给出的参数计算。

13.5　计算苯、水和乙酸在 25℃ 与该组分的临界温度之间沿气液共存曲线的饱和蒸气压和逸度。对于真实的气相行为，在水和苯的情况下，使用截去第二个维里系数后面参数的维里方程，在醋酸的情况下，使用缔合模型。讨论结果。哪个温度范围的结果是可靠的？这些计算是否导致对可靠温度范围之外的逸度的低估或高估？与温度呈函数关系的蒸气压方程系数和第二维里系数在附录 A 中给出。二聚和四聚常数参数在表 13.6 中给出。

13.6　如果组分的混合物在气相中没有强烈或不同的缔合，则分离因子 α_{ij} 可

以近似为 $\alpha_{ij}=P_i^s/P_j^s$。在其他情况下，必须考虑实际气体因子的比率。计算水(1) - 乙酸(2)体系在80℃下的与浓度呈函数关系的纯组分蒸气压的比率活度系数(使用 UNIQUAC 模型计算)和实际气体因子。讨论结果。

蒸气压方程常数见附录 A。使用表 13.6 给出的参数计算乙酸的二聚和四聚常数。

UNIQAC 参数	$\Delta u_{12}=12.0164\text{cal/mol}$	$\Delta u_{21}=68.3212\text{cal/mol}$
	$r_1=0.9200$	$q_1=1.4000$
	$r_2=2.2024$	$q_1=2.0720$

13.7 在免费的 Dortmund 数据库软件包(DDBSP)资源管理器中查找乙酸汽化热数据的实验数据。解释其随温度的变化关系。将这些值与分子量相似的非缔合组分(丙酮)的值进行比较。

13.8 在免费的 DDBSP 浏览器中，查找系统中所有的水 - 乙酸数据，并使用三参数 Margules 方程和具有二次温度依赖性的二元参数同时回归这些数据。现在很少使用 Margules g^E 模型，但是它是免费的 DDBSP 浏览器中唯一可用的同时回归的模型。在 $x-y$ 图中，当水的摩尔分数大于0.7 时，平衡曲线几乎平行于对角线。这种奇怪现象的原因是什么?

13.9 计算乙酸(1) - 水(2)体系在 $T=393.15\text{K}$、$P=1\text{bar}$ 且摩尔分数 $y_1=0.5$ 时两种组分的逸度系数。使用缔合模型和表 13.6 中的相应常数。

参考文献

1 Walker, J. F. (1964). *Formaldehyde*. New York: Reinhold Publishing Corporation.

2 Maurer, G. (1986). *AlChE J.* 32 (6): 932 - 948.

3 Albert, M., Garcia, B. C., Kuhnert, C. et al. (2000). *AlChE J.* 46 (8): 1676 - 1687.

4 Hasse, H. (1990). Dampf - Flüssigkeits - Gleichgewichte, Enthalpien und Reaktionskinetik in formaldehydhaltigen Mischungen. PhD thesis. University of Kaiserslautern, Germany.

5 Albert, M. (1999). Thermodynamische Eigenschaften formaldehydhaltiger Mischungen. PhD thesis. University of Kaiserslautern, Germany.

6 Kuhnert, C. (2004). Dampf - Flüssigkeits - Gleichgewichte in mehrkomponentigen formaldehydhaltigen Systemen. PhD thesis. University of Kaiserslautern, Germany.

7 Kogan, L. V. and Ogorodnikov, S. K. (1980). *Zh. Prikl. Khim.* 53 (1): 115 - 119.

8 Schilling, K., Sohn, M., Ströfer, E., and Hasse, H. (2003). *Chem. Ing. Tech.* 75(3): 240 - 244.

9 Ritter, H. L. and Simons, J. H. (1945). *J. Am. Chem. Soc.* 67: 757 – 762.

10 Büttner, R. and Maurer, G. (1983). *Ber. Bunsen Ges. Phys. Chem.* 87: 877 – 882.

11 Anderko, A. and Prausnitz, J. M. (1994). *Fluid Phase Equilib.* 95: 59 – 71.

12 Franck, E. U. and Meyer, F. (1959). *Z. Elektrochem.* 63 (5): 571 – 582.

13 Kleiber, M. (2003). *Ind. Eng. Chem. Res.* 42: 2007 – 2014.

14 Landee, F. A. and Johns, I. B. (1941). *J. Am. Chem. Soc.* 63: 2891 – 2895.

15 Barton, J. R. and Hsu, C. C. (1969). *J. Chem. Eng. Data* 14 (2): 184 – 187.

16 Prausnitz, J. M., Lichtenthaler, R. N., and Azevedo, E. G. (1986). *Molecular Thermodynamics of Fluid Phase Equilibria.* Prentice – Hall.

17 Engeln – Müllges, G. and Reutter, F. (1988). *Formelsammlung zur Numerischen Mathematik mit Standard – FORTRAN 77 Programmen*, 6e. Mannheim, Wien, Zürich: BI – Wissenschaftsverlag.

18 Fu, H., Cheng, G., Han, S. et al. (1986). *J. Chem. Eng. (China)* 14 (6): 56 – 61.

19 Wilson, L. C., Wilding, W. V., and Wilson, G. M. (1989). *AIChE Symp. Ser.* 85(271): 51.

20 Chem Systems Inc. (1997). Vinyl Acetate. Chem. Systems Rep. 96/97 – 5.

21 Anderko, A. (1989). *Fluid Phase Equilib.* 45: 39 – 67.

22 Anderko, A. (1989). *Chem. Eng. Sci.* 44 (3): 713 – 725.

23 Anderko, A. (1992). *Fluid Phase Equilib.* 75: 89 – 103.

24 Derawi, S. O., Zeuthen, J., Michelsen, M. L. et al. (2004). *Fluid Phase Equilib.* 225: 107 – 113.

25 Kontogeorgis, G. M., Voutsas, E. C., Yakoumis, I. V., and Tassios, D. P. (1996). *Ind. Eng. Chem. Res.* 35: 4310 – 4318.

26 Visco, D. P., Kofke, D. A., and Singh, R. R. (1997). *AIChE J.* 43 (9): 2381 – 2384.

27 Chai Kao, C. – P., Paulaitis, M. E., Sweany, G. A., and Yokozeki, M. (1995). *Fluid Phase Equilib.* 108: 27 – 46.

28 Huang, S. H. and Radosz, M. (1990). *Ind. Eng. Chem. Res.* 29: 2284 – 2294.

29 Chapman, W. G., Gubbins, K. E., Jackson, G., and Radosz, M. (1990). *Ind. Eng. Chem. Res.* 29: 1709 – 1721.

30 Fu, Y. – H. and Sandler, S. I. (1995). *Ind. Eng. Chem. Res.* 34: 1897 – 1909.

31 Gmehling, J., Liu, D. D., and Prausnitz, J. M. (1979). *Chem. Eng. Sci.* 34: 951 – 958.

32 Grenzheuser, P. and Gmehling, J. (1986). *Fluid Phase Equilib.* 25: 1 – 29.

33 Pang, J. and Peng, D. – Y. (2006). *Fluid Phase Equilib.* 241: 31 – 40.

34 Dortmund Data Bank. Welcome to DDBST GmbH. www.ddbst.com (accessed 16 August 2018).

35 Lazeeva, M. S. and Markuzin, N. P. (1973). *J. Appl. Chem. USSR* 46 (2): 373 – 376.

14 实际应用

14.1 引言

在过程模拟中，有一些易于设置的基本单元操作，但需要深刻的热力学知识才能完全匹配工厂中的预期应用。在本章中，将讨论其中的一些操作 。

14.2 闪蒸

闪蒸是过程模拟中应用最广泛的单元操作模块。闪蒸是指由 P、T、焓 h 或蒸汽分数 q 中的两个变量定义的，将物流转变为一个确定的平衡状态。闪蒸计算可以代表几种设备：

· 气液分离器：将物流引入罐中，分离蒸汽和液体。给出压强 P 和热负荷(绝热操作，$\dot{Q}=0$)；因此，它是一个 $P-h$ 闪蒸。

· 换热器：换热器的出口也由闪蒸规定定义。通常，给出压降以及相应的出口压强。设置出口温度或蒸汽分数(全凝器，$q=0$；全蒸发器，$q=1$)作为第二个规定条件。如果换热器是网络的一部分，则通常规定热负荷。

· 节流阀：节流阀在绝热条件下降低气体压强($\dot{Q}=0$)；因此，它是一个 $P-h$闪蒸。通过焦耳－汤姆逊系数确定最终温度。

混合器：在混合器块中，合并两股或多股物流。出口压强是入口物流的最低压强。通常，认为混合是绝热的。因此，总焓保持恒定($\dot{Q}=0$)。标准的稳态过程模拟基于不会随时间变化的物流流动。因此，未提供具有其他变量(例如恒定比体积或熵)的闪蒸计算。对于容器和安全阀的设计，所谓的等容闪蒸是重要的。它使用比体积作为第二个固定变量，并确定密闭容器中形成的压强以及该状态下的条件。对于能量平衡，必须考虑到在封闭的容器中取决于内部能量而不是焓：

$$Q_{12}=U_2-U_1=H_2-H_1-(P_2-P_1)V \tag{14.1}$$

例 14.1 抽空的容器($V=1\text{m}^3$)中充满 900kg 水和 1kg 氮气。温度为 $T_1=300\text{K}$。产生多大压强？将温度提高到 $T_2=400\text{K}$ 所需的热负荷是多少？产生压强为多少？合适的温度范围内的水中氮的亨利系数可以通过下式估算：

$$\ln(H_{N_2-H_2O}/\text{Pa}) = 176.507 - \frac{8432.77}{T/\text{K}} - 21.558\ln(T/\text{K}) - 0.00844T/\text{K}$$

解决方案：

在商用模拟器中，使用亨利定律和气相的 Peng – Robinson 状态方程，我们首先估算压强，然后通过将液体和蒸汽的体积相加并将其与容器的体积进行比较来检查压强是否正确。进行初步猜测并应用 Regula Falsi 得到如表 14.1 所示的 T_1 = 300K 的结果。

表 14.1　T=300K 时容器内压强的迭代解

P(bar)	V^L(m^3)	V^V(m^3)	(V^L+V^V)(m^3)
1	0.9086	0.9032	1.8118
10	0.9036	0.0751	0.9787
8	0.9035	0.0975	1.0010
8.0897	0.9035	0.0962	0.9997

商业模拟器报告的总焓为 H_1 = −14265.5MJ。在 T_2 =400K 时，我们获得表 14.2 中所示的结果。在这种情况下，商用模拟器报告的总焓为 H_2 = −13888MJ。因此，可以将所需的热负荷计算为

$$\begin{aligned} Q_{12} &= U_2 - U_1 = H_2 - H_1 - (P_2 - P_1) \\ &= -13888\text{MJ} + 14265.5\text{MJ} - (24.839 - 8.0897)\text{bar}\cdot 1\text{m}^3 \\ &= 377.5\text{MJ} - 1.675\text{MJ} = 375.8\text{MJ} \end{aligned}$$

表 14.2　在 T_2 =400K 时容器中压强的迭代解

P/bar	V^L/m^3	V^V/m^3	(V^L+V^V)/m^3
10	0.9604	0.1431	1.1035
15	0.9607	0.0804	1.0410
30	0.9613	0.0288	0.9901
27.083	0.9612	0.0339	0.9951
24.106	0.9611	0.0405	1.0016
24.839	0.9611	0.0387	0.9999

在商用模拟器中，可以使用 specification/variation paragraph 自动完成此迭代过程。与焓变相比，PV 项通常很小。必须解释在上述计算中获得的意外高压。水的蒸气压约为 2.5bar，这并不能解释这个结果。在这种情况下，液体随温度的膨胀很重要。在 T_2 =400K 时，水的液体密度从 996.5kg/m^3 变化至 937.2kg/m^3。相对于 900kg 水，其体积从 0.903m^3 增加到 0.961m^3，这意味着在 T_1 =300K 时

剩余的气相空间的大约60%被液体所需的额外体积所消耗，从而产生了相应的压强增加，另一方面，由于压强升高，氮在水中的溶解度增加，从而减轻了压强。

14.3 焦耳 - 汤姆逊效应

当气体流经管道中的阀门或孔板时，会产生压强损失(图14.1)。考虑到没有发生热交换并且控制体积末端的速度和高度差异对于能量平衡而言可以忽略不计，第一定律可表述为

$$h_2 = h_1 \tag{14.2}$$

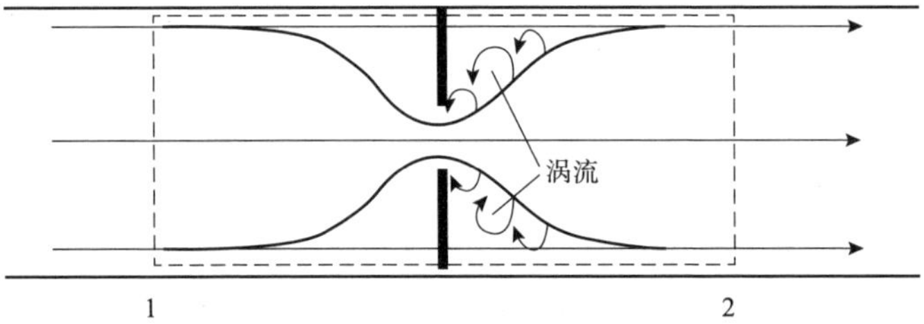

图14.1 管内小孔中的流动示意图

但是，温度会发生变化。在孔的后面形成了涡流，两种作用相互竞争：涉及涡流摩擦的流动导致温度升高，而压强损失则导致温度降低，因为需要能量来克服分子之间的吸引力❶

焦耳 - 汤姆逊系数$(\partial T/\partial P)_h$决定了这两种效应中的哪一种占主导地位。它可以由如下公式估算。

比焓的全微分是

$$h = \left(\frac{\partial h}{\partial T}\right)_P \mathrm{d}T + \left(\frac{\partial h}{\partial T}\right)_P \mathrm{d}p = 0 \tag{14.3}$$

用$(\partial h/\partial T)_P = c_P$，得到

$$\left(\frac{\partial T}{\partial P}\right)_h = -\frac{\left(\frac{\partial h}{\partial p}\right)_T}{c_P} \tag{14.4}$$

也就是微分焦耳 - 汤姆逊系数。

---

❶ 必须强调的是式(14.2)是指图14.1所示的截面1和2，它们远离孔口。假定横截面1和2的速度没有显着变化，即使发生了膨胀并且横截面面积也可能发生了变化。该假设通常是有效的。在节流孔(指数 *)中，速度根据连续性方程式增加，第一定律表示为$h_1 + \frac{w_1^2}{2} = h^* + \frac{w^{*2}}{2}$。

在附录C中，推导出以下关系：

$$\left(\frac{\partial h}{\partial T}\right)_T = v - T\left(\frac{\partial v}{\partial T}\right)_P \tag{14.5}$$

结合式（14.4）和式(14.5)，焦耳－汤姆逊系数变为

$$\left(\frac{\partial T}{\partial P}\right)_h = \frac{T\left(\frac{\partial v}{\partial T}\right)_P - v}{c_P} \tag{14.6}$$

对于理想气体，焦耳－汤姆逊系数是

$$\left(\frac{\partial T}{\partial P}\right)_h = \frac{T\left(\frac{R}{P}\right) - v}{c_P} = 0 \tag{14.7}$$

焦耳－汤姆逊效应没有引起温度变化。

方程中(14.6)的焦耳－汤姆逊系数的符号取决于温度。

在转化温度下，$(\partial h/\partial T)_P = c_P$。在转化温度以下，气体的温度通过节流而降低(焦耳－汤姆逊效应)。对于空气，转化温度为 $T_{\text{inv}} = 760\text{K}$。

对于氢($T_{\text{inv}} \approx 200\text{K}$)和氦气($T_{\text{inv}} \approx 40\text{K}$)，它要低得多。焦耳－汤姆逊效应用于Linde液化这三种气体的过程。由于氢气和氦气的逆温较低，需要分别用液化空气或液化氢气进行预冷。在过程模拟中，焦耳－汤姆逊系数本身起的作用不大，因为焦耳－汤姆逊效应的程度可以用一个合适的状态方程简单的条件变化来计算。

例 14.2　氮气($T_1 = 300\text{K}$，$P_1 = 200\text{bar}$)通过节流阀膨胀到 $P_2 = 1\text{bar}$。使用

(1)高精度状态方程

(2) Peng－Robinso 状态方程

对于c_P^{id} 可以使用附录A中给出的方程。

解决方案：

(1)利用式(2.113)和附录B中列出的系数，确定 $T_1 = 300\text{K}$，$P_2 = 200\text{bar}$ 时的比焓为 $h_1 = 279.11\text{J/g}$。计算出 $h_2 = h_1$，$P_2 = 1\text{bar}$ 时的出口温度 $T_2 = 269.19\text{K}$。

(2)利用 Peng－Robinson 式(2.166)和相应的偏离纯流体[1]焓差表达式，得到

$$\begin{aligned} h_1 &= \Delta h_f^0 + \int_{298.15\text{K}}^{300\text{K}} c_P^{\text{id}} \mathrm{d}T + (h - h^{\text{id}})(300\text{K}, 200\text{bar}) \\ &= 0 + 1.92345\text{J/g} - 17.816\text{J/g} \\ &= -15.893\text{J/g} \end{aligned}$$

为了得到迭代过程的一个良好的初步估计值，在第一步中忽略 $P_2 = 1\text{bar}$ 时的焓差。利用$c_P^{\text{id}} \approx 1\text{J/(g·K)}$，得到

$$h_2 = -15.893\text{J/g} = c_P^{\text{id}}(T_2 - 298.15\text{K}) \Rightarrow T_2 = 282.257\text{K}$$

为了检查，将 T_2 的估计值插入到焓方程中

$$h_2^* = \Delta h_f^0 + \int_{298.15\text{K}}^{282.257\text{K}} c_P^{\text{id}} \mathrm{d}T + (h - h^{\text{id}})(282.257\text{K},\ 1\text{bar})$$
$$= 0 - 16.5219\text{J/g} - 0.195\text{J/g} = -16.717\text{J/g}$$

下一个估计值是 $T_2^* = 283.5\text{K}$：

$$h_2^* = \Delta h_f^0 + \int_{298.15\text{K}}^{283.5\text{K}} c_P^{\text{id}} \mathrm{d}T + (h - h^{\text{id}})(283.5\text{K},\ 1\text{bar})$$
$$= 0 - 15.2298\text{J/g} - 0.192\text{J/g} = -15.4218\text{J/g}$$

应用 Regula Falsi，得到 $T_2 = 283.05\text{K}$：

$$h_2^* = \Delta h_f^0 + \int_{298.15\text{K}}^{283.05\text{K}} c_P^{\text{id}} \mathrm{d}T + (h - h^{\text{id}})(283.05\text{K},\ 1\text{bar})$$
$$= 0 - 15.6976\text{J/g} - 0.193\text{J/g} = -15.891\text{J/g}$$

在这个例子中，高精度的状态方程和 Peng－Robinson 方程的结果大约相差14K。用立方状态方程计算的热量特性不是很精确的情形不是很常见，这个方程也不是为非常高的压强设计的。因此，其不理想的结果是可以理解的。

14.4 绝热压缩和绝热膨胀

压缩机、泵、风扇和其他用于提高压强的流体输送机械被广泛应用于工业中，用于输送流体或建立一定的压强来进行反应或分离。在过程模拟中，气体压缩机不是简单的闪蒸，因为它们不能由两个出口变量来指定。相反，关于状态变化过程的更多信息是必要的。对于大多数类型的压缩机，可以假设它们是绝热的，这意味着与环境的热交换并不起主要作用。

在下一节中，用蒸汽的绝热压缩来说明计算路线。在能量平衡中，动能的变化可以忽略不计。计算分为可逆绝热计算和集成损失两部分。

(1)可逆计算：可逆情形的特点是过程需要最低的功耗。它由等熵过程的出口压强 P_2 规定。

根据第二定律，出口温度由等熵条件计算

$$s_2(T_{2\text{rev}},\ P_2) = s_1(T_1,\ P_1) \tag{14.8}$$

对于理想气体下，式(14.8)导出

$$s_0(T_0, P_0) + \int_{T_0}^{T_{2\text{rev}}} c_P^{\text{id}} \frac{\mathrm{d}T}{T} - R\ln\frac{P_2}{P_0} = s_0(T_0, P_0) + \int_{T_0}^{T_1} c_P^{\text{id}} \frac{\mathrm{d}T}{T} - R\ln\frac{P_1}{P_0} \tag{14.9}$$

用 S_0 作为参考熵，给出

$$\int_{T_1}^{T_{2rev}} c_P^{id} \frac{dT}{T} = R\ln\frac{P_2}{P_1} \tag{14.10}$$

对于手动逼近，可以假设 c_P^{id} 与温度无关，得到

$$c_P^{id}\ln\frac{T_{2rev}}{T_1} = R\ln\frac{P_2}{P_1} \tag{14.11}$$

用缩写 $\kappa = c_P^{id}/c_v^{id}$，我们得到

$$\frac{R}{c_P^{id}} = \frac{c_P^{id} - c_v^{id}}{c_P^{id}} = 1 - \frac{1}{\kappa} = \frac{\kappa - 1}{\kappa} \tag{14.12}$$

我们得到了著名的公式

$$\frac{T_{2rev}}{T_1} = \left(\frac{P_2}{P_1}\right)^{\frac{\kappa-1}{\kappa}} \tag{14.13}$$

在过程模拟计算中，直接利用相应的状态方程求解公式(14.8)，通过公式(6.37)迭代确定 T_{2rev}。

可逆情形下的比技术工为

$$w_{t12rev} = h_{2rev}(T_{2rev},\ P_2) - h_1(T_1,\ P_1) \tag{14.14}$$

(2)集成损失：实际需要的具体比技术工按等熵和机械效率计算：

$$w_{t12} = \frac{w_{t12rev}}{\eta_{th}\eta_{mech}} \tag{14.15}$$

等熵效率 η_{th}是总结一个经验因素对过程的不可逆性的影响。$\eta_{th} = 0.8$ 通常是一个合理的近似。随压强比的增大而减小。机械是压缩机发动机能量转换的效率，与过程流量无关。对于大型驱动器，η_{mech}通常是一种合理的方法。

然后通过反推的方法计算出流量的出口条件

$$h_2(T_2,\ P_2) = h_1(T_1,\ P_1) + \omega_{t12rev}/\eta_{th} \tag{14.16}$$

确定 h_2 时，出口温度 $T_2 = f(h_2,\ P_2)$可以通过迭代程序来计算。

例 14.3 在热泵中，制冷剂 R22($CHClF_2$)的供给温度为在 $T_1 = 300K$ 和 $P_1 = 1bar$ 时，进入压缩机的 $\dot{m} = 100kg/h$。绝热压缩到 $P_2 = 5bar$。等熵效率为 $\eta_{th} = 0.7$ 和 $\eta_{mech} = 0.7$。需要功率为多少，出口温度是多少？

解决方案：

(1)可逆的计算：

利用 Peng – Robinson 状态方程，我们计算出物流 1 的比熵为 $s_1 = 1.9876J/(g \cdot K)$，$h_1 = 430.451J/g$。在可逆过程中，它是 $s_{2rev} = s_1$。因此，需要的状态变量是 $P_2 = 5bar$ 和 $s_{2rev} = 1.9876J/(g \cdot K)$ 模拟器计算 $T_{2rev} = 377.37K$ 和 $h_{2rev} = 481.649J/g$。所需功率为

$$P_{12\text{reV}} = \dot{m}w_{t12} = \dot{m}(h_{2\text{rev}} - h_1) = 100\text{kg/h} \cdot (4818.649 - 430.451)\text{J/g}$$
$$= 5120\text{kJ/h} = 1.422\text{kW}$$

(2)集成损失：

用效率来估算实际功率

$$P_{12} = \frac{P_{12\text{rev}}}{\eta_{\text{th}}\eta_{\text{mech}}} = \frac{1.422\text{kW}}{(0.7 \cdot 0.9)} = 2.257\text{kW}$$

这对应于一个比焓：

$$h_2 = h_1 + \frac{\left(\dfrac{P_{12\text{rev}}}{\eta_{\text{th}}}\right)}{\dot{m}} = 430.451\text{J/g} + \frac{1.422\text{kW}}{0.7 \cdot 100\text{kg/h}} = 503.582\text{J/g}$$

对于固定变量 $h_2 = 503.582\text{J/g}$，$P_2 = 5\text{bar}$ 此时可确定出口温度为 $T_2 = 405.68\text{K}$

例 14.4 制冷装置用于冷却盐水 $\vartheta_{\text{br}} = 15℃$。除去的热量可以释放到冷却水中，而冷却水又必须与 $\vartheta_{\text{br}} = 45℃$ 一起返回，对于传热，应提供温差 $\Delta T = 5\text{K}$。

总的来说，可以认为制冷单元的压缩机是可逆绝热的，也就是等熵的。图 14.2 显示了这种装置的一个方案。

先预测丙烷或正丁烷哪个更适宜作为制冷剂。

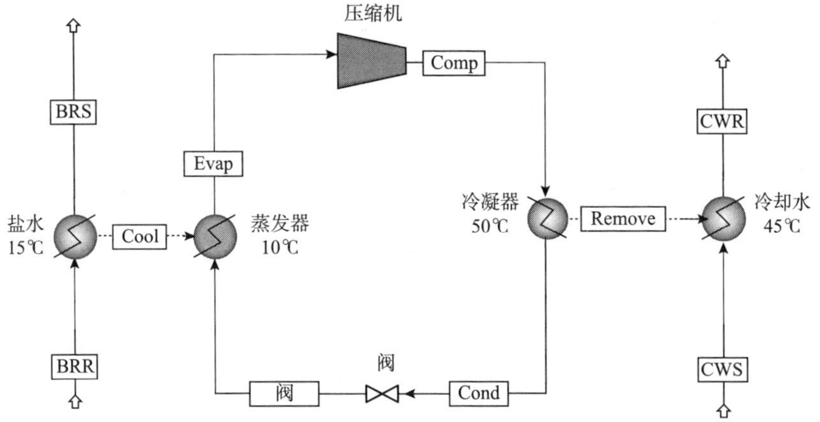

图 14.2 制冷单元方案

解：

这两种物质在 $\vartheta_1 = 10℃$ 和 $\vartheta_2 = 50℃$ 的蒸气压强如下：

$P^s_{\text{propane}}(\vartheta_1 = 10℃) = 6.367\text{bar}$ $P^s_{\text{butane}}(\vartheta_1 = 10℃) = 1.485\text{bar}$

$P^s_{\text{propane}}(\vartheta_2 = 50℃) = 17.137\text{bar}$ $P^s_{\text{butane}}(\vartheta_2 = 50℃) = 4.958\text{bar}$

在这两种情况下，压强比都远低于单级压缩机的最大能力，即大约

$(P_2/P_1)_{max}=6-8$。此外，蒸气压的大小在两种情况下都不会引起机械强度问题。然而，关于压缩机的运行，有一个决定性的差异。

这两种情况下，压缩机用饱和蒸汽在 $\vartheta_1=10℃$。使用高精度状态方程[公式(2.113)]，我们可以计算压缩机出口物流时的蒸气压强。

对于丙烷：

$$s_2=s_{2rev}=s_1=s^V(\vartheta_1=10℃)=-0.4876\text{J}/(\text{g}\cdot\text{K})$$

$$\vartheta_2=\vartheta[P_2=17.137\text{bar},\ s_2=-0.4876\text{J}/(\text{g}\cdot\text{K})]=54.03℃$$

压缩机出口是过热蒸汽。

对于正丁烷：

$$s_2=s_{2reV}=s_1=s^V(\vartheta_1=10℃)=-0.1590\text{J}/(\text{g}\cdot\text{K})$$

当 $s^L(P_2=4.958\text{bar})=-1.1623\text{J}/(\text{g}\cdot\text{K})$

和 $s^V(P_2=4.958\text{bar})=-0.1293\text{J}/(\text{g}\cdot\text{K})$

意味着 $s^L(P_2)<s_2<s^V(P_2)$，我们将在 $P_2=4.958\text{bar}$ 和 $\vartheta_2=\vartheta_s(P_2)=50℃$。由

$$s_2=q\cdot s^V(50℃)+(1-q)\cdot s^L(50℃)$$

可以计算出蒸汽分数 q：

$$q=\frac{s_2-s^L}{s^V-s^L}=\frac{-0.1590-(-1.1623)}{-0.1293-(-1.1623)}=0.9712$$

这意味着压缩后大约3%的蒸汽在压缩过程中凝结。液滴会在压缩机内部形成，迅速导致腐蚀。对于丙烷，整个压缩过程发生在气相。因此，认为丙烷是一种合适的制冷剂，而使用正丁烷没有多大意义，尽管由于不可逆压缩而存在可能，实际上最终可能会进入气相区。

压缩过程中进入两相区域的可能性越大，制冷剂分子就越大。当把理想气体的行为当作近似值时，这一点就很清楚。在这种情况下，根据式(14.13)，可逆情况下饱和蒸气压缩机出口温度为：

$$\frac{T_{2rev}}{T_1}=\left(\frac{P_2}{P_2}\right)^{\frac{\kappa-1}{\kappa}}$$

温度 T_2 必须大于压强 P_2 下的露点温度。否则，出口物流将处于两相，T_{2rev} 取决于指数 $(\kappa-1)/\kappa$，根据(14.12)式可以写成：

$$\frac{\kappa-1}{\kappa}=\frac{R}{c_P^{id}}$$

T_{2rev} 随摩尔 c_P^{id} 的增加而减小，反之亦然。另一方面，当存在更大自由度(参见第3.3.4节)。摩尔 c_P^{id} 随分子的变大而增加。在本例中，正丁烷的指数已经很

小，因此公式(14.13)计算得到的 T_{2rev} 低于 $P=P_2$ 的露点温度，导致进入两相区状态。

14.5 压强释放

在过程工业中，给设备的特定部件设定限定的操作温度和压强要做大量的工作。为了节省成本，有一种倾向是将过度设计保持在尽可能低的水平。在所谓的HAZOP（危害和可操作性研究）中，讨论了如何处理超出设计假设的情况。存在一些组织和过程控制措施来保证工厂的安全运行；然而，设备保护的最后一级通常是通过安全阀或防爆膜的减压。

超压的可能原因是由着火、加热系统故障、冷却系统故障，或放热化学反应，以及泄漏引起的热供应增加。针对每一故障情况，计算出给定超压和温度的预估方案，从而选择最合适的安全泄压装置。

热力学模型对安全阀的计算有很大影响，无论是情景计算还是安全装置的设计。

对安全阀的计算，既进行了方案的计算，又进行了安全装置的设计。

压强释放过程中，从容器中取出的质量流量的计算采用了三个步骤(图14.3)：

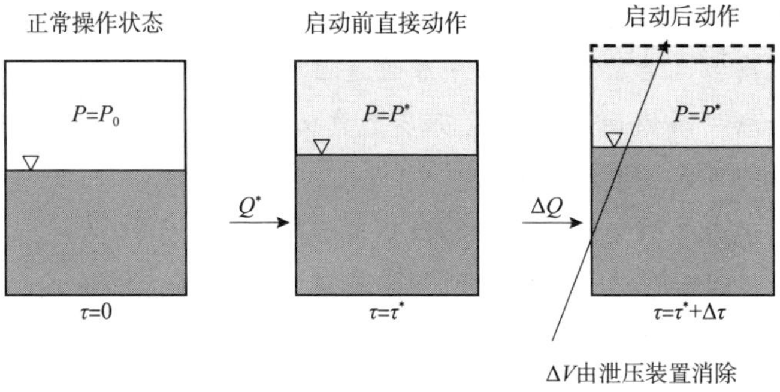

图 14.3 减压计算步骤

(1)安全装置启动前直接进行状态评估。

(2)利用传递给容器的热量计算驱动时刻的质量流量。

(3)一段相关时间内的过程跟踪。

首先，在正常操作情况下 $\tau=0$，确定 $\tau=\tau^*$ 安全装置的驱动压强 P^*，通常对应于设备的设计压强。这样，就得到了设计安全装置所必需的热物理性质。在第二个步骤中，微分时间步 $\Delta\tau$ 恒定压强认为 $P=P^*$。在评估了在此时间间隔内传递的热量之后，计算出设备内容物的新体积 ΔV；这个容积与容器容积的差值必须通过安全阀来消除，以防止压强进一步增加：

$$\dot{m}=\rho^{\mathrm{V}}\frac{\Delta V}{\Delta\tau} \tag{14.17}$$

这个计算必须重复几个时间步长，因为不能保证在启动后立即产生最大的质量流。

对于仅在远离临界点的容器中的纯物质沸腾的简单情形，可通过公式(14.17)计算给出

$$\dot{m}=\frac{\dot{Q}}{\Delta h_v} \tag{14.18}$$

甚至在混合物中也经常用到，此时等压蒸发焓为常数是没有意义的。这在例14.5中进行了演示。

例 14.5 在容器($V=2\mathrm{m}^3$)中，将 1000kg 水(1)(质量分数 10%)和丙二醇-1，2-丙二醇(2)(质量分数 90%)的液体混合物储存在其自身的蒸气状态下，并且该容器由在 $P^*=3\mathrm{bar}$ 时启动的防爆膜保护。产生超压的传热速度是 1000kW。NRTL 方程[等式(C.248)]的二进制参数为

$A_{12}=0.1078$ $B_{12}=62.0818$

$A_{21}=-0.2811$ $B_{21}=-1.4101$

$a_{12}=0.3$

气相被认为是理想的，确定需要释放的质量流。

解决方案：

第一步，评估混合物建立压强达致动爆破片的状态。为此，进行等容闪蒸。计算出 $P^*=3\mathrm{bar}$ 处的温度，以 P 和 T 为坐标，计算出容器的容积。温度不断变化，直到计算出的体积等于容器的体积。迭代历史如表 14.3 所示。

表 14.3 例 14.5 迭代历史

P/bar	ϑ/℃	m^{L}/kg	m^{V}/kg	ρ^{L}/(kg/m³)	ρ^{V}/(kg/m³)	V^{L}/m³	V^{V}/m³	V_{total}/m³
3	175	976.81	23.19	898.7	2.19	1.087	10.589	11.676
3	173	993.16	6.84	900.8	2.13	1.103	3.211	4.314
3	172.5	997.22	2.78	901.3	2.12	1.106	1.311	2.418
3	172.4	998.03	1.97	901.4	2.11	1.107	0.934	2.041
3	172.39	998.12	1.88	901.4	2.11	1.107	0.891	1.998

在这种状态下，防爆膜启动。选择 $\Delta\tau=1\mathrm{s}$，热量为

$$Q=1000\mathrm{kW}\cdot 1\mathrm{s}=1000\mathrm{kJ}$$

被添加到体系中。

设爆破片的设计正确，容器中的压强将保持在 $P^*=3\text{bar}$。然后计算新状态为

$P^*=3\text{bar}$； $m^L=997.57\text{kg}$； $\rho^L=901.36\text{kg/m}^3$

$\theta=172.49℃$； $m^V=2.43\text{kg}$； $\rho^V=2.115\text{kg/m}^3$

摩尔分数为 $x_1=0.32(9.9\%)$ 和 $y_1=0.86(59\%)$。

因此，我们得到 $V^L=1.107\text{m}^3$，$V^V=1.148\text{m}^3$，即 $V_{total}=2.255\text{m}^3$。带入公式(14.17)

$$\dot{m}=\rho^V\frac{\Delta V}{\Delta\tau}=\frac{2.115\text{kg/m}^3\times0.255\text{m}^3}{1\text{s}}=0.54\text{kg/s}=1940\text{kg/h}$$

为了使用式(14.18)，需要对纯组分的蒸发焓进行平均。

使用简单但不合理的线性混合规则和进料组成，结果将是

$$\Delta h_V=0.1\cdot2041\text{J/g}+0.9\cdot734\text{J/g}=864.7\text{J/g}$$

这与 4163kg/h 的质量流量上明显不同。这个例子清楚地说明了对压强释放进行闪蒸计算的必要性。在本例中，公式(14.17)考虑到主要是水分蒸发，剩余液体的温度略有升高，这对于能量平衡往往有相当大的影响，尽管只有很小的温度升高。

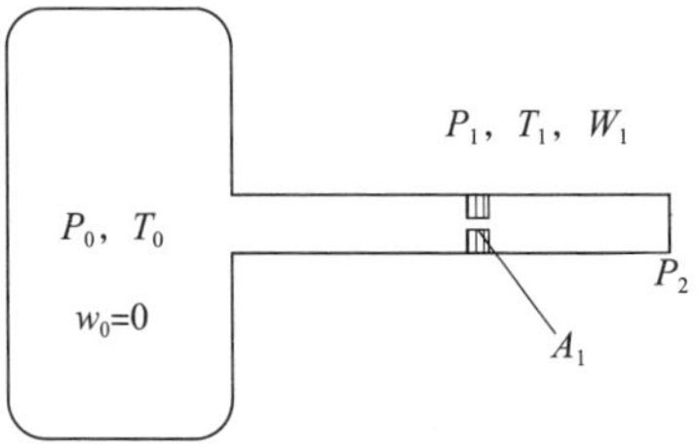

图 14.4　通过驱动的爆破片的流体

为了确定通过驱动减压装置的最大可能流量，使用了存在仅取决于容器内状态(见图 14.4)的最大质量通量(单位截面积上的质量通量)的这一现象。对于容器的给定压强 P_0，质量流量由管线中最窄截面积 A_1 的大小决定，当出口压强 P_2 减小时，质量流量增大。但是，如果 P_2 低于某个值，则质量流不再增加(图 14.5)。最大质量流量称为临界质量流量 $\dot{m}$。

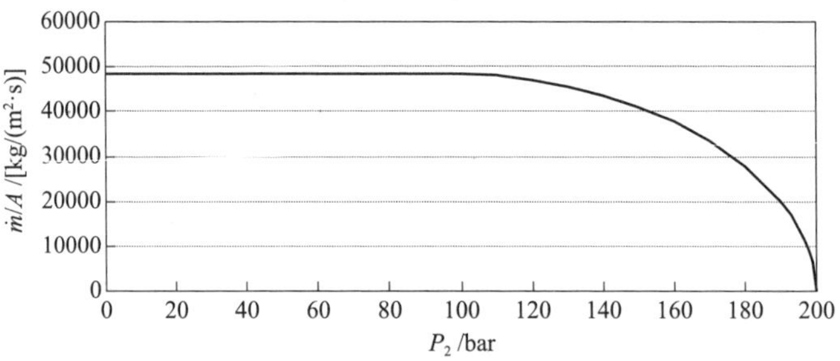

图 14.5　给定温度和压强下的质量通量作为出口压强的函数

例：氮为 $T_1=300\text{K}$，$P_1=200\text{bar}$

如果容器内的物质是气态的，可以表明最大可能速度w_1是声速（见附录 C）。但是，它的确定不简单，因为它指的是在最窄的交叉流区域的 P_1 和 T_1，这是未知的。为了确定最大质量通量，需要满足以下方程：

(1)最窄截面处的声速：

$$w_1 = w^*(T_1, P_1) \tag{14.19}$$

(2)无损耗(摩擦)，即等熵条件：

$$s_1 = (T_1, P_1) = s(T_0, P_0) \tag{14.20}$$

(3)第一定律

$$h_1(T_1, P_1) + \frac{1}{2}w_1^2 = h_0(T_0, P_0) + \frac{1}{2}w_0^2 \tag{14.21}$$

这是三个未知数 T_1、P_1、和 w_1的三个方程。根据连续性方程可以确定最大质量流量

$$\dot{m} = \frac{w_1 A_1}{v_1} \tag{14.22}$$

如果用理想气体定律作为状态方程，方程组(14.19)~(14.22)有一个明确的解决方案(推导见附录 C，G2)：

$$\frac{\dot{m}_{\mathrm{crit}}}{A_1} = \sqrt{\frac{2P_0}{v_0}\frac{\kappa}{\kappa-1}\left[\left(\frac{P_1}{P_0}\right)^{\frac{2}{\kappa}} - \left(\frac{P_1}{P_0}\right)^{\frac{(\kappa+1)}{\kappa}}\right]} \tag{14.23}$$

其中

$$\frac{P_1}{P_0} = \left(\frac{2}{\kappa+1}\right)^{\frac{\kappa}{(\kappa-1)}} \tag{14.24}$$

在实际应用中，必须引入修正系数，以考虑摩擦损失和几何形状的影响[2]。

例 14.6 爆破片在 $P_0 = 200\mathrm{bar}$ 且 $T_0 = 400\mathrm{K}$ 时保护含有气态乙烯的容器。在故障期间，必须通过打开阀门释放 5t/h 的质量流量(图 14.4)。使用以下公式计算阀门的最小流通截面积A_1。

(1)理想气体状态方程和(2)高精度状态方程。

解决方案：

(1)理想气体

用 $c_P^{\mathrm{id}}(400\mathrm{K}) = 1.889\mathrm{J/(g\cdot K)}$和 28.052g/mol 作为乙烯的摩尔质量，得到

$$\kappa(400\mathrm{K}) = \frac{c_P^{\mathrm{id}}(400\mathrm{K})}{[c_P^{\mathrm{id}}(400\mathrm{K}) - \mathrm{R}]} = 1.1861$$

$$v_0 = \frac{RT_0}{P_0} = \frac{8314.3}{28.052}\mathrm{J/(g\cdot K)}\frac{400\mathrm{K}}{200\cdot 10^5\mathrm{Pa}} = 0.005928\mathrm{m^3/kg}$$

$$\frac{P_1}{P_0} = \left(\frac{2}{1.1861+1}\right)^{\frac{1.1861}{1.1861-1}} = 0.5672$$

$$\frac{\dot{m}_{\text{crit}}}{A_1} = \sqrt{\frac{2 \cdot 200 \cdot 10^5 \text{Pa}}{0.005928 \text{m}^3/\text{kg}} \frac{1.1861}{1.1861 - 1} \left[(0.5672)^{\frac{2}{1.1861}} - (0.5672)^{\frac{1.1861+1}{1.1861}} \right]}$$

$$= 37512 \text{kg}/(\text{m}^2 \cdot \text{s})$$

提供

$$A_1 = \frac{\dot{m}}{(\dot{m}_{\text{crit}}/A_1)} = \frac{5000\text{kg}/(\text{m}^2 \cdot \text{s})}{3600\text{s} \cdot 37512\text{kg}} = 37\text{mm}^2$$

(2)高精度状态方程

得到了可逆绝热即等熵状态变化的最大流量。为了计算该过程，必须根据阀门的流通截面积条件来评估声速。为此，有必要采用迭代程序。必要的步骤如下：

(a)设定熵 $s_1 = s_0$。

(b)估计 P_1

计算 $T_1 = f(P_1, S_1)$。对于理想气体，得到 $\frac{T_1}{T_0} = \left(\frac{P_1}{P_0}\right)^{\frac{\kappa-1}{\kappa}}$。

(c)计算 $w_1 = w^*(T_1, P_1)$。

(d)检查第一定律：$h_0 + \frac{1}{2}w_0^2 = h_1 + \frac{1}{2}w_1^2$，其中 $w_0 = 0$。

(e)如果未通过第一定律检查，转到步骤(b)。

(f)计算 $v_1 = f(T_1, P_1)$，

估计 $A_1 = \frac{\dot{m}v_1}{w_1}$。

使用式(2.113)和附录B中的系数，迭代过程如表14.4所示，得到 $z_1 = 0.6497$，$v_1 = 0.006517\text{m}^3/\text{kg}$，$A_1 = 29\text{mm}^2$。在这种情况下，理想气体计算的结果是保守的；然而如果 $z_0 > 1$，则可能得到相反的结果。

表14.4　14.6的迭代过程

步骤	P_1/bar	T_1/K	w^*/(m/s)	w_1/(m/s)第一定律	w^*/w_1
1	100	351.52	310.89	326.25	0.9529
2	110	358.46	321.63	305.62	1.0524
3	104.73	354.90	315.94	316.49	0.9983
4	104.90	355.01	316.12	316.14	0.9999
5	104.91	355.02	316.13	316.13	1.0000

最终结果必须乘以考虑摩擦和几何影响的经验系数[2]。

14.6 平衡热力学的局限性

在过程模拟中，平衡热力学不是唯一的决定性因素。通常必须考虑传质或反应动力学以获得确保适宜设备设计的结果。这些领域有专门的文献[3,4]。

典型例子如下：

· 部分冷凝：如果在一个流股中出现不可冷凝的成分，则会出现冷凝不再仅仅由冷凝膜和冷却剂之间的传热决定的情形。相反，蒸发相一侧的特定组分的传质是决定性的。热力学平衡仍然起主要作用，因为它决定主体积和相边界之间的分压差。

传热和传质相互影响，这可以通过传热物流的 Ackermann[5] 修正系数 E 来考虑

$$\dot{q}=\alpha^{\mathrm{V}}E(T^{\mathrm{V}}-T^{\mathrm{L}})\text{和 }E=\frac{\dfrac{\left(\dfrac{\dot{n}}{A}\right)c_P^{\mathrm{V}}}{\alpha^{\mathrm{V}}}}{1-\exp\left(-\dfrac{\left(\dfrac{\dot{n}}{A}\right)c_P^{\mathrm{V}}}{\alpha^{\mathrm{V}}}\right)} \tag{14.25}$$

式中，$\dot{n}/A$ 为摩尔流量密度，α 为传热系数。文献[6，7]给出了整个方程组和序的详细描述。得到一个高度迭代的方程组，目前还没有商业模拟和设计程序能求解，相反提供了或多或少的经验修正[8,9]。

传质系数 β 的关联式可从相应的传热系数 α 的关联式中获得，后者来自文献[10]。确定 β 所需的扩散系数可按第 3.4.6 节所述计算。

除了传质问题，还必须考虑气溶胶的形成是否起主要作用[11]。

· 吸收过程：吸收过程的标准应用是将稀释组分溶解在液体中，实现从气流中去除的目的。通常，在低温下进行以增加气体的溶解度是最有利于吸收的。与部分冷凝类似，假定气体和液体在某一体积单元例如在塔板上中达到热力学平衡的设计是不合适的。平衡模型甚至会产生定性错误的结果；设计工程师会得到这样的印象：在任何情况下，增加吸收剂的质量流量都会改善设备的性能。然而其性能会受到可用传质面积的限制，它是不随液体质量流量的增加而增加的。

同样，有必要进行传质计算。图 14.6 说明了双膜理论，它也适用于多组分体系的商业模拟程序。为了简化过程，假设理想气相。因此，通常由化学势差给出的传质推动力被简化为一个简单的浓度差。

假设传质发生在相边界两侧的边界层中。根据该模型，传质是由分子扩散引

起的。因此，在边界层中建立了一个线性浓度分布。

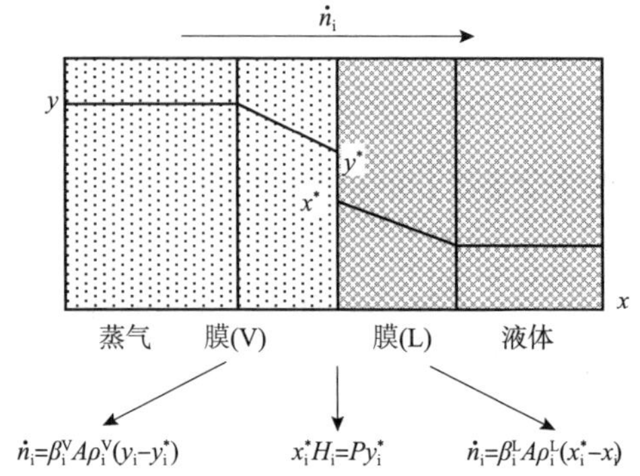

图 14.6　双模理论的示意图

在相界面处达到热力学平衡。不同塔内构件(随机填料、结构化填料和塔盘)的模拟程序通常提供或多或少的传质系数 β 和有效相界面面积的或多或少经验关联式。必要的扩散系数可根据 3.4.6 节计算。

在大多数情况下，传质阻力在两层中的一层占主导地位。对于高溶解度体系(如氨在水中或氯化氢在水中)，气相阻力占主导地位；对于低溶解度溶液(如氧在水中或二氧化碳在水中)，液相阻力占主导地位。

· 反应动力学：在大多数化学过程中，化学反应达不到化学平衡。相反，反应动力学对产率起决定性作用，化学平衡计算主要用于确定最大产率。对于反应精馏过程和化学吸收过程的设计，必须了解反应动力学。此外，甲醛的 Maurer 模型(见 13.2 节)被视为反应蒸馏，特别是在低温下，还远未达到平衡。

过程仿真器通常提供一个标准的动力学方程形式的框架，必须由用户填写。详细描述动力学模型远远超出了本书的范围，但是在建立可靠的反应动力学时的一些困难值得提及：

· 对于足够长的停留时间，使用反应动力学的计算必须利用平衡计算得到的结果。如果反应动力学没有以化学势的形式描述，即用活动和逸度来衡量浓度而非浓度本身。

· 对于非均相反应(如固体催化剂反应或化学吸收反应)，必须考虑起重要作用的传质的作用。

· 无法预测的反应动力学。真实的反应机理只在少数情况下能明确。相反，当外推到变化的条件时，通常使用总反应速率值，这可能不是正确的。

问题：

14.1 使用以下方程计算温度150K和压强10atm下氮气的焦耳－汤姆逊系数。

a. 用Tsonopoulos方法估计的第二维里系数的二级维里方程。

b. Soave－Redlich－Kwong状态方程。

所需的参数见附录A。

14.2 将25℃和1bar压强下的氧气被压缩至10bar。假设等熵压缩，计算所需的比功和压缩气体的温度。

a. 使用理想气体定律。

b. Soave－Redlich－Kwong状态方程。

所需的物理性质参数见附录A。

14.3 在冷却泵中，将液态水(在25℃和1bar时为2000kg/h)压缩到10bar。假定过程是可逆等温过程。计算冷却系统所需的功和热负荷。假设热膨胀系数$\alpha = 0.207 \cdot 10^{-3}\mathrm{bar}^{-1}$和压缩系数$\chi = 0.46 \cdot 10^{-4}\mathrm{K}^{-1}$在相关温度和压强范围内保持恒定。在进料条件下，液态水的摩尔体积为$18.07\mathrm{cm}^3/\mathrm{mol}$。

14.4 1600kg/h甲烷进料与170kg/h正十二烷绝热混合。两股流均为160℃且压强为20bar，等压混合。使用Soave－Redlich－Kwong状态方程(二元交互$\kappa_{12} = 0$)计算离开混合器的物流的温度。甲烷的所有物理性质参数见附录A。所需的正十二烷关联数据：$T_c = 658.8\mathrm{K}$，$P_c = 1809.7\mathrm{kPa}$，$\omega = 0.562$，$C_P^{id} = 379.8\mathrm{J/(mol \cdot K)}$

14.5 将制冷剂$R134a$从饱和蒸汽的$\vartheta_1 = 50℃$压缩到$P_1 = 100\mathrm{bar}$。压缩机的等熵效率$\eta_{th} = 0.7$。机械效率$\eta_{mech} = 0.95$。计算压缩机的功率。质量流量为3000kg/h。采用高精度状态方程。

14.6 在$50\mathrm{m}^3$的容器中，$\vartheta_1 = 50℃$时的液氨存储在压强$P_1 = 100\mathrm{bar}$。由于容器故障，氨被收集在备用容器中。如果压强不能超过$P_2 = 10\mathrm{bar}$，备用容器的必要容积是多少？

14.7 在林德工厂，－104℃、240bar的氮气通过阀门释放降低到$P = 1\mathrm{bar}$。生产多少液氮？

14.8 由1kmol/h CO_2和1kmol/h O_2组成的混合物流从$T_1 = 290\mathrm{K}$，$P_1 = 1\mathrm{bar}$压缩至$P_2 = 5\mathrm{bar}$。计算压缩机功率：

a. 绝热压缩。

b. 等温压缩。

将这种混合物视为理想气体。在这两种情况下，假定压缩是可逆的。

14.9 在低密度聚乙烯(LDPE)装置中，乙烯通过节流阀从 $P_0=3000\text{bar}$，$T_0=600\text{K}$膨胀到 $P_1=300\text{bar}$。通过第二个节流阀，膨胀至环境压强 $P_2=1\text{bar}$。用高精度状态方程计算温度 T_1 和 T_2。忽略第一定律中的速度项。

14.10 在减压蒸馏塔中，环境空气泄漏到塔中始终是一个问题，并可能导致冷凝器中的空气爆炸。如果塔的操作压强从 $P_1=400\text{mbar}$ 降低到 $P_2=200\text{mbar}$，泄漏率如何上升？环境压强应为 $P_{\text{amb}}=1.013\text{bar}$。

14.11 含 $\vartheta=30℃$，500kg 丙烯的容器(1m^3)暴露在太阳辐射下。初始压强是多少？容器的安全阀在 $P=60\text{bar}$ 时启动。使用高精度的状态方程来计算各个温度。

14.12 将氧气($\vartheta=30℃$，$\dot{m}=250\text{kg/h}$)从 $P_1=1\text{bar}$ 绝热压缩至 $P_2=10\text{bar}$。利用理想气体定律和 Soave－Redlich－Kwong 状态方程计算压缩机的功率和气体的出口温度。压缩机的等熵效率 $\eta_{\text{th}}=0.75$。机械效率 $\eta_{\text{mech}}=0.95$。

14.13 在下列条件下以水为介质的热力循环：

(1)等压加热至 $P_1=10\text{bar}$，$\vartheta_1=30℃$；

(2)汽轮机中蒸汽可逆绝热膨胀至 $P_2=1\text{bar}$；

(3)等压冷凝；

(4)泵内液体的等熵压缩至 $P_{41}=100\text{bar}$。

计算过程的热效率。定义式如下：

$$\eta_{\text{th}}=\frac{-(P_{12}+P_{34})}{Q_{41}}$$

使用高精度状态方程。

14.14 制冷使用 $R12$(二氯二氟甲烷)为介质运行。压缩循环的具体步骤如下：

(1)在 $\vartheta_1=30℃$下无过冷等压冷凝；

(2)通过节流阀绝热压强释放到 $P_2=P^{\text{s}}(-20℃)$。

(3)制冷剂在 $\vartheta_2=\vartheta_3=-20℃$下完全等压蒸发，无过热。

(4)饱和蒸汽的等熵压缩到 $P_4=P^{\text{s}}(30℃)$。使用 Peng－Robinson 状态方程计算步骤 1～4 的过程数据。

14.15 使用 Peng－Robinson 状态方程计算 $T=300\text{K}$ 和 $P=30\text{bar}$ 时甲烷的焦耳－汤姆逊系数。临界数据和偏心因子可从附录 A 中获取。

14.16 将气态氨(100℃，5bar)压缩至 $P_2=10\text{bar}$。热效率 $\eta_{\text{th}}=0.8$，机械效率 $\eta_{\text{mech}}=0.9$。计算特定的压缩机负荷和压缩机出口的状态性质。

参考文献

1 Project of the IK – CAPE group. IK – CAPE thermodynamics – package for CAPE – applications. https://dechema.de/dechema_media/Downloads/Informationssysteme/IK_CAPE_Equations – p – 888.pdf (accessed September 2018).

2 Brodhagen, A. and Schmidt, F. (2006). VDI – Wärmeatlas, 10e, Partlbd. Berlin: Springer.

3 Bird, R. B., Stewart, W. E., and Lightfoot, E. N. (2002). Transport Phenomena, 2e. New York: Wiley.

4 Baerns, M., Behr, A., Brehm, A. et al. (2006). Technische Chemie. Weinheim: Wiley – VCH.

5 Ackermann, G. (1937). Wärmeübertragung und molekulare Stoffübertragung im gleichen Feld bei großen Temperatur – und Partialdruckdifferenzen. VDI – Forschungsheft 8 (B): 382.

6 Fullarton, D. and Schlünder, E. – U. (2006). VDI – Wärmeatlas, 10e, Part Jba. Berlin: Springer.

7 Burghardt, A. (2006). VDI – Wärmeatlas, 10e, Part Jbb. Berlin: Springer.

8 Bell, K. J. and Ghaly, M. A. (1973). AIChE Symp. Ser. 69 (131): 72 – 79.

9 Colburn, A. P. and Drew, T. B. (1937). Trans. Am. Inst. Chem. Eng. 33: 197 – 215.

10 Verein Deutscher Ingenieure (2010). VDI Heat Atlas, 2e. Berlin, Heidelberg: Springer – Verlag.

11 Schaber, K. and Schnerr, G. H. (2010). VDI Heat Atlas, Section M11, 2e. Berlin: Springer – Verlag.

15 纯组分和混合物性质的实验测定

15.1 引言

对于任何类型的化学工程计算，正确描述所涉及的纯组分和混合物的单相和相平衡性质至关重要。由于存在大型电子数据库和不同行为的关联与预测的现代模型，在不进行新的测量的情况下，对所考虑的过程首先进行一次低保真度计算通常是可能的。这一点非常实用，因为对新实验数据的需求肯定会成为一个阻碍并在数据测量之前暂停工作进程。

在大多数大型化学公司中，物理性质常数的有效性以及温度、压强和组成范围内的参数由经验丰富的专家进行验证。在商业过程模拟软件中，将模型计算结果与数据库中的实验数据进行快速、直观的比较，能很大程度上简化这项工作。

在这一点上，能够判断各个性质常数和模型参数对模拟或计算结果的影响是非常重要的。这可以通过经验或数学分析来实现。

由于与性质常数和参数相关的模拟结果的解析导数通常不易获得，因此采用微扰方法，以有序(灵敏度研究)或随机方式改变参数[1]。这些变化可导致渐进或相位变化，例如，这种变化可能导致设备的空出口流，对下游或循环计算产生剧烈的非渐进影响。

基于实际过程对性质常数和参数的敏感性，重新评估这些参数的有效性是非常重要的。这种重新评估通常会产生一系列参数，需要通过回归新的实验数据来改进。在这一点上，参数对过程的具体影响也是显而易见的，从而能够通过仔细规划测量，在过程模拟中以最小的实验投入将不确定度降低到足够低的水平。

因此，参与过程模拟的工程师应该对不同的实验方法有一个基本的认识和理解。本章将简要介绍不同性质和多相平衡的最重要技术。由于篇幅有限，所选内容不完整并有失偏颇，在历史发展方面，除非支撑介绍的需要，不会描述太多。在当前版本中省略了大多数的热学性质(除了混合焓)和传递性质，如黏度和热导率，因此，它只能作为简介。对于感兴趣的读者，有许多专著和出版物可供阅读，特别是由国际纯粹与应用化学联合会的热力学委员会负责编制的《实验热力学》系列[2-5]。在相应的章节中会引用更详细的特定主题的文本。对于许多特性和应用，实验装置和程序由国家或国际标准组织如 ASTM 和 ISO 定义。这些只是举例引用。舍弃了统计分析、变量误差回归、高斯误差传播等重要方面，因为它们在科学和工程研究的基础实验课程中都会涉及。

15.2 纯组分蒸气压和沸点

对于涉及液 - 气或固 - 气平衡的任何过程设计，随温度变化的纯组分蒸气压是非常重要的。因此，测量、关联和预测引起了科学界的极大兴趣。Ambrose 在[2]（第 13 章）和最近 Verevkin[5]（第 2 章）的关于实验测定的优秀综述详细讨论了不同的方法。Bilde 等人[6]给出了各种先进的超小蒸气压计算方法。

乍一看，测定给定的压强如大气压强（正常沸点）下液体沸腾温度的任务可能很简单。但是主要由贝克曼（Beckmann）[7]完成的一些简单动态实验，如在恒压下在容器中煮沸液体，为了克服处于蒸气压加上液体静压强的容器底部液体的表面张力需要形成少量气泡，所以会产生误差。这个问题可以通过在容器的内表面加入沸石或熔化玻璃片来部分解决。

这个问题的解决方案由 Cottrell[8] 和 Washburn 与 Read[9] 在 1919 年通过引入 Cottrell 泵（图 15.1）独立提出。

在 Cottrell 的方法中，温度计放在液体表面上的气相中，沸腾的液体以飞溅的方式传输到温度计的玻璃泡上。选定的压强下的蒸汽平衡的薄层液体覆盖在玻璃泡上。因此，温度计可以读取真实沸点，而不会因过热或静压强而产生误差。

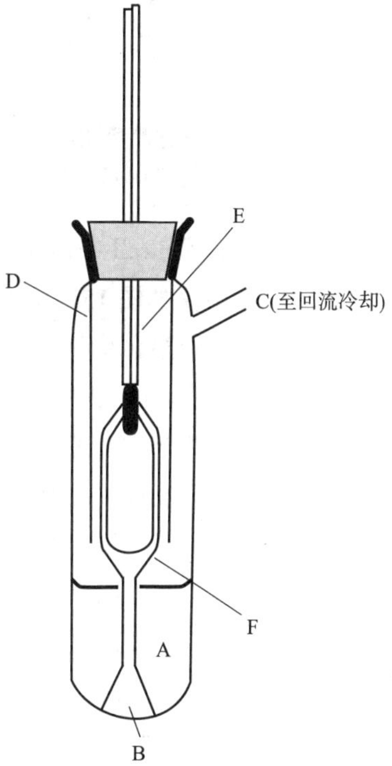

图 15.1 Washburn 改进的采用 Cottrell 泵测定正确相平衡温度的 Cottrell 沸点计（另见[10]）

图 15.1 表示经 Washburn 改进的 Cottrell 沸点计。A 管含有沸腾的液体。密封在底部的铂丝 B 有助于均匀沸腾。侧管 C 通向冷凝器，护套 D 防止冷凝液接触到温度计 E。当 A 中的液体沸腾时，通过泵下的两臂将气泡和液体带到温度计的玻璃泡上。

Cottrell 泵在许多后来的设计中都能见到，对于动态气 - 液平衡(VLE)蒸馏器特别重要，它有助于获得有关液体和蒸汽组成的热平衡与相平衡。

Swietoslawski[11]提出了采用 Cottrell 和 Washburn 思想设计的新沸点计，在许多实验室中用于科学研究和常规测量，用于化工过程设计或特定目的如测量干葡萄酒的酒精含量。第 15.5.1 节将更详细地讨论这些动态蒸馏器。该方法通常用于有限的压强范围(5 ~ 300kPa)。

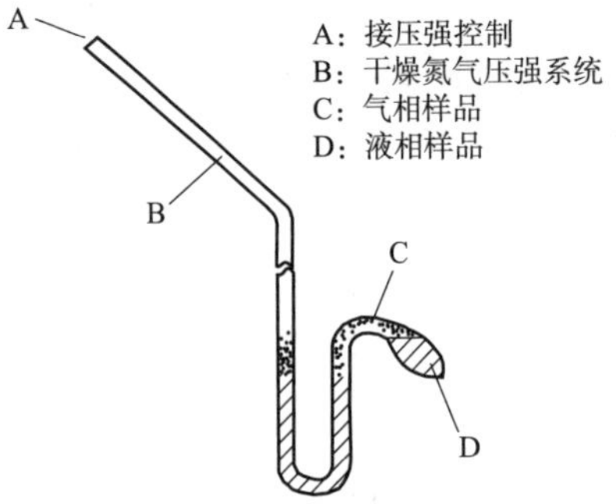

图 15.2　静态测量纯物质蒸气压的等温仪(另见[10])

尽管在混合物蒸气压的情况下，静态方法需要精确量的脱气组分，如第 15.5.2 节所述，从纯组分体系中去除挥发性杂质要容易得多。在向所谓的等温(图 15.2)的试管中注入足够数量的物质后，液体的一小部分蒸发到稳压器中，因此系统不受任何更易挥发的污染物的影响。该方法通常用于 0.1 ~ 100kPa 的压强范围。

必须注意去除沸点相近的杂质或与所研究物质形成共沸物的杂质。静态测量完全避免了在没有 Cottrell 泵的动态蒸馏器中观察到的过热问题。

典型的等温仪如图 15.2 所示，详细说明见 ASTMD2879 - 10[12]。在测量开始时，在玻璃泡和仪器的短臂中充满经过仔细净化的成分，然后反复抽真空并充入氮气(通常两次)，以除去所有的氧气痕量。然后将其放置在水平位置，使样品在薄层中展开。将压强降低至 133Pa，并加热样品刚好至沸腾以除去溶解气体。然后，将等温仪竖直放置，使液体再次充满玻璃泡和 U 型计量管的右侧。将液体表面略微加热，使样品的一部分蒸发。气相样品箱在恒温器连接处的氮气中形成缓冲区。将等温仪放置在恒温器中并调整恒压器压强直到样品压强计 U 型管两臂内的液体表面高度相等。改变温度，压强相应地调整，以获得其他温度下的蒸气压数据。

纯组分蒸气压数据也可以用所谓的静态气 - 液平衡仪来测量。这种设备设计主要用于处理比简单的等温仪宽得多的压强范围(10^{-3} Pa ~ 10MPa([5]，第 2 章))，但通常设计用于提供长期的温度稳定性，但是代价是能够在一定温度范围内快速扫描。

在蒸气压很低的情况下，Knudsen 渗出法长期以来一直是首选方法([5]，第 2 章)。该方法基于在超真空条件下，在单位时间内以蒸气形式通过微孔从 Knudsen 单元中流出的测试物质的质量估计。在带有小孔的恒温密闭室内中，将少量成分放置在通常由涡轮分子泵提供的超高真空中。作用在容器壁上的蒸气压来自分子与器壁的碰撞。一定面积上的碰撞数可以由气体动力理论导出。

任何一个撞击到空孔位置的分子，就会离开单元室，这样通过跟踪单元室的重量随时间的变化，就可以计算出蒸气压。典型 Knudsen 设备的示意图如图 15.3 所示。

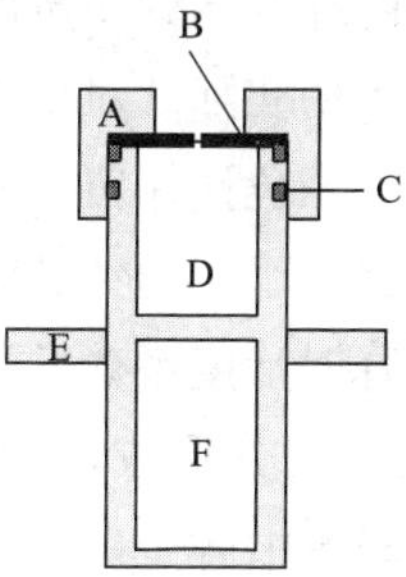

图 15.3 Knudsen 渗出法测量低蒸气压的装置(另见[10])

在高真空环境中呈平衡的单元室的恒温器需要与容器壁紧密接触。此外，需要定期将单元室取出称重，这需要对容器进行加压，然后再次排空容器。在这段时间内单元室的重量损失没有明确定义。

不同的修正旨在避免这种努力和不确定性来源：

· 通过等温或非等温策略直接确定热重力仪中的重量损失。

· 根据量热仪中的热效应计算蒸发流量。

· 在差分扫描热量仪中加热 Knudsen 单元室，通过相应的热效应产生蒸发流。

· 使用扭矩测量，来确定离开单元室的质量物流的惯性推进力。

· 用冷却的手指捕获离开单元室的分子物流并称重。这两项任务都可以同时通过提供极端灵敏度的石英微天平来实现。

Knudsen 渗出液的一种替代方法是在热天平(热重力仪)上蒸发成真空或惰性净化气体(朗缪尔渗出液)而形成的。这就需要了解样品表面和单位表面蒸发到真空或净化气体中的速率。

一种适用于超宽范围蒸气压的方法是气体饱和(蒸发作用)。在 Knudsen 扩散过程中，样品重量损失，更常见地，确定了蒸发组分的质量。该方法要求载气的近平衡饱和度，但避免使用真空室[13]。图 15.4 表示 LTP Oldenburg[14] 在温度为 280 ~ 620K、压强范围为 0.01 ~ 10mbar 时使用的装置。

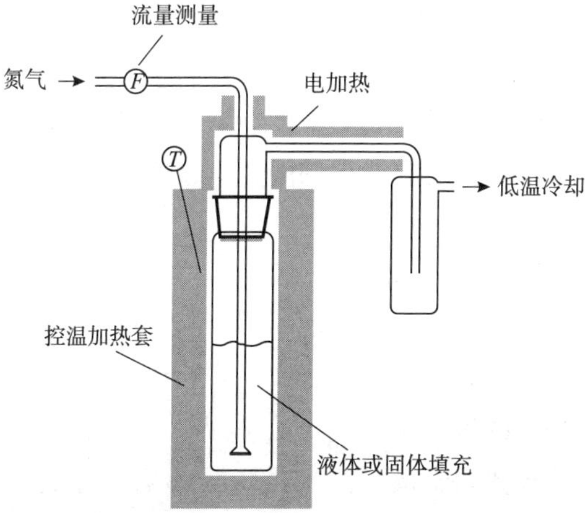

图 15.4 利用蒸腾作用测饱和液体蒸气压的实验装置[14]

文献[10]概述了不同方法及其适用范围。

上述方法要求该成分的纯度达到一定的要求。在工艺物流中有少量杂质的情况下，这能使蒸气压测定不切实际。对于不同浓度甚至低浓度的组分混合物，一个有趣的替代方法是测定气相色谱保留时间。除固定相质量与载气流量等与组分无关的参数，也可以根据参考组分的计算结果进行反算，保留时间由纯组分蒸气压与固定相组分的无限稀释时活度系数的乘积决定。后者是可以估计的，但通常选择一个固定相，与相应的组分形成接近理想的混合物。通过使用气相质联用(GC－MS)，可以识别色谱图中各个峰的成分。Koutek 等人[15]和 Letcher 与 Naicker[16]对该方法进行了描述和全面测试。对于少量杂质，10%或更大的误差通常是可以接受的，并且该方法有助于识别那些过程模拟中需要的更可靠性质的组分。

15.3 汽化焓

几乎所有情况下，蒸发焓都是根据纯组分蒸气压的温度相关性计算的，即 Clausius－Clapeyron 方程(3.64)。在与温度相关的气相缔合的情况下，如第 13.3 节的羧酸所示，这可能会导致较大误差。

然而，蒸发热的热量测定是不常见的。

15.4 临界数据

由于其重要性，已经开发了不同方法来确定临界数据。在临界点，流体表现出独特的行为。当压缩力分散到有限度时，密度波动导致所谓的临界(图 2.4)。因此，测量的目的是通过改变密封容积流量传感器中的压强、温度和密度去观察这种现象。对于大分子，这些测量方法达到了极高的精度。然而，在大多数情况下，在临界温度或低于临界温度时的分解会造成严重的问题，目前已经开发了快速方法来最小化停留时间[17]。

15.5 气－液平衡

由于气－液平衡在工业精馏过程中的重要性，气－液平衡的实验测定引起了人们的极大兴趣。在过程模拟中，选择热力学模型和选择二元交互作用参数(BIPs)是正确模拟过程物流的真实混合行为的重要前提之一。尽管有强大的预测模型，但在许多情况下，为了确定必要的 BIPs，不可避免地要利用实验 VLE 数据。在公开文献中，可以找到超过 90000 个二元和多组分混合物的实验 VLE 数据集[18]；然而，在某些情况下，用于可靠过程模拟的决定性 VLE 数据丢失，必须仔细规划和执行 VLE 测量。在大多数情况下，将测量限制在二元系统就足够了，因为可以可靠地从二元信息(见第 5 章)中预测多组分行为，如下文所述，在某些情况下对于测量三元或多组分混合物的气 - 液平衡是适用的。

气 - 液平衡的特点是温度、压强和共存相的组成。根据第 5.5.1 节(稠度试验)中描述的 Gibbs - 杜赫方程，并不是所有的变量都需要通过实验来确定。针对变量 T、P、x、y 的几乎每一种组合，开发了相应的方法和装置，它们的子集和所有现有的方法都有一定的优缺点，适合于不同的要求。气 - 液平衡测量中最困难的部分是正确测定气相和液相的组分。这就是为什么合成法比分析法更受欢迎。合成法意味着将规定数量的纯物质填充到测量单元中，给出混合物的总组分。然后可借助闪蒸计算和随后描述的 VLE 模型计算单相的成分。分析方法是指从一个或每个相中提取样品，并用适当的方法进行分析，如气相色谱法。需要特别注意样品应具有代表性，并且不干扰平衡。区分这些方法的另一种可能性是将其分为动态法和静态法。然而动态法的特点是相的永久沸腾、冷凝和循环，静态法的特点是相区分离、界面清晰。此外，实验方法可以通过变量来区分，变量是固定的，而其他变量(例如成分)在一系列测定中可以修改。从热力学和建模的角度来看，等温测量(T 为常数)是首选，而在过去，等压测量(P 为常数)往往是因为它们直接参考精馏塔而选择的。因为它们直接参考精馏塔，几乎每个方法和子集的组合都是可能的，下面将更详细地描述一些常见的方法。

在目前最流行的综合静态气 - 液平衡测量技术中，通常只有组分总量、系统体积、温度和压强可用。通过简单的等容闪蒸计算，可以找到相组成和计算压强，从而将相应混合物模型[g^E模型或状态方程(EOS)]迭代到绝对或相对偏差(或平方偏差)的最小和)的 BIPs，直到达到压强的绝对或相对偏差(或平方偏差)的最小和。在不太高的压强或相对挥发度下，只需对总成分稍加校正即可得到液体浓度，并将其作为实验值。

图 15.5 显示了不同 VLE 数据类型数量随发布年份的变化。可见，“二战”结束前，有关 VLE 的数据报道很少。很大一部分源于 Weissenberger 等人在 1924 ~ 1926 年使用简单的蒸气压测量报告出版的大量等温 xP 数据[$xP(T)$]。

随着计算机的出现，精馏程序也得到了发展，由于石油工业的战略重要性，对 VLE 的研究得到了大量的资助。这导致在文献中发表的等压或等温完整 VLE 数据量稳定增加。

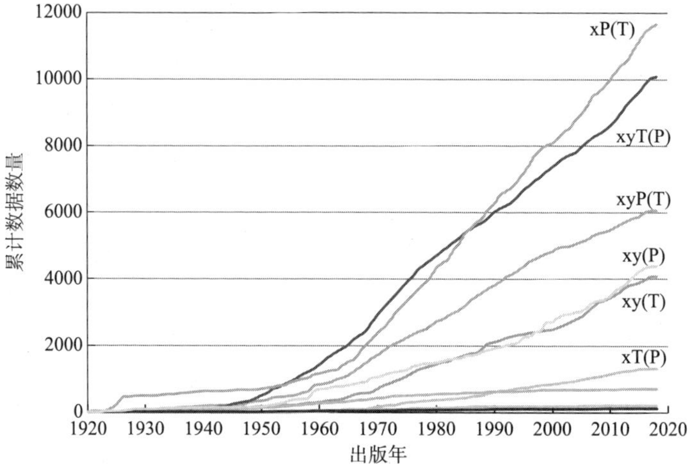

图 15.5　不同 VLE 数据类型数量随出版年份的发展

数据类型由报告值命名，常量属性放在括号中(DDBST GmbH，private communication)

许多化学工程师在等压条件下测量精馏塔在每一级近似恒压下运行，但在这种情况下，实际行为的温度和组分的关系不易区分。另一方面，动态平衡釜为了获得等温数据集通常在恒压下工作，因此必须对每个数据点进行复杂变换。然而，在大约 1/3 的测量中，研究人员投入了额外的努力。

自 20 世纪 60 年代初以来，常用无气相分析的纯合成等温静态测量，[$xP(T)$]数据增长最为强劲。在这段时间内，由于采用气相取样和分析进行静态测量，报告的完整等温数据的数量也有所增加。

特别是 van Ness(见第 5.5 章)强烈反对完整的 x，y，P，T 数据[19]的测量：

"由于 y 的实验不确定性可能是最大的，保守观点认为数据简约的首选方法是只基于 $P-x$ 数据的方法。"……"除非一致性检验被认为是必要的，否则最好将精力花在提高 $P-x$ 测量的准确性上，而不是花在测量冗余数据上。过去对一致性测试的关注在很大程度上被误导了，因为通常应用的区域测试非常有限，几乎没有价值。"

一些教科书和出版物详细讨论了不同类型的设备[5,20-25](第 5 章)。具体的参考文献将在下文中引用。

15.5.1　动态 VLE 釜

动态 VLE 釜的发展至少可以追溯到 19 世纪，是测定混合物纯组分蒸气压(第 15.2 节)设备的延伸。

一个非常普遍的设计是 Swietoslawski 沸点计，如图 15.6 所示，它是经过 Tyrogalski 和 Malanowski[26]修改的。

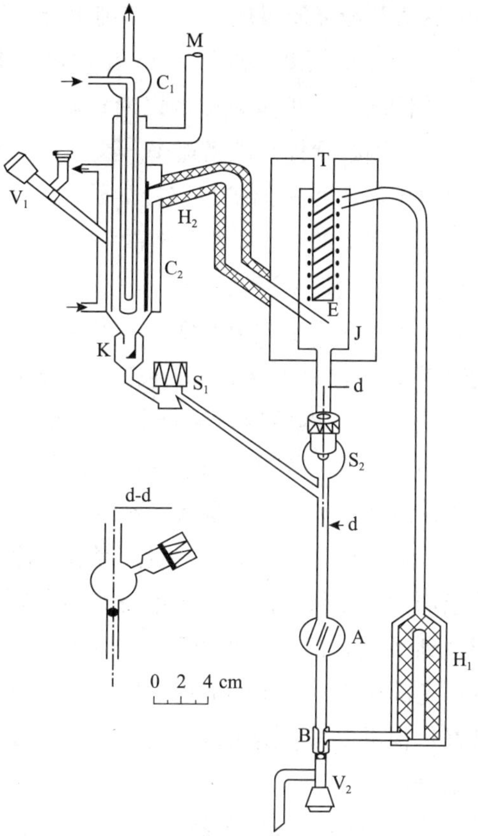

图 15.6 由 Rogalski 和 Malanowski 修改的 Swietoslawski 沸点计[26]

H_1：内表面激活的 Cottrell 泵(加热器)；A、B：混合装置；K：液滴计数器；

C_1、C_2：冷凝器；E：平衡室；T：温度计套管；V_1：样品引入阀；

V_2：用于从沸点计除去液体的阀门；M：至稳压器；J：真空套；H_2：用于防止蒸气部分冷凝的加热器；

S_1：用皮下注射器通过隔膜提取蒸汽冷凝液样品的装置；S_2：用于采出液体样品。

资料来源：Rogalski 和 Malanowski，1980 年[26]，经爱思唯尔许可复制

在测量开始时，第一个组分通过阀 V_1 进入设备，阀 V_2 关闭。液体的量不需要精确地知道，但它对测量是至关重要的。同时，通过加热器 H_1 控制沸腾速度，可导致一定比例的液体和蒸气从棉胶管顶部散发出来。通过液滴计数器 K 中的滴速可以观察到蒸气流，通过真空套 J 内平衡绝热室 E 中温度计套管的滴速可以观察到液体流。真空套 J 通常镀银以避免辐射传热，但镀银层必须有一个透明的间隙才能很好地观察温度计。

加载第一个组分后，将稳压器设置为所需压强，并通过加热器 H_1 将 Cottrell 泵中的液体加热至沸腾，然后将其设置为产生平滑沸腾的瓦特数。加热器的内表面被激活，通过气泡的形成(类似于沸腾的碎片)提供成核位置来减少过热。平

滑沸腾时，向上流动的蒸气和液体质量应相似。与纯组分蒸气压测量相比，必须不惜任何代价避免管道内液体段堵塞。如果 Cottrell 加热器中的液位过高，通常会发生这种情况。在这种情况下，少量液体可以通过阀门 V_2 排出。如果从平衡室观察到的液体流量太小，则必须提高沸腾速率。这样，Cottrell 管将非常小的液滴和蒸气一起输送。大的相界面和短的扩散路径导致离开 Cottrell 管（未搅拌的）液滴芯液体和蒸气之间接近完美的平衡。很重要的一点是：Cottrell 管是绝热操作的，这样沿管的液体和蒸气总量保持近似恒定。

两相混合物进入平衡室，在平衡室中温度计充当液滴的撞击器。液体通过底部离开加热器，而无液滴蒸气通过加热（以避免部分冷凝）进入冷凝器。通过液滴计数器和取样口进入混合器，然后通过混合器两个循环流被返回加热器。因此，在平衡室中分离相的液体或蒸气组成与加热器中的组成都不相同。

正确的液位和沸腾速度在很大程度上取决于沸腾行为、黏度、表面张力、液体蒸发焓以及系统压强。正确设置参数需要一定的经验。由于起泡会严重干扰测量，可以添加几滴消泡剂，但必须确保消泡剂本身不会影响气-液平衡。

一旦通过混合器达到平稳运行和类似的蒸气和液体循环，测量温度和压力。恒压器通常提供足够恒定的压强。在 10min 内温度波动不应超过 ±0.1K。井里的温度计与玻璃接触良好是很重要的，这可以通过一些导热油来实现。第一步观察到的温度是纯的第一组分蒸气压。

现在，一定量的液体通过阀门从加热器中排出，取而代之的是通过阀门 V_1 供给的相同体积的第二组分。在达到平衡和充分循环后，使取样包含新平衡组成下的液体，记录温度和压强，并通过样品端口用注射器采集样品并进行分析。重复这些步骤，直到第二组分的体积分数超过第一组分的体积分数。

然后，通过关闭加热器，将调节器设置为常压，并排放锅炉中的废气，关闭设备。化学物质的清除通常可以通过冷却疏水阀来实现。对于高沸点组分，建议用丙酮冲洗。然后重复上述步骤，并在浓度范围的后半部分互换成分。两个浓度范围的选择应重叠。如果重叠区域中的值或浓度依赖性不一致，则必须检查测量值是否存在系统误差。

上述过程产生等压数据集。对于等温测量，调整每个数据点的压力，直到观察到所需的沸腾温度为止。

为了确定平衡状态下相的组成，需要对样品进行分析。典型的方法是通过振动管密度计或气相色谱分析法来测定折射率、液体密度。

所有这些方法需要使用一组已知组成的样品进行校准。如合适的酸/碱或氧化还原滴定等化学方法可产生良好的结果。

VLE 沸点测量一直受到许多问题的干扰，人们研制了大量改进的沸点计。为了进行详细的讨论，推荐 Raal 和 Muhlbauer 的优秀专著[23]。

15.5.2 静态技术

如上所述，合成静态气－液平衡测量从 1965 年左右开始变得非常流行，这一发展受到范尼斯的大力推动，他反对不精确和多余的相组成测定[19]。

相组成测量需要对每种混合物进行仔细校准，甚至在某些情况下可能出现问题。另一方面，压强测量可以进行高精度和再现性。如今，甚至极为廉价的压电传感器(如 Bosch BMP380)也能在 90～110kPa 提供 ±6Pa 的相对精度。封闭电池中的合成静态测量需要去除任何挥发性杂质(脱气)，在电池压强低于 1atm 的情况下，即使是非常小的泄漏，也必须避免空气污染。脱气部件的处理和精确计量也充满挑战。当电池中的液体体积分数较大时，仔细的脱气特别重要，因为挥发性成分几乎完全在蒸气中，并且在蒸气体积较小的情况下会强烈影响总压强。另一方面，在这种情况下，液体成分校正变得很小，因为只有一小部分进料被蒸发。使用可变体积 VLE 单元，可以在测量期间改变气相的数量[27]。

如果一个组分的分解非常缓慢，或者组分的反应伴随着一个强挥发性组分的形成，比如二氧化碳，或者混合物中具有正常挥发性但活度系数非常高的组分(例如，非极性混合物中的水)，则不可能进行总压静态测量。注意，对于相对挥发度较高的混合物中，静态测量仅得出更易挥发的活性物种。活动低锅炉的系数可以通过 Gibbs－Duhem 方程来计算，但结果往往很大程度上取决于用于描述数据的模型。由于总压强是整个系统的一个特性，计算偏摩尔性质(如活度系数)需要精确了解压强与组成的关系。因此，静态测量应提供足够数量的数据点，除了不混溶区域内，没有更大的间隙；因此，已发布的数据只有很少的数据点具有有限的价值。

由于气相不得与低于平衡温度的任何表面接触(这将导致冷凝并影响相平衡)因此压强传感器的工作温度必须高于系统温度。这将大多数商用传感器的最高温度限制在 100～140℃。此外，只有少数商业传感器能够承受强腐蚀性蒸气。

为了避免压强测量中的这些限制，可以在气相和惰性气体系统之间放置一个相对简单的耐腐蚀高温压差传感器。压差传感器的任务单纯是为了检测压差为零，可以调整惰性气体压强来匹配电池压强。

对于室温下蒸气压强高于 1atm 的低沸点组分(如丙烷、丁烷等)，可以用相对简单的方式进行静态测量。这些气体纯度高，不含任何挥发性成分，在化学供应商提供的气瓶中压强更高，可以很容易地转移到一个小型样品瓶中，该样品瓶可以称重以确定添加组分的确切数量。气缸可以放置在恒温器中，摇动以达到平衡，然后连接到高精度压强传感器。

无相位采样的静态 VLE 测量通常以相对简单的方式进行，这里将详细描述 Rarey 和 Gmehling 提出的设备[28]。在 Kolbe 和 Gmehling[29] 先前开发的基础上，开发了一种完全由计算机操作的静态 VLE 装置；学术界和工业界几乎连续运行了几个版本(图 15.7)。

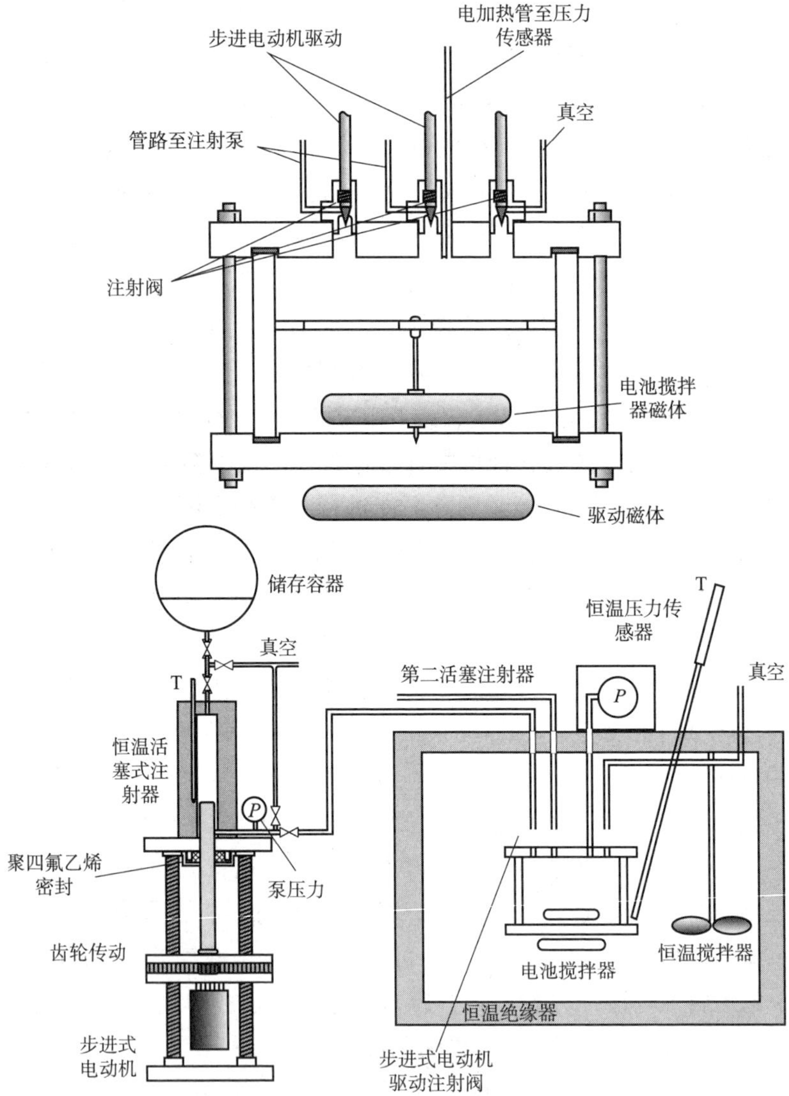

图 15.7 Rarey 和 Gmehling 设计的计算机操作静态 VLE 装置[28]

资料来源：Rarey and Gmehling 1993[28]

该装置可在 0～100℃的温度和 1atm 的压强下工作。计算机操作的流动量热计(见 15.9 节)可用于快速测量超额焓，故而低压和温度范围受到了大量关注。第 5.4 节详细讨论了利用超额焓数据推断实际液体混合物在不同温度下的行为。在较低的温度和压强下准确测量 VLE 以及使用超额焓数据计算液体混合物实际行为的温度依赖性更可靠。当在较高的温度和压强下直接测量气－液平衡时，可能发生的分解或化学反应以及由于较高的压强和气相密度而对液体成分进行的更显著的校正都会影响结果。静态 VLE 测量的停留时间是几个小时，而流动量热法的停留时间是几秒钟。

在测量之前，组件和泵保持在真空状态，以清除任何的挥发性组分。时不时地关闭真空泵的阀门，观察组件内的压强升高，以检测潜在的泄漏问题。应注意的是，压强升高也是由溶解在密封材料中的组分(如聚四氟乙烯)导致的。因此，一个相对较大的外露表面是最重要的施工细节。

带有两个脱气部件的存储球罐连接到真空泵上，在关闭真空泵上的阀门后泵就被灌满。然后，泵中的液体被自动压缩到大约 10bar。保持泵处于高压状态以避免被外部空气污染。同时，在做活塞运动时，测量泵内的压强。理想情况下，纯组分蒸气压强下在泵的温度下保持恒定，被冷凝，然后由于液体的可压缩性低而迅速增加。在快速增加之前压强的缓慢增加表明排气不足。在泵的不同充注状态下测量压强的急剧升高随体积变化的斜率用于计算液体的可压缩性。这是计算 1atm 时的注入体积所必需的参数，其中液体密度可从文献或测量中获得。

一旦平衡池顶部的两个泵和注入阀管路注满时，就开始自动测量。

在第一步中，用第一组分将池子(总体积约 500cm^3)填充约一半。注射总是以同样的方式进行。首先向上移动活塞，直到泵压强达到 10bar，因为在最后一次压缩后，活塞可能会略微下降。然后，齿轮步进电机(2000 步/转)缓慢打开喷射阀，直到相应泵中的压降显示阀门略微打开。然后，泵中的步进电机将预定体积的液体压入电池。体积规定为电机步数(12500 步 = 1cm^3)。随后，阀门关闭，活塞进一步移动，直到泵的压强再次达到 10bar。电机步数是对喷射量的精确测量，无需测量活塞位置。

每次注射后，观察电池中的压强，直到压强和温度保持恒定。一个分辨率远低于 1Pa 的高精度压强传感器可以检测电池压强的微小变化。恒温器内的温度以 ±1mK 的分辨率记录。

在用第一组分将电池填充至大约一半的时，测量其纯组分蒸气压后，逐渐添加第二组分。对于每个组分，温度和压强都会被记录下来。第一组分的注入可以分为两步或三步。每一步后的压强增加，表明排气不足。

重要的是要避免喷射阀和单元之间的任何死体积，以便通过的组分成为单元内混合物的一部分。

最后一次注射后，清空和排空单元，并重新加注泵。重复测量，首先注入第二组分，然后将第一组分先加入少量，然后再加入更大的量。与动态法类似，浓度范围应重叠。由于组分的注射和测量由计算机控制，只需要很少的人工干预即可。具有 64 个数据点的等温线通常在 6 ~ 8h 内完成。323.15K[30]下乙基叔丁基醚(1) + 乙醇(2)混合物的等温线示例如图 15.8 所示。上图显示摩尔分数在 0 ~ 1.2%(mol)之间。通常，在纯组分附近测量 10 个数据点，以便能够安全地推断无限稀释下的行为，并得出无限稀释下活度系数的可靠值。

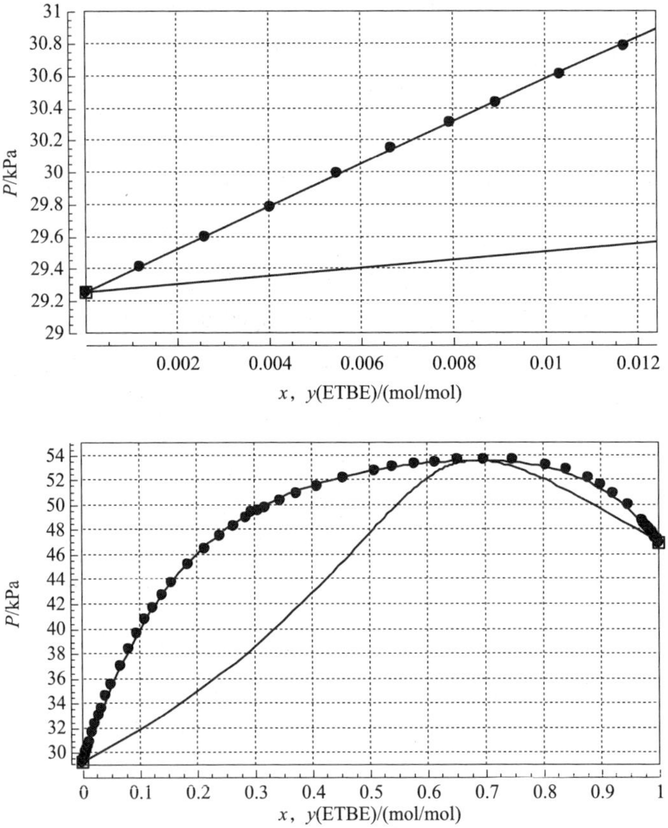

图 15.8 在 323.15K 下用 UNIQUAC 回归曲线对乙基叔丁基醚(1) + 乙醇(2)混合物静态 VLE 测量的典型结果

资料来源：Rarey 等人，1999[30]

例 15.1 （蒸气空间校正）10g CH_3OH（甲醇）和 1g R22（氯二氟甲烷）被填充到内部体积为 200cm^3 的真空静态气 - 液平衡装置中。在 $\vartheta = 30℃$，压强指示读数为$P=0.7026\text{bar}$。

a. 假设液体浓度与填充浓度相同，计算R22的活度系数。甲醇的活度系数应接近1。

给出了以下数据：

$M_{R22}=86.468\text{g/mol}$

$M_{MeOH}=32.042\text{g/mol}$

$P^s_{R22}=11.9199\text{bar}$

$P^s_{MeOH}=0.2192\text{bar}$

b. 考虑到与单元体积相比，液体填充量相对较低。即使在这个低压下，仍有大量的低沸点组分R22处于气相，这反过来改变了液体浓度。可以假设气相是理想的。

解决方案：

a. 液体中的摩尔数等于总摩尔数：

$n_{L,R22}=m_{R22}/M_{R22}=1\text{g}/(86.468\text{g/mol})=0.011565\text{mol}$

$n_{L,MeOH}=m_{MeOH}/M_{MeOH}=10\text{g}/(32.042\text{g/mol})=0.3120904\text{mol}$

给出

$$x_{R22}=\frac{0.011565}{0.011565+0.3120904}=0.0357$$

$x_{MeOH}=1-x_{R22}=0.9643$

然后，得出混合物在30℃时的泡点压强见方程(5.14)。

$$\begin{aligned}P=0.7026\text{bar}&=x_{R22}\cdot P^s_{R22}\cdot\gamma_{R22}+x_{MeOH}\cdot P^s_{MeOH}\cdot\gamma_{MeOH}\\&=0.0357\cdot 11.9199\text{bar}\cdot\gamma_{R22}+0.9643\cdot 0.2192\text{bar}\cdot 1\end{aligned}$$

给出活度系数

$$\gamma_{R22}=\frac{0.7026-0.9643\cdot 0.2192}{0.0357\cdot 11.9199}=1.1543$$

表示与拉乌尔定律的轻微正偏差$x_{R22}=0.0357$

b. 纯组分液体密度

$\rho_{R22}=1171.27\text{kg/m}^3$

$\rho_{MeOH}=781.93\text{kg/m}^3$

这种液体只能覆盖

$$V^L=m_{R22}/\rho_{R22}+m_{MeOH}/\rho_{MeOH}=\frac{1\text{g}}{1171.27\text{kg/m}^3}+\frac{10\text{g}}{781.93\text{kg/m}^3}=13.64\text{cm}^3$$

保留

$V^V=V_{cell}-V^L=200\text{cm}^3-13.64\text{cm}^3=186.36\text{cm}^3$

对于单元中的气相，对应于

$$n_V=\frac{PV^V}{RT}=\frac{0.7026\text{bar}\cdot 186.36\text{cm}^3}{8.3143\text{J}/(\text{mol}\cdot\text{K})\cdot 303.15\text{K}}=\frac{70260\text{Pa}\cdot 186.36\cdot 10^{-6}\text{m}^3}{8.3143\text{J}/(\text{mol}\cdot\text{K})\cdot 303.15\text{K}}$$

$$=0.005195\text{mol}$$

使用 a 中的活度系数作为起点，可以将其设置为第一步

$$y_{R22}=x_{R22}\cdot\gamma_{R22}\cdot P^s_{R22}/P=\frac{0.0357\cdot 1.1543\cdot 11.9199\text{bar}}{0.7026\text{bar}}=0.6992$$

$$y_{MeOH}=x_{MeOH}\cdot\gamma_{MeOH}\cdot P^s_{MeOH}/P=\frac{0.9643\cdot 1\cdot 0.2192\text{bar}}{0.7026\text{bar}}=0.3008$$

在气相，摩尔数是

$$n^V_{R22}=y_{R22}\cdot n^V=0.6992\cdot 0.005195\text{mol}=0.003632\text{mol}$$

$$n^V_{MeOH}=y_{MeOH}\cdot n^V=0.3008\cdot 0.005195\text{mol}=0.001563\text{mol}$$

气相中的摩尔数必须从假定为液相中的摩尔数中减去：

$$n^L_{R22}=n_{R22}-n^V_{R22}=0.011565\text{mol}-0.003632\text{mol}=0.007933\text{mol}$$

$$n^L_{MeOH}=n_{MeOH}-n^V_{MeOH}=0.3120904\text{mol}-0.001563\text{mol}=0.310527\text{mol}$$

修正液体浓度

$$x_{R22}=\frac{0.007933}{0.007933+0.310527}=0.02491$$

$$x_{MeOH}=1-x_{R22}=0.97509$$

然后，混合物的泡点压强通过

$$P=0.7026\text{bar}=x_{R22}\cdot P^s_{R22}\cdot\gamma_{R22}+x_{MeOH}\cdot P^s_{MeOH}\cdot\gamma_{MeOH}$$

$$=0.02491\cdot 11.9199\text{bar}\cdot\gamma_{R22}+0.97509\cdot 0.2192\text{bar}\cdot 1$$

给出活度系数

$$\gamma_{R22}=\frac{0.7026-0.97509\cdot 0.2192}{0.02491\cdot 11.9199}=1.6464$$

在$x_{R22}=0.02491$，假定液体浓度等于总浓度。该值明显大于 a 中获得的值，应重复该过程，直到液体浓度和活性系数不再改变。在这种情况下，第三次迭代产生。

$$\gamma_{R22}=1.6441$$

在以后的迭代中不会有显著的变化。

通常，在静态单元中执行一系列测量。在这种情况下，应通过将液体浓度设置为等于总浓度，将二元参数同时拟合为 a。然后，如 b 中所述，结果可用于重新计算液体浓度，当然，最好是使用适当的气相状态方程。

15.5.3 脱气

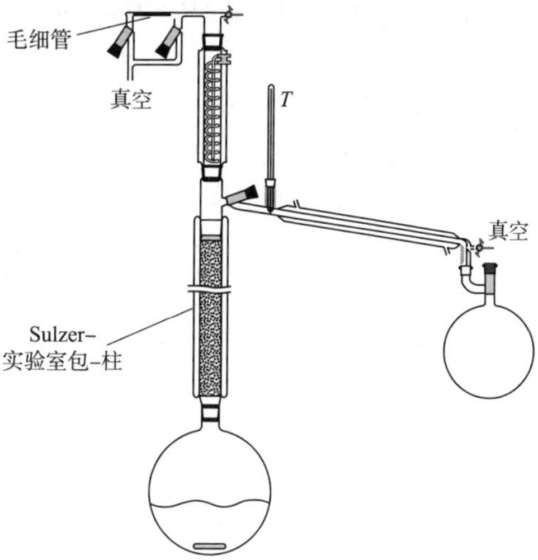

图 15.9 纯物质脱气装置

资料来源：LTP Oldenburg[14]

如前所述，纯物质的彻底脱气是静态法测量蒸气压和气－液平衡的关键步骤。一段时间以来，已经开发出几种脱气方法，例如通过真空升华[31]、冷冻－抽空－解冻循环[32]、蒸馏[33]、精馏[34]和半透膜[35]。此外，这些方法还可分为原位法和独立法。

独立于 VLE 装置的既定程序是图 15.9 所示的校正方法。

脱气就是将挥发性极高的组分与挥发性低得多的液体分离出来。待脱气的液体储存在搅拌烧瓶中。简单的精馏塔和冷却器补充了该布置。该装置在中等温度和真空条件下几乎在全回流下工作。溶解的气体通过与真空泵相连的毛细管缓慢抽出。

运行几个小时后，脱气冷凝液被转移到抽空的产品烧瓶中。然后用特氟龙阀门关闭烧瓶，直到它直接连接到静态 VLE 装置的计量装置之前都可以保存。

与文献[34]的建议相比，该方法避免了脱气液中含有较重杂质的缺点。

当脱气液体在烧瓶中轻微摇动时，可以听到独特的金属咔嗒声，初步表明液体已正确脱气。以下示例说明了不完全脱气的影响。

例 15.2 将 100cm^3 的空气－饱和水注入抽空平衡池中（体积 180cm^3），其中，$P=1\text{bar}$ 且 $\vartheta=25℃$。计算空气分压，从而得出在 $\vartheta=150℃$ 下不脱气的蒸气压测量误差。

空气(1)在 25℃时在水(2)中的溶解度可根据亨利定律[式(5.55)]求得。

$H_{12}=7.2\cdot10^4\text{atm}=7.295\cdot10^4\text{bar}$[36]。

解：

液相中空气的摩尔分数是

$$x_{\text{air}}=P/H_{12}=1.371\cdot10^{-5}\text{mol/mol}$$

单元内空气的总摩尔数是

$$n_{\text{air}}\cong x_{\text{air}}n_{\text{water}}$$

水的总摩尔数是

$$n_{water} = \rho_{water} V_{water} / M_{water} = 0.997 g/cm^3 \cdot 100 cm^3 / (18.015 g/mol)$$
$$= 5.534 mol$$

$$n_{air} = 7.587 \cdot 10^{-5} mol$$

应假定溶解的空气完全逸出到气相。根据理想气体定律，可以计算出空气在气相中的分压，从而计算出蒸气压测量的误差。

$$P_{air} = \frac{n_{air} RT}{V^V}$$

为简便起见，应忽略密度的变化，从而忽略水体积随温度的变化。

$$V^V = V_{cell} - V_{water} = (180 - 100) cm^3 = 80 cm^3 = 8 \cdot 10^{-5} m^3$$
$$R = 8.314471 J/(mol \cdot K)$$
$$T = 423.15 K$$

得到以下结果：

$$P_{air} = \frac{7.587 \cdot 10^{-5} \cdot 8.314471 \cdot 423.15}{8 \cdot 10^{-5}} Pa = 3336 Pa = 33.36 mbar$$

这意味着在总压力测量中与真实蒸气压有很大偏差。

15.5.4 顶空气相色谱法(HSGC)

与上述静态测量相反，顶空气相色谱法(HSGC)允许测量平衡玻璃瓶中的蒸气成分。该方法不产生总压强值，因此不需要对部件进行脱气。这意味着在二元混合物中，两种成分都需要挥发。在三元混合物中，其中一种组分可能没有挥发性或挥发性低。这允许测量低挥发性化合物对混合物其他成分的挥发性比率的影响。早在 1985 年该方法就被用于普通 VLE 测量[37,38]，特别适合确定盐、离子液体或选择性溶剂对 VLE 混合物行为的影响。

将精确量的成分放入几个样品瓶，然后用瓶盖和隔垫密封。瓶子在恒温器中搅拌或摇动，直到达到平衡。

气相样品可使用加热的气体样品注射器采集，并直接注入气相色谱柱。另一个原理，即所谓的环路技术，使用一个充满样品气体的样品环路，该环路通过使加压的样品容器相对于大气通过环路膨胀而充满了样品气体。随后，使用加热阀切换到气相色谱仪载气管线的加热通道中，从而将样品气塞从样品环路转移到气相色谱仪中。这两种技术都可以买到。

这项技术的主要问题之一是样品瓶的准确恒温。瓶子的上部与气相接触，必须保持与下部相同或更高的温度，以避免蒸气凝结。大多数商用顶空取样器未配备适当的样品恒温器和混合装置，并且需要对 VLE 测量进行大量的修改。

气相色谱仪的典型组成误差限制了该方法的精度，在最佳条件下，其误差在‰范围内。为了根据峰面积比计算浓度，需要对每个系统进行校准。校准的简单选择是从玻璃电池中注入液体样品。它们接近于进料混合物的浓度，所需的检测器响应因子可与等容闪蒸数据的 BIP 回归同时进行。最常见的是，FID 检测器在很大范围内提供了峰面积与组分数量之间函数的线性关系。

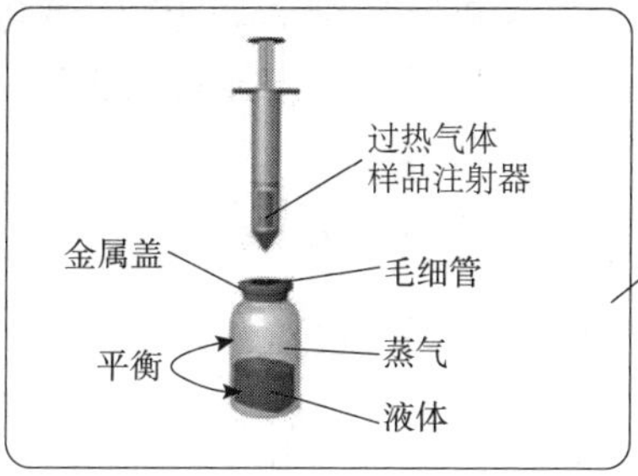

图 15.10 恒温顶空电池

图 15.10 显示了恒温器中的典型顶空单元。如前所述，非常重要的是包括了盖在内的单元顶部的温度与单元下部的温度相同或更高。

15.5.5 高压气–液平衡

人们对于高压下气–液平衡的研究具有很大兴趣。早期和当前研究的一个重要部分是关注油气工业的混合物和在超临界流体萃取或聚合物过程中的超临界相溶解度。

虽然合成静态低压测量中的液相成分通常可以通过总成分和少量校正来确定，但这在高压下并不实用，必须通过实验来确定相成分。在不改变成分的情况下，将样品从高压电池中移出并转移到低压气相色谱柱中是一个巨大的挑战。

在高压下，稠密的气相能够溶解相对较高浓度的重沸液体或固体(见第 8.4 节)。在取样过程中，压强通常会降低，这可能导致固体逆向冷凝或沉淀，并导致样品组分的变化。此外，固体沉淀物可能会暂时或永久使取样管线或阀门关闭。

图 15.11 显示了一个高压分析静态 VLE 的装置[14]，该装置带有蓝宝石窗口和 ROL SI™[40] 采样器注射器。该注射器是专门设计来避免取样问题的，如干扰单元内的平衡或不具有代表性。ROLSI 是目前解决问题的最佳方案。

该取样系统是由多米尼克·里克森和他所在的过程热力学中心(CTP)的团队开发并获得专利的。CTP 是一个研究机构，专门研究快速进样器；第一个专利模型于 1986 年出版[41]。在 ROLSI 系列及其修改过程中取得了持续的改进。目前，第四个版本已经商业化，并在几个实验室使用。ROLSI IV 由电磁驱动的运动杆控制，因此是完全自动化的。

ROLSI 系统是一个毛细管针阀，允许将高压系统中的蒸气或液体样品直接注入系统中的低压气流。阀体被加热到使样品在汽化室中瞬间蒸发的程度。毛细管的自由侧与取样点(平衡池)相连，连续地与气相色谱仪的载气流交叉。毛细管的密封是通过一个活动杆来实现的，该活动杆的下端由聚甲基苯丙胺和异丙苯组成，由一个反弹簧固定。通过电磁铁的刺激来保证取样，电磁铁吸引活动部件，并在固定毛细管和活动部件之间产生密封断口。在给定的压强和温度下，样品的大小与密封破裂时间(取样时间)成正比。

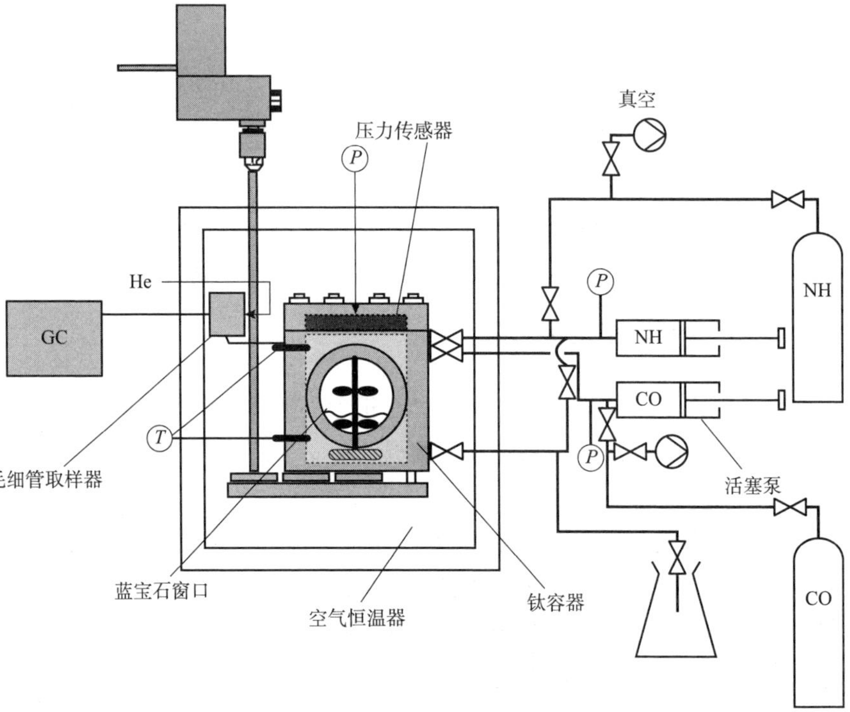

图 15.11　带有 ROLSI 的静态高压 VLE 装置[39]

由 D. Richon 提供

ROLSI 的详细图纸如图 15.12 所示，内部配置如图 15.13 所示。

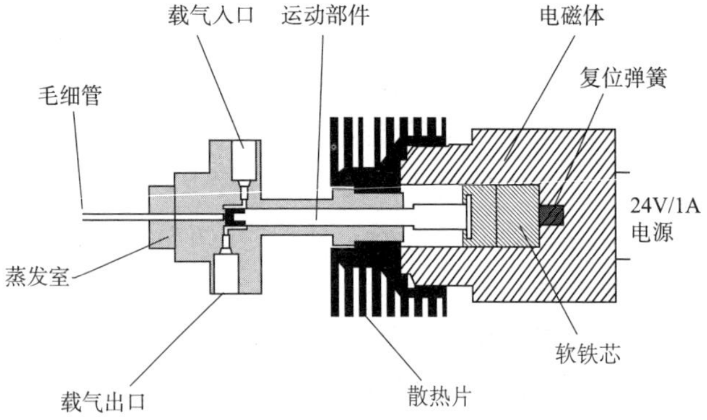

图 15.12　ROLSI[40]

由 D. Richon 提供

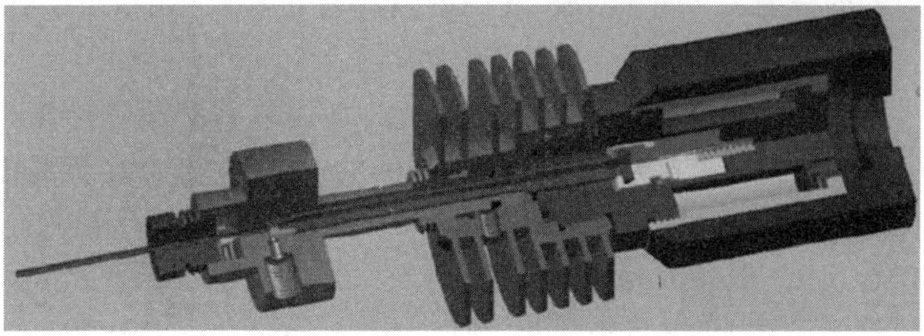

图 15. 13 电磁内部表象 ROLSI LV[40]
由 D. Richon 提供

目前，RolsI IV 可用于 530K 和 60MPa 的无水采样。当样品含水时，操作极限降低到 480K 和 20MPa。工作继续进行[42]。

大量文献描述高压下的 VLE，Deiters、Schneider[43] 与 Weiranddelosin[5]（第 6 章）为感兴趣的读者提供了大量的评论。评论涵盖不同时间段的完整的文献，并提供了一份关于测量高压 VLE 设备的完整的参考书目[44-48]。

15. 5. 6 反应混合物的真实成分在线分析

一些液体混合物中平衡反应使几个不同的组分处于平衡状态。这种混合物在化学过程模拟器中由所谓的真实组分方法进行处理。众所周知的例子是甲醛与水、醇（见第 13. 2 节）或二氧化碳在钾盐、氨水中的溶液。为了可靠地描述这些混合物，必须同时解决化学平衡和相平衡。虽然这种方法通常能很好地再现实验结果，但是回归 BIPs 的物理意义，化学平衡常数和真实组分混合物的反应焓通常是有问题的，因为现有的实验数据不能同时证明这么多参数的回归是正确的。

在这些案例中，使用先进的分析方法（如^{1}Hor^{13}C 核磁共振波谱）来测定真实组分的实际浓度。这通常导致非常现实的模型，可以可靠地推断大范围的浓度、温度或压强。这种方法的一个很好的例子是 GMaurer 和其同事研究的甲醛混合物[49]。对实验技术的描述不在本书的范围。

15. 6 无限稀释时的活度系数

无限稀释活度系数（极限活度系数）因其在化工过程中生产高纯度化学品以及安全环保等方面的重要性而备受关注。如式（5. 54）所示，在亚临界溶质的情况下，它们与亨利常数密切相关。在精馏过程中，轻或重关键组分的无限活度系数特别重要，因为它们可以判断顶部或底部产物是否存在共沸物（见第 5. 7 节）。

在萃取精馏中，溶剂性能的主要标准是溶剂中溶质的无限活度系数之比（见

第11.5节)。同样的，萃取和萃取精馏中的无限分布效率也可以由这些值计算出来。因此，选择性溶剂的选择主要基于这些数据。

如果二元混合物的两边 γ^∞ 可用，他们允许使用常用 δ^E 模型计算两个 BIPs。在 NRTL 中，必须假定非随机性因子，通常为0.3(混相)和0.2(不混相)。该程序应谨慎使用，也可应用于 δ^E 混合规则 EOS，但不适用于具有简单二次混合规则的流体状态方程，其中只有一个 BIP(k_{ij})表示混合行为(见第5.6节)。

除了限制单一溶剂的活度系数外，通常还需要溶剂混合物中的值，例如，为了正确描述精馏塔中痕量杂质的行为，塔剖面涵盖了关键组分的大浓度范围。

在具有较大互溶间隙的不互溶液体混合物中(两种组分在各自的另一种组分中的溶解度必须很低)，极限活度系数可以简单地计算为溶解度摩尔分数的倒数。在 $x=0.0001$ 的溶解度的情况下，就像二乙醚在水中的溶解度一样，γ^∞ 仅为10000。此过程与组分的蒸气压无关，并提供很低甚至可以忽略不计的蒸气压下溶质的 γ^∞。

在溶解度非常低的情况下，使用式(8.8)可从固体溶解度得出低于熔点的溶质的极限活度系数。这一过程需要知道熔化温度、熔化热，以及在熔点以下固体和过冷液体的热容差。由于后者通常不可用，而且通常在远低于熔点的条件发现低溶解度，因此结果不应超过数量级。例如在25℃下蔗糖在水中的溶解度，忽略 Δc_P 导致活度系数的误差为5倍。文献[50]中提供了蔗糖可靠的 Δc_P 估计值，并已通过实验验证(J. Rarey)。

极限活度系数的实验测定方法多种多样。原则上它们可以直接从静态或动态 VLE 测量中推导出来。需要注意的是，当分别测量加入少量溶质前后混合物的沸点压强或温度时，温度或压强的微小差异代表两个很大的误差，因而可靠性很低。在现代非常稳定的设备(如[28])中，这个问题不太明显。然而，通常使用差分法直接测定纯组分和混合物之间的沸点或压差(差分沸点测定法或差分静态气-液平衡蒸馏法)。例如，可以在[5]中找到详细的讨论(第13章)。

即使在很高精度测量的情况下，在相对挥发度较大时，很难确定高沸点成分的极限活性系数。在这种情况下，高沸点组分的绝大多数蒸气压强对混合物上方的总压强没有显著的贡献，因此在沸点测量中也不影响沸点温度。第15.6.3节讨论了该问题的可能解决方案。

为了测定高沸点溶剂中挥发性溶质的极限活度系数，开发了两种特殊方法，并在第15.6.1节和第15.6.2节中进行了说明。

15.6.1 气相色谱保留时间测定

在气相色谱活度系数测定中，沸点高的组分作为固定相(溶剂)，挥发性较高的溶质被载气流注入。溶质的保留时间与流动相(载气)和固定相之间的分布有关。如果该组分的一半时间停留在固定相上，其保留时间将是空气等极易挥发组分的两倍。

保留时间的延长只能是在固定相的薄膜中溶解的结果，而不受液体表面吸附或扩散到界面的时间的影响。表面吸附相对容易检测，因为吸附等温线是非线性的，并且影响检测器峰的形状。此外，对于不同的柱荷载，这会导致不同的结果。另一方面，液膜中的扩散会产生明显的尾迹。

固定相的制备方法是将重沸物溶解在挥发性溶剂中，并从多孔载体(例如Chromosorb)和旋转蒸发器中的溶液的混合物中缓慢蒸发溶剂来制备。

与气相色谱中的典型涂层溶剂相比，测定极限活度系数所需的溶剂大多具有不可忽略的蒸气压，这将导致柱流失。为了尽量减少这种流失，载气可以在进入注入器之前用溶剂预饱和。此外，短柱和厚柱可使压降降至最低，这也会导致溶剂流出。

在进行一组测量之前，将固定相样品在真空烘箱中加热，并根据重量损失确定固定相(溶剂)的量。在测量结束时，由于溶剂涂层的分布通常不均匀，整个固定相可能受到相同的程序影响。

这种方法在20世纪50年代后半期首次使用，并迅速流行起来。Letcher在[51](第2章)和[52]中与Conder和Young详细介绍了基本理论，包括无限稀释活度系数方程的推导。

气相色谱保留时间可以根据溶质在流动相和固定相(溶剂)之间的分布来计算，忽略对相界或惰性载体表面的吸附作用。

滞留时间 t_0(也包括空穴时间或停滞时间)是具有非常高气液分配系数的非常易挥发的溶质的滞留时间。可以假设任何溶质都在流动相中度过这段时间，因为这是通过色谱柱传输溶质所必需的。从总保留时间 t_{0R} 中减去 t_0，得到调整(净的或减少的)保留时间 t'_R，它在固定相上是稳定的。描述色谱保留(气相和液相)的基本关系是 $t_R = t'_R + t_0$。

色谱分析中的另一个特征测量是容量因子或保留因子，它定义为流动相和固定相中的组分 i 的分子量：

$$k = \frac{n_i^V}{n_i^L} \tag{15.1}$$

保留时间与容量因子的关系可以用组分 i 的线性迁移率表示为流动相速度的分数。

可以假设流动相(气体或蒸气)和固定相(液体)中组分的摩尔比等于单个分

子在这些相中所花费的时间之比。不考虑通过界面膜的扩散传质时间：

$$\frac{t_0}{t_R{}'} = \frac{n_i^V}{n_i^L} \tag{15.2}$$

流动相中溶质 i 的总量可以根据理想气体定律计算，其中流动相的体积是气体流速 F 和滞留时间 t_0 的乘积，而固定相的体积是溶剂的质量 m_L 和摩尔质量 M_L 的乘积。这会导致：

$$\frac{t_0}{t_R{}'} = \frac{n_i^V}{n_i^L} = \frac{y_i \frac{P}{RT} t_0 \dot{F}}{x_i \frac{m_L}{M_L}} \tag{15.3}$$

在低压降的情况下，压强是柱入口和出口值之间的算术平均值。

假设热力学平衡，应用活度系数法，溶质 i 在气液中的摩尔分数之比可由式(15.2)得到。这里省略了 Poynting 因子，因为它在所有与此技术相关的情况下都非常接近于 1：

$$\frac{y_i}{x_i} = \frac{\gamma_i \varphi_i^s P_i^s}{\varphi_i P} \tag{15.4}$$

把这些方程组合起来，重新排列会得到

$$\gamma_i^\infty \varphi_i^s P_i^s = \frac{m_L \varphi_i RT}{t_R{}' M_L \dot{F}} \tag{15.5}$$

在计算中，假定溶质在柱内流动相和固定相之间均匀分布。在实际的气相色谱实验中，溶质以小包的形式流动，并且大多数色谱柱相对于溶质是空的。因此，塔应该由非常多的 n 个段(片)来描述。每个片段含有 $1/n$ 的总流动相和固定相以及不同数量的溶质。由于溶质浓度很小，溶质的分布与浓度无关，在每一片段中的保留时间为总保留时间的 $1/n$。这就证明了上述推导中使用的流动相和固定相的合理性。

在最后一个方程中，用作溶质的 γ_i^∞ 可被视为在柱中处于无限稀释状态。如果载气与溶质(如 He、N_2 等)的相互作用非常弱，逸度系数 φ_i 非常接近于 1，就可以省略。

在计算 φ_i^s 时，应使用维里状态方程。

在萃取精馏过程中，溶质在无限稀释下的分离系数可以用来衡量萃取精馏过程中溶剂的选择性。可以看出，在这种情况下，载气流量、固定相量等运行参数相互抵消，分离因子可以直接由停留时间比计算得到：

$$\alpha_{ij}^\infty = \frac{\gamma_i^\infty \varphi_i^s P_i^s}{\gamma_j^\infty \varphi_j^s P_j^s} = \frac{t_{R'j}}{t_{R'i}} \tag{15.6}$$

除了气 - 液色谱法外，还可以使用液 - 液色谱法测定 γ^{∞}。这种方法误差大不推荐。

15.6.2 惰性气体汽提(稀释器)

气相色谱保留时间测量中固定相量的变化可以通过固定相使载气饱和进行补偿，也可以通过确定一组测量前后的量来考虑，并假设在单独测量时随时间线性消耗以产生质量。

确定溶剂混合物的活度系数是不切实际的，因为固定相的组成和质量都会随时间而变化。

作为气相色谱保留时间测量的替代方法，稀释法由 Leroi 等人[53]提出，后来由 Richon 和其他研究人员[54-57]进一步开发的。典型设备如图 15.14 所示。具有精确流速的载气流在充满溶剂或溶剂混合物的预饱和器中进行恒温饱和，然后与含有少量溶质的溶剂或溶剂混合物以完全相同的温度通过平衡单元。因此，饱和气流在不影响溶剂量的情况下将溶质从平衡室中抽出。以固定的时间间隔，用气相色谱分析来自六通阀取样回路的载气流样品。这类实验中的典型情况为气流中的溶质量取决于平衡室中溶质的浓度，从而导致指数衰减。无限稀释时的活度系数可以从对数图中峰面积与时间曲线的斜率计算得出。在极低挥发性溶剂如离子液体或植物油的情况下，不需要气相色谱分离，溶质的浓度可由合适的检测器(FID 或 TCD)直接测定。

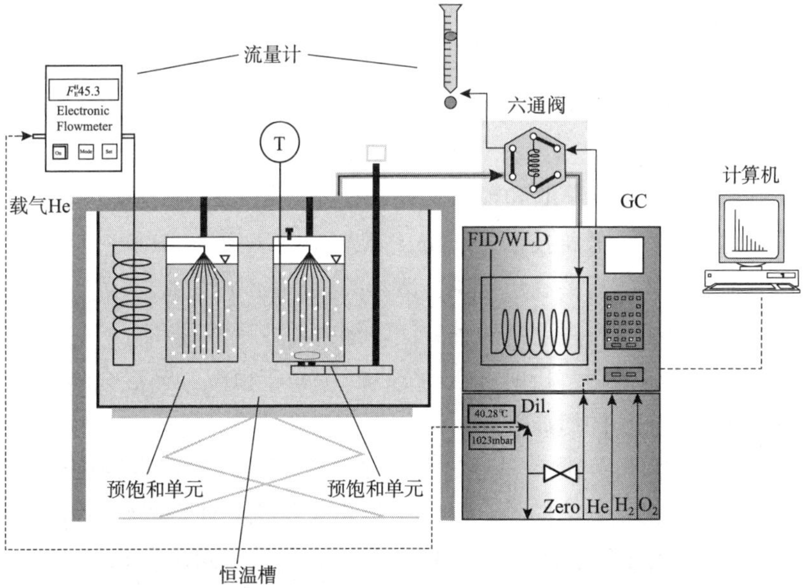

图 15.14 惰性气体汽提测定 γ^{∞} 的装置[39]

该方法要求离开平衡室的气流与液体处于相平衡状态。这是一种典型的具有高表面/体积比的气泡，气泡表面决定了界面上的质量流量，体积是测量需要转移的组分数量的指标。气泡的表面/体积比决定了在液体中的停留时间，搅拌对停留时间有一定的影响。

为了获得非常小的气泡(高表面/体积比)，可通过内径约为0.1mm的钢毛细管引入气体。平衡室所需的高度通常在几厘米的范围内[54,56,58]。

15.6.3 重组分在轻组分中的极限活度系数

上述方法(GC、稀释剂)对测定挥发性溶质的 γ^{∞} 意义重大。在工业应用中，通常有少量的重组分出现在工艺流程中，它们的气相分压对于判断它们是否转移到工厂的其他部分非常重要。

低挥发性液体或固体溶质的极限活度系数在强极限LL或SL溶解度的情况下可以近似计算。

另一种方法是对低挥浓度的低挥发性溶质进行常规的动态或静态VLE实验。只有通过气相分析才能得到有关溶质的行为信息，因为它只通过稀释溶剂而不是通过自身的浓度影响平衡温度或压强。在用HSGC等方法测量的情况下，溶质挥发度的下限仅由检测器的灵敏度决定。

一种相当单调但有效的方法是用液体混合物使气流饱和，并在冷却阱中收集所有可冷凝成分(蒸发法)。挥发溶剂可以从样品中蒸发，重组分的质量可以用重量法测定。

15.7 液-液平衡(LLE)

液-液平衡(LLE)在萃取和模拟含有两个不互溶相的流程中起着重要作用。本章将简要讨论基本的低压技术，Matouš等人[5](第8章)，Hefter[59](第3章)给出了更加详细的论述。有关高压LLE，请参阅Schneider[60]。

一般来说，液相色谱主要有两种方法：综合法或比浊法和分析法。在综合法中，平衡相的组成不是用解析的方法确定的，但对于恒温二元混合物，混溶间隙两边的结果代表相平衡的组成。

在综合法中，溶解度通常是通过光学观察强烈搅拌时混合物中浊点来确定的，这说明存在两个不互溶的相。可以从已知成分的混合物开始并改变温度(等密度法或多热法)或在恒定温度下测量并改变成分(浊点滴定法)。由于在不混溶区附近存在亚稳区，实验通常只检测到浊点的消失而不检测到浊点的出现。

在三元或更复杂的混合物中，通常首选分析测量，因为它们能测定混合物的组成(连接线)。

与气液界面相比，通过液－液相界面的传质要慢得多。虽然在合成方法中，只有极少量的两个相以高分散状态存在，但相组成的分析测定需要一定的量两相样品，需要更长的强化混合或摇动时间(通常为2h)。根据相的密度差和界面张力，可以采用较长的沉降时间(通常为24h)。离心可以缩短分相时间。

图15.15是一个简单的LLE平衡烧瓶。不同高度的取样口允许移除相样品，而不需要通过另一相插入吸管或皮下注射针，因为这可能会污染样品，可在带有取样口的静态VLE蒸馏器(如ROLSI[40])中对高压或高压下的液－液平衡进行分析测量。实验得到的气－液平衡数据是三相组成和平衡压强，但与均相液体的气－液平衡相比，需要较长的沉降时间和较长的平衡时间。

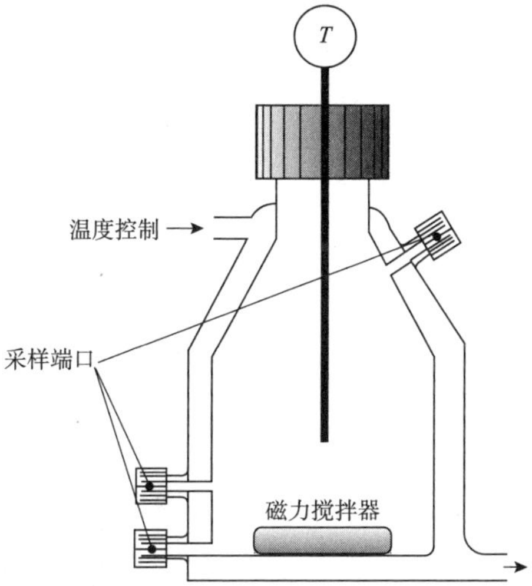

图15.15 用于液－液平衡分析测定的带取样口的简易恒温瓶

为了测定非常低的互溶性，已经开发了不同的专门方法，并由Matouš等人[5](第8章)和Hefter[59](第3章)做了详细论述。

15.8 气体溶解度

气体溶解度与气液相平衡类似，它涉及气相和液相之间的平衡。与VLE相比，液体中的气体浓度通常很低，气体不像普通液体那样容易称重和添加到混合物中，活塞式喷射器更难操作，因为气体的高压缩性导致流体体积对压强和气液之间的传质有很强的依赖性。由于相对波动性高，速度慢得多。

为此，开发了各种专门的气体溶解度测量设备。Wilhelm在文献[5]中(第7章)，Clever和Battino在文献[59]中(第2.1章)对此做了更详细的论述。

15.9 超额焓

测量与不同化学、生物、核和其他过程相关的热效应引起了许多科学兴趣和创造力[4]。随着电子技术和传感器技术的飞速发展，这一领域取得了巨大的进步。

在本章中，将以 Christensen 等人最初开发的商用等温等压流量热计为例，简要介绍基本原理、问题及其解决方案[61]。

图 15.16 所示的设计非常简单，并且避开了通常与测量二芳基液体混合物的超额焓有关的几个问题。热量计被封闭在一个可以浸入恒温液体中但可以向大气开放的单元中。

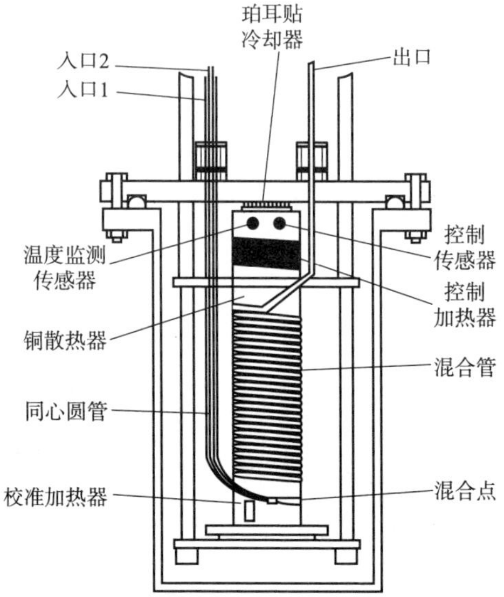

图 15.16　等温流动量热计(Hart Scientific 7501)[39]

来自精密恒温高压活塞泵或高效液相色谱泵的两种液体通过量热器恒温器中的管线圈并通过两个同心管进入量热器。在混合点处，内管端部和以下混合段缠绕并焊接到具有短顶部实心铜的铜管上。管内扁扭的电线改善了这一部分的混合。混合液流从量热计中流出，通过背压调节器进入废物收集容器。作为替代方案，废物收集容器可以加压。这样，仪器中的压强可以设置得足够高，以安全地避免气相的形成。

除产生混合焓的混合线圈外，中心铜管还装有控制加热器和控制传感器。外部控制器根据来自控制传感器(NTC 电阻器)的输入，通过 16 位脉冲宽度调制(PWM)调整控制加热器功率。与普通的 Pt100 传感器相比，NTC 电阻对温度的依赖性更强，但如果需要测量绝对温度，则需要单独并重复校准。这使得它们非常适合在一定时间内必须控制在一定温度的场合使用。校准的温度监测传感器允许访问热量计中正确的绝对温度。

被测变量为控制器报告的控制加热器功率。一旦原料流的组成发生变化，控制器就会进行调整以补偿新的超额焓。作为参考零点，任何一个纯组分都是合适的。

由于加热器总是增加热量，因此这种设置只适用于吸热效应。因此，与封闭单元的热连接以及热量计恒温器通过珀耳帖冷却器。该元件根据珀耳帖电流和量热计温度从铜管中去除恒定的热流，并在测量二元体系的所有点时保持恒定。珀尔帖电流被近似地调整，以安全地补偿任何预期对系统的放热混合效应。

设备的校准可以通过已知的参考混合物进行，也可以通过控制加热器引入精确已知的电能，后者可以通过精确测量校准加热器的电流和电压来计算。

在固定温度下确定给定混合物的一组数据点是很简单的。泵内充满组分，并在25℃等温度下进行恒温器调节。质量流量随后根据泵的体积流量和泵温度下的液体密度计算。热量计恒温器设置为测量温度，一旦设备达到热平衡状态，控制器将设置为热量计温度。然后，根据预期的混合焓调整珀尔帖电流。其中一个组分的恒定流通过泵以不同的流速输送到量热器。这对控制加热器的功率没有显著影响。现在，泵的流量切换到不同的比率，通常保持恒定的总体积流量。记录控制加热器(PWM)值，然后用于计算混合过程的超额焓。

问题：

15.1 通过蒸腾法实验计算正十二烷在60℃时的蒸气压。在压强为1atm、温度为60℃的气体饱和器中，重沸组分正十二烷饱和在$1 \cdot 10^{-4}$mol/min的惰性载气(氦气)流中呈饱和状态。蒸发的正十二烷从冷却阱中的气流中回收。实验进行了2.5h。冷却阱中捕获的碳氢化合物质量确定为5.81mg。

15.2 使用活塞泵将两个组分注入静态VLE釜。推导出平均组成误差作为组成和平均注入体积误差的函数的表达式。泵的体积误差可以描述为绝对误差和相对误差之和。典型的误差为：$\Delta V_{abs} = 2 \cdot 10^{-3}\,cm^3$ 和 $\Delta V_{rel} = 5 \cdot 10^{-4}\,cm^3$。总注入体积为$25cm^3$。

15.3 在气相色谱实验中，以1.2g的正二十烷($C_{20}H_{42}$)为固定相，丙酮在色谱柱上的净保留时间为40.5s。烘箱温度是60℃，塔内载气氦气流速为$5cm^3$/min。用饱和压强下丙酮逸度系数的维里状态方程计算丙酮在二十烷中无限稀释时的活度系数。丙酮在60℃下的第二维里系数为$B = -1263cm^3/mol$。更多需要的性能数值见附录A。

15.4 以N-甲基吡咯烷酮(NMP)为固定相制备气相色谱柱，N-甲基吡咯烷酮是萃取蒸馏的常用溶剂(见第11.5节)。测定了苯和甲基环己烷在80℃下的净停留时间和载气的恒流量。苯为93.1s，甲基环己烷为18.3s。测定苯和甲基环己烷在NMP中无限稀释时的分离系数。

参考文献

1 Mathias, P. M. (2014). Sensitivity of process design to phase equilibrium – a new perturbation method based upon the Margules equation. *J. Chem. Eng. Data* 59 (4): 1006 – 1015.

2 Le Neindre, B. and Vodar, B. (eds.) (1975). *Experimental Thermodynamics – Experimental Thermodynamics of Non – Reacting Fluids*. London: Butterworths.

3 Marsh, K. N. and O'Hare, P. G. (eds.) (1994). *Experimental Thermodynamics – Solution Calorimetry*. Oxford: Blackwell Scientific Publications.

4 Goodwin, A. R. H., Marsh, K. N., and Wakeham, W. A. (eds.) (2003). *Experimental Thermodynamics – Measurement or the Thermodynamic Properties of Single Phases*. Amsterdam: Elsevier.

5 Weir, R. D. and de Loos, T. W. (eds.) (2005). *Measurement of the Thermodynamic Properties of Multiple Phases*. Elsevier.

6 Bilde, M., Barsanti, K., Booth, M. et al. (2015). Saturation vapor pressures and transition enthalpies of low – volatility organic molecules of atmospheric relevance: from Dicarboxylic acids to complex mixtures. *Chem. Rev.* 115 (10).

7 Beckmann, E. O. (1907). Studien zur ebullioskopischen Bestimmung von Molekulargewichten. Thesis for habilitation. Universität Leipzig.

8 Cottrell, F. G. (1919). On the determination of boiling points of solutions. *J. Am. Chem. Soc.* 41 (5): 721 – 729.

9 Washburn, E. W. and Read, J. W. (1919). The Laws of "concentrated" solutions. Ⅵ. The general boiling – point law. *J. Am. Chem. Soc.* 41 (5): 729 – 741.

10 European Commission. Commission Regulation (EC) No 440/2008 of 30 May 2008 laying down test methods pursuant to Regulation (EC) No 1907/2006 of the European Parliament and of the Council on the Registration, Evaluation, Authorisation and Restriction of Chemicals (REACH). https: //eur – lex. europa. eu/legal – content/EN/ALL/? uri = celex: 32008R0440 (accessed September 2018).

11 Swietoslawski, W. (1945). *Ebulliometric Measurements*. New York: Reinhold.

12 ASTM (2010). ASTM D2879 – 10, *Standard Test Method for Vapor Pressure – Temperature Relationship and Initial Decomposition Temperature of Liquids by Isoteniscope*. West Conshohocken, PA: ASTM International.

13 Bruno, T. J. and Mayrath, J. E. (1997). Concatenated gas saturation vapor pressure apparatus. *Rev. Sci. Instrum.* 68: 2864 – 2870.

14 LTP GmbH 2018. http：//www. ltp – oldenburg. de（accessed 10 September 2018）.

15 Koutek，B.，Cvacka，J.，Streinz，L. et al.（2001）. Comparison of methods employing gas chromatography retention data to determine vapour pressures at 298K. *J. Chromatogr.* A. 923（1 – 2）：137 – 152.

16 Letcher，T. M. and Naicker，P . K.（2004）. Review determination of vapor pres – sures using gas chromatography. *J. Chromatogr.* A. 1037（1 – 2）：107 – 114.

17 Von Niederhausern，D. M.，Wilson，G. M.，and Giles，N. F.（2006）. Critical point and vapor pressure measurements for seven compounds by a low residence time flow method. *J. Chem. Eng. Data* 51（6）：1982 – 1985.

18 DDBST（2018）. http：//www. ddbst. com/（accessed 10 September 2018）.

19 Van Ness，H. C.，Byer，S. M.，and Gibbs，R. E.（1973）. Vapor – liquid equilibrium：part Ⅰ. An appraisal of data reduction methods. *AlChE J.* 19（2）：238 – 244.

20 Hala，E.，Pick，J.，Fried，V.，and Vilim，O.（1967）. *Vapour – Liquid Equilibrium.* Oxford：Pergamon Press.

21 Malanowski，S.（1982）. Experimental methods for vapour – liquid equilibria. Part Ⅰ. Circulation methods. *Fluid Phase Equilib.* 8（2）：197 – 219.

22 Malanowski，S.（1982）. Experimental methods for vapour – liquid equilibria. Ⅱ. Dew – and bubble – point method. *Fluid Phase Equilib.* 9（3）：311 – 317.

23 Raal，J. D. and Muhlbauer，A. L.（1998）. Phase Equilibria：*Measurement and Computation.* Washington：Taylor & Francis.

24 Abbott，M. M.（1986）. Low – pressure phase equilibria：measurement of VLE. *Fluid Phase Equilib.* 29（C）：193 – 207.

25 Malanowski，S. and Anderko，A.（1990）. *Thermodynamics of Fluids*：*Measurement and Correlation.* World Scientific.

26 Rogalski，M. and Malanowski，S.（1980）. Ebulliometers modified for the accurate determination of vapour – liquid equilibrium. *Fluid Phase Equilib.* 5（12）：97112.

27 Meskel – Lesavre，M.，Richon，D.，and Renon，H.（1981）. New variable volume cell for determining vapor – liquid Equilibria and saturated liquid molar volumes by the static method. *Ind. Eng. Chem. Fundam.* 20（3）：284 – 289.

28 Rarey，J. R. and Gmehling，J.（1993）. Computer – operated differential static apparatus for the measurement of vapor – liquid equilibrium data. *Fluid Phase Equilib.* 83（C）：279 – 287.

29 Kolbe，B. and Gmehling，J.（1985）. Thermodynamic properties of ethanol + water. I. Vapour – liquid equilibria measurements from 90 to 150℃ by the static method. *Fluid Phase Equilib.* 23（2 – 3）：213 – 226.

30 Rarey，J.，Horstmann，S.，and Gmehling，J.（1999）. Vapor – liquid equilibria and vapor pressure data for the systems ethyl tert – butyl ether + ethanol and ethyl tert – butyl ether + water. *J. Chem. Eng. Data* 44（3）：532 – 538.

31 Bell, T. N., Cussler, E. L., Harris, K. R. et al. (1968). An apparatus for degassing liquids by vacuum sublimation. *J. Phys. Chem.* 72: 4693 –4695.

32 Maher, P . J. and Smith, B. D. (1979). A new total pressure vapour – liquid equilibrium apparatus. The ethanol + aniline system at 313. 15K, 350. 81K, and 386. 67K. *J. Chem. Eng. Data* 24: 16 –22.

33 Gibbs, R. and Van Ness, H. C. (1972). Vapor – liquid equilibria from total – pressure measurements. A new apparatus. *Ind. Eng. Chem. Fundam.* 11 (3): 410 –413.

34 Van Ness, H. C. and Abbott, M. M. (1978). A procedure for rapid degassing of liquids. *Ind. Eng. Chem. Fundam.* 17 (1): 66 –67.

35 Růžička K, Fulem M, Růžička V. *Vapor Pressure of Organic Compounds. Measurement and Correlation.* http: //old. vscht. cz/fch/Kvetoslav. Ruzicka/ICTP _ VaporPressureGroup. pdf (accessed 10 September 2018); 2008.

36 Perry, R. H., Green, D. W., and Maloney, J. O. (1997). *Perry's Chemical Engineers' Handbook*, 7e, 2 –125. McGraw – Hill.

37 Weidlich, U. and Gmehling, J. (1985). Extension of UNIFAC by headspace gas chromatography. *J. Chem. Eng. Data* 30 (1): 95 –101.

38 Hussam, A. and Carr, P. W. (1985). Rapid and precise method for the measurement of vapor/liquid equilibria by headspace gas chromatography. *Anal. Chem.* 57 (4): 793 –801.

39 Gmehling J., Fakultät V., Carl von Ossietzky *Industrial Chemistry* 2013. Universität Oldenburg. http: //www. gmehling. chemie. uni – oldenburg. de/index. html(accessed 10 September 2018).

40 MINES ParisT ech. Sampler Injector (ROLSI TM). http: //www. ctp. mines – paristech. fr/Research/Resources/ROLSI – TM (accessed 10 September 2018).

41 Laugier, S. and Richon, D. (1986). New apparatus to perform fast determinations of mixture vapor liquid Equilibria up to 10 MPa and 423K. *Rev. Sci. Instrum.* 57: 469 –472.

42 Richon, D. (2009). ROLSI Success Story, T echnical Report.

43 Deiters, U. K. and Schneider, G. M. (1986). High pressure phase equilibria: experimental methods. *Fluid Phase Equilib.* 29: 145 –160.

44 Fornari, R. E., Alessi, P., and Kikic, I. (1990). High pressure fluid phase equilibria: experimental methods and systems investigated (1978 –1987). *Fluid Phase Equilib.* 57 (1 –2): 1 –33.

45 Dohrn, R. and Brunner, G. (1995). High pressure fluid – phase equilibria: experimental methods and systems investigated (1988 –1993). *Fluid Phase Equilib.* 106 (1 –2): 213 –282.

46 Christov, M. and Dohrn, R. (2002). High – pressure fluid phase equilibria: experimental methods and systems investigated (1994 –1999). *Fluid Phase Equilib.* 202 (1): 153 –218.

47 Dohrn, R., Peper, S., and Fonseca, J. M. S. (2010). High – pressure fluid – phase equilibria: experimental methods and systems investigated (2000 –2004). *Fluid Phase Equilib.* 288 (1 –2): 1 –54.

48 Fonseca, J. M. S., Dohrn, R., and Peper, S. (2011). High – pressure fluid – phase equilib-

ria: experimental methods and systems investigated (2005 – 2008). *Fluid Phase Equilib.* 300 (1 – 2): 1 – 69.

49 Kuhnert, C., Albert, M., Breyer, S. et al. (2006). Phase equilibrium in formaldehyde containing multicomponent mixtures: experimental results for fluid phase equilibria of (formaldehyde + (water or methanol) + methylal) and (formaldehyde + water + methanol + methylal) and comparison with predictions. *Ind. Eng. Chem. Res.* 45 (14): 5155 – 5164.

50 Peres, A. M. and Macedo, E. A. (1996). Thermodynamic properties of sugars in aqueous solutions: correlation and prediction using a modified UNIQUAC model. *Fluid Phase Equilib.* 123: 71 – 95.

51 McGlashan, M. L. (1978). Specialist Periodical Reports. In: *Chemical Thermodynamics*, vol. 2. Royal Society of Chemistry.

52 Conder, J. R. and Young, C. L. (1979). *Physicochemical Measurement by Gas Chromatography.* Chichester: Wiley.

53 Leroi, J. C., Masson, J. C., Renon, H. et al. (1977). Accurate measurement of activity coefficient at infinite dilution by inert gas stripping and gas chromatography. *Ind. Eng. Chem. Process Des. Dev.* 16 (1): 139 – 144.

54 Richon, D., Antoine, P., and Renon, H. (1980). Infinite dilution activity coefficients of linear and branched alkanes from C1 to C9 in n – hexadecane by inert gas stripping. *Ind. Eng. Chem. Process Des. Dev.* 19 (1): 144 – 147.

55 Doležal, B., Popl, M., and Holub, R. (1981). Determination of activity coefficients at very low concentrations by the inert gas stripping method. *J. Chromatogr. A.* 207 (2): 193 – 201.

56 Richon, D., Sorrentino, F., and Voilley, A. (1985). Infinite dilution activity coefficients by the inert gas stripping method: extension to the study of viscous and foaming mixtures. *Ind. Eng. Chem. Process Des. Dev.* 24 (4): 1160 – 1165.

57 Jian – Bin, B., Lai – Lai, H., and Shi – Jun, H. (1994). Infinite – dilution activity coefficients of (propanone + an n – alkane) by gas stripping. *J. Chem. Thermodyn.* 26(7): 673 – 680.

58 Tumba, A. K. (2018). Infinite dilution activity coefficient measurements of organic solutes in fluorinated ionic liquids by gas – liquid chromatography and the inert gas stripping method. https://researchspace.ukzn.ac.za/xmlui/handle/10413/741 (accessed 02 September 2018).

59 Hefter, G. T. and RPT, T. (2003). *The Experimental Determination of Solubilities.* Wiley.

60 Schneider, G. M. (1976). High pressure thermodynamics of mixtures. *Pure Appl. Chem.* 47: 277 – 291.

61 Christensen, J. J., Hansen, L. D., Izatt, R. M. et al. (1981). Isothermal, isobaric, elevated temperature, high – pressure, flow calorimeter. *Rev. Sci. Instrum.* 52: 1226 – 1231.

16 例题集导论

16.1 介绍

为了使读者能够获得本书中讨论的不同主题的实践经验，可以通过互联网免费下载一些例子。其中包括书中的许多例子和一组附加问题，我们计划进一步更新这些问题。虽然这些文件的位置可能在将来会有所改变，但材料本身或材料的链接将始终在 www. ddbst. com 上提供。

16.2 Mathcad 示例

为了构成示例计算的一部分，使用了著名且广泛可用的数学软件 Mathcad。选择此软件的主要原因是它的简单性和直观性。此外，Mathcad 格式与教科书中通常使用的公式和计算方法非常相似。这使得示例易于阅读和理解。另一个优点是，Mathcad 中的值通常带有正确的单位，单位转换是自动处理的。在一些例子中，演示了使用集成 MAPLE 软件的符号操作，例如，重新排列、简化和求解数学表达式以及符号微分和积分。典型的 Mathcad 文档如图 16. 1 所示。

有关 Mathcad 和其他数学软件(如 Matlab、Mathematica 等)的比较和用户体验，以及使用 Mathcad 的介绍，请访问网页。Mathcad 的 30 天免费试用期可从 www. ptc. com 获得。对于无法访问 Mathcad 的读者，这些文件还将以其他格式(XPS、MathML 等)提供。

除了为这本书准备的例子之外，其他不同作者使用 Mathcad 进行的大量计算可以在线找到，可以是单个文件的形式，也可以是用 Mathcad 编写的完整书籍。

此外，Mathcad 的提供商 PTC 在其 Mathcad 资源中心内提供了大量示例计算库。

所计算的交互参数 $\Delta\lambda$ 是温度的函数

$$\Delta\lambda(T):=a_{\lambda}+b_{\lambda}\cdot T$$

$$\Delta\lambda(323.15\mathrm{K})=\begin{pmatrix}0 & -80.513\\ 523.416 & 0\end{pmatrix}\frac{\mathrm{cal}}{\mathrm{mol}}$$

所计算的交互参数 $\Delta\Lambda$ 是温度的函数：

$$\Delta\Lambda(T,\ i,\ j):=\frac{v_j}{v_i}\cdot e^{\left[\frac{(-\Delta\lambda(T)_{i,j})}{R_m T}\right]}$$

$$\Delta\Lambda(323.15\mathrm{K},\ 1,\ 2)=0.624$$

所计算的活度系数是温度和组分的函数：

$$\gamma(T,\ x)\ \left|\ \begin{array}{l} i\in 1\cdots n_{comp}\\ \gamma_i\leftarrow\exp\left[-\ln\left(\sum_j x_j\cdot\Lambda(T,\ i,\ j)\right)+1-\sum_k\frac{x_j\cdot\Lambda(T,\ k,\ j)}{\sum_j x_j\cdot\Lambda(T,\ k,\ j)}\right]\\ \gamma\end{array}\right.$$

为了绘制蒸气压的比值和活度系数的比值，定义了以下函数：

$$Ps_{\mathrm{ratio}}(T):=\frac{P^s(T,\ 2)}{P^s(T,\ 1)}$$

$$x(x_1):=\begin{pmatrix}x_1\\ 1-x_1\end{pmatrix}\quad \gamma_{\mathrm{ratio}}(T,\ x_1):=\frac{\gamma(T,\ x(x_1))_1}{\gamma(T,\ x(x_1))_2}$$

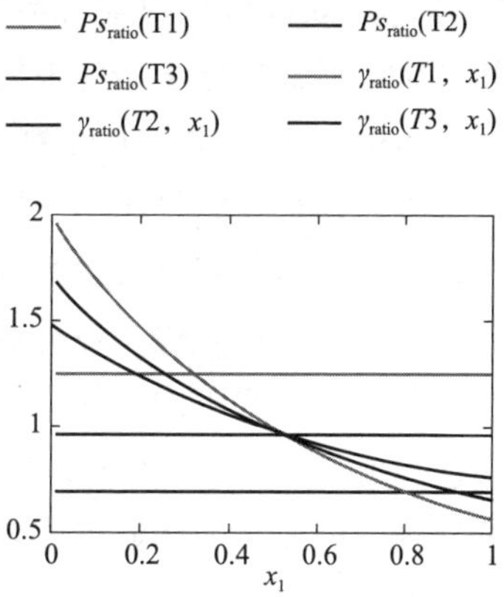

图 16.1 摘自示例集合中的典型 Mathcad 文档，05.12 丙酮 – 甲醇体系的共沸点

作为对该软件的第一次介绍，请参考 Mathcad 中"帮助 – 资源中心 – 概述和教程"。除此之外，互联网上还提供了大量的介绍。

此集合中的示例同时使用 Mathcad2001 版本的文件格式和其他最新版本。任何高于 2001 版的 Mathcad 版本都足以解决这些问题。

这些例子的复杂性从简单的计算到非常扩展和复杂的文档。通常，这些文件还包含或多或少琐碎的中间计算步骤，以帮助数学水平较低的读者。作者希望这些例子不仅有助于读者更好地理解计算的细节，而且也为自己的修改和扩展提供了一个方便的起点。

16.3 使用 Dortmund 数据库(DDB)和集成软件包 DDBSP 的示例

除了 Mathcad 文件外，还包括许多需要 Dortmund 数据库(DDB)和集成软件包 DDBSP 的问题。为了使任何人都能遵循这些示例，DDB 软件和分离技术(DDBST)GmbH 提供了其产品的免费浏览器版本，可从 www.DDBST.com 下载。免费版本虽然在功能上受到限制，但足以解决网站上给出的大多数问题。它包含了 30 种常见组分及其混合物的基本常数和模型参数以及数千组实验数据。选择这些组件是为了提供足够的可靠实验数据，同时涵盖教科书中讨论的大量现象。

使用集成软件包 DDBSP，可以通过各种热力学模型(纯组分性质相关性以及实际混合物行为的模型和状态方程)搜索、绘制和回归数据库中的物理性质。利用 Recpar 软件可以对亚临界非电解质混合物的相平衡数据和过剩性质进行回归和分析。为了从分子结构中估计各种各样的纯组分性质，程序包 ARTIST 包括在内。DDBSP 的功能在免费浏览器版本中受到限制；只包括回归和预测模型的一个子集，并且它们只能用于特定范围的组分。过程合成工具在很大程度上被排除在外，特别是在需要大量组分和实验数据的情况下，比如夹带剂的选择。浏览器版本也不允许我们建立私有数据库，因此排除了各种数据库编辑器程序。对于大学或非营利研究机构中的扩展功能，可以使用特殊的低成本单用户和课堂教育版本(请访问 www. ddbst. com)。专业教育版包括近 57000 个 DDB 组件的基本数据，并允许我们建立内部数据库来存储和处理，例如，自己的测量数据。

图 16. 2 显示了气 - 液平衡数据集的典型图形输出以及 DDBSP 提供的 UNIFAC 预测。

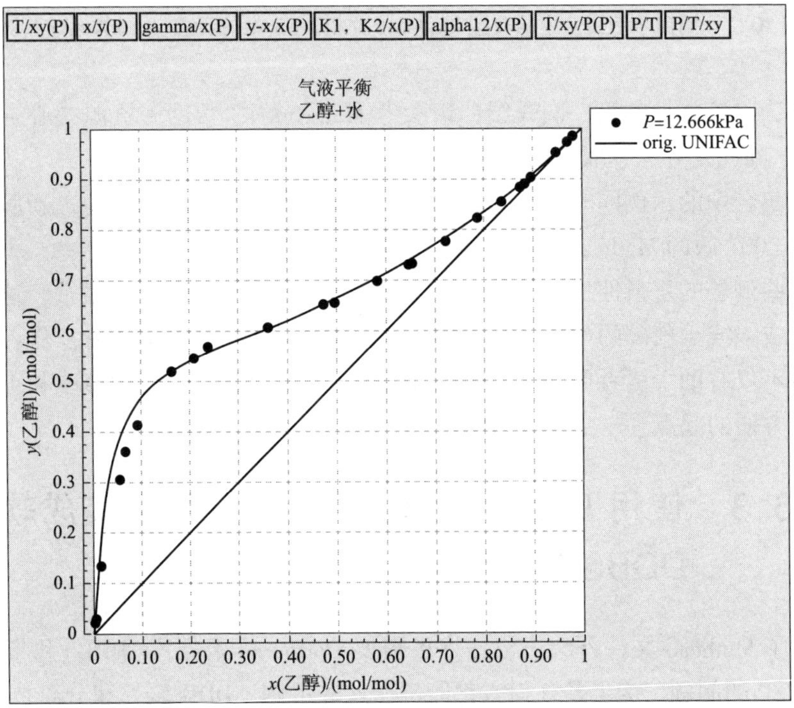

图 16. 2　DDBSP 提出的 UNIFAC 计算实验 VLE 数据集及曲线

16. 4　使用 Microsoft Excel 和 Microsoft Office VBA 的示例

Microsoft Excel 和 Visual Basic for Application (VBA)也经常用于科学计算。它

们使用方便，而且易得，但是由于在基本代码或 Excel 表中执行的计算不容易被开发人员以外的用户阅读和理解，因此受到影响。有几个例子使用 Excel 或 VBA，并演示了由于灵活性和易与其他软件产品的 COM 组件接口而具有巨大优势的应用程序。对于缺乏训练或知识的程序员来说，VBA 绝对是首选语言，它和科学与工程语言 FORTRAN 很相似，从 VBA 可以很容易地把 Mathcad 文档中实现的计算或 DDBSP 中的许多功能称为 COM 函数。VBA 对许多工程师来说都很熟悉，因为它还能够以编程方式使用大多数功能，包括所有主要过程模拟器的热力学引擎。

附录 A 纯组分参数

表 A.1 选定化合物的一般数据

物质	分子式	T_c/K	P_c/bar	V_c/(cm^3/mol)	M/(g/mol)	ω	T_b/K	T_m/K	Δh_m/(J/g)	Δh_f^0/(J/mol)	Δg_f^0/(J/mol)
水	H_2O	647.096	220.640	55.947	18.015	0.3443	373.13[a)]	273.15	333.1	-241820	-228590
氨	NH_3	405.500	113.592	75.768	17.031	0.2560	239.82	195.45	332.2	-45773	-16150
氯化氢	HCl	324.550	82.631	88.719	36.461	0.1280	188.20	158.95	54.9	-92310	-95300
氯	Cl_2	416.958	79.911	122.927	70.906	0.0874	239.17	172.15	90.3	0	0
氮气	N_2	126.192	33.958	89.416	28.014	0.0372	77.36	63.15	25.7	0	0
氧气	O_2	154.599	50.464	74.948	31.999	0.0221	90.19	54.35	13.9	0	0
氢	H_2	33.190	13.150	66.938	2.016	-0.2187	20.38	13.95	58.1	0	0
二氧化硫	SO_2	430.643	78.757	122.087	64.062	0.2552	263.13	200.00	115.5	-296850	-300150
一氧化碳	CO	132.860	34.982	92.088	28.010	0.0503	81.64	68.15	30.0	-110540	-137270
二氧化碳	CO_2	304.128	73.773	94.117	44.009	0.2236	—	216.55	204.9	-393500	-394380
甲烷	CH_4	190.564	45.992	98.629	16.043	0.0114	111.67	90.65	58.7	-74850	-50835
乙烷	C_2H_6	305.322	48.722	145.843	30.070	0.0995	184.57	90.35	95.1	-84680	-32930
丙烷	C_3H_8	369.825	42.477	200.004	44.097	0.1524	231.03	85.45	79.9	-103840	-23470
正丁烷	C_4H_{10}	425.125	37.960	254.930	58.124	0.2008	272.66	134.85	80.2	-126150	-17154
异丁烷	C_4H_{10}	407.810	36.290	257.756	58.124	0.1835	261.40	113.55	78.1	-134510	-20878
正戊烷	C_5H_{12}	469.659	33.689	306.766	72.151	0.2517	309.21	143.40	116.4	-146760	-8813
正己烷	C_6H_{14}	507.795	30.416	386.753	86.178	0.3002	341.87	177.85	151.8	-167190	-250
环己烷	C_6H_{12}	553.600	40.750	308.263	84.162	0.2092	353.86	279.65	32.6	-123300	31910
正庚烷	C_7H_{16}	541.226	27.738	445.551	100.205	0.3460	371.53	182.55	140.2	-187650	8165

续表

物质	分子式	T_c/K	P_c/bar	V_c/(cm^3/mol)	M/(g/mol)	ω	T_b/K	T_m/K	Δh_m/(J/g)	Δh_f^0/(J/mol)	Δg_f^0/(J/mol)
正辛烷	C_8H_{18}	569.570	25.067	501.835	114.231	0.3943	398.78	216.35	181.6	-208750	16000
乙烯	$CH_2=CH_2$	282.350	50.418	130.947	28.054	0.0866	169.38	104.05	119.4	52300	68110
丙烯	C_3H_6	364.211	45.550	183.247	42.081	0.1461	225.53	87.85	71.4	19170	62150
1-丁烯	C_4H_8	419.290	40.057	235.802	56.108	0.1919	266.84	87.85	68.6	-540	70270
甲醇	CH_3OH	513.380	82.159	113.828	32.042	0.5625	337.63	175.50	100.3	-201160	-162500
乙醇	C_2H_5OH	513.900	61.480	166.917	46.069	0.6441	351.41	159.05	107.0	-234800	-168280
正丙醇	C_3H_7OH	536.750	51.750	218.990	60.096	0.6211	370.31	146.95	89.4	-255200	-159900
正丁醇	C_4H_9OH	563.050	44.230	274.996	74.123	0.5905	390.90	183.85	126.4	-274600	-150300
乙二醇	$C_2H_4(OH)_2$	719.150	82.000	190.983	62.068	0.5129	470.22	260.15	160.4	-392200	-301800
异丙醇	C_3H_7OH	508.250	47.620	220.011	60.096	0.6631	355.36	185.25	90.0	-272700	-173470
醋酸	CH_3COOH	591.950	57.860	179.676	60.052	0.4630	391.04	289.85	195.3	-434830	-376680
醋酸甲酯	$CH_3-COO-CH_3$	506.550	47.500	228.015	74.079	0.3306	330.08	175.15	107.6	-411900	-324200
乙酸乙酯	$CH_3-COO-C_2H_5$	523.200	38.301	285.992	88.106	0.3606	350.27	189.65	118.9	-442910	-327390
醋酸乙烯酯	$C_4H_6O_2$	519.150	39.580	269.978	86.090	0.3526	345.86	180.35	62.4	-314900	-227900
甲基叔丁基醚	$C_5H_{12}O$	497.150	34.300	328.976	88.150	0.2662	328.29	164.55	86.2	-283500	-117500
丙酮	C_3H_6O	508.100	46.924	212.299	58.080	0.3064	329.23	178.45	99.4	-215700	-151300
苯	C_6H_6	562.014	49.010	255.044	78.114	0.2103	353.24	278.65	126.3	82930	129660
甲苯	$C_6H_5-CH_3$	591.749	41.263	315.422	92.141	0.2657	383.75	178.15	72.0	50170	122200
对二甲苯	C_8H_{10}	616.250	35.110	377.958	106.168	0.3218	411.51	286.45	161.2	18030	121400
R23	CHF_3	299.747	48.690	133.115	70.013	0.2584	191.09	117.95	58.0	-697050	-662610
R32	CH_2F_2	351.255	57.826	122.696	52.023	0.2770	221.50	137.05	99.2	-452710	-425160
R12	CCl_2F_2	385.120	41.361	214.006	120.913	0.1795	243.39	115.15	34.2	-481160	-442250
R22	$CHClF_2$	369.280	49.885	166.282	86.468	0.2207	232.35	115.75	47.7	-481600	-450500
R134a	CF_3-CH_2F	374.212	40.593	199.299	102.030	0.3268	247.08	172.15	63.5	-895790	-826900
R125	CF_3-CHF_2	340.229	37.039	212.131	120.020	0.3017	225.04	170.15	47.0	-1105000	-1030000

注：根据 ITS-90。

表 A.2 选定化合物的蒸气压关联式

方程：$\ln \frac{P^s}{P_c} = \frac{1}{T_r}[A(1-T_r)+B(1-T_r)^{1.5}+C(1-T_r)^{2.5}+D(1-T_r)^5]$

物质	A	B	C	D	验证范围		验证点	
					T_{min}/K	T_{max}	T/K	P^s/bar
水	−7.870154	1.906774	−2.310330	−2.063390	274	T_c	393.15	1.9859
氨	−7.303825	1.649953	−2.021615	−1.960295	196	T_c	275.15	4.6237
氯化氢	−6.454142	0.934797	−0.636477	−1.704349	134	T_c	243.15	10.8202
氯	−6.442452	1.492841	−1.225096	−2.015398	174	T_c	273.15	3.6877
氮气	−6.123680	1.260610	−0.760446	−1.794726	65	T_c	103.15	9.6198
氧气	−6.051465	1.234823	−0.628118	−1.614180	64	T_c	123.15	12.2153
氢	−4.836839	0.943915	0.763880	−0.467794	15	T_c	18.05	0.4651
二氧化硫	−7.278016	1.726871	−2.371926	−2.708750	203	T_c	303.15	4.6239
一氧化碳	−6.194175	1.319639	−0.943212	−2.001545	68	T_c	101.15	5.9215
二氧化碳	−7.026565	1.527245	−2.246311	−2.630030	218	T_c	253.15	19.6972
甲烷	−6.024057	1.268690	−0.570278	−1.375360	93	T_c	173.15	26.0390
乙烷	−6.461277	1.353559	−1.043360	−2.044654	123	T_c	243.15	10.6417
丙烷	−6.715816	1.387038	−1.311343	−2.563166	160	T_c	260.15	3.1220
正丁烷	−7.084375	1.789499	−1.994745	−2.325711	180	T_c	280.15	1.3356
异丁烷	−6.907184	1.578704	−1.803286	−2.427186	180	T_c	300.15	3.7173
正戊烷	−7.363978	1.943238	−2.471007	−2.349144	213	T_c	343.15	2.8355
正己烷	−7.611393	2.007192	−2.744096	−2.825408	233	T_c	303.15	0.2498
环己烷	−7.009954	1.575242	−1.968888	−3.260142	283	T_c	373.15	1.7462
正庚烷	−7.754461	1.847289	−2.802496	−3.625021	263	T_c	373.15	1.0619
正辛烷	−8.010138	1.984728	−3.259138	−4.003580	283	T_c	343.15	0.1583
乙烯	−6.412447	1.452364	−1.239075	−1.996814	110	T_c	260.15	30.1310

续表

物质	A	B	C	D	验证范围		验证点	
					T_{min}/K	T_{max}	T/K	P^s/bar
丙烯	−6. 721402	1. 517651	−1. 508872	−2. 369565	143	T_c	273. 15	5. 8421
1−丁烯	−7. 078279	1. 876157	−2. 019940	−2. 651169	183	T_c	293. 15	2. 5462
甲醇	−8. 726980	1. 450050	−2. 771770	−0. 723874	233	T_c	343. 15	1. 2545
乙醇	−8. 338015	0. 087185	−3. 305779	−0. 259857	253	T_c	353. 15	1. 0845
正丙醇	−8. 606755	2. 173634	−8. 046856	3. 691766	290	T_c	364. 18	0. 7990
正丁醇	−8. 330857	2. 054134	−8. 175663	0. 190068	275	T_c	418. 85	2. 4959
乙二醇	−7. 807002	0. 915488	−4. 927491	−1. 926135	333	T_c	453. 75	0. 6057
异丙醇	−8. 439864	1. 149220	−6. 938392	0. 615959	276	T_c	373. 70	2. 0101
醋酸	−9. 345421	3. 784980	−3. 602383	−1. 553062	290	T_c	364. 64	0. 4227
醋酸甲酯	−8. 574704	4. 224264	−5. 368114	−0. 827557	227	T_c	332. 15	1. 0881
乙酸乙酯	−7. 897191	2. 167535	−3. 523305	−3. 107122	242	T_c	330. 15	0. 4977
醋酸乙烯酯	−7. 554439	1. 364168	−2. 656813	−2. 993477	252	T_c	352. 25	1. 2471
甲基叔丁基醚	−7. 565301	2. 577840	−3. 917256	−0. 671678	217	T_c	374. 55	3. 7435
丙酮	−7. 670734	1. 965917	−2. 445437	−2. 899873	213	T_c	353. 15	2. 1544
苯	−7. 114987	1. 841409	−2. 254156	−3. 147450	283	T_c	373. 15	1. 8014
甲苯	−7. 498890	2. 084280	−2. 556275	−2. 860135	273	T_c	333. 15	0. 1853
对二甲苯	−7. 671695	1. 812883	−2. 387960	−3. 456690	286	T_c	373. 15	0. 3206
R23	−7. 285947	1. 636279	−2. 135618	−2. 481506	158	T_c	263. 15	18. 8963
R32	−7. 470600	1. 756960	−2. 015692	−2. 619790	158	T_c	263. 15	5. 8274
R12	−6. 919773	1. 622716	−1. 734359	−2. 589279	168	T_c	263. 15	2. 1879
R22	−7. 092406	1. 619996	−2. 013516	−2. 729725	158	T_c	263. 15	3. 5500
R134a	−7. 649281	1. 798190	−2. 660067	−3. 320921	173	T_c	263. 15	2. 0063
R125	−7. 537003	1. 837339	−2. 675330	−2. 787620	173	T_c	283. 15	9. 0868

注：表“所选化合物的一般数据”中给出了所需的关键数据 T_c 和 P_c。

表 A. 3 选定化合物的液体密度关联式

方程：$\frac{\rho^L}{kg/m^3}=\frac{\rho_c}{kg/m^3}+\left[A\left(1-\frac{T}{T_c}\right)^{0.35}+B\left(1-\frac{T}{T_c}\right)^{2/3}+C\left(1-\frac{T}{T_c}\right)+D\left(1-\frac{T}{T_c}\right)^{4/3}\right]$

物质	$\rho_c/(kg/m^3)$	A	B	C	D	验证范围		验证点	
						T_{min}/K	T_{max}	T/K	$\rho^L/(kg/m^3)$
水	322. 00	See Eq. 3. 52				274	T_c	373. 15	958. 20
氨	224. 78	533. 0864	-39. 1990	271. 4070	-72. 5196	196	T_c	310. 15	584. 33
氯化氢	410. 97	981. 8765	-441. 4813	1121. 7449	-553. 3618	134	T_c	248. 15	1018. 11
氯	576. 81	908. 9017	948. 0483	-1353. 2687	1093. 5252	173	T_c	273. 15	1467. 02
氮气	313. 30	471. 2169	492. 8646	-561. 5971	391. 1454	68	T_c	123. 15	471. 54
氧气	426. 95	748. 3728	396. 2376	-416. 2389	372. 6904	58	T_c	123. 15	952. 52
氢	30. 12	52. 8201	2. 7120	6. 2764	-4. 0288	15. 0	T_c	18. 05	73. 30
二氧化硫	524. 72	1026. 4147	287. 9415	-59. 1833	242. 7178	203	T_c	273. 15	1435. 62
一氧化碳	304. 17	571. 9312	-67. 0962	387. 1504	-121. 7320	68	T_c	113. 15	626. 53
二氧化碳	467. 60	897. 8433	170. 0655	169. 2649	37. 6341	218	T_c	253. 15	1031. 67
甲烷	162. 66	267. 8594	129. 3958	-73. 6070	69. 9714	93	T_c	133. 15	388. 78
乙烷	206. 18	339. 3617	278. 2759	-326. 5676	246. 4990	93	T_c	213. 15	505. 90
丙烷	220. 48	372. 1807	329. 3106	-439. 7196	331. 6824	90	T_c	280. 15	518. 73
正丁烷	228. 00	418. 6984	246. 8435	-317. 6268	274. 8872	140	T_c	280. 15	592. 99
异丁烷	225. 50	383. 5780	363. 7638	-483. 8143	353. 4964	120	T_c	280. 15	572. 34
正戊烷	235. 20	331. 1728	680. 8988	-965. 2019	602. 3687	153	T_c	293. 15	625. 55
正己烷	222. 82	537. 4149	87. 8736	-283. 5449	344. 6594	183	T_c	293. 15	659. 38
环己烷	273. 02	370. 9435	865. 3421	-1291. 8141	834. 1977	283	T_c	353. 15	720. 11
正庚烷	224. 90	308. 6265	1070. 9890	-1663. 6827	989. 8326	183	T_c	293. 15	683. 72
正辛烷	227. 63	314. 9330	1030. 8629	-1576. 0010	939. 7454	223	T_c	293. 15	702. 33
乙烯	214. 24	364. 8832	208. 8422	-198. 1499	185. 2595	120	T_c	280. 15	287. 91

续表

物质	ρ_c/(kg/m³)	A	B	C	D	验证范围		验证点	
						T_{min}/K	T_{max}	T/K	ρ^L/(kg/m³)
丙烯	229.64	428.3852	156.2079	-176.3127	217.3514	93	T_c	280.15	534.92
1-丁烯	237.95	374.9006	532.7375	-823.2356	585.6584	93	T_c	283.15	605.90
甲醇	281.49	164.7427	2257.8517	-3545.8257	1929.8087	183	T_c	273.15	810.52
乙醇	276.00	748.6190	-412.3645	776.4385	-436.6754	253	T_c	343.15	744.74
正丙醇	274.42	816.2710	-549.2099	696.9837	-232.0819	147	T_c	290.55	806.76
正丁醇	269.54	777.2536	-446.8411	578.8807	-172.9552	185	T_c	284.15	816.58
乙二醇	324.99	1305.6439	-1374.3218	1690.8786	-664.8168	261	T_c	381.15	1048.42
异丙醇	273.15	865.9179	-744.0946	975.9034	-381.1280	186	T_c	304.25	776.23
醋酸	334.22	925.3877	-312.7976	340.0648	29.7201	290	T_c	337.55	1000.46
醋酸甲酯	324.89	735.4603	-131.4940	371.8328	-53.9224	176	T_c	297.25	928.75
乙酸乙酯	308.07	660.3749	8.8513	207.1687	1.5101	207	T_c	277.45	918.19
醋酸乙烯酯	318.88	752.0380	-204.4664	468.8042	-107.5550	181	T_c	287.35	939.17
甲基叔丁基醚	267.95	615.1648	-332.9179	716.5664	-284.8751	165	T_c	304.55	729.60
丙酮	273.58	548.0439	205.2643	-197.7406	250.6303	183	T_c	313.15	767.89
苯	306.28	502.4341	531.5958	-663.9853	469.5977	283	T_c	343.15	825.92
甲苯	292.12	439.5835	839.1558	-1234.8445	797.8741	183	T_c	313.15	848.53
对二甲苯	280.90	660.6612	-279.7990	602.9859	-192.8244	287	T_c	321.15	836.72
R23	525.96	640.0829	2166.2973	-3069.2655	1827.1404	158	T_c	283.15	941.76
R32	424.00	895.2757	224.1921	-50.9230	229.6594	138	T_c	273.15	1054.86
R12	565.00	914.8334	994.9288	-1324.2838	961.0109	123	T_c	273.15	1395.42
R22	520.01	904.0763	874.3000	-1176.1556	880.9367	123	T_c	283.15	1246.61
R134a	511.94	1043.9503	239.7177	-102.7633	287.7073	173	T_c	283.15	1260.67
R125	565.78	800.1882	1917.3007	-2752.5653	1696.7682	173	T_c	283.15	1272.60

注:表中给出了所需的临界温度 T_c。

表 A.4 选定化合物的蒸发焓关联式

方程：$\Delta h_V = RT_c(A\tau^{1/3} + B\tau^{2/3} + C\tau + D\tau^2 + E\tau^6)$，$\tau = 1 - T/T_c$

物质	A	B	C	D	E	验证范围		验证点	
						T_{min}/K	T_{max}	T/K	Δh_v/(J/g)
水	6.853064	7.437940	−2.937398	−3.282184	8.396833	273	T_c	323.15	2380.25
氨	5.744770	7.282878	−2.428749	−2.261923	2.909393	196	T_c	300.15	1157.70
氯化氢	5.385594	3.577607	1.702220	−4.769082	5.095527	134	T_c	203.15	423.41
氯	5.113960	5.494794	−1.639730	−2.193617	4.356455	173	T_c	273.15	267.42
氮气	5.063172	5.518154	−2.645913	−1.981109	5.333368	65	T_c	93.15	174.93
氧气	4.969617	5.305319	−2.426090	−2.151263	3.466285	58	T_c	123.15	167.73
氢	4.115256	2.511597	−1.539154	−2.578672	2.165454	15	T_c	20.05	461.39
二氧化硫	6.431380	6.405860	−2.656015	−0.900937	6.502211	203	T_c	323.15	328.16
一氧化碳	5.365160	4.615630	−1.502620	−2.360346	7.214583	68	T_c	101.15	181.89
二氧化碳	6.285898	5.640077	−1.240625	−2.040365	26.542058	218	T_c	253.15	282.44
甲烷	4.990555	5.035151	−2.283393	−2.460933	4.378278	93	T_c	183.15	214.96
乙烷	5.240570	7.195872	−4.635360	−0.641593	2.271410	93	T_c	243.15	388.62
丙烷	5.532218	7.865983	−5.298339	0.075567	2.154822	90	T_c	280.15	364.59
正丁烷	5.894590	7.877690	−5.041876	−0.151283	3.790784	140	T_c	280.15	379.00
异丁烷	5.985358	6.870170	−3.957940	−0.356806	2.957430	120	T_c	280.15	347.69
正戊烷	5.752590	9.973145	−6.896600	0.534831	4.463225	153	T_c	273.15	385.00
正已烷	5.823448	11.201235	−8.071440	1.348380	3.456936	183	T_c	343.15	333.92
环已烷	3.437910	14.061510	−8.730995	0.671730	0.025579	283	T_c	294.15	394.34
正庚烷	3.316640	21.992820	−18.808160	5.534334	2.931020	183	T_c	303.15	362.02
正辛烷	4.464230	19.783260	−16.839300	5.360490	3.956600	223	T_c	303.15	361.66
乙烯	5.143747	6.934186	−4.268831	−0.584890	3.213931	110	T_c	250.15	303.81
丙烯	5.296574	8.539701	−6.058919	0.507597	2.793165	93	T_c	263.15	391.95

续表

物质	A	B	C	D	E	验证范围		验证点	
						T_{min}/K	T_{max}	T/K	Δh_v/(J/g)
1－丁烯	5.495498	9.245589	－6.920092	1.448008	2.307289	93	T_c	303.15	354.54
甲醇	5.465579	15.616850	－7.676416	－4.926600	6.334842	183	T_c	373.15	1020.27
乙醇	14.687649	－15.271194	26.062303	－20.049661	15.816495	253	T_c	293.15	925.91
正丙醇	5.890074	16.292544	－5.777913	－2.767181	－8.575518	293	T_c	343.65	740.74
正丁醇	3.925226	18.801993	－5.348588	－2.937749	－0.181003	224	T_c	343.85	654.47
乙二醇	7.079169	8.721527	1.013498	－5.214016	4.441808	333	T_c	333.15	1027.05
异丙醇	13.846539	－16.693668	32.098404	－19.900215	－9.894509	253	T_c	304.25	757.07
醋酸	6.686640	15.014483	－22.086618	3.077698	17.354972	290	T_c	369.35	395.64
醋酸甲酯	6.398833	13.125464	－12.779956	5.864096	－9.168706	227	T_c	297.25	439.04
乙酸乙酯	8.568302	3.691585	－0.614594	－0.635779	0.817636	190	T_c	330.15	381.82
醋酸乙烯酯	7.959075	5.923838	－2.473449	－1.445393	4.013308	273	T_c	336.35	377.62
甲基叔丁基醚	7.677125	3.101996	0.388899	－1.672830	0.763138	217	T_c	339.55	311.02
丙酮	5.731751	9.174230	－4.934225	0.048998	3.735669	183	T_c	373.15	448.73
苯	5.007470	10.690810	－7.316719	1.140714	6.786710	283	T_c	333.15	408.31
甲苯	4.607790	13.962160	－10.579148	2.112462	4.284860	183	T_c	323.15	398.25
对二甲苯	8.707394	1.081836	2.571094	－3.435021	9.405508	287	T_c	373.15	361.13
R23	5.346016	10.065090	－6.445266	0.855815	0.100753	158	T_c	253.15	170.98
R32	6.302860	6.634830	－2.530184	－1.546727	4.892836	138	T_c	253.15	344.12
R12	5.672474	8.015016	－5.135777	－0.186518	4.616427	123	T_c	253.15	162.07
R22	5.941889	7.847445	－4.736810	0.118054	4.060834	123	T_c	253.15	220.00
R134a	7.258160	4.942105	－0.155284	－2.761780	12.455860	173	T_c	273.15	198.76
R125	5.543650	11.761440	8.102561	0.932260	5.177319	173	T_c	273.15	133.16

注：表中给出了所需的临界温度 T_c 和摩尔质量 M。

表 A. 5 选定化合物的液体热容关联式

方程：$c_P^{\mathrm{L}} = R\left(\frac{A}{\tau} + B + C\tau + D\tau^2 + E\tau^3 + F\tau^4\right), \tau = 1 - \frac{T}{T_c}$

物质	A	B	C	D	E	F	验证范围		验证点	
							T_{min}/K	T_{max}	T/K	c_P^{L}/[J/(g·K)]
水	0. 255980	12. 545950	−31. 408960	97. 766500	−145. 423600	87. 018500	273	586	343. 15	4. 1875
氨	0. 518380	8. 111677	−3. 922537	16. 080840	−18. 078723	−4. 265080	205	355	265. 15	4. 5730
氯化氢	0. 428824	7. 229828	−9. 908417	35. 977597	−73. 966366	63. 001991	134	308	273. 15	2. 0561
氯	0. 348448	9. 581768	−35. 823396	198. 970547	−456. 440234	365. 477124	173	383	273. 15	0. 9791
氮气	0. 468003	5. 859125	−3. 294471	10. 949390	−10. 931129	3. 521050	68	113	103. 15	2. 4109
氧气	0. 491044	4. 971189	3. 165818	−15. 730230	35. 129358	−24. 450400	58	138	103. 15	1. 7546
氢	0. 412752	1. 939203	−0. 676502	2. 161263	−9. 684044	14. 410197	16	28	18. 75	11. 2238
二氧化硫	0. 492030	9. 882450	−5. 736710	12. 991290	−7. 898405	4. 251653	203	413	303. 15	1. 4033
一氧化碳	0. 434226	6. 852270	−7. 826240	25. 693570	−39. 219300	31. 506260	68	125	101. 15	2. 3261
二氧化碳	0. 500361	8. 830377	−3. 868837	10. 324592	0. 675891	1. 845183	218	283	253. 15	2. 1654
甲烷	0. 407112	7. 061365	−11. 142546	37. 881423	−60. 945893	38. 024820	93	168	123. 15	3. 5803
乙烷	0. 428053	10. 459037	−18. 182884	51. 711500	−75. 884470	44. 500540	93	283	213. 15	2. 5942
丙烷	0. 558680	12. 802352	−5. 738203	−9. 551125	26. 702477	−15. 775134	81	330	280. 15	2. 5415
正丁烷	0. 494221	19. 195325	−11. 646233	−13. 063580	37. 552637	−18. 508970	140	400	280. 15	2. 3449
异丁烷	0. 497330	18. 773678	−14. 552160	−0. 254646	19. 359040	−15. 881925	120	380	280. 15	2. 3207
正戊烷	0. 493157	25. 403260	−18. 571150	−8. 455922	27. 383110	−5. 186790	153	443	273. 15	2. 2100
正己烷	0. 503827	30. 695832	−16. 437834	−28. 145485	50. 312710	−18. 044650	183	463	333. 15	2. 4093
环己烷	0. 452602	29. 040500	−17. 260650	−69. 508970	254. 381420	−307. 047120	283	523	298. 65	1. 8145
正庚烷	0. 274131	39. 690828	−38. 327579	48. 535630	−116. 903726	115. 685562	183	523	393. 15	2. 6629
正辛烷	0. 615215	42. 753600	−27. 390185	8. 228510	−58. 652690	79. 116170	223	533	293. 15	2. 2091
乙烯	5. 143747	6. 934186	−4. 268831	−0. 584890	3. 213931	−22. 072075	110	260	250. 15	3. 3689

续表

物质	A	B	C	D	E	F	验证范围		验证点	
							T_{min}/K	T_{max}	T/K	c_P^L/[J/(g·K)]
丙烯	5.296574	8.539701	-6.058919	0.507597	2.793165	15.198619	93	343	263.15	2.3713
丁烯	5.495498	9.245589	-6.920092	1.448008	2.307289	16.654776	93	383	243.15	2.0809
甲醇	5.465579	15.616850	-7.676416	-4.926600	6.334842	-44.456180	183	463	323.15	2.7082
乙醇	14.687649	-15.271194	26.062303	-20.049661	15.816495	396.027992	253	473	343.15	3.0966
正丙醇	5.890074	16.292544	-5.777913	-2.767181	-8.575518	-16.588491	147	400	293.45	2.3626
正丁醇	3.925226	18.801993	-5.348588	-2.937749	-0.181003	-2.351873	185	391	303.95	2.4513
乙二醇	7.079169	8.721527	1.013498	-5.214016	4.441808	21.074136	261	493	284.65	2.3342
异丙醇	13.846539	-16.693668	32.098404	-19.900215	-9.894509	383.532117	185	480	293.85	2.5706
醋酸	6.686640	15.014483	-22.086618	3.077698	17.354972	32.222624	290	413	332.23	2.1868
乙酸甲酯	6.398833	13.125464	-12.779956	5.864096	-9.168706	-91.367990	177	373	329.15	2.0263
乙酸乙酯	8.568302	3.691585	-0.614594	-0.635779	0.817636	29.857034	190	350	316.35	1.9958
乙酸乙烯酯	7.959075	5.923838	-2.473449	-1.445393	4.013308	48.998543	260	389	266.35	1.8743
甲基叔丁基醚	7.677125	3.101996	0.388899	-1.672830	0.763138	22.912098	165	328	293.85	2.1107
丙酮	5.731751	9.174230	-4.934225	0.048998	3.735669	-17.424056	183	503	333.15	2.2404
苯	5.007470	10.690810	-7.316719	1.140714	6.786710	39.510594	283	523	343.15	1.8693
甲苯	4.607790	13.962160	-10.579148	2.112462	4.284860	94.204740	183	563	313.15	1.7496
对二甲苯	8.707394	1.081836	2.571094	-3.435021	9.405508	551.296903	287	567	335.95	1.8151
R23	5.346016	10.065090	-6.445266	0.855815	0.100753	-57.631705	158	288	263.15	1.6319
R32	6.302860	6.634830	-2.530184	-1.546727	4.892836	16.232080	138	343	293.15	1.8863
R12	5.672474	8.015016	-5.135777	-0.186518	4.616427	78.215790	123	373	293.15	0.9757
R22	5.941889	7.847445	-4.736810	0.118054	4.060834	-5.456086	123	353	293.15	1.2395
R134a	7.258160	4.942105	-0.155284	-2.761780	12.455860	53.455900	173	368	293.15	1.4053
R125	5.543650	11.761440	8.102561	0.932260	5.177319	22.729920	173	333	293.15	1.3682

注：所需的临界温度 T_c 和摩尔质量 M 在“选定化合物的一般数据”表中给出。

表 A. 6 选定化合物的理想气体热容相关性

方程：$\frac{c_P^{id}}{R}=B+(C-B)y^2[1+(y-1)(D+Ey+Fy^2+Gy^3)], y=\frac{T}{A+T}$ (A. 1)

$$\frac{c_P^{id}}{J/(kmol \cdot K)}=A+B\left(\frac{C/T}{\sinh(C/T)}\right)^2+D\left(\frac{E/T}{\cosh(E/T)}\right)^2 \quad (A.2)$$

物质	方程编号	*A*	*B*	*C*	*D*
水	A. 2	33484. 75	9275. 30	1218. 48	20241. 42
氨	A. 2	34083. 18	26087. 00	990. 77	33100. 02
氯化氢	A. 1	432. 77152	3. 42841	3. 54436	−10. 49775
氯	A. 2	29197. 65	8502. 80	405. 49	−3253. 99
氮气	A. 2	29108. 79	8526. 28	1678. 41	66784. 83
氧气	A. 2	29116. 90	10437. 46	2565. 44	9338. 84
氢	A. 2	20463. 61	9591. 19	216. 79	16524. 83
二氧化硫	A. 1	904. 53351	3. 98118	5. 66358	3. 21967
一氧化碳	A. 2	29104. 60	8665. 81	3043. 79	8336. 18
二氧化碳	A. 1	188. 27392	3. 50426	8. 29771	4. 71883
甲烷	A. 2	33356. 35	45763. 85	1025. 42	48699. 01
乙烷	A. 1	903. 41135	4. 48148	11. 69046	8. 47923
丙烷	A. 1	1222. 85277	4. 63428	6. 17777	−31. 84476
正丁烷	A. 1	668. 64918	8. 90810	14. 24670	41. 04664
异丁烷	A. 1	2084. 48334	5. 07542	7. 06198	−264. 30218
正戊烷	A. 1	1074. 74180	8. 97762	11. 92509	31. 16797
正己烷	A. 1	918. 01459	11. 29386	18. 05869	29. 33969
环己烷	A. 1	671. 99039	4. 04945	5. 43698	67. 17766
正庚烷	A. 1	751. 21484	14. 78843	17. 82902	121. 15456
正辛烷	A. 1	580. 69298	22. 78850	32. 50664	73. 77537

续表

物质	方程编号	*A*	*B*	*C*	*D*
乙烯	A. 1	100. 67955	3. 46632	18. 86798	-1. 58496
丙烯	A. 1	1178. 93725	4. 27276	4. 78834	-97. 58307
丁烯	A. 1	444. 42742	4. 00215	4. 77657	-103. 78383
甲醇	A. 1	72. 32165	-43. 80600	18. 04246	-8. 74148
乙醇	A. 1	1165. 86482	4. 70209	9. 77865	-1. 17688
正丙醇	A. 2	61723. 88	203342. 08	757. 27	-96727. 69
正丁醇	A. 2	74802. 09	167505. 02	-711. 59	130880. 37
乙二醇	A. 1	316. 79019	3. 05241	3. 58464	-152. 76283
异丙醇	A. 1	313. 10693	8. 96218	9. 41683	702. 94470
醋酸	A. 1	589. 88417	5. 10642	5. 52776	211. 48957
乙酸甲酯	A. 2	54664. 40	179099. 95	595. 63	-106514. 52
乙酸乙酯	A. 2	99847. 16	210798. 73	-947. 39	-52228. 85
乙酸乙烯酯	A. 1	339. 00453	10. 85084	11. 20264	1116. 09686
甲基叔丁基醚	A. 2	100524. 03	206853. 45	-807. 44	137641. 68
丙酮	A. 2	58083. 25	101389. 15	-761. 09	84650. 28
苯	A. 1	560. 93643	4. 00088	6. 20811	22. 19301
甲苯	A. 1	1250. 94941	3. 99957	10. 73366	-19. 78047
对二甲苯	A. 1	1299. 91280	4. 43091	6. 06047	-229. 73910
R23	A. 1	766. 08865	4. 00055	4. 56857	57. 65285
R32	A. 1	889. 23598	4. 39579	9. 60005	15. 90687
R12	A. 1	722. 38297	3. 13821	3. 33217	-818. 72651
R22	A. 1	1036. 65937	3. 60012	4. 64243	-89. 43873
R134a	A. 1	1108. 39974	4. 00203	6. 01963	-138. 01236
R125	A. 1	863. 90053	6. 11410	6. 41788	-301. 84855

续表

物质	方程编号	E	F	G	验证范围		验证点	
					T_{min}/K	T_{max}/K	T/K	c_P^{id}/[J/(g·K)]
水	A. 2	2919. 59	—	—	278	1273	373. 15	1. 8909
氨气	A. 2	2905. 60	—	—	196	1500	394. 75	2. 2598
氯化氢	A. 1	-77. 37691	403. 95083	-442. 34632	134	1773	473. 15	0. 8019
氯气	A. 2	3892. 43	—	—	173	1123	273. 15	0. 4721
氮气	A. 2	10672. 63	—	—	73	1773	313. 15	1. 0399
氧气	A. 2	1149. 97	—	—	63	1773	1200	1. 1150
氢气	A. 2	3955. 44	—	—	24	2273	513. 15	14. 6353
二氧化硫	A. 1	-88. 88144	186. 92401	-121. 55529	203	1773	343. 15	0. 6483
一氧化碳	A. 2	1531. 93	—	—	73	1773	313. 15	1. 0407
二氧化碳	A. 1	-11. 75109	13. 94035	-6. 73002	223	1273	373. 15	0. 9158
甲烷	A. 2	2664. 97	—	—	93	1823	293. 15	2. 2073
乙烷	A. 1	-77. 02151	122. 97656	-74. 05999	123	1500	273. 15	1. 6518
丙烷	A. 1	-487. 58918	1216. 90986	-972. 09252	123	1500	373. 15	2. 0080
正丁烷	A. 1	-258. 18297	411. 82384	-258. 68803	163	1500	373. 15	2. 0314
异丁烷	A. 1	-47. 27861	2309. 95342	-3524. 85868	143	1223	373. 15	2. 0137
正戊烷	A. 1	-592. 50351	1201. 64991	-830. 32720	183	1673	323. 15	1. 7761
正己烷	A. 1	-307. 72814	556. 38463	-356. 72160	193	1773	313. 15	1. 7239
环己烷	A. 1	-795. 75587	1090. 93493	-701. 78714	283	1273	373. 15	1. 6512
正庚烷	A. 1	-843. 82591	1360. 01383	-824. 87302	183	1773	303. 15	1. 6734
正辛烷	A. 1	-348. 56358	493. 58782	-270. 29141	233	1773	303. 15	1. 6663
乙烯	A. 1	6. 37008	0. 00005	-0. 00003	143	1273	473. 15	2. 1337
丙烯	A. 1	-915. 4059	2188. 95215	-1706. 12569	93	1773	1773	1. 8110
正丁烯	A. 1	269. 01469	-545. 25186	27. 15311	93	1273	1273	1. 4991

续表

物质	方程编号	E	F	G	验证范围		验证点	
					T_{min}/K	T_{max}/K	T/K	c_P^{id}/[J/(g·K)]
甲醇	A. 1	10. 37780	−0. 33156	−1. 05900	183	2023	2023	1. 3840
乙醇	A. 1	−135. 76765	322. 75959	−247. 73488	100	1500	1500	1. 6635
正丙醇	A. 2	880. 13	—	—	200	1773	1773	2. 0484
正丁醇	A. 2	2223. 47	—	—	200	1773	1773	2. 1413
乙二醇	A. 1	212. 94465	84. 60646	−662. 81134	100	1000	1000	1. 5568
异丙醇	A. 1	−3295. 08198	5345. 62488	−3435. 86066	100	1500	1500	2. 3965
醋酸	A. 1	−1404. 10912	2057. 41805	−1317. 64721	50	1195	1195	1. 2540
乙酸甲酯	A. 2	660. 06	—	—	298	1773	1773	1. 4729
乙酸乙酯	A. 2	1203. 35	—	—	268	1273	1273	1. 7668
乙酸乙烯酯	A. 1	−5117. 97374	8086. 03265	−5022. 37492	100	1500	1500	1. 4167
甲基叔丁基醚	A. 2	2358. 16	—	—	268	1500	1500	1. 5946
丙酮	A. 2	2186. 59	—	—	183	1773	1773	1. 3247
苯	A. 1	−159. 24845	−48. 97058	155. 54132	200	1023	1023	1. 3487
甲苯	A. 1	−218. 24713	677. 57410	−595. 41549	183	1273	1273	1. 1858
对二甲苯	A. 1	−186. 84354	1156. 78350	−1164. 53180	200	1500	1500	1. 3369
R23	A. 1	−767. 99181	1432. 42397	−923. 07484	163	1773	1773	0. 8223
R32	A. 1	−111. 31449	190. 11067	−112. 69276	143	1773	1773	0. 9440
R12	A. 1	1463. 34239	−979. 86258	−188. 05965	123	1773	1773	0. 6677
R22	A. 1	22. 60799	204. 58845	−241. 99955	123	1773	1773	0. 7332
R134a	A. 1	334. 51996	−417. 38313	−4. 62768	173	1773	1773	0. 9632
R125	A. 1	−423. 46781	1665. 31109	−2612. 24748	173	1773	1773	0. 8932

注：所需的摩尔质量 M 在“选定化合物的一般数据”表中给出。

表 A. 7　选定化合物的液体黏度相关性

公式：$\frac{\eta^{L}}{Pa \cdot s} = E * \exp\left[A\left(\frac{C-T}{T-D}\right)^{1/3} + B\left(\frac{C-T}{T-D}\right)^{4/3} \right]$

物质	A	B	C	D	10^8E	验证范围		验证点	
						T_{min}/K	T_{max}/K	T/K	η^L/(mPa·s)
水	1. 023096	0. 669483	640. 884	124. 8677	4694. 832	274	638	333. 15	0. 4645
氨气	2. 081580	0. 637466	409. 229	29. 3262	2290. 330	196	400	278. 65	0. 1605
氯化氢	1. 468422	0. 001303	321. 378	150. 8633	3640. 612	183	313	233. 15	0. 1639
氯气	0. 485630	1. 344777	439. 888	−109. 3797	17135. 830	173	416	223. 15	0. 5582
氮气	2. 238583	0. 018882	127. 141	36. 1391	1343. 698	68	123	113. 15	0. 0478
氧气	2. 148550	0. 000532	157. 422	36. 1141	1839. 315	73	148	113. 15	0. 1098
氢气	1. 525476	0. 000001	33. 246	7. 4900	285. 192	14	33	18. 2	0. 0157
二氧化硫	12. 383610	10. 060090	598. 154	−1525. 6990	12. 008	225	400	280. 25	0. 3347
一氧化碳	1. 037410	1. 391890	169. 937	−43. 9656	2893. 372	68	131	88. 15	0. 1460
二氧化碳	2. 701205	4. 821786	304. 972	−219. 7839	2965. 800	218	298	221. 15	0. 2374
甲烷	2. 313648	0. 668030	200. 211	−19. 1784	1039. 192	93	178	123. 15	0. 0920
乙烷	2. 435910	0. 097102	309. 734	33. 4667	1554. 180	103	293	213. 15	0. 1175
丙烷	2. 563440	0. 161368	372. 533	38. 0331	1751. 140	90	350	280. 15	0. 1175
正丁烷	2. 629043	0. 237324	428. 065	37. 0486	1801. 085	140	420	272. 65	0. 2035
异丁烷	2. 794999	0. 373353	419. 617	28. 0546	1567. 570	130	390	250. 15	0. 2615
正戊烷	2. 803312	0. 250738	474. 455	32. 8562	1652. 600	163	463	273. 15	0. 2830
正己烷	0. 654192	0. 364412	902. 902	18. 8312	4603. 184	175	343	256. 15	0. 4596
环己烷	2. 889560	0. 000853	4884. 230	115. 5702	17. 677	280	553	303. 15	0. 8214
正庚烷	2. 960020	0. 247153	553. 942	62. 1719	1424. 064	203	513	263. 15	0. 6070
正辛烷	2. 870880	0. 354830	577. 534	48. 9830	1721. 664	223	553	283. 15	0. 6176
乙烯	2. 098284	0. 091540	281. 461	47. 5527	2107. 291	110	270	250. 15	0. 0655

续表

物质	A	B	C	D	10^8E	验证范围		验证点	
						T_{min}/K	T_{max}/K	T/K	η^L/(mPa·s)
丙烯	1.426559	0.272156	853.047	−15.3792	930.606	88	320	263.15	0.1219
正丁烯	1.122814	1.464498	431.564	−78.5456	4506.029	120	413	259.15	0.2009
甲醇	3.748710	0.213107	546.888	82.9003	818.340	176	483	303.65	0.5010
乙醇	6.168237	−0.001200	740.289	90.7653	38.125	169	516	326.35	0.6496
正丙醇	6.140716	0.001411	571.434	133.6983	135.184	217	370	276.25	3.4021
正丁醇	4.364716	1.005752	743.418	27.0658	211.208	190	562	327.35	1.2962
乙二醇	−0.443561	1.318848	895.794	79.3616	20317.761	261	450	320.15	7.6071
异丙醇	0.536067	1.881026	1143.342	−77.3655	386.920	188	363	293.45	2.3078
醋酸	2.230867	0.715487	527.102	77.2313	5567.007	288	393	327.15	0.7514
醋酸甲酯	2.072517	2.239494	489.756	−176.4315	3968.760	250	425	277.65	0.4462
乙酸乙酯	2.233189	5.921434	608.986	−574.6203	1981.913	220	473	286.65	0.4893
醋酸乙烯酯	−0.076134	1.103327	668.129	−13.9030	10998.540	225	346	275.75	0.5284
甲基叔丁基醚	1.416944	0.905146	712.916	−42.5044	2260.808	180	450	293.65	0.3503
丙酮	1.895877	0.337109	766.008	21.4982	1613.371	190	333	298.15	0.3046
苯	2.486500	2.199610	787.253	−255.5922	855.545	279	545	303.15	0.5633
甲苯	2.954350	−0.000010	1047.179	137.2255	397.694	221	588	275.55	0.7500
对二甲苯	0.809643	1.371902	638.509	−40.4018	6772.298	282	613	319.75	0.4728
R23	1.720363	0.385773	288.676	44.7211	5570.377	118	285	276.25	0.1074
R32	2.575043	−0.035320	358.978	117.8077	2372.017	137	287	279.35	0.1789
R12	2.886860	−0.000216	380.360	53.1287	2553.078	183	373	253.15	0.3056
R22	2.506270	0.001628	369.199	55.9635	2948.260	178	363	273.15	0.1991
R134a	2.589129	0.000033	374.968	127.0868	2718.736	173	373	243.15	0.4051
R125	2.913370	0.211906	3895.012	−209.8739	3.090	216	298	293.13	0.1581

表 A.8 选定的化合物在低压下的蒸气黏度相关性

公式：$\dfrac{\eta^{id}}{Pa \cdot s} = \dfrac{AT^B}{1 + CT^{-1} + DT^{-2}}$

物质	$10^6 A$	B	C	D	验证范围		验证点	
					T_{min}/K	T_{max}/K	T/K	η^{id}/(μPa·s)
水	0.501246	0.709247	869.465599	-90063.891	278	1173	353.15	11.7342
氨气	1.113854	0.573628	695.164458	-39937.499	196	1000	280.15	9.4972
氯化氢	1.397649	0.539111	339.417194	-6791.666	200	1000	284.25	13.9293
氯气	0.164926	0.801668	42.635734	3223.277	200	1000	273.15	12.3467
氮气	0.847662	0.574033	75.437536	56.771	73	1773	313.15	18.4896
氧气	1.102259	0.563255	96.450180	-3.515	54	1500	358.65	23.8665
氢气	0.169104	0.692485	-7.634394	467.120	78	3000	328.25	9.5254
二氧化硫	4.465290	0.379352	600.546520	-469.440	198	1000	493.25	21.1826
一氧化碳	0.734306	0.588574	52.318660	1018.822	68	1473	379.15	21.1283
二氧化碳	4.719875	0.373279	512.686300	-6119.961	223	1473	233.15	11.7023
甲烷	1.119178	0.493234	214.627200	-3952.087	93	1000	233.15	8.9131
乙烷	0.612179	0.567691	199.802139	799.607	103	973	233.15	7.2233
丙烷	0.173966	0.734798	143.207060	-7147.859	85	1000	313.15	8.5718
正丁烷	0.075828	0.837082	67.618677	-2141.762	143	963	313.15	7.7972
异丁烷	0.121656	0.767652	92.147580	-2356.256	131	1000	284.25	7.1853
正戊烷	0.208109	0.692504	209.355310	-9032.643	153	1173	323.15	7.2872
正己烷	0.829617	0.524075	548.537420	-19506.100	183	1223	283.15	5.9364
环己烷	1.707204	0.444162	797.904850	-55646.900	280	900	377.65	8.7486
正庚烷	0.893462	0.523746	800.554090	-50014.750	213	973	303.15	5.7538
正辛烷	0.647995	0.558004	678.981600	-35397.490	223	1273	303.15	5.5056
乙烯	1.503552	0.456140	288.342422	73.362	170	1000	300.55	10.3537

续表

物质	10^6A	B	C	D	验证范围		验证点	
					T_{min}/K	T_{max}/K	T/K	η^{id}/(μPa·s)
丙烯	0. 876767	0. 520871	293. 618650	−182. 857	88	1000	375. 95	10. 8105
正丁烯	1. 590010	0. 435591	427. 677300	1432. 659	175	1000	348. 65	9. 0969
甲醇	0. 477915	0. 641076	284. 838034	−3230. 713	240	1000	400. 05	13. 1568
乙醇	0. 106484	0. 806176	53. 133947	−19. 624	200	1000	284. 25	8. 5323
正丙醇	1. 842372	0. 446996	622. 575600	1735. 926	200	1000	284. 25	7. 1686
正丁醇	1. 261930	0. 473919	510. 297350	−143. 068	185	1000	313. 25	7. 3169
乙二醇	0. 149939	0. 770025	161. 702296	−7162. 270	260	1000	376. 95	10. 4782
异丙醇	0. 197482	0. 724489	176. 811793	13. 775	185	1000	313. 95	8. 1363
醋酸	2. 181432	0. 479850	1126. 897790	−76689. 777	290	800	343. 55	9. 9011
乙酸甲酯	2. 515403	0. 453254	1231. 787070	−82656. 705	250	800	336. 85	8. 9530
乙酸乙酯	1. 845324	0. 424328	522. 471640	−2316. 919	190	1000	360. 25	9. 2229
乙酸乙烯酯	1. 698675	0. 447738	583. 233050	−17183. 346	180	1000	352. 95	9. 3404
甲基叔丁基醚	0. 168450	0. 724727	119. 588355	−538. 542	165	1000	340. 45	8. 5561
丙酮	0. 060442	0. 894053	137. 302579	−10508. 844	178	1000	308. 15	7. 6028
苯	33. 944850	0. 179320	3840. 605800	−114442. 650	279	1000	353	8. 8669
甲苯	26. 356700	0. 089851	1411. 952400	49235. 071	178	1000	351. 15	8. 2336
对二甲苯	1. 297141	0. 436899	446. 549129	−1248. 050	286	1000	323. 95	6. 8501
R23	0. 588485	0. 620799	76. 103710	10940. 869	191	1000	318. 75	15. 6563
R32	2. 505242	0. 445997	489. 840880	−10877. 245	173	513	303. 15	12. 8280
R12	2. 043170	0. 483200	633. 356640	−49455. 239	250	575	284. 25	11. 9751
R22	2. 496580	0. 445339	480. 172300	−10278. 585	173	513	293. 15	12. 4428
R134a	2. 535768	0. 434922	519. 195800	−11741. 298	173	493	293. 15	11. 3870
R125	2. 322973	0. 450581	419. 744700	−7324. 273	173	453	293. 15	12. 8005

表 A.9　选定的化合物的液体热导率相关性

$$\text{方程:}\frac{\lambda^{L}}{W/(K\cdot m)}=A(1+B\tau^{\frac{1}{3}}+C\tau^{\frac{2}{3}}+D\tau),\tau=1-\frac{T}{T_c}\qquad(A.3)$$

$$\frac{\lambda^{L}}{W/(K\cdot m)}=A+B\frac{T}{K}+C\left(\frac{T}{K}\right)^{2}+D\left(\frac{T}{K}\right)^{3}+E\left(\frac{T}{K}\right)^{4}\qquad(A.4)$$

物质	公式编号	A	B	C	D	E	验证范围		验证点	
							T_{min}/K	T_{max}/K	T/K	λ^L/[W/(K·m)]
水	A.4	-2.41488460	0.024516	$-7.312129\cdot10^{-5}$	$9.949215\cdot10^{-8}$	$-5.373019\cdot10^{-11}$	275	623	403.15	0.6843
氨气	A.3	0.45812600	-3.407603	7.363882	3.110926		203	383	303.15	0.4592
氯化氢	A.4	0.80453743	-0.002102	—	—	—	273	323	294.25	0.1860
氯气	A.3	0.08364446	-2.244378	6.000759	-1.768471—	—	173	410	273.15	0.1478
氮气	A.3	0.03723700	0.819379	1.546830	-2.956170	—	73	123	113.15	0.0756
氧气	A.3	0.04849099	0.662250	-0.157473	4.180248	—	73	148	133.15	0.0912
氢气	A.3	0.31257102	-4.480248	8.852520	-5.476372	—	14	31	22.05	0.1012
二氧化硫	A.3	0.11179000	0.049672	-0.083144	2.454405	—	198	400	304.15	0.1920
一氧化碳	A.3	0.04654000	0.258036	-0.495500	5.394290	—	68	125	83.15	0.1372
二氧化碳	A.3	0.11094000	-2.381636	4.902130	0.184516	—	218	293	273.15	0.1082
甲烷	A.3	0.09222700	-1.466680	2.951520	1.069580	—	93	188	143.15	0.1394
乙烷	A.3	0.03263560	5.689980	-11.845846	15.965704	—	103	303	243.15	0.1142
丙烷	A.3	0.04821980	1.815034	-4.456460	7.138120	—	85	360	290.15	0.0976
正丁烷	A.3	0.03328196	6.417034	-14.997547	15.443150	—	135	420	358.15	0.0840
异丁烷	A.3	0.01668096	15.527922	-36.061721	35.162423	—	203	373	293.15	0.0931
正戊烷	A.3	0.01128515	26.817246	-55.053399	47.844687	—	193	443	293.15	0.1090
正己烷	A.3	0.04551534	—	—	3.941700	—	178	370	309.35	0.1156
环己烷	A.3	-0.01629480	-36.933160	73.652630	-52.004130	—	280	354	287.45	0.1260
正庚烷	A.3	0.00554613	30.528260	-38.792760	45.698080	—	190	370	260	0.1343
正辛烷	A.3	0.00609920	28.137870	-38.823160	45.582000	—	216	399	273.95	0.1354
乙烯	A.3	0.00553668	76.084404	-153.166503	150.029799	—	111	270	230.15	0.1239

续表

物质	公式编号	A	B	C	D	E	验证范围		验证点	
							T_{min}/K	T_{max}/K	T/K	λ^{L}/[W/(K·m)]
丙烯	A. 4	0. 25547896	−0. 000515	—	—	—	253	330	253. 15	0. 1252
正丁烯	A. 3	0. 06673001	—	—	2. 200248	—	88	267	248. 05	0. 1267
甲醇	A. 3	0. 13951266	—	—	1. 033317	—	176	338	298. 15	0. 2000
乙醇	A. 3	0. 11124054	—	—	1. 217548	—	160	353	312. 25	0. 1644
正丙醇	A. 3	0. 10464898	—	—	1. 104913	—	201	535	372. 15	0. 1401
正丁醇	A. 3	0. 09905170	—	—	1. 156703	—	185	553	303. 95	0. 1518
乙二醇	A. 3	0. 00135174	1170. 50402	3868. 88659	−2632. 07239	—	260	593	326. 55	0. 2592
异丙醇	A. 3	0. 06591520	5. 104116	−12. 120860	9. 634190	—	186	507	403. 15	0. 1168
醋酸	A. 3	0. 10546986	—	—	1. 028583	—	292	573	300. 45	0. 1589
乙酸甲酯	A. 3	0. 06649329	—	—	3. 175936	—	176	493	286. 25	0. 1583
乙酸乙酯	A. 3	0. 00008142	4414. 597964	−7292. 83987	6016. 90670	—	190	493	282. 55	0. 1491
乙酸乙烯酯	A. 3	0. 07232333	—	—	2. 541833	—	181	513	313. 35	0. 1452
甲基叔丁基醚	A. 3	0. 03620530	2. 747481	−3. 446200	5. 939223	—	165	328	311. 15	0. 1235
丙酮	A. 3	0. 07089878	—	—	3. 058789	—	179	343	299. 85	0. 1598
苯	A. 3	0. 06389367	—	—	2. 610350	—	279	413	363. 55	0. 1228
甲苯	A. 3	−0. 01200600	−32. 702200	55. 625500	−42. 111000	—	178	475	287. 45	0. 1339
对二甲苯	A. 3	0. 06531592	2. 109022	−6. 476927	6. 704619	—	287	413	333. 05	0. 1209
R23	A. 3	0. 06626834	—	—	2. 521323	—	118	243	216. 75	0. 1125
R32	A. 3	0. 09911900	0. 076417	3. 712623	−1. 460831	—	163	348	263. 15	0. 2139
R12	A. 3	0. 03202120	0. 066322	−0. 117768	5. 320465	—	150	363	273. 45	0. 0812
R22	A. 3	0. 06064400	−1. 049875	2. 115769	1. 076857	—	163	363	263. 15	0. 0933
R134a	A. 3	0. 07364600	−1. 756262	2. 633737	1. 096548	—	173	373	293. 15	0. 0834
R125	A. 3	0. 06652500	−2. 316396	5. 016910	−1. 260304	—	173	333	298. 15	0. 0622

注：所需的临界温度 T_c 在“选定化合物的一般数据”表中给出。

表 A.10　选定的化合物在低压下的蒸气热导率的相关性

方程：$\frac{\lambda^{id}}{W/(K \cdot m)} = \frac{\sqrt{T_r}}{A + \frac{B}{T_r} + \frac{c}{T_r^2} + \frac{D}{T_r^3}}$

物质	A	B	C	D	验证范围		验证点	
					T_{min}/K	T_{max}/K	T/K	λ^{id}/[W/(K·m)]
水	2.000796	14.169449	5.237322	−2.013030	278	1073	353.15	0.0223
氨气	1.771596	25.648577	−2.263180	1.120586	203	1000	279.75	0.0221
氯化氢	21.129515	59.593899	−21.372430	3.617110	159	1000	373.15	0.0181
氯气	35.164546	37.254610	6.665306	−1.775010	200	1000	373.15	0.0114
氮气	30.516440	100.761278	−84.097324	35.705221	93	1223	323.15	0.0270
氧气	25.097426	69.251077	−35.326230	10.740183	80	1495	284.4	0.0251
氢气	9.355729	86.604301	−163.421012	81.498903	22	1600	271.15	0.1619
二氧化硫	27.058610	−3.315050	54.097200	−15.764240	250	900	386.85	0.0138
一氧化碳	32.987680	73.919420	−28.849020	4.398120	70	1500	973.15	0.0636
二氧化碳	18.890387	11.895399	40.897183	−13.035620	223	973	373.15	0.0227
甲烷	0.826598	71.374130	−29.034600	6.107060	93	1000	273.15	0.0310
乙烷	3.233358	19.029493	27.805380	−4.717205	113	1000	313.35	0.0231
丙烷	1.351410	19.983850	20.026000	−3.553930	203	1000	352.55	0.0243
正丁烷	3.215504	10.073633	21.826312	−3.621102	203	1000	387.45	0.0267
异丁烷	9.038150	−1.395520	32.309630	−5.577840	203	1000	273.15	0.0135
正戊烷	−1.175174	22.560610	10.125880	−1.653540	273	1000	273.15	0.0129
正己烷	−1.521446	21.520796	9.432466	−1.141610	339	1000	478.25	0.0317
环己烷	−1.927981	−36.933160	6.833899	−52.004130	323	1000	467.15	0.0302
正庚烷	0.059077	15.934620	11.446140	−1.120901	273	1000	373.95	0.0190
正辛烷	−1.585376	18.857260	9.328904	−1.062463	339	1000	443.35	0.0247
乙烯	0.284146	33.661050	29.235217	−10.510851	169	900	323.25	0.0238

续表

物质	A	B	C	D	验证范围		验证点	
					T_{min}/K	T_{max}/K	T/K	λ^{id}/[W/(K·m)]
丙烯	3. 228482	20. 323902	19. 300065	−2. 045617	225	1000	306. 95	0. 0180
正丁烯	−1. 734943	28. 508830	10. 986120	−1. 536220	225	800	376. 35	0. 0228
甲醇	−2. 097847	17. 979169	12. 828005	−3. 546304	273	1000	324. 38	0. 0179
乙醇	−2. 259996	21. 881454	5. 488168	−0. 304888	293	1000	293. 15	0. 0147
正丙醇	−1. 658351	19. 595786	6. 903138	−0. 755881	372	720	372. 15	0. 0215
正丁醇	−22. 982020	69. 128385	−28. 209030	5. 678522	370	800	573. 65	0. 0438
乙二醇	−2. 986535	18. 296988	3. 589649	−0. 321265	470	1000	470. 45	0. 0251
异丙醇	0. 670345	9. 782420	20. 438520	−5. 081330	304	1000	473. 15	0. 0339
乙酸	0. 704143	7. 249838	22. 437444	−4. 751947	295	687	294. 75	0. 0105
乙酸甲酯	−3. 526070	24. 686506	11. 814704	−1. 450865	273	1000	330. 05	0. 0142
乙酸乙酯	−1. 481710	15. 774236	24. 322500	−5. 597174	273	1000	311. 45	0. 0115
乙酸乙烯酯	−2. 302838	18. 466591	16. 708090	−2. 785195	346	1000	345. 65	0. 0152
甲基叔丁基醚	5. 121987	17. 774514	6. 213344	0. 976908	273	1000	349. 55	0. 0183
丙酮	−1. 729843	20. 390480	15. 370780	−1. 971064	293	1000	364. 75	0. 0166
苯	1. 014925	17. 781470	9. 661990	−0. 409016	339	1000	478. 25	0. 0267
甲苯	0. 631015	17. 186500	6. 139255	0. 177187	384	1000	383. 75	0. 0190
对二甲苯	−1. 261201	36. 201340	−26. 431401	14. 075927	320	1000	391. 55	0. 0177
R23	21. 179034	15. 915758	49. 016112	−13. 336371	191	1000	318. 75	0. 0151
R32	−7. 018654	77. 642855	−5. 084861	−1. 550638	163	473	283. 15	0. 0114
R12	1. 049970	67. 165700	3. 157079	−0. 843364	243	700	363. 55	0. 0130
R22	3. 086424	39. 018330	32. 276130	−8. 032932	173	473	313. 15	0. 0114
R134a	−1. 346631	67. 782530	−34. 251530	19. 287077	193	1000	313. 15	0. 0144
R125	15. 887050	−7. 776550	75. 408970	−25. 482380	225	1000	333. 15	0. 0166

注：所需的临界温度 T_c 在“选定化合物的一般数据”表中给出。

表 A.11 所选化合物的表面张力相关性

方程：$\frac{\sigma}{\mathrm{N/m}}=A(1-T_r)^{B+CT_r+DT_r^2+ET_r^3}$

物质	A	B	C	D	E	验证范围		验证点	
						T_{min}/K	T_{max}/K	T/K	σ/(mN/m)
水	0.158990	1.800132	−1.178740	−0.410700	0.964067	273	608	292.85	73.8843
氨气	0.103258	1.320142	−0.300843	0.350729	−0.154149	196	395	239.65	34.2903
氯化氢	0.084865	1.292880	—	—	—	159	316	246.15	13.5228
氯气	0.069660	1.290711	−0.595300	0.689530	−0.297926	173	404	273.15	21.3050
氮气	0.029512	1.278290	0.044647	−0.157933	0.089708	63	123	112.95	1.7387
氧气	0.037848	1.200264	−0.019308	0.080429	−0.050479	54	149	73.15	17.4984
氢气	0.005631	1.201187	0.024380	−0.439855	0.303610	14	32	18.05	2.3136
二氧化硫	0.088735	1.329490	−0.475261	0.585308	−0.258743	198	406	295.85	22.1365
一氧化碳	0.040422	2.716037	−3.185805	2.537085	−0.839567	68	123	85.15	8.7400
二氧化碳	0.081563	1.527091	−0.836249	0.924520	−0.348195	216	299	239.65	11.3432
甲烷	0.033795	0.837809	0.524994	−0.287428	0.048288	91	185	153.75	5.5421
乙烷	0.048339	1.181172	−0.012966	0.082275	−0.055848	90	294	282.65	2.1598
丙烷	0.050936	1.225863	−0.031551	0.052927	−0.027713	85	355	280.05	9.0520
正丁烷	0.051625	1.214678	−0.063855	0.120511	−0.053450	135	355	273.30	14.8635
异丁烷	0.058431	2.186481	−2.691774	3.097050	−1.323847	114	377	283.95	11.4621
正戊烷	0.052049	1.208440	−0.014871	0.019269	−0.008941	143	435	280.85	17.3662
正己烷	0.054521	1.260288	—	—	—	175	456	299.35	17.7507
环己烷	0.065637	1.266746	—	—	—	273	524	332.15	20.5630
正庚烷	0.054835	1.269376	—	—	—	183	521	314.35	18.1866
正辛烷	0.053060	1.241357	—	—	—	216	532	290.55	21.8806
乙烯	0.052923	1.278061	—	—	—	104	273	272.95	0.6841

续表

物质	A	B	C	D	E	验证范围		验证点	
						T_{min}/K	T_{max}/K	T/K	σ/(mN/m)
丙烯	0.053708	1.311841	-0.572144	1.013464	-0.581680	88	351	307.15	5.7947
正丁烯	0.056424	1.349660	-0.561878	0.987326	-0.561644	88	402	297.55	12.0642
甲醇	0.071115	2.452836	-1.961439	-0.637268	1.248386	226	467	285.25	23.2116
乙醇	0.063735	2.466253	-3.218905	1.914451	-0.100171	273	479	285.25	23.1181
正丙醇	0.044017	0.781202	—	—	—	153	473	323.15	21.4290
正丁醇	0.049406	0.925929	—	—	—	273	523	323.15	22.4239
乙二醇	0.075776	1.134073	-0.434579	-1.570191	2.334810	263	471	453.15	33.4920
异丙醇	0.046935	0.908095	—	—	—	287	353	323.15	18.7562
乙酸	0.057531	1.077013	—	—	—	290	576	353.45	21.6121
乙酸甲酯	0.062040	1.045756	—	—	—	175	489	279.85	26.7625
乙酸乙酯	0.061747	1.332643	-0.604840	0.690144	-0.292236	190	506	294.95	23.6160
乙酸乙烯酯	0.065003	1.218115	—	—	—	180	501	305.15	22.0854
甲基叔丁基醚	0.059863	1.236617	—	—	—	165	480	304.55	18.5303
丙酮	0.070273	1.215138	—	—	—	178	480	298.00	24.0301
苯	0.070259	1.177885	0.028702	0.078840	-0.056076	279	547	368.15	19.2833
甲苯	0.067024	1.246125	0.024241	-0.035845	0.009383	178	570	308.75	26.6487
对二甲苯	0.064561	1.268807	—	—	—	286	599	373.15	19.8339
R23	0.062289	1.570226	-0.795218	0.739061	-0.251189	118	280	261.15	4.5902
R32	0.077760	1.411980	-0.405818	0.513851	-0.242771	137	329	295.15	7.2997
R12	0.065030	1.746093	-0.990751	0.852173	-0.289736	243	370	280.65	10.9640
R22	0.065425	1.549562	-0.847518	0.922886	-0.374168	116	353	293.15	8.7897
R134a	0.058065	1.400084	-0.682828	0.922975	-0.408788	172	364	293.00	8.7995
R125	0.080614	2.465560	-1.588870	0.445522	0.057276	233	328	283.15	5.6915

注:所需的临界温度 T_c 在“选定化合物的一般数据”表中给出。

附录 B　高精度状态方程的系数

表 B.1　非极性流体系数[式(2.113)]

系数	甲烷	乙烷	丙烷	正丁烷	正戊烷
	1	2	3	4	5
n_1	0.89269676	0.97628068	1.0403973	1.0626277	1.0968643
n_2	−2.5438282	−2.6905251	−2.8318404	−2.8620952	−2.9988888
n_3	0.64980978	0.73498222	0.8439381	0.88738233	0.99516887
n_4	0.020793471	−0.035366206	−0.076559592	−0.12570581	−0.16170709
n_5	0.070189104	0.084692031	0.094697373	0.10286309	0.1133446
n_6	0.00023700378	0.00024154594	0.00024796475	0.00025358041	0.00026760595
n_7	0.16653334	0.23964954	0.2774376	0.323252	0.40979882
n_8	−0.043855669	−0.042780093	−0.043846001	−0.037950761	−0.040876423
n_9	−0.1572678	−0.22308832	−0.26991065	−0.32534802	−0.38169482
n_{10}	−0.035311675	−0.051799954	−0.069313413	−0.079050969	−0.10931957
n_{11}	−0.029570024	−0.027178426	−0.029632146	−0.020636721	−0.032073223
n_{12}	0.014019842	0.011246305	0.014040127	0.0057053809	0.016877016

系数	正己烷	正庚烷	正辛烷	氩	氧
	6	7	8	9	10
n_1	1.0553238	1.0543748	1.0722545	0.85095715	0.88878286
n_2	−2.6120616	−2.6500682	−2.4632951	−2.4003223	−2.4879433
n_3	0.76613883	0.81730048	0.65386674	0.54127841	0.59750191
n_4	−0.29770321	−0.30451391	−0.36324974	0.016919771	0.0096501817
n_5	0.11879908	0.12253869	0.1271327	0.068825965	0.071970429
n_6	0.00027922861	0.00027266473	0.0003071357	0.00021428033	0.00022337443
n_7	0.4634759	0.49865826	0.52656857	0.17429895	0.18558686
n_8	0.011433197	−0.00071432815	0.019362863	−0.033654496	−0.038129368
n_9	−0.48256969	−0.54236896	−0.58939427	−0.135268	−0.15352245
n_{10}	−0.093750559	−0.13801822	−0.14069964	−0.016387351	−0.026726815
n_{11}	−0.0067273247	−0.0061595287	−0.0078966331	−0.024987667	−0.025675299
n_{12}	−0.0051141584	0.0004860251	0.0033036598	0.0088769205	0.0095714302

续表

系数	氮	乙烯	异丁烷	环己烷	SF_6
	11	12	13	14	15
n_1	0.92296567	0.9096223	1.0429332	1.0232354	1.2279403
n_2	-2.5575012	-2.4641015	-2.8184273	-2.9204964	-3.3035623
n_3	0.64482463	0.56175311	0.86176232	1.073663	1.2094019
n_4	0.01083102	-0.019688013	-0.10613619	-0.19573985	-0.12316
n_5	0.073924167	0.078831145	0.098615749	0.12228111	0.11044657
n_6	0.00023532962	0.00021478776	0.0002394820	0.00028943321	0.0003295215
n_7	0.18024854	0.23151337	0.30330005	0.27231767	0.27017629
n_8	-0.045660299	-0.037804454	-0.041598156	-0.04483332	-0.062910351
n_9	-0.1552106	-0.20122739	-0.29991937	-0.38253334	-0.3182889
n_{10}	-0.03811149	-0.044960157	-0.080369343	-0.089835333	-0.099557419
n_{11}	-0.031962422	-0.02834296	-0.029761373	-0.024874965	-0.036909694
n_{12}	0.015513532	0.012652824	0.01305963	0.010836132	0.019136427

系数	一氧化碳	羰基硫	正辛烷	硫化氢	异戊烷
	16	17	18	19	20
n_1	0.90554	0.94374	1.0461	0.87641	1.0963
n_2	-2.4515	-2.5348	-2.4807	-2.0367	-3.0402
n_3	0.53149	0.59058	0.74372	0.21634	1.0317
n_4	0.024173	-0.021488	-0.52579	-0.050199	-0.1541
n_5	0.072156	0.082083	0.15315	0.066994	0.11535
n_6	0.00018818	0.00024689	0.00032865	0.00019076	0.00029809
n_7	0.19405	0.21226	0.84178	0.20227	0.39571
n_8	-0.043268	-0.041251	0.055424	-0.0045348	-0.045881
n_9	-0.12778	-0.22333	-0.73555	-0.2223	-0.35804
n_{10}	-0.027896	-0.050828	-0.18507	-0.034714	-0.10107
n_{11}	-0.034154	-0.028333	-0.020775	-0.014885	-0.035484
n_{12}	0.016329	0.016983	0.012335	0.0074154	0.018156

系数	新戊烷	异己烷	氪	正壬烷	甲苯
	21	22	23	24	25
n_1	1.1136	1.1027	0.83561	1.1151	0.96464
n_2	-3.1792	-2.9699	-2.3725	-2.702	-2.7855
n_3	1.1411	1.0295	0.54567	0.83416	0.86712
n_4	-0.10467	-0.21238	0.014361	-0.38828	-0.1886
n_5	0.11754	0.11897	0.066502	0.1376	0.11804
n_6	0.00034058	0.00027738	0.0001931	0.00028185	0.00025181
n_7	0.29553	0.40103	0.16818	0.62037	0.57196
n_8	-0.074765	-0.034238	-0.033133	0.015847	-0.029287
n_9	-0.31474	-0.43584	-0.15008	-0.61726	-0.43351
n_{10}	-0.099401	-0.11693	-0.022897	-0.15043	-0.1254
n_{11}	-0.039569	-0.019262	-0.021454	-0.012982	-0.028207
n_{12}	0.023177	0.0080783	0.0069397	0.0044325	0.014076

系数	氙	R116
	26	27
n_1	0.83115	1.1632
n_2	-2.3553	-2.8123
n_3	0.53904	0.77202
n_4	0.014382	-0.14331
n_5	0.066309	0.10227
n_6	0.00019649	0.00024629
n_7	0.14996	0.30893
n_8	-0.035319	-0.028499
n_9	-0.15929	-0.30343
n_{10}	-0.027521	-0.068793
n_{11}	-0.023305	-0.027218
n_{12}	0.0086941	0.010665

表 B.2　极性流体的系数[式(2.114)]

系数	R11	R12	R22	R32
	1	2	3	4
n_1	1.0656383	1.0557228	0.96268924	0.92876414
n_2	-3.2495206	-3.3312001	-2.5275103	-2.4673952
n_3	0.87823894	1.0197244	0.31308745	0.40129043
n_4	0.087611569	0.084155115	0.072432837	0.055101049
n_5	0.00029950049	0.00028520742	0.00021930233	0.00011559754
n_6	0.42896949	0.39625057	0.33294864	-0.25209758
n_7	0.70828452	0.63995721	0.63201229	0.42091879
n_8	-0.017391823	-0.021423411	-0.0032787841	0.0037071833
n_9	-0.37626522	-0.36249173	-0.33680834	-0.10308607
n_{10}	0.011605284	0.001934199	-0.022749022	-0.11592089
n_{11}	-0.089550567	-0.092993833	-0.087867308	-0.044350855
n_{12}	-0.030063991	-0.024876461	-0.021108145	-0.012788805

系数	R113	R123	R125	R134a
	5	6	7	8
n_1	1.0519071	1.116973	1.1290996	1.0663189
n_2	-2.8724742	-3.074593	-2.8349269	-2.449597
n_3	0.41983153	0.51063873	0.29968733	0.044645718
n_4	0.087107788	0.094478812	0.087282204	0.075656884
n_5	0.00024105194	0.00029532752	0.00026347747	0.00020652089
n_6	0.70738262	0.66974438	0.61056963	0.42006912
n_7	0.93513411	0.96438575	0.90073581	0.76739111
n_8	-0.0096713512	-0.014865424	-0.0068788457	0.0017897427
n_9	-0.052595315	-0.49221959	-0.44211186	-0.36219746
n_{10}	0.022691984	-0.022831038	-0.035041493	-0.06780937
n_{11}	-0.14556325	-0.1407486	-0.1269863	-0.10616419
n_{12}	-0.02741995	-0.025117301	-0.025185874	-0.018185791

续表

系数	R143a	R152a	二氧化碳	氨
	9	10	11	12
n_1	1.0306886	0.95702326	0.89875108	0.7302272
n_2	-2.9497307	-2.3707196	-2.1281985	-1.1879116
n_3	0.6943523	0.18748463	-0.06819032	-0.68319136
n_4	0.071552102	0.063800843	0.076355306	0.040028683
n_5	0.00019155982	0.00016625977	0.00022053253	0.00009080121
n_6	0.079764936	0.082208165	0.41541823	-0.056216175
n_7	0.56859424	0.57243518	0.71335657	0.44935601
n_8	-0.0090946566	0.0039476701	0.00030354234	0.029897121
n_9	-0.24199452	-0.23848654	-0.36643143	-0.18181684
n_{10}	-0.070610813	-0.080711618	-0.0014407781	-0.09841666
n_{11}	-0.075041709	-0.073103558	-0.089166707	-0.055083744
n_{12}	-0.016411241	-0.015538724	-0.023699887	-0.0088983219

系数	丙酮	N_2O	二氧化硫	R141b
	13	14	15	16
n_1	0.90041	0.88045	0.93061	1.1469
n_2	-2.1267	-2.4235	-1.9528	-3.6799
n_3	-0.083409	0.38237	-0.17467	1.3469
n_4	0.065683	0.068917	0.061524	0.083329
n_5	0.00016527	0.00020367	0.00017711	0.00025137
n_6	-0.039663	0.13122	0.21615	0.3272
n_7	0.72085	0.46032	0.51353	0.46946
n_8	0.0092318	-0.0036985	0.010419	-0.029829
n_9	-0.17217	-0.23263	-0.25286	-0.31621
n_{10}	-0.14961	-0.00042859	-0.05472	-0.026219
n_{11}	-0.076124	-0.04281	-0.059856	-0.078043
n_{12}	-0.018166	-0.023038	-0.016523	-0.020498

系数	R142b	R218	R245fa
	17	18	19
n_1	1.0038	1.327	1.2904
n_2	-2.7662	-3.8433	-3.2154
n_3	0.42921	0.922	0.50693
n_4	0.081363	0.1136	0.093148
n_5	0.00024174	0.00036195	0.00027638

续表

系数	R142b	R218	R245fa
	17	18	19
n_6	0. 48246	1. 1001	0. 71458
n_7	0. 75542	1. 1896	0. 87252
n_8	-0. 00743	-0. 025147	-0. 015077
n_9	-0. 4146	-0. 65923	-0. 40645
n_{10}	-0. 016558	-0. 027969	-0. 11701
n_{11}	-0. 10644	-0. 1833	-0. 13062
n_{12}	-0. 021704	-0. 02163	-0. 022952

参考文献

1 Span, R. and Wagner, W. (2003). Int. J. Thermophys.. 24: 41-109.
2 Lemmon, E. W. and Span, R. (2006). J. Chem. Eng. Data. 51: 785-850.
3 Span, R. and Wagner, W. (2003). Int. J. Thermophys. 24: 111-162.

附录 C　有用的推导过程

在本附录中进行了以下推导

A. 微分关系

A1. $(\partial s/\partial T)_P$ 和$(\partial s/\partial T)_v$ 的关系

A2. $(\partial u/\partial v)_T$ 和$(\partial s/\partial v)_T$ 的表达式

A3. 具体熵 c_P 和c_v 的推导

A4. c_P 和 c_v 的关系

A5. $(\partial h/\partial P)_T$ 的表达式

A6. $(\partial s/\partial P)_T$ 的表达式

A7. $[\partial(g/RT)/\partial T]_P$ 的表达式和 van't Hoff 方程

A8. c_v 的一般表达式

A9. $(\partial P/\partial v)_T$ 的表达式

A10. Cardano's 公式

B. 一般推导

B1. Kelvin 方程的推导

B2. 纯物质的等价化学势 μ 和 Gibbs 自由能 g

B3. 纯物质的相平衡条件

B4. 偏摩尔性质和状态函数的关系(欧拉定理)

B5. 混合物的化学势

B6. Leiden 第二维里系数与 Berlin 第二维里系数的关系

B7. 理想气体与真实气体中声速的推导表达式

B8. 电解质溶液中溶剂的活性

B9. 共沸组分对温度的依赖关系

B10. Konovalov 方程

C. 热量属性

C1. $(s-s^{\mathrm{id}})_{T,P}$

C2. $(h-h^{\mathrm{id}})_{T,P}$

C3. $(g-g^{\mathrm{id}})_{T,P}$

C4. 超额焓与活度系数的关系

D. 逸度系数

D1. 压强显式化状态方程的逸度系数

D2. 维里方程的逸度系数(Leiden 式)

D3. 维里方程的逸度系数(Berlin 式)

D4. SPK 方程的逸度系数

D5. PSPK 方程的逸度系数

D6. Peng – Robinson 体积转换方程的逸度系数

E. 活度系数

E1. Wilson 方程的推导

E2. 过程模拟程序中 Wilson、NRTL 和 UNIQUAC 方程的符号

E3. 无法用 Wilson 方程来描述混相缺口

F. 热量性质的表达式

F1. SPK 方程的$(h-h^{\text{id}})$

F2. SPK 方程的$(s-s^{\text{id}})$

F3. SPK 方程的$(g-g^{\text{id}})$

F4. 不定积分的c_P^{id} 的相关性

G. 压降

G1. 以声速为最大速度通过连续错流区

G2. 理想气体的最大质量流量

A1 $(\partial s/\partial T)_P$ 和 $(\partial s/\partial T)_v$ 的关系

具体熵的全微分可以用两种方式表示：

$$\mathrm{d}s=\left(\frac{\partial s}{\partial T}\right)_v dT+\left(\frac{\partial s}{\partial v}\right)_V dv=\left(\frac{\partial s}{\partial T}\right)_P dT+\left(\frac{\partial s}{\partial P}\right)_T \mathrm{d}P \tag{C.1}$$

此外，我们可以写作

$$dv=\left(\frac{\partial v}{\partial T}\right)_P \mathrm{d}T+\left(\frac{\partial v}{\partial P}\right)_T \mathrm{d}P \tag{C.2}$$

我们得到

$$\mathrm{d}s=\left[\left(\frac{\partial s}{\partial T}\right)_v+\left(\frac{\partial s}{\partial v}\right)_v\left(\frac{\partial v}{\partial T}\right)_P+\left(\frac{\partial s}{\partial T}\right)_P\right]\mathrm{d}T+\left(\frac{\partial s}{\partial v}\right)_T\left(\frac{\partial v}{\partial P}\right)_T \mathrm{d}P \tag{C.3}$$

对比方程式(C.1)和(C.3)

$$\left(\frac{\partial s}{\partial T}\right)_P=\left(\frac{\partial s}{\partial T}\right)_v+\left(\frac{\partial s}{\partial v}\right)_T\left(\frac{\partial v}{\partial T}\right)_P \tag{C.4}$$

A2　$(\partial u/\partial v)_T$ 和 $(\partial s/\partial v)_T$ 的表达式

关系式

$$du = Tds - Pdv \tag{C.5}$$

ds 可以用式(C.1)中的全微分代替：

$$du = T\left(\frac{\partial s}{\partial T}\right)_v dT + \left(T\left(\frac{\partial s}{\partial v}\right)_T - P\right)dv \tag{C.6}$$

与比内能的全微分比较

$$du = \left(\frac{\partial u}{\partial T}\right)_v dT + \left(\frac{\partial u}{\partial v}\right)_T dv \tag{C.7}$$

由

$$c_v = \left(\frac{\partial u}{\partial T}\right)_v = T\left(\frac{\partial u}{\partial v}\right)_v \tag{C.8}$$

并且

$$\left(\frac{\partial u}{\partial v}\right)_T = T\left(\frac{\partial s}{\partial v}\right)_T - P \tag{C.9}$$

或

$$\left(\frac{\partial s}{\partial v}\right)_T = \frac{1}{T}\left(\frac{\partial u}{\partial v}\right)_T + \frac{P}{T} \tag{C.10}$$

$$\left(\frac{\partial s}{\partial T}\right)_v = \frac{1}{T}\left(\frac{\partial u}{\partial T}\right)_v \tag{C.11}$$

根据 Schwarz 定律，比熵的混合二次导数必须相同：

$$\left(\frac{\partial^2 s}{\partial v \partial T}\right) = -\frac{1}{T^2}\left(\frac{\partial u}{\partial v}\right)_T + \frac{1}{T}\left(\frac{\partial^2 u}{\partial v \partial T}\right) - \frac{P}{T^2} + \frac{1}{T}\left(\frac{\partial P}{\partial T}\right)_v \tag{C.12}$$

$$\left(\frac{\partial^2 s}{\partial T \partial v}\right) = \frac{1}{T}\left(\frac{\partial^2 u}{\partial T \partial v}\right)$$

重排后得

$$-\frac{1}{T^2}\left(\frac{\partial u}{\partial v}\right)_T - \frac{P}{T^2} + \frac{1}{T}\left(\frac{\partial P}{\partial T}\right)_v = 0 \tag{C.13}$$

因此

$$-\left(\frac{\partial u}{\partial v}\right)_T - P + T\left(\frac{\partial P}{\partial T}\right)_v = 0 \tag{C.14}$$

相当于

$$\left(\frac{\partial u}{\partial v}\right)_T = T\left(\frac{\partial P}{\partial T}\right)_v - P \tag{C.15}$$

或使用公式(C.10)

$$\left(\frac{\partial s}{\partial v}\right)_T = T\left(\frac{\partial P}{\partial T}\right)_v \tag{C.16}$$

A3 比熵 c_P 和 c_v 的导数

在式(C.8)中，c_v 与比熵的温度导数有关。类似地，可以计算 c_P 的类似表达式。对于

$$dh = Tds + vdP \tag{C.17}$$

其中比熵的全微分

$$ds = \left(\frac{\partial s}{\partial T}\right)_P dT + \left(\frac{\partial s}{\partial p}\right)_T dp \tag{C.18}$$

可以得到

$$dh = T\left(\frac{\partial s}{\partial T}\right)_P dT + (T\left(\frac{\partial s}{\partial P}\right)_T + v)dP \tag{C.19}$$

与比焓的全微分比较

$$dh = \left(\frac{\partial h}{\partial T}\right)_P dT + \left(\frac{\partial h}{\partial P}\right)_T dp \tag{C.20}$$

可以得到

$$c_P = \left(\frac{\partial h}{\partial T}\right)_P = T\left(\frac{\partial s}{\partial T}\right)_P \tag{C.21}$$

A4 c_P 和 c_v 的关系

由式(C.4)开始

$$\left(\frac{\partial s}{\partial T}\right)_P = \left(\frac{\partial s}{\partial T}\right)_V + \left(\frac{\partial s}{\partial v}\right)_T\left(\frac{\partial v}{\partial T}\right)_p \tag{C.22}$$

乘以 T 得

$$T\left(\frac{\partial s}{\partial T}\right)_P = T\left(\frac{\partial s}{\partial T}\right)_v + T\left(\frac{\partial s}{\partial v}\right)_T\left(\frac{\partial v}{\partial T}\right)_P \tag{C.23}$$

由公式(C.21)和式(C.8)可以得到

$$c_P = c_v + T\left(\frac{\partial s}{\partial v}\right)_T\left(\frac{\partial v}{\partial T}\right)_P \tag{C.24}$$

由特定的表达式$(\partial s/\partial v)_T$[方程式(C.10)和(C.16)]得到

$$c_P = c_v + \left[\left(\frac{\partial u}{\partial v}\right)_T + P\right]\left(\frac{\partial v}{\partial T}\right)_p \tag{C.25}$$

或

$$c_P = c_v + T\left(\frac{\partial P}{\partial T}\right)_T\left(\frac{\partial v}{\partial T}\right)_P \tag{C.26}$$

对于压强显式状态方程，$(\partial v/\partial T)_P$ 并不是很有用。对压强全微分

$$dP=\left(\frac{\partial P}{\partial T}\right)_v dT+\left(\frac{\partial P}{\partial v}\right)_T dv \tag{C. 27}$$

等压 $dP=0$ 情况下得到

$$0=\left(\frac{\partial P}{\partial T}\right)_v dT+\left(\frac{\partial P}{\partial v}\right)_T dv \tag{C. 28}$$

因此

$$\left(\frac{\partial v}{\partial T}\right)_P=\frac{\left(\frac{\partial P}{\partial v}\right)_v}{\left(\frac{\partial P}{\partial v}\right)_T} \tag{C. 29}$$

将式(C. 29)代入式(C. 26)，得到

$$c_P=c_v-T\frac{\left(\frac{\partial P}{\partial T}\right)_v^2}{\left(\frac{\partial P}{\partial v}\right)_T} \tag{C. 30}$$

对于体积显式状态方程，可以由式(C. 26)推导出类似的表达式。在这种情况下，$(\partial P/\partial T)_v$ 必须被替换。对比体积全微分

$$dv=\left(\frac{\partial v}{\partial T}\right)_P dT+\left(\frac{\partial v}{\partial p}\right)_T dP \tag{C. 31}$$

等容 $dv=0$ 情况下得到

$$0=\left(\frac{\partial v}{\partial T}\right)_P dT+\left(\frac{\partial v}{\partial p}\right)_T dP \tag{C. 32}$$

因此

$$\left(\frac{\partial P}{\partial T}\right)_v=-\frac{\left(\frac{\partial v}{\partial T}\right)_p}{\left(\frac{\partial v}{\partial p}\right)_T} \tag{C. 33}$$

将式(C. 33)代入式(C. 26)，得到

$$c_P=c_v-T\frac{\left(\frac{\partial v}{\partial T}\right)_p^2}{\left(\frac{\partial v}{\partial P}\right)_T} \tag{C. 34}$$

A5 $(\partial h/\partial P)_T$ 的表达式

比焓和比熵的总微分是

$$dh=\left(\frac{\partial h}{\partial T}\right)_P dT+\left(\frac{\partial h}{\partial P}\right)_T dP \tag{C. 35}$$

$$ds = \left(\frac{\partial s}{\partial T}\right)_P dT + \left(\frac{\partial s}{\partial p}\right)_T dP \tag{C. 36}$$

我们可以把它和基本方程进行比较

$$dh = Tds + vdP \tag{C. 37}$$

结合方程式(C. 36)和(C. 37)得到

$$dh = T\left(\frac{\partial s}{\partial T}\right)_P dT + \left[T\left(\frac{\partial s}{\partial P}\right)_T + v\right]dP \tag{C. 38}$$

比较公式(C. 35)和(C. 38) 中的系数得到

$$\left(\frac{\partial h}{\partial T}\right)_P = T\left(\frac{\partial s}{\partial T}\right)_P \quad \Rightarrow \quad \left(\frac{\partial s}{\partial T}\right)_P = \frac{1}{T}\left(\frac{\partial h}{\partial T}\right)_P \tag{C. 39}$$

$$\left(\frac{\partial h}{\partial P}\right)_T = T\left(\frac{\partial s}{\partial p}\right)_T + v \quad \Rightarrow \quad \left(\frac{\partial s}{\partial p}\right)_T = \frac{1}{T}\left(\frac{\partial h}{\partial P}\right)_T - \frac{v}{T} \tag{C. 40}$$

即混合二次导数必定相等

$$\frac{\partial^2 s}{\partial T\partial P} = \frac{\partial^2 s}{\partial P\partial T} \tag{C. 41}$$

因此得到

$$\frac{1}{T}\frac{\partial^2 h}{\partial T\partial P} = -\frac{1}{T^2}\left(\frac{\partial h}{\partial P}\right)_T + \frac{1}{T}\frac{\partial^2 h}{\partial P\partial T} + \frac{1}{T^2} - \frac{1}{T}\left(\frac{\partial v}{\partial T}\right)_P \tag{C. 42}$$

化简得

$$\left(\frac{\partial h}{\partial P}\right)_T = v - T\left(\frac{\partial v}{\partial T}\right)_P \tag{C. 43}$$

A6 $(\partial s/\partial P)_T$ 的表达式

用基本方程和全微分来求比焓，可以写成

$$Tds = dh - vdP = \left(\frac{\partial h}{\partial T}\right)_P dT + \left(\frac{\partial h}{\partial P}\right)_T dp - vdP \tag{C. 44}$$

代入式(C. 43)，得到

$$Tds = \left(\frac{\partial h}{\partial T}\right)_P dT + vdP - T\left(\frac{\partial v}{\partial T}\right)_P dp - vdP = \left(\frac{\partial h}{\partial T}\right)_P dT - T\left(\frac{\partial v}{\partial T}\right)_P dp \tag{C. 45}$$

可以很容易地转换成

$$\left(\frac{\partial s}{\partial P}\right)_T = -\left(\frac{\partial v}{\partial T}\right)_P \tag{C. 46}$$

A7 $[\partial(g/RT)/\partial T]_P$ 的表达式和 van't Hoff 方程

根据比 Gibbs 能 g 的定义，可以得到

$$\frac{g}{RT} = \frac{h - Ts}{RT} \tag{C. 47}$$

随后

$$\left(\frac{\partial(g/RT)}{\partial T}\right)_P=\frac{RT\left(\frac{\partial h}{\partial T}\right)_P-RTs-RT^2\left(\frac{\partial s}{\partial T}\right)_P-Rh+RTs}{R^2T^2}=\frac{1}{RT}\left(\frac{\partial h}{\partial T}\right)_P-\frac{1}{R}\left(\frac{\partial s}{\partial T}\right)_P-\frac{h}{RT^2} \tag{C.48}$$

根据式(C. 21)，用等压比热容代替微分商，得到

$$\left(\frac{\partial(g/RT)}{\partial T}\right)_P=\frac{1}{RT}c_P-\frac{1}{RT}c_P-\frac{h}{RT^2}=-\frac{h}{RT^2} \tag{C.49}$$

类似地，可以得到超额 Gibbs 能的表达式：

$$\left(\frac{\partial(g^{\mathrm{E}}/RT)}{\partial T}\right)_P=-\frac{h^{\mathrm{E}}}{RT^2} \tag{C.50}$$

此外，还建立了化学反应平衡常数随温度变化的 van't Hoff 方程

$$\frac{\mathrm{d}\ln K(T)}{\mathrm{d}T}=\frac{\Delta h_{\mathrm{R}}^0}{RT^2} \tag{C.51}$$

由公式(C. 49)得出

$$\ln K(T)=-\frac{\Delta g_{\mathrm{R}}^0}{RT^2}$$

A8 c_v 的一般表达式

热力学能的全微分是

$$\mathrm{d}u=\left(\frac{\partial u}{\partial T}\right)_v\mathrm{d}T+\left(\frac{\partial u}{\partial v}\right)_T\mathrm{d}v \tag{C.52}$$

从理想气体状态 T_0，$v_0\to\infty$出发，积分得到任意状态下的内能：

$$u(T,v)=u(T_0,v_0)+\int_{T_0}^{T}c_v^{\mathrm{id}}\mathrm{d}T+\int_{\infty}^{v}\left(\frac{\partial u}{\partial v}\right)_T\mathrm{d}v \tag{C.53}$$

根据式(C. 15)

$$u(T,v)=u(T_0,v_0)+\int_{T_0}^{T}C_v^{\mathrm{id}}\mathrm{d}T+\int_{\infty}^{v}\left[T\left(\frac{\partial P}{\partial T}\right)_v-P\right]\mathrm{d}v \tag{C.54}$$

一般表达式 c_v 可以通过对 T 微分得到：

$$\begin{aligned}c_v(T,v)&=\left(\frac{\partial u}{\partial T}\right)_v=c_v^{\mathrm{id}}(T)+\int_{\infty}^{v}\left[\left(\frac{\partial P}{\partial T}\right)_v+T\left(\frac{\partial^2 P}{\partial T^2}\right)_v-\left(\frac{\partial P}{\partial T}\right)_v\right]\mathrm{d}v\\&=C_v^{\mathrm{id}}(T)+T\int_{\infty}^{v}\left(\frac{\partial^2 P}{\partial T^2}\right)_v\mathrm{d}v\end{aligned} \tag{C.55}$$

A9 $(\partial P/\partial v)_T$ 的表达式

压强和温度的全微分可以写成

$$dP=\left(\frac{\partial P}{\partial v}\right)_T dv+\left(\frac{\partial P}{\partial T}\right)_v dT \tag{C.56}$$

$$dT=\left(\frac{\partial T}{\partial v}\right)_P dv+\left(\frac{\partial T}{\partial P}\right)_v dP \tag{C.57}$$

消去 dT

$$dP=\left(\frac{\partial P}{\partial v}\right)_T dv+\left(\frac{\partial P}{\partial T}\right)_v\left(\frac{\partial T}{\partial v}\right)_P dv+\left(\frac{\partial P}{\partial T}\right)_v\left(\frac{\partial T}{\partial P}\right)_v dP \tag{C.58}$$

化简后可以建立等式

$$\left(\frac{\partial P}{\partial v}\right)_T=-\left(\frac{\partial P}{\partial T}\right)_v\left(\frac{\partial T}{\partial v}\right)_P=-\frac{\left(\frac{\partial P}{\partial T}\right)_v}{\left(\frac{\partial v}{\partial T}\right)_P} \tag{C.59}$$

A10 卡达诺公式

一个三次状态方程可以转化为这种形式

$$z^3+uz^2+Sz+T=0 \tag{C.60}$$

z 为压缩系数。使用卡达诺公式[1]，可以对这类方程进行解析求解。化简得

$$P=\frac{3S-U^2}{3} \qquad Q=\frac{2U^2}{27}-\frac{US}{3}+T \tag{C.61}$$

判别式为

$$D=\left(\frac{P}{3}\right)^3+\left(\frac{Q}{2}\right)^2 \tag{C.62}$$

对于 $D>0$，状态方程有一个实数解：

$$z=\left[\sqrt{D}-\frac{Q}{2}\right]^{1/3}-\frac{P}{3\left[\sqrt{D}-\frac{Q}{2}\right]^{\frac{1}{3}}}-\frac{U}{3} \tag{C.63}$$

对于 $D<0$，有三个实数解，化简为

$$\theta=\sqrt{-\frac{P^3}{27}} \qquad \varphi=\arccos\left(\frac{-Q}{2\theta}\right) \tag{C.64}$$

它们可以写成

$$z_1=2\theta^{1/3}\cos\left(\frac{\varphi}{3}\right)-\frac{u}{3} \tag{C.65}$$

$$z_2=2\theta^{1/3}\cos\left(\frac{\varphi}{3}+\frac{2\pi}{3}\right)-\frac{u}{3} \tag{C.66}$$

$$z_2=2\theta^{1/3}\cos\left(\frac{\varphi}{3}+\frac{4\pi}{3}\right)-\frac{u}{3} \tag{C.67}$$

这三个值中最大的和最小的分别对应于蒸气和液体溶液的解。中间的那个没有物理意义。卡达诺公式的数学推导可以在文献[1]和[11]中找到。

B1 Kelvin 方程的推导

Kelvin 方程描述了液滴大小与蒸气压的关系。它的推导是基于液滴上的力的平衡，如图 C.1 所示。

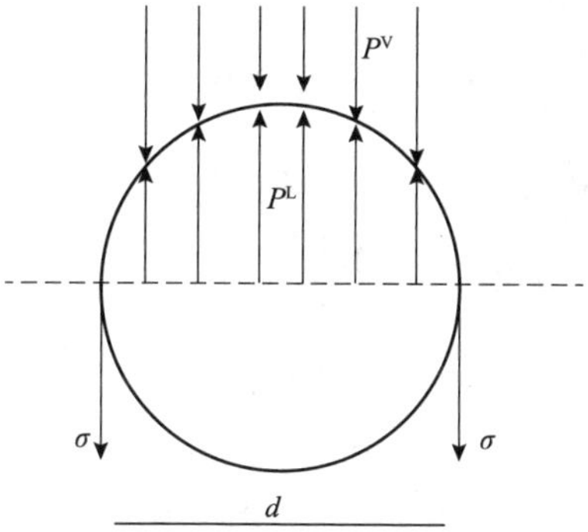

图 C.1 液滴上的力的平衡

力的平衡是由

$$(P^L - P^V)\frac{\pi d^2}{4} = \sigma \pi d \tag{C.68}$$

得出

$$(P^L - P^V) = \frac{4\sigma}{d} \tag{C.69}$$

压力差即是液滴内外的压强差。

对于蒸气体积中纯物质的一个小液滴，化学平衡可以写作

$$\mu^V(P^V, T) = \mu^L(P^L, T) \tag{C.70}$$

为了消去 P^L，我们可以利用这个关系

$$\mu^L(P^L, T) = \mu^L(P^V, T) + \int_{P^V}^{P^L} v^L \mathrm{d}P \tag{C.71}$$

假设 $v^L \neq f(P)$，引入式(C.69)，得到

$$\mu^V(P^V, T) = \mu^L(P^V, T) + \frac{4v^L\sigma}{d} \tag{C.72}$$

在具有均匀表面的相平衡条件下

$$\mu^V(P^s, T) = \mu^L(P^s, T) \tag{C.73}$$

并且关系式为

$$\mu^{V}(P^{V}, T)-\mu^{V}(P^{V}, T)=RT\ln\frac{P^{V}}{P^{s}} \tag{C.74}$$

$$\mu^{L}(P^{V}, T)-\mu^{L}(P^{s}, T)=v^{L}(P^{V}-P^{s}) \tag{C.75}$$

得到

$$\mu^{V}(P^{V}, T)-RT\ln\frac{P^{V}}{P^{s}}=\mu^{L}(P^{V}, T)-v^{L}(P^{V}-P^{s}) \tag{C.76}$$

其中气相被认为是理想的。移项得

$$RT\ln\frac{P^{V}}{P^{s}}=\mu^{V}(P^{V}, T)-\mu^{L}(P^{V}, T)+v^{L}(P^{V}-P^{s}) \tag{C.77}$$

结合方程式(C.72)和(C.77)，可以得到

$$RT\ln\frac{P^{V}}{P^{s}}=\frac{4v^{L}\sigma}{d}+v^{L}(P^{V}-P^{s}) \tag{C.78}$$

忽视第二项并且认为$\rho^{L}=1/V^{L}$，得到 Kelvin 方程

$$\ln\frac{P^{V}}{P^{s}}=-\frac{4\sigma}{\rho^{L}RTd} \tag{C.79}$$

B2 纯物质化学势μ和 Gibbs 能 g 的等价性

封闭系统中纯物质的基本方程由

$$TdS=dU+PdV \tag{C.80}$$

在开放系统中，必须另外考虑系统边界的传质问题。以任意引入的量μ分配的传质贡献作为化学势，我们得到

$$dU=TdS-PdV+\mu dn \tag{C.81}$$

其中 n 为摩尔数。从式(C.81)我们得到

$$ndu+udn=nTds+Tsdn-nPdv-Pvdn+\mu dn \tag{C.82}$$

移项得

$$n(du-Tds+Pdv)=dn(Ts-u-Pv+\mu) \tag{C.83}$$

或分别得

$$0=[\mu-(u+Pv-Ts)]dn \tag{C.84}$$

因此，对于纯物质，化学势可以确定为

$$\mu=u+Pv-Ts=h-Ts=g \tag{C.85}$$

并且化学势μ等于 Gibbs 能 g。

B3 纯物质的相平衡条件

在接下来的一节中，推导了两种不同条件下的气液相平衡条件

(1)全封闭系统

在全封闭系统中，约束条件如图 C.2 所示：

图 C.2 全封闭系统的相平衡

$$dV = 0 = dV^L + dV^V \tag{C.86}$$

$$dS = 0 = dS^L + dS^V \tag{C.87}$$

并且

$$dn = 0 = dn^L + dn^V \tag{C.88}$$

系统的基本方程是

$$dU = TdS - PdV = 0 = dU^L + dU^V \tag{C.89}$$

对于这两个阶段，允许通过两相之间的边界进行传质。引入化学势 μ[见式(C.81)]，我们得到了这两个相的

$$dU^L = T^L dS^L - P^L dV^L + \mu^L dn^L \tag{C.90}$$

$$dU^V = T^V dS^V - P^V dV^V + \mu^V dn^V \tag{C.91}$$

加上等式(C.90)和(C.91)并考虑到约束条件(C.86)，(C.87)和(C.89)，结果是

$$0 = (T^L dS^L + T^V dS^V) - (P^L dv^L + P^V dv^V) + (\mu^L dn^L + \mu^V dn^V) \tag{C.92}$$

或

$$0 = (T^L - T^V)dS^L - (P^L - P^V)dv^L + (\mu^L - \mu^V)dn^L \tag{C.93}$$

由于约束条件的限制，微分不为零，因此结论如下

$$T^L = T^V \tag{C.94}$$

$$P^L = P^V \tag{C.95}$$

并且

$$\mu^L = \mu^V \tag{C.96}$$

对于纯物质[式(C.85)]相当于

$$g^L = g^V \tag{C.97}$$

(2)封闭系统

对于与环境压强保持机械平衡的封闭系统，热量有可能通过系统边界(图

C. 3)。只要考虑纯物质，当热量传递到系统时，温度不会变化(见第 2. 4. 4 节)。在这种情况下，约束条件是：

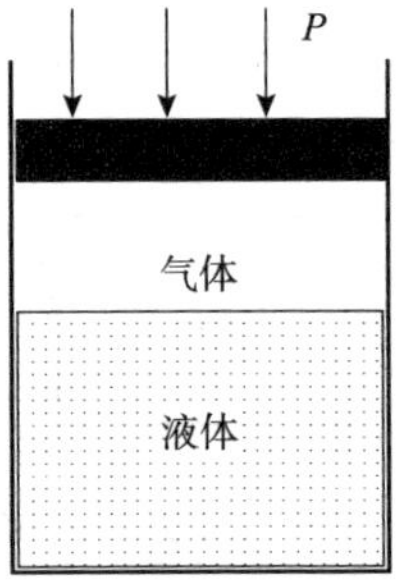

图 C. 3　封闭系统的相平衡

$$dP = dP^{L} = dP^{V} = 0 \tag{C. 98}$$

$$dT = dT^{L} = dT^{V} = 0 \tag{C. 99}$$

$$dn = 0 = dn^{L} + dn^{V} \tag{C. 100}$$

对于整个系统，基本方程是

$$dU = TdS - PdV \tag{C. 101}$$

Gibbs 能的微分是由

$$dG = dU + PdV + VdP - TdS - SdT \tag{C. 102}$$

将式(C. 101)代入式(C. 102)，得到

$$dG = VdP - SdT = 0 = dG^{L} + dG^{V} \tag{C. 103}$$

应用等式(C. 101)和(C. 102)到特定相，并允许相之间的传质，得到

$$dU^{L} = dG^{L} - P^{L}dV^{L} - V^{L}dP^{L} + T^{L}dS^{L} + S^{L}dT^{L} = T^{L}dS^{L} - P^{L}dV^{L} + \mu^{L}dn^{L} \tag{C. 104}$$

并且

$$dU^{V} = dG^{V} - P^{V}dV^{V} - V^{V}dP^{V} + T^{V}dS^{V} + S^{V}dT^{V} = T^{V}dS^{V} - P^{V}dV^{V} + \mu^{V}dn^{V} \tag{C. 105}$$

加上等式(C. 104)和(C. 105)以及关于约束条件(C. 98) ~ (C. 103)，结果是

$$0 = (\mu^{L} - \mu^{V})dn^{L} \tag{C. 106}$$

再次代入

$$\mu^{L} = \mu^{V} \tag{C. 107}$$

或者，看作一种纯物质

$$g^{L} = g^{V} \tag{C. 108}$$

B4　偏摩尔性质与状态变量的关系(欧拉定理)

状态变量与偏摩尔性质的关系是众所周知的

$$M = n_{\mathrm{T}}m = \sum_i n_i \overline{m_i}$$

或

$$m = \sum_i x_i \overline{m_i} \tag{C. 109}$$

对于任意状态变量，可以用齐次函数的欧拉定理来表示对于任意状态变量

$$M(T, P, \lambda n_1, \lambda n_2, \cdots, \lambda n_n) = \lambda M(T, P, n_1, n_2, \cdots, n_n) \tag{C. 110}$$

可以区分 M 与 λ

$$\frac{\partial M}{\partial(\lambda n_1)}\frac{\partial(\lambda n_1)}{\partial\lambda}\bigg|_{T,P} + \frac{\partial M}{\partial(\lambda n_2)}\frac{\partial(\lambda n_2)}{\partial\lambda}\bigg|_{T,P} + \cdots + \frac{\partial M}{\partial(\lambda n_n)}\frac{\partial(\lambda n_1)}{\partial\lambda}\bigg|_{T,P}$$

$$= M(T, P, n_1, n_2, \cdots, n_n) \tag{C. 111}$$

因此

$$M(T, P, n_1, n_2, \cdots, n_n) = n_1\frac{\partial M}{\partial(\lambda n_1)}\bigg|_{T,P} + n_2\frac{\partial M}{\partial(\lambda n_2)}\bigg|_{T,P} + \cdots + n_n\frac{\partial M}{\partial(\lambda n_n)}\bigg|_{T,P} \tag{C. 112}$$

方程式(C. 112)适用于任何 λ。因此，包含了 $\lambda = 1$ 的情况，得到

$$M(T,P,n_1,n_2,\cdots,n_n) = n_{\mathrm{T}}m = \sum_i n_i \overline{m_i} \tag{C. 113}$$

或者

$$m = \sum_i x_i \overline{m_i} \tag{C. 114}$$

B5　混合物中的化学势

对于混合物，熵(2. 6)的定义可以扩展为

$$T\mathrm{d}S = \mathrm{d}U + P\mathrm{d}V + T\sum_i \left(\frac{\partial S}{\partial n_i}\right)_{U,V,n_{j\neq i}} \mathrm{d}n_i \tag{C. 115}$$

代入全微分

$$\mathrm{d}H = \mathrm{d}U + P\mathrm{d}V + V\mathrm{d}P \tag{C. 116}$$

$$\mathrm{d}A = \mathrm{d}U - T\mathrm{d}S - S\mathrm{d}T \tag{C. 117}$$

$$\mathrm{d}G = \mathrm{d}H - T\mathrm{d}S - S\mathrm{d}T \tag{C. 118}$$

得到

$$\mathrm{d}U = T\mathrm{d}S - P\mathrm{d}V - T\sum_i \left(\frac{\partial S}{\partial n_i}\right)_{U,V,n_{j\neq i}} \mathrm{d}n_i \tag{C. 119}$$

$$\mathrm{d}H = T\mathrm{d}S + V\mathrm{d}P - T\sum_i \left(\frac{\partial S}{\partial n_i}\right)_{U,V,n_{j\neq i}} \mathrm{d}n_i \tag{C. 120}$$

$$\mathrm{d}A = -S\mathrm{d}T - P\mathrm{d}V - T\sum_i \left(\frac{\partial S}{\partial n_i}\right)_{U,V,n_{j\neq i}} \mathrm{d}n_i \tag{C. 121}$$

$$\mathrm{d}G = -S\mathrm{d}T + V\mathrm{d}P - T\sum_i \left(\frac{\partial S}{\partial n_i}\right)_{U,V,n_{j\neq i}} \mathrm{d}n_i \tag{C.122}$$

与方法比较

$$\mathrm{d}U = T\mathrm{d}S - P\mathrm{d}V + \sum_i \left(\frac{\partial U}{\partial n_i}\right)_{S,V,n_{j\neq i}} \mathrm{d}n_i \tag{C.123}$$

$$\mathrm{d}H = T\mathrm{d}S + V\mathrm{d}P + \sum_i \left(\frac{\partial H}{\partial n_i}\right)_{S,P,n_{j\neq i}} \mathrm{d}n_i \tag{C.124}$$

$$\mathrm{d}A = -S\mathrm{d}T - P\mathrm{d}V + \sum_i \left(\frac{\partial A}{\partial n_i}\right)_{T,V,n_{j\neq i}} \mathrm{d}n_i \tag{C.125}$$

$$\mathrm{d}G = -S\mathrm{d}T + V\mathrm{d}P + \sum_i \left(\frac{\partial G}{\partial n_i}\right)_{T,P,n_{j\neq i}} \mathrm{d}n_i \tag{C.126}$$

化学势可以设为

$$\mu_i = -T\left(\frac{\partial S}{\partial n_i}\right)_{U,V,n_{j\neq i}} = \left(\frac{\partial G}{\partial n_i}\right)_{T,P,n_{j\neq i}} = \left(\frac{\partial U}{\partial n_i}\right)_{S,V,n_{j\neq i}} = \left(\frac{\partial H}{\partial n_i}\right)_{S,P,n_{j\neq i}} = \left(\frac{\partial A}{\partial n_i}\right)_{T,V,n_{j\neq i}} \tag{C.127}$$

B6 Leiden and Berlin 形式的第二维里系数之间的关系

Leiden 形式的维里方程如下：

$$Z = 1 + B(T)\rho + C(T)\rho^2 + \cdots \tag{C.128}$$

Berlin 形式的维里方程如下：

$$Z = 1 + B'(T)P + C'(T)P^2 + \cdots \tag{C.129}$$

添加 ρRT 方程得：

$$P = \rho RT + B(T)\rho^2 RT + C(T)\rho^3 RT + \cdots \tag{C.130}$$

$$P = \rho RT + B'(T)P\rho RT + C'(T)P^2\rho RT + \cdots \tag{C.131}$$

将式(C.130)代入(C.131)中，得到：

$$\begin{aligned} P &= \rho RT + B'(T)(\rho RT + B(T)\rho^2 RT + C(T)\rho^3 RT + \cdots)\rho RT \\ &\quad + C'(T)(\rho RT + B(T)\rho^2 RT + \cdots)^2\rho RT + \cdots \\ &= \rho RT + B'(T)\rho^2 R^2 T^2 + \cdots \end{aligned} \tag{C.132}$$

比较(C.132)和(C.130)中的系数，得

$$B(T)RT = B'(T)R^2T^2 \tag{C.133}$$

然后

$$B'(T) = \frac{B(T)}{RT} \tag{C.134}$$

B7 推导理想气体和真实气体声速的表达式

计算声速的一般公式如下[2]：

$$(\omega^*)^2 = -v^2\left(\frac{\partial P}{\partial v}\right)_s \tag{C. 135}$$

方程(C. 135)中的微分系数可以用下面的方法来计算。对于 s = 常数，我们得到 $\mathrm{d}s=0$ 和

$$T\mathrm{d}s = \mathrm{d}h - v\mathrm{d}P = 0 \tag{C. 136}$$

根据焓的全微分，得到：

$$\left(\frac{\partial h}{\partial T}\right)_P \mathrm{d}T + \left(\frac{\partial h}{\partial P}\right)_T \mathrm{d}P - v\mathrm{d}P = 0 \tag{C. 137}$$

对于理想气体，状态方程为

$$Pv = RT \tag{C. 138}$$

可以转换为：

$$P\mathrm{d}v + v\mathrm{d}P = R\mathrm{d}T \tag{C. 139}$$

$$\frac{\mathrm{d}v}{v} + \frac{\mathrm{d}P}{P} = \frac{\mathrm{d}T}{T} \tag{C. 140}$$

对于理想气体 $(\partial h/\partial P)T=0$，联立方程(C. 137)和(C. 140)：

$$c_P T\left(\frac{\mathrm{d}v}{v} + \frac{\mathrm{d}P}{P}\right) - v\mathrm{d}P = 0 \tag{C. 141}$$

使用方程(C. 138)和 $\kappa = c_P^{\mathrm{id}}\ c_v^{\mathrm{id}}$，得到：

$$\left(\frac{\partial P}{\partial v}\right)_s = -\kappa\frac{P}{v} \tag{C. 142}$$

最终

$$\omega^{*\mathrm{id}} = \sqrt{\kappa RT} \tag{C. 143}$$

对于非理想气体，$(\partial h/\partial P)_T$ 不为0。通过建立 $\mathrm{d}P$ 和 $\mathrm{d}v$ 之间的关系，可以导出类似的方程。在熵不变的时，可以写成如下形式：

$$\mathrm{d}s = \left(\frac{\partial s}{\partial T}\right)_v \mathrm{d}T + \left(\frac{\partial s}{\partial v}\right)_T \mathrm{d}v = \frac{c_v}{T}\mathrm{d}T + \left(\frac{\partial P}{\partial T}\right)_v \mathrm{d}v \overset{!}{=} 0$$

$$\mathrm{d}s = \left(\frac{\partial s}{\partial T}\right)_P \mathrm{d}T + \left(\frac{\partial s}{\partial P}\right)_T \mathrm{d}P = \frac{c_P}{T}\mathrm{d}T - \left(\frac{\partial v}{\partial T}\right)_P \mathrm{d}P \overset{!}{=} 0 \tag{C. 144}$$

具体熵的特殊偏导数见附录 C－A2 和 C－A6。消去温度项得：

$$\frac{c_v}{c_P}\left(\frac{\partial v}{\partial T}\right)_P \mathrm{d}P + \left(\frac{\partial P}{\partial T}\right)_v \mathrm{d}v = 0 \tag{C. 145}$$

根据偏导数的规则 得[3]：

$$\left(\frac{\partial P}{\partial v}\right)_s = -\frac{c_P\left(\frac{\partial P}{\partial T}\right)_v}{c_v\left(\frac{\partial v}{\partial T}\right)_P} = \frac{c_P}{c_v}\left(\frac{\partial P}{\partial v}\right)_T \tag{C.146}$$

其中附录 C－A9 对偏导数的重排有详细说明。因此，声速的解析表达式为

$$(\omega^*)^2 = -v^2\left(\frac{\partial P}{\partial v}\right)_T\frac{c_P}{c_v} \tag{C.147}$$

使用关系[3]（参见附录 C－A4）

$$c_P = c_v + T\left(\frac{\partial P}{\partial T}\right)_v\left(\frac{\partial v}{\partial T}\right)_P \tag{C.148}$$

和方程（C. 146），声速也可以表示为：

$$(\omega^*)^2 = v^2\left[\frac{T}{c_v}\left(\frac{\partial P}{\partial T}\right)_v^2 - \left(\frac{\partial P}{\partial v}\right)_T\right] \tag{C.149}$$

对于c_v，可以使用下关系（见附录 C－A8）：

$$c_v = c_v^{\mathrm{id}} + T\int_\infty^v\left(\frac{\partial^2 P}{\partial T^2}\right)_v \mathrm{d}v \tag{C.150}$$

B8　电解质溶液中溶剂的活度

电解质组分的活性与溶剂的活性之间的关系可以用恒温和恒压下的Gibbs－杜亥姆方程表示：

$$x_{\mathrm{solv}}\mathrm{dln}a_{\mathrm{solv}} + \sum_{i\neq \mathrm{solv}} x_i \mathrm{dln}a_i^{*m} = 0 \tag{C.151}$$

质量摩尔浓度为：

$$m_i = \frac{n_i}{m_{\mathrm{solv}}} = \frac{n_i}{n_{\mathrm{solv}}M_{\mathrm{solv}}} \tag{C.152}$$

可由下式引入

$$\frac{x_i}{x_{\mathrm{solv}}} = \frac{n_i}{n_\mathrm{T}}\frac{n_T}{n_{\mathrm{solv}}}m_i\frac{n_{\mathrm{solv}}M_{\mathrm{solv}}}{n_i} = m_iM_{\mathrm{solv}} \tag{C.153}$$

$$a_i^{*m} = m_i\gamma_i^{*m} \tag{C.154}$$

方程（C. 151）如下：

$$\mathrm{dln}a_{\mathrm{solv}} = -M_{\mathrm{solv}}\sum_{i\neq \mathrm{solv}} m_i \mathrm{dln}\,(m_i\gamma_i^{*m}) \tag{C.155}$$

离子活度的全微分可以表示为

$$\mathrm{dln}\,(m_i\gamma_i^{*m}) = \sum_{k\neq \mathrm{solv}}\frac{\partial \ln\,(m_i\gamma_i^{*m})}{\partial m_k} = \sum_{k\neq i,\mathrm{solv}}\frac{\partial \ln\,(m_i\gamma_i^{*m})}{\partial m_k}\mathrm{d}m_k + \frac{\partial \ln\,(m_i\gamma_i^{*m})}{\partial m_i}\mathrm{d}m_i$$

$$= \sum_{k\neq i,\mathrm{solv}}\left[\frac{1}{m_i\gamma_i^{*m}}m_i\frac{\partial \gamma_i^{*m}}{\partial m_k}\right]\mathrm{d}m_k + \left[\frac{1}{m_i\gamma_i^{*m}}\left(\gamma_i^{*m} + m_i\frac{\partial \gamma_i^{*m}}{\partial m_i}\right)\right]\mathrm{d}m_i$$

$$= \sum_{k \neq i, \mathrm{solv}} \left[\frac{\partial \ln \gamma_i^{*m}}{\partial m_k} \right] \mathrm{d}m_k + \left[\frac{1}{m_i} + \frac{\partial \ln \gamma_i^{*m}}{\partial m_i} \right] \mathrm{d}m_i$$

$$= \sum_{k \neq \mathrm{solv}} \left[\frac{\partial \ln \gamma_i^{*m}}{\partial m_k} \right] \mathrm{d}m_k + \frac{\mathrm{d}m_i}{m_i} \tag{C.156}$$

结合式(C.155)和(C.156)得到

$$\mathrm{dln}\, a_{\mathrm{solv}} = -M_{\mathrm{solv}} \sum_{i \neq \mathrm{solv}} \mathrm{d}m_i - M_{\mathrm{solv}} \sum_{i \neq \mathrm{solv}} m_i \sum_{k \neq \mathrm{solv}} \left[\frac{\partial \ln \gamma_i^{*m}}{\partial m_k} \right] \mathrm{d}m_k \tag{C.157}$$

第二项的积分过程如下：从所有 $m_{i \neq \mathrm{solv}} = 0$ 的纯溶剂开始，依次向溶液中添加特定离子。这样的话，只有溶液中中已经存在的物质的活动会受到影响，即所有物质的 $i \leqslant k$。对求和顺序进行重新排列后，得到的积分结果为

$$\ln a_{\mathrm{solv}} = -M_{\mathrm{solv}} \sum_{i \neq \mathrm{solv}} m_i - M_{\mathrm{solv}} \sum_{k \neq \mathrm{solv}} \int_0^{m_k} \sum_{i \leqslant k} m_i \left[\frac{\partial \ln \gamma_i^{*m}}{\partial m_k} \right] \mathrm{d}m_k \tag{C.158}$$

这个推导清楚地证明了质量摩尔浓度概念的优点，因为在积分过程中，在不影响其他组分的质量摩尔浓度的前提下，一个组分的摩尔浓度能够从 0 变化到 m_k。

B9　共沸组成的温度关联性

在参考文献[4]中，推导了了一个描述二元混合物共沸组成随着温度变化的方程。从两个组分的相平衡开始 $x_1 \gamma_1 P^{\mathrm{s}}{}_1 = y_1 P$

$$x_2 \gamma_2 P_2^{\mathrm{s}} = y_2 P \tag{C.159}$$

其中，假设为理想气体，认为在共沸点时 $x_i = y_i$，得到

$$\gamma_1 P_1^{\mathrm{s}} = \gamma_2 P_2^{\mathrm{s}} \tag{C.160}$$

因此

$$\ln \frac{\gamma_1 P_1^{\mathrm{s}}}{\gamma_2 P_2^{s}} = 0 = \ln \gamma_1 - \ln \gamma_2 + \ln \frac{P_1^{\mathrm{s}}}{P_2^{\mathrm{s}}} \tag{C.161}$$

因为共沸组成本身是温度的函数，故而对 T 进行微分能够得到

$$\left(\frac{\partial \ln \gamma_1}{\partial T} \right)_{x_1} + \left(\frac{\partial \ln \gamma_1}{\partial x_1} \right)_T \left(\frac{\partial x_1}{\partial T} \right)_{az} - \left(\frac{\partial \ln \gamma_2}{\partial T} \right)_{x_1} - \left(\frac{\partial \ln \gamma_2}{\partial x_1} \right)_T \left(\frac{\partial x_1}{\partial T} \right)_{az} + \frac{1}{P_1^{\mathrm{s}}} \frac{\mathrm{d}P_1^{\mathrm{s}}}{\mathrm{d}T} - \frac{1}{P_2^{\mathrm{s}}} \frac{\mathrm{d}P_2^{\mathrm{s}}}{\mathrm{d}T} = 0 \tag{C.162}$$

影响因子($\partial \ln \gamma_1 / \partial x_1$)$T$ 能够从式（C.159)得到，也可以写成对数形式：

$$\ln x_1 + \ln \gamma_1 = \ln \frac{P}{P_1^{\mathrm{s}}} + \ln y_1$$

$$\ln x_2 + \ln \gamma_2 = \ln \frac{P}{P_2^{\mathrm{s}}} + \ln y_2 \tag{C.163}$$

式(C. 163)关于 x_1 的导数为

$$\left(\frac{\partial \ln\gamma_1}{\partial x_1}\right)_T = \frac{1}{P}\left(\frac{\partial P}{\partial x_1}\right)_T + \frac{1}{y_1}\left(\frac{\partial y_1}{\partial x_1}\right)_T - \frac{1}{x_1}$$

$$\left(\frac{\partial \ln\gamma_2}{\partial x_1}\right)_T = \frac{1}{P}\left(\frac{\partial P}{\partial x_1}\right)_T - \frac{1}{y_2}\left(\frac{\partial y_1}{\partial x_1}\right)_T + \frac{1}{x_2} \quad (C.164)$$

在共沸点时的约束条件为

$$y_i = x_i \quad (C.165)$$

其中下列公式是有效的

$$\left(\frac{\partial P}{\partial x_i}\right)_{T,az} = 0 \quad (C.166)$$

因此，式(C. 164)可以变为

$$\left(\frac{\partial \ln\gamma_1}{\partial x_1}\right)_T = \frac{1}{x_1}\left(\left(\frac{\partial y_1}{\partial x_1}\right)_T - 1\right)$$

$$\left(\frac{\partial \ln\gamma_2}{\partial x_1}\right)_T = -\frac{1}{x_2}\left(\left(\frac{\partial y_1}{\partial x_1}\right)_T - 1\right) \quad (C.167)$$

将式(C. 167)代入到式(C. 162)中，得到

$$\left(\frac{\partial \ln\gamma_1}{\partial T}\right)_{x_1} + \frac{1}{x_1}\left(\left(\frac{\partial y_1}{\partial x_1}\right)_T - 1\right)\left(\frac{\partial x_1}{\partial T}\right)_{az} - \left(\frac{\partial \ln\gamma_2}{\partial T}\right)_{x_1}$$

$$+ \frac{1}{x_2}\left(\left(\frac{\partial y_1}{\partial x_1}\right)_T - 1\right)\left(\frac{\partial x_1}{\partial T}\right)_{az} + \frac{1}{P_1^s}\frac{dP_1^s}{dT} - \frac{1}{P_2^s}\frac{dP_2^s}{dT} = 0 \quad (C.168)$$

对共沸组成的温度关联性进行求解得到

$$\left(\frac{\partial x_1}{\partial T}\right)_{az} = \frac{\dfrac{1}{P_2^s}\dfrac{dP_2^s}{dT} - \dfrac{1}{P_1^s}\dfrac{dP_1^s}{dT} - \left(\dfrac{\partial \ln\gamma_1}{\partial T}\right)_{x_1} + \left(\dfrac{\partial \ln\gamma_2}{\partial T}\right)_{x_1}}{\left(\dfrac{1}{x_1} + \dfrac{1}{x_2}\right)\left(\left(\dfrac{\partial y_1}{\partial x_1}\right)_T - 1\right)} \quad (C.169)$$

转换为

$$\frac{1}{x_1} + \frac{1}{x_2} = \frac{x_1 + x_2}{x_1 x_2} = \frac{1}{x_1 x_2} \quad (C.170)$$

近似值 $(v^V - v^L) = RT/P$ 的 Clausius - Clapeyron 方程(2. 86)对理想气体有效

$$\Delta h_{vi} = T(v^V - v^L)\frac{dP_i^s}{dT} \approx RT^2 \frac{1}{P_i^s}\frac{dP_i^s}{dT} \quad (C.171)$$

与偏摩尔过量焓(5. 24)的关系为

$$\overline{h_i^E} = R\frac{\partial \ln\gamma_i}{\partial(1/T)} = -RT^2 \frac{\partial \ln\gamma_i}{\partial T} \quad (C.172)$$

得到

$$\left(\frac{\partial x_1}{\partial T}\right)_{az} = x_{1az}x_{2az}\frac{\Delta h_{v1} - \Delta h_{v2} + \overline{h_2}^{\mathrm{E}} - \overline{h_1}^{\mathrm{E}}}{RT^2\left(1 - \left(\frac{\partial y_1}{\partial x_1}\right)_T\right)} \tag{C. 173}$$

B10 柯诺瓦洛夫方程

柯诺瓦洛夫方程确定了二元混合物的泡点和露点线的一般过程[5,6]。假设到临界区有一定的距离，并且混合物没有混溶间隙。考虑 $\mathrm{d}P = \mathrm{d}T = 0$ 时的二元相平衡，从下列方程开始

$$\mathrm{d}G_{P,T} = 0 = \mathrm{d}(n^{\mathrm{L}}g^{\mathrm{L}}n^{\mathrm{V}}\ g^{\mathrm{V}})$$

$$= g^{\mathrm{L}}\mathrm{d}n^{\mathrm{L}} + g^{\mathrm{V}}\mathrm{d}n^{\mathrm{V}} + n^{\mathrm{L}}\left(\frac{\partial g^{\mathrm{L}}}{\partial x}\right)_{T,P}\mathrm{d}x + n^{\mathrm{V}}\left(\frac{\partial g^{V}}{\partial y}\right)_{T,P}\mathrm{d}y \tag{C. 174}$$

使用

$$\mathrm{d}n^{\mathrm{L}} = -\mathrm{d}n^{\mathrm{V}} \tag{C. 175}$$

$$\mathrm{d}n_1^{\mathrm{L}} = -\mathrm{d}n_1^{\mathrm{V}} \tag{C. 176}$$

并且

$$x = \frac{n_1^{\mathrm{L}}}{n_1^{\mathrm{L}} + n_2^{\mathrm{L}}}$$

$$\Rightarrow \mathrm{d}x = \frac{(n_1^{\mathrm{L}} + n_2^{\mathrm{L}})\mathrm{d}n_1^{\mathrm{L}} - n_1^{\mathrm{L}}(\mathrm{d}n_1^{\mathrm{L}} + \mathrm{d}n_2^{\mathrm{L}})}{(n_1^{\mathrm{L}} + n_2^{\mathrm{L}})^2}$$

$$= \frac{n_2^{\mathrm{L}}}{(n_1^{\mathrm{L}} + n_2^{\mathrm{L}})^2}\mathrm{d}n_1^{\mathrm{L}} - \frac{n_1^{\mathrm{L}}}{(n_1^{\mathrm{L}} + n_2^{\mathrm{L}})^2}\mathrm{d}n_2^{\mathrm{L}} = \frac{1-x}{n^{\mathrm{L}}}\mathrm{d}n_1^{\mathrm{L}} - \frac{x}{n^{\mathrm{L}}}\mathrm{d}n_2^{\mathrm{L}} \tag{C. 177}$$

$\mathrm{d}y$ 的方程是类似的；代入式(C. 175)，得到

$$\mathrm{d}y = \frac{1-y}{n^{\mathrm{V}}}\mathrm{d}n_1^{\mathrm{V}} - \frac{y}{n^{\mathrm{V}}}\mathrm{d}n_2^{\mathrm{V}} = -\frac{1-y}{n^{\mathrm{V}}}\mathrm{d}n_1^{\mathrm{L}} + \frac{y}{n^{\mathrm{V}}}\mathrm{d}n_2^{\mathrm{L}} \tag{C. 178}$$

将式（C. 177)代入式（C. 174)，得到

$$0 = g^{\mathrm{L}}(\mathrm{d}n_1^{\mathrm{L}} + \mathrm{d}n_2^{\mathrm{L}}) + g^{\mathrm{V}}(\mathrm{d}n_1^{\mathrm{V}} + \mathrm{d}n_2^{\mathrm{V}}) + n^{\mathrm{L}}\left(\frac{\partial g^{\mathrm{L}}}{\partial x}\right)_{T,P}\left(\frac{1-x}{n^{\mathrm{L}}}\mathrm{d}n_1^{\mathrm{L}} - \frac{x}{n^{\mathrm{L}}}\mathrm{d}n_2^{\mathrm{L}}\right)$$

$$+ n^{\mathrm{V}}\left(\frac{\partial g^{\mathrm{V}}}{\partial y}\right)_{T,P}\left(-\frac{1-y}{n^{\mathrm{V}}}\mathrm{d}n_1^{\mathrm{L}} + \frac{y}{n^{\mathrm{V}}}\mathrm{d}n_2^{\mathrm{L}}\right)$$

$$= \mathrm{d}n_1^{\mathrm{L}}\left[g^{\mathrm{L}} - g^{\mathrm{V}} + (1-x)\left(\frac{\partial g^{\mathrm{L}}}{\partial x}\right)_{T,P} - (1-y)\left(\frac{\partial g^{\mathrm{V}}}{\partial y}\right)_{T,P}\right]$$

$$+ \mathrm{d}n_2^{\mathrm{L}}\left[g^{\mathrm{L}} - g^{\mathrm{V}} - x\left(\frac{\partial g^{\mathrm{L}}}{\partial x}\right)_{T,P} + y\left(\frac{\partial g^{\mathrm{V}}}{\partial y}\right)_{T,P}\right] \tag{C. 179}$$

为了符合式(C. 179)，括号内的两项必须为零，即得到

$$g^{\mathrm{L}} - x\left(\frac{\partial g^{\mathrm{L}}}{\partial x}\right)_{T,P} = g^{\mathrm{V}} - y\left(\frac{\partial g^{\mathrm{V}}}{\partial y}\right)_{T,P} \tag{C.180}$$

对于第二个

$$\left(\frac{\partial g^{\mathrm{L}}}{\partial x}\right)_{T,P} = \left(\frac{\partial g^{\mathrm{V}}}{\partial y}\right)_{T,P} \tag{C.181}$$

如果减去括号，方程(C.180) 和(C.181) 的总差值分别是

$$\mathrm{d}g^{\mathrm{L}} - \left(\frac{\partial g^{\mathrm{L}}}{\partial x}\right)_{T,P}\mathrm{d}x - x\mathrm{d}\left(\frac{\partial g^{\mathrm{L}}}{\partial x}\right)_{T,P} = \mathrm{d}g^{\mathrm{V}} - \left(\frac{\partial g^{\mathrm{V}}}{\partial y}\right)_{T,P}\mathrm{d}y - y\mathrm{d}\left(\frac{\partial g^{\mathrm{V}}}{\partial y}\right)_{T,P} \tag{C.182}$$

和

$$\begin{aligned}\mathrm{d}\left(\frac{\partial g^{\mathrm{L}}}{\partial x}\right)_{T,P} &= \left(\frac{\partial g^{\mathrm{V}}}{\partial y}\right)_{T,P}\\ &= \left(\frac{\partial^2 g^{\mathrm{V}}}{\partial y^2}\right)_{T,P}\mathrm{d}y + \frac{\partial}{\partial y}\left[\left(\frac{\partial g^{\mathrm{V}}}{\partial T}\right)_{P,y}\mathrm{d}T\right]_{P,T} + \frac{\partial}{\partial y}\left[\left(\frac{\partial g^{\mathrm{V}}}{\partial P}\right)_{T,y}\mathrm{d}P\right]_{P,T}\\ &= \left(\frac{\partial^2 g^{\mathrm{L}}}{\partial x^2}\right)_{T,P}\mathrm{d}x + \frac{\partial}{\partial x}\left[\left(\frac{\partial g^{\mathrm{L}}}{\partial T}\right)_{P,x}\mathrm{d}T\right]_{P,T} + \frac{\partial}{\partial x}\left[\left(\frac{\partial g^{\mathrm{L}}}{\partial P}\right)_{T,x}\mathrm{d}P\right]_{P,T}\end{aligned} \tag{C.183}$$

由

$$\mathrm{d}g = v\mathrm{d}P - s\mathrm{d}T \tag{2.83}$$

可得

$$\mathrm{d}g_x^{\mathrm{L}} = v^{\mathrm{L}}\mathrm{d}P - s^{\mathrm{L}}\mathrm{d}T \tag{C.184}$$

$$\mathrm{d}g_y^{\mathrm{V}} = v^{\mathrm{V}}\mathrm{d}P - s^{\mathrm{V}}\mathrm{d}T \tag{C.185}$$

微分可得

$$\frac{\partial}{\partial y}\left[\left(\frac{\partial g^{\mathrm{V}}}{\partial T}\right)_{y,P}\right]_{P,T} = -\left(\frac{\partial s^{\mathrm{V}}}{\partial y}\right)_{P,T} \tag{C.186}$$

$$\frac{\partial}{\partial y}\left[\left(\frac{\partial g^{\mathrm{V}}}{\partial P}\right)_{y,T}\right]_{P,T} = \left(\frac{\partial v^{\mathrm{V}}}{\partial y}\right)_{P,T} \tag{C.187}$$

$\mathrm{d}g^{\mathrm{L}}$ 和 $\mathrm{d}g^{\mathrm{V}}$ 的总差值为

$$\mathrm{d}g^{\mathrm{L}} = dg_x^{\mathrm{L}} + \left(\frac{\partial g^{\mathrm{L}}}{\partial x}\right)_{P,T}\mathrm{d}x \tag{C.188}$$

$$\mathrm{d}g^{\mathrm{V}} = \mathrm{d}g_y^{\mathrm{V}} + \left(\frac{\partial g^{\mathrm{V}}}{\partial y}\right)_{P,T}\mathrm{d}y \tag{C.189}$$

对式(2.15)每个相的浓度作微分，可得：

$$T\left(\frac{\partial s^{\mathrm{L}}}{\partial x}\right)_{P,T} = \left(\frac{\partial h^{\mathrm{L}}}{\partial x}\right)_{P,T} \tag{C.190}$$

$$T\left(\frac{\partial s^{\mathrm{V}}}{\partial x}\right)_{P,T} = \left(\frac{\partial h^{\mathrm{V}}}{\partial y}\right)_{P,T} \tag{C.191}$$

将式（C.183)，（C.184)，（C.185)，（C.188)，和（C.189)代入方程

(C.182)。得到

$$v^{\mathrm{L}}\mathrm{d}P - s^{\mathrm{L}}\mathrm{d}T - x\mathrm{d}\left(\frac{\partial g^{\mathrm{V}}}{\partial y}\right)_{T,P} = v^{\mathrm{V}}\mathrm{d}P - s^{\mathrm{V}}\mathrm{d}T - y\mathrm{d}\left(\frac{\partial g^{\mathrm{V}}}{\partial y}\right)_{T,P} \tag{C.192}$$

进而得到：

$$0 = (v^{\mathrm{V}} - v^{\mathrm{L}})\mathrm{d}P - (s^{\mathrm{V}} - s^{\mathrm{L}})\mathrm{d}T - (y-x)$$
$$\left[\left(\frac{\partial^2 g^{\mathrm{V}}}{\partial y^2}\right)_{T,P}\mathrm{d}y + \frac{\partial}{\partial y}\left[\left(\frac{\partial g^{\mathrm{V}}}{\partial T}\right)_{P,y}\mathrm{d}T\right]_{P,T} + \frac{\partial}{\partial y}\left[\left(\frac{\partial g^{\mathrm{V}}}{\partial P}\right)_{T,y}\mathrm{d}P\right]_{P,T}\right] \tag{C.193}$$

将上式代入式(C.186) 和 (C.187)得

$$0 = (v^{\mathrm{V}} - v^{\mathrm{L}})\mathrm{d}P - (s^{\mathrm{V}} - s^{\mathrm{L}})\mathrm{d}T - (y-x)$$
$$\left[\left(\frac{\partial^2 g^{\mathrm{V}}}{\partial y^2}\right)_{T,P}\mathrm{d}y - \left(\frac{\partial s^{\mathrm{V}}}{\partial y}\right)_{P,T}\mathrm{d}T + \left(\frac{\partial v^{\mathrm{V}}}{\partial y}\right)_{P,T}\mathrm{d}P\right] \tag{C.194}$$

最后代入式(C.190) 和 (C.191)，可得

$$0 = \left[(v^{\mathrm{V}} - v^{\mathrm{L}}) - (y-x)\left(\frac{\partial v^{\mathrm{V}}}{\partial y}\right)_{P,T}\right]\mathrm{d}P$$
$$-\left[(h^{\mathrm{V}} - h^{\mathrm{L}}) - (y-x)\left(\frac{\partial h^{\mathrm{V}}}{\partial y}\right)_{P,T}\right]\frac{\mathrm{d}T}{T} - (y-x)\left(\frac{\partial^2 g^{\mathrm{V}}}{\partial y^2}\right)_{T,P}\mathrm{d}y \tag{C.195}$$

将式(C.192)写成另一种形式

$$v^{\mathrm{L}}\mathrm{d}P - s^{\mathrm{L}}\mathrm{d}T - x\mathrm{d}\left(\frac{\partial g^{\mathrm{L}}}{\partial x}\right)_{T,P} = v^{\mathrm{V}}\mathrm{d}P - s^{\mathrm{V}}\mathrm{d}T - y\mathrm{d}\left(\frac{\partial g^{\mathrm{L}}}{\partial x}\right)_{T,P} \tag{C.196}$$

相同的步骤得出

$$0 = \left[(v^{\mathrm{V}} - v^{\mathrm{L}}) - (y-x)\left(\frac{\partial v^{\mathrm{L}}}{\partial x}\right)_{P,T}\right]\mathrm{d}P$$
$$-\left[(h^{\mathrm{V}} - h^{\mathrm{L}}) - (y-x)\left(\frac{\partial h^{\mathrm{L}}}{\partial x}\right)_{P,T}\right]\frac{\mathrm{d}T}{T} - (y-x)\left(\frac{\partial^2 g^{\mathrm{V}}}{\partial x^2}\right)_{T,P}\mathrm{d}x \tag{C.197}$$

从式(C.195)和(C.197)，可以确定泡点线和露点线的微分方程：

· 在等压情况下($\mathrm{d}P=0$)：

$$\frac{\mathrm{d}T}{\mathrm{d}x} = -\frac{T(y-x)\left(\dfrac{\partial^2 g^{\mathrm{L}}}{\partial x^2}\right)_{T,P}}{(h^{\mathrm{V}} - h^{\mathrm{L}}) - (y-x)\left(\dfrac{\partial h^{\mathrm{L}}}{\partial x}\right)_{P,T}} \tag{C.198}$$

$$\frac{\mathrm{d}T}{\mathrm{d}y} = -\frac{T(y-x)\left(\dfrac{\partial^2 g^{\mathrm{V}}}{\partial x^2}\right)_{T,P}}{(h^{\mathrm{V}} - h^{\mathrm{L}}) - (y-x)\left(\dfrac{\partial h^{\mathrm{V}}}{\partial x}\right)_{P,T}} \tag{C.199}$$

· 在等温情况下($\mathrm{d}T=0$)：

$$\frac{\mathrm{d}P}{\mathrm{d}x}=\frac{(y-x)\left(\frac{\partial^2 g^{\mathrm{L}}}{\partial x^2}\right)_{T,P}}{(v^{\mathrm{V}}-v^{\mathrm{L}})-(y-x)\left(\frac{\partial v^{\mathrm{L}}}{\partial x}\right)_{P,T}} \tag{C.200}$$

$$\frac{\mathrm{d}P}{\mathrm{d}y}=\frac{(y-x)\left(\frac{\partial^2 g^{\mathrm{L}}}{\partial y^2}\right)_{T,P}}{(v^{\mathrm{V}}-v^{\mathrm{L}})-(y-x)\left(\frac{\partial v^{\mathrm{V}}}{\partial y}\right)_{P,T}} \tag{C.201}$$

由 Konovalov 方程可得以下结论：

1. 由于 g^{L} 和 g^{V} 的二阶导数为正(见 5.9 节)且远离临界区，其分母均为正，所以一种情况下，气泡和露点线的斜率均为正(等压或等温)，但等压过程中的斜率符号(气泡线和露点线)与等温过程中的斜率符号不同。

2. 对于 $y=x$，Pxy 或 Txy 图中泡点线和露点线的斜率均为零，即出现最大值或最小值。从热力学平衡来看，$P^{\mathrm{V}}=P^{\mathrm{L}}$ 和 $T^{\mathrm{V}}=T^{\mathrm{L}}$，这意味着这个最大值或最小值是一个共沸点，它出现在泡点和露点曲线的公切线上。

Konovalov 方程只在方程齐次情况下有效。

C1　$(s-s^{\mathrm{id}})_{T,P}$

根据式(2.51)，我们可得以下表达式

$$(s-s^{\mathrm{id}})_{T,P}=(s-s^{\mathrm{id}})_{T,P\to 0}+\int_0^P\left[\left(\frac{\partial P}{\partial P}\right)_T-\left(\frac{\partial s^{\mathrm{id}}}{\partial P}\right)_T\right]\mathrm{d}P \tag{2.51}$$

对上式进行重新排列，使用式(C.16)，并定义 $s_0(T_0,P_0)$ 作为理想气体条件下的参考点

$$\begin{aligned}(s-s^{\mathrm{id}})_{T,P}&=s(T,P)-s^{\mathrm{id}}(T,P)\\&=s(T,v(P))-s^{\mathrm{id}}(T,v(P))+s^{\mathrm{id}}(T,v(P))-s^{\mathrm{id}}(T,v(P))\\&=\int_\infty^v\left[\left(\frac{\partial P}{\partial P}\right)_T-\frac{R}{v}\right]\mathrm{d}v+s_0+\int_{T_0}^T\frac{c_v^{\mathrm{id}}\mathrm{d}T}{T}+R\ln\frac{v(P)}{v_0}\\&\quad -s_0-\int_{T_0}^T\frac{c_v^{\mathrm{id}}\mathrm{d}T}{T}+R\ln\frac{P}{P_0}\\&=\int_\infty^v\left[\left(\frac{\partial P}{\partial P}\right)_T-\frac{R}{v}\right]\mathrm{d}v-R\ln\frac{T}{T_0}+R\ln\frac{v(P)}{v_0}+R\ln\frac{P}{P_0}\\&=\int_\infty^v\left[\left(\frac{\partial P}{\partial P}\right)_T-\frac{R}{v}\right]\mathrm{d}v-R\ln\left(\frac{v(P)P}{RT}\frac{RT_0}{v_0P_0}\right)\\&=\int_\infty^v\left[\left(\frac{\partial P}{\partial P}\right)_T-\frac{R}{v}\right]\mathrm{d}v+R\ln z\end{aligned} \tag{C.202}$$

C2　$(h - h^{\text{id}})_{T,P}$

焓可以根据它的定义与热力学能相关联：

$$(h - h^{\text{id}})_{T,P} = (\mu - \mu^{\text{id}})_{T,P} + Pv - RT$$

$$= \int_{\infty}^{v} \left(\frac{\partial u}{\partial v}\right)_T + Pv - RT \tag{C. 203}$$

利用式(C. 15)，得到

$$(h - h^{\text{id}})_{T,P} = \int_{\infty}^{v} T\left[\left(\frac{\partial P}{\partial T}\right)_v - P\right]\mathrm{d}v + Pv - RT \tag{C. 204}$$

C3　$(g - g^{\text{id}})_{T,P}$

同理，$(g - g^{\text{id}})_{T,P}$可根据其定义计算：

$$(g - g^{\text{id}})_{T,P} = (h - h^{\text{id}})_{T,P} - T(s - s^{\text{id}})_{T,P}$$

$$= \int_{\infty}^{v} T\left[\left(\frac{\partial P}{\partial T}\right)_v - P - T\left(\frac{\partial P}{\partial T}\right)_v + \frac{RT}{v}\right]\mathrm{d}v$$

$$+ Pv - RT - RT\ln z$$

$$= \int_{\infty}^{v} \left[\frac{RT}{v} - P\right]\mathrm{d}v + RT(z - 1 - \ln z) \tag{C. 205}$$

C4　过量焓与活度系数的关系

结合式(4. 86)和(C. 50)

$$g^{\text{E}} = RT\sum_i x_i \ln\gamma_i \tag{4. 86}$$

$$\left(\frac{\partial\,(g^{\text{E}}/RT)}{\partial T}\right)_P = -\frac{h^{\text{E}}}{RT^2} \tag{C. 50}$$

容易得到

$$h^{\text{E}} = -RT^2\sum_i x_i\left(\frac{\partial \ln\gamma_i}{\partial T}\right)_P \tag{C. 206}$$

D1　压强显式状态方程的逸度系数

由式(4. 60)

$$\overline{g_i} = g_i^{\text{pure}}(T,\ P_0) + RT\ln\frac{f_i}{f_i^0} \tag{4. 60}$$

他们之间的关系

$$\varphi_i = \frac{f_i}{z_i p} \tag{C. 207}$$

和

$$\mu_i = \bar{g}_i \tag{C.208}$$

可以写成

$$RT\ln\varphi_i = \bar{g}_i - g_i^{\text{prue}}(T,\ P_0) - RT\ln\frac{z_iP}{f_i^0} \tag{C.209}$$

$$\bar{g}_i^{\text{id}}(T,\ P,\ z_i) = g_i^{\text{prue}}(T,\ P_0) + RT\ln\frac{z_iP}{f_i^0} \tag{C.210}$$

对于理想气体

$$\begin{aligned}\bar{g}_i^{\text{id}}RT\ln\varphi_i &= (\bar{g}_iT,\ P,\ z_i) - \bar{g}_i^{\text{id}}(T,\ P,\ z_i)\\ &= \mu_i(T,\ P,\ z_i) - \mu_i^{\text{id}}(T,\ P,\ z_i)\end{aligned} \tag{C.211}$$

通过引入基本方程(C.127)，可以将逸度系数和 Helmholtz 能量联系起来

$$RT\ln\varphi_i = \frac{\partial}{\partial n_i}[A - A^{\text{id}}]_{T,v,n_{j\neq i}} \tag{C.212}$$

括号的差值可以表示为

$$(A - A^{\text{id}}) = \int_{V^{\text{id}}}^{v}\left(\frac{\partial A}{\partial v}\right)_{T,n_i}\text{d}V = -\int_{V^{\text{id}}}^{V}P\text{d}V \tag{C.213}$$

积分可以拆为：

$$\int_{V^{\text{id}}}^{V}P\text{d}V = \int_{\infty}^{V}P\text{d}V - \int_{\infty}^{V^{\text{id}}}P\text{d}V = \int_{\infty}^{V}P\text{d}V - \int_{\infty}^{V^{\text{id}}}\frac{n_TRT}{V}\text{d}V \tag{C.214}$$

由于理想气体状态方程对 $V > V^{\text{id}}$ 是有效的。nT 是总摩尔数。重新得出

$$\begin{aligned}\int_{V^{\text{id}}}^{V}P\text{d}V &= \int_{\infty}^{V}\left(P - \frac{n_\text{T}RT}{V}\right)\text{d}V + \int_{\infty}^{V}\frac{n_\text{T}RT}{V}\text{d}V - \int_{\infty}^{V^{\text{id}}}\frac{n_\text{T}RT}{V}\text{d}V\\ &= \int_{\infty}^{V}\left(P - \frac{n_\text{T}RT}{V}\right)\text{d}V + \int_{V^{\text{id}}}^{V}\frac{n_\text{T}RT}{V}\text{d}V\\ &= \int_{\infty}^{V}\left(P - \frac{n_\text{T}RT}{V}\right)\text{d}V - n_\text{T}RT\ln\frac{V}{V^{\text{id}}}\\ &= \int_{\infty}^{V}\left(P - \frac{n_\text{T}RT}{V}\right)\text{d}V + n_\text{T}RT\ln z\end{aligned} \tag{C.215}$$

作为

$$\left(\frac{\partial n_\text{T}}{\partial n_i}\right)_{T,V,n_{j\neq i}} = 1 \tag{C.216}$$

结合方程式，(C.212)，(C.213)，(C.215)得出

$$RT\ln\varphi_i = \int_{V}^{\infty}\left[\left(\frac{\partial P}{\partial n_i}\right)_{T,V,n_{j\neq i}} - \frac{RT}{V}\right]\text{d}V - RT\ln z \tag{C.217}$$

D2　维里方程逸度系数(Leiden 形式)

根据方程(4.64)或(C.217)给出了混合物中组分逸度系数的关系式：

$$\ln\varphi_k = \frac{1}{RT}\int_{\infty}^{V}\left[\frac{RT}{V} - \left(\frac{\partial P}{\partial n_k}\right)_{T,V,n_j}\right]\mathrm{d}V - \ln z \tag{4.64}$$

若将 Leiden 形式的维里方程在第二项之后去掉，则根据式(2.88)可得

$$z = 1 + \frac{B}{v} \tag{2.84}$$

或

$$P = \frac{RT}{v} + \frac{BRT}{v^2} \tag{C.218}$$

引入 n_T 作为总摩尔数，可以写成

$$P = \frac{n_T RT}{V} + \frac{{n_T}^2 BRT}{V^2} \tag{C.219}$$

因此

$$\left(\frac{\partial P}{\partial n_k}\right)_{T,V,n_j} = \frac{RT}{V} + \frac{RT}{V^2}\left[2Bn_T + {n_T}^2\left(\frac{\partial B}{\partial n_k}\right)_{T,n_j}\right] \tag{C.220}$$

获得一个表达式$\left(\frac{\partial B}{\partial n_k}\right)$，它必须参照混合规则(4.89)

$$B = \sum_i\sum_j y_i y_j B_{ij} = \sum_i\sum_j \frac{n_i n_j}{n_T^2}B_{ij} \tag{C.221}$$

将式(C.221)中的和分为四部分是有利的，即在这种情况下

$i = k, j = k; i = k, j \neq$ k$; i \neq k, j = k$ 和 $i \neq k, j \neq k$

$$B = \frac{{n_k}^2}{n_T^2}B_{kk} + \sum_{j\neq k}\frac{n_k n_j}{n_T^2}B_{kj} + \sum_{i\neq k}\frac{n_i n_k}{n_T^2}B_{ik} + \sum_{i\neq k}\sum_{j\neq k}\frac{n_i n_j}{n_T^2}B_{ij} \tag{C.222}$$

可以总结为

$$B = \frac{{n_k}^2}{n_T^2}B_{kk} + 2\sum_{i\neq k}\frac{n_i n_k}{n_T^2}B_{ik} + \sum_{i\neq k}\sum_{j\neq k}\frac{n_i n_j}{n_T^2}B_{ij} \tag{C.223}$$

因为 $B_{ij} = B_{ji}$是有效的。利用式(4.89)后微分可以得到表达式 $\mathrm{n_T}(\partial B/\partial n_k)$：

$$\begin{aligned}
n_T\left(\frac{\partial B}{\partial n_k}\right)_{T,n_j} &= n_T\frac{2n_k n_T^2 - 2{n_k}^2 n_T}{{n_T}^4}B_{kk} + 2n_T\frac{n_i n_T^2 - 2n_i n_k n_T}{{n_T}^4}B_{ik} \\
&\quad + n_T\sum_{i\neq k}\sum_{j\neq k}\frac{-2n_i n_k n_T}{n_T^4}B_{ij} \\
&= 2y_k B_{kk} - 2y_k^2 B_{kk} + 2\sum_{i\neq k} y_i B_{ik} - 4\sum_{i\neq k} y_i y_k B_{ik} - 2\sum_{i\neq k}\sum_{j\neq k} y_i y_j B_{ij} \\
&= -2y_k^2 B_{kk} + 2\sum_{i\neq k} y_i B_{ik} - 2\sum_{i\neq k} y_i y_k B_{ik} - 2\sum_{i\neq k}\sum_j y_i y_j B_{ij} \\
&= 2\sum_i y_i B_{ik} - 2\sum_i y_i y_k B_{ik} - 2\sum_{i\neq k}\sum_j y_i y_j B_{ij} \\
&= 2\sum_i y_i B_{ik} - 2\sum_j y_j y_k B_{kj} - 2\sum_{i\neq k}\sum_j y_i y_j B_{ij}
\end{aligned}$$

$$= 2\sum_i y_i B_{ik} - 2\sum_i \sum_j y_i y_j B_{ij}$$

$$= 2\sum_i y_i B_{ik} - 2B \tag{C.224}$$

将方程式(C.224)和(C.220)代入式(4.64)

$$\ln\varphi_k = \int_V^{\infty} \frac{2n_{\mathrm{T}}\sum\limits_i y_i B_{ik}}{V^2}\mathrm{d}V - \ln z = \left(2n_T\sum_i y_i B_{ik}\right)\int_V^{\infty}\frac{\mathrm{d}V}{V^2} - \ln z = \frac{2}{v}\sum_i y_i B_{ik} - \ln z \tag{C.225}$$

D3 维里方程逸度系数(伯林形式)

维里方程的伯林形式，在第一项之后，由(C.226)给出

$$z = 1 + B'(T)P \tag{C.226}$$

或者省略大气压

$$v = \frac{RT}{P} + B(T) \tag{C.227}$$

使用式(C.134)时，B 的混合规则是

$$B = \sum_i \sum_j y_i y_j B_{ij} \tag{4.89}$$

从逸度系数方程(4.63)出发

$$\ln\varphi_k = \frac{1}{RT}\int_0^P \left[\left(\frac{\partial V}{\partial n_k}\right)_{T,P,n_j} - \frac{RT}{P}\right]\mathrm{d}P \tag{4.63}$$

得到

$$v = n_{\mathrm{T}}\frac{RT}{P} + n_{\mathrm{T}}B \tag{C.228}$$

和

$$\left(\frac{\partial V}{\partial n_k}\right)_{T,P,n_j} = \frac{RT}{P} + B + n_T\left(\frac{\partial B}{\partial n_k}\right)_{T,n_i} \tag{C.229}$$

式(C.229)中的最后一项已经在式(C.224)中求过了，将结果代入式(4.63)，得到

$$\ln\varphi_k = \frac{1}{RT}\int_0^P \left[\frac{RT}{P} + B + 2\sum_i y_i B_{ik} - 2B - \frac{RT}{P}\right]\mathrm{d}P$$

$$= \frac{1}{RT}\int_0^P \left[2\sum_i y_i B_{ik} - B\right]\mathrm{d}P$$

$$= \left[2\sum_i y_i B_{ik} - B\right]\frac{P}{RT} \tag{C.230}$$

D4　SRK 逸度系数状态方程

SRK 方程由式(C.231)给出

$$P=\frac{RT}{v-b}-\frac{a}{v(v-b)} \tag{C.231}$$

结合混合规则

$$a=\sum_i\sum_j z_iz_ja_{ij}=\sum_i\sum_j\frac{n_in_j}{n_T^2}a_{ij} \tag{C.232}$$

$$b=\sum_i z_ib_i=\sum_i\frac{n_i}{n_T}b_i \tag{C.233}$$

应用逸度系数公式

$$\ln\varphi_k=\frac{1}{RT}\int_\infty^V\left[\frac{RT}{V}+\left(\frac{\partial P}{\partial n_k}\right)_{T,V,n_j}\right]\mathrm{d}V \tag{4.64}$$

得到

$$P=\frac{n_\mathrm{T}RT}{V-n_\mathrm{T}}-\frac{n_\mathrm{T}^2a}{V(V+n_\mathrm{T}b)} \tag{C.234}$$

或

$$P=\frac{n_\mathrm{T}RT}{V-\sum_i n_ib_i}-\frac{\sum_i\sum_j n_in_ja_{ij}}{V\left(V+\sum_i n_ib_i\right)} \tag{C.235}$$

包含 a_{ij}项的是最难区分的。我们可以将它相对于分量 k 拆分为

$$\sum_i\sum_j n_in_ja_{ij}=n_k^2a_{kk}+\sum_{j\neq k}n_kn_ja_{kj}+\sum_{i\neq k}n_in_ka_{ik}+\sum_{i\neq k}\sum_{j\neq k}n_in_ja_{ij} \tag{C.236}$$

和

$$\frac{\partial}{\partial n_k}\left(\sum_i\sum_j n_in_ja_{ij}\right)_{T,V,n_i}=2n_ka_{kk}+\sum_{j\neq k}n_ja_{kj}+\sum_{i\neq k}n_ia_{ik}=2\sum_{i\neq k}n_ia_{ik} \tag{C.237}$$

当 $a_{ik}=a_{ki}$，我们可以写

$$\left(\frac{\partial P}{\partial n_k}\right)_{T,V,n_i}=\frac{RT\left(V-\sum_i n_ib_i\right)+n_TRTb_k}{\left(V-\sum_i n_ib_i\right)^2}-\frac{2\left(V-\sum_i n_ib_i\right)\sum_i n_ia_{ik}-Vb_k\sum_i\sum_j n_in_ja_{ij}}{V^2\left(V-\sum_i n_ib_i\right)^2}$$

$$=\frac{RT}{V-n_\mathrm{T}b}+\frac{RTb_k}{(V-n_\mathrm{T}b)^2}-\frac{2\sum_i n_ia_{ik}}{V(V+n_\mathrm{T}b)}+\frac{b_kn_\mathrm{T}^2a}{V(V+n_\mathrm{T}b)^2} \tag{C.238}$$

逸度系数为

$$\ln\varphi_k = -\ln\frac{Pv}{RT} - \int_\infty^V\left[\frac{1}{V-n_\mathrm{T}b} + \frac{n_\mathrm{T}b_k}{(V-n_\mathrm{T}b)^2} + \frac{2\sum_i n_i a_{ik}}{RTV(V+n_\mathrm{T}b)} + \frac{b_k n_\mathrm{T}^2 a}{RTV(V+n_\mathrm{T}b)^2} - \frac{1}{V}\right]\mathrm{d}V$$

$$= -\ln\frac{Pv}{RT} - \int_\infty^V\frac{\mathrm{d}V}{V-n_\mathrm{T}b} - \int_\infty^V\frac{n_\mathrm{T}b_k\mathrm{d}V}{(V-n_\mathrm{T}b)^2} + \int_\infty^V\left[\frac{2\sum_i n_i a_{ik}}{RTV(V+n_\mathrm{T}b)}\right]\mathrm{d}V$$

$$-\int_\infty^V\left[\frac{b_k n_\mathrm{T}^2 a}{RTV(V+n_\mathrm{T}b)^2}\right]\mathrm{d}V + \int_\infty^V\frac{\mathrm{d}V}{V} \tag{C. 239}$$

具体积分求解如下：

$$\int_\infty^V\frac{\mathrm{d}V}{V} - \int_\infty^V\frac{\mathrm{d}V}{V-n_\mathrm{T}b} = \lim_{V^+\to\infty}\left[\ln\frac{V}{V^+} - \ln\frac{V-n_\mathrm{T}b}{V^+-n_\mathrm{T}b}\right]$$

$$= \ln\frac{V}{V-n_\mathrm{T}b}$$

$$= \ln\frac{v}{v-b} \tag{C. 240}$$

$$-\int_\infty^V\frac{n_\mathrm{T}b_K\mathrm{d}V}{(V-n_\mathrm{T}b)^2} = -n_\mathrm{T}b_K\left[-\frac{1}{V-n_\mathrm{T}b}\right]_\infty^V = \frac{n_\mathrm{T}b_K}{V-n_\mathrm{T}b} = \frac{b_K}{v-b} \tag{C. 241}$$

$$\int_\infty^V\left[\frac{2\sum_i n_i a_{ik}}{RTV(V+n_\mathrm{T}b)}\right]\mathrm{d}V = \frac{2\sum_i n_i a_{ik}}{RT}\left[-\frac{1}{n_\mathrm{T}b}\ln\frac{V+n_\mathrm{T}b}{V}\right]_\infty^V$$

$$= \frac{-2\sum_i n_i a_{ik}}{RTn_\mathrm{T}b}\ln\frac{V+n_\mathrm{T}b}{V}$$

$$= \frac{-2\sum_i z_i a_{ik}}{RTb}\ln\frac{v+b}{v} \tag{C. 242}$$

$$-\int_\infty^V\left[\frac{b_K n_T{}^2 a}{RTV(V+n_\mathrm{T}b)^2}\right]\mathrm{d}V = -\frac{b_K n_\mathrm{T}{}^2 a}{RT}\left[-\frac{1}{(n_\mathrm{T}b)^2}\left(\ln\frac{V+n_\mathrm{T}b}{V} - \frac{n_\mathrm{T}b}{V+n_\mathrm{T}b}\right)\right]_\infty^V$$

$$= \frac{b_K n_\mathrm{T}{}^2 a}{RTn_\mathrm{T}{}^2 b^2}\left[\ln\frac{V+n_\mathrm{T}b}{V} - \frac{n_\mathrm{T}b}{V+n_\mathrm{T}b}\right]$$

$$= \frac{b_K a}{RTb^2}\left[\ln\frac{v+b}{v} - \frac{b}{v+b}\right] \tag{C. 243}$$

因此，式(C. 239)可以总结为

$$\ln\varphi_k = -\ln\frac{p_V}{RT} + n\frac{v}{v-b} + \frac{b_k}{v-b} - \frac{2\sum_i z_i a_{iK}}{RTb}\ln\frac{v+b}{v}$$

$$+\frac{b_k a}{RTb^2}\left[\ln\frac{v+b}{v} - \frac{b}{v+b}\right] \tag{C. 244}$$

D5 PSRK 状态方程的逸度系数

PSRK 状态方程为

$$P = \frac{RT}{v-b} - \frac{a}{v(v+b)} \tag{C.245}$$

其中纯组分参数

$$a_{ii} = 0.42748 \frac{R^2 T_{ci}^{\ 2}}{P_{ci}} f(T) \tag{C.246}$$

$$f(T) = [1 + c_1(1 - T_r^{0.5}) + c_2(1 - T_r^{0.5})^2 + c_3(1 - T_r^{0.5})^3]^2 \qquad 对\ T_r \leqslant 1$$

$$f(T) = [1 + c_1(1 - T_r^{0.5})]^2 \qquad 对\ T_r > 1$$

$$\tag{C.247}$$

$$b_i = 0.08664 \frac{RT_{ci}}{P_{ci}} \tag{C.248}$$

相应的混合规则为

$$b = \sum_i x_i b_i \tag{C.249}$$

$$\frac{a}{bRT} = \frac{g^{\mathrm{E}}}{ART} + \sum_i x_i \frac{a_{ii}}{b_i RT} + \frac{1}{A} \sum_i x_i \ln \frac{b}{b_i} \tag{C.250}$$

$A = -0.64663$，g^{E} 取自任意 g^{E} 模型

逸度系数可以通过

$$\ln \varphi_i = -\ln \frac{P_V}{RT} - \frac{1}{RT} \int_{\infty}^{V} \left[\left(\frac{\partial p}{\partial n_i} \right)_{T,V,n_{k \neq i}} - \frac{RT}{V} \right] \mathrm{d}V \tag{C.251}$$

其中 n_{T} 为总摩尔数和式(C.249)得到。之后得到：

$$P = \frac{n_T RT}{V - \sum_k n_k b_k} - \frac{a n_T^2}{V\left(V + \sum_k n_k b_k\right)} \tag{C.252}$$

和

$$\left(\frac{\partial p}{\partial n_i} \right)_{T,V,n_{k \neq i}} - \frac{RT}{V} = \frac{RT\left(V - \sum_k n_k b_k\right) + b_i n_{\mathrm{T}} RT}{\left(V - \sum_k n_k b_k\right)^2}$$

$$- \frac{\left(2 a n_{\mathrm{T}} + n_{\mathrm{T}}^2 \left(\frac{\partial \alpha}{\partial n_i} \right)_{T,V,n_{k \neq i}} \right) V\left(V + \sum_k n_k b_k\right) - a n_T^2 V b_i}{V^2 \left(V + \sum_k n_k b_k\right)^2} - \frac{RT}{V}$$

$$= \frac{RT}{\left(V - \sum_k n_k b_k\right)} + \frac{b_i n_{\mathrm{T}} RT}{\left(V - \sum_k n_k b_k\right)^2}$$

$$
-\frac{\left(2an_{\mathrm{T}}+n_{\mathrm{T}}^{2}\left(\frac{\partial\alpha}{\partial n_{i}}\right)_{T,V,n_{k\neq i}}\right)}{V\left(V+\sum_{k}n_{k}b_{k}\right)}+\frac{an_{\mathrm{T}}^{2}b_{i}}{V\left(V+\sum_{k}n_{k}b_{k}\right)}-\frac{RT}{V}
\tag{C. 253}
$$

对应的积分是

$$
\int_{V^{+}\to\infty}^{V}\left[\left(\frac{\partial p}{\partial n_{i}}\right)_{T,V,n_{k\neq i}}-\frac{RT}{V}\right]\mathrm{d}V=
$$

$$
=\lim_{V^{+}\to\infty}\left\{RT\ln\left(\frac{V-\sum_{k}n_{k}b_{k}}{V^{+}-\sum_{k}n_{k}b_{k}}\right)-\frac{b_{i}n_{\mathrm{T}}RT}{V-\sum_{k}n_{k}b_{k}}+\frac{b_{i}n_{\mathrm{T}}RT}{V^{+}-\sum_{k}n_{k}b_{k}}\right\}
$$

$$
+\lim_{V^{+}\to\infty}\left\{\begin{array}{c}\frac{an_{\mathrm{T}}^{2}b_{i}}{\left(\sum_{k}n_{k}b_{k}\right)^{2}}\ln\frac{V}{V^{+}}-\frac{an_{\mathrm{T}}^{2}b_{i}}{\left(\sum_{k}n_{k}b_{k}\right)^{2}}\ln\left(\frac{V+\sum_{k}n_{k}b_{k}}{V^{+}+\sum_{k}n_{k}b_{k}}\right)\\+\frac{an_{\mathrm{T}}^{2}b_{i}}{\sum_{k}n_{k}b_{k}}\left(\frac{1}{V+\sum_{k}n_{k}b_{k}}-\frac{1}{V^{+}+\sum_{k}n_{k}b_{k}}\right)\end{array}\right\}
$$

$$
+\lim_{V^{+}\to\infty}\left\{\begin{array}{c}-\frac{\left(2an_{\mathrm{T}}+n_{\mathrm{T}}^{2}\left(\frac{\partial\alpha}{\partial n_{i}}\right)_{T,V,n_{k\neq i}}\right)}{\sum_{k}n_{k}b_{k}}\ln\frac{V}{V^{+}}\\+\frac{\left(2an_{\mathrm{T}}+n_{\mathrm{T}}^{2}\left(\frac{\partial\alpha}{\partial n_{i}}\right)_{T,V,n_{k\neq i}}\right)}{\sum_{k}n_{k}b_{k}}\ln\frac{V+\sum_{k}n_{k}b_{k}}{V^{+}+\sum_{k}n_{k}b_{k}}-RT\ln\frac{V}{V^{+}}\end{array}\right\}
$$

$$
=RT\ln\left(\frac{v-b}{v}\right)-\frac{b_{i}RT}{v-b}+\frac{ab_{i}}{b^{2}}\ln\frac{v+b}{v}
$$

$$
+\frac{ab_{i}}{b(v+b)}+\frac{2a+n_{\mathrm{T}}\left(\frac{\partial\alpha}{\partial n_{i}}\right)_{T,V,n_{k\neq i}}}{b}\ln\frac{v+b}{v}
\tag{C. 254}
$$

并给出了逸度系数

$$
\ln\varphi_{i}=-\ln\left(\frac{RT}{P(v-b)}\right)+\frac{b_{i}}{v-b}-\frac{ab_{i}}{RTb(v+b)}
$$

$$
-\frac{\left(2ab-ab_{i}+n_{\mathrm{T}}b\left(\frac{\partial\alpha}{\partial n_{i}}\right)_{T,V,n_{k\neq i}}\right)}{b^{2}RT}\ln\frac{v+b}{v}
$$

$$
=\frac{b_{i}}{b}\left(\frac{Pv}{RT}-1\right)-\ln\frac{P(v-b)}{RT}
$$

$$-\frac{\left(2ab-ab_i+n_{\mathrm{T}}b\left(\frac{\partial\alpha}{\partial n_i}\right)_{T,V,n_{k\neq i}}\right)}{b^2RT}\ln\frac{v+b}{v} \tag{C.255}$$

这一项在括号中包含$\left(\frac{\partial\alpha}{\partial n_i}\right)$可以计算如下。

重组式(C.250)给出

$$a=\frac{bg^{\mathrm{E}}}{A}+b\sum_i x_i\frac{a_{ii}}{b_i}+\frac{bRT}{A}\sum_i x_i\frac{b}{b_i} \tag{C.256}$$

推导过程为

$$\begin{aligned}\left(\frac{\partial\alpha}{\partial n_i}\right)_{T,V,n_{k\neq i}}=&\frac{g^E}{A}\left(\frac{\partial b}{\partial n_i}\right)_{T,V,n_{k\neq i}}+\frac{b}{A}\left(\frac{\partial g^{\mathrm{E}}}{\partial n_i}\right)_{T,V,n_{k\neq i}}\\&+\left(\frac{\partial b}{\partial n_i}\right)_{T,V,n_{k\neq i}}\sum_k x_k\frac{a_{kk}}{b_k}+b\frac{\partial}{\partial n_i}\left(\sum_k x_k\frac{a_{kk}}{b_k}\right)_{T,V,n_{k\neq i}}\\&+\frac{RT}{A}\left[\left(\frac{\partial b}{\partial n_i}\right)_{T,V,n_{k\neq i}}\sum_k x_k\ln\frac{b}{b_k}+\frac{\partial}{\partial n_i}\left(\sum_k x_k\ln\frac{b}{b_k}\right)_{T,V,n_{k\neq i}}\right]\end{aligned} \tag{C.257}$$

此结构上的任意量

$$Y=\sum_k x_kY_k \tag{C.258}$$

可以推导如下

$$\left(\frac{\partial Y}{\partial n_i}\right)_{T,V,n_{k\neq i}}=\frac{\partial}{\partial n_i}\left(\frac{\sum_k n_kY_k}{n_{\mathrm{T}}}\right)_{T,V,n_{k\neq i}}=\frac{n_{\mathrm{T}}Y_i-\sum_k x_kY_k}{n_{\mathrm{T}}^2}=\frac{Y_i-Y}{n_{\mathrm{T}}} \tag{C.259}$$

这意味着

$$\left(\frac{\partial Y}{\partial n_i}\right)_{T,V,n_{k\neq i}}=\frac{b_i-b}{n_{\mathrm{T}}} \tag{C.260}$$

$$\frac{\partial}{\partial n_i}\left(\sum_k x_k\frac{a_{kk}}{b_k}\right)_{T,V,n_{k\neq i}}=\frac{\frac{a_{ii}}{b_i}-\sum_k x_k\frac{a_{kk}}{b_k}}{n_T} \tag{C.261}$$

和

$$\left(\frac{\partial g^{\mathrm{E}}}{\partial n_i}\right)_{T,V,n_{k\neq i}}=\frac{RT\ln\gamma_i-g^{\mathrm{E}}}{n_{\mathrm{T}}} \tag{C.262}$$

更复杂的是

$$\frac{\partial}{\partial n_i}\left(\sum_k x_k\ln\frac{b}{b_k}\right)_{T,V,n_{k\neq i}}=\frac{\partial}{\partial n_i}\left(\frac{\sum_k n_k\ln\frac{b}{b_k}}{n_{\mathrm{T}}}\right)_{T,V,n_{k\neq i}}$$

$$= \frac{\partial}{\partial n_i}\left(\frac{n_i \ln \frac{b}{b_i} + \sum_{k \neq i} n_k \ln \frac{b}{b_k}}{n_{\mathrm{T}}}\right)$$

$$= \frac{n_{\mathrm{T}} \ln \frac{b}{b_i} + n_{\mathrm{T}} n_i \frac{b_i}{b} \frac{1}{b_i} \frac{b_i - b}{n_{\mathrm{T}}} + n_{\mathrm{T}} \sum_{k \neq i} n_k \frac{b_k}{b} \frac{1}{b_K} \frac{b_i - b}{n_{\mathrm{T}}} - n_i \ln \frac{b}{b_i} - \sum_{k \neq i} n_k \ln \frac{b}{b_k}}{n_{\mathrm{T}}^2}$$

$$= \frac{\ln \frac{b}{b_i} + \frac{b_i}{b} - 1 - \sum_k x_k \ln \frac{b}{b_k}}{n_{\mathrm{T}}} \tag{C. 263}$$

总结

$$2ab - ab_i + n_{\mathrm{T}} b \left(\frac{\partial a}{\partial n_i}\right)_{T,V,n_{k \neq i}}$$

$$= \frac{2b^2 g^{\mathrm{E}}}{A} + 2b^2 \sum_i x_i \frac{a_{ii}}{b_i} + \frac{2b^2 RT}{A} \sum_i x_i \ln \frac{b}{b_i}$$

$$- \frac{bb_i g^{\mathrm{E}}}{A} - bb_i \sum_i x_i \frac{a_{ii}}{b_i} - \frac{bb_i RT}{A} \sum_i x_i \ln \frac{b}{b_i} + \frac{bg^{\mathrm{E}}}{A}(b_i - b)$$

$$+ \frac{b^2}{A}(RT \ln \gamma_i - g^{\mathrm{E}}) + (b_i - b) b \sum_k x_k \frac{a_{kk}}{b_k} + b^2 \frac{a_{ii}}{b_i} - b^2 \sum_k x_k \frac{a_{kk}}{b_k}$$

$$+ \frac{RTb}{A}\left[(b_i - b) \sum_k x_k \ln \frac{b}{b_k} + b\left(\ln \frac{b}{b_i} + \frac{b_i}{b} - 1 - \sum_k x_k \ln \frac{b}{b_k}\right)\right]$$

$$= \frac{RTb^2}{A} \ln \gamma_i + b^2 \frac{a_{ii}}{b_i} + \frac{RTb^2}{A}\left(\ln \frac{b}{b_i} + \frac{b_i}{b} - 1\right) \tag{C. 264}$$

和

$$\frac{2ab - ab_i + n_{\mathrm{T}} b \left(\frac{\partial a}{\partial n_i}\right)_{T,V,n_{k \neq i}}}{b^2 RT} = \frac{1}{A} \ln \gamma_i + \frac{a}{RTb_i} + \frac{1}{A}\left(\ln \frac{b}{b_i} + \frac{b_i}{b} - 1\right) \tag{C. 265}$$

D6 VTPR 状态方程的逸度系数

VTPR 状态方程为

$$P = \frac{RT}{v + c - b} - \frac{a(T)}{(v + c)(v + c + b) + b(v + c - b)} \tag{C. 266}$$

其中纯组分参数

$$a_{ii} = 0.45724 \frac{R^2 T_{ci}^2}{P_{ci}} \alpha(T) \tag{C. 267}$$

$$b_i = 0.0778 \frac{RT_{ci}}{P_{ci}} \tag{C. 268}$$

相应的混合规则为

$$c = \sum_i z_i c_i \tag{C.269}$$

$$b = \sum_i \sum_j z_i z_j b_{ij} \tag{C.270}$$

$$b_{ij} = \left(\frac{b_{ii}^{3/4} + b_{jj}^{3/4}}{2}\right)^{4/3} \tag{C.271}$$

$$\frac{a}{b} = \sum_i z_i \frac{a_{ii}}{b_{ij}} + \frac{g_{\text{res}}^{\text{E}}}{q_1} \tag{C.272}$$

$q_1 = -0.53087$ 和 $g_{\text{res}}^{\text{E}}$ 取自任意 g^{E} 模型

逸度系数可以通过下式计算。

$$\ln \varphi_i = -\ln \frac{Pv}{RT} - \frac{1}{RT}\int_{\infty}^{v}\left[\left(\frac{\partial P}{\partial n_i}\right)_{T,V,n_{k\neq i}} - \frac{RT}{v}\right]\text{d}v \tag{C.273}$$

n_{T} 是总摩尔数可以写成

$$P = \frac{n_{\text{T}}RT}{V+C-B} - \frac{an_{\text{T}}^2}{(V+C)(V+C+B)+B(V+C-B)} \tag{C.274}$$

其中

$$C = n_{\text{T}}c = \sum_i n_i c_i \tag{C.275}$$

$$B = n_{\text{T}}b = \frac{1}{n_{\text{T}}}\sum_i \sum_j n_i n_j b_{ij} \tag{C.276}$$

其中

$$\left(\frac{\partial n_T}{\partial n_j}\right)_{n_{l\neq j}} = 1 \tag{C.277}$$

$$\left(\frac{\partial C}{\partial n_j}\right)_{n_{l\neq j}} = c_j \tag{C.278}$$

$$\begin{aligned}\left(\frac{\partial B}{\partial n_k}\right)_{n_{l\neq k}} &= -\frac{1}{n_{\text{T}}^2}n_{\text{T}}B + \frac{1}{n_{\text{T}}}\Big(\sum_{i\neq k} n_i b_{ik} + \sum_{j\neq k} n_j b_{kj} + 2n_k b_{kk}\Big)\\ &= -\frac{B}{n_{\text{T}}} + \frac{1}{n_{\text{T}}}2\sum_i n_i b_{ik}\\ &= 2\sum_i z_i b_{ik} - \sum_i \sum_j z_i z_j b_{ij} =: \bar{b}_k\end{aligned} \tag{C.279}$$

式(C.273)中的被积函数可表示为

$$\left(\frac{\partial P}{\partial n_i}\right)_{T,V,n_{k\neq i}} - \frac{RT}{V}$$

$$= RT\frac{(V+C-B) - n_{\text{T}}(c_i - \bar{b}_i)}{(V+C-B)^2} - \frac{RT}{V}$$

$$- \frac{\left[2an_{\text{T}} + n_{\text{T}}^2\left(\frac{\partial a}{\partial n_i}\right)_{\text{T},V,n_{k\neq i}}\right][(V+C)(V+C+B)+B(V+C-B)]}{[(V+C)(V+C+B)+B(V+C-B)]^2}$$

$$+n_T^2 a \frac{c_i(V+C+B)+(V+C)(c_i+\bar{b}_i)+\bar{b}_i(V+C-B)+B(c_i-\bar{b}_i)}{[(V+C)(V+C+B)+B(V+C-B)]^2} \quad (C.280)$$

重新排列后的特定和的相应积分是

$$\int_{V^+\to\infty}^{V}\left[\frac{RT}{V+C-B}-\frac{RT}{V}\right]dV = RT\lim_{V^+\to\infty}\left[\ln\frac{V+C-B}{V^++C-B}-\ln\frac{V}{V^+}\right]$$

$$= RT\lim_{V^+\to\infty}\left[\ln\frac{V+C-B}{V}-\ln\frac{V^++C-B}{V^+}\right]$$

$$= RT\ln\frac{v+c-b}{v} \quad (C.281)$$

$$-\int_{V+\infty}^{V}\frac{n_T RT(c_i-\bar{b}_i)}{(V+C-B)^2}dV = \left[\frac{n_T RT(c_i-\bar{b}_i)}{(V+C-B)}\right]_{\infty}^{V} = \frac{RT(c_i-\bar{b}_i)}{v+c-b} \quad (C.282)$$

式(C.280)中的后两项可化简为：

$$-\frac{\left(2an_T+n_T^2\left(\frac{\partial a}{\partial n_i}\right)_{T,V,n_{k\neq i}}\right)[(V+C)(V+C+B)+B(V+C-B)]}{[(V+C)(V+C+B)+B(V+C-B)]^2}$$

$$+n_T^2 a\frac{c_i(V+C+B)+(V+C)(c_i+\bar{b}_i)+\bar{b}_i(V+C-B)+B(c_i-\bar{b}_i)}{[(V+C)(V+C+B)+B(V+C-B)]^2}$$

$$= -\frac{2an_T+n_T^2\left(\frac{\partial a}{\partial n_i}\right)_{T,V,n_{k\neq i}}}{[V^2+2BV+2CV+C^2+2BC-B^2]}$$

$$+2n_T^2 a\frac{(c_i+\bar{b}_i)V+c_iC+c_iB+\bar{b}_iC-\bar{b}_iB}{[V^2+2BV+2CV+C^2+2BC-B^2]^2}$$

缩写

$$Q = -2an_T - n_T^2\left(\frac{\partial a}{\partial n_i}\right)_{T,V,n_{k\neq i}}$$

$$K = C^2+2BC-B^2$$

$$S = 2n_T^2 a(c_iC+c_iB+\bar{b}_iC-\bar{b}_iB)$$

$$L = 2n_T^2 a(c_i+\bar{b}_i)$$

$$U = 2B+2C \quad (C.283)$$

得到：

$$\frac{Q}{[V^2+UV+K]}+\frac{S}{[V^2+UV+K]^2}+\frac{LV}{[V^2+UV+K]^2}$$

特定的和的积分可以根据不定积分表。

和 $U^2-4K=4B^2+8BC+4C^2-4C^2-8BC+4B^2=8B^2>0$，得到：

$$\int_{V+\to\infty}^{V}\frac{QdV}{[V^2+UV+K]} = Q\frac{1}{\sqrt{U^2-4K}}\ln\frac{2V+U-\sqrt{U^2-4K}}{2V+U+\sqrt{U^2-4K}}$$

$$= \frac{Q}{B\sqrt{8}}\ln\frac{2V+U-B\sqrt{8}}{2V+U+B\sqrt{8}} \tag{C.284}$$

$$\int_{V+\infty}^{V}\frac{S\mathrm{d}V}{[V^2+UV+K]^2} = S\frac{2V+U}{(4K-U^2)[V^2+UV+K]}$$

$$+\frac{2S}{4K-U^2}\frac{1}{\sqrt{U^2-4K}}\ln\frac{2V+U-\sqrt{U^2-4K}}{2V+U+\sqrt{U^2-4K}}$$

$$= S\frac{2V+U}{(4K-U^2)[V^2+UV+K]}$$

$$-\frac{2S}{(\sqrt{U^2-4K})^3}\ln\frac{2V+U-\sqrt{U^2-4K}}{2V+U+\sqrt{U^2-4K}}$$

$$= -S\frac{2V+U}{8B^2[V^2+UV+K]} - \frac{S}{8\sqrt{2}B^3}\ln\frac{2V+U-B\sqrt{8}}{2V+U+B\sqrt{8}} \tag{C.285}$$

$$\int_{V+\to\infty}^{V}\frac{LV\mathrm{d}V}{[V^2+UV+K]^2} = L\frac{UV+2K}{(U^2-4K)[V^2+UV+K]}$$

$$+\frac{LU}{(\sqrt{U^2-4K})^3}\ln\frac{2V+U-\sqrt{U^2-4K}}{2V+U+\sqrt{U^2-4K}}$$

$$= L\frac{UV+2K}{8B^2[V^2+UV+K]} + \frac{LU}{16\sqrt{2}B^3}\ln\frac{2V+U-B\sqrt{8}}{2V+U+B\sqrt{8}} \tag{C.286}$$

因此，逸度系数为

$$\ln\varphi_i = -\ln\frac{Pv}{RT} - \frac{1}{RT}\int_{\infty}^{V}\left[\left(\frac{\partial P}{\partial n_i}\right)_{T,V,n_{k\neq i}} - \frac{RT}{V}\right]\mathrm{d}V$$

$$= -\ln z$$

$$-\frac{1}{RT}\left[RT\ln\frac{v+c-b}{v} + \frac{RT(c_i-\bar{b}_i)}{v+c-b} + \frac{Q}{B\sqrt{8}}\ln\frac{2V+U-B\sqrt{8}}{2V+U+B\sqrt{8}} - S\frac{2V+U}{8B^2[V^2+UV+K]}\right]$$

$$-\frac{1}{RT}\left[-\frac{S}{8\sqrt{2}B^3}\ln\frac{2V+U-B\sqrt{8}}{2V+U+B\sqrt{8}} + L\frac{UV+2K}{8B^2[V^2+UV+K]} + \frac{LU}{16\sqrt{2}B^3}\ln\frac{2V+U-B\sqrt{8}}{2V+U+B\sqrt{8}}\right]$$

$$= -\ln z - \ln\frac{v+c-b}{v} - \frac{(c_i-\bar{b}_i)}{v+c-b}$$

$$-\frac{LU-2S+8B^2Q}{16\sqrt{2}B^3RT}\ln\frac{2V+U-B\sqrt{8}}{2V+U+B\sqrt{8}} - \frac{LUV+2KL-2SV-US}{8B^2RT[V^2+UV+K]} \tag{C.287}$$

关于 a 对摩尔数的导数仍然是缺失的，重新计算式(C. 272)

$$a = \frac{b}{n_T}\sum_i n_i \frac{a_{ii}}{b_{ii}} + \frac{b g_{res}^E}{q_1} \tag{C. 288}$$

根据式(C. 262)

$$\left(\frac{\partial a}{\partial n_i}\right)_{T,V,n_{k+i}} = \left[\frac{1}{n_T}\left(\frac{\partial b}{\partial n_i}\right)_{T,V,n_{k+i}} - \frac{b}{n_T^2}\right]\sum_i n_i \frac{a_{ii}}{b_{ii}} + \frac{b}{n_T}\frac{a_{ii}}{b_{ii}} + \frac{g_{res}^E}{q_1}\left(\frac{\partial b}{\partial n_i}\right)_{T,V,n_{k+1}} + \frac{b}{q_1}\frac{RT\ln\gamma_{i,res} - g_{res}^E}{n_T}$$

$$\left(\frac{\partial a}{\partial n_i}\right)_{T,V,n_{k\neq i}} = \left[\frac{1}{n_T}\left(\frac{\partial b}{\partial n_i}\right)_{T,V,n_{k\neq i}} - \frac{b}{n_T^2}\right]\sum_i n_i \frac{a_{ii}}{b_{ii}} + \frac{b}{n_T}\frac{a_{ii}}{b_{ii}} + \frac{g_{res}^E}{q_1}\left(\frac{\partial b}{\partial n_i}\right)_{T,V,n_{k\neq i}} + \frac{b}{q_1}\frac{RT\ln \gamma_{i,res} - g_{res}^E}{n_T} \tag{C. 289}$$

考虑 $B = n_T b$ 得

$$\left(\frac{\partial B}{\partial n_i}\right)_{T,V,n_{k\neq i}} = \left(\frac{\partial (n_T b)}{\partial n_i}\right)_{T,V,n_{k\neq i}} = n_T\left(\frac{\partial b}{\partial n_i}\right)_{T,V,n_{k\neq i}} + b \tag{C. 290}$$

随后

$$\left(\frac{\partial b}{\partial n_i}\right)_{T,V,n_{k\neq i}} = \frac{\bar{b}_i - b}{n_T}$$

因此，得到

$$n_T\left(\frac{\partial a}{\partial n_i}\right)_{T,V,n_{k\neq i}} = \left[\frac{\bar{b}_i - b}{n_T} - \frac{b}{n_T}\right]\sum_i n_i \frac{a_{ii}}{b_{ii}} + b\frac{a_{ii}}{b_{ii}} + \frac{n_T g_{res}^E}{q_1}\frac{\bar{b}_i - b}{n_T} + \frac{b}{q_1}(RT\ln\gamma_{i,res} - g_{res}^E)$$

$$= (\bar{b}_i - 2b)\frac{a}{b} + b\frac{a_{ii}}{b_{ii}} + \frac{b}{q_1}RT\ln\gamma_{i,res} \tag{C. 291}$$

综上，逸度系数设为

$$\ln\varphi_i = -\ln z - \ln\frac{v+c-b}{v} - \frac{(c_i - \bar{b}_i)}{v+c-b}$$

$$-\frac{a(c_i+\bar{b}_i)(b+c) - a(c_i c + c_i b + \bar{b}_i c - \bar{b}_i b) + 2b^2\left(-2a - n_T\left(\frac{\partial a}{\partial n_i}\right)_{T,V,n_{k\neq i}}\right)}{4\sqrt{2}b^3 RT}\ln\frac{v+(b+c)-b\sqrt{2}}{v+(b+c)+b\sqrt{2}}$$

$$-a\frac{(c_i+\bar{b}_i)(b+c)v + (c^2+2bc-b^2)(c_i+\bar{b}_i) - (c_i c + c_i b + \bar{b}_i c - \bar{b}_i b)(v+b+c)}{2b^2 RT[v^2+(2b+2c)v+c^2+2bc-b^2]}$$

$$= -\ln z - \ln\frac{v+c-b}{v} - \frac{(c_i - \bar{b}_i)}{v+c-b}$$

$$+\frac{\frac{a_{ii}}{b_{ii}}+\frac{RT}{q_1}\ln\gamma_{i,pes}}{2\sqrt{2}RT}\ln\frac{v+b(1-\sqrt{2})+c}{v+b(1+\sqrt{2})+c}$$
$$-a\frac{\overline{b_i}(v+c)-b\,c_i}{bRT[v^2+(2b+2c)v+c^2+2bc-b^2]} \quad (C.292)$$

E1 推导 Wilson 方程

图 C.4 显示了二元混合物中组分 1 和 2 分子可能的局部分布的两个例子。

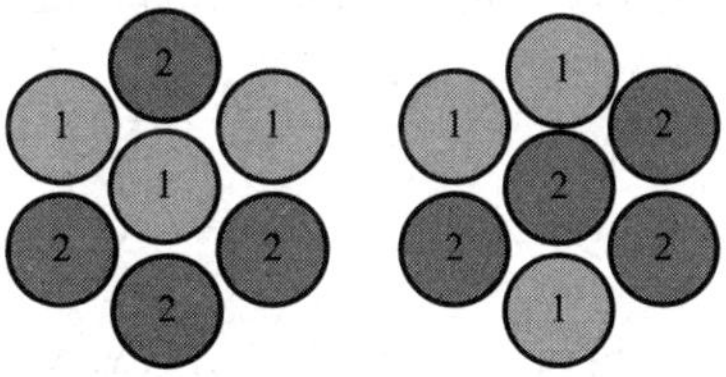

图 C.4 二元混合物中可能的分子分布

可以看出，组分 1 和组分 2 在 1 型分子周围和 2 型分子周围的浓度可能不同，尽管混合物的总浓度保持不变。

考虑到计算时，根据 Wilson[7] 可以假定 Gibbs 能超额

$$\frac{g^{\mathrm{E}}}{RT}=\sum_i x_i\ln\frac{\xi_i}{x_i} \quad (C.293)$$

浓度 ξ_i 为

$$\xi_i=\frac{x_{ii}v_i}{\sum_j x_{ji}v_j} \quad (C.294)$$

x_{ji}为组分 j 在组分 i 周围的局部摩尔分数。

将式(C.294)插入式(C.293)中，得到

$$\frac{g^{\mathrm{E}}}{RT}=\sum_i x_i\ln\frac{\frac{x_{ii}v_i}{\sum_j x_{ji}v_j}}{x_i} \quad (C.295)$$

然后，假设局部浓度和整体浓度与玻尔兹曼因子相关：

$$\frac{x_{ij}}{x_{ii}}=\frac{x_j\exp(-\lambda_{ji}/(RT))}{x_i\exp(-\lambda_{ii}/(RT))} \quad (C.296)$$

结合方程式(C.295)和(C.296)得

$$\frac{g^{\mathrm{E}}}{RT}=\sum_i x_i\ln\frac{x_{ii}v_i}{x_i\sum_j x_{ii}v_j\frac{x_j}{x_i}\frac{\exp(-\lambda_{ji}/(RT))}{\exp(-\lambda_{ii}/(RT))}}$$

$$= \sum_i x_i \ln \frac{v_i}{\sum_j v_j x_j \dfrac{\exp(-\lambda_{ji}/(RT))}{\exp(-\lambda_{ii}/(RT))}}$$

$$= -\sum_i x_i \ln \sum_j x_j \frac{v_j}{v_i} \exp\left(-\frac{(\lambda_{ji}-\lambda_{ii})}{RT}\right) \tag{C.297}$$

设置 $\lambda_{ij}=\lambda_{ji}$

$$\Lambda_{ij} = \frac{v_j}{v_i}\exp\left(-\frac{(\lambda_{ij}-\lambda_{ii})}{RT}\right) = \frac{v_j}{v_i}\exp\left(-\frac{\Delta\lambda_{ij}}{RT}\right) \tag{C.298}$$

可以介绍 $\Delta\lambda_{ij}$相互作用参数。超额 Gibbs 能的表达式

$$\frac{g^{\mathrm{E}}}{RT} = -\sum_i x_i \ln \sum_j x_j \Lambda_{ij} \tag{C.299}$$

对于二元混合物，式(C.299)给出

$$\frac{g^{\mathrm{E}}}{RT} = -x_1 \ln(x_1 + x_2\Lambda_{12}) - x_2 \ln(x_1\Lambda_{21} + x_2) \tag{C.300}$$

活度系数由式(4.85)计算：

$$\ln\gamma_i = \left.\frac{\partial\left(n_{\mathrm{T}}\dfrac{g^{\mathrm{E}}}{RT}\right)}{\partial n_i}\right|_{T,P,n_{j\neq i}}$$

$$= \frac{\partial}{\partial n_i}\left[-\sum_k n_k \ln \sum_j \frac{n_j}{n_T}\Lambda_{kj}\right]_{T,P,n_{j\neq i}}$$

$$= -\ln\sum_j x_j\Lambda_{ij} - n_i\frac{\partial}{\partial n_i}\left(\ln\sum_j \frac{n_j}{n_T}\Lambda_{ij}\right)_{T,P,n_{j\neq i}} + \frac{\partial}{\partial n_i}\left[-\sum_{k\neq i} n_k \ln\sum_j \frac{n_j}{n_T}\Lambda_{kj}\right]_{T,P,n_{j\neq i}}$$

$$= -\ln\sum_j x_j\Lambda_{ij} - \frac{n_i}{\sum_j \frac{n_j}{n_T}\Lambda_{ij}}\frac{\partial}{\partial n_i}\left(\sum_j \frac{n_j}{n_T}\Lambda_{ij}\right)_{T,P,n_{j\neq i}} - \sum_{k\neq i}\frac{n_k}{\sum_j \frac{n_j}{n_T}\Lambda_{kj}}\frac{\partial}{\partial n_i}\left(\sum_j \frac{n_j}{n_T}\Lambda_{kj}\right)_{T,P,n_{j\neq i}}$$

$$= -\ln\sum_j x_j\Lambda_{ij} - \sum_k \frac{n_k}{\sum_j \frac{n_j}{n_T}\Lambda_{kj}}\frac{\partial}{\partial n_i}\left(\sum_j \frac{n_j}{n_T}\Lambda_{kj}\right)_{T,P,n_{j\neq i}}$$

$$= -\ln\sum_j x_j\Lambda_{ij} - \sum_k \frac{n_k}{\sum_j \frac{n_j}{n_T}\Lambda_{kj}}\left(\frac{n_T-n_i}{n_T^2}\Lambda_{kj} - \sum_{j\neq i}\frac{n_j}{n_T^2}\Lambda_{kj}\right)$$

$$= -\ln\sum_j x_j\Lambda_{ij} - \sum_k \frac{1}{\sum_j x_j\Lambda_{kj}}\left(x_k\Lambda_{kj} - \sum_j x_j x_k\Lambda_{kj}\right)$$

$$= -\ln\sum_j x_j\Lambda_{ij} - \sum_k \frac{x_k\Lambda_{kj}}{\sum_j x_j\Lambda_{kj}} + \sum_k \frac{\sum_j x_j x_k\Lambda_{kj}}{\sum_j x_j\Lambda_{kj}}$$

$$= -\ln \sum_j x_j \Lambda_{ij} - \sum_k \frac{x_k \Lambda_{kj}}{\sum_j x_j \Lambda_{kj}} + \sum_k \frac{x_k \sum_j x_j \Lambda_{kj}}{\sum_j x_j \Lambda_{kj}}$$

$$= -\ln \sum_j x_j \Lambda_{ij} - \sum_k \frac{x_k \Lambda_{kj}}{\sum_j x_j \Lambda_{kj}} + 1 \quad (C.301)$$

同样的，文献[8]推导出 UNIQUAC 方程，文献[9]推导出 NRTL 方程。

E2 过程模拟程序中 Wilson、NRTL 和 UNIQUAC 方程的表示法

因为不同的体积 v_i 对活度系数有影响，所以式(C.298)不适合作为 Wilson 方程的表达式运用在过程模拟中。保存二元参数 $\Delta\lambda_{ij}$ 时，这些参数和运用在参数回归运行中比体积相关联。可能由于数据状况的改进，从而使得纯组分的值发生改变，二元参数也不得不做相应的修正，这些情况使用者通常不会考虑。

因此在过程模拟程序中，Wilson 方程采用不同形式从而避免了这些缺点。从等式(C.298)开始，我们可以写出

$$\Lambda_{ij} = \frac{v_j}{v_i}\exp\left(-\frac{\Delta\lambda_{ij}}{RT}\right)$$

$$= \exp\left(\ln\frac{v_j}{v_i} + \frac{-\Delta\lambda_{ij}/R}{T}\right)$$

$$= \exp\left(A_{ij} + \frac{B_{ij}}{T}\right)$$

$$= \exp\left(\frac{A_{ij}T + B_{ij}}{T}\right) \quad (C.302)$$

进一步的优点是，气体常数 R 不再与参数有关。因此，参数不再与所使用 R 的单位和值相关。此外，在方程中参数总是以正值书写。值得注意的是，$\ln v_j/v_i$ 代表了二元交互作用参数对温度的线性依赖关系。

在依赖于温度的参数是必需的情况下，那么参数 A 可以很好地拟合实验数据，使得方程完全独立于比体积。

在使用不依赖于温度的参数情况下，那么仅仅拟合参数 B。如式(C.302)所示，可以将参数 A 设置为($\ln v_j/v_i$)并以这种方式存储。在没有质量损失的情况下，在调整参数 B 之前，也可以将 A_{ij} 设置为 0。

可以添加更多与温度相关的项，例如：

$$\Lambda_{ij} = \exp\left(A_{ij} + \frac{B_{ij}}{T} + C_{ij}\ln\frac{T}{K} + D_{ij}T\right) \quad (C.303)$$

然而只有在少数情况下使用它们才是合理的(详见附录 F)。类似地，NRTL

和 UNIQUAC 方程中包含交互作用参数的项写成这种形式

$$\text{NRTL}：\tau_{ij}=A_{ij}+\frac{B_{ij}}{T}+E_{ij}\ln\frac{T}{K}+F_{ij}T \tag{C. 304}$$

$$\text{UNIQUAC}：\tau_{ij}=\exp\left(A_{ij}+\frac{B_{ij}}{T}+C_{ij}\ln\frac{T}{K}+D_{ij}T+E_{ij}T^2\right) \tag{C. 305}$$

一些情况下，甚至 NRTL 方程中的参数 α 也与温度有关。这种情况下，过程模拟中的表示法是缺少结果的，例如：

$$\alpha_{ij}=C_{ij}+D_{ij}(T-273.15K) \tag{C. 306}$$

同样，应谨慎使用与温度有关的项，当使用它们时应该有充足的数据。

E3 在描述互溶间隙上 Wilson 方程的缺陷

Wilson 方程从来没有指出互溶间隙。它可以使用条件(5.78)表示。

$$\left(\frac{\partial^2\Delta g}{\partial x_1^2}\right)_{T,P}<0 \tag{C. 307}$$

和

$$\Delta g=\Delta g^{\text{id}}+g^{\text{E}} \tag{C. 308}$$

二元混合物的情况下，出现互溶间隙的必要条件是

$$\frac{\partial^2}{\partial x_1^2}[x_1\ln x_1+x_2\ln x_2-x_1\ln(x_1+x_2\Lambda_{12})-x_2\ln(x_1\Lambda_{21}+x_2)]\overset{!}{<}0 \tag{C. 309}$$

$$\frac{\partial}{\partial x_1}[x_1\ln x_1+x_2\ln x_2-x_1\ln(x_1+x_2\Lambda_{12})-x_2\ln(x_1\Lambda_{21}+x_2)]_{T,P}$$

$$=\frac{\partial}{\partial x_1}[x_1\ln x_1+(1-x_1)\ln(1-x_1)-x_1\ln(x_1+\Lambda_{12}-x_1\Lambda_{12})-(1-x_1)\ln(x_1\Lambda_{21}+1-x_1)]_{T,P}$$

$$=\ln x_1+1-\frac{1}{1-x_1}-\ln(1-x_1)+\frac{x_1}{1-x_1}-\ln(x_1+\Lambda_{12}-x_1\Lambda_{12})-\frac{x_1(1-\Lambda_{12})}{x_1+\Lambda_{12}-x_1\Lambda_{12}}$$

$$-\frac{\Lambda_{21}-1}{x_1\Lambda_{21}+1-x_1}+\ln(x_1\Lambda_{21}+1-x_1)+\frac{x_1(\Lambda_{21}-1)}{x_1\Lambda_{21}+1-x_1}$$

$$=\ln x_1-\ln(1-x_1)-\ln(x_1+\Lambda_{12}-x_1\Lambda_{12})-1+\frac{\Lambda_{12}}{x_1+\Lambda_{21}-x_1\Lambda_{12}}$$

$$+\ln(x_1\Lambda_{21}+1-x_1)+1-\frac{\Lambda_{21}}{x_1\Lambda_{21}+1-x_1}$$

$$=\ln x_1-\ln(1-x_1)-\ln(x_1+\Lambda_{12}-x_1\Lambda_{12})+\frac{\Lambda_{12}}{x_1+\Lambda_{12}-x_1\Lambda_{12}}$$

$$+\ln(x_1\Lambda_{21}+1-x_1)-\frac{\Lambda_{21}}{x_1\Lambda_{21}+1-x_1} \tag{C. 310}$$

$$\frac{\partial^2}{\partial^2_{x_1}}[x_1\ln x_1+x_2\ln x_2-x_1\ln(x_1+x_2\Lambda_{12})-x_2\ln(x_1\Lambda_{21}+x_2)]$$

$$=\frac{1}{x_1}+\frac{1}{1-x_1}-\frac{1-\Lambda_{12}}{x_1+\Lambda_{12}-x_1\Lambda_{12}}-\frac{\Lambda_{12}(1-\Lambda_{12})}{(x_1+\Lambda_{12}-x_1\Lambda_{12})^2}+\frac{\Lambda_{12}-1}{x_1\Lambda_{21}+1-x_1}+\frac{\Lambda_{21}(\Lambda_{21}-1)}{(x_1\Lambda_{21}+1-x_1)^2}$$

$$=\frac{1}{x_1}+\frac{1}{x_2}-\frac{(1-\Lambda_{12})(x_1+\Lambda_{12}-x_1\Lambda_{12})}{(x_1+\Lambda_{12}-x_1\Lambda_{12})^2}-\frac{\Lambda_{12}(1-\Lambda_{12})}{(x_1+\Lambda_{12}-x_1\Lambda_{12})^2}$$

$$+\frac{(\Lambda_{21}-1)(x_1\Lambda_{21}+1-x_1)}{(x_1\Lambda_{21}+1-x_1)^2}+\frac{\Lambda_{21}(\Lambda_{21}-1)}{(x_1\Lambda_{21}+1-x_1)^2}$$

$$=\frac{1}{x_1}+\frac{1}{x_2}-\frac{(1-\Lambda_{12})(x_1+2\Lambda_{12}-x_1\Lambda_{12})}{(x_1+\Lambda_{12}-x_1\Lambda_{12})^2}+\frac{(\Lambda_{21}-1)(x_1\Lambda_{21}+\Lambda_{21}+1-x_1)}{(x_1\Lambda_{21}+1-x_1)^2}$$

$$=\left[\frac{1}{x_1}-\frac{x_1+2x_2\Lambda_{12}-(2-x_1)\Lambda_{12}{}^2}{(x_1+x_2\Lambda_{12})^2}\right]+\left[\frac{1}{x_2}-\frac{x_2+2x_1\Lambda_{21}-(2-x_2)\Lambda_{21}{}^2}{(x_1\Lambda_{21}+x_2)^2}\right] \tag{C.311}$$

为了判断结果项的符号，分析矩形括号中的两个对称项。我们来看第一个括号项。

首先，这一项表明出它随着 Λ_{12} 的增加严格单调增加，与 x_1 无关。

$$\frac{\partial}{\partial\Lambda_{12}}\left[\frac{1}{x_1}-\frac{x_1+2x_2\Lambda_{12}-(2-x_1)\Lambda_{12}{}^2}{(x_1+x_2\Lambda_{12})^2}\right]_{x_1,x_2}$$

$$=-\frac{(2x_2-(4-2x_1)\Lambda_{12})(x_1+x_2\Lambda_{12})^2-2x_2(x_1+x_2\Lambda_{12})[x_1+2x_2\Lambda_{12}-(2-x_1)\Lambda_{12}{}^2]}{(x_1+x_2\Lambda_{12})^4}$$

$$=-\frac{(2x_2-(4-2x_1)\Lambda_{12})(x_1+x_2\Lambda_{12})-2x_2[x_1+2x_2\Lambda_{12}-(2-x_1)\Lambda_{12}{}^2]}{(x_1+x_2\Lambda_{12})^3}$$

$$=-\frac{2x_1x_2+2x_2{}^2\Lambda_{12}-4x_1\Lambda_{12}+2x_1{}^2\Lambda_{12}-4x_2\Lambda_{12}{}^2+2x_1x_2\Lambda_{12}{}^2-2x_1x_2-4x_2{}^2\Lambda_{12}+4x_2\Lambda_{12}{}^2-2x_1x_2\Lambda_{12}{}^2}{(x_1+x_2\Lambda_{12})^3}$$

$$=-\frac{-4x_1\Lambda_{12}+2x_1{}^2\Lambda_{12}-2x_2{}^2\Lambda_{12}}{(x_1+x_2\Lambda_{12})^3}$$

$$=-\frac{\Lambda_{12}[2x_1(2-x_1)+2x_2^2]}{(x_1+x_2\Lambda_{12})^3} \tag{C.312}$$

由式(C.298)、(C.303)和 $0\leqslant x_1$、$x_2\leqslant 1$ 可以看出 Λ_{12} 总是正值，事实上括号中的项随着 Λ_{12} 的增加严格增加。因此，当 $\Lambda_{12}\to 0$ 时，出现最小值，由于 Λ_{12} 指数函数的曲率这是不能实现的。式(C.311)第二个括号项也做相同的分析，可知当 $\Lambda_{21}\to 0$ 时出现最小值。因此，可由 $\Lambda_{12}=\Lambda_{12}$ 计算出 Δg 二阶导数的最小值。

$$\frac{\partial^2}{\partial x_1^2}[x_1\ln x_1+x_2\ln x_2-x_1\ln(x_1+x_2\Lambda_{12})-x_2\ln(x_1\Lambda_{21}+x_2)]$$

$$=\left[\frac{1}{x_1}-\frac{x_1}{x_1^2}\right]+\left[\frac{1}{x_2}-\frac{x_2}{x_2^2}\right]=0 \tag{C.313}$$

上述表明，出现混相间隙的条件等式(C.307)永远无法满足。从文献[10]中可以找到更多关于 Wilson 方程的限制条件及其原因。

F1　Soave – Redlich – Kwong 状态方程下的$(h-h^{id})$

Soave – Redlich – Kwong 方程可由下式给定

$$P=\frac{RT}{v-b}-\frac{a(T)}{v(v+b)} \tag{C.314}$$

根据混合规则

$$a=\sum_i\sum_j y_iy_ja_{ij} \tag{C.315}$$

$$b=\sum_i y_ib_i \tag{C.316}$$

$$a_{ij}=\sqrt{a_{ii}a_{jj}}(1-k_{ij}) \tag{C.317}$$

$$a_{ii}(T)=0.42748\frac{R^2T_{ci}^2}{P_{ci}}\alpha_i(T) \tag{C.318}$$

$$\begin{aligned}a_i(T)&=[1+(0.48+1.574\,\omega_i-0.176\,\omega_i^2)(1-T_{ri}^{0.5})]^2\\&=[1+m_i(1-T_{ri}^{0.5})]^2\end{aligned} \tag{C.319}$$

$$b_i=0.08664\frac{RT_{ci}}{P_{ci}} \tag{C.320}$$

在附录 C2 中推导了$(h-h^{id})_{T,P}$计算公式：

$$(h-h^{id})_{T,P}=\int_{\infty}^{v}\left[T\left(\frac{\partial_P}{\partial_T}\right)_v-P\right]dv+Pv-RT \tag{C.321}$$

求解式(C.321)，过程如下

$$\left(\frac{\partial P}{\partial T}\right)_v=\frac{R}{v-b}-\frac{da/dT}{v(v+b)} \tag{C.322}$$

$$\frac{da}{dT}=\sum_i\sum_j y_iy_j\frac{da_{ij}}{dT}=\sum_i\sum_j y_iy_j(1-k_{ij})\frac{1}{2\sqrt{a_{ii}a_{jj}}}\left(a_{ii}\frac{da_{jj}}{dT}+a_{jj}\frac{da_{ii}}{dT}\right) \tag{C.323}$$

$$\frac{da_{ii}}{dT}=0.42748\frac{R^2T_{ci}^2}{P_{ci}}\frac{d\alpha_i(T)}{dT}=\frac{a_{ii}(T)}{\alpha_i(T)}\frac{d\alpha_i(T)}{dT} \tag{C.324}$$

$$\frac{d\alpha_i(T)}{dT}=-2[1+m_i(1-T_{ri}^{0.5})]\cdot m_i\frac{1}{2T_{ri}^{0.5}}\frac{1}{T_{ci}}=-\frac{1}{\sqrt{T}}\frac{m_i\sqrt{\alpha_i}}{\sqrt{T_{ci}}} \tag{C.325}$$

$$\frac{\mathrm{d}a_{ii}}{\mathrm{d}T}=-\frac{1}{\sqrt{T}}\frac{a_{ii}m_i}{\sqrt{\alpha_i T_{ci}}} \tag{C.326}$$

$$\begin{aligned}\frac{\mathrm{d}a}{\mathrm{d}T}&=-\frac{1}{\sqrt{T}}\sum_i\sum_j y_i y_j(1-k_{ij})\frac{1}{2\sqrt{a_{ii}a_{jj}}}\left(a_{ii}\frac{a_{jj}m_j}{\sqrt{a_j T_{cj}}}+a_{jj}\frac{a_{ii}m_i}{\sqrt{a_i T_{ci}}}\right)\\&=-\frac{1}{\sqrt{T}}\sum_i\sum_j y_i y_j\frac{a_{ij}}{2}\left(\frac{m_j}{\sqrt{\alpha_j T_{cj}}}+\frac{m_i}{\sqrt{\alpha_i T_{ci}}}\right)\end{aligned} \tag{C.327}$$

$$\frac{\mathrm{d}a}{\mathrm{d}T}=-\frac{X}{2} \tag{C.328}$$

$$T\left(\frac{\partial P}{\partial T}\right)_v-P=\frac{RT}{v-b}+\frac{TX}{2v(v+b)}-\frac{RT}{v-b}+\frac{a}{v(v+b)}=\frac{a+\frac{XT}{2}}{v(v+b)} \tag{C.329}$$

$$\begin{aligned}(h-h^{\mathrm{id}})_{T,P}&=\left(a+\frac{XT}{2}\right)\int_\infty^v\frac{\mathrm{d}v}{v(v+b)}+Pv-RT\\&=-\frac{1}{b}\left(a+\frac{XT}{2}\right)\ln\frac{v+b}{v}+Pv-RT\end{aligned} \tag{C.330}$$

F2 Soave – Redlich – Kwong 状态方程下的$(s-s^{\mathrm{id}})$

根据 C1 部分，剩余熵为

$$(s-s^{\mathrm{id}})_{T,P}=\int_\infty^v\left[\left(\frac{\partial P}{\partial T}\right)_v-\frac{R}{v}\right]\mathrm{d}v+R\ln z \tag{C.331}$$

由式(C. 322)和(C. 328)，被积函数可写成

$$\left(\frac{\partial P}{\partial T}\right)_v-\frac{R}{v}=\frac{R}{v-b}+\frac{X}{2v(v+b)}-\frac{R}{v} \tag{C.332}$$

综上：

$$\begin{aligned}(s-s^{\mathrm{id}})_{T,P}&=\int_\infty^v\left[\frac{R}{v-b}+\frac{X}{2v(v+b)}-\frac{R}{v}\right]\mathrm{d}v+R\ln z\\&=R\ln\frac{v-b}{v}-\frac{X}{2b}\ln\frac{v+b}{v}+R\ln\frac{Pv}{RT}\\&=R\ln\frac{P(v-b)}{RT}-\frac{X}{2b}\ln\frac{v+b}{v}\end{aligned} \tag{C.333}$$

F3 Soave – Redlich – Kwong 状态方程下的$(g-g^{\mathrm{id}})$

同样，$g-g^{\mathrm{id}}$可从焓和熵中求得。

由式(C. 330)和式(C. 333)，可得

$$\begin{aligned}(g-g^{\mathrm{id}})_{T,P}&=(h-h^{\mathrm{id}})_{T,P}-T(s-s^{\mathrm{id}})_{T,P}\\&=-\frac{1}{b}\left(a+\frac{XT}{2}\right)\ln\frac{v+b}{v}+Pv-RT\end{aligned}$$

$$-RT\ln\frac{P(v-b)}{RT}+\frac{XT}{2b}\ln\frac{v+b}{v}$$

$$=-RT\ln\frac{P(v-b)}{RT}-\frac{a}{b}\ln\frac{v+b}{v}+Pv-RT \tag{C. 334}$$

F4 c_P^{id} 相关的不定积分

下面是计算焓和熵的特殊关系式的不定积分

由式(3. 77)

$$c_P^{\mathrm{id}}=A+B\left(\frac{C/T}{\sinh(C/T)}\right)^2+D\left(\frac{E/T}{\cosh(E/T)}\right)^2$$

$$\int c_P^{\mathrm{id}}\mathrm{d}T=AT+BC\coth\left(\frac{C}{T}\right)-DE\tanh\left(\frac{E}{T}\right)+const \tag{C. 335}$$

$$\int\frac{c_P^{\mathrm{id}}}{T}\mathrm{d}T=A\ln\frac{T}{K}+B\left[\frac{C}{T}\coth\left(\frac{C}{T}\right)-\ln\sinh\left(\frac{C}{T}\right)\right]-D\left[\frac{E}{T}\tanh\left(\frac{E}{T}\right)-\ln\cosh\left(\frac{E}{T}\right)\right]+\mathrm{const} \tag{C. 336}$$

由式(3. 78)得

其中

$$\frac{c_P^{\mathrm{id}}}{R}=B+(C-B)y^2[1+(y-1)(D+Ey+Fy^2+Gy^3+Hy^4)]$$

$$y=\frac{T}{A+T}$$

$$\begin{aligned}\int c_P^{\mathrm{id}}\mathrm{d}T=RBT+R(C-B)\cdot\Bigg[&T-(D+E+F+G+H+2)A\ln\frac{A+T}{K}\\&-(2D+3E+4F+5G+6H+1)\frac{A^2}{A+T}\\&+(D+3E+6F+10G+15H)\frac{A^3}{2(A+T)^2}\\&-(E+4F+10G+20H)\frac{A^4}{3(A+T)^3}\\&+(F+5G+15H)\frac{A^5}{4(A+T)^4}\\&-(G+6H)\frac{A^6}{5(A+T)^5}\\&+H\frac{A^7}{6(A+T)^6}\Bigg]+\mathrm{const}\end{aligned} \tag{C. 337}$$

$$\int c_P^{\mathrm{id}}\mathrm{d}T=RB\ln\frac{T}{K}$$

$$+R(C-B)\cdot\left[\ln\frac{A+T}{K}+(1+D+E+F+G+H)\frac{A}{A+T}\right.$$
$$-\left(\frac{D}{2}+E+\frac{3F}{2}+2G+\frac{5}{2}H\right)\frac{A^2}{(A+T)^2}$$
$$+\left(\frac{E}{3}+F+2G+\frac{10}{3}H\right)\frac{A^3}{(A+T)^3}$$
$$-\left(\frac{F}{4}+G+\frac{5}{2}H\right)\frac{A^4}{(A+T)^4}$$
$$+\left(\frac{G}{5}+H\right)\frac{A^5}{(A+T)^5}$$
$$\left.-\frac{H}{6}\frac{A^6}{(A+T)^6}\right]+\text{const} \tag{C. 338}$$

式(C. 338)：

$$c_P^{\text{id}}=A+BT+CT^2+DT^3$$

$$\int c_P^{\text{id}}\mathrm{d}T=AT+\frac{B}{2}T^2+\frac{C}{3}T^3+\frac{D}{4}T^4+\text{const} \tag{C. 339}$$

$$\int\frac{c_P^{\text{id}}}{T}\mathrm{d}T=A\ln\frac{T}{K}+BT+\frac{C}{2}T^2+\frac{D}{3}T^3+\text{const} \tag{C. 340}$$

G1　等截面绝热管中的最大声速

在具有恒定横流面积的绝热管中，有三个方程定义了可以发展的最大速度。它们可以写成微分的形式：

(1)第一定律：

$$\mathrm{d}h+w\mathrm{d}w=0 \tag{C. 341}$$

(2)最大质量流量：

$$\mathrm{d}\left(\frac{\dot{m}}{A}\right)=0 \tag{C. 342}$$

(3)等熵状态变化：

$$T\mathrm{d}s=\mathrm{d}h-v\mathrm{d}P=0 \tag{C. 343}$$

其中 $\dot{m}=\frac{wA}{v}$，则(C. 342)：

$$\mathrm{d}\left(\frac{\dot{m}}{A}\right)=\mathrm{d}\left(\frac{w}{v}\right)=\frac{\mathrm{d}w}{v}-\frac{w\mathrm{d}w}{v^2}=0 \tag{C. 344}$$

联立式(C. 341)、(C. 343)、(C. 343)有

$$\mathrm{d}w=-\frac{\mathrm{d}h}{w}=-\frac{v\mathrm{d}P}{w}=\frac{w}{v}\mathrm{d}v \tag{C. 345}$$

$$w=\sqrt{-v^2\left(\frac{\partial P}{\partial v}\right)_s}=w^* \tag{C.346}$$

与式(3.98)相同。

G2 理想气体的最大质量流量

为了计算理想气体的最大质量流量，假定气体储存在容器中。为了释放压强将阀门打开。如G1表明，在最狭窄的错流区域，声速是最大可能的速度。指数0表示容器中的状态，指数1表示最狭窄的错流区域的状态。恒定C_P^{id}的理想气体，综合式(C.341)、(C.346)和(C.343)：

(1)第一定律：

$$c_P^{\mathrm{id}}(T_1-T_0)+\frac{1}{2}(w_1^2-w_0^2)=0 \tag{C.347}$$

(2)音速：

$$w_1=w^*(T_1)=\sqrt{\kappa RT_1} \tag{C.348}$$

(3)等熵状态变化：

$$\frac{T_1}{T_0}=\left(\frac{P_1}{P_0}\right)^{\frac{\kappa-1}{\kappa}} \tag{C.349}$$

结合式(C.348)，式(C.347)可变为

$$\frac{1}{2}\kappa RT_1=c_P^{\mathrm{id}}(T_0-T_1) \tag{C.350}$$

假设ω_0为0，由$\kappa=C_P^{\mathrm{id}}/(C_P^{\mathrm{id}}-R)$求解$T_1/T_0$，得：

$$\frac{T_1}{T_0}=\frac{c_P^{\mathrm{id}}}{\frac{1}{2}\kappa R+c_P^{\mathrm{id}}}=\frac{\frac{c_P^{\mathrm{id}}}{R}}{\frac{1}{2}\kappa+\frac{c_P^{\mathrm{id}}}{R}}$$

$$=\frac{\frac{\kappa}{\kappa-1}}{\frac{\kappa}{2}+\frac{\kappa}{\kappa-1}}=\frac{2\kappa}{\kappa(\kappa-1)+2\kappa}=\frac{2}{\kappa+1} \tag{C.351}$$

将式(C.351)代入式(C.349)中，得：

$$\frac{P_1}{P_0}=\left(\frac{2}{\kappa+1}\right)^{\frac{\kappa}{\kappa-1}} \tag{C.352}$$

对理想气体状态方程和第一定律[式(C.347)]积分，最大可能的质量流量可以设定为：

$$\left(\frac{\dot{m}}{A}\right)_{\mathrm{nax}}=\frac{w_1}{v_1}=\frac{P_1}{RT_1}\sqrt{2\,c_P^{\mathrm{id}}(T_0-T_1)}$$

$$= \sqrt{\frac{2P_1^2 c_P^{\mathrm{id}}}{R^2 T_1^2}(T_0 - T_1)} = \sqrt{\frac{2P_0}{v_0}\frac{\kappa}{\kappa - 1}\left(\frac{P_1^2 T_0^2}{P_0^2 T_1^2} - \frac{P_1^2 T_0}{P_0^2 T_1}\right)}$$

$$= \sqrt{\frac{2P_0}{v_0}\frac{\kappa}{\kappa - 1}\left[\left(\frac{P_1}{P_0}\right)^2 \left(\frac{P_1}{P_0}\right)^{\frac{\kappa-1}{\kappa}\cdot 2} - \left(\frac{P_1}{P_0}\right)^2 \left(\frac{P_1}{P_0}\right)^{\frac{\kappa-1}{\kappa}}\right]}$$

$$= \sqrt{\frac{2P_0}{v_0}\frac{\kappa}{\kappa - 1}\left[\left(\frac{P_1}{P_0}\right)^{\frac{2}{\kappa}} - \left(\frac{P_1}{P_0}\right)^{\frac{\kappa+1}{\kappa}}\right]} \qquad (C.353)$$

参考文献

1 Bronstein, I. N. and Semendjajev, K. A. (1981). Taschenbuch der Mathematik, 21Auflage. Verlag Harri Deutsch, Thun und Frankfurt a. M.

2 Baehr, H. D. (1992). Thermodynamik, 8. Auflage. Berlin: Springer.

3 Falk, G. and Ruppel, W. (1976). Energie und Entropie. Berlin: Springer.

4 Novak, J. P, Matous, J. , and Vonka, P. (1991). Collect. Czech Chem. Commun. 56: 745 –749.

5 Loffler, H. J. (1969). Thermodynamik. Bd. 2, Gemische und chemische Reaktio – nen. Berlin: Springer.

6 Deiters, U. K. and Kraska, T. (2012). High –Pressure Fluid Phase Equilibria. Amsterdam: Elsevier.

7 Wilson, G. M. (1964). I. Am. Chem. Soc. 20(1): 127 –130.

8 Maurer, G. (1978). Fluid Phase Equilib. 2: 91 –99.

9 Renon, H. and Prausnitz, J. M. (1968). AIChE . 14(1): 135 –144.

10 Pentermann, W. (1983). VT Verfahrenstech. 17(2): 89 –90.

11 https://de. wikipedia. org/wiki/Cardanische_ Formeln

附录 D 电解液成分标准热力学性质

化合物	$\Delta h_f^0(*, m)/(kJ/mol)$	$\Delta g_f^0(*, m)/(kJ/mol)$	$\Delta c_P^0(*, m)/[J/(mol\cdot k)]$
$CO_2(aq)$	-413.8	-385.98	—
$SO_2(aq)$	-323.16	-300.503	194.8
$H_2S(aq)$	-39.7	-27.83	—
$HF(aq)$	-320.08	-296.82	—
$NH_3(aq)$	-80.29	-26.5	—
$Hg(aq)$	21.776	37.244	154.2
$H^+(aq)$	0	0	0
$Ca^{2+}(aq)$	-542.83	-553.58	—
$K^+(aq)$	-252.38	-283.27	21.8
$Na^+(aq)$	-240.12	-261.905	46.4
$NH_4^+(aq)$	-132.51	-79.31	79.9
$Cu^{2+}(aq)$	65.78	65.7	—
$Zn^{2+}(aq)$	-152.84	-147.16	—
$Hg^{2+}(aq)$	170.16	164.703	—
$OH^-(aq)$	-229.994	-157.244	-148.8
$Cl^-(aq)$	-167.159	-131.228	-136.4
$F^-(aq)$	-332.63	-278.79	-106.7
$HCO_3^-(aq)$	-691.99	-586.77	—
$CO_3^{2-}(aq)$	-677.14	-527.81	—
$SO_3^{2-}(aq)$	-630.44	-486.092	-263.9
$HSO_3^-(aq)$	-626.79	-527.032	-1.9
$HSO_4^-(aq)$	-887.34	-755.91	-84.0
$SO_4^{2-}(aq)$	-909.27	-744.53	-293.0
$HS^-(aq)$	-17.6	12.08	—
$S^{2-}(aq)$	33.1	85.8	—
$NO_2^-(aq)$	-104.6	-32.2	-97.5
$NO_3^-(aq)$	-205	-108.74	-86.6
H_2O	-285.83	-237.129	75.29

注：数据参考[1]。

参考文献

1 Luckas, M. and Krissmann, J. (2001). Thermodynamik der Elektrolytlisungen. Berlin, Heidelberg: Springer.

附录 E　纯组分数据的回归技巧

执行回归意味着对给定数据点调整相关函数，使数据点的表示尽可能好。这可以通过最小化目标函数 F 实现。假定 m 为一般纯组分性质，目标函数通常被定义为：

$$F = \sum_i \omega_i \left(\frac{m_{\text{calc},i} - m_{\exp,i}}{m_{\exp,i}}\right)^2 \xrightarrow{!} \min \qquad (E.1)$$

其中，w_i 是特定数据点的权重因子。

偏差平方和的目的是消除偏差符号的影响，突出偏差较大的点。权重因子可根据实验的不确定性挑选出明显较差的数据点或对个别数据点赋予特殊的权重。也可以定义许多其他形式的目标函数，例如，相对偏差或绝对偏差的总和。

回归过程中，存在三种问题：

(1)所选择的相关性可能无法以所需的精度复现令人满意的数据。这时，必须选择一个更好的方法，但可能会需要更多的可调参数。目前，每种属性都具有相关性，都将能够在所研究的温度范围内对特定的组分复现合理的数据。

(2)某些数据点或整个数据集可能是错误的或不够准确的。这时，应该将它们从数据库中删除，例如，将它们的权重因子设置为0。以下步骤可以成功地确定需要删除的数据：

a. 同步回归所有数据，可以快速了解特定的偏差。如果它们都是一致的，只需要删除单个异常值。

b. 如果无法阐明数据状态，则每个数据集都应单独拟合，以便检查其内部一致性。不一致数据来源的权重应该设置为0。

c. 找到可以同时关联的数据集组合。注意删除单个异常数据点。

(3)外推法可能是不合理的，这是多项式的常见情况。因此，应当检查所研究的温度范围内的图解以便获得合理的曲线。

蒸气压回归是其中最重要、最困难的一种。从三相点到临界点，蒸气压范围包含了几个数量级。因此，在整个温度范围内，只有用对数图才能直观地表示蒸气压的曲率。另一方面，对数图不能用于检测相关值与实验值之间的微小差异，这些差异体现了蒸气压的高精度要求(偏差大大低于1%)。如图 E.1 所示。对数

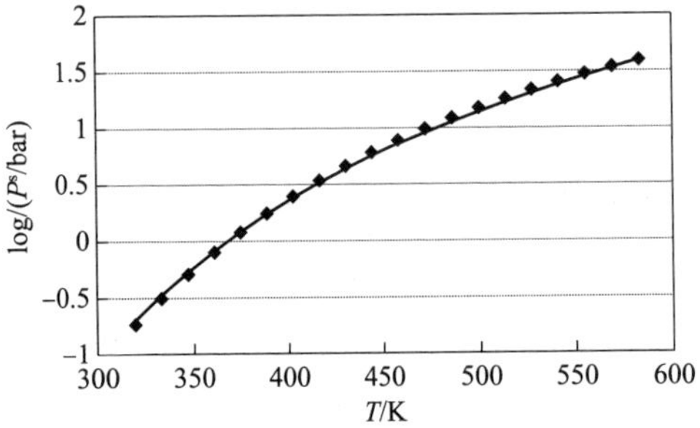

图 E.1　对数蒸气压曲线

图似乎显示出实测数据点和蒸气压曲线吻合良好。然而，曲线的平均偏差大于5%，因此不能使用。可以使用偏差图达到此目的。

图 E.2 显示了 R134a 的蒸气压曲线的偏差图，该曲线可以很好地用 Wagner 方程拟合(3.37)。偏差分散在零线周围，检测不到系统误差。绝对最大偏差约为 0.8%，对于低蒸气压区域已处于容差范围内。平均偏差更低(0.26%)。相比之下，运用安托因方程情况很不理想，如图 E.3 所示。尽管使用了相同的数据，但绘图结果为正弦曲线，表明采用安托因方程关联不够灵活。如果偏差很小，可以接受使用；然而，这个例子中平均偏差太大(约为 0.63%)。因此，推荐使用更灵活的关联方法。另一种选择是为拟合方程分配一个较小的验证范围。

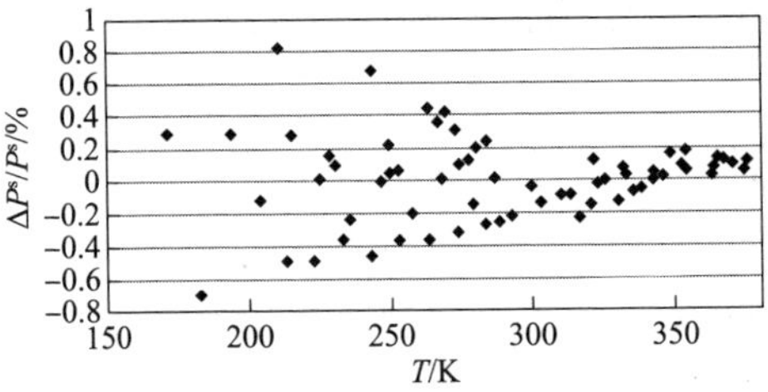

图 E.2　一个良好的蒸气压拟合偏差图(Wagner 方程)

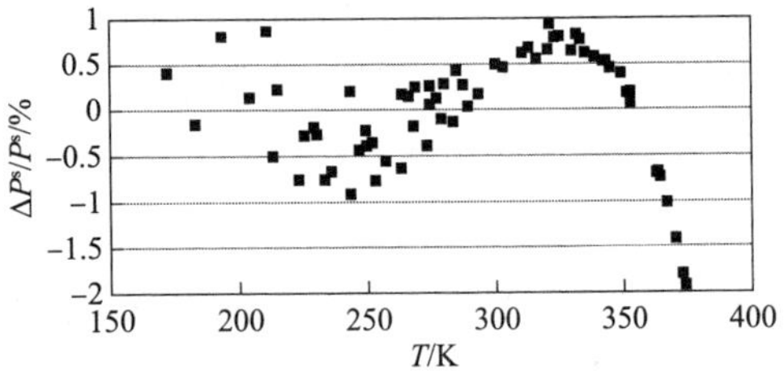

图 E.3　蒸气压回归的偏差图；相关性不够灵活(安托因方程)

最后，图 E.4 为甲苯的曲线图，不同作者分别给出了不同程度的测量数据。在这种情况下，改进相关性不能解决问题。与此相反，我们应该将标记 4 中数据点的权重因子设置为 0，从数据库中删除它们。

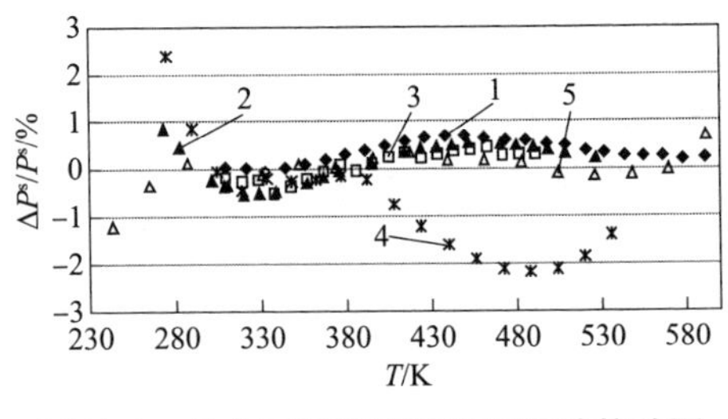

图 E.4　几个不同程度的数据源的偏差图

为了获得可靠的相关性，应该注意数据点的数量与可调参数的数量之间的比例是否合理。至少我们应该保证比例为 2。

附录F　二元参数的回归技巧

工厂模型中的特定假设和模型参数会严重影响仿真模型的结果。这就是这些参数应该适用于描述简化系统的可靠数据的原因，例如二元混合物。由于对设备性能假设的影响(如塔板蒸馏效率)没有从模型参数的影响中孤立出来，在复合目标体系中回归参数到观测值通常不可行。独立二元子体系的实验数据是成功流程模型的关键。它们包含了关于流程模型的所有信息；模型参数只是一种表示。如果有新的数据可用，可以通过扩展数据库和执行新的回归来升级模型。

在一个化工厂的过程模拟中，通常涉及20~40个组分。在开发过程模型时，二元参数的调整是最耗时的部分。例如，如果一个体系包含20种组分，总共要规定20·19/2=190个二元参数。为避免减弱一个二元参数的影响，应该考虑到不需要必须确定所有的参数。通常，许多副产物的浓度都很低。因此，仅需考虑主要成分之间的二元参数，它们与副产物之间的二元参数对结果几乎没有影响。商用的仿真程序提供了完整的参数表。在许多情况下，它们有着足够的准确性，但是用户应该知道它们的适用范围，二元参数所依据的数据量，回归存在偏差，更不用说有时给定参数是错误的。下面的例子说明了如果不进一步检查就使用默认的二元参数可能会产生的后果。

例F.1　对于二元体系1，1，2-三氯乙烷(1)-水(2)，下面列出内置默认参数的NRTL参数：

$$\tau_{ij}=A_{ij}+\frac{B_{ij}}{T/\mathrm{K}}+E_{ij}\ln(T/\mathrm{K})+F_{ij}(T/\mathrm{K})$$

$A_{12}=670.9628$　　$A_{21}=-108.7561$

$B_{12}=-6907.7813$　　$B_{21}=4489.9561$

$E_{12}=-101.3913$　　$E_{21}=17.4607$

$F_{12}=0$　　$F_{21}=0$

$\alpha_{12}=0.2$

温度0℃<ϑ<55℃，参数是有效的。

过程模拟中，它们对分相器(操作温度$\vartheta_1=50$℃)和废水汽提塔(操作温度$\vartheta_2=125$℃，操作压强$P_2=2.3\mathrm{bar}$)的质量平衡起到决定性的作用。汽提塔的主要任务是将有机组分的负荷降低来简化生物废水的处理。检查这些参数是否可以在过程模拟中使用。如果不可以，用合适的参数替换。

解：

该参数的有效范围有限，不包含汽提塔的操作温度。在这个范围之外进行推测是正常的。然而，参数数据是可疑的，因为它们的值异常高。强非理想体系必须使用与温度有关的参数是很正常的；然而，6个参数仅覆盖了55K的范围可能是不合理的。这在 $\vartheta_1=50℃$，$\vartheta_2=125℃$ 的 Pxy 相图中得到了验证(图F.1)。

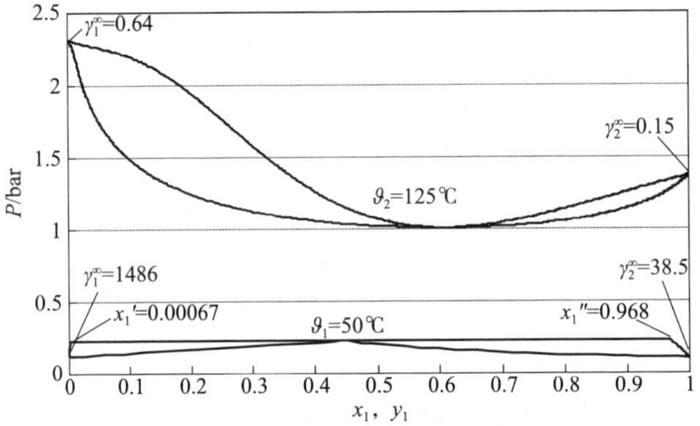

图F.1 默认参数下体系1，1，2－三氯乙烷(1)和水(2)在 $\vartheta_1=50℃$，$\vartheta_2=125℃$ 下的 Pxy 相图

可以看出，在预期 $\vartheta_1=50℃$ 的参数中，展现出较大的混溶间隙。这是一种由水和非极性有机物如1，1，2－三氯乙烷组成的体系。意外的是，在 $\vartheta_2=125℃$ 时，混溶间隙消失了(见图F.1)。相反地，图中显示出拉乌尔定律的巨大负偏差和最低共沸点。

这很不可思议。拉乌尔定律的负偏差意味着1，1，2－三氯乙烷会从塔的底部离开汽提塔；汽提塔将不起作用。除了怀疑这些参数是可疑的，还应该对模型进行修正。

可以将参数拟合到Stephenson的液－液平衡（LLE）数据中来实现(见表F.1)。

表F.1 体系1，1，2－三氯乙烷(1)和水(2)的LLE数据

T/K	x_1'/(mol/mol)	x_1''/(mol/mol)
273.15	0.0006293	0.994841
282.35	0.0005952	0.9927901
292.85	—	0.991038
304.45	0.0006211	0.988492
314.15	0.0006551	0.986753
323.75	0.0007028	0.983867
333.65	0.0006742	0.980565
344.15	0.0007533	0.977496
354.85	0.0008939	0.974514
363.95	0.0009554	0.974514

注：数据来自Stephenson[1]。

利用 NRTL 方程可以对数据进行拟合，并给出相应的参数。

$A_{12} = -3.2453$　　$A_{21} = 5.9389$

$B_{12} = 1839.4651$　　$B_{21} = -61.7085$

$E_{12} = 0$　　$E_{21} = 0$

$F_{12} = 0$　　$F_{21} = 0$

$\alpha_{12} = 0.2$

图 F.2 中新参数的优点很明显。现在很清楚这些参数的依据。然而，汽提塔的应用超出它们的有效范围。不过，这种推断看起来更合理，大约 90℃ 时这些参数更可靠。现在可以计算出在分相器和汽提塔中出现较大混溶间隙的预期行为。此外，在 $\vartheta_1 = 50$℃ 时水在 1，1，2－三氯乙烷中的溶解度只有默认参数计算值的一半。事实上，借助新参数 1，1，2－三氯乙烷在该过程中的行为可以得到充分描述。

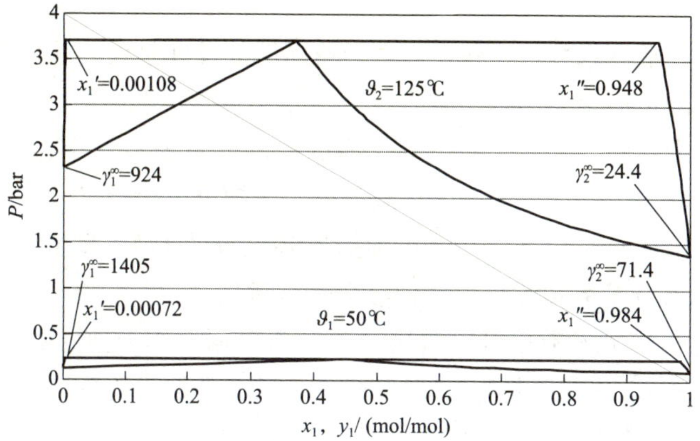

图 F.2　调整参数下体系 1，1，2－三氯乙烷(1)和水(2)在 $\vartheta_1 = 50$℃，$\vartheta_2 = 125$℃下的 *Pxy* 相图

注意，这种情况不是模拟程序的错误。默认参数建议：用户有责任阐明它们是否可以使用。尤其在这种情况下，给定的适用性范围清楚地表明，汽提塔的计算可能存在问题。

因此，我们强烈建议至少应该仔细检查决定性的二元参数以确定其精度和适用范围。如果没有相关的文献资料，有必要自己进行测量。改进的 UNIFAC 或体积转换的 Peng－Robinson 方程等预测方法通常能得到较好的结果。但是，估计的二元参数在设备的设计中总是不可靠的。对于不是决定性的或仅用于初步工作的二元参数，预测方法是有用的。通过使用它们来生成人工数据集可以很容易地与其他模型相结合，然后可以再次进行回归，以获得流程模型缺少的参数。

各种类型的数据集：

· *TPxy* 数据：对于气－液平衡点，所有信息都是可用的。基本上，蒸气浓度有着最大的不确定性。

· *TPx* 数据：没有测量蒸气浓度。数据通常用静态平衡室进行评估。

通常，液体浓度是通过将一定数量的脱气化合物注入真空室来确定。特别适用于高压强、低进料量、高挥发性的两种组分，当用迭代法计算液相中的真实组成时，必须考虑各组分在气相中的含量(见例 15.1)。因此，必须知道静态室的总体积。

· *Txy* 数据：是气相色谱顶空测量的典型数据类型。应该意识到，对于这种测量，只对蒸气浓度进行了实验评估。如果另外给定压强，则可通过模型计算得到。

· γ 值：旧的数据源通常给出活度系数的计算值。如果可能，应该使用原始数据点。

· 无限稀释活度系数：这些系数对于精馏塔的设计是极其重要的，因为大多数精馏都是去除最后杂质的必要阶段。

· LLE 数据：对于 LLE，给出两个相的浓度或者只有一个相(浊点法)的浓度。在后一种情况下，如果两侧的浊点都可用，则可以拟合二元参数。在调整了参数之后，应该注意它们不一定能正确描述多组分的 LLEs 和 VLEs。如果可能，应该将三元 LLE 集成到数据库中，使参数更有意义。

· h^E 数据：二元参数也可以适用于超额焓数据。作为独立数据集，h^E 数据不合适，由于从 h^E 数据预测的 VLE 与模型不符。因此，h^E 数据只是作为补充信息。因为 h^E 与活度系数的温度依赖性相联系，好的 h^E 有助于在数据覆盖的温度范围之外实现可靠的温度外推。

在过程模拟中，通常超额焓不是很重要，因为与蒸发焓相比，它在大多数情况下可以忽略不计。不过有一些众所周知的例外(氨－水和乙醛－水)。

对于每种数据类型，目标函数都有几个备选方案。对 VLE 数据，通常运用函数：

$$F = \sum_i \left[\left(\frac{P_{i,\text{calc}} - P_{i,\text{exp}}}{P_{i,\text{exp}}} \right)^2 + \omega \, (y_{1i,\text{calc}} - y_{1i,\text{exp}})^2 \right] \tag{F.1}$$

该函数即使简单地将权重因子 w 统一，也能得到满意的结果。它既适用于等温数据集，也适用于等压数据集。另外，函数

$$F = \sum_i \left[\left(\frac{T_{i,\text{calc}} - T_{i,\text{exp}}}{T_{i,\text{exp}}} \right)^2 + \omega \, (y_{1i,\text{calc}} - y_{1i,\text{exp}})^2 \right] \tag{F.2}$$

常用于等压数据集。然而，必须考虑到，当 $w=1$ 时，蒸气分数的 1% 偏差

对目标函数有着相同的贡献，例如，在 $T=350\text{K}$ 时，温度相差 3.5K。因此，对于 $w=1$，主要拟合蒸气浓度。对于顶空气相色谱法的测量，只有蒸气浓度是通过实验确定的，第一项可以省略。

$$F = \sum_i (y_{1i,\text{calc}} - y_{1i,\text{exp}})^2 \tag{F.3}$$

考虑式(F.1)~式(F.3)中的蒸气分数项。你可能会想，是否把绝对差异当成了目标函数，如

$$F = \sum_i \left(\frac{y_{1i,\text{calc}} - y_{1i,\text{exp}}}{y_{1i,\text{exp}}}\right)^2 \tag{F.4}$$

事实上，这是一个错误的选择。绝对差值的优点是所有数据点和两个组分都以相同的方式处理。式(F.4)组分 1 低浓度点的权重大于高浓度点的权重。因此，本质上只拟合二元混合物的一面，且 γ_2^∞ 几乎不可能被正确表示。为了正确表示两边，需要运用对称的目标函数

$$F = \sum_i \left[\left(\frac{y_{1i,\text{calc}} - y_{1i,\text{exp}}}{y_{1i,\text{exp}}}\right)^2 + \left(\frac{y_{2i,\text{calc}} - y_{2i,\text{exp}}}{y_{2i,\text{exp}}}\right)^2\right] \tag{F.5}$$

在这个函数中，两种组分的处理方法是相同的，但是强调稀释区域。结果通常与式(F.3)得到的结果有显著差异。目标函数的选择取决于用户的目标；没有正确或不正确的目标函数。

同样地，LLE 的参数调整也有几个选项，例如：

$$F = \sum_i [(x'_{1i,\text{calc}} - x'_{1i,\text{exp}})^2 + (x''_{1i,\text{calc}} - x''_{1i,\text{exp}})^2] \tag{F.6}$$

$$F = \sum_i \left[\left(\frac{x'_{1i,\text{calc}} - x'_{1i,\text{exp}}}{x'_{1i,\text{exp}}}\right)^2 + \left(\frac{x''_{1i,\text{calc}} - x''_{1i,\text{exp}}}{x'_{1i,\text{exp}}}\right)^2\left(\frac{x'_{2i,\text{calc}} - x'_{2i,\text{exp}}}{x'_{2i,\text{exp}}}\right)^2 + \left(\frac{x''_{2i,\text{calc}} - x''_{2i,\text{exp}}}{x'_{2i,\text{exp}}}\right)^2\right] \tag{F.7}$$

这两个函数以相同的方式处理这两个组分。然而，式(F.6)只适用于相互溶解度具有相同数量级的情况。举例来说，考虑浓度范围在 0.001~0.6 的混溶间隙。对 x_1''来说，误差 $\Delta x=0.01$ 是非常好的，但是对 x_1'却十分差($\Delta x \gg x_1'$)。然而，它们对目标函数的作用是相同的，而拟合过程用以表示左边可能会有一些问题。而式(F.7)的问题较少。

对于直接拟合活度系数数据，有两种方法：

$$F = \sum_i [(\gamma_{1i,\text{calc}} - \gamma_{1i,\text{exp}})^2 + (\gamma_{2i,\text{calc}} - \gamma_{2i,\text{exp}})^2] \tag{F.8}$$

$$F = \sum_i \left[\left(\frac{\gamma_{1i,\text{calc}} - \gamma_{1i,\text{exp}}}{\gamma_{1i,\text{exp}}}\right)^2 + \left(\frac{\gamma_{2i,\text{calc}} - \gamma_{2i,\text{exp}}}{\gamma_{2i,\text{exp}}}\right)^2\right] \tag{F.9}$$

同样，只有活度系数的数量级相同时，式(F.8)才可用。否则，只有高 γ 值

的作用才有意义。

对于 h^E 数据，最常用的函数是：

$$F = \sum_i \left(\frac{h_{i,\mathrm{calc}}^E - h_{i,\mathrm{exp}}^E}{|h_{\max}^E|}\right)^2 \tag{F.10}$$

其中，$|h_{\max}^E|$是数据集的最大绝对值。

如果出现多个数据类型，则将相应的目标函数相加成为一个整体目标函数，然后将其最小化。这就像比较苹果和桔子，特定的功能以不同的方式对整体目标功能做出贡献。例如，式(F.7)的贡献通常比其他量的贡献大得多。因此，强烈建议在生成参数之前先考虑回归策略。例如，可以先单独回归 LLE 数据，然后在数据库中作为简单的活度系数数据。利用极大似然法可以克服任意目标函数的问题[2]。该方法的目标函数为：

$$F = \sum_i \left[\left(\frac{T_{\mathrm{true},i} - T_{\exp,i}}{\sigma_T}\right)^2 + \left(\frac{x_{1,\mathrm{true}.i} - T_{1,\exp,i}}{\sigma_x}\right)^2 + \left(\frac{P_{\mathrm{true},i} - P_{\exp,i}}{\sigma_P}\right)^2 + \left(\frac{y_{1,\mathrm{true}.i} - y_{1,\exp,i}}{\sigma_y}\right)^2\right] \tag{F.11}$$

以 σ 作为特定量的标准差，对应实验的不确定度。在极大似然法中，因为测量值不是精确的，要通过改变相平衡计算的自变量(T 和 x)得到真值。因变量 P 和 y 的真值通过相平衡条件相关联。因此，目标函数中会有更多的变量最小化的程度也会迅速增加。虽然这似乎是表达目标函数最合理的方法，额外的程度是否真正合理还需要探讨。

对回归结果的评估应该使用偏差表和图形表示。这是为了对数据集的质量和回归有一个直观的感受。偏差应在一定范围内，如 $TPxy$ 数据，平均偏差可以看作合理的。

$$\overline{\Delta P/P} = \sqrt{\frac{1}{n}\sum_{i=1}^{n}\left(\frac{P_{i,\mathrm{calc}} - P_{i,\exp}}{P_{i,\exp}}\right)^2} \approx 1\%$$

$$\overline{\Delta y} = \sqrt{\frac{1}{n}\sum_{i=1}^{n}\left(y_{i,\mathrm{calc}} - y_{i,\exp}\right)^2} \approx 0.5\%$$

如果偏差较大，则应评估其原因。对于其他数据，可接受偏差的经验法则就不那么容易建立了。对 γ^∞ 数据，可以接受较大的偏差是5%。对于其他数据，必须结合数据本身考虑其偏差。对 LLE 数据，在考虑的整个温度范围内，至少应充分表示出相互溶解度的数量级。这是很重要的。

对回归进行评价时，以下内容可能有用：

· 列表中的数据点是否比其他数据点表现得更差？如果是，应该从数据库中删除这些异常值。

· 偏差是否均匀分布在零线周围？如果是，可以假设误差是统计误差。此外，如果它们在预期的不确定范围内，则回归可视为热力学一致性的证明。

· 如果所有或绝大多数数据显示出正或负偏离零线，原因可能是系统误差，选择模型的缺陷(如错误描述气相非理想性)或失败的回归程序。不能接受参数的拟合。

· 对于混溶间隙较大的体系，随着浓度的增大，互溶间隙外的压强和沸点急剧增大。虽然 P 和 γ 的偏差可能很大，但只要能够正确描述混溶间隙，仍然可以使用图形表示。

如果需要同时回归多个数据组，建议首先分别拟合它们，以检测异常值并检查它们的内部热力学一致性。如果无法以足够的质量回归数据组，则应将其从数据库中删除，因为它可能会破坏其他数据组的拟合。之后，仍然可能发生不同的内部一致的数据组不匹配的情况。在这种情况下，不可能作出明确的判断。要至少获得一个解决方案，人们可以尝试找到数据集的组合，以提高选择的解决方案的可能。此外，由于测量技术的改进，应该使用最近评估的数据而不是老数据。

在接受回归参数之前，应该检查图形表示的合理性。图 F. 3 显示了恒定温度下活度系数对于浓度的标准、单调曲率。无限稀释时出现最高值。尽管错误很少存在，其他的曲率也必须仔细检查(例如，可能的异常值或目标函数选择错误)。产生奇怪 γ 值的两个可能的原因如下：

· 局部组成模型 Wilson、NRTL 和 UNIQUAC 在非理想性方面存在一定的困难($\gamma^{\infty} \approx 0.9 \sim 1.1$)。因此，图 F. 4 所示的曲率是可以接受的。

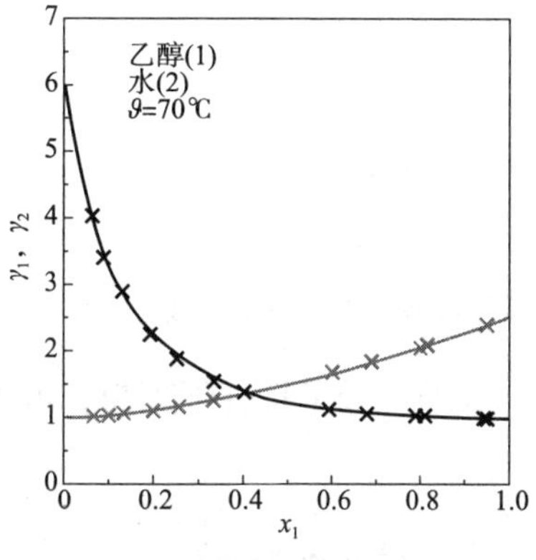

图 F. 3　标准，单调的 γ 图为浓度的函数

数据来源于文献[7]

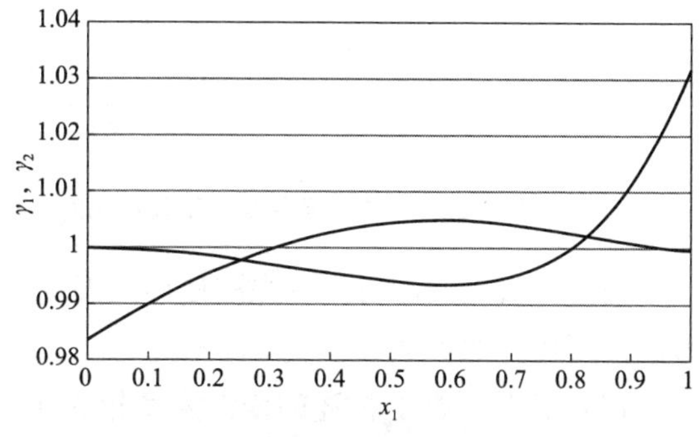

图 F. 4　对微小非理想体系，不常见的 γ 曲率

· 对于等压线数据组，γ 图显示最大值是很正常的。活度系数还取决于温

度，对于大多数沸点混合物它不是常数(见图5.32)。

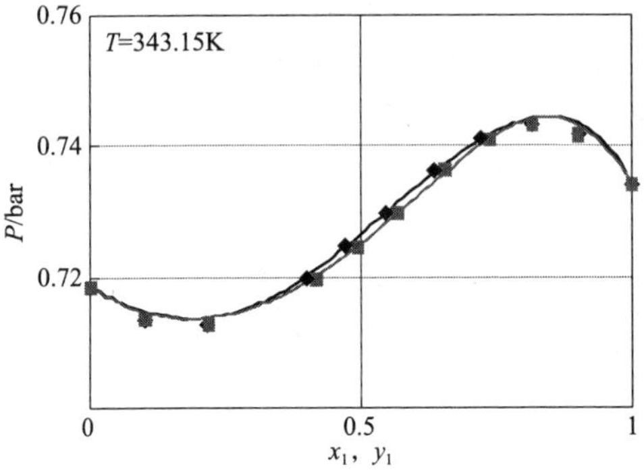

图 F.5 T=343.15K 下，苯(1)–六氟苯(2)体系的双共沸现象

数据来源：Gaw 和 Swinton[8]

· 如果一个 γ^∞ 值小于单元，而另一个值大于单元。在这种情况下，应该再次检查数据组。否则，得到的值可以如图 F.5 所示，其中苯–六氟苯体系实际上具有双共沸物。关于它们的数量级，活度系数的范围很广。$\gamma<1$ 的情况比 $\gamma>1$ 的情况少。γ 值小于 0.1，可能涉及化学反应(例如甲醛–水或氯化氢–水)。在这些情况下，活度系数模型本身是不合适的，必须考虑特定的反应。

对 $\gamma>1$，已经检测到高达 10^5 的值(例如，对二甲苯–水，图 F.6)。有时，回归会产生 10^{10} 这样的 γ^∞ 值。在这些情况下，必须仔细检查回归。由于数值计算的困难，在过程模拟中应避免使用相应的参数。

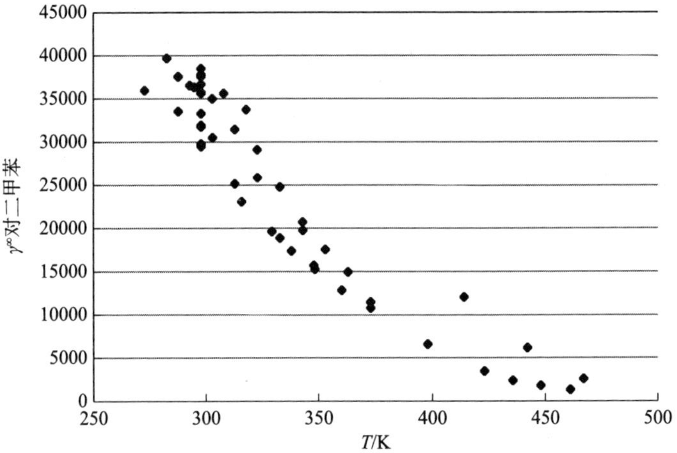

图 F.6 对二甲苯在水中无限稀释时对应温度下具有极高的活度系数

当二元数据回归时，首先应使用与温度无关的参数。如果拟合不理想，可以考虑使用额外的参数。

首先引入参数 A_{ij} 描述的线性温度相关性：

$$\tau_{ij}=\exp\left[\frac{A_{ij}T+B_{ij}}{T}\right]=\exp\left[A_{ij}+\frac{B_{ij}}{T}\right] \tag{F.12}$$

必须注意附加的参数是否有意义。随不同数据状态有以下几种情况：

· 至少两个具有足够温差的等温数据集(30 ~ 50K)。

· 一个具有许多数据点和广泛温度的等压数据集(50 ~ 70K)。这种情况是不可取的；见5.5节。

· 不同温度下的LLE数据。通常，一个相对较小的温度差就足以证明温度相关的参数是正确的。

· 一套以 h^E 数据为补充的VLE数据集。

A_{ij}参数的合理范围为 $-6 < A_{ij} < 6$。超出这个范围的值可以是完全正确的，然而，在应用之前，应该仔细检查它们的外推行为。如果温度相关参数的使用没有产生显著的改善，那么应该不考虑它们。

如果回归结果仍然不令人满意，可以考虑另一对参数，例如τ_{ij}和温度平方项的关系：

$$\tau_{ij} = \exp\left[\frac{A_{ij}T + B_{ij} + C_{ij}T^2}{T}\right] = \exp\left[A_{ij} + \frac{B_{ij}}{T} + C_{ij}T\right] \tag{F.13}$$

在这种情况下，外推行为更加重要。参数的取值范围没有定则，拟合过程往往比较困难。建议先拟合 B_{ij} 和 A_{ij}。同样，如果附加参数没有显著的改进，也不应该考虑它们。

对于NRTL方程，也要切合时机地调整 α 值，甚至使其依赖于温度。在后一种情况中，α 写作：

$$\alpha_{ij} = C_{ij} + D_{ij}(T - 273.15\mathrm{K}) \tag{F.14}$$

拟合 α 能显著改善回归结果。有些体系甚至需要进行调整。以具有互溶间隙和均相共沸物的醋酸甲酯 - 水体系为例，该体系表现出复杂的等温行为(图F.7)。

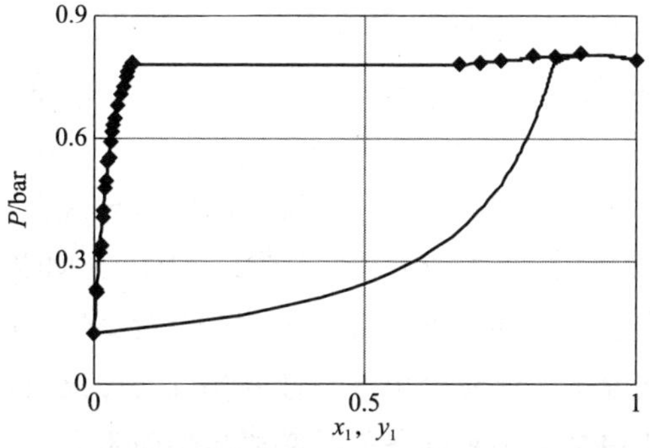

图 F.7　323.15K 下醋酸甲酯(1) - 水(2)体系的等温 VLE 行为

数据来源：Loehe 等人[9]

然而，需要特别注意参数 α 的拟合。对于多组分体系，经验表明，当各参数值相近时，NRTL 在过程模拟中的应用较为简单。α 越大，LLE 有多个解的可能性越大(见后文)。

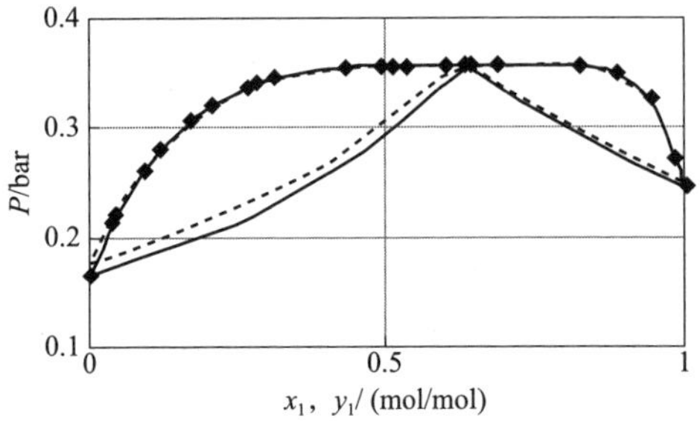

图 F.8　在 T=338.15K 时水(1)－三聚甲醛(2)体系的有（实线)和无(实线)(虚线)蒸气压变化的拟合曲线

数据来源：Brandani 等人[10]

如果数据是在某组分的低浓度情况下得到的($x_1<0.05$，$x_1>0.95$)，要得到准确的无限稀释时的活度系数，必须考虑蒸气压的变化。图 F.8 展示了 T=338.15K 时水－三聚甲醛体系的情况。实线表示带有蒸气压变化的拟合，而虚线为无蒸气压变化的拟合。

对于虚线，回归过程使用了正确的蒸气压方程，在这种情况下，该方程被拟合到高精度的数据中。然而，作者测量的三聚甲醛的蒸气压的偏差约为 6%，准确性较差。然而，这个体系的数据相对稀少，任何可用的数据集都应加以利用。此外，三聚甲醛蒸气压测量的偏差很可能是由微量水引起的，对其他数据点的影响很小。不同于纯组分数据，在较低的水含量下会回归产生一个错误的泡点线斜率，因为它只是试图最小化实验数据点和计算数据点之间的目标函数的偏差。在这个区域错误的斜率意味着作为稀释剂的水的 γ^∞ 值很难表示，结果是 $\gamma^\infty=5.1$。另一种选择是使用作者测量的蒸气压进行回归(见图 5.29)。

为此，将从两组分的蒸气压方程中得到的值与每个数据集特有的因子相乘。如果使用安托因方程，可以通过改变式(3.30)中的参数 A 来实现。图 F.8 中的实线表明，可以准确地表示出泡点线的斜率。在无限稀释时的水活度系数为γ^∞ = 5.9。露点线在两种情况下有显著差异。这个例子说明，蒸气压的变化是获得正确的 γ^∞ 值的二元参数的一个重要工具。在过程模拟中，还会用到原来的蒸气压方程。如果实验蒸气压与可靠的蒸气压方程之间的差异太大，则整个数据集无法使用(如果有可选的数据集，误差值大约为 2%～3%)。如果 VLE 数据集不包含纯组分值，则情况会变得更加困难。有些用户甚至对蒸气压的校正系数进行了调整；但是，在这种情况下，无法给出一般性的建议。如果出现互溶间隙，应检查混合的 Gibbs 能。对 LLE 来说平衡条件是必要条件而不是充分条件。充分条件是 Gibbs 能必须是最小的。

$$(x_i\gamma_i)' = (x_i\gamma_i)'' \tag{F.15}$$

在 12.4.2 节中已经对热力学基本原理进行了解释。检查充分条件的方法如下：

· 画出函数的等温曲线：

$$\frac{\Delta g}{RT}=x_1\ln(x_1\gamma_1)+x_2\ln(x_2\gamma_2) \tag{F.16}$$

· 如果存在互溶间隙，则存在公切线低于曲线本身的两个点。

· 检查是否有切线低于所评估的切线[式(F.15)]。

下面的图表将说明这一过程。图 F.9 显示了在拟合参数之后体系乙酸甲酯 - 水的 Δg 图。在 $0.062<x_1<0.686$ 之间存在互溶间隙，图中所示的切线证实了这一点。不可能有其他公切线。因此，这些参数是可行的。

图 F.9 与图 F.10 所示苯甲酸甲酯 - 水体系的拟合有所不同。用回归得到的参数得到了三条可能的 Δg 曲线的切线。

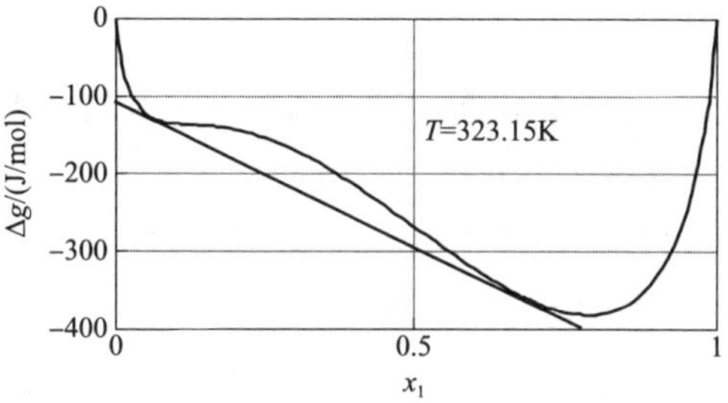

图 F.9　苯甲酸甲酯(1) - 水(2)体系的 Δg 图

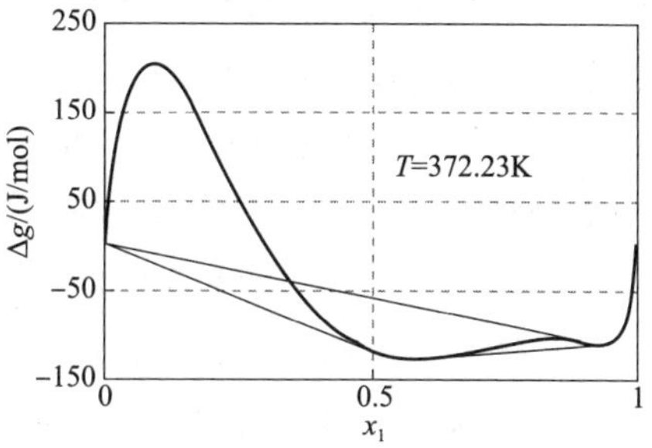

图 F.10　苯甲酸甲酯(1) - 水(2)系统的 Δg 曲线图(未修正参数)

图 9 与图 F.10 所示苯甲酸甲酯 - 水体系的拟合有所不同。用回归得到的参数得到了三条可能的 Δg 曲线的切线。在过程模拟中，计算的 LLE 取决于迭代初值。两个较短的切线低于长切线，这代表了它们之间存在两个混溶间隙。为了校正参数，修正了 NRTL 方程的 α 值，并在回归中固定。新参数的目标函数值虽然稍差，但 LLE 的结果稳定(图 F.11)。

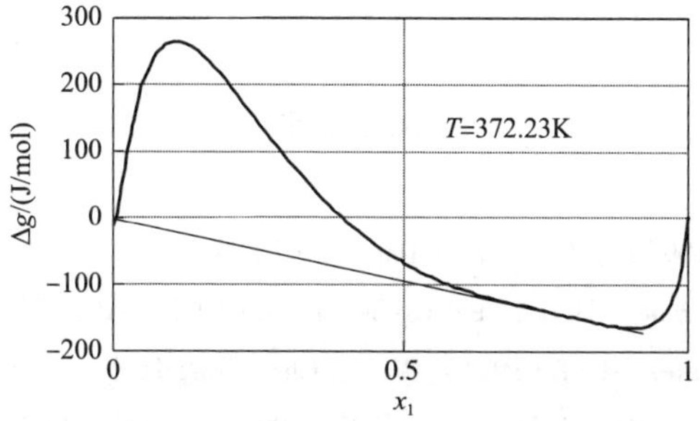

图 F.11　苯甲酸甲酯(1) - 水(2)系统的 Δg 曲线图(修正参数)

关于一致性检验已有很多研究成果[2,4-6]，第 5.5.1 节中描述了 Redlich - Kister试验。然而，在一致性检验时，会存在压强抵消的问题。在低压下，假设气相为理想气体，LLE 数据可表示如下：

$$\frac{\gamma_1}{\gamma_2}=\frac{y_1x_2P_2^{\mathrm{s}}}{y_2x_1P_1^{\mathrm{s}}}\neq f(P) \tag{F.17}$$

这意味着压强(通常可以精确地测量)对 Redlich - Kister 一致性检测法没有影响。

当活度系数的每个方程都满足 Gibbs - Duhem 方程时，可用下式作为一致性检验。

$$x_1d\ln\gamma_1+x_2d\ln\gamma_2=0 \tag{F.18}$$

因此，如果数据能够以足够的精度进行拟合，就可以认为它们是一致的，此外，可以直接从数据库中检测和删除异常值。如果系统中发生化学反应，那么仅描述相平衡的模型是不够的。

如果参数与数据相匹配，而不是从参数库中获取，那么 Wilson、NRTL 或 UNIQUAC 三个活度系数模型之间不会出现显著的差异。

实际上，这个问题在实际应用中很少出现。在系统中所有体系是否能得到准确的描述是模型选择的关键，选择模型时必须考虑以下情况：

· Wilson 方程不适用于液 - 液平衡。目前，过程模拟软件不提供电解液扩展。如果不存在 LLE 和电解平衡，使用 Wilson 方程就没有问题。

· NRTL 方程可以描述液 - 液平衡，并且可以扩展到电解质系统，尽管这两种应用的范围有限，但它至少可以应用于大多数问题。通常，第三个参数有助于描述复杂体系。

· UNIQUAC 可以描述混溶间隙，但其灵活性不如 NRTL。有电解质系统扩展(LIQUAC)(见第 7.3.5 节)，但它们在过程模拟软件中几乎不可用。

如果决定性成分是超临界流体，则必须考虑使用两相状态方程(例如 VT-PR)。

参考文献

1 Stephenson, R. M. (1992). J. Chem. Eng. Data 37 (1): 80 -95.

2 Anderson, T. F., Abrams, D. S., and Grens, E. A. (1978). AlChE J. 24 (1): 20 -29.

3 Bowrey, R. G. and Marek, C. J. (1971). Braz. J. Chem. Eng 16 (1): 57 -58.

4 Bertucco, A., Barolo, M., and Elvassore, N. (1997). AlChE J. 43 (2): 547 -554.

5 Jackson, P. L. and Wilsak, R. A. (1995). Fluid Phase Equilib. 103: 155 - 197.

6 Miklos, D., Kemeny, S., Almasy, G., and Kollar－Hunek, K. (1995). Fluid Phase Equilib. 110: 89－113.

7 Mertl, I. (1972). Collect. Czech. Chem. Commun. 37: 366.

8 Gaw, W. J. and Swinton, F. L. (1968). Trans. Faraday Soc. 64: 2023.

9 Loehe, J. R., van Ness, H. C., and Abbott, M. M. (1983). J. C hem. Eng. Data 28: 405.

10 Brandani, S., Brandani, V., and Flammini, D. (1994). J. Chem. Eng. Data 39:

附录G 选定化合物的理想气体热容多项式系数

$$\frac{c_P^{\mathrm{id}}}{\mathrm{J/(mol \cdot K)}} = A + B\left(\frac{T}{\mathrm{K}}\right) + C\left(\frac{T}{\mathrm{K}}\right)^2 + D\left(\frac{T}{\mathrm{K}}\right)^3$$

组分	分子式	M/(g/mol)	A	10^3B	10^6C	10^9D	验证点	
							T/K	c_P^{id}/[J/(g·K)]
氢	H_2	2.016	27.124	9.267	−13.799	7.640	513.15	14.5229
水	H_2O	18.015	32.220	1.923	10.548	−3.594	373.15	1.8995
氨	NH_3	17.031	27.296	23.815	17.062	−11.840	394.75	2.2681
二氧化氮	NO_2	46.005	24.216	48.324	−20.794	0.293	584.25	0.9871
氮气	N_2	28.014	31.128	−13.556	26.777	−11.673	313.15	1.0406
氧气	O_2	31.999	28.087	−0.004	17.447	−10.644	313.15	0.9210
二氧化硫	SO_2	64.062	23.836	66.940	−49.580	13.270	343.15	0.6479
二氯二氟甲烷	CCl_2F_2	120.913	31.577	178.110	−150.750	43.388	373.15	0.6559
一氧化碳	CO	28.010	30.848	−12.840	27.870	−12.710	313.15	1.0414
二氧化碳	CO_2	44.009	19.780	73.390	−55.980	17.140	373.15	0.9148
甲烷	CH_4	16.043	19.238	52.090	11.966	−11.309	293.15	2.1973
甲醇	CH_3OH	32.042	21.137	70.880	25.820	−28.500	303.15	1.3795
乙烯	$CH_2{=}CH_2$	28.054	3.803	156.480	−83.430	17.540	473.15	2.1752
环氧乙烷	C_2H_4O	44.053	−7.514	222.100	−125.560	25.900	298.15	1.0948
醋酸	CH_3COOH	60.052	4.837	254.680	−175.180	49.454	373.15	1.2997
乙烷	C_2H_6	30.070	5.406	177.980	−69.330	−1.916	273.15	1.6232
乙醇	C_2H_5OH	46.069	9.008	213.900	−83.846	1.372	373.15	1.6762
丙烯	$CH_2{=}CH{-}CH_3$	42.081	3.707	234.380	−115.940	22.030	280.15	1.4437
丙烷	C_3H_8	44.097	−4.222	306.0500	−158.530	32.120	373.15	2.0313
乙酸乙酯	$CH_3{-}COO{-}C_2H_5$	88.106	7.2298	406.900	−209.030	28.526	473.65	1.7717

续表

组分	分子式	M/(g/mol)	*A*	10^3B	10^6C	10^9D	验证点	
							T/K	c_p^{id}/[J/(g·K)]
正丁烷	C_4H_{10}	58.124	9.481	331.100	-110.750	-2.820	373.15	2.0209
异丁烷	$CH_3—CH(CH_3)—CH_3$	58.124	-1.389	384.500	-184.470	28.932	373.15	2.0285
苯	C_6H_6	78.114	-33.890	474.040	-301.490	71.250	373.15	1.3406
正己烷	C_6H_{14}	86.178	-4.410	581.570	-311.660	64.890	313.15	1.7306

注：参数来自参考文献[1]。

参考文献

[1] Gmehling, J. Kolbe, B. (1992). Thermodynamik, second edition. Weinheim: Wiley - VCH.

附录 H UNIFAC 参数

表 H.1 主组 1 ~9 的相对 van der Waals 比表面积和体积参数

组分	亚组	序号	主组	R_k	Q_k
1	CH_3	1	CH_2	0.9011	0.8480
2	CH_2			0.6744	0.5400
3	CH			0.4469	0.2280
4	C			0.2195	0.0000
5	$CH_2=CH$	2	C=C	1.3454	1.1760
6	CH=CH			1.1167	0.8670
7	$CH_2=C$			1.1173	0.9880
8	CH=C			0.8886	0.6760
70	C=C			0.6605	0.4850
9	ACH	3	ACH	0.5313	0.4000
10	AC			0.3652	0.1200
11	$ACCH_3$	4	$ACCH_2$	1.2663	0.9680
12	$ACCH_2$			1.0396	0.6600
13	ACCH			0.8121	0.3480
14	OH	5	OH	1.0000	1.2000
15	CH_3OH	6	CH_3OH	1.4311	1.4320
16	H_2O	7	H_2O	0.9200	1.4000
17	ACOH	8	ACOH	0.8952	0.6800
18	CH_3CO	9	CH_2CO	1.6724	1.4880
19	CH_2CO			1.4457	1.1800

表 H.2 主组 1 ~9 的 UNIFAC 基团相互作用参数 a_{nm}(K)

$n \backslash m$	主组	1	2	3	4	5	6	7	8	9
1	CH_2	0	86.06	61.13	76.5	986.5	697.2	1318.0	1333.0	476.4
2	C=C	-35.36	0	38.81	74.15	524.1	787.6	270.6	526.1	182.6
3	ACH	-11.12	3.446	0	167	636.1	637.35	903.8	1329	25.77

续表

$n\backslash m$	主组	1	2	3	4	5	6	7	8	9
4	$ACCH_2$	-69.7	-113.6	-146.8	0	803.2	603.25	5695	884.9	-52.1
5	OH	156.4	457	89.6	25.82	0	-137.1	353.5	-259.7	84
6	CH_3OH	16.51	-12.52	-50	-44.5	249.1	0	180.95	-101.7	23.39
7	H_2O	300	496.1	362.3	377.6	-229.10	289.6	0	324.5	-195.4
8	ACOH	275.8	217.5	25.34	244.2	-451.6	-265.2	-601.8	0	-356.1
9	CH_2CO	26.76	42.92	140.1	365.8	164.5	108.65	672.5	-133.1	0

拓展阅读

Hansen, H. K., Schiller, M., Fredenslund, A. et al. (1991). *Ind. Eng. Chem. Res.* 30: 2352-2355.

www.ddbst.com 包含已发布的 UNIFAC 基团交互参数的完整列表。修订和扩展的 UNIFAC 基团交互参数矩阵仅适用于 UNIFAC 联合体的发起人(www.UNIFAC.org)。

附录 I 修正的 UNIFAC 参数

表 I.1 主组 1 ~9 的相对 van der Waals 比表面积和体积参数

序号	亚组	序号	主组	R_k	Q_k
1	CH_3	1	CH_2	0.6325	1.0608
2	CH_2			0.6325	0.7081
3	CH			0.6325	0.3554
4	C			0.6325	0.0000
5	CH_2 ═CH	2	C = C	1.2832	1.6016
6	CH ═CH			1.2832	1.2489
7	CH_2 ═C			1.2832	1.2489
8	CH ═C			1.2832	0.8962
70	C ═C			1.2832	0.4582
9	ACH	3	ACH	0.3763	0.4321
10	AC			0.3763	0.2113
11	$ACCH_3$	4	$ACCH_2$	0.9100	0.9490
12	$ACCH_2$			0.9100	0.7962
13	ACCH			0.9100	0.3769
14	OH (primary)	5	OH	1.2302	0.8927
81	OH (secondary)			1.0630	0.8663
82	OH (tertiary)			0.6895	0.8345
15	CH_3OH	6	CH_3OH	0.8585	0.9938
16	H_2O	7	H_2O	1.7334	2.4561
17	ACOH	8	ACOH	1.0800	0.9750
18	CH_3CO	9	CH_2CO	1.7048	1.6700
19	CH_2CO			1.7048	1.5542

基团二元交互参数(修正的 UNIFAC)

表 I. 2 主组 1 ~9 修正的 UNIFAC 基团相互作用参数 a_{nm}(K)

$n\backslash m$	主组	1	2	3	4	5	6	7	8	9
1	CH_2	0	189. 66	114. 2	7. 339	2777	2409. 4	1391. 3	1381. 0	433. 6
2	C ═C	-95. 418	0	174. 1	117. 3	2649	-628. 07	778. 3	1207	179. 8
3	ACH	16. 07	-157. 2	0	139. 2	3972	1604. 3	792	1356	146. 2
4	$ACCH_2$	47. 2	-113. 1	-45. 330	0	3989	436. 21	1050. 2	1375	1001
5	OH	1606	1566	3049	2673	0	346. 31	-801. 9	83. 91	-250
6	CH_3OH	82. 593	-96. 297	13. 733	145. 54	-1218. 2	0	-328. 5	-867	86. 439
7	H_2O	-17. 253	-1301	332. 30	24. 144	1460	-524. 3	0	-2686	190. 5
8	ACOH	1987	191. 60	2340	1825	465. 4	265. 5	148. 40	0	-145. 2
9	CH_2CO	199	91. 811	-57. 53	-146. 6	653. 3	394. 78	770. 60	-666. 80	0

表 I. 3 主组 1 ~9 的修正的 UNIFAC 基团的相互作用参数 b_{nm}

$n\backslash m$	主组	1	2	3	4	5	6	7	8	9
1	CH_2	0	-0. 2723	0. 0933	-0. 4538	-4. 674	-3. 0099	-3. 6156	-0. 9977	0. 1473
2	C ═C	0. 061708	0	-0. 5886	-0. 8552	-6. 508	10	0. 1482	-1. 955	-0. 69911
3	ACH	-0. 2998	0. 61660	0	-0. 65	-13. 16	-2. 0299	-1. 726	-2. 118	-1. 237
4	$ACCH_2$	0. 3575	1. 172	0. 4223	0	-14. 09	1. 9094	-1. 9939	-1. 702	-1. 871

续表

n\m	主组	1	2	3	4	5	6	7	8	9
5	OH	-4.746	-5.809	-12.77	-5.765	0	-2.4583	3.824	-1.262	2.857
6	CH_3OH	-0.48575	0.6304	-0.11768	-0.48799	9.7928	0	1.0823	-1.258	-0.465
7	H_2O	0.8389	4.072	1.158	1.6504	-8.673	4.6065	0	19.44	-3.669
8	ACOH	-4.615	0.4936	-5.043	-3.743	-1.841	-2.905	-2.757	0	-0.738
9	CH_2CO	-0.8709	-0.71715	1.212	0.2419	-1.412	-0.36048	-0.5873	1.918	0

表 I.4 主组 1 ~9 的修正的 UNIFAC 基团相互作用参数 C_{nm} (K^{-1})

n\m	主组	1	2	3	4	5	6	7	8	9
1	CH_2	0	0	0	0	1.1551×10^{-3}	0	1.144×10^{-3}	0	0
2	C=C	0	0	0	0	4.822×10^{-3}	-1.497×10^{-2}	0	0	0
3	ACH	0	0	0	0	1.208×10^{-2}	0	0	0	4.237×10^{-3}
4	$ACCH_2$	0	0	0	0	1.530×10^{-2}	0	0	0	2.390×10^{-4}
5	OH	9.181×10^{-4}	5.197×10^{-3}	1.435×10^{-2}	-1.32×10^{-4}	0	2.929×10^{-3}	-7.514×10^{-3}	0	-6.022×10^{-3}
6	CH_3OH	0	-1.80×10^{-3}	0	0	-1.616×10^{-2}	0	-2.2×10^{-3}	2.998×10^{-2}	0
7	H_2O	9.021×10^{-4}	0	0	0	1.641×10^{-2}	-4.000×10^{-3}	0	2.702×10^{-2}	8.838×10^{-3}
8	ACOH	0	0	0	0	0	2.283×10^{-3}	2.329×10^{-3}	0	0
9	CH_2CO	0	0	1.133×10^{-3}	1.133×10^{-4}	9.540×10^{-4}	0	-3.252×10^{-3}	0	0

拓展阅读

Constantinescu, D. and Gmehling, J. (2016). J. Chem. Eng. Data 61 (8): 2738 - 2746.

Constantinescu, D. and Gmehling, J. (2017). J. Chem. Eng. Data 62 (6): 2230 - 2230.

Gmehling, J., Li, J., and Schiller, M. (1993). Ind. Eng. Chem. Res. 32: 178 - 193.

Gmehling, J., Lohmann, J., Jakob, A. et al. (1998). Ind. Eng. Chem. Res. 37: 4876 - 4882.

Gmehling, J., Wittig, R., Lohmann, J., and Joh, R. (2002). Ind. Eng. Chem. Res. 41: 1678 - 1688.

Hector, T. and Gmehling, J. (2014). Fluid Phase Equilib. 371: 82 - 92.

Jakob, A., Grensemann, H., Lohmann, J., and Gmehling, J. (2006). Ind. Eng. Chem. Res. 45: 7924 - 7933.

Lohmann, J. and Gmehling, J. (2001). J. Chem. Eng. Jpn. 34: 43 - 54.

Lohmann, J., Joh, R., and Gmehling, J. (2001). Ind. Eng. Chem. Res. 40: 957 - 964.

Nebig, S. and Gmehling, J. (2011). Fluid Phase Equilib. 302: 220 - 225.

Weidlich, U. and Gmehling, J. (1987). Ind. Eng. Chem. Res. 26: 1372 - 1381.

Wittig, R., Lohmann, J., and Gmehling, J. (2003). AIChE J. 49 (2): 530 - 537.

Wittig, R., Lohmann, J., Joh, R. et al. (2001). Ind. Eng. Chem. Res. 40: 5831 - 5838.

www. ddbst. com 包含已发布的修正的 UNIFAC 基团交互参数的完整列表。修正后的 UNIFAC 的修改和扩展的基团交互参数矩阵仅适用于 UNIFAC 联合体的发起人(www. UNIFAC. org)。

附录 J　PSRK 参数

对于大多数结构基团，基团贡献法状态方程的基团间的相互作用参数与UNIFAC 基团间的相互作用参数相同。因此，下面仅给出一些选定气体的范德瓦尔斯性质。

表 J.1　选定主要基团的相对 van der Waals 表面积和体积参数

序号	亚组	序号	主组	R_k	Q_k
117	CO_2	56	CO_2	1.3000	0.9820
118	CH_4	57	CH_4	1.1292	1.1240
119	O_2	58	O_2	0.7330	0.8490
116	Ar	59	Ar	1.1770	1.1160
115	N_2	60	N_2	0.8560	0.9300
114	H_2S	61	H_2S	1.2350	1.2020
113	H_2	62	H_2	0.4160	0.5710
120	D_2	—	—	0.3700	0.5270
112	CO	63	CO	0.7110	0.8280

表 J.2　一些选定气体（结构基团 56 ~63）的 PSRK 基团相互作用参数 a_{nm}（K）

序号	主组	56	57	58	59	60	61	62	63
56	CO_2	0	73.563	208.14	568.2	−580.82	78.98	838.06	161.54
57	CH_4	196.16	0	—	17.425	64.108	511.99	253.92	62.419
58	O_2	32.043	—	0	−7.7202	−23.358	—	—	—
59	Ar	−201.60	11.868	32.631	0	11.986	—	190.87	64.100
60	N_2	694.28	11.865	44.349	2.1214	0	862.84	77.701	25.060
61	H_2S	114.96	278.1	—	—	648.2	0	628	665.70
62	H_2	3048.9	128.55	—	4196.2	247.42	137	0	863.18
63	CO	4.2038	1.6233	—	−18.703	6.423	116.97	494.67	0

表 J.3 结构基团 56 ~63 的 PSRK 基团相互作用参数 b_{nm}

序号	主组	56	57	58	59	60	61	62	63
56	CO_2	0	0	0	0	3.6997	0	-1.0158	0
57	CH_4	0	0	—	0	0	-1.1761	0	0
58	O_2	0	—	0	0	0	—	—	—
59	Ar	0	0	0	0	0	—	0	0
60	N_2	-3.0173	0	0	0	0	-2.1569	0	-0.77261
61	H_2S	0	-0.23	—	—	-0.30072	0	0	0
62	H_2	-10.247	0	—	0	0	0	0	-12.309
63	CO	0	0	—	0	0.57946	0	-8.1869	0

表 J.4 主要结构基团 56 ~63 的 PSRK 基团相互作用参数 C_{nm} (K^{-1})

$n \backslash m$	主组	56	57	58	59	60	61	62	63
56	CO_2	0	0	0	0	0	0	0	0
57	CH_4	0	0	—	0	0	0	0	0
58	O_2	0	—	0	0	0	—	—	—
59	Ar	0	0	0	0	0	—	0	0
60	N_2	0	0	0	0	0	0	0	0
61	H_2S	0	0	—	—	0	0	0	0
62	H_2	0	0	—	0	0	0	0	4.632×10^{-2}
63	CO	0	0	—	0	0	0	4.718×10^{-2}	0

拓展阅读

Fischer, K. and Gmehling, J. (1996). Fluid Phase Equilib. 121: 185 -206.

Gmehling, J., Li, J., and Fischer, K. (1997). Fluid Phase Equilib. 141: 113 -127.

Holderbaum, T. and Gmehling, J. (1991). Fluid Phase Equilib. 70: 251 -265.

Horstmann, S., Fischer, K., and Gmehling, J. (2000). Fluid Phase Equilib. 167: 173 -186.

Horstmann, S., Jabloniec, A., Krafczyk, J. et al. (2005). Fluid Phase Equilib. 227: 157 -164.

www.ddbst.com 包含已发布的 PSRK 组分交互参数的完整列表。PSRK 经修订和扩展的基团交互参数矩阵仅适用于 UNIFAC 联合体(www.UNIFAC.org)的发起人。

附录 K　VTPR 参数

表 K.1　VTPR GC－EOS 的所选亚组的基团表面积[1]

序号	主组	序号	亚组	Qk
1	CH_2	[1]	CH_3	1.2958
		[2]	CH_2	0.9471
		[3]	CH	0.2629
		[4]	C	0
3	ACH	[9]	ACH	0.4972
		[10]	AC	0.1885
9	CH_2CO	[18]	CH_3CO	1.448
		[19]	CH_2CO	1.18
42	cy－CH_2	[78]	cy－CH_2	0.8635
		[79]	cy－CH	0.1071
		[80]	cy－C	0
151	CO_2	[306]	CO_2	0.982
152	CH_4	[307]	CH_4	1.124
155	N_2	[304]	N_2	0.93

表 K.2　VTPR GC－EOS 的所选基团相互作用参数[1]

主组 n	主组 m	α_{nm}/K	b_{nm}	c_{nm}/K^{-1}	α_{mn}/K	b_{mn}	c_{mn}/K^{-1}
1	3	54.2589	0.2882		35.4832	－0.36933	
1	9	425.3118	0.68790	$-3.07810 \cdot 10^{-4}$	284.2495	－1.77310	$1.63580 \cdot 10^{-3}$
1	42	－27.2894	－0.06410	$1.13850 \cdot 10^{-4}$	60.4525	－0.04770	$7.33000 \cdot 10^{-6}$
1	151	403.1138	－0.19990	$-6.68000 \cdot 10^{-5}$	204.8302	－1.30960	$1.19670 \cdot 10^{-3}$
1	152	66.2551	0.01350		－23.3722	－0.08440	
1	155	282.5594	－0.41093	$3.12489 \cdot 10^{-3}$	26.9233	－0.51246	$-7.85810 \cdot 10^{-4}$
3	42	42.8927	－0.5895	$5.34900 \cdot 10^{-4}$	91.002	0.26959	$2.70370 \cdot 10^{-5}$
9	42	180.2850	－1.06370	$6.82760 \cdot 10^{-4}$	547.6216	0.03250	$1.79820 \cdot 10^{-4}$
151	152	99.0671			176.6828		
151	155	184.1479			80.8253		
152	155	53.3084			12.1806		

表 K.3 所选化合物的 Twu－α－函数[式(2.173)]的 L、M和 N参数、临界数据、体积转换参数和偏心因子[2]

化合物	L	M	N	T_c/K	P_c/kPa	c_i/(cm³/mol)	ω
正庚烷	0.87995	0.917159	0.971917	540.3	2734	－1.18	0.3457
CO_2	0.821045	0.84233	0.801334	304.2	7376	1.59	0.2252
四氯甲烷	0.706852	0.882672	0.867511	556.4	4560	4.81	0.194
二氯甲烷	1.04931	0.788845	0.594894	510	6355	1.58	0.2027
水	0.44132	0.8734	1.7599	647.3	22048	－4.40	0.344
苯	0.652522	0.832782	0.923292	562.1	4894	2.85	0.212
环己烷	0.99168	0.921466	0.657534	553.8	4080	6.42	0.213
乙烷	0.21225	0.87204	1.701	305.4	4884	4.55	0.098
间二甲苯	0.807679	0.938647	1.04714	617	3546	－2.49	0.331
甲苯	1.21115	1.06277	0.601298	591.7	4114	0.82	0.257
丙酮	1.15623	1.05341	0.690726	508.1	4701	－10.24	0.309
正丁烷	1.16264	1.07189	0.553013	425.2	3800	4.89	0.193
2－甲基戊烷	1.95756	2.11206	0.254845	497.7	3040	4.76	0.279
辛烷	0.94534	0.897616	0.968495	568.8	2495	－3.81	0.394
十二烷	1.05832	0.863245	1.06679	658.8	1810	－21.96	0.562
二十八烷	1.34201	0.815227	1.30126	845.4	727.5	－254.65	1.195
二十烷	1.41753	1.00998	1.11291	767	1070	－93.89	0.8805
己烷	1.09414	1.00138	0.723981	507.4	3014	1.28	0.2975
丙烷	0.773132	0.9124	0.726325	369.95	4245	4.88	0.152
甲基异丙基甲酮	0.42506	0.81569	1.57975	552.8	3850	－3.40	0.3244
戊烷	0.420675	0.830283	1.41573	469.7	3369	3.52	0.251
2－戊酮	0.759252	0.84014	1.04804	561.19	3672	－6.94	0.3396
十六烷	1.14769	0.863263	1.16627	722.4	1401	－48.86	0.742
2－丁酮	0.744647	0.88926	1.08045	535.6	4154	－8.32	0.329
N_2	0.3295	0.88275	1.05208	126.2	3394	4.05	0.04
甲烷	0.94543	1.24525	0.42415	190.6	4600	4.09	0.008
十四烷	1.16443	0.903594	1.08532	691.8	1572	－41.49	0.679

参考文献

[1] Schmid, B. and Gmehling, J. (2012). *Fluid Phase Equilib.* 317: 110－126.
[2] Dortmund Data Bank (www.ddbst.com).

拓展阅读

Schmid，B.，Schedemann，A.，and Gmehling，J. (2014). *Ind. Eng. Chem. Res.* 53 (8)：3393 – 3405.

Schmid，B. and Gmehling，J. (2016). *Fluid Phase Equilib.* 425：443 – 450.

以下网址：www. ddbst. com 包含了所发布的 VTPR 组交互参数的完整列表，VTPR 的修正和扩展基团交互参数矩阵仅适用于 UNIFAC 联合体的发起人(www. unifac. org)。

关于马后炮化工

马后炮化工是一家专注于化工行业技术交流和信息共享的技术交流平台。作为化工行业的专业技术交流平台，马后炮化工汇聚了一批出色的化工行业人才，涵盖了化工高校、科研院所、行业协会、化工园区、工程公司、技术厂家、生产企业等相关行业与单位。实时从多方面、多角度关注化工行业资讯动态和技术发展趋势。论坛提供了开放性的技术讨论环境，包括工艺设计、工程设计、技改技措、生产运维等技术交流和探讨，同时包括石油化工、煤化工、精细化工、安全环保、生产管理、智能制造和智慧化工等多个领域的技术交流。

马后炮化工于2019年成为艾斯本技术公司官方授权培训合作伙伴，由经验丰富的培训讲师提供注重应用的综合培训。我们的培训范围包括AspenTech产品解决方案的各个核心领域。我们的培训方案将提高用户使用AspenTech产品所需的技能，使用户能更高效地使用相关产品达到业务目标。我们提供综合、灵活的课程供用户选择。我们还有内容丰富的电子教学资源，可直接通过我们的产品进行访问。

马后炮化工培训平台由马后炮化工发起，建设一个化工行业创新的知识技能众筹平台。平台采用全新的众筹模式，包括初期种子用户的众筹以及平台上线后课程的众筹。通过众筹模式，吸引相同学习需求的用户，建设专属技能学习生态圈，匹配学有成效的学习需求，为讲师和学生搭建一个学习和社交平台。培训平台定位于“有效传递您的知识”，实现思想众筹、资源众筹、能力众筹。

扫一扫关注马后炮化工
微信公众号

马后炮化工一直坚持不懈地为中国化工行业的成长做出每一份努力，以“让天下没有难学的化工技术”为宗旨，力争成为化工行业内首屈一指的化工技术聚焦平台，通过行业资源整合，为客户创造价值、创造利益，提供最佳、最具性价比的技术服务解决方案，引领中国化工行业走向更辉煌的未来。